AF242132

OEUVRES RÉUNIES

DE

CUVIER ET LACÉPÈDE

CONTENANT

Le Complément de Buffon à l'Histoire des Mammifères et des Oiseaux
l'histoire des Cétacés, Batraciens, Serpents et Poissons

SUPPLÉMENT AUX OEUVRES COMPLÈTES DE BUFFON

Annotées par M. FLOURENS

Secrétaire perpétuel de l'Académie des sciences, membre de l'Académie française
Professeur au Muséum d'histoire naturelle, etc.

50 PLANCHES, 125 SUJETS COLORIÉS AVEC LE PLUS GRAND SOIN

TOME QUATRIÈME

POISSONS

PARIS

GARNIER FRÈRES, LIBRAIRES-ÉDITEURS

6, RUE DES SAINTS-PÈRES, 6

ŒUVRES

DE

CUVIER ET LACÉPÈDE

TOME QUATRIÈME

Le Chrysotose Lune (Lampris Guttatus, Retz)

D'après le règne animal de Cuvier édition V. Masson

Garnier Frères Éditeurs

ŒUVRES

DE

CUVIER et LACÉPÈDE

CONTENANT

LE COMPLÉMENT DE BUFFON A L'HISTOIRE DES MAMMIFÈRES
ET DES OISEAUX

L'HISTOIRE DES CÉTACÉS, BATRACIENS
SERPENTS ET POISSONS

Illustrés de **50** planches
Environ **125** sujets coloriés avec le plus grand soin

SUPPLÉMENT aux ŒUVRES COMPLÈTES de BUFFON

Annotées par M. FLOURENS

SECRÉTAIRE DE L'ACADÉMIE DES SCIENCES, MEMBRE DE L'ACADÉMIE FRANÇAISE
PROFESSEUR AU MUSÉUM D'HISTOIRE NATURELLE, ETC.

TOME QUATRIÈME

POISSONS. — TABLE GÉNÉRALE ALPHABÉTIQUE.
CLASSEMENT DES GRAVURES

PARIS

GARNIER FRÈRES, LIBRAIRES-ÉDITEURS

6, RUE DES SAINTS-PÈRES, 6

HISTOIRE NATURELLE

DES

POISSONS

LE LABRE QUINZE ÉPINES

Labrus quinquedecim-aculeatus, Lacép. — *Chromis quinquedecim-spinosus*, Cuv.

Le Labre macrocéphale, *Labrus macrocephalus*, Lacép.; *Dentex macrocephalus*, Cuv.
— L. Plumiérien, *L. Plumierii*, Lacép.; *Perca formosa*, Linn.; *Hæmulon formo-
sum*, Cuv. — L. Gouan, *L. Gouanii*, Lacép. — L. Ennéacanthe, *L. enneacanthus*,
Lacép.; *Sparus fasciatus*, Bloch; *Cheilinus fasciatus*, Cuv. — L. Rouges raies,
L. rubrolineatus, Lacép.

Ces six labres sont encore inconnus des naturalistes ; le premier sous-
genre de la famille des véritables labres en renferme donc, sur quarante-
huit espèces, vingt-trois dont la description n'a pas encore été publiée. C'est
une nouvelle preuve de ce que nous avons dit dans l'article intitulé : *De la
nomenclature des labres, des cheilines, des cheilodiptères*, etc.

Le rouges-raies[1], que Commerson a décrit avec beaucoup de soin dans
son recueil latin et manuscrit, habite au milieu des syrtes et des rochers de
corail qui environnent les îles de Madagascar et de Bourbon. Nous ignorons la patrie de l'ennéacanthe[2] et du gouan[3], que nous faisons connaître
d'après des individus de la collection hollandaise cédée à la France. Le plumiérien[4] vit en Amérique, et le macrocéphale[5], ainsi que le quinze-épines,
représentés dans nos planches d'après les dessins de Commerson, se trouvent vraisemblablement dans le grand golfe de l'Inde et auprès des îles dites
de la mer du Sud.

Les dents du labre gouan sont crochues et d'autant moins longues que
leur place est plus éloignée du bout du museau.

1. « Labrus lineis lateralibus plurimis rubris variegatus, occllo pinnæ dorsalis, latissimoque
ad basim caudæ, cingulo, nigris. » Commerson.
2. *Ennéacanthe* désigne les neuf aiguillons de la dorsale. *Ennea* veut dire *neuf*.
3. Un individu conservé dans de l'alcool fut donné par la Hollande à la France.
4. « Turdus aureo-cæruleus. » Plumier, peintures sur vélin.
5. *Macros* signifie *long* ou *grand*, et *céphale* veut dire *tête*.

La ligne latérale est interrompue dans le quinze-épines[1], dorée dans
le plumiérien et garnie, vers la tête, de petites ramifications dans le rouges-
raies. Ce dernier labre a le fond de ses couleurs d'un brun plus ou moins
foncé, et ses nageoires pectorales d'un rouge incarnat; la caudale du
macrocéphale est bordée, à son extrémité, d'un liséré d'une nuance vive ou
très claire.

LE LABRE KASMIRA[2]

Labrus Kasmira et *Labrus octovittatus*, LACÉP. — *Sciæna Kasmira*, FORSK., LINNÉ.
   — *Holocentrus bengalensis* et *H. quinque-lineatus*, BLOCH.— *Diacope octolineata*,
   CUV.

Ce beau poisson a le sommet de la tête blanc et la couleur générale
jaune. Quelquefois sa queue montre de chaque côté une tache grande et
brune. Il vit dans la mer Rouge, auprès des rivages de l'Arabie[3].

LE LABRE PAON[4]

Labrus Pavo, LINN., GMEL., LACÉP.

Ce labre habite dans la Méditerranée et particulièrement auprès des

1. A la nageoire caudale du labre quinze épines.................... 12 rayons.

   A chaque nageoire pectorale du macrocéphale................. 8 —

   A la membrane branchiale du plumiérien................. 6 ou 7 —

   A la membrane branchiale du gouan......................... 5 —

   A chaque nageoire pectorale.................................. 12 —
   A chacune des thoracines, articulés.......................... 5 —
         —   aiguillonné.......................... 1 —
   A la caudale... 14 —

   A chaque nageoire pectorale du labre ennéacanthe.............. 13 —
   A chacune des thoracines, articulés.......................... 5 —
         —   aiguillonné.......................... 1 —
   A l'anale, articulés... 9 —
         —   aiguillonnés.. 3 —
   A la caudale... 15 —

   A chacune des thoracines du rouges-raies..................... 6 —

2. Forskael, *Fauna arab.*, p. 46, n. 46. — *Sciène tirki.* Bonnaterre, planches de l'Encyclopédie méthodique.

3. A la membrane branchiale................................... 7 rayons.
   A chaque nageoire pectorale................................. 16 —
   A chacune des thoracines, articulés......................... 5 —
         —   aiguillonné.......................... 1 —
   A la caudale... 17 —

4. *Papagallo*, dans plusieurs contrées de l'Italie. — *Labre paon.* Daubenton et Haüy, Encyclopédie méthodique. — *Id.* Bonnaterre, planches de l'Encyclopédie méthodique. — « Labrus
pulchre varius, etc. » Artedi, gen. 34, syn. 55. — *Pavo*, Salvian, fol. 223, *a*, ad iconem, et fol.
94 et 224. — *Id.* Aldrovande, lib. I, cap. IV, p. 29. — *Id.* Jonston, lib. I, tit. 2, cap. I, *a*, 3, t. XIII,
n. 12. — Charlet, p. 132.
   Seconde espèce de tourd, nommé paon. Rondelet, première partie, liv. VI, chap. VI. — « Turdus secundus pavo, etc. » Gesner, p. 1016. — « Turdus perbella dictus, etc. » Willughby, *Ichtyol.*,
p. 322. — Ray, p. 137. — *Labrus pavo.* Hasselquist, *It.*, 344, n. 77.

côtes de Syrie. A l'époque où on commença à l'examiner, à le distinguer, à
le désigner par un nom particulier, l'histoire naturelle avait fait peu de
progrès; le nombre des animaux déjà connus n'était pas encore très grand;
on n'avait pas découvert la plupart de ces poissons richement colorés qui
vivent dans les mers de l'Asie ou de l'Amérique méridionale : le labre paon
dut par conséquent frapper les observateurs par la magnificence de sa parure, et il n'est pas surprenant qu'on lui ait donné le nom de l'oiseau que
l'on regardait comme émaillé des nuances les plus vives et les plus variées.
Ce labre présente en effet presque toutes les couleurs de l'arc-en-ciel, que
l'on se plaît à retrouver étalées avec tant de pompe sur la belle queue de
l'oiseau paon ; et d'ailleurs le poli de ses écailles, le contraste éclatant de
plusieurs des tons dont il brille et les dégradations multipliées par lesquelles
ses autres nuances s'éteignent les unes dans les autres, ou s'animent pour
se séparer et resplendir plus vivement, imitent les reflets rapides qui se
jouent, pour ainsi dire, sur les plumes chatoyantes du paon, et les feux que
l'on croirait en voir jaillir.

Lorsque le soleil éclaire et dore la surface de la Méditerranée, que les
vents se taisent, que les ondes sont paisibles et que le labre paon nage sans
s'agiter au-dessous d'une couche d'eau mince et limpide, qui le revêt, pour
ainsi dire, d'un vernis transparent, on admire le vert mêlé de jaune que
montre sa surface supérieure, et au milieu duquel des taches rouges et des
taches bleues scintillent, en quelque sorte, comme les rubis et les saphirs de
l'oiseau de Junon. Des taches plus petites, mais également bleues ou rouges,
sont répandues sur les opercules, sur la nageoire de la queue, sur celle de
l'anus, qui est violette ou indigo. Un bleu mêlé de pourpre distingue le
devant de la nageoire dorsale, pendant que deux belles taches brunes sont
placées sur chaque côté du poisson, que les thoracines offrent un rouge très
vif, et que les teintes d'or, d'argent, rouges, orangées et jaunes, éblouissantes
ou gracieuses, constantes ou fugitives, étendues sur de grandes places ou
disséminées en traits légers, complètent un des assortiments de couleurs les
plus splendides et les plus agréables.

Au reste, ces beaux reflets se déploient sur un corps et sur une queue
allongés et comprimés; il n'y a qu'un seul rang de dents aux mâchoires ; les
nageoires pectorales sont arrondies ; les rayons de la dorsale et de la nageoire
de l'anus ont une longueur plus considérable, à mesure qu'ils sont placés
plus loin de la tête; et communément le labre paon a trois ou quatre décimètres de longueur totale[1].

---

1. A la membrane branchiale du labre paon...................... 5 rayons.
    A chaque nageoire pectorale................................ 14   —
    A chacune des thoracines, articulés   5   —
          —   aiguillonné   1   —
    A l'anale, articulés....................................... 11   —
          —   aiguillonnés..................................   3   —
    A la caudale... 13   —

LE LABRE BORDÉ[1]

Labrus marginalis, LINN., GMEL., LACÉP.

LE LABRE ROUILLÉ, *Labrus ferrugineus,* Linn., Gmel., Lacép. — L. OEILLÉ, *L. ocellaris,*
Linn., Gmel., Lacép. — L. MELOPS, *L. Melops,* Linn., Gmel., Lacép.; *Crenilabrus
Melops,* Cuv. — L. NIL, *L. niloticus,* Hasselq., Linn., Gmel., Lacép.; *Chromis nilo-
ticus,* Cuv. — L. LOUCHE, *L. luscus,* Linn., Gmel., Lacép.; *L. Tardus,* var. Cuv. —
L. TRIPLE TACHE, *L. trimaculatus,* Linn., Gmel., Lacép., Bloch; *L. carneus,* Bloch,
Cuv. — L. CENDRÉ, *L. cinereus,* Lacép.; *L. griseus,* Gmel. — L. CORNUBIEN, *L. cor-
nubius,* Linn., Gmel., Lacép. — L. MÊLÉ, *L. mixtus,* Linn., Gmel., Lacép. — L.
JAUNATRE, *L. fulvus,* Linn., Gmel., Lacép.

La couleur générale du louche est jaunâtre ; la dorsale, l'anale et la caudale du triple-tache sont quelquefois lisérées de bleu. La nourriture ordinaire
de ce dernier labre, dont les écailles réfléchissent différentes nuances d'un
beau rouge, consiste dans des animaux à coquille, dont il brise l'enveloppe
calcaire par le moyen de ses dents antérieures, plus longues et plus fortes
que les autres ; nouvel exemple de ces rapports de la qualité des aliments
avec la vivacité des couleurs, que nous avons fait remarquer dans notre discours sur la nature des poissons, qu'il ne faut jamais négliger d'observer,
et qui ont été très bien saisis par le naturaliste Ascagne. Le cendré a sa partie
supérieure grise et pointillée d'un gris plus foncé, et les nageoires rougeâtres
avec des taches d'un jaune obscur. La tête du mêlé et la partie supérieure de
sa caudale sont d'un beau bleu. Ce labre mêlé habite dans la Méditerranée,

1. *Labre bordé.* Daubenton et Haüy, Encyclopédie méthodique. — *Id.* Bonnaterre, planches
de l'Encyclopédie méthodique. — *Loefl. It.,* 103. — *Labre rouillé.* Daubenton et Haüy, Encyclopédie méthodique. — *Id.* Bonnaterre, planches de l'Encyclopédie méthodique. — Mus. Ad. Frid. 2,
p. 78. — *Labre œillé.* Daubenton et Haüy, Encyclopédie méthodique. — *Id.* Bonnaterre, planches
de l'Encyclopédie méthodique.
  Mus. Ad. Frid. 2, p. 78. — *Labre mélope.* Daubenton et Haüy, Encyclopédie méthodique
— *Id.* Bonnaterre, planches de l'Encyclopédie méthodique. — Mus. Ad. Frid. 2, p. 79. — *Labrus
niloticus.* Hasselquist, *It.,* p. 346, n. 78. — *Labre nébuleux.* Daubenton et Haüy, Encyclopédie
méthodique. — *Id.* Bonnaterre, planches de l'Encyclopédie méthodique. — Mus. Ad. Frid. 2.
p. 80. — *Labre louche.* Daubenton et Haüy, Encyclopédie méthodique. — *Id.* Bonnaterre,
planches de l'Encyclopédie méthodique.
  Sudernaal, en Norvège. — *Red wrasse,* en Angleterre. — *Id.* Linné, édition de Gmelin. —
Labre triple tache. Bonnaterre planches de l'Encyclopédie méthodique. — *Paon rouge, labrus
carneus.* Bloch, pl. 289. — *Labrus ruber,* vel *carneus.* Ascagne, 2 cah., p. 6, pl. 13. — *Trimacu-
lated wrasse.* Pennant, *Brit. zoolog.,* 3, p. 206, n. 3. — Le nom spécifique de *griscus* a été employé par Gmelin pour son cinquième et pour son soixante-quatrième labre. — Brünn., *Pisc.
Massil.,* p. 58, n. 75. — *Labre cendré.* Bonnaterre, planches de l'Encyclopédie méthodique.
  Labre goldsinny. Bonnaterre, planches de l'Encyclopédie méthodique. — *Goldsinny cornubiensium.* Pennant, *Brit. zoolog.,* 3, p. 209, n. 6. — Ray, *Pisc.,* p. 163, fig. 3. — «Labrus ex flavo
et cæruleo varius, dentibus anterioribus majoribus.» Artedi, gen. 34, syn. 57. — « Turdus major
varius præcedenti similis. » Willughby, p. 322. — Ray, p. 137. — *Labre mélangé.* Bonnaterre,
planches de l'Encyclopédie méthodique. — Catesby, *Caroline,* t. II, p. 10, tab. 10, fig. 2. — *Labre
jaunâtre.* Daubenton et Haüy, Encyclopédie méthodique. — *Id.* Bonnaterre, planches de l'Encyclopédie méthodique.

ainsi que le cendré ; le jaunâtre vit dans l'Amérique septentrionale ; le rouillé, dans les Indes ; le mélops, dans l'Europe australe ; le nil, en Égypte ; le triple-tache, en Norvège ; le cornubien, dans la mer britannique[1]. On ignore la véritable patrie du bordé, de l'œillé et du louche.

Que devrions-nous ajouter maintenant à ce que nous disons dans les notes ou dans le tableau générique au sujet des onze labres renfermés dans cet article ?

1. A chaque nageoire pectorale du labre bordé...................... 17 rayons.
     A chaque thoracine... 6 —
     A l'anale, articulés.. 9 —
         —   aiguillonnés... 3 —
     A la caudale.. 17 —

     A chaque nageoire pectorale du rouillé........................ 16 —
     A chaque thoracine, articulés .... 5 —
         —   aiguillonné.................................. 1 —
     A la caudale.. 17 —

     A la membrane branchiale de l'œillé........................... 7 —
     A chaque nageoire pectorale................................... 15 —
     A chaque thoracine, articulés................................. 5 —
         —   aiguillonné.................................. 1 —
     A la caudale.. 13 —

     A la membrane branchiale du mélops............................ 6 —
     A chaque nageoire pectorale................................... 13 —
     A chaque thoracine, articulés .... 5 —
         —   aiguillonné.................................. 1 —
     A l'anale, articulés.. 10 —
         —   aiguillonnés... 3 —
     A la caudale.. 12 —

     A chaque nageoire pectorale du nil............................ 15 —
     A chaque thoracine, articulés................................. 5 —
         —   aiguillonné.................................. 1 —
     A l'anale, articulés.. 9 —
         —   aiguillonnés... 3 —
     A la caudale.. 20 —

     A chaque nageoire pectorale du louche......................... 14 —
     A chaque thoracine, articulés................................. 5 —
         —   aiguillonné.................................. 1 —
     A la caudale.. 14 —

     A la membrane branchiale du triple-tache...................... 6 —
     A chaque nageoire pectorale................................... 15 —
     A chaque thoracine, articulés................................. 5 —
         —   aiguillonné.................................. 1 —

     A la membrane branchiale du cendré............................ 5 —
     A chaque nageoire pectorale................................... 13 —
     A chaque thoracine, articulés................................. 5 —
         —   aiguillonné.................................. 1 —
     A la caudale.. 13 —

     A chaque nageoire pectorale du cornubien .... 14 —
     A chaque thoracine.. 6 —

LE LABRE MERLE[1]

Labrus Merula, LINN., GMEL., LACÉP., BLOCH, CUV.

LE LABRE RONE, *Labrus rone,* Lacép. — L. FULIGINEUX, *L. fuliginosus* et *L. malapteronotus,* Lacép.; *L. fasciatus,* Bloch; *Cheilinus fasciatus,* Cuv. — L. BRUN, *L. fuscus,* Lacép.; *Mesoprion quinque-lineatus,* Cuv. — L. ÉCHIQUIER, *L. centiquadrus* et *L. hortulanus,* Lacép.; *Julis centiquadrus,* Cuv. — L. MARBRÉ, *L. marmoratus,* Lacép., et *Cirrhites maculatus,* Lacép., Cuv. — L. LARGE QUEUE, *L. macrourus,* Lacép., Cuv. — L. GIRELLE, *L. Julis,* Linn , Gmel., Bloch, Lacép.; *Julis mediterranea,* Risso, Cuv. — L. PAROTIQUE, *L. paroticus,* Linn., Gmel., Lacep. — L. BERGSNYLTRE, *L. suillus,* Linn., Gmel.; *L. Bergsnyltrus,* Lacép.

Le noir bleuâtre que présente le labre merle lui a fait donner, dès le temps d'Aristote, le nom spécifique qu'il porte. Il offre en effet les mêmes

1. *Tordo d'alga,* dans la Ligurie. — *Labre merle.* Daubenton et Haüy, Encyclopédie méthodique. — *Id.* Bonnaterre, planches de l'Encyclopédie méthodique. — « Labrus cæruleo nigricans. » Artedi. — *O cottuphos.* Arist., lib. VIII, cap. XV et XXX. — *Id.* Athen., lib. VII, fol. 152, 35. — *Id.* Oppian, lib. I, p. 19, et lib. IV. — Ælian, lib. I, cap. XIV. — *Merula.* Columelle, lib. VIII, cap. XVI.

Id. Pline, lib. IX, cap. XV; lib. XXXII, cap. XI. — *Id.* Jov., cap. XX, p. 87, 88. — *Merle.* Rondelet, première partie, liv. VI, chap. V. — *Merula.* Salvian, fol. 220 *b,* ad iconem, 87; et 223 *b,* 224 *a.* — *Id.* Gesner, p. 543, et (germ.) fol. 8 *b.* — *Id.* Jonston, lib. I, tit. 2, cap. I, *a.* — *Id.* Charlet, p. 133. — Aldrovande, lib. I, tit. 2, cap. VI, p. 35.

« Turdus niger, merula Salviani et Rondeletii. » Willughby, p. 320. — Ray, p. 137. — *Merle* ou *merlot.* Valmont de Bomare, *Dictionnaire d'histoire naturelle.* — *Strand karasse,* en Danemark. — Ascagne, cah. 2, p. 6, pl. 14. — Müll., *Prodrom. Zoolog. danic.,* p. 46. — *Labre rône.* Bonnaterre, planches de l'Encyclopédie méthodique. — « Labrus capite ex viridi, rubro, luteoque, variegato; fasciis transversis quatuor vel quinque, è fusco decoloribus. » Commerson, manuscrits déjà cités.

« Labrus tæniis utrinque duabus, longitudinalibus, pinnarumque marginibus extimis viridibus. » Commerson, manuscrits déjà cités. — « Labrus capite et pinnis posterioribus rubro variegatis, toto corpore areolis atro-porpureis et exalbidis tessellato. » Commerson, manuscrits déjà cités. — *Donzella, Zigorella,* dans la Ligurie. — *Jurella, jula, Donzellina, Menchina dire,* dans plusieurs contrées d'Italie. — *Zillo,* dans l'île de Rhodes. — *Afdelles,* dans l'île de Candie. — *Dovella,* dans quelques départements méridionaux de France. — *Haruza,* à Malte. — *Arusa,* en Arabie.

See fraulein, meerjunker et *regenbogenfisch,* en Allemagne. — *Sea junkerlin* et *rainbow fish,* en Angleterre. — *Jonkervisch,* en Hollande. — Mus. Ad. Frid. 2, p. 75. — Bloch, pl. 286, fig. 1. — *Labre girelle.* Daubenton et Haüy, Encyclopédie méthodique. — *Id.* Bonnaterre, planches de l'Encyclopédie méthodique. — « Labrus palmaris varius, dentibus duobus majoribus maxillæ superioris. » Artedi, gen. 34, syn. 35.

Ioulis. Arist., lib. IX, cap. II. — *Id.* Athen., lib. VII, cap. CCCIV. — *Ioulis.* Ælian, II, cap. XLIV, p. 123. — *Id.* Oppian, lib. I, p. 6; lib. II, fol. 127, 36. — *Id.* Galen., class. 2, fol. 29, D, E. — *Julia* ou *julis.* Salvian, fol. 217, ad iconem, et fol. 219. — *Julis.* Pline, lib. XXXII, cap. IX. — *Girella.* Rondelet, seconde partie, liv. VI, chap. VII. — *Julis.* Gesner, p. 464 et 549; et (germ.) fol. 14, *a.*

Aldrov., lib. I, cap. VII, p. 39. — Jonston, lib. I, tit. 2, cap. I, *a.* 5, tab. 14, n. 3. — Willughby, *Ichtyolog.,* p. 324. — Ray, p. 138. — *Girelle.* Valmont de Bomare, *Dictionnaire d'histoire naturelle.* — Mus. Adolph. Fr. 2, p. 76. — *Labre parot.* Daubenton, Encyclopédie méthodique. — *Id.* Bonnaterre, planches de l'Encyclopédie méthodique. — *Labre bergsnyltre.* Daubenton et Haüy, Encyclopédie méthodique. — *Id.* Bonnaterre, planches de l'Encyclopédie méthodique. — *Fauna suecic.,* 330. — *Sparus bergsnyltra.* It. Wgoth. 179.

nuances et les mêmes reflets que l'oiseau si commun en Europe et connu sous le nom de *merle*; et il n'est pas indifférent de faire remarquer que les premiers observateurs, frappés des grands rapports qu'ils trouvaient entre les écailles et les plumes, la parure des oiseaux et le vêtement des poissons, les ailes des premiers et les nageoires des seconds, le vol des habitants de l'atmosphère et la natation des habitants des eaux, aimaient à indiquer ces ressemblances curieuses par des noms d'oiseaux donnés à des poissons.

Cette intention, adoptée par plusieurs naturalistes modernes, leur a fait employer les noms de *merle* et de *tourd* ou de *grive*, pour le genre des labres, dont cependant ils connaissaient à peine quelques espèces; et comme, lorsqu'on a fait valoir une ressemblance, on aime à l'étendre de même que si elle était devenue son propre ouvrage, on a voulu trouver des individus blancs parmi les merles labres, comme on en voit quelquefois parmi les merles oiseaux. On est ensuite allé plus loin. On a prétendu que ce passage du noir au blanc était régulier, périodique, annuel et commun à toute l'espèce pour le labre qui nous occupe, tandis que, pour le merle oiseau, il est irrégulier, fortuit, très peu fréquent et propre à quelques individus de la couvée dans laquelle on compte d'autres individus qui ne présentent en rien cette sorte de métamorphose.

Aristote a écrit que les merles, ainsi que les tourds, se montraient au printemps, après avoir passé l'hiver dans les profondeurs des rochers des rivages marins, qu'ils étaient alors revêtus de leur beau noir chatoyant en bleu, et que pendant le reste de l'année ils étaient blancs. Il faut tout au plus croire que, dans certaines contrées, le défaut d'aliment, la qualité de la nourriture, la nature de l'eau, la température de ce fluide, ou toute autre cause semblable, affaiblissent l'éclat des écailles du labre merle, en ternissent les nuances, en altèrent les tons, au point de les rendre plutôt pâles et un peu blanchâtres que d'un bleu foncé et presque noir. Quoi qu'il en soit, il ne faut pas passer sous silence une autre assertion d'Aristote, analogue à des idées que nous exposerons dans un des discours que doit offrir encore l'histoire que nous écrivons. Ce philosophe a dit que les merles poissons fécondaient les œufs d'autres espèces de labres, et que ces autres labres rendaient féconds les œufs des poissons merles. Ce fait n'est pas impossible; mais il en a été de cette remarque comme de beaucoup d'aperçus d'hommes de génie : l'idée d'Aristote a été dénaturée, et Oppien, par exemple, l'a altérée jusqu'à écrire que les merles n'étaient que les mâles des tourds. Au reste, l'iris du merle labre est d'un plus beau rouge, comme celui de plusieurs oiseaux dont le plumage est d'un noir plus ou moins foncé.

L'iris n'est pas rouge dans le labre fuligineux, mais d'un jaune doré. Ce fuligineux a d'ailleurs la dorsale d'un pourpre noir avec quelques points bleuâtres; les pectorales rougeâtres avec une tache noire à leur base; les thoracines variées de bleu, de pourpre, de noir et de verdâtre; l'anale, d'un noir tirant sur le bleu ; la caudale, d'un vert mêlé de brun ; et une petite tache noire à l'extrémité de chaque ligne latérale.

Le nom du labre brun vient de la teinte de son dos et de sa tête, qui est brune ; sa dorsale, son anale et sa caudale sont bordées de vert ; ses thoracines légèrement verdâtres, et ses pectorales jaunes à leur base et brunes à leur extrémité.

Nous n'avons besoin d'ajouter à ce que nous avons dit, dans le tableau générique, des couleurs du labre échiquier, que quelques mots relatifs aux nuances de ses nageoires. On voit des points et des lignes rouges sur la dorsale et sur l'anale ; une tache noire paraît sur chacune des pectorales, et la caudale est jaunâtre.

Une couleur bleuâtre ou d'un vert foncé, répandue sur la partie supérieure de la girelle, relève avec tant de grâce les raies larges et longitudinales que le tableau générique nous montre sur chacun des côtés de ce labre, qu'il n'est pas surprenant qu'on le regarde comme un des poissons de l'Europe dont la parure est la plus belle et la plus agréable. La dorsale et l'anale offrent une bande jaune, une bande rouge et une bande bleue placées l'une au-dessus de l'autre, et l'on croit que les mâles sont distingués par deux taches, dont la supérieure est rouge et l'inférieure noire, et que l'on voit en effet ainsi disposées sur les premiers rayons de la nageoire du dos de plusieurs individus. Une variété de cette espèce a sa partie supérieure rouge, l'inférieure blanche, la caudale verte et le bout des opercules bleu. Des couleurs vives, gracieuses, brillantes, variées et distribuées de manière à se faire ressortir sans aucune dureté dans les tons appartiennent donc à tous les individus que l'on peut compter dans cette espèce de la girelle.

Ce labre vit souvent par troupes et se plaît parmi les rochers. Élien a écrit que ces troupes nombreuses attaquaient quelquefois les hommes qui nageaient auprès d'elles et les mordaient avec plus ou moins de force. Il est possible que quelques accidents particuliers aient donné lieu à cette opinion, que Rondelet a confirmée par un témoignage formel ; mais lorsque Élien ajoute que leur bouche, pleine de venin, infecte toutes les substances alimentaires qu'elles rencontrent dans la mer et les rend nuisibles à l'homme, il faut reléguer son assertion parmi les erreurs de son siècle. Tout au plus doit-on croire que, dans quelques circonstances de temps ou de lieu, des girelles auront pu avaler des mollusques ou des vers marins vénéneux, et avoir été ensuite funestes à ceux qui s'en seront nourris sans précaution [1], et peut-être sans les avoir vidées avec soin. Passons aux couleurs du parotique. Ce labre a le dos gris et le ventre blanchâtre.

Le violet paraît être la couleur dominante du bergsnyltre dont la mâchoire inférieure et les pectorales sont quelquefois d'un beau jaune.

---

1. Voy. le savant ouvrage de J.-G. Schneider, intitulé : *Petri Artedi synonymia piscium*, p. 80.

Quant aux formes principales des dix labres nommés dans cet article, nous ne pouvons que renvoyer au tableau générique. Le merle [1], le premier de ces dix labres, habite dans les mers de l'Europe ; le rône se trouve particulièrement dans celle de Norvège ; le fuligineux, le brun et l'échiquier vivent parmi les rochers qui environnent les îles de Madagascar, de France et de Bourbon ; le marbré et le large-queue appartiennent au grand Océan équatorial. Ces cinq derniers labres ont été observés par Commerson, auquel nous devons les descriptions et les figures de ces animaux, que nous publions aujourd'hui, et qui sont encore inconnues des naturalistes. On pêche la girelle dans la Méditerranée, ainsi que dans la mer Rouge ; les Indes sont la patrie du parotique, et le bergsnyltre paraît préférer l'océan Atlantique boréal.

1. A chaque thoracine du labre merle, articulés................... 5 rayons.
          —   aiguillonné................... 1   —

A la membrane branchiale du rône........................... 5   —
A chaque nageoire pectorale............................... 14   —
A chaque thoracine, articulés............................. 5   —
          —   aiguillonné................. 1   —
A la caudale.. 14   —

A chaque nageoire pectorale du fuligineux................. 14   —
A chaque thoracine, articulés............................. 5   —
          —   aiguillonné................. 1   —
A la caudale.. 14   —

A chaque nageoire pectorale du brun....................... 16   —
A chaque thoracine.. 6   —
A la caudale................................... 12 ou 14   —

A chaque nageoire pectorale de l'échiquier................ 14   —
A chaque thoracine.. 6   —
A la caudale.. 12   —

A chaque nageoire pectorale du marbré..................... 13   —
A chaque thoracine.. 6   —
A la caudale.. 15   —

A chaque nageoire pectorale du large-queue................ 14   —

A la membrane branchiale de la girelle.................... 6   —
A chaque nageoire pectorale............................... 13   —
A chaque thoracine, articulés............................. 5   —
          —   aiguillonné................. 1   —
A l'anale... 13   —
A la caudale.. 12   —

A chaque nageoire pectorale du parotique.................. 12   —
A chaque thoracine.. 6   —
A l'anale... 14   —
A la caudale.. 14   —

A chaque nageoire pectorale du bergsnyltre................ 13   —
A chaque nageoire thoracine, articulés.................... 5   —
          —   aiguillonné................. 1   —
A la caudale.. 14   —

LE LABRE GUAZE [1]

Labrus Guaza, LINN., GMEL., LACÉP.

LE LABRE TANCOÏDE, *Labrus Tinca*, Linn., Gmel.; *L. tancoides*, Lacép. — L. DOUBLE
TACHE, *L. bimaculatus*, Linn., Gmel., Lacép. — L. PONCTUÉ, *L. punctatus*, Linn.,
Gmel., Lacép.; *Chromis punctatus*, Cuv. — L. OSSIPHAGE, *L. Ossiphagus*, Linn.,
Gmel., Lacép. — L. ONITE, *L. onitis*, Linn., Gmel., Lacép. — L. PERROQUET, *L.
psittacus*, Lacép.; *L. viridis*, Linn., Gmel.; *L. Turdus*, var. Cuv. — L. TOURD,
L. turdus, Linn., Gmel., Lacép., Cuv. — L. CINQ ÉPINES, *L. exoletus*, Linn., Gmel.;
L. pentacanthus, Lacép.; *Crenilabrus exoletus*, Cuv. — L. CHINOIS, *L. si-
nensis*, Linn., Gmel., Lacép. — L. JAPONAIS, *L. japonicus*, Linn., Gmel., Lacép.

Le guaze et l'onite vivent dans les hautes mers ; l'ossiphage et le tourd,
dans l'océan Atlantique ou dans la Méditerranée ; le perroquet se trouve
dans cette même Méditerranée, où l'on pêche également le labre double
tache, qu'on a observé aussi dans les eaux salées qui entourent la Grande-
Bretagne. Le tancoïde habite pendant une grande partie de l'année dans
les profondes anfractuosités des rochers qui ceignent les rivages britanniques, ou qui sont peu éloignés de ces rivages ; le cinq-épines a été ren-

1. Lœfl., *It.*, 104. — *Labre guaze.* Daubenton et Haüy, Encyclopédie méthodique. — *Id.* Bonnaterre, planches de l'Encyclopédie méthodique. — *Wrasse, old wife* et *gwrach*, en Angleterre.
— *Labre tanche de mer.* Daubenton et Haüy, Encyclopédie méthodique. — *Id.* Bonnaterre,
planches de l'Encyclopédie méthodique. — « Labrus rostro sursum reflexo, caudà in extremo
circulari. » Artedi, gen. 33, syn. 56. — « Turdus vulgatissimus ; tinca marina Venetis. » Willughby, p. 319. — *The wrasse.* Pennant, *Brit. zoolog.*, t. III, p. 203. — *Tanche de mer.* Valmont
de Bomare, *Dictionnaire d'histoire naturelle.*
  Labre double tache. Daubenton et Haüy, Encyclopédie méthodique. — *Id.*, Bonnaterre,
planches de l'Encyclopédie méthodique. — « Sciæna maculà fuscà in medio corporis et supra
basim caudæ. » Mus. Ad. Frid., 1, p. 66. — *Brit. zoolog.*, 3, p. 205, n. 2.
  Prick snylta, en Suède. — *Labre ponctué.* Daubenton et Haüy, Encyclopédie méthodique. — *Id.* Bonnaterre, planches de l'Encyclopédie méthodique. — « Sciæna lineis longitudinalibus, plurimis fusco punctatis. » Mus. Ad. Frid., 1, p. 66. — Gronov. Mus. 1, n. 87. — Bloch,
pl. 295, fig. 1.
  Labre ossifage. Daubenton et Haüy, Encyclopédie méthodique. — *Id.*, Bonnaterre,
planches de l'Encyclopédie méthodique. — Mus. Ad. Frid., 2, p. 79. — *Labre onite.* Daubenton
et Haüy, Encyclopédie méthodique. — *Id.*, Bonnaterre, planches de l'Encyclopédie méthodique.
— « Labrus viridis, lineà utrinque cæruleà. » Artedi, gen. 34. — *Dixième espèce de tourd.*
Rondelet, première partie, liv. VI, chap. VI. — *Turdus viridis*, seu *decimus Rondeletii.* Willughby, *Ichtyol.*, p. 320. — *Labre perroquet.* Daubenton et Haüy, Encyclopédie méthodique. —
Id. Bonnaterre, planches de l'Encyclopédie méthodique.
  « Labrus oblongus viridis, iride luteà. » Artedi, gen. 34, syn. 57. — *Turdus viridis
major.* Willughby, p. 322. — « Turdus oblongus, fuscus, maculosus. » *Id.*, p. 323. — Ray, p. 137.
— *Labre tourd.* Daubenton et Haüy, Encyclopédie méthodique. — *Id.* Bonnaterre, planches de
l'Encyclopédie méthodique. — « Labrus oblongus, viridescens, maculatus, etc. » Brünn., *Pisc.
Massil.*, p. 51, n. 67.
  Fauna suecica, 331. — Müller, *Prodrom. Zoolog. danic.*, p. 386. — Ot. Fabric., *Fauna
Groenland.*, p. 166, n. 120. — Strom. *Sondm.*, 267, n. 3. — *Labre cinq épines.* Daubenton et
Haüy, Encyclopédie méthodique. — *Id.* Bonnaterre, planches de l'Encyclopédie méthodique. —
  Labre livide. Daubenton et Haüy, Encyclopédie méthodique. — *Id.* Bonnaterre, planches de
l'Encyclopédie méthodique. — Houttuyn, *Act. Haarl.*, XX, 2, pl. 324. — *Labre du Japon.* Bon-
naterre, planches de l'Encyclopédie méthodique.

contré dans cette mer si souvent hérissée de montagnes de glace, et qui sépare la Norvège du Groenland ; les eaux de la mer équatoriale qui baigne Surinam paraissent au contraire préférées par le ponctué ; le chinois a été vu près des côtes de la Chine. Houttuyn a découvert le japonais auprès de celles du Japon.

Nous croyons que quelques naturalistes ont été induits en erreur par des accidents ou des altérations que leur ont présentés des individus de l'espèce du tancoïde, lorsqu'ils ont écrit que la lame supérieure de l'opercule de ce labre était dentelée ; nous pensons que la conformation qu'ils ont aperçue dans l'opercule de ces individus était une sorte d'érosion plus ou moins irrégulière et bien différente de la véritable dentelure, que nous regardons comme un des principaux caractères du genre des lutjans ; mais si notre opinion se trouvait détruite par des observations constantes et nombreuses, il serait bien aisé de transporter le tancoïde dans ce genre des lutjans et de l'y inscrire dans le second sous-genre.

Les dents antérieures du tourd sont plus grandes que les autres. Il est facile de voir, en parcourant le tableau générique, que ce labre tourd peut présenter, relativement à ses couleurs, trois variétés plus ou moins permanentes. Lorsqu'il est jaune avec des taches blanches, sa tête montre communément, indépendamment des taches blanches, quelques taches noires vers son sommet, et quelques filets rouges sur ses côtés ; son ventre est alors argenté avec des veines rouges, et ses nageoires dorsale, thoracines, anale et caudale sont rouges et tachées de blanc. Si ce même tourd a sa couleur générale verte, ses pectorales sont d'un jaune pâle, ses thoracines bleuâtres, et sa longueur est un peu moins grande que lorsqu'il offre une autre variété de nuances. Enfin quand il a des taches dorées ou bordées d'or au-dessous du museau, avec la partie supérieure verte, il parvient aux dimensions ordinaires de son espèce, il est long de trois décimètres ou environ ; il a le ventre jaunâtre et parsemé de taches blanches, irrégulières, bordées de rouge ; une raie formée de points blancs et rougeâtres règne avec la ligne latérale et est placée au-dessus de plusieurs autres raies longitudinales, composées de petites taches blanches et vertes [1].

1. A chaque pectorale du labre guaze............................ 16 rayons.
   A chaque thoracine.. 6 —
   A l'anale... 13 —
   A la caudale... 15 —

   A la membrane branchiale du tancoïde....................... 5 —
   A chaque nageoire pectorale................................ 14 —
   A chaque thoracine... 6 —
   A la caudale... 13 —

   A la membrane branchiale du double-tache................... 6 —
   A chaque nageoire pectorale................................ 15 —
   A chaque thoracine, articulés.............................. 5 —
     —   aiguillonné............................... 1 —

Quelle différence de ces couleurs variées et vives qui *grivèlent*, pour ainsi dire, le tourd et lui ont fait donner le nom spécifique qu'il porte, avec les nuances sombres et peu nombreuses du ponctué! Ce dernier labre est brun; cette teinte obscure n'est relevée que par des points d'un gris très foncé ou noirâtres, qui composent les raies longitudinales indiquées dans le tableau générique, et par d'autres taches, ou points, ou petites raies transversales ou longitudinales, du même ton ou à peu près, et épars sur la queue ainsi que sur une partie de la dorsale et de la nageoire de l'anus.

A la membrane branchiale du ponctué	6	rayons.
A chaque nageoire pectorale	15	—
A chaque thoracine, articulés	5	—
— aiguillonné	1	—
A la caudale	18	—
A chaque nageoire pectorale de l'ossiphage	15	—
A chaque thoracine, articulés	5	—
— aiguillonné	1	—
A la caudale	13	—
A chaque nageoire pectorale de l'onite	15	—
A chaque thoracine, articulés	5	—
— aiguillonné	1	—
A la caudale	14	—
A chaque nageoire pectorale du perroquet	14	—
A chaque thoracine	6	—
A la caudale	14	—
A la membrane branchiale du tourd	5	—
A chaque nageoire pectorale	14	—
A chaque thoracine, articulés	5	—
— aiguillonné	1	—
A la caudale	13	—
A chaque nageoire pectorale du cinq-épines	13	—
A chaque thoracine, articulés	5	—
— aiguillonné	1	—
A la caudale	18	—
A chaque nageoire pectorale du chinois	13	—
A chaque thoracine, articulés	5	—
— aiguillonné	1	—
A la caudale	12	—
A la membrane branchiale du japonais	6	—
A chaque pectorale	16	—
A chaque thoracine, articulés	5	—
— aiguillonné	1	—
A la caudale	18	—

LE LABRE LINÉAIRE[1]

Labrus linéaris, Linné, Gmel., Lacép.

Le Labre lunulé, *L. lunulatus,* Forsk., Linn., Gmel., Lacép.; *Cheilinus lunulatus,* Cuv. — L. varié, *L. variegatus,* Linn., Gmel., Lacép., Cuv.; *L. lineatus,* Penn. — L. maillé, *L. reticulatus,* Lacép.; *L. venosus,* Brunn., Linn., Gmel.; *Crenilabrus venosus,* Cuv. — L. tacheté, *L. guttatus,* Brunn., Linn., Gmel., Bloch ; *Julis guttata,* Cuv. — L. cock, *L. Coquus,* Linn., Gmel., Lacép. — L. canude, *L. cinædus,* Linn., Gmel., Lacép. — L. blanches raies, *L. albovittatus,* Koelr.; *Julis albovittata,* Cuv. — L. bleu, *L. cœruleus,* Lacép. — L. rayé, *L. lineatus,* Penn., Lacép.; *L. variegatus,* Linn., Gmel., Cuv.

Le linéaire a, comme plusieurs autres labres, et particulièrement comme le bleu et le rayé, les dents de devant plus grandes que les autres ; le lunulé a la tête et la poitrine parsemées de taches rouges, les pectorales jaunes, les autres nageoires vertes avec des taches rouges ou rougeâtres, et quelquefois des rayons rouges autour des yeux. Les opercules du varié sont gris et rayés de jaune ; ses pectorales tachées d'olivâtre à leur base, et ses thoracines, ainsi que son anale, bleues à son sommet. Le rayé présente un liséré bleu au bout des thoracines, de l'anale et de la caudale ; les rayons de cette dernière nageoire sont jaunes à leur base, et une tache bleue est placée sur la partie antérieure de la dorsale.

Ce labre rayé vit dans les mers de la Grande-Bretagne, ainsi que le bleu qui fréquente aussi les rives de la Norvège et du Danemark, le cock et le varié, que l'on rencontre particulièrement près des îles Skerry ; le linéaire se trouve dans les Indes et près des rivages de l'Amérique méridionale ; le lunulé, près des côtes de l'Arabie, et le maillé, le tacheté et le canude sont pêchés dans la Méditerranée, où ce canude était connu dès le temps d'Athé-

---

1. *Amœn. academ.* 1, p. 315. — *Labre linéaire.* Daubenton et Haüy. Encyclopédie méthodique. — *Id.* Bonnaterre, planches de l'Encyclopédie méthodique. — Forskael, *Fauna arab.,* p. 37, n. 34. — *Labre lunulé.* Bonnaterre, planches de l'Encyclopédie méthodique. — *Striped wrasse. Brit. zoolog.,* 3, p. 207, n. 4. — Brünn., *Pisc. Massil.,* p. 58, n. 74. — *Labre maillé.* Bonnaterre, planches de l'Encyclopédie méthodique.

Brünn., *Pisc. Massil.,* p. 59, n. 76. — *Labre tacheté.* Bonnaterre, planches de l'Encyclopédie méthodique. — *Cock cornubiensium. Brit. zoolog.,* III, p. 210, n. 8. — Ray, *Pisc.,* p. 163, f. 4.

Rochau, Canus, Canudo, dans plusieurs départements méridionaux de France. — *Rosa,* dans la Ligurie. — « Labrus luteus, dorso purpureo, pinnâ a capite ad caudam continuâ. » Artedi, syn. 56. — *Alphestai.* Athen., lib. VII, cap. cclxxxi. — *Cinædus.* Pline. — *Canus.* Rondelet, première partie, liv. VI, chap. iv. — *Cinædus Rondeletii.* Aldrovande, lib. I, cap. xiv, p. 67. Jonston, lib. I, tit. 2, cap. i, a, 10, tab. 15, n. 1. — *Alphestes, vel Cinædus.* Gesner, p. 36, 40 et (germ.) fol. 15. — *Alphestes.* Charlet, p. 135. — *Alphestes, sive Cinædus.* Willughby, p. 323. — Ray, p. 137. — *Labre canude.* Daubenton et Haüy, Encyclopédie méthodique. — *Id.* Bonnaterre, planches de l'Encyclopédie méthodique. — *Labre rayé de blanc.* Bonnaterre, planches de l'Encyclopédie méthodique.

Koelreuter, *Nov. Comm. petrop.,* t. IX, p. 458. — *Blaastaal* et *blaustak,* en Danemark. — *Paon bleu.* Ascagne, cah 2, p. 6, pl. 12. — *Labre bleu.* Bonnaterre, planches de l'Encyclopédie méthodique. — Pennant, *Brit. zoolog.,* III, p. 249. — *Labre rayé.* Bonnaterre, planches de l'Encyclopédie méthodique.

née et même de celui d'Aristote, et où on l'avait nommé *alphestas* et *cinædus*, parce qu'on voyait presque toujours les individus de cette espèce nager deux à deux à la queue l'un de l'autre[1]. La chair de ces canudes présente les mêmes qualités que celle de la plupart des autres poissons qui vivent au milieu des rochers, et qu'on a nommés *saxatiles*; elle est, suivant Rondelet, molle, tendre, friable, facile à digérer, et fournit une nourriture convenable aux malades ou aux convalescents.

LE LABRE BALLAN[2]

Labrus Ballan, Penn., Lacép. — *L. Bergylta,* Ascan. — *L. Maculatus,* Bloch., Cuv.

Le Labre bergylte, *Labrus Bergylta,* Asc.; *L. Ballan,* Penn., Lacép.; *L. maculatus,* Bloch, Cuv. — L. Hassek, *L. inermis,* Forsk ; *L. Hassec* et *Cheilio auratus,*

1. A la membrane branchiale du labre linéaire	6	rayons.
A chaque nageoire pectorale	12	—
A chaque thoracine	6	—
A la caudale	12	—
A la membrane branchiale du lunulé	5	—
A chaque nageoire pectorale	12	—
A chaque thoracine, articulés	5	—
— aiguillonné	1	—
A la caudale	13	—
A la membrane branchiale du varié	5	—
A chaque nageoire pectorale	15	—
A chaque thoracine, articulés	5	—
— aiguillonné	1	—
A la membrane branchiale du maillé	5	—
A chaque nageoire pectorale	13	—
A chaque thoracine, articulés	5	—
— aiguillonné	1	—
A la caudale	13	—
A la membrane branchiale du tacheté	5	—
A chaque nageoire pectorale	14	—
A chaque thoracine, articulés	5	—
— aiguillonné	1	—
A la caudale	17	—
A chaque nageoire pectorale du blanches-raies	15	—
A chaque thoracine	6	—
A la caudale	12	—
A la membrane branchiale du bleu	5	—
A chaque nageoire pectorale	14	—
A chaque thoracine, articulés	5	—
— aiguillonné	1	—
A la caudale	14	—
A la membrane branchiale du rayé	5	—
A chaque nageoire pectorale	15	—
A chaque thoracine, articulés	5	—
— aiguillonné	1	—

2. Pennant, *Brit. zoolog.,* III, p. 246. — *Labre ballan.* Bonnaterre, planches de l'Encyclo-

Lacép.; *L. Hassek,* Cuv. — L. ARISTÉ, *L. aristatus,* Sparm., Lacép. — L. BIRAYÉ, *L. bivittatus,* Bloch, Lacép.; *Julis bivittata,* Cuv. — L. GRANDES ÉCAILLES, *L. macrolopidotus,* Bloch, Lacép.; *Julis macrolepidota,* Cuv. — L. TÊTE BLEUE, *L. cyanocephalus,* Bloch, Lacép.; *Julis cyanocephala,* Cuv. — L. A GOUTTES, *L. guttulatus,* Bloch, Lacép. — L. BOISÉ, *L. tessellatus,* Bloch, Lacép. — L. CINQ TACHES, *L. quinque-maculatus,* Bloch, Lacép.; *Crenilabrus quinque-maculatus,* Cuv.

Quelles nuances devons-nous décrire encore pour compléter l'idée que nous donne le tableau générique des couleurs de ces labres? La teinte générale du bergylte est brune, et ce brun est mêlé de jaune sur les opercules ; le hassek est vert, avec le dos brun et des taches blanchâtres sur les côtés ; presque toutes les nageoires du birayé sont d'un violet mêlé de jaune ; le labre grandes écailles présente des nageoires colorées de même, des taches violettes sur ses opercules et quelques taches bleues à l'origine de la dorsale.

Un gris tirant sur le vert distingue les nageoires du labre tête bleue ; presque toutes les taches que l'on voit sur le labre à gouttes sont ordinairement rondes comme des gouttes de pluie ; le boisé a les thoracines noires, les pectorales et la caudale bleues, la dorsale et l'anale variées de bleu, de jaune et de brun ; et le cinq-taches a les nageoires jaunes, bordées de violet. Nous devons à Bloch la connaissance des six derniers labres que nous venons de nommer ; nous savons par ce naturaliste que le cinq-taches vit, ainsi que le boisé, dans la mer de Norvège, d'où M. Spengler, de Stockholm, avait reçu des individus de ces deux espèces. C'est dans les mers de la Grande-Bretagne, ou à une distance assez peu considérable de la Norvège, que l'on trouve le bergylte et le ballan. On pêche le hassek dans la mer d'Arabie. M. Sparmann dit que le labre aristé a pour patrie les eaux de la Chine[1].

pédie méthodique. — *Berg-galt, Berg gylte, Sea-aborne,* en Norvège. — *See carpe (carpe de mer),* en Danemark. — *Labrus bergylta.* Ascagne, p. 1. — *Labre tacheté.* Bloch, p. 294. — *Labre bergylte.* Bonnaterre, planches de l'Encyclopédie méthodique.

Labre hassek. Bonnaterre, planches de l'Encyclopédie méthodique. — *Labrus inermis. Id.* Forskael, *Descript. animal.,* p. 34. — *Labre aristé.* Bonnaterre, planches de l'Encyclopédie méthodique. — Sparmann, *Amœn. academ.,* t. VII, p. 505. — Bloch, pl. 284, fig. 1. — *Id.,* fig. 2. — *Id.,* pl. 286. — *Id.,* pl. 287, fig. 2. — *Id.,* pl. 291, fig. 2, — *Id.,* fig. 1.

1. A la membrane branchiale du labre ballan	4	rayons.
A chaque nageoire pectorale	14	—
A chaque thoracine, articulés	5	—
— aiguillonné	1	—
A la membrane branchiale du bergylte	5	—
A chaque nageoire pectorale	14	—
A chaque thoracine, articulés	4	—
— aiguillonné	1	—
A la caudale	18	—
A chaque nageoire pectorale de l'aristé	12	—
A chaque thoracine	6	—
A la membrane branchiale du birayé	5	—

                    LE LABRE MICROLÉPIDOTE.

Les mâchoires du labre grandes écailles n'offrent qu'un seul rang de dents, dont les antérieures sont les plus longues; la ligne latérale de ce poisson est interrompue; une seule rangée de dents petites et aiguës garnit les deux mâchoires du labre boisé.

LE LABRE MICROLÉPIDOTE[1]

Labrus microlepidotus, BLOCH, LACÉP.

LE LABRE VIEILLE, *Labrus vetula*, Bloch., Lacép.; *L. lineatus*, Penn., Cuv.? *L. variegatus*, Gmel. ? — L. KARUT, Lacép.; *Johnius Karut*, Bloch; *Corvina carutta*, Cuv. — L. ANEI, *L. Aneus*, Lacép.; *Johnus aneus*, Bloch; *Corvina anei*, Cuv. — L. CEINTURE, *L. cingulum*, Lacép.; *Julis cingulum*, Cuv. — L. DIGRAMME, *L. digramma*, Lacép.; *Cheilinus digramma*, Cuv. — L. HOLOLÉPIDOTE, *L. hololepidotus*, Lacép.; *Sciæna hololepidota*, Cuv. — L. TÆNIOURE, *L. tæniourus, Sparus hemisphærium* et *Sparus Brachion*, Lacép.; *Julis tænioura*, Cuv. — L. PARTERRE, *L. hortulanus* et *L. centiquadrus*, Lacép.; *Julis hortulana*, Cuv. — L. SPAROÏDE, *L. sparoides*, Lacép.; *Centrarchus sparoides*, Cuv. — L. LÉOPARD, *L. leopardus*, Lacép.;

A chaque nageoire pectorale	14	rayons.
A chaque thoracine, articulés	5	—
— aiguillonné	1	—
A la caudale	13	–
A la membrane branchiale du labre grandes écailles	5	—
A chaque nageoire pectorale	12	—
A chaque thoracine	6	—
A la caudale	19	—
A la membrane branchiale du labre tête bleue	5	—
A chaque nageoire pectorale	12	—
A chaque thoracine, articulés	5	—
— aiguillonné	1	—
A la caudale	12	—
A chaque nageoire pectorale du labre à gouttes	13	—
A chaque thoracine	6	—
A la caudale	16	—
A la membrane branchiale du boisé	4	—
A chaque nageoire pectorale	16	—
A chaque thoracine, articulés	5	—
— aiguillonné	1	—
A la caudale	16	—
A la membrane branchiale du cinq-taches	5	—
A chaque nageoire pectorale	15	—
A chaque thoracine, articulés	5	—
— aiguillonné	1	—
A la caudale	16	—

1. Bloch, pl. 292. — *Carpe de mer,* sur quelques côtes occidentales de France. — Bloch, p. 293.— *Johnius carut.* Bloch, pl. 356.— *Anei kattalei,* par les Malais. — *Johnius aneus.* Bloch, pl. 357. — « Labrus saturnio anticà medietate lividus, posticà fuscus, cingulo intermedio exalbido, punctis atro-purpureis capiti inspersis. » Commerson, manuscrits déjà cités. — *Perca notata.* Bosc., manuscrits communiqués.

Serranus leopardus, Cuv. — L. MALAPTÉRONOTE, *L. malapteronotus* (fig.) et *L. fuliginosus* (descript.), Lacép.; *Cheilinus fasciatus,* Cuv.

Bloch, qui le premier a publié la description du microlépidote, du labre vieille, du karut et de l'anéi, ignorait quelle est la patrie du microlépidote. Le labre vieille est pêché près des côtes de Norvège, d'où on avait fait parvenir des individus de cette espèce à M. Spengler; on le trouve aussi auprès des rivages occidentaux de France. Le karut et l'anéi, que Bloch avait cru pouvoir comprendre dans un genre particulier, qu'il avait consacré à son ami John, voyageur et missionnaire dans les Indes, en donnant à ce groupe le nom de *Johnius,* nous ont paru devoir être inscrits avec les véritables labres, d'après les principes de distribution méthodique que nous suivons; en effet, ils n'offrent aucun caractère qu'on ne retrouve dans une ou plusieurs espèces, considérées par presque tous les naturalistes et par Bloch lui-même comme des labres proprement dits. Ce karut et cet anéi vivent dans les eaux salées des Indes orientales, et particulièrement dans celles qui baignent la grande presqu'île de l'Inde, tant au levant qu'au couchant de cette immense péninsule.

Quant aux huit autres labres nommés dans cet article, nous en donnons les premiers la description, d'après les manuscrits de Commerson ou les dessins qui faisaient partie de ces manuscrits, et que nous avons fait graver. Ces huit labres habitent le grand Océan équatorial ou les mers qui en sont voisines ; et le labre ceinture a été observé particulièrement auprès de l'Ile de France.

Les deux mâchoires du microlépidote et du labre vieille sont aussi longues l'une que l'autre ; elles sont de plus garnies de dents pointues et peu serrées ; le karut et l'anéi n'offrent que des dents petites et pointues.

Disons encore quelques mots des couleurs des douze labres que nous examinons.

La dorsale du microlépidote[1] est presque entièrement brune ; ses autres nageoires sont blanchâtres.

Le dos et les flancs du karut réfléchissent un bleu d'acier; une nuance d'un beau jaune distingue son ventre et ses lignes latérales; ses nageoires offrent un brun rougeâtre, excepté la dorsale et la caudale qui sont bleues. L'anéi a le dos noirâtre, les côtés blancs, les pectorales et les thoracines rougeâtres ; la partie postérieure de la dorsale, l'anale et la caudale rouges à leur base et bleuâtres à leur sommet. Le bord de la dorsale et de l'anale du

---

1. *Microlépidote* désigne les petites écailles; *digramme,* la double ligne latérale; *hololépidote,* les écailles placées sur toute la surface de l'animal; *tænioure,* le ruban ou la bande que l'on voit sur la nageoire caudale; et *malaptéronote,* les rayons mous qui composent seuls la nageoire dorsale.

Micros signifie *petit; lepis, écaille; dis, deux fois; gramme, ligne; olos, entier; tainia, ruban ou bande; oura, queue; malacos, mou; pteron, nageoire ; et notos, dos.*

labre ceinture est souvent blanchâtre [1], et l'on voit ordinairement sur l'angle postérieur de l'opercule de ce poisson une tache noire, remarquable par un point blanc ou blanchâtre qui lui donne l'apparence d'un iris avec sa prunelle.

LE LABRE SALMOÏDE

Labrus Salmoides, Lacép. — *Perca Trutta*, Bosc. — *Cycla variabilis*, Lesueur. — *Gristes Salmoides*, Cuv.

LE LABRE IRIS

Labrus irideus et *L. macropterus*, Lacép. — *Perca iridea*, Bosc. mss. — *Centrarchus irideus*, Cuv.

On devra à M. Bosc la connaissance du labre salmoïde et du labre iris, qui tous les deux habitent dans les eaux de la Caroline.

1. A chaque nageoire pectorale du labre microlépidote	12	rayons.
A chaque thoracine, articulés	5	—
— aiguillonné	1	—
A la caudale	18	—
A chaque nageoire pectorale du labre vieille	14	—
A chaque thoracine, articulés	5	—
— aiguillonné	1	—
A la caudale	16	—
A la membrane branchiale du karut	5	—
A chaque nageoire pectorale	16	—
A chaque thoracine, articulés	5	—
— aiguillonné	1	—
A l'anale, articulés	7	—
— aiguillonnés	2	—
A la caudale	18	—
A la membrane branchiale de l'anéi	5	—
A chaque nageoire pectorale	14	—
A chaque thoracine, articulés	5	—
— aiguillonné	1	—
A l'anale, articulés	7	—
— aiguillonnés	2	—
A la caudale	18	—
A chaque nageoire pectorale du labre ceinture	13	—
A chaque thoracine	6	—
A la caudale	14	—
A chaque nageoire pectorale du digramme	11	—
A chaque thoracine	6	—
A la caudale	12	—
A la caudale du labre hololépidote	20	—
A la caudale du tœnioure	13	—
A chaque nageoire pectorale du labre parterre	12	—
A la caudale	16	—
A la caudale du sparoïde	17	—
A la caudale du léopard	12	—
A la nageoire caudale du malaptéronote	11	—

Le salmoïde a une petite élévation sur le nez ; l'ouverture de la bouche fort large ; la mâchoire inférieure un peu plus longue que la supérieure, l'une et l'autre garnies d'une grande quantité de dents très menues ; la langue charnue ; le palais hérissé de petites dents que l'on voit disposées sur deux rangées et sur une plaque triangulaire ; le gosier situé au-dessus et au-dessous de deux autres plaques également hérissées ; l'œil grand ; les côtés de la tête revêtus de petites écailles ; la ligne latérale parallèle au dos ; une fossette propre à recevoir la partie antérieure de la dorsale ; les deux thoracines réunies par une membrane ; l'iris jaune et le ventre blanc.

On trouve un très grand nombre d'individus de cette espèce dans toutes les rivières de la Caroline ; on leur donne le nom de *traut* ou *truite*. On les prend à l'hameçon ; on les attire par le moyen de morceaux de *cyprin*. Ils parviennent à la longueur de six ou sept décimètres ; leur chair est ferme et d'un goût très agréable.

Le labre iris montre un aplatissement et une petite rainure sur la tête, au devant des yeux ; des dents extrêmement petites ; une membrane placée de manière à réunir les thoracines l'une à l'autre ; une longueur d'un à deux décimètres ; une couleur générale d'un gris brun ponctué et taché d'un brun plus foncé ; une raie jaune et très peu sensible sur presque toutes les écailles, et deux raies obliques, ainsi que plusieurs taches rouges et petites sur la nageoire du dos. Les individus de cette espèce vivent en très grand nombre dans les eaux douces de la Caroline, comme les labres sparoïdes. On les y recherche particulièrement au printemps [1].

LE LABRE DIANE [2]

Labrus Diana, Lacép., Cuv.

Le Labre macrodonte, *Labrus macrodontus*, Lacép. — L. neustrien, *L. neustriæ* et *L. bargylta*, Lacép.; *L. maculatus*, var. Cuv.; *L. bergylta*, Ascan. — L. calops, *L. calops*, Lacép. — L. ensanglanté, *L. cruentatus*, Lacép.; *Priacanthus cruentatus*, Cuv. — L. perruche, *L. psittaculus*, Lacép. — L. keslik, *L. perdica*, Linn., Gmel.; *L. keslik*, Lacép. — L. combre, *L. comber*, Linn., Lacép.; *L. maculatus*, var. Cuv.

La description comparée des six premiers de ces huit labres n'a encore été publiée par aucun naturaliste. Suivant M. Noël, qui nous a fait parvenir

1. A la membrane des branchies du labre salmoïde............ .... 6 rayons.
   A chaque pectorale.. 13 —
   A chaque thoracine....................................... 6 —
   A la nageoire de la queue................................ 18 —

   A chaque pectorale du labre iris......................... 9 —
   A chaque thoracine, articulés............................ 5 —
   —   aiguillonné............................ 1 —
   A la caudale... 24 —
2. *Grande vieille*, auprès de Fécamp. — *Bandoulière marbrée*. (Note manuscrite communi-

des notes manuscrites au sujet du labre neustrien et du calops, ce dernier poisons a les deux mâchoires garnies d'une rangée de dents doubles et pointues. La dorsale du neustrien présente des nuances et une disposition de couleurs assez semblables à celles que l'on voit sur les côtés de cet animal ; les pectorales, les thoracines, l'anale et la caudale offrent des tons et une distribution de teintes pareils à ceux que montre le dos. L'iris du calops, qui est très grand, ainsi que l'œil considéré dans son ensemble, est d'un noir si éclatant que j'ai cru devoir tirer de ce trait de la physionomie de ce labre le nom spécifique de *calops* que j'ai donné à ce poisson, et qui signifie *bel œil*[1]. Le dos du labre calops est brunâtre ; mais cet osseux est revêtu sur toute sa surface, excepté celle de sa tête, d'écailles fortes, larges et très brillantes[2]. L'éclat des diamants et des rubis, qui charme les yeux des observateurs sur l'ensanglanté, est relevé par les nuances des nageoires, qui sont toutes dorées. L'anale du labre perruche est jaune avec une bordure rouge, et sa caudale est également jaune, avec quatre ou cinq bandes courbes, concentriques, inégales en largeur et alternativement rouges et bleues. Le keslik a la tête brune et la dorsale, ainsi que l'anale, rouges. Le combre a souvent le ventre d'un jaune clair et les nageoires rougeâtres : il habite dans les mers britanniques ; le keslik, dans celle qui baigne les murs de Constantinople ; les beaux labres ensanglanté et perruche vivent dans l'Amérique, où ils ont été dessinés et observés avec soin par Plumier ; le neustrien et le calops près des rives de l'ancienne Neustrie ; et le labre diane[3], dont nous devons la figure à Commerson, se trouve dans le grand

quée par M. Noël, de Rouen.) — *La brune*, par les pêcheurs de Dieppe. — *Bandoulière brune.* (Note manuscrite communiquée par M. Noël, de Rouen.) — « Lupus minimus, argenteus, maculis purpureis tessellatus. » Peintures sur vélin faites d'après les dessins de Plumier et déposées dans la bibliothèque du Muséum d'histoire naturelle. — « Turdus marinus varius, vulgo *petit perroquet*. » Peintures sur vélin faites d'après les dessins de Plumier, déjà cités.

    Forskael, *Descrip. anim.*, p. 34, n. 26. — *Labre keslik.* Bonnaterre, planches de l'Encyclopédie méthodique. — *Labre combre.* Bonnaterre, planches de l'Encyclopédie méthodique. — *Comber. Brit. zoolog.*, 3, p. 210, n. 7. — Ray, *Pisc.*, p. 163, fig. 5.

    1. *Kalos* veut dire *beau*, et *ops*, *œil*.

    2. M. Noël, qui a disséqué le calops, nous écrit que ce poisson n'a point d'appendices ou cæcums auprès du pylore ; que sa vessie natatoire est d'une grande capacité ; qu'elle est située au-dessous de l'épine dorsale ; que cette épine est composée de vingt-deux vertèbres, dont dix répondent à la capacité du ventre, et que la chair de cet animal est blanche et ferme comme celle d'une jeune morue.

3. A la caudale du labre diane................................	12 rayons.
A la membrane branchiale du labre macrodonte................	5 —
A chacune des pectorales...................................	15 —
A chacune des thoracines, articulés	5 —
— aiguillonné.......................	1 —
A la caudale..	14 —
A la membrane branchiale du neustrien......................	7 —
A chacune des pectorales...................................	15 —
A chacune des thoracines, articulés........................	5 —
— aiguillonné.......................	1 —
A la caudale..	15 —

Océan équatorial : quant au macrodonte, que nous avons décrit d'après des individus de la collection cédée à la France par la Hollande, nous ignorons sa patrie.

LE LABRE BRASILIEN[1]

Labrus brasiliensis, BLOCH, LACÉP. — *Julis brasiliensis,* CUV.

LE LABRE VERT, *Labrus viridis,* Bloch, Lacép.; *Julis viridis,* Cuv. — L. TRILOBÉ, *L. trilobatus,* Lacép.; *Julis trilobata,* Cuv. — L. DEUX CROISSANTS, *L. bilunulatus,* Lacép., Cuv. — L. HÉBRAÏQUE, *L. hebraicus,* Lacép.; *Julis hebraica,* Cuv. — L. LARGE RAIE, *L. latovittatus* et *Tænianotus latovittatus,* Lacép.; *Malacanthus latovittatus,* Cuv. — L. ANNELÉ, *L. annulatus,* Lacép.; *Julis annulata,* Cuv.

Bloch a publié la description et la figure des deux premiers de ces labres[3] ; nous allons faire connaître les cinq autres, dont nous avons trouvé des dessins parmi les manuscrits de Commerson. La ligne latérale des deux derniers de ces cinq labres, c'est-à-dire du labre large raie et de l'annelé, est courbe à son origine et droite vers la nageoire caudale : une grande tache, ayant à peu près la forme d'un croissant, est d'ailleurs placée sur la base de la caudale de ce labre annelé et occupe presque toute la surface de cette nageoire ; on voit de plus une ou deux raies longitudinales sur l'anale de ce même poisson, et une raie oblique passe au-dessus de chacun de ses yeux. La dorsale et l'anale du trilobé sont bordées d'une couleur vive ou foncée. Le brasilien brille, sur presque toute sa surface, de l'éclat de l'or, et cette dorure est relevée par quelques traits bleus, par le bleu des raies longitudinales qui s'étendent sur la dorsale et sur l'anale[2], et par la couleur

A la membrane branchiale du calops	4	rayons.
A chacune des pectorales	17	—
A chacune des thoracines, articulés	5	—
— aiguillonné	1	—
A la caudale	22	—
A la nageoire de l'anus de la perruche	12	—
A la caudale	12	—
A chacune des pectorales du keslik	14	—
A chacune des thoracines, articulés	5	—
— aiguillonné	1	—
A la caudale	14	—
A chacune des pectorales du combre	14	—
A chacune des thoracines	5	—

1. *Tetimixira,* au Brésil. — Bloch, pl. 280. — *Id.,* pl. 282. — La belle gravure enluminée du brasilien, que l'on trouve dans l'ouvrage de Bloch, me paraît donner une fausse idée de la caudale de ce poisson, en ne la représentant pas comme trilobée. Si mon opinion à cet égard n'était pas fondée, il faudrait ôter le brasilien du troisième sous-genre des labres et le placer dans le premier.

2. A chacune des nageoires pectorales du labre brasilien.......... 11 rayons.
    A chacune des thoracines articulés...................... 5 —
          — aiguillonné...................... 1 —
    A la caudale...................... 18 —

également bleue des pectorales, des thoracines et de la caudale : ce beau poisson vit dans les eaux du Brésil ; il est recherché à cause de la bonté de sa chair ; sa longueur excède quelquefois un tiers de mètre. Le vert habite dans les eaux du Japon ; le trilobé, le deux-croissants, l'hébraïque, le large-raie et l'annelé ont été vus dans le grand Océan équatorial.

CENT HUITIÈME GENRE

LES CHEILINES

La lèvre supérieure extensible ; les opercules des branchies dénués de piquants et de dentelures ; une seule nageoire dorsale ; cette nageoire du dos très séparée de celle de la queue, ou très éloignée de la nuque, ou composée de rayons terminés par un filament ; de grandes écailles ou des appendices placés sur la base de la nageoire caudale ou sur les côtés de la queue.

ESPÈCES.	CARACTÈRES.
1. Le Cheiline scare.	Des appendices sur les côtés de la queue.
2. Le Cheiline trilobé.	Deux lignes latérales ; la nageoire caudale trilobée.

LE CHEILINE SCARE[1]

Cheilinus Scarus, Lacép.

Il est peu de poissons et même d'animaux qui aient été, pour les premiers peuples civilisés de l'Europe, l'objet de plus de recherches, d'attention et d'éloges que le scare dont nous allons parler. Nous avons cru devoir le séparer des labres proprement dits et le mettre à la tête d'un genre par-

A chacune des pectorales du labre vert......................	12	rayons.
A chacune des thoracines.................................	6	—
A la caudale...	14	—
A chacune des pectorales du trilobé......................	13	—
A la caudale...	13	—
A chacune des pectorales du labre deux croissants...........	13	—
A l'anale..	15	—
A la caudale...	9	—
A chacune des pectorales du labre hébraïque................	10	—
A la caudale...	16	
A la caudale du large-raie..............................	11	—
A chacune des pectorales de l'annelé	7	—
A la caudale...	13	—

1. *Sargo, Cantheno,* dans le midi de l'Europe. — *Denté,* dans quelques départements méridionaux de France. — *Labre scare.* Daubenton et Haüy, Encyclopédie méthodique. — *Id.,* Bonnaterre, planches de l'Encyclopédie méthodique. — *Scarus auctorum.* Artedi, syn. 54. — *O scaros.* Aristote, lib. II, cap. xvii ; lib. VIII, cap. ii ; et lib. IX, cap. xxxvii. — *Id.,* Ælian, lib. I, cap. ii, p. 5 ; et lib. II, cap. liv.

Oppian, lib. I, p. 5, 6 ; et lib. II, p. 53. — Athen., lib. VII, p. 319. — *Scarus.* Pline, lib. IX, cap. xvii. — Aldrovande, lib. I, cap. ii, p. 7. — *Scare.* Rondelet, première partie, liv. VI, chap. ii. — Jonston, lib. I, tit. 2, cap. i, *a,* 1, t. XIII. — *Scarus piscis.* Jov., cap. i, p. 7. — Willughby, p. 306. — Ray, p. 129.

Scarus. Petri Artedi Syn. piscium, auctore J.-G. Schneider, p. 85 et 328. — *Scare.* Valmont de Bomare, *Dictionnaire d'histoire naturelle.*

ticulier dont le nom *cheiline* [1] indique la conformation des lèvres, et qui
rapproche des labres cette petite famille, pendant qu'elle s'en éloigne par
d'autres caractères. Mais il ne faut pas surtout le confondre avec les osseux
connus des naturalistes modernes sous le nom de *scares*, qui forment un
genre très distinct de tous les autres et qui diffèrent de notre cheiline par
des traits très remarquables, quoique plusieurs de ces animaux habitent
dans la Méditerranée, comme le poisson dont nous écrivons l'histoire. La
dénomination de *scare* est générique pour tous ces osseux qui composent
une famille particulière ; il est spécifique pour celui que nous décrivons.
Nous aurions cependant, pour éviter toute équivoque, supprimé ou ce nom
générique ou ce nom spécifique, si le premier n'avait été généralement
adopté par tous les naturalistes récents, et si le second n'avait été consacré
par tous les écrivains anciens et par tous les auteurs modernes qui ont
traité du cheiline que nous examinons.

Ce poisson non seulement habite dans la Méditerranée, ainsi que nous
venons de le dire, mais encore vit dans les eaux qui baignent la Sicile,
la Grèce et les îles répandues auprès des rivages fortunés de cette Grèce
si fameuse. Il n'est donc pas surprenant que les premiers naturalistes grecs
aient pu observer cet osseux avec facilité. Ce cheiline est d'une couleur
blanchâtre ou livide mêlée de rouge. Il ne parvient guère qu'à la longueur
de deux ou trois décimètres. Les écailles qui le recouvrent sont grandes et
très transparentes. Il montre, sur les côtés de sa queue, des appendices
transversales dont la forme et la position ont frappé les observateurs. La
conformation de ses dents n'a pas été moins remarquée : elles sont émoussées au lieu d'être pointues, et par conséquent très propres à couper ou à
arracher les algues et les autres plantes marines que le scare trouve sur les
rochers qu'il fréquente. Ces végétaux marins paraissent être l'aliment préféré par ce cheiline, et cette singularité n'a pas échappé aux naturalistes
d'Europe les plus anciens. Mais ils ne se sont pas contentés de rechercher
les rapports que présente le scare entre la forme de ses dents, les dimensions de son canal intestinal, la qualité de ses sucs digestifs et la nature de
sa nourriture, très différente de celle qui convient au plus grand nombre de
poissons ; ils ont considéré le scare comme occupant parmi ces poissons
carnassiers la même place que les animaux ruminants qui ne vivent que de
plantes, parmi les mammifères qui ne se nourrissent que de proie ; exagé-
rant ce parallèle, étendant les ressemblances et tombant dans une erreur
qu'il aurait été cependant facile d'éviter, ils sont allés jusqu'à dire que le
scare ruminait ; et voilà pourquoi, suivant Aristote, plusieurs Grecs l'ont
appelé *merucan*.

Les individus de cette espèce vivent en troupes ; le poète grec Oppien, qui a cru devoir chanter leur affection mutuelle, dit que lorsqu'un

---

1. *Xeilos* signifie *lèvre*.

scare a été pris à l'hameçon, un de ses compagnons accourt et coupe la corde
qui retient le crochet et l'animal avec ces dents obtuses dont il est accou-
tumé à se servir pour arracher ou scier l'herbe qui tapisse le fond des mers ;
il ajoute que si un scare enfermé dans une nasse cherche à en sortir la
queue la première, ces mêmes compagnons l'aident dans ses efforts en le
saisissant avec leur gueule par cette queue qui se présente à eux, et en le
tirant avec force et constance ; enfin, pour ne refuser à l'espèce dont nous
nous occupons aucune nuance d'attachement, il nous montre les mâles ac-
courant vers une femelle retenue dans une nasse ou par un hameçon, et
s'exposant, pour l'amour d'elle, à tous les dangers dont les pêcheurs les
menacent. Mais je n'ai pas besoin de faire remarquer que c'est un poète qui
parle. Combien le naturaliste, plus sévère que le poète, n'est-il pas forcé
de réduire à quelques faits peu extraordinaires des habitudes si touchantes
et que la sensibilité voudrait conserver comme autant d'exemples utiles et
d'heureux souvenirs !

Le scare s'avançait, lors des premiers siècles de l'ère vulgaire, dans
l'Archipel et dans la mer dite alors de Carpathie, jusqu'au premier promon-
toire de la Troade. C'est de ces parages que, sous l'empire de Tibère Claude,
le commandant d'une flotte romaine, nommé Optatus Elipertius ou Elipar-
tius, apporta plusieurs scares vivants qu'il répandit le long du rivage d'Ostie
et de la Campanie. Pendant cinq ans, on eut le soin de rendre à la mer
ceux de ces poissons que les pêcheurs prenaient avec leurs lignes ou dans
leurs filets ; par cette attention bien facile et bien simple, mais soutenue,
les scares multiplièrent promptement et devinrent très communs auprès des
côtes italiques, dans le voisinage desquelles on n'en avait jamais vu auparavant. Ce fait est plus important qu'on ne le croit, et pourrait nous servir
à prouver ce que nous dirons, avant de terminer cette histoire, au sujet de
l'acclimatation des poissons, à ceux qui s'intéressent à la prospérité des
peuples.

Le commentateur d'Aristote, l'Égyptien Philoponus, a écrit, vers la
fin du vi^e siècle ou au commencement du viie, que les scares produi-
saient quelque son, lorsque, placés à la surface de la mer et élevant la tête
au-dessus des ondes, ils faisaient jaillir l'eau de leur bouche avec rapidité.
Peut-être en effet faudra-t-il attribuer à ces cheilines la faculté de faire entendre quelque bruissement analogue, et par sa nature et par sa cause, à
celui que font naître plusieurs trigles et d'autres espèces de poissons cartilagineux ou osseux dont nous avons déjà parlé [1].

Dans le temps du grand luxe des Romains, le scare était très recherché.
Le poète latin Martial nous apprend que ce poisson faisait les délices des
tables les plus délicates et les plus somptueuses ; que son foie était la partie
de ce poisson que l'on préférait, et que même l'on mangeait ses intestins

---

1. Discours sur la nature des poissons.

sans les vider : ce qui doit moins étonner, lorsqu'on pense que cet osseux ne vit que de végétaux, que de voir nos gourmets modernes manger, également sans les vider, des oiseaux dont l'aliment, composé de substances animales, est sujet à une véritable corruption. Dans le siècle de Rondelet, ce goût pour le scare et même pour ses intestins était encore très vif ; ce naturaliste a écrit que cet osseux devait être regardé comme le premier entre les poissons qui vivent au milieu des rochers ; que sa chair était légère, friable, facile à digérer, très agréable, et que ses boyaux, qu'il ne fallait pas jeter, sentaient la violette. Mais le prix que l'on donnait du scare, à l'époque où Rondelet a publié son Histoire des poissons, était bien inférieur à celui qu'on en offrait à Rome quelque temps avant que Pline mît au jour son immortel ouvrage. Ce poisson entrait dans la composition de ces mets fameux pour lesquels on réunissait les objets les plus rares et que l'on servait à Vitellius dans un plat qui, à cause de sa grandeur, avait été appelé *le bouclier de Minerve*. Les entrailles du scare paraissaient dans ce plat avec des cervelles de faisans et de paons, des langues de phénicoptères et des laites du poisson que les anciens appelaient *murène*, et que nous nommons *murénophis*.

Au reste, ce ne sont pas seulement les plantes marines qui conviennent au scare : il se nourrit aussi de végétaux terrestres ; et voilà pourquoi, lorsqu'on a voulu le pêcher, on a souvent employé avec succès, pour amorce, des feuilles de pois, de fèves, ou d'autres plantes analogues à ces dernières[1].

LE CHEILINE TRILOBÉ[2]

Cheilinus trilobatus, LACÉP., CUV. — *Sparus chlorurus*, BLOCH.

Suivant Commerson, dans les papiers duquel nous avons trouvé une note très étendue sur ce cheiline encore inconnu des naturalistes, le trilobé a la grandeur et une partie des proportions d'une carpe ordinaire. La couleur générale de ce poisson est d'un brun bleuâtre, relevé sur la tête, la nuque et les opercules par des traits, des taches ou des points rouges, blancs et jaunes. Ses pectorales sont jaunes, particulièrement à leur base ; ses thoracines sont variées de rouge. La tête et le corps du trilobé sont d'ailleurs hauts et épais. Presque toute sa surface est revêtue d'écailles arrondies, grandes et lisses. Les deux dents antérieures de chaque mâchoire sont plus longues que les autres. Deux lames composent chaque opercule. Indépendamment de la forme trilobée et de la surface très étendue de la caudale, cette nageoire est recouverte à sa base et de chaque côté par trois ou quatre appendices presque membraneuses, semblables par leur forme à des écailles longues, larges, pointues, et qui flottent, pour ainsi dire, sur cette même

---

1. Le scare a le cœur anguleux, le foie divisé en trois lobes, l'estomac petit, le pylore entouré de quatre ou cinq cæcums, et le canal intestinal recourbé plus d'une fois.

2. « Labrus capite guttato, caudâ tricuspidatâ, squamis membranaceis ad basim imbricatis. » Commerson, manuscrits déjà cités.

base, à laquelle elles ne tiennent que par une petite portion de leur contour. La dorsale et l'anale se prolongent en pointe vers la caudale. Les deux lignes latérales sont très droites : la supérieure règne depuis l'opercule jusque vers la fin de la dorsale ; la seconde va depuis le point correspondant au milieu de la longueur de l'anale jusqu'aux appendices de la nageoire de la queue[1] ; chacune paraît composée de petites raies qui, par leur figure et leur position, imitent une suite de caractères chinois. Commerson a observé le trilobé, en 1769, dans la mer qui baigne les côtes de l'île Bourbon, de l'île de France et de l'île de Madagascar.

CENT NEUVIÈME GENRE

LES CHEILODIPTÈRES

La lèvre supérieure extensible; point de dents incisives ni molaires; les opercules des branchies dénués de piquants et de dentelures; deux nageoires dorsales.

PREMIER SOUS-GENRE

LA NAGEOIRE DE LA QUEUE FOURCHUE OU EN CROISSANT

ESPÈCES	CARACTÈRES.
1. LE CHEILODIPTÈRE HEPTACANTHE.	Sept rayons aiguillonnés et plus longs que la membrane à la première nageoire du dos; la caudale fourchue; la mâchoire inférieure plus avancée que la supérieure; les opercules couverts d'écailles semblables à celles du dos.
2. LE CHEILODIPTÈRE CHRYSOPTÈRE.	Neuf rayons aiguillonnés à la première dorsale qui est arrondie; la caudale en croissant; les deux mâchoires à peu près aussi longues l'une que l'autre; la seconde dorsale, l'anale, la caudale et les thoracines dorées.
3. LE CHEILODIPTÈRE RAYÉ.	Neuf rayons aiguillonnés à la première dorsale; la caudale en croissant; la mâchoire inférieure un peu plus avancée que la supérieure; les dents longues, crochues et séparées l'une de l'autre; une bande transversale large et courbe auprès de la caudale; huit raies longitudinales de chaque côté du corps.
4. LE CHEILODIPTÈRE MAURICE.	Neuf rayons aiguillonnés à la première nageoire du dos; quatorze rayons à celle de l'anus; la caudale en croissant; la tête et les opercules dénués d'écailles semblables à celles du dos; la couleur générale argentée, sans bandes, sans raies et sans taches.

SECOND SOUS-GENRE

LA NAGEOIRE DE LA QUEUE RECTILIGNE OU ARRONDIE

ESPÈCE.	CARACTÈRES.
5. LE CHEILODIPTÈRE CYANOPTÈRE.	Neuf rayons aiguillonnés à la première nageoire du dos; les deux dorsales et la caudale bleues; la caudale rectiligne; la mâchoire supérieure plus avancée que l'inférieure, qui est garnie d'un barbillon.

1. A la nageoire du dos, articulés.............................. 10 rayons.
  —   aiguillonnés........................... 9 —
 A chacune des pectorales..................................... 12 —

ESPÈCES.	CARACTÈRES.
6. LE CHEILODIPTÈRE BOOPS.	Cinq rayons aiguillonnés à la nageoire dorsale ; les yeux très gros ; la mâchoire inférieure plus avancee que la supérieure.
7. LE CHEILODIPTÈRE AIGLE.	Deux rayons aiguillonnés à la première dorsale ; la caudale un peu arrondie ; les deux mâchoires presque également avancées.
8. LE CHEILODIPTÈRE ACOUPA.	Dix rayons aiguillonnés à la première dorsale ; la caudale arrondie ; la mâchoire inférieure plus avancée que la supérieure ; plusieurs rangs de dents crochues et inégales ; plusieurs rayons de la seconde dorsale terminés par les filaments.
9. LE CHEILODIPTÈRE MACROLÉPIDOTE.	Sept rayons aiguillonnés à la première nageoire du dos ; la caudale arrondie ; la mâchoire inférieure un peu plus avancée que la supéreure ; l'entre-deux des yeux très relevé ; les opercules et la tête garnis d'écailles de même figure que celles du dos ; le corps et la queue revêtus de grandes écailles.
10. LE CHEILODIPTÈRE TACHETÉ.	Sept rayons aiguillonnés à la première nageoire du dos ; la caudale lancéolée ; les mâchoires égales, de petites taches sur les deux dorsales, la caudale et la nageoire de l'anus.

LE CHEILODIPTÈRE HEPTACANTHE

Cheilodipterus heptacanthus, LACÉP. — *Temnodon heptacanthus,* CUV.

LE CHEILODIPTÈRE CHRYSOPTÈRE [1]

Cheilodipterus chrysopterus, LACÉP. — *Perca Plumieri,* CUV.

LE CHEILODIPTÈRE RAYÉ

Cheilodipterus lineatus et Centropoma macrodon, LACÉP. — *Cheilodipterus octovittatus,* CUV.

Le premier de ces trois cheilodiptères a été dessiné sous les yeux de Commerson, qui l'a vu dans le grand Océan équatorial. Nous lui avons donné le nom d'*heptacanthe* [2] pour indiquer les sept rayons aiguillonnés, forts et longs, que présente la première nageoire du dos, et à la suite desquels on aperçoit un huitième rayon très petit. La seconde dorsale est un peu en forme de faux [3]. Nous n'avons pas besoin de faire observer que le nom générique *cheilodiptère* désigne la forme des lèvres, semblable à celle que

A chacune des thoracines...................................... 6 rayons.
A l'anale, articulés............ .... 9 —
— aiguillonnés....................................... 3 —
A la nageoire de la queue....................... .... 12 —

1. « Cheloniger ex auro et argenteo virgatus. » Peintures sur vélin, d'après les dessins de Plumier.

2. *Epta* signifie *sept*, et *acantha, piquant, épine, aiguillon.*

3. A la seconde dorsale de l'heptacanthe........................ 24 rayons.
A l'anale............................ .... 13 —
A la caudale... 15 —

présentent les lèvres des labres et les deux nageoires que l'on voit sur le dos de l'heptacanthe et des autres poissons compris dans le genre que nous examinons.

La seconde espèce de ce genre, celle que nous appelons le *chrysoptère*[1], est encore inconnue des naturalistes, de même que l'heptacanthe, le rayé, le cyanoptère et l'acoupa. Cet osseux chrysoptère vit dans les eaux de l'Amérique méridionale, où Plumier l'a dessiné. Ses couleurs sont très belles. Indépendamment de celles qu'indique le tableau générique, il présente le ton et l'éclat de l'argent sur une très grande partie de sa surface. Une nuance d'un noir rougeâtre ou violet est répandue sur le dos, sur les côtés, où elle forme, à la droite ainsi qu'à la gauche de l'animal, neuf grandes taches ou bandes transversales, un peu triangulaires et inégales sur le premier rayon de l'anale et sur le premier et le dernier rayon de la nageoire de la queue. Quatre raies longitudinales et dorées règnent d'ailleurs de chaque côté du chrysoptère, dont l'iris brille comme une topaze[2].

Le rayé[3], dont nous avons fait graver la figure d'après un dessin trouvé dans les papiers de Commerson, habite, comme l'heptacanthe, dans le grand Océan équatorial. Ses yeux sont gros, très brillants, et entourés d'un cercle dont la nuance est très éclatante.

LE CHEILODIPTÈRE MAURICE[4]

Cheilodipterus Mauritii, Lacép. — *Eleotris Mauritii*, Cuv.

Nous rapportons au premier sous-genre des cheilodiptères ce poisson, que Bloch a compris parmi les thoracins auxquels il a donné le nom de *sciènes*. Mais nous avons déjà vu les raisons d'après lesquelles nous avons dû adopter une distribution méthodique différente de celle de ce célèbre ichtyologiste. Cet habile naturaliste a décrit cette espèce d'après un dessin et un manuscrit du prince J. Maurice de Nassau-Siegen, qui, dans le commencement du XVIIe siècle, gouverna une partie du Brésil, dont il a donné le nom à ce thoracin pour rendre durable le témoignage de la reconnaissance des hommes instruits envers un ami éclairé des sciences et des arts. Le cheilodiptère Maurice vit dans les eaux du Brésil, où il parvient à la grandeur de la perche. Sa ligne latérale est dorée; ses nageoires pré-

---

1. *Chrusos* veut dire *or*, et *pteron nageoire*.
2. A la seconde dorsale du chrysoptère.......................... 10 rayons.
   A l'anale.. 11 —
3. A la seconde dorsale du rayé.............................. 10 —
   A chaque pectorale.. 8 —
   A l'anale... 12 —
   A la caudale.. 15 —
4. *Guaru*, au Brésil. — *Sciæna Mauritii*. Bloch, pl. 307, fig. 1.

sentent des teintes couleur d'or mêlées à des nuances bleuâtres ; ce même
bleu règne sur le dos du poisson[1].

LE CHEILODIPTÈRE CYANOPTÈRE[2]

Cheilodipterus cyanopterus, Lacép. — *Sciæna cirrhosa,* Linn. — *Umbrina
vulgaris,* Cuv.

LE CHEILODIPTÈRE BOOPS[3]

Cheilodipterus Boops, Lacép. — *Labrus Boops,* Houtt., Linn., Gmel., Lacép.

LE CHEILODIPTÈRE ACOUPA

Cheilodipterus Acoupa, Lacép. — *Bodianus Stellifer?* Bloch. — *Corvina trispinosa,* Cuv.

Le cyanoptère et l'acoupa n'ont pas encore été décrits. Nous faisons
connaître le premier d'après un dessin de Plumier, et le second d'après un
individu femelle qui m'a été adressé des environs de Cayenne par M. Leblond, que j'ai déjà eu occasion de citer avec gratitude dans cet ouvrage. Ces
deux espèces vivent dans l'Amérique méridionale ou dans la partie de l'Amérique comprise entre les tropiques. Quant au boops, il se trouve dans les
eaux du Japon. Le nom spécifique de ce dernier, qui veut dire *œil de bœuf,*
désigne la grandeur du diamètre de ses yeux, qui, par une suite de leurs
dimensions, sont très rapprochés l'un de l'autre et occupent presque la
totalité de la partie supérieure de la tête. Ses opercules sont garnis d'écailles
semblables à celles du dos. Ceux de l'acoupa sont composés chacun de deux
pièces. On compte une pièce de plus dans l'opercule du cyanoptère ; et cette
troisième pièce est échancrée du côté de la queue, assez profondément pour
y présenter deux saillies ou prolongations, dont la supérieure a le bout un
peu arrondi et l'inférieure l'extrémité très aiguë. L'acoupa montre une ligne
latérale prolongée jusqu'à la fin de la nageoire caudale. La ligne latérale du
cyanoptère[4] divise d'une manière très tranchée les couleurs de la partie supérieure de l'animal et celles de la partie inférieure[5].

1. A la seconde dorsale, articulés............................... 15 rayons.
           —   aiguillonnés............................. 2   —
   A chacune des pectorales.................................... 10   —
   A chacune des thoracines, articulés........................ 5   —
           —   aiguillonné........................ 1   —
   A la nageoire de l'anus, articulés.......................... 11   —
           —   aiguillonnés....................... 3   —
   A celle de la queue.. 17   —
2. *Gry-gry.* — *Gro-gro.* — « Chromis, seu tembra aureo-cærulea, lituris fuscis variegata. »
Peintures sur vélin, d'après les dessins de Plumier.
3. Houttuyn, *Mém. de Haarl.,* t. XX, p. 326. — *Labre grand œil.* Bonnaterre, planches de
l'Encyclopédie méthodique.
4. *Kuaneios* signifie *bleu,* et *cyanoptère* désigne la couleur bleue des dorsales et de la caudale du poisson auquel nous avons cru devoir donner ce nom spécifique.
5. A la seconde dorsale du cyanoptère, articulés............   18 rayons.
           —   —   aiguillonné..........   1   —

Au-dessus de celte ligne, le cyanoptère est varié de nuances dorées, vertes et rouges, disposées par bandes étroites, inégales, ondulées et inclinées vers la caudale, tandis qu'au-dessous de cette même ligne latérale on voit des bandes plus irrégulières, plus sinueuses, plus inclinées, et qui n'offrent guère que des teintes vertes et brunes. Au reste, les pectorales, les thoracines et l'anale du cyanoptère réfléchissent l'éclat de l'or.

LE CHEILODIPTÈRE AIGLE [1]

Cheilodipterus Aquila, Lacép. — *Perca Vanloo,* Riss. *Icht.,* 1re édit.
— *Sciæna Aquila,* Cuv.

Nous allons décrire ce poisson, que les naturalistes ne paraissent pas connaître encore, d'après des notes manuscrites que M. Noël, de Rouen, et M. Mesaize, pharmacien de la même ville, ont bien voulu nous envoyer.

Dans le mois de septembre 1802, des pêcheurs de Dieppe et de Fécamp ont pris neuf ou dix individus d'une grande espèce de poisson qui leur était inconnue et à laquelle ils ont donné le nom d'*aigle de mer*. Le plus grand de ces individus avait au moins un mètre et deux tiers de longueur ; il pesait trente-cinq kilogrammes. La longueur de la tête était le cinquième de la longueur totale.

Les mâchoires de cet *aigle de mer*, que nous avons dû rapporter au genre des cheilodiptères, sont armées de deux rangées de dents ; une rainure sépare ces deux rangées : les dents de la première sont fortes ; celles de la seconde sont plus petites. La lèvre supérieure est extensible ; les os du palais sont unis comme la langue, qui d'ailleurs est courte et cartilagineuse. On peut voir au fond de la bouche deux éminences hérissées d'aiguillons. L'ouverture de la gueule est large ; deux orifices appartiennent à chaque narine ;

A chacune des pectorales.................................... 11 ou 12 rayons.
A chacune des thoracines, articulés......................... 6 —
   —   aiguillonné........................... 1 —
A la caudale.. 12 —

A la seconde dorsale du boops.............................. 15 —
A chacune des pectorales................................... 14 —
A chacune des thoracines, articulés........................ 5 —
   —   aiguillonné........................... 1 —
A l'anale... 11 —
A la caudale.. 22 —

A la membrane des branchies de l'acoupa.................... 6 —
A la seconde nageoire du dos, articulés.................... 19 —
   —   —   aiguillonné................... 1 —
A chacune des pectorales................................... 17 —
A chacune des thoracines, articulés........................ 5 —
   —   aiguillonné........................... 1 —
A l'anale, articulés.. 7 —
   —   aiguillonné... .... 1 —
A la caudale.... .... 20 —

1. *Aigle de mer.*

l'œil est un peu allongé et incliné vers le bout du museau. Deux pièces composent chaque opercule ; la seconde est terminée par une sorte d'appendice. Les deux nageoires du dos ont peu d'élévation[1]. Des écailles grandes, un peu ovales, minces, très serrées l'une contre l'autre et fortement attachées à la peau, revêtent le bout du museau, le tour des yeux, une portion des opercules, le corps et la queue. La couleur générale est blanchâtre.

LE CHEILODIPTÈRE MACROLÉPIDOTE[2]

Cheilodipterus macrolepidotus, Lacép. — *Sciœna macrolepidota,* Bloch.
— *Eleotris macrolepidota,* Cuv.

LE CHEILODIPTÈRE TACHETÉ[3]

Cheilodipterus maculatus, Lacép. — *Sciœna maculata,* Bloch. — *Eleotris maculata,* Cuv.

Le macrolépidote et le tacheté ont été décrits par Bloch. Le premier vit dans les Indes, suivant cet ichtyologiste. Les deux mâchoires de ce cheilo-diptère sont hérissées de dents petites, aiguës et égales. Ses écailles sont grandes, mais unies et tendres. Sa couleur générale est d'un jaune doré avec six ou sept bandes transversales violettes. Les pectorales sont d'un jaune clair ; les thoracines, d'un rouge couleur de brique ; les dorsales, l'anale et la nageoire de la queue jaunes dans la plus grande partie de leur surface, bleuâtres à leur base, et marquées de plusieurs rangs de taches petites arrondies et brunes[4].

Les taches que l'on voit sur la caudale, l'anale et les dorsales du cheilo-diptère tacheté sont d'une nuance plus foncée, mais d'ailleurs presque sem-blables à celles du macrolépidote, et disposées de même. Les nageoires du tacheté présentent aussi des couleurs générales de la même teinte que celles de ce dernier cheilodiptère, mais ses thoracines sont jaunes et non pas rouges ; de plus, au lieu de bandes violettes sur un fond d'un jaune doré, le corps et la queue offrent des taches brunes, grandes et irrégulières, pla-

1. A la membrane branchiale du cheilodiptère aigle................ 7 rayons.
    A la première nageoire du dos, articulés...................... 7 —
           —   —   aiguillonnés...................... 2 —
    A la seconde dorsale.. 29 —
    A chaque pectorale...... .... 17 —
    A chaque thoracine.. 6 —
    A l'anale... 9 —
    A la nageoire de la queue..................................... 16 —
2. *Sciène à grandes écailles.* Bloch, pl. 298.
3. *Sciæna maculata, umbre tachetée.* Bloch, pl. 299, fig. 2.
4. A la seconde dorsale du macrolépidote........................ 10 rayons.
    A chaque pectorale.. 13 —
    A chaque thoracine.. 6 —
    A la nageoire de l'anus, articulés............................ 10 —
           —   aiguillonné.............................. 1 —
    A la caudale.... .... 18 —

cées sur un fond jaune. Le devant de la tête est, en outre, dénué d'écailles semblables à celles du dos ; la langue est lisse et un peu libre, et chaque mâchoire est garnie de dents courtes, pointues, et séparées les unes des autres[1].

CENT DIXIÈME GENRE

LES OPHICÉPHALES

Point de dents incisives ni molaires ; les opercules des branchies dénués de piquants et de dentelures ; une seule nageoire dorsale ; la tête aplatie, arrondie par devant, semblable à celle d'un serpent et couverte d'écailles polygones plus grandes que celles du dos et disposées à peu près comme celles que l'on voit sur la tête de la plupart des couleuvres ; tous les rayons des nageoires articulés.

ESPÈCES.	CARACTÈRES.
1. L'OPHICÉPHALE KARRU-WEY.	Trente et un rayons à la nageoire du dos ; tout le corps parsemé de points noirs.
2. L'OPHICÉPHALE WRAHL.	Quarante-trois rayons à la nageoire dorsale ; un grand nombre de bandes étroites, transversales et irrégulières.

L'OPHICÉPHALE KARRUWEY[2]

Ophicephalus punctatus, BLOCH, CUV. — *Ophicephalus Karruwey*, LACÉP.
— *Oph. Lata*, BUCHAN.

L'OPHICÉPHALE WRAHL[3]

Ophicephalus striatus, BLOCH, CUV., LACÉP. — *Ophicephalus Chena?* BUCH.

Le naturaliste Bloch a fait connaître le premier ce genre de poissons, qui mérite l'attention des physiciens et par ses formes et par ses habitudes. Indépendamment de la conformation particulière de leur tête, que nous venons de décrire dans le tableau générique et qui leur a fait donner par Bloch le nom d'*ophicéphale,* lequel veut dire *tête de serpent*[4], les osseux compris dans cette petite famille sont remarquables par la forme des écailles qui recouvrent leurs opercules, leur corps et leur queue. Ces écailles, au lieu d'être ou lisses, ou rayonnées, ou relevées par une arête, sont parsemées, dans la portion de leur surface qui est découverte, de petits grains ou de petites élévations arrondies qui les rendent rudes au toucher. Les eaux des

1. A la membrane branchiale du tacheté.......................... 4 rayons.
 A la seconde nageoire du dos.............................. 9 —
 A chaque pectorale...................................... 12 —
 A chaque thoracine, articulés............................. 5 —
   —   aiguillonné............................ 1 —
 A la nageoire de l'anus, articulés......................... 7 —
   —   aiguillonné .... 1 —
 A celle de la queue..................................... 15 —
2. *Ophicephalus punctatus.* Bloch, pl. 358.
3. *Ophicephalus striatus.* Bloch, pl. 359.
4. *Ophis* signifie *serpent;* et *céphale tête.*

rivières et des lacs de la côte de Coromandel, et particulièrement du Tranquebar, nourrissent ces animaux ; ils s'y tiennent dans la vase et peuvent même s'enfoncer dans le limon d'autant plus profondément, que la pièce postérieure de chacun de leurs opercules est garnie intérieurement d'une sorte de lame osseuse, perpendiculaire à ce même opercule, et qui, en se rapprochant de la lame opposée, ne laisse pas de passage à la bourbe ou terre délayée, et ne s'oppose pas cependant à l'entrée de l'eau nécessaire à la respiration de l'ophicéphale. Le côté concave des arcs des branchies est d'ailleurs garni d'un grand nombre de petites élévations hérissées de pointes, et qui contribuent à arrêter le limon que l'eau entraînerait dans la cavité branchiale, lorsque l'animal soulève ses opercules pour faire arriver auprès de ses organes respiratoires le fluide sans lequel il cesserait de vivre.

On ne compte encore que deux espèces d'ophicéphales : le *karruwey*, auquel nous avons conservé le nom que lui donnent les Tamules ; et le *wrahl*, auquel nous avons cru devoir laisser la dénomination employée par les Malais pour le désigner. Le premier de cés ophicéphales a l'ouverture de la bouche médiocre, les deux mâchoires aussi longues l'une que l'autre et garnies de dents petites et pointues, le palais rude, la langue lisse, l'orifice branchial assez large, la membrane branchiale cachée sous l'opercule, le ventre court, la ligne latérale droite, le corps et la queue allongés, la caudale arrondie, la couleur générale d'un blanc sale, l'extrémité des nageoires noire et presque toute la surface parsemée de points noirs[1]. C'est un de ces poissons que l'on trouve dans les rivières de la partie orientale de la presqu'île de l'Inde, et particulièrement du Kaiveri, lorsque, vers le commencement de l'été et dans la saison des pluies, les eaux découlant abondamment des montagnes de Gate, les fleuves et les lacs sont gonflés, et les campagnes arrosées ou inondées. Il présente communément une longueur de deux ou trois décimètres, est recherché à cause de la salubrité et du bon goût de sa chair, se nourrit de racines d'algue et fraye dans les lacs vers la fin du printemps ou le milieu de l'été. Le missionnaire John avait envoyé des renseignements sur cette espèce à son ami Bloch, en lui faisant parvenir aussi un individu de l'espèce du *wrahl*.

Ce second ophicéphale a sa partie supérieure d'un vert noirâtre, sa partie inférieure d'un jaune blanchâtre, et ses bandes transversales jaunes et brunes. Il parvient quelquefois à la longueur de douze ou treize décimètres. Sa chair est agréable et saine; et comme il se tient le plus souvent dans la vase, on ne cherche pas à le prendre avec des filets, mais avec des bires ou paniers d'osier, ronds, hauts de six ou sept décimètres, larges vers le bas de quarante-cinq ou cinquante centimètres, plus étroits vers le haut

---

1. A la membrane branchiale du karruwey...................... 5 rayons.
   A chacune de ses pectorales................................. 16 —
   A chaque thoracine... 6 —
   A l'anale...................................... .... 22 —
   A la nageoire de la queue.................................. 14 —

et ouverts dans leur partie supérieure. On enfonce ces paniers en différents endroits plus ou moins limoneux ; on sonde, pour ainsi dire ; et le mouvement du poisson avertit de sa présence dans la bire le pêcheur attentif, qui s'empresse de passer son bras par l'orifice supérieur du panier et de saisir l'ophicéphale[1].

CENT ONZIÈME GENRE

LES HOLOGYMNOSES

Toute la surface de l'animal dénuée d'écailles facilement visibles ; la queue représentant deux cônes tronqués, appliqués le sommet de l'un contre le sommet de l'autre et inégaux en longueur ; la caudale très courte ; chaque thoracine composée d'un ou de plusieurs rayons mous et réunis ou enveloppés de manière à imiter un barbillon charnu.

ESPÈCE.	CARACTÈRES.
L'Hologymnose fascé.	Dix-huit rayons à la nageoire du dos qui est longue et basse ; quatorze bandes transversales, étroites, régulières et inégales, et trois raies très courtes et longitudinales de chaque côté de la queue.

L'HOLOGYMNOSE FASCÉ

Hologymnosus fasciatus, Lacép. — *Julis fasciata*, Cuv.

Aucun auteur n'a encore parlé de ce genre dont le nom *hologymnose* (entièrement nu)[2] désigne l'un de ses principaux caractères distinctifs, son dénuement de toute écaille facilement visible. Nous ne comptons encore dans ce genre particulier qu'une espèce, dont nous avons fait graver la figure d'après un dessin de Commerson, et que nous avons nommée *hologymnose fascé*, à cause du grand nombre de ses bandes transversales. La forme de sa queue, qui va en s'élargissant à une certaine distance de la nageoire caudale, est très remarquable, ainsi que la brièveté de cette caudale, qui est presque rectiligne. Les deux mâchoires sont à peu près égales et garnies de dents petites et aiguës. La dernière pièce de chaque opercule se termine par une prolongation un peu arrondie à son extrémité. L'anale est moins longue, mais aussi étroite que la dorsale. Cette dernière offre, avant chacun des dix derniers rayons qui la composent, une tache singulière qui, en imitant un petit segment de cercle dont la corde s'appuierait sur le dos du poisson, présente une couleur vive ou très claire, et montre dans sa partie supérieure une première bordure foncée et une seconde bordure plus foncée encore. Les quatorze bandes que l'on voit sur chaque côté de la queue n'aboutissent

1. A la membrane branchiale du wrahl............................ 5 rayons.
  A chaque pectorale.. 17 —
  A chaque thoracine... 6 —
  A la nageoire de l'anus....................................... 26 —
  A la caudale, qui est arrondie................................ 17 —
2. *Olos* veut dire *entier*, et *gumnos* signifie *nu*.

ni au bord supérieur ni au bord inférieur du poisson. Les trois raies qui les suivent ne touchent pas non plus à la caudale. On distingue une raie étroite et quelques taches irrégulières sur l'anale, et d'autres taches nuageuses paraissent sur la tête et sur les opercules[1]. L'hologymnose fascé vit dans le grand Océan équatorial. Nous ignorons quelles sont les qualités de sa chair.

CENT DOUZIÈME GENRE

LES SCARES

Les mâchoires osseuses, très avancées et tenant lieu de véritables dents ; une seule nageoire dorsale.

PREMIER SOUS-GENRE

LA NAGEOIRE DE LA QUEUE FOURCHUE OU EN CROISSANT

ESPÈCES.	CARACTÈRES.
1. LE SCARE SIDJAN.	Treize rayons aiguillonnés et dix rayons articulés à la nageoire du dos ; sept rayons aiguillonnés et neuf rayons articulés à celle de l'anus ; les denticules des mâchoires filiformes et d'autant plus courts qu'ils sont plus éloignés du bout du museau ; des raies longitudinales et ondulées.
2. LE SCARE ÉTOILÉ.	Treize rayons aiguillonnés et onze rayons articulés à la dorsale ; sept rayons aiguillonnés et dix rayons articulés à l'anale ; point de ligne latérale visible ; l'anus caché par les thoracines ; un grand nombre de taches hexagones.
3. LE SCARE ENNÉACANTHE.	Neuf rayons aiguillonnés et dix rayons articulés à la nageoire du dos ; trois rayons aiguillonnés et neuf rayons articulés à celle de l'anus ; la caudale en croissant ; la ligne latérale interrompue ; les denticules des mâchoires très distincts et arrondis.
4. LE SCARE POURPRÉ.	Huit rayons aiguillonnés et quatorze rayons articulés à la nageoire du dos ; deux rayons aiguillonnés et douze rayons articulés à l'anale ; la ligne latérale rameuse ; trois raies longitudinales pourpres de chaque côté du corps.
5. LE SCARE HARID.	Point de rayons aiguillonnés et vingt rayons articulés à la nageoire du dos ; treize rayons à celle de l'anus : quatre rayons à la membrane branchiale ; deux lignes latérales ; deux denticules plus saillants que les autres à chaque mâchoire.
6. LE SCARE CHADRI.	Point de rayons aiguillonnés et vingt rayons à la dorsale ; douze rayons à l'anale ; deux denticules plus saillants que les autres à la mâchoire supérieure ; la couleur générale noirâtre ou d'un beau bleu ; des raies ou des pointes pourpres, ou d'un vert foncé ou bleuâtre sur la tête ; les nageoires bordées de bleu ou de vert plus ou moins foncé.
7. LE SCARE PERROQUET.	Point de rayons aiguillonnés et vingt rayons à la nageoire du dos ; onze rayons à celle de l'anus ; cinq rayons à la membrane branchiale ; deux lignes latérales ; ces deux lignes rameuses ; deux denticules plus saillants que les

1. A l'anale.. 16 rayons.
   A la caudale... 10   —

ESPÈCES.	CARACTÈRES.
7. LE SCARE PERROQUET.	autres à la mâchoire inférieure, et six à la supérieure; la couleur générale verte; des traits bleus et quelquefois mêlés de jaune sur la tête; les nageoires bordées de bleu.
8. LE SCARE KAKATOE.	Point de rayons aiguillonnés et vingt rayons à la dorsale; onze rayons à celle de l'anus; la ligne latérale très rameuse; la caudale en croissant; la tête et les opercules couverts d'écailles semblables à celles du dos; la partie supérieure de l'animal d'un vert foncé, l'inférieure d'un vert jaunâtre; point de taches.
9. LE SCARE DENTICULÉ.	Point de rayons aiguillonnés et dix-huit rayons à la nageoire du dos; onze rayons à celle de l'anus; la caudale en croissant; les opercules couverts d'écailles semblables à celles du dos; les dentelures des os des deux mâchoires très fines, très séparées et égales.
10. LE SCARE BRIDÉ.	Point de rayons aiguillonnés et dix-neuf rayons à la nageoire du dos; dix rayons à celle de l'anus; une seule ligne latérale; la caudale en croissant; les premiers et les derniers rayons de cette caudale beaucoup plus longs que les autres; point de dentelures sensibles aux os des mâchoires; deux bandes placées l'une au-dessus et l'autre au-dessous du museau, réunies auprès de l'œil et prolongées ensuite jusqu'au bord postérieur de l'opercule.
11. LE SCARE CATESBY.	Trente-trois rayons à la dorsale; la caudale en croissant; la couleur générale verte; un croissant rouge sur la caudale.

SECOND SOUS-GENRE

LA NAGEOIRE DE LA QUEUE RECTILIGNE OU ARRONDIE

ESPÈCES.	CARACTÈRES.
12. LE SCARE VERT.	Vingt rayons à la nageoire du dos; onze rayons à celle de l'anus; la caudale rectiligne; quatre rayons à la membrane branchiale; les écailles arrondies, rayonnées et bordées de vert.
13. LE SCARE GHOBBAN.	Dix-neuf rayons à la dorsale; douze à celle de l'anus; quatre à la membrane branchiale; la caudale rectiligne; deux lignes latérales de chaque côté de l'animal; chaque écaille marquée de deux taches, l'une brune et placée à sa base, et l'autre bleuâtre et située à son milieu ou près de son extrémité.
14. LE SCARE FERRUGINEUX.	Vingt rayons à la nageoire du dos; douze à celle de l'anus; la caudale rectiligne; la ligne latérale double; chaque mâchoire séparée en deux os et d'une couleur verte, ainsi que le bord des nageoires; la couleur générale d'un brun couleur de rouille; le corps et la queue un peu hauts.
15. LE SCARE FORSKAEL.	Vingt rayons à la nageoire du dos; douze à celle de l'anus; la caudale rectiligne; la ligne latérale double; chaque mâchoire séparée en deux os et d'une couleur rougeâtre; le corps et la queue étroits et allongés.
16. LE SCARE SCHLOSSER.	Quatre rayons aiguillonnés et onze rayons articulés à la nageoire du dos; trois rayons aiguillonnés et onze rayons articulés à celle de l'anus; la mâchoire inférieure plus avancée que la supérieure; la couleur générale d'un jaune doré; cinq taches brunes de chaque côté.

ESPÈCE.	CARACTÈRES.
17. LE SCARE ROUGE.	Neuf rayons aiguillonnés et dix rayons articulés à la nageoire du dos; un rayon aiguillonné et dix rayons articulés à l'anale; la caudale arrondie; la ligne latérale rameuse; la couleur générale d'un rouge mêlé d'argenté; quelquefois deux raies longitudinales blanches ou argentées.

TROISIÈME SOUS-GENRE

LA NAGEOIRE DE LA QUEUE TRILOBÉE

ESPÈCES.	CARACTÈRES.
18. LE SCARE TRILOBÉ.	Deux rayons aiguillonnés et seize rayons articulés à la nageoire du dos; trois lobes très marqués à la nageoire de la queue.
19. LE SCARE TACHETÉ.	Point de rayons aiguillonnés et vingt et un rayons à la nageoire du dos; neuf rayons à celle de l'anus; point de dentelures sensibles aux os des mâchoires; l'opercule d'une seule pièce; une petite tache sur presque toutes les écailles du corps et de la queue.

LE SCARE SIDJAN[1]

Scarus Sidjan, LACÉP. — *Scarus rivulatus*, LINNÉ, GMEL. — *Siganus rivulatus*, FORSK., CUV.

LE SCARE ÉTOILÉ

Siganus stellatus, FONSK., CUV. — *Scarus stellatus*, LINN., GMEL., LACÉP.

LE SCARE ENNÉACANTHE

Scarus enneacanthus et *Scarus denticulatus*, LACÉP. — *Scarus capitaneus*, CUV.

LE SCARE POURPRÉ

Scarus purpureus, FORSK., LINNÉ, GMEL., LACÉP.

La conformation du museau des scares est très remarquable. Elle suffirait seule pour les distinguer des autres poissons osseux, et elle leur donne de si grands rapports avec les diodons, les ovoïdes et les tétrodons, que l'on peut les considérer comme étant, dans leur sous-classe, les représentants de ces cartilagineux. Leurs mâchoires sont en effet osseuses, très dures, très saillantes au delà des lèvres, au moins à leur volonté, convexes à l'extérieur, concaves à l'intérieur, quelquefois lisses sur leurs bords, quelquefois crénelées ou dentelées comme une lame de scie, composées chacune, suivant quelques observateurs, d'une seule pièce dans certaines espèces, formées de deux portions très distinctes dans les autres et presque toujours dénuées de dents proprement dites, c'est-à-dire de corps particuliers, solides ou flexibles,

---

1. Forskael, *Fauna arab.*, p. 25, n. 9. — *Scare Sidjan.* Bonnaterre, planches de l'Encyclopédie méthodique. — Forskael, *Fauna arab.*, p. 26, n. 10. — *Scare étoilé.* Bonnaterre, planches de l'Encyclopédie méthodique. — *Scarus purpureus.* Forskael, *Fauna arab.*, p. 27, n. 12. — *Scare pourpré.* Bonnaterre, planches de l'Encyclopédie méthodique.

pointus ou arrondis, recourbés et enchâssés en partie dans des cavit és osseuses ou membraneuses. Ce museau, dont l'ensemble offre souvent l'ex t é- rieur d'une portion de sphère creuse, a été comparé non seulement à ce lui des tortues, qui sont, comme les scares, dépourvues de véritables dents, mais même au bec de quelques oiseaux et particulièrement à celui des per- roquets.

On a saisi d'autant plus cette analogie, que les mâchoires du scare so nt fortes et propres à couper, trancher et écraser, comme celles des perroquets; et que si ces oiseaux se servent de leur bec pour briser des os ou concasse r des graines très dures, les scares emploient avec succès leur museau po ur réduire en pièces les petits têts et les coquilles des crustacés et des mollu s- ques dont ils aiment à se nourrir. Un long exercice de leurs mâchoires et une pression fréquemment renouvelée de ces instruments de nutrition contre des substances très compactes et très difficiles à entamer ou à casser, altèrent les bords de ces os convexes et avancés, et en les usant inégalement, y produisent souvent des saillies et de petits enfoncements irréguliers. Mais il est toujours aisé de distinguer ces effets accidentels que le temps amèn e, d'avec les formes constantes que présentent ces mêmes mâchoires dans cer- taines espèces, même au moment où l'individu vient de sortir de l'œuf, et qui, consistant dans des denticules plus ou moins sensibles, ont toujours une disposition symétrique, signe non équivoque de leur origine nat u- relle.

Les scares se nourrissant de crustacés, d'animaux à coquille, ou de plantes marines qu'ils peuvent couper et brouter, pour ainsi dire, avec autant de facilité qu'ils ont de force pour écraser des enveloppes épaisses, tous ceux de nos lecteurs qui se rappelleront ce que nous avons dit de l'in- fluence des aliments des poissons sur la richesse de leur parure, s'attendront à voir les osseux de la famille que nous examinons, parés de couleurs variées, ou resplendissants de nuances très vives. Leur attente ne sera pas trompée : les scares sont de très beaux poissons. Le sidjan, par exemple, est d'un bleuâtre très agréable à la vue et relevé par des taches noires, ainsi que par le jaune clair ou doré de ses raies longitudinales. L'étoilé se montr e couvert presque en entier de taches hexagones ou de petites étoiles blanches ou jaunes, ou d'un beau noir, disséminées sur un fond noirâtre qui les fait ressortir, et accompagnant d'une manière très gracieuse le jaunâtre des pectorales, le jaune de la dorsale ainsi que de l'anale, et les raies dorées que l'on voit sur la caudale de quelques individus. Les raies pourpres et longitu - dinales du pourpré se marient, par une sorte de chatoiement très varié, avec le verdâtre de la partie supérieure de ce poisson, le bleu de sa part ie inférieure, la tache noire et carrée et la bordure pourprée de chaque oper - cule, le croissant noir que l'on voit sur chaque pectorale et sur la dorsale, le vert de ces mêmes nageoires, celui de la caudale qui d'ailleurs est tachée de pourpre, et le bleu de l'anale ainsi que des deux thoracines. Ces tons si diversifiés sont, au reste, l'attribut bien naturel d'animaux qui, en s'approchant de la surface de mers, peuvent facilement, dans le climat qu'ils habitent, être fréquemment imprégnés de rayons solaires nombreux et éclatants. Le sidjan, l'étoilé et le pourpré vivent près des côtes de l'Arabie, où ils ont été observés par Forskael.

L'ennéacanthe se trouve dans une mer voisine de celle de l'Arabie. Un individu de cette espèce a été apporté au Muséum d'histoire naturelle, du grand Océan équinoxial, où il avait été pêché sous les yeux de Commerson. Nous ignorons de quelles couleurs ce thoracin a été peint par la nature; mais ses nuances doivent être vives, puisque ses écailles sont très grandes. Comme le sidjan, l'étoilé et le pourpré, il a des rayons aiguillonnés à la nageoire dorsale. Mais au milieu de la petite famille que composent ces quatre scares, le sidjan, qui parvient jusqu'à une longueur de onze ou douze décimètres, et l'étoilé, qui ordinairement n'a que deux décimètres de longueur, forment un groupe particulier. Ils ont l'un et l'autre, au-devant de la nageoire du dos, un aiguillon communément tourné vers la tête et caché sous la peau, au moins en très grande partie. Les écailles qui revêtent ces poissons sont petites; et ils paraissent préférer pour leur nourriture les plantes marines qui croissent au milieu des coraux ou des rochers, auprès des rivages arabiques. Leur chair, au moins celle du sidjan, est agréable au goût; cependant, comme des blessures faites par les aiguillons de leurs nageoires ont souvent été douloureuses et ont causé des inflammations assez vives, on les a regardés comme venimeux[1].

Le pourpré est bon à manger, de même que le sidjan ; mais ses écailles, au lieu d'être petites comme celles de ce dernier scare, sont très larges ; elles ont de plus une forme rhomboïdale, montrent une ciselure en rayons et ne sont attachées que faiblement à la peau. On voit au-devant de ses narines un petit trou et une sorte de barbillon ; ses opercules sont dénués d'écailles semblables à celles du dos.

1. A chaque pectorale du sidjan.............................. 15 rayons.
A chaque thoracine, articulés........................... 2 ou 3 —
— aiguillonnés (le premier et le dernier). 2 —
A la caudale... 17 —

A chaque pectorale de l'étoilé.......................... 16 —
A chaque thoracine, articulés........................... 2 ou 3 —
— aiguillonnés (le premier et le dernier). 2 —

A la caudale... 17 —
A chaque pectorale de l'ennéacanthe..................... 13 —
A chaque thoracine, articulés........................... 5 —
— aiguillonné...................... 1 —
A la caudale... 22 —

A la membrane branchiale du pourpré.................... 5 —
A chaque pectorale..................................... 15 —
A chaque thoracine..................................... 6 —
A la caudale... 12 —

LE SCARE HARID[1]

Scarus Harid, Forsk , Linn., Gmel., Lacép.

Le Scare chadri, *Scarus niger,* Forsk.; *Labrus niger,* Linn., Gmel.; *S. chardi,* Bonnat., Lacép.; *S. enneacanthus* et *S. denticulatus,* Lacép.; *S. capitaneus,* Cuv. — S. perroquet, *S. psittacus,* Forsk., Lacép., Cuv. — S. kakatoe, *S. kakatoe,* Lacép.; *Labrus cretensis,* Linn., Gmel. — S. denticulé, *S. denticulatus, S. enneacanthus* et *S. chadri,* Lacép.; *S. capitaneus,* Cuv. — S. bridé, *S. frenatus,* Lacép., Cuv.

C'est dans les eaux de la mer Arabique que Forskael a vu le harid, le chadri, le perroquet. Le kakatoe, auquel nous avons dû d'autant plus conserver le nom qu'il porte dans les Indes, où il est très commun, que cette dénomination indique les rapports que lui donne la forme de son museau avec les *kakatoes,* ou perroquets huppés, vit non seulement dans plusieurs mers asiatiques, mais encore dans celle qui baigne les rivages de Crète, les côtes de Syrie et les bords septentrionaux de l'Égypte.

Le denticulé et le bridé ont été observés dans le grand Océan équinoxial par Commerson, qui en a laissé des dessins parmi ses manuscrits, et qui a trouvé le chadri dans cette même grande bande marine située entre les deux tropiques. D'après ce célèbre voyageur, le chadri, qui présente de chaque côté deux lignes latérales composées de traits petits et rameux, est couvert d'écailles très grandes et entièrement lisses; les opercules présentent des écailles semblables à celles du dos. L'on voit dans l'intérieur de la bouche deux plaques osseuses, que plusieurs rangs d'élévation ou de très petites dents hérissent ou font paraître comme chagrinées, et qui sont très propres à écraser les tiges des coraux et les fragments des madrépores. C'est, en effet, suivant ce même naturaliste, des animaux marins qui construisent ces tiges et ces fragments calcaires, que le harid aime à se nourrir. Il parvient à les saisir en corrodant avec ses mâchoires osseuses la substance crétacée dans laquelle ils se renferment; d'après la nature de ses aliments ordinaires, il n'est pas surprenant qu'il ne soit pas recherché à l'île de France, où Commerson l'a décrit, qu'il y soit regardé comme malfaisant, et que ce savant auteur adopte l'opinion de ceux qui l'y croient venimeux. Commerson a remarqué que ce scare avait autour des yeux un anneau ou

---

1. Forskael, *Fauna arab.,* p. 30, n. 17. — *Scare Harid.* Bonnaterre, planches de l'Encyclopédie méthodique. — *Scarus niger.* Forskael, *Fauna arab.,* p. 28, n. 14. — *Scare Chadri.* Bonnaterre, planches de l'Encyclopédie méthodique. — «Odax odon, odax, toto corpore cæruleus, circulo oculos ambiante, purpureo. » — Commerson, manuscrits déjà cités. — *Scarus psittacus.* Forskael, *Fauna arab.,* p. 29, n. 16. — *Scare bec de perroquet.* Bonnaterre, planches de l'Encyclopédie méthodique.

Kakatoeha, capitano, dans les Indes. — *Labre aiolé.* Daubenton et Haüy, Encyclopédie méthodique. — *Id.* Bonnaterre, planches de l'Encyclopédie méthodique. — Bloch, pl. 220. — « *Labrus tetraodon, virescens, cauda bifurca.* » Artedi, gen. 34, syn. 57. — *Scarus cretensis.* Aldrovande. — Ray, p. 129. — *Turdus viridis indicus.* Lister, App. Willlughby, p. 23, tab. X.

cercle coloré en pourpre. Quant aux couleurs des autres cinq scares nommés dans cet article, le tableau générique indique les principales de celles qui sont répandues sur quelques-uns de ces animaux. Disons de plus que le harid a les pectorales jaunâtres et le dessous du corps violet, ainsi que la dorsale, la caudale et la nageoire de l'anus ; que le perroquet a la base de ses nageoires pourprée ; que le kakatoe a les côtés d'un vert clair et les nageoires jaunes à leur base et vertes à leur extrémité ; que la plus grande partie de la queue du bridé est d'une teinte plus claire que le reste de la surface de l'animal[1] ; que la ligne qui sépare les deux nuances générales de ce thoracin est courbe ; et que la dorsale ainsi que l'anale de ce poisson présentent, à leur base et à leur bord extérieur, une raie longitudinale très étroite et d'une couleur foncée ou très vive.

LE SCARE CATESBY[2]

Scarus Catesby, Lacép., Cuv.

Catesby a observé ce scare qui vit dans les eaux de la mer voisine de la Caroline, et voilà pourquoi nous avons donné à ce poisson un nom spécifique qui rappelât les grands services rendus aux sciences physiques par ce voyageur. La dorsale de ce thoracin est très longue, et sa caudale très haute ; les denticules de ses deux mâchoires sont très grands, très forts et égaux. L'ensemble formé par son corps et sa queue est très élevé ; il pourrait donc fournir une nourriture assez abondante : il n'est cependant pas recherché pour la délicatesse de sa chair, mais il plaît par sa beauté. Le vert dont brillent ses écailles est relevé par le brun du dessus de la tête, de la dorsale,

1. A chaque pectorale du harid...... 15 rayons.
   A chaque thoracine...... 6 —
   A la caudale...... 11 —

   A la membrane branchiale du chadri...... 5 —
   A chaque pectorale...... 15 —
   A chaque thoracine...... 7 —
   A la nageoire de la queue...... 13 —

   A chaque pectorale du perroquet...... 13 —
   A chaque thoracine...... 6 —
   A la nageoire de la queue...... 12 —

   A la membrane branchiale du kakatoe...... 4 —
   A chaque pectorale...... 16 —
   A chaque thoracine...... 6 —
   A celle de la queue...... 18 —

   A chaque pectorale du denticulé...... 14 —
   A la caudale...... 11 —
   A chaque pectorale du bridé...... 16 —
   A la caudale...... 10 —

2. Catesby, *Caroline*, t. II, p. 29, tab. 29. — *Scare, poisson vert.* Bonnaterre, planches de l'Encyclopédie méthodique.

des pectorales et des thoracines ; ces thoracines et ces pectorales sont d'ailleurs bordées de bleu. L'opercule est bleu, bordé de rouge du côté de la queue et marqué, sur sa pièce postérieure, d'une tache jaune et éclatante ; et enfin une raie rouge règne sur toute la longueur de la nageoire de l'anus.

LE SCARE VERT [1]

Scarus viridis, Bloch, Lacép., Cuv.

Le Scare ghobban, *Scarus ghobban,* Forsk., Linn., Gmel., Lacép. — S. ferrugineux, *S. ferrugineus,* Forsk., Linn., Gmel., Lacép. — S. Forskael, *S. sordidus,* Forsk., Linn., Gmel.; *S. Forskael,* Lacép. — S. Schlosser, *S. Schlosseri,* Linn., Gmel., Lacép.; *Toxotes jaculator,* Cuv.; *Labrus sagittarius,* Lacép. — S. rouge, *S. ruber,* Lacép.

Dans plusieurs individus de l'espèce du scare vert, on voit, de chaque côté, la dernière dentelure de l'une et l'autre des deux mâchoires recourbée en arrière comme une sorte de crochet, et beaucoup plus longue que les autres. Il ne paraît pas qu'un trait semblable ait été remarqué par aucun naturaliste sur le ghobban. Ce dernier scare a d'ailleurs deux lignes latérales rameuses, dont l'inférieure commence avant la fin de la supérieure. Ces différences, réunies à quelques autres, que l'on saisira sans peine, et particulièrement à celle des couleurs du scare vert, et des nuances qui distinguent le ghobban, nous ont déterminés, au moins jusqu'au moment où nous aurons recueilli un plus grand nombre d'observations, à considérer ces deux poissons comme appartenant à deux espèces distinctes, malgré les très grands rapports qui les rapprochent.

Le rouge a, sur la partie supérieure de son museau, un grand nombre de pores très sensibles ; on voit deux petits barbillons auprès de chacune de ses narines, et cinq ou six denticules plus gros et plus longs que les autres à la mâchoire supérieure [2].

On doit le compter parmi les poissons dont la parure est la plus riche et la plus élégante. L'éclat de l'argent et la vivacité du rouge le plus agréable sont réunis pour former ce qu'on est tenté de nommer un assortiment de couleurs du meilleur goût. La partie inférieure de l'animal est argentée ; deux larges bandes argentées aussi s'étendent de chaque côté de plusieurs individus, depuis les yeux jusqu'à l'extrémité ou auprès de l'extrémité de la queue ; la base des pectorales, des thoracines et de la caudale est dorée.

1. *Cacatoea yoe,* au Japon. — Bloch, pl. 222. — Forskael, *Fauna arab.,* p. 22, n. 13. — *Scare ghobban.* Bonnaterre, planches de l'Encyclopédie méthodique. — Forskael, *Fauna arab.,* p. 29, n. 15. — *Scare ferrugineux.* Bonnaterre, planches de l'Encyclopédie méthodique. — Forskael, *Fauna arab.,* p. 30, n. 18. — *Scare sale.* Bonnaterre, planches de l'Encyclopédie méthodique. — Pallas, *Spicileg. zoolog.,* 8, p. 41. — Bloch, pl. 221.

2. Une sorte d'aiguillon tourné vers la queue est placé au côté extérieur de chaque thoracine.

Les couleurs qui distinguent le forskael sont bien moins brillantes. A la vérité, ses pectorales et sa caudale sont jaunâtres ; mais ses thoracines sont violettes ; sa dorsale est brune, et sa partie supérieure d'un brun foncé ou gris de fer.

Le même gris de fer, ou un brun presque semblable, mêlé de teintes couleur de rouille, compose la couleur générale du ferrugineux, dont la dorsale et la caudale sont jaunâtres, et les thoracines, ainsi que l'anale, d'un rouge violet.

Le rouge violet caractérise aussi les nageoires du ghobban, dont la dorsale et l'anale sont bordées, à l'intérieur ou à l'extérieur, et quelquefois en haut et en bas, d'un vert tirant sur le bleu ; dont la caudale et souvent les pectorales et les thoracines sont lisérées de verdâtre ; et dont la tête montre des raies du même ton, ou à peu près.

Ce ghobban vit dans la mer d'Arabie, ainsi que le ferrugineux et le forskael, auquel j'ai donné un nom spécifique qui rappelle le voyageur célèbre dont les recherches nous ont procuré la description de ces trois scares[1].

Le vert habite dans les eaux du Japon ; le schlosser, à Java ; et le rouge, dans la mer des Antilles, aussi bien que dans celle des Indes orientales.

1. A la membrane générale du vert........................... 4 rayons.
   A chaque pectorale............................... 14   —
   A chaque thoracine.............................. 6   —
   A celle de la queue............................. 13   —

   A chaque pectorale du ghobban.................. 14   —
   A chaque thoracine.............................. 6   —
   A la caudale.................................... 12   —

   A chaque pectorale du ferrugineux.............. 13   —
   A chaque thoracine.............................. 6   —
   A la caudale.................................... 13   —

   A chaque pectorale du forskael................. 14   —
   A chaque thoracine.............................. 6   —
   A la caudale.................................... 12   —

   A la membrane branchiale du schlosser.......... 4   —
   A chaque pectorale.............................. 14   —
   A chaque thoracine, articulés.................. 5   —
      —   aiguillonné............................. 1   —

   A la membrane branchiale du rouge.............. 4   —
   A chaque pectorale.............................. 12   —
   A chaque thoracine, articulés.................. 5   —
      —   aiguillonné............................. 1   —
   A la caudale.................................... 15   —

LE SCARE TRILOBÉ[1]

Scarus maculosus, Lacép.

LE SCARE TACHETÉ

Scarus maculosus, Lacép.

Nous avons trouvé dans les manuscrits de Plumier le dessin du scare trilobé. Nous nous empressons de publier la description de ce poisson, auquel nous avons donné un nom spécifique qui indique la forme trilobée, très remarquable, ou le double croissant très marqué, que présente sa nageoire caudale. La mâchoire supérieure de ce thoracin est plus longue que l'inférieure; de plus, son museau s'avance en s'arrondissant au-dessus et au delà de la mâchoire d'en haut. Ses couleurs sont diversifiées. Il habite dans les eaux de l'Amérique méridionale[2].

Le tacheté a été vu dans le grand Océan équinoxial par Commerson, qui en a laissé une figure parmi les manuscrits que Buffon m'a remis dans le temps. L'anale de ce scare offre deux raies longitudinales très petites et situées, la première au bord extérieur, et la seconde au bord intérieur de cette nageoire.

Les autres traits de ce poisson et du trilobé sont indiqués dans les notes de cet article, ou sur le tableau générique[3].

CENT TREIZIÈME GENRE
LES OSTORHINQUES

Les mâchoires osseuses très avancées et tenant lieu de véritables dents; deux nageoires dorsales.

ESPÈCE.	CARACTÈRES.
L'Ostorhinque fleurieu.	Huit rayons aiguillonnés à la première dorsale; la caudale en croissant.

L'OSTHORHINQUE FLEURIEU

Ostorhinchus Fleurieu, Dipterodon hexacanthus et *Centropomus auratus*, Lacép. — *Mullus imberbis*, Linn. — *Apogon rex mullorum*, Cuv.

Les ostorhinques ne diffèrent des scares que parce qu'ils ont deux nageoires sur le dos, au lieu de ne présenter qu'une seule nageoire dorsale; leur museau, composé de deux mâchoires osseuses et très avancées, res-

---

1. « Turdus varius, rictu obtuso, cauda fuscinulata. » Manuscrits de Plumier, déposés à la Bibliothèque royale.
2. A chaque pectorale du trilobé...................................... 9 rayons.
    A la nageoire de l'anus, articulés........................... 6 —
        —   aiguillonnés......................... 3 —
    A la caudale... 13 —
3. A chaque pectorale du tacheté.................................. 13 —

semble, comme celui des scares, au-devant de la bouche des diodons, des ovoïdes, des tétrodons, des tortues, et même au bec des perroquets.

Ils ne composent encore qu'une seule espèce, dont nous publions la description d'après les manuscrits de Commerson, qui en a dessiné les traits.

J'ai pensé qu'un poisson découvert dans le grand Océan équinoxial par un habile observateur, et pendant le fameux voyage de notre Bougainville, devait être choisi pour rappeler par sa dénomination spécifique la reconnaissance de ceux qui s'intéressent aux progrès des sciences, envers mon célèbre confrère et ami M. Fleurieu, de l'Institut de France, pour tous les ouvrages dont il a enrichi les navigateurs, les géographes et les naturalistes, et particulièrement pour la belle nomenclature hydrographique qu'il vient de publier.

L'ostorhinque que nous examinons a la mâchoire inférieure un peu plus avancée que la supérieure, les yeux gros, la tête dénuée d'écailles semblables à celles du dos, les nageoires dorsales et de l'anus assez courtes, la caudale très grande, et une bande transversale d'une couleur vive ou foncée auprès de cette nageoire de la queue. La ligne latérale n'est pas sensible [1].

CENT QUATORZIÈME GENRE

LES SPARES

Les lèvres supérieures peu extensibles ou non extensibles, ou des dents incisives ou des dents molaires disposées sur un ou plusieurs rangs; point de piquants ni de dentelures aux opercules; une seule nageoire dorsale, cette nageoire éloignée de celle de la queue, ou la plus grande hauteur du corps proprement dit supérieure, ou égale, ou presque égale à la longueur de ce même corps.

PREMIER SOUS-GENRE

LA NAGEOIRE DE LA QUEUE FOURCHUE OU EN CROISSANT

ESPÈCES.	CARACTÈRES.
1. LE SPARE DORADE.	Onze rayons aiguillonnés et quatorze rayons articulés à la nageoire du dos; trois rayons aiguillonnés et douze rayons articulés à la nageoire de l'anus; six dents incisives à chaque mâchoire; un croissant doré au-dessus des yeux; une tache noire sur la queue.
2. LE SPARE SPARAILLON.	Onze rayons aiguillonnés et treize rayons articulés à la nageoire du dos; trois rayons aiguillonnés et onze rayons articulés à la nageoire de l'anus; les dents incisives un peu pointues; un appendice écailleux auprès de chaque thoracine; la couleur générale jaunâtre; une tache à la queue.

1. A la seconde dorsale.. 14 rayons.
    A chaque pectorale...   8   —
    A la nageoire de l'anus..   9   —
    A celle de la queue.. 18   —

ESPÈCES.	CARACTÈRES.
3. LE SPARE SARGUE.	Douze rayons aiguillonnés et treize rayons articulés à la nageoire du dos; trois rayons aiguillonnés et quatorze rayons articulés à l'anale; huit incisives larges à leur bout; deux rangées de molaires arrondies de chaque côté; des bandes transversales noirâtres; une tache noire à la queue.
4. LE SPARE OBLADE.	Onze rayons aiguillonnés et quatorze rayons articulés à la nageoire du dos; trois rayons aiguillonnés et quatorze rayons articulés à celle de l'anus; quatre incisives comme tronquées à leur extrémité et dentelées à la mâchoire supérieure; plusieurs taches et des raies longitudinales de chaque côté de l'animal; une tache à la queue.
5. LE SPARE SMARIS.	Onze rayons aiguillonnés et quatorze rayons articulés à la dorsale; trois rayons aiguillonnés et douze rayons articulés à l'anale; des dents incisives comme tronquées et mêlées à des dents plus petites et plus serrées; un grand nombre de pores sur la partie antérieure de la tête; la couleur générale argentée; le dos rougeâtre.
6. LE SPARE MENDOLE.	Onze rayons aiguillonnés et douze rayons articulés à la dorsale; trois rayons aiguillonnés et dix rayons articulés à l'anale; chaque mâchoire garnie d'une rangée de dents très serrées l'une contre l'autre et semblables à un poinçon.
7. LE SPARE ARGENTÉ.	Neuf rayons aiguillonnés et vingt-six rayons articulés à la nageoire du dos; trois rayons aiguillonnés et six rayons articulés à la nageoire de l'anus; des écailles argentées sur presque toute la surface du poisson; une tache noire auprès des branchies.
8. LE SPARE HURTA.	Onze rayons aiguillonnés et douze rayons articulés à la dorsale; trois rayons aiguillonnés et six rayons articulés à la nageoire de l'anus; des dents molaires arrondies; les dents antérieures de la mâchoire supérieure conformées comme des dents laniaires et très avancées; des bandes transversales rouges.
9. LE SPARE PAGEL.	Douze rayons aiguillonnés et dix rayons articulés à la dorsale; trois rayons aiguillonnés et neuf rayons articulés à l'anale; un double rang de dents molaires; les dents antérieures fortes et pointues; une couleur rouge très vive sur presque toute la surface du poisson.
10. LE SPARE PAGRE.	Douze rayons aiguillonnés et dix rayons articulés à la nageoire du dos; trois rayons aiguillonnés et neuf rayons articulés à l'anale; une membrane placée au-dessus de la base des rayons articulés de la dorsale et de l'anale, et autour du dernier rayon de chacune de ces deux nageoires; deux rangs de dents molaires arrondies; les dernières de ces molaires plus grosses que les autres; la partie supérieure de l'animal rougeâtre; l'inférieure argentée.
11. LE SPARE PORTE-ÉPINE.	Sept rayons aiguillonnés et dix-huit ou vingt rayons articulés à la dorsale; les deux premiers rayons aiguillonnés de cette nageoire très courts, les cinq autres plus longs et filiformes; trois rayons aiguillonnés et neuf rayons articulés à la nageoire de l'anus; quatre dents incisives et

ESPÈCES.	CARACTÈRES.

11. LE SPARE PORTE-ÉPINE. coniques à chaque mâchoire; un grand nombre de molaires hémisphériques et serrées les unes contre les autres; la couleur générale d'un rouge argenté; le dos et des raies d'une nuance obscure.

12. LE SPARE BAGUE. Trente rayons à la nageoire du dos; seize rayons à celle de l'anus; les dents de la mâchoire supérieure obtuses et dentelées; un grand nombre de raies longitudinales; les quatre raies inférieures dorées ou argentées.

13. LE SPARE CANTHÈRE. Onze rayons aiguillonnés et treize rayons articulés à la dorsale; trois rayons aiguillonnés et onze rayons articulés à l'anale; plusieurs rangées de dents; les antérieures de la mâchoire supérieure très grosses; les antérieures de la mâchoire inférieure fort petites; la ligne latérale très large; une vingtaine de raies longitudinales et jaunes de chaque côté du poisson.

14. LE SPARE SAUPE. Onze rayons aiguillonnés et dix-sept rayons articulés à la nageoire du dos; trois rayons aiguillonnés et quatorze rayons articulés à celle de l'anus; vingt dents incisives ou environ à chaque mâchoire; ces dents placées sur un seul rang à la mâchoire d'en haut et à celle d'en bas; chaque incisive de la mâchoire supérieure un peu échancrée pour recevoir la pointe de l'incisive correspondante de la mâchoire inférieure; onze raies longitudinales jaunes ou dorées de chaque côté du poisson.

15. LE SPARE SARBE. Onze rayons aiguillonnés et quatorze rayons articulés à la dorsale; trois rayons aiguillonnés et onze rayons articulés à la nageoire de l'anus; les dents incisives serrées et un peu coniques; les molaires nombreuses et hémisphériques; seize ou dix-sept raies longitudinales et brunes de chaque côté de l'animal.

16. LE SPARE SYNAGRE. Seize rayons aiguillonnés et quatorze rayons articulés à la nageoire du dos; cette nageoire longue et échancrée; l'anale arrondie; la couleur générale d'un violet pourpre; sept raies longitudinales et dorées de chaque côté du poisson; la caudale rouge.

17. LE SPARE ÉLEVÉ. Douze rayons aiguillonnés et neuf rayons articulés à la dorsale; trois rayons aiguillonnés et huit rayons articulés à l'anale; la hauteur de l'animal égale à peu près à la moitié de la longueur totale; la couleur générale jaunâtre; la tête argentée.

18. LE SPARE STRIÉ. Huit rayons aiguillonnés et dix rayons articulés à la nageoire du dos; deux rayons aiguillonnés et huit rayons articulés à la nageoire de l'anus; le museau arrondi; le corps allongé, déprimé et couvert d'écailles conformées et disposées de manière à le faire paraître strié.

19. LE SPARE HAFFARA. Onze rayons aiguillonnés et treize rayons articulés à la dorsale; trois rayons aiguillonnés et dix rayons articulés à l'anale; chaque mâchoire garnie de dents incisives, fortes, émoussées et un peu éloignées les unes des autres; des tubercules hémisphériques auprès du gosier; la couleur

ESPÈCES.	CARACTÈRES.
19. Le Spare haffara.	générale argentée; treize ou quatorze raies longitudinales d'un brun jaunâtre de chaque côté de l'animal.
20. Le Spare berda.	Douze rayons aiguillonnés et onze rayons articulés à la nageoire du dos; trois rayons aiguillonnés et dix rayons articulés à celle de l'anus; l'ensemble du corps et de la queue présentant de chaque côté une sorte d'ovale, quatre dents incisives et longues à chaque mâchoire; les molaires nombreuses et demi-sphériques; les molaires les plus éloignées du museau plus grandes que les autres; la lèvre supérieure plus longue que l'inférieure; les écailles grandes et arrondies.
21. Le Spare chili.	Treize rayons aiguillonnés et quinze rayons articulés à la dorsale; deux rayons aiguillonnés et douze rayons articulés à l'anale; les yeux gros et rapprochés; les incisives un peu coniques; les molaires émoussées; l'ensemble du corps et de la queue comprimé de manière à présenter de chaque côté une sorte d'ovale; les écailles grandes, rhomboïdales et tachées de blanc.
22. Le Spare éperonné.	Treize rayons aiguillonnés et dix rayons articulés à la nageoire du dos; sept rayons aiguillonnés et neuf rayons articulés à celle de l'anus; un piquant recourbé vers le museau au-devant de la dorsale; le premier et le dernier rayon de chaque thoracine aiguillonnés; des raies bleues et tortueuses.
23. Le Spare morme.	Onze rayons aiguillonnés et douze rayons articulés à la dorsale; trois rayons aiguillonnés et dix rayons articulés à l'anale; la mâchoire supérieure un peu plus avancée que l'inférieure; trois ou quatre rangées de petits tubercules arrondis ou petites dents molaires sur le bord intérieur de la mâchoire d'en haut, et deux rangées de dents semblables sur le bord intérieur de la mâchoire d'en bas; plusieurs bandes transversales étroites et alternativement argentées et noirâtres.
24. Le Spare brunâtre.	Trois rayons aiguillonnés et onze rayons articulés à la nageoire du dos; deux rayons aiguillonnés et dix rayons articulés à celle de l'anus; la hauteur de l'animal assez grande relativement à sa longueur; la couleur brunâtre.
25. Le Spare bigarré.	Douze rayons aiguillonnés et quatorze rayons articulés à la dorsale; trois rayons aiguillonnés et vingt-quatre rayons articulés à la nageoire de l'anus; l'ensemble du corps et de la queue comprimé de manière à présenter de chaque côté une sorte d'ovale; les incisives serrées l'une contre l'autre; les opercules revêtus d'écailles semblables à celles du dos; une pièce écailleuse auprès de chaque thoracine; de grandes taches ou bandes transversales noires.
26. Le Spare osbeck.	Onze rayons aiguillonnés et onze rayons articulés à la nageoire du dos; quatorze rayons à l'anale; la mâchoire inférieure recourbée et garnie de quatre dents assez grandes; la tête panachée de bleu et de rouge; des raies alternativement bleues et jaunes de chaque côté de l'animal.

<table>
<tr><td>ESPÈCES.</td><td>CARACTÈRES.</td></tr>
</table>

27. LE SPARE MARSEILLAIS.
Douze rayons aiguillonnés et douze rayons articulés à la dorsale ; trois rayons aiguillonnés et dix rayons articulés à la nageoire de l'anus ; les incisives de la mâchoire inférieure un peu saillantes au delà des lèvres ; le lobe inférieur de la queue plus court que le supérieur ; la couleur générale d'un or pâle ; des raies longitudinales bleues, courtes, plus ou moins voisines de la caudale, et une ou plusieurs taches brunes de chaque côté du corps.

28. LE SPARE CASTAGNOLE.
Trois rayons aiguillonnés et trente-cinq rayons articulés à la nageoire du dos ; deux rayons aiguillonnés et trente rayons articulés à celle de l'anus ; les rayons de ces deux nageoires couverts de petites écailles ; le devant de la tête élevé et arrondi ; le museau avancé et arrondi ; la mâchoire inférieure plus longue que la supérieure ; le dos noir ; les côtés bleus ; la partie inférieure argentée.

29. LE SPARE BOGARAVÉO.
Douze rayons aiguillonnés et treize rayons articulés à la dorsale ; trois rayons aiguillonnés et treize rayons articulés à l'anale ; l'ensemble du corps et de la queue comprimé de manière à présenter une sorte d'ovale de chaque côté de l'animal ; toute la surface du poisson argentée et sans taches.

30. LE SPARE MAHSÉNA.
Dix rayons aiguillonnés et dix rayons articulés à la nageoire du dos ; trois rayons aiguillonnés et neuf rayons articulés à l'anale ; dix-huit dents coniques et fortes à chaque mâchoire ; les molaires émoussées et larges ; les dents sétacées auprès du gosier ; la première pièce de chaque opercule dénuée de petites écailles ; des bandes transversales argentées et nébuleuses.

31. LE SPARE HARAK.
Dix rayons aiguillonnés et treize rayons articulés à la nageoire du dos ; trois rayons aiguillonnés et neuf rayons articulés à celle de l'anus ; quatre dents incisives à chaque mâchoire ; les molaires émoussées et disposées sur un seul rang ; les antérieures de ces molaires larges, les postérieures hémisphériques ; des dents sétacées et nombreuses auprès de ces dernières ; la première pièce de chaque opercule garnie de petites écailles ; la couleur générale verdâtre ; une tache noirâtre et souvent bordée de brun de chaque côté de l'animal.

32. LE SPARE RAMAK.
Dix rayons aiguillonnés et neuf rayons articulés à la dorsale ; trois rayons aiguillonnés et neuf rayons articulés à l'anale ; les rayons de cette nageoire de l'anus d'autant plus grands qu'ils sont plus éloignés de la tête ; les dents antérieures un peu plus grandes que les autres ; la couleur générale d'un blanc verdâtre ; des raies longitudinales d'un jaune violet.

33. LE SPARE GRAND ŒIL.
Dix rayons aiguillonnés et onze rayons articulés à la nageoire du dos ; trois rayons aiguillonnés et neuf rayons articulés à celle de l'anus ; six incisives à chaque mâchoire ; les molaires larges, planes et courtes, la lèvre inférieure renflée ; l'entre-deux des yeux tuberculeux ; la membrane

ESPÈCES.	CARACTÈRES.
33. Le Spare grand œil.	de la caudale couverte de petites écailles; l'œil très grand; la couleur générale bleuâtre.
34. Le Spare queue rouge.	Neuf rayons aiguillonnés et onze rayons articulés à la dorsale; trois rayons aiguillonnés et sept rayons articulés à la nageoire de l'anus; un seul rang de dents très petites à chaque mâchoire; la tête et l'ouverture de la bouche petites; les opercules, la nageoire du dos, l'anale et la caudale revêtus, en partie, d'écailles plus petites que celles du dos; l'anus plus proche de la caudale que de la tête; la couleur générale argentée; le dos bleu; les nageoires rouges.
35. Le Spare queue d'or.	Dix rayons aiguillonnés et dix-sept rayons articulés à la nageoire du dos; trois rayons aiguillonnés et vingt-trois rayons articulés à celle de l'anus; l'œil très petit; chaque opercule terminé par une prolongation arrondie à son extrémité; l'anus plus près de la tête que de la caudale; la couleur générale d'un violet argenté; une raie longitudinale et dorée depuis la tête jusqu'à la nageoire de la queue; une seconde raie dorée depuis les thoracines jusqu'à l'anale; cette nageoire de l'anus, la caudale et la dorsale dorées.
36. Le Spare cuning.	Dix rayons aiguillonnés et quinze rayons articulés à la nageoire du dos; trois rayons aiguillonnés et onze rayons articulés à celle de l'anus; la mâchoire inférieure plus avancée que la supérieure; chaque opercule composé de trois pièces, terminé par une prolongation arrondie et garni de petites écailles; le dos et le ventre carénés; le dos violet; les côtés argentés et rayés d'or.
37. Le Spare galonné.	Dix rayons aiguillonnés et quatorze rayons articulés à la dorsale; trois rayons aiguillonnés et dix rayons articulés à l'anale; les dents serrées; l'anus plus près de la caudale que de la tête; le dos violet; deux bandes transversales et noires, l'une sur l'œil et l'autre sur la poitrine; sept raies jaunes et longitudinales de chaque côté du poisson.
38. Le Spare brème.	Dix rayons aiguillonnés et douze rayons articulés à la nageoire du dos; trois rayons aiguillonnés et dix rayons articulés à la nageoire de l'anus; les dents de la mâchoire supérieure plus larges et plus serrées que celles de l'inférieure; la ligne latérale large et courbée d'abord vers le haut, ensuite vers le bas; les écailles placées au-dessus de la ligne latérale, plus petites que celles qui sont placées au-dessous; les unes et les autres rudes au toucher; le dos gris; les côtés d'un argenté mêlé de doré; le ventre blanc.
39. Le Spare gros œil.	Douze rayons aiguillonnés et dix rayons articulés à la dorsale; trois rayons aiguillonnés et huit rayons articulés à l'anale; le devant de la mâchoire supérieure garni de plusieurs rangs de dents; les huit dents antérieures de la mâchoire inférieure plus grandes que les autres; les yeux gros; des raies longitudinales jaunes de chaque côté du poisson.

ESPÈCES. | CARACTÈRES.

40. LE SPARE RAYÉ. — Onze rayons aiguillonnés et huit rayons articulés à la nageoire du dos; trois rayons aiguillonnés et sept rayons articulés à celle de l'anus; cinq rayons à la membrane branchiale; un grand nombre de dents; celles de la mâchoire inférieure plus grandes que celles de la mâchoire supérieure; trois raies longitudinales et bleues de chaque côté de l'animal; la plus élevée de ces raies plus courte que les autres.

41. LE SPARE ANCRE. — Treize rayons aiguillonnés et huit rayons articulés à la dorsale; trois rayons aiguillonnés et neuf rayons articulés à la nageoire de l'anus; plusieurs dents de la mâchoire inférieure tournées en dehors et courbées en dedans; les yeux très rapprochés l'un de l'autre; la couleur générale jaune; des bandes transversales bleuâtres.

42. LE SPARE TROMPEUR. — Neuf rayons aiguillonnés et neuf rayons articulés à la nageoire du dos; trois rayons aiguillonnés et huit rayons articulés à celle de l'anus; le museau très allongé en forme de tube; les mâchoires situées à l'extrémité de ce tube; deux droites, coniques et plus grandes que les autres à chaque mâchoire; deux lignes latérales; la caudale en croissant; le dos rouge; les côtés jaunâtres.

43. LE SPARE PORGY. — Treize rayons aiguillonnés et onze rayons articulés à la nageoire du dos; trois rayons aiguillonnés et treize rayons articulés à celle de l'anus; la caudale en croissant; un sillon longitudinal sur le dos; l'iris doré; des raies bleues sur la tête; toutes les nageoires rouges, excepté la dorsale.

44. LE SPARE ZANTURE. — Douze rayons aiguillonnés et quatorze rayons articulés à la dorsale; quinze rayons à l'anale; la caudale en croissant; un sillon sur le dos; l'iris argenté; les dents de devant coniques; un long filament à chacun des trois premiers rayons de la dorsale.

45. LE SPARE DENTÉ. — Onze rayons aiguillonnés et onze rayons articulés à la nageoire du dos; trois rayons aiguillonnés et huit rayons articulés à celle de l'anus; la partie supérieure et antérieure de la tête dénuée d'écailles semblables à celles du dos; quatre dents plus grandes que les autres à chaque mâchoire; les yeux rapprochés l'un de l'autre; la dorsale, les pectorales, l'anale et la caudale garnies, en partie, de petites écailles; la couleur générale ou blanche, ou pourpre, ou d'un jaune argenté.

46. LE SPARE FASCÉ. — Neuf rayons aiguillonnés et onze rayons articulés à la dorsale; trois rayons aiguillonnés et neuf rayons articulés à l'anale; cinq rayons à la membrane branchiale; la caudale en croissant; la ligne latérale double; les dents coniques et des molaires petites et arrondies; la dorsale, l'anale et la caudale garnies, en partie, de petites écailles; la couleur générale jaunâtre; six ou sept bandes transversales brunes.

47. LE SPARE FAUCILLE. — Quatorze rayons aiguillonnés et sept rayons articulés à la nageoire du dos; quatre rayons aiguillonnés et vingt

LES SPARES.

ESPÈCES.	CARACTÈRES.
47. LE SPARE FAUCILLE.	rayons articulés à celle de l'anus ; la caudale en croissant ; quatre dents grandes et recourbées au-devant de chaque mâchoire ; plusieurs molaires petites et arrondies ; la dorsale, l'anale et la caudale, couvertes, en partie, d'écailles petites, minces et semblables à celles du dos ; les derniers rayons de la dorsale et de l'anale plus longs que les autres ; la tête et les nageoires vertes, au moins en partie.
48. LE SPARE JAPONAIS.	Dix rayons aiguillonnés et neuf rayons articulés à la dorsale ; trois rayons aiguillonnés et sept rayons articulés à l'anale ; la caudale en croissant ; cinq rayons à la membrane branchiale ; la mâchoire inférieure plus avancée que la supérieure ; le sommet de la tête arrondi et élevé ; les yeux rapprochés l'un de l'autre ; le dos brun ; les côtés argentés ; des raies jaunes et longitudinales.
49. LE SPARE SURINAM.	Quinze rayons aiguillonnés et treize rayons articulés à la nageoire du dos ; trois rayons aiguillonnés et huit rayons articulés à la nageoire de l'anus ; la ligne latérale interrompue ; la caudale en croissant ; la couleur générale jaune ; des bandes transversales rouges ; trois taches grandes et noires de chaque côté du poisson.
50. LE SPARE CYNODON.	Onze rayons aiguillonnés et quatorze rayons articulés à la dorsale ; trois rayons aiguillonnés et onze rayons articulés à la nageoire de l'anus ; la mâchoire supérieure garnie de quatre dents plus grandes que les autres et semblables à des canines de mammifère ; les opercules garnis d'écailles petites, minces et lisses comme celles du dos ; la dernière pièce de chaque opercule terminée en angle ; la caudale en croissant ; le dos d'un vert brunâtre ; la tête et les côtés jaunes ; le ventre d'un jaune argenté ; les pectorales, les thoracines et la caudale rouges.
51. LE SPARE TÉTRACANTHE.	Onze rayons aiguillonnés et sept rayons articulés à la nageoire du dos ; quatre rayons aiguillonnés et sept rayons articulés à celle de l'anus ; un rayon aiguillonné et sept rayons articulés à chaque thoracine ; le dos violet ; la tête et les nageoires d'un violet jaunâtre ; le ventre argentin.
52. LE SPARE VERTOR.	Treize rayons aiguillonnés et quatorze rayons articulés à la dorsale, dont la partie antérieure est arrondie, et la postérieure triangulaire ; quatorze rayons à la nageoire de l'anus ; chaque mâchoire garnie de dents incisives qui se touchent ; la seconde lame de chaque opercule terminée par une ou deux petites prolongations arrondies à leur bout ; cinq rayons à la membrane des branchies ; la couleur générale dorée et mêlée de vert et de brun ; cinq bandes transversales un peu larges et noires.
53. LE SPARE MYLOSTOME.	Dix rayons aiguillonnés et dix-huit rayons articulés à la dorsale, dont presque tous les rayons sont très inégaux en longueur ; trois rayons aiguillonnés et onze rayons articulés à la nageoire de l'anus ; la caudale un peu en croissant ; le sommet de la tête et le dos très relevés ; le fond du palais pavé de dents molaires ; sept rayons à la mem-

ESPÈCES.	CARACTÈRES.
53. LE SPARE MYLOSTOME.	brane des branchies ; plusieurs raies longitudinales plusieurs fois interrompues, et alternativement bleues et dorées.
54. LE SPARE MYLIO.	Onze rayons aiguillonnés et quatorze rayons articulés à la nageoire du dos ; trois rayons aiguillonnés et dix rayons articulés à la nageoire de l'anus ; cette anale couverte de petites écailles sur près de la moitié de sa surface ; cinq rayons à la membrane branchiale ; tout le palais pavé de molaires arrondies ; plusieurs raies longitudinales brunes et interrompues ; deux bandes transversales noires, l'une sur le devant de la tête, et l'autre sur l'opercule.
55. LE SPARE BRETON.	Neuf rayons aiguillonnés et dix rayons articulés à la dorsale ; trois rayons aiguillonnés et sept rayons articulés à la nageoire de l'anus ; la hauteur de l'animal très grande relativement à la longueur totale, dont elle égale à peu près le tiers ; cinq rayons à la membrane des branchies ; les plus longs rayons des pectorales atteignant jusqu'à la nageoire de l'anus ; la couleur générale argentée, le dos légèrement bleuâtre ; les côtés parsemés de taches, ou de petites raies longitudinales interrompues et brunes.
56. LE SPARE RAYÉ D'OR.	Dix rayons aiguillonnés et dix rayons articulés à la nageoire du dos ; trois rayons aiguillonnés et neuf rayons articulés à la nageoire de l'anus ; une écaille allongée en forme d'aiguillon, auprès du bout extérieur de la base de chaque thoracine ; deux pièces à chacun des opercules, qui sont couverts de petites écailles ; la première pièce terminée par une ligne droite, et la seconde par une ou deux prolongations anguleuses ; des raies longitudinales et dorées ; une tache allongée, et brillante d'or et d'argent, au-dessous de l'extrémité de la dorsale ; toutes les nageoires rouges.
57. LE SPARE CATESBY.	Douze rayons aiguillonnés et dix rayons articulés à la dorsale ; cette nageoire du dos composée de deux parties réunies, mais distinctes ; la mâchoire inférieure un peu plus longue que la supérieure ; la caudale noire et bordée de blanc ; des raies bleues sur la tête ; des raies longitudinales et jaunes de chaque côté du poisson.
58. LE SPARE SAUTEUR.	Huit rayons aiguillonnés et dix rayons articulés à la nageoire du dos ; trois rayons aiguillonnés et six rayons articulés à celle de l'anus ; la dorsale composée de deux parties réunies, mais distinctes ; trois forts aiguillons à la partie antérieure de la caudale ; le ventre jaune et rayé de gris ; la caudale rouge à l'extrémité ; de grandes taches d'un jaune obscur, au-dessus de la ligne latérale.
59. LE SPARE VENIMEUX.	Dix rayons aiguillonnés et quinze rayons articulés à la dorsale ; douze rayons à l'anale ; la caudale en croissant ; la dorsale composée de deux parties réunies, mais distinctes ; les écailles minces et unies ; la couleur générale brune ; un grand nombre de petites taches rouges et bordées de noir.
60. LE SPARE SALIN.	Douze rayons aiguillonnés et seize rayons articulés à la nageoire du dos ; trois rayons aiguillonnés et treize rayons

ESPÈCES.	CARACTÈRES.
60. LE SPARE SALIN.	articulés à la nageoire de l'anus; celle de la queue en croissant; les deux mâchoires également avancées; la hauteur du poisson très grande relativement à la longueur totale; une tache noire de chaque côté sur le corps, et au-dessous de la ligne latérale; des raies longitudinales dorées.
61. LE SPARE JUB.	Douze rayons aiguillonnés et seize rayons articulés à la dorsale; trois rayons aiguillonnés et neuf rayons articulés à l'anale; la caudale en croissant; les deux mâchoires également avancées; la hauteur du poisson très grande relativement à la longueur totale; la couleur générale argentée; six raies jaunes et longitudinales de chaque côté de l'animal; le dos violet, une bande noire et bordée de jaune, s'étendant jusque sur l'œil; deux taches brunes sur la caudale.
62. LE SPARE MÉLANOTE.	Onze rayons aiguillonnés et seize rayons articulés à la dorsale; trois rayons aiguillonnés et quatorze rayons articulés à la nageoire de l'anus; la caudale en croissant; l'anus près de deux fois plus éloigné de la tête que de la caudale; le corps et la queue allongés; la couleur générale argentée; le dos noirâtre; les pectorales, les thoracines et l'anale grises, avec la base rougeâtre; point de taches.
63. LE SPARE NIPHON.	Dix rayons aiguillonnés et dix rayons articulés à la nageoire du dos; deux rayons aiguillonnés et six rayons articulés à celle de l'anus; cinq rayons à la membrane des branchies; la caudale en croissant; la couleur générale blanche; le dos brunâtre; des raies longitudinales jaunâtres; les nageoires grisâtres.
64. LE SPARE DEMI-LUNE.	Vingt rayons à la dorsale; trois rayons aiguillonnés et neuf rayons articulés à l'anale; la caudale en croissant, les deux cornes du croissant très allongées; la hauteur de l'animal supérieure à la longueur du corps proprement dit; les pectorales deux fois plus longues que les thoracines; la lame postérieure des opercules terminée par une prolongation molle et anguleuse; la couleur générale rouge; plusieurs taches dorées et irrégulières sur la partie supérieure des côtés, et sur le dos qui est bleu; une raie longitudinale, dorée, très large et s'étendant directement depuis la première pièce de l'opercule jusqu'à la base de la caudale, vers laquelle elle s'élargit; la caudale dorée; la dorsale dorée, avec une raie longitudinale, large et rouge.
65. LE SPARE HOLOGYANÉOSE.	Onze rayons aiguillonnés et neuf rayons articulés à la dorsale; dix rayons à la nageoire de l'anus; la caudale en croissant; les deux cornes de ce croissant très éloignées l'une de l'autre; les pectorales falciformes; les mâchoires également avancées; la tête et les opercules dénués de petites écailles; les écailles du corps et de la queue grandes, hexagones et rayonnées; toute la surface de l'animal, bleue sans taches.

<table>
<tr><td>ESPÈCES.</td><td>CARACTÈRES.</td></tr>
<tr><td>66. LE SPARE LÉPISURE.</td><td>Dix rayons aiguillonnés et quatorze rayons articulés à la nageoire du dos; trois rayons aiguillonnés et sept rayons articulés à la nageoire de l'anus; de petites écailles sur les opercules; la seconde pièce de chaque opercule terminée par un prolongement anguleux; une grande partie de la nageoire caudale et de l'anale, recouverte de petites écailles; deux taches rondes, ou ovales sur le dos, et de chaque côté de l'animal.</td></tr>
<tr><td>67. LE SPARE BILOBÉ.</td><td>Onze rayons aiguillonnés et dix rayons articulés à la dorsale; quatre rayons aiguillonnés et neuf rayons articulés à la nageoire de l'anus; la caudale fourchue et divisée en deux lobes arrondis à leur bout; la tête et les opercules garnis d'écailles semblables à celles du dos; l'entre-deux des yeux relevé en bosse; les yeux gros; quatre ou six dents longues, pointues et crochues, placées au bout de la mâchoire supérieure, au-devant d'une rangée de molaires hémisphériques; de petites écailles sur la base de la caudale.</td></tr>
<tr><td>68. LE SPARE CARDINAL.</td><td>Vingt et un rayons aiguillonnés et douze rayons articulés à la nageoire du dos; cinq rayons aiguillonnés et douze rayons articulés à la nageoire de l'anus; une sorte de calotte élevée d'un rouge de cinabre, placée entre les yeux et avancée jusqu'au dessus de la mâchoire supérieure; la partie supérieure de l'animal d'un rouge foncé; la partie inférieure d'un rouge clair, séparé du rouge foncé, d'une manière tranchée.</td></tr>
<tr><td>69. LE SPARE CHINOIS.</td><td>Un long filament au lobe supérieur de la nageoire de la queue; la partie supérieure du poisson rouge, l'inférieure jaune; les pectorales et les thoracines jaunes; quatre raies longitudinales jaunes, placées de chaque côté du corps et prolongées jusqu'à l'extrémité de la caudale.</td></tr>
<tr><td>70. LE SPARE BUFONISTE.</td><td>Onze rayons aiguillonnés et treize rayons articulés à la nageoire du dos; quinze rayons à la nageoire de l'anus; la caudale en croissant; une partie de cette caudale couverte de petites écailles; cette portion figurée en croissant; le dos élevé; de petites écailles sur les opercules; six dents incisives, grosses et émoussées, au-devant de la mâchoire supérieure; quatre dents incisives semblables, au-devant de la mâchoire inférieure; l'intérieur de la bouche pavé de molaires hémisphériques et très inégales en grandeur; onze ou douze raies longitudinales de chaque côté de l'animal.</td></tr>
<tr><td>71. LE SPARE PERROQUET.</td><td>Quatorze rayons aiguillonnés et dix rayons articulés à la dorsale; trois rayons aiguillonnés et dix rayons articulés à l'anale; la caudale en croissant; l'occiput et le dos arqués et très élevés; la tête et les opercules dénués de petites écailles; le museau semblable au bec d'un perroquet; le palais pavé de dents molaires; onze ou douze raies longitudinales de chaque côté de l'animal.</td></tr>
</table>

SECOND SOUS-GENRE

La nageoire de la queue, rectiligne ou arrondie.

ESPÈCES.	CARACTÈRES.
72. LE SPARE ORPHE.	Dix rayons aiguillonnés et quatorze rayons articulés à la nageoire du dos; trois rayons aiguillonnés et dix rayons articulés à la nageoire de l'anus; les yeux grands; le corps d'un rouge pourpré; la tête roussâtre; une tache noire auprès de la caudale.
73. LE SPARE MARRON.	Quatorze rayons aiguillonnés et neuf rayons articulés à la dorsale; deux rayons aiguillonnés et dix rayons articulés à l'anale; des dents obtuses aux mâchoires; la ligne latérale cessant avant d'aboutir à la caudale; les écailles grandes; trois petits aiguillons au-dessus et au-dessous de la queue; la couleur générale brune; une tache noire à la base de chaque pectorale; sept ou huit raies longitudinales.
74. LE SPARE RHOMBOÏDE.	Douze rayons aiguillonnés et dix rayons articulés à la dorsale : trois rayons aiguillonnés et douze rayons articulés à l'anale; les incisives larges, égales et pointues; plusieurs rangs de molaires obtuses; des raies longitudinales jaunes; une tache noire entre la dorsale et chaque pectorale.
75. LE SPARE BRIDÉ.	Neuf rayons aiguillonnés et onze rayons articulés à la nageoire du dos; un rayon aiguillonné et quinze rayons articulés à la nageoire de l'anus; la hauteur de l'animal très grande relativement à sa longueur; la dorsale très longue; les deux dents antérieures de la mâchoire supérieure, et les quatre de la mâchoire d'en bas, plus grandes que les autres; les écailles faiblement attachées; chaque écaille présentant auprès de son extrémité une raie blanche et coudée en équerre.
76. LE SPARE GALILÉEN.	Dix-sept rayons aiguillonnés et quatorze rayons articulés à la dorsale; trois rayons aiguillonnés et douze rayons articulés à la nageoire de l'anus; cinq rayons à la membrane des branchies; sept rayons à chaque thoracine; la partie supérieure de l'animal verdâtre, et l'inférieure blanche.
77. LE SPARE CARUDSE.	Dix-sept rayons aiguillonnés et neuf rayons articulés à la dorsale; trois rayons aiguillonnés et onze rayons articulés à la nageoire de l'anus; les rayons aiguillonnés de la nageoire du dos garnis d'un filament; les plus grosses molaires placées au milieu de la mâchoire supérieure; une tache brune sur le bord supérieur de la caudale, et souvent sur la partie antérieure de la dorsale.
78. LE SPARE PAON.	Dix-huit rayons aiguillonnés et treize rayons articulés à la nageoire du dos; trois rayons aiguillonnés et neuf rayons articulés à celle de l'anus; les rayons aiguillonnés de la dorsale garnis d'un ou de plusieurs filaments; la ligne latérale interrompue; les écailles dures et dentelées; la caudale arrondie; une raie longitudinale noire sur chaque opercule; une tache noire et bordée de blanc auprès de

<table>
<tr><td>ESPÈCES.</td><td>CARACTÈRES.</td></tr>
<tr><td>78.   Le Spare paon.</td><td>la base de chaque pectorale, et de chaque côté de l'extrémité de la queue ; des taches noires et blanches distribuées sur la caudale, la partie postérieure de la dorsale et la partie postérieure de la nageoire de l'anus.</td></tr>
<tr><td>79. Le Spare rayonné.</td><td>Onze rayons aiguillonnés et onze rayons articulés à la dorsale ; trois rayons aiguillonnés et treize rayons articulés à l'anale ; la caudale arrondie ; la ligne latérale composée de petites écailles divisées chacune en trois rameaux, partagés chacun en deux ; le dos vert ; des stries ou rayons bleus, jaunes et verts sur la tête ; deux taches, l'une pourpre et l'autre jaune, sur chaque opercule.</td></tr>
<tr><td>80. Le Spare plombé.</td><td>Dix-huit rayons aiguillonnés et douze rayons articulés à la nageoire du dos ; trois rayons aiguillonnés et dix rayons articulés à la nageoire de l'anus ; la caudale arrondie ; des molaires arrondies ; les rayons aiguillonnés de la dorsale filamenteux ; la ligne latérale courbe et ensuite droite ; la couleur générale d'un brun livide ; le dessous de la tête et le bord des nageoires d'un bleu foncé.</td></tr>
<tr><td>81. Le Spare clavière.</td><td>Les dents de la mâchoire supérieure larges et serrées ; la caudale arrondie ; la couleur générale variée de pourpre, de vert, de bleu et de noir ; deux taches d'un rouge de pourpre au bas du ventre.</td></tr>
<tr><td>82. Le Spare noir.</td><td>Huit rayons aiguillonnés et onze rayons articulés à la nageoire du dos ; trois rayons aiguillonnés et dix rayons articulés à celle de l'anus ; la caudale arrondie ; une rangée de molaires arrondies à chaque mâchoire ; deux dents laniaires à la mâchoire supérieure, deux autres tournées en dehors, à la mâchoire d'en bas ; les yeux bordés de pores ; la ligne latérale droite jusqu'à la fin de la dorsale, courbée ensuite vers le bas, et enfin droite jusqu'à la caudale ; les nageoires, excepté les pectorales, entièrement noires.</td></tr>
<tr><td>83. Le Spare chloroptère.</td><td>Neuf rayons aiguillonnés et onze rayons articulés à la dorsale ; deux rayons aiguillonnés et dix rayons articulés à l'anale ; la caudale arrondie ; chaque mâchoire garnie de deux dents allongées, saillantes et placées sur le devant, et de deux rangées de molaires arrondies et inégales en grandeur ; de petites écailles sur une partie de la caudale ; la couleur générale verdâtre ; toutes les nageoires vertes.</td></tr>
<tr><td>84. Le Spare zonéphore.</td><td>Huit rayons aiguillonnés et onze rayons articulés à la nageoire du dos ; deux rayons aiguillonnés et onze rayons articulés à la nageoire de l'anus ; la caudale arrondie ; un rang de molaires arrondies à chaque mâchoire ; les lèvres très grosses ; les écailles grandes et lisses ; de petites écailles sur la première pièce de chaque opercule ; la couleur générale olivâtre ; cinq ou six bandes transversales brunes.</td></tr>
<tr><td>85. Le Spare pointillé.</td><td>Dix rayons aiguillonnés et douze rayons articulés à la dorsale ; trois rayons aiguillonnés et six rayons articulés à l'anale ; la caudale arrondie ; la mâchoire inférieure plus avancée que la supérieure ; la pièce postérieure de l'oper-</td></tr>
</table>

ESPÈCES.	CARACTÈRES.
85. LE SPARE POINTILLÉ.	cule terminée par une prolongation échancrée ; la couleur générale blanchâtre ; presque toute la surface de l'animal parsemée de petites taches ou points bleuâtres ; du rouge sur le dos.
86. LE SPARE SANGUINO-LENT.	Neuf rayons aiguillonnés et dix rayons articulés à la nageoire du dos ; deux rayons aiguillonnés et sept rayons articulés à celle de l'anus ; la caudale arrondie, l'opercule terminé par une prolongation arrondie à son extrémité ; la ligne latérale droite ; presque toute la surface de l'animal rouge et parsemée de petites taches d'un rouge foncé.
87. LE SPARE ACARA.	Quinze rayons aiguillonnés et douze rayons articulés à la dorsale ; quatre rayons aiguillonnés et huit rayons articulés à l'anale ; la caudale arrondie ; la partie supérieure de l'anale brune, l'inférieure argentée ; deux taches brunes de chaque côté, l'une au-dessus de la pectorale, et l'autre auprès de la caudale.
88. LE SPARE NHOQUUNDA.	Point de rayons aiguillonnés et vingt-trois rayons articulés à la nageoire du dos ; trois rayons aiguillonnés et onze rayons articulés à celle de l'anus ; la caudale arrondie ; la ligne latérale droite ; les écailles petites et dures ; la couleur générale argentée ; les nageoires dorées ; une double rangée de taches ovales et noires, le long de la ligne latérale.
89. LE SPARE ATLANTIQUE.	Quatorze rayons aiguillonnés et dix rayons articulés à la dorsale ; trois rayons aiguillonnés et sept rayons articulés à l'anale ; la caudale arrondie ; la mâchoire inférieure plus avancée que la supérieure ; les écailles grandes ; l'opercule terminé par une prolongation molle ; la couleur générale blanchâtre ; presque toute la surface de l'animal parsemée de petites taches rouges.
90. LE SPARE CHRYSOMÉ-LANE.	Neuf rayons aiguillonnés et treize rayons articulés à la nageoire du dos ; deux rayons aiguillonnés et onze rayons articulés à la nageoire de l'anus ; la partie antérieure de la dorsale arrondie ; trois pièces à chaque opercule, la seconde dépassant la troisième par une prolongation arrondie à son extrémité ; la couleur générale dorée ; neuf bandes transversales presque noires.
91. LE SPARE HÉMISPHÈRE.	Dix rayons aiguillonnés et douze rayons articulés à la dorsale ; deux rayons aiguillonnés et quatorze rayons articulés à l'anale ; la tête arrondie en demi-sphère et dénuée de petites écailles, ainsi que les opercules ; les dents antérieures de la mâchoire supérieure plus longues que les autres ; la ligne latérale double de chaque côté ; la caudale arrondie ; une bande transversale et courbe, à l'extrémité de cette dernière nageoire ; une tache noire à la base de chaque pectorale et à la partie antérieure de la dorsale.
92. LE SPARE PANTHÉRIN.	Dix rayons aiguillonnés et onze rayons articulés à la dorsale ; trois rayons aiguillonnés et huit rayons articulés à l'anale, la caudale arrondie ; la nuque relevée et arrondie ; de petites écailles sur la tête et les opercules ; ces opercules arrondis dans leur contour ; la mâchoire inférieure garnie

ESPÈCES.	CARACTÈRES.

92. LE SPARE PANTHÉRIN. — de quatre dents plus grandes que les autres et semblables à des laniaires de mammifère ; cette même mâchoire relevée contre la supérieure, lorsque la bouche est fermée ; de très petites taches arrondies, noires et inégales, répandues sur la tête, les opercules et le ventre.

93. LE SPARE BRACHION. — Vingt rayons à la nageoire dorsale ; quatorze rayons à l'anale ; la caudale arrondie ; chaque pectorale attachée à une prolongation charnue ; dix incisives larges et plates sur le devant de la mâchoire supérieure ; huit inci-ives presque semblables sur le devant de la mâchoire d'en bas ; la tête et les opercules dénués de petites écailles.

94. LE SPARE MÉACO. — Neuf rayons aiguillonnés et dix rayons articulés à la dorsale ; trois rayons aiguillonnés et huit rayons articulés à l'anale ; la caudale arrondie ; les deux dents de devant de chaque mâchoire plus grandes que les autres ; les écailles grandes, ovales et striées ; la couleur générale brune ; six bandes transversales blanches ; une tache grande et brune au milieu de la queue ou de la caudale.

95. LE SPARE DESFONTAINES. — Vingt-trois rayons à la nageoire du dos ; onze rayons à celle de l'anus ; une tache noire sur la partie supérieure du bord postérieur de l'opercule.

TROISIÈME SOUS-GENRE

La nageoire de la queue divisée en trois lobes.

ESPÈCES.	CARACTÈRES.

96. LE SPARE ABILDGAARD. — Neuf rayons aiguillonnés et dix rayons articulés à la nageoire du dos ; les rayons aiguillonnés de la dorsale garnis d'un ou de plusieurs filaments ; douze rayons à la nageoire de l'anus ; un rang de dents fortes à chaque mâchoire ; les lèvres grosses ; des pores auprès des yeux ; la ligne latérale rameuse et interrompue ; les écailles grandes, minces et hexagones ; le dos violet ; la tête, les côtés et les nageoires variés de violet et de jaune.

97. LE SPARE QUEUE VERTE. — Dix rayons aiguillonnés et neuf rayons articulés à la dorsale ; les rayons aiguillonnés de la dorsale filamenteux ; trois rayons aiguillonnés et huit rayons articulés à l'anale ; chaque mâchoire garnie de deux laniaires recourbées et d'un rang de molaires courtes et séparées les unes des autres ; l'opercule terminé par une prolongation arrondie à son extrémité ; la ligne latérale interrompue ; le corps et la queue comprimés ; les écailles larges et minces ; les premiers et les derniers rayons de la caudale très allongés, cette caudale d'un vert foncé, ainsi que l'anale et les thoracines ; la couleur générale verte.

98. LE SPARE ROUGEOR. — Neuf rayons aiguillonnés et sept rayons articulés à la nageoire du dos ; un ou deux rayons aiguillonnés et neuf rayons articulés à la nageoire de l'anus ; la mâchoire inférieure plus courte que la supérieure et garnie de douze incisives fortes et rapprochées ; la tête et les opercules

ESPÈCE.	CARACTÈRES.
98. LE SPARE ROUGEOR.	dénués d'écailles semblables à celles du dos ; la couleur de presque toute la surface de l'animal d'un rouge plus ou moins foncé ; chaque écaille grande, arrondie, bordée d'or et marquée, dans son centre, d'une petite tache d'un rouge brunâtre.

LE SPARE DORADE [1]

Sparus aurata, LINN., GMEL., LACÉP. — *Chrysophris aurata,* CUV.

Plusieurs poissons présentent un vêtement plus magnifique que la dorade, aucun n'a reçu de parure plus élégante. Elle ne réfléchit pas l'éclat éblouissant de l'or et de la pourpre ; mais elle brille de la douce clarté de l'argent et de l'azur.

Le bleu céleste de son dos se fond avec d'autant plus de grâce dans les reflets argentins qui se jouent sur presque toute sa surface, que ces deux belles nuances sont relevées par le noir de la nageoire du dos, par celui de la nageoire de la queue, par les teintes foncées ou grises des autres nageoires, et par des raies longitudinales brunes qui s'étendent comme autant d'ornement de bon goût sur le corps argenté du poisson. Un croissant d'or forme une sorte de sourcil remarquable au-dessus de chaque œil ; une tache

1. *Daurade, Aourade, Aurado,* dans plusieurs contrées de France.

Sauquesme (lorsque l'animal est encore très jeune, et qu'il n'a pas deux décimètres de long), dans plusieurs départements méridionaux de France.

Méjane (lorsque l'animal est moins jeune, mais qu'il n'a pas encore quatre décimètres de longueur), *ibid.*

Subre daurade (lorsque l'animal est très grand), *ibid.*

Saucanelle (lorsque l'animal est encore très jeune, et qu'il n'a pas deux décimètres de long), sur quelques côtes françaises de la Méditerranée.

Poumerengue ou *paumergrav* (lorsque l'animal est moins jeune, mais qu'il n'a pas encore quatre décimètres de longueur), *ibid.*

Orata, à Rome et à Gênes. — *Ora,* à Venise. — *Canina,* en Sardaigne. — *Aurada,* à Malte. — *Orada,* à Alger. — *Sippuris,* par les Grecs modernes. — *Vergulde, Goud braassem,* en Hollande. — *Gilt head, Gilt poll,* en Angleterre. — *Gold brassem,* en Allemagne.

Mus. Ad. Frid. 2, p. 72. — *Spare dorade.* Daubenton et Haüy, Encyclopédie méthodique. — *Id.* Bonnaterre, planches de l'Encyclopédie méthodique. — Bloch, pl. 266. — « Sparus dorso acutissimo, linea arcuata aurea inter oculos. » Artedi, gen. 25, syn. 63.

Chrusophus. Arist., lib. I, cap. v; lib. II, cap. xvii; lib. IV, cap. x; lib. V, cap. x; lib. VI, cap. xvii; lib. VIII, cap. ii, xiii, xv et xix. — *Chrousophus.* Ælian, lib. XIII, cap. xxviii; lib. XI, cap. xxxiii; lib. XVI, cap. xii. — *Id.* Athen., lib. VII et lib. VIII. — Oppian, lib. I, p. 7, et lib. III, fol. 135, *b.* — *Chrysophrys.* Varron, *Rust.,* lib. III, cap. iii. — *Aurata.* Columelle, lib. VIII, cap. xvi. — *Id.* Martial, *Épigr.,* lib. XIII, XC. — *Id.* Pline, lib. IX, cap. xvi. — *Id.* Cuba, lib. III, cap. iv, fol. 71, *b.* — P. Jov., cap. xi, p. 68. — *Id.* Wotton, lib. VIII, cap. clxxiv, fol. 156. — *Daurade.* Rondelet, première partie, liv. V, chap. ii.

Aurata. Salvian, fol. 174, *b* 175. — *Id.* Gesner, p. 110, 128 ; et (germ.) fol. 23, *c.* — *Id.* Jonston, lib. I, tit. 3, cap. i, *a,* 8, tab. 19, fig. 2. — *Id.* Charl., p. 140. — *Id.* Willughby, p. 307. — *Id.* Ray, p. 131. — *Aurata vulgaris.* Aldrov., lib. II, cap. xv, p. 171. — *Sparus aurata.* Gronov. Mus. 1, n. 90. — *Id.* Hasselquist, *It.* 337. — *La dorade.* Duhamel, *Traité des pêches,* part. 2, sect. 4, chap. ii, art. 1, pl. 11, fig. 1. — *Dorade.* Valmont de Bomare, *Dictionnaire d'histoire naturelle.*

d'un noir luisant contraste, sur la queue et sur l'opercule, avec l'argent des écailles ; une troisième tache d'un beau rouge, se montrant de chaque côté au-dessus de la pectorale et mêlant le ton et la vivacité du rubis à l'heureux mélange du bleu et du blanc éclatant, termine la réunion des couleurs les plus simples et en même temps les mieux ménagées, les plus riches et les plus agréables.

Les Grecs, qui ont admiré avec complaisance ce charmant assortiment et qui cherchaient dans la nature la règle de leur goût, le type de leurs arts et même l'origine de leurs modes, l'ont choisi sans doute plus d'une fois pour le modèle des nuances destinées à parer la jeune épouse, au moment où s'allumait pour elle le flambeau de l'hyménée. Ils avaient du moins consacré la dorade à Vénus. Elle était pour eux l'emblème de la beauté féconde ; elle était donc celle de la nature ; elle était le symbole de cette puissance admirable et vivifiante, qui crée et qui coordonne, qui anime et qui embellit, qui enflamme et qui enchante, et qu'un des plus célèbres poètes de l'antique Rome, pénétré de l'esprit mythologique qu'il cherchait cependant à détruire, et lui rendant hommage même en le combattant, invoquait sous le nom de la déesse des grâces et de la reproduction, dans un des plus beaux poèmes que les anciens nous aient transmis. Mais cette idée tenait, sans doute, à une idée plus élevée encore. Cette sorte d'hiéroglyphe de la beauté céleste n'avait pas été empruntée sans intention du sein des eaux. Ce n'était pas seulement la nature créatrice et réparatrice qui devait indiquer cette consécration de la dorade.

Les idées religieuses des Grecs n'étaient qu'une traduction poétique des dogmes sacrés des premiers Égyptiens. L'origine des mystères de Thèbes, liée avec la doctrine sacerdotale de l'Asie, remonte, comme cette doctrine, aux derniers grands bouleversements que le globe a éprouvés. Ils ne sont que le récit allégorique des phénomènes qui ont distingué les différents âges de la terre et des cieux. Cette histoire des dieux de l'Orient et du Midi est tracée sur un voile sacré, derrière lequel la vérité a gravé les fastes de la nature. Et cet emblème, qui n'était pour les Grecs que le signe de la beauté productive, doit avoir été, pour les anciens habitants de l'Inde, de la Perse et de l'Égypte, le symbole de la terre sortant du milieu des flots et recevant sur sa surface vivifiée par les rayons du dieu de la lumière tous les germes de la fécondité et tous les traits de la beauté parfaite.

Cette époque où la mer a cessé de couvrir nos îles et nos continents pouvait d'autant plus être rappelée à l'imagination, dans une langue mythologique, par l'habitant de l'Océan dont nous tâchons de dessiner l'image, que des dépouilles très reconnaissables d'un grand nombre d'individus de l'espèce de la dorade gisent à différentes profondeurs au milieu des couches du globe, où les courants et les autres différentes agitations des ondes les ont accumulées avant que les eaux se retirassent de dessus ces couches maintenant plus exhaussées que les rivages marins, et où elles se trouvent, pour ainsi dire, déposées comme autant de médailles propres à constater l'important événement de la dernière formation des continents et des îles. Cette espèce était donc contemporaine de l'apparition des montagnes et des plateaux élevés au-dessus de la surface de l'Océan ; elle existait même long-temps avant, puisque des débris de plusieurs des individus qu'elle renfermait font partie des couches de ces plateaux et de ces montagnes. Il faut donc la compter parmi celles qui habitaient l'antique Océan, lorsqu'au moins une grande portion de l'Europe et même de l'Afrique et de l'Asie n'était que le fond de cette mer dont les marées, les courants et les tempêtes élaboraient les grandes inégalités de la surface actuelle du globe. Elle appartient donc à des périodes de temps bien plus reculées que les terribles catastrophes qui ont successivement agité et bouleversé les continents, depuis que les eaux de la mer se sont éloignées de leurs sommets ; elle est donc bien plus âgée que l'espèce humaine ; et ce qui est bien plus remarquable, elle a traversé les orages de destruction qui ont laissé sur le globe de si funestes empreintes, et les siècles de réparation et de reproduction qui ont rempli les intervalles de ces convulsions horribles, sans éprouver aucune grande altération, sans perdre les principaux traits qui la distinguent. Les fragments de dorade que l'on rencontre dans l'intérieur des montagnes sont entièrement semblables à ceux que l'on voit dans les alluvions plus récentes[1], et même aux parties analogues des individus qui vivent dans ce moment auprès de nos rivages.

Des milliers d'années n'ont pu agir que superficiellement sur l'espèce que nous examinons ; elle jouit, pour ainsi dire, d'une jeunesse éternelle. Pendant que le temps moissonne par myriades les individus qu'elle a compris ou qu'elle renferme, pendant qu'ils tombent dans la mort comme les feuilles sèches sur la surface de la terre vers la fin de l'automne, elle reste à l'abri de la destruction et brave la puissance des siècles, comme un témoin de cette merveilleuse force de la nature, qui partout mêle l'image consolante de la durée aux dégradations du dépérissement et élève les signes brillants de l'immortalité sur les bords du néant.

Cette antiquité de l'espèce de la dorade doit, au reste, d'autant moins étonner, qu'on aurait dû la deviner par une observation un peu attentive de ses habitudes actuelles. Elle vit dans tous les climats. Toutes les eaux lui conviennent : les flots des rivières, les ondes de la mer, les lacs, les viviers, l'eau douce, l'eau salée, l'eau trouble et épaisse, l'eau claire et légère, entretiennent son existence et conservent ses propriétés, sans les modifier, au moins profondément. La diversité de température paraît n'altérer non plus ni ses qualités ni ses formes ; elle supporte le froid du voi-

---

1. Il n'est presque aucun ouvrage de géologie ou d'oryctologie qui ne renferme quelque preuve de cette assertion. On peut consulter particulièrement à ce sujet le grand ouvrage que publie, sur la montagne de Saint-Pierre de Maestricht, mon savant collègue M. Faujas Saint-Fond.

sinage des glaces flottantes, des rivages neigeux et congelés, et de la croûte
endurcie de la mer du Nord; elle n'y succombe pas du moins lorsqu'il n'est
pas excessif. Elle résiste à la chaleur des mers des tropiques. Nous verrons, en parcourant l'histoire des animaux de sa famille, qui peut-être sont
des races plus ou moins anciennes, lesquelles lui doivent leur origine, que
le spare auquel nous avons donné le nom de notre savant ami Desfontaines
se plaît au milieu des eaux thermales de la Barbarie. Cette analogie avec les
eaux thermales ne pourrait-elle pas être considérée d'ailleurs comme un
reste de cette convenance de l'organisation, des besoins et des habitudes,
avec des fluides plus échauffés que l'eau des fleuves ou des mers de nos
jours, qui a dû exister dans les espèces contemporaines des siècles où nos
continents étaient encore cachés sous les eaux, au moins si nous devons
penser avec les Leibniz, les Buffon et les La Place, que la température générale de notre planète et, par conséquent, celle des mers de notre globe
étaient beaucoup plus élevées avant le commencement de l'ère et l'existence
de nos continents, que dans les siècles qui viennent de s'écouler?

Quoi qu'il en soit de cette dernière conjecture, faisons remarquer que
parmi ces dépouilles de dorade, qui attestent en même temps et plusieurs
des révolutions qui ont changé la face de la terre et l'ancienneté de l'espèce
dont nous écrivons l'histoire, les fragments les plus nombreux et les mieux
conservés appartiennent à ces portions des animaux, dont la conformation
toujours la même prouve le mieux la durée des principaux caractères de
l'espèce, parce que de la constance de leur manière d'être on doit conclure
la permanence de la manière de vivre de l'animal et de ses autres principales habitudes, toujours liées avec les formes extérieures et les organes intérieurs les plus importants. Ces restes d'anciennes dorades qui habitaient
l'Océan il y a des milliers d'années sont des portions de mâchoires, ou des
mâchoires entières garnies de leurs dents incisives et de leurs rangées nombreuses de dents molaires. Pour comparer avec soin ces antiques dépouilles
avec les dents des dorades actuellement vivantes, il ne faut pas perdre de
vue qu'indépendamment de six incisives arrondies et séparées les unes des
autres, que l'on trouve sur le devant de chaque mâchoire de ces spares, la
mâchoire supérieure est armée ordinairement de trois rangs de molaires.
Le premier de ces rangs contient dix mâchelières de chaque côté. Le second
et le troisième n'en comprennent pas un aussi grand nombre; mais celles
de la troisième rangée, et particulièrement les plus éloignées du bout du
museau, sont plus grandes et plus fortes que les autres. On remarque le
plus souvent, dans la mâchoire inférieure, les linéaments d'un quatrième
rang de molaires, ou une quatrième rangée intérieure très bien conformée;
en général, la quantité de rangées et de molaires paraît augmenter avec
la grandeur et par conséquent avec l'âge du poisson. La configuration de ces
mâchelières varie aussi vraisemblablement avec les dimensions de l'animal;
mais le fond de cette configuration reste, et ces dents, destinées à broyer,

ont le plus fréquemment une forme ovale ou demi-sphérique plus ou moins régulière, convexe et aplatie, et même quelquefois un peu concave, peut-être suivant le nombre et la résistance des corps durs que le spare a été contraint d'écraser, et qui, par leur réaction, ont usé ces instruments de nutrition ou de défense journalières.

Ce sont ces molaires fossiles, ou arrachées à une dorade morte depuis peu de temps, mais particulièrement les fossiles les plus grandes et les plus régulières, que l'on a nommées *crapaudines* ou *bufonites*, de même que les mâchelières de l'*anarhique loup*, et celles de quelques autres poissons, parce qu'on les a crues, comme ces dernières, des pierres produites dans la tête d'un crapaud. On les a recherchées, achetées assez cher, enchâssées dans des métaux précieux et conservées avec soin, soit comme de petits objets d'un luxe particulier, soit comme douées de qualités médicinales utiles. On a surtout attaché un assez grand prix, au moins à certaines époques, aux molaires de dorade que l'on trouve dans l'intérieur des couches de la terre, et, qui, plus ou moins altérées dans leur couleur par leur séjour dans ces couches, offrent différentes nuances de gris, de brun, de roux, de rouge brunâtre. On a estimé encore davantage ces mâchelières dont on ignorait la véritable nature, lorsque leurs teintes, distribuées par zones, ont montré dans leur centre une tache presque ronde et noirâtre. On a comparé cette tache foncée à une prunelle ; on a vu dans ces molaires ainsi colorées une grande ressemblance avec un œil ; on leur a donné le nom d'*œil de serpent*, on les a supposées des yeux de serpent pétrifiés ; on leur a dès lors attribué des vertus plus puissantes ; on les a vendues plus cher ; et, en conséquence, on les a contrefaites dans quelques endroits voisins des parages fréquentés par les dorades, et particulièrement dans l'île de Malte, en faisant avec de l'acide nitreux une marque noire au centre des molaires de spare dorade non fossiles et prises sur un individu récemment expiré.

Les mâchoires qui sont garnies de ces dents molaires ou incisives dont nous venons de parler n'avancent pas l'une plus que l'autre. Chaque lèvre est charnue ; l'ouverture de la bouche un peu étroite ; la tête comprimée, très relevée à l'endroit des yeux et dénuée de petites écailles sur le devant ; la langue épaisse, courte et lisse ; l'espace compris entre les deux orifices de chaque narine marqué par un sillon ; l'opercule revêtu d'écailles semblables à celles du dos et arrondi dans son contour ; le corps élevé ; le dos caréné ; le ventre convexe ; l'anus plus voisin de la caudale que de la tête ; l'ensemble du corps et de la queue couvert d'écailles tendres et lisses, qui s'étendent sur une portion de la dorsale et de la nageoire de l'anus.

Telles sont les formes principales de la dorade. Sa grandeur est ordinairement considérable. Si elle ne pèse communément que cinq ou six kilogrammes dans certains parages, elle en pèse jusqu'à dix dans d'autres, particulièrement auprès des rivages de la Sardaigne. Le voyageur suédois Hasselquist en a vu dans l'Archipel, et notamment auprès de Smyrne, qui avaient plus de douze décimètres de longueur. Ce spare, suivant son âge et sa grandeur, reçoit des pêcheurs de quelques côtes maritimes, des noms différents que l'on trouvera dans la synonymie placée au commencement de cet article, et qui seuls prouveraient combien on s'est occupé de ce poisson, et combien on a cherché à reconnaître et à distinguer ses diverses manières d'être.

L'estomac de la dorade est long ; le pylore garni de trois appendices ou cæcums ; le canal intestinal proprement dit trois fois sinueux ; le péritoine noir, et la vessie natatoire placée au-dessous du dos.

Indépendamment du secours que ce spare tire de cette vessie pour nager avec facilité, il reçoit, de la force de ses muscles et de la vitesse avec laquelle il agite ses nageoires, une grande légèreté dans ses mouvements et une grande rapidité dans ses évolutions ; aussi peut-il, dans un grand nombre de circonstances, satisfaire la voracité qui le distingue ; il le peut, d'autant plus, que la proie qu'il préfère ne lui échappe ni par la fuite, ni par la nature de l'abri dans lequel elle se renferme. La dorade aime à se nourrir de crustacés et d'animaux à coquille, dont les uns sont constamment attachés à la rive ou au banc de sable sur lequel ils sont nés, et dont les autres ne se meuvent qu'avec une lenteur assez grande. D'ailleurs, ni le têt des crustacés, ni même l'enveloppe dure et calcaire des animaux à coquille, ne peuvent les garantir de la dent de la dorade ; ses mâchoires sont si fortes qu'elles plient les crochets des haims lorsque le fer en est doux, et les cassent s'ils ont été fabriqués avec du fer aigre ; elle écrase avec ses molaires les coquilles les plus épaisses ; elle les brise assez bruyamment pour que les pêcheurs reconnaissent sa présence aux petits éclats de ces enveloppes concassées avec violence ; et, afin qu'elle ne manque d'aucun moyen d'apaiser sa faim, on prétend qu'elle est assez industrieuse pour découvrir, en agitant vivement sa queue, les coquillages enfouis dans le sable ou dans la vase.

Ce goût pour les crustacés et les animaux à coquille détermine la dorade à fréquenter souvent les rivages comme les lieux où les coquillages et les crabes abondent le plus. Cependant il paraît que, sous plusieurs climats, l'habitation de ce spare varie avec les saisons : il craint le très grand froid ; et lorsque l'hiver est très rigoureux, il se retire dans les eaux profondes, où il peut assez s'éloigner de la surface, au moins de temps en temps, pour échapper à l'influence des gelées très fortes.

Les dorades ne sont pas les seuls poissons qui passent la saison du froid dans les profondeurs de la mer, qu'ils ne paraissent quitter, pour venir à la surface de l'eau, que lorsque la chaleur du printemps a commencé de se faire sentir, et qui, bien loin d'y être engourdis, y poursuivent leur proie, s'y agitent en différents sens, y conservent presque toutes leurs habitudes ordinaires, quoique séparés, par des couches d'eau très épaisses, de l'air de l'atmosphère, et même de la lumière, qui ne peut du moins arriver jusqu'à leurs yeux qu'extrêmement affaiblie. Si ce grand phénomène était entièrement constaté, il donnerait l'explication des observations particulières, en apparence, contraires à ce fait très remarquable, et qui ont été publiées par des physiciens très estimables. Il montrerait peut-être que si quelques espèces de poissons, soumises à des circonstances extraordinaires et placées, par exemple, dans de très petits volumes d'eau, paraissent forcées pour conserver leur vie, de venir de temps en temps à la surface du fluide dans lequel elles se trouvent plongées, elles y sont quelquefois moins contraintes par le besoin de respirer l'air de l'atmosphère que par la nécessité d'échapper à des émanations délétères produites dans le petit espace qui les renferme et les retient captives.

On a écrit que la dorade craignait le chaud aussi bien que le très grand froid. Cette assertion ne nous paraît fondée en aucune manière, à moins qu'on n'ait voulu parler d'une chaleur très élevée et, par exemple, supérieure à celle qui paraît très bien convenir au *spare Desfontaines*. Si en général une température chaude était contraire à la dorade, on ne trouverait pas ce poisson dans les mers très voisines de la ligne ou des tropiques. En effet, quoique la dorade habite dans la mer du Nord et dans toute la partie de la mer Atlantique qui sépare l'Amérique de l'Europe, on la pêche aussi dans la Méditerranée, non seulement auprès des côtes de France, mais encore auprès de celles de la Campagne de Rome, de Naples, de la Sardaigne, de la Sicile, de Malte, de la Syrie, de la Barbarie. Elle est abondante au cap de Bonne-Espérance, dans les mers du Japon, dans celles des grandes Indes; et lorsque dans quelques-unes de ces dernières contrées, comme, par exemple, auprès des rochers que l'on voit sur une grande étendue des bords de la Méditerranée, la dorade passe une partie assez considérable du jour dans les creux et les divers asiles que ces rochers peuvent lui présenter, ce n'est pas, au moins le plus souvent, pour éviter une chaleur trop importune produite par la présence du soleil sur l'horizon, mais pour se livrer avec plus de calme au sommeil, auquel elle aime à s'abandonner pendant que le jour luit encore, et qui, suivant Rondelet, est quelquefois si profond quand la nuit, préférée presque toujours par la dorade pour la recherche de sa proie, n'a pas commencé de régner, qu'on peut alors prendre facilement ce spare en le harponnant, ou en le perçant avec une fourche attachée à une longue perche.

Dans le temps du frai, et par conséquent dans le printemps, les dorades s'approchent non seulement des rivages, mais encore des embouchures des rivières, dont l'eau douce paraît alors leur être très agréable. Elles s'engagent souvent à cette époque, ainsi que vers d'autres mois, dans les étangs ou petits lacs salés qui communiquent avec la mer ; elles se nourrissent des coquillages qui y abondent; elles y grandissent au point qu'un seul été suffit pour que leur poids y devienne trois fois plus considérable qu'auparavant; elles y parviennent à des dimensions telles, qu'elles pèsent neuf ou dix kilogrammes et, y engraissant, elles acquièrent des qualités qui les ont toujours fait rechercher beaucoup plus que celles qui vivent dans la mer proprement dite.

On a préféré surtout, dans les départements méridionaux de la France, celles
qui avaient vécu dans les étangs d'Hyères, de Martigues et de Latte, près du
cap de Cette. Les anciens Romains les plus difficiles dans le choix des objets
du luxe des tables estimaient aussi les dorades des étangs beaucoup plus que
celles de la Méditerranée : voilà pourquoi ils en faisaient transporter dans
les lacs intérieurs qu'ils possédaient, et particulièrement dans le fameux lac
Lucrin. Columelle même, dans ses ouvrages sur l'économie rurale, conseil-
lait de peupler les viviers de ces spares; ce qui prouve qu'il n'ignorait pas la
facilité avec laquelle on peut accoutumer les poissons marins à vivre dans
l'eau douce et les y faire multiplier. Cette convenance des eaux des lacs non
salés, des rivières et des fleuves, avec l'organisation des spares dorades, et la
supériorité de goût que leur chair contracte au milieu de ces rivières, de
ces lacs et des viviers n'ont pas échappé à Duhamel. Nous partageons bien
vivement le désir que Bloch a exprimé, en conséquence, de voir l'industrie
de ceux qui aiment les entreprises utiles se porter vers l'acclimatation
ou plutôt le transport et la multiplication des dorades au milieu de ces eaux
douces qui perfectionnent leurs qualités.

Au reste, lorsqu'on veut jouir de ce goût agréable de la chair des dorades, il ne suffit pas de préférer celles de certaines mers, et particulièrement de la Méditerranée, à celles de l'Océan, comme Rondelet et d'autres
écrivains l'ont recommandé, de rechercher plutôt celles des étangs salés que
celles qui n'ont pas quitté la Méditerranée, et d'estimer, avant toutes les
autres, les dorades qui vivent dans l'eau douce ; il faut encore avoir l'attention de rejeter ceux de ces spares qui ont été pêchés dans les eaux trop bourbeuses et sales, les dorades trop grandes, et par conséquent, trop vieilles et
trop dures; et enfin d'attendre, pour s'en nourrir, l'automne, qui est la saison où les propriétés de ces poissons ne sont altérées par aucune circonstance. C'est pour n'avoir pas usé de cette précaution, que l'on a souvent
trouvé des dorades difficiles à digérer, ainsi que Celse l'a écrit; et c'est au
contraire parce que les anciens Romains ne la négligeaient pas, qu'ils
avaient des dorades d'un goût exquis et d'une chair légère et très salubre :
aussi en ont-ils donné de très grands prix, et un Romain nommé Serge atta-
chait-il une sorte d'honneur à être nommé *Orata*, à cause de sa passion pour
ces spares.

Les qualités médicinales qu'on a attribuées à ces poissons, et particuliè-
ment la vertu purgative et la faculté de guérir de certaines indigestions, ainsi
que de préserver des mauvais effets de quelques substances vénéneuses, ont
de même, pendant quelques siècles, fait rechercher ces osseux. Du temps
d'Élien on les prenait en formant, sur la grève que la haute mer devait couvrir, une sorte d'enceinte composée de rameaux plantés dans la vase ou dans
le sable. Les dorades arrivaient avec le flux; arrêtées par les rameaux
lorsque la mer baissait et qu'elles voulaient suivre le reflux, elles étaient
retenues dans l'enceinte, où même des femmes et des enfants les saisissaient

avec facilité. Rondelet dit qu'on employait, à l'époque où il écrivait, un moyen à peu près semblable pour se procurer des dorades dans l'étang de Latte, sur les bords duquel on se servait aussi de filets pour les pêcher; et il y a peu d'années qu'on usait dans différentes mers, pour la pêche des dorades, du *bregin*[1], du *verveux*[2], du *tremail*[3] et des haims garnis de chair de scombre de crustacés ou d'animaux à coquille.

Lorsqu'on prend une très grande quantité de dorades, on en fait saler, pour pouvoir les envoyer au loin ; et lorsqu'on a voulu les manger fraîches, on les a préparées d'un très grand nombre de manières, que Rondelet a eu l'attention de décrire avec beaucoup d'exactitude.

Mais comme l'histoire de la nature n'est pas celle de l'art de la cuisine, passons aux différences qui distinguent des dorades les autres espèces de spares, soit que nous considérions les formes, que nous examinions les couleurs, ou que nous observions les habitudes de ces poissons[4].

LE SPARE SPARAILLON[5]

Sparus annularis, Linn., Gmel. — *Sparus Sparulus*, Lacép. — *Sargus annularis*, Cuv.

LE SPARE SARGUE

Sparus Sargus, Linn., Gmel., Lacép. — *Sargus vulgaris*, Cuv. — *Sargus raucus*, Geoffr., Cuv.

LE SPARE OBLADE

Sparus Oblada, Lacép. — *Sparus melanurus*, Linn., Gmel. — *Oblada melanura*, Cuv.

LE SPARE SMARIS

Sparus Smaris, Linn., Gmel., Lacép. — *Smaris vulgaris*, Cuv.

On trouve ces quatre poissons dans la Méditerranée. Le sparaillon a la tête petite ; les deux mâchoires également avancées ; celle d'en haut garnie

1. On nomme *bregin* ou *bourgin*, à Marseille, un filet qui ressemble beaucoup au *petit bouclier* dont nous avons parlé à l'article du *Scombre thon*.
2. Voyez l'article du *Gade colin*.
3. Consultez le même article.
4. A la membrane branchiale du spare dorade.................... 6 rayons.
    A chaque nageoire pectorale............................. 16 —
    A chaque thoracine, articulés............................ 5 —
        —   aiguillonné........................... 1 —
    A la caudale.. 17 —
5. *Spargus, Sparlus.* — *Raspaillon, Canté*, dans quelques départements méridionaux de France. — *Sparlo, Carlino, Carlinoto*, en Italie. — *Pizi*, en Dalmatie. — *Smind*, en Turquie. — *Spargu*, à Malte. — *Sparo* et *sparaglione*, en Sardaigne. — *Spargoil*, en Espagne. — *Annular gill-head*, en Angleterre. — *Schwartz-ringel, Ringel-brassem, Sparbrassem*, en Allemagne. — *Spare sparaillon*. Daubenton et Haüy, Encyclopédie méthodique. — *Id*. Bonnaterre, planches

de quatre rangs de molaires arrondies ; celle d'en bas armée de deux rangées de molaires semblables; la langue libre; de petites écailles sur la base de la
nageoire de l'anus et sur celle de la caudale ; le dos, les thoracines, l'anale
et le bord de la caudale noirâtres ; des bandes transversales d'un noir brun ;
cinq appendices auprès du pylore ; le canal intestinal long et très sinueux ;
le péritoine noir. Sa longueur n'excède guère trois décimètres. Il est des
parages où sa chair est trop molle pour qu'il soit recherché. Il fraye vers
l'équinoxe du printemps, se tient en grandes troupes près des rivages, entre,
comme la dorade, dans les lacs salés, suit la marée dans les rivières, fait
quelquefois des voyages très longs, se cache pendant l'hiver dans les profondeurs de la mer, en sort très maigre vers le milieu ou le commencement
du printemps, s'il a éprouvé un froid assez vif pour tomber dans une sorte

de l'Encyclopédie méthodique. — Bloch, pl. 271. — *Sparaillon*. Rondelet, première partie, liv. V,
chap. III.

« Sparus unicolor flavescens, macula nigra annulari ad caudam. » Artedi, gen. 37, syn. 57.
— Salvian, fol. 176 *b* et 177. — Aldrov., lib. II, cap. XVIII, p. 182. — Jonston, lib. I, tit. 3,
cap. I, *a*, 19; t. XVIII, n. 11. — Charlet, p. 141. — Willughby, p. 308. — Ray, p. 129. — *Sparus
marinus*. Gesner, p. 880 et 1056; et (germ.) fol. 23, *b*. — Duhamel, *Traité des pêches*, seconde
partie, quatrième section, chap. II, p. 13, pl. 1, fig. 5.

Sargo, Sar, Sarg, dans plusieurs départements de France et en Italie. — *Pagaro*, en
Dalmatie. — *Base*, en Angleterre. — *Geissbrassem* et *brandirte brassem*, en Allemagne. — *Spare
sargue*. Daubenton et Haüy, Encyclopédie méthodique. — *Id*. Bonnaterre, planches de l'Encyclopédie méthodique. — Bloch, pl. 264. — Mus. Ad. Frid. 2, p. 73. — « Sparus lineis transversis
varius, macula nigra insigni ad caudam. » Artedi, gen. 37, syn. 58. — *Sargos*. Arist., lib. V,
cap. IX, XI; lib. VI, cap. XVII; et lib. VII, cap. II. — Ælian., lib. I, cap. XXIII, p. 29; lib. XI,
cap. XIX ; et lib. XIII, cap. II.

Oppian, lib. I, p. 19; lib. IV, *f*. 147, 34, et 148, 47. — Athen., lib. VII, p. 321. — *Sargus*,
Pline, lib. IX, cap. XVII, LI, LIX. — Jov., p. 74. — *Sargo*. Rondelet, première partie, liv. V,
chap. V. — Salvian, fol. 178, *b*. 179 et 180. — Gesner, p. 825 et 993, et (germ.) fol. 24, *b*. —
Aldrov., lib. II, cap. XVI, p. 176. — Jonston, lib. I, tit. 3, cap. I, *a*, 9, t. XIX. — Charlet, p. 141.
— Willughby, p. 309. — Ray, p. 130. — « Cinædus corpore ovato lato, cauda bifurca, etc. »
Gronov. *Zooph.*, n. 219.

Nigroil, dans quelques départements méridionaux de France. — *Ochiado*, dans plusieurs
contrées de l'Italie. — *Spare oblade*. Daubenton et Haüy, Encyclopédie méthodique. — *Id*. Bonnaterre, planches de l'Encyclopédie méthodique. — « Sparus lineis longitudinalibus varius,
macula nigra utrinque ad caudam. » Artedi, gen. 37, syn. 58.

Melanouros. Arist., lib. VIII, cap. II. — *Id*. Ælian, lib. I, cap. XLI, p. 48 ; et lib. XII,
cap. XVII. — *Id*. Oppian, lib. I, p. 5; et lib. III, fol. 139, 37, 39. — *Id*. Athen., lib. VII. p. 313;
et lib. VIII. — *Melanurus*. Columelle, lib. VIII, cap. XVI. — *Id*. Pline, lib. XXXII, cap. XI. —
Jov., cap. XXIV, p. 94. — *Nigroil*. Rondelet, première partie, liv. V, chap. VI. — Salvian, fol. 181,
182. — Gesner, p. 540, 638; et (germ.) fol. *b*. — Jonston, lib. I, tit. 2, cap. I, *a*, 10, tab. 14, n. 15.
— Charlet, p. 134. — Willughby, p. 310. — Ray, p. 131. — Aldrovande, lib. I, cap. XIII, p. 64.

Maris. — *Cerres*, à Naples. — *Giroli* et *gerruli*, à Venise. — *Spare picarel*. Daubenton et
Haüy, Encyclopédie méthodique. — *Id*. Bonnaterre, planches de l'Encyclopédie méthodique. —
« Sparus macula nigra in utroque latere medio, pinnis pectoralibus caudaque rubris. » Artedi.,
gen. 36, syn. 62. — *Smaris*. Arist., lib. VIII, cap. XXX. — *Id*. Oppian, lib. I, p. 5. — *Picarel*.
Rondelet, première partie, liv. V, chap. XIV. — *Smaris*, et *mæna candida*. Gesner, 526 et 616;
et (germ.) fol. 33, *b*.

Aldrovande, lib. II, cap. XL, p. 228. — Jonston, lib. I, tit. 3, cap. I, *a*., 22, tab. 20, n. 5. —
Willughby, p. 319. — Ray, p. 136. — *Smaris*. Charl., p. 144. — *Maris*. Id. — *Leucomænides*. Id.
— *Gerres*. Pline, lib. XXXII, cap. XI. — *Gerres*. Martial. — *Picarel*. Valmont de Bomare, *Dic-
tionnaire d'histoire naturelle*.

d'engourdissement, multiplie beaucoup, se nourrit par préférene de moules et de petits crabes, et se laisse prendre facilement à un hameçon garni d'un morceau de crustacé. On le pêche particulièrement dans l'Adriatique, dans les eaux de la Toscane et dans le lac de Cagliari.

Il ressemble beaucoup à la dorade et au sargue.

Ce dernier spare, indépendamment de ses larges incisives et de la double rangée de molaires arrondies que l'on voit à chaque mâchoire, a la partie de l'intérieur de la bouche, qui est située derrière les incisives d'en haut et derrière celles d'en bas, pavée de dents courtes et aplaties : aussi écrase-t-il avec facilité des corps très durs et se nourrit-il des polypes des coraux et des mollusques des coquilles. Sa langue néanmoins est lisse. Les écailles qui recouvrent les opercules sont plus petites que celles du dos. La partie supérieure du corps est carénée. Trois appendices ou cæcums sont situés auprès du pylore. La couleur générale paraît argentée. Un très grand nombre de raies longitudinales dorées, ou jaunes, ou couleur d'orange, la relèvent, ainsi que la ligne latérale, qui est composée de petits traits noirs, les bandes étroites et transversales que le tableau générique indique, et la nuance noirâtre de la nuque, du dos, des thoracines, d'une partie de la queue et du bord de la caudale.

Le sargue ne vit pas seulement dans la Méditerranée ; on le trouve aussi dans l'Océan, au moins auprès de plusieurs côtes de France, dans la mer Rouge et dans le Nil, où l'on pêche un assez grand nombre d'individus de cette espèce pour en transporter jusqu'au mont Sinaï. Il y parvient quelquefois à la longueur de six ou sept décimètres.

Aristote a eu raison de compter le sargue parmi les poissons qui se réunissent en troupes et qui fréquentent les rivages. Peut-être ce grand naturaliste n'a-t-il pas eu autant de raison de dire que ce spare frayait deux fois par an, dans le printemps et dans l'automne.

Comme dans presque toutes les espèces de poissons, on trouve dans celle du sargue plus de femelles que de mâles.

Lorsque ce spare a passé l'été dans une sorte d'abondance et qu'il a vécu dans des endroits rocailleux, sa chair est tendre et délicate.

A l'égard de l'amour merveilleux qu'Élien et Oppian ont attribué à ce thoracin pour les chèvres, et de la propriété qu'on a supposée dans les incisives ou les molaires de ce spare, qui, portées avec soin, préservent, dit-on, de tout mal aux dents, nous ne ferons pas à nos lecteurs le tort de les prémunir contre des assertions dont l'état actuel de la science ne permet pas de craindre la répétition.

Je crois que nous devons regarder comme une variété du sargue un poisson que le naturaliste Cetti a fait connaître dans son histoire intéressante des amphibies et des poissons de la Sardaigne, et que le professeur Gmelin a inscrit parmi les spares sous le nom spécifique de *puntazzo*, dans la treizième édition de Linné, et qu'il a donnée au public. Ce puntazzo ne nous a paru, en effet, différer du sargue que par des traits très peu nombreux ou très peu essentiels, à moins que la forme de la caudale de l'un ne soit aussi peu semblable à la forme de la caudale de l'autre que la phrase du professeur Gmelin paraît l'indiquer ; ce dont nous doutons cependant d'autant plus que ce savant lui-même fait remarquer de très grands rapports de conformation, de grandeur et de couleur entre le sargue et le puntazzo.

L'oblade a la mâchoire inférieure hérissée de dents petites, aiguës et nombreuses. Son dos est d'un bleu noirâtre. Plusieurs raies longitudinales brunes s'étendent sur les côtés qui sont argentés, et sur lesquels on voit aussi quelques taches grandes, le plus souvent très irrégulières et d'une nuance obscure. Une de ces taches, placée près de la caudale, y représente une bande transversale.

Ce spare ne pèse communément que cinq hectogrammes. Mais si les individus de cette espèce sont faibles, leur instinct leur donne les petites manœuvres de la ruse : il est assez difficile de les prendre dans une nasse, au filet, et surtout à l'hameçon ; on dirait que l'habitude de n'être poursuivis par les pêcheurs que pendant le beau temps leur a donné celle de se tenir tranquilles et cachés dans le sable ou dans le limon lorsque le ciel est serein et que la mer est calme. Mais si les ondes sont bouleversées par les vents déchaînés, ils parcourent en grandes troupes de très grands espaces marins ; ils vont au loin chercher l'aliment qu'ils préfèrent, sans être retenus par les flots agités qu'ils sont obligés de traverser, et s'approchent sans crainte des rochers des rivages, si ces rives battues par la mer courroucée leur présentent une nourriture qui leur convienne. Des pêcheurs industrieux ont souvent choisi ces temps de tempête pour jeter dans l'eau de petites masses de pain et de fromage pétris ensemble, que des oblades avalaient sans danger, dont ces spares pouvaient revoir l'image sans méfiance, et auprès desquelles on plongeait bientôt des hameçons garnis d'une composition semblable, dont les précautions ordinaires de ces thoracins ne les éloignaient plus. Duhamel nous apprend que les habitants de la côte voisine d'Alicante en Espagne attirent ces animaux avec de petites boules de soufre ; nous trouvons dans Pline, qu'auprès d'Herculanum et de Stabia les oblades s'approchaient assez de la rive pour prendre le pain qu'on leur jetait, mais qu'elles avaient assez d'attention et d'expérience pour distinguer l'appât perfide qui tenait à un hameçon.

Le smaris a les nageoires pectorales et thoracines terminées en pointe. Une belle tache noire relève la blancheur ou la couleur argentée de ses côtés. Du temps de Rondelet, on prenait sur plusieurs côtes de la Méditerranée, et particulièrement sur les rivages septentrionaux de cette mer, une grande quantité de smaris. Les pêcheurs les exposaient à l'air pour les faire sécher, ou les conservaient en les imbibant de sel, ce qui donnait à ces poissons un goût très piquant et les faisait nommer *picarels* dans plusieurs contrées de France, ou les laissaient tremper et fondre, pour ainsi dire, dans de l'eau salée, pour obtenir cette composition nommée *garum*, dont les anciens étaient si avides et qu'ils appelaient une liqueur exquise[1].

LE SPARE MENDOLE[2]

Sparus Mœna, LINN., GMEL. — *Sparus Mendola*, LACÉP.
— *Mœna vulgaris*, CUV.

LE SPARE ARGENTÉ, *Sparus argentatus*, Linn., Gmel., Lacép. — S. HURTA, *S. hurta*, Linn., Gmel., Lacép. — S. PAGEL, *S. erythrinus*, Linn., Gmel.; *S. pagel*, Lacép.; *Pagelus vulgaris*. — S. PAGRE, *S. pagrus*, Linn., Gmel., Lacép.; *Pagrus mediterraneus*, Cuv.

La mendole, le hurta et le pagre habitent dans la Méditerranée ; le pagel se trouve dans la Méditerranée, dans l'océan Atlantique, dans le

1. A la membrane branchiale du sparaillon...................... 6 rayons.
    A chacune des pectorales.................................. 14   —
    A chaque thoracine, articulés............................. 5   —
    —   aiguillonné.................................. 1   —
    A la caudale... 20   —

    A la membrane branchiale du sargue....................... 6   —
    A chaque pectorale....................................... 16   —
    A chaque thoracine, articulés............................ 5   —
    —   aiguillonné.................................. 1   —
    A la nageoire de la queue................................ 22   —

    A la membrane branchiale de l'oblade..................... 6   —
    A chaque pectorale....................................... 13   —
    A chaque thoracine, articulés............................ 5   —
    —   aiguillonné.................................. 1   —
    A la caudale... 17   —

    A la membrane branchiale du smaris....................... 6   —
    A chaque pectorale....................................... 14   —
    A chaque thoracine, articulés............................ 5   —
    —   aiguillonné.................................. 1   —
    A la nageoire de la queue................................ 17   —

2. *Cagarelle, Juscle, Gerle, Mundoure*, dans quelques contrées méridionales de France. — *Menola*, en Sardaigne, dans la Ligurie et à Rome. — *Minula*, à Malte. — *Maris, Serola*, par les Grecs modernes. — *Menela*, à Venise. — *Sclave*, par les pêcheurs de l'Adriatique. — *Scheisser, Scheepserling, Laxir-fisch*, par les Allemands. — *Zee-schyter*, en Hollande. — *Cackerel*, en Angleterre. — *Spare mendole*. Daubenton et Haüy, Encyclopédie méthodique. — *Id.* Bonnaterre, planches de l'Encyclopédie méthodique. — Bloch, pl. 270. — « *Sparus varius, macula nigricante in medio latere*, etc. » Artedi, gen. 36, syn. 62.

Mainis. Arist., lib. VI, cap. XV, XVII ; lib. VIII, cap. XXX ; et lib. IX, cap. II. — Oppian, lib. I, cap. V. — Athen., lib. VII, p. 313. — *Mœna*. Pline, lib. IX, cap. XXVI. — *Mendole.* Rondelet, première partie, liv. V, chap. XIII. — *Mendole.* Valmont de Bomare, *Dictionnaire d'histoire naturelle*. — Gesner, p. 519 et 612 ; et (germ.) fol. 33, *a.* — Aldrovande, lib. II, cap. XXXIX. p. 224. — Jonston, lib. I, tit. 3, cap. I, *a,* 21, tab. 20, n. 4. — Charlet, p. 144. — Willughby, p. 318. — *Mœnas Rondeletii.* Ray, p. 135.

Houttuyn, *Act. Haarl.*, XX, 2, p. 320, n. 8. — Mus. Ad. Frid., 2, p. 73. — *Spare rubellion.* Daubenton et Haüy, Encyclopédie méthodique. — *Id.* Bonnaterre, planches de l'Encyclopédie méthodique. — *Pageur, Pageau, Pageu*, dans plusieurs pays du midi de la France. — *Poyel*, en Espagne. — *Pagello*, en Sardaigne. — *Pagella*, à Malte. — *Frangolino* et *fragolino*, à Rome. — *Alboro* et *arboro*, à Venise. — *Roth-schuppe*, en Allemagne. — *Rood brasen*, en Hollande. —

grand Océan équinoxial, dans la mer du Japon. C'est cette dernière mer, si fertile en tempêtes, et dont les flots agités font retentir les rivages romantiques des îles japonaises, qui nourrit l'argenté. Jetons un coup d'œil sur les formes et les habitudes de ces cinq spares.

La mendole a les deux mâchoires garnies d'un grand nombre de dents petites, pointues et placées derrière celles que nous avons comparées à des poinçons dans le tableau générique. La langue est lisse; le palais, rude; la mâchoire supérieure, aussi avancée que l'inférieure; l'opercule, garni de petites écailles et composé de plusieurs pièces.

La couleur générale de cet osseux est blanchâtre, avec des raies longitudinales très nombreuses, étroites et bleues; toutes les nageoires rouges, et une grande tache noire de chaque côté, à peu près au-dessus de l'anus. Mais la mendole offre un exemple remarquable des changements de couleur auxquels plusieurs poissons sont sujets. Les nuances que nous venons d'indiquer ne sont communément vives et très distinctes que dans les parties de la Méditerranée les plus rapprochées de la côte d'Afrique et vers le milieu de l'été; elles se ternissent lorsque l'animal fait quelque séjour vers des plages moins méridionales; elles s'effacent entièrement et se changent en une teinte blanche, lorsque l'hiver a remplacé l'été. N'oublions pas de remarquer, en rappelant ce que nous avons dit de la coloration des poissons dans notre discours sur la nature de ces animaux, que les couleurs des mendoles sont d'autant plus variées, qu'une habitation moins septentrionale

Sea rough, en Angleterre. — *Bouccanègre*, aux Antilles. — *Spare pagel*. Daubenton et Haüy, l'Encyclopédie méthodique. — *Id.* Bonnaterre, planches de l'Encyclopédie méthodique.

Bloch, p. 274. — Lœfl. *It.*, 103. — « Sparus totus rubens, iride argentea. » Artedi, gen. 36, syn. 59. — *Eruthricos et eruthrinos*. Arist., lib. IV, cap. xi; lib. VI, cap. xiii; et lib. VIII, cap. xiii. — Athen., lib. VII, cap. ccc. — Oppian, lib. I, fol. 108, 21. — *Erithrinus*. Pline, lib. IX, cap. xvi, lii; et lib. XXXII, cap. ix, x. — *Pagel*. Rondelet, première partie, liv. V, chap. xvi.

Gesner, p. 365, et (germ.) fol. 25, *a*. — Jonst., lib. I, tit. 3, cap. i, *a*, 4. — Willughby, p. 311. — Ray, p. 134. — *Erythrinus*, sive *rubellio*. Salvian, fol. 238, ad iconem. — *Id.* Aldrovande, lib. II, cap. ix, p. 154. — *Id.* Charlet, p. 140. — *Fragolinus, pagrus* seu *phagrus*. Jov., cap. xiii, p. 71. — « Eritrinus primus seu major, vulgo *boucanègre* apud Americanos. » Plumier, dessins sur vélin de la bibliothèque du Muséum d'histoire naturelle. — *Pagel*. Valmont de Bomare, *Dictionnaire d'histoire naturelle*.

Phagros, en Portugal. — *Parghi, bezogo*, en Espagne. — *Pagra*, en Sardaigne. — *Pagru*, à Malte. — *Pagaro*, en Ligurie. — *Phagorio*, dans plusieurs autres contrées d'Italie. — *Arboretto*, à Ancône. — *Arbum*, en Dalmatie. — *Mertsan*, en Turquie. — *Rothe brassem et sock flosser*, en Allemagne. — *Zack brassem*, en Hollande. — *Hacke, sea brean* et *red gilt-head*, en Angleterre. — *Arroquero*, au cap Breton. — *Spare pagre*. Daubenton et Haüy, Encyclopédie méthodique. — *Id.* Bonnaterre, planches de l'Encyclopédie méthodique.

Bloch, pl. 267. — « Sparus rubescens, cute ad radicem pinnarum dorsi et ani 'in sinum producti. » Artedi, gen. 36, syn. 64. — *Phagros*. Arist., lib. VIII, cap. xiii. — *Id.* Ælian, lib. IX, cap. vii, p. 517; et lib. X, cap. xix. — *Id.* Athen., lib. VII, p. 327. — *Pagrus*. Pline, lib. IX, cap. xvi; et lib. XXXII, cap. x. — *Pagre*. Rondelet, première partie, liv. V, chap. xv. — *Phagrus*, seu *pagrus*. Gesner, p. 656 et (germ.) fol. 25, *b*.

Aldrov., lib. II, cap. viii, p. 151. — Willughby, p. 312. — Ray, p. 131. — Jonston, lib. I, tit. 4, cap. i, fig. 13. — Charlet, p. 139. — *Pagre*. Valmont de Bomare, *Dictionnaire d'histoire naturelle*.

et une saison moins froide les soumettent à l'influence d'une chaleur plus intense, d'une lumière plus abondante et d'un plus long séjour du soleil sur l'horizon.

Les mendoles sont très fécondes. On les voit se rassembler en foule près des rivages sablonneux ou pierreux. Comme ces thoracins aiment à se nourrir de jeunes poissons, ils nuisent beaucoup au succès de plusieurs pêches. Leur chair est souvent maigre, coriace et insipide. Cependant lorsque les mendoles se sont engraissées, leur goût n'est pas désagréable ; et l'on dit que les femelles remplies d'œufs sont, dans certaines circonstances, assez bonnes à manger. Il est des endroits dans la mer Adriatique, et particulièrement auprès de Venise, où l'on en prend à la ligne ou au filet une si grande quantité, qu'on les vend par monceaux et qu'on en fait saler un très grand nombre. Dioscoride a prétendu que la sauce et la saumure de la mendole, prises intérieurement ou seulement appliquées sur le ventre, avaient une vertu purgative ; et de cette assertion viennent quelques dénominations bizarres rapportées dans la première note de cet article, et employées pour désigner les mendoles par les Allemands, les Hollandais et les Anglais.

Au reste, ces spares n'ont ordinairement que deux décimètres de longueur. Leur péritoine est noir, leur pylore garni de quatre cæcums, et leur vésicule natatoire attachée aux côtes.

Ajoutons que les mâles de l'espèce que nous examinons présentent fréquemment des nuances ou reflets noirâtres, surtout sur les nageoires et les opercules, pendant que les femelles sont encore pleines, et que dès le temps d'Aristote, ils recevaient des Grecs, à cette époque, de l'altération de leurs couleurs en noirâtre ou en noir, le nom de *boucs* (*tragoi*). Nous avons vu, dans l'article du sargue, qu'Élien a parlé d'un prétendu amour de ces derniers poissons *pour les chèvres*. On pourrait trouver l'origine de cette croyance ridicule dans quelques contes absurdes substitués maladroitement par l'ignorance à une opinion peut-être fausse, mais que l'on ne pourrait pas regarder au moins comme très invraisemblable. L'espèce du sargue et celle de la mendole ont tant de rapports l'une avec l'autre, que des mâles de la première peuvent très bien, dans la saison du frai, rechercher les œufs pondus par les femelles de la seconde, et ces femelles elles-mêmes. Cette habitude aura été observée par les anciens Grecs, qui dès lors auront parlé de l'affection des sargues pour les mendoles femelles. Ces mendoles femelles auront été désignées par eux sous le nom de *chèvres*, comme les mendoles mâles l'étaient sous celui de *boucs*. Dans un pays ami du merveilleux et où l'histoire de la nature était perpétuellement mêlée avec les créations de la mythologie et les inventions des poètes, on aura bientôt dit et répété que les sargues avaient une sorte d'amour assez violent, non pas pour des mendoles appelées *chèvres*, mais pour les véritables chèvres que l'on conduisait dans les gras pâturages arrosés par la mer.

Le spare argenté, que Houttuyn a fait connaître, n'est ordinairement long que de deux décimètres ; son épaisseur est à proportion plus considérable que celle de la dorade, à laquelle on l'a comparé.

Le corps et la queue du hurta sont hauts et comprimés ; sa dorsale est reçue dans un sillon longitudinal, lorsque l'animal l'incline et la couche en arrière.

Le pagel a deux rangées de dents petites et pointues placées derrière les dents antérieures. La langue et le palais de ce spare sont lisses. Chaque opercule est composé de trois lames ; le dos caréné, et le ventre arrondi. La grande variété de nuances rouges dont brillent ses écailles à teintes argentines devrait le faire multiplier dans nos étangs et dans nos petits lacs d'eau douce, où il serait très facile de le transporter et de l'acclimater, et où la vivacité de ses couleurs charmerait les yeux, en contrastant avec le bleu céleste ou le blanc un peu azuré d'une eau pure et tranquille. D'ailleurs, il est des saisons et des parages où une nourriture convenable donne à la chair de ce spare une couleur blanche, une graisse abondante et une saveur très délicate. Pendant l'hiver, le pagel se réfugie dans la haute mer ; mais il vient, au printemps, déposer ou féconder ses œufs près des rivages, qu'il n'abandonne pas pendant l'été, parce que sa voracité le porte à se nourrir des jeunes poissons qui pullulent, pour ainsi dire, auprès des côtes pendant la belle saison, aussi bien qu'à rechercher les moules, les autres testacés et les crabes, dont il écrase facilement la croûte ou les coquilles entre ses molaires nombreuses, fortes et arrondies.

A mesure que le pagel vieillit, la beauté de sa parure diminue ; l'éclat de ses couleurs s'efface ; ses teintes deviennent plus blanchâtres ou plus grises ; et comme, dans cet état de dépérissement intérieur et d'altération extérieure, il a une plus grande ressemblance avec plusieurs espèces de son genre, il n'est pas surprenant que des pêcheurs peu instruits aient cru, ainsi que le rapporte Rondelet, que ces pagels devenus très vieux s'étaient métamorphosés en d'autres spares, et particulièrement en *dentés* ou *synagres*, etc. Mais il est bien étonnant qu'un aussi grand philosophe qu'Aristote ait écrit que dans le temps du frai on ne trouvait que des pagels pleins d'œufs, et que, par conséquent, il n'y avait pas de mâles parmi ces spares. Quoique cette erreur d'Aristote ait été adoptée par Pline et par d'autres auteurs anciens, nous ne la réfuterons pas ; mais nous ferons remarquer qu'elle doit être fondée sur ce que, dans l'espèce du pagel comme dans plusieurs autres espèces de poissons, le nombre des mâles est inférieur à celui des femelles, et que d'ailleurs ces mêmes femelles sont contraintes, pour réussir dans toutes les petites opérations, sans lesquelles elles ne pourraient pas toujours se débarrasser de leurs œufs, de s'approcher des rivages plutôt que les mâles et de séjourner auprès des terres plus constamment que ces derniers.

Au reste, le pagel parvient à la longueur de quatre décimètres.

Le pagel pèse quelquefois cinq kilogrammes. Indépendamment des

dents molaires indiquées dans le tableau, il a le devant de chaque mâchoire
garni de dents petites, pointues, un peu recourbées, serrées l'une contre
l'autre ; et derrière ces sortes d'incisives, l'on voit plusieurs rangées de dents
bien plus petites, plus courtes, plus serrées et émoussées. La langue est
lisse ; les yeux sont gros ; la nuque est large et arrondie ; chaque opercule
composé de deux pièces ; la couleur générale d'un rouge mêlé de jaune ; le
ventre argenté ; la teinte des nageoires rougeâtre ; chaque côté du poisson
rayé longitudinalement de jaune ; et la base de chaque pectorale marquée
d'une tache noire, ainsi que le voisinage de chaque opercule.

Le pagre remonte dans les rivières. Élien raconte que, de son temps,
l'apparition de cet osseux dans le Nil causait une joie générale parmi la
multitude, parce que l'arrivée de ce spare ne précédait que de peu de jours
le débordement du fleuve.

Ainsi que dans beaucoup d'autres circonstances, ce qui d'abord n'avait
paru qu'un signe agréable avait été métamorphosé ensuite en une cause
utile : on était allé jusqu'à attribuer l'heureux événement de l'inondation
fécondante à la présence du poisson ; et bien loin de le poursuivre pour
s'en nourrir, on l'avait placé parmi les animaux sacrés et on lui rendait les
honneurs divins.

La chair du pagre est moins délicate pendant la saison où il vit dans
les eaux douces des fleuves, que pendant le temps qu'il passe au milieu des
flots salés de la Méditerranée ou de l'Océan. Cette différence doit venir de la
plus grande difficulté qu'il éprouve pour se procurer dans les rivières l'aliment qui lui convient le mieux. Il paraît préférer, en effet, des crustacés,
des animaux à coquille et le frai des sèches ou d'autres sépies que l'on ne
rencontre point dans l'eau douce[1]. Quoi qu'il en soit, il abandonne les

---

1. A la membrane branchiale du spare mendole................. 6 rayons.
   A chaque pectorale.................................... 15   —
   A chaque thoracine, articulés........................ 5   —
       —   aiguillonné...................... 1   —
   A la caudale... 19   —
   A chaque pectorale de l'argenté...................... 16   —
   A la nageoire de la queue............................ 18   —
   A la membrane branchiale du spare hurta.............. 5   —
   A chaque pectorale................................... 16   —
   A chaque thoracine................................... 6   —
   A la caudale... 17   —
   A la membrane branchiale du pagel................... 5   —
   A chaque pectorale................................... 17   —
   A chaque thoracine, articulés....................... 5   —
       —   aiguillonné...................... 1   —
   A la nageoire de la queue............................ 20   —
   A la membrane branchiale du pagre.................... 6   —
   A chaque pectorale................................... 15   —
   A chaque thoracine, articulés....................... 5   —
       —   aiguillonné...................... 1   —
   A la caudale... 20   —

rivières et les fleuves, lorsque l'hiver approche; il se retire alors dans la haute mer et s'y enfonce dans des profondeurs où la température de l'atmosphère n'exerce presque aucune influence. Pline pensait que si quelque obstacle empêchait le pagre d'user de ce moyen de se soustraire à la rigueur de l'hiver et le laissait exposé à l'action d'un très grand froid, ce spare perdait bientôt la vue. En se rappelant ce que nous avons dit dans plusieurs endroits de cette histoire, et notamment dans l'article du scombre maquereau, on verra aisément qu'un affaiblissement dans l'organe de la vue et une sorte de cécité passagère doivent être comptés parmi les principaux et les premiers effets de l'engourdissement des poissons produit par un froid très intense ou très long.

Willughby, qui a observé le pagre sur la côte de Gênes, paraît être le premier qui ait remarqué dans cet animal cette qualité phosphorique, commune à un grand nombre de poissons vivants, surtout dans les contrées chaudes ou tempérées, et par une suite de laquelle ils resplendissent quelquefois avec tant d'éclat au milieu des ténèbres [1].

Le pylore du pagre est garni de deux cæcums longs et de deux cæcums courts; son canal intestinal ne présente qu'une sinuosité, et sa vessie natatoire est attachée aux côtes.

LE SPARE PORTE-ÉPINE [2]

Sparus spinifer, Forsk., Linné., Gmel., Lacép. — *Pagrus spinifer.* Cuv.

Le Spare bogue, *Sparus boops,* Linn., Gmel., Lacép.; *Boops vulgaris,* Cuv. — S. canthère , *S. cantharus,* Linn., Gmel., Lacép.; *Cantharus vulgaris,* Cuv. — S. saupe, *S. salpa,* Linn., Gmel., Lacép.; *Boops salpa,* Cuv. — S. sarbe , *S. sarba,* Forsk., Linn., Gmel., Lacép.; *Chrysophris sarba,* Cuv.

Le porte-épine vit dans les endroits vaseux et profonds de la mer d'Arabie où Forskael l'a observé. Il ne s'approche que très rarement des rivages. Le

1. Voyez le Discours sur la nature des poissons.
2. Forskael, *Fauna arab.,* p. 32, n. 23. — *Square porte-épine.* Bonnaterre, planches de l'Encyclopédie méthodique. — *Boope,* sur quelques côtes de la mer Adriatique. — *Boga,* dans la Ligurie. — *Spare bogue.* Daubenton et Haüy. Encyclopédie méthodique. — *Id.* Bonnaterre, planches de l'Encyclopédie méthodique. — « Sparus lineis utrinque quatuor aureis ac argenteis, longitudinalibus, parallelis. » Artedi, gen. 36, syn. 61. — *Baca.* Arist., lib. VIII, cap. ii. (Voyez l'ouvrage du savant Schneider sur la synonymie d'Artedi, 95.) — *Boz.* Oppian, lib. I, p.5. — Athen., lib. VII, p. 286.

Box. Pline, lib. XXXII, cap. xi, p. 89. — *Boca,* Jov., c. xxi. — *Bogue.* Rondelet, première partie, liv. xi. — *Boops.* Gesner, p. 127, 147, et (germ.) fol. 33, *b.* — *Boops Bellonii.* Aldrovande, lib. II, cap. xli, p. 231. — *Bocæ species, Venetiis picta.* Id. — *Boops.* Charlet, p. 144. — *Boops seu box.* Jonston, lib. I, tit. 3, cap. i, *a,* 23, tab. XX, n. 8. — *Boops Rondeletii primus.* Willughby, p. 317. — *Boops primus.* Ray, p. 135. — *Bogue.* Valmont de Bomare, *Dictionnaire d'histoire naturelle.*

Cantheno, à Gênes. — *Lucerna da scoglio,* dans la Ligurie. — *Spare canthère.* Daubenton et Haüy, Encyclopédie méthodique. — *Spare canthère.* Bonnaterre, planches de l'Encyclopédie méthodique. — « Sparus lineis utrinque luteis, longitudinalibus, parallelis, iride argenteâ. » Artedi, gen. 36, syn. 58. — *Kantharos.* Aristote, lib. VIII, cap. xiii. — *Id.* Oppian, lib. I,

dessus de sa tête est bombé, dénué de petites écailles et ponctué. La lèvre supérieure s'étend, à la volonté de l'animal, beaucoup plus avant que l'inférieure. Les écailles qui couvrent le corps et la queue sont larges et striées, et le bord postérieur de la caudale est rouge.

Le bogue, qui se trouve dans la mer du Japon, habite aussi dans la Méditerranée. Les anciens Grecs l'ont bien connu ; ils ont remarqué la grosseur de ses yeux, qui sont très grands relativement aux dimensions générales de ce spare ; ils ont trouvé des rapports entre ces organes et les yeux d'un bœuf ou d'un veau, et ils ont nommé cet osseux *boops*, qui veut dire *œil de bœuf*. Cette expression grecque, *boops*, a été bientôt métamorphosée, par erreur, par inadvertance, ou par quelque faute de copiste, en celle de *boz*, ou de *boaz*. On a cru que cette dernière dénomination *boaz* venait de *boao*, *je crie* ; en conséquence, des poètes se sont empressés d'écrire que le bogue faisait entendre une sorte de cri, quoiqu'aucun véritable poisson ne puisse avoir de voix proprement dite, et que le spare dont nous parlons ne paraisse même pas jouir de la faculté de produire un bruissement semblable à celui que font naître les opercules vivement froissés de quelques trigles, d'autres osseux et de certains cartilagineux[1].

L'ensemble du bogue est long et un peu cylindrique. La couleur générale de son dos varie depuis l'olivâtre jusqu'au jaune brillant, selon l'aspect sous lequel on le regarde. Son ventre est argenté ; ses pectorales sont rougeâtres. Plusieurs cæcums sont placés auprès du pylore. Sa chair est ordinairement succulente et facile à digérer ; la nourriture qu'il préfère consiste en algues, en très petits poissons et en débris de corps organisés qu'il cherche dans la vase.

Le canthère, que l'on pêche dans la Méditerranée, présente dans sa partie supérieure un fond noirâtre, qui fait paraître plus agréables les raies jaunes dont nous avons parlé dans le tableau générique des spares. Il se

p. 19. — *Id. Phalattios.* Ælian, lib. I, cap. xxvi, p. 34. — *Cantharus.* Pline, lib. XXXII, cap. xi. — *Cantheno.* Rondelet, première partie, liv. V, chap. iv.

Gesner, p. 178, 211, et (germ.) fol. 22, *b.* — Aldrovande, lib. II, cap. xx, p. 186. — *Cantharus.* Charlet, p. 141. — *Vergadelle* (lorsque le poisson est jeune), *Sopi*, dans plusieurs départements méridionaux de France. — *Salpa*, en Italie. — *Sarpa*, à Gênes. — *Scilpa*, à Malte. — *Goldstrich*, en Allemagne. — *Goldstromer*, en Hollande. — *Goldlin*, en Angleterre. — *Sapre saupe.* Daubenton et Haüy, Encyclopédie méthodique. — *Id.* Bonnaterre, planches de l'Encyclopédie méthodique.

Bloch, pl. 265. — « Sparus lineis utrinque undecim aureis parallelis longitudinalibus. » Artedi, gen. 38, syn. 60. — *Salpe.* Arist., lib. IV. cap. viii ; lib. V, cap. ix, x ; lib. VI, cap. xvii ; lib. VIII, cap. ii, xiii ; et lib. IX, cap. xxxvii.— *Id.* Ælian, lib. IX, cap. vii, p. 516.— *Id.* Oppian, lib. I, p. 6.— *Id.* Athen., lib. VII, p. 320.— *Salpa.* Pline, lib. IX, cap. lvii. — *Id.* Jov., cap. xiv, p. 73. — *Saupe.* Rondelet, première partie, liv. V, chap. xxiii. — *Id.* Salvian, fol. 119, *a*, ad iconem, et 120. — *Id.* Gesner, p. 832 et 979, et (germ.) fol. 34, *b.* — *Id.* Aldrovande, lib. II, cap. xxi, p. 189. — *Id.* Jonston, lib. I, tit. 3, cap. i, *a*, 12, tab. 2, n. 10 ; et tab. 19, n. 6.

Charlet, p. 141. — Willughby, p. 316. — Ray, p. 134. — *Salpe.* Valmont de Bomare, *Dictionnaire d'histoire naturelle.* — *Fausse vergadelle.* Id. — Forskael, *Faun. arab.*, p. 31, n. 22.

1. Voyez ce que Schneider a écrit sur le bogue, dans l'excellent ouvrage qu'il a publié au sujet de la synonymie d'Artedi, p. 95.

plaît dans les ports, aux embouchures des rivières et dans toutes les parties de la mer voisines des rivages, où les flots apportent du limon, et où les fleuves et les eaux de pluie entraînent de la vase. Sa chair est ordinairement peu recherchée, comme n'étant ni assez succulente, ni assez sèche, ni assez ferme.

Celle de la saupe est peut-être moins estimée encore, parce qu'elle est molle et difficile à digérer, et parce que, de plus, elle répand souvent une mauvaise odeur. Ce spare saupe a l'ouverture de la bouche petite ; les mâchoires égales ; la langue lisse ; l'opercule composé de trois lames et garni de très petites écailles ; la ligne latérale presque droite ; les écailles du dos et de la queue, grandes et unies ; le dos noirâtre ; les côtés et le ventre argentés ; les nageoires grises et bordées de brunâtre ; le péritoine noir ; la vésicule du fiel très longue ; l'estomac grand ; le pylore entouré de quatre cæcums ; et le canal intestinal trois ou quatre fois plus long que la tête, le corps, la queue et la caudale pris ensemble.

Au reste, les dimensions de la saupe varient suivant son séjour. On en a pêché de plus de trois décimètres de longueur et d'un kilogramme de poids.

Ce spare fraye communément en automne. On le trouve fréquemment sur les bas-fonds, où il est attiré par les plantes marines dont il aime à se nourrir, et vraisemblablement par les mollusques, qui doivent lui donner l'odeur fétide qu'il exhale. Il mange aussi des végétaux terrestres ; on le prend facilement en garnissant un hameçon d'un morceau de citrouille ou d'autre cucurbitacée. Pendant l'hiver il se retire dans les profondeurs des baies, des golfes ou de la haute mer [1].

1. A la membrane branchiale du porte-épine...................... 6 rayons.
    A chaque nageoire pectorale............................... 16 —
    A chaque thoracine, articulés............................ 5 —
               —   aiguillonné....................... 1 —
    A la caudale.. 16 —
    A la membrane branchiale du bogue........................ 6 —
    A chaque nageoire pectorale.............................. 9 —
    A chaque thoracine, articulés............................ 5 —
               —   aiguillonné....................... 1 —
    A la caudale.. 17 —
    A la membrane branchiale du canthère..................... 6 —
    A chaque nageoire pectorale.............................. 14 —
    A chaque thoracine, articulés............................ 5 —
               —   aiguillonné....................... 1 —
    A la nageoire de la queue................................ 17 —
    A la membrane branchiale de la saupe..................... 6 —
    A chaque nageoire pectorale.............................. 16 —
    A chaque thoracine, articulés............................ 5 —
               —   aiguillonné....................... 1 —
    A la caudale.. 20 —
    A la membrane branchiale du spare sarbe.................. 6 —
    A chaque nageoire pectorale.............................. 15 —

Le spare sarbe, dont la chair est agréable au goût, et qui se plaît auprès des côtes de la mer d'Arabie, dans les endroits vaseux et tapissés de coraux ou de plantes marines, est couvert d'écailles larges et argentées. Ses pectorales sont blanchâtres, lancéolées et beaucoup plus longues que les thoracines. Une nuance d'un beau jaune paraît sur ces thoracines, sur l'anale et sur la partie inférieure de la caudale.

LE SPARE SYNAGRE [1]

Sparus Synagris, Linn., Gmel., Lacép.

Le Spare élevé, *Sparus latus*, Linn., Gmel.; *S. altus*, Lacép. — S. strié, *S. virgatus*, Linn., Gmel., Lacép. — S. haffara, *S. haffara*, Forsk., Linn., Gmel.; *Chrysophris haffara*, Cuv. — S. berda, *S. berda*, Forsk., Linn., Gmel., Lacép.; *Chrysophris berda*, Cuv. — S. chili, *S. chilensis*, Linn., Gmel., Lacép.

Le synagre vit dans les eaux de l'Amérique septentrionale ; le spare élevé et le strié habitent dans celles qui arrosent les rivages du Japon ; le haffara et le berda sont pêchés dans la mer d'Arabie ; et l'on trouve le spare chili dans la mer qui baigne la grande contrée de l'Amérique méridionale, dont il porte le nom.

Le synagre, qu'il ne faut pas confondre avec le spare auquel les anciens Grecs ont donné ce nom, puisqu'il paraît n'avoir été observé que dans l'Amérique septentrionale, où Catesby l'a décrit, a les yeux grands, l'iris rouge, la dorsale longue et échancrée.

Le spare élevé ne parvient guère qu'à la longueur d'un décimètre.

Le strié n'est guère plus grand.

Le haffara, dont les dimensions sont un peu plus considérables, a le dos convexe et le ventre aplati ; il se plaît au milieu de la vase, et sa chair est agréable au goût.

Le berda, qui se nourrit de végétaux, a la chair aussi délicate que le haffara ; et d'ailleurs il est très recherché, parce qu'ordinairement il est long de six décimètres. Ce spare est blanchâtre. Une petite bande transversale et brune est placée sur le milieu de chacune des écailles que l'on voit sur les côtés de l'animal. Une sorte de barbillon très court est situé au-devant de

A chaque thoracine, articulés.............................. 5 rayons.
—   aiguillonné............................. 1 —
A la nageoire de la queue.............................. 17 —

1. *Spare synagre.* Daubenton et Haüy, Encyclopédie méthodique. — *Id.* Bonnaterre, planches de l'Encyclopédie méthodique. — *Salpa purpurascens variegata.* Catesby, *Carol.*, t. II, p. 17, tab. XVII. — Houttuyn, *Act. Haarl.*, XX, 2, p. 322, n. 10. — *Spare large.* Bonnaterre, planches de l'Encyclopédie méthodique. Houttuyn, *Act. Haarl.*, XX, 2, p. 323, n. 11. — *Spare haffare.* Bonnaterre, planches de l'Encyclopédie méthodique.

Forskael, *Fauna arab.*, p. 33, n. 25. — Forskael. *Fauna arab.*, p. 32, n. 24. — *Spare berda.* Bonnaterre, planches de l'Encyclopédie méthodique. — Molina, *Hist. nat. Chil.*, p. 197. — *Spare corvine.* Bonnaterre, planches de l'Encyclopédie méthodique.

chaque narine. Les pectorales sont transparentes, et toutes les nageoires brunes [1].

Le chili est remarquable par sa grandeur : il présente quelquefois une longueur de deux mètres. Le naturaliste Molina a parlé de la bonté de sa chair. Ses opercules sont composés de deux pièces. Le tableau générique offre ses autres traits, ainsi que les principaux caractères distinctifs des cinq spares dont nous avons, dans cet article, réuni les noms à celui de ce poisson du Chili.

LE SPARE ÉPERONNÉ [2]

Amphacanthus....., Cuv. — *Sparus spinus,* Linn., Gmel. — *Sparus carcaratus,* Lacép.

Le Spare morme, *Pagellus mormyrus,* Cuv.; *Sparus mormyrus,* Linn., Gmel., Lacép. — Spare brunatre, *Sparus fuscescens,* Houttuyn, Linn., Gmel., Lacép. — Spare bigarré, *Sargus Rondeletii,* Cuv.; *Sparus variegatus,* Lacép. — Spare osbeck, *Mœna Osbeckii,* Cuv.; *Sparus Osbeckii,* Lacép. — Spare marseillais, *Mœna Osbeckii,* Cuv.; *Sparus tricupidatus,* Spinola; *Sparus massiliensis,* Lacép.

L'Amérique méridionale et les grandes Indes nourrissent l'*éperonné.* Le nom de ce spare vient de la conformation remarquable de ses nageoires

1. A chaque nageoire pectorale du synagre........................ 14 rayons.
   A chaque thoracine, articulés................................ 5 —
   —   aiguillonné............................... 1 —
   A la caudale.. 18 —

   A chaque nageoire pectorale du spare élevé.................... 12 —
   A chaque thoracine, articulés................................ 5 —
   —   aiguillonné............................... 1 —
   A la nageoire de la queue.................................... 18 —

   A chaque nageoire pectorale du spare strié................... 12 —
   A chaque thoracine.. 6 —
   A la caudale.. 22 —

   A chaque nageoire pectorale du haffara...................... 15 —
   A chaque thoracine, articulés................................ 5 —
   —   aiguillonné............................... 1 —
   A la nageoire de la queue.................................... 18 —

   A la membrane branchiale du berda........................... 6 —
   A chaque nageoire pectorale................................. 14 —
   A chaque thoracine, articulés................................ 5 —
   —   aiguillonné............................... 1 —
   A la caudale.. 16 —

   A la membrane branchiale du spare chili..................... 6 —
   A chaque nageoire pectorale................................. 17 —
   A chaque thoracine, articulés................................ 5 —
   —   aiguillonné............................... 1 —

2. « Sparus cauda bifida, spina dorsali recumbente. » Mus. Ad. Frid. 2, p. 74. — *Sparus javanensis.* Osbeck, *It.,* 273. — *Spare éperonné.* Daubenton et Haüy, Encyclopédie méthodique. — *Id.* Bonnaterre, planches de l'Encyclopédie méthodique. — *Marme,* dans quelques départe-

thoracines, dont le dernier rayon est aiguillonné aussi bien que le premier, pendant que, dans le plus grand nombre d'espèces de poissons, les thoracines, que l'on a comparées à des pieds, n'ont que le premier ou les premiers rayons façonnés en piquants.

Le morme habite dans la Méditerranée. Sa caudale est bordée de noir à son extrémité, et il parvient à la longueur de trois ou quatre décimètres. Son péritoine est noir ; sa chair molle et peu agréable au goût. Il vit des débris des corps organisés qu'il rencontre dans le limon ; il recherche aussi les petits calmars ou sépies ; il s'enfonce dans la vase pour échapper aux filets des pêcheurs.

Le spare brunâtre a été observé dans la mer qui entoure le Japon. Sa longueur n'est guère que d'un décimètre. Ses écailles ont une teinte dorée qui se mêle aux nuances brunes de sa couleur générale, de manière à donner une parure sombre, mais riche à cet animal.

Celles du bigarré, au lieu de réfléchir l'éclat de l'or, brillent de celui de l'argent et relèvent par cette teinte d'un blanc resplendissant les bandes et les taches noires que l'on voit sur les côtés de ce spare, ainsi que le noir de ses thoracines et la bordure noire de sa caudale. Il vit dans la Méditerranée comme l'osbeck et le marseillais, auquel nous avons voulu donner un nom spécifique qui indiquât la partie de cette mer dans laquelle il paraît avoir été particulièrement rencontré. Quant à l'*osbeck,* nous l'avons ainsi nommé pour éviter la confusion qu'aurait pu introduire dans la nomenclature la conservation de son nom de *spare rayé,* et pour témoigner la reconnaissance des amis de l'histoire naturelle envers le savant Osbeck, qui l'a fait connaître.

Ce spare Osbeck présente de chaque côté une tache noire située au-dessus de la ligne latérale [1].

ments méridionaux de France. — *Mormo,* en Espagne. — *Id.,* en Ligurie. — *Mormillo,* à Rome. — *Mormiro,* à Venise. — *Spare morme.* Daubenton et Haüy, Encyclopédie méthodique. — *Id.* Bonnaterre, planches de l'Encyclopédie méthodique. — « Sparus maxilla superiore longiore, etc. » Artedi, gen. 37, syn. 62.

Mormuros. — Arist., lib. VI, p. 17. — *Id.* Athen., lib. VII, cap. cccxiii. — *Mormulos.* Oppian, lib. I, p. 5; lib. II, p. 58; t. III, fol. 134, 3. — *Mormylus.* Salvian, fol. 183, *a*, ad iconem. — *Mormys.* Pline, lib. XXXII, cap. xi. — *Mormyrus,* vel *mormylus.* Gesner, p. 547; et (germ.) fol. 22, *a.* — *Mormyrus.* Belon. — *Morme.* Rondelet, première partie, lib. V, chap. xxii. — *Mormyrus.* Aldrovande, lib. XI, cap. xix, p. 184. — *Id.* Jonston, lib. I, tit. III, cap. i, *a.* 11, tab. 19, n. 3. — *Id.* Charlet, p. 141. — *Id.* Willughby, p. 329. — *Id.* Ray, p. 134. — *Sparus mormyrus.* Hasselquist, *It.,* 335. — *Morme* ou *mormirot.* Valmont de Bomare, *Dictionnaire d'histoire naturelle.* — Houttuyn. *Act., Haarl.,* XX. 2, p. 324. — *Spare brunâtre.* Bonnaterre, planches de l'Encyclopédie méthodique.

Brunn., *Ichtyol. massil.,* p. 39. — *Spare bigarré.* Bonnaterre, planches de l'Encyclopédie méthodique. — Osbeck, *Fragm. ichtyol. hispan.* — *Spare rayé.* Bonnaterre, planches de l'Encyclopédie méthodique. —Brunn., *Ichtyol. massil.,* p. 48. — *Spare sucle.* Bonnaterre, planches de l'Encyclopédie méthodique.

1. A chaque nageoire pectorale de l'éperonné...................... 16 rayons.
   A chaque thoracine, articulés............................... 5 —
        —   aiguillonnés (le premier et le dernier)...... 2 —

Le marseillais montre deux croissants sur la partie supérieure de sa tête, l'un placé entre les yeux, et l'autre au-dessous du premier. La dorsale est bleue avec du vert à sa base ; les thoracines sont bleuâtres ; l'anale et la caudale sont d'un vert pâle. La longueur ordinaire de ce spare est de trois ou quatre décimètres.

LE SPARE CASTAGNOLE[1]

Brama Castaneola, Cuv. — *Sparus Castaneola,* Bloch, Lacép

Le Spare bogaraveo, *Pagellus bogaraveo,* Cuv.; *Sparus Bogaraveo,* Brunn., Lacép. — Spare mahséna, *Lethrinus mahsena,* Cuv.; *Sciœna mahsena,* Forsk.; *Sparus mahsena,* Lacép. — Spare harak, *Lethrinus harak,* Cuv.; *Sciœna harak,* Forsk., Linn., Gmel.; *Sparus harak,* Lacép. — Spare ramak, *Sciœna ramak,* Forsk., Linn., Gmel.; *Sparus ramak,* Lacép. — Spare grand œil, *Chrysophrys grandoculis,* Cuv.; *Sciœna grandoculis,* Forsk.; Linn., Gmel.; *Sparus grandoculis,* Lacép.

C'est dans l'océan Atlantique que l'on a observé la castagnole. Ce spare a la mâchoire inférieure garnie de deux rangées de dents minces, recourbées et inégales ; un rang de dents semblables paraît à la mâchoire supérieure. Le corps est plus haut dans sa partie antérieure que dans sa partie posté-

A la caudale...........................	18	rayons.
A chaque nageoire pectorale du morme........................	15	—
A chaque thoracine, articulés..................................	5	—
— aiguillonné.................................	1	—
A la nageoire de la queue.....................................	18	—
A chaque nageoire pectorale du spare brunâtre................	16	—
A chaque thoracine..	5	—
— aiguillonné.................................	1	—
A la membrane branchiale du spare bigarré...................	5	—
A chaque nageoire pectorale...................................	16	—
A chaque thoracine, articulés.................................	5	—
— aiguillonné.................................	1	—
A la caudale..	17	—
A la membrane branchiale de l'osbeck.........................	6	—
A chaque nageoire pectorale...................................	6	—
A la membrane branchiale du spare marseillais................	6	—
A chaque nageoire pectorale...................................	14	—
A chaque thoracine..	6	—
A la nageoire de la queue.....................................	14	—

1. *Spare castagnole.* Bloch, pl. 273. — *Spare brème denté.* Bonnaterre, planches de l'Encyclopédie méthodique. — Pennant, *Zoologie brit.,* t. III, p. 243. — *Spare bogue raveo.* Bonnaterre, planches de l'Encyclopédie méthodique. — Mart. Brunn., *Ichtyol. massil.,* p. 49. — *Sciœna mahsena.* Linné, édition de Gmelin. — *Sciène hosny.* Bonnaterre, planches de l'Encyclopédie méthodique. — Forskael, *Fauna arab.,* p. 52, n. 62.

Forskael, *Fauna arab.,* p. 53, n. 63. — *Sciène harak.* Bonnaterre, planches de l'Encyclopédie méthodique. — Forskael, *Fauna arab.,* p. 52, n. 64. — *Sciène ramak.* Bonnaterre, planches de l'Encyclopédie méthodique. — Forskael, *Fauna arab.,* p. 53, n. 65. — *Sciène grands yeux.* Bonnaterre, planches de l'Encyclopédie méthodique.

rieure ; les écailles sont molles et lisses ; l'anus est plus près de la caudale. En général, la forme de la castagnole est facile à distinguer de celle des autres poissons. Ses nageoires sont bleues, excepté les pectorales et les thoracines, dont la couleur est jaune.

Le bogaravéo, qui a été vu par Brünnich dans la Méditerranée, a la ligne latérale brune et une longueur d'un décimètre ou environ.

Le mahséna, le harak, le ramak et le grand-œil habitent dans la mer d'Arabie. Ils ont été décrits par Forskael, à l'exemple duquel Gmelin et le professeur Bonnaterre les ont inscrits parmi les sciènes. Mais les principes d'après lesquels j'ai cru que l'on devait classer les poissons m'ont obligé à les comprendre parmi les véritables spares.

Des mollusques proprement dits et des animaux à coquille servent de nourriture au mahséna, qui fréquente beaucoup les rivages. Il a le sommet de la tête élevé, le corps peu allongé et les nageoires garnies de filaments.

Le harak, dont les nageoires sont rougeâtres, montre d'ailleurs dans sa conformation, ainsi que dans ses habitudes, beaucoup de rapports avec le mahséna.

Le ramak a les nageoires de la même couleur que le harak, et, comme ce dernier spare, ressemble beaucoup au mahséna. Au reste, nous pensons avec Gmelin et le professeur Bonnaterre que la sciène *dib* de Forskael[1] n'est qu'une variété du ramak[2].

1. « Sciæna lamina transversa in utraque maxilla. » Forskael, *Fauna arabica*, p. 53.
2. A la membrane branchiale de la castagnole...................... 5 rayons.
    A chaque nageoire pectorale.............................. 20 —
    A chaque thoracine, articulés............................ 5 —
        —   aiguillonné. .... 1 —
    A la nageoire de la queue................................ 22 —

    A la membrane branchiale du bogaravéo.............. 6 —
    A chaque nageoire pectorale.............................. 15 —
    A chaque thoracine, articulés............................ 5 —
        —   aiguillonné............................ 1 —
    A la caudale... 17 —

    A la membrane branchiale du mahséna................. 6 —
    A chaque nageoire pectorale.............................. 13 —
    A chaque thoracine, articulés............................ 5 —
        —   aiguillonné............................ 1 —
    A celle de la queue..................................... 17 —

    A la membrane branchiale du harak.................... 6 —
    A chaque nageoire pectorale.............................. 13 —
    A chaque thoracine, articulés............................ 5 —
        —   aiguillonné............................ 1 —
    A la caudale... 17 —

    A la membrane branchiale du ramak.................... 6 —
    A chaque nageoire pectorale.............................. 13 —
    A chaque thoracine, articulés............................ 5 —
        —   aiguillonné............................ 1 —

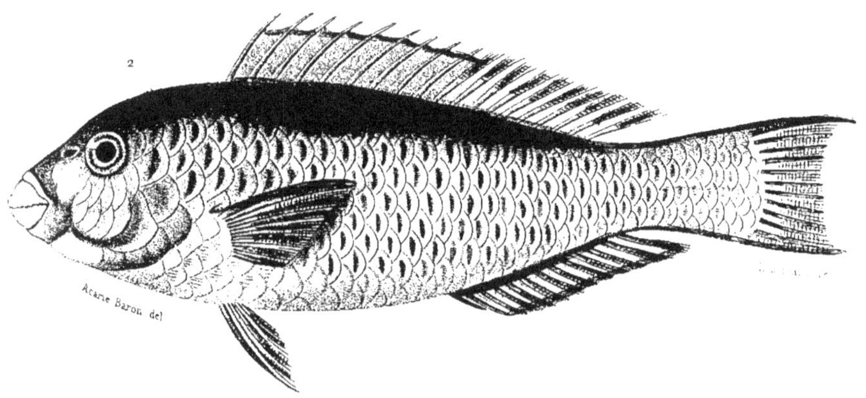

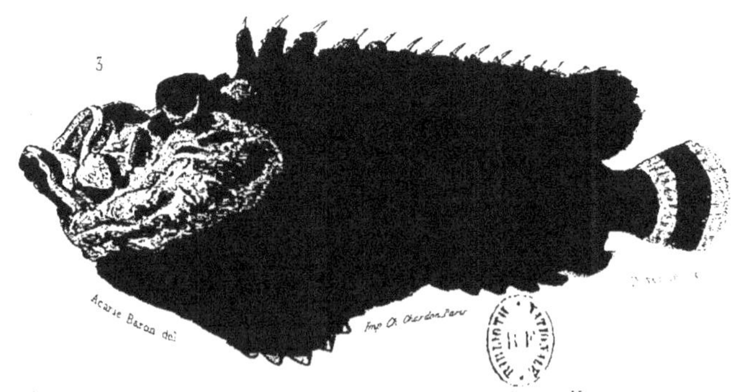

1 LE SPARE QUEUE ROUGE (Dentex Macrocephalus-Cuv) _ 2 LE SCARE HARID

3 LE SPARE CHRYSOMÉLANE (Synancea Brachio-Cuv)

d'après le REGNE ANIMAL de Cuvier edition V. Masson

Garnier frères Editeurs

La nageoire du dos et l'anale du spare grand œil sont terminées, du côté de la caudale, par une sorte de lobe. Sa couleur générale est relevée par des raies, et ses nageoires sont violettes ou d'un rouge pâle.

LE SPARE QUEUE ROUGE[1]

Gerres Oyena, Cuv. — *Labrus Oyena*, Forsk., Lacép. — *Labrus longirostris*, *Sparus erythrurus* et *Sparus Britannus*, Lacép.

Le Spare queue d'or, *Mesoprion chrysurus*, Cuv.; *Sparus chrysurus*, Bloch, Lacép.; *Gammistes chrysurus*, Schn.; *Sparus semiluna*, Lacép. — Spare cuning, *Cæsio cuning*, Cuv.; *Sparus cuning*, Bloch, Lacép. — Spare galonné, *Sparus lemniscatus*, Lacép., Bloch. — Spare brème, *Cantharus brama*, Cuv.; *Sparus brama*, Lacép. — Spare gros œil, *Dentex macrophtalmus*, Cuv.; *Sparus macrophtalmus*, Bloch, Lacép.

Nous devons à Bloch la connaissance de ces six spares. Le premier, qui habite la mer du Japon, a les yeux grands et presque verticaux, et le corps très élevé au devant de la nageoire dorsale.

Le spare queue d'or vit dans la mer qui baigne les côtes du Brésil. Ses couleurs sont régulières, brillantes et magnifiques; le tableau générique en indique les nuances et la disposition. Quelques individus, au lieu d'un violet argenté, présentent, sur une grande partie de leur surface, un rouge clair, ou couleur de rose animé; mais les tons dont ce spare resplendit sont, en général, si éclatants, que Pison a cru devoir attribuer à leur vivacité la phosphorescence dont jouissent les spares queue d'or, indépendamment de toute réflexion de lumière due à leurs écailles luisantes et colorées. Cependant cette qualité phosphorique est élevée dans ces animaux, ainsi que dans plusieurs autres poissons, à un degré assez haut pour que la réunion d'un très grand nombre de ces osseux répande une clarté à l'aide de laquelle on peut lire au milieu d'une nuit très obscure. Le spare queue-d'or a reçu dans cette propriété phosphorique un présent funeste : on le pêche avec bien plus de facilité que s'il en était privé. La lumière qu'il produit, quelque douce ou faible qu'elle puisse être, le trahit, lors même que son instinct l'entraîne dans la mer à quelque profondeur, comme dans un asile assuré ; et on le

A la nageoire de la queue... 17 rayons.

A la membrane branchiale du square grand œil............... 6 —

A chaque nageoire pectorale.. 13 —

A chaque thoracine, articulés... 5 —

      —   aiguillonné... 1 —

A la caudale .... 17 —

1. Bloch, pl. 261. — *Acara pitanga*, *Acara pitamba*, au Brésil. — *Rabirrubia*, à la Havane. — Bloch, pl. 262. — *Ikan tembrae cuning*, dans les Indes orientales. — Bloch, pl. 263, fig. 1. — *Spare rayé*. Bloch, pl. 263, fig. 2. — *Brème de mer*, sur plusieurs côtes de France.

Carpe de mer, ibid. — Bloch, pl. 269. — *Brème de mer*. Duhamel, *Traité des pêches*. — *Spare œil de bœuf*. Bloch, pl. 272.

recherche d'autant plus, qu'il réunit à une chair des plus délicates et des plus agréables une grandeur considérable. Marcgrave l'a vu offrir une longueur de six ou sept décimètres. Le prince Maurice de Nassau a laissé un très beau dessin de ce spare, dont Marcgrave, et, d'après lui, Jonston, Willughby et Ruysch, ont aussi donné la figure.

Les Indes orientales nourrissent le cuning. La tête de ce spare est petite et comprimée. Un rang de petites dents garnit l'une et l'autre des deux mâchoires. La langue et le palais sont lisses. La ligne latérale est presque droite. Un sillon longitudinal reçoit la nageoire du dos, à la volonté de l'animal. Les nageoires sont jaunes.

Le spare galonné a le corps beaucoup plus élevé que le cuning. Il préfère la mer du Brésil, comme la queue-d'or. Toutes ses nageoires sont jaunes ou dorées, ainsi que les galons ou raies longitudinales dont il est paré. Il ne parvient ordinairement qu'à la longueur de deux décimètres. Il séjourne auprès des rivages rocailleux où l'eau est pure, et où il peut trouver pour sa nourriture une grande quantité d'œufs de poisson. D'après cette habitude, il n'est pas surprenant que Marcgrave et Pison, qui ont donné la figure de cet osseux, ainsi que le prince Maurice, Jonston et Ruysch, et d'après lesquels Klein et Willughby en ont parlé, lui aient attribué une saveur des plus agréables et supérieure même à celle de la carpe.

Le spare brème a la tête comprimée et petite ; la langue et le palais lisses ; les deux mâchoires également avancées ; les opercules couverts de très petites écailles et composés chacun de trois pièces ; le corps et la queue très élevés ; le ventre arrondi ; la ligne latérale bordée de points noirs, en haut et en bas ; et toutes les nageoires d'un rouge de brique, excepté la dorsale, qui est rougeâtre à sa base, d'un vert bleuâtre sur la plus grande partie de sa surface et lisérée de noir[1].

---

1. A chaque nageoire pectorale du spare queue rouge.............. 15 rayons.
   A chaque thoracine, articulés................................... 5 —
        —   aiguillonné............................... 1 —
   A la nageoire de la queue........ .... 20 —

   A chaque nageoire pectorale du spare queue d'or............... 14 —
   A chaque thoracine, articulés................................... 5 —
        —   aiguillonné .... 1 —
   A la caudale... 19 —

   A la membrane branchiale du cuning........................... 6 —
   A chaque nageoire pectorale.. .... 18 —
   A chaque thoracine, articulés.................................. 5 —
        —   aiguillonné.................................. 1 —
   A la nageoire de la queue....................................... 19 —

   A chaque nageoire pectorale du galonné......................... 12 —
   A chaque thoracine, articulés .... 5 —
        —   aiguillonné... .... 1 —
   A la caudale .... 16 —

   A la membrane branchiale du spare brème.... .... 6 —

Ce spare brème se trouve dans le canal qui sépare la France de l'Angleterre. On le voit aussi auprès de presque toutes les côtes occidentales de France, et même dans le voisinage du cap de Bonne-Espérance. Il détruit une grande quantité de frai et de jeunes poissons. Il a la chair blanche, mais molle; cependant il est assez bon à manger lorsqu'il est grand et qu'il a vécu dans des endroits pierreux. On le prend pendant l'été avec des filets ou des lignes ; et l'on profite souvent, pour le pêcher, des temps d'orage ou de tempête, pendant lesquels il se réfugie près des rivages et sur les bas-fonds.

Le spare gros œil a, en effet, l'œil très gros, ainsi que le montre le tableau générique; le diamètre de l'orbite est à peu près égal à la moitié du grand diamètre de l'ouverture de la bouche. Les mâchoires sont aussi avancées l'une que l'autre ; la langue est lisse ; l'extrémité de la queue est beaucoup moins haute que le corps et la partie antérieure de cette même queue. Les couleurs sont très riches ; les raies longitudinales rouges ou jaunes, que le tableau générique indique, règnent sur un fond d'un jaune doré ; les nageoires sont variées de jaune et de rouge ; la caudale est jaune à sa base et grise à son extrémité.

LE SPARE RAYÉ [1]

Pentapus vittatus, Cuv. — *Sparus vittatus,* Bloch, Lacép. — *Bodianus decacanthus,* Lacép.

Le Spare ancre, *Cheilinus anchorago,* Cuv.; *Sparus anchorago,* Bloch, Lacép. — Spare trompeur, *Epibulus insidiator,* Cuv.; *Sparus insidiator,* Linn., Gmel., Lacép. — Spare porgy, *Sparus porgy,* Lacép.; *Sparus chrysops,* Linn., Gmel. — Spare zanthure, *Pagrus argyrops,* Cuv.; *Sparus argyrops,* Linn., Gmel.; *Sparus zanthurus,* Lacép. — Spare denté, *Dentex vulgaris,* Cuv.; *Sparus Dentex,* Linn., Gmel., Lacép.

Les eaux du Japon nourrissent, suivant Bloch, le spare rayé. Chaque narine de ce spare n'a qu'un orifice. Les mâchoires sont à peu près aussi

A chaque nageoire pectorale	15	rayons.
A chaque thoracine, articulés	5	—
— aiguillonné	1	—
A la nageoire de la queue	19	—
A la membrane branchiale du spare gros œil	6	—
A chaque nageoire pectorale	15	—
A chaque thoracine, articulés	5	—
— aiguillonné	1	—
A la caudale	20	—

1. Bloch, p. 275. — Bloch, pl. 276. — *Spare filou.* Bonnaterre, planches de l'Encyclopédie méthodique. — « Sparus rubens, ad latera flavescens, etc. » Pallas, *Spicil. zoolog.,* p. 41, tab. 5, fig. 1. — *Glotsmael.* Valent., *Ind.,* III, p. 384, n. 122. — *Groote bedrieger.* Ruysch, *Theat. animal.,* 1, p. 3, t. II, n. 6. — *Trompeur* ou *filou.* Renard, *Poiss.,* 1, f. 42, n. 209, 210, 2; f, 4, n. 13; et f.17, n. 15. — *Spare porgy.* Daubenton et Haüy, Encyclopédie méthodique. — *Id.* Bonnaterre, planches de l'Encyclopédie méthodique. — *Aurata bahamensis.* Catesby, *Carol.,* t. II, p. 16. — *Spare*

avancées l'une que l'autre, le devant de chacune de ces mâchoires présente des dents plus longues que celles des côtés. Les trois raies larges et bleues que l'on voit régner sur le corps et la queue de l'animal sont relevées par l'éclat des écailles, qui sont dorées sur la partie supérieure du poisson et argentées sur l'inférieure. Les nageoires pectorales et les thoracines montrent des nuances rougeâtres; les autres nageoires sont variées de bleu et de jaune.

Le nom d'*ancre*, donné par Bloch au second des spares décrits dans cet article, vient de la forme de plusieurs dents de la mâchoire inférieure de cet osseux, lesquelles sont courbées en deux sens. La tête de ce poisson est grande et comprimée. Une dent plus grande que les voisines, et tournée en avant, se montre à la mâchoire supérieure, auprès de l'angle des deux mâchoires. On ne voit qu'un orifice pour chaque narine. Les écailles sont grandes et lisses. Des teintes rougeâtres paraissent sur la tête et sur les nageoires, excepté sur la dorsale, qui est bleuâtre et tachetée de brun.

Le spare trompeur est très remarquable par sa forme, ainsi que par les habitudes qui en découlent, et qui lui ont fait donner le nom qu'il porte. Son museau, très allongé, semblable à un tube et terminé par la petite ouverture de sa bouche, lui sert d'instrument de projection, pour lancer en petites gouttes l'eau qu'il introduit dans le fond de sa gueule par les orifices des branchies. C'est avec ces petits projectiles fluides qu'il attaque les insectes qui voltigent au-dessus de la surface de la mer, dans l'endroit où il se tient en embuscade, qu'il les tue, ou les étourdit, ou les mouille, et les met toujours hors d'état de s'envoler et d'échapper à sa poursuite. Il est lui-même très recherché dans les grandes Indes, qu'il habite, et sa proie est

zanture. Daubenton et Haüy, Encyclopédie méthodique. — *Id.* Bonnaterre, planches de l'Encyclopédie méthodique.

« Spatus iride argentea, dentibus anterioribus conicis. » Browne, *Jam.*, 447. — *Zanthurus indicus*. Willughby, *Ichtyol.*, append., p. 5, tab. 3. — *Dentale*, dans quelques départements de France. — *Dentillac, Marmo*, dans quelques départements méridionaux de France. — *Dentice*, dans la Ligurie. — *Id.*, en Sardaigne. — *Dentice*, à Malte. — *Dentelé*, dans plusieurs parties de l'Italie. — *Synagrida*, par les Grecs modernes. — *Zahn brachsem*, ou *zahn brassem*, en Allemagne. — *Taan braassem*, en Hollande. — *Sea rough*, en Angleterre. — *Spare denté*. Daubenton et Haüy, Encyclopédie méthodique.

Id. Bonnaterre, planches de l'Encyclopédie méthodique. — « Sparus varius dorso acuto, dentibus quatuor majoribus. » Artedi, gen. 36, syn. 59. — *Sunagris*. Arist., lib. II, cap. xiii, xv; lib. VIII, cap. ii, xiii; et lib. IX, cap. ii. — *Sunodon*. Ælian, lib. I, cap. xliv, p. 52. — *Sunodon cai sunagris*. Athen., lib. VII, p. 322. — *Dentex*. Jov., cap. xii, p. 70. — *Id.* Salvian., f. 110, *b.* 111. — *Dentelé*. Rondelet, première partie, liv. V, chap. xix. — *Dentex, seu dentalis.* Gesn., p. 934; et (germ.) fol. 26, *a.*

« Synagris, vel synodon, qui synagris adultior Rondeletio videtur. » *Id.*, p. 933. — *Synagris Belonii*. Id. p. 934. — *Dentex*. Aldrovande, lib. II, cap. xii, p. 161. — *Synodon*, sive *dentex*. Jonston, lib. I, tit. 3, cap. i, *a*, 6, t. XVIII, n. 9. — *Dentex*, sive *synodon Aldrovandi*. Willughby, p. 312. — Ray, p. 134. — Bloch, p. 268. — « Cinœdus cauda lunata. » Gronov. *Zooph.*, n. 214. — Klein, *Miss. pisc.*, 5, p. 49, n. 1. — *Denté.* Duhamel, *Traité des pêches*, part. 2, sect. 4, chap. ii, art. 3, pl. 8, fig. 9. — *Dentale.* **Valmont de Bomare**, *Dictionnaire d'histoire naturelle*.

vengée par les pêcheurs de ces belles contrées, où l'on aime beaucoup à se nourrir de poisson. Sa chair est, en effet, très agréable au goût ; mais son volume est peu considérable ; il ne parvient ordinairement qu'à la longueur de trois décimètres. Des deux lignes latérales qu'il présente, la supérieure suit à peu près la courbure du dos ; l'inférieure est droite. Les écailles sont grandes et bordées de verdâtre ; les nageoires, jaunes; la dorsale et l'anale ornées de bandelettes vertes.

La couleur générale du porgy est bleuâtre ; son séjour, la Caroline. Catesby et Garden l'ont fait connaître.

Le zanture, que l'on trouve dans les mers voisines de la Caroline et de la Jamaïque, a de très grands rapports avec le porgy.

Le denté en a d'assez remarquables avec le hurta ; et de plus, pour éviter toute équivoque, il est bon d'observer qu'il paraît que ce spare n'a pas reçu des anciens naturalistes grecs le même nom à tout âge. Dans sa jeunesse, il a été nommé par eux *synagris;* et dans un âge plus avancé, *synodon.* Mais il ne faut pas le confondre avec le spare auquel nous avons conservé la dénomination de *synagre,* d'après Linné, Daubenton, Bonnaterre, etc., et qui a été vu par Catesby dans les eaux de la Caroline, ni avec celui que nous nommons, ainsi que Bloch, *cynodon* ou *dent de chien.*

Au reste, le denté a la tête comprimée ; les deux mâchoires également avancées et garnies chacune d'une rangée de dents pointues et recourbées ; la langue et le palais, lisses ; l'ouverture de chaque narine, double ; la tête variée de doré, d'argenté et de vert; des points bleus plus ou moins apparents sur les côtés ; la nageoire dorsale et la caudale, jaunes à leur base et bleues à leur extrémité; les pectorales rougeâtres ; les thoracines et l'anale d'un jaune foncé; quatre cæcums auprès du pylore et la vessie natatoire divisée en deux portions.

Ce poisson change de couleur avec l'âge : il devient pourpre lorsqu'il est vieux, ce qui a dû porter les anciens à donner à ce spare, suivant le nombre de ses années, le nom de *synagre* ou celui de *synodon.* On dit que ses teintes varient aussi avec les saisons et qu'il est blanc ou presque blanc en hiver.

Le denté habite non seulement dans la Méditerranée, où il a été observé par les anciens naturalistes grecs, mais dans la mer d'Arabie et dans celle de la Jamaïque[1]. Il est très commun auprès de l'île de Sardaigne, de la

---

1. A la membrane branchiale du spare rayé.......................... 5 rayons.
   A chaque nageoire pectorale.................................. 16   —
   A chaque thoracine, articulés................................ 5   —
   —   aiguillonné................................ 1   —
   A la nageoire de la queue.................................... 18   —

   A la membrane branchiale du spare ancre...................... 5   —
   A chaque nageoire pectorale.................................. 15   —
   A chaque thoracine, articulés................................ 5   —
   —   aiguillonné................................ 1   —

Campagne de Rome, de Venise, de la Dalmatie et des côtes de l'Archipel et de Syrie, où, du temps de Jove, on prenait une assez grande quantité d'individus de cette espèce pour en faire mariner un nombre très considérable que l'on transportait dans des contrées très éloignées du lieu où on les avait pêchés. Il pèse communément de deux à cinq myriagrammes, quelquefois de onze à douze. Duhamel rapporte qu'un de ses correspondants en avait vu un du poids de trente-huit. On le prend à la ligne et avec toute sorte de filets. Au printemps, on le trouve dans les bas-fonds voisins des rivages; et il se réfugie dans les profondeurs de la mer, soit pendant l'hiver pour échapper à un froid trop rigoureux, soit pendant l'été pour se dérober à l'influence funeste des rayons du soleil.

LE SPARE FASCÉ[1]

Cheilinus fasciatus, Cuv. — *Sparus fasciatus,* Bloch, Lacép. — *Labrus enneacanthus,* Lacép.

Le Spare faucille, *Cheilinus falcatus,* Cuv.; *Sparus falcatus,* Bloch., Lacép. — Spare japonais, *Dentex tambulus,* Cuv.; *Sparus japonicus,* Bloch, Lacép. — Spare surinam, *Chromis surinamensis,* Cuv.; *Sparus surinamensis,* Bloch, Lacép. — Spare cynodon, *Dentex cynodon,* Cuv.; *Sparus cynodon,* Bloch, Lacép. — Spare tétracanthe, *Mesoprion griseus,* Cuv.; *Sparus tetracanthus,* Bloch, Lacép.; *Cychla tetracantha,* Schn.; *Bodianus, Vivanet,* Lacép.

Bloch a publié, le premier, la description de ces six espèces de poissons.

Le fascé a la tête comprimée, l'ouverture de la bouche assez grande, les mâchoires d'égale longueur, la langue et le palais lisses; chaque narine indiquée par un seul orifice; les écailles larges, lisses et minces; une bande

A la caudale	16	rayons.
A chaque nageoire pectorale du spare trompeur	11	—
A chaque thoracine	6	—
A la caudale	11	—
A la membrane branchiale du porgy	6	—
A chaque nageoire pectorale	17	—
A chaque thoracine	6	—
A la nageoire de la queue	19	—
A chaque nageoire pectorale du zanture	17	—
A chaque thoracine	6	—
A la caudale	20	—
A la membrane branchiale du spare denté	6	—
A chaque nageoire pectorale	15	—
A chaque thoracine, articulés	5	—
— aiguillonné	1	—
A la nageoire de la queue	15	—

1. Bloch, p. 257. — *Id.,* pl. 258. — *Id.,* pl. 277, fig. 1. — *Id.,* fig. 2. — *Iean cacatoea ija,* au Japon. — *Papageifish,* par les Hollandais du Japon. — Bloch, pl. 278. — *Id.,* pl. 279.

noire sur la caudale, dont l'extrémité est d'ailleurs très brune, et de petites taches sur un liséré très brun qui garnit la dorsale et la nageoire de l'anus.

Il se trouve au Japon.

Le spare faucille habite dans la mer des Antilles et a été dessiné par Plumier. Ce beau spare est couvert d'écailles brillantes de l'éclat de l'or et du vert de l'émeraude. Sa tête est grande. Deux dents fortes et recourbées garnissent, des deux côtés, la partie postérieure de chaque mâchoire. Chaque narine a un orifice double. Les opercules sont revêtus de petites écailles. Le ventre est court, gros et arrondi.

Le nom du spare japonais apprend quelle est sa patrie. On doit remarquer la langue et le palais de ce poisson, qui sont lisses, l'orifice unique de chacune de ses narines, la compression de son corps, la largeur et la surface unie de ses écailles, le jaune de ses opercules et la couleur de ses nageoires, qui sont variées de rouge et de gris.

Nous n'avons pas besoin de dire que les eaux de Surinam sont celles que préfère le spare qui porte le nom de cette contrée. Ce poisson a l'ouverture de la bouche petite. On ne voit qu'un orifice à chacune de ses narines. Les écailles sont lisses et minces; des raies brunes règnent sur les nageoires qui sont jaunes [1].

On a observé dans la mer du Japon le cynodon, dont les yeux sont ovales et très grands, les narines percées chacune d'un seul orifice, les deux

1. A la membrane branchiale du spare fascé...................... 5 rayons.
   A chaque pectorale... 12 —
   A chaque thoracine, articulés................................. 5 —
         —   aiguillonné................................. 1 —
   A la nageoire de la queue..................................... 13 —

   A la membrane branchiale du spare faucille................... 6 —
   A chaque pectorale.. 10 —
   A chaque thoracine... 6 —
   A la caudale... 10 —

   A la membrane branchiale du spare japonais.................. 5 —
   A chaque pectorale... 18 —
   A chaque thoracine, articulés.................... 5 ou 6 —
         —   aiguillonné................................. 1 —
   A la nageoire de la queue.................................... 18 —

   A la membrane branchiale du spare surinam.................. 5 —
   A chaque pectorale... 15 —
   A chaque thoracine, articulés................................ 5 —
         —   aiguillonné......................... 1 —
   A la caudale... 16 —

   A la membrane branchiale du cynodon......................... 5 —
   A chaque pectorale... 15 —
   A chaque thoracine... 6 —
   A la nageoire de la queue.................................... 20 —

   A chaque nageoire pectorale du tétracanthe.................. 13 —
   A la caudale... 22 —

mâchoires d'égale longueur, les écailles lisses et petites, la dorsale ainsi que l'anale variées de jaune et de rouge.

Enfin Plumier a dessiné dans les Antilles le tétracanthe, qui se plaît dans les eaux de ces îles, parvient à une grandeur considérable et réunit aux traits présentés par le tableau générique un orifice double pour chaque narine, de petites écailles sur les opercules, un tronc élevé et une tache presque ronde, argentée, d'autant plus éclatante qu'elle est bordée de noir et placée à l'origine de la ligne latérale.

LE SPARE VERTOR[1]

Sparus viridi-aureus, Lacép.

Le Spare mylostome, *Sparus mylostomus,* Lacép. — Spare mylio, *Chrysophrys bifasciatus,* Cuv.; *Chœtodon bifasciatum,* Forsk.; *Sparus mylio, Labrus catenula* et *Holocentrus rabaji,* Lacép. — Spare breton, *Gerres oyena,* Cuv.; *Sparus erythrurus,* Bloch; *Smaris oyena,* Rupp.; *Sparus britannus, Labrus longirostris* et *Labrus oyena,* Lacép. — Spare rayé d'or, *Pentapus aurolineatus,* Cuv.; *Sparus aurolineatus,* Lacép.

Nous avons trouvé dans les manuscrits de Commerson la description de ces cinq spares.

Le vertor habite dans le grand Océan, auprès des côtes de la Nouvelle-Guinée, où Commerson a vu des myriades d'individus de cette espèce, et où il n'en a remarqué aucun qui eût plus d'un demi-décimètre de long. Son dos est caréné et son ventre arrondi, comme le dos et le ventre de plusieurs spares. Les deux mâchoires présentent à peu près la même longueur. La lèvre supérieure est extensible. De petites écailles couvrent toute la surface de l'animal. On voit à l'angle extérieur de chaque thoracine une lame écailleuse allongée et aiguillonnée, que Commerson regardait comme un caractère distinctif de tous les spares ; mais ce naturaliste n'avait pas observé un grand nombre de ces osseux. Les vertors suivaient en troupes si considérables le vaisseau de ce voyageur au milieu du mois d'août 1768, lorsqu'il allait vers les rivages de la Nouvelle-Guinée, qu'on ne pouvait pas enfoncer un seau dans la mer pour y puiser de l'eau sans en retirer plusieurs de ces petits poissons, distingués par la beauté de leurs nuances

---

1. « Sparus e fusco viridi flavescens, zonis quinque nigris transversis, *vel* sparus e fusco viridi inauratus, fasciis quinque annularibus nigris, basi pinnarum pectoralium e nigro cærulescente. » Commerson, manuscrits déjà cités. — *Gueule pavée.* Commerson. — « Mylio lineis fractis et refractis, alternatim aureis et cæruleis, longitudinaliter variegatus; macula in postremo utrinque dorso nigra. » Commerson, manuscrits déja cités.

Espèce de gueule pavée. Commerson. — « Mylio lineis longitudinalibus pluribus fuscis interruptis, tænia duplici nigra transversa, alia in operculis branchiarum, altera in capite anteriore. » Commerson, manuscrits déjà cités. — *Le breton.* Commerson. — « Sparus argenteus, lineis lateralibus interruptis fuscis maculatus. » Commerson, manuscrits déja cités. — « Sparus lineis aureis longitudinalibus utrinque virgatus, macula a tergo pinnæ dorsalis oblonga, ex argenteo deaurata, pinnis omnibus et cauda bifurca rubris. » Commerson, manuscrits déjà cités.

que le bleu noirâtre de la base des pectorales fait ressortir encore avec plus d'éclat.

Le mylostome a été pêché sous les yeux de Commerson auprès des côtes des îles Praslin, au mois de juillet 1768. Le goût de ce thoracin est assez agréable. Ce poisson a beaucoup de rapports avec la dorade ; mais son front est beaucoup plus près d'être vertical que celui de ce dernier spare. Les deux mâchoires sont également avancées et hérissées de dents très petites et serrées comme celles d'une lime. La langue est courte, large, pointue et cartilagineuse. Deux orifices appartiennent à chaque narine. Les yeux sont très gros et saillants. Les écailles qui recouvrent les opercules, le corps et la queue sont rayonnées et un peu crénelées dans leur bord postérieur. La couleur générale est d'un jaune foncé, plus clair sur les pectorales, mêlé avec du vert sur une grande partie de la dorsale et de la caudale, et qui s'étend jusqu'au bord intérieur de la mâchoire inférieure, à la langue, au palais et au gosier. Deux taches noirâtres sont placées sur l'extrémité de la queue de manière à se réunir et à y représenter, suivant les expressions de Commerson, *une paire de lunettes.*

La mer voisine de l'île de France nourrit le mylio, qui ressemble beaucoup au mylostome et qui parvient à la grandeur d'un cyprin de taille moyenne. Les écailles qui revêtent ses opercules, son corps et sa queue sont larges, lisses et brillantes. Six dents saillantes en avant garnissent l'extrémité des deux mâchoires, dont l'inférieure est la plus courte ; la lèvre supérieure est extensible.

Le fond de la couleur de ce mylio est argenté ; les pectorales, une portion de la dorsale et la caudale sont jaunes ; les thoracines, la plus grande partie de l'anale, le bord supérieur de la dorsale et l'extrémité de la caudale offrent une teinte noirâtre, et chaque joue présente une tache très dorée[1].

---

1. A chaque nageoire pectorale du vertor......................... 18 rayons.
    A chaque thoracine, articulés.................................. 5   —
    —   aiguillonné.................................. 1   —
    A la nageoire de la queue........... .... 15 —

    A chaque nageoire pectorale du mylostome..................... 16 —
    A chaque thoracine, articulés................................. 5   —
    —   aiguillonné.................................. 1   —
    A la caudale.. 18 —

    A chaque nageoire pectorale du mylio......................... 15 —
    A chaque thoracine, articulés................................. 5   —
    —   aiguillonné.................................. 1   —
    A la nageoire de la queue..................................... 17 —

    A chaque nageoire pectorale du spare breton.................. 17 —
    A chaque thoracine.. 6   —
    A la caudale.. 17 —

    A la membrane branchiale du spare rayé d'or.................. 6   —
    A chaque nageoire pectorale................................... 15 —

Le breton se trouve parmi les poissons littoraux de l'île de France ; il y est cependant assez rare. On vante la bonté de sa chair ; mais il ne parvient ordinairement qu'à la longueur de deux ou trois décimètres. La lèvre supérieure est si extensible qu'elle s'allonge quelquefois d'un neuvième et même d'un huitième de la longueur totale de l'animal. Chaque mâchoire est garnie de trois petites dents.

Le spare rayé d'or a deux ou trois décimètres de longueur, les deux mâchoires presque également avancées, le dos brun et les côtés argentés.

LE SPARE CATESBY [1]

Hœmulon......, Cuv. — *Perca melanura,* Linn., Gmel.
— *Sparus Catesby,* Lacép.

Le Spare sauteur, *Temnodon saltator,* Cuv.; *Perca saltatrix,* Linn., Gmel.; *Sparus saltator, Cheilodipterus heptacanthus* et *Pomatoma Skib,* Lacép. — Spare venimeux, *Serranus......*, Cuv.; *Perca venenosa,* Linn., Gmel.; *Sparus venenosus,* Lacép. — Spare salin, *Sargus unimaculatus,* Cuv.; *Perca unimaculata,* Bloch; *Grammistes unimaculatus,* Schn.; *Sparus salinus,* Lacép. — Spare jub, *Pristipoma Rodo,* Cuv.; *Perca Juba* et *Sparus vittatus,* Bloch; *Sparus Jub* et *Lutjanus virginicus,* Lacép. — Spare mélanote, *Sparus melanotus,* Lacép.

Nous devons à Catesby la connaissance du spare auquel nous avons donné le nom de ce voyageur, ainsi que celle du sauteur et du venimeux. Ces trois espèces habitent dans les eaux de l'Amérique septentrionale un peu voisines des tropiques, et particulièrement dans celles de la Caroline. Le premier de ces trois spares a ordinairement trois ou quatre décimètres de longueur. Sa gueule est grande et rouge à l'intérieur, et les écailles qui recouvrent son corps et sa queue sont larges, brunes et bordées de jaune.

Le sauteur, qui doit son nom spécifique à la facilité avec laquelle il s'élance, comme plusieurs autres poissons, au-dessus de la surface de l'eau, présente sur ses opercules un mélange de blanc, de rouge et de jaune. La couleur générale de sa partie supérieure est brune. Il se plaît dans les climats chauds. Il n'a souvent que deux décimètres de longueur. Mais la ra-

A chaque thoracine, articulés.................................... 5 rayons.
—   aiguillonné............................... 1   —
A la nageoire de la queue................................... 17   —

1. « Perca marina, cauda nigra. » Catesby, *Carol.*, t. II, p. 7, tab. 7, fig. 2. — *Persègue queue noire.* Daubenton et Haüy, Encyclopédie méthodique. — *Id.* Bonnaterre, planches de l'Encyclopédie méthodique. — « Perca marina saltatrix. » Catesby, *Carol.*, t. II, p. 8, tab. 8, fig. 2. — *Persègue sauteuse.* Daubenton et Haüy, Encyclopédie méthodique. — *Id.* Bonnaterre, planches de l'Encyclopédie méthodique. — « Perca marina venenosa, punctata. » Catesby, *Carol.*, t. II, p. 5, t. 5. — *Persègue venimeuse.* Daubenton et Haüy, Encyclopédie méthodique. — *Id.* Bonnaterre, planches de l'Encyclopédie méthodique.

Pacu, Selumixira, au Brésil. — *Sellema, Selim,* par les Portugais du Brésil. — *Perche salim,* et *perca unimaculata.* Bloch, p. 308, fig. 1. — *Guatumpa juba,* au Brésil. — *Perche jub.* Bloch, pl. 308, fig. 2. — *Perche argentée.* Bloch, pl. 311, fig. 1.

pidité et la force avec lesquelles il agite sa queue lui donnent, indépendamment de la faculté de sauter et de s'élever presque verticalement à une hauteur plus ou moins remarquable, celle de nager avec vitesse et de suivre les vaisseaux même lorsque leurs voiles sont enflées par le vent le plus favorable.

La longueur ordinaire du venimeux est depuis six jusqu'à dix décimètres, et par conséquent très considérable. Il a été regardé comme renfermant un poison dangereux, et de là vient le nom spécifique qu'il porte. Mais il paraît qu'il n'est pas venimeux ou malfaisant dans toutes les contrées ni dans toutes les saisons où on le pêche, et par conséquent qu'il ne doit ses qualités funestes qu'à la nature des aliments qu'il préfère dans certaines circonstances, et qui, innocents pour ce thoracin, sont mortels pour l'homme ou pour plusieurs animaux. Cet osseux est dès lors un nouvel exemple de ce que nous avons dit dans notre *Discours sur la nature des poissons*, de l'essence et de l'origine de leurs sucs vénéneux ; mais il n'en doit pas moins être l'objet de l'examen le plus attentif, ou plutôt des épreuves les plus rigoureuses, avant qu'on puisse avec prudence se nourrir de sa chair, dont il sera toujours bien plus sûr de se priver.

La patrie du salin est le Brésil. Ce spare, dont Marcgrave et le prince Maurice de Nassau ont laissé chacun un dessin, a la tête petite, la couleur générale d'un bleu argenté, toutes les nageoires jaunes ou dorées, des intestins très larges, un ovaire très grand et une longueur de trois ou quatre décimètres. Il quitte la mer au printemps pour remonter dans les rivières et ne revient dans l'Océan que vers la fin de l'automne.

Le jub habite le Brésil comme le salin. La nuque de ce poisson est très relevée, son dos d'un violet noirâtre, et chacune de ses nageoires variée de jaune et d'orangé. Ce spare devient deux fois plus grand que le salin ; mais il ne monte pas, comme ce dernier, dans les rivières. Il s'arrête entre les rochers voisins des embouchures des fleuves ; il y passe même très souvent l'hiver, et on y pêche un nombre d'autant plus grand d'individus de cette espèce que la chair du jub est très bonne à manger, et que celle des joues de cet osseux ainsi que sa langue ont été regardées comme une nourriture des plus délicates. Le prince Maurice a fait un dessin de ce spare ; on en trouve un autre, mais mauvais, dans Marcgrave, qui en a donné aussi une description. Le dessin de Marcgrave a été copié par Pison ; sa description par Willughby ; l'un et l'autre l'ont été par Jonston et par Ruysch. Bloch a publié le dessin du prince Maurice.

C'est dans le Japon que vit le mélanote. Ce thoracin a des dents petites, et chacune de ses narines n'a qu'un orifice. Ses autres traits sont indiqués dans le tableau générique, ou dans cette note[1].

---

1. A la caudale du spare venimeux .... 20 rayons.

 A chaque nageoire pectorale du salin......................... 13   —

LE SPARE NIPHON[1]

Sparus Niphon, Lacép.

Le Spare demi-lune, *Mesoprion chrysurus*, Cuv.; *Sparus chrysurus*, Bloch., Lacép.; *Sparus semi-luna*, Lacép.; *Grammistes chysurus*, Bloch, Schn.; *Anthias rabirubia*, Schn. — Spare hologyanose, *Scarus cæruleus*, Cuv., Bloch; *Coryphæna cærulea*, Bloch; *Sparus holocyaneos*, Lacép. — Spare lepisure, *Diacope quadriguttata*, Cuv.; *Sparus lepisurus*, Lacép. — Spare bilobé, *Chrysophrys bilobata*, Cuv.; *Sparus bilobatus*, Lacép. — Spare cardinal, *Chrysophrys cardinalis*, Cuv.; *Sparus cardinalis*, Lacép. — Spare chinois, *Dentex setigerus*, Cuv.; *Sparus sinensis*, Lacép. — Spare bufonite, *Chrysophrys sarba*, Cuv.; *Sparus sarba*, Forsk., Linn., Gmel., Lacép.; *Sparus psittacus*, Lacép. — Spare perroquet, *Chrysophrys sarba*, Cuv.; *Sparus psittacus, Sarba* et *Bufonites*, Lacép.

Le nom de *niphon* indique que le premier des neuf spares dont nous allons parler vit dans les eaux du Japon, dont cette grande île de Niphon fait partie. Bloch a fait connaître ce poisson. La tête de ce spare est petite ; sa mâchoire supérieure égale en longueur à l'inférieure et hérissée, comme cette dernière, de dents semblables à celles d'une lime ; chacune de ses narines garnie d'un seul orifice.

Le tableau générique montre les principales formes et les couleurs les plus riches du superbe spare auquel nous avons donné le nom de *demi-lune*, et dont nous avons trouvé une peinture parmi celles que l'on a exécutées sur vélin d'après les dessins de Plumier, et que l'on conserve dans le Muséum national d'histoire naturelle. Nous n'avons rien à ajouter maintenant au sujet de cet osseux, si ce n'est que ce beau poisson a les deux mâchoires aussi avancées l'une que l'autre, que ses pectorales, ses thoracines et son anale sont grises, et qu'il habite l'Amérique méridionale.

C'est la mer de cette même partie de l'Amérique qui nourrit l'holo-cyanéose[2], dont nous devons la connaissance à Plumier, et qui n'éblouit pas

A chaque thoracine, articulés	5	rayons.
— aiguillonné	1	—
A la nageoire de la queue	15	—
A chaque nageoire pectorale du jub	12	—
A chaque thoracine, articulés	5	—
— aiguillonné	1	—
A la caudale	17	—
A la membrane branchiale du mélanote	5	—
A chaque nageoire pectorale	14	—
A chaque thoracine, articulés	5	—
— aiguillonné	1	—
A la nageoire de la queue	18	—

1. *Perche du Japon*. Bloch, pl. 311, fig. 2. — « Sarda cauda aurea et lunata. » Plumier, peintures sur vélin, déposées à la bibliothèque du Muséum national d'histoire naturelle. — « Turdus marinus, totus cæruleus. » Plumier, *ibid.* — *Capitaine blanc*, par quelques navigateurs.

2. *Olos* veut dire *tout*, et *cuaneos*, *bleu.*

l'œil de l'observateur par la magnificence de sa parure, mais le charme par les teintes douces et agréables du bleu qui règne seul sur toute sa surface.

Le lépisure[1], qui appartient au grand Océan équinoxial, a l'ouverture de la bouche très grande, les dents petites, et le bord supérieur de la partie de la nageoire dorsale qui n'est soutenue que par des rayons aiguillonnés, d'une nuance beaucoup plus claire que le reste de cette nageoire.

Le bilobé vit dans le grand Océan équinoxial, comme le lépisure ; et c'est parmi les manuscrits de Commerson que nous avons trouvé les dessins de ces deux spares.

Les mers ou les rivières et les lacs de la Chine sont la patrie du spare cardinal et du spare chinois, dont nous avons vu la figure dans un cahier de manuscrits chinois cédés à la France par la Hollande, et déposés maintenant dans la bibliothèque du Muséum national d'histoire naturelle[2].

Le spare bufonite et le spare perroquet ont été pêchés dans le grand Océan équinoxial et figurés par les soins de Commerson, qui en transmit dans le temps à Buffon les dessins que j'ai fait graver. Les dents incisives et molaires qui garnissent la bouche du premier de ces spares, et dont on peut voir la forme représentée sur la même planche que ce bufonite, ont tant de ressemblance avec celles de la vraie dorade, qu'il ne m'a pas paru invraisemblable que dans quelques circonstances on ait pris, ou l'on prît à l'avenir, des dents fossiles de bufonite pour des dents de dorade. Comme cette erreur peut être de quelque importance relativement aux conséquences que le géologue tire quand il compare la patrie actuelle d'une espèce de poisson avec les pays où il trouve des dépouilles de cette même espèce, j'ai désiré que le nom du spare dont la conformation pouvait entraîner une méprise fâcheuse indiquât l'attention avec laquelle on doit observer tous ses traits[3].

1. Le mot *lépisure* désigne les écailles qui sont sur la caudale du spare auquel nous avons donné ce nom. *Lepis* signifie *écaille*, et *oura, queue.*

2. Voyez, pour le spare chinois, la page 25 de ce cahier exécuté en Chine; et pour le spare cardinal, les pages 46 et 47.

3. A la membrane branchiale du niphon........................ 5 rayons.
   A chaque pectorale..................................... 14   —
   A chaque thoracine. 6   —
   A la caudale... 16   —

   A chaque pectorale du spare demi-lune..................... 13   —

   A chaque pectorale du spare holocyanéose................... 10   —
   A la nageoire de la queue................................ 12   —

   A chaque pectorale du lépisure........................... 13   —
   A la caudale... 17   —

   A chaque pectorale du bilobé............................ 11   —
   A la nageoire de la queue................................ 21   —

   A chaque pectorale du spare cardinal..................... 7   —
   A chaque thoracine..................................... 6   —
   A la caudale... 13   —

   A chaque pectorale du bufonite.......................... 9   —

Je l'ai appelé *bufonite* par allusion à un des noms donnés à ces molaires fossiles de la véritable dorade, qui diffèrent à peine de celles du spare dont je publie le premier la description.

Au reste, les pectorales du bufonite sont allongées et très pointues, et chacune de ses narines a deux orifices inégaux en grandeur.

Le perroquet a, comme le bufonite, les pectorales pointues ; sa dorsale est d'ailleurs basse et allongée.

LE SPARE ORPHE[1]

Pagellus centrodontus, Cuv. — *Sparus centrodontus*, LAROCHE.
— *Sparus Orphus*, LACÉP.

LE SPARE MARRON, *Chromis vulgaris*, Cuv.; *Sparus chromis*, Linn., Gmel., Lacép. — SPARE RHOMBOÏDE, *Sargus rhomboides*, Cuv.; *Sparus rhomboides*, Linn., Gmel., Lacép. — SPARE BRIDÉ, *Sparus capistratus*, Linn., Gmel., Lacép. — SPARE GALILÉEN, *Chromis*..., Cuv.; — *Sparus galilœus*, Linn., Gmel., Lacép. — SPARE CARUDSE, *Crenilabrus rupestris*, Cuv.; *Labrus rupestris*, Linn., Gmel.; *Lutjanus rupestris*, Bloch; *Sparus carudse*, Lacép.

L'orphe vit dans la Méditerranée, où il a été bien observé même dès le

A chaque thoracine....................................	6 rayons.
A la nageoire de la queue.............................	20 —
A chaque pectorale du spare perroquet.................	11 —
A la caudale..	19 —

1. *Spare orphe*. Daubenton et Haüy, Encyclopédie méthodique. — *Id*. Bonnaterre, planches de l'Encyclopédie méthodique. — « Sparus varius, macula nigra ad caudam in extremo æqualem. » Artedi, gen. 37, syn. 63. — *Orphos*. Aristote, lib. V, cap. x; et lib. VIII, cap. xiii et xv. — *Id*. Ælian, lib. V, cap. xviii, p. 275 ; et lib. XII, cap. L. — *Id*. Oppian, lib. I, p. 6. — *Orphos*, Athen., lib. VII, p. 315. — *Orphus*. Pline, lib. IX, cap. xvi. — *Orphe*. Rondelet, part. 1, liv. V, chap. xxv. — *Orphus*. Aldrovande, lib. II, cap. xi, p. 158. — Jonston, lib. I, tit. 3, c, 1, a, 5, tab. 18, n. 8.

« Orphus alius veterum. » Gesner, p. 638, 752; et (germ.) fol. 72, a. — Charlet, p. 140. — « Orpheus veterum. » Willughby, p. 314. — *Orphus Rondeletii*. Ray, p. 133. — *Cernua*. Gaz. in Aristote. — *Castagnole*, en Ligurie et en Toscane. — *Monachelle*, en Sicile. — *Spare marron*. Daubenton et Haüy, Encyclopédie méthodique. — *Id*. Bonnaterre, planches de l'Encyclopédie méthodique. — « Sparus ossiculo secundo pinnarum ventralium in longam setam quasi producto. » Artedi, gen. 37, syn. 62.

Chremip, Chromis, cai chromis. Arist., lib. IV, cap. viii, ix; lib. V, cap. ix; et lib. VIII, cap. xix. — *Xromis*. Ælian, lib. IX, cap. vii, p. 516; et lib. X, cap. xi, p. 582. — *Id*. Athen., lib. VII, p. 328. — *Chromis*. Pline, lib. IX, cap. xvi. — Rondelet, part. 1, liv. V, chap. xxi. — Gesner, p. 223 et 264 ; et (germ.) fol. 26, b. — Aldrovande, lib. II, cap. xiv, p. 168. — Jonston, lib. I, tit. 3, c, 1, a, 7, t. XVII, n. 14. — Willughby, p. 330. — Ray, p. 141. — *Spare brème de mer*. Daubenton et Haüy, Encyclopédie méthodique. — *Id*. Bonnaterre, planches de l'Encyclopédie méthodique.

« Sparus striis longitudinalibus varius. » Browne, *Jamaïc.*, 446. — « Perca rhomboibes. » Catesby, *Carol.*, II, p. 4, tab. 4. — « Salt water bream. » D. Garden. — *Spare bridé*. Daubenton et Haüy, Encyclopédie méthodique. — *Id*. Bonnaterre, planches de l'Encyclopédie méthodique. — *Sparus galilœus*. Hasselquist, *Iter*. 343, n. 76; *Spare vert blanc*. Daubenton et Haüy, Encyclopédie méthodique. — Bonnaterre, planches de l'Encyclopédie méthodique. — *Labre carude*. Daubenton et Haüy, Encyclopédie méthodique. — Bonnaterre, planches de l'Encyclopédie méthodique. — « Sciæna margine superiore caudæ macula furca notato. » Mus. Ad. Frid. 1, p. 65. — *Carudse*. Strom. *Sondm*. 291. — « Lutjanus rupestris, carassin de mer. » Bloch, pl. 250.

temps d'Aristote. Il croît avec beaucoup de vitesse, pendant qu'il est jeune. Il fréquente les rivages lorsque la belle saison règne ; mais il se retire pendant l'hiver dans les profondeurs de la mer, et l'on a écrit que son instinct le portait à choisir pour le lieu de sa retraite les cavernes sous-marines où abondaient les animaux à coquille. L'orphe perd difficilement la vie ; ses mouvements vitaux sont même assez intenses pour que son irritabilité subsiste quelque temps après sa mort, et que ses membres palpitent fortement après qu'il a été disséqué.

La Méditerranée est la patrie du spare marron, comme de l'orphe. Ce spare marron a la tête petite, le museau court, le second rayon de chaque thoracine terminé ordinairement par un filament, une épaisseur un peu considérable et une longueur d'un ou deux décimètres. Les raies longitudinales qu'il présente sont d'une teinte plus claire que la couleur générale brune qui le distingue, et que rappelle son nom spécifique. Les individus de cette espèce vont souvent par troupes nombreuses. On prétend que, comme plusieurs autres poissons dont nous avons déjà parlé, ils peuvent produire un bruissement très sensible, en faisant siffler contre les opercules de leurs branchies les gaz qui sortent avec rapidité de leur estomac et de leurs intestins, lorsque ces animaux compriment vivement ces derniers organes. On a aussi écrit, et cette opinion paraît venir d'Aristote, que le spare marron devait être compté parmi les poissons dont l'ouïe est la plus fine.

C'est dans les mers de l'Amérique septentrionale que l'on trouve le rhomboïde et le bridé.

Le galiléen est du petit nombre des thoracins qui ont plus de six rayons à chaque thoracine. Son nom spécifique annonce qu'il habite dans la Galilée; on l'y a vu dans le lac de Génézareth ; et quelques auteurs se sont plu à écrire que l'on devait rapporter à cette espèce les poissons pris en si grand nombre dans le lac de Galilée, lors d'une fameuse pêche dont saint Luc a parlé[1].

1. A chaque pectorale de l'orphe.............................. 12 rayons.
    A chaque thoracine... 6   —
    A la caudale... 18 —

    A la membrane branchiale du spare marron................... 6   —
    A chaque pectorale... 17 —
    A chaque thoracine, articulés............................. 5   —
    —   aiguillonné.................................. 1   —
    A la nageoire de la queue................................. 15 —

    A la membrane branchiale du spare rhomboïde............... 6   —
    A chaque pectorale.. 16 —
    A chaque thoracine, articulés............................ 5   —
    —   aiguillonné................................. 1   —
    A la caudale.. 20 —

    A la membrane branchiale du spare bridé.................. 5   —
    A chaque pectorale....................................... 12 —

Le carudse, que l'on a observé dans la mer qui baigne les côtes de la Norvège, a les opercules garnis de petites écailles, et sa couleur générale est grise. Si les opercules de ce poisson sont dentelés, ainsi que Bloch l'a écrit, et ainsi que le montre la figure publiée par ce naturaliste, il faudra placer ce carudse parmi les lutjans, dans le genre desquels il a été inscrit par le célèbre ichtyologiste de Berlin.

LE SPARE PAON[1]

Cychla Pavo, Cuv. — *Cychla saxatilis,* Bloch. — *Sparus saxatilis,* Linn., Gmel. — *Sparus Pavo,* Lacép.

Le Spare rayonné, *Sparus radiatus,* Linn., Gmel., Lacép. — Spare plombé, *Labrus lividus,* Linn., Gmel., Cuv.; *Sparus lividus,* Lacép. — Spare clavière, *Labrus varius,* Linn., Gmel., Cuv.; *Sparus claviera,* Lacép. — Spare noir, *Labrus niger,* Bloch, Cuv.; *Sparus niger,* Lacép. — Spare chloroptère, *Julis chloroptera,* Cuv.; *Labrus chloropterus,* Bloch; *Sparus chloropterus,* Lacép.

Le spare paon, que l'on a pêché auprès des rivages pierreux de Surinam, présente un corps gros et allongé, une tête étroite par devant et large par derrière, une bouche assez grande et des dents pointues. Sa mâchoire

A chaque thoracine, articulés.	5	rayons.
— aiguillonné.	1	—
A la nageoire de la queue.	14	—
A chaque pectorale du spare galiléen.	11	—
A la caudale.	20	—
A la membrane branchiale du carudse.	5	—
A chaque pectorale.	17	—
A chaque thoracine, articulés.	5	—
— aiguillonné.	1	—
A la nageoire de la queue.	13	—

1. *Stone perch,* en Angleterre. — *Stein barsch, Stein bracksem,* en Allemagne. — *Spare paon.* Daubenton et Haüy, Encyclopédie méthodique. — *Id.* Bonnaterre planches de l'Encyclopédie méthodique. — *Perche paon.* Bloch, pl. 309. — « Sciæna ocello ad basim caudæ. » Mus. Adolph. Fr., 1, p. 65. — « Sparus rostro plagioplateo rufescens, macula nigra, iride alba ad caudam subrotundam. » Gronov. Mus. 2, n. 185, tab. 7, fig. 3.

Pudding fish, en anglais. — *Spare poudingug.* Daubenton et Haüy, Encyclopédie méthodique. — *Id.* Bonnaterre, planches de l'Encyclopédie méthodique. — « Turdus oculo radiato. » Catesby, *Carol.,* XI, p. 12, tab. 12, fig. 1. — *Labre plombé.* Daubenton et Haüy, Encyclopédie méthodique. — *Id.* Bonnaterre, planches de l'Encyclopédie méthodique. — Mus. Adolph. Frid., 2, p. 80. — *Aiolos,* en grec, suivant Rondelet. — *Rochau,* dans quelques départements méridionaux de France. — *Labre clavière.* Daubenton et Haüy, Encyclopédie méthodique. — Bonnaterre, planches de l'Encyclopédie méthodique. — « Labrus ex purpureo, viridi, cæruleo et nigro varius. » Artedi, gen. 35, syn. 55.

Seconde espèce de scare. Rondelet, première partie, liv. VI, chap. iii. — *Scarius varius.* Gesner, p. 832 *pro* 852; et (germ.) fol. 7, *b.* — Aldrovande, lib. I, cap. ii, p. 6. — Jonston, t. XIII, n. 4. — Willughby, p. 306. — Ray, p. 129. — *Ikan cacatoea,* au Japon. — *Der schwarze papageyfish,* par les Hollandais. — *Der schwarz flosser,* par les Allemands. — *The black fin,* par les Anglais. — *Labre noir.* Bloch, pl. 285.

De groene papageyvisch, par les Hollandais, au Japon. — *Der grün flosser,* par les Allemands. — *The green fin,* par les Anglais. — *Labre à nageoires vertes.* Bloch, p. 288.

intérieure est plus longue que la supérieure. Chacune de ses narines n'a qu'un orifice. Son ventre est très long ; sa couleur générale est brune, et sa chair blanche, grasse et succulente.

Le spare rayonné vit dans les eaux de la Caroline. Il a la lèvre supérieure extensible ; les deux dents de devant plus grandes que les autres ; les côtés pourpres et le ventre roux.

Le plombé appartient à la Méditerranée, et sa longueur n'est le plus souvent que de trois ou quatre décimètres.

Il est difficile de voir un plus beau poisson que la clavière. Ce spare brille de tous les reflets de l'émeraude et du saphir fondus dans des nuances noires ou brunes, et dans les teintes les plus agréables de l'améthyste et du grenat. Sa queue est couleur indigo. Il a d'ailleurs la chair tendre, délicate et salubre. Il était très commun auprès de Marseille et d'Antibes, du temps de Rondelet.

La tête et les opercules du spare noir sont dénués de petites écailles ; la pièce postérieure de chaque opercule présente une prolongation qui paraît comme tronquée ; chaque narine n'a qu'un orifice ; des conduits terminés chacun par un pore et destinés à répandre sur la surface de l'animal cette humeur huileuse et gluante dont nous avons parlé si souvent sont disposés en rayons autour de chaque œil. Ces canaux, les opercules, le ventre et la queue sont verts ; la partie supérieure de l'animal est d'un rouge brun ; les pectorales sont jaunes ou brunes.

Ce spare est du Japon, ainsi que le chloroptère [1].

1. A la membrane branchiale du spare paon .... 6 rayons.
    A chaque pectorale.. 17   —
    A chaque thoracine, articulés. 5   —
        —   aiguillonné............................... 1   —
    A la nageoire de la queue 17   —

    A la membrane branchiale du spare rayonné 6   —
    A chaque pectorale.. 12   —
    A chaque thoracine.. 6   —
    A la nageoire de la queue.................................. 17   —

    A la membrane branchiale du spare plombé 5   —
    A chaque pectorale.. 14   —
    A chaque thoracine, articulés............................. 5   —
        —   aiguillonné............................... 1   —
    A la caudale.. 14   —

    A la membrane branchiale du spare noir.................... 5   —
    A chaque pectorale.. 12   —
    A chaque thoracine, articulés............................. 5   —
        —   aiguillonné 1   —
    A la nageoire de la queue................................. 15   —

    A la membrane branchiale du spare chloroptère.............. 6   —
    A chaque pectorale.. 13   —
    A chaque thoracine, articulés 5   —
        —   aiguillonné............................... 1   —
    A la caudale.. 16   —

Ce dernier a la tête comprimée, brune et rayée de bleu ; les deux mâchoires également avancées ; une dent saillante et recourbée à chaque angle de la bouche ; deux orifices à chaque narine ; les opercules dénués d'écailles semblables à celles du dos ; et l'anus plus proche de la tête que de la caudale.

LE SPARE ZONÉPHORE[1]

Cheilinus fasciatus, Cuv. — *Labrus fasciatus,* Bloch. — *Labrus malaptéronotus* et *Sparus zonephorus,* Lacép.

Le Spare pointillé, *Serranus.....,* Cuv.; *Perca punctulata,* Linn., Gmel.; *Sparus punctulatus,* Lacép. — Spare sanguinolent, *Serranus coronatus,* Cuv.; *Perca guttata,* Bloch ; *Sparus cruentatus,* Lacép. — Spare acara, *Chromis bimaculata,* Cuv.; *Perca bimaculata,* Bloch; *Sparus acara,* Lacép. — Spare nhoquunda, *Cychla brasiliensis,* Cuv.; *Perca brasiliensis,* Bloch ; *Sparus nhoquundo,* Lacép. — Spare atlantique, *Serranus catus,* Cuv.; *Perca maculata,* Bloch ; *Sparus atlanticus,* Lacép.

Nous avons donné le nom de *zonéphore,* ou de *porte-ceinture,* au premier de ces six spares, pour désigner les cinq ou six bandes qui forment comme autant de ceintures autour du corps de ce poisson. Le Japon est la patrie de cet osseux. La grosseur des lèvres de ce spare lui donne quelques rapports particuliers avec les labres. Les deux mâchoires sont également avancées et armées, chacune dans leur partie antérieure, de deux dents très allongées. Chaque narine a deux orifices. La ligne latérale est interrompue ; le dos caréné, le ventre arrondi, et toutes les nageoires sont brunes, excepté la dorsale et l'anale dont la couleur est noirâtre.

Le pointillé habite non seulement dans la mer des Moluques, où il a été observé par Valentyn, mais encore dans celle des Antilles, où Plumier l'a trouvé, et dans les eaux de la Caroline, où Catesby l'a vu.

Il parvient à la grandeur de quatre ou cinq décimètres, et l'éclat de l'argent mêlé à celui du rubis, au milieu duquel on croirait voir briller un grand nombre de petits saphirs, le rend un des plus beaux poissons des mers voisines des tropiques.

1. *Labre à bandes.* Bloch, pl. 290. — *Ikan soe salat, Luccesie mera,* aux Indes orientales. — *Rood jacob evertsen, Sousalat visch,* par les Hollandais des grandes Indes. — *Negro fish,* par les Anglais. — *Perche ponctuée.* Daubenton et Haüy, Encyclopédie méthodique. — *Id.* Bonnaterre, planches de l'Encyclopédie méthodique. — « Perca marina punctata. » Catesby, *Carol.,* II, p. 7, tab. 7, fig. 1.

Perche ponctuée. Bloch, pl. 314. — *Jacob evertsen rouge.* — *Blut barsch,* par les Allemands. — *The hind,* par les Anglais. — *Poisson couronné,* à la Martinique, suivant Plumier. — *Perche sanguinolente.* Daubenton et Haüy, Encyclopédie méthodique. — *Id.* Bonnaterre, planches de l'Encyclopédie méthodique. — Catesby, *Carol.,* II, p. 14, tab. 14. — *Perche sanguinolente.* Bloch, pl. 312. — « Turdus totus purpureus, maculis saturatioribus, respersus. » Plumier, peintures sur vélin, déjà citées.

Perche double tache. Bloch, pl. 310, fig. 1. — *Perche du Brésil.* Bloch, pl. 310, fig. 2. — *Perche tachetée.* Bloch, pl. 313.

Sa chair est de bon goût. Les écailles dont il est revêtu sont grandes ; ses nageoires sont arrondies, et sa ligne latérale est presque droite.

Le spare sanguinolent, dont le nom annonce la vivacité des nuances rouges qui scintillent seules sur sa surface, habite dans les deux Indes ; Plumier l'a vu auprès des Antilles, et Catesby auprès des îles Bahama ; on le trouve souvent dans les bas-fonds voisins des rivages. Sa chair n'est pas désagréable à manger, et sa longueur est quelquefois de sept ou huit décimètres.

La tête et l'ouverture de la bouche sont grandes ; les deux mâchoires aussi avancées l'une que l'autre ; les yeux rapprochés du sommet de la tête, et les écailles assez larges.

L'acara est pêché dans les rivières du Brésil. Il est gros, mais sa longueur n'excède guère deux ou trois décimètres. Sa chair est bonne à manger. Le prince Maurice de Nassau en a laissé un dessin ; celui que Marcgrave en a donné a été copié par Willughby, Jonston et Ruysch. Les nageoires de ce poisson sont d'une couleur brune mêlée de jaune.

Le nhoquunda vit dans les mêmes rivières, parvient à la même longueur, a la même saveur et a été dessiné ou figuré par les mêmes auteurs que l'acara. Les deux rangs de taches ovales, dont l'un est situé sur un côté et l'autre sur le côté opposé de l'animal, ne servent pas peu à distinguer ce spare, dont la tête, le corps et la queue sont allongés, les mâchoires également avancées, et les narines percées chacune de deux ouvertures ; l'anus est deux fois aussi éloigné de la tête que de la caudale[1].

1. A chaque pectorale du zonéphore............................ 12 rayons.
    A chaque thoracine, articulés................................ 5 —
                        aiguillonné........................... 1 —
    A la nageoire de la queue................................... 14 —

    A chaque pectorale du spare pointillé........................ 20 —
    A chaque thoracine, articulés............................... 5 —
        —   aiguillonné .... 1 —
    A la caudale.. 14 —

    A chaque pectorale du spare sanguinolent .... 10 —
    A chaque thoracine, articulés............................... 5 —
        —   aiguillonné.............................. 1 —
    A la nageoire de la queue................................... 15 —

    A chaque pectorale du spare acara........................... 14 —
    A chaque thoracine, articulés............................... 5 —
        —   aiguillonné.............................. 1 —
    A la caudale.. 15 —

    A chaque pectorale du spare nhoquunda....................... 12 —
    A chaque thoracine, articulés............................... 5 —
        —   aiguillonné.............................. 1 —
    A la nageoire de la queue................................... 16 —

    A chaque pectorale du spare atlantique....................... 12 —
    A chaque thoracine, articulés............................... 5 —
        —   aiguillonné.............................. 1 —
    A la caudale.. 12 —

A l'égard du spare atlantique, son nom spécifique indique la mer dans laquelle on le trouve; mais c'est le plus souvent le voisinage des Antilles qu'il préfère. Son corps est allongé, et l'orifice de chaque narine est double.

Nous avons trouvé dans les peintures sur vélin du Muséum, exécutées d'après les dessins de Plumier, la figure d'un spare que nous regardons comme une variété de l'atlantique. La couleur générale de ce poisson est mêlée de brun ou de noir, et chacune de ses taches rouges est chargée, dans le centre, d'un point plus rouge encore. Plumier l'a nommé *turdus alius niger, maculis purpureis oculatus.*

LE SPARE CHRYSOMÉLANE [1]

Serranus striatus, Cuv. — *Anthias striatus* et *Cherna,* Bloch. — *Sparus chrysomelanus* et *Lutjanus striatus,* Lacép.

Le Spare hémisphère, *Julis.....,* Cuv.; *Labrus teniourus, Sparus hemisphærium* et *Sparius brachion,* Lacép. — Spare panthérin, *Cirrhites pantherinus,* Cuv.; *Sparus pantherinus,* Lacép. — Spare brachion, *Julis.....,* Cuv.; *Sparus brachion* et *Sparus hemisphærium,* Lacép. — Spare méaco, *Apogon meaco,* Cuv.; *Sparus meaco,* Lacép. — Spare desfontaines, *Chromis Desfontainii,* Cuv.; *Sparus Desfontainii,* Lacép.

Nous devons à Plumier un dessin du *chrysomélane*, qui, dans les eaux de l'Amérique équinoxiale, parvient à une longueur de quatre ou cinq décimètres. La mâchoire inférieure de ce poisson est plus avancée que la supérieure; les lèvres sont grosses, l'œil est grand, et toutes les nageoires sont comme marbrées de couleur de chair et de gris ou de bleu.

Le spare hémisphère habite dans le grand Océan équinoxial, où il a été observé par Commerson, qui en a transmis une figure dans ses manuscrits, avec un dessin du panthérin, et un dessin du brachion, que l'on trouve l'un et l'autre dans les eaux où l'on pêche le spare hémisphère. Ce dernier thoracin a la dorsale et l'anale très longues et très larges ou très hautes; cette nageoire de l'anus est d'ailleurs parsemée de petites taches.

La tête du méaco est comprimée, et ses nageoires sont tachetées de brun; le nom que nous lui avons donné rappelle une grande ville du Japon et indique qu'on le pêche dans les eaux de cette contrée, où Thunberg l'a observé.

Quant au spare Desfontaines, nous le dédions, par la dénomination que nous lui donnons, à notre célèbre et excellent ami Desfontaines, notre confrère à l'Institut et notre collègue au Muséum d'histoire naturelle, qui l'a trouvé dans les eaux thermales, pendant son intéressant voyage en Barbarie. M. Desfontaines a vu ce poisson dans les eaux chaudes des deux fontaines de la ville de Cafsa au royaume de Tunis. Ces eaux firent monter le ther-

---

1. *Chrysomelanus piscis.* Plumier, peintures sur vélin, déjà citées. — *Mullus fasciatus.* Thunberg, *Voyage au Japon.*

momètre de Réaumur à 30 degrés au-dessus de la glace, dans le mois de janvier, saison où, dans cette partie de l'Afrique, la température de l'atmosphère varie, pendant le jour, de dix à quinze degrés. Ces eaux chaudes sont fumantes, mais elles n'ont pas paru minérales à M. Desfontaines ; et lorsqu'on les a laissées se refroidir, elles sont bonnes, très limpides, et les seules dont fassent usage pour leur boisson les habitants de la ville de Cafsa et des environs. Nous consignons ce fait important[1] avec d'autant plus de soin dans cette histoire, que M. Desfontaines a trouvé la même espèce de spare[2] dans les ruisseaux d'eau froide et saumâtre qui arrosent les plantations de dattiers à Tozzer[3].

LE SPARE ABILDGAARD[4]

Scarus coccineus, Bloch, Cuv. — *Sparus Abildgaardi* et *Sparus aureo-ruber,* Lacép.

Le Spare queue verte, *Cheilinus chlorurus,* Cuv.; *Sparus chlorurus,* Bloch, Lacép. — Spare rougeor, *Scarus coccineus,* Bloch, Cuv.; *Sparus Abildgaardi* et *Sparus aureo-ruber,* Lacép.

Le premier de ces spares habite auprès de Sainte-Croix en Amérique. La tête de ce poisson est grande, large et comprimée ; ses lèvres sont grosses ; l'orifice de chacune de ses narines est double. Un individu de cette espèce avait été adressé au professeur Abildgaard, ami de Bloch, à qui nous devons la connaissance du spare qu'il a dédié à son ami, ainsi que celle du spare queue verte.

Ce dernier osseux se trouve dans les eaux des Antilles et dans celles

1. Voyez le Discours sur la nature des poissons et l'article du *Spare dorade.*
2. Note manuscrite communiquée par M. Desfontaines.
3. A chaque pectorale du spare chrysomélane .... 9 ou 10 rayons.
  A chaque thoracine................................... 6 —
  A la nageoire de la queue............................ 12 —

  A chaque pectorale du spare hémisphère................. 14 —
  A chaque thoracine......... .... 6 --
  A la caudale... 13 —

  A chaque pectorale du spare panthérin................. 12 —
  A la nageoire de la queue....................... 11 ou 12 —

  A chaque pectorale du spare brachion.................. 11 —
  A la caudale... 10 —

  A chaque pectorale du méaco.......................... 9 —
  A chaque thoracine, articulés........................ 5 —
    — aiguillonné .... 1 —
  A la nageoire de la queue............................ 15 —

  A chaque pectorale du spare Desfontaines............. 13 —
  A chaque thoracine................................... 6 —
  A la caudale... 15 —

4. Bloch, pl. 259, 260. — « Aper seu turdus erythrinus, squamis amplis. » Plumier, peintures sur vélin, déjà citées.

du Japon. Il a la tête étroite ; l'ouverture de la bouche petite ; les deux mâchoires également avancées ; un seul orifice à chaque narine ; une partie de l'anale garnie d'écailles ; les thoracines pointues ; de petites taches d'une nuance pâle auprès du museau ; les mâchoires et presque tous les os d'une couleur verte[1].

Plumier a laissé dans ses manuscrits un dessin du rougeor, que nous avons nommé ainsi à cause de ses belles teintes, et qui vit dans l'Amérique équinoxiale, ou dans les environs de cette partie du nouveau monde.

Ce spare devient assez grand ; son iris est doré ; ses pectorales sont nuancées d'or et de brun, et ses autres nageoires variées d'or, de brun et de rouge.

CENT QUINZIÈME GENRE

LES DIPTÉRODONS

Les lèvres supérieures peu extensibles ou non extensibles ; ou des dents incisives, ou des dents molaires, disposées sur un ou plusieurs rangs ; point de piquants ni de dentelures aux opercules ; deux nageoires dorsales ; la seconde nageoire du dos éloignée de celle de la queue, ou la plus grande hauteur du corps proprement dit supérieure, égale ou presque égale à la longueur de ce même corps.

PREMIER SOUS-GENRE

LA NAGEOIRE DE LA QUEUE FOURCHUE OU EN CROISSANT

ESPÈCES.	CARACTÈRES.
1. LE DIPTÉRODON PLUMIER.	Quatre rayons aiguillonnés à la première nageoire du dos ; dix-huit rayons à la seconde ; les pectorales grandes et triangulaires.
2. LE DIPTÉRODON NOTÉ.	Cinq rayons à la première dorsale ; dix-huit à la seconde ; un rayon aiguillonné et sept rayons articulés à chaque thoracine ; la tête comprimée et couverte de lames écailleuses, argentées et très allongées.
3. LE DIPTÉRODON HEXACANTHE.	Six rayons aiguillonnés à la première dorsale ; un rayon aiguillonné et huit rayons articulés à la seconde ; chaque mâchoire garnie d'une rangée d'incisives comprimées et triangulaires.
4. LE DIPTÉRODON APRON.	Huit rayons aiguillonnés à la première nageoire du dos ; treize rayons à la seconde ; la mâchoire supérieure plus avancée que l'inférieure ; la queue très allongée ; les écailles grandes, dures et rudes.

1. A chaque pectorale du spare abildgaard	12	rayons.
A chaque thoracine, articulés	5	—
— aiguillonné	1	—
A la caudale	17	—
A la membrane branchiale du spare queue verte	5	—
A chaque pectorale	12	—
A chaque thoracine, articulés	5	—
— aiguillonné	1	—
A la nageoire de la queue	15	—
A chaque pectorale du rougeor	12 ou 13	—
A la caudale	17	—

ESPÈCE.	CARACTÈRES.
5. Le Diptérodon singel.	Seize rayons aiguillonnés à la première nageoire du dos; dix-neuf rayons à la seconde; la caudale en croissant; la mâchoire supérieure plus avancée que l'inférieure.

SECOND SOUS-GENRE

LA NAGEOIRE DE LA QUEUE RECTILIGNE, OU ARRONDIE

ESPÈCE.	CARACTÈRES.
6. Le Diptérodon queue jaune.	Onze rayons à la première dorsale; vingt-trois à la seconde; la caudale jaune et rectiligne.

LE DIPTÉRODON PLUMIER [1]

Mesoprion uninotatus, Cuv. — *Dipterodon Plumieri,* Lacép.

Le Diptérodon noté, *Apogon*....., Cuv.; *Sparus notatus,* Linn., Gmel.; *Dipterodon notatus,* Lacép.; Diptérodon hexacanthe, *Apogon*....., Cuv.; *Dipterodon hexacanthus,* Lacép.

On trouve parmi les manuscrits de Plumier la figure du diptérodon auquel nous avons cru devoir donner le nom du voyageur naturaliste qui l'avait découvert. Ce poisson a l'œil gros ; la mâchoire inférieure plus avancée que la supérieure ; des incisives comprimées, pointues, triangulaires et placées à des distances égales l'une de l'autre ; chaque opercule composé de deux pièces, dont la seconde se termine en pointe, et dénué, ainsi que la tête proprement dite, d'écailles semblables à celles du dos ; des raies longitudinales sur les joues ; des gouttes irrégulières sur les opercules, et des taches figurées comme de petites raies longitudinales, sur le corps et sur la queue.

La patrie du diptérodon plumier est l'Amérique ; celle du noté est la mer qui baigne le Japon. Les opercules et la queue de ce diptérodon japonais sont tachetés de noir.

L'hexacanthe [2] habite dans le grand Océan équinoxial, où il a été vu par Commerson, qui en a laissé un dessin dans ses manuscrits. Les naturalistes n'ont encore publié aucune description de cet hexacanthe, non plus que du diptérodon plumier.

Deux ou trois pièces composent chaque opercule de l'hexacanthe ; la dernière de ces pièces est terminée par une petite prolongation arrondie, et de petites écailles les recouvrent. La mâchoire inférieure est un peu plus

---

1. « Sargus ex auro virgatus. » Plumier, manuscrits de la bibliothèque déjà cités ; t. Ier, *pisces et aves.* — Houttuyn, *Act. Haarl.,* XX, 2, p. 320, n. 8.

2. Le mot *hexacanthe* (six aiguillons) désigne le nombre de rayons aiguillonnés qui composent la première nageoire du dos. Le nom générique *diptérodon* rappelle les deux nageoires du dos, et la forme des dents assez semblables à celles d'un grand nombre de spares ; *dis,* en grec, veut dire *deux; pteris, nageoires;* et *odous, dent.*

longue que la supérieure ; une bande transversale d'une couleur foncée est située très près de la nageoire de la queue[1].

LE DIPTÉRODON APRON

Aspro vulgaris, Cuv. — *Perca asper*, Linn., Gmel., Bloch.
— *Dipterodon Apron*, Lacép.

Le Diptérodon zingel[2], *Aspro zingel*, Cuv.; *Perca zingel*, Linn., Gmel.;
Dipterodon zingel, Lacép.

L'apron a la tête large ; l'ouverture de la bouche est placée au-dessous du museau, petite et en forme de croissant ; chaque narine a un double orifice ; une seule plaque ou lame compose chaque opercule ; l'anus est plus près de la tête que de la caudale, qui est fourchue. La couleur générale est jaunâtre, le dos noir, le ventre blanc ; trois ou quatre bandes transversales et noires relèvent le ton de la couleur générale, et les nageoires sont jaunes.

L'apron habite dans le Rhône et dans d'autres rivières de France, en Allemagne, et particulièrement dans quelques lacs et dans plusieurs rivières de la Bavière, dans le Volga et dans le Jaïk, qui portent leurs eaux à la mer Caspienne. Il parvient à la longueur de deux ou trois décimètres. Ses œufs sont petits et blanchâtres ; il les dépose ou les féconde au commencement du printemps, et c'est alors qu'on le pêche avec des filets ou à l'hameçon, parce que, dans toute autre saison, il se tient presque toujours au fond de

---

1. A la nageoire de l'anus du diptérodon plumier, articulés .... 8 rayons.
   —   —   aiguillonnés 4   —
   A la nageoire de la queue 13   —

   A chaque pectorale du diptérodon noté 10   —
   A la nageoire de l'anus, articulés 5   —
      .   —   aiguillonné 1   —
   A celle de la queue 14   —

   A chaque pectorale du diptérodon hexacanthe 7   —
   A chaque thoracine 6   —
   A la nageoire de l'anus 9   —
   A la caudale 12   —

2. *Zindel,* en Suisse. — *Stræber, Pfeiferl, Stræber bach,* en Allemagne. — *Alabuga,* en Tartarie. — *Berschik,* chez les Kalmouks. — *Persègue apron.* Daubenton et Haüy, Encyclopédie méthodique. — *Id.* Bonnaterre, planches de l'Encyclopédie méthodique. — *Perche apron.* Bloch, pl. 107, fig. 1, 2.

« Perca lineis utrinque octo vel novem transversis nigris. » Artedi, gen. 40, syn. 67. — *Apron.* Rondelet, part. 2, chap. xxix. — *Asper pisciculus,* Jonston, lib. III, tit. 1, c, 11, tab. 26, fig. 18. — *Id.* Charlet, p. 157. — *Id.* Willughby, p. 292, tab. *S,* 14, fig. 4. — *Id.* Ray, p. 98, n. 25.

« Asper pisciculus, gobioni similis, et gobius asper. » Gesner, p. 403, 478, paralip. 19; et (germ.) 162, *b.* — Aldrovande, lib. V, cap. xxviii, p. 616. — « Perca dorso dipterygio, etc. » Gronov., *Zooph.,* p. 92, n. 303, *b.* — « Asper verus streber. » Schœffer, *Pisc. Ratisb.,* p. 69, fig. 6, 7. — *Cingle,* dans quelques contrées de France. — *Kolez,* en Hongrie. — *Persègue zingel.* Daubenton et Haüy, Encyclopédie méthodique. — *Id.* Bonnaterre, planches de l'Encyclopédie méthodique. — *Zingel.* Kramer, elench. 386. — Gronov., *Zooph.,* n. 303. — *Perche cingle.* Bloch, pl. 106.

l'eau. On le prend cependant quelquefois pendant l'hiver, au-dessous des glaces. Il se nourrit d'insectes et de vers. Il arrive souvent qu'en les cherchant dans la vase, il avale un peu de limon, et comme ce limon est mêlé avec des paillettes d'or dans quelques-unes des rivières qu'il habite, on a trouvé dans son estomac de ces paillettes métalliques; c'est ce qui a fait dire au vulgaire des pêcheurs, dans certaines contrées, qu'il se nourrissait de molécules d'or. Sa chair est saine et de bon goût. Il perd difficilement la vie lorsqu'il est retenu hors de l'eau, et voilà pourquoi on peut facilement le transporter d'une rivière ou d'un étang dans un autre sans le faire périr, surtout lorsque la température de l'atmosphère n'est ni trop froide ni trop chaude.

Le zingel a la tête grosse et aplatie de haut en bas; l'ouverture de la bouche large et placée au-dessous du museau; le palais garni, comme les mâchoires, de dents pointues; la langue dure et un peu libre dans ses mouvements; chaque narine garnie de deux orifices; ces orifices et les yeux situés dans la partie supérieure de la tête; l'opercule formé d'une seule pièce; les écailles dures, dentelées et fortement attachées à la peau; la couleur générale jaune, avec le ventre blanchâtre, des taches et des bandes transversales brunes.

On voit le zingel dans l'Allemagne méridionale, particulièrement dans le Danube et dans d'autres rivières, ainsi que dans plusieurs lacs de la Bavière et de l'Autriche. Il présente souvent une longueur de quatre ou cinq décimètres, et son poids est alors d'un ou deux kilogrammes. Sa chair est blanche, ferme, agréable au goût, facile à digérer. Ses habitudes ressemblent beaucoup à celles de l'apron. Il est néanmoins vorace; et, excepté le brochet, presque tous les poissons qui vivent dans les mêmes eaux que ce diptérodon craignent de l'attaquer, à cause de la force de ses piquants et de la rudesse de ses écailles; aussi multiplie-t-il beaucoup, malgré la guerre que les pêcheurs lui font[1].

Le canal intestinal du zingel offre trois cæcums ou appendices et trois sinuosités. Ses œufs sont jaunes et de la grosseur des graines de pavot. La vessie natatoire est blanche, mais pointillée de noir.

---

1. A la membrane branchiale de l'apron...................... 7 rayons.
   A chaque pectorale... 11   —
   A chaque thoracine.. 6   —
   A la nageoire de l'anus.................................... 9   —
   A la caudale.. 18   —
   42 vertèbres à l'épine du dos, et 16 côtes de chaque côté de la colonne vertébrale.

   A chaque pectorale du zingel.............................. 14 rayons.
   A chaque thoracine.. 6   —
   A la nageoire de l'anus.................................... 13   —
   A celle de la queue....................................... 14   —
   44 vertèbres à l'épine du dos, et 22 côtes de chaque côté de la colonne vertébrale.

LE DIPTÉRODON QUEUE JAUNE[1]

Corvina argyroleuca, Cuv. — *Bodianus argyroleucus*, Mitch. — *Dyplerodon Chrysourus*, Lacép.

Ce diptérodon a été observé dans les mers voisines de la Caroline. Il a la tête argentée et le corps parsemé de traits et de points noirs[2].

CENT SEIZIÈME GENRE

LES LUTJANS

Une dentelure à une ou plusieurs pièces de chaque opercule; point de piquants à ces pièces; une seule nageoire dorsale; un seul barbillon ou point de barbillon aux mâchoires.

PREMIER SOUS-GENRE

LA NAGEOIRE DE LA QUEUE FOURCHUE, OU EN CROISSANT

ESPÈCES.	CARACTÈRES.
1. Le Lutjan virginien.	Onze rayons aiguillonnés et seize rayons articulés a la nageoire du dos; trois rayons aiguillonnés et dix rayons articulés à la nageoire de l'anus; des raies longitudinales bleues; deux bandes transversales brunes, l'une sur la tête et l'autre sur la poitrine.
2. Le Lutjan anthias.	Dix rayons aiguillonnés et quinze rayons articulés à la dorsale; trois rayons aiguillonnés et six rayons articulés à l'anale; le second aiguillon de la dorsale très long; la tête, le corps et la queue rouges.
3. Le Lutjan de l'Ascension.	Onze rayons aiguillonnés et seize rayons articulés à la nageoire du dos; quatorze rayons à l'anale; huit rayons à chaque thoracine; les écailles dentelées; deux dents plus grandes que les autres; la partie supérieure de l'animal rougeâtre, l'inférieure blanchâtre.
4. Le Lutjan stigmate.	Dix-huit rayons aiguillonnés et neuf rayons articulés à la dorsale; neuf rayons aiguillonnés et dix rayons articulés à la nageoire de l'anus; une empreinte sur chaque opercule; des filaments aux rayons de la dorsale.
5. Le Lutjan strié.	Treize rayons aiguillonnés et quinze rayons articulés à la nageoire du dos; trois rayons aiguillonnés et huit rayons articulés à la nageoire de l'anus; le second rayon de l'anale très fort.
6. Le Lutjan pentagramme.	Dix-sept rayons aiguillonnés et seize rayons articulés à la dorsale; trois rayons aiguillonnés et sept rayons articulés

1. *Persègue queue jaune.* Daubenton et Haüy, Encyclopédie méthodique. — *Id.* Bonnaterre, planches de l'Encyclopédie méthodique.

2. A la membrane branchiale du diptérodon queue jaune............ 7 rayons.
    A chaque pectorale.. 16 —
    A chaque thoracine, articulés.. 5 —
        —   aiguillonné.. 1 —
    A l'anale.. 12 —
    A la nageoire de la queue... 19 —

ESPÈCES.	CARACTÈRES.

6. Le Lutjan penta- gramme. à la nageoire de l'anus; des filaments aux rayons de la nageoire du dos ; cinq raies longitudinales alternativement blanches et brunes.

7. Le Lutjan argenté. Douze rayons aiguillonnés et dix rayons articulés à la nageoire du dos; trois rayons aiguillonnés et huit rayons articulés à la nageoire de l'anus; les orifices des narines tubuleux; les dents très effilées; la couleur générale d'une blancheur éclatante ; une noire sur la partie antérieure de la nageoire du dos.

8. Le Lutjan serran. Dix rayons aiguillonnés et quatorze rayons articulés à la dorsale; trois rayons aiguillonnés et sept rayons articulés à l'anale ; les dents du milieu des mâchoires aiguës et plus petites que les autres; les côtés de la tête rouges; des raies longitudinales rouges, ou jaunes et violettes.

9. Le Lutjan écureuil. Douze rayons aiguillonnés et dix-sept rayons articulés à la nageoire du dos; trois rayons aiguillonnés et neuf rayons articulés à celle de l'anus; la dorsale échancrée ; des raies bleues sur la tête.

10. Le Lutjan jaune. Huit rayons aiguillonnés et onze rayons articulés à la dorsale; trois rayons aiguillonnés et douze rayons articulés à l'anale; les deux mâchoires également avancées; les dents granuleuses; le corps élevé; la couleur générale argentée; des raies longitudinales dorées.

11. Le Lutjan oeil d'or. Onze rayons aiguillonnés et quatorze rayons articulés à la nageoire du dos ; trois rayons aiguillonnés et treize rayons articulés à celle de l'anus; les deux mâchoires également avancées; les dents petites, aiguës et séparées les unes des autres; l'iris large et doré; la couleur générale argentée; le dos violet.

12. Le Lutjan nageoires rouges. Onze rayons aiguillonnés et treize rayons articulés à la dorsale; trois rayons aiguillonnés et neuf rayons articulés à l'anale; les deux dents du devant de la mâchoire supérieure plus longues et plus grosses que les autres ; la partie antérieure du palais hérissée de très petites dents; un seul orifice à chaque narine ; la couleur générale argentée ; le dos brun ; les nageoires rouges.

13. Le Lutjan hambur. Dix rayons aiguillonnés et quatorze rayons articulés à la nageoire du dos; trois rayons aiguillonnés et seize rayons articulés à l'anale; la caudale en croissant; la lèvre supérieure extensible; une rangée de dents auprès du gosier; le bord des écailles membraneux ; la couleur générale d'un rouge de cuivre.

14. Le Lutjan diagramme. Neuf rayons aiguillonnés et dix-neuf rayons articulés à la nageoire du dos; trois rayons aiguillonnés et huit rayons articulés à la nageoire de l'anus ; la caudale en croissant; les écailles dures et dentelées; la dorsale échancrée; la couleur générale blanche ; des raies longitudinales brunes ; des raies obliques et brunes sur la nageoire de la queue.

15. Le Lutjan bloch. Neuf rayons aiguillonnés et quatorze rayons articulés à la dorsale; trois rayons aiguillonnés et huit rayons articulés

ESPÈCES.	CARACTÈRES.
15. Le Lutjan Bloch.	à la nageoire de l'anus ; la caudale en croissant ; le devant de la tête dénué de petites écailles ; les dents des deux mâchoires, courtes et recourbées ; celles de la mâchoire d'en haut répondant aux intervalles de celles d'en bas ; le dos arrondi ; le ventre caréné ; la couleur générale blanche ; le dos jaunâtre ; des bandes étroites, transversales et bleues, placées au-dessus de la ligne latérale ; des raies jaunes et longitudinales, situées au-dessous de cette même ligne.
16. Le Lutjan verrat.	Douze rayons aiguillonnés et dix rayons articulés à la nageoire du dos ; trois rayons aiguillonnés et dix rayons articulés à celle de l'anus ; la caudale en croissant ; le museau proéminent ; la mâchoire inférieure plus avancée que la supérieure ; quatre grandes dents pointues et recourbées, placées sur le devant de chaque mâchoire ; la partie supérieure de l'animal, d'une couleur pourpre ou violette ; l'inférieure argentée.
17. Le Lutjan macrophthalme.	Dix rayons aiguillonnés et treize rayons articulés à la nageoire du dos ; trois rayons aiguillonnés et seize rayons articulés à celle de l'anus ; la caudale en croissant ; les yeux très grands ; toute la tête revêtue de petites écailles ; un seul orifice à chaque narine ; l'anus beaucoup plus près de la tête que de la caudale ; le dos jaunâtre ; le ventre blanc.
18. Le Lutjan vosmaer.	Dix rayons aiguillonnés et neuf rayons articulés à la dorsale ; trois rayons aiguillonnés et sept rayons articulés à la nageoire de l'anus ; la caudale en croissant ; les deux mâchoires également avancées ; deux orifices à chaque narine ; la couleur générale rouge ; le ventre d'un jaune violet ; une raie jaune longitudinale, et parallèle à la ligne latérale.
19. Le Lutjan elliptique.	Dix rayons aiguillonnés et neuf rayons articulés à la nageoire du dos ; trois rayons aiguillonnés et sept rayons articulés à la nageoire de l'anus ; la caudale en croissant ; toute la tête couverte de petites écailles ; une ellipse grande et violette placée sur la partie supérieure de l'animal.
20. Le Lutjan japonais.	Dix rayons aiguillonnés et neuf rayons articulés à la nageoire du dos ; trois rayons aiguillonnés et sept rayons articulés à celle de l'anus ; la caudale en croissant ; les deux mâchoires également avancées ; toute la tête couverte de petites écailles ; un seul orifice à chaque narine ; la partie supérieure du poisson, jaune ; les côtés d'un jaune moins foncé ; le ventre rougeâtre ; presque toutes les nageoires rouges.
21. Le Lutjan hexagone.	Onze rayons aiguillonnés et quatorze rayons articulés à la nageoire du dos ; trois rayons aiguillonnés et treize rayons articulés à la nageoire de l'anus ; la dorsale échancrée ; chacune des deux faces latérales de l'animal représentant un hexagone allongé ; toutes les pièces de chaque opercule dentelées ; des lames dentelées autour des yeux ; plusieurs rangs de dents mousses à chaque mâchoire.

ESPÈCES.	CARACTÈRES.
22. LE LUTJAN CROISSANT.	Dix rayons aiguillonnés et quatorze rayons articulés à la nageoire du dos ; trois rayons aiguillonnés et neuf rayons articulés à celle de l'anus ; sept rayons à chaque thoracine ; les deux mâchoires égales ; des dents crochues et fortes à la mâchoire supérieure ; le sommet de la tête dénué de petites écailles ; les opercules revêtus d'écailles semblables à celles du dos ; une tache noire, en forme de croissant, sur la caudale.
23. LE LUTJAN GALON D'OR.	Dix rayons aiguillonnés et neuf rayons articulés à la dorsale ; trois rayons aiguillonnés et sept rayons articulés à l'anale ; un aiguillon tourné vers le museau au-dessous de chaque œil ; une raie longitudinale d'un jaune doré ; la couleur générale blanchâtre.
24. LE LUTJAN GYMNOCÉPHALE.	Huit rayons aiguillonnés et treize rayons articulés à la nageoire du dos ; deux ou trois rayons aiguillonnés et dix rayons articulés à l'anale ; la tête et les opercules dénués de petites écailles ; la mâchoire inférieure plus avancée que la supérieure ; la dorsale échancrée ; la portion antérieure de cette nageoire, très haute et triangulaire ; le second aiguillon de cette portion antérieure, plus long que les autres rayons de cette nageoire du dos.
25. LE LUTJAN TRIANGLE.	Trente-six rayons à la dorsale ; un ou deux rayons aiguillonnés et dix rayons articulés à l'anale ; la dorsale un peu échancrée ; la tête et les opercules couverts d'écailles semblables à celles du dos ; la mâchoire supérieure plus avancée que l'inférieure ; la lèvre supérieure double ; une tache foncée, bordée d'une couleur très claire et triangulaire, à la base de la nageoire de la queue.
26. LE LUTJAN MICROSTOME.	Neuf rayons aiguillonnés et seize rayons articulés à la dorsale ; l'anale en forme de faux ; la tête conique et allongée ; l'ouverture de la bouche petite ; une dentelure près de la nuque ; les pectorales étroites ; un grand nombre de taches foncées, irrégulières et petites, sur le corps et la queue.
27. LE LUTJAN ARGENTÉ VIOLET.	Neuf rayons aiguillonnés et dix rayons articulés à la nageoire du dos ; deux rayons aiguillonnés et huit rayons articulés à la nageoire de l'anus ; un seul orifice à chaque nageoire ; la tête et les opercules dénués de petites écailles ; la caudale en croissant ; le dos violet ; les côtés argentés ; la tête et les nageoires jaunes.

SECOND SOUS-GENRE

LA NAGEOIRE DE LA QUEUE, OU TERMINÉE PAR UNE LIGNE DROITE, OU ARRONDIE.

ESPÈCES.	CARACTÈRES.
28. LE LUTJAN DÉCACANTHE.	Dix rayons aiguillonnés et onze rayons articulés à la nageoire du dos ; trois rayons aiguillonnés et huit rayons articulés à la nageoire de l'anus ; des filaments à la dorsale ; de petites écailles sur la membrane de cette même nageoire du dos ; des raies longitudinales alternativement blanches et brunes.

IV.   8

ESPÈCES.	CARACTÈRES.
29. LE LUTJAN SCINA.	Dix-huit rayons aiguillonnés et treize rayons articulés à la nageoire du dos ; trois rayons aiguillonnés et douze rayons articulés à l'anale ; les dents antérieures très grandes ; un enfoncement entre les yeux, et un sillon au-devant de l'enfoncement ; la ligne latérale interrompue ; le corps varié de verdâtre, de blanc et de jaune.
30. LE LUTJAN LAPINE.	Quinze rayons aiguillonnés et douze rayons articulés à la dorsale ; trois rayons aiguillonnés et douze rayons articulés à la nageoire de l'anus ; une petite bosse au-devant des narines ; la dernière pièce de chaque opercule échancrée ; la partie supérieure du poisson brune, l'inférieure blanchâtre ; les côtés d'un vert jaunâtre ; trois raies longitudinales composées chacune d'une double rangée de petites taches rouges.
31. LE LUTJAN RAMEUX.	Neuf rayons aiguillonnés et douze rayons articulés à la nageoire du dos ; trois rayons aiguillonnés et dix rayons articulés à celle de l'anus ; les mâchoires également avancées ; la lèvre supérieure extensible ; quatre dents quatre fois plus grandes que les autres, au milieu de chaque mâchoire ; la ligne latérale élevée et rameuse vers le haut ; les filaments des premiers aiguillons de la nageoire du dos, deux fois plus longs que le rayon auquel ils sont attachés ; les écailles grandes, arrondies et non dentelées.
32. LE LUTJAN OEILLÉ.	Quatorze rayons aiguillonnés et dix rayons articulés à la nageoire du dos ; trois rayons aiguillonnés et douze rayons articulés à l'anale ; le dos d'un brun jaunâtre ; des raies bleues sur la tête ; une tache bleue, allongée, bordée de rouge, au-dessus et au-dessous de laquelle aboutit un trait écarlate, et placée derrière ou auprès de chaque œil.
33. LE LUTJAN BOSSU.	Seize rayons aiguillonnés et neuf rayons articulés à la dorsale ; trois rayons aiguillonnés et onze rayons articulés à l'anale ; la caudale arrondie ; les écailles grandes ; la nuque et le dos très élevés ; la couleur générale variée d'or et d'azur ; un croissant d'une couleur foncée au-dessus des yeux ; les nageoires du dos et de l'anus, d'un vert de mer tacheté de noir.
34. LE LUTJAN OLIVATRE.	Quinze rayons aiguillonnés et dix rayons articulés à la dorsale ; trois rayons aiguillonnés et onze rayons articulés à la nageoire de l'anus ; les dents de devant aiguës ; les deux du milieu éloignées l'une de l'autre ; la couleur générale d'un vert d'olive ; une tache bleue et bordée de rouge, à l'extrémité de chaque opercule ; une tache noire presque au bout de la queue.
35. LE LUTJAN BRUNNICH.	Seize rayons aiguillonnés et neuf rayons articulés à la dorsale ; trois rayons aiguillonnés et onze rayons articulés à la nageoire de l'anus ; la tête pointue ; l'ouverture de la bouche petite ; la couleur générale brune ; des raies bleues et tortueuses sur la tête ; des raies et des taches bleues sur le corps et sur la queue.

<table>
<tr><td>ESPÈCES.</td><td>CARACTÈRES.</td></tr>
<tr>
<td>36. LE LUTJAN MARSEILLAIS.</td>
<td>Quatorze rayons aiguillonnés et onze rayons articulés à la nageoire du dos ; trois rayons aiguillonnés et neuf rayons articulés à celle de l'anus ; une seule rangée de dents ; les dents antérieures plus grandes que les autres ; la couleur générale olivâtre, avec neuf ou dix raies bleues et longitudinales de chaque côté, ou présentant une sorte de réseau, composé de rouge foncé et d'argenté verdâtre ; les pectorales brunes.</td>
</tr>
<tr>
<td>37. LE LUTJAN ADRIATIQUE.</td>
<td>Dix rayons aiguillonnés et douze rayons articulés à la nageoire du dos; trois rayons aiguillonnés et sept rayons articulés à l'anale; les dents très menues; des raies jaunes et obliques sur la tête; une tache noire vers l'extrémité de la dorsale; quatre bandes transversales, larges et brunes; les thoracines noires.</td>
</tr>
<tr>
<td>38. LE LUTJAN MAGNIFIQUE.</td>
<td>Douze rayons aiguillonnés et treize rayons articulés à la dorsale; trois rayons aiguillonnés et dix-sept rayons articulés à la nageoire de l'anus; la couleur générale argentée; huit bandes transversales brunes; les rayons aiguillonnés de la dorsale argentés sur les côtés.</td>
</tr>
<tr>
<td>39. LE LUTJAN POLYMNE.</td>
<td>Onze rayons aiguillonnés et quinze rayons articulés à la nageoire du dos; deux ou trois rayons aiguillonnés et treize rayons articulés à la nageoire de l'anus; les deux mâchoires également avancées et garnies d'un grand nombre de petites dents; un seul orifice à chaque narine; la tête couverte d'écailles petites et dentelées; la dernière pièce de chaque opercule plus dentelée que la première; la ligne latérale interrompue; la couleur générale d'un brun clair, avec trois bandes transversales, larges, blanches et bordées de noir.</td>
</tr>
<tr>
<td>40. LE LUTJAN PAUPIÈRE.</td>
<td>Douze rayons aiguillonnés et vingt et un rayons articulés à la dorsale; deux ou trois rayons aiguillonnés et neuf rayons articulés à la nageoire de l'anus ; la ligne latérale très courbe; une tache brune sur l'œil.</td>
</tr>
<tr>
<td>41. LE LUTJAN NOIR.</td>
<td>Huit rayons aiguillonnés et trente-trois rayons articulés à la dorsale; vingt-six rayons à l'anale; la dernière pièce de chaque opercule ciliée; la ligne latérale droite; la couleur générale noire; les nageoires rayées ou tachetées de blanc.</td>
</tr>
<tr>
<td>42. LE LUTJAN CHRYSOPTÈRE.</td>
<td>Douze rayons aiguillonnés et dix rayons articulés à la nageoire du dos; la dernière pièce de chaque opercule festonnée; l'ouverture de la bouche petite; la mâchoire d'en haut un peu plus avancée que celle d'en bas; l'une et l'autre garnies d'une seule rangée de dents pointues et recourbées; le dos arrondi et très élevé; la ligne latérale droite; les thoracines dorées et tachetées de brun.</td>
</tr>
<tr>
<td>43. LE LUTJAN MÉDITERRANÉEN.</td>
<td>Seize rayons aiguillonnés et onze rayons articulés à la dorsale; trois rayons aiguillonnés et onze rayons articulés à l'anale; l'ouverture de la bouche petite ; la tête dénuée de petites écailles; les rayons de la nageoire du dos garnis de filaments; cette nageoire plus haute du côté de la cau-</td>
</tr>
</table>

ESPÈCES.	CARACTÈRES.
43. Le Lutjan méditer-ranéen.	dale que de celui du museau; la couleur générale verte; des bandes transversales étroites, tortueuses et bleues sur la tête; des raies longitudinales et d'une nuance obscure sur la partie supérieure de l'animal; des raies longitudinales et bleues sur l'inférieure; une tache noire sur chaque pectorale.
44. Le Lutjan rayé.	Douze rayons aiguillonnés et six rayons articulés à la nageoire du dos; trois rayons aiguillonnés et neuf rayons articulés à celle de l'anus; les dents grandes; des raies longitudinales ou des bandes transversales blanches et brunes et placées à une égale distance l'une de l'autre.
45. Le Lutjan écriture.	Dix rayons aiguillonnés et quinze rayons articulés à la dorsale; trois rayons aiguillonnés et sept rayons articulés à la nageoire de l'anus; les yeux saillants; des filaments aux rayons aiguillonnés de la nageoire du dos; des traits semblables à des lettres sur la tête; le dos roussâtre; des bandes transversales brunes; les pectorales et la caudale jaunes.
46. Le Lutjan chinois.	Dix rayons aiguillonnés et vingt-six rayons articulés à la nageoire du dos; deux ou trois rayons aiguillonnés et huit rayons articulés à l'anale; la caudale lancéolée; la dorsale étendue depuis la nuque jusqu'auprès de la caudale; la mâchoire inférieure plus courte que la supérieure; la langue, le palais, les nageoires et une grande partie du corps et de la queue, d'un jaune plus ou moins foncé.
47. Le Lutjan pique.	Douze rayons aiguillonnés et quatorze rayons articulés à la dorsale; trois rayons aiguillonnés et sept rayons articulés à la nageoire de l'anus; la nuque élevée; les deux mâchoires également avancées; les dents antérieures plus grandes que celles au-devant desquelles elles sont placées, et qui sont très nombreuses; une dentelure à la partie du corps la plus voisine des opercules; le second aiguillon de l'anale long et fort; la partie supérieure de l'animal jaune, l'inférieure argentée; des taches ou raies cendrées.
48. Le Lutjan selle.	Dix rayons aiguillonnés et seize rayons articulés à la nageoire du dos; deux rayons aiguillonnés et quatorze rayons articulés à la nageoire de l'anus; la caudale arrondie; la mâchoire inférieure plus longue que la supérieure; les dents courtes, larges et pointues; un seul orifice à chaque narine; toutes les pièces de chaque opercule et une partie de l'orbite de l'œil très dentelées; les bases de la dorsale, de l'anale et de la caudale garnies d'écailles dentelées comme celles du dos; la couleur générale rougeâtre; une grande tache noire placée sur le dos et sur l'origine de la queue, et s'étendant assez bas de chaque côté.
49. Le Lutjan deux dents.	Neuf rayons aiguillonnés et seize rayons articulés à la nageoire du dos; trois rayons aiguillonnés et dix rayons articulés à la nageoire de l'anus; la caudale arrondie; les deux mâchoires aussi longues l'une que l'autre; la mâ-

ESPÈCES.	CARACTÈRES.
49. LE LUTJAN DEUX DENTS.	choire supérieure armée seulement de deux dents; l'inférieure garnie d'une rangée de dents, courtes et arrondies; les écailles unies; la ligne latérale interrompue; la partie supérieure de l'animal rouge, l'inférieure argentine; le menton et les nageoires verts.
50. LE LUTJAN MARQUÉ.	Quatorze rayons aiguillonnés et huit rayons articulés à la nageoire du dos; trois rayons aiguillonnés et dix rayons articulés à celle de l'anus; la caudale arrondie; une rangée de pores au-dessous de chaque œil; les écailles molles et lisses; la couleur générale jaunâtre; plusieurs taches brunes et irrégulières; une tache noire sur chaque côté de l'extrémité de la queue.
51. LE LUTJAN LINKE.	Quinze rayons aiguillonnés et onze rayons articulés à la dorsale; trois rayons aiguillonnés et onze rayons articulés à l'anale; la caudale arrondie; les mâchoires aussi avancées l'une que l'autre et garnies chacune d'un rang de dents fortes, pointues et recourbées; le palais et la langue lisses; un seul orifice à chaque narine; la couleur générale d'un blanc violet; la tête grise; le museau violet.
52. LE LUTJAN SURINAM.	Quatorze rayons aiguillonnés et quinze rayons articulés à la nageoire du dos; trois rayons aiguillonnés et sept rayons articulés à l'anale; la caudale arrondie; point de dents à la mâchoire d'en haut; la mâchoire inférieure plus longue que la supérieure et hérissée d'un grand nombre de dents petites, pointues et serrées; deux orifices à chaque narine; les écailles dures et dentelées; de petites écailles sur une partie de la dorsale, de l'anale et de la caudale; la couleur générale rougeâtre; des taches et des bandes transversales brunes.
53. LE LUTJAN VERDATRE.	Seize rayons aiguillonnés et neuf rayons articulés à la dorsale; trois rayons aiguillonnés et neuf rayons articulés à l'anale; la caudale arrondie; les lèvres épaisses; les mâchoires aussi avancées l'une que l'autre et garnies toutes les deux d'une rangée de dents pointues et serrées; le palais et la langue lisses; des dents arrondies auprès du gosier; un seul orifice à chaque narine; les écailles lisses et minces; la ligne latérale interrompue; la couleur générale jaunâtre; les nageoires vertes.
54. LE LUTJAN GROIN.	Quinze rayons aiguillonnés et dix rayons articulés à la nageoire du dos; trois rayons aiguillonnés et neuf rayons articulés à celle de l'anus; le museau allongé; la mâchoire inférieure plus avancée que la supérieure; les deux mâchoires armées de dents menues, pointues et serrées; un seul orifice à chaque narine; le dos violet; les côtés jaunâtres.
55. LE LUTJAN NORVÉGIEN.	Seize rayons aiguillonnés et neuf rayons articulés à la dorsale; trois rayons aiguillonnés et dix rayons articulés à la nageoire de l'anus; la caudale arrondie; les deux mâchoires égales en longueur et garnies chacune d'un rang de petites dents très serrées; des dents arrondies au go-

                                    LES LUTJANS.

ESPÈCES.	CARACTÈRES.

55. Le Lutjan norvégien.
sier; les lèvres grosses; un seul orifice à chaque narine; plusieurs pores autour des yeux; la dernière pièce de l'opercule terminée par une prolongation arrondie; les écailles dures, dentelées et fortement attachées à la peau; la nuque et le dos violets; les côtés et le ventre jaunes et tachetés de violet.

56. Le Lutjan jourdin.
Onze rayons aiguillonnés et treize rayons articulés à la dorsale; deux rayons aiguillonnés et quatorze rayons articulés à la nageoire de l'anus; la caudale arrondie; la tête comprimée et toute garnie de petites écailles; la nuque élevée; les deux mâchoires également avancées et hérissées d'un grand nombre de petites dents; un seul orifice à chaque narine; les écailles dures et dentelées; le dos caréné; le ventre arrondi; la couleur générale d'un brun mêlé de reflets dorés; deux bandes transversales blanches.

57. Le Lutjan argus.
Neuf rayons aiguillonnés et treize rayons articulés à la nageoire du dos; trois rayons aiguillonnés et neuf rayons articulés à la nageoire de l'anus; la caudale arrondie; la tête, le corps et la queue, couverts d'écailles dures, très petites et dentelées; la mâchoire inférieure plus longue que celle d'en haut; deux orifices à chaque narine; la couleur générale bleue; des taches petites, brunes et en forme de cercle.

58. Le Lutjan joan.
Dix rayons aiguillonnés et quatorze rayons articulés à la nageoire du dos; trois rayons aiguillonnés et huit rayons articulés à l'anale; la caudale arrondie; toute la tête revêtue de petites écailles; la mâchoire inférieure un peu plus avancée que la supérieure; les dentelures de la pièce antérieure de l'opercule très profondes; la couleur générale argentée; des taches noires sur le dos.

59. Le Lutjan tortue.
Dix-huit rayons aiguillonnés et neuf rayons articulés à la dorsale; dix rayons aiguillonnés et huit rayons articulés à la nageoire de l'anus; la caudale arrondie; la tête couverte en entier de petites écailles; un seul orifice à chaque narine; les deux mâchoires presque également avancées; plusieurs rangées de dents serrées; une dentelure auprès de chaque œil; la pièce postérieure de chaque opercule dentelée; la couleur générale brune.

60. Le Lutjan plumier.
Dix rayons aiguillonnés et quatorze rayons articulés à la dorsale; trois rayons aiguillonnés et treize rayons articulés à la nageoire de l'anus; la caudale arrondie; toute la tête garnie de petites écailles; la mâchoire inférieure plus avancée que la supérieure; deux orifices à chaque narine; la couleur générale jaune; huit ou neuf bandes transversales brunes; une grande tache noire entre la dorsale et la caudale.

61. Le Lutjan oriental.
Onze rayons aiguillonnés et douze rayons articulés à la nageoire du dos; trois rayons aiguillonnés et huit rayons articulés à l'anale; la caudale arrondie; de petites écailles sur la tête; la nuque élevée; la mâchoire inférieure un peu plus longue que la supérieure; une seule ouverture à

ESPÈCES	CARACTÈRES.

61. LE LUTJAN ORIENTAL. chaque narine; les yeux rapprochés; la couleur générale blanche; le dos et la tête jaunâtres; quatre raies longitudinales et brunes de chaque côté de l'animal.

62. LE LUTJAN TACHETÉ. Dix rayons aiguillonnés et quatorze rayons articulés à la dorsale; trois rayons aiguillonnés et sept rayons articulés à la nageoire de l'anus; la caudale arrondie; toute la tête couverte de petites écailles; la nuque et le dos très élevés; les deux mâchoires presque également avancées; les dents pointues et très courtes; un seul orifice à chaque narine; les yeux rapprochés; des taches très grandes, irrégulières et noires; presque toutes les nageoires rougeâtres.

63. LE LUTJAN ORANGE. Douze rayons aiguillonnés et quinze rayons articulés à la nageoire du dos; trois rayons aiguillonnés et sept rayons articulés à la nageoire de l'anus; la caudale arrondie; la partie antérieure de la tête presque verticale; toute la tête garnie de petites écailles; l'ouverture de la bouche très petite; les dents très courtes; un seul orifice à chaque narine; les écailles petites, dures et dentelées; l'anus à une distance à peu près égale entre la tête et la caudale; la couleur générale orange; des taches très grandes et noirâtres.

64. LE LUTJAN BLANCOR. Dix rayons aiguillonnés et quatorze rayons articulés à la dorsale; sept rayons à chaque thoracine; plusieurs rangs de dents; les dents extérieures plus grandes et recourbées; les deux dents antérieures de la mâchoire supérieure plus longues que les autres; les écailles des opercules, du corps et de la queue, très rapprochées les unes des autres et un peu dentelées; la couleur générale blanche ou blanchâtre; des raies d'or sur la tête; neuf ou dix raies longitudinales et dorées de chaque côté du poisson.

65. LE LUTJAN PERCHOT. Dix rayons aiguillonnés et quatorze rayons articulés à la dorsale; deux rayons aiguillonnés et douze rayons articulés à la nageoire de l'anus; la caudale très grande à proportion du corps, et arrondie; un rayon aiguillonné et quatre rayons articulés à chaque thoracine; les opercules ciselés; la dernière pièce de chacun de ces opercules dentelée; les écailles dentelées et très rapprochées les unes des autres; les dents à peine sensibles; la couleur générale orange; trois bandes transversales bleuâtres et bordées de noir.

66. LE LUTJAN JAUNELLYPSE. Dix rayons aiguillonnés et douze rayons articulés et rameux à la nageoire du dos; trois rayons aiguillonnés et six rayons articulés à la nageoire de l'anus; toute la tête couverte d'écailles un peu dentelées, comme celles du corps et de la queue; la lèvre supérieure extensible; la mâchoire d'en bas plus allongée que celle d'en haut; les dents petites et rapprochées les unes des autres; la caudale arrondie; la couleur générale rouge ou rougeâtre; une raie longitudinale et d'un rouge clair de chaque

ESPÈCES.	CARACTÈRES.
66. Le Lutjan jaunellypse.	côté de l'animal; un trait elliptique rouge en dehors et jaune en dedans auprès de chaque œil.
67. Le Lutjan grimpeur.	Dix-sept rayons aiguillonnés et huit rayons articulés à la nageoire du dos; dix rayons aiguillonnés et huit rayons articulés à la nageoire de l'anus; la caudale arrondie; trois pièces à chaque opercule; les opercules garnis de petites écailles le plus souvent dentelées, comme celles du corps et de la queue; les petits piquants des opercules très nombreux; la partie supérieure de l'animal d'un vert obscur, l'inférieure dorée.
68. Le Lutjan chrétodo-noïde.	Quinze rayons aiguillonnés et dix-neuf rayons articulés à la nageoire du dos; quatre rayons aiguillonnés et six rayons articulés à la nageoire de l'anus; un rayon aiguillonné et six rayons articulés à chaque thoracine; la caudale arrondie; six pores assez grands à la mâchoire inférieure; l'intérieur des lèvres granulé; le dessus de la tête relevé de manière qu'elle soit terminée, dans sa partie antérieure, par une ligne droite.
69. Le Lutjan diacanthe.	Onze rayons aiguillonnés et vingt-deux rayons articulés à la nageoire du dos; deux rayons aiguillonnés et sept rayons articulés à celle de l'anus; chaque mâchoire garnie d'un rang de dents crochues, un peu grandes, éloignées les unes des autres et hérissée de plusieurs rangées de petites dents; la ligne latérale courbée vers le dos et ensuite vers la nageoire de l'anus; de petites taches très foncées sur les côtés de l'animal et sur les nageoires.
70. Le Lutjan peint.	Dix rayons aiguillonnés et vingt et un rayons articulés à la nageoire du dos; trois rayons aiguillonnés et sept rayons articulés à l'anale; la caudale arrondie; la dorsale longue et basse; trois raies longitudinales un peu courbes et dirigées, la première vers le milieu de la dorsale, la seconde vers l'extrémité de cette nageoire, la troisième vers la caudale.
71. Le Lutjan arauna.	Douze rayons aiguillonnés et douze rayons articulés à la dorsale; deux rayons aiguillonnés et onze rayons articulés à la nageoire de l'anus; la caudale arrondie; de petites écailles sur la tête, les opercules et la base de la dorsale, de l'anale et de la nageoire de la queue; trois bandes noires, larges et transversales, situées l'une au-dessus du museau, la seconde au-dessus de la dorsale, de la pectorale et des thoracines, et la troisième auprès de la caudale.
72. Le Lutjan cayenne.	Onze rayons aiguillonnés et dix-neuf rayons articulés à la dorsale; deux rayons aiguillonnés et sept rayons articulés à l'anale; la caudale arrondie; la mâchoire d'en bas un peu plus avancée que celle d'en haut; les dents égales et serrées; la langue un peu libre dans ses mouvements.

TROISIÈME SOUS-GENRE.

LA NAGEOIRE DE LA QUEUE DIVISÉE EN TROIS LOBES.

ESPÈCES.	CARACTÈRES.
73. Le Lutjan trident.	Onze rayons aiguillonnés et onze rayons articulés à la dorsale; trois rayons aiguillonnés et huit rayons articulés à l'anale; les troisième et quatrième rayons aiguillonnés de la nageoire du dos garnis d'un long filament; sept bandes transversales bleues.
74. Le Lutjan trilobé.	Six rayons aiguillonnés et seize rayons articulés à la nageoire du dos; un ou deux rayons aiguillonnés et neuf rayons articulés à la nageoire de l'anus; la mâchoire inférieure plus avancée que la supérieure; deux orifices à chaque narine; toute la tête couverte d'écailles semblables à celles du dos; la seconde pièce de chaque opercule non dentelée et très prolongée vers la queue; la nuque très élevée et arrondie; le ventre gros.

LE LUTJAN VIRGINIEN [1]

Pristipoma Rodo, Cuv. — *Sparus virginicus*, Linn., Gmel. — *Perca Juba* et *Sparus villatus*, Bloch. — *Sparus Jub* et *Lutjanus virginicus*, Lacép.

Le Lutjan anthias, *Serranus anthias*, Cuv.; *Labrus anthias*, Linn.; *Anthias sacer*, Bloch; *Lutjanus anthias*, Lacép. — Lutjan de l'ascension, *Holocentrum ascensionis*, Cuv.; *Perca ascensionis*, Linn., Gmel.; *Amphacanthus ascensionis*, Bloch; *Lutjanus ascensionis*, Lacép. — Lutjan stigmate, *Perca stigma*, Linn., Gmel.; *Lutjanus stigma*, Lacép. — Lutjan strié, *Serranus striatus*, Cuv.; *Perca striata*, Linn., Gmel.; *Anthias striatus*, Bloch; *Anthias cherna*, Bloch, Schn.; *Sparus chrysomolanus* et *Lutjanus striatus*, Lacép.

Les lutjans ont beaucoup de rapports avec les spares; ils ont reçu, comme ces derniers, des armes remarquables, au moins relativement à leur

1. *Spare rhomboïdal*. Daubenton et Haüy, Encyclopédie méthodique. — *Id.* Bonnaterre, planches de l'Encyclopédie méthodique. — *Ieros ichthus*, poisson sacré. — *Kallichthus*, beau poisson. — *Kallionumos*, d'un beau nom. — *Ellopa*. — *Aulopias*, par Aristote. — *Aulopon*, par Oppien. — *Meerscharer*, *Meerheiliger*, *Rundkopf*, *Rothling*, par les Allemands. — *The red grunt*, par les Anglais.

Labre barbier. Daubenton et Haüy, Encyclopédie méthodique. — *Id.* Bonnaterre, planches de l'Encyclopédie méthodique. — *Anthias barbier*, Bloch, pl. 315. — « Labrus totus rubescens, cauda bifurca. » Artedi, syn. 54. — *Anthias*. Aristote, lib. VI, cap. xvii; et lib. IX, cap. ii et 37. — *Id.* Ælian, lib. I, cap. iv; lib. VIII, cap. xxviii; et lib. XII, cap. xlvii. — Oppian, lib. I, p. 10. — *Id.* Athen., lib. VII, p. 282. — *Anthias.* Ovid., *Halieuticon*, per Gryphium, anno 1537, v. 45. — *Id.* Pline, lib. IX, cap. lviii.

Première espèce d'anthias, nommée *barbier*. Rondelet, première partie, liv. VI, chap. xi. — « Anthiæ prima species. » Gesner, p. 55, 62, et (germ.) 13. — « Anthias primus Rondeletii. » Willughby, p. 325. — *Id.* Ray, p. 138. — Catesby, *Carol.*, II, p. 25, tab. 25. — *Persègue, perche de l'île de l'Ascension.* Bonnaterre, planches de l'Encyclopédie méthodique. — Osbeck, *It.*, p. 388. — *Persègue stigmate.* Daubenton et Hauy. Encyclopédie méthodique. — *Id.* Bonnaterre, planches de l'Encyclopédie méthodique. — *Persègue striée.* Daubenton et Haüy. Encyclopédie méthodique. — *Id.* Bonnaterre, planches de l'Encyclopédie méthodique.

force et à leur grandeur. Mais celles des spares, consistant dans plusieurs rangées de dents propres à déchirer une victime ou à écraser de dures enveloppes sous lesquelles leur proie tâche en vain de trouver un abri, paraissent destinées pour l'attaque plutôt que pour la défense, pendant que les lutjans, n'ayant ordinairement à la place de ces instruments puissants que les piquants de leurs nageoires et ceux de leurs opercules, ne pouvant user avec avantage de ces aiguillons que contre l'ennemi qui les atteint et les saisit, ne semblent armés que pour se garantir des efforts d'un dangereux adversaire, arrêter son attaque et le contraindre à cesser sa poursuite et ses combats. Les spares provoquent et les lutjans attendent les habitants des eaux qui leur font la guerre : tel est du moins le premier aperçu qui se présente lorsqu'on les compare. On se presse d'en conclure que les lutjans sont moins voraces, moins agités, plus pacifiques, plus sociables que les spares ; et la philosophie se plaît d'autant plus à embrasser cette idée de paix, à la produire, à l'embellir, à la métamorphoser, pour ainsi dire, en une leçon heureuse donnée par la nature elle-même, que les lutjans montrent presque tous une parure agréable et riante. Et quel charme secret n'éprouve-t-on pas toutes les fois qu'on voit l'image du bon goût, la convenance dans les assortiments, l'élégance dans les ornements et la belle distribution des couleurs éclatantes ou suaves, réunies avec la douceur des mœurs et la bonté des habitudes !

Parmi ces intéressants lutjans, le premier qui s'offre à nous, et auquel on a donné le nom de virginien, habite non seulement dans la Virginie, mais dans plusieurs autres contrées de l'Amérique septentrionale.

L'anthias, qui le suit, vit dans la Méditerranée. Son nom doit venir de *anthos*, qui en grec signifie *fleur;* et cette dénomination, ainsi que celles de *beau poisson* et de *poisson d'un beau nom*[1], par lesquelles le désignait ce peuple spirituel et sensible à tous les genres de beauté, qui habitait la Grèce, indiquent le charmant assemblage des nuances variées et des couleurs rivales de celles des fleurs, qui chatoient sur les écailles de l'anthias et le rayon allongé de sa nageoire dorsale, qui s'élève au milieu de ces reflets agréables comme une anthère ou un pistil au sein d'un beau calice. Tous les tons que le rouge peut présenter, depuis l'éclat du rubis ou celui du grenat jusqu'aux demi-teintes du rose le plus tendre, se mêlent en effet sur la surface de l'anthias avec le brillant de l'argent ; et la vivacité scintillante ou la douce fusion de ces nuances toutes gracieuses plaisent d'autant plus à l'œil, qu'elles se marient avec le feu de la topaze qui resplendit par reflets fugitifs sur les grandes nageoires de ce poisson favorisé par la nature.

Peut-être sa parure n'a-t-elle pas peu contribué à le faire regarder comme *sacré*[2] par un peuple qui avait divinisé la beauté, et qui ne pouvait voir

1. Voyez la deuxième note de cet article.
2. *Idem.*

qu'avec enthousiasme les emblèmes de sa divinité chérie. C'est vraisemblablement par une suite de cette espèce de consécration que les anciens
Grecs pensaient qu'aucun animal dangereux ne pouvait habiter dans les
mêmes eaux que l'anthias, et que les plongeurs pouvaient descendre sans
crainte jusqu'au fond des mers, dans tous les endroits où ils rencontraient
ce lutjan privilégié.

Quoi qu'il en soit, voyons rapidement les formes principales de ce poisson.

Sa tête est courte et toute couverte de petites écailles ; sa mâchoire inférieure, plus avancée que celle d'en haut, est garnie, ainsi que cette dernière,
d'un rang de dents pointues, recourbées et séparées les unes des autres par
d'autres dents plus petites, serrées et très aiguës ; la langue ne présente
aucune aspérité ; chaque narine n'a qu'un orifice, et la ligne latérale est
interrompue.

Plusieurs des auteurs grecs et latins qui ont parlé de l'anthias, et particulièrement Oppien et Pline, se sont occupés de la manière de le pêcher.
Selon ce que rapporte le naturaliste romain, les lutjans de cette espèce étaient
très communs auprès des îles et des écueils voisins des côtes de l'Asie
Mineure. Un pêcheur, toujours vêtu du même habit, se promenait dans une
petite barque pendant plusieurs jours de suite, et chaque jour à la même
heure, dans un espace déterminé auprès de ces écueils ou de ces îles, il
jetait aux anthias quelques-uns des aliments qu'ils préfèrent. Pendant quelque temps, cette nourriture était suspecte à des animaux qui, armés pour
se défendre bien plutôt que pour attaquer, doivent être plus timides, plus
réservés, plus précautionnés, plus rusés que plusieurs autres habitants des
mers. Cependant, au bout de quelques jours, un de ces poissons se hasardait
à saisir quelques parcelles de la pâture qui lui était offerte : le pêcheur
l'examinait avec attention, comme l'auteur de son espoir et de ses succès, et
l'observait assez pour le reconnaître facilement. L'exemple de l'individu plus
hardi que les autres n'avait pas d'abord d'imitateurs ; mais après quelque
temps il ne paraissait qu'avec des compagnons dont le nombre augmentait
peu à peu ; et enfin il ne se montrait qu'avec une troupe nombreuse d'autres
anthias qui se familiarisaient bientôt avec le pêcheur, et s'accoutumaient à
recevoir leur nourriture de sa main. Ce même pêcheur cachant alors un
hameçon dans l'aliment qu'il présentait à ces animaux trompés, les retenait,
les enlevait, les jetait avec vitesse et facilité dans son petit bâtiment ; mais
il avait grand soin de ne pas saisir l'anthias imprudent auquel il devait la
bonté de sa pêche, et dont la prise aurait à l'instant mis en fuite tous ceux
qui ne s'étaient avancés vers le navire qu'en imitant sa témérité et en se
mettant, en quelque sorte, sous sa conduite.

Oppien raconte que lorsque, dans d'autres circonstances, un anthias est
pris à l'hameçon, ses compagnons s'empressent de l'aider à le détacher du
fatal crochet, ou de la ligne, en le poussant avec leur dos, et que même,

quelquefois, l'individu retenu par la corde la coupe avec l'aiguillon long et *dentelé* de sa nageoire dorsale. Si ce dernier fait était vrai, il faudrait l'attribuer à un autre poisson que l'anthias, et peut-être à quelques grands silures ; car le long aiguillon de la dorsale du lutjan dont nous nous occupons, quoique fort et en quelque sorte un peu tranchant[1], ne présente aucune dentelure. C'est aussi à des espèces différentes de celle que nous décrivons, qu'il faut rapporter ce qu'Élien et d'autres anciens ont écrit des couleurs, de quelques formes et des dimensions des anthias, desquels ils ont dit que si la taille de ces animaux était inférieure à celle des thons, ils l'emportaient par leur force sur ces derniers osseux[2]. Au reste, on pourra recueillir beaucoup de lumières à ce sujet dans l'ouvrage de l'habile professeur Schneider, intitulé : *Synonymie des poissons d'Artedi*, etc., p. 81.

N'oublions pas de dire que l'anthias vit de petits crustacés et de jeunes poissons.

Le lutjan de l'Ascension se trouve auprès de l'île du même nom, dans l'océan Atlantique. Les deux pièces de chacun de ses opercules sont dentelées, et le second aiguillon de sa dorsale présente aussi une dentelure.

Les Indes sont les contrées préférées par le lutjan stigmate. L'empreinte que montre ce poisson ressemble à celle qu'aurait laissée un fer chaud.

Le lutjan strié présente sur son corps plusieurs petits traits, et c'est dans l'Amérique septentrionale qu'il a été pêché.

1. C'est cet aiguillon qu'on a comparé à un rasoir, et qui a fait donner, par plusieurs naturalistes, le nom de *barbier* à notre anthias.

2. A chaque pectorale du lutjan virginien........................ 18 rayons.
   A chaque thoracine, articulés............................... 5   —
      —   aiguillonné............................... 1   —
   A la caudale... 18   —
   A la membrane branchiale du lutjan anthias.................. 5   —
   A chaque pectorale...... 14   —
   A chaque thoracine, articulés............................... 5   —
      —   aiguillonné............................... 1   —
   A la nageoire de la queue................................... 16   —
   A la membrane branchiale du lutjan de l'Ascension........... 8   —
   A chaque pectorale.. 16   —
   A la caudale.. 26   —
   A chaque pectorale du lutjan stigmate....................... 13   —
   A chaque thoracine, articulés......... 5   —
      —   aiguillonné............................... 1   —
   A la nageoire de la queue................................... 17   —
   A chaque pectorale du lutjan strié.......................... 15   —
   A chaque thoracine, articulés............................... 5   —
      —   aiguillonné............................... 1   —
   A la caudale.. 17   —

LE LUTJAN PENTAGRAMME[1]

Perca lineata, Linn., Gmel. — *Lutjanus pentagramma*, Lacép.

Le Lutjan argenté, *Perca argentea*, Linn., Gmel.; *Lutjanus argenteus*, Lacép. — Lutjan serran, *Serranus cabrilla*, Cuv.; *Holocentrus virescens*, *Holocentrus chani*,
Bodianus hiatula et *Lutjanus serran*, Lacép. — Lutjan écureuil, *Hœmulum for-
mosum*, Cuv.; *Perca formosa*, Linn., Gmel.; *Labrus Plumierii* et *Lutjanus sciu-
rus*, Lacép. — Lutjan jaune, *Diagramma cavifrons*, Cuv.; *Lutjanus luteus*, Bloch,
Lacép. — Lutjan œil d'or, *Crenilabrus chrysops*, Cuv.; *Lutjanus chrysops*, Bloch,
Lacép. — Lutjan nageoires rouges, *Mesoprion erythropterus*, Cuv.; *Lutjanus
erythropterus*, Bloch, Lacép.

Nous ne connaissons pas la patrie du pentagramme ; l'argenté, dont la
partie antérieure du dos est carénée, vit dans les eaux de l'Amérique ; on
pêche dans la Méditerranée le serran, qui présente souvent un filament derrière chaque rayon aiguillonné de sa dorsale ; et l'on trouve aux Moluques,
dans plusieurs autres contrées orientales, dans les îles de Bahama et dans
les Antilles, le lutjan écureuil, que Linné avait nommé *le beau*, à cause des
nuances et de la distribution de ses couleurs, et qui en effet charme l'œil par
la dorure de ses écailles qu'une bordure brune rend plus éclatantes dans
leur centre par le bleu de plusieurs raies qui règnent de chaque côté du
corps et de la queue et se marient très bien avec celles de la tête, et par le
jaune doré de toutes les nageoires. La tête de ce lutjan est couverte de petites
écailles dures et souvent dentelées, comme celles du dos. La langue est large
et lisse ; les deux mâchoires sont aussi avancées l'une que l'autre ; l'on voit
deux orifices à chaque narine.

Le lutjan jaune, qui se plaît dans les eaux des Antilles, a aussi deux
orifices à chaque narine ; il a de plus les yeux très grands ; la dernière pièce
de chaque opercule terminée par une pointe molle ; de petites écailles sur
une portion de l'anale, ainsi que la caudale et toutes les nageoires d'un
jaune couleur d'or[2].

1. *Persègue cinq lignes.* Daubenton et Haüy, Encyclopédie méthodique. — *Id.* Bonnaterre,
planches de l'Encyclopédie méthodique. — « Sciæna fasciis quinque longitudinalibus, etc. » Mus.
Ad. Fr., 1, p. 66. — Mus. Ad. Frid., 2, p. 86. — *Persègue ciliée.* Daubenton et Haüy, Encyclo-
pédie méthodique. — *Id.* Bonnaterre, planches de l'Encyclopédie méthodique.
« Perca lituris flavis, etc. » Mus. Ad. Frid., 2, p. 87. — *Persègue serran.* Daubenton et
Haüy, Encyclopédie méthodique. — *Id.* Bonnaterre, planches de l'Encyclopédie méthodique. —
Grunt, en Angleterre. — *Id.*, à la Caroline. — *Inkhoorn-visch*, en Hollande. — *Squirrel-fish*, en
Suède. — *Blaukopf*, *Eichhorn fish*, *Rothmund*, en Allemagne. — *Persègue écureuil.* Daubenton
et Haüy, Encyclopédie méthodique. — *Id.* Bonnaterre, planches de l'Encyclopédie méthodique.
— « Perca marina capite striato. » Catesby, *Carol.*, 2, p. 6, tab. 6, fig. 1. — *Anthias écureuil.*
Bloch, pl. 323. — *Lutjan jaune.* Bloch, pl. 247, 249.

2. A chaque pectorale du lutjan pentagramme.................... 15 rayons.
    A chaque thoracine, articulés............................... 5   —
        —   aiguillonné............................... 1   —
    A la nageoire de la queue.................................. 16   —
    A la membrane branchiale du lutjan argenté................. 6   —

Bloch a fait connaître le lutjan œil d'or, d'après un individu de la collection de M. Linke de Leipzig. La tête de ce poisson est allongée ; chacune de ses narines a deux orifices ; sa ligne latérale est interrompue ; ses pectorales, ses thoracines et son anale sont d'un jaune mêlé de violet, et sa dorsale, ainsi que sa cauda/ , d'une nuance brune.

Au lieu de cette teinte obscure, les nageoires du lutjan nageoires rouges brillent d'une belle couleur de vermillon. Bloch avait reçu du Japon un individu de cette espèce. Les deux mâchoires de ce poisson sont également avancées ; sa langue est lisse ; ses yeux sont gros ; un sillon longitudinal peut recevoir la nageoire dorsale ; de petites écailles sont placées sur la base de la caudale et sur celle de la nageoire de l'anus.

LE LUTJAN HAMRUR[1]

Priacanthus Hamrur, Cuv. — *Sciæna Hamrur*, Forsk. — *Anthias Hamrur*, Bloch. — *Lutjanus Hamrur*, Lacép.

Le Lutjan diagramme, *Diagramma lineatum*, Cuv.; *Perca diagramma*, Linn., Gmel.; *Anthias diagramma*, Bloch; *Lutjanus diagramma*, Lacép. — Lutjan bloch, *Meso-*

A chaque pectorale	12	rayons.
A chaque thoracine, articulés	5	—
— aiguillonné	1	—
A la caudale	17	—
A chaque pectorale du lutjan serran	16	—
A chaque thoracine, articulés	5	—
— aiguillonné	1	—
A la nageoire de la queue	17	—
A la membrane branchiale du lutjan écureuil	5	—
A chaque pectorale	16	—
A chaque thoracine, articulés	5	—
— aiguillonné	1	—
A la caudale	17	—
A chaque pectorale du lutjan jaune	17	—
A chaque thoracine	6	—
A la nageoire de la queue	16	—
A chaque pectorale du lutjan œil d'or	14	—
A chaque thoracine	6	—
A la caudale	18	—
A la membrane branchiale du lutjan nageoires rouges	6	—
A chaque pectorale	15	—
A chaque thoracine, articulés	5	—
— aiguillonné	1	—
A la nageoire de la queue	20	—

1. Forskael, *Fauna arab.*, p. 45, n. 44. — *Sciène hosrom.* Bonnaterre, planches de l'Encyclopédie méthodique. — *Ikan warna, Warna roepanja*, dans les Indes orientales. — *Prique*, dans plusieurs contrées de l'Inde. — *Titel barsch, Gestreifte rothling*, par les Allemands. — *Persègue diagramme.* Daubenton et Haüy, Encyclopédie méthodique. — *Id.* Bonnaterre, planches de l'Encyclopédie méthodique.

Anthias diagramme, Bloch, pl. 320. — « Sparus lineis longitudinalibus luteis varius, etc. » Gron., Mus. 1, n. 88 ; Séba, Mus. 3, tab. 27, fig. 18. — *Ikan lutjang*, au Japon. —

prion lutjanus, Cuv.; *Lutjanus lutjanus,* Bloch; *Lutjanus Blochii,* Lacép. — Lutjan verrat, *Crenilabrus*....., Cuv.; *Bodianus bodianus,* Bloch; *Lutjanus verres,*
Bloch, Lacép.; *Bodianus Blochii,* Lacép. — Lutjan macrophthalme, *Priacanthus
macrophthalmus,* Cuv.; *Anthias macrophthalmus,* Bloch; *Lutjanus macrophthalmus,* Lacép.

Le hamrur, que Forskael a vu auprès des rivages de l'Arabie, a les dents
des deux mâchoires petites, égales, fortes, renflées et un peu éloignées les
unes des autres ; la dernière pièce de ses opercules est terminée en pointe ;
et ses pectorales, dont la couleur est rougeâtre, sont plus courtes de la moitié
que ses thoracines.

Le diagramme habite les eaux des grandes Indes ; sa chair est ferme,
grasse et de très bon goût ; il parvient à une longueur de trois ou quatre
décimètres, et il est assez courageux pour attaquer des poissons plus grands
que lui. Sa tête est entièrement couverte de petites écailles ; les deux
mâchoires sont aussi avancées l'une que l'autre ; les dents petites et nombreuses ; le palais et la langue lisses ; les narines percées chacune de deux
orifices, et les yeux gros et un peu rapprochés.

Le lutjan Bloch a la mâchoire inférieure plus avancée que la supérieure ; le palais hérissé de dents très petites ; deux orifices à chaque narine ;
la dernière pièce de chaque opercule terminée par une prolongation un peu
membraneuse ; les nageoires rougeâtres ; la partie antérieure de la dorsale
d'un bleu clair ou grisâtre.

Ce poisson a été observé dans le Japon, et c'est le nom de *lutjang* qu'il y
porte, que Bloch a attribué à un genre particulier, et que nous avons donné
au genre dont nous nous occupons.

Le Japon est aussi la patrie du verrat.

Ce dernier lutjan a le palais revêtu de dents petites et arrondies ; on ne
compte qu'un orifice à chaque narine. Les écailles sont fortes et dentelées ;
on en voit de semblables à celles du dos, sur une partie de la dorsale, de
l'anale et de la caudale. Cette nageoire de la queue, la base des pectorales
et la dernière portion de la nageoire du dos, ainsi que celle de l'anus, brillent d'un beau rouge. On remarque des teintes dorées sur la partie inférieure
de l'animal[1].

Lutian lutian. Bloch, pl. 255. — *Perro colorado,* en espagnol. — *Lutjan verrat.* Bloch, pl. 255.
— *Anthias macrophthalmus.* Bloch, pl. 319.

1. A la membrane branchiale du lutjan hamrur................... 6 rayons.
    A chaque pectorale... 16   —
    A chaque thoracine, articulés............................... 5   —
            —   aiguillonné........................ 1   —
    A la caudale.. 16   —
    A la membrane branchiale du lutjan diagramme................ 5   —
    A chaque pectorale.. 16   —
    A chaque thoracine, articulés............................... 5   —
            —   aiguillonné........................ 1   —

C'est encore au Japon que l'on trouve le macrophthalme, dont le nom indique la grosseur très remarquable des yeux[1]. Ses deux mâchoires sont d'une longueur égale ; ses dents très petites ; les écailles dentelées et dures ; les pectorales et les thoracines rouges ; la base de la dorsale, celle de l'anale et l'extrémité de la caudale, d'un jaune ou d'un gris mêlé de bleu.

LE LUTJAN VOSMAER [2]

Scolopsides Vosmaeri, Cuv. — *Scolopsis argyrosomus*, Kuhl. — *Anthias Vosmaer,* Bloch. — *Lutjanus Vosmaeri* ot *Lutjanus aureo-vittatus*, Lacép.

Le Lutjan elliptique, *Scolopsides bilineatus*, Cuv.; *Anthias bilineatus*, Bloch; *Lutjanus ellipticus*, Lacép. — Lutjan japonais, *Scolopsides kate*, Cuv.; *Anthias japonicus*, Bloch; *Lutjanus japonicus*, Lacép. — Lutjan hexagone, *Myripristis hexagonus*, Cuv.; *Lutjanus hexagonus*, Lacép. — Lutjan croissant, *Mesoprion lunulatus*, Cuv.; *Perca lunulata*, Mungo Park; *Lutjanus lunulatus*, Lacép.

Les trois premiers de ces lutjans sont du Japon. Nous en devons la connaissance à Bloch, qui les a placés dans le genre particulier auquel il a donné le nom d'*anthias*, parce que leur tête est entièrement couverte de petites écailles. Mais les principes de distribution méthodique que nous avons cru devoir suivre ne nous ont pas permis d'adopter ce genre d'anthias, et nous avons inscrit parmi les vrais lutjans les trois poissons japonais dont nous parlons dans cet article.

Le vosmaer a de très petites dents ; les pectorales, les thoracines et la caudale rouges ; la dorsale et l'anale bleues, avec des teintes rougeâtres sur quelques rayons.

A la nageoire de la queue	19	rayons.
A la membrane branchiale du lutjan Bloch	6	—
A chaque pectorale	17	—
A chaque thoracine, articulés	5	—
— aiguillonné	1	—
A la caudale	17	—
A la membrane branchiale du lutjan verrat	5	—
A chaque pectorale	16	—
A chaque thoracine, articulés	5	—
— aiguillonné	1	—
A la nageoire de la queue	15	—
A la membrane branchiale du lutjan macrophtbalme	5	—
A chaque pectorale	16	—
A chaque thoracine, articulés	5	—
— aiguillonné	1	—
A la caudale	18	—

1. Le diamètre de l'œil du macrophthalme est plus grand que la distance qui sépare la ligne latérale de ce lutjan de sa nageoire du dos.

2. *Anthias vosmaer.* Bloch, pl. 321. — *Anthias rayé, anthias binileatus.* Bloch, pl. 325, fig. 1. — *Anthias japonais.* Bloch, pl. 325, fig. 2. — *Boltok in dsoul water,* par les Hollandais. — *Perca lunulata.* Description des poissons de Sumatra, par Mungo Park. (*Actes de la Société linnéenne de Londres*, t. III, p. 33.)

Le lutjan elliptique présente un rang de dents courtes et pointues à chacune de ses mâchoires qui sont égales en longueur. On ne compte qu'un orifice à chaque narine. L'ellipse violette que l'on voit sur le dos de l'animal est le plus souvent double ; la partie supérieure du poisson est d'un vert jaunâtre, plus ou moins mêlé de brun ; la dorsale, les pectorales et la caudale sont violettes ; les thoracines sont variées de jaune et de violet ; l'anale est noire dans sa partie antérieure et jaune dans l'autre.

Des raies étroites, obliques et verdâtres règnent fréquemment sur le dos du japonais ; le devant de sa dorsale est d'un violet mêlé de gris ou de blanc[1].

L'hexagone a l'œil très grand ; les écailles fortement striées ; le diamètre vertical de la queue bien inférieur à celui du corps. On n'a point encore publié de description de cette espèce, dont nous avons trouvé un individu parmi les poissons desséchés qui font partie de la belle collection donnée par la Hollande à la France.

Les nageoires du lutjan croissant sont rougeâtres, excepté les thoracines, qui offrent une couleur d'or ou d'orange. La patrie de ce dernier poisson est l'île de Sumatra.

LE LUTJAN GALON D'OR[2]

Scolopsides Vosmaeri, Cuv. — *Scolopsis argyrosomus*, Kuhl. — *Anthias Vosmaer*,
Bloch. — *Lutjanus aureo-vittatus* et *Lutjanus Vosmaeri*, Lacép.

Le Lutjan gymnocéphale, *Ambassis Commersonii*, Cuv.; *Lutjanus gymnocephalus* et
Centropomus ambassis, Lacép. — Lutjan triangle, *Corvina ocellata*, Cuv.; *Sciæna*

1. A la membrane branchiale du lutjan vosmaer	5	rayons.
A chaque pectorale	16	—
A chaque thoracine, articulés	5	—
— aiguillonné	1	—
A la nageoire de la queue	15	—
A la membrane branchiale du lutjan elliptique	5	—
A chaque pectorale	14	—
A chaque thoracine, articulés	5	—
— aiguillonné	1	—
A la caudale	20	—
A la membrane branchiale du lutjan japonais	6	—
A chaque pectorale	14	—
A chaque thoracine, articulés	5	—
— aiguillonné	1	—
A la nageoire de la queue	16	—
A chaque pectorale du lutjan hexagone	16	—
A chaque thoracine, articulés	5	—
— aiguillonné	1	—
A la caudale	19	—
A la membrane branchiale du lutjan croissant	7	—
A chaque pectorale	16	—
A la nageoire de la queue	17	—

2. *Perca aurata.* Description des poissons de Sumatra, par Mungo Park. (*Actes de la Société linnéenne de Londres*, t. III, p. 33.)

imberbis, Mitch.; *Perca ocellata,* Linn.; *Lutjanus triangulum* et *Centropomus ocellatus,* Lacép. — Lutjan microstome, *Pristipoma Commersonii,* Cuv.; *Lutjanus microstomus* et *Labrus Commersonii,* Lacép.

Les eaux de Sumatra nourrissent le lutjan galon d'or. Indépendamment du ruban doré qui nous a indiqué son nom spécifique, sa couleur blanchâtre est relevée par le beau jaune de ses pectorales et de sa nageoire de la queue; la dorsale et les thoracines sont d'un brun mêlé de blanc.

Aucun naturaliste n'a encore publié la description du gymnocéphale, du triangle, ni du microstome, dont nous avons vu des dessins parmi les manuscrits de Commerson, et qui vivent dans le grand Océan équinoxial, ou dans les parties de ce grand Océan voisines des tropiques.

Le gymnocéphale a les dents égales et pointues; les deux premières pièces de chaque opercule dentelées, et les narines percées chacune d'un seul orifice.

On doit remarquer sur le lutjan triangle la forme de sa caudale qui est en croissant, la double ouverture de chacune de ses narines, l'échancrure de la dernière pièce de l'opercule qui, au-dessous de cette sorte d'entaille, montre une prolongation arrondie, et les très petites taches dont sont marquées presque toutes les écailles de la partie supérieure du poisson.

Les dents du microstome[1] sont petites et déliées, et son anus est plus près de la tête que de la nageoire de la queue[2].

LE LUTJAN ARGENTÉ VIOLET[3]

Gymnocephalus argenteus, Bloch. — *Lutjanus argenteo-violaceus,* Lacép.

Les grandes Indes sont la patrie de ce poisson.

Les dents de l'argenté sont à peine visibles. La dernière pièce de chaque opercule ne présente pas ordinairement de dentelures. L'anus est plus éloigné de la gorge que de la caudale[4].

1. *Microstome* signifie petite bouche, et *gymnocéphale,* tête nue, ou dénuée de petites écailles. *Micros,* en effet, veut dire, en grec, *petit; stoma, bouche; gumnos, nu;* et *cephale, tête.*
2. A la membrane branchiale du lutjan galon d'or............ 5 rayons.
   A chaque pectorale.................................... 18 —
   A chaque thoracine.................................... 6 —
   A la nageoire de la queue............................. 18 —
   A chaque nageoire thoracine du lutjan gymnocéphale..... 7 —
   A chaque pectorale du lutjan triangle.................. 8 ou 9 —
   A la caudale.. 17 —
   A chaque pectorale du lutjan microstome................ 9 ou 10 —
3. *Gymnocéphale argenté.* Bloch, pl. 332, fig. 2.
4. A la membrane branchiale du lutjan argenté................ 5 rayons.
   A chaque pectorale.................................... 12 —
   A chaque thoracine, articulés......................... 5 —
   —   aiguillonné......................... 1 —
   A la nageoire de la queue............................. 14 —

LE LUTJAN DÉCACANTHE[1]

Labrus striatus, Linn., Gmel. — *Lutjanus decacanthus*, Lacép.

Le Lutjan scine, *Labrus scina*, Linn., Gmel.; *Lutjanus scina*, Lacép. — Lutjan lapine, *Crenilabrus lapina*, Cuv.; *Labrus lapina*, Linn., Gmel.; *Lutjanus lapina*, Lacép. — Lutjan rameux, *Labrus ramentosus*, Linn., Gmel.; *Lutjanus ramentosus*, Lacép. — Lutjan œillé, *Crenilabrus.....*, Cuv.; *Labrus ocellatus*, Linn., Gmel.; *Lutjanus ocellatus*, Lacép. — Lutjan bossu, *Labrus gibbus*, Linn., Gmel.; *Lutjanus gibbus*, Lacép. — Lutjan olivatre, *Crenilabrus.....*, Cuv.; *Labrus olivaceus*, Linn., Gmel.; *Lutjanus olivaceus*, Lacép.

On a observé en Amérique le lutjan décacanthe, dont la couleur générale est d'un brun jaunâtre.

Le lutjan scina et le lutjan lapine habitent dans la Propontide, et particulièrement auprès de Constantinople. Le scina a le dessous du corps et de la queue blanc, avec des raies jaunes et un peu tortueuses; les pectorales jaunes et sans tache; les autres nageoires jaunâtres et tachées de bleu. La tête du lutjan lapine présente des taches rouges sur le côté, une raie petite, ondée et bleue au-dessous de l'œil; ses pectorales sont jaunes; ses thoracines bleues; et ses autres nageoires violettes avec des taches bleues. Forskael a le premier publié la description de ces deux lutjans, ainsi que du rameux et de l'œillé, dont l'un vit dans la mer d'Arabie et l'autre dans celle de Syrie. Le rameux est d'un vert mêlé de brun; il a des taches violettes sur le sommet de la tête, au-dessous des yeux et sur les nageoires. L'œillé, qui préfère les eaux de la Syrie, montre auprès de chaque œil une tache ronde et couleur d'écarlate, qui se marie très bien avec la tache bleue et bordée de rouge qu'indique pour ce poisson le tableau générique des lutjans.

On a pêché le bossu auprès des côtes d'Angleterre. Les pectorales de ce thoracin sont jaunes; la base de ces pectorales offre des bandes étroites, transversales et rouges; les thoracines et la nageoire de la queue sont verdâtres[2].

1. Mus. Ad. Frid., 2, p. 77. — *Labre strié*. Daubenton et Haüy, Encyclopédie méthodique. — *Id.* Bonnaterre, planches de l'Encyclopédie méthodique. — Forskael, *Fauna arab.*, p. 36, n. 30. — *Labre kichla.* Bonnaterre, planches de l'Encyclopédie méthodique. — Forskael, *Fauna arab.*, p. 36, n. 31. — *Labre lapine.* Bonnaterre, planches de l'Encyclopédie méthodique.. — Forskael, *Fauna arab.*, p. 34, n. 28. — *Labre rameux.* Bonnaterre, planches de l'Encyclopédie méthodique. — Forskael, *Fauna arab.*, p. 37, n. 33. — *Labre œil d'écarlate.* Bonnaterre, planches de l'Encyclopédie méthodique.

Gibbous wrasse. Pennant, *Brit. zool.*, III, p. 208, n. 5. — *Labre bossu.* Bonnaterre, planches de l'Encyclopédie méthodique. — Brunn., *Pisc. Massil.*, p. 56, n. 71. — *Labre olivâtre.* Bonnaterre, planches de l'Encyclopédie méthodique.

2. A la membrane branchiale du lutjan décacanthe............. 6 rayons.
    A chaque pectorale.................................... 17   —
    A chaque thoracine, articulés......................... 5   —
         —   aiguillonné 1   —
    A la caudale.. 12   —
    A chaque pectorale du lutjan scina.................... 14   —

A l'égard de l'olivâtre, que l'on rencontre dans la Méditerranée, comptons parmi ses principaux attributs les teintes argentées de sa tête, celles de sa caudale, qui est roussâtre, et la couleur de ses autres nageoires, qui est semblable à celle du corps.

LE LUTJAN BRUNNICH [1]

Crenilabrus fuscus, Cuv. — *Labrus fuscus*, Linn., Gmel. — *Lutjanus Brunnichii*, Lacép.

Le Lutjan marseillais, *Crenilabrus unimaculatus*, Cuv.; *Labrus unimaculatus*, Linn., Gmel.; *Lutjanus massiliensis*, Lacép. — Lutjan adriatique, *Serranus hepatus*, Cuv.; *Labrus adriaticus*, Linn., Gmel ; *Lutjanus adriaticus*, Lacép.; *Holocentrus striatus*, Bloch; *Hol. siagonotus*, Laroche. — Lutjan magnifique, *Perca nobilis*, Linn., Gmel.; *Lutjanus magnificus*, Lacép. — Lutjan polymne, *Amphiprion polymnus*, Bloch, Schn., Cuv.; *Anthias polymnus*, Bloch ; *Lutjanus polymnus*, Lacép.

Le brunnich ne parvient ordinairement qu'à la longueur d'un déci-

A chaque thoracine, articulés	5	rayons.
— aiguillonné	1	—
A la nageoire de la queue	15	—
A chaque pectorale du lutjan lapine	15	—
A chaque thoracine, articulés	5	—
— aiguillonné	1	—
A la caudale	15	—
A la membrane branchiale du lutjan rameux	5	—
A chaque pectorale	13	—
A chaque thoracine, articulés	5	—
— aiguillonné	1	—
A la nageoire de la queue	12	—
A chaque pectorale du lutjan œillé	11	—
A chaque thoracine, articulés	5	—
— aiguillonné	1	—
A la caudale	15	—
A chaque pectorale du lutjan bossu	13	—
A chaque thoracine, articulés	5	—
— aiguillonné	1	—
A la membrane branchiale du lutjan olivâtre	5	—
A chaque pectorale	13	—
A chaque thoracine, articulés	5	—
— aiguillonné	1	—
A la nageoire de la queue	12	—

1. Brunn., *Pisc. Massil.*, p. 56, n. 72. — *Labre serpentin*. Bonnaterre, planches de l'Encyclopédie méthodique. — Brunn., *Pisc. Massil.*, p. 57, n. 73; et p. 97, n. 10. — *Labre rayé de bleu*. Bonnaterre, planches de l'Encyclopédie méthodique. — *Labre rayé de brun*. Bonnaterre, planches de l'Encyclopédie méthodique. — Brunn., *Pisc. Massil.*, p. 98, n. 11. — *Tontelton*, dans les grandes Indes. — *Id.*, en Angleterre. — *Den weisband*, en Allemagne. — *Genaarde baarr*, en Hollande.

Perca polymna. Linné, édition de Gmelin. — « Perca dorso monopterygio, cauda subrotunda, corpore fasciis transversis albis. » Gronov. Mus. 190. — Séba, Mus. III, tab. 26, fig. 20. — *Persègue polymne*. Daubenton et Haüy, Encyclopédie méthodique. — *Id.*, Bonnaterre, planches de l'Encyclopédie méthodique. — *Anthias polymne*. Bloch, pl. 316, fig. 1.

mètre; il est allongé et un peu comprimé ; sa dorsale, son anale et sa caudale sont brunes ou rousses, et tachées de bleu; les pectorales rousses à leur base et bleues à leur sommet; les thoracines rouges et sans taches. Il a été observé par Brunnich dans la Méditerranée, ainsi que le marseillais. Ce dernier lutjan est aussi petit et aussi comprimé que le premier, mais sa forme générale est moins allongée. On voit souvent une tache noire vers l'extrémité postérieure de sa nageoire du dos.

C'est encore le savant Brunnich qui a décrit le premier le lutjan adriatique. Il l'a vu dans la mer de ce nom auprès de Spalatro. La longueur ordinaire de ce poisson est à peu près égale à celle du marseillais et du brunnich. Sa nageoire de l'anus est noire à la base et jaune à son bord extérieur[1].

L'éclat de l'argent dont brille le magnifique m'a indiqué le nom spécifique que j'ai cru devoir lui donner. Ce lutjan habite dans les eaux de l'Amériqué, et les orifices de ses narines sont placés comme au bout d'un très petit tube[2].

Les grandes Indes sont la patrie du polymne. La tête de ce poisson est petite; la nuque élevée ; la langue lisse, ainsi que le palais; le dos caréné; le ventre arrondi.

Bloch a décrit une variété de ce beau lutjan[3]. Elle diffère du polymne

1. A la membrane branchiale du lutjan brunnich.................. 5 rayons.
      A chaque pectorale... 12 —
      A chaque thoracine, articulés................................ 5   —
              —   aiguillonné............................. 1   —
      A la caudale... 13 —

      A la membrane branchiale du lutjan marseillais............... 5   —
      A chaque pectorale... 14 —
      A chaque thoracine, articulés................................ 5   —
              —   aiguillonné............................. 1   —
      A la nageoire de la queue.................................... 13 —

      A la membrane branchiale du lutjan adriatique................ 6   —
      A chaque pectorale... 14 —
      A chaque thoracine, articulés................................ 5   —
              —   aiguillonné............................. 1   —
      A la caudale... 17 —

      A chaque pectorale du lutjan magnifique...................... 15 —
      A chaque thoracine, articulés................................ 5   —
              —   aiguillonné............................. 1   —
      A la nageoire de la queue.................................... 17 —

      A la membrane branchiale du lutjan polymne.................. 6   —
      A chaque pectorale.. 16 —
      A chaque thoracine, articulés............................... 5   —
              —   aiguillonné............................ 1   —
      A la caudale.. 14 —

2. Je n'ai pas vu d'individu de l'espèce du magnifique ; si ce lutjan, contre mon opinion, n'avait pas de dentelure aux opercules, il faudrait le placer parmi les labres ou parmi les spares, suivant les caractères que l'observation ferait reconnaître dans ce thoracin.

3. Bloch, pl. 316, fig. 3.

que nous tâchons de faire connaître par les quatre caractères suivants :

1° Le corps et la queue sont plus allongés que ceux de ce polymne; 2° toutes les nageoires sont bordées de noir; 3° la partie postérieure de la dorsale, les pectorales, les thoracines, l'anale et la caudale sont cendrées; 4° la ligne latérale n'est pas interrompue.

LE LUTJAN PAUPIÈRE[1]

Perca palpebrosa, Linn., Gmel. — *Lutjanus palpebratus,* Lacép.

Le Lutjan noir, *Perca atraria,* Linn., Gmel.; *Lutjanus atrarius,* Lacép. — Lutjan chrysoptère, *Hœmulon chrysopteron,* Cuv.; *Perca chrysoptera,* Linn., Gmel.; *Lutjanus chrysopterus,* Lacép. — Lutjan méditerranéen, *Crenilabrus....,* Cuv.; *Perca mediterranea,* Linn., Gmel ; *Lutjanus mediterraneus,* Lacép. — Lutjan rayé, *Perca vittata,* Linn., Gmel.; *Lutjanus vittatus,* Lacép.

Le lutjan paupière, qui habite en Amérique, ne présente jamais que de petites dimensions.

Le noir et le chrysoptère ont été vus particulièrement dans les eaux de la Caroline, l'un par Garden, et l'autre par ce même observateur et par Catesby. Le second de ces lutjans a la tête allongée et couverte en entier de petites écailles, et l'anale ainsi que la caudale tachetées de brun[2].

---

1. *Persègue paupière.* Daubenton et Haüy, Encyclopédie méthodique. — *Id.* Bonnaterre, planches de l'Encyclopédie méthodique. — *Black fish,* dans la Caroline, suivant Garden. — *Persègue noire.* Daubenton et Haüy, Encyclopédie méthodique. — *Id.* Bonnaterre, planches de l'Encyclopédie méthodique. — « Perca marina gibbosa. » Catesby, *Carol.,* t. II, p. 2, tab. 2, fig. 1. — *Persègue dorée.* Daubenton et Haüy, Encyclopédie méthodique. — *Id.* Bonnaterre, planches de l'Encyclopédie méthodique. — Mus. Ad. Frid. 2, p. 85. — Brunn., *Pisc. Massil.,* p. 66, n. 82. — *Persègue tachée.* Daubentou et Haüy, Encyclopédie méthodique. — *Id.* Bonnaterre, planches de l'Encyclopédie méthodique. — Mus. Ad. Frid. 2, p. 85. — *Persègue rayée.* Daubenton et Haüy, Encyclopédie méthodique. — *Id.* Bonnaterre, planches de l'Encyclopédie méthodique.

2. A chaque pectorale du lutjan paupière........................ 15 rayons.
    A chaque thoracine, articulés................................. 5   —
         —   aiguillonné.............................. 1   —
    A la nageoire de la queue 17   —

    A la membrane branchiale du lutjan noir.................... 7   —
    A chaque pectorale.. 20   —
    A chaque thoracine... 7   —
    A la caudale.. 20   —

    A la membrane branchiale du lutjan méditerranéen.......... 5   —
    A chaque pectorale.. 14   —
    A chaque thoracine, articulés................................ 5   —
         —   aiguillonné.............................. 1   —
    A la nageoire de la queue.................................... 13   —

    A la membrane branchiale du lutjan rayé............... 6 ou 7   —
    A chaque pectorale.. 18   —
    A chaque thoracine, articulés................................ 5   —
         —   aiguillonné.............................. 1   —
    A la caudale.. 17   —

Nous n'avons pas besoin de dire que le méditerranéen vit dans la Méditerranée. Il n'a point de petites écailles sur la partie supérieure de la tête, et ses pectorales, ses thoracines, son anale et sa caudale sont rousses ou jaunes.

Le lutjan rayé a été pêché en Amérique. On a remarqué la force du second rayon aiguillonné de sa nageoire de l'anus. Il nous semble que c'est avec raison que les professeurs Gmelin et Bonnaterre ont rapporté à cette espèce le poisson du Japon, décrit par le savant Houttuyn, dans les *Mémoires de Harlem*, t. XX, p. 326, et qui avait un peu plus de deux décimètres de longueur.

LE LUTJAN ÉCRITURE [1]

Serranus scriba, Cuv. — *Perca scriba,* Linn., Gmel. —*Lutjanus scriptura, Holocentrus marinus* et *Holocentrus fasciatus,* Lacép.

Le Lutjan chinois, *Perca sinensis,* Linn., Gmel.; *Lutjanus chinensis,* Lacép. — Lutjan pique, *Pristipoma hasta,* Cuv.; *Lutjanus hasta,* Bloch, Lacép. — Lutjan selle, *Amphiprion ephippium,* Schn., Cuv.; *Lutjanus ephippinus,* Bloch, Lacép. — Lutjan deux dents, *Crenilabrus.....,* Cuv.; *Lutjanus bidens,* Bloch, Lacép.

On ne connaît pas la patrie du lutjan écriture; il serait superflu de dire quelle est celle du chinois. Ce dernier poisson a de petites dents aux deux mâchoires, et la nageoire du dos échancrée [2].

1. Mus. Ad. Frid. 2, pl. 86. — *Persèque écriture.* Daubenton et Haüy, Encyclopédie méthodique. — *Id.* Bonnaterre, planches de l'Encyclopédie méthodique. — Osbeck, *It. to. Chin.,* t. II, p. 25. — *Persèque chinoise.* Bonnaterre, planches de l'Encyclopédie méthodique. — *Lutjan broche.* Bloch, pl. 246, fig. 1. — *Lutjan selle.* Bloch, pl. 250, fig. 2. — *Lutjan dent double.* Bloch, pl. 251, fig. 1.

2. A la membrane branchiale du lutjan écriture.................. 7 rayons.
    A chaque pectorale... 13 —
    A chaque thoracine, articulés................................... 5 —
        — aiguillonné.. 1 —
    A la caudale... 15 —

    A chaque pectorale du lutjan chinois............................ 18 —
    A chaque thoracine, articulés................................... 5 —
        — aiguillonné.. 1 —
    A la nageoire de la queue....................................... 17 —

    A chaque pectorale du lutjan pique.............................. 16 —
    A chaque thoracine, articulés................................... 5 —
        — aiguillonné.. 1 —
    A la caudale... 18 —

    A la membrane branchiale du lutjan selle........................ 6 —
    A chaque pectorale... 19 —
    A chaque thoracine, articulés................................... 5 —
        — aiguillonné.. 1 —
    A la nageoire de la queue....................................... 16 —

    A la membrane branchiale du lutjan deux dents.................. 5 —
    A chaque pectorale... 13 —
    A chaque thoracine, articulés................................... 5 —
        — aiguillonné.. 1 —
    A la caudale... 15 —

On trouve au Japon le lutjan pique, dont le nom a été imaginé pour désigner la longueur et la forme du second aiguillon de son anale, lequel a paru présenter une petite image du fer d'une pique. Le palais de ce thoracin est revêtu de dents très petites; ses yeux sont un peu saillants; la nageoire du dos est tachetée de brun; les pectorales, les thoracines et la caudale sont rouges; l'anale est bleuâtre.

La langue du lutjan selle est courte, épaisse et lisse, de même que son palais; la nuque est relevée; la grande tache noire placée sur le dos, et descendant des deux côtés de l'animal, comme une selle, s'étend d'autant plus, à proportion des dimensions du poisson, que l'individu est moins jeune et plus grand. Toutes les nageoires de ce thoracin sont d'un gris bleuâtre. On a pêché cet osseux dans les Indes orientales.

Le lutjan deux dents habite dans l'océan Atlantique boréal, et par conséquent dans une mer bien éloignée de celle dans laquelle on a observé le lutjan selle. Il n'y a qu'un seul orifice à chaque narine du premier de ces deux poissons; cette ouverture est très proche de l'œil. Une tache noire marque la base de chaque pectorale; chaque écaille montre une petite raie longitudinale et d'un jaune pâle.

LE LUTJAN MARQUÉ [1]

Crenilabrus notatus, Cuv. — *Lutjanus notatus,* Bloch, Lacép.

Le Lutjan linke, *Crenilabrus linkii,* Cuv.; *Lutjanus linkii,* Bloch, Lacép. — Lutjan surinam, *Pristipoma surinamense,* Cuv.; *Lutjanus surinamensis,* Bloch, Lacép.; *Holocentrus gibbosus,* Lacép. — Lutjan verdatre, *Crenilabrus virescens,* Cuv.; *Lutjanus virescens,* Bloch, Lacép. — Lutjan groin, *Crenilabrus verres,* Cuv.; *Lutjanus verres* et *Bodianus bodianus,* Bloch; *Lutjanus rostratus,* Lacép. — Lutjan norvégien, *Crenilabrus norvegicus,* Cuv.; *Lutjanus norvegicus,* Bloch, Lacép.

Le marqué n'a qu'une rangée de dents serrées et pointues à chacune de ses mâchoires; sa langue et son palais sont lisses; chaque narine n'a qu'un orifice; les Indes orientales sont sa patrie.

Bloch, qui a décrit le premier le lutjan linke, a donné à ce poisson le nom de M. Linke son ami, de qui il avait reçu un individu de cette espèce; mais il ignorait dans quelles eaux cet individu avait été pêché.

Le lutjan surinam, dont la patrie est indiquée par le nom que porte ce thoracin, a la langue lisse, mais le palais rude au toucher; chaque oper-

---

1. *Lutjan marqué.* Bloch, pl. 251, fig. 2. — *Lutjan de Linke.* Bloch, pl. 252. — *Stein kahlkopf,* par les Allemands. — *Steen kaal kop,* par les Hollandais. — *Lutjan de Surinam.* Bloch, pl. 253. — *Lutjan verdâtre.* Bloch, pl. 254, fig. 1. — *Lutjan groin.* Bloch, pl. 254, fig. 2. — *Lutjan de Norvège.* Bloch, pl. 256.

cule composé de trois pièces ; les nageoires bleues, et la caudale rouge dans sa partie supérieure [1].

On ne doit pas oublier de remarquer, sur le lutjan verdâtre, la forme de la dernière pièce de chaque opercule, qui se termine en pointe, les raies violettes qui règnent sur la tête, les côtés, la dorsale et l'anale, ni les deux bandes transversales, étroites, courbes, et d'un violet plus ou moins foncé, que l'on peut voir sur la caudale.

Le palais et la langue du lutjan groin sont doux au toucher, et ses nageoires courtes.

Le lutjan norvégien a aussi sa langue et son palais très lisses ; une petite membrane s'avance un peu au-dessus de chaque œil de ce poisson ; une humeur gluante sort des pores que l'on peut compter auprès de cet organe ; les rayons aiguillonnés de la dorsale sont garnis chacun d'un filament ; une nuance bleue distingue les pectorales et les thoracines ; l'anale et la caudale sont violettes à leur extrémité.

1. A la membrane branchiale du lutjan marqué.................... 5 rayons.
   A chaque pectorale 14   —
   A chaque thoracine, articulés 5   —
       —   aiguillonné.............................. 1   —
   A la nageoire de la queue.................................... 16   —

   A chaque pectorale du lutjan linke............................ 14   —
   A chaque thoracine, articulés................................ 5   —
       —   aiguillonné.............................. 1   —
   A la caudale 13   —

   A la membrane branchiale du lutjan surinam................... 6   —
   A chaque pectorale.. 16   —
   A chaque thoracine, articulés............................... 5   —
       —   aiguillonné.............................. 1   —
   A la nageoire de la queue 16   —

   A la membrane branchiale du lutjan verdâtre.................. 5   —
   A chaque pectorale.. 12   —
   A chaque thoracine, articulés............................... 5   —
       —   aiguillonné.............................. 1   —
   A la caudale 16   —

   A la membrane branchiale du lutjan groin.................... 5   —
   A chaque pectorale.. 12   —
   A chaque thoracine, articulés............................... 5   —
       —   aiguillonné.............................. 1   —
   A la nageoire de la queue................................... 15   —

   A la membrane branchiale du lutjan norvégien................ 5   —
   A chaque pectorale.. 14   —
   A chaque thoracine, articulés............................... 5   —
       —   aiguillonné.............................. 1   —
   A la caudale 16   —

LE LUTJAN JOURDIN [1]

Amphiprion bifasciatus, BLOCH, SCHN., CUV. — *Anthias bifasciatus*, BLOCH.
— *Holocentrus bifasciatus*, SCHN. — *Lutjanus Jourdin*, LACÉP.

LE LUTJAN ARGUS, *Anthias argus*, Bloch ; *Lutjanus argus*, Lacép. — LUTJAN JOHN, *Mesoprion johnii*, Cuv.; *Anthias johnii*, Bloch ; *Lutjanus johnii*, Lacép. — LUTJAN TORTUE, *Anabas testudineus*, Cuv.; *Anthias testudineus*, Bloch ; *Lutjanus testudineus*, Lacép. — LUTJAN PLUMIER, *Serranus striatus*, Cuv.; *Anthias striatus*, Bloch; *Anthias cherna*, Bloch, Schn.; *Lutjanus plumieri* et *Sparus chrysomelanus*, Lacép. — LUTJAN ORIENTAL, *Serranus orientalis*, Cuv.; *Anthias orientalis*, Bloch; *Lutjanus orientalis* et *Lutjanus aurantius*, Lacép.

Le lutjan jourdin a beaucoup de rapports avec le lutjan polymne. Son palais et sa langue sont dénués de petites dents ; mais son gosier en est entouré. Les deux pièces de chaque opercule sont dentelées et la postérieure l'est profondément. Les deux côtés de la caudale sont blancs, de manière à faire présenter, par la couleur brune du milieu de cette nageoire, la figure d'un fer de lance. On voit aussi sur le haut de la partie postérieure de la dorsale une teinte blanche qui se réunit et se confond avec la seconde bande transversale. Valentyn, qui a donné le premier un dessin de ce beau poisson, que l'on trouve dans les eaux de l'île d'Amboine, dit que ce thoracin parvient à la longueur de deux ou trois décimètres, et que les reflets dorés dont il brille jettent un tel éclat, que, lorsqu'on voit plusieurs individus de cette espèce nager ensemble, ils offrent un petit spectacle des plus agréables.

L'argus est remarquable par ses taches brunes en forme de cercle ou d'anneau, et par conséquent un peu semblables à une prunelle entourée de son iris ; il a d'ailleurs sur la tête et sur les nageoires d'autres taches de la même couleur, rondes, mais plus petites et non percées dans leur centre. Les deux mâchoires de ce poisson sont garnies de dents aiguës et égales.

Le lutjan John a reçu de Bloch le nom qu'il porte ; ce savant naturaliste le lui a donné pour exprimer sa reconnaissance envers son ami le missionnaire John, qui lui avait envoyé un individu de cette espèce. Ce thoracin vit à Tranquebar. Il a la chair blanche et de bon goût. La mâchoire supérieure est garnie de dents aiguës et séparées les unes des autres, parmi lesquelles deux attirent l'œil par leur longueur. L'orifice de chaque narine est double. Chaque opercule est terminé par une prolongation pointue. Une partie de la caudale est couverte de petites écailles. Cette même

---

1. *Doppel band*, par les Allemands. — « Anthias jourdin, anthias bifasciatus. » Bloch, pl. 316, fig. 2. — « Anthias argus. » Bloch, pl. 317. — « Anthias Johnii. » Bloch, pl. 318. — « Anthias testudineus. » Bloch, pl. 322. — « Anthias striatus. » Bloch, pl. 324. — « Anthias linéaire, anthias lineatus. » Bloch, pl. 326, fig. 1.

caudale, les pectorales et les thoracines sont rouges, pendant que le bleu et l'orangé distinguent la dorsale et la nageoire de l'anus.

On trouve dans le Japon, aussi bien que sur la côte de Coromandel, le lutjan tortue. Ses écailles sont grandes, et son crâne a paru assez dur au naturaliste Bloch pour qu'il ait cru devoir désigner la manière d'être de cette boîte osseuse, par le nom de *tortue* qu'il a donné à l'animal.

Les nageoires du lutjan Plumier sont rougeâtres, et, suivant le célèbre voyageur dont nous avons cru devoir lui faire porter le nom, sa chair est de bon goût et facile à digérer. On le pêche dans la partie de l'océan Atlantique qui entoure les Antilles [1].

L'oriental, dont la dénomination annonce qu'il habite les Indes orientales, a chaque opercule terminé par une prolongation anguleuse ; les pectorales, les thoracines et la caudale, rouges ou rougeâtres ; la dorsale et l'anale rouges du côté de la tête et jaunes vers la nageoire de la queue, sur laquelle on voit des taches noires et petites, ainsi que sur la nageoire du dos.

Bloch a publié le premier la description des six lutjans dont nous venons de parler.

1.	A la membrane branchiale du lutjan jourdin	6	rayons.
	A chaque pectorale	14	—
	A chaque thoracine, articulés	5	—
	— aiguillonné	1	—
	A la caudale	14	—
	A chaque pectorale du lutjan argus	16	—
	A chaque thoracine, articulés	5	—
	— aiguillonné	1	—
	A la nageoire de la queue	16	—
	A la membrane branchiale du lutjan John	6	—
	A chaque pectorale	16	—
	A chaque thoracine, articulés	5	—
	— aiguillonné	1	—
	A la caudale	18	—
	A la membrane branchiale du lutjan tortue	5	—
	A chaque pectorale	16	—
	A chaque thoracine, articulés	5	—
	— aiguillonné	1	—
	A la nageoire de la queue	15	—
	A chaque pectorale du lutjan Plumier	14	—
	A chaque thoracine, articulés	5	—
	— aiguillonné	1	—
	A la caudale	18	—
	A la membrane branchiale du lutjan oriental	5	—
	A chaque pectorale,	16	—
	A chaque thoracine, articulés	5	—
	— aiguillonné	1	—
	A la nageoire de la queue	21	—

LE LUTJAN TACHETÉ[1]

Pristipoma Caripa, Cuv. — *Anthias maculatus,* Bloch. — *Lutjanus
maculatus,* Lacép.

LE LUTJAN ORANGE, *Serranus orientalis,* Cuv.; *Anthias orientalis,* Bloch; *Lutjanus
aurantius* et *L. orientalis,* Lacép. — LUTJAN BLANCOR, *Mesoprion albo-aureus,*
Cuv.; *Lutjanus albo-aureus,* Lacép. — LUTJAN PERCHOT, *Amphiprion percula,* Cuv.;
Lutjanus percula et *L. polymna,* var., Lacép.; *Anthias percula,* Bloch. — LUTJAN
JAUNELLIPSE, *Lutjanus elliptico-flavus,* Lacép. — LUTJAN GRIMPEUR, *Anabas testu-
dineus,* Cuv.; *Amphiprion scansor,* Bloch, Schn.; *Perca scandens,* Daldorff.; *Lut-
janus scandens,* Lacép. — LUTJAN CHEITODONOÏDE, *Diagramma plectorhynchus,*
Cuv.; *Plectorhynchus chætodonoides* et *Lutjanus chætodonoides,* Lacép. — LUT-
JAN DIACANTHE, *Corvina catalea,* Cuv.; *Lutjanus diacanthus,* Lacép. — LUTJAN
CAYENNE, *Otolithus Toe-toe,* Cuv.; *Lutjanus cayenensis,* Lacép.

Le tacheté se trouve dans les Indes orientales et a les écailles dures et
argentées.

L'orange habite dans les eaux du Japon.

Le blancor a été vu par Commerson auprès des rivages de la Nouvelle-
France, pendant l'été de cette contrée. Il parvient à deux ou trois décimètres de longueur. Le dessus de la tête et du dos de ce poisson est brunâtre; ses nageoires sont jaunes, excepté la caudale, qui est noire et terminée par une raie blanche, le haut de la partie antérieure de la dorsale,
qui est rouge et le haut de la partie postérieure de cette même nageoire, qui
est noir. Ce lutjan a des écailles allongées auprès de ses thoracines. Commerson a écrit que la chair de ce poisson n'était ni malsaine ni désagréable
au goût.

Le perchot habite auprès des rivages de la Nouvelle-Bretagne et particulièrement dans le port Praslin, où Commerson jeta l'ancre avec notre
célèbre Bougainville, en juillet 1768. Ce poisson, qui parvient à peine à la
longueur d'un décimètre et qui ne peut pas être recherché pour la table à
cause de sa petitesse, vit au milieu des rochers, où il se cache parmi les coraux. Ses belles couleurs orange et bleue non seulement se font ressortir
mutuellement d'une manière très gracieuse par leurs nuances et par leur
distribution, mais encore sont relevées par le liséré noir des trois bandes

1. « Barbier tacheté, anthias maculatus. » Bloch, pl. 326, fig. 2. — *Mongrel,* par les
Anglais. — « Mulot, anthias orientalis. » Bloch, pl. 326, fig. 3. — « Aspro lincis aureis (circi-
ter decem utrinque) longitudinaliter virgatus, pinnæ dorsalis posterioris fastigio et cauda nigris. »
Commerson, manuscrits déjà cités.

Perchot de la Nouvelle-Bretagne. — « Aspro ex aurantio rubens, zonis tribus e cæruleo albi-
cantibus, nigro marginatis, capiti postremo, medio corpori, caudæque basi circumfusis. » Commerson, manuscrits déjà cités. — « Aspro subrubens, tænia elliptica oculis pone contigua. »
Commerson, manuscrits déjà cités. — *Perca scandens,* par le lieutenant Daldorff de Tranquebar.
(Mémoire communiqué par le chevalier Banks, *Actes de la Société linnéenne de Londres,* t. III,
p. 62.)

transversales et par une bordure noire que l'on voit à l'extrémité de chaque nageoire. L'iris brille de l'éclat d'un petit rubis.

La tête est un peu épaisse; le museau arrondi; la mâchoire supérieure extensible et moins avancée que l'inférieure; la langue courte, dure et à demi cartilagineuse; le dos élevé et caréné.

On peut croire, d'après les manuscrits de Commerson, que le lutjan auquel nous avons donné le nom de *jaunellipse*, et que ce voyageur a vu près des côtes de l'Ile de France en décembre 1769, est très rare auprès de ces rivages, puisque notre naturaliste ne l'y a observé qu'une fois. Ce poisson est moins petit que le perchot; mais sa longueur ordinaire ne paraît pas aller jusqu'à deux décimètres. Il a la nageoire du dos et celle de la queue d'un rouge brillant, les pectorales et les thoracines sont d'un rouge pâle; des nuances brunes sont répandues sur l'anale; des taches noires paraissent sur la membrane de la partie de la nageoire du dos qui n'est soutenue que par des rayons articulés; une ligne noire règne au-dessous de la gorge, et cinq ou six taches rouges sont placés sur chaque opercule.

Les petites dents qui hérissent chaque mâchoire sont situées derrière d'autres dents un peu plus grandes et séparées les unes des autres. Chaque opercule se termine par une prolongation anguleuse.

Le grimpeur a été vu à Tranquebar en novembre 1791. Le lieutenant anglais Daldorff a observé la faculté remarquable qui a fait donner à ce lutjan le nom spécifique que nous lui avons conservé. Un individu de cette espèce, surpris dans une fente de l'écorce d'un palmier éventail, à deux mètres ou environ, au-dessus de la surface d'un étang, s'efforçait de monter. Suspendu à droite et à gauche par la dentelure de ses opercules, il agitait sa queue, s'accrochait avec les rayons aiguillonnés de la nageoire du dos et de celle de l'anus, détachait alors ses opercules, se soulevait sur ses deux nageoires anale et dorsale, s'attachait de nouveau et plus haut que la première fois avec les dentelures des opercules de ses branchies et. par la répétition de ces mouvements alternatifs, grimpait avec assez de facilité. Il employa les mêmes manœuvres pour ramper sur le sable où on le plaça et où il vécut hors de l'eau pendant plus de quatre heures.

Cette manière de se mouvoir est curieuse; elle est une nouvelle preuve du grand usage que les poissons peuvent faire de leur queue. Cet instrument de natation, qui, devenant quelquefois une arme funeste à leurs ennemis, leur sert souvent pour s'élancer[1], et dans certaines circonstances pour ramper[2], peut donc aussi être employé par ces animaux pour grimper à une hauteur assez grande.

Les habitants de Tranquebar croient que les petits piquants dont la réunion forme la dentelure des opercules sont venimeux. On ne pourrait le supposer qu'en regardant ces pointes comme propres à faire entrer dans

1. Voyez l'article du *Saumon.*
2. Voyez l'article de l'*Anguille.*

les petites plaies que l'on doit leur rapporter, quelques gouttes de l'humeur visqueuse et noirâtre dont le grimpeur est induit, qui est plus abondante auprès des opercules que sur plusieurs autres portions de la surface de l'animal, parce que les pores d'où elle coule sont plus gros et plus nombreux sur la tête que sur le corps et sur la queue, et qui pourrait contracter de temps en temps une qualité vénéneuse [1].

La longueur ordinaire du lutjan grimpeur est d'un palme. Il peut coucher sa dorsale et son anale dans un sillon longitudinal [2].

Le chétodonoïde a les lèvres charnues et extensibles. Il présente sur presque toute sa surface des taches blanches très grandes et chargées d'une ou de plusieurs petites taches foncées. La collection du Muséum d'histoire naturelle renferme un individu de cette espèce, dont on n'a pas encore publié de description.

1. Voyez le Discours sur la nature des poissons.
2. A la membrane branchiale du lutjan tacheté................... 5 rayons.
    A chaque pectorale.. 15   —
    A chaque thoracine, articulés................................. 5   —
        —   aiguillonné 1   —
    A la caudale.. 16   —

    A la membrane branchiale du lutjan orange................... 5   —
    A chaque pectorale.. 12   —
    A chaque thoracine, articulés................................. 5   —
        —   aiguillonné............................... 1   —
    A la nageoire de la queue..................................... 18   —

    A la membrane branchiale du lutjan blancor................... 7   —
    A chaque pectorale 15   —
    A la caudale 13   —

    A la membrane branchiale du lutjan perchot.................. 4   —
    A chaque pectorale.. 14   —
    A la nageoire de la queue..................................... 15   —

    A la membrane branchiale du lutjan jaunellipse............... 5   —
    A chaque pectorale 14   —
    A chaque thoracine, articulés................................. 5   —
        —   aiguillonné............................... 1   —
    A la caudale.. 15   —

    A chaque pectorale du lutjan grimpeur....................... 12   —
    A chaque thoracine, articulés................................. 5   —
        —   aiguillonné............................... 1   —
    A la nageoire de la queue 17   —

    A la membrane branchiale du lutjan chétodonoïde 5   —
    A chaque pectorale.. 16   —
    A la caudale 19   —

    A chaque pectorale du lutjan diacanthe...................... 19   —
    A chaque thoracine, articulés................................. 5   —
        —   aiguillonné 1   —
    A la nageoire de la queue..................................... 18   —

    A chaque thoracine du lutjan cayenne, articulés............... 5   —
        —   —   aiguillonné.............. 1   —

La première pièce de l'opercule du diacanthe est la seule dentelée. Nous avons décrit ce thoracin d'après un individu desséché, mais très bien conservé, de la collection hollandaise cédée à la France.

Le nom du *lutjan Cayenne* indique la patrie de cette espèce, dont un individu a été envoyé au Muséum par le naturaliste Leblond.

LE LUTJAN PEINT

Diagramma pictum, Cuv. — *Perca picta*, Thunb. — *Lutjanus pictus*, Lacép.

La couleur générale de ce lutjan est blanche; la partie supérieure de la dorsale, pointillée de blanc et de brun ; l'anale blanche ; l'extrémité de cette nageoire noirâtre ; la caudale blanche et rayée de noir de chaque côté.

Thunberg a vu ce lutjan dans la mer qui baigne les îles du Japon [1].

LE LUTJAN ARAUNA [2]

Dascyllus Aruanus, Cuv. — *Chætodon Aruanus*, Linn., Gmel. — *Lutjanus Aruanus*, Lacép.

L'arauna a été placé parmi les chétodons ; mais il n'en a pas les caractères, ce que Bloch avait très bien remarqué ; et il offre ceux des lutjans. De petites dents coniques et aiguës garnissent ses deux mâchoires, qui sont aussi avancées l'une que l'autre. Le dos est jaunâtre; les côtés sont argentins ; l'anale est jaune ; les pectorales sont transparentes ; la caudale est grise ; les thoracines sont longues et noires.

L'arauna se plaît au milieu des coraux. Il se nourrit de vers et d'autres petits animaux marins. On le prend au filet et à l'hameçon ; mais sa chair est peu agréable au goût [3].

1. A chaque pectorale du lutjan peint........................... 14 rayons.
    A chaque thoracine, articulés................................. 5 —
    —   aiguillonné............................. 1 —
    A la nageoire de la queue.................................... 16 —
2. *Abu-dasur*, en Arabie. — *Buyt-Klippare*, par les Suédois. — *Bourgonjese Klipuanna*, par les Hollandais. — *Bont duifje*. — *Schwarz kopf*, par les Allemands. — *Chætodon Arauna*. Daubenton et Haüy, Encyclopédie méthodique. — *Id.* Bonnaterre, planches de l'Encyclopédie méthodique. — Bandouillère à trois bandes. Bloch, pl. 198, fig. 2. — Séba, Mus., p. 70, n. 23, tab. 26, fig. 23. — *Rhombotides parvus*. Klein, *Miss. pisc.*, 4, p. 37, tab. 30, n. 13, tab. 11, fig. 3. — Valentyn, *Ind.*, iii, p. 501, n. 489, fig. 491. — Renard, *Poiss.*, 1, tab. 30, fig. 165.
3. A chaque pectorale du lutjan arauna......................... 17 rayons.
    A chaque thoracine, articulés................................. 4 —
    —   aiguillonné............................. 1 —
    A la caudale... 16 —

LE LUTJAN TRIDENT[1]

Centropristes trifurcatus, Cuv. — *Perca trifurca*, Linn., Gmel. — *Lutjanus tridens,* Lacep.

LE LUTJAN TRILOBÉ

Centropistes nigrigans, Cuv. — *Coryphæna nigrescens*, Bloch. — *Perca varia*, Mitchill. — *Lutjanus trilobus*, Lacép.

Le trident et le trilobé appartiennent au troisième sous-genre des lutjans, dont le caractère distinctif consiste dans les trois lobes ou dans la double échancrure de la nageoire de la queue, qui, par cette conformation, ressemble un peu à un trident ou à une fourche à trois pointes. Le premier de ces deux thoracins a la tête peinte de couleurs variées et agréables ; il vit dans la mer qui baigne la Caroline et a été observé par le docteur Garden. Nous ne connaissons pas la patrie du second, que nous avons décrit d'après un bel individu de la collection du Muséum d'histoire naturelle. Les dents qui garnissent ses mâchoires sont très petites et égales. On n'aperçoit pas de ligne latérale. La nageoire dorsale présente un grand nombre de taches ou plutôt de raies inégales, irrégulières et placées entre les rayons[2].

CENT DIX-SEPTIÈME GENRE

LES CENTROPOMES

Une dentelure à une ou plusieurs pièces de chaque opercule ; point d'aiguillon à ces pièces ; un seul barbillon, ou point de barbillon aux mâchoires ; deux nageoires dorsales.

PREMIER SOUS-GENRE

LA NAGEOIRE DE LA QUEUE FOURCHUE, OU EN CROISSANT.

ESPÈCE.	CARACTÈRES.
1. Le Centropome sandat.	Quatorze rayons aiguillonnés à la première dorsale ; vingt-trois rayons à la seconde nageoire du dos ; quatorze rayons à la nageoire de l'anus ; la caudale en croissant ; la tête allongée et dénuée de petites écailles, ainsi que les opercules ; le corps et la queue allongés ; deux orifices à chaque narine ; le dos varié par des taches ou bandes courtes, irrégulières et transversales, d'un noir mêlé de bleu et de rougeâtre.

1. *Persèque trident.* Daubenton et Haüy, Encyclopédie méthodique. — *Id.* Bonnaterre, planches de l'Encyclopédie méthodique.

2. A chaque pectorale du lutjan trident............................ 16 rayons.

    A chaque thoracine articulés............................... *5 —

    —   aiguillonné............................... 1 —

    A la nageoire de la queue.................................. 20 —

    A chaque pectorale du lutjan trilobé........................ 16 —

    A chaque thoracine.. 6 —

    A la caudale .... 21 ou 22 —

ESPÈCES.	CARACTÈRES.

2. Le Centropome hober. — Huit rayons aiguillonnés à la première nageoire du dos ; un rayon aiguillonné et quatorze rayons articulés à la seconde ; trois rayons aiguillonnés et neuf rayons articulés à l'anale ; l'opercule un peu échancré par derrière ; les dents fortes, un peu éloignées l'une de l'autre ; la couleur générale jaunâtre ; des raies longitudinales dorées ; une tache noire sur chaque côté.

3. Le Centropome safga. — Huit rayons aiguillonnés à la première nageoire du dos ; la mâchoire inférieure plus avancée que la supérieure ; le corps et la queue allongés ; la couleur argentée et sans taches.

4. Le Centropome alburne. — Un rayon aiguillonné et neuf rayons articulés à la première dorsale ; un rayon aiguillonné et vingt-trois rayons articulés à la seconde ; un rayon aiguillonné et sept rayons articulés à l'anale ; trois rayons à la membrane des branchies ; plusieurs bandes obliques et brunes.

5. Le Centropome lophar. — Sept rayons aiguillonnés à la première nageoire du dos ; vingt-sept rayons à la seconde ; vingt-six à la nageoire de l'anus ; les thoracines réunies par une membrane ; la couleur générale argentée.

6. Le Centropome afrique. — Six rayons aiguillonnés à la première dorsale ; un rayon aiguillonné et dix rayons articulés à la seconde ; deux rayons aiguillonnés et neuf rayons articulés à la nageoire de l'anus ; les écailles larges, dentelées et peu attachées à la peau ; l'entre-deux des yeux creusé par un sillon qui se divise en deux, à chacune de ses extrémités ; la couleur générale argentée ; seize ou dix-sept raies longitudinales et noires de chaque côté du corps.

7. Le Centropome rayé. — Huit rayons aiguillonnés à la première nageoire du dos ; un rayon aiguillonné et douze rayons articulés à la seconde ; trois rayons aiguillonnés et dix rayons articulés à l'anale ; la mâchoire inférieure plus avancée que la supérieure ; un seul orifice à chaque narine ; le bord postérieur de l'opercule échancré ; la couleur générale argentée ; le dos violet ; des raies longitudinales jaunes.

8. Le Centropome loup. — Neuf rayons aiguillonnés à la première nageoire du dos ; quatorze rayons à la seconde ; trois rayons aiguillonnés et onze rayons articulés à la nageoire de l'anus ; la caudale en croissant ; les deux mâchoires également avancées ; les dents des mâchoires courtes et pointues ; le palais et les environs du gosier hérissés de petites dents ; deux orifices à chaque narine ; les yeux très rapprochés ; plusieurs pores muqueux à la mâchoire inférieure ; les écailles petites ; la couleur générale blanche ; le dos brunâtre ; les dorsales et l'anale rougeâtres ; les pectorales et les thoracines jaunes ; la caudale noirâtre.

9. Le Centropome onze rayons. — Huit rayons aiguillonnés à la première nageoire du dos ; un rayon aiguillonné et dix rayons articulés à la seconde ; trois rayons aiguillonnés et sept rayons articulés à l'anale ; la caudale en croissant ; le museau allongé ; la mâchoire in-

ESPÈCES.

CARACTÈRES.

9. LE CENTROPOME ONZE RAYONS.

férieure plus avancée que la supérieure ; un seul orifice à chaque narine ; de petites écailles sur une partie de la caudale et de la seconde nageoire du dos ; la ligne latérale noire ; la couleur générale rouge.

10. LE CENTROPOME PLUMIER.

Neuf rayons aiguillonnés à la première dorsale ; deux rayons aiguillonnés et huit rayons articulés à la seconde ; deux rayons aiguillonnés et sept rayons articulés à l'anale ; la caudale en croissant ; deux orifices à chaque narine ; le premier rayon aiguillonné de la nageoire de l'anus très gros et très long ; la couleur générale blanche ; des bandes transversales brunes ; des raies longitudinales jaunes.

11. LE CENTROPOME MULET.

Neuf rayons aiguillonnés à la première nageoire du dos ; treize rayons à la seconde ; treize rayons à la nageoire de l'anus ; sept rayons à la membrane branchiale ; deux orifices à chaque narine ; la mâchoire inférieure un peu plus avancée que la supérieure ; les dents fines et très serrées ; les écailles fortement attachées à la peau ; la ligne latérale droite ; le dos brun, les côtés gris.

12. LE CENTROPOME AMBASSE.

Sept rayons aiguillonnés à la première dorsale ; un rayon aiguillonné et onze rayons articulés à la seconde ; trois rayons aiguillonnés et neuf rayons articulés à l'anale ; les deux premières pièces de chaque opercule dentelées ; la mâchoire supérieure un peu extensible et plus courte que l'inférieure ; les deux mâchoires et une grande partie du palais, hérissées de très petites dents ; la langue dure ; les téguments du ventre très transparents ; le péritoine argenté ; la partie supérieure de l'animal d'un vert brunâtre.

13. LE CENTROPOME DE ROCHE.

Neuf rayons aiguillonnés à la première nageoire du dos ; un rayon aiguillonné et douze rayons articulés à la seconde ; trois rayons aiguillonnés et neuf rayons articulés à la nageoire de l'anus ; la dernière pièce de chaque opercule échancrée ; la couleur générale bleuâtre ; presque toutes les écailles noires ou noirâtres dans leur centre et dans leur circonférence.

14. LE CENTROPOME MACRODON.

Six rayons aiguillonnés à la première dorsale ; un rayon aiguillonné et dix rayons articulés à la seconde ; deux rayons aiguillonnés et neuf rayons articulés à l'anale ; le museau allongé ; l'ouverture de la bouche grande ; chaque mâchoire garnie d'un seul rang de dents longues, aiguës et séparées l'une de l'autre ; six dents à la mâchoire d'en haut, huit dents à celle d'en bas ; les deux dents antérieures de la mâchoire d'en bas, plus grandes que les autres ; la couleur générale blanchâtre ; huit ou neuf raies longitudinales brunes de chaque côté du poisson ; la première dorsale presque toute noire ; les autres nageoires rouges.

15. LE CENTROPOME DORÉ.

La couleur générale d'un rouge de cuivre doré et sans taches ; la première dorsale et la base de la caudale noires ; les autres nageoires rouges.

ESPÈCES.	CARACTÈRES.
16. Le Centropome rouge.	La première dorsale composée uniquement de rayons aiguillonnés ; un rayon aiguillonné et quatorze rayons articulés à la seconde nageoire du dos ; un rayon aiguillonné et sept rayons articulés à chaque thoracine ; trois rayons aiguillonnés et treize rayons articulés à l'anale ; la mâchoire inférieure plus avancée que la supérieure ; quatre grandes dents à chaque mâchoire ; les écailles dentelées ; presque toute la surface de l'animal d'un rouge plus ou moins vif et quelquefois doré.

SECOND SOUS-GENRE

LA NAGEOIRE DE LA QUEUE RECTILIGNE, OU ARRONDIE, ET NON ÉCHANCRÉE.

ESPÈCES.	CARACTÈRES.
17. Le Centropome nilotique.	Huit rayons aiguillonnés à la première dorsale ; un rayon aiguillonné et huit rayons articulés à la seconde ; trois rayons aiguillonnés et dix rayons articulés à l'anale ; la couleur générale brune.
18. Le Centropome œillé.	Dix rayons aiguillonnés à la première nageoire du dos ; un rayon aiguillonné et vingt-quatre rayons articulés à la seconde ; un rayon aiguillonné et neuf rayons articulés à l'anale ; une tache ronde, noire et bordée de blanc, auprès de la caudale.
19. Le Centropome six raies.	Cinq rayons aiguillonnés à la première dorsale ; quatorze à la seconde ; un rayon aiguillonné et dix rayons articulés à la nageoire de l'anus ; la caudale arrondie ; six raies longitudinales et blanches de chaque côté du poisson.
20. Le Centropome fascé.	La nageoire de la queue rectiligne ; sept ou huit bandes transversales et brunes ; la couleur générale d'un brun mêlé de blanc ; la dentelure des opercules très peu marquée.
21. Le Centropome perchot.	Vingt-sept rayons à la seconde nageoire du dos ; la caudale arrondie ; onze ou douze raies obliques et brunes, de chaque côté du poisson.

LE CENTROPOME SANDAT [1]

Lucioperca Sandra, Cuv. — *Perca Lucioperca,* Linn., Gmel.
— *Centropomus Sandat,* Lacép.

Le Centropome hober, *Diacope fulviflamma,* Cuv.; *Sciæna fulviflamma,* Forsk.; *Centropomus hober,* Lacép. — Centropome safga, *Ambassis Commersonii,* Cuv.; *Lutjanus gymnocephalus, Centropomus ambassis* et *Centropomus safga,* Lacép. — Centropome alburne, *Umbrina alburnus,* Cuv.; *Perca alburnus,* Linn., Gmel.; *Sciæna nebulosa,* Mitch.; *Centropoma alburnus,* Lacép. — Centropome lophar,

1. *Zander,* dans plusieurs contrées de Prusse. — *Zander, Xant, Sand baarsch,* en Poméranie. — *Sandat* et *sandart,* dans le Holstein, le Mecklembourg, la Poméranie, etc. — *Sandat* et *sander,* en Livonie. — *Stahrks, Kahha,* en Estonie.
Sudacki, en Russie. — *Sedax,* en Pologne. — *Zant* et *zahnt,* en Silésie. — *Schiel,* en Autriche. — *Nagmaul, Schindel,* en Bavière. — *Santor,* dans le Danemark. — *Gios* ou *gioes,* en

Perca lophar, Linn., Gmel.; *Centropomus lophar,* Lacép. — CENTROPOME ARABIQUE, *Cheilodipterus arabicus,* Cuv.; *Perca lineata,* Forsk.; *Centropomus arabicus,* Lacép. — CENTROPOME RAYÉ, *Labrax lineatus,* Cuv.; *Sciœna lineatus,* Bloch; *Perca saxatilis* et *Perca septentrionalis,* Bloch, Schn.; *Centropomus lineatus,* Lacép.

Le sandat habite dans les eaux douces de l'Allemagne, de la Hongrie, de la Pologne, de la Russie, de la Suède et du Danemark. Le grand nombre de noms vulgaires qu'il porte prouve combien il est recherché ; on ne sera pas surpris qu'il soit l'objet d'une poursuite particulière et qu'on le pêche avec autant de soin que de constance, lorsqu'on saura que sa chair est blanche, tendre, très agréable au goût, facile à digérer, et qu'il parvient à un très grand volume. Il présente quelquefois une longueur d'un mètre et même d'un mètre et demi. On prend, dans le Danube, des individus de cette espèce qui pèsent dix kilogrammes, et le professeur Bloch en a vu un du poids de onze kilogrammes, qui venait du lac Schwulow en Saxe. Ce centropome[1] ressemble au brochet par les dimensions de sa tête, la prolongation de son museau, la disposition, la grosseur et la force de ses dents. Il a d'ailleurs beaucoup de rapports avec la persèque perche, par la dentelure de ses opercules, le nombre et la place de ses nageoires dorsales, la dureté et la rudesse de ses écailles : aussi presque tous les auteurs latins qui en ont parlé lui ont-ils donné le nom de *lucioperca* (brochet perche), que Linné lui a conservé. La grande ouverture de sa gueule annonce d'ailleurs sa voracité et la ressemblance de ses habitudes avec celles de la perche, et surtout avec celles du brochet.

Sa mâchoire supérieure, plus avancée que l'inférieure, lui donne plus de facilité pour saisir la proie sur laquelle il se jette. Elle est garnie, ainsi que cette dernière, de quarante dents ou environ ; ces dents sont inégales et

Suède. — *Persègue sandat.* Daubenton et Haüy, Encyclopédie méthodique. — *Id.* Bonnaterre, planches de l'Encyclopédie méthodique. — *Le sandre.* Bloch, pl. 51.

Fauna suecica, 332. — Mull., *Zool. dan. Prodrom.,* p. 46, n. 391. — Meiding, *Ic. pisc. Aust.,* t. Ier. — « Perca pallide maculosa, dentibus duobus, utrinque majoribus. » Artedi, gen. 39, syn. 67, spec. 76. — « Lucioperca *et* piscis quem schilum Germani vocant, alii nagemulum. » Gesner, *Paralip.,* p. 28, *vel* 1288; et (germ.) fol. 176, *b.* — *Lucioperca.* Schonev., p. 43. — *Id.* Willughby, p. 293, tab. S, 14. — *Id.* Ray, p. 98, n. 24. — « Schilus, sive nagemulus Germanorum. » Aldrovande, lib. V, cap. LIX, p. 667, 668. — *Id.* Jonston, lib. III, tit. 4, cap. VII, p. 174, tab. 30, fig. 15. — « Schilus nagemulus. » Charl, p. 164. — « Perca dorso dipterygio, capite lævi alepidoto, dentibus maxillaribus duobus, utrinque majoribus. » Gronov. *Zooph.,* p. 91, n. 299. — « Perca buccis crassis. » Klein, *Miss. pisc.,* 5, p. 36, n. 2, tab. 7, fig. 3. — Zander. *Schrift. der Berl. naturf. ges.* 1, p. 281.

Sciène hober. Bonnaterre, planches de l'Encyclopédie méthodique. — Forskael, *Fauna arab.,* p. 45, n. 45. — Forskael, *Fauna arab.,* p. 53, n. 67. — *Sciène safga.* Bonnaterre, planches de l'Encyclopédie méthodique. — « Alburnus americanus. » Catesby, *Carol.,* t. II, p. 12, fig. 2. — *Persègue ablette de mer.* Bonnaterre, planches de l'Encyclopédie méthodique. — Forskael, *Fauna arab.,* p. 38, n. 35. — *Persèque lophar.* Planches de l'Encyclopédie méthodique. — Forskael, *Fauna arab.,* p. 42, n. 43. — *Sciène à lignes.* Bloch, pl. 304.

1. Le nom générique *centropome* désigne la dentelure des opercules. *Kentron,* en grec, signifie *aiguillon* ou *piquant ; et *poma, opercule.*

très propres à percer, retenir et déchirer une victime. On voit aussi de petites dents dans quelques endroits du palais et auprès du gosier.

L'iris de ce centropome est d'un rouge brun, et son œil paraît très nébuleux. La partie inférieure du poisson est blanchâtre ; une nuance verdâtre est répandue sur quelques portions de la tête et des opercules ; les pectorales sont jaunes ; les thoracines, l'anale et la caudale grises ; les deux dorsales grises et tachetées d'un brun très foncé.

Nous suivons pour le sandat la règle que nous nous sommes imposée pour tant d'autres espèces, afin de ne pas allonger sans nécessité l'ouvrage que nous offrons au public. Nous avons cru ne devoir pas répéter dans l'histoire de ces animaux ce que nous dirons de leurs caractères extérieurs dans les tables génériques sur lesquelles nous les avons inscrits.

L'œsophage du sandat est grand, ainsi que son estomac, son foie et sa vésicule du fiel, qui est de plus jaune et transparente. Les organes relatifs à la digestion sont donc ceux d'un animal qui peut beaucoup détruire à proportion du volume de son corps ; et si son canal intestinal proprement dit n'est pas aussi long que l'ensemble du poisson, ce tube est garni, auprès du pylore, de six cæcums ou appendices.

Le péritoine est d'une couleur argentée et brillante.

Le sandat ne vient pas fréquemment auprès de la surface de l'eau : peut-être l'apparence nébuleuse de ses yeux indique-t-elle dans ces organes une sensibilité ou une faiblesse qui rend le voisinage de la lumière plus incommode ou moins nécessaire pour ce centropome. Quoi qu'il en soit, il vit ordinairement dans les profondeurs des lacs qu'il habite ; et comme il a besoin d'un fluide assez pur, on ne le trouve communément que dans les lacs qui renferment beaucoup d'eau, dont le fond est de sable ou de glaise, et qui reçoivent de petites rivières, ou au moins de petits ruisseaux. Il se plaît dans les étangs où vivent les poissons qui aiment comme lui à se tenir au fond de l'eau ; et voilà pourquoi il préfère ceux qui nourrissent des éperlans. Il croît très vite, lorsqu'il trouve facilement la quantité de nourriture dont il a besoin. Il dévore un grand nombre de petits poissons, même de ceux qui ont de la force et quelques armes pour se défendre. Il attaque avec avantage quelques perches et quelques brochets ; mais il n'est pour ces animaux un ennemi dangereux que lorsqu'il jouit de presque toutes ses facultés. Pendant qu'il est encore jeune, il succombe au contraire très souvent sous la dent du brochet et de la perche, comme sous celle des silures, et sous le bec de plusieurs espèces d'oiseaux d'eau qui plongent avec vitesse et le poursuivent jusque dans ses asiles les plus reculés. Il abandonne ces retraites écartées dans le temps de son frai, qui a lieu ordinairement vers le milieu du printemps. Sa femelle dépose alors ses œufs sur les broussailles, les pierres, ou les autres corps durs qu'elle rencontre auprès des bords de son lac ou de son étang, et qui peuvent soumettre ces œufs à l'influence salutaire des rayons du soleil, de la température de l'air, ou des fluides de l'atmosphère. Ces œufs sont d'un jaune blanchâtre. L'ovaire qui les renferme est composé de deux portions distinctes par le haut et réunies par le bas.

Le conduit par lequel ils en sortent aboutit à un orifice particulier situé au delà de l'anus ; cette conformation, qu'on peut observer dans un grand nombre d'espèces de poissons, doit être remarquée. Ces mêmes œufs sont très petits, et par conséquent très nombreux ; néanmoins les sandats ne paraissent pas se multiplier beaucoup, apparemment parce qu'ils s'attaquent mutuellement, et parce qu'ils tombent souvent dans les filets des pêcheurs, particulièrement dans la saison du frai, où les sensations qu'ils éprouvent les rendent plus hardis et plus vagabonds. Ils ont cependant un grand moyen d'échapper à la poursuite des pêcheurs ou des animaux qui leur font la guerre : ils nagent avec facilité et s'élèvent ou s'abaissent au milieu des eaux avec promptitude. Ils sont aidés, dans leur fuite du fond des eaux vers la surface des lacs, par une vessie natatoire placée près du dos, qui égale presque toute la longueur du corps proprement dit, dont l'enveloppe consiste dans une peau très dure, et qui se sépare, du côté de la tête, en deux portions ou appendices, lesquels lui donnent la forme d'un *cœur* tel que celui que les peintres représentent. Le canal pneumatique de cette vessie est situé vers le haut de la partie antérieure de cet organe, que l'on ne peut détacher que difficilement des parties de l'animal auxquelles il tient, parce que sa dernière membrane appartient aussi au péritoine.

Le sandat meurt promptement, lorsqu'on le tire du lac ou de l'étang qui l'a nourri, et qu'on le met dans un vase rempli d'eau, principalement lorsqu'une température chaude hâte le dessèchement si funeste aux poissons, dont nous avons déjà parlé plusieurs fois dans cet ouvrage. On ne peut donc le transporter en vie qu'à de petites distances, avec beaucoup de précautions et lorsque la saison est froide ; cependant, comme le sandat est un des poissons les plus précieux pour l'économie publique et privée, et de ceux qu'il faut le plus chercher à introduire de proche en proche dans tous les lacs et dans tous les étangs, nous ne devons pas négliger de recommander, avec Bloch, de se servir des œufs fécondés de ce centropome pour répandre cette espèce.

Immédiatement après l'époque où les mâles se seront débarrassés de leur laite, on prendra de petites branches sur lesquelles on découvrira des œufs de sandat ; on les mettra dans un vase plein d'eau et on les transportera dans l'étang ou dans le lac que l'on voudra peupler d'individus de l'espèce dont nous nous occupons, et où l'on ne manquera pas de fournir aux jeunes poissons qui seront sortis de ces œufs de petits éperlans, des goujons, ou d'autres cypriens à petites dimensions, dont ils puissent se nourrir sans peine.

On pêche les sandats non seulement avec des filets, et notamment avec des *collerets* ou petites *seines*[1], mais encore avec des hameçons et des lignes de

---

1. Voyez la description de la seine, dans l'article de la *Raie bouclée*.

fond. Il ne faut pas les garder longtemps dans des réservoirs, ou dans des *bannetons*, parce que, ne voulant pas manger dans ces enceintes ou prisons resserrées, ils y perdent bientôt de leur graisse et du bon goût dé leur chair.

Lorsqu'ils sont morts, on les envoie au loin, salés ou fumés, ou empaquetés dans des herbes ou de la neige.

Nous croyons devoir rapporter à une variété du sandat le poisson décrit par le célèbre Pallas dans le premier volume de ses Voyages, et inscrit parmi les persèques ou perches dans l'édition de Linné, que nous devons au professeur Gmelin[1].

Ce thoracin a tant de rapports avec le sandat et la perche ordinaire, ou la perche d'eau douce, qu'on l'a regardé comme un métis provenant du mélange de ces deux espèces. Sa couleur générale est d'un vert doré, relevé par des bandes transversales ou des places noires, au nombre de cinq ou six. On remarque aussi cinq bandes sur les dorsales, qui sont soutenues par des rayons très forts. Les écailles sont grandes et rudes. Les deux dents de devant de la mâchoire inférieure surpassent les autres dents en grandeur. Ce poisson vit dans le Volga et dans d'autres fleuves du bassin de la Caspienne.

Le hober, que l'on trouve dans la mer d'Arabie, a été bien moins observé que le sandat. On en doit la connaissance à Forskael. Ce poisson a les deux dorsales arrondies ; le premier de ces deux instruments de natation brunâtre, le second jaune, et toutes les autres nageoires jaunâtres.

Le safga habite les mêmes eaux que le hober.

On pêche, dans la mer qui arrose la Caroline, l'alburne, que Catesby et Garden ont observé. Ce poisson est remarquable par la conformation de sa première dorsale, qui ne présente qu'un rayon aiguillonné, ainsi qu'on peut le voir dans le tableau générique des centropomes. Il montre à sa mâchoire inférieure cinq ou six excroissances. L'échancrure de sa caudale est peu profonde. Sa couleur générale est d'un brun clair ; et sa longueur, de trois ou quatre décimètres.

Le lophar a été péché dans la Propontide, auprès de Constantinople. Il a beaucoup de rapports avec le hareng par sa conformation générale et par ses dimensions. Des sillons longitudinaux sont tracés dans l'entre-deux de ses yeux. La base de la seconde dorsale et celle de l'anale sont charnues, ou plutôt adipeuses. Le dos est d'un vert brun et l'extrémité de la caudale, noirâtre[2].

---

1. Pallas, *It.* 1, p. 461, n. 21. — *Perca volgensis.* Linné, édition de Gmelin.

A la première dorsale	13 rayons.
A la seconde	23 —
A chaque thoracine	6 —
A la nageoire de la queue	15 —
2. A la membrane branchiale du centropome sandat	7 —
A chaque pectorale	15 —
A chaque thoracine	7 —

Il est superflu de dire que l'arabique vit près des rivages de l'Arabie. On voit derrière ses yeux trois stries relevées et osseuses. La mâchoire supérieure est armée de six dents longues, droites et écartées l'une de l'autre. On en compte huit d'analogues à la mâchoire inférieure. La langue est lisse; mais le palais est hérissé de dents petites, déliées et très nombreuses. Les deux segments de la caudale ont la forme d'un fer de lance, de même que les pectorales. Les dorsales, les thoracines et l'anale sont triangulaires. Toutes les nageoires offrent d'ailleurs un brun mêlé de jaune, excepté la première dorsale, qui est brune; une tache noire, bordée d'or, brille sur le milieu de la queue.

La Méditerranée est la patrie du centropome rayé. Une petite pièce dentelée est placée au-dessus de l'extrémité de chaque opercule de ce poisson. La plus grande partie de la tête et les nageoires sont jaunes ou couleur d'or.

LE CENTROPOME LOUP [1]

Labrax lupus, Cuv. — *Perca labrax*, Linn. — *Perca punctata*, Gmel. — *Sciæna labrax*, Bloch. — *Centropomus lupus* et *Centropomus mullus*, Lacép.

Le Centropome onze rayons, *Centropomus undecimalis*, Cuv.; *Centropomus undecimradiatus*, *Perca loubina* et *Sphyræna aureoviridis*, Lacép.; *Platycephalus unde-*

A la caudale	22	rayons.
A la membrane branchiale du centropome hober	7	—
A chaque pectorale	15	—
A chaque thoracine, articulés	5	—
— aiguillonné	1	—
A la nageoire de la queue	15	—
A chaque pectorale du centropome alburne	22	—
A chaque thoracine	6	—
A la caudale	19	—
A chaque pectorale du centropome lophar	16	—
A chaque thoracine, articulés	5	—
— aiguillonné	1	—
A la nageoire de la queue	17	—
A chaque pectorale du centropome arabique	14	—
A chaque thoracine, articulés	5	—
— aiguillonné	1	—
A la caudale	17	—
A la membrane branchiale du centropome rayé	6	—
A chaque pectorale	16	—
A chaque thoracine, articulés	5	—
— aiguillonné	1	—
A la nageoire de la queue	16	—

1. *Bar, Loubine, Brigne,* sur les côtes de France voisines de la Loire et de la Garonne. — *Loup,* sur plusieurs côtes françaises de l'Océan ou de la Méditerranée. — *Dréligny, Loupasson, Lubin* ou *lupin,* dans plusieurs départements méridionaux de France. — *Lupo,* en Espagne. — *Louvazzo,* dans la Ligurie. — *Aranco,* en Toscane. — *Spigola, Lupasso,* par les Romains.

Bronchini, Varolo, à Venise. — *Cavalla,* à Spalatro. — *Salmbarsch, Lachsumber,* par les

Oudart del.

1.—LA PERSÈQUE - PERCHE (Perca fluviatilis Lin).___2 LE CENTROPOME-LOUP (Labrax lupus Cuv)

d'après le RÈGNE ANIMAL de Cuvier édition V Masson

Garnier frères éditeurs

cimalis, Schn. — CENTROPOME PLUMIER, *Perca Plumieri,* Cuv.; *Sciæna Plumieri,* Bloch; *Centropomus Plumieri* et *Cheilodipterus chrysopterus,* Lacép. — CENTROPOME MULET, *Labrax lupus,* Cuv.; *Centropomus mullus* et *Centropomus lupus,* Lacép.

On trouve le loup non seulement dans l'Adriatique et dans toute la Méditerranée, mais encore dans les eaux de l'Océan qui arrosent les côtes de l'Europe, particulièrement dans le golfe de Gascogne, dans la Manche ou canal de France et d'Angleterre, et dans le golfe britannique. Il devient grand, et, selon Duhamel, on en prend quelquefois auprès de l'embouchure de la Loire qui pèsent jusqu'à quinze kilogrammes. Il se plaît dans le voisinage des fleuves et des grandes rivières, mais il ne s'engage que rarement dans leur lit. Il a la chair très délicate, et par conséquent il doit être très recherché. Les anciens Romains le payaient très cher; ils le comptaient, avec le murénophis hélène, le mulle rouget, l'acipensère esturgeon et le muge qu'ils nommaient *myxo,* parmi les poissons les plus précieux. Ils désiraient surtout de montrer sur leurs tables et dans leurs festins les plus splendides les loups que l'on prenait dans le Tibre, entre les deux ponts de Rome. Cependant on a dû toujours préférer, suivant Rondelet, ceux de ces poissons qui vivent auprès de l'embouchure des fleuves à ceux qui remontent dans les rivières, ceux que l'on trouve dans les étangs salés à ceux que l'on prend auprès de l'embouchure des fleuves, et ceux que l'on rencontre dans la haute mer à ceux qui ne quittent pas les étangs salés. Au reste, Pline nous apprend que les anciens gourmets de Rome et de l'Italie attachaient moins de prix aux loups ordinaires qu'à ceux qu'ils nommaient laineux (*lanati*), à cause de leur blancheur, de la mollesse et vraisemblablement de la graisse de leur chair.

C'est auprès des endroits où les rivières se jettent dans la mer que le loup dépose ses œufs, quelquefois deux fois par an. Ces œufs ont été souvent employés, comme ceux d'autres poissons, à faire cette préparation que l'on nomme *boutargue* ou *botargo.*

Ce centropome est très hardi; il est de plus très vorace, et voilà pourquoi on lui a donné le nom de *loup.* Il nage fréquemment très près de la

Allemands. — *Bosse, basse,* par les Anglais. — *Zee snoeck,* par les Hollandais. — *Persèque loup.* Daubenton et Haüy, Encyclopédie méthodique. — *Id.* Bonnaterre, planches de l'Encyclopédie méthodique. — Mus. Ad. Frid. 2, p. 82. — Gronov., *Act. Upsal.,* 1750, t. IV, p. 39.

« Perca radiis pinnæ dorsalis secundæ 13, ani 14. » Artedi, gen. 41, syn. 69. — *Sciène loup.* Bloch, pl. 301. — *Labrax.* Aristote, lib. I, cap. v; lib. IV, cap. viii; et lib. V, cap. ix et x. — *Id.* Ælian, lib. I, cap. xxx, p. 36; lib. IX, cap. vii; lib. X, cap. ii; et lib. XVI, cap. xii. — *Id.* Athen., lib. VII, p. 310, 311; et lib. XIV, p. 662. — *Id.* Oppian, *Hal.,* lib. I, p. 5; et lib. II, cap. xxxiv, lviii. — *Lupus.* Ovid. *Hal.,* v. 23, 38, 112. — *Id.* Varro, *Rustic.,* lib. III, cap. iii. — *Id.* Pline, lib. IX, cap. xvi, xvii, li, liv; et lib. XXXII, cap ii. — Wotton, lib. VIII, cap. clxxii, fol. 155. — *Loup.* Rondelet,, remière partie, liv. IX, chap. vi. — Salvian, fol. 107, 108, 109. — Gesner, p 506, et (germ.) fol. 37, *b.*

Aldrovande, lib. IV, cap. ii, p. 491, 492. — Jonston, lib. II, tit. 1, cap. ii, tab. 23, fig. 3. — Willughby, p. 271. — Ray, p. 83. — *Spigola,* sive *lupus.* P. Jov., cap. ix, p. 64. — « Sciæna undecimalis. » Bloch, pl. 303. — « Sciène striée, sciæna Plumierii. » Bloch, pl. 306.

surface de la mer. Plusieurs auteurs anciens se sont plu à lui attribuer la finesse de l'instinct, aussi bien que le courage de la force, et ils ont écrit que lorsqu'on voulait le prendre avec des filets, il savait creuser dans le sable, en agitant vivement sa queue, une sorte de sillon dans lequel il s'enfonçait pour laisser passer au-dessus de lui la nappe verticale dans laquelle on cherchait à l'envelopper.

On le pêche pendant toute l'année, et avec plusieurs sortes de filets ; mais la saison la plus favorable pour le prendre est communément la fin de l'été.

Nous avons exposé ses principaux caractères extérieurs dans le tableau générique. Nous aurions pu y parler encore d'une tache noire que l'on voit à la pointe postérieure de chaque opercule de ce centropome.

On compte six cæcums auprès de son pylore ; son foie présente deux lobes ; sa vésicule du fiel est grande, et sa vessie natatoire, qui n'offre aucune division intérieure, est attachée aux côtes.

La Jamaïque est la patrie du centropome onze-rayons, qui y vit auprès des fonds pierreux. Ce poisson a la nuque très relevée, les dents très petites, nombreuses et serrées ; l'opercule terminé par une prolongation un peu arrondie et surmonté par derrière d'une petite pièce écailleuse et dentelée ; le corps gros, le ventre rond, le dos arrondi et bleuâtre ; les côtés argentés, les pectorales et les thoracines d'un rouge brun ; la caudale grise ou bleue à son extrémité.

La mer des Antilles nourrit le centropome Plumier, qui, par conséquent, habite très près du onze-rayons. Bloch en a publié la description d'après un dessin de Plumier, le célèbre voyageur et l'habile naturaliste. Les deux mâchoires de ce thoracin sont aussi avancées l'une que l'autre ; le dos est brun, les nageoires sont jaunes ; la première dorsale est bordée de brun ou de noir[1].

---

1. A la membrane branchiale du centropome loup................. 5 rayons.
 A chaque pectorale.................................... 18 —
 A chaque thoracine, articulés.......................... 5 —
  —   aiguillonné.......................... 1 —
 A la caudale... 20 —

 A la membrane branchiale du centropome onze rayons.......... 5 —
 A chaque pectorale..................................... 13 —
 A chaque thoracine, articulés.......................... 5 —
  —   aiguillonné.......................... 1 —
 A la nageoire de la queue .... 18 —

 A chaque pectorale du centropome plumier................ 13 —
 A chaque thoracine, articulés.......................... 5 —
  —   aiguillonné.......................... 1 —
 A la caudale... 22 —

 A chaque pectorale du centropome mulet.................. 15 —
 A chaque thoracine..................................... 5 —
 A la nageoire de la queue .... 17 —
  24 vertèbres.

J'ai reçu de MM. Noël de Rouen et Metaihe la description du poisson auquel j'ai conservé le nom de *mulet*, qui lui avait été donné par ces observateurs, et que j'ai dû placer dans le genre des centropomes d'après sa conformation. Ce thoracin abandonne la mer pour remonter dans les rivières, lorsque l'été succède au printemps. Le temps le plus chaud paraît être celui qu'il préfère pour ce voyage annuel, qu'il termine lorsque l'automne arrive. Il est très commun dans la Seine depuis le solstice de l'été jusqu'à l'équinoxe de l'automne. Sa chair est excellente un mois après son entrée dans l'eau douce. Il se nourrit de débris ou de résidus de corps organisés. Il va par troupes très nombreuses, aussi en prend-on quelquefois quatre ou cinq cents d'un seul coup de filet. Ses mouvements sont très vifs, et les sauts élevés et fréquents qu'il fait au-dessus de la surface de la rivière l'annoncent de loin aux pêcheurs. Lorsqu'on le trouve dans une eau bourbeuse, on le pêche avec la *seine*; mais lorsqu'il est dans les eaux très claires, on cherche plutôt à le prendre avec le filet nommé *vergaut*. Il parvient souvent à la longueur de six décimètres, et alors il a plus de trois décimètres de tour dans la partie la plus grosse de son corps. Chacun de ses opercules est composé de trois pièces. Sa langue est large et son palais lisse dans presque toute sa surface. Six appendices sont placés auprès de son pylore. Sa vessie natatoire a près de deux décimètres de longueur.

LE CENTROPOME AMBASSE [1]

Ambassis Commersonii, Cuv. — *Lutjanus gymnocephalus, Centropomus ambassis et Centropomus safga*, Lacép.

Le Centropome de roche, *Dules rupestris*, Cuv.; *Centropomus rupestris*, Lacép. — Centropome macrodon, *Cheilodipterus octovittatus*, Cuv.; *Cheilodipterus lineatus et Centropomus macrodon*, Lacép. — Centropome doré, *Apogon....*, Cuv.; *Centropomus aureus*, Lacép. — Centropome rouge, *Myripristis hexagonus*, Cuv.; *Centropomus ruber*, Lacép.

Les cinq centropomes dont nous allons parler ont été observés par Commerson dans les eaux douces des îles de France et de Bourbon ou dans la mer qui en baigne les rivages. La description n'en a encore été publiée par aucun naturaliste.

L'ambasse se trouve dans l'étang de l'île de Bourbon, sur le bord duquel

1. « Aspro ambassis (de deux sous) (l'ambasse du Gol) dorso dipterygio, macula minima nigra in apice pinnæ dorsalis primæ, fere obsoleta, ventre per transparentiam peritonæi argentei albicante. » Commerson, manuscrits déjà cités. — « Aspro dorso dipterygio cærulescente squamis laterum, plerisque ambitu et medio nigris, guttis concoloribus in capite utrinque majoribus et frequentioribus. » Idem. — « Aspro dorso dipterygio, dentibus raris, at longis et exertis, corpore tæniis fuscis obsoletis octo circiter utrinque lineato. » Idem.

« Aspro rubro-cupræus deauratus, dorso dipterygio, pinnis rubris, dorsali priori et basi caudæ nigris. » — « Aspro totus rubens, pinnarum posteriorum marginibus albis, postico operculorum branchialium limbo atrato. » Idem.

on voyait, du temps de Commerson, un château nommé *Gol*. On pêchait dans cet étang un grand nombre d'individus de cette espèce. Leur longueur était presque toujours au-dessous de deux décimètres; mais ils étaient cependant très recherchés par les habitants de l'île, qui les préparaient d'une manière analogue à celle dont on prépare les anchois en Europe, les employaient également à relever le goût des mets, et les trouvaient même d'une saveur plus agréable et plus appétissante que ces derniers poissons.

L'ambasse a deux callosités sur la partie antérieure du palais et une tache noire, quoique très faible, au plus haut de la première dorsale, qui est triangulaire.

Le centropome de roche parvient à des dimensions plus considérables que l'ambasse; il est souvent long de quatre ou cinq décimètres. Il se tient dans les eaux douces ou auprès des embouchures des rivières. Commerson l'a vu particulièrement dans *la ravine du Gol* de l'île Bourbon. Sa chair est de très bon goût. De petites taches noires sont répandues sur les opercules; les écailles qui garnissent le dessous de la poitrine ne sont noires qu'à leur base; une nuance brune, plus ou moins foncée, est répandue sur les nageoires et sur la membrane des branchies; la caudale ne présente qu'une légère échancrure.

Le macrodon n'a pas ordinairement trois décimètres de longueur. Plusieurs dents très petites sont placées dans les intervalles qui séparent les grandes dents de la mâchoire inférieure. La lèvre d'en haut peut s'étendre à la volonté de l'animal. Le palais est relevé par deux bosses, dont la postérieure est hérissée de petites dents; on n'en voit pas sur la langue, qui s'arrondit et s'élargit un peu par devant. Les yeux sont très grands, les écailles larges et faiblement attachées à la peau; les secondes pièces des opercules anguleuses du côté de la queue; le péritoine est argenté.

Le centropome doré ne parvient qu'à de petites dimensions. Il a été vu très souvent par Commerson, qui cependant ne lui a jamais trouvé une longueur égale à deux décimètres.

Le centropome rouge est long de plus de trois décimètres. Sa saveur est très agréable au goût et sa parure des plus riches; toute sa surface présente un mélange de rose, de rouge et de doré, relevé par une très grande variété de reflets, par un liséré blanc qui borde une grande partie du contour de la seconde dorsale, des pectorales, de l'anale et de la caudale, et par une superbe tache noire placée à l'extrémité de l'opercule et à la base de chaque pectorale. Les nuances de ce beau centropome brillent d'autant plus, que les écailles qui en réfléchissent l'éclat offrent une grande largeur[1]. La

---

1. A la membrane branchiale du centropome ambasse.............. 6 rayons.
   A chaque pectorale.................................... 15 —
   A chaque thoracine, articulés........................ 5 —
   — aiguillonné........................ 1 —
   A la membrane branchiale du centropome de roche............ 6 —

dentelure de ces écailles est d'ailleurs si forte, que l'on ne peut toucher le poisson sans être blessé, à moins que la main n'aille dans le sens de la tête à la queue. Toutes les lames qui revêtent la tête sont aussi très dentelées dans leur circonférence. La mâchoire supérieure, dont le poisson peut étendre la lèvre, paraît comme tronquée lorsque l'animal ne meut pas cette lèvre d'en haut. Outre les huit grandes dents indiquées par le tableau générique, le centropome rouge a un grand nombre de petites dents à chaque mâchoire et auprès du gosier ; mais son palais est lisse. Les yeux, très grands relativement au volume de la tête, ont de diamètre le neuvième, ou à peu près, de la longueur totale du poisson. Deux plaques écailleuses et dentelées sont situées de chaque côté, au-dessus de l'ouverture branchiale ; la ligne latérale est composée d'une série de très petites lignes.

LE CENTROPOME NILOTIQUE [1]

Lates niloticus, Cuv. — *Perca nilotica*, Linn., Gmel. — *Centropomus niloticus*, Lacép.

LE CENTROPOME OEILLÉ [2]

Corvina ocellata, Cuv. — *Perca ocellata*, Linn., Gmel. — *Sciœna imberbis*, Mitch — *Lutjanus triangulum* et *Centropomus ocellatus*, Lacép.

Le nilotique habite dans le Nil ; mais on le trouve aussi dans la mer Caspienne. Ses deux nageoires dorsales sont très rapprochées l'une de l'autre.

L'œillé a été observé dans la Caroline par le docteur Garden. Le premier rayon de la première dorsale et celui de chaque thoracine sont très courts. On ne voit qu'un petit intervalle entre les deux nageoires du dos [3].

A chaque pectorale	14	rayons.
A chaque thoracine, articulés	5	—
— aiguillonné	1	—
A la caudale	17	—
A la membrane branchiale du centropome macrodon	7	—
A chaque pectorale	12	—
A chaque thoracine	6	—
A la nageoire de la queue	17	—
A la membrane branchiale du centropome rouge	7	—
A chaque pectorale	15	—
A la caudale	19	—

1. Mus. Adolph. Frid. 2, p. 83. — S.-G. Gmelin, *It.* 5, p. 344, tab. 25, fig. 3. — *Perca nilotica*. Hasselquist, *It.* 359, n. 83. — *Persèque brune*. Daubenton et Haüy, Encyclopédie méthodique. — *Id*. Bonnaterre, planches de l'Encyclopédie méthodique.

2. *Bass*, à la Caroline. — *Persèque basse*. Daubenton et Haüy, Encyclopédie méthodique. — *Id*. Bonnaterre, planches de l'Encyclopédie méthodique.

3.

A chaque pectorale du centropome nilotique	10	rayons.
A chaque thoracine, articulés	5	—
— aiguillonné	1	—

LE CENTROPOME SIX RAIES

Grammistes orientalis, Bloch, Cuv. — *Sciæna vittata, Perca triacantha, Perca pentacantha, Bodianus lineatus* et *Centropomus sex-lineatus*, Lacép.

On a pêché dans la mer qui baigne les Indes orientales ce centropome, dont la mâchoire inférieure est plus avancée que la supérieure, et dont la tête, le corps et la queue présentent six raies blanches de chaque côté.

M. Noël nous a envoyé une description et un dessin de ce poisson[1].

LE CENTROPOME FASCÉ[2]

Centropomus fasciatus, Lacép.

LE CENTROPOME PERCHOT[3]

Centropomus Perculus, Lacép.

Nous avons trouvé dans les manuscrits de Commerson la description de ces deux centropomes que les naturalistes ne connaissaient pas encore.

La couleur générale du perchot est d'un gris brun qui se mêle sur le ventre avec des teintes blanches ; les thoracines sont jaunâtres ; l'anale et les pectorales sont variées de jaune et de brun ; l'iris est brun dans sa partie supérieure, et argenté ou doré dans le reste de sa surface.

CENT DIX-HUITIÈME GENRE

LES BODIANS

Un ou plusieurs aiguillons, et point de dentelure aux opercules ; un seul barbillon, ou point de barbillon aux mâchoires ; une seule nageoire dorsale.

PREMIER SOUS-GENRE

LA NAGEOIRE DE LA QUEUE FOURCHUE, OU EN CROISSANT.

ESPÈCE.	CARACTÈRES.
1. LE BODIAN OEILLÈRE.	Deux rayons aiguillonnés et vingt rayons articulés à la nageoire du dos ; seize rayons à celle de l'anus ; une sorte de valvule au-dessus de chaque œil.

A la nageoire de la queue.............................. 20 rayons.

A la membrane branchiale du centropome œillé................. 7 —
A chaque pectorale.. 16 —
A chaque thoracine... 6 —
A la caudale... 16 —

1. A la membrane branchiale du centropome six raies.............. 6 —
A chaque pectorale.. 15 —
A chaque thoracine, articulés................................. 5 —
   —   aiguillonné............................. 1 —
A la nageoire de la queue.................................... 16 —

2. « Perca dorso dipterygio, etc. » Commerson, manuscrits déjà cités.

3. « Perca dorso dipterygio, cauda medio productiori, etc. » Commerson, manuscrits déjà cités.

ESPÈCES.	CARACTÈRES.
2. Le Bodian louti.	Neuf rayons aiguillonnés et quinze rayons articulés à la dorsale ; trois rayons aiguillonnés et neuf rayons articulés à l'anale ; des dents fortes, coniques et séparées l'une de l'autre ; un grand nombre d'autres dents très déliées, très serrées les unes contre les autres et flexibles ; trois aiguillons sur la dernière pièce de chaque opercule ; la couleur générale d'un rouge foncé ; de petites taches violettes.
3. Le Bodian jaguar.	Onze rayons aiguillonnés et dix-sept rayons articulés à la nageoire dorsale ; deux rayons aiguillonnés et dix rayons articulés à la nageoire de l'anus ; cinq aiguillons à la pièce antérieure de chaque opercule ; toute la surface de l'animal d'un rouge plus ou moins vif, excepté la partie antérieure de la nageoire du dos, qui est jaune.
4. Le Bodian macrolépidote.	Quatorze rayons aiguillonnés et huit rayons articulés à la dorsale ; deux rayons aiguillonnés et neuf rayons articulés à l'anale ; un ou deux aiguillons à la pièce postérieure de chaque opercule ; les écailles grandes, striées en rayons, dentelées et bordées de gris.
5. Le Bodian argenté.	Neuf rayons aiguillonnés et quinze rayons articulés à la dorsale ; trois rayons aiguillonnés et onze rayons articulés à la nageoire de l'anus ; la tête allongée et comprimée ; de petites dents à chaque mâchoire ; la mâchoire d'en bas plus avancée que celle d'en haut ; un ou deux aiguillons aplatis à la pièce postérieure de chaque opercule ; les écailles petites, molles et argentées.
6. Le Bodian bloch.	Douze rayons aiguillonnés et dix rayons articulés à la nageoire du dos ; chaque mâchoire garnie de plusieurs rangs de dents ; les antérieures plus grandes que les autres ; un aiguillon à la dernière pièce de chaque opercule ; les nageoires pointues ; les écailles très douces au toucher, dorées et bordées de rouge ; celles de la partie supérieure du corps proprement dit, pourpres et bordées de bleu.
7. Le Bodian aya.	Neuf rayons aiguillonnés et dix rayons articulés à la nageoire du dos ; un rayon aiguillonné et huit rayons articulés à celle de l'anus ; la caudale en croissant ; chaque opercule terminé par un aiguillon long et aplati ; la couleur générale rouge ; le dos couleur de sang ; le ventre argenté.
8. Le Bodian tacheté.	Sept rayons aiguillonnés et douze rayons articulés à la dorsale ; deux rayons aiguillonnés et huit rayons articulés à la nageoire de l'anus ; la caudale en croissant ; la tête courte et grosse ; trois aiguillons grands et recourbés vers le museau, à la seconde pièce de chaque opercule ; deux aiguillons aplatis à la troisième ; la couleur générale jaune ; des taches petites et bleues sur toute la surface de l'animal.
9. Le Bodian vivanet.	Onze rayons aiguillonnés et neuf rayons articulés à la nageoire du dos ; quatre rayons aiguillonnés et huit rayons articulés à la nageoire de l'anus ; la caudale en croissant ; l'œil gros ; les lèvres épaisses ; deux aiguillons aplatis et

ESPÈCES.	CARACTÈRES.
9. LE BODIAN VIVANET.	larges à la dernière pièce de chaque opercule ; la couleur générale jaune ; la partie supérieure de l'animal violette.
10. LE BODIAN FISCHER.	Neuf rayons aiguillonnés et neuf rayons articulés à la nageoire du dos ; trois rayons aiguillonnés et six rayons articulés à celle de l'anus ; quatre ou six dents plus grandes que les autres, à l'extrémité de la mâchoire supérieure ; un seul aiguillon à la dernière pièce de chaque opercule ; les écailles rhomboïdales, dentelées et placées obliquement.
11. LE BODIAN DÉCA-CANTHE.	Dix rayons aiguillonnés et sept rayons articulés à la dorsale ; trois rayons aiguillonnés et six rayons articulés à l'anale ; un seul aiguillon à la dernière pièce de chaque opercule ; le museau un peu pointu.
12. LE BODIAN LENTJAN.	Dix rayons aiguillonnés et huit rayons articulés à la nageoire du dos ; trois rayons aiguillonnés et huit rayons articulés à la nageoire de l'anus ; les dents fortes ; deux aiguillons à la dernière pièce de chaque opercule.
13. LE BODIAN GROSSE TÊTE.	Dix rayons aiguillonnés et seize rayons articulés à la nageoire du dos ; dix rayons à celle de l'anus ; la caudale en croissant ; la tête grosse ; la nuque élevée et arrondie ; les dents des mâchoires égales et menues ; un aiguillon aplati à la dernière pièce de chaque opercule, qui se termine par une prolongation anguleuse ; les écailles petites ; la partie postérieure de la queue d'une couleur plus claire que le corps proprement dit.
14. LE BODIAN CYCLOS-TOME.	Huit rayons aiguillonnés et neuf rayons articulés à la dorsale ; deux rayons aiguillonnés et neuf rayons articulés à l'anale ; la caudale en croissant ; la mâchoire supérieure beaucoup plus courte que l'inférieure ; conformée de manière à représenter une très grande portion de cercle, et garnie de chaque côté, de deux dents longues, pointues et tournées en avant ; la mâchoire inférieure armée de plusieurs dents fortes, longues et crochues ; un aiguillon aplati à la dernière pièce de chaque opercule, qui se termine par une prolongation anguleuse ; quatre ou cinq bandes transversales, irrégulières et très inégales en longueur ainsi qu'en largeur.

SECOND SOUS-GENRE

LA NAGEOIRE DE LA QUEUE RECTILIGNE OU ARRONDIE, ET NON ÉCHANCRÉE.

ESPÈCE.	CARACTÈRES.
15. LE BODIAN ROGAA.	Neuf rayons aiguillonnés et dix-neuf rayons articulés à la nageoire du dos ; trois rayons aiguillonnés et dix rayons articulés à la nageoire de l'anus ; les thoracines arrondies ; des dents très nombreuses, très déliées, flexibles et mobiles ; la mâchoire supérieure plus courte que l'inférieure ; trois aiguillons à la dernière pièce de chaque opercule ; point de ligne latérale apparente ; la couleur générale d'un roux noirâtre ; les nageoires noires.

16. LE BODIAN LUNAIRE.

Neuf rayons aiguillonnés et dix-neuf rayons articulés à la nageoire du dos; trois rayons aiguillonnés et dix rayons articulés à la nageoire de l'anus; les thoracines triangulaires; la couleur générale noirâtre; les pectorales noires à la base et jaunes au bout opposé; une raie longitudinale rouge sur la dorsale et l'anale; le bord postérieur de la dorsale blanc et transparent; un croissant blanc et transparent sur la caudale, qui est roussâtre et rectiligne.

17. LE BODIAN MÉLANO-LEUQUE.

Huit rayons aiguillonnés et douze rayons articulés à la nageoire du dos; un rayon aiguillonné et neuf rayons articulés à l'anale; la mâchoire inférieure plus avancée que la supérieure; deux orifices à chaque narine; deux pièces à chaque opercule; trois aiguillons placés vers le bas de la première pièce, et deux autres aiguillons au bord postérieur de la seconde; la couleur générale d'un blanc d'argent; six ou sept bandes transversales, irrégulières et noires.

18. LE BODIAN JACOB ÉVERTSEN.

Neuf rayons aiguillonnés et seize rayons articulés à la dorsale; trois rayons aiguillonnés et huit rayons articulés à l'anale; la caudale arrondie; deux grandes dents et un grand nombre de petites à chaque mâchoire; la mâchoire d'en bas plus avancée que celle d'en haut; trois aiguillons à la dernière pièce de chaque opercule; la couleur générale d'un brun jaunâtre; un grand nombre de taches brunes, petites, rondes; plusieurs de ces taches, blanches dans le centre.

19. LE BODIAN BÆNAK.

Neuf rayons aiguillonnés et seize rayons articulés à la nageoire du dos; trois rayons aiguillonnés et huit rayons articulés à l'anale; la caudale arrondie; chaque mâchoire garnie de dents pointues, petites et toutes plus courtes que les deux antérieures; la mâchoire d'en bas plus avancée que celle d'en haut; un seul orifice à chaque narine; trois aiguillons aplatis à la dernière pièce de chaque opercule; les écailles petites et dentelées; la couleur générale d'un roux foncé; sept ou huit bandes transversales, brunes, étroites, et dont quelques-unes se divisent en deux ou trois.

20. LE BODIAN HIATULE.

La tête allongée; le museau pointu; la mâchoire inférieure un peu plus longue que la supérieure; les dents pointues, égales et un peu séparées les unes des autres, à chaque mâchoire; la caudale arrondie; deux aiguillons au bord postérieur de chaque opercule; le ventre gros; des raies longitudinales et rousses sur le dos, qui est d'un rouge foncé; la dorsale jaune et tachetée de roux.

21. LE BODIAN APUA.

Sept rayons aiguillonnés et seize rayons articulés à la nageoire du dos; trois rayons aiguillonnés et treize rayons articulés à l'anale; la caudale arrondie; la mâchoire inférieure plus longue que la supérieure et garnie, comme cette dernière, de dents pointues qui s'engrènent avec celles qui leur sont opposées, et dont les deux antérieures

ESPÈCES.	CARACTÈRES.
21. LE BODIAN APUA.	sont les plus grandes; deux orifices à chaque narine; un aiguillon à la place postérieure de chaque opercule; la couleur générale rouge; un grand nombre de points noirs; des taches noires sur le dos; une bordure noire et lisérée de blanc, à l'extrémité de la caudale, à l'anale, aux thoracines et à la partie postérieure de la dorsale.
22. LE BODIAN ÉTOILÉ.	Douze rayons aiguillonnés et vingt et un rayons articulés à la dorsale; deux rayons aiguillonnés et huit rayons articulés à la nageoire de l'anus; la caudale arrondie; la tête courte; le museau plus avancé que l'ouverture de la bouche; trois ou quatre aiguillons à la première et à la seconde pièce de chaque opercule; six ou sept aiguillons disposés en rayons le long du contour inférieur et postérieur de l'œil; la couleur générale dorée.
23. LE BODIAN TÉTRA-CANTHE.	Quatre rayons aiguillonnés et vingt et un rayons articulés à la nageoire du dos; dix-sept rayons à la nageoire de l'anus; deux aiguillons à la pièce postérieure de chaque opercule.
24. LE BODIAN SIX RAIES.	Sept rayons aiguillonnés et quatorze rayons articulés à la dorsale; neuf rayons à l'anale; la caudale arrondie; deux aiguillons à la pièce postérieure de chaque opercule, trois raies longitudinales et blanches de chaque côté du corps.

LE BODIAN OEILLÈRE [1]

Bodianus palpebratus, LACÉP. — *Sparus palpebratus*, PALLAS, LINN., GMEL.
— *Kurtus palpebratus*, SCHN.

LE BODIAN LOUTI, *Serranus luti*, Cuv.; *Perca luti*, Forsk.; *Bodianus luti*, Lacép. — BODIAN JAGUAR, *Holocentrum longipinne*, Cuv.; *Holocentrus sogho, Bodianus pentacanthus* et *Sciœna rubra*, Bloch; *Amphiprion matejuelo*, Bloch, Schn.; *Bodianus jaguar*, Lacép. — BODIAN MACROLÉPIDOTE, *Glyphisodon macrolepidotus*, Cuv.; *Bodianus macrolepidotus*, Bloch, Lacép. — BODIAN ARGENTÉ, *Cœsio argenteus*, Cuv.; *Bodianus argenteus*, Bloch, Lacép. — BODIAN BLOCH, *Bodianus bodianus*, Bloch; *Bodianus Blochii*, Lacép. — BODIAN AYA, *Mesoprion aya*, Cuv.; *Bodianus aya*, Bloch, Lacép.

La conformation des yeux du bodian œillère mérite l'attention des physiciens. D'après la description que l'illustre Pallas a donnée de ce poisson, et d'après un dessin colorié que le célèbre naturaliste Boddaert a fait lui-même et qu'il a bien voulu m'envoyer dans le temps, ce thoracin présente au-dessus de chaque œil une pièce membraneuse un peu ovale, qui n'est attachée que par son extrémité antérieure, sur laquelle elle joue comme sur une charnière,

---

1. Pallas, *Nord. Beytr.*, II, p. 55, n. 1, tab. 4, fig. 1 et 2. — *Sparc œillère*. Bonnaterre, planches de l'Encyclopédie méthodique. — Forskael, *Fauna arab.*, p. 40, n. 40. — *Persèque louti*. Bonnaterre, planches de l'Encyclopédie méthodique. — *Jaguar uaca*, au Brésil. — *Bodianus pentacanthus*. Bloch, pl. 225 — *Bodian à grandes écailles*. Bloch, pl. 230, 231, fig. 2. — *Aipimixira, Tetimixira*, au Brésil. — *Pudiano vermelho, Bodiano vermelho*, par les Portugais. — Bloch, pl. 223. — *Acara aya, Garanha*, au Brésil. — Bloch, pl. 227.

et qui, en s'écartant ou se rapprochant de la tête par son extrémité postérieure, et en s'abaissant ou en s'élevant, découvre l'organe de la vue, ou le cache en entier, et fait l'office des œillères dont on couvre les yeux des chevaux ombrageux.

Cette sorte de paupière mobile, à la volonté de l'animal, garantit l'œil des effets funestes de la lumière éblouissante que répand sur la surface de la mer le soleil de la zone torride, et qui est souvent d'autant plus vive autour du bodian dont nous nous occupons, que ce poisson se plaît au milieu des rochers, sur des bas-fonds pierreux, et dans les endroits où les rayons solaires n'ayant à traverser, pour arriver à ses organes, que des couches d'eau assez minces, sont réfléchis, rapprochés et réunis en différents foyers, par les surfaces blanches, unies, polies et diversement concaves des roches du rivage et du fond de l'Océan.

L'organe de la vue du bodian œillère, préservé de l'action de la lumière pendant tout le temps où ce thoracin n'a besoin ni de diriger sa route, ni de poursuivre une petite proie, ni d'éviter un ennemi, doit donc être, tout égal d'ailleurs, très délicat ; et il est d'autant plus propre à lui faire distinguer les objets qu'il recherche ou qu'il fuit, que cet organe est grand et saillant.

Cette paupière membraneuse présente une couleur d'un beau jaune ; la tête est arrondie par devant et presque noire ; le corps et la queue sont d'un brun jaunâtre ; deux aiguillons arment la dernière pièce de chaque opercule ; un ou plusieurs petits sillons règnent sur le dessus de la tête ; la ligne latérale, blanche ou argentée, commence par quatre ou cinq papilles ou tubercules ; les nageoires sont noirâtres, la longueur ordinaire de l'animal est d'un décimètre. C'est particulièrement à Amboine que le bodian œillère a été pêché.

Le louti vit dans la mer d'Arabie, où il se plaît parmi les madrépores et les coraux. Chacune de ses nageoires est bordée de jaune. Il parvient quelquefois jusqu'à la longueur remarquable de douze ou treize décimètres. Ses écailles sont petites, arrondies et striées. La lèvre supérieure est moins avancée que celle d'en bas ; mais elle peut être étendue par le bodian.

. Le jaguar habite dans la mer du Brésil ; il aime à demeurer au milieu des écueils et, par conséquent, auprès des côtes. Il paraît préférer surtout le voisinage de l'embouchure des rivières ; c'est dans ce voisinage qu'il s'engraisse et que sa chair acquiert un goût encore plus agréable qu'à l'ordinaire, lorsque, dans la saison des pluies, les fleuves débordés entraînent jusqu'à la mer une grande quantité de substances organiques et nutritives, dont le jaguar retire un aliment salutaire et abondant.

Ce bodian a la mâchoire d'en haut plus avancée que celle d'en bas ; plusieurs rangs de dents presque égales, pointues et séparées l'une de l'autre ; deux orifices à chaque narine ; les écailles dentelées ; et le lobe supérieur de sa caudale plus long que l'inférieur. Le prince Maurice de

Nassau a laissé de ce poisson un dessin qui a été copié par Bloch, et qui l'avait été auparavant par Marcgrave, d'après lequel Pison, Willughby, Jonston et Ruysch paraissent avoir représenté ce bodian.

On peut croire que le macrolépidote a été pêché dans les grandes Indes. Les deux mâchoires sont aussi avancées l'une que l'autre et garnies de dents très serrées ; on ne voit qu'un orifice à chaque narine ; la ligne latérale est droite et aboutit à la fin de la dorsale, où elle se perd. On aperçoit du rougeâtre sur la tête et sur le dos de l'animal ; les pectorales et les thoracines sont jaunes ; la dorsale et l'anale sont brunes ; et la caudale est brune comme la dorsale, mais jaune dans son milieu.

L'argenté a la langue et le palais très lisses ; un seul orifice à chaque narine ; les nageoires jaunâtres et la caudale bordée de bleu ou de cramoisi. Il paraît qu'on l'a observé dans la Méditerranée.

Le prince Maurice de Nassau, Marcgrave, Pison, Willughby, Jonston, Ruysch et Bloch ont fait dessiner le poisson auquel j'ai donné un nom spécifique qui rappelle celui du savant ichtyologiste de Berlin. J'ai voulu, par cette nouvelle marque d'estime pour ce naturaliste, indiquer l'espèce dont le nom vulgaire a été employé par lui pour désigner le genre entier des bodians, qu'il a proposé le premier, et que j'ai adopté après avoir fait subir quelques modifications à cette partie de sa classification.

Le bodian bloch a été vu dans la mer du Brésil ; il parvient à la grandeur du cyprin carpe et y a été très recherché à cause de la bonté de sa chair. Chaque narine de ce poisson ne présente qu'un orifice ; du pourpre, du rouge et du jaune doré resplendissent sur ses nageoires.

La figure de l'aya a été donnée par Marcgrave, Pison, Willughby, Jonston, Ruysch, le prince de Nassau et Bloch, qui a fait copier le dessin du prince Maurice [1]. On le trouve dans les lacs du Brésil. Il y parvient fréquem-

1. A chaque pectorale du bodian œillère...........................	16	rayons.
A chaque thoracine...	6	—
A la caudale...	20	—
A la membrane branchiale du bodian louti	7	—
A chaque pectorale...	17	—
A chaque thoracine, articulés................................	5	—
— aiguillonné..............................	1	—
A la nageoire de la queue....................................	15	—
A chaque pectorale du bodian jaguar..........................	15	—
A chaque thoracine, articulés................................	5	—
— aiguillonné..............................	1	—
A la caudale...	18	—
A la membrane branchiale du bodian macrolépidote.............	4	—
A chaque pectorale...	15	—
A chaque thoracine, articulés................................	5	—
— aiguillonné..............................	1	—
A la nageoire de la queue....................................	22	—
A la membrane branchiale du bodian argenté..................	7	—

ment à la longueur d'un mètre ; et il multiplie si fort, qu'on envoie au loin un grand nombre d'individus de cette espèce, salés ou séchés au soleil. Il serait très utile et peut-être assez facile d'acclimater ce grand et beau bodian dont la chair est très agréable au goût, dans les eaux douces de l'Europe, particulièrement dans les lacs et dans les étangs de cette partie du globe. Au reste, nous n'avons pas besoin de répéter ici ce que nous avons déjà écrit sur l'acclimatation des poissons, dans plus d'un endroit de l'histoire de ces animaux.

L'aya a l'ouverture de la bouche assez grande ; la mâchoire supérieure un peu plus avancée que l'inférieure ; les deux mâchoires garnies d'un rang de dents cunéiformes, dont les deux antérieures sont les plus grosses ; et deux orifices à chaque narine.

LE BODIAN TACHETÉ[1]

Plectropoma maculatum, Cuv. — *Bodianus maculatus*, Bloch, Lacép.

Le Bodian vivanet, *Mesoprion griseus*, Cuv.; *Sparus tetracanthus*, Bloch; *Cichla tetracantha*, Schn.; *Bodianus vivanet*, Lacép. — Bodian de fischer, *Pentapus unicolor*, Cuv.? *Bodianus Fischerii*, Lacép. — Bodian décacanthe, *Pentapus vittatus*, Cuv.? *Sparus vittatus*, Bloch; *Bodianus decacanthus*, Lacép. — Bodian lentjan, *Lethrinus lentjanus*, Cuv.; *Bodianus lentjan*, Lacép. — Bodian grosse tête, *Serranus flavo-cœruleus*, Cuv.; *Holocentrus flavo-cœruleus*, *Holocentrus gymnosus* et *Bodianus macrocephalus*, Lacép. — Bodian cyclostome, *Plectropoma melanoleucum*, Cuv.; *Labrus lœvis*, *Bodianus melanoleucus* et *Bodianus cyclostomus*, Lacép.

Le tacheté a été vu dans le Japon. Ses deux mâchoires sont également avancées. Les dents antérieures surpassent les autres en longueur. Il n'y a qu'un orifice à chaque narine. Les écailles sont petites, dures et dentelées ; les pectorales, les thoracines et la caudale, d'un rouge brun ; la dorsale et l'anale bleues et bordées d'un brun rougeâtre[2].

A chaque pectorale	16 rayons.
A chaque thoracine, articulés...................................	5 —
— aiguillonné...................................	1 —
A la caudale..	22 —
A chaque pectorale du bodian bloch..........................	13 —
A chaque thoracine..	6 —
A la nageoire de la queue......................................	15 —
A la membrane branchiale du bodian aya....................	5 —
A chaque pectorale..	16 —
A chaque thoracine..	6 —
A la caudale	15 —

1. Bloch, pl. 228. — « Pagrus leucophæus, vulgo *vivanet gris*, apud Martinicam. » Plumier, peintures sur vélin déjà citées.

2. A la membrane branchiale du bodian tacheté................... 7 rayons.
 A chaque pectorale... 15 —
 A chaque thoracine, articulés........................... 5 —

Le vivanet vit dans les eaux de la Martinique. Ses pectorales et sa caudale sont très grandes et doivent lui donner une natation rapide; les premières sont, de plus, triangulaires; deux raies longitudinales, assez larges, dorées, et dont la supérieure offre souvent des nuances très faibles, accompagnent la ligne latérale; les nageoires sont variées de jaune et de violet.

Aucun naturaliste n'a encore publié la description du fischer, ni des autres quatre bodians dont la notice suit celle du thoracin. Nous avons désiré que le nom spécifique de ce poisson fût un témoignage de notre estime et de notre attachement pour le naturaliste Fischer, bibliothécaire de Mayence, qui chaque jour acquiert, par son zèle et par ses ouvrages, de nouveaux droits à la reconnaissance des amis des sciences, et s'efforce de donner une nouvelle activité au noble et si utile commerce des lumières entre la France et l'Allemagne.

Le bodian fischer a le corps et la queue allongés, et les rayons aiguillonnés de sa dorsale très éloignés l'un de l'autre. Nous faisons connaître ce poisson d'après un individu de cette espèce compris dans la belle collection zoologique cédée par la Hollande à la France.

Cette même collection renfermait des individus de l'espèce que nous avons nommée *décacanthe,* et de celle que nous appelons *lentjan,* parce qu'une note manuscrite nous a appris qu'elle avait reçu ce nom de *lentjan* dans le pays qu'elle habite.

A l'égard du *bodian grosse tête* et du *cyclostome,* nous en avons trouvé des dessins parmi les manuscrits de Commerson.

A chaque thoracine, aiguillonné	1	rayon.
A la nageoire de la queue	21	—
A chaque pectorale du bodian vivanet	12	—
A chaque thoracine	6	—
A la caudale	14 ou 15	—
A chaque pectorale du bodian fischer	16	—
A chaque thoracine, articulés	5	—
— aiguillonné	1	—
A la nageoire de la queue	17	—
A chaque pectorale du bodian décacanthe	16	—
A chaque thoracine, articulés	5	—
— aiguillonné	1	—
A la nageoire de la queue	18	—
A chaque pectorale du bodian lentjan	13	—
A chaque thoracine, articulés	5	—
— aiguillonné	1	—
A la caudale	17	—
A chaque pectorale du bodian grosse tête	9 ou 10	—
A la nageoire de la queue	14 ou 15	—
A chaque pectorale du bodian cyclostome	11 ou 12	—
A la caudale	12 ou 13	—

LE BODIAN ROGAA [1]

Serranus Rogaa, Cuv. — *Perca Rogaa,* Forsk., Linn., Gmel.
— *Bodianus Rogaa,* Cuv.

Le Bodian lunaire, *Perca lunaria,* Linn., Gmel.; *Bodianus lunarius,* Lacép. — Bodian mélanoleuque, *Plectropoma melanoleucum,* Cuv.; *Labrus lœvis, Bodianus melanoleucus* et *Bodianus cyclostomus,* Lacép. — Bodian jacob evertsen, *Serranus guttatus,* Cuv.; *Bodianus guttatus,* Bloch; *Bodianus Jacob Evertsen,* Lacép. — Bodian bænak, *Serranus bænak,* Cuv.; *Holocentrus bænak,* Bloch; *Bodianus bænak,* Lacép. — Bodian hiatule, *Serranus cabrilla,* Cuv.; *Perca cabrilla,* Linn.; *Holocentrus chani, Holocentrus virescens, Lutjanus serran* et *Bodianus hiatula,* Lacép. — Bodian apue, *Serranus apua,* Cuv.; *Bodianus apua,* Bloch, Lacép. — Bodian étoilé, *Corvina trispinosa,* Cuv.; *Bodianus stellifer,* Bloch? *Cheilodipterus acoupa* et *Bodianus stellatus,* Lacép.

La mer d'Arabie nourrit le rogaa et le lunaire.

Le rogaa a les lèvres très grosses et la supérieure extensible; le devant de ses mâchoires présente souvent deux dents fortes et un peu coniques; sa longueur est ordinairement de six ou sept décimètres; il se plaît au milieu des coraux et des madrépores.

Le mélanoleuque a été vu par Commerson près des rivages de l'Ile de France. Ses couleurs blanche et noire m'ont indiqué le nom spécifique que j'ai cru devoir lui donner [2]. Ses nageoires sont jaunâtres; ses pectorales et ses thoracines offrent à leur base une tache noire : le bout de son museau brille d'un beau jaune Le corps et la queue sont allongés; la lèvre supérieure est extensible; les mâchoires sont garnies de plusieurs rangs de dents inégales; on voit de petites dents sur une partie du palais; et la longueur ordinaire de l'animal est de quatre ou cinq décimètres.

Le jacob-evertsen a deux orifices à chaque narine; la ligne latérale est large. La dorsale, la caudale et la nageoire de l'anus sont couvertes en partie de petites écailles; elles sont d'ailleurs jaunes et bordées de violet; une nuance jaune distingue les pectorales et les thoracines.

Le nom que porte ce bodian est celui d'un matelot de Hollande, dont le visage gâté par la petite vérole présentait des taches semblables à celles de ce poisson, et que d'autres marins hollandais avaient sous les yeux, lorsqu'ils

1. Forskael, *Fauna arab.,* p. 38, n. 36. — *Persègue rogaa.* Bonnaterre, planches de l'Encyclopédie méthodique. — Forskael, *Fauna arab.,* p. 39, n. 37. — *Persègue lunaire.* Bonnaterre, planches de l'Encyclopédie méthodique. — « Aspro pinnis dorsalibus unitis, radiis octo spinosis, duodecim muticis, corpore argenteo, maculis sex septemve irregularibus nigris late variegato. » Commerson, manuscrits déjà cités.
The jewfish, par les Anglais. — *Ican ocara,* au Japon. — *Ganimin,* par les Malais. — *Bodianus guttatus.* Bloch, pl. 224. — *Ycan bænak,* au Japon. — Bloch, pl. 226. — *Labre hiatule.* Bonnaterre, planches de l'Encyclopédie méthodique. — Salv., *Hist. aquat. anim.,* p. 229. — Willughby, p. 327. — *Pirati apia, Parati apua,* par les Brésiliens. — Bloch, pl. 229, pl. 231, fig. 1.
2. *Melas,* en grec, signifie *noir;* et *leucos, blanc.*

découvrirent l'espèce dont nous nous occupons ; ce nom de *jacob-evertsen* a même été donné depuis par plusieurs navigateurs bataves à des espèces différentes du bodian dont nous parlons, mais qui montraient sur leur surface un grand nombre de petites taches.

On trouve les jacob-evertsens auprès de l'île de Sainte-Hélène, où l'on en pêche beaucoup, dans les grandes Indes et dans les mers du Japon. Ils vivent de proie, sont très goulus, se jettent imprudemment sur les lignes et sont pris facilement dans toutes les saisons. Ils remontent les fleuves dans le temps de la ponte des œufs, qu'ils déposent par préférence sur les fonds pierreux. Ils parviennent souvent dans l'Asie à la longueur de treize ou quatorze décimètres ; ils y sont très gras, très agréables au goût et très recherchés surtout par les Européens. Bloch pense qu'on doit les regarder comme de la même espèce que le *jewfish*, dont Browne a parlé, qui, suivant ce dernier auteur, vit dans les eaux de la Jamaïque, et qui y pèse quelquefois cent cinquante kilogrammes. Le prince Maurice de Nassau, Bontius, Renard et Nieuhof ont laissé des dessins de ces poissons, dont Willughby et Séba ont fait copier la figure [1].

Le bænak a la tête étroite et allongée ; l'ouverture de la bouche petite ; les yeux rapprochés du sommet ; les nageoires d'un jaune plus ou moins mêlé de brun ; la dorsale et les pectorales relevées par des prolongations de quelques-unes des bandes transversales que le tableau générique indique, et une bande transversale et courbe placée sur la caudale.

Il a été envoyé du Japon à Bloch, qui a reçu aussi du même pays une variété de ce bodian, distinguée des autres individus de cette espèce par des raies d'une nuance claire que l'on aperçoit très difficilement.

L'hiatule se trouve dans la Méditerranée. Nous n'avons pas besoin de faire observer que ce bodian est d'une espèce bien différente de celle que nous avons décrite sous le nom de *hiatule gardénienne.*

On voit l'apue dans le Brésil ; ce thoracin y recherche pendant l'été l'eau salée qui baigne les rivages et les écueils de la mer, et pendant l'hiver l'eau douce des rivières. Sa chair est grasse et d'un goût exquis. Sa pêche est très abondante, et d'autant plus utile que son poids ordinaire est de deux ou trois kilogrammes [2].

---

1. Les dessins de Bontius, de Renard et de Nieuhof sont très imparfaits.

2.   A la membrane branchiale du bodian rogaa. .... 7 rayons.
    A chaque pectorale... 18 —
    A chaque thoracine, articulés................................ 5 —
        —   aiguillonné................................. 1 —
    A la caudale.. 14 —

    A la membrane branchiale du bodian lunaire................... 7 —
    A chaque pectorale... 18 —
    A chaque thoracine, articulés................................ 5 —
        —   aiguillonné................................. 1 —
    A la nageoire de la queue.................................... 14 —

    A la membrane branchiale du bodian mélanoleuque............. 7 —

Le prince Maurice, Marcgrave, Pison, Willughby, Jonston, Ruysch et Bloch ont fait faire des dessins de ce poisson, dont Klein s'est aussi occupé.

C'est du cap de Bonne-Espérance qu'on a apporté en Europe l'étoilé. Ses dents sont très petites; sa langue et son palais très lisses; ses narines percées chacune d'une seule ouverture.

LE BODIAN TÉTRACANTHE

Percis cancellata, Cuv. — *Labrus tetracanthus* et *Bodianus tetracanthus,* Lacép.

LE BODIAN SIX RAIES

Grammistes orientalis, Cuv.; *Centropomus sexlineatus, Sciæna vittata, Perca triacantha, Perca pentacantha* et *Bodianus sexlineatus,* Lacép.

On n'a pas encore publié la description de ces deux bodians; nous avons vu un individu de chacune de ces espèces dans la collection du Muséum national d'histoire naturelle. La première a la tête un peu déprimée et plus large que le corps; la lèvre supérieure épaisse et extensible; les dents aiguës, crochues et inégales. La seconde a l'ouverture de la bouche très grande et la mâchoire inférieure plus avancée que la supérieure[1].

A chaque pectorale	18	rayons.
A chaque thoracine, articulés	5	—
— aiguillonné	1	—
A la caudale	15	—
A la membrane branchiale du bodian jacob-evertsen	5	—
A chaque pectorale	14	—
A chaque thoracine, articulés	5	—
— aiguillonné	1	—
A la nageoire de la queue	17	—
A la membrane branchiale du bodian bænak	7	—
A chaque pectorale	15	—
A chaque thoracine, articulés	5	—
— aiguillonné	1	—
A la caudale	17	—
A chaque pectorale du bodian apua	15	—
A chaque thoracine, articulés	5	—
— aiguillonné	1	—
A la nageoire de la queue	17	—
A la membrane branchiale du bodian étoilé	4	—
A chaque pectorale	14	—
A chaque thoracine, articulés	5	—
— aiguillonné	1	—
A la caudale	18	—
A la membrane branchiale du bodian tétracanthe	8	—
A chaque pectorale	17	—
A chaque thoracine	6	—

1.

CENT DIX-NEUVIÈME GENRE

LES TÆNIANOTES

Un ou plusieurs aiguillons, et point de dentelure aux opercules ; un seul barbillon, ou point de barbillon aux mâchoires ; une nageoire dorsale étendue depuis l'entre-deux des yeux jusqu'à la nageoire de la queue, ou très longue et composée de plus de quarante rayons.

PREMIER SOUS-GENRE

LA NAGEOIRE DE LA QUEUE FOURCHUE OU EN CROISSANT

ESPÈCE.	CARACTÈRES.
1. LE TÆNIANOTE LARGE RAIE.	Quarante-huit rayons à la nageoire du dos et à celle de l'anus ; la couleur générale bleue ; une raie longitudinale noire et très large de chaque côté du corps.

SECOND SOUS-GENRE

LA NAGEOIRE DE LA QUEUE RECTILIGNE, OU ARRONDIE, ET NON ÉCHANCRÉE

ESPÈCE.	CARACTÈRES.
2. LE TÆNIANOTE TRIACANTHE.	La caudale arrondie ; trois aiguillons à la première pièce de chaque opercule.

LE TÆNIANOTE LARGE RAIE

Malacanthus....., Cuv. — *Tænianotus lato-vittatus,* Lacép. — *Labrus lato-vittatus,* Lacép.

Les tænianotes n'ont encore été décrits par aucun auteur ; je les ai compris dans un genre particulier, auquel j'ai donné le non de *tænianote* pour désigner la très grande longueur de leur nageoire dorsale, dont l'étendue forme un des caractères distinctifs de ce groupe[1].

Commerson a vu, dans le marché au poisson de l'Ile de France, des individus de l'espèce que je nomme *large raie.* Leur longueur était de quatre à cinq décimètres ; leur saveur peu agréable ; et l'on trouvait dans leur estomac des débris de coraux et des fragments de coquilles. Les dents du tænianote que nous décrivons sont cependant très petites ; et sa langue, ainsi que son palais, n'offrent ni dents ni aspérités. La dureté des mâchoires, la constance des efforts et le nombre des dents suppléent, dans ce thoracin, à la grandeur de ces derniers instruments et sont une nouvelle preuve de la réserve avec laquelle on doit, dans l'étude de l'histoire naturelle, conclure l'existence des habitudes, de celle des formes dont elles paraissent le plus dépendre, ou l'existence de ces formes, de celle de ces habitudes.

A la nageoire de la queue........................	17	rayons.
A la membrane branchiale du bodian six raies................	8	—
A chaque pectorale...............................	14	—
A chaque thoracine, articulés........................	5	—
— aiguillonné.............................	1	—
A la caudale...................................	15	—

1. *Tainia,* en grec, signifie *bande* ou *ruban ;* et *notos, dos.*

Le large-raie a deux orifices à chaque narine; les yeux un peu rapprochés l'un de l'autre; les écailles très petites, mais rudes et dentelées; un
aiguillon à la pièce postérieure de chaque opercule, qui d'ailleurs se termine en pointe; le ventre argenté; la nageoire du dos et les pectorales
variées de brun et de bleu; les thoracines et l'anale blanchâtres; la caudale
distinguée par la prolongation de la raie longitudinale large et noire qui
règne sur le corps et sur la queue, et par une tache blanche et grande, placée sur le lobe inférieur[1].

LE TÆNIANOTE TRIACANTHE

Tænianotus triacanthus, Cuv.? Lacép.

Cette espèce a le corps allongé et très comprimé. Sa nageoire du dos
ressemble à une longue bande, plus élevée vers le crâne et la nuque que
vers la fin du corps et au-dessus de la queue. La partie antérieure de ce
remarquable instrument de natation est arrondie, et les premiers rayons qui
la soutiennent sont un peu séparés l'un de l'autre. L'ouverture de la bouche
et les dents sont très petites. La mâchoire inférieure avance plus que celle
d'en haut.

Un tænianote triacanthe était conservé dans de l'alcool, parmi les poissons qui faisaient partie de la nombreuse collection d'histoire naturelle
donnée par la Hollande à la France[2].

CENT VINGT-HUITIÈME GENRE

LES SCIÈNES

Un ou plusieurs aiguillons et point de dentelure aux opercules; un seul barbillon ou point de
barbillon aux mâchoires; deux nageoires dorsales.

PREMIER SOUS-GENRE

LA NAGEOIRE DE LA QUEUE FOURCHUE OU EN CROISSANT

ESPÈCE.	CARACTÈRES.
1. LA SCIÈNE ABUSAMF.	Dix rayons aiguillonnés à la première dorsale; trois rayons aiguillonnés et neuf rayons articulés à l'anale; des dents molaires arrondies; des dents antérieures fortes et coniques; un aiguillon à la pièce postérieure de chaque opercule; la couleur générale verte; un grand nombre de petites taches blanches.

1.	A la membrane branchiale	6	rayons.
	A chaque pectorale	17	—
	A chaque thoracine, articulés	5	—
	— aiguillonné	1	—
	A la nageoire de la queue	15	—
2.	A la nageoire du dos	25	rayons.
	A chaque thoracine, articulés	5	—
	— aiguillonné	1	—
	A la nageoire de l'anus	8	—

ESPÈCES.   CARACTÈRES.

2.   LA SCIÈNE CORO.

Dix rayons aiguillonnés à la première nageoire du dos; de
rayons aiguillonnés et neuf rayons articulés à la secon
onze rayons à celle de l'anus; la caudale en croissant
tête et les opercules dénués de petites écailles; les de
petites et pointues; un aiguillon à la seconde pièce
chaque opercule; la couleur générale argentée; huit ban
transversales, étroites et brunes.

3.   LA SCIÈNE CILIÉE.

Un rayon aiguillonné et six rayons articulés à la premi
dorsale; huit rayons à la seconde; sept rayons à l'ana
la mâchoire supérieure arrondie et plus avancée que l'
férieure; deux aiguillons à la pièce postérieure de cha
opercule; presque toutes les écailles divisées en deux p
tions par une arête transversale; la première de ces p
tions unie, et la seconde finement striée et ciliée.

4. LA SCIÈNE HEPTACANTHE.

Sept rayons aiguillonnés à la première nageoire du d
neuf rayons à la seconde; sept rayons à la nageoire
l'anus; la mâchoire supérieure un peu plus avancée
l'inférieure; des dents fortes à chaque mâchoire; deux
guillons, dont un est très petit, à la dernière lame
chaque opercule.

SECOND SOUS-GENRE

LA NAGEOIRE DE LA QUEUE RECTILIGNE, OU ARRONDIE, ET NON ÉCHANCRÉE

ESPÈCES.   CARACTÈRES.

5.   LA SCIÈNE CHROMIS.

Dix rayons à la première dorsale; un rayon aiguillonné
vingt et un rayons articulés à la seconde; deux rayons
guillonnés et cinq rayons articulés à l'anale; un aigui
à chaque opercule; le second rayon aiguillonné de l'ana
long, épais, comprimé et très fort; des bandes transv
sales brunes.

6.   LA SCIÈNE CROKER.

Dix rayons aiguillonnés à la première nageoire du dos;
rayon aiguillonné et vingt-huit rayons articulés à la
conde; deux rayons aiguillonnés et dix-huit rayons a
culés à l'anale; cinq petits aiguillons à la pièce antérie
de chaque opercule; le corps ondulé de brun.

7.   LA SCIÈNE UMBRE.

Dix rayons à la première nageoire du dos; vingt-quatre à
seconde; deux rayons aiguillonnés et huit rayons articu
à celle de l'anus; la caudale arrondie; deux aiguillon
la pièce postérieure de chaque opercule; le dos noir;
ventre argenté.

8. LA SCIÈNE CYLINDRIQUE.

Cinq rayons aiguillonnés à la première dorsale; vingt et
rayons articulés à la seconde; un rayon aiguillonné
dix-sept rayons articulés à l'anale; la caudale arrond
deux aiguillons à la pièce postérieure de chaque opercu
la forme générale cylindrique; la tête, le dos, onze ban
transversales et deux raies longitudinales d'un brun p
ou moins foncé.

9.   LA SCIÈNE SAMMARA.

Dix rayons aiguillonnés à la première nageoire du dos;
rayon aiguillonné et quatorze rayons articulés à la secon

ESPÈCE	CARACTÈRES.
9. LA SCIÈNE SAMMARA.	quatre rayons aiguillonnés et huit rayons articulés à l'anale; un aiguillon à la première pièce de chaque opercule; deux aiguillons à la pièce postérieure; le dos d'un rouge de cuivre; un grand nombre de taches rondes blanches et bordées de noir.
0. LA SCIÈNE PENTADACTYLE.	Sept rayons à la première dorsale; dix rayons à la seconde et à l'anale; cinq rayons à chaque thoracine; la caudale arrondie; un aiguillon recourbé à la pièce antérieure de chaque opercule; les pectorales très larges; la ligne latérale insensible.
1. LA SCIÈNE RAYÉE.	Six rayons aiguillonnés à la première nageoire du dos; quinze rayons articulés à la seconde; dix rayons à la nageoire de l'anus; la caudale un peu arrondie; trois aiguillons à la première et à la dernière pièce de chaque opercule, la couleur générale noirâtre; des raies longitudinales blanches.

LA SCIÈNE ABUSAMF[1]

Pagrus.....? Cuv. — *Sciæna murdjan,* var., *abusamf,* GMEL.
— *Sciæna abusamf,* LACÉP.

LA SCIÈNE CORO, *Pristipoma coro,* Cuv.; *Sciæna coro,* Bloch, Lacép. — SCIÈNE CILIÉE, *Upeneus chryserydros,* Cuv.; *Sciæna ciliata* et *Mullus chryserydros,* Lacép. — SCIÈNE HEPTACANTHE, *Upeneus cyclostomus,* Cuv.; *Mullus cyclostomus* et *Sciæna heptacantha,* Lacép.

Les sciènes ne diffèrent des bodians que par le nombre de leurs nageoires dorsales ; elles en ont deux pendant que l'on n'en voit qu'une sur les bodians; elles ont donc avec ces derniers le même degré d'affinité que les cheilodiptères avec les labres, les ostorhinques avec les scares, les diptérodons avec les spares, les centropomes avec les lutjans et les persèques avec les holocentres.

Les habitudes de la sciène umbre, dont nous tâcherons de présenter quelques traits, nous donneront une idée de celles des autres sciènes. Mais l'umbre n'appartient qu'au second sous-genre de ces thoracins ; avant de nous en occuper, jetons un coup d'œil sur les sciènes du premier sous-genre.

L'abusamf vit dans la mer d'Arabie, et le coro dans celle du Brésil.

Ce dernier poisson parvient à la longueur de quatre ou cinq décimètres, les deux mâchoires sont aussi avancées l'une que l'autre; la caudale brille de l'éclat de l'or. On pêche cette sciène dans toutes les saisons; mais elle est peu recherchée, parce que sa chair est dure et sèche. Le prince Maurice de Nas-

---

1. Forskael, *Fauna arab.,* p. 49, n. 55. — *Sciène abusamf,* variété de la sciène murdjan. Bonnaterre, planches de l'Encyclopédie méthodique. — *Corocoro, Corocoraca,* au Brésil. — Bloch, pl. 307, fig. 2.

sau, Marcgrave, Pison, Willughby, Jonston, Ruysch, Klein et Bloch ont décrit ou fait dessiner le coro.

La ciliée et l'heptacanthe n'ont pas encore été décrites. Nous avons trouvé un individu de chacune de ces deux espèces parmi les poissons desséchés qui font partie de la collection hollandaise donnée à la France. Le tableau générique indique la forme remarquable des écailles de la ciliée. Disons, de plus, que ces écailles présentent la figure d'un trapèze ; celles qui garnissent la ligne latérale offrent des arêtes disposées comme des rayons divergents; d'autres écailles plus petites couvrent la base de la nageoire de la queue[1].

LA SCIÈNE CHROMIS[2]

Pogonias Chromis, Cuv. — *Labrus Chromis*, Linn., Gmel. — *Pogonias fasciatus, Sciæna Chromis* et *Pogonathus Courbina*, Lacép. — *Sciæna Furca* et *Sciæna Gigas*, Mitch.

La Sciène croker, *Micropogon undulatus*, Cuv.; *Perca undulata*, Linn., Gmel.; *Sciæna undulata*, Lacép. — Sciène umbre, *Corvina nigra*, Cuv.; *Sciæna umbra*, Linn., Gmel., Lacép. — Sciène cylindrique, *Percis cylindrica*, Cuv.; *Bodianus Sebæ*, Bloch, Schn.; *Sciæna cylindrica*, Bloch, Lacép. — Sciène sammara, *Holocentrum sammara*, Cuv.; *Sciæna sammara*, Forsk., Linn., Gmel., Lacép.; *Labrus angulosus*, Lacép. — Sciène pentadactyle, *Sciæna pentadactylus*, Lacép. — Sciène rayée, *Grammistes orientalis*, Cuv.; *Sciæna vittata, Perca triacantha, Perca pentacantha, Bodianus sex-lineatus* et *Centropomus sex-lineatus*, Lacép.

On peut voir dans Schneider[2] combien il est difficile de déterminer à quels poissons les anciens auteurs grecs et latins ont donné le nom de *chro-*

1. A la membrane branchiale de la sciène abusamf.............. 8 rayons.
   A chaque pectorale...... .... 13 —
   A chaque thoracine, articulés................................ 5 —
      —   aiguillonné............................. 1 —
   A la caudale.. 17 —
   A chaque pectorale de la sciène coro...................... 12 —
   A chaque thoracine, articulés........................... 5 —
      —   aiguillonné.......................... 1 —
   A la nageoire de la queue.................................. 16 —
   A chaque pectorale de la sciène ciliée...................... 15 —
   A chaque thoracine, articulés............................. 5 —
      —   aiguillonné........................... 1 —
   A la caudale.. 15 —
   A chaque pectorale de la sciène heptacanthe................ 16 —
   A chaque thoracine, articulés.............................. 5 —
      —   aiguillonné........................... 1 —
   A la nageoire de la queue................................. 19 —

2. *Drum*, dans la Caroline. — « Chromis subargenteus, oblongus, etc. » Browne, *Jam.*, 449. — *Coracinus brasiliensis*. Ray, *Pisc.*, 96. — *Guatucupa*. Marcgrave, *Brasil.*, 177. — *Labre tambour*. Daubenton et Haüy, Encyclopédie méthodique. — *Id*. Bonnaterre, planches de l'Encyclopédie méthodique. — — « Perca marina pinna dorsi divisa. » Catesby, *Carol.*, II, p. 3, tab. 3, fig. 1. — *Persègue croker*. Daubenton et Haüy, Encyclopédie méthodique. — *Id*. Bonnaterre,

mis ou *cromis*. Il nous semble qu'ils l'ont attribué à plus d'une espèce de ces animaux ; mais, quoi qu'il en soit, Linné s'en est servi pour désigner un thoracin auquel nous avons cru devoir le conserver, quoique ce thoracin soit très différent des espèces qui vivent dans la Méditerranée, et que les anciens ont pu connaître. Cette application que le grand naturaliste de Suède a fait du nom de *chromis* à un osseux de l'Amérique est venue de ce que ce poisson fait entendre une sorte de bruissement, qui a rappelé un prétendu son produit par le *chromis* des Grecs, et c'est ce même bruissement qui a fait nommer *tambour* cette sciène américaine. Elle vit dans les eaux de la Caroline et dans celles du Brésil. Ses mâchoires sont armées de petites dents; et sa couleur générale est argentée.

La Caroline est aussi la patrie de la sciène croker. Ce poisson a la gueule large ; les mâchoires hérissées de plusieurs rangées de très petites dents, une tache brune auprès des nageoires pectorales ; et sa longueur est souvent de près d'un mètre.

La sciène umbre a été souvent confondue avec notre persèque umbre. Il est cependant très aisé de distinguer ces deux poissons l'un de l'autre. Indépendamment de plusieurs autres différences, la sciène umbre a les deux mâchoires également avancées, et la persèque umbre a la mâchoire d'en haut plus longue que celle d'en bas. On ne voit aucun barbillon auprès de l'ouverture de la bouche de la première ; la mâchoire inférieure de la seconde est garnie d'un barbillon. D'ailleurs, la sciène umbre a des piquants sans dentelure aux opercules de ses branchies ; la persèque umbre présente dans ses opercules, comme la perche et toutes les véritables persèques, une dentelure et des piquants. Elles appartiennent donc non seulement à deux espèces distinctes, mais même à deux genres différents.

Nous n'avons pas cru cependant qu'il nous suffit de montrer les grandes dissemblances qui séparent ces deux thoracins ; nous avons voulu rapporter

planches de l'Encyclopédie méthodique. — *Corbeau, Corp, Durdo, Vergo*, dans plusieurs départements de France. — *Umbrina*, en Sardaigne. — *Corvo di fortiera, Corvo*, en Italie. — *Figaro*, dans la Ligurie. — *Schwartz-umber*, en Allemagne. — *Black-umber*, en Angleterre.

Gnotidia, lorsqu'elle est très jeune, sur plusieurs côtes de la Grèce, suivant Rondelet; *Mylloi*, lorsqu'elle est moins jeune; *Platistakoi*, lorsqu'elle est âgée. — Mus. Ad. Frid. 2, p. 81. — « Sciæna nigro varia, pinnis ventralibus nigerrimis. » — Artedi, gen. 39, syn. 65

Koracinos, Arist., lib. V, cap. x ; lib. VI, cap. xvii; lib. VIII, cap. xv, xix. xxx; et lib. IX, cap. ii. — *Id.* Ælian, lib. XIV, cap. xxiii, p. 833. — *Id.* Athen., lib. VIII, p. 308. — *Id.* Oppian, *Hal.*, lib. I, p. 6. — *Coracinus.* Pline, lib. IX, cap. xvi et xviii; lib. V, cap. ix, et lib. XXXII, cap. v et vii. — *Sciène noire, corbeau de mer.* — Bloch, pl. 297. — *Coracinus.* Petri Artedi, *Synonymia piscium*, etc., auctore J.-G. Schneider, p. 101. — *Sciène umbre.* Daubenton et Haüy, Encyclopédie méthodique.

Sciène umbre. Bonnaterre, planches de l'Encyclopédie méthodique. — *Corp.* Rondelet, première partie, liv. V, chap. viii. — Gesner (Francfort, 1604), p. 294. — « Coracinus niger Salviani. » Aldrovande (Bologne, 1638), lib. I, cap. xv, p. 73. — *Coracinus Gesneri.* Id., lib. I, cap. xv, p. 74. — Jonston (Amst., 1657), lib. i, tit. 2, cap. i, art. 11, tab. 15, fig. 4. — *Sciæna cylindrica.* Bloch, pl. 299, fig. 1. — Forskael, *Fauna arab.*, p. 48, n. 53. — « Aspro niger, lineis albis longitudinaliter pictus. » Commerson, manuscrits déjà cités.

1. Ouvrage déjà cité, p. 98.

à chacun de ces animaux les passages des auteurs qui ont trait à ses formes ou à ses habitudes, et qui ont été cités par les principaux naturalistes modernes ; nous avons tâché de rectifier les erreurs qui se sont glissées dans ces citations, et particulièrement dans celles qui ont été faites par Artedi et par les naturalistes qui l'ont copié. Les notes de cet ouvrage qui présentent la synonymie relative à cette sciène et à cette persèque offrent le résultat de notre travail à cet égard. La sciène umbre est le *poisson corbeau*, le *coracin* des Grecs, des Latins et des naturalistes des derniers siècles ; la persèque umbre est la véritable *umbre* de ces mêmes auteurs. La première est aussi le *corp* de Rondelet et de plusieurs autres écrivains ; il aurait été à désirer que dans des ouvrages d'histoire naturelle très recommandables, on n'eût pas appliqué à la persèque umbre cette dénomination de *corp*, qui n'aurait dû appartenir qu'à la sciène dont nous écrivons l'histoire.

Cette sciène a la tête courte et toute couverte, ainsi que la base de la seconde dorsale, de l'anale et de la caudale, d'écailles semblables à celles du dos ; chaque narine percée de deux orifices ; deux rangs de dents petites et pointues à la mâchoire d'en haut ; un grand nombre de dents plus petites à celle d'en bas ; les écailles finement dentelées ; les thoracines très noires ; les autres nageoires noires avec un peu de jaune à leur base ; les côtés du corps et de la queue parsemés d'une très grande quantité de points noirs presque imperceptibles ; et des reflets dorés qui brillent au milieu des différentes nuances noirâtres dont elle est variée.

C'est le beau noir dont l'ombre est parée, qui l'a fait, dit-on, comparer au corbeau, *corax* en grec, et l'a fait nommer *coracinus*. Le poète grec Marcellus, de Séide en Pamphylie, lui a donné le nom d'*argiodonte*[1], à cause de la blancheur des dents de ce poisson, que l'on avait d'autant plus observée, que la couleur générale de l'animal est noire.

Elle parvient à la longueur de trois ou quatre décimètres. Son canal intestinal n'est pas long ; mais son estomac est grand, le foie volumineux, et le pylore entouré de sept ou huit cæcums.

Elle habite dans la Méditerranée, et notamment dans l'Adriatique ; elle remonte aussi dans les fleuves. On la trouve particulièrement dans le Nil, et il paraît qu'elle se plaît au milieu des algues ou d'autres plantes aquatiques.

Aristote la regardait comme un des poissons qui croissent le plus vite.

Les individus de cette espèce vivent en troupes. Les femelles portent leurs œufs pendant longtemps ; elles aiment à les déposer près des rivages ombragés et sur les bas-fonds tapissés de végétaux ou garnis d'éponges ; elles s'en débarrassent pendant l'été ou au commencement de l'automne, suivant le climat dont elles subissent l'influence ; et c'est pendant qu'elles

---

1. *Argos*, en grec, signifie *blanc*.

sont encore pleines, que leur chair est ordinairement le plus agréable au goût.

Plus l'eau de la mer ou celle des rivières est échauffée par les rayons du soleil, et plus elle convient aux umbres : aussi ces sciènes, plus sensibles au froid que beaucoup d'autres poissons, s'enfoncent-elles dans les profondeurs de la mer ou des grands fleuves, dès les premières gelées de l'hiver. On ne peut alors les prendre que rarement et difficilement ; on ne peut même y parvenir dans ce temps de leur retraite, que lorsque leur asile n'est pas inaccessible à la *traine*[1] ou au *boulier*[2].

Dans les autres saisons, on les prend avec plusieurs sortes de filets, ou on les pêche avec des lignes que l'on garnit souvent de portions de crustacé. Elles aiment en effet à se nourrir de cancres, aussi bien que d'animaux à coquille et d'autres habitants des eaux, faibles et petits.

Dès le temps de Pline, les umbres du Nil étaient recherchées, comme l'emportant sur les autres par la bonté de leur goût. Toutes celles que l'on trouvait dans les fleuves, les rivières ou les lacs étaient, en général, préférées à celles que l'on prenait dans la mer ; et les jeunes étaient plus estimées que les plus âgées.

Dans tous les pays où l'on en pêchait une très grande quantité, on les conservait pour les transporter au loin, en les imprégnant de sel. Celles que l'on avait ainsi préparées en Égypte recevaient des anciens Grecs, suivant le fameux philosophe Xénocrate, le nom particulier de *coraxidia* ; et ces mêmes Grecs nommaient *tarichion* CORAXINIDON, le *garum* que l'on faisait avec ces sciènes imbibées de sel. La variété de la sciène umbre, dont plusieurs auteurs ont parlé et qui est distinguée par ses nuances blanches, était moins recherchée que les umbres ordinaires ou umbres noires. Au reste, il est bon de remarquer que l'on a vu dans l'espèce de poisson noir dont nous nous occupons une variété plus ou moins blanche, de même que l'on voit des individus blancs dans les espèces de mammifères et d'oiseaux dont le noir est la couleur générale.

Suivant Bloch, on emploie maintenant, pour conserver les umbres que l'on a prises, une autre préparation : on les grille et on les met dans du vinaigre épicé.

Indépendamment du goût agréable des sciènes umbres, les anciens avaient un motif très puissant pour les pêcher ; ils s'étaient persuadés que ces poissons jouissaient de facultés très extraordinaires : ils ont écrit que des frictions faites avec ces sciènes salées étaient un excellent remède contre la morsure du scorpion, et même contre le charbon pestilentiel, et que le foie de ces osseux éclaircissait ou améliorait la vue.

La sciène cylindrique a la partie antérieure de la tête dénuée de petites

---

1. *Traine* est un des noms du filet appelé *seine*. Voyez l'article de la *Raie bouclée.*
2. Le *boulier* est un filet dont on peut voir la description à l'article du *Scombre thon.*

écailles ; la bouche grande ; les lèvres grosses ; la mâchoire inférieure plus longue que la supérieure et garnie, comme cette dernière, de dents petites et pointues ; un seul orifice à chaque narine ; les écailles dures et dentelées ; la ligne latérale droite ; l'anus plus proche de la tête que de la caudale ; la première dorsale noire ; les pectorales et les thoracines jaunes ; la seconde nageoire du dos, l'anale et la caudale jaunâtres et pointillées de noir.

La mer d'Arabie est la patrie de la sciène sammara. Ses côtés sont argentés et présentent chacun dix petites raies longitudinales. Les pectorales sont rousses, les thoracines blanches ; la seconde nageoire du dos, l'anale et la caudale transparentes. De plus, les deux côtés de la caudale, le premier et le dernier rayon de l'anale, ainsi que le second et le troisième de la seconde dorsale, brillent d'un beau rouge[1].

Commerson a vu dans les embouchures limoneuses des petites rivières de l'île de France, qui se jettent dans la mer et reçoivent un peu d'eau salée, la sciène à laquelle nous avons donné le nom de *pentadactyle*, ou de *poisson à cinq doigts*, pour désigner les cinq rayons de ses thoracines. On sait que les thoracines ont été, en effet, comparées à des pieds et leurs rayons à des doigts. La langue de cette sciène est lisse[2] ; l'aiguillon de l'opercule très

1. Nous n'avons pas vu d'individus de l'espèce de la sammara. Si, contre notre opinion, ce poisson avait les opercules dentelés, il faudrait le placer parmi les persèques.

2.		
A chaque pectorale de la sciène chromis	18	rayons.
A chaque thoracine	6	—
A la nageoire de la queue	19	—
A la membrane branchiale de la sciène croker	6	—
A chaque pectorale	18	—
A chaque thoracine, articulés	5	—
— aiguillonné	1	—
A la caudale	19	—
A la membrane branchiale de la sciène umbre	6	—
A chaque pectorale	19	—
A chaque thoracine, articulés	5	—
— aiguillonné	1	—
A la nageoire de la queue	19	—
A la membrane branchiale de la sciène cylindrique	5	—
A chaque pectorale	12	—
A chaque thoracine, articulés	5	—
— aiguillonné	1	—
A la caudale	13	—
A la membrane branchiale de la sciène sammara	8	—
A chaque pectorale	15	—
A chaque thoracine, articulés	7	—
— aiguillonné	1	—
A la nageoire de la queue	20	—
A la membrane branchiale de la sciène pentadactyle	6	—
A chaque pectorale	16	—
A la caudale	16	—
A chaque pectorale de la sciène rayée	15	—
A chaque thoracine, articulés	5	—
— aiguillonné	1	—
A la nageoire de la queue	15	—

petit dans les jeunes individus ; et la longueur ordinaire de l'animal, de quinze à vingt centimètres.

Commerson a trouvé dans les mêmes eaux, ou à peu près, la sciène rayée. On voit une tache blanche sur la première dorsale et sur les thoracines de ce poisson. La mâchoire supérieure est extensible et plus courte que l'inférieure, au-dessous de laquelle on aperçoit un très petit barbillon. Les deux mâchoires sont garnies de dents très courtes et pressées comme celles d'une lime. Les écailles sont très lisses et très petites. Cette sciène offre des dimensions à peu près semblables à celles de la pentadactyle.

CENT VINGT ET UNIÈME GENRE

LES MICROPTÈRES

Un ou plusieurs aiguillons et point de dentelure aux opercules ; un barbillon, ou point de barbillons aux mâchoires ; deux nageoires dorsales ; la seconde très basse, très courte et comprenant au plus cinq rayons.

ESPÈCE.	CARACTÈRES.
LE MICROPTÈRE DOLOMIEU.	Dix rayons aiguillonnés et sept rayons articulés à la première nageoire du dos ; quatre rayons à la seconde ; deux rayons aiguillonnés et onze rayons articulés à la nageoire de l'anus ; la caudale en croissant ; un ou deux aiguillons à la seconde pièce de chaque opercule.

LE MICROPTÈRE DOLOMIEU

Micropterus Dolomieu et Labrus Salmoides, LACÉP.

Je désire que le nom de ce poisson, qu'aucun naturaliste n'a encore décrit, rappelle ma tendre amitié et ma profonde estime pour l'illustre Dolomieu, dont la victoire vient de briser les fers. En écrivant mon Discours sur la durée des espèces, j'ai exprimé la vive douleur que m'inspirait son affreuse captivité et l'admiration pour sa constance héroïque que l'Europe mêlait à ses vœux pour lui. Qu'il m'est doux de ne pas terminer l'immense tableau que je tâche d'esquisser sans avoir senti le bonheur de le serrer de nouveau dans mes bras !

Les microptères ressemblent beaucoup aux sciènes ; mais la petitesse très remarquable de leur seconde nageoire dorsale les en sépare, et c'est cette petitesse que désigne le nom générique que je leur ai donné[1].

La collection du Muséum national d'histoire naturelle renferme un bel individu de l'espèce que nous décrivons dans cet article. Cette espèce, qui est encore la seule inscrite dans le nouveau genre des microptères que nous avons cru devoir établir, a les deux mâchoires, le palais et la langue garnis d'un très grand nombre de rangées de dents petites, crochues et serrées ; la langue est d'ailleurs très libre dans ses mouvements, et la mâchoire inférieure

---

1. *Micros*, en grec, signifie *petit*.

plus avancée que celle d'en haut. La membrane branchiale disparaît entièrement sous l'opercule, qui présente deux pièces, dont la première est arrondie dans son contour et la seconde anguleuse. Cet opercule est couvert
de plusieurs écailles; celles du dos sont assez grandes et arrondies. La hauteur du corps proprement dit excède de beaucoup celle de l'origine de la
queue. La ligne latérale se plie d'abord vers le bas et se relève ensuite pour
suivre la courbure du dos. Les nageoires pectorales et celle de l'anus sont
très arrondies; la première du dos ne commence qu'à une assez grande distance de la queue. Elle cesse d'être attachée au dos de l'animal à l'endroit
où elle parvient au-dessus de l'anale; mais elle se prolonge en bande pointue
et flottante jusqu'au-dessus de la seconde nageoire dorsale, qui est très basse
et très petite, ainsi que nous venons de le dire, et que l'on croirait au premier coup d'œil entièrement adipeuse[1].

CENT VINGT-DEUXIÈME GENRE

LES HOLOCENTRES

Un ou plusieurs aiguillons et une dentelure aux opercules; un barbillon ou point de barbillons
aux mâchoires; une seule nageoire dorsale.

PREMIER SOUS-GENRE

LES NAGEOIRES DE LA QUEUE FOURCHUE, OU ÉCHANCRÉE EN CROISSANT

ESPÈCES.	CARACTÈRES.
1. L'Holocentre sogo.	Onze rayons aiguillonnés et six rayons articulés à la nageoire du dos; quatre rayons aiguillonnés et dix rayons articulés à celle de l'anus; un rayon aiguillonné et sept rayons articulés à chaque thoracine; la caudale très fourchue; un aiguillon à la première pièce de chaque opercule; deux aiguillons à la seconde; la portion postérieure de la queue très distincte de l'antérieure par son peu de hauteur et de largeur.
2. L'Holocentre chani.	Dix rayons aiguillonnés et quinze rayons articulés à la dorsale; trois rayons aiguillonnés et sept rayons articulés à l'anale; la mâchoire inférieure plus avancée que la supérieure; trois aiguillons à la dernière pièce de chaque opercule; deux sillons divergents entre les yeux; la couleur générale brune.
3. L'Holocentre Schrai-tser.	Dix-huit rayons aiguillonnés et douze rayons articulés à la nageoire du dos; deux rayons aiguillonnés et sept rayons articulés à l'anale; le corps et la queue allongés; un enfoncement sur la tête; la mâchoire supérieure un peu plus avancée que l'inférieure; deux orifices à chaque narine; les écailles grandes, dures et dentelées; la couleur générale jaunâtre; trois raies longitudinales et noires de chaque côté de l'animal.

1. A la membrane branchiale	5	rayons.
A chaque pectorale	16	—
A chaque thoracine, articulés	5	—
— aiguillonné	1	—
A la nageoire de la queue	17	—

ESPÈCES.	CARACTÈRES.
4. L'HOLOCENTRE CRÉNELÉ.	Onze rayons aiguillonnés et neuf rayons articulés à la dorsale; trois rayons aiguillonnés et dix rayons articulés à la nageoire de l'anus; la nageoire du dos très longue; les écailles crénelées; des rangées de points blancs.
5. L'HOLOCENTRE GHANAM.	La couleur générale blanchâtre; deux raies longitudinales, blanches et situées de chaque côté de l'animal, au-dessous d'une troisième raie composée de taches arrondies, obscures et disposées en quinconce.
6. L'HOLOCENTRE GATERIN.	Treize rayons aiguillonnés et vingt rayons articulés à la dorsale; trois rayons aiguillonnés et huit rayons articulés à l'anale; les lèvres épaisses et grosses; la couleur générale brune, ou d'un jaune bleuâtre; la langue blanche; le palais rouge.
7. L'HOLOCENTRE JARBUA.	Douze rayons aiguillonnés et neuf rayons articulés à la nageoire du dos; trois rayons aiguillonnés et huit rayons articulés à la nageoire de l'anus; la caudale en croissant; un long aiguillon à la dernière pièce de chaque opercule; deux orifices à chaque narine; trois raies noires, courbes, presque parallèles au bord inférieur du poisson et situées de chaque côté de l'animal.
8. L'HOLOCENTRE VERDATRE.	Dix rayons aiguillonnés et quatorze rayons articulés à la dorsale; trois rayons aiguillonnés et sept rayons articulés à l'anale; la caudale en croissant; la mâchoire inférieure plus avancée que la supérieure; deux orifices à chaque narine; les yeux grands et rapprochés; deux ou trois aiguillons à la dernière pièce de chaque opercule; les écailles dures et dentelées; la couleur générale verdâtre.
9. L'HOLOCENTRE TIGRÉ.	Dix rayons aiguillonnés et onze rayons articulés à la nageoire du dos; trois rayons aiguillonnés et sept rayons articulés à la nageoire de l'anus; la caudale en croissant; la mâchoire inférieure plus avancée que la supérieure; deux orifices à chaque narine; trois aiguillons aplatis à la dernière pièce de chaque opercule; les écailles fines et dentelées; sept ou huit bandes transversales, jaunâtres, inégales et très irrégulières.
10. L'HOLOCENTRE CINQ RAIES.	Dix rayons aiguillonnés et quatorze rayons articulés à la dorsale; trois rayons aiguillonnés et sept rayons articulés à l'anale; la caudale en croissant; la mâchoire inférieure un peu plus avancée que la supérieure; deux orifices à chaque narine; un grand et deux petits aiguillons aplatis à la dernière pièce de chaque opercule; cinq raies longitudinales, étroites, égales et bleues de chaque côté de l'animal.
11. L'HOLOCENTRE BENGALI.	Onze rayons aiguillonnés et quatorze rayons articulés à la nageoire du dos; trois rayons aiguillonnés et sept rayons articulés à l'anale; la caudale en croissant; les deux mâchoires également avancées; deux orifices à chaque narine; deux aiguillons à la dernière pièce de chaque opercule; la couleur générale rougeâtre; quatre raies longitudinales, étroites, bleues et bordées de brun de chaque côté de l'animal.

ESPÈCES.	CARACTÈRES.
12. L'Holocentre épiné-phèle.	Douze rayons aiguillonnés et douze rayons articulés à la dorsale; trois rayons aiguillonnés et sept rayons articulés à la nageoire de l'anus; la caudale en croissant; toute la tête couverte de petites écailles; la mâchoire inférieure un peu plus avancée que la supérieure; un seul orifice à chaque narine; une membrane transparente sur chaque œil; deux aiguillons à la dernière pièce de chaque opercule; sept bandes transversales larges, régulières, brunes et étendues de chaque côté sur la base de la dorsale et sur le corps ou la queue.
13. L'Holocentre post.	Quinze rayons aiguillonnés et douze rayons articulés à la nageoire du dos; deux rayons aiguillonnés et six rayons articulés à la nageoire de l'anus; les deux mâchoires également avancées; de petits enfoncements creusés sur quelques parties de la tête; la couleur générale d'un jaune verdâtre ou doré; un grand nombre de petites taches noires.
14. L'Holocentre noir	Le corps et la queue étroits; les dents et les écailles très petites; des enfoncements sur quelques parties de la tête; les deux mâchoires également avancées; la couleur noire.
15. L'Holocentre acerine.	Dix-huit rayons aiguillonnés et quatorze rayons articulés à la dorsale; deux rayons aiguillonnés et sept rayons articulés à l'anale; des enfoncements sur quelques parties de la tête, qui est allongée; les deux mâchoires également avancées.
16. L'Holocentre boutton.	Dix rayons aiguillonnés et quatorze rayons articulés à la nageoire du dos; trois rayons aiguillonnés et neuf rayons articulés à la nageoire de l'anus; un aiguillon tourné vers le museau à la dernière pièce de chaque opercule; la mâchoire inférieure un peu plus avancée que la supérieure, qui est extensible; deux orifices à chaque narine; la tête et les opercules garnis de petites écailles; les écailles qui revêtent le corps et la queue rayonnées et dentelées; la tête et le ventre rouges; le dos, les côtés et la caudale, d'un brun doré.
17. L'Holocentre jaune et bleu.	Onze rayons aiguillonnés et seize rayons articulés à la dorsale; trois rayons aiguillonnés et huit rayons articulés à l'anale; la caudale en croissant; trois aiguillons à la dernière pièce de chaque opercule; la tête et les deux opercules couverts de petites écailles; deux orifices à chaque narine; une membrane transparente au-dessus de chaque œil; la mâchoire inférieure un peu plus avancée que la supérieure, qui est extensible; la couleur générale bleuâtre; les nageoires jaunes.
18. L'Holocentre queue rayée.	Dix rayons aiguillonnés et treize rayons articulés à la nageoire du dos; trois rayons aiguillonnés et quatorze rayons articulés à celle de l'anus; deux aiguillons à la dernière pièce de chaque opercule; deux orifices à chaque narine; les thoracines composées chacune de cinq rayons et attachées au ventre par une membrane; l'anus situé plus près

ESPÈCES.	CARACTÈRES.

18. L'HOLOCENTRE QUEUE PAYÉE.
de la tête que de la caudale; la couleur générale bleuâtre; la queue rayée longitudinalement et alternativement de blanc et de noir.

19. L'HOLOCENTRE NÉGRILLON.
Douze rayons aiguillonnés et dix-sept rayons articulés à la dorsale; deux rayons aiguillonnés et quatorze rayons articulés à la nageoire de l'anus; un ou deux aiguillons à la dernière pièce dentelée auprès de chaque œil; deux orifices à chaque narine; la mâchoire inférieure un peu plus avancée que la supérieure, qui est un peu extensible; une lame écailleuse à chaque extrémité de la base de chaque thoracine; toute la surface de l'animal d'un noir bleuâtre.

20. L'HOLOCENTRE LÉOPARD.
Huit rayons aiguillonnés et douze rayons articulés à la nageoire du dos; un rayon aiguillonné et huit rayons articulés à l'anale; un rayon aiguillonné et sept rayons articulés à chaque thoracine; la caudale en croissant; quatre grands aiguillons à la première pièce, et un aiguillon à la seconde pièce de chaque opercule; un grand nombre de petites taches sur toute la surface de l'animal.

21. L'HOLOCENTRE CILIÉ.
Dix rayons aiguillonnés et neuf rayons articulés à la dorsale; trois rayons aiguillonnés et sept rayons articulés à la nageoire de l'anus; plusieurs rangs de dents très petites et presque sétacées; un petit aiguillon à la dernière pièce de chaque opercule; les écailles ciliées.

22. L'HOLOCENTRE THUNBERG.
Onze rayons aiguillonnés et treize rayons articulés à la nageoire du dos; trois rayons aiguillonnés et dix rayons articulés à la nageoire de l'anus; sept rayons articulés à chaque thoracine; un aiguillon à la dernière pièce de chaque opercule; la partie postérieure de la queue beaucoup plus basse que l'antérieure; les écailles striées et dentelées; la couleur générale argentée et sans taches.

23. L'HOLOCENTRE BLANC-ROUGE.
Douze rayons aiguillonnés à la dorsale; plusieurs assemblages d'aiguillons entre les yeux; ces organes très grands; la couleur générale rouge; huit ou neuf raies longitudinales et blanches de chaque côté du poisson.

24. L'HOLOCENTRE BANDE BLANCHE.
Onze rayons aiguillonnés à la dorsale; des aiguillons devant et derrière les yeux; ces organes très grands; l'iris noir; la couleur générale rouge; une bande transversale, courbe et blanche près l'extrémité de la queue.

25. L'HOLOCENTRE DIACANTHE.
Treize rayons aiguillonnés et treize rayons articulés à la nageoire du dos; deux rayons aiguillonnés et douze rayons articulés à celle de l'anus; les écailles très larges et bordées de blanc; des gouttes blanches et très petites sur la tête, le corps et la queue; une tache noire sur la seconde pièce de chaque opercule.

26. L'HOLOCENTRE TRIPÉTALON.
Onze rayons aiguillonnés et huit rayons articulés à la dorsale; trois rayons aiguillonnés et sept rayons articulés à l'anale; un aiguillon à la troisième pièce de chaque opercule; la mâchoire inférieure plus avancée que la supérieure; la lèvre d'en haut double; les écailles ovales et dentelées.

ESPÈCES.	CARACTÈRES.
27. L'Holocentre tétra-canthe.	Douze rayons aiguillonnés et dix rayons articulés à la nageoire du dos ; quatre rayons aiguillonnés et huit rayons articulés à l'anale ; un rayon aiguillonné et sept rayons articulés à chaque thoracine ; une pièce dentelée au-dessus de chaque pectorale et auprès de chaque œil ; un grand et deux petits aiguillons à la dernière pièce de chaque opercule ; des taches sur la dorsale et sur la nageoire de la queue.
28. L'Holocentre acanthops.	Treize rayons aiguillonnés et dix rayons articulés à la nageoire du dos ; deux rayons aiguillonnés et sept rayons articulés à l'anale ; une plaque festonnée et garnie de piquants le long de la demi-circonférence inférieure de l'œil ; un ou deux aiguillons à la seconde pièce de chaque opercule ; un aiguillon tourné obliquement vers le haut et situé au-dessus de la base de chaque pectorale ; de petites taches sur la dorsale et la caudale.
29. L'Holocentre radja-bau.	Dix rayons aiguillonnés et vingt-deux rayons articulés à la dorsale ; trois rayons aiguillonnés et six rayons articulés à l'anale ; le devant de la tête presque perpendiculaire au plus long diamètre du corps ; la nageoire du dos s'étendant presque depuis la nuque jusqu'à la caudale ; la mâchoire supérieure un peu plus avancée que l'inférieure ; deux ou trois aiguillons à la seconde pièce de chaque opercule ; des taches sur la dorsale et sur la nageoire de la queue.
30. L'Holocentre dia-dème.	Onze rayons aiguillonnés et dix rayons articulés à la nageoire du dos ; deux rayons aiguillonnés et sept rayons articulés à celle de l'anus, la mâchoire supérieure plus avancée que l'inférieure ; les opercules couverts de petites écailles ; un aiguillon à la première, et un second aiguillon à la seconde pièce de chaque opercule ; la partie antérieure de la dorsale arrondie, plus basse que l'autre partie, soutenue par des aiguillons plus hauts que la membrane noire, et présentant une raie longitudinale blanche.
31. L'Holocentre gym-nose.	Treize rayons aiguillonnés et quatorze rayons articulés à la dorsale ; trois rayons aiguillonnés et huit rayons articulés à la nageoire de l'anus ; la mâchoire inférieure un peu plus avancée que la supérieure ; un aiguillon à chaque opercule ; la tête, le corps et la queue dénués d'écailles facilement visibles.
32. L'Holocentre rabaji.	Onze rayons aiguillonnés et treize rayons articulés à la nageoire du dos ; trois rayons aiguillonnés et onze rayons articulés à la nageoire de l'anus ; la mâchoire supérieure plus avancée que l'inférieure ; deux bandes noires et transversales sur chaque côté de la tête.

SECOND SOUS-GENRE

LA NAGEOIRE DE LA QUEUE RECTILIGNE, OU ARRONDIE, ET NON ÉCHANCRÉE

ESPÈCES.	CARACTÈRES.
33. L'HOLOCENTRE MARIN.	Quinze rayons aiguillonnés et quatorze rayons articulés à la nageoire du dos ; trois rayons aiguillonnés et huit rayons articulés à la nageoire de l'anus ; la mâchoire d'en bas plus avancée que celle d'en haut ; deux aiguillons à la dernière pièce de chaque opercule ; la couleur générale rouge ; des bandelettes bleues et d'autres bandelettes rouges sur la tête et sur la partie antérieure du ventre.
34. L'HOLOCENTRE TÊTARD.	Quatorze rayons aiguillonnés et six rayons articulés à la nageoire du dos ; trois rayons aiguillonnés et sept rayons articulés à l'anale ; deux aiguillons recourbés auprès de chaque œil ; la nageoire dorsale étendue depuis l'entre-deux des yeux jusqu'à une petite distance de la caudale ; la ligne latérale droite ; deux séries de petits points sur chaque nageoire.
35. L'HOLOCENTRE PHILADELPHIEN.	Dix rayons aiguillonnés et onze rayons articulés à la dorsale ; trois rayons aiguillonnés et sept rayons articulés à la nageoire de l'anus ; les écailles ciliées ; une tache noire au milieu de la nageoire du dos ; des taches et des bandes transversales noires de chaque côté du poisson ; la partie inférieure de l'animal, rouge ou rougeâtre.
36. L'HOLOCENTRE MEROU.	Onze rayons aiguillonnés et quinze rayons articulés à la nageoire du dos ; trois rayons aiguillonnés et neuf rayons articulés à la nageoire de l'anus ; le corps et la queue comprimés ; trois aiguillons à chaque opercule ; les deux mâchoires également avancées ; la couleur générale rougeâtre ; des taches brunes et nébuleuses.
37. L'HOLOCENTRE FORSKAEL.	Onze rayons aiguillonnés et dix-sept rayons articulés à la dorsale ; trois rayons aiguillonnés et neuf rayons articulés à la nageoire de l'anus ; deux sillons longitudinaux entre les yeux ; chaque pectorale attachée à une petite prolongation charnue ; les écailles petites ; la couleur générale rouge ; trois ou quatre bandes transversales et blanches.
38. L'HOLOCENTRE TRIACANTHE.	Dix rayons aiguillonnés et douze rayons articulés à la nageoire du dos ; trois rayons aiguillonnés et sept rayons articulés à la nageoire de l'anus ; les deux mâchoires également avancées ; deux orifices à chaque narine ; un aiguillon aplati à la dernière pièce de chaque opercule ; les écailles petites et dentelées ; la couleur générale blanchâtre ; cinq ou six bandes transversales et brunes.
39. L'HOLOCENTRE ARGENTÉ.	Dix rayons aiguillonnés et quinze rayons articulés à la dorsale ; trois rayons aiguillonnés et huit rayons articulés à l'anale ; la mâchoire inférieure un peu plus avancée que la supérieure ; trois aiguillons à l'avant-dernière pièce de chaque opercule ; la couleur générale jaune ; une raie longitudinale un peu large et argentée, de chaque côé du corps.

ESPÈCES.	CARACTÈRES.
40. L'HOLOCENTRE TAUVIN.	Onze rayons aiguillonnés et quinze rayons articulés à la nageoire du dos ; trois rayons aigu illonnés et neuf rayons articulés à l'anale ; la mâchoire inférieure un peu plus avancée que la supérieure et présentant, ainsi que cette dernière, deux dents plus grandes que les autres, fortes et coniques.
41. L'HOLOCENTRE ONGO.	Dix rayons aiguillonnés et quinze rayons articulés à la dorsale ; trois rayons aiguillonnés et huit rayons articulés à la nageoire de l'anus ; la caudale arrondie ; deux aiguillons à chaque opercule, qui se termine en pointe ; les écailles petites et non dentelées ; la couleur générale d'un brun mêlé de verdâtre ; des taches ou des bandes transversales jaunes aux nageoires du dos, de l'anus et de la queue.
42. L'HOLOCENTRE DORÉ.	Neuf rayons aiguillonnés et quinze rayons articulés à la nageoire du dos ; trois rayons aiguillonnés et neuf rayons articulés à celle de l'anus ; la caudale arrondie ; la mâchoire inférieure plus avancée que la supérieure ; deux orifices à chaque narine ; la langue lisse, longue et très mobile ; trois aiguillons aplatis à chaque opercule, qui se termine en pointe membraneuse ; un filament à chaque rayon aiguillonné de la dorsale ; la couleur générale dorée ; une bordure noire à la partie antérieure de la dorsale ; une grande quantité de petits points bruns ou rougeâtres.
43. L'HOLOCENTRE QUATRE RAIES.	Douze rayons aiguillonnés et dix rayons articulés à la dorsale ; trois rayons aiguillonnés et dix rayons articulés à l'anale ; la caudale arrondie ; l'ouverture de la bouche petite ; les deux mâchoires également avancées ; deux orifices à chaque narine ; un aiguillon à chaque opercule, qui est arrondi du côté de la queue ; les écailles très tendres ; la couleur générale d'un gris mêlé de rouge ; une tache noire sur la partie antérieure de la nageoire du dos ; quatre raies noires et longitudinales, et une tache de la même couleur, de chaque côté de l'animal.
44. L'HOLOCENTRE A BANDES.	Dix rayons aiguillonnés et quinze rayons articulés à la nageoire du dos ; trois rayons aiguillonnés et sept rayons articulés à la nageoire de l'anus ; la caudale arrondie ; l'ouverture de la bouche assez grande ; la mâchoire inférieure plus avancée que la supérieure ; la tête, le corps et la queue allongés ; deux orifices à chaque narine ; douze aiguillons à la dernière pièce de chaque opercule, qui se termine par une prolongation arrondie ; les écailles dures et dentelées ; la couleur générale d'un jaune verdâtre ; des bandes brunes, transversales et fourchues.
45. L'HOLOCENTRE PIRA-PIXANGA.	Onze rayons aiguillonnés et douze rayons articulés à la dorsale ; trois rayons aiguillonnés et six rayons articulés à l'anale ; la caudale arrondie ; les deux mâchoires également avancées ; deux orifices à chaque narine ; un aiguillon aplati à la dernière pièce de chaque opercule, qui se termine en pointe ; la couleur générale jaune ; un grand nombre de taches, petites et arrondies, les unes rouges et les autres noires.

ESPÈCES.	CARACTÈRES.
46. L'HOLOCENTRE LAN-CÉOLÉ.	Onze rayons aiguillonnés et quinze rayons articulés à la nageoire du dos ; trois rayons aiguillonnés et huit rayons articulés à la nageoire de l'anus ; la caudale arrondie ; les autres nageoires terminées en pointe ; les deux mâchoires également avancées ; deux orifices à chaque narine ; les écailles petites, molles et non dentelées ; trois aiguillons à chaque opercule ; la couleur générale argentée ; des taches et des bandes transversales brunes.
47. L'HOLOCENTRE POINTS BLEUS.	Onze rayons aiguillonnés et quinze rayons articulés à la dorsale ; trois rayons aiguillonnés et huit rayons articulés à l'anale ; la mâchoire inférieure plus avancée que la supérieure ; un aiguillon à la seconde pièce de chaque opercule ; la couleur générale bleue ; des taches jaunes et grandes sur le corps et sur la queue ; des taches bleues, très petites et rondes sur les nageoires.
48. L'HOLOCENTRE BLANC ET BRUN.	Onze rayons aiguillonnés et quinze rayons articulés à la nageoire du dos ; trois rayons aiguillonnés et huit rayons articulés à la nageoire de l'anus ; la caudale arrondie ; le dos caréné ; le ventre arrondi ; les deux mâchoires également avancées ; deux aiguillons déliés à chaque opercule, qui se termine en pointe ; les écailles très petites ; la couleur générale brune ; des taches irrégulières et blanches.
49. L'HOLOCENTRE SURINAM.	Douze rayons aiguillonnés et seize rayons articulés à la dorsale ; trois rayons aiguillonnés et douze rayons articulés à la nageoire de l'anus ; la caudale arrondie ; l'ouverture de la bouche étroite ; la mâchoire inférieure plus avancée que la supérieure ; un seul orifice à chaque narine ; un aiguillon à la seconde pièce de chaque opercule ; les écailles dentelées et très adhérentes à la peau ; la tête couleur de sang ; le corps marbré de brun, de violet et de jaune.
50. L'HOLOCENTRE ÉPERON.	Huit rayons aiguillonnés et dix rayons articulés à la nageoire du dos ; trois rayons aiguillonnés et huit rayons articulés à l'anale ; la caudale arrondie ; deux orifices à chaque narine ; quatre aiguillons très longs et dirigés un en arrière et trois vers le bas, à la première pièce de chaque opercule ; un aiguillon très long à la seconde pièce, laquelle s'élève et s'abaisse au-dessus d'une lame dentelée ; les écailles argentées et bordées de jaune ; le dos varié de brun et de violet.
51. L'HOLOCENTRE AFRI-CAIN.	Onze rayons aiguillonnés et dix-huit rayons articulés à la dorsale ; trois rayons aiguillonnés et neuf rayons articulés à la nageoire de l'anus ; la caudale arrondie ; une membrane transparente sur chaque œil ; la tête et les opercules couverts de petites écailles ; le corps et la queue revêtus d'écailles dentelées et plus petites que celles de la seconde pièce de chaque opercule ; un aiguillon à cette seconde pièce, qui se termine en pointe ; deux orifices à chaque narine ; la couleur générale brune.
52. L'HOLOCENTRE BORDÉ.	Onze rayons aiguillonnés et quinze rayons articulés à la nageoire du dos ; trois rayons aiguillonnés et huit rayons ar-

ESPÈCES.	CARACTÈRES
52. L'Holocentre bordé.	ticulés à celle de l'anus ; la caudale arrondie ; une membrane transparente sur chaque œil, la tête et les opercules couverts, ainsi que le corps et la queue, d'écailles dures et petites ; trois aiguillons à la seconde pièce de chaque opercule, qui se termine en pointe ; un seul orifice à chaque narine ; la mâchoire inférieure plus avancée que la supérieure ; les nageoires rouges ; une bordure noire à la partie antérieure de la nageoire du dos.
53. L'Holocentre brun.	Dix rayons aiguillonnés et quinze rayons articulés à la dorsale ; trois rayons aiguillonnés et neuf rayons articulés à l'anale ; la caudale arrondie ; une membrane transparente sur chaque œil ; la tête et les opercules couverts de petites écailles ; la mâchoire inférieure plus avancée que la supérieure ; une seule ouverture à chaque narine ; trois aiguillons à la seconde pièce de chaque opercule ; les écailles dentelées ; la couleur générale jaunâtre ; des taches et des bandes transversales brunes ; les nageoires variées de jaune et de noirâtre.
54. L'Holocentre merra.	Onze rayons aiguillonnés et seize rayons articulés à la nageoire du dos ; trois rayons aiguillonnés et huit rayons articulés à l'anale ; la caudale arrondie ; la tête et les opercules garnis de petites écailles ; la mâchoire inférieure plus avancée que la supérieure ; un seul orifice à chaque narine ; une membrane transparente au-dessus de chaque œil ; trois aiguillons à la seconde pièce de chaque opercule ; les écailles dures, dentelées et très petites ; des taches rondes et hexagones, brunes, très rapprochées les unes des autres et répandues sur toute la surface de ce poisson.
55. L'Holocentre rouge.	Onze rayons aiguillonnés et seize rayons articulés à la dorsale ; trois rayons aiguillonnés et neuf rayons articulés à l'anale ; la caudale arrondie ; une membrane transparente sur chaque œil ; la tête, les opercules, le corps et la queue couverts d'écailles dures, petites et dentelées ; la mâchoire inférieure plus longue que la supérieure ; deux ouvertures à chaque narine ; deux aiguillons à la dernière pièce de chaque opercule, qui finit en pointe ; la couleur générale d'un rouge vif ; la base des nageoires jaune.
56. L'Holocentre rouge brun.	Neuf rayons aiguillonnés et quatorze rayons articulés à la nageoire du dos ; trois rayons aiguillonnés et neuf rayons articulés à la nageoire de l'anus ; sept rayons à chaque thoracine ; la caudale arrondie ; la mâchoire supérieure extensible ; trois aiguillons aplatis à la dernière pièce de chaque opercule, qui se termine en pointe ; le dos brun ; des taches rouges sur les côtés ; deux bandes rouges ou rougeâtres sur la caudale ; une tache noire au delà de la nageoire du dos.
57. L'Holocentre soldado.	Onze rayons aiguillonnés et vingt-neuf rayons articulés à la dorsale ; deux rayons aiguillonnés et huit rayons articulés à l'anale ; le second rayon aiguillonné de la nageoire de

ESPÈCES.	CARACTÈRES.

57. L'HOLOCENTRE SOLDADO. — l'anus, long, fort et aplati ; deux aiguillons à chaque opercule.

58. L'HOLOCENTRE BOSSU. — Quatorze rayons aiguillonnés et seize rayons articulés à la nageoire du dos ; trois rayons aiguillonnés et sept rayons articulés à celle de l'anus ; un aiguillon à la seconde pièce de chaque opercule ; une lame dentelée au-dessus de cette seconde pièce ; la ligne qui s'étend depuis le bout du museau jusqu'a l'origine de la dorsale, formant un angle de plus de quarante-cinq degrés avec l'axe du corps et de la queue ; l'extrémité postérieure de l'anale et celle de la dorsale, arrondies, ainsi que les thoracines.

59. L'HOLOCENTRE SONNE-RAT. — Dix rayons aiguillonnés et dix-sept rayons articulés à la nageoire du dos ; deux rayons aiguillonnés et treize rayons articulés à celle de l'anus ; la première pièce de chaque opercule crénelée ; deux aiguillons très inégaux en longueur au-dessous de chaque œil ; la dorsale très longue et s'arrondissant du côté de la caudale, ainsi que la nageoire de l'anus ; trois bandes transversales bordées d'une couleur foncée.

60. L'HOLOCENTRE HEPTA-DACTYLE. — Huit rayons aiguillonnés et onze rayons articulés à la nageoire du dos ; trois rayons aiguillonnés et huit rayons articulés à l'anale ; sept rayons à chaque thoracine ; la mâchoire inférieure plus avancée que la supérieure ; la lèvre d'en haut double ; trois aiguillons tournés vers le museau, et un aiguillon tourné vers la queue et la première pièce de chaque opercule ; un aiguillon à la seconde pièce ; une lame profondément dentelée au-dessus de cette seconde pièce ; une seconde lame au-dessus de chaque pectorale.

61. L'HOLOCENTRE PAN-THÉRIN. — Dix rayons aiguillonnés à la dorsale ; deux rayons aiguillonnés et douze rayons articulés à l'anale ; la caudale arrondie ; les dents séparées l'une de l'autre, presque égales et placées sur un seul rang à chaque mâchoire , trois aiguillons à la seconde pièce de chaque opercule, qui se termine en pointe ; la mâchoire inférieure plus avancée que celle d'en haut ; des taches petites, presque égales et rondes sur la tête, le corps et la queue.

62. L'HOLOCENTRE ROS-MARE. — Onze rayons aiguillonnés et douze rayons articulés à la dorsale ; trois rayons aiguillonnés et huit rayons articulés à la nageoire de l'anus ; la caudale arrondie ; deux aiguillons à la dernière pièce de chaque opercule, qui finit en pointe ; la mâchoire inférieure un peu plus avancée que la supérieure ; une dent longue, forte et conique, paraissant seule de chaque côté de la mâchoire d'en haut ; les écailles petites.

63. L'HOLOCENTRE OCÉAN-TIQUE. — Onze rayons aiguillonnés et dix-sept rayons articulés à la nageoire du dos ; trois rayons aiguillonnés et huit rayons articulés à la nageoire de l'anus ; la caudale arrondie ; la mâchoire inférieure plus avancée que celle d'en haut ; chaque mâchoire garnie d'un seul rang de dents égales ; la

ESPÈCES.	CARACTÈRES.
63. L'Holocentre océan-tique.	lèvre supérieure épaisse et double; trois aiguillons à la dernière pièce de chaque opercule, qui se termine en pointe; cinq bandes transversales, courtes et noirâtres.
64. L'Holocentre sal-moïde.	Onze rayons aiguillonnés à la dorsale; la caudale arrondie; le museau aplati et comprimé; la mâchoire d'en haut plus avancée que celle d'en bas; plusieurs rangées de dents; trois aiguillons à la dernière pièce de chaque opercule, qui se termine en pointe; un grand nombre de taches très petites, rondes et presque égales sur la tête, le corps, la queue et les nageoires.
65. L'Holocentre nor-végien.	Quinze rayons aiguillonnés et quatorze rayons articulés à la dorsale; trois rayons aiguillonnés et neuf rayons articulés à la nageoire de l'anus; la mâchoire inférieure plus avancée que la supérieure; un très grand nombre de petites dents à chaque mâchoire; des piquants au-dessus et au-dessous des yeux; la nageoire du dos très longue; la couleur rouge.

L'HOLOCENTRE SOGO[1]

Holocentrum longipinne, Cuv. — *Sciæna rubra* et *Bodianus pentacanthus*, BLOCH.
— *Amphiprion Matejuelo*, BLOCH, SCHN. — *Holocentrus Soyho*, BLOCH,
LACÉP.

L'HOLOCENTRE CHANI, *Serranus cabrilla*, Cuv.; *Bodianus hiatula, Lutjanus serran,
Holocentrus chanus* et *Holocentrus virescens*, Lacép. — HOLOCENTRE SCHRAITSER,
Acerina schraitser, Cuv ; *Perca schraitzer*, Linn., Gmel.; *Holocentrus schraitser*, Lacép. — HOLOCENTRE CRÉNELÉ, *Perca radula*, Linn., Gmel.; *Holocentrus
radula*, Lacép. — HOLOCENTRE GHANAM, *Scolopsides Ghanam*, Cuv.; *Sciæna Ghanam*, Forsk.; *Holocentrus Ghanam*, Lacép. — HOLOCENTRE GATERIN, *Diagramma*

1. *Schouverdick*, par les Hollandais des grandes Indes. — *Ican badoeri jang angoe*, par les
naturels des Indes orientales. — *The welshman*, par les Anglais de la Jamaïque. — *The squirrel*,
par les Anglais de la Caroline. — *Marignan*, dans quelques Antilles. — Bloch, pl. 232. — « Erythrinus
polygrammos, vulgo *marignan* apud Caraïbas. » Plumier, peintures sur vélin déjà citées. —
Labre Chani. Bonnaterre, planches de l'Encyclopédie méthodique. — Forskael, *Fauna arab.*,
p. 36, n. 32. — *Schratzel, Scrafen, Schrazen, Schranz*, dans plusieurs contrées de l'Allemagne.
Persèque schraitser. Daubenton et Haüy, Encyclopédie méthodique. — *Id.* Bonnaterre, planches
de l'Encyclopédie méthodique. — « Perca dorsa monopterygio, lineis utrinque longitudinalibus,
nigris. » Artedi, gen. 40, syn. 68. — *Schraitser Ratisbonensibus*. Willughby, p. 335. — Ray,
p. 144. — Meiding. *Ic. Pisc. Aust.*, t. II.

« Perca dorso monopterygio, capite cavernoso alepidoto aculeato, cauda sublunata, corpore
lineari. Gronov., *Zooph.*, 289. — Kram. *Elench.*, p. 387, n. 3. — *Schraitser*. Schœff., *Pisc. Ratisb.*, 48, tab. 2, fig. 2. — Bloch, pl. 332, fig. 1. — *Persègue crénelée*. Daubenton et Haüy. Encyclopédie méthodique. — *Id.* Bonnaterre, planches de l'Encyclopédie méthodique. — « Labrus
immaculatus, pinnæ dorsalis radiis decem spinosis. » *Amœnit. acad.*, p. 133. — Forskael, *Fauna
arab.*, p. 50, n. 36. — *Sciène ghanam*. Bonnaterre, planches de l'Encyclopédie méthodique. —
Forskael, *Fauna arab.*, p. 50, n. 59. — *Sciène geterine*. Bonnaterre, planches de l'Encyclopédie
méthodique. — *Holocentre esclave*. Bloch, pl. 238, fig. 1. — *Sciène gabub*. Bonnaterre, planches
de l'Encyclopédie méthodique. — Forskael, *Fauna arab.*, p. 50, n. 57.

gaterina, Cuv.; *Sciæna gaterina,* Forsk.; *Holocentrus gaterinus,* Lacép. — HOLO-
CENTRE JARBUA, *Therapon servus,* Cuv.; *Sciæna Jerbua,* Forsk.; *Holocentrus Jarbua,* Lacép.

Quelle variété admirable dans la parure des poissons! Toujours magnifique ou élégante, composée ou simple, brillante ou gracieuse, elle est si diversifiée, cette parure remarquable, ou par les nuances qui la composent,
ou par la distribution de ses teintes, que nous parcourons en vain un
nombre immense d'espèces différentes; nous avons toujours sous les yeux
un assortiment nouveau de couleurs et de tons. Aucune espèce ne ressemble
à une autre par la disposition, par les reflets, par l'éclat de ses nuances. Et
que l'on ne soit pas étonné que les sept couleurs du prisme suffisent pour
produire, entre les mains de la nature, cette merveilleuse diversité. Lorsqu'on
se rappelle la quantité prodigieuse de dégradations que chaque couleur peut
présenter, toutes les combinaisons qui proviennent des mélanges de ces dégradations, employées deux à deux, trois à trois, quatre à quatre, et fondues
successivement les unes dans les autres, jusqu'à ce qu'on ait épuisé toutes
les différences que ces rapprochements peuvent faire naître; lorsqu'enfin on
multiplie tous ces produits par des quantités bien plus grandes encore, par
toutes les sortes de distributions de nuances qui peuvent être réalisées, on
parvient à des nombres que l'esprit ne peut saisir dans leur ensemble, dont
l'imagination la plus vive ne découvre qu'une portion de la série presque
infinie, et dont on ne détermine toute l'étendue qu'en usant de toutes les
ressources que l'on peut devoir à la science du calcul.

Le genre des holocentres va nous fournir de nouveaux exemples de
l'emploi qu'a fait la nature de ces combinaisons de distributions uniformes
ou différentes avec des nuances diverses ou semblables. Le sogo est un de
ces exemples les plus frappants. Nous avons déjà vu un bien grand nombre
de poissons briller de l'éclat de l'or, des diamants et des rubis; nous allons
encore voir sur le sogo les feux des rubis, des diamants ou de l'or. Mais quelle
nouvelle disposition de nuances animées ou radoucies! Le rouge le plus vif
se fond dans le blanc pur du diamant, en descendant de chaque côté de
l'animal, depuis le haut du dos jusqu'au-dessous du corps et de la queue, et
en se dégradant par une succession insensible de teintes amies et de reflets
assortis. Au milieu de ce fond nuancé s'étendent, sur chaque face latérale du
poisson, six ou sept raies longitudinales et dorées; la couleur de l'or se
mêle encore au rouge de la tête et des nageoires, particulièrement à celui
qui colore la dorsale, l'anale et la caudale; et son œil très saillant montre
un iris argentin entouré d'un cercle d'or.

Ce beau sogo doit charmer d'autant plus les regards lorsqu'il nage dans
une eau limpide, pendant que le soleil brille dans toute sa splendeur au milieu d'un ciel azuré, que ses nageoires sont longues, que leurs mouvements
en sont plus rapides et que, réfléchissant plus fréquemment, et par des surfaces plus étendues, les rayons de l'astre de la lumière, elles scintillent plus

vivement et effacent avec plus d'avantage l'éclat des métaux polis et des pierres orientales les plus précieuses.

On devrait le multiplier dans ces lacs charmants qu'un art enchanteur contourne maintenant avec tant de goût au milieu d'une prairie émaillée, et à côté d'arbres et touffus et fleuris, dans ces jardins avoués par la nature et parés de toutes ses grâces, d'où le sentiment n'est jamais exilé par une froide monotonie, et qui, cultivés il y a trois mille ans dans la Grèce héroïque, conservés jusqu'à nos jours dans l'industrieuse Chine et adoptés par l'Europe civilisée, ont mérité d'être chantés par Homère et Delille. Se livrant à ses mouvements agréables au milieu des eaux de ces lacs paisibles, il y ondulerait, pour ainsi dire, comme l'image d'une belle fleur agitée par un doux zéphyr; il y compléterait le tableau riant d'un Éden où les eaux, la verdure et le ciel marieraient leurs brillants ornements et leurs nuances touchantes. Il s'accoutumerait d'autant plus facilement à sa nouvelle demeure que la nature l'a placé non seulement aux Indes orientales, en Afrique, aux Antilles, à la Jamaïque, mais encore dans les eaux de l'Europe.

Et d'ailleurs il réunit à la magnificence de ses vêtements une chair très blanche et d'un goût exquis.

Au reste, sa langue est lisse, le sommet de la tête sillonné et dénué de petites écailles. On ne compte qu'un orifice à chaque narine; les écailles du corps et de la queue sont dentelées, et les deux mâchoires garnies, ainsi que le palais, de dents petites, pointues et semblables à celles d'une lime.

Bloch a vu une variété de sogo qui diffère des autres individus de cette espèce par les traits suivants. Le museau est obtus, au lieu d'être pointu; la tête n'est armée que d'un aiguillon de chaque côté; les proportions des rayons de la dorsale et de la nageoire de l'anus ne sont pas tout à fait semblables à celles que montre le sogo proprement dit; on compte à l'anale deux rayons articulés de plus qu'à celle de ce dernier poisson; les raies longitudinales et jaunes sont si faibles qu'on a de la peine à les apercevoir; quelquefois même elles disparaissent en entier.

Il ne faut pas confondre l'holocentre *chani* que Forskael a découvert, qui habite dans la Propontide, et qui vit particulièrement auprès de Constantinople, avec le lutjan serran, que les Grecs ont nommé et nomment encore *channo*[1], et sur lequel on trouve des observations précieuses dans un nouvel ouvrage très important du savant naturaliste et célèbre voyageur M. de Sonnini[2].

L'holocentre chani a trois petites raies bleuâtres et ondulées de chaque côté de la tête; une tache bleue et carrée au-dessous de l'œil; les pectorales, les thoracines et l'anale jaunes; la dorsale et la caudale tachetées de rouge.

<hr>

1. Voyez l'*Histoire des poissons* du professeur Schneider, p. 80.
2. *Voyage en Grèce et en Turquie*, t. Ier, p. 181.

C'est dans le Danube et dans les rivières qui mêlent leurs eaux à celles de ce grand fleuve qu'on pêche l'holocentre schraitser. Ce poisson parvient à la longueur de trois ou quatre décimètres. Sa chair est blanche, ferme, saine et d'un goût agréable. Il se nourrit de vers, d'insectes et de très petits poissons ; il fraye dans le printemps, cherche les eaux limpides et perd difficilement la vie. Les inondations du fleuve ou des rivières qu'il habite le transportent quelquefois au-dessus des bords de ces rivières jusque dans les lacs assez éloignés, dont le séjour ne paraît pas lui nuire.

Sa tête ni ses opercules ne présentent pas de petites écailles ; la langue est lisse, le palais rude, chaque mâchoire garnie de petites dents semblables à celles d'une lime ; l'estomac allongé et membraneux, le pylore entouré de trois appendices ; le canal intestinal recourbé deux fois, le foie grand et divisé en trois lobes ; la vésicule du fiel pleine d'un fluide jaune et très amer ; l'ovaire simple, la vessie natatoire longue et attachée aux côtes, qui, de chaque côté, sont au nombre de neuf, et l'épine dorsale composée de trente-neuf vertèbres.

Le péritoine est argenté ; les œufs sont jaunes et de la grosseur d'un grain de millet, les nageoires bleuâtres ; la partie antérieure de la dorsale est tachetée de noir, et de très petits points noirs sont répandus sur la tête.

Nous devons faire remarquer, comme une preuve de ce que nous avons dit dans le Discours sur la nature des poissons, au sujet des couleurs de ces animaux, que, lorsqu'on a enlevé les écailles du schraitser, sa peau offre encore les trois ou quatre raies longitudinales et noires qui règnent sur chacun de ses côtés, et que nous avons indiquées dans le tableau générique des holocentres.

Le crénelé vit dans l'Inde, et le ghanam dans la mer d'Arabie. Comme nous n'avons pas vu d'individu de cette dernière espèce, nous ne pouvons pas assurer que la nageoire de la queue de ce thoracin soit fourchue ou en croissant ; mais plusieurs raisons nous le font présumer.

L'holocentre gaterin a la mer d'Arabie pour patrie, comme le ghanam ; ses nageoires sont ordinairement jaunes ; il est souvent tacheté de noir, et sa longueur est alors de quatre ou cinq décimètres ; mais on compte dans cette espèce trois variétés assez remarquables pour qu'elles aient reçu chacune un nom particulier. La première, que l'on nomme *abumgaterin*, n'a qu'un décimètre de longueur, et chacun de ses côtés présente quatre raies longitudinales brunes et mouchetées de noir ; les pêcheurs de la mer d'Arabie disent, et leur opinion me paraît très vraisemblable, que l'abumgaterin n'est qu'un gaterin très jeune, qui perd en grandissant ses raies mouchetées et brunes. La seconde variété est appelée *sofat* ; sa longueur est de douze décimètres ; ses nageoires sont noires au lieu d'être rouges, et son goût est très agréable. La troisième variété, à laquelle on a donné le nom de *fœtela*, est aussi d'une saveur très recherchée ; mais elle parvient à des dimensions bien plus grandes que la seconde; elle est quelquefois longue de trois ou quatre mètres. Sa grandeur, son poids et la bonté de sa chair doivent la rendre l'objet d'une pêche assidue; et comme elle a de plus que les autres variétés, et même que le gaterin proprement dit, des ramifications très sensibles aux rayons aiguillonnés de la dorsale, et qu'elle offre ainsi un trait d'un développement plus étendu et d'une conformation plus complète, ne pourrait-on pas croire que la *fœtela* n'est que la sofat parvenue à un âge plus avancé et à un plus grand accroissement; que la sofat n'est qu'un gaterin plus âgé et que, par conséquent, à mesure que l'holocentre dont nous parlons grandit en acquérant des années, il s'appelle d'abord *abumgaterin*, ensuite *gaterin*, puis *sofat*, et enfin *fœtela?* Au reste, le gaterin se plaît au milieu des coraux et près des rivages.

Ces mêmes rivages arabiques servent d'asile au jarbua, que l'on trouve aussi dans le grand Océan, aux environs des tropiques, où Commerson en a fait faire un dessin que nous avons fait graver. On pêche également cet holocentre dans les eaux du Japon; mais comme il y est très abondant et qu'il a la chair maigre, il y est dédaigné par les gens riches, qui l'abandonnent pour la nourriture de leurs esclaves; et c'est ce qui a fait donner à ce poisson, par les Hollandais des grandes Indes, le nom d'*esclave*, que Bloch lui a conservé[1].

1. A la membrane branchiale de l'holocentre sogo.................. 8 rayons.
  A chaque pectorale.. 17 —
  A la caudale... 29 —

  A chaque pectorale de l'holocentre chani...................... 15 —
  A chaque thoracine, articulés................................ 5 —
    —   aiguillonné............................... 1 —
  A la nageoire de la queue.................................... 17 —

  A la membrane branchiale de l'holocentre schraitser........... 6 —
  A chaque pectorale... 14 —
  A chaque thoracine, articulés................................ 5 —
    —   aiguillonné............................... 1 —
  A la caudale... 15 —

  A la membrane branchiale de l'holocentre crénelé............. 7 —
  A chaque pectorale... 12 —
  A chaque thoracine, articulés................................ 5 —
    —   aiguillonné............................... 1 —
  A la nageoire de la queue.................................... 17 —

  A la membrane branchiale de l'holocentre gaterin............. 7 —
  A chaque pectorale... 17 —
  A chaque thoracine, articulés................................ 5 —
    —   aiguillonné............................... 1 —
  A la caudale... 17 —

  A la membrane branchiale de l'holocentre jarbua.............. 6 —
  A chaque pectorale... 13 —
  A chaque thoracine, articulés................................ 5 —
    —   aiguillonné. .... 1 —
  A la nageoire de la queue.................................... 17 —

Ce jarbua a la tête courte et comprimée ; des dents petites et séparées l'une de l'autre à chaque mâchoire ; la langue lisse ; le palais rude ; chaque opercule garni de très petites écailles ; la couleur générale argentée ; les pectorales et les thoracines jaunâtres ; une raie longitudinale et noire, et deux raies noires et obliques sur la caudale, dont les deux pointes sont de la même nuance que ces raies ; plusieurs taches noires et irrégulières sur la nageoire du dos.

L'HOLOCENTRE VERDATRE[1]

Serranus Cabrilla, var., Cuv. — *Bodianus Hiatula, Lutjanus Serran, Holocentrus Chanus* et *Holocentrus virescens,* Lacép.

L'Holocentre tigré, *Serranus tigrinus,* Cuv.; *Holocentrus tigrinus,* Bloch, Lacép. — Holocentre cinq raies, *Diacope octolineata,* Cuv.; *Grammistes quinquelineatus,* Bloch, Schn.; *Holocentrus quinquelineatus,* Bloch, Lacép.; *Labrus octolineatus* et *Labrus Kamira,* Lacép.; *Holocentrus bengalensis,* Bloch, Lacép. — Holocentre bengali, *Diacope octolineata,* Cuv. (Voyez la synonymie du précédent, dont il ne diffère pas spécifiquement.) — Holocentre épinéphèle, *Serranus gymnopareius,* Cuv.; *Epinephelus striatus,* Bloch; *Holocentrus Epinephelus,* Lacép. — Holocentre post, *Acerina vulgaris,* Cuv.; *Perca cernua,* Linn., Gmel., Bloch; *Gymnocephalus cernua,* Bloch, Schn.; *Holocentrus post,* Lacép. — Holocentre noir, *Coryphæna Pompilus,* Linn.; *Centrolophus niger* et *Holocentrus niger,* Lacép. —

1. Bloch, pl. 233. — *Ikan makekae,* aux Indes orientales. — *Marquille,* par les Hollandais des Indes orientales. — Bloch, pl. 237, pl. 239, pl. 246, fig. 2. — *Taye striée.* Bloch, pl. 330. — *Perche goujonnière, Gremillet,* par les pêcheurs de la Seine-Inférieure. — *Gremille,* sur les bords de la Moselle et des rivières qui se jettent dans cette dernière. (Lettre écrite à M. de Lacépède, en 1788, par dom Fleurand, bénédictin de Lay, dans la ci-devant Lorraine. Cet estimable savant croyait que ce nom *gremille* a une origine celtique.)
Petite perche, dans plusieurs contrées de France. — *Cerna,* à Malte. — *Kaul baarsch,* en Allemagne. — *Pfaffenlaus, Rotzwolf,* en Autriche. — *Schroll,* en Bavière. — *Stuer, Stuer bass,* à Hambourg. — *Kaulbarsch,* en Livonie. — *Rissis, Ullis,* chez les Lettes. — *Kiis,* en Estonie. *Jerscha,* en Russie. — *Giers, Schnorgers,* en Suède. — *Horcke, Tarrike, Stibling,* en Danemark. — *Kalebars, Aboruden-flos,* en Norvège. — *Post, Posch* ou *poschje,* en Hollande. — *Pope, Kuffe* ou *Ruffe,* en Angleterre. — Bloch, pl. 53, fig. 2.
Persègue post. Daubenton et Haüy, Encyclopédie méthodique. — *Id.* Bonnaterre, planches de l'Encyclopédie méthodique. — *Fauna suecica,* 385. — Mull., *Prodrom. Zool. danic.,* p. 46, n. 392. — Meiding, *Icon. Pisc. Austr.,* t. III. — « Perca dorso monopterygio, capite cavernoso. » — Artedi, gen. 40, syn. 68, spec. 77. — *Cernua fluviatilis.* Belon, *Aquat.,* p. 291. — *Id. percæ fluviatilis genus minus.* Gesner, p. 191, 701 et (germ.) fol. 160, *a.* — *Id.* Willughby, p. 334, tab. X, 14, fig. 2. — *Id.* Ray, p. 144, n. 10.
« Cernua fluviatilis, *aliis* perca minor. » Charlet, p. 158 et 161. — « Perca minor, porcus, porculus, porcellus, cernua nonnullorum. » Schonev., p. 56. — « Perca fluviatilis minor. » Aldrovande, lib. V, cap. xxxiv, p. 626 et 627. — *Id.* Jonston, lib. III, tit. 3, cap. ii, tab. 28. — « Perca dorso monopterygio, capite subcavernoso, alepidoto, aculeato, etc. » Gronov. Mus. 1, p. 41, n. 94 ; *Zooph.,* p. 85, n. 288. — Kram., *Elench.,* 386.
Cernua. Schœffer, *Pisc. Ratisb.,* 39, tab. 2. fig. 1. — « Percis, pinnis sex, etc. » Klein, *Miss. pisc.,* 4, p. 40, n. 1, tab. 8, fig. 1 et 2. — *Perca minor.* Ruysch, *Theatr. anim.,* p. 108. — Wulff, *Ichtyolog.,* p. 28, n. 35. — *Ruff. Brit. zoolog.,* 3, p. 215, n. 3. — *Pfaffenlaus.* Marsigli, *Danub.,* 4, p. 67, tab. 23, fig. 2. — *Blaufish. Brit. zoolog.,* 3, p. 216, n. 4. — *Id.* Borlase, *Cornwall.,* p. 271, tab. 25, fig. 8. — *Persègue acerine.* Bonnaterre, planches de l'Encyclopédie méthodique. — Guldenstaedt, *Nov. Comm. Petropolit.,* 19, p. 457.

HOLOCENTRE ACÉRINE, *Acerina rossica*, Cuv.; *Perca acerina*, Guldenst., Linn., Gmel.; *Holocentrus acerina*, Lacép.

Il paraît que le verdâtre se trouve dans les Indes occidentales. Ses deux mâchoires sont garnies de dents pointues, dont les deux antérieures sont les plus grandes ; la ligne latérale est hérissée d'écailles petites et aiguës ; les raies jaunâtres règnent sur les opercules ; le dos présente des taches ou bandes transversales et irrégulières d'un vert foncé ; on voit des teintes jaunes à la base des nageoires, particulièrement à celle des pectorales et des thoracines.

Valentyn, Renard, Klein, Séba et Bloch ont donné chacun une figure de l'holocentre tigré. Ce poisson des Indes orientales a la chair délicate. Sa tête est longue et comprimée ; les dents sont pointues et inégales ; la langue est lisse et le palais rude ; la couleur générale est bleuâtre ; on voit une raie brune passer au-dessus de chaque œil et s'avancer vers le museau. Indépendamment des bandes transversales qu'indique le tableau générique, la tête, le corps, la queue et les nageoires sont parsemés de taches brunes, presque toutes arrondies.

Le Japon est la patrie de l'holocentre cinq raies. Il a la tête courte et comprimée ; un rang de dents séparées l'une de l'autre à chaque mâchoire ; un grand nombre d'autres dents serrées et placées sans ordre à la mâchoire supérieure, ainsi qu'au palais ; la première pièce de chaque opercule, échancrée de manière à recevoir une sorte d'aiguillon tourné vers le museau et attaché à la seconde pièce, laquelle d'ailleurs se termine en pointe membraneuse. La nuance générale du poisson est jaunâtre, et un rouge foncé colore les nageoires.

Le nom du bengali annonce le pays dans lequel on l'a pêché. Sa langue est lisse ; mais son palais est hérissé de dents courtes et menues. On trouve des dents semblables à la mâchoire supérieure, à la suite d'une rangée d'autres dents plus longues et recourbées que l'on voit également à la mâchoire d'en bas. La première pièce de chaque opercule reçoit dans une échancrure, et comme celle de l'holocentre cinq raies, une sorte de crochet ou d'aiguillon qui tient à la seconde pièce. Par le moyen de ce mécanisme, l'animal, en ouvrant la bouche, presse cette seconde pièce contre son corps, de manière à clore très exactement l'ouverture branchiale. Une plaque dentelée est d'ailleurs placée au-dessus de l'échancrure de cette pièce postérieure. Les écailles sont petites et dentelées. Le jaune et le bleu règnent sur les nageoires.

L'épinéphèle habite dans les eaux de la Jamaïque. Ses yeux et ceux de quelques autres holocentres sont voilés par une membrane transparente comme ceux des murènes et de plusieurs autres poissons. Cette conformation dans l'organe de la vue de ces holocentres avait engagé Bloch à les comprendre dans un genre particulier. Nos principes de distribution ne nous ont pas permis d'admettre ce genre ; mais nous avons été bien aises de le rappeler, en donnant le nom générique de cette petite famille à la première espèce de ce groupe qui se présente à nous dans l'examen que nous faisons des divers holocentres. L'épinéphèle a le palais hérissé de petites dents ; la langue lisse ; les deux mâchoires garnies de dents assez courtes ; le ventre arrondi ; l'anus plus voisin de la tête que de la caudale. Deux raies longitudinales et brunes s'étendent sur chaque côté de l'animal, dont la couleur générale est blanchâtre. On voit des teintes jaunes sur la tête et sur les nageoires.

Le post se trouve dans la plupart des contrées septentrionales de l'Europe. Il y vit dans les rivières et dans les lacs dont le fond est de sable ou de glaise, et dont les eaux sont claires et pures. Il est surtout très multiplié dans la Prusse. Il ne parvient ordinairement qu'à la longueur de deux ou trois décimètres ; mais cependant il y a, auprès de Prenzlow, des lacs où on a pris des individus de cette espèce d'une grandeur bien supérieure.

Les ennemis dont il est le plus souvent obligé d'éviter la poursuite, surtout lorsqu'il ne présente que de petites dimensions, sont le brochet, la perche, la lote, l'anguille et les grands oiseaux d'eau. Il se nourrit de vers, d'insectes aquatiques et de poissons très jeunes, et par conséquent très petits. C'est au printemps qu'il quitte les lacs pour remonter dans les rivières, au séjour desquelles il préfère de nouveau celui des lacs, lorsque l'hiver approche. C'est aussi dans le printemps qu'il fraye. Il dépose ses œufs sur des bancs de sable, ou sur les corps durs qu'il trouve dans les eaux qu'il habite, et il les place à une profondeur telle, qu'ils ne soient communément ni au-dessus d'un ou deux mètres de profondeur, ni au-dessous de trois ou quatre. Ces œufs sont petits et d'un blanc mêlé de jaune. Bloch en a compté soixante-quinze mille six cents dans un ovaire qui ne pesait pas tout à fait quatre grammes. On a écrit que le post ne croît que lentement ; comme les individus de cette espèce sont très recherchés, on pourrait croire que c'est à cause de la lenteur de leur développement qu'on n'en trouve que rarement de parvenus à des dimensions et à un poids considérables.

On prend le post à l'hameçon et au filet, particulièrement au trémail[1]. Mais c'est principalement pendant l'hiver, et par conséquent lorsqu'il est descendu dans les lacs, qu'on le recherche avec le plus d'avantage. On le pêche avec beaucoup de succès sous la croûte glacée de ces lacs d'eau douce. On le poursuit avec d'autant plus de constance et de soin, que sa chair est tendre, de bon goût et facile à digérer ; elle devient même exquise dans certaines eaux. L'on cite en Allemagne, comme excellentes à manger, les posts des lacs Golis et Wandelitz.

M. Noël, de Rouen, nous écrit que, dans la Seine, dont les pêcheurs nomment le post *perche goujonnière*, parce que sa longueur excède rarement celle du plus grand goujon, on ne prend guère cet holocentre qu'auprès de

---

1. Voyez une courte description du trémail à l'article du *Gade colin*.

l'embouchure de l'Eure, où on le trouve au milieu de petits barbeaux et de jeunes cyprins brèmes.

La bonté de l'aliment que donne le post, la salubrité de sa chair et sa petitesse, ainsi que sa faiblesse ordinaire, le font préférer à beaucoup d'autres poissons par ceux qui cherchent à peupler un étang de la manière la plus convenable. En l'y renfermant, on n'y introduit pas un ennemi dévastateur. C'est pendant le printemps ou l'automne qu'on le transporte communément des lacs ou des rivières dans les étangs où l'on veut le voir multiplier. On le prend pour cet objet dans les lacs peu profonds, plutôt que dans ceux dont le fond est très éloigné de la surface de l'eau, parce que les filets dont on est le plus souvent obligé de se servir pour le pêcher dans ces derniers le fatiguent au point de lui ôter la faculté de vivre, même pendant quelques heures, hors de son fluide natal. Le post cependant, lorsqu'il n'a pas été tourmenté par la manière dont on l'a pêché, perd difficilement la vie. On peut, pendant l'hiver, le faire parvenir vivant à d'assez grandes distances ; un froid très rigoureux ne suffit pas pour le faire périr ; on l'a vu souvent, privé de tout mouvement et entièrement gelé en apparence, retrouver promptement la vie et son agilité, après avoir été plongé pendant quelques moments dans de l'eau froide, mais liquide[1].

Le corps et la queue du post sont allongés et visqueux. J'ai voulu, pen-

1. A la membrane branchiale de l'holocentre verdâtre.............. 6 rayons.
   A chaque pectorale........ .... 14 —
   A chaque thoracine, articulés........ .... 5 —
       —   aiguillonné.......... .... 1 —
   A la nageoire de la queue........ .... 18 —

   A la membrane branchiale de l'holocentre tigré.... .... 6 —
   A chaque pectorale............................. 13 —
   A chaque thoracine, articulés........................ 5 —
       —   aiguillonné.......... .... 1 —
   A la caudale................................. 15 —

   A la membrane branchiale de l'holocentre cinq raies. .... 6 —
   A chaque pectorale........................... 16 —
   A chaque thoracine, articulés......................... 5 —
       —   aiguillonné .... 1 —
   A la nageoire de la queue..................... 20 —

   A la membrane branchiale de l'holocentre bengali.............. 6 —
   A chaque pectorale........................... 14 —
   A chaque thoracine, articulés....................... 5 —
       —   aiguillonné .... 1 —
   A la caudale............................... 18 —

   A la membrane branchiale de l'holocentre épinéphèle............ 5 —
   A chaque pectorale........................... 14 —
   A chaque thoracine, articulés...................... 5 —
       —   aiguillonné........................... 1 —
   A la nageoire de la queue..................... 15 —

   A la membrane branchiale de l'holocentre post.................. 7 —
   A chaque pectorale....................... ...... 14 —

dant quelque temps, placer ce thoracin parmi les lutjans, parce qu'on pourrait à la rigueur ne vouloir reconnaître dans ses opercules qu'une simple dentelure ; je l'ai inscrit cependant parmi les véritables holocentres, non seulement parce qu'un grand nombre de traits de sa conformation le rapprochent, aussi bien que ses habitudes, de ces holocentres, ainsi que des vraies persèques, mais encore parce que, dans la plupart des individus de cette espèce, plusieurs des pointes de la dentelure sont assez grandes pour être regardées comme de véritables aiguillons. Au reste, la tête de ce poisson est un peu déprimée. Le palais et le gosier sont garnis, comme les mâchoires, de dents petites et très pointues. Le dos est noirâtre. Le pylore n'est entouré que de trois cæcums. On compte quinze côtes de chaque côté de l'épine dorsale, qui comprend trente vertèbres. Le noir est ordinairement long de quatre ou cinq décimètres, et par conséquent plus grand que les individus de l'espèce du post. On trouve l'acerine dans la mer Noire et, pendant l'été, dans les grands fleuves qui y ont leur embouchure. Sa tête est plus allongée que celle du post ; mais elle a de grands rapports avec cette espèce, qu'elle devrait suivre, ainsi que le noir, dans le genre des lutjans, si on aimait mieux comprendre le post dans cette famille que dans celle des holocentres.

L'HOLOCENTRE BOUTTON [1]

Diacope bottoniensis, Cuv. — *Holocentrus Boutton*, Lacép.

L'HOLOCENTRE JAUNE ET BLEU, *Serranus flavo-cæruleus*, Cuv.; *Bodianus macrocephalus, Holocentrus gymnosus* et *Holocentrus flavo-cæruleus*, Lacép.— HOLOCENTRE QUEUE RAYÉE, *Dules cauda-villatus*, Cuv.; *Holocentrus cauda-villatus*, Lacép. — HOLOCENTRE NÉGRILLON, *Pomacentrus nigricans*, Cuv.; *Holocentrus nigricans*, Lacép. — HOLOCENTRE LÉOPARD, *Plectropoma leopardinus*, Cuv.; *Holocentrus leopardus*, Lacép. — HOLOCENTRE CILIÉ, *Scolopsides lycogenis*, Cuv.; *Lycogenis argyrosoma*, Kuhl; *Holocentrus ciliatus*, Lacép. — HOLOCENTRE THUNBERG, *Myripristis...*, Cuv.; *Sciæna loricata*, Thunb.; *Holocentrus Thunberg*, Lacép.

C'est dans les manuscrits de Commerson que nous avons trouvé la des-

A chaque thoracine, articulés	5	rayons.
— aiguillonné	1	—
A la caudale	17	—
A la membrane branchiale de l'holocentre acerine	7	—
A chaque pectorale	25	—
A chaque thoracine, articulés	5	—
— aiguillonné	1	—
A la nageoire de la queue	17	—

1. « Asper antrorsum subteriusque rubens, sursum et lateraliter flavescens, operculis branchiarum in angulo anteriore spina ad caput reflexa notatis. » — Perche du détroit de Boutton. Commerson, manuscrits déjà cités. — « Asper cærulescens, pinnis omnibus et cauda, etiamnum basi, luteis. » *Id.* — « Aspro dorso cærulescente, lateribus argenteis, cauda lituris albis et nigris alternis. *Id.* — « Aspro totus atratus, oculorum iridibus cæruleis. » *Id.* — « Sciæna loricata, argentea, immaculata, etc. » Thunberg, *Voyage au Japon*, etc.

cription des quatre premiers de ces holocentres ; aucun auteur n'en a encore parlé. Le *boutton,* dont le nom spécifique indique le pays natal, a deux ou trois décimètres de longueur. Sa caudale est jaunâtre. Ses thoracines et son anale présentent la même couleur que la nageoire de la queue ; mais leurs premiers rayons sont rougeâtres. Cette nuance rouge paraît sur la base des pectorales, que distingue de plus une petite tache d'un pourpre foncé ; le reste de la surface de ces organes est jaune, de même que le bord supérieur de la dorsale, qui d'ailleurs est transparente. Les dents antérieures sont un peu longues ; les autres très petites et serrées les unes contre les autres, comme celles d'une lime. On voit aussi de très petites dents au fond du palais et du gosier ; mais la langue est lisse ; elle est en outre courte, un peu large et très blanche. La première pièce de chaque opercule montre une échancrure propre à recevoir l'aiguillon de la seconde pièce, laquelle se termine en pointe. Les Indiens des Moluques apportèrent plusieurs individus de cette espèce au vaisseau sur lequel Commerson parcourait le grand Océan, avec notre Bougainville, en 1768 ; et ce voyageur dit, dans ses manuscrits, que ces individus étaient mêlés avec plusieurs autres poissons séchés, très bien préparés et étendus entre deux bâtons qui les fixaient.

Le jaune et bleu habite dans les eaux qui baignent l'Ile de France. Il est ordinairement plus grand que le boutton. Quelquefois l'extrémité de ses pectorales est noire ; le bord de la mâchoire supérieure jaunâtre ; l'entredeux *les* yeux peints de la même couleur, et une tache ovale de la même teinte placée sur le derrière de l'occiput ; mais il n'offre d'ailleurs que les deux nuances indiquées par le nom spécifique que je lui ai donné.

Les deux mâchoires sont hérissées de dents très menues, très courtes, très serrées, au-devant desquelles la mâchoire d'en haut en présente quatre plus épaisses et un peu plus longues. Des éminences osseuses situées sur le palais et la circonférence du gosier sont également garnies de dents très petites et très fines ; mais on n'en voit pas sur la langue, qui est courte, large à son extrémité, un peu cartilagineuse, assez libre dans ses mouvements et blanchâtre. Les premiers rayons de la dorsale sont garnis chacun d'un filament. Le péritoine est blanc ; le canal intestinal trois fois recourbé ; la vessie natatoire adhérente au dos. L'animal vit de petits crabes et de jeunes poissons qu'il avale tout entiers. Sa chair est agréable et saine.

L'holocentre queue rayée est communément moins grand que le boutton. Les raies longitudinales blanches et noires qu'il a sur la queue varient pour le nombre depuis trois jusqu'à dix. La mâchoire supérieure est extensible et un peu plus courte que celle d'en bas ; l'une et l'autre présentent, ainsi que le devant du palais, un grand nombre de petites dents semblables à celles d'une scie. La langue est lisse. L'Ile de France est sa patrie.

Le négrillon a la tête petite ; le dos très élevé ; les dents menues, blanchâtres, rapprochées et arrangées comme celles d'un peigne ; la langue et le palais sans aspérités ; la ligne latérale si courte, qu'elle se termine à l'extrémité de la nageoire du dos[1].

Aucun naturaliste n'a encore rien publié au sujet du léopart et du cilié. Le premier de ces deux holocentres a la lèvre supérieure double ; la mâchoire d'en haut, qui est un peu moins avancée que celle d'en bas, montre, ainsi que cette dernière, six dents fortes, grandes et crochues, et plusieurs rangs de dents plus petites.

Le corps et le queue du cilié sont allongés.

Le thunberg, auquel nous avons donné le nom du savant voyageur qui l'a fait connaître, n'a qu'une nageoire dorsale, quoiqu'il paraisse en avoir deux. Sa lèvre supérieure est double ; on voit au moins trois dents mousses de chaque côté de la mâchoire d'en bas ; le dos est élevé.

Cet holocentre vit dans la mer du Japon.

L'HOLOCENTRE BLANC ROUGE

Holocentrum orientale, Cuv. — *Holocentrus alboruber,* Lacép.

L'Holocentre bande blanche, *Sebastes albofasciatus,* Cuv.; *Holocentrus albofasciatus,* Lacép. — Holocentre diacanthe, *Pomacentrus pavo,* Lacép., Cuv.; *Chætodon pavo,* Bloch; *Holocentrus diacanthus,* Lacép. — Holocentre tripétale, *Holocen-*

1.	A la membrane branchiale de l'holocentre boutton.........	7	rayons.
	A chaque pectorale.......................................	16	—
	A chaque thoracine, articulés...........................	5	—
	— aiguillonné..	1	—
	A la nageoire de la queue...............................	17	—
	A la membrane branchiale de l'holocentre jaune et bleu....	7	—
	A chaque pectorale......................................	18	—
	A chaque thoracine, articulés...........................	5	—
	— aiguillonné..	1	—
	A la caudale..	15	—
	A la membrane branchiale de l'holocentre queue rayée ...	6	—
	A chaque pectorale......................................	16	—
	A la nageoire de la queue...............................	15	—
	A la membrane branchiale de l'holocentre négrillon........	5 ou 6	—
	A chaque pectorale......................................	20	—
	A chaque thoracine, articulés...........................	5	—
	— aiguillonné..	1	—
	A la caudale..	15	—
	A chaque pectorale de l'holocentre léopard..............	14	—
	A la nageoire de la queue...............................	18	—
	A chaque pectorale de l'holocentre cilié................	17	—
	A chaque thoracine, articulés..........................	5	—
	— aiguillonné	1	—
	A la caudale...	19	—
	A la membrane branchiale de l'holocentre thunberg........	7	—
	A chaque pectorale.....................................	13	—
	A la nageoire de la queue..............................	18	—

trus tripetalus, Lacép. — Holocentre tétracanthe, *Holocentrum*....., Cuv.; *Holocentrus tetracanthus*, Lacép. — Holocentre acanthops, *Holocentrus acanthops*, Lacép. — Holocentre radjaban, *Diagramma punctatum*, Ehrenb , Cuv.; *Holocentrus Radjaban*, Lacép. — Holocentre diadème, *Holocentre diadema*, Cuv.; *Sciæna vittata*, Parkins; *Percha pulchella*, Bennet; *Holocentrus diadema*, Lacép. — Holocentre gymnose, *Serranus flavo-cœruleus*, Cuv.; *Holocentrus flavo-cœruleus*, *Holocentrus gymnosus* et *Bodianus macrocephalus*, Lacép.

Ces neuf espèces sont encore inconnues des naturalistes. Nous avons trouvé une figure de la première à la page 25 d'un cahier de manuscrits chinois, déposé dans la bibliothèque du Muséum d'histoire naturelle, et que nous avons déjà cité à l'article du *spare chinois* et à celui du *spare cardinal*. La page 112 de ce même manuscrit présente l'image de la seconde de ces neuf espèces. Nous avons vu des individus des cinq espèces suivantes dans la collection d'objets d'histoire naturelle donnée à la France par la Hollande, et les manuscrits de Commerson renfermaient deux dessins qui représentaient les deux dernières.

Le blanc-rouge et l'holocentre bande blanche vivent donc dans les eaux de la Chine.

L'holocentre diacanthe, que nous avons ainsi nommé à cause des deux rayons aiguillonnés de sa nageoire de l'anus, a deux pièces à chacun de ses opercules.

Le tripétale, dont le nom spécifique désigne les trois pièces de son opercule, montre plusieurs rangs de petites dents, et de plus une dent assez grosse auprès de chacune des deux extrémités de la mâchoire inférieure, opposées au museau.

Le tétracanthe, dont le nom indique les quatre rayons aiguillonnés de sa nageoire de l'anus, a la mâchoire d'en bas plus avancée que celle d'en haut ; ses dents sont petites ; des lames écailleuses, et dont la surface offre des stries disposées en rayons, couvrent le dessus des yeux ; une grande partie de la portion de la dorsale, que soutiennent des rayons aiguillonnés, est très distincte du reste de cette nageoire.

L'œil de l'acanthops est gros, et sa ligne latérale très marquée[1].

Les deux mâchoires du radjaban sont garnies de plusieurs rangs de dents serrées et presque égales les unes aux autres ; la grosseur des yeux est remarquable ; on voit une lame écailleuse et dentelée au-dessus de la dernière pièce de chaque opercule ; la ligne latérale est presque droite.

Six ou sept raies étroites et longitudinales parent chaque côté de l'holocentre diadème. Les bandes noires et blanches, qui décorent la partie antérieure de sa nageoire dorsale, représentent le bandeau auquel les anciens donnaient le nom de *diadème* ; et les rayons aiguillonnés qui s'élèvent dans

---

1. La dénomination d'*acanthops* désigne les aiguillons que l'on voit auprès des yeux de l'holocentre auquel elle appartient. *Acantha*, en grec, signifie aiguillon, et *ops* signifie *œil*.

cette même partie au-dessus de la membrane rappellent les pointes dont ce bandeau était quelquefois orné[1].

Les dents du gymnose sont petites et aiguës ; l'extrémité antérieure de la mâchoire d'en haut en présente de plus grandes que les autres.

L'HOLOCENTRE RABAJI[2]

Chrysophrys bifasciata, Cuv. — *Chœtodon bifasciatus,* Forsk. — *Labrus Catenula,
Sparus Mylio* et *Holocentrus Rabaji,* Lacép.

La couleur générale de cet holocentre est brillante et argentée. La dorsale et l'anale sont jaunes ; les thoracines noires ; les pectorales jaunes sur une partie de leur surface et blanches sur l'autre. On aperçoit des rugosités sur le sommet de la tête. Chaque mâchoire est garnie de dents molaires hémisphériques, fortes et serrées, et de cinq incisives dures et coniques[3].

1. A la membrane branchiale de l'holocentre diacanthe............ 5 rayons.
      A chaque pectorale.. 16 —
      A chaque thoracine.. 6 —
      A la nageoire de la queue.... .... 16 —

      A chaque pectorale de l'holocentre tripétale. .... 16 —
      A chaque thoracine, articulés.............................. 5 —
             —   aiguillonné.. .... 1 —
      A la caudale.. 18 —

      A chaque pectorale de l'holocentre tétracanthe.............. 12 —
      A la nageoire de la queue................................ 17 —

      A chaque pectorale de l'holocentre acanthops..............., 14 —
      A chaque thoracine, articulés.............................. 5 —
             —   aiguillonné............................. 1 —
      A la caudale.. 19 —

      A chaque pectorale de l'holocentre radjaban..... .... 16 —
      A chaque thoracine, articulés.............................. 5
             —   aiguillonné... .... 1 —
      A la nageoire de la queue................................ 16 —

      A chaque pectorale de l'holocentre gymnose.................. 15 —
      A chaque thoracine.. 6 —
      A la caudale.. 18 —

2. Forskael, *Fauna arab.,* p. 64, n. 91. — *Chétodon rabaji.* Bonnaterre, planches de l'Encyclopédie méthodique.
3. A la membrane branchiale de l'holocentre rabaji................. 5 rayons.
      A chaque pectorale... 16 —
      A chaque thoracine, articulés.............................. 5 —
             —   aiguillonné............................. 1 —
      A la nageoire de la queue....... .... 17 —

L'HOLOCENTRE MARIN[1]

Serranus scriba, Cuv. — *Perca scriba*, Linn. — *Perca marina*, Brunn. — *Holocentrus marinus*, Lacép., Laroche. — *Holocentrus Argus*, Spin. — *Holocentrus fasciatus* et *Holocentrus maroccanus*, Bloch. — *Lutjanus scriptura*, Lacép.

L'Holocentre tétard, *Perca Cottoides*, Linn., Gmel.; *Holocentrus Gyrinus*, Lacép. — Holocentre philadelphien, *Perca philadelphica*, Linn., Gmel.; *Holocentrus philadelphicus*, Lacép. — Holocentre mérou, *Serranus Gigas*, Cuv.; *Perca Gigas*, Brunn., Linn., Gmel.; *Holocentrus Merou*, Lacép. — Holocentre Forskael, *Serranus oceanicus*, Cuv.; *Perca fasciata*, Forsk., Linn., Gmel.; *Holocentrus oceanicus* et *Holocentrus Forskael*, Lacép. — Holocentre triacanthe, *Serranus hepatus*, Cuv.; *Labrus hepatus*, Linn., Gmel., Lacép.; *Lutjanus adriaticus* et *Holocentrus triacanthus*, Lacép. — Holocentre argenté, *Serranus argentinus*, Cuv.; *Holocentrus argentinus*, Bloch, Lacép.

On pêche l'holocentre marin dans la Méditerranée et peut-être dans la partie de l'Océan qui baigne la Norvège, ainsi que dans plusieurs autres portions de cet océan Atlantique. Son museau est allongé et pointu ; sa dorsale, son anale et sa caudale sont souvent jaunes et mouchetées d'un jaune plus foncé ; l'on voit quelquefois des raies rouges sur ses pectorales. Sa longueur ordinaire est de trois ou quatre décimètres.

Le tétard habite dans l'Inde ; sa tête, son corps et sa queue sont parsemés de taches brunes et presque rondes.

Le philadelphien vit dans l'Amérique septentrionale.

On a pêché le mérou dans la Méditerranée. Cet holocentre est long d'un mètre : aussi lui a-t-on donné le nom de *géant*. Le dessous de sa tête est rouge ; l'ouverture de sa bouche, grande ; sa langue lisse ; son palais hérissé de petites dents, ainsi que son gosier ; chacune de ses mâchoires, garnie de plusieurs rangées de dents aiguës ; le devant de sa mâchoire supérieure, armé de quatre dents coniques et plus longues que les autres ; sa dorsale bordée de filaments.

1. *Percia,* dans les environs de Rome. — *Persègue perche de mer.* Daubenton et Haüy, Encyclopédie méthodique. — *Id.* Bonnaterre, planches de l'Encyclopédie méthodique. — « Perca lineis utrinque septem transversis nigris, ductibus miniaceis cœruleisque in capite et antica ventris. » Artedi, gen. 50, syn. 68. — Mus. Ad. Frid. 8, p. 83. — *Fauna suecica,* 233.

Perce. Aristote, lib. II, cap. xiii, xvii; et lib. VIII, cap. xv. — *Id.* Athen., lib. VII, fol. 159, 29 (Valderi). — *Id.* Oppian, lib. I, p. 6. — *Perca.* Pline, lib. IX, cap. xvi. — *Perca pelagia.* Jov., cap. xxiv, p. 92. — *Perche.* Rondelet, première partie, liv. VI, chap. viii. — Salvian, fol. 224, *b.* ad iconem. — *Perca marina.* Gesner, p. 696, 819 et (germ.) fol. 16. Aldrovande, lib. I, cap. ix, p. 47, 48, 49 et 50. — Jonston, lib. I, tit. 2, cap. i, *a,* 7, t. XIV, fig. 8. — Charleton, p. 134. — Willughby, p. 327. — Ray, p. 140.

Mus. Ad. Frid. 2, p. 84. — *Persègue tétard.* Daubenton et Haüy, Encyclopédie méthodique. — *Id.* Bonnaterre, planches de l'Encyclopédie méthodique. — *Chub,* dans quelques contrées de l'Amérique septentrionale. — *Persègue meunier de mer.* — Daubenton et Haüy, Encyclopédie méthodique. — *Id.* Bonnaterre, planches de l'Encyclopédie méthodique. — Brünn., *Pisc. Massil.,* p. 65, n. 81. — *Persègue merou.* Bonnaterre, planches de l'Encyclopédie méthodique. — Forskael, *Fauna arab.,* p. 40, n. 39. — *Persègue rubannée.* Bonnaterre, planches de l'Encyclopédie méthodique. — *Holocentre rayé.* Bloch, pl. 235, fig. 2. — *Holocentre argenté.* Bloch, pl. 235, fig. 2.

Le forskael est encore plus grand que le mérou : sa longueur surpasse douze décimètres. Les deux mâchoires sont également avancées et présentent chacune deux dents coniques ; on voit de plus à la mâchoire supérieure plusieurs rangs de dents flexibles et très fines ; la mâchoire d'en bas montre un rang de ces dents très déliées. Ce poisson a été observé dans la mer d'Arabie.

Le triacanthe a la langue lisse ; le palais et la mâchoire hérissés de dents petites et communément très serrées ; les thoracines d'une couleur foncée ; les autres nageoires d'une nuance plus claire.

L'or et l'argent brillent sur les écailles de l'argenté ; d'ailleurs, le dessus de sa tête est violet ; la dorsale, l'anale et la caudale sont d'un bleu clair ; les pectorales, ainsi que les thoracines, jaunes[1] ; des dents petites et aiguës distribuées le long de chaque mâchoire ; la langue est lisse, et le palais rude.

1. A la membrane branchiale de l'holocentre marin	7	rayons.
A chaque pectorale	19	—
A chaque thoracine, articulés	5	—
— aiguillonné	1	—
A la nageoire de la queue	14	—
A la membrane branchiale de l'holocentre têtard	8	—
A chaque pectorale	14	—
A chaque thoracine, articulés	5	—
— aiguillonné	1	—
A la caudale	12	—
A la membrane branchiale de l'holocentre philadelphien	7	—
A chaque pectorale	16	—
A chaque thoracine, articulés	5	—
— aiguillonné	1	—
A la nageoire de la queue	11	—
A la membrane branchiale de l'holocentre mérou	7	—
A chaque pectorale	16	—
A chaque thoracine, articulés	5	—
— aiguillonné	1	—
A la caudale	15	—
A la membrane branchiale de l'holocentre Forskael	7	—
A chaque pectorale	17	—
A chaque thoracine, articulés	5	—
— aiguillonné	1	—
A la nageoire de la queue	17	—
A la membrane branchiale de l'holocentre triacanthe	4	—
A chaque pectorale	15	—
A chaque thoracine, articulés	5	—
— aiguillonné	1	—
A la caudale	15	—
A la membrane branchiale de l'holocentre argenté	5	—
A chaque pectorale	14	—
A chaque thoracine, articulés	5	—
— aiguillonné	1	—
A la nageoire de la queue	15	—

L'HOLOCENTRE TAUVIN[1]

Serranus Merra, Cuv. — *Epinephelus Merra*, Bloch. — *Perca Tauvina*, Forsk. — *Holocentrus Merra* et *Holocentrus Tauvinus*, Lacép.

L'Holocentre ongo, *Serranus dichropterus*, Cuv.; *Holocentrus ongus*, Lacép. — Holocentre doré, *Serranus auratus*, Cuv.; *Holocentrus auratus*, Bloch, Lacép. — Holocentre quatre raies, *Therapon quadrilineatus*, Cuv.; *Holocentrus quadrilineatus*, Bloch, Lacép. — Holocentre a bandes, *Serranus scriba*, Cuv.; *Holocentrus marinus*, Art., Lacép.; *Holocentrus fasciatus*, Bloch, Lacép.; *Lutjanus scriptura*, Lacép. — Holocentre pira-pixanga, *Serranus pixanga*, Cuv.; *Holocentrus punctatus*, Bloch; *Holocentrus pira-pixanga*, Lacép. — Holocentre lancéolé, *Serranus lanceolatus*, Cuv.; *Holocentrus lanceolatus*, Lacép.

Les rivages couverts de coraux et de madrépores, de la mer d'Arabie, nourrissent le tauvin, dont la chair est peu agréable au goût, et dont toutes les écailles sont petites et dentelées. La base de la langue et le gosier sont garnis de dents menues et flexibles. La lèvre supérieure est extensible. On voit trois aiguillons sur la partie postérieure de chaque opercule. La couleur brune de l'animal est relevée par des taches arrondies et noirâtres; ces taches sont bordées de blanc, dans une partie de leur circonférence, au-dessus de presque toutes les nageoires.

Les six autres espèces d'holocentres dont nous parlons dans cet article ont été décrites pour la première fois par Bloch.

L'ongo vit dans les eaux du Japon. Chaque mâchoire présente un rang de dents courtes et pointues; le palais est lisse; chaque narine a deux orifices; l'iris, les pectorales et les thoracines brillent de la couleur de l'or[2].

Le doré des Indes orientales a les écailles très petites, mais plus écla-

---

1. *Perca tauvina*. Linné, édition de Gmelin. — Forskael, *Fauna arab.*, p. 39, n. 38. — *Persègue tauvine*. Bonnaterre, planches de l'Encyclopédie méthodique. — *Ikan ongo*, au Japon. — *Holocentre ongo*. Bloch, pl. 234. — *Holocentre doré*. Bloch, pl. 236. — *Holocentrus quadrilineatus*. Bloch, pl. 238, fig. 2. — *Holocentrus fasciatus*. Bloch, pl. 240. — *Gatt-visch*, par les Hollandais. — *Pesche gatto*, par les Portugais. — *Holocentre pointé*. Bloch, pl. 241. — *Holocentre lancette*. Bloch, pl. 242, fig. 1.

2. A la membrane branchiale de l'holocentre tauvin.............. 8 rayons.
A chaque pectorale................................. 18 —
A chaque thoracine, articulés.......................... 5 —
      —   aiguillonné....................... 1 —
A la nageoire de la queue............................. 17 —

A la membrane branchiale de l'holocentre ongo.......... 5 —
A chaque pectorale................................. 12 —
A chaque thoracine, articulés.......................... 5 —
      —   aiguillonné....................... 1 —
A la caudale...................................... 18 —

A la membrane branchiale de l'holocentre doré.......... 6 —
A chaque pectorale................................. 16 —
A chaque thoracine, articulés.......................... 5 —
      —   aiguillonné....................... 1 —

tantes encore que les thoracines et les pectorales de l'ongo. Les dents des deux mâchoires sont petites, pointues et presque toutes d'une longueur égale ; le palais est garni de dents, comme les mâchoires ; une belle couleur d'écarlate borde les nageoires du dos, de l'anus et de la queue ; les pectorales sont d'un violet pâle, et les thoracines d'un rouge foncé.

Le quatre-raies habite dans les Indes orientales, comme le doré ; mais sa parure n'est pas aussi magnifique. Sa dorsale peut être couchée dans une sorte de sillon longitudinal, et sa ligne latérale est tortueuse.

L'holocentre à bandes a le museau avancé, le palais garni de petites dents et la langue lisse.

Le pira-pixanga est un poisson du Brésil ; il vit dans la mer et au milieu des écueils ; voilà pourquoi les Hollandais et les Portugais l'ont nommé *poisson de roche*. Il ne parvient pas à de très grandes dimensions ; mais sa chair est blanche, ferme, de bon goût et très saine : aussi le pêche-t-on dans toutes les saisons ; on le prend avec des filets. Pison dit que cet animal perd difficilement la vie ; qu'il a trouvé un pira-pixanga qui n'avait pas cessé de vivre trois heures après avoir été tiré de l'eau ; qu'il l'a ouvert au bout de deux heures et que le cœur de ce poisson palpitait encore. Marcgrave en a donné une figure qui a été copiée par Pison, Willughby, Jonston et Ruysch. Klein et Gronovius en ont parlé ; le prince Maurice de Nassau en a laissé, dans ses manuscrits, un dessin qui a été publié par Bloch. Ses écailles sont dures et dentelées ; son dos est élevé et arrondi ; la tête, le corps et la queue sont allongés.

Les Indes orientales sont la patrie du lancéolé. Plusieurs rangées de dents petites et pointues garnissent les mâchoires ; le palais est rude ; la langue est lisse et un peu libre dans ses mouvements.

A la nageoire de la queue	20	rayons.
A la membrane branchiale de l'holocentre quatre raies	6	—
A chaque pectorale	13	—
A chaque thoracine, articulés	5	—
— aiguillonné	1	—
A la caudale	16	—
A la membrane branchiale de l'holocentre à bandes	6	—
A chaque pectorale	13	—
A chaque thoracine, articulés	5	—
— aiguillonné	1	—
A la nageoire de la queue	16	—
A chaque pectorale de l'holocentre pira-pixanga	12	—
A chaque thoracine, articulés	5	—
— aiguillonné	1	—
A la caudale	17	—
A la membrane branchiale de l'holocentre lancéolé	6	—
A chaque pectorale	16	—
A chaque thoracine, articulés	5	—
— aiguillonné	1	—
A la nageoire de la queue	13	—

L'HOLOCENTRE POINTS BLEUS[1]

Serranus cœruleo-punctatus, Cuv. — *Holocentrus cœruleo-punctatus,*
Bloch, Lacép.

L'HOLOCENTRE BLANC ET BRUN, *Holocentrus albo-fuscus,* Lacép. — HOLOCENTRE SURI-
NAM, *Lobotes surinamensis,* Cuv.; *Holocentrus surinamensis,* Bloch; *Holocentrus
surinam,* Lacép. — HOLOCENTRE ÉPERON, *Lates calcarifer,* Cuv.; *Holocentrus cal-
carifer,* Bloch, Lacép. — HOLOCENTRE AFRICAIN, *Serranus alexandrinus,* Cuv.?
— *Epinephelus Afer,* Bloch; *Holocentrus Afer,* Lacép. — HOLOCENTRE BORDÉ, *Ser-
ranus marginalis,* Cuv.; *Holocentrus marginatus* et *Holocentrus Rosmarus,* Lacép.
— HOLOCENTRE BRUN, *Epinephelus fuscus,* Bloch; *Holocentrus fuscus,* Lacép. —
HOLOCENTRE MERRA, *Serranus merra,* Cuv.; *Epinephelus merra,* Bloch; *Perca
tauvina,* Forsk.; *Holocentrus tauvinus* et *Holocentrus merra,* Lacép. — HOLO-
CENTRE ROUGE, *Serranus....,* Cuv.; *Epinephelus ruber,* Bloch; *Holocentrus ruber,*
Lacép.

Bloch a fait connaître les neuf holocentres dont cet article renferme la
notice. Celui de ces poissons auquel il a donné le nom de *points bleus* a des
dents très fines aux mâchoires, la langue lisse, le palais rude, les écailles
extrêmement petites et les nageoires très brunes.

Le blanc et brun se trouve dans les Indes orientales. Les dents qui garnissent les mâchoires sont égales et pointues ; la langue est lisse, le palais
paraît rude au toucher ; les couleurs sont remarquables par leur distribution
et par les contrastes que forment leurs nuances.

Le surinam parvient à la grandeur de la perche d'Europe ; sa chair est
grasse et très agréable au goût; son nom annonce le pays qu'il habite. Les
deux mâchoires sont garnies de dents courtes, grosses et recourbées ; de
plus, la mâchoire supérieure est hérissée de dents très fines placées derrière
les premières; le palais et la langue sont lisses. On voit de petites écailles
sur la base des nageoires du dos, de l'anus et de la queue; ces nageoires
sont, ainsi que les autres, variées de jaune, de brun et de violet; une bande
brune transversale et figurée en portion de cercle est placée sur la caudale.

Le Japon est la patrie de l'éperon. Indépendamment des aiguillons dont
la position et la forme lui ont fait donner le nom qu'il porte et sont exposées dans le tableau générique, il présente une tête un peu aplatie et comprimée ; des dents très fines, même à peine visibles, et très nombreuses,
distribuées sur le palais et le long des deux mâchoires; une strie longitudinale sur chaque écaille; un mélange de violet et de jaune sur les nageoires; deux raies longitudinales ou deux bandes transversales brunes sur
ces mêmes nageoires, excepté la caudale, sur laquelle règnent trois de ces
bandes transversales.

1. Bloch, pl. 242, fig. 2. — *Holocentre tacheté.* Bloch, pl. 242, fig. 3, pl. 243, pl. 244. —
Épinéphèle africain. Bloch, pl. 327. — *Épinéphèle bordé.* Bloch, pl. 328, fig. 1. — *Épinéphèle
brun.* Bloch, pl. 328, fig. 2. — *Épinéphèle merra.* Bloch, pl. 329. — *Épinéphèle rouge.* Bloch,
pl. 331.

L'holocentre africain parvient à une grandeur considérable. Bloch l'a compris avec le bordé, le brun, le merra et le rouge, dans le genre particulier qu'il a proposé de nommer *épinéphèle* ou *taie*, mais que nous n'avons pas cru devoir adopter. L'africain vit près des rivages occidentaux d'Afrique voisins de la zone torride ; il se plaît dans les bas-fonds ; on l'a pêché particulièrement à Acara, sur la côte de Guinée. Il se nourrit de mollusques et d'écrevisses ; sa chair est blanche, délicate et saine. On doit observer, indépendamment des traits indiqués dans le tableau générique, les dents de chaque mâchoire, qui sont très petites ; celles qui forment un arc sur le palais ; la langue, qui est lisse ; la partie antérieure de la queue, qui est très haute; les petites écailles placées sur les nageoires du dos, de la poitrine, de l'anus et de la queue ; la couleur des thoracines, qui est orangée, et celle des pectorales, qui est d'un jaune de soufre.

Le bordé a quatre grandes dents à la partie antérieure de chaque mâchoire.

Les eaux de la Norvège nourrissent le brun. Cet holocentre montre des dents petites et égales et cinq ou six raies bleues disposées sur chaque opercule de manière à tendre vers l'œil comme vers un centre[1].

1. A chaque pectorale de l'holocentre points bleus................... 12 rayons.
    A chaque thoracine, articulés................................ 5 —
        —   aiguillonné............................. 1 —
    A la caudale... 13 —

    A la membrane branchiale de l'holocentre blanc et brun........ 6 —
    A chaque pectorale.. 13 —
    A chaque thoracine, articulés................................ 5 —
        —   aiguillonné............................. 1 —
    A la nageoire de la queue.................................... 15 —

    A la membrane branchiale de l'holocentre surinam............ 6 ·—
    A chaque pectorale.. 14 —
    A chaque thoracine, articulés................................ 5 —
        —   aiguillonné............................. 1 —
    A la caudale... 17 —

    A la membrane branchiale de l'holocentre éperon .... 6 —
    A chaque pectorale.. 15 —
    A chaque thoracine, articulés........ .... 5 —
        —   aiguillonné............................. 1 —
    A la nageoire de la queue.................................... 17 —

    A la membrane branchiale de l'holocentre africain........... 5 —
    A chaque pectorale.. 19 —
    A chaque thoracine, articulés................................ 5 —
        —   aiguillonné .... 1 —
    A la caudale... 29 —

    A la membrane branchiale de l'holocentre bordé.............. 5 —
    A chaque pectorale.. 17 —
    A chaque thoracine, articulés................................ 5 —
        —   aiguillonné............................. 1 —
    A la nageoire de la queue.................................... 18 —

    A la membrane branchiale de l'holocentre brun............... 5 —

La langue du merra est lisse, son palais hérissé de petites dents, et chacune de ses mâchoires garnie de dents courtes et pointues. Séba et Klein ont donné chacun une figure de cet holocentre, que l'on a vu dans les eaux du Japon.

C'est dans ces mêmes eaux que se trouve le rouge. Ce poisson n'a que de petites dents à chaque mâchoire ; la base de sa dorsale, de sa caudale et de sa nageoire de l'anus est couverte de petites écailles ; l'iris est jaune du côté de la prunelle et bleu dans sa circonférence.

L'HOLOCENTRE ROUGE BRUN[1]

Holocentrus rubro-fuscus, LACÉP.

L'HOLOCENTRE SOLDADO, *Corvina Miles*, Cuv.; *Holocentrus soldado*, Lacép. — HOLOCENTRE BOSSU, *Pristipoma surinamense*, Cuv.; *Lutjanus surinamensis*, Bloch ; *Holocentrus gibbosus*, Lacép. — HOLOCENTRE SONNERAT, *Premnas trifasciatus*, Cuv.; *Lutjanus trifasciatus*, Bloch, Sch.; *Chœtodon biaculeatus*, Bloch ; *Holacanthus biaculeatus* et *Holocentrus sonnerat*, Lacép. — HOLOCENTRE HEPTADACTYLE, *Lates nobilis*, Cuv.; *Perca maxima*, Sonn.; *Holocentrus heptadactylus*, Lacép. — HOLOCENTRE PANTHERIN, *Serranus pantherinus*, Cuv.; *Holocentrus pantherinus*, Lacép. — HOLOCENTRE ROSMARE, *Serranus marginalis*, Cuv.; *Holocentrus marginalis* et *Holocentrus Rosmarus*, Lacép. — HOLOCENTRE OCÉANIQUE, *Serranus oceanicus*, Cuv.; *Perca fasciata*, Forsk.; *Holocentrus Forskael* et *Holocentrus oceanicus*, Lacép. — HOLOCENTRE SALMOÏDE, *Serranus salmoides*, Cuv.; *Holocentrus salmoides*, Lacép. — HOLOCENTRE NORVÉGIEN, *Sebastes norvegicus*, Cuv.; *Perca marina*, Linn.; *Perca norvegica*, Mull.; *Holocentrus sanguineus*, Faber; *Holocentrus norvegicus*, Lacép.

La description des neuf premiers holocentres dont nous allons parler n'a encore été publiée par aucun auteur. J'ai décrit le rouge brun d'après les manuscrits du célèbre Commerson, qui l'a observé, en octobre 1769,

A chaque pectorale..	14	rayons.
A chaque thoracine, articulés..	5	—
— aiguillonné.....................................	1	—
A la caudale..	18	—
A la membrane branchiale de l'holocentre merra.................	5	—
A chaque pectorale..	15	—
A chaque thoracine, articulés	5	—
— aiguillonné.....................................	1	—
A la nageoire de la queue..	16	—
A la membrane branchiale de l'holocentre rouge................	5	—
A chaque pectorale..	12	—
A chaque thoracine, articulés..	5	—
— aiguillonné.....................................	1	—
A la caudale..	20	—

1. « Aspro subrubens, macula pone pinnam dorsalem nigra, tæniis duabus in cauda, marginalibus, atro-rubentibus. » Commerson, manuscrits déjà cités. — *Soldadoe. — Tanda-tanda. — Kakatoea itam. — Persègue norvégienne.* Bonnaterre, planches de l'Encyclopédie méthodique. — Otho Fabric., *Fauna Groenland.*, p. 167. — Ascan., tab. 12.

dans les mers voisines de l'Ile de France. Ce poisson y est quelquefois assez
rare. Sa chair est de bon goût et facile à digérer. Sa plus grande longueur
n'excède guère deux décimètres. On voit auprès de chaque œil de cet animal
une tache noirâtre et un peu vague. Sa dorsale et son anale sont rayées, tachetées et bordées de rouge ; ses thoracines présentent une couleur de
minium, et ses pectorales sont jaunâtres, avec de petites taches rouges à
leur base. Des dents déliées, recourbées et très serrées, garnissent ses mâchoires. D'autres dents plus petites hérissent une sorte de tubérosité placée
au milieu du palais et les environs du gosier. La langue est blanchâtre et
lisse, ou à peu près. La ligne latérale paraît composée de petites lignes qui
ne se touchent pas, et les écailles sont petites et rudes.

Des deux soldados que nous avons examinés, un avait fait partie des
poissons secs de la collection donnée par la Hollande à la France, et l'autre
nous avait été envoyé de Cayenne par M. Leblond. La mâchoire inférieure de
ces holocentres était plus avancée que la supérieure ; on comptait sur ces
mâchoires un grand nombre de dents inégales, fortes, pointues, assez grandes
surtout vers le bout du museau, et distribuées en plusieurs rangs à la mâchoire d'en haut, où les intérieures étaient très pressées ; des écailles très
argentées rendaient très brillants les opercules, la mâchoire d'en bas, la
ligne latérale et la partie de la membrane branchiale que l'opercule ne recouvrait pas.

Le bossu a les dents petites, serrées et égales. Nous avons vu des individus de cette espèce et des deux suivantes parmi les poissons de la belle
collection hollandaise.

Le sonnerat, auquel nous avons donné le nom d'un voyageur dont les
observations, les ouvrages et les envois ont enrichi la science et le Muséum
d'histoire naturelle, a le corps long et comprimé, la couleur générale jaunâtre et ses bandes transversales d'un blanc ou d'un argenté très éclatant.
Il nous a été envoyé de l'Ile de France.

L'heptadactyle[1], dont le nom indique que les rayons de ses thoracines,
ces rayons analogues aux doigts des pieds, sont au nombre de sept, a au
palais, ainsi qu'aux deux mâchoires, plusieurs rangs de dents petites et
égales. Sa dorsale est divisée en deux parties presque assez distinctes pour
représenter deux nageoires contiguës. Et comme nous avons été à même
d'examiner plusieurs de ces heptadactyles, nous avons pu nous assurer d'un
fait curieux et qui pourrait être de quelque utilité pour l'auteur d'une méthode ichtyologique : c'est que, dans les deux lames dentelées que l'on voit
auprès de chaque opercule, le nombre des dents ou pointes augmente avec
l'âge. Nous n'en avons, par exemple, compté que six dans la lame la plus
voisine de la pectorale, sur un jeune heptadactyle dont la longueur n'éga-
lait pas encore deux décimètres, et nous n'en avons trouvé que trois dans la

---

1. *Hepta* signifie *sept*, et *dactylos* signifie *doigt*.

seconde lame, pendant que sur un individu plus âgé et long de plus de quatre décimètres, la lame située auprès de la pectorale nous en a présenté dix et l'autre lame nous en a offert cinq.

Commerson nous a laissé une figure du panthérin d'après laquelle on doit croire que les écailles de ce poisson sont très difficiles à voir. La disposition des taches de cet osseux nous a suggéré le nom que nous lui avons donné, de même que nous avons cru devoir employer celui de *rosmare* pour l'espèce suivante, afin d'indiquer le rapport que donnent à ce dernier holocentre la figure et la disposition de ses deux dents supérieures avec le *morse rosmarus* ou *vache marine*, dont les lanières supérieures sont longues, tournées vers le bas et au nombre de deux [1].

La première partie de la dorsale de cet holocentre rosmare est plus basse que la seconde et vraisemblablement bordée de brun ou de noir.

C'est encore Commerson qui nous a transmis un dessin de ce rosmare, de l'océanique et du salmoïde.

L'océanique a, comme le rosmare, la première partie de la nageoire du dos moins haute que la seconde et bordée d'une couleur foncée. Il vit dans le grand Océan, auprès de la ligne ou des tropiques ; c'est aussi dans ce grand

---

1. A la membrane branchiale de l'holocentre rouge brun............ 7 rayons.
A chaque nageoire pectorale................................ 16 —
A la caudale... 18 —

A la membrane branchiale de l'holocentre soldado.............. 5 —
A chaque pectorale... 16 —
A chaque thoracine, articulés.............................. 5 —
—   aiguillonné............................. 1 —
A la nageoire de la queue.................................. 17 —

A chaque pectorale de l'holocentre bossu................... 16 —
A chaque thoracine, articulés.............................. 5 —
—   aiguillonné............................. 1 —
A la caudale... 17 —

A la membrane branchiale de l'holocentre sonnerat........... 6 —
A chaque pectorale... 17 —
A chaque thoracine, articulés.............................. 5 —
—   aiguillonné............................. 1 —
A la nageoire de la queue.................................. 20 —

A chaque pectorale de l'holocentre heptadactyle............. 14 —
A la caudale... 17 —

A chaque pectorale de l'holocentre panthérin............... 14 —

A chaque pectorale de l'holocentre rosmare................. 10 —

A chaque pectorale de l'holocentre océanique............... 14 —
A la nageoire de la queue.................................. 16 —

A la membrane branchiale de l'holocentre norvégien.......... 7 —
A chaque pectorale... 19 —
A chaque thoracine, articulés.............................. 5 —
—   aiguillonné............................. 1 —
A la caudale... 16 —

Océan que l'on a rencontré le salmoïde, dont nous avons tiré le nom spécifique de la ressemblance de sa tête avec celle du saumon.

Une mer bien plus rapprochée du pôle est la patrie du norwégien ; il
habite dans celle qui sépare le Groenland de la Norvège. Son opercule se
termine par une longue épine. Les ouvertures de ses narines sont doubles,
et on a même écrit qu'elles étaient triples, ce qui nous paraîtrait extraordinaire. L'erreur de ceux qui auront cru voir trois orifices pour chaque narine sera venue de l'altération de l'individu qu'ils auront examiné. Les
écailles sont arrondies, grandes et fortement attachées ; les pectorales
allongées, et la dorsale s'étend depuis le sommet de la tête jusqu'à la
queue.

CENT VINGT-TROISIÈME GENRE

LES PERSÈQUES

Un ou plusieurs aiguillons et une dentelure aux opercules ; un barbillon, ou point de barbillon
aux mâchoires ; deux nageoires dorsales.

PREMIER SOUS-GENRE

LA NAGEOIRE DE LA QUEUE FOURCHUE, OU ÉCHANCRÉE EN CROISSANT

ESPÈCES.	CARACTÈRES.
1. LA PERSÈQUE PERCHE.	Quinze rayons à la première nageoire du dos ; quatorze rayons à la seconde ; deux rayons aiguillonnés et neuf rayons articulés à la nageoire de l'anus ; les mâchoires également avancées ; les thoracines rouges.
2. LA PERSÈQUE AMÉRI-CAINE.	Neuf rayons à la première dorsale ; treize à la seconde ; trois rayons aiguillonnés et neuf rayons articulés à la nageoire de l'anus ; le corps allongé ; point de bandes transversales ni de raies longitudinales.
3. LA PERSÈQUE BRUNNICH.	Neuf rayons à la première dorsale ; vingt-trois à la seconde ; trois rayons aiguillonnés et vingt et un rayons articulés à la nageoire de l'anus ; la mâchoire inférieure un peu plus avancée que la supérieure ; le rayon aiguillonné de chaque thoracine dentelé sur son bord antérieur.
4. LA PERSÈQUE UMBRE.	Dix rayons à la première nageoire du dos ; vingt-six à la seconde ; deux rayons aiguillonnés et sept rayons articulés à celle de l'anus ; un barbillon au bout de la mâchoire infé-rieure.
5. LA PERSÈQUE DIACANTHE.	Neuf rayons à la première dorsale ; treize à la seconde ; trois rayons aiguillonnés et onze rayons articulés à l'anale ; deux orifices à chaque narine ; deux aiguillons à chaque opercule ; un grand nombre de raies longitudinales, étroites et dorées.
6. LA PERSÈQUE POINTILLÉE.	Neuf rayons à la première nageoire du dos ; douze à la seconde ; trois rayons aiguillonnés et neuf rayons articulés à la nageoire de l'anus ; un seul orifice à chaque narine ; deux ou trois aiguillons à chaque opercule ; un grand nombre de points noirs sur la partie supérieure de l'ani-mal.

ESPÈCES.	CARACTÈRES.
7. La Persèque murdjan.	Dix rayons à la première dorsale; quinze à la seconde; quatre rayons aiguillonnés et huit rayons articulés à l'anale; le sommet de la tête déprimé et marqué par quatre raies saillantes et longitudinales; la lèvre supérieure extensible et moins avancée que l'inférieure; un aiguillon à chaque opercule; les nageoires rouges.
8. La Persèque porte-épine.	Dix rayons à la première nageoire du dos; quinze à la seconde; quatre rayons aiguillonnés et huit rayons articulés à la nageoire de l'anus; une fossette allongée et profonde et deux petits faisceaux de stries saillantes sur le sommet de la tête; un aiguillon blanc, fort et très long à la première pièce de chaque opercule; la nuque relevée en bosse.
9. La Persèque korkor.	Onze rayons à la première dorsale; quinze à la seconde; trois rayons aiguillonnés et huit rayons articulés à l'anale; la couleur générale d'un bleu argenté; trois, quatre ou cinq raies longitudinales et brunes de chaque côté du corps et de la queue.
10. La Persèque loubine.	Huit rayons à la première nageoire du dos; onze à la seconde; trois rayons aiguillonnés et six rayons articulés à la nageoire de l'anus; les deux mâchoires arrondies par devant et échancrées; l'inférieure beaucoup plus avancée que la supérieure; deux aiguillons à la première pièce de chaque opercule; les écailles rhomboïdales et ciliées; la ligne latérale s'étendant sur la caudale jusqu'à l'angle rentrant de cette nageoire.
11. La Persèque praslin.	Dix rayons à la première dorsale; treize à la seconde; trois rayons aiguillonnés et neuf rayons articulés à l'anale; un rayon aiguillonné et sept rayons articulés à chaque thoracine; deux aiguillons à la seconde pièce de chaque opercule; quatorze raies longitudinales, alternativement brunes et blanchâtres, de chaque côté de l'animal.

SECOND SOUS-GENRE

LA NAGEOIRE DE LA QUEUE RECTILIGNE OU ARRONDIE ET NON ÉCHANCRÉE

ESPÈCES.	CARACTÈRES.
12. La Persèque triacanthe.	Six rayons à la première nageoire du dos; quatorze à la seconde; neuf rayons à la nageoire de l'anus; trois aiguillons à chaque pièce de chaque opercule; la mâchoire inférieure plus avancée que la supérieure; les écailles petites et relevées par une arête; la caudale arrondie; huit raies longitudinales et blanches.
13. La Persèque pentacanthe.	Cinq rayons à la première dorsale; quatorze à la seconde; dix rayons à l'anale; deux ou trois aiguillons à la dernière pièce de chaque opercule; la mâchoire inférieure beaucoup plus avancée que la supérieure; les écailles très petites; la caudale arrondie; la ligne latérale courbée vers le bas, ensuite vers le haut et de nouveau vers le bas; quatre raies longitudinales et blanches de chaque côté de l'animal.

<table>
<tr><td style="vertical-align:top; width:30%">ESPÈCE.

14. LA PERSÈQUE FOURCROI.</td><td style="vertical-align:top">CARACTÈRES.
Dix rayons à la première nageoire du dos; vingt-huit à la seconde; deux rayons aiguillonnés et six rayons articulés à la nageoire de l'anus; un aiguillon à la seconde pièce de chaque opercule; les écailles arrondies et dentelées; la caudale en forme de fer de lance; de petites écailles sur la base de cette nageoire, ainsi que sur celle des pectorales et de la nageoire du dos.</td></tr>
</table>

LA PERSÈQUE PERCHE[1]

Perca fluviatus, Linn., Gmel., Cuv., Bloch, Lacép.

La nature nous a environnés de merveilles. Est-il autour de nous un de ses ouvrages dont l'observation attentive ne puisse nous dévoiler un phénomène curieux et nous donner un plaisir bien vif et bien doux? Cependant combien peu d'objets nous connaissons encore, parmi ces productions si intéressantes qui se présentent sans cesse à nos regards! Quel grand nombre de preuves ne pourrions-nous pas offrir de cette vérité, qui, n'accusant que notre indifférence, la changera par cela seul en zèle courageux, et nous promet pour l'avenir des jouissances si variées et des connaissances si utiles!

Contentons-nous de faire remarquer celle que nous fournit le sujet de cet article.

1. *Persega*, en Italie. — *Pesce parsico*, dans quelques îles de la Méditerranée. — *Heverling*, à l'âge d'un an, en Suisse. — *Egle* ou *eglen*, à l'âge de deux ans, *ibid.* — *Stichling*, à l'âge de trois ans, *ibid.* — *Keeling* ou *bersich*, à l'âge de quatre ans, *ibid.* — *Ringel-persing*, *Bunt baarsch*, en Allemagne. — *Burstel*, en Bavière.

Berstling, Perschling, Warschieger, en Autriche. — *Wretensa*, en Hongrie. — *Barsch, Perscke*, en Prusse. — *Bars, Baarsch, Stockbaarsch*, en Poméranie. — *Assure* ou *assuris*, chez les Lettes. — *Ahwen*, en Estonie. — *Ovium*, en Pologne. — *Okum*, en Russie. — *Abborre*, en Suède.

Tryde, Skybbo, en Norvège. — *Fersk-vands aborre, Aborn*, en Danemark. — *Baars*, en Hollande. — *Perch*, en Angleterre. — *Persègue perche*. Daubenton et Haüy, Encyclopédie méthodique. — *Id.* Bonnaterre, planches de l'Encyclopédie méthodique. — *Fauna suecica*, 332.

Müll., *Prodrom. zoolog. danic.*, p. 46, n. 388. — *Perche de rivière*. Valmont de Bomare, *Dictionnaire d'histoire naturelle*. — Meiding, *Icon. pisc. Austr.*, t. V. — « Perca lineis sex transversis nigris, pinnis ventralibus rubris. » Artedi, gen. 39, syn. 66, spec. 74. — *Perce*. Aristote, lib. VI, cap. xiv. — Pline, lib. IX, cap. xvi; et lib. xxxii, cap. ix et x. — *Perca*. Auson. eleg. Mosell., v. 115. — Cub., lib. III, cap. lxvi, f. 86, *a*. — *Perche fluviatile*. Rondelet, seconde partie, chap. xix. — *Perca fluviatilis*. Wotton, lib. VIII, fol. 157.

Id. Salvian, f. 224, *b*. et 226. — *Id.* Gesner, p. 698, icon. animal., p. 302 et (germ.) fol. 168, *b*. — *Id.* Willughby, p. 291. — Ray, p. 97. — *Perca fluviatilis major*. Aldrovande, liv. V, cap. xxxiii, p. 622. — *Perca major*. Schonev., p. 55. — *Id.* Jonston, lib. III, tit. 3, cap. i, p. 146, tab. 28, fig. in infima parte, et tab. 29, fig. 8. — Charleton, p. 161. — *Perca. Petri Artedi Synonymia piscium*, etc., auctore J.-G. Schneider, p. 103.

« Perca dorso dipterygio, lineis utrinque sex, etc. » Gronov. Mus. 1, p. 42, n. 96; *Zooph.*, p. 91, n. 301. — Bloch, pl. 52. — « Perca pinnis duabus, etc. » Klein, *Miss. pisc.*, 5, p. 36, n. 1, tab. 7, fig. 2. — *Perca*. Belon, *Aquat.*, p. 295. — *Perca fluviatilis*. Wulff, *Ichtyolog. Boruss.*, p. 27, n. 33. — *Brit. zoolog.*, III, p. 211. — *Borstling* et *barschling*, Marsig. *Danub.*, IV, p. 65, tab. 28, fig. 2.

La perche habite parmi nous ; elle peuple nos lacs et nos rivières ; elle est servie sur toutes nos tables. Combien il est néanmoins peu d'hommes, même parmi les naturalistes instruits, qui en aient étudié l'intéressante histoire !

Tâchons d'en présenter les faits les plus dignes de l'attention des physiciens ; mais jetons auparavant les yeux sur quelques-uns des organes principaux de cet animal remarquable.

La perche attire les regards par la nature et par la disposition de ses couleurs, surtout lorsqu'elle vit au milieu d'une onde pure. Elle brille d'une couleur d'or mêlée de jaune et de vert, que rendent plus agréable à voir, et le rouge répandu sur toutes les nageoires, excepté sur celle du dos, et des bandes transversales larges et noirâtres. Ces bandes sont inégales en longueur, ordinairement au nombre de six ; ressemblant le plus souvent à des reflets qui ne paraissent que sous certains aspects, plutôt qu'à des couleurs fortement prononcées, elles se fondent d'une manière très douce dans le vert doré du dos et des côtés de l'animal. L'iris est bleu à l'extérieur et jaune à l'intérieur. Les deux dorsales sont violettes, et la première de ces deux nageoires montre une tache noire à son extrémité postérieure.

Les dents qui garnissent les deux mâchoires sont petites, mais pointues ; d'autres dents sont répandues sur le palais et autour du gosier ; la langue seule est lisse. On compte deux orifices à chaque narine ; on voit de chaque côté, auprès de ces orifices, entre l'œil et le bout du museau, trois ou quatre pores assez grands, destinés à filtrer une humeur visqueuse. La première pièce de chaque opercule est dentelée et de plus garnie, vers le bas, de six ou sept aiguillons ; la seconde ou troisième pièce se termine en une sorte de pointe ou d'apophyse aiguë ; tout l'opercule est couvert de petites écailles. La partie osseuse de chaque branchie présente, dans sa concavité, un double rang de tubercules presque égaux et semblables les uns aux autres, excepté ceux de la première, dont les extérieurs sont aigus et trois ou quatre fois plus longs que les autres. Des écailles dures, dentelées et fortement attachées à la peau, recouvrent le corps et la queue.

L'estomac est assez grand ; le canal intestinal qui le suit est deux fois recourbé ; trois appendices ou cæcums sont placés un peu au delà du pylore ; la vessie est cylindrique et composée d'une membrane très mince ; le foie se partage en deux lobes, dont le gauche est le plus grand, et entre lesquels on distingue une vésicule du fiel, transparente et jaunâtre. La laite des mâles est double ; mais l'ovaire des femelles n'est composé que d'un sac membraneux. L'épine dorsale comprend quarante ou quarante et une vertèbres et soutient dix-neuf côtes de chaque côté.

La perche ne parvient guère dans les contrées tempérées, et particulièrement dans celles que nous habitons, qu'à la longueur de six ou sept décimètres ; elle pèse alors deux kilogrammes, ou à peu près ; mais, dans les pays plus rapprochés du nord, elle présente des dimensions bien plus considérables. On en a pêché en Angleterre du poids de quatre ou cinq kilogrammes. On en trouve en Sibérie et dans la Laponie d'une grandeur telle, que plusieurs écrivains les ont nommées monstrueuses. Suivant Bloch, on conserve, dans une église de Laponie, une tête de perche de plus de trois décimètres de longueur ; et l'on peut d'autant plus, d'après ces faits, croire que les eaux des climats les plus froids sont celles qui, tout égal d'ailleurs, conviennent le mieux à l'espèce dont nous parlons, qu'on ne peut pas dire que la grandeur des perches du nord de l'Europe dépende des soins que les Lapons ou les habitants de la Sibérie se sont donnés pour améliorer les poissons de leur patrie.

Les perches se plaisent beaucoup dans les lacs. Elles les quittent néanmoins pour remonter dans les rivières et dans les ruisseaux, lorsqu'elles doivent frayer. On ne les voit guère que dans les eaux douces. Cependant nous lisons dans l'édition de Linné donnée par le professeur Gmelin, qu'on les rencontre aussi dans la mer Caspienne. Peut-être les individus qu'on y a pêchés n'étaient-ils que par accident dans cette mer, où ils avaient pu être entraînés, par exemple, lors de quelque grande inondation, par le courant rapide des fleuves qui s'y jettent.

Au reste, la perche habite dans presque toute l'Europe ; et si elle est assez rare vers l'embouchure des rivières, et notamment vers celle de la Seine[1], ou d'autres fleuves de France, elle est commune auprès de leurs sources, dans les lacs dont elles tirent leur origine, particulièrement dans celui de Zurich[2].

Il n'est donc pas surprenant qu'elle ait été bien connue des anciens Grecs et des anciens Romains.

Elle nage avec beaucoup de rapidité et se tient habituellement assez près de la surface. La vessie natatoire qui l'aide dans ses mouvements et dans sa suspension au milieu des eaux est grande, mais conformée d'une manière particulière ; elle est composée d'une membrane qui, dans toute la longueur de l'abdomen, est placée contre le dos et attachée par ses deux bords.

La perche ne fraye qu'à l'âge de trois ans. C'est au printemps qu'elle cherche à déposer ou à féconder ses œufs; mais ce temps est toujours retardé lorsqu'elle vit dans des eaux profondes qui ne reçoivent que lentement l'influence de la chaleur de l'atmosphère. La manière dont la femelle se débarrasse des œufs dont le poids l'incommode doit être rapportée. Elle se frotte contre des roseaux, ou d'autres corps aigus ; on dit même qu'elle fait pénétrer la pointe de ces corps jusqu'au sac qui forme son ovaire, et que c'est en accrochant à cette pointe cette enveloppe membraneuse, en s'écartant un peu ensuite et en se contournant en différents sens, que, dans plusieurs circonstances, elle se délivre de son faix. Mais quoi qu'il en soit à

1. Note communiquée par M. Noël.
2. *Topographie de la Suisse*, par Herliberger.

cet égard, cette peau très souple, qui renferme les œufs, a quelquefois une longueur de deux ou trois mètres. Dès le temps d'Aristote, on savait que les œufs de la perche, retenus les uns contre les autres, soit par une membrane commune, soit par une grande viscosité, formaient dans l'eau une sorte de chaîne semblable à celle des œufs des grenouilles et pouvaient être facilement rapprochés, réunis et retirés de l'eau par le moyen d'un bâton ou d'une branche d'arbre.

Ces œufs sont souvent de la grosseur des graines de pavot ; mais lorsqu'ils sont encore renfermés dans le corps de la femelle, ils n'ont que le très petit volume de la poudre fine à tirer. Le nombre de ces œufs varie suivant les individus, et même selon quelques circonstances particulières et passagères. Harmer, Bloch et Gmelin ont écrit que l'on devait à peine supposer trois cent mille œufs dans une perche de vingt-cinq décagrammes (ou une demi-livre) de poids. Mais voici une observation d'après laquelle nous devons croire qu'en général les perches femelles pondent un plus grand nombre d'œufs qu'on ne l'a pensé. M. Picot, de Genève, le digne ami de feu l'illustre Saussure, m'écrivait en floréal de l'an VI qu'il venait d'ouvrir une perche du lac sur les bords duquel il habite ; que ce poisson pesait six cent cinquante grammes ou environ ; qu'il avait trouvé dans l'intérieur de cette persèque une bourse qui contenait tous les œufs ; ces œufs pesaient le quart du poids total de l'animal et leur nombre était de neuf cent quatre-vingt-douze mille.

Communément les œufs de perche éclosent quoique la chaleur du printemps soit encore très faible ; et n'est-ce pas une nouvelle preuve de la convenance de l'espèce avec les climats très froids ?

Le poisson que nous décrivons vit de proie. Il ne peut attaquer avec avantage que de petits animaux ; mais il se jette avec avidité non seulement sur des poissons très jeunes ou très faibles, mais encore sur des campagnols aquatiques, des salamandres, des grenouilles, des couleuvres encore peu développées. Il se nourrit aussi quelquefois d'insectes ; et lorsqu'il fait très chaud, on le voit s'élever à la surface des lacs ou des rivières et s'élancer avec agilité pour saisir les cousins qui se pressent par milliers au-dessus de ces rivières ou de ces lacs.

La perche est même si vorace, qu'elle se précipite fréquemment et sans précaution sur des ennemis dangereux pour elle par leurs armes, s'ils ne le sont pas par leur force. Elle veut souvent dévorer des épinoches ; mais ces derniers poissons, s'agitant avec vitesse, font pénétrer leurs piquants dans le palais de la perche, qui dès lors, ne pouvant ni les avaler, ni les rejeter, ni fermer sa bouche, est contrainte de mourir de faim.

Lorsqu'elle peut se procurer facilement la nourriture qui lui est nécessaire et qu'elle vit dans les eaux qui lui sont le plus favorables, elle est d'un goût exquis. Sa chair est d'ailleurs blanche, ferme et très salubre. Les Romains la recherchaient dans le temps où le luxe de leur table était porté au plus haut degré ; et le consul Ausone, dans son poème sur *la Moselle*, la compare au mulle rouget et la nomme *délices des festins*.

Les perches du Rhin sont particulièrement très estimées[1]. Un ancien proverbe très répandu en Suisse prouve la bonne idée qu'on a toujours eue de leurs qualités agréables et salutaires, et on a fait pendant longtemps à Genève un mets très délicat de très petites perches du lac Léman, que l'on appelait *mille-cantons*, lorsqu'on les avait ainsi préparées.

Les Lapons, dont le pays nourrit un très grand nombre de grandes perches, ainsi que nous venons de le dire, se servent de la peau de ces animaux pour faire une colle qui leur est très utile. Ils commencent par faire sécher cette peau ; ils la ramollissent ensuite dans de l'eau froide, jusqu'au point nécesaire pour en détacher les écailles ; ils la renferment dans une vessie de renne ou l'enveloppent dans un morceau d'écorce de bouleau ; ils la placent dans un vase rempli d'eau bouillante, au fond de laquelle ils la maintiennent par le moyen d'une pierre ou d'un autre corps pesant. Lorsqu'une ébullition d'une heure l'a pénétrée et ramollie de nouveau, elle est devenue assez visqueuse pour être employée à la place de la colle ordinaire d'acipensère huso. C'est par le moyen de cette substance que les Lapons donnent particulièrement beaucoup de durée à leurs arcs, qu'ils font de bouleau ou d'épine. Bloch, qui rapporte les manipulations dont nous venons de parler, ajoute, avec raison, qu'on devrait, à l'imitation des habitants de la Laponie, faire une colle utile de la peau des perches, dans toutes les circonstances où, à cause de la chaleur, d'autres accidents de l'atmosphère, ou de la distance du lieu de la pêche à des endroits peuplés, on ne peut pas vendre d'une manière avantageuse ceux de ces animaux que l'on a pris. Il croit aussi, avec toute raison, qu'en variant les procédés, on ferait avec cette peau une colle aussi bonne que celle que donne la vessie natatoire des acipensères. Voilà une nouvelle preuve de ce que nous avons dit au commencement de cet ouvrage[2], sur la facilité avec laquelle on peut convertir en excellente colle non seulement la vessie natatoire, mais toutes les membranes de tous les poissons tant de mer que d'eau douce.

On prend les perches de plusieurs manières. On les pêche pendant l'hiver, au *coleret*[3] ; et pendant l'été, avec un autre filet qui ressemble beaucoup au *tramail*[4], et que l'on nomme *filet à perche*. On a remarqué dans beaucoup de pays que, lorsque ces poissons entrent dans le filet, ils nagent quelquefois si rapidement, qu'ils se donnent des coups violents contre les mailles,

---

1. Cysat, *Description de la Suisse*.

2. Article de l'*Acipensère huso*. D'après l'indication qu'il avait bien voulu me demander, mon confrère M. Rochon, de l'Institut, a employé avec succès la colle faite avec des membranes de plusieurs espèces de poissons, pour garnir les toiles de cuivre qu'il a substituées au verre dans les fanaux des vaisseaux.

3. Voyez la description du *Coleret*, dans l'article du *Centropome sandat*.

4. On trouvera une description du *tramail* ou *trémail*, dans l'article du *Gade colin*.

s'étourdissent, se renversent sur le dos et flottent comme morts. Mais l'hameçon est l'instrument le plus favorable à la pêche de ces animaux ; on le garnit ordinairement d'un très petit poisson, d'un lombric, ou d'une patte d'écrevisse.

Les pêcheurs cependant ne sont pas les seuls ennemis que la perche doive redouter ; elle est la proie non seulement des grands poissons, et particulièrement des grosses anguilles, mais encore des canards et d'autres oiseaux d'eau. De petits animaux, notamment des cloportes, s'attachent quelquefois à ses branchies et, déchirant malgré tous ses efforts son organe respiratoire, lui donnent bientôt la mort.

Parmi les différentes maladies auxquelles elle est aussi exposée, de même que presque toutes les autres espèces de poissons, il en est une qui produit un effet singulier. Elle gagne cette maladie lorsqu'elle séjourne pendant longtemps dans une eau dont la surface est gelée, et dont, par conséquent, les miasmes retenus par la glace ne peuvent pas se dissiper dans l'atmosphère[1]. Elle devient alors enflée à un tel degré, que la peau de l'intérieur de sa bouche se gonfle et sort en forme de sac. Un gonflement semblable a aussi lieu quelquefois à l'extrémité de son rectum ; et c'est l'espèce de poche que produisent à l'extérieur la tension et la sortie de la membrane intestinale, qui a été prise par des pêcheurs pour la vessie natatoire de l'animal, que la maladie aurait détachée et poussée en dehors.

De plus, quelques accidents particuliers peuvent agir sur les parties osseuses, ou plutôt sur les muscles de la perche, de manière à fléchir et à courber son épine du dos. Elle est alors non pas *bossue*, ainsi qu'on l'a écrit, mais *contrefaite*.

Elle peut néanmoins résister avec plus de facilité que plusieurs autres poissons à beaucoup de maladies et d'ennemis. Elle a la vie dure ; et lorsque dans un temps frais, on l'a mise dans de l'herbe, on peut la transporter vivante à plusieurs kilomètres.

On a eu tort de regarder comme différentes les unes des autres les perches des lacs et celles des rivières, puisque les mêmes individus habitent, suivant les saisons, dans les rivières et dans les lacs ; mais on peut distinguer plusieurs variétés de perches plus ou moins passagères, d'après la couleur, le nombre ou l'absence des bandes transversales. On a vu ces bandes, au lieu de montrer la couleur noirâtre qu'elles présentent le plus souvent, offrir une nuance blanche, d'un vert foncé, ou d'un bleu mêlé de noir. De plus, Blasius et Jonston ont trouvé des perches avec douze bandes transversales ; Aldrovande, Willughby, Klein et Gronovius, avec neuf ; Schæffer, avec huit ; j'en ai compté sept sur un individu de l'espèce que nous dé-

---

1. Voyez ce que nous avons écrit sur les maladies des poissons, dans le Discours intitulé *Des effets de l'art de l'homme sur la nature des poissons.*

crivons ; Pennant a vu des perches qui n'en avaient que quatre ; Richter, Marsigli et Bloch en ont observé qui n'offraient aucune bande[1].

LA PERSÈQUE AMÉRICAINE [2]

Labrax....., Cuv. — *Perca americana*, Schœpf, Linn., Gmel., Lacép.

LA PERSÈQUE BRUNNICH [3]

Capros Aper, Linn., Lacép. — *Perca Brunnich*, Lacép.

Le nom de l'américaine indique sa patrie. Elle vit dans les eaux à demi salées du nouveau continent, c'est-à-dire dans la partie des fleuves la plus voisine de leur embouchure et où parviennent les hautes marées, ou dans les lacs qui reçoivent des rivières, et qui cependant communiquent avec la mer. Elle a beaucoup de rapports avec la perche ; mais indépendamment de plusieurs de ses proportions qui sont différentes, du peu d'élévation de son dos, de l'absence de toute bande transversale, elle ne montre aucune tache à l'extrémité de la première nageoire du dos, et elle a la lèvre inférieure, le dessous de la gorge, la membrane branchiale et l'opercule, d'une belle couleur rouge. On ne compte qu'un rayon aiguillonné à la seconde dorsale[4].

La persèque brunnich, qui a été décrite pour la première fois par le naturaliste dont je lui ai donné le nom, habite dans la Méditerranée. Elle brille de l'éclat de l'argent et de celui du rubis, toute sa surface réfléchissant diverses nuances variées de rouge et de blanc argentin. Son corps et sa queue sont très comprimés ; le dos est élevé ; les écailles sont très petites, mais très pointues, et par conséquent très rudes au toucher ; le museau est pointu, l'iris blanc, et la longueur totale de l'animal n'excède pas communément cinq centimètres.

1. A la membrane branchiale de la persèque perche............. 7 rayous.
    A chaque pectorale.. 14 —
    A chaque thoracine................................... 5 ou 6 —
    A la nageoire de la queue................................ 25 —
2. « Perca rubra, pinnarum dorsalium secunda, radiis 13. » Schœpf., *Naturf.*, XX, p. 17.
3. Mart. Brunnich, *Ichtyolog. Massiliens.*, p. 62, n. 79. — *Petite persèque.* Bonnaterre, planches de l'Encyclopédie méthodique.
4. A chaque pectorale de la persèque américaine.................. 13 rayons.
    A chaque thoracine, articulés............................. 5 —
          —   aiguillonné............................. 1 —
    A la caudale.. 18 —
    A la membrane branchiale de la persèque brunnich............. 6 —
    A chaque pectorale....................................... 14 —
    A chaque thoracine, articulés............................. 5 —
          —   aiguillonné............................. 1 —
    A la nageoire de la queue................................. 14 —
Tous les rayons de la première dorsale sont aiguillonnés, et tous ceux de la seconde articulés.

LA PERSÈQUE UMBRE [1]

Umbrina vulgaris, Cuv. — *Sciœna cirrhosa,* Linn., Gmel. — *Johnius
cirrhosus,* Bloch, Schn. — *Perca umbra,* Lacép.

Nous avons déjà dit, à l'article de la *sciène umbre,* combien cette sciène
et la persèque dont nous allons parler ont été fréquemment confondues, et
quel soin nous avons cru devoir nous donner, non seulement pour reconnaître et indiquer leurs véritables caractères distinctifs, mais encore pour
rapporter à chacune de ces deux espèces les passages dans lesquels les naturalistes tant anciens que modernes les ont eues en vue. La ressemblance
des noms donnés à cette persèque et à cette sciène a introduit la confusion
que nous avons voulu dissiper. Il résulte de nos recherches, ainsi qu'on a
déjà pu le voir, que notre sciène umbre est le *corbeau marin,* ou le *poisson
corbeau* de la plupart des auteurs, et que la persèque décrite dans cet article
est la véritable *umbre* de ces mêmes auteurs, et même leur vraie *sciène,*
au moins si on ne prend ce dernier mot que pour une dénomination spécifique. Mais cette *sciène* ou *umbre* des auteurs ne peut pas être inscrite dans
un genre différent de celui des vraies *persèques,* auxquelles elle ressemble
par tous les traits génériques que tout bon méthodiste admettrait comme tels.
Nous n'avons donc pas pu la comprendre dans le groupe de thoracins auquel
nous avons réservé le nom générique de *sciène;* et c'est à la suite de la
perche, de la persèque américaine et de la persèque brunnich, que nous
avons dû placer sa notice.

Notre persèque umbre, l'umbre des auteurs, vit dans la Méditerranée,

1. *Ombre,* dans plusieurs contrées de France. — *Daine,* dans plusieurs départements méridionaux de France. — *Umbrino,* sur plusieurs côtes septentrionales de la Méditerranée. — *Corvo,
Corvetto,* à Rome. — Ces noms de *Corvo* et de *Corvetto* ont été aussi donnés à notre sciène
umbre.

Millocono, en Grèce. — *Schifsch,* par les Arabes. — *Bartumber, Meerasche,* en Allemagne.
— *Bearded umber, Crow fisch,* en Angleterre. — « Sciæna maxilla superiore longiore, cirrosa
in inferiore. » Artedi, gen. 38, syn. 65. — *Sciaina.* Aristote, lib. VIII, cap. xix. — *Sciaina.*
Athen., lib. VII, p. 322. — *Chromis, Umbra marina, Glaucus.* Belon. — *Sciæna* et *umbra* auctorum.

Umbra. Varron. — *Id.* Columelle. — *Id.* Ennius poeta. — *Id.* Wotton, lib. VIII, cap. clxxiii,
fol. 156. — *Umbre.* Rondelet, première partie, liv. V, chap. ix. — *Umbra.* Gesner (germ.),
fol. 28, *a,* 29 *a,* — 1029 et 1030 (seconde édit. de Francfort, 1604). — *Id.* Willughby, p. 299 et
300. — *Id.* Ray, p. 95 et 96.

Umbra, vel *umbra marina,* vel *coracinus Salviani,* vel *glaucus Belonii.* Aldrovande (Bolon.,
1638), liv. I, cap. xv, p. 72; et cap. xviii, p. 84. — *Umbra,* vel *coracinus,* vel *coracinus niger.*
Salvian, fol. 115 *a,* 126 *b,* 116 *a,* 117 *b,* 118 *a,* et 118 *b.* — *Umbra,* seu *sciæna,* seu *glaucus.*
Jonston, lib. I, tit. 2, cap. i, *a.* xiii, tab. 15, fig. 10 (Amsterd. 1657). — *Sciæna.* Pline, lib. IX,
cap. xvi. — *Umbra. Petri Artedi Synonymia piscium,* etc., auctore J.-G. Schneider, p. 101. —
Sciène barbue. Bloch, pl. 300. — *Sciène corp.* Daubenton et Haüy, Encyclopédie méthodique.
— *Id.* Bonnaterre, planches de l'Encyclopédie méthodique.

Nous avons déjà vu que ce nom de *corp* avait été donné dans plusieurs départements méridionaux et appliqué par Rondelet à notre sciène umbre. — *Sciæna umbra.* Hasselquist, *It.* 352,
n. 80.

où elle a été observée dès le temps d'Aristote ; mais on la trouve aussi dans la mer des Antilles, où Plumier en a fait un dessin que Bloch a copié. Elle parvient quelquefois, suivant Hasselquist, qui l'a vue en Égypte, jusqu'à la longueur de six ou sept décimètres.

Sa tête est comprimée et toute couverte de petites écailles. Les deux mâchoires, dont l'inférieure est la plus courte, sont garnies de dents très petites et semblables à celle d'une lime. Chaque narine a deux orifices. Le barbillon qui pend au-dessous du museau est gros, mais très court. Un aiguillon arme la dernière pièce de chaque opercule. Le dos et le ventre sont arrondis. La hauteur de l'animal est assez grande. Le corps et la queue sont comprimés ; les écailles larges, rhomboïdales et un peu dentelées ; les rayons de la première nageoire du dos aiguillonnés; ceux de la seconde articulés, excepté le premier. La couleur générale de l'animal est jaune. Des raies bleues vers le haut et argentées vers le bas s'étendent obliquement sur chaque côté du poisson. Une tache noire paraît à l'extrémité de chaque opercule. Les pectorales, les thoracines et la caudale sont noirâtres ; l'anale est rougeâtre ; les dorsales sont brunes ; deux raies longitudinales et blanches règnent sur la seconde nageoire du dos.

L'umbre a d'ailleurs le péritoine fort et argenté ; l'estomac est allongé ; six appendices auprès du pylore ; le canal intestinal proprement dit recourbé trois fois ; le foie divisé en deux lobes, au plus long desquels la vésicule du fiel est attachée; l'ovaire ou la laite double ; la vessie natatoire large, simple et formée par une membrane épaisse.

Cette persèque se plaît dans les endroits pierreux et se retire pendant l'hiver dans les profondeurs voisines des rivages. Il arrive souvent qu'elle ne fraye qu'en automne. Elle aime à déposer ses œufs sur les éponges qui croissent près des côtes. Elle se nourrit d'algues et de vers. Vraisemblablement elle mange aussi de petits poissons. Sa chair est ferme, mais facile à digérer ; et il paraît que sa tête était très recherchée par les anciens Romains [1].

LA PERSÈQUE DIACANTHE [2]

Labrax Lupus, Cuv. — *Sciæna diacantha,* Bloch, Lacép. — *Centropoma Lupus,* Lacép.

La Persèque pointillée, *Labrax Lupus,* Cuv.; *Sciæna punctulata* et *Sciæna diacantha,* Bloch, Lacép.; *Centropoma Lupus,* Lacép. — Persèque murdjan, *Myripristis.....,*

1. A la membrane branchiale de la persèque umbre..............	5 rayons.
A chaque pectorale.................................	17 —
A chaque thoracine, articulés........	5 —
— aiguillonné...............................	1 —
A la caudale...	19 —

2. *Sciène diacanthe.* Bloch, pl. 302. — *Sciène pointée.* Bloch, pl. 305. — Forskael, *Fauna arab.,* p. 48, n. 52. — *Sciène murdjan.* Bonnaterre, planches de l'Encyclopédie méthodique. —

Cuv.; *Sciœna murdjan,* Forsk., Linn., Gmel.; *Perca murdjan,* Lacép. — Persèque porte-épine, *Holocentrum spiniferum,* Cuv.; *Sciœna spinifera,* Forsk., Linn., Gmel.; *Perca spinifera,* Lacép. — Persèque korkor, *Sciœna korkor,* Forsk.; *Perca korkor,* Lacép. — Persèque loubine, *Centropomus undecimalis,* Cuv., Lacép.; *Sciœna undecimalis,* Bloch; *Sphyrena auro-viridis* et *Perca Loubina,* Lacép. — Persèque praslin, *Holocentrum orientale,* Cuv.; *Perca praslin, Holocentrus albo-ruber,* Lacép.

La diacanthe a les deux mâchoires aussi avancées l'une que l'autre ; les dents qui les garnissent sont petites ; les écailles dures, dentelées et étendues jusque sur la base de la caudale et sur celle de la seconde nageoire du dos ; le corps et la queue comprimés et allongés. On ne voit que des rayons aiguillonnés à la première dorsale ; on n'en compte qu'un à la seconde. Ces nageoires sont bleuâtres ; les pectorales, les thoracines, l'anale et la caudale offrent la même teinte ; mais leur base est rougeâtre. La couleur générale de l'animal est d'un argentin plus ou moins mêlé de bleu.

La diacanthe habite la Méditerranée, comme la pointillée. Cette dernière montre du bleuâtre sur le dos, de l'argenté sur les côtés, du rougeâtre sur les pectorales et sur les thoracines, ainsi que sur l'anale et la caudale, dont l'extrémité est bleuâtre, et un mélange de jaune et de bleu sur les deux dorsales. Tous les rayons de la première de ces deux nageoires du dos et le premier de la seconde sont aiguillonnés, les dents petites et nombreuses, et les deux mâchoires égales en longueur.

Les trois persèques suivantes ont été observées par Forskael dans la mer d'Arabie, dont elles fréquentent les rivages, au moins pendant une grande partie de l'année.

La murdjan est revêtue d'écailles larges, brillantes et dentelées ; ses thoracines sont bordées de blanc ; les raies saillantes et longitudinales du sommet de sa tête se ramifient par derrière ; on voit autour de chaque œil une sorte d'anneau osseux, festonné et même dentelé par le bas ; les dents sont petites, nombreuses et serrées ; la langue est rouge et très rude ; le corps est élevé et comprimé ; il n'y a que des rayons aiguillonnés à la première dorsale et la seconde n'en renferme qu'un.

On peut remarquer la même nature de rayons dans les dorsales de la persèque porte-épine. Ce thoracin présente une couleur générale d'un rouge plus ou moins vif ; des écailles grandes et dentelées ; un cercle osseux et garni de petits piquants autour de chaque œil ; une queue très allongée.

La korkor a beaucoup de rapports avec la persèque porte-épine, ainsi qu'avec la murdjan ; de même que ces deux poissons, elle ne montre que des

<hr>

Forskael, *Fauna arab.,* p. 49, n. 54. — *Sciène porte-épine.* Bonnaterre, planches de l'Encyclopédie méthodique. — *Sciœna stridens.*

Forskael, *Fauna arab.,* p. 50. — *Sciène korkor.* Bonnaterre, planches de l'Encyclopédie méthodique. — Perche d'Utopie et de la Nouvelle-Bretagne. — « Aspro rubens, lineis septem fuscis, totidemque subalbidis, alternantibus, longitudinaliter per latus utrumque ductis. » Commerson, manuscrits déjà cités.

rayons aiguillonnés dans sa première dorsale et n'en a qu'un dans la seconde. Elle se nourrit de plantes marines ; et lorsqu'on la tire de l'eau, elle fait entendre un petit bruissement semblable à celui dont nous avons déjà parlé plusieurs fois, en traitant, par exemple, des balistes, des trigles et d'autres poissons osseux ou cartilagineux. Nous n'avons pas vu d'individu de l'espèce de la korkor, et nous n'avons pas besoin de dire que si, contre notre opinion, cette persèque n'avait pas la caudale échancrée, il faudrait la placer dans le second sous-genre des persèques et la transporter dans celui des cheilodiptères, ou des centropomes, ou des sciènes, si ses opercules ne présentaient pas la dentelure et les aiguillons que nous avons dû supposer dans les lames qui les composent[1].

M. Leblond nous a envoyé de Cayenne des individus mâles de l'espèce que l'on y nomme *loubine*, et dont la description n'a encore été publiée par aucun naturaliste. La première dorsale ne comprend que des rayons aiguillonnés ; la seconde n'en contient qu'un. La troisième pièce de chaque oper-

---

1. A la membrane branchiale de la persèque diacanthe.... ....   5 rayons.
   A chaque pectorale...   16   —
   A chaque thoracine, articulés.............................   5   —
       —   aiguillonné.............................   1   —
   A la nageoire de la queue................................   20   —

   A la membrane branchiale de la persèque pointillée..........   5   —
   A chaque pectorale..   12   —
   A chaque thoracine, articulés.............................   5   —
       —   aiguillonné.............................   1   —
   A la caudale...   18   —

   A la membrane branchiale de la persèque murdjan............   7   —
   A chaque pectorale..   15   —
   A chaque thoracine, articulés.............................   7   —
       —   aiguillonné.............................   1   —
   A la nageoire de la queue................................   19   —

   A la membrane branchiale de la persèque porte-épine.........   7   —
   A chaque pectorale..   14   —
   A chaque thoracine, articulés.............................   7   —
       —   aiguillonné.............................   1   —
   A la caudale...   20   —

   A la membrane branchiale de la persèque korkor.............   6   —
   A chaque pectorale..   16   —
   A chaque thoracine, articulés.............................   5   —
       —   aiguillonné.............................   1   —
   A la nageoire de la queue................................   16   —

   A la membrane branchiale de la persèque loubine............   6   —
   A chaque pectorale..   16   —
   A chaque thoracine, articulés.............................   5   —
       —   aiguillonné.............................   1   —
   A la caudale...   21   —

   A la membrane branchiale de la persèque praslin............   7   —
   A chaque pectorale..   14   —
   A la nageoire de la queue................................   20   —

cule est terminée par un appendice membraneux et allongé. Les mâchoires ne sont point armées de dents, dans l'endroit où elles sont échancrées ; mais sur leurs autres parties elles sont hérissées de dents égales, très petites, très nombreuses et semblables à d'autres dents qui garnissent une éminence de la partie antérieure du palais. La tête, le corps et la queue sont allongés et comprimés.

La persèque que nous nommons *praslin* a été observée pour la première fois, et dans le port de ce nom, par Commerson, en juillet 1768, lors de la célèbre expédition de notre Bougainville. Nous en avons trouvé la description dans les manuscrits du voyageur naturaliste qui accompagnait notre collègue.

Ce thoracin parvient à la longueur de trois décimètres ; il se plaît au milieu des coraux et des madrépores qui bordent les rivages de la Nouvelle-Bretagne. Le goût de sa chair est très agréable. Toutes ses nageoires sont d'un jaune mêlé de rouge. Des sillons et des stries relevées font paraître sa tête comme ciselée. La lèvre supérieure est extensible. Des dents petites, serrées et semblables à celles d'une lime, garnissent les deux mâchoires. Une lame osseuse, dentelée et demi-circulaire, est placée au-dessous de chaque œil. Tous les rayons de la première dorsale et le premier de la seconde sont aiguillonnés. La première de ces deux nageoires du dos est bordée vers le haut de pourpre et, vers le bas, de rouge. La couleur générale de l'animal est rougeâtre ; une tache pourpre distingue la nageoire de l'anus.

LA PERSÈQUE TRIACANTHE

Grammistes orientalis, Cuv. — *Sciæna vittata, Centropomus sex-lineatus, Bodianus sex-lineatus, Perca triacantha* et *Perca pentacantha*, Lacép.

La Persèque pentacanthe, *Grammistes orientalis*, Cuv.; *Perca triacantha, Perca pentacantha*, Lacép. — Persèque Fourcroi, *Corvina Fourcroi*, Cuv.; *Perca Furcræa*, Lacép.

Aucune de ces trois persèques n'est encore connue des naturalistes ; nous en avons trouvé des individus très bien conservés dans la collection cédée à la France par la Hollande. Nous avons dédié la plus belle de ces trois espèces à notre célèbre confrère Fourcroi, qui ne s'est pas contenté de faire faire de très grands progrès à la chimie et d'élever un beau monument en l'honneur de cette science, mais qui a rendu de nombreux services à l'histoire naturelle, et auquel nous sommes bien aises de donner un témoignage public de notre haute estime et de notre ancienne amitié.

La persèque triacanthe a la lèvre supérieure double ; les dents petites, aiguës et distribuées en plusieurs rangs, le long des mâchoires, sur la langue, au palais, auprès du gosier ; la couleur générale est plus ou moins foncée.

La pentacanthe présente une lèvre supérieure extensible, des dents très petites et une raie longitudinale et blanche sur le dos.

La persèque fourcroi a le museau avancé ; la lèvre supérieure double et extensible ; un sillon longitudinal sur la tête ; les yeux gros ; les dents très menues ; les écailles dentelées[1].

CENT VINGT-QUATRIÈME GENRE

LES HARPÉS

Plusieurs dents très longues, fortes et recourbées, au sommet et auprès de l'articulation de chaque mâchoire ; les dents petites, comprimées et triangulaires de chaque côté de la mâchoire supérieure, entre les grandes dents voisines de l'articulation et celles du sommet ; un barbillon comprimé et triangulaire de chaque côté et auprès de la commissure des lèvres ; les thoracines, la dorsale et l'anale, très grandes et en forme de faux ; la caudale convexe dans son milieu et étendue en forme de faux très allongée dans le haut et dans le bas ; l'anale attachée autour d'une prolongation charnue, écailleuse, très grande, comprimée et triangulaire.

ESPÈCE.	CARACTÈRES.
Le Harpé bleu doré.	Huit rayons à la membrane des branchies ; la partie supérieure du corps d'un beau bleu ; l'inférieure dorée.

LE HARPÉ BLEU DORÉ[2]

Cheilinus....., Cuv. — Harre cæruleo-aureus, Lacép.

Nous cessons de nous occuper des dix-sept genres sur la composition et la nomenclature desquels nous avons fait quelques réflexions particulières dans l'article qui précède le tableau méthodique du genre des labres.

Ces dix-sept genres comprennent quatre cent soixante et onze espèces, parmi lesquelles il en est cent quarante-trois dont nous aurons les premiers publié la description.

Le harpé bleu doré devra aussi être compté parmi les espèces de poissons que nous aurons fait connaître aux naturalistes.

1. A la membrane branchiale de la persèque triacanthe............ 6 rayons.
   A chaque pectorale .... 16 —
   A chaque thoracine, articulés............................... 5 —
       —   aiguillonné .... 1 —
   A la caudale.. 19 —

   A la membrane branchiale de la persèque pentacanthe.......... 4 —
   A chaque pectorale... 14 —
   A la nageoire de la queue.................................. 15 —

   A la membrane branchiale de la persèque fourcroi............ 6 —
   A chaque pectorale .... 17 —
   A chaque thoracine, articulés.............................. 5 —
       —   aiguillonné .... 1 —
   A la caudale... 17 —

2. « Turdus totus cæruleus et aureus. » Plumier, peintures sur vélin du Muséum d'histoire naturelle.

Ce superbe thoracin est très bien représenté dans les peintures sur vélin qui sont déposées au Muséum d'histoire naturelle et qui ont été exécutées avec beaucoup de soin d'après les dessins du célèbre Plumier.

Ce magnifique harpé ne montre que deux couleurs ; mais ces couleurs sont celles de l'or et du saphir le plus pur. Elles sont d'ailleurs d'autant plus éclatantes, que les écailles qui les réfléchissent offrent une surface large et polie. La première de ces deux nuances resplendit sur les lèvres, sur l'iris, sur les côtés, sur la partie inférieure du corps et de la queue, sur le haut de la dorsale, et à l'extrémité de la prolongation en forme de faux qui termine cette même dorsale, les thoracines, l'anale et les deux bouts de la nageoire de la queue. Le reste de la surface de l'animal est peint d'un azur que des reflets dorés animent et varient[1].

Il n'y a qu'un orifice pour chaque narine. La tête et les deux premières pièces de chaque opercule sont dénuées de petites écailles ; mais on en voit plusieurs rangs sur la base de la nageoire du dos. Le diamètre vertical de la queue va en augmentant depuis le second tiers de la longueur de cette partie jusqu'à la base de la caudale.

CENT VINGT-CINQUIÈME GENRE

LES PIMÉLEPTÈRES

La totalité ou une grande partie de la dorsale, de l'anale et de la nageoire de la queue, adipeuse ou presque adipeuse ; les nageoires inférieures situées plus loin de la gorge que les pectorales.

ESPÈCE.	CARACTÈRES.
LE PIMÉLEPTÈRE BOSQUIEN.	Onze rayons aiguillonnés et treize rayons articulés à la nageoire du dos ; trois rayons aiguillonnés et douze rayons articulés à la nageoire de l'anus ; la caudale fourchue ; un très grand nombre de raies longitudinales brunes.

LE PIMÉLEPTÈRE BOSQUIEN[2]

Pimelepterus Boscii, LACÉP., CUV.

La position des nageoires inférieures de cet osseux est remarquable. Elles sont en effet plus éloignées de la gorge que dans les autres thoracins. Mon savant confrère M. Bosc, auquel nous devrons la connaissance de ce

1. A la dorsale du harpé bleu doré, articulés...................... 8 rayons.
      —   —   aiguillonnés....... .... 10 —
  A chaque pectorale.. 10 —
  A chaque thoracine... 6 —
  A l'anale, articulés.. 13 —
      — aiguillonné.......................... 2 ou 3 —
  A la nageoire de la queue..................................... 15 —

2. Le nom générique que nous donnons à ce poisson vient de *pimèle,* qui, en grec, signifie *graisse,* et de *pteron,* qui signifie *nageoire.*

poisson, lui a donné le nom générique de *gastérostée;* mais il a remarqué, avec son habileté ordinaire, et indiqué dans son manuscrit les caractères qui éloignent cet osseux des véritables gastérostées et marquent la place de cette espèce dans un genre particulier.

Il l'a vu et dessiné dans l'Amérique septentrionale. Il nous a appris que les habitudes de ce piméleptère avaient beaucoup d'analogie avec celles du *centronote pilote,* que les naturalistes nommaient, avant moi, *gastérostée conducteur.* Le piméleptère bosquien[1] suit en effet les vaisseaux qui traversent l'océan Atlantique boréal. Il se tient particulièrement auprès du gouvernail où il saisit avec avidité les fragments de substances nutritives que l'on jette dans la mer. Il est difficile de le prendre à l'hameçon, parce qu'il a l'adresse d'emporter l'appât, sans être retenu par le crochet. Les Anglais, suivant mon confrère, n'aiment pas à s'en nourrir ; mais les Français le recherchent.

La tête du bosquien est petite ; il peut allonger ses lèvres ; ses dents sont petites et obtuses; sa langue est ovale ; l'iris présente une couleur brune mêlée de blanc ; on voit une petite raie argentée au-dessous ; les écailles qui recouvrent le corps et la queue sont arrondies, larges, argentines, brunes sur leurs côtés ; et ce sont les séries de ces places brunes qui forment les raies longitudinales indiquées sur le tableau générique. La partie postérieure de la nageoire du dos, presque toute l'anale et la caudale sont adipeuses. La longueur ordinaire de l'animal est de près de vingt centimètres, sa hauteur de six ou sept, et sa largeur de deux ou trois[2].

CENT VINGT-SIXIÈME GENRE

LES CHEILIONS

Le corps et la queue très allongés; le bout du museau aplati; la tête et les opercules dénués de petites écailles; les opercules sans dentelure et sans aiguillons, mais ciselés; les lèvres, et surtout celle de la mâchoire inférieure, très pendantes; les dents très petites; la dorsale basse et très longue; les rayons aiguillonnés ou non articulés de chaque nageoire; aussi mous ou presque aussi mous que les articulés; une seule dorsale; les thoracines très petites.

ESPÈCES.	CARACTÈRES.
1. LE CHEILION DORÉ.	Toute la surface de l'animal d'un jaune doré; quelques points noirs répandus sur la ligne latérale.
2. LE CHEILION BRUN.	La couleur générale d'un brun livide; les thoracines blanches; des taches blanches sur la dorsale et sur la nageoire de l'anus.

1. « Gasterosteus atherinus, pinnis dorsalibus indivisis.... cauda furcata, corpore argenteo, vittis numerosis fuscis. » Bosc, notes manuscrites qu'il a bien voulu me communiquer.
2. A la membrane branchiale du piméleptère bosquien............ 4 rayons.
 A chaque pectorale...................................... 15 —
 A chaque thoracine..................................... 5 —
 A la nageoire de la queue.............................. 16 —

LE CHEILION DORÉ [1]

*Labrus....., Cuv. — Labrus inermis, Forsk. — Labrus, Hassel.
— Cheilio auratus, Lacép.*

LE CHEILION BRUN [2]

Cheilio fuscus, Lacép.

C'est dans les manuscrits de Commerson que nous avons trouvé la description de ces deux espèces de thoracins, dont les naturalistes ignorent encore l'existence, et pour lesquelles nous avons dû établir un genre particulier.

Commerson en a vu des individus dans le marché au poisson ou dans les barques des pêcheurs de l'île Maurice.

La chair du cheilion [3] doré est blanche et agréable au goût, mais peu recherchée, parce que ce poisson est très commun. La longueur ordinaire de l'animal est de quatre décimètres ou environ. La mâchoire supérieure est plus avancée que l'inférieure et la lèvre d'en haut extensible. On ne voit qu'une rangée de dents à chaque mâchoire ; il n'y en a pas au palais. La langue est à demi cartilagineuse et un peu libre dans ses mouvements ; mais la pointe en est cachée au-dessous d'une petite membrane tendue à l'angle formé vers le bout du museau par les deux côtés de la mâchoire d'en bas. Les yeux sont rapprochés l'un de l'autre ; les écailles qui recouvrent le corps et la queue, lisses et arrondies dans leur contour ; les opercules composés de deux pièces et terminés par un appendice membraneux ; les rayons de la dorsale dénués de filaments. La caudale est arrondie et la membrane, qui forme la vessie natatoire, est attachée au-dessous de l'épine dorsale.

Le cheilion brun est moins grand que le doré : sa longueur ordinaire n'est que de trois décimètres. La partie de son museau, qui est très aplatie, est assez courte. Ses pectorales sont transparentes, et son iris brille d'un rouge de feu. Il a d'ailleurs les plus grands rapports avec le doré [4].

---

1. *Le jaunet.* — *Chelinus chelio.* — *Totus flavus,* vel *chrysinus,* vel *holochrysus.* Commerson, manuscrits déjà cités.

2. *Chelio fuscus.* — « Chelio fusco-plumbeus immaculatus. » *Id.*

3. Le nom générique *cheilion* ou *cheilio* désigne les lèvres pendantes des poissons décrits dans cet article. *Cheilos,* en grec, signifie *lèvre.*

4.   A la membrane branchiale du cheilion doré et du cheilion brun..   6 rayons.

      A la nageoire du dos... 23   —

      A chaque pectorale 11   —

      A chaque thoracine.. 6   —

      A l'anale... 15   —

      A la nageoire de la queue....................................... 12   —

CENT VINGT-SEPTIÈME GENRE

LES POMATOMES

L'opercule entaillé dans le haut de son bord postérieur et couvert d'écailles semblables à celles du dos; le corps et la queue allongés; deux nageoires dorsales; la nageoire de l'anus très adipeuse.

ESPÈCE.	CARACTÈRES.
Le Pomatome skib.	Sept rayons aiguillonnés à la première dorsale; trois entailles à chaque opercule; la mâchoire inférieure plus avancée que la supérieure; la caudale très fourchue.

LE POMATOME SKIB [1]

Temnodon saltator, Cuv. — *Perca saltatrix,* Linn. — *Cheilodipterus heptacanthus, Sparus saltator* et *Pomatomus Skib,* Lacép.

Nous devons la connaissance de ce poisson à notre savant confrère M. Bosc, qui a bien voulu nous communiquer un dessin et une description de cette espèce, dont il a observé les formes et les habitudes, avec son habileté ordinaire, pendant le séjour qu'il a fait dans les États-Unis.

Ce pomatome [2] habite dans les baies et vers les embouchures des rivières de la Caroline. On ne l'y trouve cependant qu'assez rarement. Il saute et s'élance fréquemment à une distance plus ou moins grande, et cette faculté ne doit pas surprendre dans un poisson dont la queue est conformée de manière à pouvoir être agitée avec rapidité. La chair du skib est très agréable au goût.

Les mâchoires sont garnies chacune d'une rangée de dents aplaties, presque égales et un peu séparées les unes des autres. La seconde dorsale est plus longue que la première et d'une étendue à peu près égale à celle de la nageoire de l'anus. Celle-ci est si adipeuse qu'on peut à peine distinguer les rayons qui la composent.

L'animal est verdâtre dans sa partie supérieure et argenté dans sa partie inférieure. L'iris est jaune et l'on voit une tache noire sur la base des pectorales qui sont jaunâtres [3].

---

1. *Skib jack,* dans la Caroline. — « Perca skibea, pinnis dorsalibus distinctis, secunda viginti quatuor radiis, corpore argenteo, cauda bifurca. »

2. Ce nom générique désigne la forme de l'opercule : *poma,* en grec, signifie opercule, et *tome,* incision.

3. A la membrane branchiale du pomatome skib.................. 7 rayons.
   A la seconde dorsale..................................... 24 —
   A chaque pectorale...................................... 15 —
   A chaque thoracine...................................... 6 —
   A la nageoire de l'anus................................. 26 —
   A celle de la queue..................................... 18 —

CENT VINGT-HUITIÈME GENRE

LES LEIOSTOMES

Les mâchoires dénuées de dents et entièrement cachées sous les lèvres; ces mêmes lèvres extensibles; la bouche placée au-dessous du museau; point de dentelure ni de piquants aux opercules; deux nageoires dorsales.

ESPÈCE.	CARACTÈRES.
LE LEIOSTOME QUEUE JAUNE.	Dix rayons à la première nageoire du dos qui est triangulaire; trente-deux à la seconde; quatorze à celle de l'anus; la caudale échancrée en croissant; les écailles arrondies.

LE LEIOSTOME QUEUE JAUNE[1]

Leiostomus xanthurus, LACÉP., CUV.

C'est encore à mon confrère M. Bosc que nous devons la connaissance de ce thoracin. Cet habile naturaliste lui a donné, dans ses notes manuscrites, le nom de *perche* ou *persèque;* mais il y a témoigné le désir de le voir placé dans un genre particulier, à cause des traits remarquables qui séparent ce poisson des persèques ou perches et que personne ne pouvait mieux saisir que ce savant. Le défaut de dents aux mâchoires et de dentelures aux opercules est celui de ces traits distinctifs qu'il a principalement indiqué, comme devant séparer le poisson décrit dans cet article, des véritables perches ou persèques; c'est aussi à cause de ce défaut de dents que nous avons donné à cet osseux le nom générique de *leiostome*[2]. Nous lui avons conservé le nom spécifique de *queue-jaune* qu'il porte à la Caroline, où M. Bosc l'a observé. Il a, en effet, la nageoire de la queue, ainsi que les autres nageoires, jaunes ou jaunâtres; elles sont d'ailleurs pointillées de noir. Une couleur brune argentine règne sur la partie supérieure de l'animal et un blanc argenté sur l'inférieure. L'iris est jaune. Les yeux sont gros. Chaque narine a un orifice double. Le bout du museau est mousse. La tête, le corps et la queue sont comprimés.

Le leiostome queue jaune n'a souvent qu'un décimètre ou environ de longueur, et alors sa plus grande hauteur est cependant de près de quatre centimètres. Ce poisson, dont la chair est agréable au goût, vit dans les eaux douces de la Caroline[3].

---

1. *Yellow tail*, dans la Caroline. — *Perca edentula.* — « Perca pinnarum dorsalium secunda, radiis triginta duobus, naso obtuso, dentibus nullis. » Bosc, manuscrits déjà cités.

2. Le nom générique de *leiostome* désigne le défaut de dents; *leios*, en grec, signifie *lisse, sans aspérités, sans dents;* et *stoma* signifie *bouche.*

3.   A la membrane branchiale du leiostome queue jaune........... 7 rayons.

    A chaque pectorale....................................... 18 —

    A chaque thoracine....................................... 6 —

    A la nageoire de la queue................................ 16 —

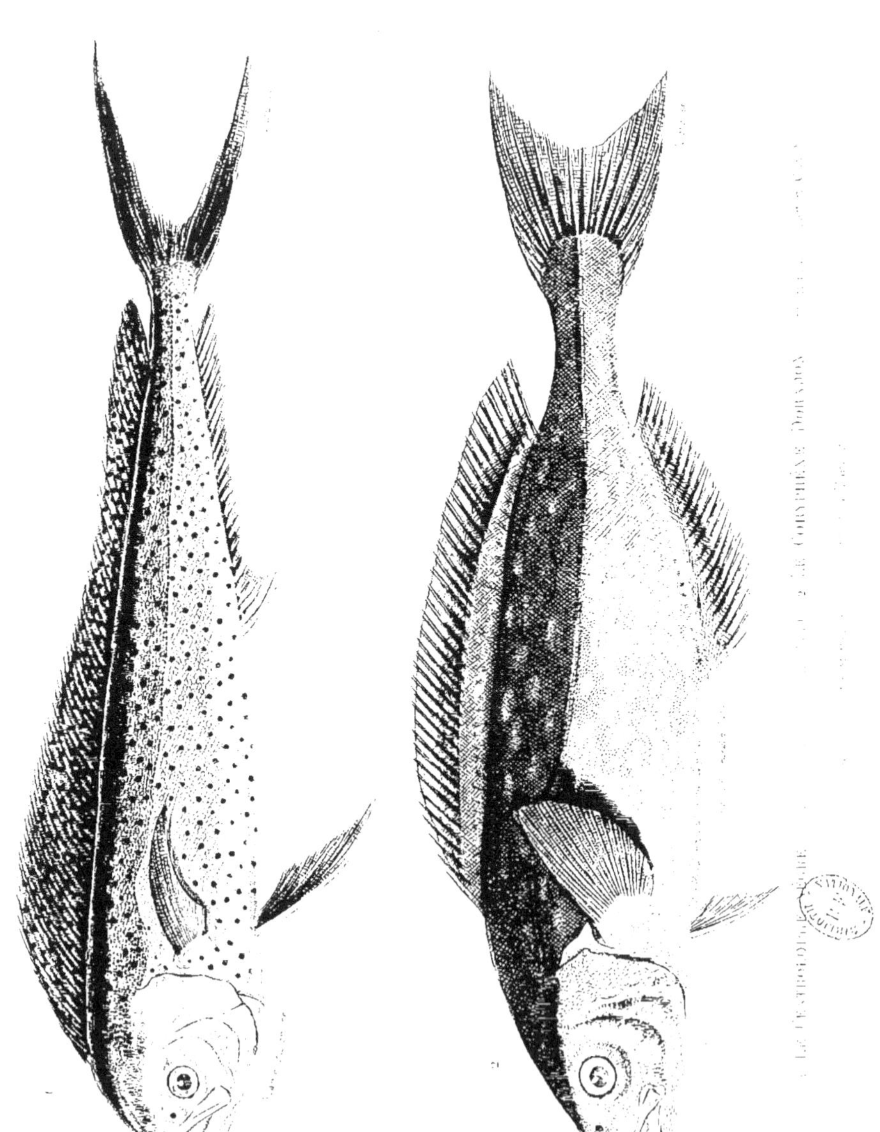

CENT VINGT-NEUVIÈME GENRE

LES CENTROLOPHES

Une crête longitudinale, et un rang longitudinal de piquants très séparés les uns des autres et cachés en partie sous la peau au-dessus de la nuque; une seule nageoire du dos; cette dorsale très basse et très longue; les mâchoires garnies de dents très petites, très fines, égales et un peu écartées les unes des autres; moins de cinq rayons à la membrane branchiale.

ESPÈCE.	CARACTÈRES.
LE CENTROLOPHE NÈGRE.	Trente-neuf rayons à la dorsale; la caudale fourchue; la couleur noire.

LE CENTROLOPHE NÈGRE

Centrolophus Pompilus, Cuv. — *Coryphœna Pompilus* et *Perca nigra,* Linn., Gmel., Borlase. — *Centrolophus niger* et *Holocentrus niger,* Lacép.

M. Noël, de Rouen, m'a envoyé un individu très bien conservé de cette espèce que les naturalistes ne connaissent pas encore, et que sa conformation singulière m'a fait inscrire dans un genre particulier. Ce poisson venait d'être pêché à Fécamp, où personne ne s'est souvenu d'en avoir vu de semblable. Les pêcheurs l'ont nommé le *nègre*, à cause de sa couleur noire, et nous avons cru devoir adopter cette dénomination spécifique.

Ce centrolophe[1] parvient au moins à la longueur de trois décimètres. Son museau est arrondi; sa mâchoire inférieure plus avancée que la supérieure; l'orifice de chaque narine double; le palais lisse, ainsi que la langue, qui est libre dans ses mouvements, blanche et légèrement pointillée de noir. Les yeux sont très gros; les piquants placés entre la petite crête et la nageoire dorsale, sont au nombre de trois et situés verticalement, ou dirigés en avant. Des écailles très petites, rhomboïdales et fortement attachées, couvrent la tête, les opercules, le corps et la queue; mais celles qui revêtent la tête ont des dimensions encore moins considérables que les autres et une figure peu déterminée. L'anale est très basse, comme la dorsale. La ligne latérale est fléchie vers l'anus, au lieu de suivre la courbure du dos[2].

---

1. Le mot *centrolophe* désigne les piquants et la crête de la nuque; *centron*, en grec, signifie aiguillon, et *lophos*, crête.
2. A la membrane branchiale du centrolophe nègre.............. 4 rayons.
   A chaque pectorale.................................... 17   —
   A chaque thoracine................................... 6   —
   A l'anale.. 21   —
   A la nageoire de la queue............................ 23   —

CENT TRENTIÈME GENRE

LES CHEVALIERS

Plusieurs rangs de dents à chaque mâchoire; deux nageoires dorsales; la première presque aussi haute que le corps, triangulaire et garnie de très longs filaments à l'extrémité de chacun de ses rayons; la seconde basse et très longue; l'anale très courte et moins grande que chacune des thoracines; cette anale, les deux nageoires du dos et celle de la queue couvertes presque en entier de petites écailles; l'opercule sans piquants ni dentelures; les écailles grandes et dentelées.

ESPÈCE.	CARACTÈRES.
Le Chevalier américain.	La tête et les opercules garnis de petites écailles; la caudale lancéolée; trois bandes blanches et bordées de blanc de chaque côté de l'animal.

LE CHEVALIER AMÉRICAIN [1]

Eques balteatus, Cuv. — *Eques americanus,* Bloch, Lacép.
— *Chætodon lanceolatus,* Linn.

De même que le plus grand charme de l'art vient de la perfection avec laquelle il imite la nature, de même nous recevons souvent un plaisir particulier des ouvrages de la nature qui nous offrent ces sortes de singularité remarquable, de contraste frappant, de régularité recherchée, de symétrie rigoureuse, que nous présentent un si grand nombre de productions de l'art. Cette métamorphose, si je puis parler ainsi, ce déguisement, ou cet échange de qualités, nous donnent une satisfaction assez vive; l'on dirait que notre amour-propre se complaît, en les considérant, dans cette illusion qui lui montrerait d'un côté l'art s'élevant jusqu'à la nature, et de l'autre la nature descendant jusqu'à l'art.

Parmi les êtres organisés qui ne tiennent leurs ornements que des mains de cette nature aussi admirable par la variété que par la magnificence de ses œuvres, le poisson que nous décrivons doit principalement attirer les regards, comme ayant reçu pour sa parure des nuances et une distribution de couleurs qu'on ne croirait pouvoir rapporter qu'au caprice, ou, si on l'aime mieux, au goût recherché de l'art.

En effet, au-dessus de la couleur d'or diversifiée dans ses tons, dont brille presque toute sa surface, on voit de chaque côté trois bandes d'un beau noir, lisérées de blanc, et qui, par cette bordure tranchante, se détachent davantage du riche fond qui les entoure. La première et la moins large de ces bandes est transversale, un peu courbe, et passe au-dessus du globe de l'œil; la seconde s'étend, en serpentant un peu, depuis le sommet de la

---

1. *Poisson rayé.* — *Poisson à rubans, de la Caroline.* — *Serrana,* par les Espagnols de la Barbade. — *Eques americanus.* Bloch, pl. 347. — *Guaperva.* Edw., *Av.,* tab. 210. — *Chétodon guaperve.* Daubenton et Haüy, Encyclopédie méthodique. — *Id.* Bonnaterre, planches de l'Encyclopédie méthodique.

tête jusqu'auprès de la base des thoracines; la troisième, qui est la plus large, commence à l'extrémité supérieure de la première nageoire dorsale, descend obliquement vers la tête, se recourbe vers la queue lorsqu'elle est parvenue au dos de l'animal, s'avance ensuite longitudinalement jusqu'à la caudale, au bout de laquelle elle parvient sans s'affaiblir. Six autres bandes brunes et inégales relèvent le jaune doré de la nageoire du dos et se répandent de chaque côté sur le dos du poisson. L'iris est orangé. Cet assortiment de couleurs, et surtout les trois longues bandes noires et bordées de blanc, font paraître l'américain comme décoré de rubans, ou de cordons de chevalerie; et c'est apparemment cette disposition de nuances qui a suggéré à Bloch le nom générique de ce thoracin.

La tête est petite et comprimée; le museau arrondi ; l'orifice de chaque narine double; le corps élevé; la queue beaucoup moins haute; la ligne latérale droite.

Ce beau poisson vit dans les eaux de la Caroline, de la Havane, de la Guadeloupe et d'autres pays du nouveau continent[1].

CENT TRENTE ET UNIÈME GENRE

LES LÉIOGNATHES

Les mâchoires dénuées de dents proprement dites; une seule nageoire du dos; un aiguillon recourbé et très fort des deux côtés de chacun des rayons articulés de la dorsale; un appendice écailleux, long et aplati auprès de chaque thoracine; l'opercule dénué de petites écailles et un peu ciselé; la hauteur du corps égale ou presque égale à la moitié de la longueur totale du poisson.

ESPÈCE.	CARACTÈRES.
Le Léiognathe argenté.	Cinq rayons aiguillonnés et dix-sept rayons articulés à la dorsale, qui est en forme de faux, ainsi que la nageoire de l'anus ; la caudale fourchue.

LE LÉIOGNATHE ARGENTÉ[2]

Equula ensifera, Cuv. — *Scomber edentulus,* Bloch. — *Leiognathus argenteus,* Lacép.

Bloch a décrit le premier ce poisson, qu'il a inscrit parmi les scombres. Ce thoracin, en effet, a beaucoup de rapports avec ces poissons; et c'est ce

1. A la membrane branchiale du chevalier américain.............. 5 rayons.
   A la première dorsale... 11 —
   A la seconde... 50 —
   A chaque pectorale... 16 —
   A chaque thoracine, articulés.................................. 5 —
       —   aiguillonné........................... 1 —
   A la nageoire de l'anus, articulés............................. 5 —
       —   aiguillonné........................... 1 —
   A celle de la queue.. 18 —
2. *Scomber edentulus.* Bloch, pl. 428.

qui nous aurait déterminés à lui donner le nom spécifique de *scombéroïde,* si nous n'avions pas employé déjà cette dénomination pour désigner un genre voisin de celui des scombres; mais il diffère de ces animaux par trop de traits remarquables, pour que nous n'ayons pas dû, d'après nos principes de distribution méthodique, le placer dans un genre particulier. Un seul de ces traits, le défaut absolu de dents, aurait suffi pour rendre cette séparation nécessaire; et voilà pourquoi nous avons choisi pour l'argenté dont nous traitons dans cet article, le nom générique de *léiognathe,* qui indique des *mâchoires lisses* ou *non armées de dents* [1].

L'argenté a d'ailleurs l'ouverture de la bouche petite; la tête, le corps et la queue, très comprimés; deux orifices à chaque narine; l'anus à une distance à peu près égale du bout du museau et de l'extrémité supérieure ou inférieure de la caudale; les écailles minces et argentées; la nageoire de la queue violette, en tout ou en partie; les autres nageoires, les opercules et le dessous de la poitrine, dorés; le dos violet; plusieurs bandes transversales, brunes et souvent rapprochées deux à deux [2].

Le léiognathe parvient à la longueur de trois ou quatre décimètres. Il vit auprès de Tranquebar, il n'entre que rarement dans les rivières. On le prend dans toutes les saisons; mais il est surtout très aisé de le pêcher pendant l'hiver. Sa chair est grasse et de bon goût; et comme les individus de cette espèce sont très nombreux, la pêche de ce thoracin est très utile aux habitants des rivages dont il s'approche.

<h2 style="text-align:center">CENT TRENTE-DEUXIÈME GENRE</h2>

<h3 style="text-align:center">LES CHÉTODONS</h3>

Les dents petites, flexibles et mobiles; le corps et la queue très comprimés; de petites écailles sur la dorsale ou sur d'autres nageoires, ou la hauteur du corps supérieure ou du moins égale à sa longueur; l'ouverture de la bouche petite; le museau plus ou moins avancé; une seule nageoire dorsale; point de dentelure ni de piquants aux opercules.

<h3 style="text-align:center">PREMIER SOUS-GENRE</h3>

LA NAGEOIRE DE LA QUEUE FOURCHUE, OU ÉCHANCRÉE EN CROISSANT

ESPÈCES.	CARACTÈRES.
1. LE CHÉTODON BORDÉ.	Douze rayons aiguillonnés et treize rayons articulés à la nageoire du dos; seize rayons articulés à l'anale; huit rayons articulés à chaque thoracine; toutes ces nageoires bordées d'une couleur très foncée.

---

1. *Leios,* en grec, veut dire lisse, et *gnathos,* mâchoire.
2.   A la membrane branchiale du léiognathe argenté.............. 7 rayons.
    A chaque pectorale.. 16   —
    A chaque thoracine, articulés................................. 5   —
        —   aiguillonné 1   —
    A la nageoire de l'anus, articulés............................ 13   —
        —   aiguillonnés........................... 3   —
    A celle de la queue.. 24   —

ESPÈCES.	CARACTÈRES.

2. Le Chétodon curaçao. — Treize rayons aiguillonnés et douze rayons articulés à la nageoire du dos; deux rayons aiguillonnés et quatorze rayons articulés à celle de l'anus; un seul orifice à chaque narine; les deux mâchoires également avancées; les lèvres épaisses; toutes les nageoires jaunes.

3. Le Chétodon maurice. — Onze rayons aiguillonnés et douze rayons articulés à la nageoire dorsale; trois rayons aiguillonnés et dix rayons articulés à celle de l'anus; l'extrémité des nageoires du dos et de l'anus arrondie; la couleur générale bleuâtre; six bandes transversales étroites et d'une couleur très foncée de chaque côté de l'animal.

4. Le Chétodon bengali. — Treize rayons aiguillonnés et douze rayons articulés à la nageoire du dos; deux rayons aiguillonnés et dix rayons articulés à l'anale; la dernière pièce de chaque opercule terminée en pointe, ainsi que l'extrémité de la nageoire du dos et de celle de l'anus; la couleur générale bleuâtre; cinq bandes jaunâtres, transversales et étendues jusqu'au bord inférieur du poisson.

5. Le Chétodon faucheur. — Huit rayons aiguillonnés et vingt-deux rayons articulés à la dorsale; trois rayons aiguillonnés et dix-sept rayons articulés à l'anale; les pectorales en forme de faux; la couleur générale argentée; un grand nombre de taches ou points bruns.

6. Le Chétodon rondelle. — Vingt-trois rayons aiguillonnés et trois rayons articulés à la nageoire du dos; trois rayons aiguillonnés et dix-neuf rayons articulés à celle de l'anus; la couleur générale grisâtre; cinq bandes transversales.

7. Le Chétodon sargoïde. — Treize rayons aiguillonnés à la dorsale; un rayon aiguillonné à chaque thoracine; un enfoncement au-devant des yeux; l'ouverture de la bouche très petite; la lèvre supérieure grosse; la dernière pièce de chaque opercule arrondie, ainsi que l'extrémité des nageoires du dos et de l'anus; les pectorales et les thoracines sans bordure; la tête, six bandes transversales, et la bordure de la dorsale, de l'anale et de la caudale, d'un beau violet.

8. Le Chétodon cornu. — Trois rayons aiguillonnés et quarante et un rayons articulés à la nageoire du dos; le troisième rayon de cette nageoire plus long que la tête, le corps et la queue pris ensemble; la caudale en croissant; le museau cylindrique.

9. Le Chétodon tacheté. — Treize rayons aiguillonnés et dix rayons articulés à la nageoire du dos; sept rayons aiguillonnés et neuf rayons articulés à celle de l'anus; le premier et le second rayon de chaque thoracine aiguillonnés; le second, le troisième et le quatrième articulés; la caudale en croissant; deux orifices à chaque narine; le corps, la queue et la caudale parsemés de taches presque égales, petites, rondes et d'un rouge brun.

10. Le Chétodon tache noire. — Treize rayons aiguillonnés et vingt-deux rayons articulés à la dorsale; trois rayons aiguillonnés et vingt rayons articulés à la nageoire de l'anus; la caudale en croissant; deux

ESPÈCES.	CARACTÈRES.
10. LE CHÉTODON TACHE NOIRE.	orifices à chaque narine; une bande transversale, large et noire au-dessus de la nuque, de l'œil et de l'opercule; une tache noire, grande et arrondie sur la ligne latérale.
11. LE CHÉTODON SOUFFLET.	Onze rayons aiguillonnés et vingt-quatre rayons articulés à la nageoire du dos; trois rayons aiguillonnés et dix-neuf rayons articulés à la nageoire de l'anus; la caudale en croissant; le museau cylindrique et très allongé; l'ouverture de la bouche petite; la couleur générale citrine.
12. LE CHÉTODON CANNELÉ.	Treize rayons aiguillonnés et dix rayons articulés à la nageoire du dos; sept rayons aiguillonnés à la nageoire de l'anus; un seul rayon aiguillonné à chaque thoracine; tous les rayons aiguillonnés plus ou moins cannelés; la couleur générale d'un jaune verdâtre; un grand nombre de taches.
13. LE CHÉTODON PENTA-CANTHE.	Cinq rayons aiguillonnés et trente-deux rayons articulés à la nageoire du dos; trois rayons aiguillonnés et vingt et un rayons articulés à celle de l'anus; la caudale en croissant; la mâchoire inférieure plus avancée que la supérieure; la seconde pièce de chaque opercule terminée par un appendice triangulaire.
14. LE CHÉTODON ALLONGÉ.	Trente-sept rayons à la nageoire du dos; vingt-quatre à l'anale; la caudale en croissant; la nuque très élevée; le corps et la queue un peu allongés; l'ouverture de la bouche très étroite; les écailles très petites.
15. LE CHÉTODON COUAGGA.	Neuf rayons aiguillonnés et quatorze rayons articulés à la nageoire du dos; deux rayons aiguillonnés et quinze rayons articulés à la nageoire de l'anus; la caudale un peu en croissant; trois bandes transversales noires et étroites de chaque côté de l'animal.

SECOND SOUS-GENRE

LA NAGEOIRE DE LA QUEUE NON ÉCHANCRÉE, ET RECTILIGNE, OU ARRONDIE

ESPÈCES.	CARACTÈRES.
16. LE CHÉTODON POINTU.	Trois rayons aiguillonnés et vingt-cinq rayons articulés à la dorsale; trois rayons aiguillonnés et seize rayons articulés à la nageoire de l'anus; le troisième rayon de la dorsale très allongé; trois bandes transversales.
17. LE CHÉTODON QUEUE BLANCHE.	Neuf rayons aiguillonnés et vingt-deux rayons articulés à la nageoire du dos; trois rayons aiguillonnés et dix-neuf rayons articulés à la nageoire de l'anus; le premier rayon aiguillonné de la dorsale couché le long du dos; le corps noir; la queue blanche,
18. LE CHÉTODON GRANDES ÉCAILLES.	Onze rayons aiguillonnés et vingt-trois rayons articulés à la dorsale; trois rayons aiguillonnés et vingt et un rayons articulés à l'anale; le quatrième rayon de la dorsale terminé par un filament plus long ou aussi long que le corps et la queue; les écailles grandes; deux bandes transversales très larges.
19. LE CHÉTODON ARGUS.	Onze rayons aiguillonnés et vingt-sept rayons articulés à la nageoire du dos; quatre rayons aiguillonnés et quatorze

ESPÈCES.	CARACTÈRES.
9. LE CHÉTODON ARGUS.	rayons articulés à la nageoire de l'anus; le corps et une grande partie de la queue très élevés; deux orifices à chaque narine; la couleur générale violette; un grand nombre de taches arrondies, petites et brunes.
0. LE CHÉTODON VAGABOND.	Treize rayons aiguillonnés et vingt rayons articulés à la dorsale; trois rayons aiguillonnés et dix-sept rayons articulés à la nageoire de l'anus; la tête et les opercules couverts de petites écailles; deux orifices à chaque narine; le museau cylindrique; la couleur générale jaunâtre; une bande transversale et noire au-dessus de chaque œil.
1. LE CHÉTODON FORGERON.	Neuf rayons aiguillonnés et vingt-deux rayons articulés à la nageoire du dos; trois rayons aiguillonnés et vingt et un rayons articulés à l'anale; le troisième rayon de la dorsale beaucoup plus long que les autres; six bandes transversales, inégales en largeur; ces bandes d'un bleu très foncé, ainsi que la dorsale, la caudale et l'anale; les pectorales et les thoracines noires.
2. LE CHÉTODON CHILI.	Onze rayons aiguillonnés et vingt-deux rayons articulés à la dorsale; trois rayons aiguillonnés et seize rayons articulés à l'anale; deux rayons aiguillonnés et trois rayons articulés à chaque thoracine; le museau allongé; la couleur générale dorée; cinq bandes transversales.
3. LE CHÉTODON A BANDES.	Douze rayons aiguillonnés et vingt-quatre rayons articules à la nageoire du dos; trois rayons aiguillonnés et dix-neuf rayons articulés à la nageoire de l'anus; six rayons à la membrane des branchies; la partie antérieure de la dorsale placée dans une fossette longitudinale; les écailles arrondies; la couleur générale jaune; une bandelette noire sur chaque œil; huit bandes brunes et disposées obliquement de chaque côté de l'animal.
4. LE CHÉTODON COCHER.	Treize rayons aiguillonnés et vingt-quatre rayons articulés à la nageoire du dos; trois rayons aiguillonnés et vingt et un rayons articulés à l'anale; le cinquième rayon aiguillonné de la dorsale terminé par un filament très long; les écailles rhomboïdales; la couleur générale bleuâtre; quinze ou seize bandes courbes, brunes et placées obliquement de chaque côté du poisson.
25. LE CHÉTODON HADJAN.	Treize rayons aiguillonnés et vingt-quatre rayons articulés à la dorsale; trois rayons aiguillonnés et dix-neuf rayons articulés à la nageoire de l'anus; les écailles rhomboïdales, grandes et ciliées; la partie antérieure de l'animal blanche; la partie postérieure brune; douze bandes transversales et noires sur cette partie postérieure.
26. LE CHÉTODON PEINT.	Treize rayons aiguillonnés et vingt-cinq rayons articulés à la nageoire du dos; trois rayons aiguillonnés et vingt et un rayons articulés à la nageoire de l'anus; les écailles larges et dentelées; le museau avancé; la couleur générale blanchâtre; dix-sept ou dix-huit raies obliques et violettes de chaque côté du poisson.

ESPÈCES.	CARACTÈRES.

27. LE CHÉTODON MUSEAU ALLONGÉ.

Neuf rayons aiguillonnés et trente rayons articulés à la dorsale; trois rayons aiguillonnés et vingt rayons articulés à l'anale; la caudale arrondie; le museau cylindrique et plus long que la caudale; cinq bandes transversales, noires et bordées de blanc de chaque côté de l'animal; une tache noire, ovale, grande et bordée de blanc sur la base de la dorsale.

28. LE CHÉTODON ORBE.

Sept rayons aiguillonnés et vingt et un rayons articulés à la nageoire du dos; trois rayons aiguillonnés et seize rayons articulés à l'anale; la caudale arrondie; l'ensemble de l'animal en forme de disque; un seul orifice à chaque narine; le second, le troisième et le quatrième rayon de chaque narine terminés par un long filament; la ligne latérale deux fois fléchie vers le bas; la couleur générale bleuâtre.

29. LE CHÉTODON ZÈBRE.

Treize rayons aiguillonnés et dix-neuf rayons articulés à la dorsale; trois rayons aiguillonnés et vingt-deux rayons articulés à la nageoire de l'anus; la caudale arrondie; la tête et les opercules couverts d'écailles semblables à celles du dos; deux orifices à chaque narine; l'anus plus près de la tête que de la caudale; la couleur générale jaune; quatre ou cinq bandes transversales, larges et brunes; les pectorales noirâtres.

30. LE CHÉTODON BRIDÉ.

Treize rayons aiguillonnés et vingt rayons articulés à la nageoire du dos; trois rayons aiguillonnés et seize rayons articulés à l'anale; la tête et les opercules garnis de petites écailles; la caudale arrondie; la couleur générale d'un jaune doré; la ligne latérale se courbant vers le bas, se repliant ensuite vers le haut et suivant une partie de la circonférence d'une tache noire, grande, ronde, bordée de blanc et placée sur chaque côté de la queue; des raies étroites, parallèles et brunes, disposées obliquement sur chacun des côtés du poisson; les raies de la partie supérieure de l'animal, descendant de la dorsale vers la tête; celles de la partie inférieure remontant vers la tête et partant de l'anale et des thoracines; une bande transversale sur l'œil.

31. LE CHÉTODON VESPERTILION.

Cinq rayons aiguillonnés et trente-six rayons articulés à la dorsale; trois rayons aiguillonnés et trente rayons articulés à la nageoire de l'anus; l'une et l'autre triangulaires et composées de rayons très longs; les thoracines très allongées; la caudale arrondie; la tête et les opercules dénués de petites écailles; le corps très haut; une bande noire et transversale sur la base de la nageoire de la queue.

32. LE CHÉTODON OEILLÉ.

Douze rayons aiguillonnés et vingt-deux rayons articulés à la nageoire du dos; trois rayons aiguillonnés et dix-neuf rayons articulés à celle de l'anus; la caudale arrondie; le museau un peu avancé; la tête couverte de petites écailles; deux orifices à chaque narine; deux lignes latérales de chaque côté; la plus haute allant directement de l'œil au

ESPÈCES.	CARACTÈRES.

<table>
</table>

ESPÈCES.

CARACTÈRES.

32. Le Chétodon oeillé.

milieu de la base de la nageoire du dos; l'inférieure commençant vers le milieu de la longueur de la queue et s'étendant directement jusqu'à la caudale; une tache ronde, grande, brune et bordée de blanc, sur la dorsale.

33. Le Chétodon huit bandes.

Onze rayons aiguillonnés très forts et dix-sept rayons articulés à la dorsale; trois rayons aiguillonnés très forts et treize rayons articulés à la nageoire de l'anus; la caudale arrondie; le museau un peu avancé; un seul orifice à chaque narine; de petites écailles sur la tête et les opercules; la ligne latérale très courbe et garnie d'écailles assez larges; huit bandes transversales brunes, étroites et rapprochées deux à deux de chaque côté du poisson.

34. Le Chétodon collier.

Douze rayons aiguillonnés et vingt-huit rayons articulés à la nageoire du dos; trois rayons aiguillonnés et vingt et un rayons articulés à l'anale; la caudale arrondie; le museau un peu avancé; une membrane saillante au-dessus d'une partie du globe de l'œil; un seul orifice à chaque narine; deux lignes latérales de chaque côté; la supérieure s'élevant du haut de l'opercule jusqu'à la dorsale; la seconde commençant vers le milieu de la longueur de la queue et s'étendant directement jusqu'à la caudale; la nuque très élevée; deux bandes transversales et blanches sur la tête.

35. Le Chétodon teïra.

Cinq rayons aiguillonnés et vingt-neuf rayons articulés à la dorsale; trois rayons aiguillonnés et vingt-trois rayons articulés à l'anale; les premiers rayons articulés de ces deux nageoires et des thoracines extrêmement longs; la caudale arrondie; deux orifices à chaque narine; les écailles très petites et dentelées; trois bandes transversales noires et très longues; les thoracines noires.

36. Le Chétodon surate.

Dix-neuf rayons aiguillonnés et douze rayons articulés à la nageoire du dos; treize rayons aiguillonnés et dix rayons articulés à celle de l'anus; les rayons aiguillonnés de ces deux nageoires garnis chacun d'un filament; le museau un peu avancé; un seul orifice à chaque narine; la ligne latérale interrompue; la caudale arrondie; six bandes transversales brunes; un grand nombre de points argentés.

37. Le Chétodon chinois.

Quinze rayons aiguillonnés et neuf rayons articulés à la dorsale; dix-huit rayons aiguillonnés et dix rayons articulés à la nageoire de l'anus; cette dernière plus longue que la nageoire du dos; la caudale arrondie; dix bandes transversales et brunes, dont plusieurs se divisent en deux, de chaque côté du poisson.

38. Le Chétodon klein.

Dix-sept rayons aiguillonnés et dix-neuf rayons articulés à la nageoire du dos; trois rayons aiguillonnés et vingt rayons articulés à l'anale; la caudale arrondie; un seul orifice à chaque narine; la couleur générale mêlée d'or et d'argent; une seule bande transversale; cette bande brune et placée sur la tête, de manière à passer sur l'œil.

ESPÈCES.	CARACTÈRES.
39. LE CHÉTODON BIMACULÉ.	Douze rayons aiguillonnés et vingt-deux rayons articulés à la dorsale ; trois rayons aiguillonnés et quinze rayons articulés à la nageoire de l'anus ; la caudale arrondie ; le museau un peu avancé ; deux orifices à chaque narine ; la tête et les opercules couverts de petites écailles ; une bande transversale, courbe, noire et bordée de blanc, placée sur la tête, de manière à passer sur l'œil ; deux taches noires, grandes et bordées de blanc, sur l'extrémité de la nageoire du dos.
40. LE CHÉTODON GALLINE.	Un ou deux rayons aiguillonnés et trente-neuf rayons articulés à la nageoire du dos ; vingt-huit rayons à la nageoire de l'anus ; deux orifices à chaque narine ; la couleur générale comme enfumée ; deux bandes transversales et noirâtres, placées de manière à passer l'une sur l'œil et l'autre sur la base de la pectorale.
41. LE CHÉTODON TROIS BANDES.	Treize rayons aiguillonnés et vingt-quatre rayons articulés à la nageoire du dos ; trois rayons aiguillonnés et dix-huit rayons articulés à la nageoire de l'anus ; la caudale un peu arrondie ; les écailles ciliées ; seize raies longitudinales et brunes ; et trois bandes transversales, noires et bordées de jaune, de chaque côté de l'animal.
42. LE CHÉTODON TÉTRACANTHE.	Onze rayons aiguillonnés et seize rayons articulés à la dorsale ; quatre rayons aiguillonnés et quatorze rayons articulés à l'anale ; la caudale arrondie ; cinq ou six bandes transversales, noires, larges et un peu irrégulières.

LE CHÉTODON BORDÉ[1]

Glyphisodon saxatilis, Cuv. — *Chœtodon saxatilis,* Linn. — *Chœtodon marginatus, Chœtodon Mauritii,* Bloch, Lacép. — *Chœtodon sargoides,* Lacép.

LE CHÉTODON CURAÇAO, *Glyphisodon curassao,* Cuv.; *Chœtodon curaçao,* Bloch, Lacép. — CHÉTODON MAURICE, *Glyphisodon saxatilis,* Cuv.; *Chœtodon saxatilis,* Linn.; *Chœtodon Mauritii, Ch. marginatus* et *Ch. sargoides,* Lacép. — CHÉTODON BENGALI, *Glyphisodon bengalensis,* Cuv.; *Chœtodon saxatilis,* Forsk.; *Chœtodon bengalensis,* Bloch, Lacép.; *Labrus macrogaster,* Lacép.

Les chétodons sont parés des couleurs les plus vives et les plus agréables. Ils sont aussi très remarquables par leurs formes ; et cependant on n'a encore déterminé leurs caractères distinctifs que d'une manière vague. On a laissé dans le genre qu'ils composent, des poissons qui, malgré leurs grands rapports avec ces chétodons, doivent cependant en être écartés dans une distribution véritablement méthodique régulière ; et on a même placé, parmi

---

1. *Bandoulière bordée.* Bloch, pl. 207. — *Chétodon bordé.* Bonnaterre, planches de l'Encyclopédie méthodique. — *Bandoulière de Curaçao.* Bloch, pl. 212, fig. 1. — Bonnaterre, planches de l'Encyclopédie méthodique. — *Jugua caguare,* au Brésil. — *Bandoulière du prince Maurice.* Bloch, pl. 213, fig. 1. — *Id.* Bonnaterre, planches de l'Encyclopédie méthodique. — *Bandoulière de Bengale.* Bloch, pl. 213, fig. 2. — *Id.* Bonnaterre, planches de l'Encyclopédie méthodique.

ces animaux, des espèces qui présentent des traits opposés à ceux que l'on indique comme devant servir à caractériser ces thoracins.

Il est résulté de cette négligence, non seulement une confusion que l'on ne doit plus laisser subsister en histoire naturelle, mais encore de grandes difficultés pour reconnaître le genre et pour séparer avec netteté les espèces l'une de l'autre. Ces difficultés ont été d'ailleurs d'autant plus embarrassantes, que le groupe formé par les vrais chétodons est très nombreux.

Nous avons donc cru devoir chercher avec beaucoup de soin à rectifier la nomenclature et par conséquent la distribution des chétodons, et des poissons que l'on avait mêlés à tort avec ces animaux, comme nous avons tâché de rectifier l'arrangement et les dénominations des labres, des spares, des sciènes, des persèques et d'autres osseux voisins de ces derniers. Nous avons eu recours, pour la réforme de l'ordre établi parmi les chétodons, aux moyens que nous avons employés pour distribuer convenablement les persèques, les holocentres, les sciènes, les bodians, les spares, les labres, etc., et voici le résultat de notre travail à ce sujet.

Le mot *chétodon*[1] désignant des dents plus ou moins déliées et semblables à des *soies* ou *poils* flexibles, mobiles et élastiques, j'ai cru ne devoir laisser dans le genre des véritables chétodons, que les poissons qui offraient ce caractère remarquable et facile à saisir, et qui montraient de plus un museau au moins un peu avancé, une ouverture très étroite à leur bouche, de petites écailles sur une ou plusieurs de leurs nageoires, ou un corps très élevé, et enfin le corps et la queue très aplatis dans le sens de leur largeur.

Nous avons retranché de leur genre et placé dans de petites familles particulières :

1° Les poissons qui diffèrent de ces véritables chétodons par des aiguillons entièrement ou presque entièrement dénués de membrane, et placés isolément au-devant de la nageoire du dos; nous les avons nommés *acanthinions* ;

2° Ceux qui ont reçu deux nageoires dorsales, et que nous appellerons *chétodiptères;*

3° Ceux dont l'opercule est dentelé, qui n'ont qu'une dorsale, et dont le nom générique sera *pomacentre;*

4° Ceux que nous appelons *pomadasys,* dont le dos est garni de deux nageoires, et l'opercule dentelé;

5° Ceux qui ont leurs opercules armés de piquants, et que nous distinguons par la dénomination de *pomacanthes;*

6° Ceux dont les opercules dentelés sont aussi hérissés de pointes ou aiguillons, et que le nom d'*holacanthes* distinguera ;

7° Ceux qui ont une dentelure, des aiguillons, deux nageoires du dos, et auxquels le nom d'*énoploses* appartiendra.

---

1. *Chaite,* en grec, signifie des *poils* ou *soies.*

Les espèces renfermées dans les sept genres que nous venons de désigner ont d'ailleurs des dents sétacées comme les espèces pour lesquelles nous avons réservé le nom générique de *chétodon*. Mais nous avons séparé de nos chétodons, par des motifs bien plus grands, les *glyphisodons*, qui ont les dents crénelées ; les *acanthures*, dont les côtés de la queue sont armés d'un ou de plusieurs aiguillons, dont les dents n'ont pas la flexibilité et la mobilité des poils ou des soies ; les *aspisures*, dont une sorte de bouclier revêt les côtés de la queue ; et les *acanthopodes*, dont les nageoires thoracines ne sont composées que d'une ou de deux épines.

Nous avons donc réparti en douze genres les thoracins que l'on n'avait encore inscrits que dans un ou deux genres, et que l'on n'avait nommés que *chétodons* ou *acanthures*.

Le genre auquel nous avons conservé exclusivement le nom de *chétodon* renferme cependant quarante espèces.

Quels sont les traits qui leur appartiennent ?

Nous venons d'indiquer la grande compression de leur corps et de leur queue, les téguments écailleux de leurs nageoires, la petitesse de leur bouche, la nature de leurs dents. Ces dents, quelquefois disposées sur une seule rangée, le plus souvent composent plusieurs rangs très serrés. Les opercules sont tantôt couverts et tantôt dénués d'écailles semblables à celles du dos. Ces dernières, arrondies ou rhomboïdales, grandes ou petites, sont unies ou ciliées, ou dentelées dans leur circonférence. Nous verrons dans un de nos discours généraux, ce que l'on doit principalement observer dans la conformation intérieure de nos chétodons ; mais disons que leurs couleurs sont presque toujours brillantes et contrastées; que l'or, l'argent, le rouge, le bleu, le beau noir, le blanc de lait, sont répandus avec éclat sur leur surface, en raies longitudinales, en bandes transversales peu nombreuses ou très multipliées, en lignes courbées en différents sens, en rubans déployés particulièrement sur l'œil ou sur l'opercule, en taches larges et irrégulières, en taches régulières et moins étendues, en taches rondes, colorées et bordées de manière à imiter une prunelle entourée de son iris.

De si beaux assortiments charment d'autant plus les yeux, que les chétodons nagent avec vitesse. Leur queue n'est pas longue, mais elle est très haute; et d'ailleurs étant terminée par une large nageoire, elle peut frapper l'eau avec force et communiquer à l'animal des mouvements rapides.

Cette vivacité dans les évolutions des chétodons n'est cependant pas la seule cause qui ajoute à l'agrément de leur parure. Leurs écailles ont une surface très polie ; et ils n'habitent que dans des eaux assez voisines de l'équateur, pour qu'ils ne puissent s'approcher des rivages, ou de la surface des mers qu'en réfléchissant un très grand nombre de rayons lumineux.

On n'a rencontré, en effet, de chétodons vivants que sous la zone torride, ou à une distance très petite des tropiques, soit dans l'ancien, soit dans le nouveau continent; et voilà pourquoi ces animaux ne sont connus que depuis la découverte du nouveau monde et l'arrivée des Portugais dans les grandes Indes; et néanmoins il n'est presque aucune contrée où l'on n'ait trouvé des poissons fossiles ou des empreintes de poissons, et où l'on n'ait vu des restes ou des images de quelque espèce de véritable chétodon. Ce fait, digne de l'attention des géologues, a été particulièrement vérifié auprès de Vérone, où l'on a découvert sous les couches de lave du mont Bolca, des individus très bien conservés du chétodon vespertilion et du chétodon teïra, que l'on ne pêche que dans la mer du Japon, dans celle des grandes Indes, ou dans celle d'Arabie.

Nous avons donc une grande raison de plus de déterminer avec précision les caractères distinctifs des espèces de chétodons. Parcourons ces caractères et exposons ceux que nous n'avons pas décrits dans le tableau générique qui précède cet article.

Le bordé n'a de rayons aiguillonnés qu'à la nageoire dorsale. Toutes ses nageoires se terminent en pointe très avancée. Les thoracines sont de plus en forme de faux. La partie de la dorsale qui n'est soutenue que par des rayons articulés est presque entièrement semblable à celle de l'anus par sa figure et par ses dimensions; elle présente l'image d'une sorte de fer de lance. Les écailles sont grandes. L'anus est très rapproché de la caudale. Le tour des yeux est ovale, au lieu d'être rond. On ne voit qu'un orifice à chaque narine. La couleur générale est jaunâtre et relevée par sept ou huit bandes transversales brunes et placées de chaque côté sur la tête, le corps, la queue ou la caudale. Ce sont ces bandes transversales et des bandes analogues observées sur plusieurs chétodons, qui ont fait donner à ces poissons le nom de *bandoulière*.

Le bordé ne parvient ordinairement qu'à la longueur de deux ou trois décimètres. Il se plaît dans la mer qui baigne les Antilles. Il y vit dans les endroits pierreux et auprès des embouchures des rivières. Il se nourrit de très petits poissons et sa chair est agréable au goût.

Le chétodon curaçao tire son nom de l'île de Curaçao, dont il habite les environs. Sa chair est grasse et de bon goût. Il a de petites écailles sur la tête, les opercules, la base de la dorsale, de la caudale et de la nageoire de l'anus. La ligne latérale est interrompue; l'iris blanc, bordé de jaune, et la couleur générale d'un bleu mêlé d'argenté et de violet.

Le Brésil est la patrie du *maurice*. Ce poisson porte le nom du prince de Nassau, qui l'a fait connaître. Il a quelquefois sept décimètres de longueur. Sa chair est blanche et agréable au goût. Il a le corps et la queue plus allongés qu'un très grand nombre d'autres chétodons ; les thoracines jaunes, les pectorales d'un bleu foncé et les autres nageoires d'un bleu clair mêlé de rouge à leur base.

Le bengali, dont le nom indique l'habitation, montre de petites écailles sur la tête, les opercules, la base de l'anale, de la caudale et de la nageoire du dos ; une ligne latérale interrompue ; un brun mêlé de bleu sur le bord des nageoires, et un jaune foncé sur la base de ces organes du mouvement[1].

LE CHÉTODON FAUCHEUR[2]

Echippus falcatus, Cuv. — *Chœtodon punctatus,* Linn., Gmel.
— *Chœtodon falcatus,* Lacép.

Le Chétodon rondelle, *Glyphisodon.....,* Cuv.; *Chœtodon rotundus,* Linn., Gmel.; *Chœtodon rotundatus,* Lacép. — Chétodon sargoïde, *Glyphisodon saxatilis,* Cuv.; *Chœtodon saxatilis,* Linn., Gmel.; *Chœtodon sargoides, Ch. Mauritii* et *Ch. marginatus,* Lacép. — Chétodon cornu, *Heniochus cornutus,* Cuv.; *Chœtodon cornutus,* Bloch, Lacép.; *Chœtodon canescens,* Séba. — Chétodon tacheté, *Siganus guttatus,* Cuv.; *Teuthis Java,* Linn., Gmel.; *Chœtodon guttatus,* Bloch; Lacép. — Chétodon tache noire, *Chœtodon unimaculatus,* Bloch, Cuv.; *Chœtodon nigro maculatus,* Lacép. — Chétodon soufflet, *Chelmon longirostris,* Cuv.; *Chœtodon longirostris,* Brouss., Linn., Gmel., Lacép. — Chétodon cannelé, *Chœtodon canaliculatus,* Lacép. — Chétodon pentacanthe, *Platax pentacanthus,* Cuv.; *Chœtodon orbicularis,* Forsk.; *Chœtodon arthritu,* Bell.; *Chœtodon pentacanthus, Chœtodon Gallina* et *Acanthinion orbicularis,* Lacép. — Chétodon allongé, *Chœtodon elongatus,* Lacép.

On trouve en Asie le faucheur, dont les yeux sont grands et rouges; et dans l'Amérique méridionale, ainsi que dans les grandes Indes, le chétodon

1. A chaque pectorale du chétodon bordé........................ 12 rayons.
A la nageoire de la queue................................. 20 —

A chaque pectorale du chétodon curaçao..................... 12 —
A chaque thoracine, articulés............................ 5 —
—   aiguillonné........................ 1 —
A la caudale.. 16 —

A chaque pectorale du chétodon Maurice..................... 14 —
A chaque thoracine....................................... 6 —
A la nageoire de la queue................................. 18 —

A la membrane branchiale du chétodon bengali.............. 4 —
A chaque pectorale....................................... 10 —
A chaque thoracine....................................... 6 —
A la caudale... 18 —

2. *Chétodon faucheur.* Daubenton et Haüy, Encyclopédie méthodique. — *Id.* Bonnaterre, planches de l'Encyclopédie méthodique. — « Chœtodon rotundatus cinereus, etc. » Mus. Ad. Frid. 1, p. 64. — *Chétodon rondelle.* Daubenton et Haüy, Encyclopédie méthodique. — *Id.* Bonnaterre, planches de l'Encyclopédie méthodique. — « Sargus subrotundus et fasciatus. » Plumier, peintures sur vélin déjà citées. — *Tranchoir,* par plusieurs navigateurs français. — *See reiher,* par les Allemands. — *Betina, Jang, djantan,* dans les Indes orientales. — *Javaansche vaandrig,* par les Hollandais des Indes orientales. — *Chétodon cornu.* Daubenton et Haüy, Encyclopédie méthodique. — *Héron de mer.* Bloch, pl. 200, fig. 2. — « Chœtodon aculeis duobus brevibus supra oculos, ossiculo tertio pinnæ dorsalis longissimo. » Artedi, syn. 70.

Lagerstr. *Chin.,* p. 25. — Séba, Mus. 3, p. 65, n. 6, tab. 25, fig. 6. — « Tetragonoptrus magis latus quam longus. » Klein, *Miss. pisc.,* IV, p. 39, n. 13, tab. 12, fig. 2. — « Tetragonoptrus tribus lineis latis. » Id., n. 14, tab. *b,* 12, fig. 3. — *Geflander trompetter.* Valentyn, *Ind.,* III, p. 398, n. 168, p. 402, fig. 168. — *Ikan parooli.* Id., p. 101, n. 177, p. 406, fig. 177, p. 410, n. 201, fig. 201. — *Alferez djavua.* Id., p. 495, n. 456, f. 456. — *Ican swangi.* Ruysch,

rondelle, dont le nom indique sa hauteur, sa compression et la courbure de sa ligne dorsale[1].

Aucun naturaliste n'a encore publié la description du sargoïde, dont Plumier a laissé un très beau dessin; la couleur générale de ce poisson est d'un jaune doré, et on voit une tache bleue au-dessous de chaque œil.

Le cornu tire son nom de deux aiguillons qu'il a ordinairement au-dessus des yeux et qui représentent deux petites cornes. Des écailles très petites; deux rangées de dents à chaque mâchoire; les deux mâchoires également avancées; deux orifices à chaque narine; le dos très élevé; l'opercule arrondi et couvert, ainsi que la tête et même le museau, d'écailles semblables à celles qui revêtent le corps; la couleur générale argentée; une bande transversale, large, noire, quelquefois divisée en deux, passant au-dessus de l'œil et s'étendant depuis les premiers rayons aiguillonnés de la dorsale jusqu'aux thoracines; une seconde bande transversale de la même couleur et qui règne depuis l'extrémité du plus long rayon de la nageoire du dos jusqu'au bout du rayon le plus allongé de l'anale; une troisième bande noire, terminée par un croissant gris et située sur la caudale, tels sont les principaux caractères que montre le cornu, indépendamment de ceux qui sont indiqués pour ce chétodon sur le tableau de son genre. On le trouve dans les grandes Indes et, suivant Commerson, sur les rivages garnis de coraux ou de madrépores de la Nouvelle-France et de quelques îles du grand Océan équinoxial. Sa chair est de bon goût.

Les eaux du Japon nourrissent le tacheté. Son corps et sa queue sont allongés; ses deux mâchoires également avancées; ses lèvres fortes; celle de dessus peut être un peu étendue, à la volonté de l'animal. Chaque opercule n'est composé que d'une pièce. La couleur générale est grise.

Linné a établi un genre particulier de poissons osseux sous le nom de *theuthis*. Il l'a placé parmi ses abdominaux, à la suite des silures, et il l'a composé de deux espèces. Nous croyons devoir supprimer ce genre, dont la première espèce est un véritable acanthure, ainsi qu'on le verra dans cette

Theatr. anim., 1, p. 2, n. 19, tab. 1, fig. 19. — *Bezaantje klipvisch*. Renard, *Poiss.*, I, p. 5, pl. 3, fig. 13; et p. 21, pl. 12, fig. 76. — *Speervisch, moorsche afgodt*. Id., 2, pl. 39, fig. 173.

« Zanchus transverse fasciatus, radio pinnæ dorsalis... longissime retroducto. » Commerson, manuscrits déjà cités. — « Chætodon nigro, flavo, exalbido, transversim fasciatus, aculeo utrinque crasso, brevi, super oculos. » Id.

Bandoulière tachetée. Bonnaterre, planches de l'Encyclopédie méthodique. — Bloch, pl. 196. — « Hepatus cauda fronteque inermibus. » Gronov., *Zooph.*, 352. — *Leervisch*. Valent., *Ind.*, III, p. 339, f. 410. — *Theuthie Java*. Daubenton et Haüy, Encyclopédie méthodique. — *Id*. Bonnaterre, planches de l'Encyclopédie méthodique. — « Chætodon unimaculatus. Bandoulière à tache.» Bloch, pl. 201, fig. 1. — *Chétodon tache noire*. Bonnaterre, planches de l'Encyclopédie méthodique. — Broussonnet, *Ichtyol.*, dec. 1, n. 6, tab. 7. — *Chétodon soufflet*. Bonnaterre, planches de l'Encyclopédie méthodique. — *Chetodon canaliculatus, Actes de la Société linnéenne de Londres*, t. III, p. 33.

1. Si, contre mon opinion, le faucheur et la rondelle n'ont la caudale ni fourchue, ni en croissant, il faudra les placer dans le second sous-genre des chétodons.

histoire, et dont la seconde, que l'on a pêchée à Java, n'est que le chétodon tacheté. On a observé aussi au Japon et dans les Indes orientales le chétodon tache noire, qui a deux pièces à chaque opercule, les écailles du dos argentées et tachetées de jaune, les nageoires jaunâtres à l'extrémité de la dorsale et de l'anale et la base de la caudale d'un brun marron.

Le soufflet, dont on doit la connaissance à notre savant confrère M. Broussonnet, se plaît dans les eaux du grand Océan. La force remarquable de son museau doit lui donner des habitudes analogues à celles du *chétodon museau allongé*, dont nous parlerons dans un des articles suivants. Sa langue, son palais et son gosier sont dénués de dents et d'aspérités. Le dessus de la tête est brunâtre et le dessous d'une couleur de chair argentée ; une raie noire et une raie blanche bordent l'extrémité de la dorsale et de la nageoire de l'anus, sur laquelle on voit d'ailleurs une tache noire et œillée ; la caudale et les pectorales sont d'un vert de mer relevé par le jaunâtre de la base de ces nageoires.

Le cannelé, que le célèbre Mungo Park a décrit dans les *Actes de la Société linnéenne de Londres* et que l'on a vu à Sumatra, a beaucoup de rapports avec le tacheté. Chacun de ses opercules est composé de deux pièces ; ses écailles sont très petites, et sa chair est agréable au goût[1].

Commerson a laissé dans ses manuscrits des dessins du pentacanthe et

1. A la membrane branchiale du chétodon faucheur.............. 4 rayons.
   A chaque pectorale.. 17   —

   A chaque thoracine, articulés................................ 5   —
      —   aiguillonné............................. 1   —
   A la nageoire de la queue................................... 17   —
   A chaque pectorale du chétodon rondelle..................... 10   —
   A chaque thoracine, articulés................................ 5   —
      —   aiguillonné............................. 1   —
   A la nageoire de l'anus du chétodon sargoïde................. 16   —

   A la membrane branchiale du chétodon cornu.................. 4   —
   A chaque pectorale.. 18   —
   A chaque thoracine, articulés................................ 5   —
      —   aiguillonné............................. 1   —
   A l'anale, articulés... 29   —
      —   aiguillonnés............................ 3   ...
   A la nageoire de la queue................................... 16   —

   A chaque pectorale du chétodon tacheté..................... 15   —
   A la caudale... 16   —

   A la membrane branchiale du chétodon tache noire............ 4   —
   A chaque pectorale 14   —
   A chaque thoracine, articulés................................ 5   —
             aiguillonné............................. 1   —
   A la nageoire de la queue................................... 16   —

   A la membrane branchiale du chétodon soufflet............... 5   —
   A chaque pectorale.. 15   —
   A chaque thoracine, articulés................................ 5   —
      —   aiguillonné............................. 1   —

de l'allongé, qu'il a observés dans le grand Océan. Le pentacanthe a le dos très élevé, les écailles petites, serrées et répandues non seulement sur une grande partie de la tête, sur le corps et sur la queue, mais encore sur la base de la dorsale, de la caudale et de la nageoire de l'anus, qui est presque triangulaire. La dorsale de l'allongé commence au-dessus des yeux, et ses deux mâchoires sont à peu près aussi avancées l'une que l'autre.

LE CHÉTODON COUAGGA

Chætodon Couagga, Lacép.

LE CHÉTODON TÉTRACANTHE

Ephippus tetracanthus, Cuv. ; *Chætodon tetracanthus,* Lacép.

Nous avons trouvé dans les dessins de Commerson la figure de ces deux chétodons, dont la description n'a pas encore été publiée par les naturalistes. Nous avons donné au premier le nom de *couagga,* à cause de quelque analogie que l'on peut remarquer entre la distribution de ses couleurs et la disposition des bandes qui ornent le couagga de l'Afrique méridionale. Indépendamment de trois bandes dont nous venons de parler dans le supplément au tableau de son genre, on voit une tache noire sur sa queue, une autre tache de la même nuance, mais plus petite, sur chacun des côtés de cette même partie du poisson, et une raie noire et oblique qui s'étend depuis l'œil jusqu'auprès de l'ouverture de la bouche. La partie inférieure de l'animal est d'une teinte beaucoup plus claire que ses côtés et sa partie supérieure. Les écailles qui le revêtent sont très petites.

Le tétracanthe a les deux mâchoires également avancées, l'opercule dénué de petites écailles, et la partie de la dorsale, que des rayons aiguillonnés fortifient, très arrondie et très distincte de l'autre portion.

LE CHÉTODON POINTU[1]

Heniochus macrolepidotus, Cuv. — *Chætodon macrolepidotus,* Linn., Bloch, Lacép. — *Chætodon acuminatus,* Linn., Lacép.

Le Chétodon queue blanche, *Chætodon leucurus,* Linn., Gmel., Lacép. — Chétodon grande écaille, *Heniochus macrolepidotus,* Cuv.; *Chætodon macrolepidotus,*

A la caudale..	23	rayons.
A la membrane branchiale du chétodon cannelé...............	4	—
A chaque pectorale....................................	18	—
A chaque thoracine, articulés...........................	5	—
— aiguillonné...............................	1	—
A la nageoire de la queue...............................	18	—

1. Mus. Ad. Frid. 1, p. 63, tabl. 33, fig. 3. — *Chétodon pointu.* Daubenton et Haüy, Encyclopédie méthodique. — *Id.* Bonnaterre, planches de l'Encyclopédie méthodique. — *Chétodon petit deuil.* Daubenton et Haüy, Encyclopédie méthodique. — *Id.* Bonnaterre, planches de l'Encyclopédie méthodique. — *Tafel visch, Groote tafel fish, Bezaante, Klepfisch, Moorse afgoot Speer*

Linn., Bloch, Lacép.; *Chœtodon acuminatus,* Linn., Lacép. — Chétodon argus, *Ephippus argus,* Cuv.; *Chœtodon argus,* Linn., Gmel., Lacép. — Chétodon vagabond, *Chetodon vagabundus,* Cuv.; Bloch, Lacép. — Chétodon forgeron, *Chœtodon Faber,* Linn., Gmel., Cuv., Bloch, Lacép. — Chétodon chili, *Chœtodon chilensis,* Molina, Linn., Gmel., Lacép. — Chétodon a bandes, *Chœtodon fasciatus,* Forsk., Linn., Gmel., Lacép.; *Chœtodon flavus,* Bloch, Schn.

Le tableau générique présente les principaux traits de ces chétodons ; achevons leurs portraits en disant que le pointu des deux Indes a le museau avancé, la couleur générale blanchâtre et les bandes transversales brunes.

Le chétodon queue blanche d'Amérique a des dimensions très petites et les thoracines pointues.

Le chétodon grande écaille, des Indes orientales, a [les deux mâchoires aussi avancées l'une que l'autre, la tête couverte de petites écailles, la couleur générale argentine, deux bandes transversales brunes, deux taches de la même couleur sur la tête, la chair grasse et d'une saveur délicate qu'on a comparée à celle de la sole, et une grandeur telle que sa hauteur est très considérable et son poids de douze ou treize kilogrammes.

L'argus, de la partie de l'Asie voisine des tropiques, a les mâchoires égales, les nageoires courtes et jaunes, l'habitude de suivre les vaisseaux pour se nourrir des restes de table qui sont jetés dans la mer, ou celle de

visch, Pampus visch, Vaandrager, par les Hollandais. — *Ican pampus, Tereloc,* aux Indes orientales. — Bloch, pl. 108, fig. 1.

1. *Chétodon grande écaille.* Daubenton et Haüy, Encyclopédie méthodique. — *Id.* Bonnaterre, planches de l'Encyclopédie méthodique. — « Chætodon macrolepidotus.... ossiculo quarto pinnæ dorsalis longissimo, etc. » Artedi, spec. 94. — Gronov. Mus, 2, p. 27, n. 194; et *Zooph.,* p. 69, n. 234. — Séba, Mus. 3, p. 66, n. 8, tab. 25, fig. 8. — Klein, *Miss. pisc.,* IV, p. 37, n. 12, tab. 11, fig. 2. — Valent., *Ind.,* t. III, p. 448, n. 324, fig. 324. — Ruysch, *Pisc. Amboin.,* t. Ier, f. 1. — Renard, *Poiss.,* I, p. 5, 1, 13, t. III, f. 13. — Id., 2, t. Ier, fol. 1; t. IX, f. 44; et t. XVI, f. 75.

Stercorario, par les Italiens. — *Cevlackter klip-visch, Stront-visch, Gesterden catonea-visch,* par les Hollandais. — *Ican taki, Ican fay, Cacatohea babintang, Ican catohea babintang,* par les indigènes des grandes Indes. — Bloch, pl. 204, fig. 1.

Chétodon argus. Daubenton et Haüy, Encyclopédie méthodique. — *Id.* Bonnaterre, planches de l'Encyclopédie méthodique. — « Rhomboïdes ventre cæruleo, etc. » Klein, *Miss. pisc.,* III, p. 36, n. 4. — Willughby, App., p. 2, tab. 2, fig. 2. — Nieuh., *Ind.,* t. II, p. 269, fig. 6. — Ruysch, *Pisc. Amboin.,* p. 33, n. 6, tab.17, fig. 6. — Renard, *Poiss.,* II. — Valentyn, *Ind.,* III, p. 403, fig. 180. — *Schwarmer,* par les Allemands. — *Douwing prinz, Douwing hertogin, Princesse-visch, Japansche prins,* par les Hollandais. — *Ican poetri, Parampoeva, Ican sajadji,* par les indigènes des grandes Indes.

Chétodon sourcil. — Daubenton et Haüy, Encyclopédie méthodique. — *Id.* Bonnaterre, planches de l'Encyclopédie méthodique. — Mus. Ad. Frid. 2, p. 71. — Séba, Mus. 3, tab. 25, fig. 3. — Klein, *Miss.,* III, *Pisc.,* IV, p. 36, n. 5, tab. 9, fig. 2. — Valent., *Ind.* III, p. 357, n. 34, f. 34; p. 359, n. 43, fig. 43; et p. 395, n. 157, fig. 157. — Renard, *Poiss.,* I, p. 16, n. 58, tab. 8, fig. 58; p. 32, n. 116, tab. 21, fig. 116; et p. 34, n. 126, tab. 23, g. 126. — *Princesse.* Ruysch, *Pisc. Amboin.,* p. 28, tab. 14, fig. 17. — Bloch, pl. 204, fig. 2.

Chétodon forgeron. Bloch, pl. 212, fig. 2. — Broussonet, *Ichtyol.,* dec. 1, n. 5, tab. 6. — *Chétodon enfumé.* Bonnaterre, planches de l'Encyclopédie méthodique. — *Molina. Hist. nat. Chil.,* p. 200. — *Chétodon doré.* Bonnaterre, planches de l'Encyclopédie méthodique. — Forskael, *Fauna arab.,* p. 39, n. 80. — *Chétodon bigarré (Chœtodon variegatus).* Bonnaterre, planches de l'Encyclopédie méthodique.

pénétrer par les rivières dans les marais d'eau douce, afin d'y trouver un grand nombre des insectes qu'il aime[1].

Le vagabond, des mêmes contrées orientales que l'argus, a deux pièces à chaque opercule, une bande noire, fléchie en crochet, placée vers l'extrémité de la queue et étendue depuis la nageoire du dos jusqu'à celle de l'anus, l'extrémité de ces deux nageoires et de la caudale bordée de noir, un croissant noir sur cette même nageoire de la queue, une chair grasse, ferme et d'un goût agréable.

Le forgeron, qui vit dans l'Amérique méridionale et que mon confrère M. Broussonnet a décrit le premier, a la tête revêtue de petites écailles, la couleur générale argentine, et la dorsale, la caudale et l'anale d'un bleu foncé[2].

1. L'argus appartient aux eaux de la partie méridionale de l'Asie, et néanmoins on a vu les restes d'un individu de cette espèce parmi les poissons fossiles du mont Bolca, près de Vérone. *Ichtyolithologia Veronensis*, etc. — Voyez, à ce sujet, notre Discours sur la durée des espèces.

2.

A la membrane branchiale du chétodon pointu......	4 rayons.
A chaque pectorale......	16 —
A chaque thoracine, articulés,......	5 —
— aiguillonné......	1 —
A la nageoire de la queue......	17 —
A chaque pectorale du chétodon queue blanche......	16 —
A chaque thoracine, articulés......	5 —
— aiguillonné......	1 —
A la caudale......	20 —
A chaque pectorale du chétodon grande écaille......	16 —
A chaque thoracine, articulés......	5 —
— aiguillonné......	1 —
A la nageoire de la queue......	18 —
A la membrane branchiale du chétodon argus......	4 —
A chaque pectorale......	18 —
A chaque thoracine, articulés......	5 —
— aiguillonné......	1 —
A la caudale......	14 —
A chaque pectorale du chétodon vagabond......	18 —
A chaque thoracine, articulés......	5 —
— aiguillonné......	1 —
A la nageoire de la queue......	11 —
A la membrane branchiale du chétodon forgeron......	8 —
A chaque pectorale......	16 —
A chaque thoracine, articulés......	5 —
— aiguillonné......	1 —
A la caudale......	20 —
A la membrane branchiale du chétodon chili......	6 —
A chaque pectorale......	12 —
A la nageoire de la queue......	18 —
A chaque pectorale du chétodon à bandes......	16 —
A chaque thoracine, articulés......	5 —
— aiguillonné......	1 —
A la caudale......	16 —

Le chétodon chili, qui porte le nom du pays où il a été découvert, a trois lames à chaque opercule, des écailles très petites, sa première bande noire, la seconde et la troisième grises, la quatrième et la cinquième grises et noires, une tache grande, ovale et noire sur la queue, la dorsale jaune, la nageoire de la queue argentée et bordée de jaune.

Enfin le chétodon à bandes, que Forskael a vu en Arabie, a la lèvre supérieure extensible, la dorsale rayée de roux, de noir, de jaunâtre et de jaune, les pectorales verdâtres, les thoracines jaunes, la caudale jaunâtre et chargée d'une bande brune.

LE CHÉTODON COCHER[1]

Chœtodon Auriga, Forsk., Linn., Gmel., Cuv., Lacép.

Le Chétodon hadjan, *Chœtodon mesoleucos,* Linn., Gmel.; *Chœtodon hadjan,* Forsk., Lacép. — Chétodon peint, *Chœtodon pictus,* Forsk., Lacép.

Les eaux de l'Arabie nourrissent ces trois chétodons. On doit remarquer les quatre bandes transversales et rousses qui s'étendent sur la tête du premier, la bande noire qui passe sur ses yeux, la bordure noire de l'extrémité de sa dorsale, les raies blanches, jaunâtres et noires de sa nageoire de l'anus, et les nuances rousses de sa caudale[2];

La bande noirâtre qui s'étend sur l'œil de l'hadjan, la couleur verdâtre de ses pectorales, le blanc de ses thoracines, le brun de ses nageoires de l'anus et du dos, ainsi que le noir de sa caudale dont l'extrémité est très transparente[3];

1. Forskael, *Fauna arab.*, p. 60, n. 81. — *Chétodon cocher.* Bonnaterre, planches de l'Encyclopédie méthodique. — Le nom de *cocher* donné à ce chétodon vient du filament très long et semblable à un fouet délié, que l'on voit à sa dorsale.—« Chætodon à tergo flavus, torque nigro, fasciis albis obliquatis, ad angulos rectos concidentibus, pinna dorsali retrorsum filo longo appendiculata. » Commerson, manuscrits déjà cités.

Forskael, *Fauna arab.*, p. 61, n. 83. — *Chétodon nadjan.* Bonnaterre, planches de l'Encyclopédie méthodique. — Forskael, *Fauna arab.*, p. 65, n. 92. — *Chétodon ruban.* Bonnaterre, planches de l'Encyclopédie méthodique.

2. Les individus de cette espèce, que Commerson a vus au milieu des rochers de l'Ile de France, différaient peu de ceux que Forskael a observés en Arabie.

3. A la membrane branchiale du chétodon cocher.................. 6 rayons.
    A chaque pectorale................................ 16 —
    A chaque thoracine, articulés .... 5 —
       —   aiguillonné............................ 1 —
    A la nageoire de la queue......................... 17 —
    A la membrane branchiale du chétodon hadjan.............. 6 —
    A chaque pectorale................................ 16 —
    A chaque thoracine, articulés..................... 5 —
       —   aiguillonné............................ 1 —
    A la caudale...................................... 17 —
    A la membrane branchiale du chétodon peint.............. 6 —
    A chaque pectorale................................ 16 —
    A chaque thoracine, articulés..................... 5 —
       —   aiguillonné............................ 1 —
    A la nageoire de la queue......................... 17 —

Enfin les cinq bandes transversales et jaunes du chétodon peint, la bande noire, le croissant doré et la bordure brune de sa nageoire de la queue, l'autre bande également noire qui passe sur chacun de ses yeux, et le noir de sa nageoire du dos.

LE CHÉTODON MUSEAU ALLONGÉ[1]

Chelmon rostratus, Cuv. — *Chætodon rostratus,* Linn., Gmel., Bloch, Lacép.

Ce poisson est d'autant plus beau à voir, que ses bandes et sa grande tache bordée de blanc sont placées sur un fond mêlé d'or et d'argent, dont les nuances se marient avec plus de vingt raies longitudinales très étroites et brunes, qui rendent leurs reflets encore plus brillants ; mais il est encore plus curieux à observer lorsqu'il vit sans contrainte et sans crainte, dans les mers de l'Inde, qu'il paraît préférer. Il se tient le plus souvent auprès de l'embouchure des rivières, ou à une petite distance des rivages, et particulièrement dans les endroits où l'eau n'est pas profonde. Il se nourrit d'insectes, et surtout de ceux que l'on peut trouver sur les plantes marines qui s'élèvent au-dessus de la surface de la mer. Il emploie, pour les saisir, une manœuvre remarquable qui dépend de la forme très allongée de son museau, et qu'au reste on retrouve, avec plus ou moins de différences, parmi les habitudes du spare insidiateur, du chétodon soufflet et de quelques autres poissons dont le museau est très long, très étroit et presque cylindrique, comme celui de l'animal que nous décrivons. Lorsqu'il aperçoit un insecte dont il désire faire sa proie et qu'il le voit trop haut au-dessus de la surface de la mer pour pouvoir se jeter sur lui, il s'en approche le plus possible ; il remplit ensuite sa bouche d'eau de mer, ferme ses ouvertures branchiales, comprime avec vitesse sa petite gueule, et, contraignant le fluide salé à s'échapper avec rapidité par le tube très étroit que forme son museau, le lance quelquefois à deux mètres de distance avec tant de force, que l'insecte est étourdi et précipité dans la mer. Cette chasse est un petit spectacle assez amusant pour que les gens riches de la plupart des îles des Indes orientales se plaisent à nourrir dans de grands vases des chétodons à museau allongé. Bloch a cité dans son grand ouvrage[2] M. Hommel, inspecteur des hôpitaux de Batavia, qui avait fait mettre quelques-uns de ces poissons dans un vaisseau très large et rempli d'eau de mer. Il avait fait attacher une

1. *Schnabel fisch, Rüssel fisch, Spritz fisch, Schütze,* par les Allemands. — *Spuyt-visch,* par les Hollandais. — *Nos-klippare,* par les Suédois. — *Bandoulière à bec.* Bloch, pl. 202, fig. 1. — « Chætodon rostratus, etc. » Mus. Ad. Frid. 1, p. 61, tab. 33, fig. 2. — « Chætodon..... rostro longissimo osseo, etc. » Gronov. Mus. 1, p. 48, n. 109 ; et *Zooph.,* p. 69, n. 203. — *Jaculator.* Schlosser, *Act. Anglic.,* 1765, p. 89, tab. 9. — Séba, Mus. 3, p. 68, n. 17, tab. 25, fig. 17. — *Chétodon bec allongé.* Daubenton et Haüy, Encyclopédie méthodique. — *Id.* Bonnaterre, planches de l'Encyclopédie méthodique.
2. Article de la *Bandoulière à bec.*

mouche sur le bord du vase, et il avait eu le plaisir de voir ces thoracins s'empresser à l'envi de s'emparer de la mouche et ne cesser de lancer avec vitesse contre elle des gouttes d'eau qui atteignaient toujours le but. D'après ces faits, il n'est pas surprenant que ce soit avec des insectes qu'on amorce les hameçons dont on se sert pour prendre les chétodons à museau allongé, lorsqu'on ne les pêche pas avec des filets. Ajoutons qu'ils seraient très recherchés, quand même ils ne seraient pas des chasseurs adroits, parce que leur chair est agréable et salubre[1].

LE CHÉTODON ORBE[2]

Ephippus Orbis, Cuv. — *Chœtodon Orbis*, Linn., Gmel., Bloch, Lacép.

LE CHÉTODON ZÈBRE, *Chœtodon striatus*, Cuv., Bloch, Linn., Gmel.; *Chœtodon zebra*, Lacép. — CHÉTODON BRIDÉ, *Chœtodon capistratus*, Cuv., Bloch, Linn., Gmel., Lacép. — CHÉTODON VESPERTILION, *Platax Vespertilio*, Cuv.; *Chœtodon Vespertilio*, Bloch, Linn., Gmel., Lacép. — CHÉTODON ŒILLÉ, *Chœtodon ocellatus*, Cuv., Bloch, Linn., Gmel., Lacép. — CHÉTODON HUIT BANDES, *Chœtodon octofasciatus*, Cuv., Bloch, Linn., Gmel., Lacép. — CHÉTODON COLLIER, *Chœtodon collaris*, Cuv., Bloch, Linn., Gmel., Lacép.

L'on pourra reconnaître facilement ces chétodons, d'après ce que nous avons exposé de leurs formes dans le tableau générique ; mais, pour en

1. A la membrane des branchies .... 5 rayons.
   A chaque pectorale.. 12 —
   A chaque thoracine, articulés................................ 5 —
       —   aiguillonné............................... 1 —
   A la nageoire de la queue.................................. 15 —
   L'orifice de chaque narine est simple.
2. Bloch, pl. 202, fig. 2. — *Chétodon orbe.* Bonnaterre, planches de l'Encyclopédie méthodique. — *Bandirter klip-fish, Strim-klippare,* par les Allemands. — *Heer lykke klipp-vish,* par les Hollandais. — *Ikan batoe moelin,* dans les Indes orientales. — *L'onagre* ou *le zèbre.* Bloch, pl. 205, fig. 1. — *Chétodon strié.* Daubenton et Hauy, Encyclopédie méthodique. — *Id.,* Bonnaterre, planches de l'Encyclopédie méthodique.

Mus. Ad. Frid. 1, p. 62, tab. 33, fig. 7. — « Labrus rostro reflexo, fasciis lateralibus tribus fuscis. » *Amœnit. acad.* 1, p. 313. — « Chætodon macrolepidotus, lineis utrinque tribus nigris, latis, etc. » Artedi, spec. 95. — Gronov. Mus. 1, p. 49, n. 110; et *Zooph.,* p. 70, n. 235. — Séba, Mus. 3, p. 66, n. 9, tab. 25, fig. 9. — « Rhomboides edentulus, etc. » Klein, *Miss. pisc.,* IV, p. 37, n. 10, tab. 10, fig. 4. — Valent., *Ind.,* III, p. 397, fig. 163.

Soldaten fisch, par les Allemands. — *Grimm klippare,* par les Suédois. — *Striped angel fisch,* par les Anglais de la Jamaïque. — *La coquette des îles américaines.* Bloch, pl. 205, fig. 2. — *Chétodon bridé.* Daubenton et Haüy, Encyclopédie méthodique. — *Id.* Bonnaterre, planches de l'Encyclopédie méthodique. — Mus. Ad. Frid. 1, p. 63, tab. 33, fig. 4.

« Labrus rostro reflexo, ocello purpureo iride albà juxta caudam. » *Amœnit. acad.* 1, p. 314. — Gronov. Mus. 2, p. 37, n. 195; et *Zooph.,* p. 70, n. 207. — Séba, Mus. 3, p. 68, n. 16, tab. 25, fig. 16. — « Tetragonoptrus lævis, etc. » Klein, *Miss. pisc.,* IV, p. 37, 38, n. 2, tab. 11, fig. 15, 18. — Bloch, pl. 199, fig. 2. — *Chétodon à larges nageoires.* Bonnaterre, planches de l'Encyclopédie méthodique.

L'œil de paon. Bloch, p. 211, fig. 2. — *Chétodon œil de paon.* Bonnaterre, planches de l'Encyclopédie méthodique. — Séba, Mus. 3, p. 67, n. 11, tab. 25, fig. 11. — Bloch, pl. 215, fig. 1.

1. LE CHÉTODON-ORBE (Chætodon striatus, Lin.) —— 3. LE TENIANOTE-TRIACANTHE (Tœnianothus triacanthus, Cuv)

2. L' HOLOCENTRE VERDATRE (Acerina cernua, Cuv.) —— 4. LA SCIÈNE-CORO (Pristipoma coro, Cuv)

d'après le RÈGNE ANIMAL de Cuvier, édition V Masson

Garnier frères Editeurs

donner une idée presque complète, il faut que nous indiquions encore l'égale longueur des mâchoires, la petitesse de la bouche, les écailles placées au-dessus de la tête et des opercules, et la couleur jaune des nageoires de l'orbe qui appartient aux Indes orientales ;

Les deux pièces de chaque opercule, les écailles distribuées sur la base de la dorsale, de la caudale et de l'anale, l'iris blanc et bordé à l'intérieur de jaune, et le brun foncé ou le noir de l'extrémité de toutes les nageoires du zèbre que l'on trouve dans les Indes orientales, que Duhamel a reçu d'Amérique, et dont la chair est très agréable au goût ;

La bande transversale et brune de la nageoire de la queue, l'extrémité noirâtre de la dorsale et de l'anale, et le vert des opercules, ainsi que des rayons aiguillonnés de la nageoire du dos, des thoracines et de la nageoire de l'anus du chétodon bridé qui vit dans la mer de la Jamaïque, dont le corps et la queue sont très comprimés, qui, parvenant à peine à la longueur d'un décimètre, est fréquemment la proie des poissons grands et voraces et dont Séba, Linné, Duhamel et Bloch nous ont transmis la figure[1] ;

— *Chétodon argentine.* Bonnaterre, planches de l'Encyclopédie méthodique. — *Chétodon striatus.* Mus. Linck. 1, p. 42. — « Chœtodon ornatus octolineatus. » Mus. Schwenck., p. 32, n. 81. — Séba, Mus. 3, p. 67, n. 12, tab. 25, fig. 12. — « Rhomboides cujus pinnam dorsalem radiis conjunctis inermibus, etc. » Klein, *Miss. pisc.* IV, p. 36, n. 6, tab. 9, fig. 3. — Bloch, pl. 216, fig. 1. — *Chétodon collier.* Bonnaterre, planches de l'Encyclopédie méthodique. — Séba, Mus. 3, p. 66, n. 10, tab. 25, fig. 10.

1. A chaque pectorale du chétodon orbe	18	rayons.
A chaque thoracine, articulés	5	—
— aiguillonné	1	—
A la nageoire de la queue	16	—
A la membrane branchiale du chétodon zèbre	6	—
A chaque pectorale	16	—
A chaque thoracine, articulés	5	—
— aiguillonné	1	—
A la caudale	18	—
A la membrane branchiale du chétodon bridé	5	—
A chaque pectorale	14	—
A chaque thoracine, articulés	5	—
— aiguillonné	1	—
A la nageoire de la queue	16	—
A la membrane branchiale du chétodon vespertilion	5	—
A chaque pectorale	18	—
A chaque thoracine, articulés	5	—
— aiguillonné	1	—
A la caudale	17	—
A la membrane branchiale du chétodon œillé	5	—
A chaque pectorale	16	—
A chaque thoracine, articulés	5	—
— aiguillonné	1	—
A la nageoire de la queue	18	—
A chaque pectorale du chétodon huit bandes	16	—
A chaque thoracine, articulés	5	—

L'orifice unique de chaque narine, la petitesse des écailles répandues sur le corps, la queue, la base de la dorsale, de la caudale et de l'anale, et la couleur verdâtre du vespertilion que l'on a envoyé du Japon au professeur Bloch, et dont on a reconnu cependant un individu parmi les poissons fossiles du mont Bolca près de Vérone[1] ;

Les écailles de la base, et la couleur jaunâtre des nageoires dorsale, caudale et anale, la bande transversale étroite et noire que l'on voit sur la tête, et les teintes dorées et argentées du chétodon œillé des grandes Indes ;

Les écailles qui revêtent la plus grande partie des nageoires du dos, de la queue et de l'anus, la bordure brune de l'anale et de la dorsale, et les nuances violettes du chétodon huit bandes, dont les Indes orientales sont la patrie ;

Et enfin le tégument écailleux d'une très grande portion de la nageoire du dos, de celle de l'anus et de celle de la queue, le bleu du dos, le brun de la tête, le jaunâtre de presque toutes les nageoires, l'arc foncé de la caudale et la bordure jaune de la dorsale du chétodon collier que l'on a pêché au Japon.

LE CHÉTODON TEIRA[2]

Platax Teira, Cuv. — *Chœtodon Teira* et *Chœtodon pinnatus*, Linn., Gmel.
— *Chœtodon Teira*, Lacép.

Le Chétodon surate, *Etroplus meleagris*, Cuv.; *Chœtodon suratensis*, Bloch, Lacép. — Chétodon chinois, *Chœtodon chinensis*, Bloch, Lacép. — Chétodon klein, *Chœtodon Kleinii*, Cuv., Bloch, Lacép. — Chétodon bimaculé, *Chœtodon bimaculatus*, Cuv., Bloch, Lacép. — Chétodon galline, *Platax arthriticus*, Cuv.; *Chœtodon gallina* et *Chœtodon pentacanthus*, Lacép.; *Chœtodon orbicularis*, Forsk.; *Acanthinion orbicularis*, Lacép. — Chétodon trois bandes, *Chœtodon trifasciatus*, Mungo-Park, Lacép.

Le teïra est nommé *daakar* par les Arabes, lorsqu'il est grand et vieux, et c'est ce qui fait naître l'erreur d'un savant naturaliste qui a fait deux es-

A chaque thoracine aiguillonné.................................... 1 rayons.
A la caudale.. 12   —
A la membrane branchiale du chétodon collier.................. 4   —
A chaque pectorale.. 14   —
A chaque thoracine, articulés................................. 5   —
       —   aiguillonné............................. 1   —
A la nageoire de la queue..................................... 20   —

1. Consultez l'ouvrage que nous devons aux lumières du comte de Gozala, et qui est intitulé *Ichtyolithologia Veronensis*, etc. Consultez aussi notre Discours sur la durée des espèces.

2. *Schwarz flosser*, par les Allemands. — *Breed vinnige klipfish, Zee botje*, par les Hollandais. — *Bokken visch*, par les colons hollandais des Indes orientales. — *Ikan camping*, dans les Indes orientales. — *Teïra*, en Arabie (quand l'animal est jeune). — *Daakar*, ibid. (lorsque l'animal est vieux). — *Bandoulière à nageoires noires*. Bloch, pl. 199. — Forskael, *Fauna arab.*, p. 60, n. 82.

Mus. Schwenck, p. 26, n. 78. — Valent., *Ind.*, III, p. 366, n. 62, fig. 62. — Renard, *Poiss.* I,

pèces distinctes du daakar et du teïra. Le teïra de Gmelin et le chétodon à grandes nageoires décrit par cet habile professeur ne forment non plus qu'un même poisson. Ce thoracin vit dans les eaux des grandes Indes et dans celles d'Arabie. Il y parvient, suivant Forskael, à la grandeur de plus d'un mètre et un quart ; il y vit des petits animaux qui construisent les coraux ou les madrépores, ou de ceux qui habitent les coquilles. Sa chair est très bonne à manger ; on le prend non seulement au filet, mais encore à l'hameçon.

Le corps du teïra est très mince et très élevé ; la ligne latérale très courbée, la couleur générale blanchâtre, la caudale blanche et la dorsale jaunâtre, ainsi que le rayon aiguillonné de chaque thoracine.

M. de Gazola a vu un individu de cette espèce parmi les poissons fossiles du Véronais, qu'il a observés et décrits.

Le chétodon surate, dont la couleur générale est nuancée de blanc et de violet, a une tache noire au-dessous de chaque pectorale, les thoracines noires avec le rayon aiguillonné d'un beau blanc, les pectorales jaunes, et la dorsale, l'anale et la caudale variées de violet et de jaune, et revêtues à leur base d'un grand nombre de petites écailles[1].

p. 35, n. 129. — Ruysch, *Theatr. anim.*, I, p. 18, n. 7, t. X, fol. 7. — Mus. Ad. Frid., p. 94, t. XXXIII, fig. 6. — Chin. Lagerstr. 25. — *Chétodon teïra.* Daubenton et Haüy, Encyclopédie méthodique. — *Id.* Bonnaterre, planches de l'Encyclopédie méthodique. — *Chétodon daakar.* Id.
 Bandoulière de surate. Bloch, pl. 217. — *Bandoulière de la Chine.* Bloch, pl. 218, fig. 1. — *Bandoulière de Klein.* Bloch, pl. 218, fig. 2. — *Bandoulière à deux taches.* Bloch, pl. 219, fig. 1. — *Poule de mer.* — « Chætodon fuscus, tænia pone oculos argentea, superoculari nigriore. » Commerson, manuscrits déjà cités. — Mungo Park, *Act. de la Société linnéenne de Londres*, t. III, p. 33.

1. A la membrane branchiale du chétodon teïra.................... 7 rayons.
 A chaque pectorale .... 11 —
 A chaque thoracine, articulés................................... 5 —
  — aiguillonné... 1 —
 A la caudale .... 17 —

 A la membrane branchiale du chétodon surate................ 5 —
 A chaque pectorale... 16 —
 A chaque thoracine, articulés................................... 5 —
  — aiguillonné... 1 —
 A la nageoire de la queue..................................... 16 —

 A la membrane branchiale du chétodon chinois................ 5 —
 A chaque pectorale... 10 —
 A chaque thoracine, articulés................................... 5 —
  — aiguillonné... 1 —
 A la caudale... 16 —

 A la membrane branchiale du chétodon klein................ 5 —
 A chaque pectorale... 15 —
 A chaque thoracine, articulés................................... 5 —
  — aiguillonné... 1 —
 A la nageoire de la queue..................................... 18 —

 A la membrane branchiale du chétodon bimaculé.............. 6 —
 A chaque pectorale.. 14 —

Le corps et la queue du chinois sont plus allongés que ceux de presque tous les autres chétodons; chaque opercule présente une tache noirâtre, ovale et bordée de blanc; deux raies très courtes et très brunes paraissent entre l'œil et cette tache; la couleur générale est blanchâtre, et un violet mêlé de gris et de jaune s'étend sur les nageoires.

Le klein des Indes orientales a les nageoires d'un jaune doré et couvertes en partie d'écailles très petites.

La couleur générale du bimaculé est d'un blanc qui tire sur le gris; les pectorales et les thoracines sont rouges; les autres nageoires sont jaunes; leur extrémité est grise, et une lame triangulaire et écailleuse est située sur la base de chaque thoracine.

La galline a été observée par Commerson, qui l'a vue, en septembre 1769, dans le marché de l'île Maurice, où on la comptait parmi les poissons les plus agréables au goût. Sa longueur ordinaire est d'un demi-mètre; la nuque très élevée; les dents menues, flexibles et mobiles, qui garnissent les deux mâchoires, sont très nombreuses et placées sur plusieurs rangs; le palais est lisse; la mâchoire supérieure moins avancée que l'inférieure, mais un peu extensible. On n'aperçoit point de petites écailles sur les pièces qui composent chaque opercule, mais on en voit sur une grande partie de la surface des nageoires du dos, de la queue et de l'anus. L'intérieur de la bouche est très noir.

Le célèbre Mungo Park a fait connaître le chétodon trois bandes. Ce poisson, de Sumatra, ne parvient ordinairement qu'à la longueur d'un décimètre; l'ouverture de sa bouche est très petite; deux pièces forment chaque opercule; la ligne latérale est interrompue; ses nageoires sont jaunes; il se plaît parmi les coraux.

CENT TRENTE-TROISIÈME GENRE

LES ACANTHINIONS

Les dents petites, flexibles et mobiles; le corps et la queue très comprimés; de petites écailles sur la dorsale, ou sur d'autres nageoires, ou la hauteur du corps supérieure ou du moins égale à sa longueur; l'ouverture de la bouche petite; le museau plus ou moins avancé;

A chaque thoracine, articulés	5	rayons.
— aiguillonné	1	—
A la caudale	17	—
A la membrane branchiale du chétodon galline	5	—
A chaque pectorale	18	—
A chaque thoracine	7	—
A la nageoire de la queue	16	—
A la membrane branchiale du chétodon trois bandes	4	—
A chaque pectorale	14	—
A chaque thoracine, articulés	5	—
— aiguillonné	1	—
A la caudale	16	—

une seule nageoire dorsale ; plus de deux aiguillons dénués ou presque dénués de membrane au-devant de la nageoire du dos.

ESPÈCES.	CARACTÈRES.
1. L'ACANTHINION RHOMBOÏDE.	Dix-sept rayons à la dorsale ; trois rayons aiguillonnés et vingt et un rayons articulés à la nageoire de l'anus ; la dorsale et l'anale en forme de faux ; les premiers rayons de ces deux nageoires assez longs pour parvenir au-dessus et au-dessous de la base de la caudale ; la ligne latérale courbe ; la couleur générale verte ; cinq aiguillons au-devant de la nageoire du dos.
2. L'ACANTHINION BLEU.	Seize rayons à la dorsale ; dix-huit rayons à la nageoire de l'anus ; la dorsale et l'anale en forme de faux ; les premiers rayons de ces deux nageoires assez longs pour atteindre presque au-dessus et au-dessous de l'extrémité de la caudale ; la ligne latérale presque droite ; la couleur générale bleue ; cinq aiguillons au-devant de la nageoire du dos.
3. L'ACANTHINION ORBICULAIRE.	Trente-six rayons à la nageoire du dos ; vingt-six à celle de l'anus ; trois aiguillons cachés sous la peau au-devant de la dorsale.

L'ACANTHINION RHOMBOIDE[1]

Trachinotus rhomboides, Cuv. — *Chætodon rhomboides,* BLOCH, LINN., GMEL. — *Acanthinion rhomboides,* LACÉP.

L'ACANTHINION BLEU, *Trachinotus glaucus,* Cuv.; *Chætodon glaucus,* Linn., Gmel.; *Acanthinion glaucus,* Lacép. — ACANTHINION ORBICULAIRE, *Platax arthriticus,* Cuv.; *Chætodon orbicularis,* Forsk., Linn., Gmel.; *Chætodon pentacanthus, Chætodon gallina* et *Acanthinion orbicularis,* Lacép.

Le nom d'*acanthinion*[2] désigne le principal caractère qui sépare des chétodons proprement dits les trois poissons dont nous allons parler ; cette dénomination indique les aiguillons placés sur le derrière de leur tête, et par conséquent au-devant de leur nageoire dorsale. Ces thoracins ont le dos très élevé et l'anus très abaissé au-dessous de la ligne droite que l'on pourrait tirer de leur museau à l'extrémité de leur queue ; comme le point le plus saillant du dos et celui de la partie inférieure présentent un angle dans le premier de ces animaux, qui d'ailleurs est très comprimé, chacun de ses côtés ressemble à un grand losange. De cette figure vient le nom spécifique de *rhomboïde,* qui lui a été donné par Bloch.

Ce poisson est très beau à voir ; un vert très gai règne sur sa partie supérieure, une couleur d'argent très éclatante sur ses côtés, et une couleur

---

1. *Bandoulière rhomboïde.* Bloch, pl. 209. — *Chétodon rhomboïde.* Bonnaterre, planches de l'Encyclopédie méthodique. — *Bandoulière bleue.* Bloch, pl. 210. — *Chétodon glaucus.* Bonnaterre, planches de l'Encyclopédie méthodique. — Forskael, *Fauna arab.,* p. 59, n. 79. — *Chétodon orbiculaire.* Bonnaterre, planches de l'Encyclopédie méthodique.

2. *Acantha,* en grec, signifie aiguillon, et *inion,* occiput.

d'or très brillante sur son ventre et le dessous de sa queue ; cet or et cet argent sont relevés par trois bandes transversales, vertes, triangulaires, et qui se réunissent par le haut avec le vert du dos et de la nuque. Les pectorales et les thoracines sont jaunes à leur base et violettes à leur extrémité ; le vert domine sur la dorsale, la caudale et l'anale, dont la base est peinte en jaune ou en blanc.

La grandeur de cet acanthinion est souvent considérable ; chacune de ses narines a deux orifices ; sa caudale est très étendue et très fourchue. C'est dans les eaux de l'Amérique qu'il vit et qu'il a été observé par Plumier.

Ce même naturaliste a aussi décrit le premier l'acanthinion bleu, qui habite, comme le rhomboïde, dans les eaux américaines, et qui y parvient à une longueur de douze décimètres. La chair de ce poisson étant blanche et très bonne au goût, ce thoracin peut fournir une nourriture aussi agréable qu'abondante.

Chacune de ses narines a deux orifices. Ses thoracines sont très petites ; mais sa dorsale, son anale et sa caudale, quoique très fourchues, présentent une grande surface. L'anale ne renferme aucun rayon aiguillonné. Toutes sont d'un bleu plus ou moins foncé et, excepté la caudale, ont du jaune à la base. Chaque côté de l'animal, dont la partie inférieure est argentée, montre cinq ou six bandes transversales, noires, courtes, inégales et très étroites.

Les dents flexibles, mobiles et très petites de l'orbiculaire sont placées sur plusieurs rangs, et celles du rang extérieur sont divisées en trois à leur sommet. De petites écailles recouvrent les opercules et la base de la dorsale, de l'anale et de la caudale, qui sont épaisses et charnues ; celles qui revêtent le corps et la queue sont lisses et arrondies. La couleur générale de l'orbiculaire est brune ; il est parsemé de points noirs ; des teintes jaunâtres paraissent sur la queue, sur les pectorales et sur les thoracines où elles se mêlent à des nuances vertes. Les rivages garnis de rochers de l'Arabie sont la patrie de cet acanthinion [1].

1. A chaque pectorale de l'acanthinion rhomboïde.................. 8 rayons.
    A chaque thoracine.. 6   —
    A la nageoire de la queue..................................... 26   —

    A chaque pectorale de l'acanthinion bleu...................... 12   —
    A chaque thoracine.. 6   —
    A la caudale 20   —

    A la membrane branchiale de l'acanthinion orbiculaire 6   —
    A chaque pectorale.. 16   —
    A chaque thoracine.. 6   —
    A la nageoire de la queue 16   —

CENT TRENTE-QUATRIÈME GENRE

LES CHÉTODIPTÈRES

Les dents petites, flexibles et mobiles ; le corps et la queue très comprimés ; de petites écailles
sur la dorsale ou sur d'autres nageoires, ou la hauteur du corps supérieure ou du moins
égale à sa longueur ; l'ouverture de la bouche petite ; le museau plus ou moins avancé ;
point de dentelure ni de piquants aux opercules ; deux nageoires dorsales.

ESPÈCE.	CARACTÈRES.
Le Chétodiptère plumier.	Cinq rayons aiguillonnés à la première dorsale ; trente-quatre rayons articulés à la seconde ; deux rayons aiguillonnés et vingt-trois rayons articulés à celle de l'anus ; la tête dénuée de petites écailles ; la caudale en croissant.

LE CHÉTODIPTÈRE PLUMIER [1]

Platax Faber? Cuv. — *Chœtodon Plumieri,* Bloch, Linn., Gmel. — *Chœtodipterus
Plumieri,* Lacép.

La hauteur de ce poisson est presque égale à sa longueur totale, et
chacun de ses côtés présente la figure d'un losange. Chaque narine n'a
qu'un orifice. La seconde nageoire du dos et celle de l'anus sont conformées comme une faux, d'une manière d'autant plus remarquable que leurs
premiers rayons sont assez longs pour dépasser la caudale. La couleur générale de l'animal est d'un vert mêlé de jaune, sur lequel s'étendent, à droite
et à gauche, six bandes transversales, étroites, régulières, presque égales les
unes aux autres et d'un vert assez foncé. Plumier a vu ce chétodiptère [2] dans
les eaux des Indes occidentales, où il aime à se tenir au-dessus des fonds
pierreux [3].

CENT TRENTE-CINQUIÈME GENRE

LES POMACENTRES

Les dents petites, flexibles et mobiles ; le corps et la queue très comprimés ; de petites écailles
sur la dorsale ou sur d'autres nageoires, ou la hauteur du corps supérieure ou du moins
égale à sa longueur ; l'ouverture de la bouche petite ; le museau plus ou moins avancé ;
une dentelure et point de longs piquants aux opercules ; une seule nageoire dorsale.

PREMIER SOUS-GENRE

LA NAGEOIRE DE LA QUEUE FOURCHUE, OU ÉCHANCRÉE EN CROISSANT

ESPÈCE.	CARACTÈRES.
1. Le Pomacentre paon.	Quatorze rayons aiguillonnés et treize rayons articulés à la nageoire du dos ; deux rayons aiguillonnés et quinze

1. *Bandoulière de Plumier.* Bloch, pl. 211, fig. 1. — *Chétodon bandoulière de Plumier.*
Bonnaterre, planches de l'Encyclopédie méthodique.

2. Le nom générique *chétodiptère* est composé, par contraction, de *chétodon* et de *diptère,*
qui désigne les deux nageoires du dos.

3. A la membrane branchiale du chétodiptère Plumier............. 4 rayons.
  A chaque pectorale... 14   —
  A chaque thoracine, articulés................................. 5   —
      —   aiguillonné................................. 1   —
  A la nageoire de la queue.................................. 12   —

ESPÈCES.	CARACTÈRES.
1. Le Pomacentre paon.	rayons articulés à la nageoire de l'anus ; la couleur générale d'un jaune foncé ; un grand nombre de taches bleues, petites et irrégulières.
2. Le Pomacentre ennéadactyle.	Dix rayons aiguillonnés et neuf rayons articulés à la dorsale ; trois rayons aiguillonnés et sept rayons articulés à l'anale ; un rayon aiguillonné et huit rayons articulés à chaque thoracine.

SECOND SOUS-GENRE

LA NAGEOIRE DE LA QUEUE RECTILIGNE OU ARRONDIE ET SANS ÉCHANCRURE

ESPÈCES.	CARACTÈRES.
3. Le Pomacentre burdi.	Neuf rayons aiguillonnés et quinze rayons articulés à la nageoire du dos ; trois rayons aiguillonnés et dix rayons articulés à l'anale ; deux dents grandes et crochues à chaque mâchoire ; un grand nombre de taches bleues.
4. Le Pomacentre symman.	Onze rayons aiguillonnés et dix-sept rayons articulés à la dorsale ; trois rayons aiguillonnés et dix rayons articulés à l'anale ; un grand nombre de taches blanches ou brunes, ou jaunâtres.
5. Le Pomacentre filament.	Treize rayons aiguillonnés et vingt-quatre rayons articulés à la dorsale ; trois rayons aiguillonnés et vingt et un rayons articulés à l'anale ; la caudale arrondie ; un filament très long, et une tache grande, ovale, noire et bordée de blanc à la nageoire du dos.
6. Le Pomacentre faucille.	Douze rayons aiguillonnés et vingt-cinq rayons articulés à la dorsale ; trois rayons aiguillonnés et vingt et un rayons articulés à la nageoire de l'anus ; la caudale arrondie ; la nuque très relevée ; le museau avancé et un peu en forme de tube ; deux bandes noires, ayant la figure d'une faucille, bordées de blanc du côté de la tête, et placées transversalement sur la nageoire dorsale et sur le dos du poisson.
7. Le Pomacentre croissant.	Douze rayons aiguillonnés et vingt-cinq rayons articulés à la nageoire du dos ; trois rayons aiguillonnés et dix-huit rayons articulés à l'anale ; la couleur générale d'un vert mêlé de jaune et de brun ; une tache noire et en forme de croissant sur chaque œil ; une autre tache noire placée obliquement depuis le haut de l'ouverture branchiale jusque vers le milieu du dos et renfermée entre deux raies dorées.

LE POMACENTRE PAON

Pomacentrus Pavo, Lacép., Cuv. — *Chœtodon Pavo*, Linn., Gmel.
— *Holocentrus diacanthus*, Lacép.

LE POMACENTRE ENNÉADACTYLE

Scolopsides Vosmeri ? Cuv. — *Pomacentrus enneadactylus*, Lacép.

Ce nom de *paon*, en rappelant les belles contrées des Indes orientales, d'où les voyageurs ont apporté dans l'Asie Mineure et ensuite dans la

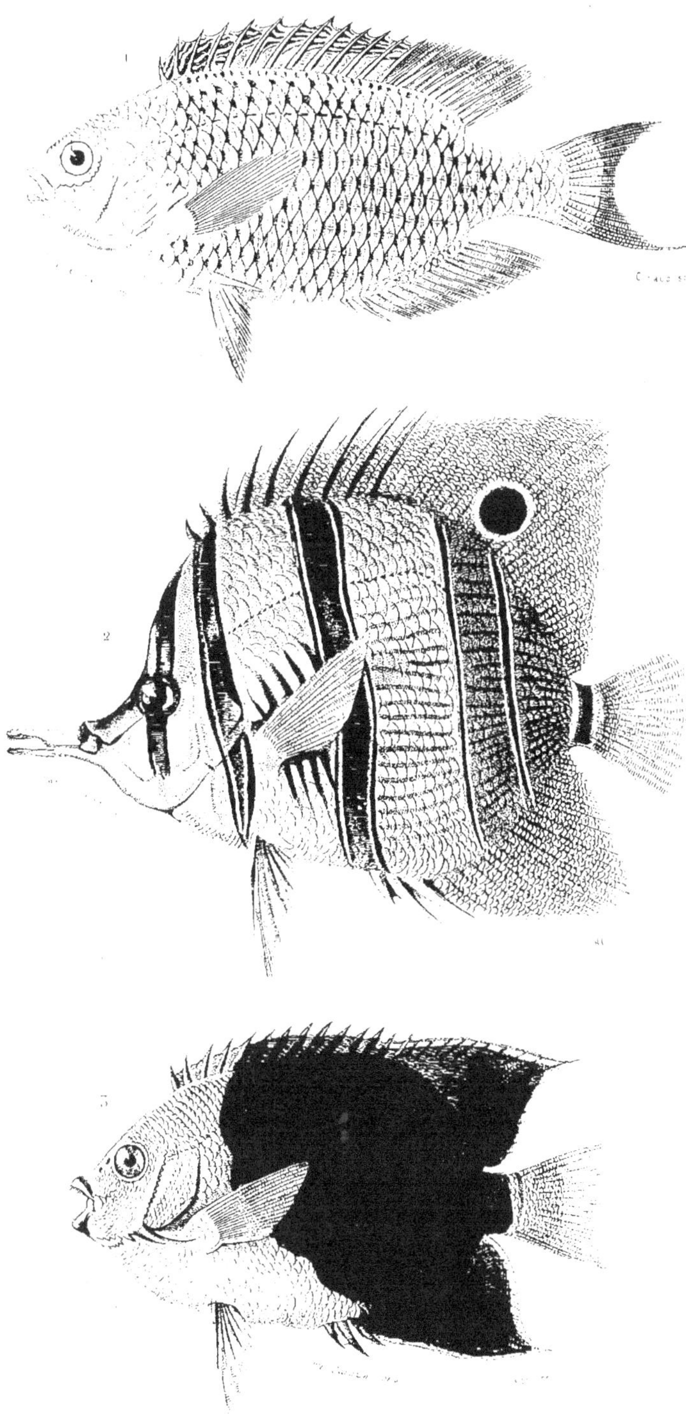

1. LE POMACANTHE-PAON (Pomacanthus-Pavo. Cuv.)
2. LE CHÉTODON A MUSEAU ALLONGE (Chelmo rostratus. Cuv.)
3. L'HOLACANTHE TRICOLORE (Holacanthus tricolor. Cuv.)

Grèce l'oiseau que la mythologie consacra à Junon et dont la philosophie fit
l'emblème de la vanité, retrace aussi les couleurs brillantes contrastées ou
fondues avec tant de variété et de magnificence sur les plumes soyeuses de
cet oiseau privilégié. Ce double souvenir a engagé sans doute le célèbre
Bloch à donner au poisson que nous allons décrire le nom de *paon* que nous
lui conservons. Ce pomacentre[1] vit en effet dans les eaux des grandes Indes,
et ses nuances sont dignes d'être comparées à celles de l'oiseau que les poètes
ont attelé au char de la reine des cieux. Ce n'est pas que ses teintes soient
aussi diversifiées qu'on pourrait le croire d'après le nom de *paon*. En effet,
elles se réduisent à un jaune plus ou moins foncé qui fait le fond et à des
raies ou taches bleues qui composent la broderie ; mais ce jaune a par lui-
même l'éclat de l'or. Ce bleu, distribué en petits rubans transversaux ou
en gouttes irrégulières sur la tête, le corps, la queue et les nageoires de
l'animal, offre des compartiments des plus gracieux, au milieu desquels on
croit apercevoir un grand nombre de petits yeux analogues à ceux de la
queue du paon. D'ailleurs, toutes ces couleurs sont très mobiles, et pour peu
que le poisson se livre à quelques évolutions auprès de la surface des eaux
et sous un soleil sans nuages, on les voit se mêler à des reflets qui, paraissant et disparaissant avec la rapidité de l'éclair, dont ils ont, pour ainsi dire,
l'éclat éblouissant, réfléchissent tous les tons de l'iris, chatoient avec une
merveilleuse variété et ne laissent désirer dans la parure du pomacentre ni
la magnificence que donne un grand nombre de couleurs, ni le charme que
peut faire naître la diversité des images successives.

Au reste, l'ensemble du paon est plus allongé que celui de presque tous
les poissons de son genre ; chacune de ses narines n'a qu'un orifice ; sa
ligne latérale est interrompue, et un appendice très dur, triangulaire et
allongé est placé à côté de chaque thoracine.

Le pomacentre[2] ennéadactyle a le corps allongé, la mâchoire supérieure
un peu plus avancée que l'inférieure, la ligne latérale très courbe jusque vers
l'extrémité de la queue, où elle est très droite ; une rangée d'écailles plus
petites que celles du dos le long de cette même ligne latérale ; les écailles du
dos et des côtés grandes, arrondies et ciliées ; presque tous les rayons aiguillonnés de la dorsale et de la nageoire de l'anus aplatis, longs et très
forts. L'individu de cette espèce que nous avons décrit faisait partie de la
collection de poissons secs donnée à la France, avec d'autres collections
d'histoire naturelle, par la Hollande[3].

<hr>

1. *Chétodon paon de l'Inde.* Bloch, pl. 198, fig. 1. — *Id.* Bonnaterre, planches de l'Encyclopédie méthodique.

2. *Pomacentre* désigne la dentelure de l'opercule, *poma,* en grec, signifiant opercule, et
centron, pointe ou piquant.

3. A la membrane branchiale du pomacentre paon................ 4 rayons.
    A chaque pectorale.. 15   —
    A chaque thoracine, articulés................................. 5   —
    —   aiguillonné.................................. 1   —

LE POMACENTRE BURDI [1]

Diacope miniata, Cuv. — *Perca miniata,* Forsk., Linn., Gmel.
— *Pomacentrus Burdi,* Lacép.

Le Pomacentre symman, *Serranus summana,* Cuv.; *Perca summana,* Forsk., Linn., Gmel.; *Pomacentrus summana,* Lacép. — Pomacentre filament, *Chœtodon setifer,* Bloch, Cuv.; *Pomacentrus setifer,* Lacép. — Pomacentre faucille, *Chœtodon falcula,* Bloch, Cuv.; *Pomacentrus falcula,* Lacép. — Pomacentre croissant, *Chœtodon frontalis,* Cuv.; *Pomacentrus lunula,* Lacép.

Nous allons indiquer quelques particularités relatives à ces cinq pomacentres. Les eaux de la mer d'Arabie nourrissent les deux premiers, que Forskael a vus parmi les coraux qui bordent les rivages de cette mer.

La couleur générale du burdi est écarlate; mais, dans plusieurs individus de cette espèce, elle est brune ou d'un rouge vif, et cette différence a paru assez constante à Forskael pour qu'il admît dans l'espèce du burdi deux variétés permanentes reconnues d'ailleurs par les Arabes, qui nomment la première *belah* et la seconde *nagen*. Les taches bleues de l'une ou de l'autre de ces deux variétés sont bordées quelquefois d'un brun foncé, ce qui leur donne quelque ressemblance avec une prunelle entourée de son iris.

Les burdis ont presque tous au-dessus des yeux une tache composée de deux lignes qui, par leur position, représentent la lettre V. Leurs lèvres sont épaisses; la supérieure est extensible, mais plus courte que l'inférieure. Chaque narine n'a qu'un orifice, et cette ouverture est tubulée; les écailles sont petites, striées et arrondies. La chair de ces poissons est agréable au goût.

Le symman a de très grands rapports avec le burdi; il est ordinairement d'un gris brun; Forskael a regardé comme une variété constante les individus de cette espèce dont la couleur générale est bleuâtre avec des taches bleues, et comme une seconde variété ceux qui montrent des taches d'un brun jaunâtre sur un fond d'un gris blanchâtre.

Une sorte de bandeau noir bordé de blanc décore la tête du pomacentre filament et passe sur chaque œil; des raies rouges traversent en différents sens les côtés de l'animal, dont la couleur générale est jaune; une raie noire

A la nageoire de la queue.. 16 rayons.

A chaque pectorale du pomacentre ennéadactyle............... 18 —
A la caudale.. 17 —

1. Forskael, *Fauna arab.*, p. 41, n. 41. — *Persègue burdi.* Bonnaterre, planches de l'Encyclopédie méthodique. — Forskael, *Fauna arab.*, p. 42, n. 42. — *Persègue symman.* Bonnaterre, planches de l'Encyclopédie méthodique. — *Chétodon seton.* Bloch, pl. 425, fig. 1. — *Chétodon faucille.* Bloch, pl. 425, fig. 2.

« Chætodon e viridi flavo fuscescens, fascia nigra lunulata, supra utrumque oculum extensa; laterali altera a pinnis pectoralibus ad medium dorsum obliquata, didyma, etc. » Commerson, manuscrits déjà cités.

borde l'extrémité de la caudale, de la nageoire du dos et de celle de l'anus,
qui sont couvertes presque en entier de petites écailles ; le corps et la queue
sont garnis d'écailles un peu plus grandes que ces dernières, et, de plus,
dentelées et très fortes.

La faucille n'a qu'un orifice à chaque narine. Sa tête, ses opercules et
ses nageoires du dos, de la queue et de l'anus sont revêtus de petites écailles ;
celles qui couvrent le corps et la queue sont grandes, dures, dentelées et
fortement attachées à la peau. Un appendice écailleux, allongé et triangulaire est placé auprès de chaque thoracine, ainsi que sur le poisson précédent. La couleur générale est blanchâtre et diversifiée par une bande noire
et bordée de blanc qui passe sur chaque œil, par une bande semblable qui
traverse la queue, par une raie noire, large et étroite, qui termine la caudale, la dorsale, l'anale et les opercules, par dix ou onze bandes transversales, courbes, étroites et brunes, qui règnent sur chaque côté de l'animal,
et enfin par un petit liséré noir que présentent un grand nombre d'écailles.

Ce thoracin habite auprès de la côte de Coromandel.

Nous avons donné le nom de *croissant* à un autre pomacentre dont nous
avons trouvé la description dans les manuscrits de Commerson. Il montre
une tache noire de chaque côté de la queue, une bande transversale noire
sur la caudale, une raie noire à l'extrémité de la dorsale et de l'anale, quelques raies longitudinales pourprées et placées sur le ventre, un iris verdâtre
bordé de noir à l'extérieur et d'or à l'intérieur, une nuque élevée, un museau avancé, une lèvre supérieure extensible et plus courte que l'inférieure,
une langue très petite, un appendice membraneux et pointu à la seconde
pièce de chaque opercule, et un autre appendice écailleux et allongé à côté
de chaque thoracine[1]. Nous n'avons rien trouvé, dans les manuscrits de

---

1. A la membrane branchiale du pomacentre burdi............ ...... 7 rayons.
   A chaque pectorale.. 17   —
   A chaque thoracine, articulés.......... 5   —
       —   aiguillonné............................... 1   —
   A la nageoire de la queue................................. 15   —

   A la membrane branchiale du pomacentre symman............. 7   —
   A chaque pectorale....................................... 18   —
   A chaque thoracine, articulés 5   —
       —   aiguillonné............................ 1   —
   A la caudale... 18   —

   A la membrane branchiale du pomacentre filament............. 1   —
   A chaque pectorale....................................... 15   —
   A chaque thoracine, articulés............................ 5   —
       —   aiguillonné............................ 1   —
   A la nageoire de la queue... 20   —

   A la membrane branchiale du pomacentre faucille............. 6   —
   A chaque pectorale....................................... 15   —
   A chaque thoracine, articulés............................ 5   —
       —   aiguillonné............................ 1   —
   A la caudale... 20   —

Commerson, de relatif à la forme de la caudale. Si, contre notre présomp-
tion, cette nageoire est échancrée, le *croissant* doit être placé dans le premier sous-genre des *pomacentres*.

CENT TRENTE-SIXIÈME GENRE

LES POMADASYS

Les dents petites, flexibles et mobiles; le corps et la queue très comprimés; de petites écailles
sur la dorsale ou sur d'autres nageoires, ou la hauteur du corps supérieure ou du moins
égale à sa longueur; l'ouverture de la bouche petite; le museau plus ou moins avancé; une
dentelure et point de longs piquants aux opercules; deux nageoires dorsales.

ESPÈCE.	CARACTÈRES.
LE POMADASYS ARGENTÉ.	Onze rayons aiguillonnés à la première dorsale; un rayon aiguillonné et quinze rayons aiguillonnés à la seconde; trois rayons articulés et huit rayons articulés à la nageoire de l'anus; la caudale un peu fourchue; la couleur générale argentée.

LE POMADASYS ARGENTÉ [1]

Pristipoma argenteum, Cuv. — *Sciæna argentea,* Forsk., Linn., Gmel.
— *Pomadasys argenteus,* Lacép.

Ajoutez aux traits présentés dans le tableau générique deux raies élevées entre les narines, une première dorsale arrondie, une seconde allongée, des écailles ciliées, des taches noires sur le dos, des nuances rousses
sur les thoracines ainsi que sur l'anale, et vous aurez une idée assez complète du pomadasys [2] argenté, que Forskael a vu auprès des rivages de la
mer d'Arabie, et que nous avons cru devoir placer dans un genre particulier [3].

CENT TRENTE-SEPTIÈME GENRE

LES POMACANTHES

Les dents petites, flexibles et mobiles; le corps et la queue très comprimés; de petites écailles
sur la dorsale ou sur d'autres nageoires, ou la hauteur du corps supérieure ou du moins
égale à sa longueur; l'ouverture de la bouche petite; le museau plus ou moins avancé;

A la membrane branchiale du pomacentre croissant.............. 5 rayons.
A chaque pectorale..................................... 16 —
A chaque thoracine, articulés............................. 5 —
— aiguillonné................................. 1 —

1. Forskael, *Fauna arab.,* p. 51, n. 60. — *Sciène najeb.* Bonnaterre, planches de l'Encyclopédie méthodique.

2. *Dasys,* en grec, signifie hérissé, et *poma,* opercule.

3. A la membrane branchiale du pomadasys argenté.............. 7 rayons.
A chaque pectorale..................................... 16 —
A chaque thoracine, articulés............................. 5 —
— aiguillonné................................. 1 —
A la nageoire de la queue............................... 16 —

un ou plusieurs longs piquants et point de dentelure aux opercules; une seule nageoire dorsale.

PREMIER SOUS-GENRE

LA NAGEOIRE DE LA QUEUE FOURCHUE, OU ÉCHANCRÉE EN CROISSANT

ESPÈCES.	CARACTÈRES.
1. LE POMACANTHE GRISON.	Deux rayons aiguillonnés et quarante-quatre rayons articulés à la nageoire du dos; trois rayons aiguillonnés et trente-trois rayons articulés à celle de l'anus; le troisième rayon de la dorsale très long; la couleur générale grise.
2. LE POMACANTHE SALE.	Treize rayons aiguillonnés et quinze rayons articulés à la dorsale; deux rayons aiguillonnés et quatorze rayons articulés à la nageoire de l'anus; la couleur générale d'un gris sale; quatre bandes transversales, larges et d'une nuance pâle.

SECOND SOUS-GENRE

LA NAGEOIRE DE LA QUEUE RECTILIGNE, OU ARRONDIE, SANS ÉCHANCRURE

ESPÈCES.	CARACTÈRES
3. LE POMACANTHE ARQUÉ.	Neuf rayons aiguillonnés et trente-quatre rayons articulés à la nageoire du dos; trois rayons aiguillonnés et vingt-deux rayons articulés à l'anale; la caudale arrondie; cinq bandes transversales blanches et arquées.
4. LE POMACANTHE DORÉ.	Douze rayons aiguillonnés et douze rayons articulés à la dorsale; deux rayons aiguillonnés et treize rayons articulés à la nageoire de l'anus; la caudale arrondie; la couleur générale éclatante et dorée.
5. LE POMACANTHE PARU.	Douze rayons aiguillonnés à la nageoire du dos; cinq rayons aiguillonnés à celle de l'anus; la caudale arrondie; presque toute la surface de l'animal d'un noir mêlé de nuances dorées.
6. LE POMACANTHE ASFUR.	Douze rayons aiguillonnés et treize rayons articulés à la dorsale; trois rayons aiguillonnés et dix-neuf rayons articulés à l'anale; la caudale arrondie; les écailles très grandes et légèrement dentelées; la couleur générale noire ou bleuâtre.
7. LE POMACANTHE JAUNATRE.	Six rayons aiguillonnés à la nageoire du dos; la caudale arrondie; la dorsale étendue depuis la nuque jusqu'à la caudale; la ligne latérale droite; la couleur générale relevée par des bandes jaunes.

LE POMACANTHE GRISON [1]

Heniochus cornutus junior? Cuv. — *Chætodon canescens,* LINN., GMEL.
— *Pomacanthus canescens,* LACÉP.

LE POMACENTRE SALE, *Glyphisodon sordidus,* Cuv.; *Chætodon sordidus,* Forsk., Linn., Gmel.; *Pomacanthus sordidus,* Lacép.

Une double dentelure à la base des deux longs piquants du grison, et

1. *Chétodon grison.* Daubenton et Haüy, Encyclopédie méthodique. — *Id.* Bonnaterre,

quelques raies noirâtres sur chaque côté de ce poisson, qui vit dans l'Amérique méridionale.

Deux piquants à chaque opercule du pomacanthe sale ; des écailles larges, membraneuses à leur bord et un peu crénelées ; la dorsale et l'anale arrondies du côté de la caudale qui est jaunâtre et distinguée par une tache noire ; la couleur brune ou grisâtre des autres nageoires de ce thoracin, que Forskael a vu parmi les coraux des rivages de l'Arabie, et dont la chair est très agréable au goût. Tels sont les traits nécessaires pour compléter la description des deux premières espèces du genre que nous examinons[1].

LE POMACANTHE ARQUÉ[2]

Pomacanthus armatus, Cuv., Lacép. — *Chœtodon armatus,*
Bloch, Linn., Gmel.

Le Pomacanthe doré, *Pomacanthus aureus,* Cuv., Lacép.; *Chœtodon aureus,* Bloch, Linn., Gmel. — Pomacanthe paru, *Pomacanthus paru,* Cuv., Lacép.; *Chœtodon paru,* Bloch, Linn., Gmel. — Pomacanthe asfur, *Pomacanthus asfur,* Cuv., Lacép. *Chœtodon asfur,* Linn., Gmel. — Pomacanthe jaunatre, *Pomacanthus lutescens,* Lacép.

Dans les mers du Brésil vit le pomacanthe arqué, dont la couleur générale, mêlée de brun, de noir et de doré, renvoie, pour ainsi dire, des reflets soyeux, et fait ressortir les cinq bandes transversales et blanches, de ma-

planches de l'Encyclopédie méthodique. — « Chætodon canescens, aculeo utrinque ad os, etc. » Artedi, spec. 93. — Séba, Mus. 3, tab. 25, fig. 7. — *Chétodon sale.* Bonnaterre, planches de l'Encyclopédie méthodique. — Forskael, *Fauna arab.,* p. 62, n. 87.

1. A chaque pectorale du pomacanthe grison......................	17 rayons.	
A chaque thoracine, articulés.................................	5	—
— aiguillonné.................................	1	—
A la nageoire de la queue....................................	16	—
A la membrane branchiale du pomacanthe sale.................	5	—
A chaque pectorale..	19	—
A chaque thoracine, articulés...............................	5	—
— aiguillonné.................................	1	—
A la caudale	14	—

2. *Bogen fisch,* par les Allemands. — *Bugt klippare,* par les Suédois. — *Arc fish,* par les Anglais. — *Guaperva,* au Brésil. — *Chétodon arqué.* Daubenton et Haüy, Encyclopédie méthodique. — *Id.* Bonnaterre, planches de l'Encyclopédie méthodique. — *Bandoulière à arc.* Bloch, pl. 201, fig. 2. — Mus. Ad. Frid. 1, p. 61, tab. 33, fig. 5.

« Chætodon niger, capite diacantho, etc. » Artedi, syn. 79, spec. 91. — « Chætodon niger, etc. » Séba, Mus. 3, p. 63, n. 5, tab. 25, fig. 5, *a* et 5, *b.* — « Platiglossus exiguus niger, etc. » Klein, *Miss. pisc.,* IV, p. 41, n. 5. — *Guaperva.* Marcg., *Brasil.,* p. 178. — Ray, *Pisc.,* p. 103, n. 12. — « Acarauna exigua nigra, etc. » Willughby, *Ichtyol.,* Append., p. 23, tab. O, 3, fig. 3. — *Chætodon aureus.* Linné, édition de Gmelin.

Dorade de Plumier. Bloch, pl. 193, fig. 1. — « Seserinus aureus, aculeatus, alius, pinnis cornutis. » Plumier, peintures sur vélin déjà citées. — *Chétodon dorade de Plumier.* Bonnaterre, planches de l'Encyclopédie méthodique. — *Variegated angel fish,* à la Jamaïque. — *Schwarser klipfisch,* par les Allemands. — *Chétodon paru.* Bonnaterre, planches de l'Encyclopédie méthodique. — *Bandoulière noire.* Bloch, pl. 197.

« Chætodon niger, maculis flavis lunulatis varius. » Artedi, syn. 71, n. 1, gen. 51. — « Chæto-

nière à faire paraître l'animal revêtu de velours et orné de lames d'argent. La première de ces bandes éclatantes et arquées entoure l'ouverture de la bouche; l'extrémité de la caudale, qui est aussi d'un blanc très pur, représente comme un sixième ruban argenté. Des points blancs marquent la ligne latérale. Les yeux sont placés près du commencement de la nageoire du dos, qui est un peu triangulaire, ainsi que celle de l'anus. Une partie de la circonférence de chaque écaille montre une dentelure profonde.

La patrie de ce beau poisson est très voisine de celle du doré, que l'on trouve dans la mer des Antilles et dont la parure est encore plus magnifique que celle de l'arqué. L'extrémité de toutes les nageoires du pomacanthe doré resplendit d'un vert d'émeraude qui se fond par des teintes très variées avec l'or dont brille presque toute la surface du poisson, et ce mélange est d'autant plus agréable à l'œil que ses nageoires sont très grandes, surtout celles du dos et de l'anus, qui de plus se prolongent en forme de faux, et dont les premiers rayons articulés s'étendent bien au delà de la nageoire de la queue. Les thoracines sont d'ailleurs très allongées. On voit sur la dorsale, l'anale et la caudale un grand nombre de petites écailles, dures et dentelées comme celles qui couvrent le corps et la queue. Chaque narine a deux orifices.

Le paru n'offre, au contraire, qu'une ouverture à chacune de ses narines; sa mâchoire inférieure est plus avancée que la supérieure; la dorsale et l'anale ont la forme d'une faux[1] et sont garnies d'écailles chargées cha-

---

don operculis aculeatis, ossiculis pinnæ dorsi, anique, intermediis inermibus, etc. » Gronov., *Zooph.*, p. 68, n. 231. — « Rhombotides in nigricante corpore, squamis flavis quasi lunulatis. » Klein, *Miss. pisc.*, IV, p. 36, n. 3. — « Chætodon minute variegatus, etc. » Browne, *Jamaic.*, p. 454, n. 3.

Marcgrav., *Brasil.*, p. 144. Piso., *Ind.*, p. 55. — Jonston, *Pisc*, p. 177, tab. 32, fig. 2. — Ruysch, *Theatr. anim.*, p. 123, tab. 32, fig. 2. — Willughby, *Ichtyolog.*, p. 217, tab. O, 1, fig. 2. — *Paru.* Ray, *Pisc.*, p. 102, n. 7. — *Chétodon asfur.* Bonnaterre, planches de l'Encyclopédie méthodique. — Forskael, *Fauna arab.*, p. 61, n. 84, et n. 84 *b*. — *Chætodon lutescens.* Bonnaterre, planches de l'Encyclopédie méthodique. — Browne, *Jamaic.*, p. 454, n. 4.

1. A la membrane branchiale du pomacanthe arqué.............. 6 rayons.
   A chaque pectorale.................................... 16 —
   A chaque thoracine, articulés........................ 5 —
      —   aiguillonné................... 1 —
   A la nageoire de la queue............................ 14 —

   A chaque pectorale du pomacanthe doré............... 12 —
   A chaque thoracine.................................. 6 —
   A la caudale.. 15 —

   A chaque pectorale du pomacanthe paru............... 14 —
   A chaque thoracine.................................. 6 —
   A la nageoire de la queue........................... 15 —

   A la membrane branchiale du pomacanthe asfur........ 6 —
   A chaque pectorale.................................. 16 —
   A chaque thoracine, articulés....................... 5 —
      —   aiguillonné................... 1 —
   A la caudale.. 16 —
   A la membrane branchiale du pomacanthe jaunâtre.. 4 ou 5 ou 6 —

cune d'un croissant d'or, de même que celles du corps et de la queue. On trouve le paru au Brésil, à la Jamaïque et dans d'autres contrées de l'Amérique. Il y est bon à manger, et on l'y pêche au filet aussi bien qu'à l'hameçon.

Les rivages de l'Arabie sont fréquentés par l'asfur, qui a sa dorsale et son anale en forme de faux, une bande transversale jaune, ou des raies obliques violettes, et la caudale rousse et bordée de noir.

Le jaunâtre a été observé dans les eaux de la Jamaïque.

CENT TRENTE-HUITIÈME GENRE

LES HOLACANTHES

Les dents petites, flexibles et mobiles ; le corps et la queue très comprimés ; de petites écailles sur la dorsale ou sur d'autres nageoires, ou la hauteur du corps supérieure ou du moins égale à sa longueur ; l'ouverture de la bouche petite ; le museau plus ou moins avancé ; une dentelure et un ou plusieurs longs piquants à chaque opercule ; une seule nageoire dorsale.

PREMIER SOUS-GENRE

LA NAGEOIRE DE LA QUEUE FOURCHUE, OU ÉCHANCRÉE EN CROISSANT

ESPÈCES.	CARACTÈRES.
1. L'HOLACANTHE TRICOLOR.	Quatorze rayons aiguillonnés et dix-neuf rayons articulés à la nageoire du dos ; trois rayons aiguillonnés et dix-huit rayons articulés à la nageoire de l'anus ; les écailles dures, dentelées et bordées de rouge, ainsi que les nageoires et les pièces des opercules ; la couleur générale dorée ; la partie postérieure de l'animal d'un noir foncé.
2. L'HOLACANTHE ATAJA.	Huit rayons aiguillonnés à la dorsale ; trois rayons aiguillonnés et onze rayons articulés à la nageoire de l'anus ; le dessus de la tête et chaque écaille hérissés de petites épines ; la première et la troisième pièce de chaque opercule dentelées ; la seconde armée de trois piquants ; la couleur générale d'un rouge obscur ; huit raies longitudinales et d'un rouge plus ou moins foncé de chaque côté de l'animal.
3. L'HOLACANTHE LAMARCK.	Quinze rayons aiguillonnés et seize rayons articulés à la nageoire du dos ; trois rayons aiguillonnés et vingt rayons articulés à l'anale ; le piquant de la première pièce de chaque opercule très long et renfermé en partie dans une sorte de demi-gaine ; les écailles arrondies, striées et dentelées ; la caudale en croissant ; la couleur générale d'un jaune doré ; trois raies longitudinales de chaque côté du poisson.

SECOND SOUS-GENRE

LA NAGEOIRE DE LA QUEUE RECTILIGNE OU ARRONDIE, SANS ÉCHANCRURE

ESPÈCE.	CARACTÈRES.
4. L'HOLACANTHE ANNEAU.	Quatorze rayons aiguillonnés et vingt-sept rayons articulés à la nageoire du dos ; trois rayons aiguillonnés et vingt-cinq rayons articulés à celle de l'anus ; la caudale presque rec-

ESPÈCES.	CARACTÈRES.
4. L'HOLACANTHE ANNEAU.	tiligne ; la couleur générale brunâtre ; six raies longitudinales et courbes d'un bleu clair ; un anneau de la même couleur au-dessus de chaque opercule.
5. L'HOLACANTHE CILIER.	Quatorze rayons aiguillonnés et vingt et un rayons articulés à la dorsale ; trois rayons aiguillonnés et dix-neuf rayons articulés à la nageoire de l'anus ; la caudale arrondie ; chaque écaille chargée de stries longitudinales qui se terminent par des filaments semblables à des cils ; la couleur générale grise ; un anneau noir au-devant de la nageoire du dos.
6. L'HOLACANTHE EMPEREUR.	Quatorze rayons aiguillonnés et vingt rayons articulés à la dorsale ; trois rayons aiguillonnés et vingt rayons articulés à l'anale ; la caudale arrondie ; la couleur générale jaune ; vingt-quatre ou vingt-cinq raies longitudinales, un peu obliques et bleues.
7. L'HOLACANTHE DUC.	Quatorze rayons aiguillonnés et neuf rayons articulés à la nageoire du dos ; sept rayons aiguillonnés et quatorze rayons articulés à la nageoire de l'anus ; la caudale arrondie ; deux orifices à chaque narine ; la couleur générale blanchâtre ; huit ou neuf bandes transversales, bleues et bordées de brun.
8. L'HOLACANTHE BICOLOR.	Quinze rayons aiguillonnés et vingt rayons articulés à la dorsale ; trois rayons aiguillonnés et quinze rayons articulés à la nageoire de l'anus ; la caudale arrondie ; la partie antérieure de l'animal, l'extrémité de la queue et la caudale blanches ; presque tout le reste de la surface du poisson, d'un violet mêlé de rouge et de brun.
9. L'HOLACANTHE MULAT.	Douze rayons aiguillonnés et dix-sept rayons articulés à la nageoire du dos ; trois rayons aiguillonnés et dix-huit rayons articulés à la nageoire de l'anus ; la caudale arrondie ; la couleur générale d'un brun noirâtre ; la tête, la poitrine et la caudale blanches ou blanchâtres ; une bande transversale noirâtre au-dessus de chaque œil.
10. L'HOLACANTHE ABUSET.	Douze rayons aiguillonnés et vingt-deux rayons articulés à la nageoire du dos ; trois rayons aiguillonnés et vingt et un rayons articulés à l'anale ; la caudale arrondie ; la couleur générale grise ; des bandes bleues et transversales ; une bande transversale et dorée vers le milieu de la longueur totale de l'animal.
11. L'HOLACANTHE DEUX PIQUANTS.	Dix rayons aiguillonnés et dix-sept rayons articulés à la nageoire du dos ; deux rayons aiguillonnés et quinze rayons articulés à la nageoire de l'anus ; la caudale arrondie ; deux piquants auprès de chaque œil ; la couleur générale bleue ; trois bandes transversales rouges, très étroites et très éloignées l'une de l'autre.
12. L'HOLACANTHE GÉOMÉTRIQUE.	Quatorze rayons aiguillonnés et vingt et un rayons articulés à la dorsale ; trois rayons aiguillonnés et vingt et un rayons articulés à la nageoire de l'anus ; trois rayons à la membrane branchiale ; la caudale arrondie ; plusieurs cercles concentriques et blancs auprès de l'extrémité de la queue ; d'autres cercles également blancs sur les nageoires de l'anus et du dos.

<table>
<tr><td>ESPÈCE.</td><td>CARACTÈRES.</td></tr>
<tr><td>43. L'HOLACANTHE JAUNE ET NOIR.</td><td>Douze rayons aiguillonnés et vingt-deux rayons articulés à la dorsale ; trois rayons aiguillonnés et dix-neuf rayons articulés à l'anale ; trois rayons à la membrane branchiale ; la caudale arrondie ; la couleur générale jaunâtre ; sept bandes noires et très courbes de chaque côté de l'animal.</td></tr>
</table>

L'HOLACANTHE TRICOLOR[1]

Holacanthus tricolor, Lacép., Cuv. — *Chœtodon tricolor,* Bloch.

L'HOLACANTHE ATAJA, *Holocanthus ataja,* Lacép.; *Sciæna rubra,* Forsh., Linn., Gmel.
— HOLACANTHE LAMARCK, *Holacanthus Lamarck,* Lacép., Cuv.

Des trois couleurs que présente le premier de ces holacanthes, le rouge et le jaune resplendissent comme des rangs de rubis ou de grenats pressés les uns contre les autres sur une étoffe d'or ; le noir, par son intensité et ses reflets soyeux, ressemble à un velours noir placé à côté d'un drap d'or pour le faire ressortir.

Indépendamment des distributions de ces trois nuances que le tableau générique indique, une raie noire entoure l'ouverture de la bouche, et le grand piquant que l'on remarque à la première pièce de chaque opercule est peint d'un rouge vif [2].

Ce beau poisson, dont le prince de Nassau a laissé un dessin fidèle, et Duhamel une figure assez imparfaite, se trouve dans la mer du Brésil, ainsi qu'auprès de Cuba et de la Guadeloupe.

Les orifices de ses narines sont doubles ; son dos est caréné ; sa forme générale allongée ; et ses nageoires du dos et de l'anus sont si couvertes d'écailles qu'elles n'ont presque pas de flexibilité.

L'ataja, dont la mer d'Arabie est la patrie, a chacun de ses yeux entouré

---

1. *Acaraune,* au Brésil. — *Chétodon tricolor.* Bloch, pl. 426. — Forskael, *Fauna arab.,* p. 48, n. 51. — *Sciène ataja.* Bonnaterre, planches de l'Encyclopédie méthodique.

2. A la membrane branchiale de l'holacanthe tricolore............ 6 rayons.

A chaque pectorale..	15	—
A chaque thoracine, articulés............................	5	—
— aiguillonné........................	1	—
A la nageoire de la queue................................	15	—
A la membrane branchiale de l'holacanthe ataja...........	5	—
A chaque pectorale.......................................	19	—
A chaque thoracine, articulés...........................	5	—
— aiguillonné........................	1	—
A la caudale...	15	—
A la membrane branchiale de l'holacanthe Lamarck.........	5	—
A chaque pectorale.......................................	16	—
A chaque thoracine, articulés...........................	5	—
— aiguillonné........................	1	—
A la caudale, dont le premier et le dernier rayon sont très allongés.	17	—

d'une sorte de cercle de substance dure, dentelé et garni d'aiguillons ; sa lèvre supérieure est extensible ; deux raies rouges s'étendent sur sa dorsale; ses thoracines sont blanches sur leur bord extérieur et noires sur leur bord intérieur. La caudale est jaunâtre dans son milieu ; peut-être ne présente-t-elle pas d'échancrure; si cette nageoire n'en montre pas, l'ataja devrait être inscrit parmi les holacanthes du second sous-genre.

Nous dédions à notre savant confrère M. de Lamarck, professeur d'histoire naturelle au Jardin des plantes et membre de l'Institut national, le troisième des holacanthes dont il est question dans cet article. Ce poisson a la mâchoire inférieure plus avancée que la supérieure et de très petites taches noires sur la nageoire de la queue. Un individu de cette espèce, que les naturalistes ne connaissent pas encore, faisait partie de la collection hollandaise acquise par la France.

L'HOLACANTHE ANNEAU[1]

Holacanthus annularis, Lacép., Cuv. — *Chætodon annularis*,
Bloch, Linn., Gmel.

L'Holacanthe cilier, *Holacanthus ciliaris*, Lacép., Cuv.; *Holacanthus coronatus*, *Chætodon ciliaris*, Linn., Gmel. — Holacanthe empereur, *Holacanthus imperator*, Lacép., Cuv.; *Chætodon imperator*, Bloch, Linn., Gmel. — Holacanthe duc,

1. *Douwing marquis, Cambodische pampusvisch*, par les Hollandais. — *Ikan pampus cambodia, Ikan batoe jang, Aboe, Aboe betina*, aux Indes orientales. — *L'Anneau*. Bloch, pl. 215, fig. 2. — *Chétodon anneau*. Bonnaterre, planches de l'Encyclopédie méthodique.

« Chætodon annularis *et chætodon fuscus*, etc. » Schwenck, p. 31, n. 20; et p. 42, n. 84. — Valent., *Ind.*, III, p. 455, n. 347, fig. 347 ; p. 498, fig. 468. — Renard, *Poiss.*, II, p. 38, tab. 20, fig. 135. — *Chétodon peigne*. Bloch, pl. 214. — *Chétodon cilier*. Daubenton et Haüy, Encyclopédie méthodique. — *Id.* Bonnaterre, planches de l'Encyclopédie méthodique. — Mus. Ad. Frid. 1, p. 62, tab. 33, fig. 1. — *Sparus saxatilis*. Osbeck, *It.*, 273.

« Chætodon microlepidotus, etc. » Gronov., Mus. 2, p. 36, n. 192. — « Platiglossus qui acarauna altera major Listeri. » Klein, *Miss. pisc.*, IV, p. 41, n. 4. — « Acarauna altera major. » Willughby, *Ichtyol.*, App., p. 23, tab. O, 3, fig. 1. — Ray, *Pisc.*, p. 103, n. 11. — Edw., *Glean.*, fig. 4. — *Guingam*, dans les Indes orientales. — *Chétodon empereur du Japon*. Bloch, pl. 194. — *Id.* Bonnaterre, planches de l'Encyclopédie méthodique.

« Chætodon nigro-cæruleus, lineis obliquatis luteis triginta circiter utrinque pictus, cauda intense flava integra. » Commerson, manuscrits déjà cités. — « Chætodon eximiæ magnitudinis et raritatis. » Ind., Mus. Schwenck, p. 32, n. 82. — Ruysch, *Theatr. anim.*, 1, p. 37, n. 1, tab. 19, fig. 1. — Renard, *Poiss.*, 2, pl. 56, fig. 238. — *Ikan sengadji molukko*, dans les Indes orientales. — *Moluksche hertog*, dans les colonies hollandaises des grandes Indes. — *Bandoulière rayée*. Bloch, pl. 105. — *Id.* Bonnaterre, planches de l'Encyclopédie méthodique.

Valentyn, *Ind.*, 3, p. 504, n. 507, fig. 507. — *Duchesse et douwing batard d'haroke, et chietsevisch*. Renard, *Poiss.*, 1, p. 22, pl. 14, fig. 81 ; 2, pl. 16, fig. 77 et pl. 38, fig. 169. — *Acarauna du Brésil*, par les Français. — *Groene koelar, Twee kleurige klipvisch, Color sousounam*, par les Hollandais. — *Ikan koelar, Ekorhouning*, dans les Indes orientales. — *L'Auraune et la griselle*. Bloch, pl. 206, fig. 1. — *Chétodon veuve coquette*. Bonnaterre, planches de l'Encyclopédie méthodique. — *Chætodon bicoloratus*. Mus. Schwenck, p. 27, n. 88. — *Acarauna maculata*. Seeligm. Voeg., 7, t. LXXIII, fig. 4.

Valentyn, *Ind.*, III, p. 361, n. 48, fig. 48. — Renard, *Poiss.*, I, p. 10, t. V, fig. 35; p. 19, n. 106, t. XIX, fol. 106; et p. 33, n. 121, t. XXII, fig. 121. — *Chétodon mulat*. Bloch, pl. 216,

Holacanthus dux, Lacép., Cuv.; *Chœtodon dux,* Linn., Gmel.; *Chœtodon diacan-thus,* Bodd.; *Chœtodon Boddaertii,* Gmel.; *Acanthopodus Boddaertii,* Lacép. — HOLACANTHE BICOLOR, *Holacanthus bicolor,* Lacép., Cuv.; *Chœtodon bicolor,* Bloch, Linn., Gmel. — HOLACANTHE MULAT, *Holacanthus mesoleucus,* Lacép., Cuv.; *Chœtodon mesoleucus;* Bloch; *Chœtodon mesomelas,* Linn., Gmel. — HOLACANTHE ARUSET, *Holacanthus aruset,* Lacép.; *Chœtodon maculosus,* Linn., Gmel. — HOLACANTHE DEUX PIQUANTS, *Premnas trifasciatus,* Cuv.; *Chœtodon biaculeatus,* Bloch; *Holacanthus biaculeatus* et *Holocentrus sonnerat,* Lacép.; *Lutjanus trifasciatus,* Bloch, Schn. — HOLACANTHE GÉOMÉTRIQUE, *Holacanthus geometricus,* Lacép., Cuv.; *Chœtodon nicobarsensis,* Bloch, Schn. — HOLACANTHE JAUNE ET NOIR, *Chœtodon Meyeri,* Bloch, Schn., Cuv.; *Holacanthus flavoniger,* Lacép.

On a pêché dans les Indes orientales l'holacanthe anneau, dont la chair est très tendre. Chacune de ses narines a deux orifices. Ses pectorales, ses thoracines et sa caudale sont blanches; sa dorsale est noirâtre, et son anale noire avec une bordure bleue.

Le cilier se nourrit de petits crabes; son estomac est grand; son canal intestinal très long et plusieurs fois recourbé; son foie divisé en deux lobes, et sa vessie natatoire forte et attachée aux deux côtés de l'animal. Ce poisson a d'ailleurs deux ouvertures à chaque narine; un grand piquant et deux petits aiguillons à chaque opercule, et presque toutes les nageoires bordées de brun.

L'holacanthe empereur vit dans la mer du Japon; sa chair est souvent beaucoup plus grasse que celle de nos saumons; son goût est très agréable; les habitants de plusieurs contrées des Indes orientales assurent même que sa saveur est préférable à celle de tous les poissons que l'on trouve dans les mêmes eaux que cet holacanthe, et il se vend d'autant plus cher qu'il est très rare. Il est d'ailleurs remarquable par la vivacité de ses couleurs et la beauté de leurs distributions. On croirait voir de beaux saphirs arrangés avec goût et brillant d'un doux éclat sur des lames d'or très polies; une teinte d'azur entoure chaque œil, borde chaque pièce des opercules et colore le long piquant dont chacun de ces opercules est armé. On compte deux orifices à l'une et à l'autre des deux narines. La dorsale ainsi que l'anale sont couvertes d'un si grand nombre d'écailles presque semblables à celles de la tête, du corps et de la queue, qu'elles présentent une épaisseur et surtout une raideur très grandes; ces deux nageoires sont, de plus, arrondies par derrière.

Le duc a la même patrie que l'empereur. Des raies bleues sont placées autour de chaque œil, ainsi que sur la nageoire de l'anus, et une bordure azurée paraît à l'extrémité de la nageoire du dos.

Les deux Indes nourrissent le bicolor, dont le nom indique le nombre

fig. 2. — *Chétodon mulat.* Bonnaterre, planches de l'Encyclopédie méthodique. — *Chétodon aruset,* Bonnaterre, planches de l'Encyclopédie méthodique. — Forskael, *Fauna arab.,* p. 62, n. 85. — *Bandoulière à deux aiguillons.* Bloch, pl. 219, fig. 2. — *Douwing formose.* Renard, 1, pl. 5, fig. 34.

des couleurs qui composent sa parure. L'argent et le pourpre le décorent ;
ces deux nuances, distribuées par grandes places et opposées l'une à
l'autre presque sans tons intermédiaires, donnent beaucoup d'éclat à sa
surface.

Les eaux du Japon sont celles dans lesquelles on a découvert le mulat,
qui n'a qu'un orifice à chaque narine, non plus que le bicolor, et dont la
dorsale, l'anale, les opercules et la tête sont revêtus de petites écailles.

On doit remarquer sur l'aruset de la mer d'Arabie les écailles striées
et dentelées, la dorsale, qui se termine en forme de faux et la caudale dont
la couleur grise est relevée par des taches jaunes et arrondies.

L'holacanthe deux piquants a le corps plus allongé que la plupart des
autres poissons de son genre ; chaque narine ne présente qu'un orifice ; la
dorsale est échancrée ; les nageoires sont, en général, d'un gris mêlé de
jaune. On l'a vu dans les Indes orientales.

Nous avons tiré le nom du géométrique, de la régularité des figures
blanches répandues sur sa surface. On peut compter quelquefois, de chaque
côté de l'animal, jusqu'à huit cercles concentriques, dont les quatre inférieurs sont entiers ; six ou sept bandes blanches et sinueuses paraissent
d'ailleurs au-dessus de la tête et des opercules ; de petites écailles couvrent les
nageoires du dos, de la queue et de l'anus ; une demi-gaine membraneuse
garnit le dessous du piquant allongé de l'opercule[1].

1. A chaque pectorale de l'holacanthe anneau...................... 16 rayons.
    A chaque thoracine, articulés............................... 5 —
       —   aiguillonné .... 1 —
    A la caudale.. 16 —
    A la membrane branchiale de l'holacanthe cilier............... 6 —
    A chaque pectorale... 20 —
    A chaque thoracine, articulés.............................. 5 —
       —   aiguillonné............................... 1 —
    A la nageoire de la queue................................. 16 —
    A la membrane branchiale de l'holacanthe empereur............ 7 —
    A chaque pectorale... 18 —
    A chaque thoracine, articulés.............................. 5 —
       —   aiguillonné............................... 1 —
    A la caudale... 16 —
    A la membrane branchiale de l'holacanthe duc................ 16 —
    A chaque thoracine, articulés.............................. 5 —
       —   aiguillonné............................... 1 —
    A la nageoire de la queue.................................. 14 —
    A chaque pectorale de l'holacanthe bicolor.................. 14 —
    A chaque thoracine, articulés.............................. 5 —
       —   aiguillonné............................... 1 —
    A la caudale... 16 —
    A chaque pectorale de l'holacanthe mulat................... 16 —
    A chaque thoracine, articulés.............................. 5 —
       —   aiguillonné............................... 1 —
    A la nageoire de la queue.................................. 16 —

Le jaune et noir a la base de sa dorsale, de sa caudale et de son anale chargée de petites écailles et la mâchoire inférieure plus avancée que celle d'en haut.

CENT TRENTE-NEUVIÈME GENRE

LES ÉNOPLOSES

Les dents petites, flexibles et mobiles; le corps et la queue très comprimés; de très petites écailles sur la dorsale ou sur d'autres nageoires, ou la hauteur du corps supérieure ou du moins égale à sa longueur; l'ouverture de la bouche petite; le museau plus ou moins avancé; une dentelure et un ou plusieurs piquants à chaque opercule; deux nageoires dorsales.

ESPÈCE.	CARACTÈRES.
L'ÉNOPLOSE WHITE.	Six rayons aiguillonnés à la nageoire du dos; le troisième de ses rayons très long; la mâchoire supérieure plus avancée que l'inférieure; la lèvre d'en haut extensible; la poitrine très grosse; sept bandes transversales d'un noir pourpré très foncé.

L'ÉNOPLOSE WHITE [1]

Enoplosus armatus, LACÉP., CUV. — *Chœtodon armatus*, JOHN WHITE.

Nous dédions à M. White, chirurgien anglais, ce poisson, décrit dans la relation du voyage de cet observateur dans la Nouvelle-Galles méridionale. Le nom générique d'*énoplose* que nous donnons à ce thoracin et qui vient du mot grec *enoplos* (*armé*) désigne la dentelure et les piquants de ses opercules, ainsi que les rayons aiguillonnés de sa première dorsale. La couleur générale de cet osseux est d'un blanc bleuâtre et argenté; ses nageoires

A la membrane branchiale de l'holacanthe aruset	5	rayons.
A chaque pectorale	19	—
A chaque thoracine, articulés	5	—
— aiguillonné	1	—
A la caudale	16	—
A la membrane branchiale de l'holacanthe deux piquants	4	—
A chaque pectorale	18	—
A chaque thoracine, articulés	5	—
— aiguillonné	1	—
A la nageoire de la queue	17	—
A chaque pectorale de l'holacanthe géométrique	17	—
A chaque thoracine, articulés	5	—
— aiguillonné	1	—
A la caudale	17	—
A chaque pectorale de l'holacanthe jaune et noir	16	—
A chaque thoracine, articulés	5	—
— aiguillonné	1	—
A la nageoire de la queue	17	—

1. *Chœtodon armatus*. Appendice du *Voyage à la Nouvelle-Galles méridionale*, par J. White, premier chirurgien de l'expédition commandée par le capitaine Philipp, p. 254, pl. 39, fig. 1.

sont presque toutes d'un brun pâle ; et la longueur de l'individu, dont on voit la figure dans l'ouvrage de M. White, était d'un décimètre ou environ.

CENT QUARANTIÈME GENRE

LES GLYPHISODONS

Les dents crénelées ou découpées ; le corps et la queue très comprimés ; de très petites écailles ; sur la dorsale ou sur d'autres nageoires, ou la hauteur du corps supérieure ou du moins égale à sa longueur ; l'ouverture de la bouche petite, le museau plus ou moins avancé ; une nageoire dorsale.

ESPÈCES.	CARACTÈRES.
1. LE GLYPHISODON MOU-CHARRA.	Treize rayons aiguillonnés et treize rayons articulés à la dorsale ; trois rayons aiguillonnés et dix rayons articulés à la nageoire de l'anus ; la caudale fourchue ; deux orifices à chaque narine ; cinq bandes transversales et noires.
2. LE GLYPHISODON KA-KAITSEL.	Dix-huit rayons aiguillonnés et huit rayons articulés à la nageoire du dos ; douze rayons aiguillonnés et huit rayons articulés à celle de l'anus ; la caudale en croissant ; un seul orifice à chaque narine.

LE GLYPHISODON MOUCHARRA [1]

Glyphisodon saxatilis, Cuv. — *Glyphisodon Moucharra,* Lacép. — *Chætodon saxatilis,* Linn., Gmel. — *Chætodon marginatus* et *Chætodon Mauritii,* Bloch, Lacép. *Chætodon sargoides,* Lacép.

LE GLYPHISODON KAKAITSEL, *Enroplus maculatus,* Cuv.; *Chætodon maculatus,* Bloch; — *Glyphisodon kakaitsel,* Lacép.

Le moucharra vit dans l'ancien et dans le nouveau continent. On le trouve dans les eaux du Brésil, de l'Arabie et des Indes orientales. Il ne quitte guère le fond de la mer. Il y habite au milieu des coraux et s'y nourrit de petits polypes. Comme il ne parvient ordinairement qu'à une longueur de deux décimètres, qu'il est très difficile de le prendre à cause de la profondeur de son asile et que sa chair est dure, coriace et peu agréable au goût, quoique très blanche, il est peu recherché par les pêcheurs.

Sa parure n'attire pas d'ailleurs les regards. Sa couleur générale est

1. *Gabel schwanz.* par les Allemands. — *OEr hlippare,* par les Suédois. — *Siamze visch, Loots mannetje, Lootsmann des hayen, Groene lootsmann,* par les Hollandais. — *Jaguaca guare,* au Brésil. — *Jaqueta,* par les Portugais du Brésil. — *Ikan siam,* aux Indes orientales. — *Gate, gete* et *gatgut,* en arabe.
Id. Bloch, pl. 206, fig. 2. — *Chétodon jagaque.* Daubenton et Haüy, Encyclopédie méthodique. — *Id.* Bonnaterre, planches de l'Encyclopédie méthodique. — « Chætodon fasciis quinque albis, etc. » Mus. Ad. Frid. 1, p. 64. — « Sparus fasciis quinque transversis fuscis, etc. » *Amœnit. acad.,* I, p. 312. — « Sparus latissimus, etc. » Gronov., Mus. 1, n. 89, et *Zooph.,* n. 222. — *Jacuacaguara.* Marcg., *Brasil.,* p. 156. — *Id.* Pis., *Ind.,* p. 68.
Jonston, *Pisc.,* p. 194, t. XXXIII, fig. 4. — Ruysch, *Theatr. anim.,* I, tab. 182, p. 33, fig. 4. — Ray, *Pisc.,* p. 130, n. 7. — Valentyn, *Ind.,* III, p. 370, n. 75, fig. 75; p. 501, n. 492, fig. 492; et p. 502, n. 493, fig. 493. — Renard, *Poiss.,* I, tab. 33, fig. 176 et 177. — *Kakaitsellei,* au Malabar. — *Bandoulière kakaitsel,* et *Chætodon maculatus.* Bloch, pl. 427, fig. 2.

blanchâtre et terne ; toutes ses nageoires sont d'un gris noirâtre. Il a le corps un peu allongé et épais, l'extrémité de la queue très basse, la ligne latérale interrompue, de petites écailles sur la base de la caudale, de la dorsale et de la nageoire de l'anus[1].

Le glyphisodon[2] kakaitsel ne se plaît pas au milieu de la mer ; mais il est, comme le moucharra, commun aux deux continents. On le pêche dans les eaux douces de Surinam, aussi bien que dans les étangs de la côte de Coromandel. Il y multiplie beaucoup ; mais comme il renferme une grande quantité d'arêtes, on dit qu'il n'y a que les nègres qui en mangent. Chacune de ses écailles brille comme une lame d'or. Une tache grande, ronde, noire, et cinq ou six autres taches très foncées sont placées sur chacun de ses côtés.

CENT QUARANTE ET UNIÈME GENRE

LES ACANTHURES

Le corps et la queue très comprimés ; de très petites écailles sur la dorsale ou sur d'autres nageoires, ou la hauteur du corps supérieure ou du moins égale à sa longueur ; l'ouverture de la bouche petite ; le museau plus ou moins avancé ; une nageoire dorsale ; un ou plusieurs piquants de chaque côté de la queue.

ESPÈCES.	CARACTÈRES.
1. L'ACANTHURE CHIRUR-GIEN.	Quatorze rayons aiguillonnés et douze rayons articulés à la nageoire du dos ; trois rayons aiguillonnés et dix-sept rayons articulés à la nageoire de l'anus ; un piquant long, fort et recourbé de chaque côté de la queue ; la caudale en croissant ; la couleur générale jaune ; cinq bandes transversales, étroites et violettes de chaque côté de la queue.
2. L'ACANTHURE ZÈBRE.	Neuf rayons aiguillonnés et vingt-trois rayons articulés à la nageoire du dos ; trois rayons aiguillonnés et vingt rayons articulés à celle de l'anus, trois rayons à la membrane branchiale ; la caudale en croissant ; le sommet de chaque dent découpé ; la couleur générale verdâtre ; cinq ou six bandes transversales, noirâtres.
3. L'ACANTHURE NOIRAUD.	Neuf rayons aiguillonnés et vingt-sept rayons articulés à la dorsale ; trois rayons aiguillonnés et vingt-quatre rayons articulés à la nageoire de l'anus ; quatre rayons à la membrane branchiale ; la caudale en croissant ; le sommet de chaque dent, plus large que la base et dentelé ; la couleur

1. A la membrane branchiale du glyphisodon moucharra...........   6 rayons.
    A chaque pectorale........... 18   —
    A chaque thoracine, articulés....................   5   —
    —   aiguillonné..............................   1   —
    A la nageoire de la queue................................ 19   —
    A la membrane branchiale du glyphisodon kakaitsel...........   6   —
    A chaque pectorale........... 16   —
    A chaque thoracine, articulés.............................   5   —
    —   aiguillonné..............................   1   —
    A la caudale... 20   —

2. *Glyphis*, en grec, signifie *incision, dentelure, crénelure.*

ESPÈCES.	CARACTÈRES.
3. L'Acanthure noiraud.	générale noirâtre; point de taches, de bandes, ni de raies.
4. L'Acanthure voilier.	Trois rayons aiguillonnés et vingt-huit rayons articulés à la nageoire du dos; deux rayons aiguillonnés et vingt rayons articulés à l'anale; la caudale en croissant; la dorsale et la nageoire de l'anus très grandes et arrondies par derrière; la couleur générale d'un brun mêlé de rougeâtre; plusieurs rangées longitudinales de points bleus sur l'anale et sur la nageoire du dos.
5. L'Acanthure theuthis.	Quatre rayons aiguillonnés et trente rayons articulés à la dorsale; trois rayons aiguillonnés et vingt-trois rayons articulés à la nageoire de l'anus; cinq rayons à la membrane branchiale; la caudale en croissant; quatre ou cinq découpures au sommet de chaque dent; la peau tuberculeuse et chagrinée; des bandes transversales, étroites et rapprochées.
6. L'Acanthure rayé.	Neuf rayons aiguillonnés et vingt-sept rayons articulés à la nageoire du dos; trois rayons aiguillonnés et vingt-six rayons articulés à l'anale; les dents découpées à leur sommet et placées sur un seul rang; plusieurs raies longitudinales, étroites et blanches de chaque côté de l'animal.

L'ACANTHURE CHIRURGIEN [1]

Acanthurus Chirurgus, Lacép., Cuv. — *Chætodon Chirurgus,*
Bloch, Linn., Gmel.

L'Acanthure zèbre, *Acanthurus triostegus,* Cuv.; *Acanthurus zebra* et *Chætodon
zebra,* Lacép.; *Chætodon triostegus,* Brouss., Linn., Gmel. — Acanthure noiraud,

1. *Chétodon chirurgien.* Bloch, pl. 208. — *Id.* Bonnaterre, planches de l'Encyclopédie méthodique. — Broussonnet, *Icthyolog.,* déc. 1, n. 4, tab. 4. — *Chétodon zèbre.* Daubenton et Haüy, Encyclopédie méthodique. — *Id.* Bonnaterre, planches de l'Encyclopédie méthodique. — Mus. Ad. Frid. 2, p. 70. — « *Chætodon albescens,* lineis quinque, etc. » Séba, Mus. 3, p. 65, tab. 25, fig. 4. — *Caantje of verkenskopf, Oester è eter, boanos klip-vische,* par les Hollandais. — *Perser,* par les Allemands. — *Acarauna,* au Brésil. — *Ikan batoe boano,* dans les Indes orientales. — Andre, *Act. Anglic.,* 1784, 2, p. 278, tab. 12.

« *Chætodon nigrescens,* cauda albescente.... utrinque aculeata. » Artedi, spec. 90. — *Chétodon noiraud.* Daubenton et Haüy, Encyclopédie méthodique. — *Id.* Bonnaterre, planches de l'Encyclopédie méthodique. — *Chétodon persien, Chætodon nigricans.* Bloch, pl. 203. — « Chætodon galhm, *et* chætodon ex atro fuscus, etc. » Forskael, *Fauna arab.,* p. 64, n. 90. — « Chætodon aculeis in utroque latere, ad caudam, duobus. » Hasselquist, *It.,* 332. — « Tetragonoptrus cinereus lævis, etc. » Klein, *Miss. pisc.,* IV, p. 38, n. 4, tab. 11, fig. 1.

Séba, Mus. 3, p. 64, n. 2; p. 65, n. 3; pl. 25, fig. 2 et 3. — *Acarauna.* Marcgr., *Brasil.,* 144. — Willughby, *Ichtyol.,* p. 21, tab. O, 1, fig. 3. — Ray, *Pisc.,* p. 102, n. 8. — Jonston, *Pisc.,* p. 177, 178, t. 32. — Ruysch, *Theatr. anim.,* 1, p. 123, tab. 32. — Bloch, pl. 427. — *Theuthis papou.* Daubenton et Haüy, Encyclopédie méthodique. — *Id.* Bonnaterre, planches de l'Encyclopédie méthodique. — « Hepatus mucrone reflexo utrinque propre caudam. » Gronov., *Zooph.,* 353. — « Theuthis fusca cæruleo nitens, etc. » Browne, *Jamaic.,* 455. — « Chætodon cærulescens, dorso nigro, etc. » Séba, Mus. 3, p. 104, tab. 33, fig. 3. — « Turdus rhomboïdes. » Catesby, *Carol.,* II, p. 10, tab. fig. 1. — Valent., *Ind.,* III, f. 77, 383, 404. — *Chétodon rayé.* Daubenton et Haüy, Encyclopédie méthodique. — *Id.* Bonnaterre, planches de l'Encyclopédie méthodique. — « Chætodon lineis longitudinalibus varius, cauda bifurca utrinque aculeata. » Artedi, spec. 89. — Séba, Mus. 2, tab. 25, fig. 1.

Acanthurus nigricans, Lacép.; *Acanthurus glaucopareius,* Cuv.; *Chætodon nigricans,* Linn. — ACANTHURE VOILIER, *Acanthurus volifer,* Lacép., Cuv., Bloch. — ACANTHURE THEUTHIS, *Acanthurus Theuthis,* Lacép., Cuv.; *Theuthis hepatus,* Linn., Gmel. — ACANTHURE RAYÉ, *Acanthurus lineatus,* Linn., Cuv.; *Chætodon lineatus,* Linn., Gmel.

Encore des poissons armés d'une manière remarquable! Il en est donc de l'histoire naturelle comme de l'histoire civile : on ne peut la parcourir qu'en ayant sous les yeux la nature inventant sans cesse, comme l'art, des moyens de blesser et de détruire. La terre est jonchée d'instruments de mort créés par la nature, plus nombreux peut-être que les traits meurtriers forgés par l'homme. Mais, à la honte de l'espèce humaine, des passions furieuses et implacables ont, sans nécessité, armé pour l'attaque le bras de l'homme, qui n'aurait dû porter que des armes défensives, et que des graines substantielles et des fruits savoureux auraient rendu plus sain, plus fort et plus heureux, tandis que, dans la nature, le fort n'est condamné à la guerre offensive que pour satisfaire des besoins impérieux imposés par son organisation, et le faible n'est jamais sans asile, sans ruse, ou sans défense.

Les acanthures sont un exemple de ce secours compensateur donné à la faiblesse. Leur taille est petite; leurs muscles ne peuvent opposer que peu d'efforts, ils succomberaient dans presque tous les combats qu'ils sont obligés de soutenir ; mais plusieurs dards leur ont été donnés; ces aiguillons sont longs, gros et crochus; ils sont placés sur le côté de la queue; et comme cette queue est très mobile, ils ont, lorsqu'ils frappent, toute la force qu'une grande vitesse peut donner à une petite masse. Ils percent par leur pointe, ils coupent par leur tranchant, ils déchirent par leur crochet; ce tranchant, ce crochet et cette pointe sont toujours d'autant plus aigus ou acérés, qu'aucun frottement inutile ne les use, qu'ils ne sont redressés que lorsqu'ils doivent protéger la vie du poisson, et que l'animal, qu'aucun danger n'effraye, les tient inclinés vers la tête et couchés dans une fossette longitudinale, de manière qu'ils n'en dépassent pas les bords.

Indépendamment de ces piquants redoutables pour leurs ennemis, presque tous les acanthures ont une ou plusieurs rangées de dents fortes, solides, élargies à leur sommet et découpées dans leur partie supérieure, au point de limer les corps durs et de déchirer facilement les substances molles. Leurs aiguillons pénètrent très avant à cause de leur longueur; ils parviennent jusqu'aux vaisseaux veineux et même quelquefois jusqu'aux artériels; ils font couler le sang en abondance. C'est ce qui a engagé à nommer *le chirurgien* l'une de ces espèces le plus anciennement connues.

Ce chirurgien, que les naturalistes ont inscrit jusqu'à présent parmi les chétodons, avec presque tous les autres acanthures, mais qui diffère beaucoup, ainsi que ces derniers animaux, des véritables chétodons, vit dans la mer des Antilles, où sa chair est recherchée à cause de son bon goût. Sa mâchoire supérieure est un peu plus avancée que l'inférieure. Chaque narine n'a qu'un orifice. La tête est variée de violet et de noir; le ventre bleuâtre; l'anale violette comme les pectorales et les thoracines, et de plus rayée de jaune; l'extrémité de la caudale violette; la dorsale marbrée de jaune et de violet.

Le zèbre, qu'il ne faut pas confondre avec un chétodon du même nom, vit dans le grand Océan équinoxial, ainsi que dans l'archipel des grandes Indes; il a les écailles petites, la langue et le palais lisses, le gosier entouré de trois osselets hérissés de petites dents, l'opercule composé de deux pièces et les thoracines blanchâtres.

On trouve le noiraud au Brésil, dans la mer d'Arabie et dans les Indes orientales; il y croît jusqu'à la longueur de six ou sept décimètres; on le pêche au filet et à l'hameçon. Il se nourrit de petits crabes ainsi que d'animaux à coquille; sa chair est ferme et agréable au goût.

Son foie est jaune, long et gros; l'estomac très allongé; le canal intestinal large, très recourbé et composé d'une membrane épaisse; la cavité de l'abdomen assez grande pour parvenir jusque vers le milieu de la nageoire de l'anus; l'ovaire formé par une sorte de sac unique et courbé; la vessie natatoire attachée au dos.

Plusieurs individus de cette espèce n'ont montré qu'un piquant de chaque côté de la queue; mais Hasselquist et quelques autres observateurs en ont compté deux sur chaque face latérale de la queue d'autres individus. Ce second piquant est peut-être une marque du sexe ou un attribut de l'âge; ou peut-être faut-il dire que l'aiguillon de chaque côté de la queue tombe à certaines époques et ne se détache quelquefois de la peau de l'animal que lorsque le dard qui doit le remplacer est presque entièrement développé.

Chaque narine n'a qu'un orifice; les écailles sont petites; on aperçoit des nuances blanches ou grises sur plusieurs nageoires[1].

1. A chaque pectorale de l'acanthure chirurgien.................... 16 rayons.
    A chaque thoracine, articulés............................... 5   —
            —   aiguillonné............................. 1   —
    A la nageoire de la queue..................................... 16   —

    A chaque pectorale de l'acanthure zèbre...................... 16   —
    A chaque thoracine, articulés............................... 5   —
            —   aiguillonné............................. 1   —
    A la caudale... 22   —

    A chaque pectorale de l'acanthure noiraud.................... 18   —
    A chaque thoracine, articulés............................... 5   —
            —   aiguillonné............................. 1   —
    A la nageoire de la queue 21   —

    A chaque pectorale de l'acanthure voilier................... 16   —
    A chaque thoracine, articulés............................... 5   —
            —   aiguillonné............................. 1   —
    A la caudale... 19   —

    A chaque pectorale de l'acanthure theuthis.................. 16   —

On doit remarquer sur l'acanthure voilier les petites taches irrégulières et roussâtres du museau et des environs de la base des pectorales; les deux bandes transversales foncées, les deux bandes plus étroites et jaunes, et les dix ou onze bandes violettes qui s'étendent sur chaque côté de l'animal; les taches noires qui forment trois arcs sur la caudale; la bordure blanche de cette nageoire; et la couleur jaune des thoracines et des pectorales.

Nous avons déjà dit[1] que nous ne pouvions pas admettre le genre *theuthis*, quoique établi par Linné. Des deux espèces que l'on avait inscrites dans ce genre, la seconde est notre chétodon tacheté; la première est un véritable acanthure, auquel nous donnons le nom spécifique de *theuthis,* pour changer le moins possible sa dénomination. Lorsque nous avons eu le plaisir de voir à Paris feu le célèbre professeur Bloch de Berlin, et qu'en lui montrant la riche collection de poissons du Muséum national, nous lui avons fait part de quelques-unes de nos idées sur l'ichtyologie, il a été entièrement de notre avis relativement à la suppression de ce genre *theuthis,* qu'il n'avait, me dit-il, jamais voulu comprendre dans sa classification.

L'acanthure qui portera le nom que l'on avait donné à ce genre est pêché dans les eaux d'Amboine, ainsi qu'à la Caroline. Son museau est avancé; ses dents sont fortes et placées sur un seul rang; la hauteur de la dorsale égale la longueur du front.

Les écailles du rayé sont raboteuses; il habite dans les Indes orientales et dans l'Amérique méridionale.

CENT QUARANTE-DEUXIÈME GENRE

LES ASPISURES

Le corps et la queue très comprimés; de très petites écailles sur la dorsale ou sur d'autres nageoires, ou la hauteur du corps supérieure ou du moins égale à sa longueur; l'ouverture de la bouche petite; le museau plus ou moins avancé; une nageoire dorsale; une plaque dure en forme de petit bouclier, de chaque côté de la queue.

ESPÈCE.	CARACTÈRES.
L'ASPISURE SOHAR.	Huit rayons aiguillonnés et trente et un rayons articulés à la dorsale; trois rayons aiguillonnés et vingt-neuf rayons articulés à la nageoire de l'anus; la caudale en croissant; la couleur générale brune; des raies longitudinales violettes.

A chaque thoracine, articulés............................	5	rayons.
— aiguillonné..........................	1	—
A la nageoire de la queue................................	24	—
A la membrane branchiale de l'acanthure rayé............	4	—
A chaque pectorale.....................................	16	—
A chaque thoracine, articulés...........................	5	—
— aiguillonné..........................	1	—
A la caudale..	16	—

1. Article du *Chétodon tacheté.*

L'ASPISURE SOHAR [1]

Acanthurus Sohal, Cuv. — *Chætodon Sohar,* Forsk., Linn., Gmel.
— *Aspisurus Sohar,* Lacép.

Ce poisson vit dans la mer d'Arabie; il s'y tient auprès des rivages et
se nourrit, dit-on, des débris de corps organisés qu'il trouve dans la vase
déposée au fond des eaux. Ses dents sont cependant festonnées à leur sommet; sa longueur est ordinairement assez considérable. L'espèce de fossette dans laquelle on voit, de chaque côté de la queue, une sorte de plaque
ou de bouclier osseux brille souvent d'une belle couleur rouge; les nageoires sont épaisses et violettes; une tache jaune est placée sur chaque pectorale [2].

CENT QUARANTE-TROISIÈME GENRE

LES ACANTHOPODES

Le corps et la queue très comprimés; de très petites écailles sur la dorsale ou sur d'autres nageoires, ou la hauteur du corps supérieure ou du moins égale à sa longueur; l'ouverture de
la bouche petite; le museau plus ou moins avancé; une nageoire dorsale; un ou deux piquants
à la place de chaque thoracine.

ESPÈCES.	CARACTÈRES.
1. L'ACANTHOPODE AR-GENTÉ.	Huit rayons aiguillonnés et trente-trois rayons articulés à la nageoire du dos; trois rayons aiguillonnés et trente-cinq rayons articulés à celle de l'anus; la caudale fourchue; la couleur générale argentée.
2. L'ACANTHOPODE BOD-DAERT.	Des bandes brunes et bleuâtres.

L'ACANTHOPODE ARGENTÉ [3]

Psettus Commersonii, Cuv. — *Acanthodus argenteus, Monodactylus falciformis,*
Lacép. — *Chætodon argenteus,* Linn., Gmel.

L'ACANTHOPODE BODDAERT [4]

Holacanthus Dux, Lacép., Cuv. — *Chætodon fasciatus,* Bloch. — *Chætodon Dux* et *Chætodon
Boddaertii,* Linn., Gmel.

On trouve, dans la mer des Indes, l'argenté décrit par Linné et ensuite
par le professeur Bonnaterre, qui en a vu un individu dans le cabinet de

1. *Aspis,* en grec, signifie *bouclier,* et *ura, queue.* — Forskael, *Fauna arab.,* p. 63, n. 89.
2. A la membrane branchiale de l'aspisure sohar............... 3 rayons.
   A chaque pectorale.. 17   —
   A chaque thoracine, articulés............................. 5   —
       —   aiguillonné........................ 1   —
   A la nageoire de la queue................................. 16   —
3. *Amœnit. acad.,* IV, p. 249. — *Chétodon argenté.* Bonnaterre, planches de l'Encyclopédie
méthodique.
4. *Schr. der Berlin. naturf ges.,* 3, p. 459.

mon célèbre collègue M. de Jussieu. Les écailles dont ce poisson est revêtu sont lisses et brillantes; la dorsale ainsi que l'anale échancrées en forme de faux; les trois premiers rayons de la nageoire du dos beaucoup plus courts que les autres; et les yeux couleur de sang.

Le boddaert porte le nom du savant naturaliste qui l'a fait connaître[1].

CENT QUARANTE-QUATRIÈME GENRE

LES SÉLÈNES

L'ensemble du poisson très comprimé et présentant de chaque côté la forme d'un pentagone ou d'un tétragone ; la ligne du front presque verticale ; la distance du plus haut de la nuque au-dessus du museau, égale au moins à celle de la gorge, à la nageoire de l'anus ; deux nageoires dorsales ; un ou plusieurs piquants entre les deux dorsales ; les premiers rayons de la seconde nageoire du dos s'étendant au moins au delà de l'extrémité de la queue.

PREMIER SOUS-GENRE

LA NAGEOIRE DE LA QUEUE FOURCHUE, OU ÉCHANCRÉE EN CROISSANT

ESPÈCE.	CARACTÈRES.
1. LA SÉLÈNE ARGENTÉE.	Quinze rayons aiguillonnés à la première nageoire du dos ; dix-sept rayons à la seconde ; dix-huit rayons à la nageoire de l'anus ; l'extrémité de la queue, cylindrique et prolongée au milieu de la caudale, qui est très fourchue ; la couleur générale argentée.

SECOND SOUS-GENRE

LA NAGEOIRE DE LA QUEUE RECTILIGNE, OU ARRONDIE, ET SANS ÉCHANCRURE

ESPÈCE.	CARACTÈRES.
2. LA SÉLÈNE QUADRANGULAIRE.	Quatre ou cinq piquants entre chaque nageoire dorsale ; l'extrémité de la queue cylindrique ; la caudale rectiligne ; la partie postérieure du poisson terminée, en haut et en bas, par un angle presque droit ; la couleur générale cendrée.

LA SÉLÈNE ARGENTÉE[2]

Argyreiosus Vomer, Cuv. — *Abacatuia*, Marcgr. — *Selene argentea*, Lacép.

Plumier a laissé un beau dessin de ce poisson dont aucun naturaliste n'a encore publié la description et dont la figure se trouve dans les peintures sur vélin du Muséum d'histoire naturelle. On a comparé sa forme générale à celle d'un disque ou de la lune ; voilà pourquoi on lui a donné dans l'Amérique méridionale et dans quelques autres contrées du nouveau continent le nom de *lune* que rappelle la dénomination générique de *sélène*[3],

1. A la membrane branchiale de l'acanthopode argenté............ 6 rayons.
   A chaque pectorale...................................... 14   —
   A la nageoire de la queue.............................. 16   —
2. *Guaperva Marcgravii*, vulgo *la lune*. Plumier, peintures sur vélin déjà citées. — On verra facilement combien ce nom vulgaire de *guaperva* a été appliqué à plusieurs espèces de chétodons, ou de poissons d'un autre genre.
3. *Sélène*, en grec, signifie *lune*.

par laquelle nous le désignons. Néanmoins cette forme générale n'est pas celle d'un disque ; elle ne ressemble à celle de la lune que lorsque l'animal est vu de loin ; elle est celle d'un véritable pentagone, et cette figure est d'autant plus remarquable, qu'un des côtés de ce pentagone termine la partie antérieure du dos, qui, dès lors, est rectiligne, au lieu d'être plus ou moins courbé dans le sens de la tête à la queue, comme le dos de presque tous les poissons. L'ouverture de la bouche n'est pas grande ; on ne voit à chaque narine qu'un orifice, lequel est très allongé ; l'œil est gros et la prunelle large ; la première dorsale petite et triangulaire ; la seconde très étendue et en forme de faux, ainsi que l'anale, dont les premiers rayons sont cependant moins longs que ceux de la seconde nageoire du dos. Les pectorales sont grandes et un peu en forme de faux ; mais chaque thoracine est très petite. L'opercule n'est composé que d'une seule lame ; la ligne latérale s'élève et se recourbe beaucoup ensuite. Les écailles qui revêtent l'animal ne sont que très difficilement visibles ; et néanmoins toute sa surface brille, au milieu des eaux, d'un éclat argenté et doux, assez semblable à celui de la lune dont il porte le nom. L'iris resplendit comme une belle topaze ; des reflets verdâtres et violets paraissent sur toutes les nageoires.

LA SÉLÈNE QUADRANGULAIRE [1]

Ephippus Faber, Cuv. — *Chætodon Faber,* Brouss., Bloch, Lacép. — *Chætodon Plumieri,* Bloch ? *Zeus quadratus,* Linn., Gmel. — *Selene quadrangularis,* Lacép.

Sloane a décrit et fait représenter ce poisson dans l'*Histoire naturelle de la Jamaïque.* Ce thoracin a été inscrit jusqu'à présent dans le genre des zées ; mais il est évident qu'il appartient à celui des sélènes que nous avons cru devoir établir et qu'il ne présente pas les caractères qui doivent distinguer les véritables zées.

La longueur de la sélène quadrangulaire est de cinq pouces anglais et sa hauteur de quatre ; la figure que chacun de ses côtés présente est bien indiquée par le nom spécifique qu'elle porte. L'ouverture de sa bouche est très petite ; la mâchoire inférieure plus avancée que la supérieure et garnie, comme cette dernière, d'une rangée de dents courtes et menues ; la langue arrondie dans une partie de son contour et cartilagineuse ; la première dorsale très étroite et longue d'un pouce et demi anglais ; la seconde triangulaire ; la nageoire de l'anus égale par son étendue, semblable, par sa forme et analogue par sa position, à cette seconde nageoire du dos ; la ligne latérale relevée par trois ou quatre bandes obliques et noires.

---

1. *Pilot fisch.* — « Faber marinus fere quadratus. » Sloane, *Jam.,* II, p. 290, n. 5, tab. 251, fig. 4. — *Doré quadrangulaire.* Bonnaterre, planches de l'Encyclopédie méthodique. — Ray, *Pisc.,* p. 160.

CENT QUARANTE-CINQUIÈME GENRE

LES ARGYRÉIOSES

Le corps et la queue très comprimés; une seule nageoire dorsale; plusieurs rayons de cette nageoire terminés par des filaments très longs, ou plusieurs piquants le long de chaque côté de la nageoire du dos ; une membrane verticale placée transversalement au-dessous de la lèvre supérieure ; les écailles très petites ; les thoracines très allongées ; des aiguillons au-devant de la nageoire du dos et de celle de l'anus.

ESPÈCE.	CARACTÈRES.
L'Argyréiose vomer.	Onze rayons aiguillonnés et vingt et un rayons articulés à la dorsale ; un rayon aiguillonné et vingt rayons articulés à la nageoire de l'anus ; deux aiguillons au-devant de l'anale et de la nageoire du dos ; la caudale fourchue.

L'ARGYRÉIOSE VOMER[1]

Argyreiosus Vomer, Lacép., Cuv. — *Abacatuia*, Marcg.
— *Zeus Vomer*, Linn.

Les eaux chaudes du Brésil et les eaux froides qui baignent la Norvège nourrissent également cet argyréiose ; et c'est une nouvelle preuve de ce que nous avons dit, lorsque nous avons exposé dans un discours particulier les effets de l'art de l'homme sur la nature des poissons. La grande différence qui sépare le climat glacial de la Norvège et le climat brûlant du Brésil n'influe pas même d'une manière très sensible sur les individus de cette espèce d'argyréiose vomer. Leurs formes sont semblables dans l'hémisphère nord et dans l'hémisphère austral. Ils sont, et près du pôle arctique, et près du tropique du capricorne, également parés d'une belle couleur argentine répandue sur presque toute leur surface et rendue plus agréable par un beau bleu étendu sur toutes leurs nageoires ; seulement des reflets d'azur ondulent au milieu des teintes d'argent des vomers du Brésil, pendant que des tons de pourpre distinguent ceux de la Norvège.

Les uns et les autres se nourrissent de crabes et d'animaux à coquille ; comme ils trouvent en très grande abondance de ces crustacés et de ces mollusques sur les rives de la Norvège aussi bien que sur celles du Brésil, ils vivent avec une égale facilité dans les mers de ces deux contrées. Ils y parviennent à la même longueur, qui est celle de quinze ou seize centimètres.

---

1. *Argyreios*, en grec, signifie *argenté*. — *Pflugschaar*, par les Allemands. — *Silver skrabba*, par les Suédois. — *Solopletter, Gudfisk*, par les Norvégiens. — *Zilver fisch*, par les Hollandais. — *Larger silver fish*, à la Jamaïque. — *Guaperva abacatua-jurana*, au Brésil. — *Doré le coq.* Daubenton et Haüy, Encyclopédie méthodique.

Id. Bonnaterre, planches de l'Encyclopédie méthodique. — Mus. Ad. Frid. 1, p. 67, tab. 31, fig. 2. — Bloch, pl. 193, fig. 2. — Manuscrit du prince Maurice de Nassau. — « Zeus cauda bifurca, etc. » Müller, *Prodrom. Zoolog. danic.*, p. 44, n. 370. — « Tetragonoptrus squamulis pinnisque splendentis nigri, etc. » Klein, *Miss. pisc.*, IV, p. 38, n. 7, 8, tab. 12, fig. 1. — « Rhomboida major alepidota. » Brown, *Jam.*, p. 455, n. 2.

Marcg., *Brasil.*, p. 145. — Willughby, *Icthyol.*, tab. O, 1, fig. 4. — Jonst., *De Piscib.*, p. 178, tab. 22, fig. 3. — Ruysch, *Theat. anim.*, I, p. 124, tab. 32, fig. 3.

Leurs muscles sont peu volumineux ; leur chair est de bon goût en Europe et en Amérique ; leurs habitudes étant semblables dans l'ancien et dans le nouveau continent, on y emploie les mêmes procédés pour les pêcher : on les prend non seulement au filet, mais encore à l'hameçon.

Au reste, tous les vomers ont la dorsale deux fois découpée et l'anale, une fois échancrée en forme de faux ; le second rayon de l'anale et surtout le second et le troisième rayon de la nageoire du dos, assez prolongés pour dépasser les pointes de la caudale ; des thoracines dont la longueur égale celle du corps et de la queue pris ensemble ; des écailles très difficilement visibles ; la nuque et le dos très élevés ; la mâchoire inférieure plus longue que celle d'en haut et garnie, comme cette dernière, de dents petites et pointues ; un seul orifice à chaque narine et la ligne latérale très courbée.

On remarquera aisément les rapports qui lient le vomer avec la sélène argentée et d'après lesquels les habitants du Brésil ont donné le nom vulgaire de *guaperva* à ces deux animaux[1].

CENT QUARANTE-SIXIÈME GENRE

LES ZÉES

Le corps et la queue très comprimés ; des dents aux mâchoires ; une seule nageoire dorsale ; plusieurs rayons de cette nageoire terminés par des filaments très longs, ou plusieurs piquants le long de chaque côté de la nageoire du dos ; une membrane verticale placée transversalement au-dessous de la lèvre supérieure ; les écailles très petites ; point d'aiguillons audevant de la nageoire du dos, ni de celle de l'anus.

PREMIER SOUS-GENRE

LA NAGEOIRE DE LA QUEUE FOURCHUE, OU ÉCHANCRÉE EN CROISSANT

ESPÈCES.	CARACTÈRES.
1. LE ZÉE LONGS CHEVEUX.	Trente rayons à la nageoire du dos ; dix-neuf à celle de l'anus ; six rayons de la nageoire du dos et six rayons de l'anale, terminés chacun par un filament capillaire très délié et beaucoup plus long que la tête, le corps et la queue pris ensemble ; les thoracines plus longues que le corps ; la couleur générale argentée.
2. LE ZÉE RUSÉ.	Vingt-quatre rayons à la dorsale ; vingt rayons à la nageoire de l'anus ; une rangée d'aiguillons de chaque côté de la nageoire du dos ; l'ouverture de la bouche très petite ; le museau prenant une forme cylindrique, à la volonté de l'animal ; la couleur générale argentée.

SECOND SOUS-GENRE

LA NAGEOIRE DE LA QUEUE RECTILIGNE OU ARRONDIE, ET SANS ÉCHANCRURE

ESPÈCE.	CARACTÈRES.
3. LE ZÉE FORGERON.	Trente-deux rayons à la dorsale ; vingt-six à l'anale ; un long filament à chacun des rayons de la nageoire du dos, de-

1. A la membrane branchiale de l'argyréiose argenté.............. 7 rayons.
   A chaque pectorale.. 18   —
   A chaque thoracine 6   —
   A la nageoire de la queue....................................... 19   —

ESPÈCE.	CARACTÈRES.
3. Le Zée forgeron.	puis le second jusqu'au huitième inclusivement ; une rangée longitudinale d'aiguillons de chaque côté de la dorsale ; la caudale arrondie ; la dorsale et l'anale très échancrées ; une tache noire et ronde sur chaque côté de l'animal.

LE ZÉE LONGS CHEVEUX [1]

Blepharis ciliaris, Cuv. — *Zeus ciliaris*, Linn., Bloch, Lacép.

LE ZÉE RUSÉ [2]

Equula insidiatrix, Cuv. — *Zeus insidiator*, Linn., Bloch, Lacép.

L'éclat que répand le zée longs cheveux est très doux à l'œil, parce que les écailles qui revêtent ce poisson ne pouvant être vues que difficilement, ses nuances argentées ne sont pas réfléchies par des lames dures, larges et polies, qui renvoient avec vivacité les couleurs et la lumière ; mais ses teintes sont belles et riches ; chaque opercule présente des reflets dorés. Cet or ainsi que cet argent sont comme encadrés, par une distribution aussi noble que gracieuse, au milieu d'un violet foncé et bien fondu qui règne sur toutes les nageoires. La mâchoire inférieure est plus avancée que la supérieure ; chaque narine montre deux orifices ; deux plaques forment chaque opercule ; la ligne latérale est courbe près de la tête et ensuite droite.

Mais ce que l'on doit particulièrement remarquer dans la conformation de ce zée, ce sont l'excessive longueur et la ténuité des filaments qui terminent plusieurs rayons de ses nageoires du dos et de l'anus. Ces filaments si déliés ne peuvent servir ni à ses mouvements ni à sa défense ; mais je ne serais pas surpris quand on apprendrait par quelque voyageur qu'ils ont influé sur les habitudes de ce poisson, au point de rendre ses mœurs très dignes de l'observation du physicien. Il est probable que ce zée, qui ne peut pas employer beaucoup de force pour vaincre sa proie, ni peut-être une grande vitesse pour l'atteindre, à cause de la grande hauteur et de la petite épaisseur de son corps, qui doivent rendre sa natation pénible, a recours à la ruse, que ses filaments lui rendent très facile. On pourrait croire que, par le moyen de ces longs appendices qu'il roule autour des plantes aquatiques et des petites saillies des rochers, il se maintient dans un état de repos qui lui permet de dérober aisément sa présence à de petits poissons, surtout lorsqu'il est à demi caché par les végétaux ou les différents corps derrière lesquels il se place, et que, posté ainsi en embuscade, il emploie une partie de ces mêmes filaments, comme plusieurs osseux ou cartilagineux se servent des leurs, à tromper les poissons trop jeunes et trop imprudents, qui, pre-

1. *Doré-gal à longs cheveux.* Bonnaterre, planches de l'Encyclopédie méthodique. — Bloch, pl. 191.
2. *Doré rusé.* Bonnaterre, planches de l'Encyclopédie méthodique. — Bloch, pl. 192, fig. 2

nant ces fils agités en différents sens pour des vers marins ou fluviatiles, se jettent sur ces prolongations animées et se précipitent, pour ainsi dire, dans la gueule de leur ennemi.

Cette conjecture est en quelque sorte confirmée par ce que nous savons déjà de la manière de vivre du zée rusé, que l'on trouve à Surate, comme le longs-cheveux.

Le rusé mérite en effet, par ses petites manœuvres, le nom spécifique qui lui a été donné. Il offre, dans les eaux douces de la côte de Malabar, des habitudes très analogues à celles du cotte insidiateur, du spare trompeur, du chétodon soufflet et du chétodon museau allongé, et cette ressemblance provient de la conformation particulière de son museau, laquelle a beaucoup de rapports avec celle de la bouche des quatre poissons chasseurs que nous venons de nommer.

La mâchoire inférieure du zée rusé s'élève dans une direction presque droite ; lorsque l'animal la baisse pour ouvrir la bouche, elle entraîne en bas la mâchoire supérieure, et le museau est changé en une sorte de long cylindre, à l'extrémité duquel paraît l'ouverture de la bouche, qui est très petite, et qui, par ce mouvement, se trouve descendue au-dessous du point qu'elle occupait. Cette ouverture reprend sa première place, lorsque l'animal, retirant vers le haut sa mâchoire supérieure, relève l'inférieure, l'applique contre celle d'en haut, fait disparaître la forme cylindrique du museau et ferme entièrement sa bouche. Ce cylindre allongé, que l'animal forme toutes les fois et aussi vite qu'il le veut, lui sert de petit instrument pour jeter de petites gouttes d'eau sur les insectes qui volent auprès de la surface des lacs ou des rivières, et qui, ne pouvant plus se soutenir sur des ailes mouillées, tombent et deviennent sa proie[1].

Chacun des opercules du rusé est d'ailleurs composé de deux pièces ; sa dorsale peut être pliée et cachée dans une fossette longitudinale, que bordent les deux rangées d'aiguillons indiquées sur le tableau du genre. Ce zée paraît revêtu, sur toute sa surface, d'une feuille d'argent qui présente des taches noires et irrégulières sur le dos, et de petits points noirs sur les côtés ; sa chair est grasse ainsi qu'agréable au goût. Lorsqu'on veut le prendre à l'hameçon, on garnit cet instrument d'insectes ailés.

Les peintures chinoises que l'on conserve dans la bibliothèque du Muséum national d'histoire naturelle offrent la figure d'un zée qui peut-être

1. A la membrane branchiale du zée longs cheveux................ 7 rayons.
    A chaque pectorale... 17   —
    A chaque thoracine...   5   —
    A la nageoire de la queue.................................. 21   —

    A la membrane branchiale du zée rusé.......................   7   —
    A chaque pectorale... 16   —
    A chaque thoracine, articulés..............................   5   —
        —   aiguillonné...............................   1   —
    A la caudale... 18   —

forme une espèce particulière et n'est qu'une variété du rusé. Il paraît en différer par trois caractères : une anale beaucoup plus longue, un rayon de chaque thoracine très allongé, et une ligne latérale non interrompue.

LE ZÉE FORGERON [1]

Zeus Faber, LINN., BLOCH, CUV., LACÉP.

Ce zée se trouve dans l'océan Atlantique et dans la Méditerranée. Dès le temps d'Ovide, il avait été observé dans cette dernière mer; Pline savait que, très recherché par les pêcheurs de l'Orient, ce poisson était depuis très longtemps préféré à presque tous les autres par les citoyens de Cadix. Columelle, qui était de cette ville et qui a écrit avant Pline, indique le nom de *zée* comme donné très anciennement à ce thoracin. Cet auteur connaissait, ainsi que Pline, le nom de *forgeron*, que l'on avait employé pour cet osseux, particulièrement sur les rivages de la mer Atlantique, et que nous lui avons conservé avec Linné et plusieurs autres naturalistes modernes.

Dans des temps bien postérieurs à ceux d'Ovide, de Columelle et de Pline, des idées très différentes de celles qui occupaient ces illustres Romains firent imaginer aux habitants de Rome que le zée dont nous donnons une notice était le même animal qu'un poisson fameux dans l'histoire de Pierre, le premier apôtre de Jésus, et que tous les individus de cette espèce n'avaient sur chacun de leurs côtés une tache ronde et noire que parce que les doigts du prince des apôtres s'étaient appliqués sur un endroit analogue, lorsqu'il avait pris un de ces zées pour obéir aux ordres de son

1. *Dorée, Poule de mer,* en France. — *Coq, Lau,* sur quelques côtes françaises de l'Océan. — *Troueie, Saint-Pierre, Rode,* dans quelques départements méridionaux de France. — *Gal,* en Espagne. — *Il pesce fabro,* en Sardaigne. — *Laurata,* à Malte.

Fabro, en Dalmatie. — *Christophoron,* par les Grecs modernes. — *Pesce san-piedro, Citula, Rotula,* en Italie. — *Saint-peter fisch, Sonnen fisch, Meerschmid,* en Allemagne. — *Heringekœnig,* ou *roi des harengs,* auprès de Hambourg et de Héligoland. — *Skrabba,* en Suède.

Sonnenvis, en Hollande. — *Dorn,* en Angleterre. — *Doré poisson saint-pierre.* Daubenton et Haüy, Encyclopédie méthodique. — *Id.* Bonnaterre, planches de l'Encyclopédie méthodique.

Bloch, p. 41. — Brünn., *Pisc. Massil.,* p. 53. — Mus. Ad. Frid., 1, p. 67, tab. 31, fig. 2. — « Zeus ventre aculeato, cauda in extremo circinata. » Artedi, gen. 50, syn. 78. » — *Chalceus.* Athen., lib. VII, fol. 163, 50, ed. Vald. — Oppian, lib. I, fol. 6, 17.

« Zeus, idem faber. » Pline, lib. IX, cap. xviii; lib. XXXII, cap. xi. — Ovide, *Halieutic.,* vers 111. — « Citula, sive sancti Petri piscis. » P. Jov. cap. xxvii, p. 98. — *Doré, ou poisson saint-pierre.* Rondelet, première partie, liv. II, chap. xix. — « Faber, sive gallus marinus. » Gesner, p. 369, 439, et (germ.) fol. 32, *b.* — *Id.* Willughby, p. 294, tab. S, 16. — *Id.* Ray, p. 99. — *Faber.* Columelle, lib. VIII, cap. xvi. — Wotton, lib. VIII, cap. clxxxi, fol. 160. — Salvian, fol. 203, 204, 205. — Aldrovande, lib. I, cap. xxv, p. 112. — Jonston, lib. I, tit. 2, c. i, *a,* 18, tab. 17, fig. 1, 2. — Charlet, p. 136.

Calceus, id est *faber.* Schneider, *Petri Artedi Synonymia piscium,* etc., p. 117. — Gronov., Mus. 1, p. 47, n. 107; *Zooph.,* p. 196, n. 311. — « Tetragonoptrus capite amplo, etc. » Klein, *Miss. pisc.,* IV, p. 38, n. 11. — Ruysch, *Theat. anim.,* p. 37, tab. 17, fig. 1. — Bellon, *Aquat.,* p. 150. — *Brit. zoolog.,* III, p. 181, n. 1.

1. LA ZÉE FORGERON. _ 2. LE SALMONE SCHIFFERMULLER.

3. LE CAPROS SANGLIER.

maître. Comme les opinions les plus extraordinaires sont celles qui se répandent le plus vite et qui durent pendant le plus de temps, on donne encore de nos jours, sur plusieurs côtes de la Méditerranée, le nom de *poisson de saint Pierre* au zée forgeron.

Les Grecs modernes l'appellent aussi *poisson de saint Christophe*, à cause d'une de leurs légendes pieuses, que l'on ne doit pas s'attendre à trouver dans un ouvrage sur les sciences naturelles. Mais il en est résulté de cette sorte de dédicace, que le forgeron a été observé avec plus de soin et beaucoup plus tôt connu que plusieurs autres poissons. Il parvient communément à la longueur de quatre ou cinq décimètres, et il pèse alors cinq ou six kilogrammes. Il se nourrit des poissons timides qu'il poursuit auprès des rivages lorsqu'ils viennent y pondre ou y féconder leurs œufs. Il est si vorace, qu'il se jette avec avidité et sans aucun discernement sur toute sorte d'appât; et l'espèce d'audace qui accompagne cette voracité ne doit pas étonner dans un zée qui, indépendamment des dimensions de sa bouche, du nombre et de la force de ses dents, a une rangée longitudinale de piquants non seulement de chaque côté de la dorsale, mais encore à droite et à gauche de la nageoire de l'anus. D'ailleurs, ces aiguillons sont très durs, et les sept ou huit derniers sont doubles. Les huit ou neuf premiers piquants de la nageoire du dos peuvent être considérés de chaque côté comme des apophyses des rayons aiguillonnés de cette nageoire; les deux rangs d'aiguillons recourbés et contigus qui accompagnent la partie antérieure de l'anale se prolongent jusqu'à la gorge, en garnissant le dessous du corps de deux lames dentelées comme celle d'une scie. A toutes ces armes, le forgeron réunit encore deux pointes dures et aiguës, qui partent de la base de chaque pectorale et se dirigent verticalement, la plus courte vers le dos et la plus longue vers l'anus.

La mâchoire inférieure est plus avancée que la supérieure; celle-ci peut s'étendre à la volonté de l'animal. Les yeux sont gros et rapprochés; les narines ont de grands orifices, les branchies une large ouverture, et les opercules chacun deux lames; les écailles sont très minces.

L'ensemble du poisson ressemblant un peu à un disque, au moins si l'on en retranchait le museau et la caudale, il n'est pas surprenant qu'on l'ait comparé à une roue et qu'on ait donné le nom de *rondelle* à l'animal. Sa couleur générale est mêlée de peu de vert et de beaucoup d'or, et voilà pourquoi il a été appelé *doré* ; mais sa parure, quoique très riche, paraît enfumée. Des teintes noires occupent le dos, la partie antérieure de la nageoire de l'anus, ainsi que de la dorsale, le museau, quelques portions de la tête; c'est ce qui a fait nommer ce zée *forgeron*.

Ses pectorales, ses thoracines, la partie postérieure de la nageoire du dos et celle de l'anale sont grises; la caudale est grise avec des raies jaunes ou dorées.

L'estomac est petit, le canal intestinal très sinueux, l'ovaire double, ainsi que la laite. On compte trente et une vertèbres à l'épine du dos. La charpente osseuse, excepté les parties solides de la tête, a les plus grands rapports avec celle des pleuronectes dont nous allons nous occuper. Cette analogie a été particulièrement remarquée par le savant professeur Schneider.

De même que quelques balistes, quelques cottes, quelques trigles et d'autres poissons, le *forgeron* peut comprimer assez rapidement ses organes intérieurs, pour que des gaz violemment pressés sortent par les ouvertures branchiales, froissent les opercules et produisent un léger bruissement. Cette sorte de bruit a été comparé à un grognement et a fait donner le nom de *truie* au zée dont nous parlons[1].

CENT QUARANTE-SEPTIÈME GENRE

LES GALS

Le corps et la queue très comprimés; des dents aux mâchoires; deux nageoires dorsales; plusieurs rayons de l'une de ces nageoires terminés par des filaments très longs, ou plusieurs piquants le long de chaque côté des nageoires du dos; une membrane verticale placée transversalement au-dessous de la lèvre supérieure; les écailles très petites; point d'aiguillons au-devant de la première ni de la seconde dorsale, ni de la nageoire de l'anus.

ESPÈCE.	CARACTÈRES.
LE GAL VERDATRE.	Sept rayons aiguillonnés à la première nageoire du dos; cette dorsale très basse; dix-sept rayons à la seconde; quinze rayons à la nageoire de l'anus; la caudale fourchue; la couleur générale verdâtre.

LE GAL VERDATRE[2]

Gallus virescens, LACÉP., CUV. — *Zeus Gallus,* LINN., BLOCH.

Dans quelles mers ne se trouve pas ce gal verdâtre? On l'a vu au Brésil, à la Jamaïque, aux Antilles, auprès du Groenland, dans les Indes orientales, dans la Méditerranée. Sous tous ces climats si différents, et même si opposés, il présente les même habitudes, les mêmes formes, les mêmes cou-

1. A la membrane branchiale du zée forgeron................... 7 rayons.
   A chaque pectorale.. 12 —
   A chaque thoracine... 9 —
   A la nageoire de la queue.................................. 13 —

2. *Coq de mer, Lune,* par les Français. — *Serduk,* à Malte. — *Meerhan,* en Allemagne. — *Soesmed, Kollivsiuternak,* en Groenland. — *Meerhœhn, Bonte laerije,* en Hollande.

Larger silverfish, à la Jamaïque. — *Abacatuaja,* au Brésil. — *Peixe gallo,* par les Portugais du Brésil. — *Ikan kapelle,* aux Indes orientales. — *Zée coq de mer.* Bloch, pl. 192, fig. 1. — *Doré gal.* — Daubenton et Haüy, Encyclopédie méthodique. — *Id.* Bonnaterre, planches de l'Encyclopédie méthodique. — Gronov., *Mus.* 1, n. 108; *Zooph.,* p. 96, n. 312.

« Tetragonoptrus totus argenteus lævissimus, etc. » Klein, *Miss. pisc.,* IV, p. 38. n. 8 et 9. — « Zeus cauda bifurca. » Artedi, gen. 35, syn. 78. — Séba, Mus. 3, p. 72, n. 34, tab. 26, fig. 34. — Marcgr., *Brasil.,* p. 161. — Pison, *Ind.,* p. 154. — Willughby, *Ichtyol.,* p. 296, tab. S, 18, fig. 2. — Ray, *Pisc.,* p. 99, n. 28. — Jonston, *Pisc.,* p. 202, tab. 37, fig. 2.

Meerhaehn. Nieuh., *Ind.,* 1, p. 270. — *Lune.* Du Tertre, *Antill.,* 2, p. 215. — *Rameur.* Renard, *Poiss.,* 2, tab. 26, fig. 128.

leurs, les mêmes dimensions. Il offre ordinairement, dans toutes les eaux salées qui le nourrissent, une longueur de près de deux décimètres. Il recherche les très petits poissons et les vers ou les insectes qui habitent au fond ou à la surface de l'Océan. Il fait entendre, suivant Pison, un bruissement semblable à celui du zée forgeron. Sa chair est de bon goût. Ses écailles ne peuvent être vues que très difficilement, tant elles sont petites. Chaque narine a deux orifices. La nuque est très relevée et un peu bombée. La ligne latérale s'élève, se courbe, descend, se recourbe de nouveau et va ensuite directement jusqu'à la nageoire de la queue. Les nageoires sont d'un beau vert, et les côtés d'un argenté brillant[1].

CENT QUARANTE-HUITIÈME GENRE

LES CHRYSOTOSES

Le corps et la queue très comprimés; la plus grande hauteur de l'animal, égale ou presque égale à la longueur du corps et de la queue pris ensemble; point de dents aux mâchoires; une seule nageoire dorsale; les écailles très petites; point d'aiguillons au-devant de la nageoire du dos, ni de celle de l'anus; plus de huit rayons à chaque thoracine.

ESPÈCE.	CARACTÈRES.
LE CHRYSOTOSE LUNE.	Un ou deux rayons aiguillonnés et quarante-six rayons articulés à la dorsale; un rayon aiguillonné et trente-cinq rayons articulés à la nageoire de l'anus; la caudale fourchue; la couleur générale dorée.

LE CHRYSOTOSE LUNE[2]

Lampris guttatus, RETZIUS, CUV. — *Chrysotosus Luna*, LACÉP. — *Zeus Luna*, LINN., GMEL. *Zeus regius*, BONNAT.

C'est un grand et magnifique poisson que ce chrysotose, que Duhamel et Pennant ont décrit; le professeur Gmelin, ainsi que le professeur Bonnaterre, l'ont inscrit dans le genre des zées; mais il n'appartient pas à ce genre et n'est encore qu'imparfaitement connu. Un individu de cette superbe espèce, très bien conservé dans le Muséum d'histoire naturelle, pourrait bien être celui sur lequel Duhamel a fait sa description; il nous a présenté tous les traits distinctifs de ce beau chrysotose. Ce poisson osseux a beaucoup de rapports avec le cartilagineux auquel nous avons conservé le nom de *diodon lune*; mais, indépendamment d'autres grandes différences

1. A la membrane branchiale du gal verdâtre.................... 7 rayons.
A chaque pectorale................................... 16 —
A chaque thoracine (dont les premiers rayons sont très allongés),
 articulés.. 5 —
A chaque thoracine, aiguillonné............................ 1 —
A la nageoire de la queue................................. 24 —
2. Le nom générique de *chrysotose* vient du mot grec *chrusotos*, qui signifie *doré*. — *Poisson lune*. Duhamel, *Traité des pêches*, t. III, pl. 15. — *Poisson royal*. Bonnaterre, planches de l'Encyclopédie méthodique. — Pennant, *Zoolog. brit.*, t. III, n. 101.

qui l'en séparent, il ne réfléchit pas les mêmes nuances. Lorsqu'il resplendit auprès de la surface de la mer, il ne renvoie pas une lumière argentine comme celle de la lune ; il brille de l'éclat de l'or, et c'est au disque solaire plutôt qu'à celui de l'astre des nuits qu'il aurait fallu comparer la surface richement décorée qu'offre chacun de ses côtés. Plusieurs reflets d'azur, d'un vert clair et d'argent, se jouent sur ce fond doré, au milieu d'un grand nombre de taches couleur de perle ou de saphir ; les nageoires sont du rouge le plus vif. C'est ce qui a fait dire à un observateur que l'on devrait regarder ce chrysotose *comme un seigneur de la cour de Neptune en habit de gala*[1].

Lorsque ce poisson lune parvient à des dimensions très étendues, par exemple, lorsqu'il a soixante-six centimètres de hauteur (sans y comprendre les nageoires du dos et de l'anus) sur dix ou onze décimètres de longueur totale, ainsi que l'individu du Muséum d'histoire naturelle, il pèse près de vingt kilogrammes. On ne distingue pas, sur cet individu du Muséum, de ligne latérale ; la lèvre supérieure est extensible ; la mâchoire inférieure est plus longue que la supérieure ; la dorsale est en forme de faux ; l'extrémité de la queue, très basse et cylindrique, s'avance au milieu de la base de la caudale ; les écailles sont unies ; on n'en voit pas sur les opercules ; les yeux sont ronds, gros et saillants[2].

On ne rencontre que très rarement les chrysotoses lunes. Lorsqu'on en montra un à Dieppe, il y a plusieurs années, les plus anciens pêcheurs voyaient cette espèce pour la première fois. Les individus que les naturalistes ont observés avaient été pris sur les côtes françaises ou anglaises de l'océan Atlantique. Il paraît cependant que le chrysotose que nous décrivons habite aussi dans les mers de la Chine ; nous avons cru en effet reconnaître une variété de cette *lune* dans une des peintures chinoises qui font partie de la collection du Muséum d'histoire naturelle.

CENT QUARANTE-NEUVIÈME GENRE

LES CAPROS

Le corps et la queue très comprimés et très hauts ; point de dents aux mâchoires ; deux nageoires dorsales ; les écailles très petites ; point d'aiguillons au-devant de la première ni de la seconde dorsale, ni de la nageoire de l'anus.

ESPÈCE.	CARACTÈRES.
Le Capros sanglier.	Neuf rayons à la première nageoire du dos ; vingt-trois à la seconde, trois rayons aiguillonnés et dix-sept rayons articulés à la nageoire de l'anus ; la caudale sans échancrure.

1. Note manuscrite envoyée à Guénaud de Montbéliard, et que Buffon, à qui il l'avait remise, m'a donnée dans le temps.

2. A chaque pectorale du chrysotose lune.......................... 20 rayons.

    A chaque thoracine, articulés............................ 8 ou 9   —

    —   aiguillonné 1   —

Le premier et le dernier rayon de la caudale, aiguillonnés.

LE CAPROS SANGLIER[1]

Capros Aper, Lacép., Cuv. — *Zeus Aper,* Linn., Bl.

La mer qui baigne les rivages de la Ligurie et ceux de la Campagne de Rome nourrit ce poisson que l'on n'y pêchait cependant que très rarement du temps de Rondelet. Ce thoracin a le museau avancé, un peu cylindrique, terminé par une ouverture assez petite et par une lèvre supérieure facile à étendre, ce qui donne à cette partie de la tête quelque ressemblance avec le groin d'un cochon ou d'un sanglier. Cette analogie l'a fait désigner par le nom spécifique que nous lui avons conservé, ainsi que par celui de *capros,* qui, en grec, signifie *sanglier* ou *verrat,* et dont nous avons fait son nom générique. D'ailleurs, les écailles dont ce poisson est revêtu sont frangées sur leurs bords, et l'on n'a pas manqué de trouver un assez grand rapport entre les brins écailleux de ces franges et les soies du cochon.

La ligne latérale de ce capros est très courbée et même ondulée ; sa couleur générale paraît rougeâtre ; l'extrémité de sa caudale est peinte d'un rouge de minium. Au reste, on le recherche d'autant moins que sa chair est dure et répand quelquefois une mauvaise odeur[2].

CENT CINQUANTIÈME GENRE

LES PLEURONECTES

Les deux yeux du même côté de la tête.

PREMIER SOUS-GENRE

LES DEUX YEUX A DROITE ; LA CAUDALE FOURCHUE, OU ÉCHANCRÉE EN CROISSANT

ESPÈCES.	CARACTÈRES.
1. Le Pleuronecte flétan.	Cent sept rayons à la nageoire du dos ; quatre-vingt-deux à celle de l'anus ; la caudale en croissant ; la couleur du côté droit, grise ou noirâtre.
2. Le Pleuronecte limande.	Soixante-six rayons à la dorsale ; soixante et un rayons à la nageoire de l'anus ; la caudale un peu échancrée en croissant ; les écailles dures et dentelées ; la ligne latérale partant de l'origine de la dorsale, entourant la pectorale en demi-cercle et allant ensuite directement jusqu'à la caudale.

1. *Riondo,* à Rome. — *Strivale, Lucerna, l'esce pavotto,* aux environs de Gênes. — *Doré sanglier.* Daubenton et Haüy, Encyclopédie méthodique. — *Id.* Bonnaterre, planches de l'Encyclopédie méthodique. — « Zeus totus rubens, cauda æquali, rostro sursum reflexo. » Artedi, gen. 50, syn. 78.

Sanglier. Rondelet, première partie, liv. V, chap. xxvii. — Charlet, p. 123. — Gesner, p. 61, 70 ; et (germ) fol. 30, *b.* — Aldrovande, lib. III, chap. xii, p 297. — Jonston, lib. I, tit. 1, cap. i, *a,* 4. — Willughby, p. 296. — Ray, p. 99.

2. A la membrane branchiale du capros sanglier................. 7 rayons.
    A chaque pectorale..... 14   —
    A chaque thoracine, articulés........................... 5   —
    —   aiguillonné................................ 1   —

SECOND SOUS-GENRE

LES DEUX YEUX A DROITE ; LA CAUDALE RECTILIGNE OU ARRONDIE, ET NON
ÉCHANCRÉE

ESPÈCES.	CARACTÈRES.
3. LE PLEURONECTE SOLE.	Quatre-vingt-un rayons à la nageoire du dos ; soixante et un à l'anale ; la caudale arrondie ; la dorsale étendue jusqu'au bout du museau ; la mâchoire supérieure plus avancée que l'inférieure ; le corps et la queue allongés.
4. LE PLEURONECTE PLIE.	Soixante-huit rayons à la nageoire du dos ; cinquante-quatre à celle de l'anus ; la caudale arrondie ; cinq ou six éminences sur la partie antérieure de la ligne latérale ; les écailles minces et molles ; le côté droit marbré de brun et de gris, avec des taches orangées.
5. LE PLEURONECTE FLEZ.	Cinquante-neuf rayons à la nageoire du dos ; quarante-quatre à l'anale ; la caudale arrondie ; un très grand nombre de petits piquants sur presque toute la surface du poisson.
6. LE PLEURONECTE FLYNDRE.	Quatre-vingt-neuf rayons à la dorsale ; soixante et onze à l'anale ; la caudale arrondie ; la mâchoire inférieure plus avancée que la supérieure ; la ligne latérale droite ; les écailles grandes et rudes ; le côté droit d'un gris cendré, avec des taches brunes ou rougeâtres.
7. LE PLEURONECTE PÔLE.	Cent douze rayons à la nageoire du dos ; deux rayons à la nageoire de l'anus ; la caudale arrondie ; les écailles ovales, molles et lisses ; les dents obtuses ; le côté droit d'un rouge brun.
8. LE PLEURONECTE LANGUETTE.	Soixante-huit rayons à la dorsale ; cinquante-cinq à la nageoire de l'anus ; la caudale arrondie ; les dents aiguës ; l'anus situé sur le côté gauche ; les écailles rudes ; la nageoire du dos étendue presque jusqu'à l'extrémité du museau.
9. LE PLEURONECTE GLACIAL.	Cinquante-six rayons à la nageoire du dos ; trente-neuf à l'anale ; la caudale arrondie ; les deux côtés du corps et de la queue doux au toucher ; les rayons du milieu de la dorsale et de la nageoire de l'anus, hérissés de très petits piquants ; une proéminence osseuse et rude auprès des yeux ; le côté droit brunâtre.
10. LE PLEURONECTE LIMANDELLE.	Quatre-vingts rayons à la nageoire du dos ; les dents obtuses ; les écailles arrondies et lisses ; les lèvres grosses ; l'ouverture de la bouche petite ; la caudale presque rectiligne ; le côté droit d'un brun clair, avec des taches blanches et des taches d'un brun foncé.
11. LE PLEURONECTE CHINOIS.	La nageoire du dos ne commençant qu'au delà de la nuque ; cette nageoire très basse jusque vers le milieu de la longueur totale du poisson ; vingt-trois ou vingt-quatre aiguillons gros et courts, placés le long du côté gauche de la partie antérieure de l'anale ; la caudale très grande, très distincte de l'anale et de la dorsale, arrondie et presque en forme de fer de lance ; le côté droit de l'animal, d'une couleur brune, avec des points noirs arrangés en quinconce.

ESPÈCES.	CARACTÈRES.
12. Le Pleuronecte li-mandoïde.	Soixante-dix-neuf rayons à la nageoire du dos ; soixante-trois à celle de l'anus ; la caudale arrondie en forme de fer de lance et très séparée de l'anale et de la dorsale ; le corps et la queue très allongés ; la ligne latérale large et droite dans tout son cours ; les écailles grandes et dentelées ; le côté droit d'un brun jaunâtre et sans taches, ni bandes, ni raies.
13. Le Pleuronecte pé-gouze.	Le corps et la queue allongés ; les pectorales rectilignes ; la dorsale et l'anale plus hautes vers la caudale que vers la tête ; les écailles très difficiles à voir et très adhérentes à la peau ; de sept à neuf taches grandes, rondes et noirâtres sur le côté droit.
14. Le Pleuronecte oeillé.	Soixante-six rayons à la dorsale ; cinquante-cinq à la nageoire de l'anus ; trois rayons à chaque pectorale ; quatre taches rondes, noires et bordées de blanc sur le côté droit ; une bandelette noire sur la queue.
15. Le Pleuronecte tri-chodactyle.	Cinquante-trois rayons à la nageoire du dos ; quarante-trois à l'anale ; quatre rayons à la pectorale droite ; celle de gauche très petite ; les écailles rudes, le côté droit brun, avec des taches noirâtres.

TROISIÈME SOUS-GENRE

LES DEUX YEUX A DROITE ; LA CAUDALE POINTUE, ET RÉUNIE AVEC LA NAGEOIRE DU DOS ET CELLE DE L'ANUS

ESPÈCES.	CARACTÈRES.
16. Le Pleuronecte zèbre.	Quatre-vingt-un rayons à la dorsale ; quarante-huit à la nageoire de l'anus ; quatre rayons à chaque pectorale ; le corps et la queue très allongés ; la ligne latérale droite ; le côté droit blanchâtre, avec des bandes transversales brunes, très longues, réunies ou rapprochées deux à deux.
17. Le Pleuronecte pla-gieuse.	Le corps et la queue allongés ; les écailles un peu rudes ; le côté droit grisâtre.
18. Le Pleuronecte ar-genté.	Le corps et la queue allongés ; la mâchoire supérieure plus avancée que l'inférieure ; la ligne latérale droite ; le côté droit argenté.

QUATRIÈME SOUS-GENRE

LES DEUX YEUX A GAUCHE ; LA CAUDALE RECTILIGNE, OU ARRONDIE ET SANS ÉCHANCRURE

ESPÈCES.	CARACTÈRES.
19. Le Pleuronecte tur-bot.	Soixante-sept rayons à la nageoire du dos ; quarante-six à la nageoire de l'anus ; la caudale arrondie ; le côté gauche parsemé de tubercules osseux, un peu larges à leur base et pointus.
20. Le Pleuronecte car-relet.	Soixante et onze rayons à la dorsale ; cinquante-sept à la nageoire de l'anus ; la caudale arrondie ; l'ouverture de la bouche assez grande et arquée de chaque côté ; la hauteur totale du corps presque égale à la longueur totale de l'animal ; les écailles ovales et unies, la ligne latérale d'abord très courbée et ensuite droite ; le côté gauche marbré de brun et de jaunâtre ou de rougeâtre.

ESPÈCES.	CARACTÈRES.
21. LE PLEURONECTE TARGEUR.	Quatre-vingt-neuf rayons à la nageoire du dos ; soixante-huit à celle de l'anus ; la caudale arrondie ; la hauteur du corps grande ; les écailles dentelées ; le côté gauche parsemé de points rouges et de taches noires, rondes ou irrégulières.
22. LE PLEURONECTE DENTÉ.	Quatre-vingt-six rayons à la dorsale ; soixante-six à la nageoire de l'anus ; la caudale arrondie ; les rayons de cette dernière nageoire garnis d'écailles ; le corps et la queue allongés et lisses ; les dents aiguës et très apparentes.
23. LE PLEURONECTE MOINEAU.	Cinquante-neuf rayons à la dorsale ; quarante-trois à l'anale ; la caudale arrondie ; le corps et la queue un peu allongés ; une série de petits tubercules osseux et piquants le long de la nageoire du dos, de celle de l'anus et de chaque côté de la partie antérieure de la ligne latérale ; le côté gauche marbré de gris et d'un jaune brunâtre.
24. LE PLEURONECTE PAPILLEUX.	Cinquante-huit rayons à la nageoire du dos ; quarante-deux à l'anale ; la ligne latérale courbe ; le corps garni de papilles.
25. LE PLEURONECTE ARGUS.	Soixante-dix-neuf rayons à la dorsale ; soixante-neuf à l'anale ; la caudale arrondie ; les yeux inégaux en grandeur et inégalement éloignés du bout du museau ; les pectorales inégales en surface ; les écailles petites et molles ; le côté gauche d'un jaune clair, avec des points bruns, de petites taches bleues et d'autres taches plus grandes, jaunes, pointillées de brun et entourées de bleu, en tout ou en partie.
26. LE PLEURONECTE JAPONAIS.	Un très grand nombre de rayons aux nageoires du dos et de l'anus ; cinq rayons à chaque thoracine ; la langue rude.
27. LE PLEURONECTE CALIMANDE.	Le côté gauche chagriné et jaspé de différentes couleurs ; la mâchoire inférieure très relevée.
28. LE PLEURONECTE GRANDES ÉCAILLES.	Soixante-neuf rayons à la dorsale ; quarante-cinq à la nageoire de l'anus ; la caudale arrondie ; les écailles grandes ; la mâchoire inférieure plus avancée que la supérieure ; la langue lisse, pointue et un peu libre dans ses mouvements ; la ligne latérale un peu courbée vers le bas ; le côté gauche d'un jaune brun ou blanchâtre ; une tache foncée sur chaque écaille.
29. LE PLEURONECTE COMMERSONNIEN.	Quatre-vingt-dix rayons à la nageoire du dos ; soixante-dix à celle de l'anus ; la caudale arrondie ; la pectorale droite plus petite que la gauche ; la mâchoire supérieure plus avancée que l'inférieure ; la dorsale étendue depuis le bout du museau jusqu'à la queue ; l'œil supérieur plus avancé que l'autre ; la ligne latérale un peu courbée vers le haut et ensuite vers le bas ; le corps et la queue allongés ; les écailles très petites ; le côté gauche blanchâtre avec des taches d'une couleur pâle, ou rougeâtre et d'une nuance faible.

LE PLEURONECTE FLÉTAN[1]

Pleuronectes hippoglossus, LINN., LACÉP. BLOCH, CUV.

Quels droits le flétan n'a-t-il pas à l'attention du physicien ! Il tient, par sa grandeur, une place distinguée auprès des cétacés; il rivalise, par le volume, avec plusieurs de ces énormes habitants des mers ; il nage l'égal de presque tous les poissons les plus remarquables par leur longueur et par leur masse ; sa conformation est extraordinaire ; ses habitudes sont particulières ; ses actes et les organes qui les produisent frappent d'autant plus l'observateur que, par une suite de sa taille démesurée, aucun de ses traits ne se dérobe à l'œil, aucun de ses mouvements ne lui échappe. Comment l'imagination ne serait-elle pas émue par la réunion de dimensions, de formes et de mouvements très élevés au-dessus des mouvements, des formes et des dimensions que la nature a le plus multipliés ?

Le flétan, comme tous les autres pleuronectes, a le corps et la queue très comprimés. Il forme, parmi les osseux et avec les poissons de son genre, les analogues de ces cartilagineux auxquels nous avons conservé le nom de *raies.* L'épaisseur des pleuronectes est même plus petite, à proportion de leur longueur, que celle des raies les plus déprimées. Il y a néanmoins cette différence essentielle entre la conformation générale des raies et celle des pleuronectes, que ceux-ci sont aplatis littéralement, c'est-à-dire de droite à gauche ou de gauche à droite, pendant que les raies le sont de haut en bas.

Cette compression exercée sur les côtés des pleuronectes n'est cependant pas la seule altération qu'ait éprouvée la totalité du poisson. Le corps et la queue ont été soumis uniquement à cette manière d'être que nous avons déjà vue, quoiqu'à un degré inférieur, dans plusieurs poissons, et particulièrement dans les chétodons, les acanthures, les sélènes, les zées, les chrysotoses, etc.; mais la tête a subi une seconde modification. On dirait qu'après avoir été aplatie, comme celle des zées et des chétodons, par une force agissant sur ses côtés, elle a été défigurée par une puissance qui a joui d'un

1. *Faitan,* dans quelques départements de la France. — *Heilbot,* en Hollande. — *Heilbut, Hilibut,* à Hambourg. — *Helleflynder,* en Danemark. — *Haelgflundra,* en Suède. — *Queite, Sandskiebbe, Skrobbe flynder,* en Norvège. — *Baldes,* en Laponie. — *Flydra, Heilop fish,* en Islande.

Queite-barn (lorsqu'il est petit), dans le Groenland. — *Styving* (lorsqu'il est d'une longueur moyenne), *ibid.* — *Netarnak* (lorsqu'il est grand), *ibid.* — *Holibut, turbut* et *turbot,* en Angleterre. — *Pleuronecte flétan.* Bloch, pl. 47. — *Pleuronecte flet.* Daubenton et Haüy, Encyclopédie méthodique. — *Id.* Bonnaterre, planches de l'Encyclopédie méthodique. — *Fauna succica,* 329. Müller, *Zoolog. danic. prodrom.,* p. 44, n. 371. — O. Fabr., *Fauna Groenland,* p. 161, n. 117.

« Pleuronectes oculis a dextra totus glaber. » Artedi, gen. 17, syn. 31. — *Flétan.* Rondelet première partie, liv. XI, chap. xv. — Ray, p. 33. — *Hippoglossus,* id est *buglossus maximus.* Gesner, p. 669, 787; et (germ.), fol. 54, *b.* — « Hippoglossus ab Aldrovando observatus. » Aldrovande, lib. II, cap. xliii, p. 238. — *Passer britannicus.* Charlet, p. 146. — *Passerum genus majus.* Schon., p. 62. — Gronov., mus. 2, n. 158. — « Passer quatuor cubitos longus. » Klein, *Miss. pisc.,* IV, p. 33, n. 2. — *Brit. zoolog.,* t. III, p. 184, n. 1. — *Flétan.* Valmont de Bomare, *Dictionnaire d'histoire naturelle.*

mouvement composé ; cette seconde cause, à laquelle il faudrait rapporter une grande partie de la figure qu'elle présente, l'aurait tordue, pour ainsi dire. Elle aurait commencé par peser de haut en bas et, avant de pénétrer très avant dans les portions osseuses et solides, elle aurait tourné en quelque sorte à droite ou à gauche, de manière à entraîner avec elle les organes de la vue et souvent ceux de l'odorat.

On sent aisément que, d'après cette supposition, les deux yeux et les deux narines auraient dû, à la fin de l'action de la force comprimante, se trouver situés à droite ou à gauche, suivant le côté vers lequel la puissance aurait fléchi sa direction. C'est en effet ce qu'on observe dans les pleuronectes, et ce qui forme le caractère distinctif du genre qu'ils composent.

Tout le monde sait que les animaux tant vertébrés que dénués de vertèbres, animés par un sang rouge ou nourris par un sang blanc, ont des yeux plus ou moins gros, plus ou moins rapprochés, plus ou moins élevés, plus ou moins nombreux ; mais aucun animal, excepté le pleuronecte, ne présente dans ses yeux une position telle que ces organes soient situés uniquement à droite ou à gauche de l'axe qui va de la tête à l'extrémité opposée. Nous ne connaissons, du moins dans ce moment, que les pleuronectes qui n'aient pas leurs yeux disposés avec symétrie de chaque côté de cet axe longitudinal, et cet exemple unique aurait dû seul attacher un grand intérêt à l'observation des poissons que nous allons décrire.

De la conformation que nous venons d'exposer, il est résulté nécessairement que les deux nerfs olfactifs aboutissent non pas à l'extrémité supérieure du museau, mais à un des côtés de la tête. C'est aussi à un seul côté de cette même partie de l'animal que se rendent les deux nerfs optiques, quoique croisés l'un par l'autre, ainsi que dans tous les autres poissons et dans tous les animaux vertébrés et à sang rouge.

Nous avons déjà vu[1] que le cerveau, cet organe dont les nerfs tirent leur origine, était plus petit dans le pleuronecte que dans presque tous les poissons cartilagineux et même que dans tous les osseux. La cavité qui contient cette source du système nerveux n'a-t-elle pas dû, en effet, être plus petite dans une tête qui a subi une double et plus grande compression ?

L'os intermaxillaire est moins développé dans le côté qui a porté l'effort de la seconde aussi bien que de la première force comprimante et altératrice.

Les côtes qui servent à consolider les parois de l'abdomen et à donner un peu plus de largeur au corps sont cependant si courtes que plusieurs auteurs ont nié leur existence. La cavité du ventre est formée du côté de la queue par l'apophyse inférieure de la première vertèbre caudale, et cette apophyse est très longue, assez grosse, arrondie en avant et terminée en bas par un piquant ordinairement très fort.

L'estomac contenu dans cette cavité paraît comme un renflement du

---

1. Discours sur la nature des poissons.

canal alimentaire. Le pylore est souvent dénué d'appendices ou de petits cæcums; quelquefois néanmoins on le voit garni de deux ou trois de ces poches ou tuyaux membraneux; le foie est sans division et peu étendu; l'abdomen se prolonge des deux côtés des apophyses inférieures des vertèbres de la queue; une partie des intestins est placée dans ces extensions abdominales, ainsi que la laite ou les ovaires.

Sans ces deux prolongations, la cavité générale de l'abdomen aurait eu des dimensions trop resserrées pour le nombre et la grandeur des organes intérieurs qu'elle doit renfermer.

Nous venons de dire que les deux yeux sont situés du même côté de la tête; mais, indépendamment de ce défaut remarquable de symétrie, relativement à l'axe longitudinal du poisson, ils en présentent fréquemment un second par une inégalité frappante dans leur volume. Ces deux organes ne sont pas toujours aussi gros l'un que l'autre, et lorsqu'ils offrent cette inégalité si extraordinaire, c'est quelquefois l'œil supérieur qui l'emporte sur l'œil inférieur, et d'autres fois l'œil inférieur qui surpasse le premier en grandeur.

Ces yeux, au reste, peuvent être placés de trois manières différentes : dans plusieurs pleuronectes, ils sont situés sur la même ligne verticale; mais, dans quelques-uns de ces poissons, l'œil d'en haut est plus rapproché du museau que celui d'en bas, et, dans quelques autres, l'œil d'en bas est au contraire plus avancé que celui d'en haut.

Il est aussi des espèces de pleuronectes dans lesquelles la nageoire pectorale, attachée au côté sur lequel on voit les yeux, est plus étendue que celle de l'autre côté. On serait tenté de croire que la petitesse de la pectorale opposée provient de ce que cette sorte de bras ou de main, appartenant à la surface de l'animal qui repose très souvent sur la vase ou sur le sable, a été arrêtée dans son développement par les frottements qu'elle a dû éprouver contre le fond des mers et par la compression que lui a fait subir le poids du corps qu'elle a dû supporter en très grande partie.

La position des pleuronectes qui se reposent ou qui nagent est en effet bien différente de celle des autres poissons osseux ou cartilagineux, cylindriques ou aplatis, qui parcourent, dans le sein des eaux, un espace plus ou moins étendu, ou appuient sur les rochers ou sur le limon leur corps plus ou moins fatigué. Dans l'inaction, de même que dans le mouvement, les pleuronectes sont toujours renversés sur le côté; nous n'avons pas besoin de faire remarquer que le côté tourné vers le fond de la mer est, dans tous les moments de leur existence, celui qui est dénué d'yeux; lorsque leurs yeux sont à droite, le côté gauche est l'inférieur. Ils voguent ou s'arrêtent, le côté gauche tourné vers la surface de l'eau, lorsque leurs yeux sont à gauche.

C'est de cette manière très particulière [1] de nager que leur est venu le

<hr>

1. *Pleuronecte* vient de *plevron,* qui, en grec, veut dire *côté,* et de *nyctes,* qui signifie *nageur*.

nom de *pleuronectes* ; elle est une dépendance du déplacement de leurs yeux, soit que l'on veuille croire que cette réunion des deux yeux sur une seule face de la tête les ait forcés à ne se mouvoir qu'en tournant vers le bas le côté opposé à cette face, afin de tenir les organes de la vue dans la position la plus favorable à la vision ; soit que l'on préfère de penser qu'un très grand aplatissement latéral ne leur a pas permis de tenir leur corps et leur queue dans un sens vertical, comme les autres poissons. Les efforts de leurs pectorales, très petites et très faibles, n'ont pas pu maintenir en équilibre une lame très étroite, très haute et très exposée, par conséquent, à l'agitation tumultueuse des flots. Renversés bientôt sur un de leurs côtés, forcés de conserver cette position et obligés de nager dans cette posture, ils ont commencé une suite de tentatives perpétuellement renouvelées, pour ne pas perdre tout à fait l'usage de l'œil attaché au côté inférieur. Après un très long temps, et même après une très grande série de générations, des altérations successives dans l'organisation extérieure et intérieure de la tête auront amené l'œil inférieur, de proche en proche, jusque sur le côté supérieur, et par ce transport auront produit sans doute une position des organes de la vue bien extraordinaire, mais néanmoins auront fait naître, dans la structure de la tête, des changements bien moins grands et bien moins profonds que les modifications apportées par le temps et par une contrainte permanente dans les parties molles ou solides de plusieurs autres animaux.

En considérant la manière de nager qui appartient aux pleuronectes, il est facile de voir que leurs pectorales, très peu étendues et situées l'une au-dessus et l'autre au-dessous du corps, ne peuvent pas servir d'une manière sensible à diriger ou à accroître les mouvements de ces poissons. Leurs thoracines, étant aussi extrêmement petites, sont de même inutiles à leur natation.

Mais l'anale et la dorsale peuvent servir beaucoup à accélérer la vitesse de ces animaux et à leur imprimer les véritables directions qui leur sont nécessaires ; elles sont très longues et assez hautes ; elles s'étendent le plus souvent depuis la tête jusqu'à la queue ; elles présentent donc une grande surface; d'ailleurs, dans la position habituelle des pleuronectes, elles sont situées horizontalement, puisque l'animal est, pour ainsi dire, couché sur un côté. Dès lors on peut les considérer comme deux pectorales très étendues, et par conséquent comme deux rames qui seraient très puissantes, si elles étaient mues librement et par des muscles très vigoureux.

Et c'est précisément parce qu'elles influent beaucoup sur la natation des pleuronectes que la différence ou l'égalité de grandeur entre cette dorsale et cette anale se fait sentir dans la situation de ces osseux ; ils ne présentent un plan véritablement horizontal que lorsque ces deux rames ont une force égale, et on les voit un peu inclinés vers la nageoire de l'anus, lorsque cette dernière est moins puissante que la nageoire du dos.

Cependant l'instrument le plus énergique de la natation des pleuronectes est leur nageoire caudale, et par là ils se rapprochent de tous les habitants des eaux ; mais ils se distinguent des autres poissons par la manière dont ils emploient cet organe.

Les pleuronectes étant renversés sur un côté, leur caudale n'est point verticale, mais horizontale ; elle frappe donc l'eau de la mer de haut en bas et de bas en haut, ce qui donne aux pleuronectes des rapports de plus avec les cétacés. Il est facile néanmoins de comprendre que le mouvement rapide et alternatif duquel dépend la progression en avant de l'animal peut offrir le même degré de force et de fréquence dans une rame horizontale que dans une rame verticale. Les pleuronectes peuvent donc, tout égal d'ailleurs, s'avancer aussi vite que les autres poissons. Ils ne tournent pas à droite ou à gauche avec la même facilité, parce que, n'ayant dans leur situation ordinaire aucune grande surface verticale dont ils puissent se servir pour frapper l'eau à gauche ou à droite, ils sont contraints d'augmenter le nombre des opérations motrices et d'incliner leur corps avant de le dévier d'un côté ou de l'autre ; mais ils compensent cet avantage par celui de monter ou de descendre avec plus de promptitude.

Cette faculté de s'élever ou de s'abaisser facilement et rapidement dans le sein de l'Océan leur est d'autant plus utile, qu'ils passent une grande partie de leur vie dans les profondeurs des mers les plus hautes.

Cet éloignement de la surface des eaux, et par conséquent de l'atmosphère, les met à l'abri des rigueurs d'un froid excessif ; c'est parce qu'ils trouvent facilement un asile contre les effets des climats les plus âpres, en se précipitant dans les abîmes de l'Océan, qu'ils habitent auprès du pôle, de même que dans la Méditerranée et dans les environs de l'équateur et des tropiques. Ils séjournent d'autant plus longtemps dans ces retraites écartées que, dénués de vessie natatoire et privés par conséquent d'un grand moyen de s'élever, ils sont tentés moins fréquemment de se rapprocher de l'air atmosphérique. Ils se traînent sur la vase plus souvent qu'ils ne nagent véritablement ; ils y tracent, pour ainsi dire, des sillons et s'y cachent presque en entier sous le sable, pour dérober plus facilement leur présence à la proie qu'ils recherchent ou à l'ennemi qu'ils redoutent.

Aristote, qui connaissait bien presque tous ceux que l'on pêche dans la Méditerranée, dit que, lorsqu'ils se sont mis en embuscade ou renfermés sous le limon à une petite distance du rivage, on les découvre par le moyen de l'élévation que leur corps donne au sable ou à la vase, et qu'alors on les harponne et les enlève[1]. Du temps de ce grand philosophe, on pensait que les pleuronectes, que l'on nommait *bothes*, *peignes*, *rhombes*, *lyres*, *soles*, etc., engraissaient beaucoup plus dans le même lieu et pendant la même saison, lorsque le vent du midi soufflait, quoique les poissons allongés ou cylindriques acquissent, au contraire, plus de graisse lorsque le vent du nord régnait sur la mer.

1. *Hist. anim.* IV, 8.

Columelle[1] nous apprend que les étangs marins, que l'on formait aux environs de Rome pour y élever des poissons, convenaient très bien aux pleuronectes, lorsqu'ils étaient limoneux et vaseux ; il suffisait de creuser, pour ces animaux très plats, des piscines de soixante ou soixante-dix centimètres de profondeur (dix-huit pouces à deux pieds), pourvu que, situées très près de la côte, elles fussent toujours remplies d'une certaine quantité d'eau. On devait leur donner une nourriture plus molle qu'à plusieurs autres habitants des eaux, parce qu'ils ne pouvaient mâcher que très peu et qu'un aliment salé et odorant leur convenait mieux que tout autre, parce que, couchés sur un côté et ayant leurs deux yeux tournés vers le haut, ils cherchaient plus souvent leur nourriture par le moyen de leur odorat qu'avec le secours de leur vue.

Il faut observer que le côté supérieur de ces poissons, — celui, par conséquent, qui, tourné vers l'atmosphère, reçoit, pendant les mouvements ainsi que pendant le repos de l'animal, l'influence de toute la lumière qui peut pénétrer jusqu'à ses osseux, — présente souvent des couleurs vives, des taches brillantes et régulières, des raies ou des bandes variées dans leurs nuances, pendant que le côté inférieur, auquel il ne parvient que des rayons réfléchis, n'offre qu'une teinte pâle et uniforme. Cette diversité est même moins superficielle qu'on ne le croirait au premier coup d'œil ; les écailles d'un côté sont quelquefois très différentes de celles de l'autre, non seulement par leur grandeur, mais encore par leur forme et par la nature de la matière qui les compose. Ces faits ne sont-ils pas des preuves remarquables des principes que nous avons cherché à établir, en traitant de la coloration des poissons dans notre premier discours sur ces animaux ?

Pour mieux ordonner nos idées au sujet des pleuronectes et pour les distribuer dans l'ordre qui nous a paru le plus convenable, nous en avons d'abord séparé les espèces qui sont entièrement dénuées de nageoires pectorales, et par conséquent privées des organes que l'on a comparés à des bras. Nous avons formé de ces espèces un genre particulier et nous leur avons conservé le nom collectif d'*achire*, qui signifie *sans main*.

Nous avons ensuite placé dans deux groupes différents les pleuronectes qui ont leurs deux yeux à droite et ceux qui les ont à gauche ; nous avons suivi, en adoptant cette division, non seulement les idées des naturalistes modernes, mais encore celle des anciens et particulièrement de Pline[2], qui ont très bien distingué les pleuronectes dont les yeux sont à gauche, d'avec ceux dont les yeux sont à droite.

Passant ensuite à la considération particulière de chacun de ces groupes, nous avons réparti en différentes sections les espèces à caudale fourchue ou échancrée en croissant, celles dont la nageoire de la queue est rectiligne ou

1. *Hist. anim.* VIII, 17.
2. Pline, *Hist. mundi,* lib. IX, cap. xix.

arrondie sans échancrures et enfin celle dont la caudale, plus ou moins pointue, touche à la dorsale et à la nageoire de l'anus.

Nous aurions pu, par conséquent, former six sous-genres ou sections dans le genre que nous décrivons; mais, parmi les pleuronectes qui ont les yeux à gauche, nous n'avons vu ni caudale pointue et confondue avec celles de l'anus et du dos, ni caudale fourchue ou découpée en croissant.

Nous ne proposons donc, quant à présent, que quatre sous-genres, dont on a pu voir les caractères distinctifs sur le tableau du genre qui nous occupe.

A la tête du premier de ces quatre sous-genres est le *flétan* ou *hippoglosse* que ses grandes dimensions rendent encore plus comparable aux cétacés que tous les autres pleuronectes. On a pêché en Angleterre des individus de cette espèce qui pesaient trois cents livres; on en a pris en Islande qui pesaient quarante livres; Olafsen en a vu de près de dix-huit pieds de longueur, et l'on en trouve en Norvège qui sont assez grands pour couvrir toute une nacelle.

On trouve les flétans dans tout l'océan Atlantique septentrional. Les peuples du Nord les recherchent beaucoup. Les Anglais en tirent une assez grande quantité des environs de Newfoundland, et les Français en ont pêché auprès de Terre-Neuve.

On se sert communément, pour les prendre, d'un grand instrument que les pêcheurs nomment *gangvaden* ou *gangwad*. Cet instrument est composé d'une grosse corde de quinze à dix-huit cents pieds de longueur à laquelle on attache trente cordes moins grosses et garnies chacune à son extrémité d'un crochet très fort. On emploie pour appât des cottes ou des gades. Des planches qui flottent à la surface de la mer, mais qui tiennent à la grosse corde par des liens très longs, indiquent la place de cet instrument lorsqu'on l'a jeté dans l'eau. En le construisant, les Groenlandais remplacent ordinairement les cordes de chanvre par des lanières ou portions de fanon de baleine, et par des bandes étroites de peau de squale. On retire les cordes au bout de vingt-quatre heures et il n'est pas rare de trouver quatre ou cinq flétans pris aux crochets.

On tue aussi les hippoglosses à coups de javelot, lorsqu'on les surprend couchés, pendant la chaleur, sur des bancs de sable, ou sur des fonds de la mer très rapprochés de la surface; mais lorsque les pêcheurs les ont ainsi percés de leurs dards, ils se gardent bien de les tirer à eux, pendant que ces pleuronectes jouiraient encore d'assez de force pour renverser leur barque; ils attendent que ces poissons très affaiblis aient cessé de se débattre, ils les élèvent alors et les assomment à coups de massue.

Vers les rivages de la Norvège, on ne poursuit les flétans que lorsque le printemps est déjà assez avancé pour que les nuits soient claires et que l'on puisse les découvrir facilement sur les bas-fonds. Pendant l'été, on interrompt la pêche de ces animaux, parce que, extrêmement gras lorsque cette saison règne, ils ne pourraient pas être séchés convenablement et que les préparations que l'on donnerait à leur chair ne l'empêcheraient pas de se corrompre même très promptement.

On donne le nom de *raff* aux nageoires du flétan et à la peau grasse à laquelle elles sont attachées ; on appelle *ræckel*, des morceaux de la chair grasse de ce pleuronecte, coupée en long ; et on distingue par la dénomination de *square flog*, ou de *square queite*, des lanières de la chair maigre de ce thoracin.

Ces différents morceaux sont salés, exposés à l'air sur des bâtons, séchés et emballés pour être envoyés au loin. On les sale aussi par un procédé semblable à celui que nous décrirons en parlant des *clupées harengs*. On a écrit que le meilleur *raff* et le meilleur *ræckel* venaient de Samosé, près de Berghen en Norvège. Mais ces sortes d'aliments ne conviennent guère, dit-on, qu'aux gens de mer et aux habitants des campagnes, qui ont un estomac fort et un tempérament robuste. Auprès de Hambourg et en Hollande, la tête fraîche du flétan a été regardée comme un mets un peu délicat. Les Groenlandais ne se contentent pas de manger la chair de ce poisson, soit fraîche, soit séchée ; ils mettent aussi au nombre de leurs comestibles le foie et même la peau de ce pleuronecte. Ils préparent la membrane de son estomac, de manière qu'elle est assez transparente pour remplacer le verre des fenêtres.

Quelque grand que soit le flétan, il a dans les dauphins des ennemis dangereux, qui l'attaquent avec d'autant plus de hardiesse, qu'il ne peut leur opposer, avec beaucoup d'avantage, que son volume, sa masse et ses mouvements, et qui, employant contre lui leurs dents grosses, solides et crochues, le déchirent, emportent des morceaux de sa chair, lorsqu'ils sont contraints de renoncer à une victoire complète et le laissent, ainsi mutilé, traîner en quelque sorte une misérable existence. Quand il est très jeune, il est aussi la proie des squales, des raies et des autres habitants de la mer, remarquables par leurs armes ou par leur force.

Les oiseaux de proie qui vivent sur les rivages de la mer et se nourrissent de poissons le poursuivent avec acharnement, lorsqu'ils le découvrent auprès de la surface de l'Océan. Mais lorsque le flétan est gros et fort, l'oiseau de proie périt souvent victime de son audace. Le poisson plonge avec rapidité à l'instant où il sent la serre cruelle qui le saisit ; et l'oiseau, dont les ongles crochus sont embarrassés sous la peau et les écailles du pleuronecte, fait en vain des efforts violents pour se dégager ; le flétan l'entraîne ; ses cris sont bientôt étouffés par l'onde et il est précipité jusque dans les abîmes de l'Océan, asile ordinaire de l'hippoglosse.

Il paraît que, dans les différentes circonstances où le flétan se montre couvert d'insectes ou de vers marins attachés à sa peau, il éprouve une maladie qui influe sur le goût de sa chair, ainsi que sur la quantité de sa graisse.

Il fraye au printemps ; et c'est ordinairement entre les pierres qu'il dépose, près du rivage, des œufs dont la couleur est d'un rouge pâle.

Tous les individus de cette espèce sont très voraces ; ils dévorent non seulement les crabes et même des gades, mais encore des raies. Ils paraissent très friands des cycloptères lompes qu'ils trouvent attachés aux rochers. Ils se tiennent plusieurs ensemble dans le fond des mers qu'ils fréquentent, ils y forment quelquefois plusieurs rangées ; ils y attendent, la gueule ouverte, les poissons qui ne peuvent leur résister et qu'ils engloutissent avec vitesse ; et lorsqu'ils sont très affamés, ils s'attaquent les uns les autres et se mangent les nageoires ou la queue.

Leur canal intestinal présente deux sinuosités ; un long appendice est situé auprès de leur estomac ; leur ovaire est double et soixante-cinq vertèbres composent leur épine du dos.

Les écailles qui les recouvrent sont arrondies à leur extrémité, molles, fortement attachées, enduites d'une liqueur visqueuse et très difficiles à voir avant que le poisson soit mort et même desséché.

Le corps et la queue sont allongés. La tête n'est pas grande à proportion de l'énorme étendue des autres portions de ces pleuronectes ; mais l'ouverture de la bouche est large ; et les deux mâchoires sont garnies de plusieurs dents longues, pointues, courbées et un peu séparées les unes des autres. La lèvre supérieure peut être étendue en avant. Les yeux sont gros et aussi rapprochés du museau l'un que l'autre. Trois lames composent l'opercule, qui cependant ne cache pas en entier la membrane branchiale. Un piquant tourné vers la gorge est placé au-devant de l'anale. L'anus est aussi éloigné de la tête que de la pectorale. La ligne latérale se courbe d'abord vers le haut et s'étend ensuite directement jusqu'à la nageoire de la queue.

Le côté gauche du flétan, celui sur lequel il nage ou se repose, est blanc ou blanchâtre ; le côté droit paraît d'autant plus foncé, que l'animal est plus maigre. L'iris est blanc ; la dorsale et l'anale sont jaunâtres ; chaque pectorale est jaunâtre ou jaune, avec une bordure foncée ; les thoracines et la caudale sont brunes [1].

LE PLEURONECTE LIMANDE [2]

Pleuronectes limanda, Linn., Lacép., Bloch. — *Pleuronectes (Platessa) limanda,* Cuv.

Ce poisson, très commun sur nos tables, se trouve non seulement dans

1.   A la membrane branchiale du pleuronecte flétan .... 7 rayons.
     A chaque pectorale... 14   —
     A chaque thoracine.. 7   —
     A la nageoire de la queue..................................... 18   —
2. *Lima,* en Sardaigne. — *Glahrke,* en Poméranie. — *Kleische, Kliesche,* à Hambourg. —

l'océan Atlantique, mais encore dans la Baltique et dans la Méditerranée. Le temps de l'année où il est le plus agréable au goût, au moins dans les contrées du nord de l'Europe, est la fin d'hiver ou le commencement du printemps. Il fraye ensuite ; sa chair est alors moins savoureuse et plus molle. Elle est cependant, dans les autres saisons, plus ferme que celle de plusieurs pleuronectes ; mais comme elle est aussi moins succulente et moins délicate, on la fait sécher sur plusieurs côtes d'Angleterre et de la Hollande.

La limande vit de vers ou d'insectes marins, et très souvent de petits crabes.

Son épine dorsale ne comprend que cinquante et une vertèbres.

L'ouverture de sa bouche est étroite. Les deux mâchoires sont d'égale longueur ; mais on compte plus de dents à la supérieure qu'à l'inférieure. L'œil supérieur est placé au sommet de la tête. On aperçoit au-devant de la nageoire de l'anus un piquant tourné vers la gorge. Le côté droit est jaune, le gauche est blanc, l'iris couleur d'or et la caudale brune [1].

Le rhomboïde de Rondelet me paraît être une variété de la limande [2].

LE PLEURONECTE SOLE [3]

Pleuronectes solea, LINN., GMEL., BLOCH, LACÉP., CUV.

Ce poisson est recherché, même pour les tables les plus somptueuses Sa chair est si tendre, si délicate et si agréable au goût, qu'on l'a surnommé.

<hr>

Skrubbe, en Danemark. — *Grelle*, en Hollande. — *Dab, Brut*, en Angleterre. — *Pleuronecte limande.* Daubenton et Haüy, Encyclopédie méthodique. — *Id.* Bonnaterre, planches de l'Encyclopédie méthodique. — *Pleuronecte limande.* Bloch, pl. 46.

Mus. Ad. Frid., 2, p. 68. — Müller, *Prodrom. zoolog. danic.*, p. 45, n. 375. — Artedi, gen. 17, syn. 33, spec. 58. — *Limande.* Rondelet, première partie, liv. XI, chap. VIII. — Schonev., p. 61. — Aldrovande, lib. II, cap. XLVI, p. 242. — Willughby, *Ichtyolog.*, p. 97. — Ray, *Pisc.*, p. 32. — *Limanda*, etc. Gesner, p. 665, 781 et (germ.) fol. 52, *a.* — *Citharus.* Charlet, p. 145.

Belon, *Aquat.*, p. 145. — *Limanda.* Jonston, *Pisc.*, p. 90. — *Brit. zoolog.*, t. III, p. 188, n. 5. — *Limande.* Valmont de Bomare, *Dictionnaire d'histoire naturelle.*

1. A la membrane branchiale du pleuronecte limande.............. 6 rayons.
     A chaque pectorale. 11   —
     A chaque thoracine...................................... 6   —
     A la nageoire de la queue............................... 15   —

2. Rondelet, première partie, liv. XI, chap. III.

3. *Boyglotton, boglosson, boglossa, boglotta, boglossos* et *boglottos*, par les anciens auteurs grecs. — *Perdrix de mer*, dans plusieurs départements de la France. — *Linguato*, en Espagne. — *Sagliola*, en Sardaigne. — *Linguata*, en Italie. — *Sfoia*, dans les environs de Venise. — *Dil baluck*, en Turquie. — *Samamkusi*, en Arabie.

Zange, Sec rephuhn, en Allemagne. — *Tunge, Hunde tunge, Tunge pledder, Hav ager, Hone*, en Danemark. — *Tunga sola*, en Suède. — *Tonge*, en Norvège. — *Id.* en Hollande. — *Sol, Soul*, en Angleterre. — *Zeetong, Bot*, par les Hollandais de Surinam.

Pleuronectes solea. Fauna suecica, 326. — Mull., *Prodrom. zoolog. danic.*, p. 45, n. 376. — *Pleuronectes tunga.* It. Wgoth, 178. — « Pleuronectes maxilla superiore longiore, corpore oblongo, squamis utrinque asperis. » Artedi, gen. 18, syn. 32, spec. 60. — *Pleuronecte sole.* Daubenton et Haüy, Encyclopédie méthodique. — *Id.* Bonnaterre, planches de l'Encyclopédie méthodique. — Bloch, pl. 45. — *Boglossos.* Athen., lib. VII, p. 288. — *Solea.* Ovid., *Halieut.*, vers 124. — *Id.*

la *perdrix de mer*. On le trouve non seulement dans la Baltique et dans
l'océan Atlantique boréal, mais encore dans les environs de Surinam et dans
la mer Méditerranée, où l'on en fait particulièrement une pêche abondante
auprès d'Orytana et de Saint-Antioche de Sardaigne. Il paraît que sa grandeur
varie suivant les côtes qu'il fréquente, et vraisemblablement suivant la nourriture qu'il peut avoir à sa portée. On en prend quelquefois auprès de l'embouchure de la Seine, qui ont un pied et demi ou deux pieds de longueur.
Il se nourrit d'œufs ou de très petits individus de quelques espèces de poissons; mais lorsqu'il est encore très jeune, il est la proie des grands crabes,
qui le déchirent, le dépècent et le dévorent. On le voit quelquefois entrer
dans les rivières. M. Noël, de Rouen, nous a écrit qu'on a péché ce pleuronecte dans les guideaux de la Seine, auprès de Tancarville; il ajoute que,
pendant l'été, le flot peut l'apporter jusque dans le lac de Tôt; mais pendant
l'hiver il se tient dans les profondeurs de l'Océan. Il quitte le fond de la mer
lorsque la belle saison arrive; il va chercher alors les endroits voisins des
rivages ou des embouchures des fleuves, où les rayons du soleil peuvent
parvenir assez facilement pour faciliter l'accroissement de ses œufs et la
sortie des fœtus.

On le prend de plusieurs manières. On emploie, pour y parvenir, des
hameçons dormants auxquels on attache pour appât des fragments de petits
poissons. On peut aussi, lorsqu'une lumière très vive est répandue dans
l'atmosphère, chercher auprès des côtes et des bancs de sable, des fonds unis
sur lesquels rien ne dérobe les soles à la vue du pêcheur; à peine ce dernier
en a-t-il découvert une, qu'il lance contre ce pleuronecte du plomb attaché à
l'extrémité d'une petite corde et garni de plusieurs crochets qui, pénétrant
assez avant dans le dos de l'animal, servent à le retenir et à l'enlever, malgré
les efforts qu'il fait pour échapper à la mort qui le menace. S'il n'y a même
que deux ou trois brasses d'eau au-dessus du poisson, on le harponne,
pour ainsi dire, par le moyen d'une perche dont le bout est armé de
pointes recourbées. Il est aisé de voir que, pour avoir recours avec avantage à ces deux dernières sortes de pêches, il ne suffit pas que le soleil
brille sans nuages; il faut encore que la mer ne soit agitée par aucune
vague autour du bateau pêcheur. L'illustre Franklin nous a fait connaître
le procédé employé avec succès, pour maintenir pendant longtemps un

Pline, lib. IX, cap. XVI, XX. — *Id.* Cuba, lib. III, cap. LXXXIV, fol. 90, *a*. — *Id.* Jov., cap. XXVI,
p. 98. — *Id. et buglossus.* Gesner, p. 666, 667, 671, 785, et (germ.), fol. 53, *b*. 55.
    Jonston, lib. I, tit. 3, cap. II, *a*. 2, punct. 1, p. 82. — *Solea.* Charlet, p. 145. — *Buglossus.*
Wotton, lib. VIII, cap CLXVII, fol. 150. — *Sole.* Rondelet, part. 1, liv. XI, chap. X. — *Buglossus
sive solea.* Willughby, p. 100, tab. *F*, 7. — *Buglossa*, vel *solea.* Aldrovande, lib. I, cap. LXIII,
p. 235, 255. — *Solea*, vel *buglossus.* Schonev., p. 63. — *Pleuronectes solea.* Brünn., *Ichtyol.
Massil.*, p. 34, n. 47. — Gronov. mus. 1, p. 14, n. 37; *Zooph.*, p. 74, n. 251. — « Solea squa-
mis minnutis. » Klein, *Miss. pisc.*, t. IV, p. 31, n. 1. — Belon, *Aquat.*, p. 147. — *Solea.* Ruysch,
Theatr. anim., p. 57, tab. 20, fig. 13. — *Brit. zoolog.*, t. III, p. 190, n. 7. — *Sole.* Valmont de
Bomare, *Dictionnaire d'histoire naturelle.*

calme presque parfait à une certaine distance autour de la barque. Une petite quantité d'huile que l'on répand sur la surface de la mer, et qui surnage autour du bâtiment, rend cette surface unie, presque immobile et très propre à laisser parvenir les rayons de la lumière jusqu'au pleuronecte que l'on désire distinguer.

On a d'autant plus de motifs de pêcher la sole, qu'une saveur exquise n'est pas la seule qualité précieuse de la chair de ce poisson. Cette même chair présente aussi la propriété de pouvoir être gardée pendant plusieurs jours, non seulement sans se corrompre, mais encore sans cesser d'acquérir un goût plus fin. Voilà pourquoi, tout égal d'ailleurs, les soles de l'Océan sont meilleures à Paris qu'auprès du Havre, et celles de la Méditerranée à Lyon, par exemple, qu'à Toulon ou à Montpellier.

Les écailles de la sole sont dures, raboteuses, dentelées et fortement attachées à la peau, sur le côté gauche, comme sur le côté droit. L'ouverture de la bouche représente un croissant. On voit plusieurs rangs de dents petites et pointues à la mâchoire inférieure, et des barbillons blancs et très courts au côté gauche des deux mâchoires. Deux os arrondis et deux os allongés, tous les quatre hérissés de petites dents, sont placés autour du gosier. La ligne latérale est droite. Un piquant assez fort paraît auprès de l'anus, qui est près de la gorge. De petites écailles garnissent la base des longues nageoires de l'anus et du dos. Le côté droit est olivâtre, et le gauche, plus ou moins blanc.

Le canal intestinal offre plusieurs sinuosités; il n'y a point de cæcums auprès du pylore; la colonne vertébrale est composée de quarante-huit vertèbres.

D'après une note que M. Noël a bien voulu nous faire parvenir, on doit regarder comme une variété de sole, un pleuronecte que l'on pêche auprès de l'embouchure de l'Orne, et que l'on nomme *cardine*. La tête de cette cardine est beaucoup plus grande et plus allongée que celle de la sole; le côté droit de ce thoracin est d'un fauve roux assez clair; et sa chair est moins recherchée que celle du poisson que nous venons de décrire [1].

LE PLEURONECTE PLIE [2]

Pleuronectes platessa, LINN., GMEL., BLOCH, LACÉP., CUV.

La plie est bonne à manger; mais, moins agréable au goût, moins tendre et moins délicate que la sole, elle est moins recherchée. Elle habite

---

1. A la membrane branchiale du pleuronecte sole .... 6 rayons.
    A chaque pectorale .... 10 —
    A chaque thoracine .... 7 —
    A la nageoire de la queue .... 17 —
2. *Platesia, plada, plays, pleis, plaethiz.* — *Plye*, dans quelques départements de la France.
— *Flotant*, à Bordeaux, suivant M. Duthrouil, officier de santé. — *Plaise*, en Angleterre. —

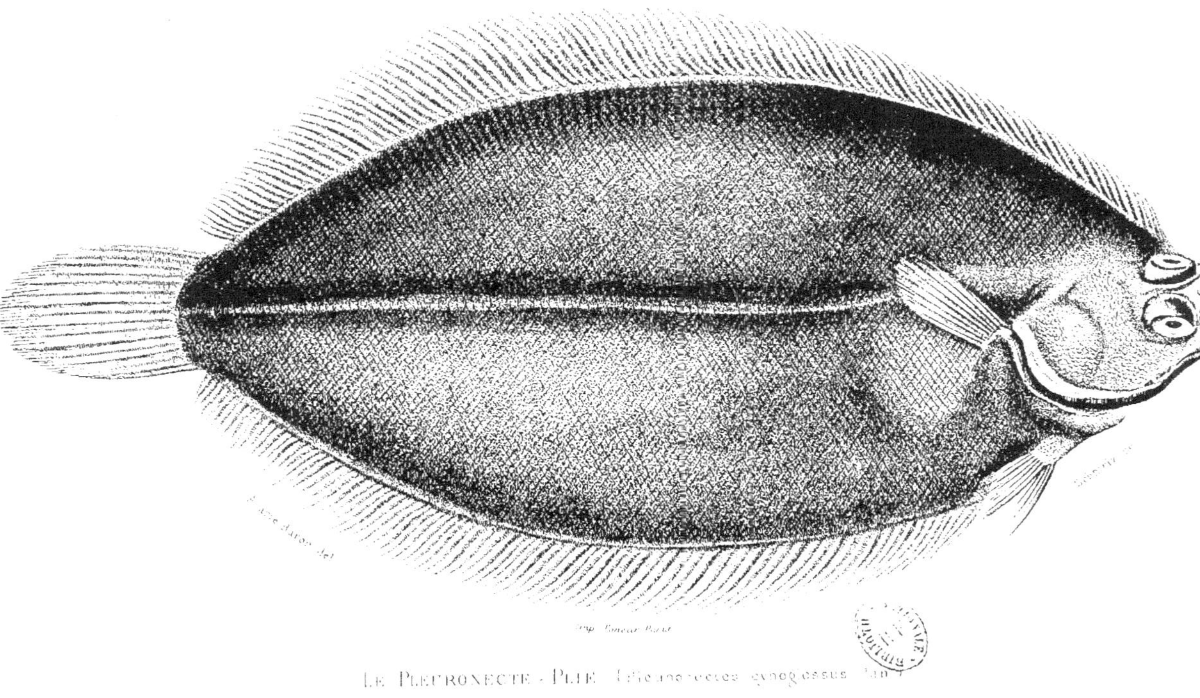

LE PLEURONECTE - PLIE (Pleuronectes cynoglossus Lin.)

d'après le règne animal de Cuvier, édition V. Masson

Garnier frères éditeurs

dans la Baltique, dans l'océan Atlantique boréal et dans plusieurs autres mers. Le côté gauche de ce thoracin est d'un blanc bleuâtre pendant la jeunesse du poisson et rougeâtre lorsqu'il est plus âgé ; l'ouverture de la bouche petite ; la mâchoire inférieure plus avancée que la supérieure et garnie, comme cette dernière, d'une rangée de dents petites et mousses ; le gosier défendu, pour ainsi dire, par deux os très rudes ; la langue lisse ; le palais dénué de dents ; la ligne latérale presque droite ; la base des nageoires du dos, de l'anus et de la queue, couverte de petites écailles ; l'anale précédée d'un aiguillon assez fort ; la hauteur de l'animal plus grande que celle de la sole, à proportion de la longueur totale ; l'estomac allongé ; le canal intestinal très sinueux ; le pylore voisin de deux ou quatre cæcums ou appendices ; et l'épine dorsale composée de quarante-trois vertèbres.

La plie pèse quelquefois quinze ou seize livres. Plusieurs de ses habitudes et les différentes manières de la pêcher ressemblent beaucoup à celles que nous avons décrites en parlant de la sole. Souvent on la sale ou on la sèche à l'air.

On a cru pendant longtemps, sur quelques côtes de France ou d'Angleterre, que la plie était engendrée par un petit crustacé nommé *chevrette*. Le physicien Deslandes chercha, il y a déjà un très grand nombre d'années, à découvrir l'origine de cette opinion qui maintenant serait absurde. Il fit plusieurs observations à ce sujet. Il mit des chevrettes dans un vase de trois mètres de circonférence et rempli d'eau de mer. Au bout de douze ou treize jours, il aperçut huit ou neuf petites plies, qui grandirent insensiblement ; et cette expérience lui réussit toutes les fois qu'il la tenta. Dans le printemps suivant, il plaça dans un vase des plies, et dans un second des plies et des chevrettes. Il paraît que, parmi les plies des deux vases, il y avait des femelles qui pondirent leurs œufs, et cependant aucun jeune pleuronecte ne parut que dans celui des vaisseaux qui contenaient des chevrettes. Deslandes examina alors ces crustacés et vit de vérita-

Karkole, en Islande. — *Hellebutt, Sondmeer kong, Vaar-guld, Floender slaeter*, en Norvège. — *Skalla*, en Suède. — *Rœdspœtte, Schickpleder, Schuller*, en Danemark.

Schulle, auprès de Hambourg. — *Platteis, Pladise, Scholle*, en Allemagne. — *Id.*, en Hollande. — *Come, Jei*, au Japon. — *Bot*, aux Moluques. — *Pleuronectes platessa*. Linné, édition de Gmelin.

Pleuronecte plie. Daubenton et Haüy, Encyclopédie méthodique. — *Id.* Bonnaterre, planches de l'Encyclopédie méthodique. — Bloch, pl. 42. — « *Pleuronectes tuberculis sex.* » *Fauna succica*, 328. — Müller, *Prodrom. zoolog. danic.*, p. 44, n. 373. — *It.* Wgoth, 179. — *Pleuronectes slaetvar*. It. scan. 326. — « *Pleuronectes... tuberculis sex in dextra capitis...* » Artedi, gen. 17, syn. 30. — *Plie*. Rondelet, part. 1, liv. XI, chap. vi. — *Passer*, vel *platessa*. Gesner, p. 664 670 et (germ.) fol. 52, *a*.

Id. Schonev., p. 61. — *Id.* Willughby, p. 96, tab. 3. — *Id.* Ray, p. 31, n. 3. — *Passer lævis*. Aldrovande, lib. II, cap. xlvii, p. 243. — *Id.* Jonston, lib. I, t. III, cap. iii, *a*, 2, punct. 1, tab. 22, fig. 7 et 9. — *Id.* Charlet, 149. — Gronov. mus. 1, p. 14, n. 36; *Zooph.*, p. 72, n. 246. — *Act. Helvet.*, t. IX, p. 262, n. 142. — Klein, *Miss. pisc.*, IV, p. 33, n. 5; et p. 34, n. 6. — Belon, *Aquat.*, p. 141. — Ruysch, *Theatr. anim.*, p. 59, 66, tab. 22, fig. 7 et 9. — *Brit. zoolog.*, t. III, p. 186, n. 3. — *Plie*. Valmont de Bomare, *Dictionnaire d'histoire naturelle*.

bles œufs de plie attachés sous le ventre de ces crabes. Il les ouvrit et s'aperçut non seulement qu'ils avaient été fécondés, mais encore qu'ils renfermaient des embryons déjà un peu développés. Il conclut de tout ce qu'il avait vu, que les œufs des plies ne pouvaient se développer que couvés, pour ainsi dire, sous le ventre des chevrettes. Au lieu d'admettre cette opinion que rien ne peut soutenir, ce physicien aurait dû penser que les plies écloses dans ces vases provenaient d'œufs pondus et fécondés près d'un rivage fréquenté par des chevrettes, qui aiment beaucoup à se nourrir du frai des poissons, et particulièrement de celui des pleuronectes. Ces œufs enduits d'une humeur très visqueuse, au moment de leur fécondation, comme ceux de presque tous les habitants des eaux douces ou salées, s'étaient collés facilement contre le ventre des chevrettes qu'il avait prises pour en faire les sujets de ses expériences.

Avant de terminer cet article, nous devons faire remarquer que plusieurs auteurs, et notamment Belon, Rondelet, Gesner et Aldrovande ont fait représenter la plie avec les deux yeux placés au côté gauche. Cette faute est venue vraisemblablement de ce qu'ils n'ont pas eu le soin de diriger leurs artistes, qui auraient dû dessiner le poisson à rebours. Mais, quoi qu'il en soit, il paraît qu'une faute semblable a eu lieu pour plusieurs espèces du genre de la plie ; et nous pensons, avec Bloch, que ce défaut d'attention a dû contribuer à faire compter par les naturalistes récents, plus d'espèces de pleuronectes qu'ils n'auraient dû en admettre dans leurs catalogues[1].

M. Noël, de Rouen, nous a mandé, dans le temps, que l'on connaissait à Caen, sous le nom de *franquise*, une variété de la plie ou *plie franche*, qu'on appelle *carrelet* à Dieppe ainsi qu'à Fécamp, et qu'il ne faut pas confondre avec notre pleuronecte carrelet. Les individus de cette variété remontent jusque dans les guideaux du Tôt, lorsqu'ils sont portés avec violence dans la Seine par les eaux de la barre située à l'embouchure de cette rivière.

LE PLEURONECTE FLEZ[2]

Pleuronectes flessus, LINN., GMEL., BLOCH. — *Platessa flessus,* CUV.
— *Pleuronectes passer,* BLOCH.

LE PLEURONECTE FLYNDRE, *Pleuronectes platessoides,* Linn., Gmel.; Lacép. — PLEURO-
NECTE POLE, *Platessa pola,* Cuv.; *Pleuronectes cynoglossus,* Linn., Gmel., Lacép.
— PLEURONECTE LANGUETTE, *Pleuronectes linguatula,* Linn., Gmel., Lacép. — PLEU-

1. A la membrane branchiale du pleuronecte plie.................. 6 rayons.
   A chaque pectorale... 12 —
   A chaque thoracine... 6   —
   A la nageoire de la queue...................................... 19 —
2. *Flinder, Flonder,* en Prusse. — *Flunder, Butte,* dans la Livonie. — *Buttes, Lestes, Plehkstes,* chez les Lettes. — *Lœst, Kamlias,* en Estonie. — *Flundra, Slaettskaeda,* en Suède. *Skey, Sandskraa,* en Norvège. — *Kola, Lura,* en Islande. — *Butte, Sandskreble,* en Danemark. — *Flounder, But, Fluke,* en Angleterre. — *Bot, Amsterdamse-bot, Fey hot, Het-tey,* en

ʀᴏɴᴇᴄᴛᴇ ɢʟᴀᴄɪᴀʟ, *Pleuronectes glacialis,* Linn., Gmel., Lacép. — Pʟᴇᴜʀᴏɴᴇᴄᴛᴇ
ʟɪᴍᴀɴᴅᴇʟʟᴇ, *Pleuronectes limandula,* Lacép. — Pʟᴇᴜʀᴏɴᴇᴄᴛᴇ ᴄʜɪɴᴏɪs, *Pleuro-
nectes sinensis,* Lacép. — Pʟᴇᴜʀᴏɴᴇᴄᴛᴇ ʟɪᴍᴀɴᴅᴏïᴅᴇ, *Pleuronectes limandoides,*
Linn., Gmel., Lacép.; *Hippoglossus limandoides,* Cuv. — Pʟᴇᴜʀᴏɴᴇᴄᴛᴇ Pᴇɢᴏᴜᴢᴇ,
Pleuronectes Pegusa, Lacép.; *Solea oculata,* Cuv.; *Pleuronectes oculatus,* Schn.;
Pleuronectes Rondeletii, Shaw.

Le flez se rend au printemps vers les rivages de la mer et des embouchures des fleuves. Il pénètre même dans les rivières ; on le voit remonter
très avant dans celles d'Angleterre ; et M. Noël nous a écrit qu'on le pêchait
souvent dans la Seine, jusqu'auprès de Tournedos, quelques myriamètres
au-dessus du Pont-de-l'Arche, où on le nomme *flondre* et *flondre d'eau douce
ou de rivière.* Les individus de cette espèce que l'on prend dans l'eau douce
ont la couleur plus claire et la chair plus molle que ceux que l'on trouve
dans la mer. On pêche le flez pendant la belle saison, parce qu'alors il est
plus charnu et plus gros. La bonté de sa chair varie d'ailleurs suivant la
nourriture qui est à sa portée, et par conséquent suivant le pays qu'il habite.
On prétend qu'aux environs de Memel, sa saveur est plus agréable que dans
les autres parties de la Baltique. On peut le transporter facilement dans des
vases et à une distance assez grande de son séjour ordinaire, sans lui faire
perdre la vie ; et on a profité de cette facilité, ainsi que de celle avec laquelle il s'accoutume à toute sorte d'eau, pour l'acclimater et le multiplier
dans plusieurs étangs de la Frise[1]. Il ne pèse pas ordinairement plus de six
livres. Deux petits cæcums sont placés auprès de son pylore. Sa colonne
dorsale comprend trente-cinq vertèbres. Les piquants dont sa surface est
hérissée sont très petits, mais paraissent crochus, excepté ceux qui garnis-

Hollande. — *Pleuronecte fléton.* Daubenton et Haüy, Encyclopédie méthodique. — *Id.* Bonnaterre,
planches de l'Encyclopédie méthodique. — *Fauna suecica,* 327. — Mus. Ad. Frid. 2, p. 67.

Muller, *Prodrom. zoolog. danic.,* p. 45, n. 374. — It. Scan. 326. — Bloch, pl. 44. — Gronov. mus. 2, p. 15, n. 40; *Zooph.,* p. 73, n. 248. — « Pleuronectes linea laterali aspera. » Artedi,
gen. 17, syn. 31, spec. 59. — « Passer fluviatilis, *vulgo* flesus. » Belon, *Aquat.,* p. 144. — *Id.*
Willughby, p. 98. — *Flez.* Rondelet, première partie, liv. XI, chap. ɪx, édition de Lyon, 1558.
— « Passeris tertia species. » Gesner, 666. — « Passer niger. » Charlet, p. 145. — Klein, *Miss.
pisc.,* t. IV, p. 33, n. 1 et 4, tab. 2, fig. 4. — *Flounder, Brit. zoolog.,* 8, p. 187, n. 4. — *Flet,
fletelet* et *flez.* Valmont de Bomare, *Dictionnaire d'histoire naturelle.* — *Picot,* sur quelques côtes
françaises de l'océan Atlantique.

O. Fabric., *Fauna Groenland.,* p. 164, n. 119. — *Pleuronecte flyndre.* Bonnaterre, planches
de l'Encyclopédie méthodique. — Gronov. mus. 1, p. 14, n. 39; *Zooph.,* p. 13, n. 247. — O. Fabric., *Fauna Groenland.,* p. 162, n. 118. — *Pleuronecte pole.* Bonnaterre, planches de l'Encyclopédie méthodique. — « Pleuronectes... ano ad latus sinistrum, dentibus acutis. » Artedi, gen. 17,
syn. 31. — *Pleuronecte languette.* Daubenton et Haüy, Encyclopédie méthodique. — *Id.* Bonnaterre, planches de l'Encyclopédie méthodique. — Pallas, *It.* III, p. 706, n. 48. — *Pleuronecte glacial.* Bonnaterre, planches de l'Encyclopédie méthodique. — *Pleuronecte limandelle.* Bonnaterre,
planches de l'Encyclopédie méthodique.

Duhamel, *Traité des pêches,* 2, section 9, p. 269. — *Rauhe-scholle,* par les Allemands. —
Plie rude. Bloch, pl. 186. — *Pleuronecte plie rude.* Bonnaterre, planches de l'Encyclopédie
méthodique. — *Pleuronecte pégouse.* Rondelet, première partie, liv. XI, chap. xɪ, édition de
Lyon, 1558.

1. Voyez le Discours intitulé *Des effets de l'art de l'homme sur la nature des poissons.*

sent, du côté droit, la ligne latérale ou la base de la nageoire de l'anus et celle du dos. Ces derniers sont droits et forment de petits groupes ; on en voit de semblables sur la ligne latérale du côté gauche et sur le bord gauche de la base des nageoires du dos et de l'anus. Ce côté gauche ou inférieur, et par conséquent presque toujours dérobé à l'influence de la lumière, est blanc avec quelques nuages bruns et des tâches noirâtres, vagues, très peu foncées, très peu nombreuses et petites, tandis que le côté droit est d'un brun foncé, relevé par des taches olivâtres, ou d'un vert jaune et noir. Au reste, indépendamment des piquants dont nous venons de parler, les deux côtés du flez sont couverts d'écailles minces, allongées, fortement attachées à la peau et très difficile à voir. La mâchoire inférieure dépasse celle d'en haut ; la langue est courte et étroite ; deux os ronds et rudes sont situés auprès du gosier. La ligne latérale se courbe vers le bas, après s'être avancée vers la nageoire de la queue, jusqu'au delà de la pectorale. Un aiguillon assez fort paraît au-devant de la nageoire de l'anus.

La Baltique n'est pas la seule mer où se plaise le flez : il est aussi très répandu dans l'océan Atlantique boréal, ainsi que le flyndre, qui fréquente particulièrement les embouchures des rivières du Groenland. Ce dernier poisson est un des pleuronectes les moins grands et les moins agréables au goût. Il ne parvient ordinairement qu'à la longueur d'un pied, et on ne le mange le plus souvent que séché. Il se plaît sur les fonds sablonneux, où il se nourrit de vers marins et de petits poissons, et où il dépose ses œufs vers le commencement de l'été. Sa forme générale est un peu semblable à celle d'une navette. Le côté gauche est blanc et doux au toucher, ainsi que la tête et la langue. Six tubercules garnis de petites dents entourent le gosier. Les pectorales sont courtes. Le flyndre est fréquemment tourmenté par des *gordius* ou par d'autres vers intestinaux.

Le pole habite dans la partie de l'océan Atlantique qui baigne la Belgique, et dans celle qui avoisine le Groenland. On le trouve pendant l'hiver dans les enfoncements littoraux dont les eaux sont profondes. Sa ligne latérale est droite ; sa dorsale s'étend depuis les yeux jusqu'à la nageoire de la queue. Son côté gauche est blanc. Il a beaucoup de rapport avec le flétan, mais sa chair est plus délicate ; et il n'a communément que deux pieds ou deux pieds et demi de longueur[1].

1. A la membrane branchiale du pleuronecte flez..................	6 rayons.
A chaque pectorale...	12	—
A chaque thoracine..	6	—
A la nageoire de la queue....................................	16	—

A la membrane branchiale du pleuronecte flyndre..............	8	—
A chaque pectorale..	12	—
A chaque thoracine..	6	—
A la caudale...	16	—

A la membrane branchiale du pleuronecte pole.......	....	7	—
A chaque pectorale..	14	—

Les mers de l'Europe sont la patrie du pleuronecte languette, et l'océan Glacial arctique est celle du pleuronecte glacial, dont le nom indique le séjour, et qui en fréquente les côtes sablonneuses.

Les yeux de la limandelle sont ovales et très rapprochés ; sa ligne latérale est d'abord courbée et ensuite droite ; son côté gauche est blanc ; ses pectorales et ses thoracines sont jaunes. Elle est quelquefois longue d'un pied et demi.

Le pleuronecte chinois est encore inconnu des naturalistes. Nous en avons trouvé une image très bien faite parmi les peintures chinoises que la Hollande a cédées à la France, avec plusieurs belles collections d'histoire naturelle ; et nous lui avons donné un nom spécifique qui indique le pays où il a été observé et peint avec beaucoup de soin. Trois ou quatre pièces composent chaque opercule. La hauteur de l'animal surpasse la moitié de sa longueur totale. Des taches brunes, irrégulières, assez grandes et nuageuses sont répandues sur le côté droit et varient le fond qui fait ressortir des points noirs arrangés en quinconce. Le côté gauche est d'un blanc rose ; l'iris est un peu doré.

On pêche dans l'océan Atlantique septentrional, et particulièrement aux environs de Héligoland, le pleuronecte auquel nous conservons le nom de *limandoïde*. Ce thoracin habite sur les sables du fond de la mer ; il vit de jeunes crabes ; il se prend à l'hameçon ; sa chair est blanche et d'un bon goût ; il a deux laites ou deux ovaires ; son foie n'est pas divisé en lobes ; deux ou trois ou quatre cæcums sont placés auprès du pylore ; plusieurs rangées de dents pointues arment chaque mâchoire ; deux os rudes sont voisins du gosier ; la langue et le palais sont lisses ; les deux ouvertures des narines paraissent dans une sorte de petite fossette ; des écailles semblables à celles du dos revêtent la tête et les opercules ; le côté gauche est blanc.

La pégouze vit dans la Méditerranée, où on lui a donné, suivant Rondelet, le nom qu'elle porte, parce que ses écailles sont adhérentes à la peau comme de la poix et ne peuvent être détachées facilement qu'après avoir été trempées dans l'eau chaude. On l'a prise aussi dans les environs de Caen, selon M. Noël[1] ; mais elle y est très rare. Les belles taches de son côté droit

A chaque thoracine	6	rayons.
A la nageoire de la queue	17	—
A chaque pectorale du pleuronecte languette	9	—
A chaque thoracine	7	—
A la caudale	19	—
A chaque pectorale du pleuronecte limandelle	9	—
A chaque thoracine	6	—
A la nageoire de la queue	17	—
A chaque pectorale du pleuronecte limandoïde	11	—
A chaque thoracine	6	—
A la caudale	15	—

1. Note manuscrite communiquée par M. Noël, de Rouen.

sont placées sur un fond d'un roux sale et souvent entourées d'une bordure très foncée.

LE PLEURONECTE OEILLÉ[1]

Pleuronectes ocellatus, LINNÉ, GMEL., LACÉP.

LE PLEURONECTE TRICHODACTYLE[2]

Pleuronectes trichodactylus, LINN., GMEL. LACÉP.

Ces deux espèces ont beaucoup de ressemblance avec les achires. Elles s'en rapprochent par le petit nombre de rayons que l'on trouve dans leurs pectorales, et par la petitesse de ces nageoires. La première a la dorsale comme plissée et vit à Surinam. La seconde a le côté gauche blanchâtre ; de très grands rapports avec la sole ; la ligne latérale droite ; les dents si menues, qu'on a de la peine à les distinguer ; la pectorale gauche si réduite dans ses dimensions, qu'elle ne montre ordinairement qu'un rayon ; et une longueur totale presque toujours au-dessous de quatre pouces. On pêche le trichodactyle[3] dans les eaux d'Amboine[4].

LE PLEURONECTE ZÈBRE[5]

Pleuronectes zebra, LINN., GMEL., LACÉP. — *Solea zebra,* CUV.

LE PLEURONECTE PLAGIEUSE[6]

Pleuronectes Plagiusa, LINN., GMEL., LACÉP. — *Solea Plagiusa,* CUV.

LE PLEURONECTE ARGENTÉ[7]

Pleuronectes argenteus, LACÉP.

La forme pointue de la caudale et la réunion de 'cette nageoire avec celles du dos et de l'anus donnent une conformation générale assez remar-

1. Mus. Ad. Frid. 2, p. 68. — *Pleuronectes argus.* Daubenton et Haüy, Encyclopédie méthodique. — *Id.* Bonnaterre, planches de l'Encyclopédie méthodique.

2. *Pleuronecte manchot.* Daubenton et Haüy, Encyclopédie méthodique. — *Id.* Bonnaterre, planches de l'Encyclopédie méthodique. — « Pleuronectes pinnis lateralibus vix conspicuis. » Artedi, gen. 18, spec. 61, syn. 33.

3. Le mot grec et composé *trichodactyle* désigne l'exiguïté et la forme *des doigts* ou des rayons de chaque pectorale, qui sont déliés comme des filaments.

4. A chaque thoracine du pleuronecte œillé...................... 6 rayons.
A la nageoire de la queue.................................. 14 —
A la membrane branchiale du pleuronecte trichodactyle......... 6 —
A chaque thoracine... 5 —
A la caudale .... 16 —

5. *Die bandirte zunge,* par les Allemands. — *Zèbre de mer.* Bloch, pl. 187. — *Pleuronecte zèbre de mer.* Bonnaterre, planches de l'Encyclopédie méthodique.

6. *Pleuronecte plagieuse.* Daubenton et Haüy, Encyclopédie méthodique. — *Id.,* Bonnaterre, planches de l'Encyclopédie méthodique.

7. *Pleuronecte argenté.* Bonnaterre, planches de l'Encyclopédie méthodique. — Petiv. *Gazophyl.,* n. 10, tab. 26.

quable aux trois poissons qui composent le troisième sous-genre des pleuronectes. Le premier de ces trois, celui qui a reçu le nom de *zèbre* et qui est
originaire des Indes orientales, présente d'ailleurs une mâchoire inférieure
moins avancée que celle d'en haut ; des dents menues et pointues, placées
le long de chaque mâchoire ; des yeux très petits et inégaux ; un seul orifice
à chaque narine ; des écailles dentelées et très rudes au toucher ; un anus
situé au-dessous des pectorales.

Le pleuronecte plagieuse a été observé dans les eaux de la Caroline, par
le docteur Garden.

L'argenté a le côté gauche d'une couleur brune et terne, pendant que
son côté droit resplendit de l'éclat de l'argent. On le trouve dans la mer des
Indes[1].

LE PLEURONECTE TURBOT[2]

Pleuronectes maximus, Linn., Gmel., Bloch, Lacép. — *Rhombus
maximus,* Cuv.

Ce poisson est très recherché et doit l'être. Il réunit, en effet, la grandeur à un goût exquis, ainsi qu'à une chair ferme ; et voilà pourquoi on l'a
nommé *faisan d'eau* ou *faisan de mer*, pendant qu'on a donné à la sole le
nom de *perdrix marine*. Le turbot habite non seulement dans la mer du
Nord et dans la Baltique, mais encore dans la Méditerranée. Rondelet dit
avoir vu dans cette dernière mer un individu de cette espèce qui avait cinq

1. A chaque pectorale du pleuronecte zèbre...................... 4 rayons.
   A chaque thoracine................................... 6   —
   A la caudale...................................... 10   —

2. *Faisan d'eau.* — Bertonneau, sur quelques côtes du nord-ouest de la France. — *Breet,*
en Angleterre. — *Tarboth,* en Hollande. — *Oigvar, Tonne, Steenbut,* en Danemark. — *Vrang
flonder, Skrabe flynder,* en Norvège. — *Butta,* en Suède. — *Botte, Stain botte,* en Prusse. —
Stein butts, dans plusieurs contrées de l'Allemagne. — *Rhombo,* en Italie. — *Rombi aspri,* en
Sardaigne. — *Rhomb,* dans plusieurs départements méridionaux de France.

« Pleuronectes corpore aspero. » *Fauna suecica,* 298 et 325. — *Id.* Mus. Ad. Frid. 2, p. 69.
— *Id.* Artedi, gen. 18, syn. 32. — « Rhombus maximus asper, non squamosus. » Willughby,
p. 93, tab. *F.* 8, fig. 3 ; et p. 94, tab. *F.* 2. — Ray, p. 31, n. 1 ; et p. 32, n. 6. — *Pleuronecte
turbot.* Bloch, pl. 49. — *Id.* Daubenton et Haüy, Encyclopédie méthodique. — *Id.* Bonnaterre,
planches de l'Encyclopédie méthodique.

Müller, *Prodrom. zoolog. danic.,* p. 45, n. 379. — Brünn., *Pisc., Massil.,* p. 35, n. 49. — *It.
Gott.* 178. — Gronov., Mus. 2, p. 10, n. 159 ; *Zooph.,* p. 74, n. 254. — Klein, *Miss. pisc.,* t. IV, p. 24.
n. 1, et p. 35, n. 2, tab. 8, fig. 1 et 2 ; et tab. 9, fig. 1. — *Turbot piquant.* Rondelet, première
partie, liv. XI, chap. i. — Gesner, *Aquat.,* p. 661, 670 ; Icon. anim., p. 95 ; Thierb., p. 50, *b.* —
Aldrovande. *Pisc.,* p. 248. — *Rhombus aculeatus.* Jonston, *Pisc.,* p. 89, tab. 20, fig. 15 ; et p. 99,
tab. 22, fig. 12. — *Rhombus.* Pline, *Hist. mundi,* lib. IX, cap. xv, xx, xlii. — *Id.* Belon, *Aquat.,*
p. 139.

Turbot. Brit. zoolog., t. III, p. 192, n. 9. — *Turbot rhombe.* Valmont de Bomare, *Dictionnaire d'histoire naturelle.* — *Rhombus.* P. Artedi, *Synonymia piscium,* auctore J.-G. Schneider,
p. 31.

coudées de long, quatre *coudées* de large et un *pied* d'épaisseur. Des turbots de cette taille sont très rares ; mais on en prend quelquefois sur les côtes de France ou d'Angleterre qui pèsent de vingt à trente livres ; et M. Noël a bien voulu nous écrire que, dans le mois d'avril 1801, on avait vendu dans le marché de Rouen un turbot du poids de plus de vingt-six livres.

Le pleuronecte que nous décrivons est très goulu ; sa voracité le porte souvent à se tenir auprès de l'embouchure des fleuves, ou de l'entrée des étangs qui communiquent avec la mer, pour trouver un plus grand nombre des jeunes poissons dont il se nourrit, et pour les saisir avec plus de facilité lorsqu'ils pénètrent dans ces étangs et dans ces fleuves, ou lorsqu'ils en sortent pour revenir dans la mer. Quoique très grand, il ne se contente pas d'employer sa force contre sa proie ; il a recours à la ruse. Il se précipite au fond de l'Océan ou des Méditerranées, applique son large corps contre le sable, se couvre en partie de limon, trouble l'eau autour de lui, et, se tenant en embuscade au milieu de cette eau agitée, vaseuse et peu transparente, trompe ses victimes et les dévore.

Au reste, les turbots sont très difficiles dans le choix de leur nourriture ; ils ne touchent guère qu'à des poissons vivants ou très frais. Aussi, au lieu de garnir uniquement de morceaux de gade ou de clupée, et particulièrement de hareng, les hameçons avec lesquels on veut prendre ces pleuronectes, les Anglais ont-ils imaginé d'employer pour appât de petits poissons encore en vie, et surtout de jeunes pétromyzons pricka, qu'ils ont achetés de pêcheurs hollandais. On prétend même que les turbots ne sont point attirés par des amorces auxquelles d'autres poissons ont mordu. Quoi qu'il en soit, ils sont très abondants sur les côtes de Suède, d'Angleterre et de France. On en trouve notamment un très grand nombre entre Honfleur et l'embouchure de l'Orne, où on pêche ceux que l'on vend dans les marchés du Havre, de Rouen et de Paris.

Les pêcheurs d'Angleterre, suivant le naturaliste Bloch, vont à la recherche des turbots dans des canots qui portent trois hommes. Chacun d'eux a trois cordes ou lignes de trois *milles* anglais de longueur ; on attache à chaque corde, de six pieds en six pieds, un crochet retenu par une ficelle de crin ; des plombs maintiennent les lignes dans le fond de la mer ; des morceaux de liège en indiquent la place, et l'on se règle sur les marées pour jeter ou relever les cordes.

La forme générale du turbot est un losange ; et c'est de cette figure qu'est venu le nom de *rhombe*, que tant d'auteurs anciens et modernes lui ont donné. La mâchoire inférieure, plus avancée que la supérieure, est garnie, comme cette dernière, de plusieurs rangées de petites dents. La ligne latérale descend pour se courber autour de la pectorale et tend ensuite directement vers la nageoire de la queue, sans présenter aucun tubercule. Les nageoires sont jaunâtres, avec des taches et des points bruns ; le côté gauche est marbré de brun et de jaune ; le côté droit, qui est inférieur, est

blanc avec des taches brunes ; les tubercules osseux de la femelle sont
moins nombreux que ceux du mâle[1].

LE PLEURONECTE CARRELET[2]

Pleuronectes rhombus, Linn., Gmel., Bloch, Lacép., Cuv.

Le carrelet est très commun. On le trouve dans l'océan Atlantique boréal, ainsi que dans la Méditerranée. Il se plaît particulièrement dans cette
dernière mer, auprès des côtes de la Sardaigne ; il pénètre quelquefois dans
les fleuves ; il entre notamment dans l'Elbe. M. Noël a appris d'un pêcheur
qu'on avait pris un individu de cette espèce dans la Seine, auprès de Que-
villy, à une petite distance de Rouen. On ne doit donc pas être étonné
qu'on ait vu des empreintes ou des dépouilles de cet osseux dans la carrière
d'OEningen, auprès du Rhin et du lac de Constance[3].

Ce thoracin et le turbot sont les pleuronectes qui présentent le plus de
largeur ou plutôt de hauteur. Ils l'emportent même sur le flez par la grandeur relative de cette dimension ; mais ils sont bien éloignés d'atteindre à la
longueur de ce flez. On ne doit donc donner aucune confiance à ce qu'on a
écrit d'un carrelet pris sous Domitien, et qui aurait été d'une longueur si
démesurée, qu'elle aurait égalé soixante-six ou soixante-neuf pieds.

Le pleuronecte dont nous nous occupons a l'œsophage large, la membrane de l'estomac épaisse, et deux cæcums ou appendices auprès du pylore.
On doit remarquer d'ailleurs sa mâchoire inférieure un peu plus avancée
que la supérieure, les différentes rangées de dents petites, inégales et pointues, qui arment les deux mâchoires, la saillie arrondie de la partie postérieure de chaque opercule, et la couleur blanche du côté droit de l'animal[4].

1. A la membrane branchiale du pleuronecte turbot . . . .   7 rayons.
   A chaque pectorale 10   —
   A chaque thoracine   6   —
   A la nageoire de la queue 16   —

2. *Barbue, Rhomboïde,* dans plusieurs départements de France. — *Rhombo,* en Italie. —
Scatto, Svagia, auprès de Venise. — *Glattbutt, Winckelbutt,* en Allemagne. — *Elb butt,* à Ham-
bourg. — *Slactwar,* en Danemark. — *Pigghuars,* en Suède. — *Sand-flynder,* en Norvège. —
Pearl, à Londres. — *Lug-aleaf,* dans le comté de Cornouailles. — *Griet,* en Hollande.

« Pleuronectes corpore glabro. » — Mus. Ad. Frid. 2, p. 169. — *Id.* Artedi, gen. 18,
syn. 31. — *Pleuronecte carrelet.* Daubenton et Haüy, Encyclopédie méthodique. — *Id.* Bonnaterre,
planches de l'Encyclopédie méthodique. — Bloch, pl. 43. — Willughby, p. 96. — Ray, p. 32,
n. 7. — Muller, *Prodrom. zool. danic.,* p. 45, n. 378. — Brunnich, *Pisc. Massil.,* p. 35, n. 48.
Pleuronectes piggvarf. It. Wgoth., 178. — *Pleuronectes arenarius.* Strom. *Sondm.* — Gronov.,
Mus. 1, p. 25, n. 43 ; *Zooph.,* p. 74, n. 253. — *Turbot sans piquants.* Rondelet, première partie,
liv. XI, chap. II. — Gesner, *Aquat.,* p. 863. — Aldrovande, *Pisc.,* 249. — Jonston, *Pisc.,* p. 99,
tab. 22, fig. 13. — « Rhombus alter gallicus. » Belon, *Aquat.,* p. 141. — *Brit. zoolog.,* 3, p. 196,
n. 10. — Artedi, *Syn. piscium,* auctore J.-G. Schneider, etc., p. 31, n. 5.

3. Voyez notre Discours sur la durée des espèces, et le *Voyage dans les Alpes,* d'Horace-
Bénédict de Saussure.

4. A la membrane branchiale du pleuronecte carrelet . . . .   6 rayons.
   A chaque pectorale 12   —
   A chaque thoracine   6   —
   A la caudale 16   —

LE PLEURONECTE TARGEUR[1]

Pleuronectes punctatus, Linn., Gmel., Bloch. — *Rhombus punctatus,* Cuv.

Le Pleuronecte denté, *Pleuronectes dentatus,* Linn., Gmel., Lacép. — Pleuronecte moineau, *Pleuronectes passer,* Linn., Gmel., Artedi, Lacép. — Pleuronecte papilleux, *Pleuronectes papillosus,* Linn., Gmel., Lacép. — Pleuronecte argus, *Pleuronectes argus,* Linn., Gmel., Lacép.; *Pleuronectes lunatus,* Linn., Gmel , Lacép. *Rhombus argus,* Cuv.; et *Pleuronectes mancus,* Brouss., Linn., Gmel. — Pleuronecte japonais, *Pleuronectes japonicus,* Linn , Gmel., Lacép. — Pleuronecte calimande, *Pleuronectes calimanda,* Lacép.; *Pleuronectes cardina,* Cuv. — Pleuronecte grandes écailles, *Pleuronectes macrolepidotus,* Bloch, Lacép.; *Hippoglossus macrolepidotus,* Cuv. — Pleuronecte commersonnien, *Pleuronectes Commersonnii,* Lacép., Cuv.

Lorsqu'on aura jeté les yeux sur le tableau générique des pleuronectes, on complètera facilement l'idée générale des neuf espèces dont nous faisons mention dans cet article, en réunissant dans sa pensée les détails suivants.

Le targeur montre de petites écailles sur sa tête et sur les rayons de ses nageoires ; un grand nombre de dents recourbées et très serrées à chaque mâchoire ; une lèvre supérieure extensible ; une ligne latérale courbe au-dessus de la pectorale et ensuite droite ; un blanc rougeâtre répandu sur son côté droit, et des nuances grises distribuées sur les nageoires du dos et de l'anus. Il habite dans la mer qui baigne les côtes d'Angleterre et celles du Danemark ; il parvient à la longueur d'un pied et demi.

Les eaux de la Caroline sont la patrie du denté.

Le moineau se trouve dans la Baltique, ainsi que dans l'océan Atlantique septentrional. Il pèse quelquefois plus de huit livres. Sa chair est

1. *Rothbutt,* en Allemagne. — *Rœtt butt,* en Danemark. — *Whiff,* en Angleterre. — *Pleuronecte targeur.* Bonnaterre, planches de l'Encyclopédie méthodique. — Bloch, pl. 189. — « Passer alter, cute dura et aspera, etc. » Klein, *Miss. pisc.,* 4, p. 34, n. 9. — *Brit. zoolog.,* 3, p. 186, n. 2. — Ray, *Pisc.,* p. 163, n. 2, tab. 1, fig. 2. — *Pleuronecte plaise.* Daubenton et Haüy, Encyclopédie méthodique. — *Id.* Bonnaterre, planches de l'Encyclopédie méthodique.

Passere, en Sardaigne. — *Struff butt,* à Hambourg. — *Verkehrther elbutt.* — *Theerbott,* à Dantzig. — *Stachelbutt,* en Livonie. — *Ahte, Grabbe,* chez les Lettes. — *Pleuronecte moineau.* Daubenton et Haüy, Encyclopédie méthodique. — *Id.* Bonnaterre, planches de l'Encyclopédie méthodique. — Bloch, pl. 50. — Grenov., *Zooph.,* pl. 73, n. 248. — Klein, *Miss. pisc.,* 4, p. 35. n. 3. — *Pleuronecte aramaque.* Daubenton et Haüy, Encyclopédie méthodique. — *Id.* Bonnaterre, planches de l'Encyclopédie méthodique.

Sichelchwartz, en Allemagne. — *Sunge,* en Hollande. — *Linguada, Cubricunha,* en Portugal. — *Aramaca,* au Brésil. — *Badé,* dans l'île de Rotterdam, ou Anamoka. — *Pathi-maure,* dans l'île d'Utahite. — *Pleuronecte lunulé.* Daubenton et Haüy, Encyclopédie méthodique. — *Id.* Bonnaterre, planches de l'Encyclopédie méthodique. — *Pleuronecte badé,* id. — *Argus.* Bloch, pl. 48. — Broussonnet, *Icthyol.,* dec. 1, n. 3, tab. 3, 4. — Catesby, *Carol.,* t. II, p. 27, tab. 27. — Houttuyn, *Act. Haarl.,* XX, 2, p. 317. — *Pleuronectes regius,* calimande royale. Bonnaterre, planches de l'Encyclopédie méthodique.

Gross schuppigte scholle, par les Allemands. — *Tonge,* par les Hollandais. — *Lingoada, Cubricunha,* par les Portugais. — *Aramaca,* au Brésil. — *Sole à grandes écailles.* Bloch, pl. 190. — *Id.,* Bonnaterre, planches de l'Encyclopédie méthodique. — Klein, *Miss. pisc.,* 4, 32, n. 8. — *Sole de l'île de France.* — « Pleuronectes oculis a sinistra, corpore pellucido, sordide exalbido, guttis pallidioribus subtestaceisque maculosus. » Commerson, manuscrits déjà cités.

agréable au goût. La mâchoire inférieure dépasse celle de dessus. La ligne latérale est presque droite. Le côté droit est blanc; les nageoires sont jaunâtres avec des taches brunes. On voit un piquant auprès de l'anus.

L'Amérique nourrit le papilleux, dont le côté droit est blanc, et le côté gauche grisâtre.

L'argus, dont le badé ou le manchot de Brousset n'est qu'une variété, est souvent long d'un pied et demi à deux pieds. On l'a pêché dans la mer des Antilles, dans celle de la Caroline et dans les eaux des îles du grand Océan équinoxial, improprement appelées *îles de la mer du Sud*. Pendant l'hiver, il se tient au fond de la mer; mais, lorsque l'été approche, il remonte dans les fleuves, où sa chair devient tendre et d'un goût exquis. Sa parure est très belle. Les taches dont il est peint ont paru avoir assez de rapports avec une prunelle entourée de son iris pour que le nom d'*argus* lui ait été donné. La membrane des nageoires est jaunâtre; les rayons qui la soutiennent sont bruns, et elles sont d'ailleurs ornées de petites taches bleues.

Le côté droit de l'animal est d'un gris cendré.

L'œil supérieur est plus grand et plus reculé que l'autre. La ligne latérale fait le tour de la pectorale avant de s'avancer directement vers l'extrémité de la queue. Plusieurs rayons de la pectorale gauche sont très prolongés au delà de la membrane.

Le japonais est long de huit pouces et blanchâtre sur son côté droit.

Le pleuronecte calimande n'a que huit à douze pouces de longueur; les couleurs dont il est jaspé sont ordinairement le rougeâtre, le marron, le gris de perle foncé. Plusieurs individus de cette espèce ont sur la queue une tache dorée entourée d'un cercle très brun; les pêcheurs disent que les mâles ont une seconde tache au-dessus de la première et une troisième auprès de l'opercule. Nous devons à Duhamel la description de ce thoracin, qui se plaît dans l'Océan.

Le pleuronecte grandes écailles a le corps et la queue très allongés; la tête et les opercules dénués d'écailles semblables à celles du dos; les dents coniques et très longues; les nageoires brunes; une chair de bon goût; une longueur de plus de deux pieds, et la mer du Brésil pour patrie[1].

1. A chaque pectorale du pleuronecte targeur...................... 11 rayons.
    A chaque thoracine.......... 6   —
    A la nageoire de la queue..................................... 14   —
    A la membrane branchiale du pleuronecte denté................. 7   —
    A chaque pectorale.. 12   —
    A la caudale... 17   —
    A la membrane branchiale du pleuronecte moineau.............. 6   —
    A chaque pectorale.. 12   —
    A chaque thoracine... 6   —
    A la nageoire de la queue.................................... 16   —
    A chaque pectorale du pleuronecte papilleux.................. 12   —

IV.   21

Le commersonnien est à peine de la longueur de la main. Ses thoracines sont placées l'une devant l'autre ; c'est la gauche qui est la plus avancée. Il vit dans les eaux salées qui baignent l'Ile de France ; il est encore plus délicat que la sole. Nous en donnons la description d'après les manuscrits de Commerson, qui l'a fait dessiner.

CENT CINQUANTE ET UNIÈME GENRE

LES ACHIRES

La tête, le corps et la queue très comprimés ; les deux yeux du même côté de la tête ; point de nageoires pectorales.

PREMIER SOUS-GENRE

LES DEUX YEUX A DROITE ; LA NAGEOIRE DE LA QUEUE FOURCHUE OU ÉCHANCRÉE EN CROISSANT, OU ARRONDIE SANS ÉCHANCRURE

ESPÈCES.	CARACTÈRES.
1. L'ACHIRE BARBU.	Des barbillons aux mâchoires ; le corps et la queue allongés ; la mâchoire supérieure plus avancée que l'inférieure ; un grand nombre de taches blanches et circulaires.
2. L'ACHIRE MARBRÉ.	Soixante-douze rayons à la nageoire du dos ; cinquante-cinq à celle de l'anus ; la caudale arrondie ; la ligne latérale très droite ; la mâchoire supérieure plus avancée que celle de dessous ; le côté droit brun, avec des taches et des raies tortueuses d'un blanc de lait.
3. L'ACHIRE PAVONIEN.	Cinquante-sept rayons à la nageoire du dos ; cinquante à l'anale ; la caudale arrondie ; la mâchoire supérieure plus avancée que l'inférieure ; la ligne latérale droite ; la base des nageoires de l'anus et du dos garnie de petites écailles ; des taches irrégulières, blanchâtres et chargées chacune d'une tache brune.
4. L'ACHIRE FASCÉ.	Cinquante-trois rayons à la nageoire dorsale ; quarante-cinq à celle de l'anus ; la caudale arrondie ; des barbillons au côté gauche de la mâchoire supérieure ; les écailles ciliées ; sept ou huit bandes transversales et noires.

A chaque thoracine.. 6 rayons.
A la caudale... 16 —

A chaque pectorale du pleuronecte argus...................... 10 —
A chaque thoracine... 8 —
A la nageoire de la queue.................................... 17 —

A chaque pectorale du pleuronecte japonais................... 9 —
A la caudale... 16 —

A chaque pectorale du pleuronecte grandes écailles........... 14 —
A chaque thoracine... 6 —
A la nageoire de la queue.................................... 17 —

A chaque pectorale du pleuronecte commersonnien.............. 9 —
A chaque thoracine... 6 —
A la caudale... 15 —

SECOND SOUS-GENRE

LES DEUX YEUX A GAUCHE ; LA CAUDALE POINTUE ET RÉUNIE AVEC LES NAGEOIRES
DE L'ANUS ET DU DOS

ESPÈCES.	CARACTÈRES.
5. L'ACHIRE DEUX LIGNES.	Cent soixante-quatorze rayons aux nageoires du dos, de la queue et de l'anus, considérés comme ne formant qu'une seule nageoire ; le corps et la queue allongés ; deux lignes latérales sur chaque côté du poisson ; le côté gauche d'un brun jaunâtre ; le côté opposé d'un blanc rougeâtre.
6. L'ACHIRE ORNÉ.	Quatre-vingt-quinze rayons depuis le commencement de la dorsale jusqu'à l'extrémité de la nageoire de la queue ; quatre-vingt-deux rayons depuis le commencement de l'anale jusqu'au bout de la caudale ; une seule ligne latérale sur chaque côté ; les écailles petites, arrondies et dentelées ; huit ou neuf bandes transversales et foncées.

L'ACHIRE BARBU [1]

Achirus barbatus, LACÉP., CUV.

L'ACHIRE MARBRÉ [2]

Achirus marmoratus, LACÉP., CUV.

L'ACHIRE PAVONIEN

Achirus pavoninus, LACÉP.

Les achires [3] ne diffèrent des pleuronectes que parce qu'ils sont entièrement privés de bras et de mains, ou, ce qui est la même chose, de nageoires pectorales. Leurs habitudes sont cependant semblables à celles des pleuronectes, dont les pectorales sont trop petites et placées trop désavantageusement pour influer d'une manière sensible sur leurs mouvements et leurs évolutions.

On ignore dans quelle mer habite le barbu.

Le marbré est beau à voir. On le pêche dans la partie de l'Océan qui arrose l'île de France. Le goût de sa chair y est excellent, et il y a été observé en 1769 par Commerson. Les naturalistes ne connaissent pas encore ce poisson. Ses nageoires, d'un blanc mêlé de gris et de bleu, sont parsemées de points noirs. On ne voit que difficilement ses écailles. La dorsale s'étend depuis le bout du museau jusqu'à la nageoire de la queue.

Commerson a fait une remarque curieuse sur cet achire. Il a vu le long de la base des nageoires du dos et de l'anus autant de pores que de rayons,

---

1. Gronov., *Zooph.*, n. 255. — *Pleuronecte barbue.* Bonnaterre, planches de l'Encyclopédie méthodique.

2. « Pleuronectes oculis a dextra ; corpore brunneo, guttis lacteis, aliis circumscriptis, aliis diffluentibus, variegato ; pinnis omnibus, exalbidis nigro punctatis. » Commerson, manuscrits déjà cités.

3. *Acheires,* en grec, signifie *manchot, qui manque de mains.*

et lorsqu'on pressait les environs de ces petits orifices, il en sortait une mucosité laiteuse.

Nous avons trouvé un individu de cette espèce dans la collection de la Hollande cédée à la France.

Nous avons vu, dans la même collection, un individu d'une autre espèce d'achire encore inconnue des naturalistes, et à laquelle nous avons donné le nom de *pavonien*, à cause des taches un peu semblables à des *yeux de paon*, dont elle est couverte.

La dorsale de cet achire pavonien règne depuis le dessus du museau jusqu'à la caudale, dont cependant elle est très distincte, ainsi que la nageoire de l'anus[1].

L'ACHIRE FASCÉ[2]

Achirus fasciatus, Lacép., Cuv. — *Pleuronectes fasciatus*, Linn., Gmel.

Cet achire a été pêché dans les eaux de l'Amérique septentrionale. Son côté droit est brun, son côté gauche blanchâtre[3].

L'ACHIRE DEUX LIGNES[4]

Achirus bilineatus, Lacép., Cuv. — *Pleuronectes bilineatus,* Linn., Gmel.

L'ACHIRE ORNÉ

Achirus ornatus, Lacép. Cuv.

Le premier de ces deux achires habite dans les eaux de la Chine et dans celles des Indes orientales. Il se nourrit de petits crabes et d'animaux à coquille. Son foie n'a qu'un seul lobe ; la membrane de son estomac est mince ; le canal intestinal se recourbe plusieurs fois ; les deux mâchoires sont garnies de dents courtes et obtuses ; chaque narine a deux orifices, dont l'un est en forme de tube ; une seule plaque compose chaque opercule ; les écailles qui recouvrent la tête, le corps et la queue sont petites, presque rondes et dentelées ; les deux lignes latérales que l'on voit sur chaque côté de l'animal

---

1. A la membrane branchiale de l'achire marbré............. 5 ou 6 rayons.
    A chaque thoracine...................................... 5   —
    A la nageoire de la queue.......... 18   —
    A chaque thoracine de l'achire pavonien.................. 6   —
    A la caudale... 17   —

2. *Pleuronectes achirus.* Linné, *Syst. naturæ,* X, 1, p. 268, n. 1, 3. — *Pleuronecte achire.* Daubenton et Haüy, Encyclopédie méthodique. — Gronov., Mus. 1, n. 42. — « Pleuronectes fuscus... lineis septem nigris, etc. » Browne, *Jam.,* 445. — Sloane, *Jam.,* 2, p. 27, fig. 2. — « Passer lineis transversis. » Ray, *Piscis,* 157.

3. A chaque thoracine de l'achire fascé..................... 4 ou 5 rayons.
    A la nageoire de la queue................................ 16   —

4. Bloch, pl. 188. — *Pleuronecte, sole à deux lignes.* Bonnaterre, planches de l'Encyclopédie méthodique.

sont droites et presque parallèles ; une couleur brune, mêlée de gris ou de verdâtre, distingue les nageoires.

Personne n'a encore publié la description de l'orné. Nous avons vu un individu de cette dernière espèce dans la collection hollandaise donnée à la France. La ligne latérale se relève au delà de l'opercule, pour suivre à peu près la direction du dos[1].

SECONDE SOUS-CLASSE

POISSONS OSSEUX

Les parties solides de l'intérieur du corps osseuses.

PREMIÈRE DIVISION

POISSONS QUI ONT UN OPERCULE ET UNE MEMBRANE DES BRANCHIES

VINGTIÈME ORDRE DE LA CLASSE ENTIÈRE DES POISSONS

OU QUATRIÈME ORDRE DE LA PREMIÈRE DIVISION DES OSSEUX

POISSONS ABDOMINAUX OU QUI ONT DES NAGEOIRES INFÉRIEURES PLACÉES SUR L'ABDOMEN AU DELA DES PECTORALES ET EN DEÇA DE LA NAGEOIRE DE L'ANUS

CENT CINQUANTE-DEUXIÈME GENRE

LES CIRRHITES

Sept rayons à la membrane des branchies ; le dernier très éloigné des autres ; des barbillons réunis par une membrane et placés auprès de la pectorale, de manière à représenter une nageoire semblable à cette dernière.

ESPÈCE.	CARACTÈRES.
Le Cirrhite tacheté.	Dix rayons aiguillonnés et onze rayons articulés à la nageoire du dos ; trois rayons aiguillonnés et six rayons articulés à la nageoire de l'anus ; la caudale arrondie ; la couleur générale brune ; un grand nombre de larges taches blanches, et de petites taches noires.

LE CIRRHITE TACHETÉ[2]

Cirrhitus maculatus, Cuv., Lacép.

Ce poisson, dont on devra la connaissance à Commerson, est véritablement de l'ordre des abdominaux ; mais il doit être placé à la tête de cet ordre, comme se rapprochant beaucoup de celui des thoracins, avec lesquels il a de grands rapports. Il ressemble surtout aux holocentres ou aux persèques.

1. A la membrane branchiale de l'achire deux lignes.............. 4 rayons.
   A chaque thoracine...................................... 4 —
2. *Cirronius, Concirrus, Cincirous*. « Aspro fuscus maculis utroque latere sparsis majoribus albis, minoribus nigris plurimis. » Commerson, manuscrits déjà cités.

Il a, comme ces osseux, la première lame de son opercule dentelée et la seconde armée d'un aiguillon.

Sa partie supérieure se relève en arc de cercle, situé dans le sens de sa longueur totale. On ne voit pas de petites écailles sur sa tête; mais son corps, sa queue et une partie de ses opercules en sont revêtus. Il peut étendre ou retirer sa mâchoire supérieure[1].

On divise facilement les dents de ses deux mâchoires en extérieures et en intérieures. Les premières sont écartées les unes des autres; les secondes sont très petites et serrées comme celles d'une lime. La partie supérieure de l'orbite est relevée et les yeux sont placés assez haut. Sept barbillons très allongés et réunis par une membrane commune forment cette sorte de fausse nageoire que nous venons de faire remarquer dans le tableau générique, qui paraît, au premier coup d'œil, une seconde pectorale, et qui, donnant à l'animal un organe singulier, le rapproche des lépadogastères, des dactyloptères, des prionotes, des trigles et des polynèmes, sans cependant le confondre avec aucun de ces derniers. La ligne latérale suit la courbure du dos. Les nageoires sont brunes; des taches noires sont répandues sur la dorsale; une tache plus grande, mais de la même couleur, paraît sous la mâchoire inférieure.

CENT CINQUANTE-TROISIÈME GENRE

LES CHEILODACTYLES

Le corps et la queue très comprimés; la lèvre supérieure double et extensible; la partie antérieure et supérieure de la tête terminée par une ligne presque droite, et qui ne s'éloigne de la verticale que de 40 à 50 degrés; les derniers rayons de chaque pectorale, très allongés au delà de la membrane qui les réunit; une seule nageoire dorsale.

ESPÈCE.	CARACTÈRES.
Le Cheilodactyle fascé.	Dix-neuf rayons aiguillonnés et vingt-trois rayons articulés à la nageoire du dos; deux rayons aiguillonnés et douze rayons articulés à la nageoire de l'anus; la caudale fourchue; le onzième rayon de chaque pectorale d'une longueur double de la hauteur de la membrane; des bandes transversales et foncées.

LE CHEILODACTYLE FASCÉ[2]

Cheilodactylus fasciatus, Lacép., Cuv.

Nous avons vu dans la belle collection hollandaise cédée à la France un individu très bien conservé de cette espèce d'abdominal encore inconnue des naturalistes et que nous avons dû inscrire dans un genre particulier,

1. A chaque pectorale du cirrhite tacheté...................... 7 rayons.
   A chaque ventrale.................................... 6   —
   A la nageoire de la queue............................ 15   —
2. *Ikan kakatoea itam,* dans les Indes orientales.

dont le nom indique la forme de ses lèvres et celle de ses *doigts*, ou des rayons de ses pectorales. La nageoire dorsale de ce cheilodactyle s'étend depuis une partie du dos très voisine de la nuque, jusqu'à une très petite distance de la nageoire de la queue. La portion de cette nageoire, que soutiennent des rayons aiguillonnés, est plus basse que l'autre portion. Le quatorzième ou dernier rayon de chaque pectorale, quoique très allongé au delà de la membrane, est moins long que le treizième, le treizième que le douzième et le douzième que le onzième. L'anale présente un peu la forme d'une faux. On voit des taches foncées sur la nageoire du dos et sur celle de la queue[1].

CENT CINQUANTE-QUATRIÈME GENRE

LES COBITES

La tête, le corps et la queue cylindriques ; les yeux très rapprochés du sommet de la tête ; point de dents, et des barbillons aux mâchoires ; une seule nageoire du dos ; la peau gluante et revêtue d'écailles très difficiles à voir.

ESPÈCES.	CARACTÈRES.
1. LE COBITE LOCHE.	Neuf rayons à chaque ventrale ; six barbillons à la mâchoire supérieure ; point de piquant auprès de l'œil.
2. LE COBITE TÆNIA.	Dix rayons à chaque ventrale ; deux barbillons à la mâchoire supérieure ; quatre à l'inférieure ; un aiguillon fourchu au-dessous de chaque œil.
3. LE COBITE TROIS BARBILLONS.	Trois barbillons aux mâchoires ; la partie supérieure de l'animal d'un roux brun et parsemée de taches arrondies.

LE COBITE LOCHE[2]

Cobitis barbatula, LINN., GMEL., LACÉP., CUV.

LE COBITE TÆNIA

Cobitis Tænia, LINN., GMEL., LACÉP., CUV.

LE COBITE TROIS BARBILLONS

Cobitis tricirrhata, LACÉP.

Le cobite loche est très petit ; il ne parvient guère qu'à la longueur de quatre ou cinq pouces ; mais le goût de sa chair est très agréable et dans

1. A chaque pectorale du cheilodactyle fascé....................... 14 rayons.
     A chaque ventrale, articulés................................. 5 —
            — aiguillonné................................. 1 —
     A la nageoire de la queue................................. 17 —

2. *Petit barbot, Loche franche,* en France. — *Schmerl,* dans plusieurs contrées de l'Allemagne. — *Schmerling, Schmerlein,* en Prusse. — *Gründel, Gründling, Bartgrundel,* en Silésie. — *Smerle, Smirlin,* en Saxe. — *Piskosop,* en Russie. — *Gronling,* en Suède. — *Smerling,* en Danemark. — *Hoogkyher,* en Hollande. — *Groundlin,* en Angleterre.

Cobite franche barbotte. Daubenton et Haüy, Encyclopédie méthodique. — *Id.* Bonnaterre, planches de l'Encyclopédie méthodique. — Bloch, pl. 31, fig. 3. — Mus. Ad. Frid. 2, p. 95. — *Fauna suecica,* 341. — Müller, *Prodrom. Zoolog. danic.,* p. 47, n. 401. — Wulff, *Ichtyolog.,*

plusieurs contrées de l'Europe, on a donné beaucoup d'attention et des soins très multipliés à ce poisson. On le trouve le plus souvent dans les ruisseaux et dans les petites rivières qui coulent sur un fond de pierres ou de cailloux, et particulièrement dans ceux qui arrosent les pays montagneux. Il vit de vers et d'insectes aquatiques. Il se plaît dans l'eau courante et paraît éviter celle qui est tranquille ; mais des courants trop rapides ne lui conviennent pas et c'est ce que nous a appris, dans des notes manuscrites très bien faites, M. Pénières, membre du Tribunat. Nous avons vu dans ces notes, qu'il a bien voulu rédiger pour nous, que, dans les rivières des départements du Cantal et de la Corrèze, la loche préfère les eaux profondes et même quelquefois les eaux dormantes, à celles qui sont très agitées et très battues. Elle change rarement de place dans ces portions de rivière dont le courant est moins fort ; elle s'y tient comme collée contre le sable ou le gravier et semble s'y nourrir de ce que l'eau y dépose.

Elle est la victime d'un très grand nombre de poissons contre lesquels sa petitesse ne lui permet pas de se défendre ; malgré cette même petitesse, qui devrait lui faire trouver si facilement des asiles impénétrables, elle est la proie des pêcheurs, qui la prennent avec le carrelet, avec la louve et avec la nasse[1]. On la recherche surtout vers la fin de l'automne et pendant le printemps, qui est la saison de sa ponte. A ces deux époques, sa chair est si délicate qu'on la préfère à celle de presque tous les autres habi-

p. 31, n. 38. — « Cobitis tota glabra, etc. » Artedi, gen. 2, syn. 2. — « Cobitis barbatula. » Gesner, p. 401 et (germ.) fol. 163, *b*. — *Id*. Aldrovande, lib. V, cap. xxxi, p. 618. — *Id*. Jonston, lib. III, tit. 1, cap. xii, art. 3, tab. 26, fig. 22. — *Id*. Charlet, p. 157. — « Cobitis fluviatilis. » Schon., p. 31. — *Id*. Willughby, p. 265, tab. Q, 8, fig. 1. — *Id*. Ray, p. 124, n. 3. — *Fundulus, seu grundulus*. Figul., f. 1, *b*.

Gronov., Mus. 1, p. 2, n. 6 ; *Zooph.*, p. 56, n. 202. — « Enchelyopus nobilis cinereus, etc. » Klein, *Miss. pisc.*, 4, p. 59, n. 3, tab. 15, fig. 4. — *Loche*. Rondelet, seconde partie, chap. xxviii. — *Fundulus. Marsil. Danub.*, 4, p. 74, tab. 25, fig. 1. — *Loche. Brit. zool.*, 3, p. 237, n. 1.

Loche de rivière, en France. — *Steinbeisel*, en Autriche. — *Steinpitzger*, en Allemagne. — *Steibenisser, Steingrundel, Steinschmerl*, en Allemagne. — *Schmeerpütte, Steinbicker*, dans le Schlesvig. — *Schmerbutte, Steinbiker*, en Danemark. — *Tanglake*, en Suède. — *Dorngrundel, Akminagrausis*, en Livonie. — *Cobite loche*. Daubenton et Haüy, Encyclopédie méthodique.

Id. Bonnaterre, planches de l'Encyclopédie méthodique. — *Fauna suecica*, 342. — Wulff, *Icht.*, p. 31, n. 39. — « *Loche de rivière*. Bloch, pl. 31, fig. 2. — « Cobitis aculeo bifurco, etc. » Artedi, gen. 2, syn. 3, spec. 4. — *Cobitis aculeata*, seconde espèce de loche. Rondelet, seconde partie, chap. xxiv. — *Id*. Aldrovande, lib. V, cap. xxx, p. 617. — *Id*. Gesner, p. 404. — « Cobitis barbatula aculeata. » Willughby, *Icht.*, p. 265, tab. Q, 8, fig. 3. — « Tænia cornuta. » *Id.*, p. 266, tab. Q, 8, fig. 6. — *Id*. et « Cobitis barbatula, aculeata. » Ray, p. 124. — *Id*. Jonston, p. 142, tab. 46, fig. 21, 23. — Gronov., Mus. 1, n. 5. — Klein, *Miss. pisc.*, 4, p. 59, n. 4. — « Cobitis aculeata. » *Marsil. dan.*, 4, p. 3, tab. 1, fig. 2. — « Lampetra *et* cobitis pungens. » Frisch, *Misc. Berol.*, 6, p. 120, t. IV, n. 3.

1. Voyez, à l'article du *Pétromyzon lamproie*, ce que nous avons dit de la *nasse* et de la *louve*. Quant au *carrelet*, c'est un filet en forme de nappe carrée et attachée par les quatre coins aux extrémités de deux arcs qui se croisent. Ces arcs sont fixés au bout d'une perche, à l'endroit de leur réunion. On tend ce filet sur le fond des rivières ; et dès qu'on aperçoit des poissons au-dessus, on le relève avec rapidité. On donne aussi au *carrelet* les noms de *calen*, de *venturon*, d'*échiquier* et de *hunier*.

tants des eaux, surtout, disent dans certains pays les hommes occupés des recherches les plus minutieuses relatives à la bonne chère, lorsqu'elle a expiré dans du vin ou dans du lait. Elle meurt très vite dès qu'elle est sortie de l'eau et même dès qu'on l'a placée dans quelque vase dont l'eau est dans un repos absolu. On la conserve, au contraire, pendant longtemps en vie, en la renfermant dans une sorte de huche trouée, que l'on met au milieu du courant d'une rivière.

Lorsqu'on veut la transporter un peu loin, on a le soin d'agiter continuellement l'eau du vaisseau dans lequel on la fait entrer, et l'on choisit un temps frais, comme, par exemple, la fin de l'automne. C'est avec cette double précaution que Frédéric Ier, roi de Suède, fit venir d'Allemagne des loches qu'il parvint à naturaliser dans son pays[1].

Quand on veut faire réussir ces cobites dans une rivière ou dans un ruisseau, on pratique une fosse dans un endroit qui ait un fond de caillou, ou qui reçoive l'eau d'une source. On donne à cette fosse deux pieds ou deux pieds et demi de profondeur, huit pieds de longueur et quatre de largeur. On la revêt de claies ou planches percées, qu'on établit cependant à une petite distance des côtés de la fosse. L'intervalle compris entre ces côtés et les planches ou les claies est rempli de fumier et, quand on le peut, de fumier de brebis. On ménage deux ouvertures, l'une pour l'entrée de l'eau, et l'autre pour la sortie du courant. On garnit ces deux ouvertures d'une plaque de métal percée de plusieurs trous, qui laisse passer l'eau courante, mais ferme l'entrée de la fosse à tout corps étranger nuisible et à tout animal destructeur. On place dans le fond de la fosse des cailloux ou des pierres jusqu'à la hauteur de six ou huit pouces, afin de faciliter la ponte et la fécondation des œufs. Les loches qu'on introduit dans la fosse s'y nourrissent des sucs du fumier et des vers qui s'y engendrent. On leur donne néanmoins du pain de chènevis ou de la graine de pavot. Elles multiplient quelquefois à un si haut degré dans leur demeure artificielle, qu'on est obligé de construire trois fosses, une pour le frai, une seconde pour l'alevin ou les jeunes loches et une troisième pour les loches parvenues à leur développement ordinaire.

Au reste, on peut conserver longtemps ces cobites et les envoyer au loin après leur mort, en les faisant mariner.

La loche a la mâchoire supérieure plus avancée que l'inférieure ; l'ouverture de la bouche petite ; la ligne latérale droite ; la nageoire du dos très courte et placée à peu près au-dessus des ventrales ; le corps et la queue marbrés de gris et de blanc ; les nageoires grises ; la dorsale et la caudale pointillées et rayées ou fascées de brun ; le foie grand, ainsi que la vésicule du fiel ; le canal intestinal assez court ; l'épine dorsale composée de quarante vertèbres et fortifiée par quarante côtes.

---

1. Voyez le Discours intitulé *Des effets de l'art de l'homme sur la nature des poissons.*

Parmi les poissons d'eau douce ou de mer dont on a reconnu des empreintes dans la carrière d'OEningen, près du lac de Constance[1], on doit compter le cobite loche. On doit comprendre aussi au nombre de ces poissons le cobite tænia.

Ce dernier cobite se trouve dans les rivières comme la loche ; il s'y tient entre les pierres. Il se nourrit de vers, d'insectes aquatiques, d'œufs et même quelquefois de très jeunes individus de quelques petites espèces de poissons. Il perd la vie plus difficilement que la loche, et, quand on le prend, il fait entendre une espèce de bruissement semblable à celui des balistes, des trigles, des cottes, des zées, etc. Bloch, ayant mis deux tænias dans un vase plein d'eau de rivière et dans le fond duquel il avait étendu du sable, les vit s'agiter sans cesse et remuer perpétuellement leurs lèvres.

La chair des tænias est maigre et coriace ; d'ailleurs, ils sont d'autant moins recherchés, que l'on ne peut guère les saisir sans être piqué par les petits aiguillons situés auprès de leurs yeux. Mais s'ils ont moins à craindre des pêcheurs que les loches, ils sont la proie des persèques, des brochets et des oiseaux d'eau.

Leur ligne latérale est à peine sensible ; ils n'atteignent qu'à la longueur de quatre à huit pouces. Leur dos est brun ; leurs côtés sont jaunâtres, avec quatre rangées de taches brunes, inégales et irrégulières ; les pectorales et l'anale sont grises ; une nuance jaune distingue les ventrales ; la dorsale est jaune et ornée de cinq rangs de points bruns ; la caudale montre, sur un fond gris, quatre ou cinq rangées transversales de points ; le foie est long ; la vésicule du fiel petite ; le canal intestinal sans sinuosités ; l'épine du dos formée de quarante vertèbres et le nombre total des côtes de cinquante-six.

Nous devons à M. Noël la description du cobite trois barbillons, qui se plaît dans les ruisseaux d'eau courante et vive des environs de Rouen et que l'on trouve, vers l'équinoxe du printemps, gras et plein d'œufs ou de laite. Sa partie supérieure est d'un roux brun et parsemée de taches arrondies ; l'inférieure est d'un fauve clair, ainsi que les nageoires. La dorsale et la nageoire de la queue sont pointillées de noirâtre, le long de leurs rayons[2].

---

1. *Voyage dans les Alpes*, par Saussure, § 1533.
2. A la membrane branchiale du cobite loche...................... 3 rayons.
   A chaque pectorale.. 10 —
   A la nageoire du dos........ .... 9 —
   A celle de l'anus... 8 —
   A la nageoire de la queue................................... 17 —

   A la membrane branchiale du cobite tænia.................... 3 —
   A chaque pectorale.. 11 —
   A la nageoire du dos.. 10 —
   A celle de l'anus... 9 —
   A la nageoire de la queue................................... 17 —

CENT CINQUANTE-CINQUIÈME GENRE

LES MISGURNES

Le corps et la queue cylindriques ; la peau gluante et dénuée d'écailles entièrement visibles ; les yeux très rapprochés du sommet de la tête ; des dents et des barbillons aux mâchoires ; une seule dorsale ; cette nageoire très courte.

ESPÈCE.	CARACTÈRES.
LE MISGURNE FOSSILE.	Six barbillons à la mâchoire supérieure ; quatre barbillons à l'inférieure ; huit rayons à chaque ventrale.

LE MISGURNE FOSSILE[1]

Cobitis fossilis, LINN., GMEL., CUV. — *Misgurnus fossilis*, LACÉP.

Ce poisson habite dans les étangs ; on ne le voit du moins dans les lacs et dans les rivières que lorsque le fond en est vaseux. Il perd difficilement la vie. Il ne périt pas sous la glace, pour peu qu'il reste de l'eau fluide au-dessous de celle qui est gelée. Il ne meurt pas non plus lorsqu'il se trouve dans un marais que l'art ou la nature dessèche, pourvu qu'il y reste quelque portion d'eau, quelque bourbeuse qu'elle puisse être ; il se cache alors dans les trous qu'il creuse au milieu de la fange. On le rencontre souvent dans les cavités de la terre humide qui faisait le fond d'un marais ou d'un étang dont on vient de faire écouler l'eau. C'est ce qui a fait croire à quelques auteurs qu'il s'engendrait dans la terre, et qu'il n'allait dans les rivières ou les lacs, que lorsque les inondations l'atteignaient dans son asile et l'entraînaient ensuite. Mais au lieu de cette fable qui a été un peu accréditée et qui lui a fait donner le nom de *fossile*, il aurait fallu dire que, d'après tous ces faits, il paraissait que le misgurne dont nous parlons est beaucoup moins sensible que presque tous les autres poissons aux effets funestes des gaz qui se forment au-dessous de la glace, ou que produisent les marais qui, au lieu d'eau courante ou tranquille, ne présentent qu'une sorte de boue délayée et d'humidité fétide[2].

Cependant cet abdominal semble ressentir très vivement les impres-

1. *Loche d'étang*, en France. — *Fisgurn, Schlammpitzger, Schlammbeisser, Pritzker,* ou *pitzker,* ou *peissker, Meertrusche, Pfulfisch, Schachtfeger,* en Allemagne. — *Murdal,* en Bohême. — *Prizker, Pihkste,* en Livonie. — *Grundel,* en Pologne. — *Wijun, Piskum,* en Russie. — *Misgurn,* en Angleterre. — *Dootvjoo,* au Japon.

Cobite misgurn. Daubenton et Haüy, Encyclopédie méthodique. — *Id.* Bonnaterre, planches de l'Encyclopédie méthodique. — *Fauna suecica,* 343. — Mus. Ad. Frid., 1, p. 76. — « Cobitis aculeo bifurco, etc. » Gron., *Act. Upsal.,* 1742, p. 79, t. III. — Bloch, pl. 31, fig. 1. — « Cobitis cærulescens, etc. » Artedi, gen. 2, syn. 3.

Misgurn, seu fisgurn et mustela fossilis. Willughby, p. 118 et 124. — *Id.* Ray, p. 69, n. 6 ; et p. 70, n. 9. — Gronov., *Zooph.,* p. 56, n. 201 ; Mus., 1, p. 2, n. 7. — Klein, *Miss. pisc.,* 4, p. 59, tab. 15, fig. 3. — *Mustela fossilis.* Aldrovande, *Pisc.,* p. 579. — Jonston, *Pisc.,* p. 154, tab. 28, fig. 8. — *Marsil. Danub.,* 4, p. 37, tab. 13, fig. 1. — *Thermometrum vivum.* Clauder, *Ephem. nat. curios.,* dec. 2, an. 6, p. 354, obs. 175, f. 71. — *Beyszker.* Gesn., Thierb., p. 160. — *Pœcilia.* Schonev., p. 56.

2 Consultez le Discours que nous avons intitulé *Des effets de l'art de l'homme sur la nature des poissons.*

sions que peuvent faire éprouver aux habitants des eaux les vicissitudes de l'atmosphère, et particulièrement les grandes variations que montre dans certains temps l'électricité de l'air et de la terre. On a remarqué que lorsque l'orage menace, ce misgurne quitte le fond des étangs pour venir à leur surface et s'y agite, comme tourmenté par une gêne fatigante, ou par une sorte de vive inquiétude. Cette habitude l'a fait garder avec soin dans des vases par plusieurs observateurs. On l'a placé dans un vaisseau rempli d'eau de pluie ou de rivière, et garni, dans le bas, d'une couche de terre grasse. On a eu le soin de changer la terre et l'eau tous les trois ou quatre jours pendant l'été, et tous les sept jours pendant l'hiver. On l'a mis pendant les froids dans une chambre chaude, auprès de la fenêtre. On l'a gardé ainsi pendant plus d'un an. On l'a vu rester tranquille pendant le calme, sur la terre humectée, mais se remuer fortement pendant la tempête, même vingt-quatre heures avant que l'orage éclatât, monter, descendre, remonter, parcourir l'intérieur du vase en différents sens et en troubler le fluide. C'est d'après cette observation qu'il a été comparé à un *baromètre*, et qu'il a été nommé *baromètre vivant*.

Il parvient à la longueur d'un pied ou un pied et demi, et quelquefois il a montré celle de trois ou quatre pieds. Ayant beaucoup de rapports par sa conformation extérieure avec la murène anguille, il n'est pas surprenant qu'il puisse facilement, comme cette dernière, s'insinuer dans la terre molle et y pratiquer des cavités proportionnées à son volume; c'est ce qui fait qu'il se retire dans la fange ou dans la vase, non seulement lorsque le dessèchement des étangs ne lui permet pas de demeurer au-dessus de leur fond privé d'eau presque en entier, mais encore lorsqu'il veut éviter une action trop vive du froid qui paraît l'incommoder. Cette précaution qu'il prend de se renfermer sous terre lorsque la température est moins chaude l'a fait appeler *thermomètre vivant*, comme les mouvements qu'il se donne lorsque le temps est orageux l'ont fait désigner par le nom de *baromètre vivant* ou *animé*.

Le misgurne fossile sort de son habitation souterraine lorsque le printemps est de retour. Il va alors déposer ses œufs ou sa laite sur les herbages de son marais.

Il se nourrit de vers, d'insectes, de très petits poissons, de résidus et de substances organisées qu'il trouve dans la vase. Il multiplie beaucoup, et néanmoins il a bien des ennemis à craindre. Les grenouilles l'attaquent avec succès, lorsqu'il est encore jeune ; les écrevisses le saisissent avec leurs pattes et le pressent assez fortement pour lui donner la mort; les persèques, les brochets, le dévorent ; les pêcheurs le poursuivent. Ils le prennent rarement à l'hameçon, auquel il ne se détermine pas facilement à mordre ; mais ils le pêchent avec des nasses garnies d'herbes, avec des filets et particulièrement avec la truble[1].

1. La *truble* ou le *truble* est un filet en forme de poche, dont les bords sont attachés à la circonférence d'un cercle de bois et de fer, auquel on ajuste un manche. Un pêcheur qui aper-

Il n'est cependant pas très recherché, parce que sa chair est molle, imprégnée d'un goût de marécage et enduite d'un suc visqueux. On lui ôte cette substance gluante, en le plongeant dans un vase dont l'eau contient du sel marin ou des cendres. L'animal s'y remue, s'y contourne, s'y tourmente, s'y purifie, pour ainsi dire, et on le lave ensuite dans de l'eau douce.

Cette matière gluante dont le misgurne fossile est couvert, aussi bien que pénétré, influe sur ses couleurs ; elle en détermine plusieurs nuances ; suivant qu'elle est plus ou moins abondante, elle en fait varier quelques tons ; et comme les différentes eaux peuvent, suivant leur pureté ou leur mélange avec des substances étrangères, agir diversement sur cette liqueur visqueuse, en dissoudre ou en emporter plus ou moins, en diminuer plus ou moins la quantité et l'influence, les couleurs du fossile varient suivant la nature des eaux qu'il habite. Ce qui le prouve d'ailleurs, c'est que lorsqu'on nettoie avec de l'alcool ou de toute autre manière le ventre de ce misgurne, la belle couleur jaune de cette partie disparaît entièrement.

Voici cependant quelles sont les couleurs les plus ordinaires de cet abdominal. Son dos est noirâtre ; il est orné de raies longitudinales jaunes et brunes sur lesquelles on aperçoit quelques taches. Son ventre brille d'une teinte orangée que relèvent des points noirs. Les joues et les membranes branchiales sont jaunes et parsemées de taches brunes. La dorsale, les pectorales et la caudale montrent des taches noires sur un fond jaune ; les ventrales et l'anale sont jaunes ou jaunâtres.

Le museau du misgurne fossile est un peu pointu ; l'orifice de sa bouche allongé ; chacune de ses mâchoires garnie de douze petites dents ; sa langue menue et pointue ; l'orifice de ses narines placé auprès d'un piquant ; sa nuque large ; sa caudale arrondie ; sa dorsale courte et plus près de la nageoire de la queue que de la tête.

Ses écailles minces, légèrement rayées, demi-transparentes, paraissent

çoit des poissons à une petite profondeur dans l'eau passe le *truble* par-dessous ces animaux et le relève à l'instant, de manière qu'ils se trouvent pris dans la poche. On se sert aussi du *truble* pour s'emparer des poissons pris dans les *bourdigues,* ou pour enlever ceux qui ont mordu à l'hameçon, mais qui par leur poids pourraient rompre les lignes.

Les *bourdigues* sont composées de deux cloisons faites avec des pieux ou des filets ; ces cloisons convergent vers le courant. On les élève dans les canaux qui communiquent des étangs dans la mer, pour prendre les poissons qui veulent regagner l'eau salée.

Il y a des *trubles* carrés qui sont plus commodes pour prendre les poissons renfermés dans des réservoirs particuliers.

Ceux que l'on nomme dans quelques endroits *étiquettes,* ou *pêches,* sont de petits filets dont la figure est semblable à celle d'un grand capuchon. L'ouverture de cette sorte de capuchon est attachée à un cerceau, ou à quatre bâtons suspendus au bout d'une perche. On amorce cet instrument avec des vers de terre, qu'on enfile par le milieu du corps, et qu'on attache de manière que lorsque le filet est dans l'eau, ils pendent à un ou deux décimètres du fond. On s'en sert pour pêcher des écrevisses, aussi bien que différentes espèces de poisson.

Le *trubleau* est un petit ou une petite *truble.*

transmettre uniquement les nuances de la peau produites ou modifiées par la substance visqueuse qui l'arrose[1].

L'estomac est petit; le canal intestinal court et sans sinuosités; le foie long; la vésicule du fiel grande; l'ovaire double ainsi que la laite. Les œufs sont brunâtres et de la grosseur d'une graine de pavot.

Bloch a écrit que le fossile ne rejetait pas de bulles d'air ou de gaz par la bouche; qu'il en rendait par l'anus, et que cette différence venait de ce que ce poisson manquait de vessie aérienne ou natatoire. Il a pensé aussi que cet abdominal avait auprès de la nuque deux vésicules remplies d'une substance laiteuse. Mais le professeur Schneider, ayant disséqué plusieurs individus de l'espèce de misgurne que nous décrivons, a montré que ce poisson n'avait auprès de la nuque qu'une seule vésicule; que cette vésicule était osseuse, déprimée dans le milieu et arrondie dans les deux bouts, de manière à paraître double; qu'elle était attachée à la troisième et à la quatrième vertèbre; que ses apophyses ou ses appendices latéraux servaient de point d'attache aux muscles des nageoires pectorales; que cette sorte de boîte osseuse contenait une véritable vessie aérienne; que cette vessie aérienne ou natatoire était peu volumineuse, simple, membraneuse, blanche; et qu'elle communiquait avec l'œsophage par un conduit très petit et très court[2].

Ce savant professeur ajoute dans son excellent ouvrage qu'il n'a jamais vu le misgurne fossile rendre des bulles d'air par l'anus, mais que cet abdominal en rejette très souvent par la bouche[3], en faisant entendre un bruissement très sensible[4].

CENT CINQUANTE-SIXIÈME GENRE

LES ANABLEPS

Le corps et la queue presque cylindriques, des barbillons et des dents aux mâchoires; une seule nageoire du dos; cette nageoire très courte; deux prunelles à chaque œil.

ESPÈCE.	CARACTÈRES.
L'ANABLEPS SURINAM.	Un barbillon à chacun des deux coins de l'ouverture de la bouche; sept rayons à chaque ventrale.

1. Voyez notre Discours sur la nature des poissons.
2. *Artedi Synonymia piscium*, etc., par J.-G. Schneider, p. 5 et 337.
3. Consultez notre Discours sur la nature des poissons.
4. A la membrane branchiale du misgurne fossile.................. 4 rayons.
    A la dorsale.. 7 —
    A chaque pectorale............................... 11 —
    A la nageoire de l'anus.......................... 8 —
    A celle de la queue.............................. 14 —
    48 vertèbres à l'épine du dos.
    30 côtes de chaque côté de l'épine dorsale.

L'ANABLEPS SURINAM [1]

Anableps tetrophthalmus, Bloch. — *Anableps surinamensis,* Lacép.
— *Cobitis Anableps,* Linn., Gmel.

On trouve à Surinam, dans les rivières et près des rivages de la mer, ce poisson très digne de l'attention des physiciens par les singularités de sa conformation. On peut voir dans le second volume des *Mémoires de la classe des sciences physiques et mathématiques de l'Institut national* une notice que nous avons lue devant nos confrères en juillet 1797 sur ce poisson remarquable, et particulièrement sur la structure extraordinaire de son organe de la vue. Nous allons réunir ici à ce que nous avions découvert dans la conformation de cet animal, lors de cette époque, ce que nous avons appris depuis sur le même sujet.

La tête de l'anableps surinam est couverte de petites écailles, plus large que haute, et comme tronquée et même échancrée par devant. La mâchoire supérieure, plus avancée que l'inférieure, s'allonge et se replie vers le bas. Ces deux mâchoires, la langue et le palais sont hérissés de petites dents. On ne compte qu'un orifice à chaque narine.

Mais l'œil de cet anableps est l'organe de ce poisson qui mérite le plus l'examen de l'observateur. Voici ce que nous en avons publié dans l'ouvrage que nous venons de citer :

« L'œil de l'anableps est placé dans un orbite dont le bord supérieur est très relevé ; mais il est très gros et très saillant.

« Si l'on regarde la cornée avec attention, on voit qu'elle est divisée en deux portions très distinctes, à peu près égales en surface, faisant partie chacune d'une sphère particulière, placées l'une en haut et l'autre en bas et réunies par une petite bande étroite, membraneuse, peu transparente et qui est à peu près dans un plan horizontal, lorsque le poisson est dans sa position naturelle.

« Si l'on considère ensuite la cornée inférieure, on apercevra aisément au travers de cette cornée un iris et une prunelle assez grande au delà de laquelle on voit très facilement le cristallin. Cet iris est incliné de dedans en dehors ; il va s'attacher à la bande courbe et horizontale qui réunit les deux cornées.

« Il a été vu par Artedi, ainsi que les deux cornées ; mais là cesse la justesse des observations de cet habile naturaliste, qui n'a eu apparemment à sa

---

1. *Gros yeux,* par plusieurs Français. — *Vier-auge,* par les Allemands. — *Four eye,* par les Anglais. — *Hoogkiker,* par les Hollandais de Surinam. — *Coutai,* par les nègres de la même contrée. — *Cobile gros yeux.* Daubenton et Haüy, Encyclopédie méthodique. — *Id.,* Bonnaterre, planches de l'Encyclopédie méthodique. — Mus. Ad. Frid. 2, p. 95.
Anableps. Artedi, gen. 25, syn. 43. — *Id.* Séba, mus. 3, p. 108, tab. 34, fig. 7. — *Anableps tetrophthalmus.* Bloch, pl. 361, fig. 1, 2, 3 et 4. — *Anableps.* Gronov., Mus. 1, n. 32, tab. 1, fig. 1-3.

disposition que des individus mal conservés. S'il avait examiné des anableps moins altérés, il aurait aperçu un second iris percé d'une seconde prunelle, placé derrière la cornée supérieure, comme le premier iris est situé derrière la cornée d'en bas, et aboutissant également à la bandelette courbe et horizontale qui lie les deux cornées[1].

« Les deux iris se touchent dans plusieurs points derrière cette bandelette. Ils sont les deux plans qui soutiennent les deux petites calottes formées par les deux cornées, et sont inclinés l'un sur l'autre, de manière à produire un angle très ouvert.

« Dans tous les individus que j'ai examinés, la prunelle de l'iris supérieur m'a paru plus grande que celle de l'inférieur, et, d'après la différence de leurs diamètres, il n'est pas surprenant que l'on voie le cristallin encore mieux au travers de cette ouverture qu'au travers de la seconde. Il semble même quelquefois qu'on aperçoive deux cristallins, et c'est ce qui justifie jusqu'à un certain point l'opinion de ceux qui ont pensé que chaque œil était double. Mais ce n'est qu'une illusion d'optique, dont je me suis assuré en disséquant plusieurs yeux d'anableps, et qu'il est aisé d'expliquer.

« En effet, la réfraction produite par la différence de densité qui se trouve entre les humeurs intérieures de l'œil et le fluide extérieur qui le baigne doit faire que ceux qui examinent l'œil de l'anableps sous un certain angle voient le cristallin plus élevé qu'il ne l'est réellement, s'ils le considèrent par l'ouverture de l'iris supérieur, et plus abaissé, au contraire, s'ils le regardent par l'ouverture de l'iris inférieur. Lorsqu'ils l'observent en même temps par les deux ouvertures, ils l'aperçoivent à la fois plus haut et plus bas qu'il ne l'est dans la réalité, et ils le voient en haut et en bas à une assez grande distance de sa véritable place pour que les deux images se séparent et que le cristallin paraisse double. Il n'y a donc qu'un seul organe de la vue de chaque côté, car chaque œil n'a qu'un cristallin, qu'une humeur vitrée et qu'une rétine; mais chaque œil a plusieurs parties principales doubles, une double cornée, une double cavité pour l'humeur aqueuse, un double iris, une double prunelle; et c'est ce que personne n'avait encore vérifié ni même indiqué, et qu'on ne retrouve dans aucune classe d'animaux vertébrés et à sang rouge.

« Chaque cornée appartenant à une sphère particulière, le centre de leurs courbures n'est pas le même; et comme le cristallin est sensiblement sphérique, ainsi que dans presque tous les poissons, il n'y a pas, dans ce dernier corps, deux réfractions différentes, l'une pour les rayons qui ont traversé la première cornée et l'autre pour ceux qui ont passé au travers de la seconde. Il doit donc y avoir sur la rétine deux foyers principaux, à l'un desquels arrivent les rayons qui viennent de la cornée supérieure, et dont

---

1. Depuis la lecture de ce Mémoire à la classe des sciences physiques et mathématiques de l'Institut, nous avons reçu en France la partie de l'Ichtyologie de Bloch dans laquelle ce savant a donné une description très détaillée de l'œil de l'anableps surinam.

l'autre reçoit ceux qu'a laissé passer la cornée inférieure. Voilà donc encore un foyer double à ajouter à la double cornée, à la double cavité, au double iris, à la double prunelle ; mais ce foyer et ces autres parties doubles appartiennent au même organe, et il faut toujours dire que l'animal n'a qu'un œil de chaque côté.

« Les iris de plusieurs espèces de poissons paraissent ne pouvoir pas se dilater ni diminuer par leur extension l'ouverture à laquelle le nom de *prunelle* a été donné ; mais je me suis convaincu que ceux de plusieurs autres espèces de ces animaux s'étendent et raccourcissent les dimensions de la prunelle. Le plus souvent même ces derniers iris sont organisés de manière que la prunelle, comme celle de plusieurs quadrupèdes ovipares, de plusieurs serpents, de plusieurs oiseaux et de quelques quadrupèdes à mamelles, diminue au point de ne laisser passer qu'un très petit nombre de rayons de lumière, en se changeant en une fente très peu visible, verticale ou horizontale. Cette organisation peut, dans certains poissons, compenser jusqu'à un certain degré le défaut de véritables paupières et de vraies membranes clignotantes que de savants naturalistes ont cru voir sur plusieurs de ces animaux, mais qui ne se trouvent cependant peut-être sur aucune de leurs espèces.

« Je ne puis pas dire positivement que les iris de l'anableps soient doués de cette extensibilité. Néanmoins une comparaison attentive et l'habitude que m'ont donnée plusieurs années d'observations ichtyologiques de distinguer dans les parties des poissons des traits assez déliés me font croire que les dimensions des prunelles de l'anableps peuvent aisément être diminuées.

« Il faut remarquer que cet abdominal passe une partie de sa vie caché presque en entier dans la vase, comme les poissons de sa famille, et que, dans cette position, il ne peut apercevoir que des objets situés au-dessus de sa tête ; mais qu'assez souvent cependant il nage près de la surface des eaux et doit alors chercher à voir, au-dessous du plan qu'il occupe, les petits vers dont il se nourrit et les grands poissons dont il craint de devenir la proie.

« Si l'on était assuré de la dilatabilité de ses iris, on pourrait donc croire que, lorsqu'il est très voisin de la surface des eaux, l'iris supérieur, exposé à une lumière plus vive, se dilate au point de réduire la prunelle supérieure à une petite fente, et que le poisson voit nettement alors, par la prunelle inférieure beaucoup moins resserrée, les corps placés au-dessous du plan dans lequel il se meut, les images de ces corps ne se confondant plus avec des impressions de rayons lumineux que ne laisse plus passer la prunelle supérieure.

« On pourrait penser de même que, lorsqu'au contraire l'anableps est caché en partie dans le limon du fond des eaux, son iris supérieur, très peu éclairé, se contracte, sa prunelle supérieure s'agrandit en s'arrondissant, et le poisson discerne les objets flottants au-dessus de lui, sans que sa vision soit troublée par les effets de la prunelle inférieure, placée alors, pour ainsi dire, contre la vase, et privée, par sa position, de presque toute clarté.

« Au reste, on doit être d'autant plus porté à attribuer aux iris de l'anableps la propriété de se dilater, que, sans cette faculté, les deux foyers du fond de l'œil de cet animal seraient souvent simultanément ébranlés par des rayons lumineux très nombreux. Mais comment alors la vision ne serait-elle pas très troublée, et comment pourrait-il distinguer les objets qu'il redoute ou ceux qu'il recherche?

« D'ailleurs, sanscette même extensibilité des iris, la prunelle supérieure serait, pendant la vie de l'animal, presque aussi grande que dans les individus conservés, après leur mort, dans de l'alcool affaibli. Dès lors, non seulement il y aurait souvent deux foyers simultanément en grande activité, et par conséquent une source de confusion dans la vision ; mais encore il est aisé de se convaincre, par l'observation de quelques-uns de ces individus conservés dans de l'alcool, qu'une assez grande quantité de lumière, passant par la prunelle supérieure, arriverait souvent jusqu'au fond de l'œil et jusqu'à la rétine sans traverser le cristallin, pendant que ce cristallin serait traversé par d'autres rayons lumineux transmis par cette même prunelle supérieure, et la vision de l'anableps ne serait-elle pas soumise à une cause perturbarice de plus

« Mais la plupart de ces dernières idées ne sont que des conjectures ; et je regarde uniquement comme prouvé que, si l'anableps n'a pas deux yeux de chaque côté, il a dans chaque œil deux cornées, deux cavités pour l'humeur aqueuse, deux iris, deux prunelles et deux foyers de rayons lumineux. »

Bloch a examiné des fœtus d'anableps, et il a vu que, dans ces embryons, les deux prolongations de la choroïde ne se réunissant pas et la bande transversale n'étant pas encore sensible, on ne distinguait pas les deux prunelles comme dans l'animal plus avancé en âge.

Le corps du surinam est un peu plus aplati par-dessus, mais sa queue est presque entièrement cylindrique. On aperçoit à peine la ligne latérale ; l'anus est plus près de la caudale que de la tête ; la dorsale est encore plus voisine de cette caudale qui est arrondie ; ces deux nageoires, ainsi que celle de l'anus et les pectorales, sont revêtues en partie de petites écailles.

Les petits de ces anableps sortent de l'œuf dans le ventre de la mère, comme ceux des raies, des squales, de quelques blennies, etc.; l'ovaire consiste dans deux sacs inégaux, assez grands et membraneux, dans lesquels on a trouvé de jeunes individus non encore éclos, renfermés dans une membrane très fine et transparente qui forme l'enveloppe de leur œuf et placés au-dessus d'un globule jaunâtre.

La nageoire de l'anus du mâle offre une conformation que nous ne devons pas passer sous silence. Elle est composée de neuf rayons, mais on n'en voit bien distinctement que les trois ou quatre derniers ; les autres sont réunis au moins à demi avec un appendice conique couvert de petites écailles

et placé au-devant de la nageoire. Cet appendice est creux, percé par le
bout, et communique avec les conduits de la laite et de la vessie urinaire.
C'est par l'orifice que l'on voit à l'extrémité de ce tuyau, dont la longueur
égale la hauteur de l'anale, que l'anableps surinam rend son urine et laisse
échapper sa liqueur séminale, au lieu de faire sortir l'une et l'autre par
l'anus, comme un si grand nombre de poissons.

Les jeunes anableps éclosant dans le ventre de la mère, il est évident
que les œufs sont fécondés dans l'ovaire, et par conséquent qu'il y a un véritable accouplement du mâle et de la femelle. Cette union doit être même
plus intime que celle des raies, des squales, de quelques blennies, de quelques silures, parce que le mâle de l'anableps surinam a un organe génital
extérieur dont il paraît que l'extrémité, malgré la position de cet appendice
contre l'anale, peut être un peu introduite dans l'anus de la femelle.

La laite est double, mais petite à proportion de la grandeur du mâle. En
général, les poissons qui s'accouplent et qui ne fécondent que les œufs renfermés dans les ovaires de la femelle paraissent avoir une laite moins volumineuse que ceux qui ne s'accouplent pas et qui parcourent les rivages
pour répandre leur liqueur prolifique sur des tas d'œufs pondus depuis un
temps plus ou moins long.

L'estomac est composé d'une membrane mince; le canal intestinal
montre quelques sinuosités, et le foie a deux lobes.

De chaque côté de l'animal, on compte cinq raies longitudinales noirà-
tres qui se réunissent souvent vers la nageoire de la queue.

L'anableps surinam multiplie beaucoup, et les habitants du pays où on
le trouve aiment à s'en nourrir.

Il vit dans la mer; il s'y tient souvent à la surface, et la tête hors de
l'eau. Il se plaît aussi à s'élancer sur la grève, d'où il revient en sautillant,
lorsqu'il est effrayé par quelque objet [1].

CENT CINQUANTE-SEPTIÈME GENRE

LES FUNDULES

Le corps et la queue presque cylindriques; des dents et point de barbillons aux mâchoires; une
seule nageoire du dos.

ESPÈCES.	CARACTÈRES.
1. Le Fundule mudfish.	Six rayons à chaque ventrale; les écailles grandes et lisses; des points blancs sur la nageoire du dos et sur celle de l'anus.
2. Le Fundule japonais.	Huit rayons à chaque ventrale.

1. A la membrane branchiale de l'anableps surinam................ 5 rayons.
    A la dorsale.. 7   —
    A chaque pectorale... 22 —
    A la nageoire de l'anus.. 9   —
    A celle de la queue.. 19 —

LE FUNDULE MUDFISH [1]

Fundulus mudfish, Lacép. — *Fundulus cœniculus*, Val., Cuv. — *Cobitis heteroclita*, Linn., Gmel.

LE FUNDULE JAPONAIS [2]

Fundulus japonicus, Lacép. — *Cobitis japonica*, Linné, Gmel.

La Caroline est la patrie du mudfish. Sa tête, garnie de petites écailles, est un peu aplatie. La nageoire dorsale est à peu près aussi reculée que celle de l'anus. Les taches rondes et blanchâtres que l'on voit sur ses deux nageoires sont transparentes. La caudale est aussi très diaphane sur ses bords ; elle est d'ailleurs arrondie et présente non seulement des taches blanches, mais encore des bandes transversales noires. Le dessous de l'animal montre une nuance jaunâtre.

Le japonais, qui a été décrit par le savant Houttuyn, n'a pas deux décimètres (huit pouces) de longueur. Sa grosseur est très peu considérable, ainsi que celle du mudfish [3].

CENT CINQUANTE-HUITIÈME GENRE

LES COLUBRINES

La tête très allongée ; sa partie supérieure revêtue d'écailles conformées et disposées comme celles qui recouvrent le dessus de la tête des couleuvres ; le corps très allongé ; point de nageoire dorsale.

ESPÈCE.   CARACTÈRES.

La Colubrine chinoise. { La caudale fourchue ; la couleur générale d'un argenté bleuâtre et sans taches.

LA COLUBRINE CHINOISE

Colubrina chinensis, Lacép.

La collection des belles peintures exécutées en Chine et cédées à la France par la Hollande renferme une image très bien faite de cette espèce, pour laquelle nous avons dû former un genre particulier. Ses caractères génériques et ses principaux traits spécifiques sont indiqués sur le tableau de

1. *Cobite limoneux.* Daubenton et Haüy, Encyclopédie méthodique.
2. Houttuyn, *Act. Haarl.*, XX, 2, p. 337, n. 26.
3. A la membrane branchiale du fundule mudfish.................. 5 rayons.
 A la nageoire du dos.. 12 —
 A chaque pectorale... 16 —
 A la nageoire de l'anus .... 10 —
 A la nageoire de la queue...................................... 25 —

 A la dorsale du fundule japonais............................... 12 —
 A chaque pectorale... 11 —
 A la nageoire de l'anus.. 9 —
 A celle de la queue.. 20 —

son genre. Ce tableau montre combien la colubrine chinoise a de rapports avec les couleuvres. Le défaut de la nageoire du dos, la couverture de la tête, l'allongement de la tête et du corps, lui donnent surtout beaucoup de ressemblance avec les serpents ; par conséquent, ses habitudes 'doivent se rapprocher beaucoup de celles des cobites, des cépoles, des murènes, des murénophis et des autres poissons que l'on désigne par l'épithète de *serpentiformes*.

Les nageoires ventrales de la chinoise sont près de l'anus ; cet orifice est trois fois plus éloigné de la tête que de la caudale ; elle a une nageoire au delà de cette ouverture, et les séparations de ses petits muscles obliques sont très sensibles sur la partie supérieure de son corps et de sa queue.

CENT CINQUANTE-NEUVIÈME GENRE
LES AMIES

La tête dénuée de petites écailles, rude, recouverte de grandes lames que réunissent des sutures très marquées ; des dents aux mâchoires et au palais ; des barbillons à la mâchoire supérieure ; la dorsale longue, basse et rapprochée de la caudale ; l'anale très courte ; plus de dix rayons à la membrane des branchies.

ESPÈCE.	CARACTÈRES.
L'AMIE CHAUVE.	La ligne latérale droite ; la caudale arrondie.

L'AMIE CHAUVE[1]

Amia calva, LINN., GMEL., LACÉP., CUV.

Cette amie vit dans les eaux douces de la Caroline. Elle doit y préférer les fonds limoneux, puisqu'on l'y a nommée poisson de vase (*mudfish*). De petites écailles recouvrent son corps et sa queue ; mais sa tête paraît comme écorchée et montre à découvert les os qui la composent. Les opercules sont arrondis dans leur contour et presque osseux. On peut voir, auprès de la gorge, deux petites plaques osseuses et striées du centre à la circonférence. Les pectorales et l'anale ne sont guère plus grandes que les ventrales. Ces dernières nageoires sont à une distance presque égale de la tête et de la nageoire de la queue.

La mâchoire inférieure est un peu plus avancée que la supérieure, au-dessus de laquelle on compte deux barbillons.

L'amie chauve parvient à une longueur un peu considérable. Mais il paraît que le goût de sa chair n'est pas assez agréable pour qu'elle soit très recherchée[2].

1. *Mudfish*, dans la Caroline. — *Amie tête nue.* Daubenton et Haüy, Encyclopédie méthodique. — *Id.* Bonnaterre, planches de l'Encyclopédie méthodique.
2. A la membrane branchiale de l'amie...................... 12 rayons.

    A la nageoire du dos.................................. 42 —

    A chaque pectorale.................................. 15 —

    A chaque ventrale.................................. 7 —

    A la nageoire de l'anus.................................. 10 —

    A celle de la queue.................................. 20 —

CENT SOIXANTIÈME GENRE

LES BUTYRINS

La tête dénuée de petites écailles et ayant de longueur à peu près le quart de la longueur totale de l'animal; une seule nageoire sur le dos.

ESPÈCE.	CARACTÈRES.
LE BUTYRIN BANANÉ.	La caudale fourchue; quatre raies longitudinales et ondulées de chaque côté du dos.

LE BUTYRIN BANANÉ[1]

Butyrinus bananus, COMM., LACÉP., CUV. — *Esox vulpes,* LINN. — *Clupea brasiliensis, Albula gonorynchus* et *Amia immaculata,* BLOCH, SCHN. — *Clupea macrocephala,* LACÉP.

Nous avons trouvé dans les manuscrits de Commerson une description courte, mais précise, de ce poisson, que les naturalistes ne connaissent pas encore. Nous avons dû inscrire ce butyrin dans un genre particulier, que nous avons placé à la suite des amies, parce que ce banané a beaucoup de rapports avec ces abdominaux par la nudité de sa tête, pendant que la longueur de cette même partie l'en sépare d'une manière très distincte. Nous ne pouvons ajouter qu'un trait à ceux que nous avons indiqués sur le tableau générique, c'est que le butyrin banané a une ligne latérale presque droite.

CENT SOIXANTE ET UNIÈME GENRE

LES TRIPTÉRONOTES

Trois nageoires dorsales; une seule nageoire de l'anus.

ESPÈCE.	CARACTÈRES.
LE TRIPTÉRONOTE HAUTIN.	La tête dénuée de petites écailles; la mâchoire supérieure beaucoup plus avancée que l'inférieure et terminée par une prolongation pointue.

LE TRIPTÉRONOTE HAUTIN[2]

Tripteronotus hautin, LACÉP.

Rondelet a donné un dessin de cette espèce de poisson, dont il avait vu un individu à Anvers. Nous avons mis cet abdominal dans un genre particulier, et nous avons désigné ce genre par le nom de *triptéronote,* pour indiquer le caractère remarquable que lui donne le nombre de ses nageoires du dos. On ne connaît en effet que très peu de poissons qui aient trois nageoires dorsales : le hautin est le seul des abdominaux qui en ait montré trois aux naturalistes ; et malgré la présence de ce triple instrument de na-

---

1. *Butyrinus,* poisson banané. Commerson, manuscrits déjà cités.
2. *Hautin.* Rondelet, seconde partie, chap. XVII.

tation, il n'a qu'une nageoire de l'anus, pendant qu'on compte ordinairement deux anales, lorsqu'il y a trois nageoires du dos.

Toutes les dorsales et l'anale du hautin sont triangulaires et à peu près de la même grandeur. Sa caudale est grande et fourchue. Les ventrales sont plus rapprochées de cette nageoire de la queue que de la tête. Le corps est recouvert, ainsi que la queue, d'écailles assez petites. L'opercule est arrondi ; l'œil gros; le museau très long, menu, pointu, noir et mou ; l'ouverture de la bouche assez étroite.

CENT SOIXANTE-DEUXIÈME GENRE

LES OMPOKS

Des barbillons et des dents aux mâchoires; point de nageoires dorsales; une longue nageoire de l'anus.

ESPÈCE.	CARACTÈRES.
L'Ompok siluroide.	La mâchoire inférieure plus avancée que la supérieure; deux barbillons à la mâchoire d'en haut.

L'OMPOK SILUROIDE

Ompok siluroides, Lacép.

Nous avons trouvé un individu de cette espèce parmi les poissons desséchés de la collection donnée à la France par la Hollande. Une description attachée à cet individu indiquait que le nom donné à cette espèce dans le pays qu'elle habite était *ompok;* nous avons fait son nom générique, et nous avons tiré son nom propre de ses rapports avec les silures. Sa description n'a encore été publiée par aucun naturaliste. Plusieurs rangs de dents grandes, acérées, mais inégales, garnissent ses deux mâchoires [1]. Les deux barbillons que l'on voit auprès des narines ont une longueur à peu près égale à celle de la tête. L'anale est assez longue pour s'étendre jusqu'à la nageoire de la queue ; mais elle ne se confond pas avec cette dernière.

NOMENCLATURE

Des silures, des macroptéronotes, des malaptérures, des pimélodes, des doras, des pogonathes, des cataphractes, des plotoses, des agénéioses, des macroramphoses et des centranodons.

On a décrit jusqu'à présent, sous le nom de *silures*, un très grand nombre

1. A la membrane branchiale de l'ompok siluroïde................. 9 rayons.
   A chaque pectorale, articulés........................... 11   —
   —   aiguillonnés........................... 1   —
   A la nageoire de l'anus............................... 56   —
   A celle de la queue................................. 17   —

de poissons de l'ancien ou du nouveau continent, très propres à exciter la curiosité des physiciens par leurs formes et par leurs habitudes ; mais plusieurs de ces animaux diffèrent trop de ceux avec lesquels on les a réunis, pour que nous ayons dû laisser subsister une association qui aurait jeté de l'obscurité dans la partie de l'histoire naturelle dont nous nous occupons, et donné des idées fausses sur les rapports qui lient les objets de notre étude. Bloch avait déjà senti qu'il fallait diviser le genre silure établi par les naturalistes qui l'avaient précédé, et il avait séparé des vrais silures les abdominaux qu'il a nommés *platystes*, et ceux qu'il a appelés *cataphractes*.

Pour peu qu'on lise avec attention l'ouvrage de Bloch et qu'on réfléchisse aux principes qui nous ont dirigés dans nos distributions méthodiques, on verra aisément que nous n'avons pu nous contenter de ces deux sections formées par Bloch, ni même les adopter sans quelques modifications.

D'un côté, nous avions à classer des espèces que l'on n'avait pas encore décrites, et qui sont plus ou moins voisines des véritables silures. D'après ces considérations, nous avons cru devoir distribuer ces différents animaux dans onze genres différents. Tous ces poissons ont la tête couverte de lames grandes et dures, ou revêtue d'une peau visqueuse. Leur bouche est située à l'extrémité de leur museau. Des barbillons garnissent leurs mâchoires, ou le premier rayon de leurs pectorales et celui de la nageoire de leur dos sont durs, forts et souvent dentelés, ou du moins le premier rayon de l'une de ces nageoires présente cette dureté, cette force et quelquefois une dentelure. Leur corps est gros ; une mucosité abondante enduit et pénètre presque tous leurs téguments. Mais nous ne regardons comme de véritables silures que ceux dont la dorsale est très courte et unique, et qui par ce trait de conformation, ainsi que par plusieurs autres caractères, ont de très grands rapports avec le *glanis*, que tant d'auteurs n'ont désigné pendant longtemps que par le nom de *silure*. Nous plaçons dans un second genre ceux qui, de même que la *charmuth* du Nil, ont une dorsale unique, mais très longue. Nous réservons pour un troisième l'espèce que les naturalistes appellent encore *silure électrique*, qui ne montre qu'une nageoire du dos, mais sur laquelle cette dorsale n'est qu'une sorte d'excroissance adipeuse et s'élève très près de la caudale. Un quatrième genre renfermera le *bagre* et les autres espèces voisines de ce dernier, qui ont, comme ce poisson, une nageoire du dos soutenue par des rayons, et une seconde dorsale uniquement adipeuse. Nous formons le cinquième de ceux qui, indépendamment d'une dorsale rayonnée et d'une seconde dorsale simplement adipeuse, ont une portion plus ou moins considérable de leurs côtés garnie d'une sorte de cuirasse que forment des lames larges, dures et souvent hérissées de petits dards. Nous avons inscrit dans le sixième genre les espèces dont on devra la connaissance à Commerson, et qui, présentant deux nageoires dorsales soutenues par des rayons, ont de plus leurs côtés relevés longitudinalement par des lames ou des écailles particulières. On verra, dans le septième, le callichte et tous ceux des poissons dont nous nous occupons, qui ont de grandes lames sur leurs côtés, deux nageoires sur le dos, des rayons à chacune de ces nageoires, et qui n'offrent qu'un seul rayon dans leur seconde dorsale. Le huitième renfermera ceux dont la queue très longue est bordée d'une seconde dorsale et d'une anale confondues l'une et l'autre avec la caudale. Ils ont un instrument de natation d'une grande énergie, et une rame puissante leur imprime des mouvements plus rapides que ceux de leurs analogues qui ont reçu la même force et le même volume. Dans le neuvième seront rangés ceux qui ont deux nageoires dorsales dont la seconde est adipeuse, et qui sont dénuées de barbillons. Au dixième appartiendront les espèces qui ont deux nageoires dorsales fortifiées l'une et l'autre par des rayons, le premier rayon de la première de ces dorsales, très long, très fort et dentelé, le museau très allongé, relativement à leurs dimensions générales, et les mâchoires sans barbillons. On trouvera enfin, dans le onzième, les espèces qui, n'ayant pas reçu de barbillons, élèvent sur leur dos deux nageoires maintenues par des rayons plus ou moins nombreux, n'ont pas de dents à leurs mâchoires et closent les cavités de leurs branchies avec des opercules armés d'un ou de plusieurs piquants.

Nous conservons ou nous donnons à ces genres les noms suivants.

Nous nommons le premier, *silure*[1] ; le second, *macroptéronote*[2] ; le troisième, *malaptérure*[3] ; le quatrième, *pimélode*[4] ; le cinquième, *doras*[5] ; le sixième, *pogonathe*[6] ; le septième, *cataphracte;* le huitième, *plotose*[7] ; le neuvième, *agénéiose*[8] ; le dixième, *macroramphose*[9] ; et le onzième, *centranodon*[10].

Voyons de près ces onze groupes. En suivant les limites que nous venons de tracer autour d'eux, nous recevrons et nous conserverons sans peine des idées distinctes de leurs attributs. Nous reconnaîtrons clairement, dans les différentes espèces de ces genres, les formes, les organes, les dimensions, les facultés, les habitudes, qui leur ont été départis par la nature.

1. Le mot grec *silouros* indique la rapidité avec laquelle les silures peuvent agiter leur queue.

2. Le mot *macroptéronote* exprime la longueur de la nageoire du dos.

3. Nous avons tiré le nom de *malaptérure* de *malacas*, mou, *pteron*, nageoire, et *ura*, queue.

4. *Pimelodes*, en grec, signifie *adipeux*.

5. *Doras* veut dire *cuirasse*.

6. *Pogonathe* vient de *pogon*, barbe, et de *gnathos*, mâchoire.

7. *Plotos* veut dire *qui nage avec facilité*.

8. *Ageneios* signifie *sans barbe*.

9. *Macroramphose* vient de *macros*, long, et de *ramphos*, museau.

10. *Centron* signifie *aiguillon*, et *anodon*, qui n'a pas de dents

CENT SOIXANTE-TROISIÈME GENRE

LES SILURES

La tête large, déprimée et couverte de lames grandes et dures, ou d'une peau visqueuse ; la bouche à l'extrémité du museau ; des barbillons aux mâchoires ; le corps gros ; la peau enduite d'une mucosité abondante ; une seule nageoire dorsale ; cette nageoire très courte.

PREMIER SOUS-GENRE

LA NAGEOIRE DE LA QUEUE RECTILIGNE, OU ARRONDIE, ET SANS ÉCHANCRURE

ESPÈCES.	CARACTÈRES.
1. LE SILURE GLANIS.	Deux barbillons à la mâchoire supérieure ; quatre barbillons à la mâchoire inférieure ; cinq rayons à la nageoire du dos ; quatre-vingt-dix rayons à celle de l'anus ; caudale arrondie.
2. LE SILURE VERRUQUEUX.	Un large barbillon à chaque angle de la bouche ; quatre barbillons à l'extrémité de la mâchoire inférieure ; cinq rayons à la dorsale ; six rayons à l'anale ; plusieurs rangées longitudinales de verrues sur la queue ; la caudale arrondie.
3. LE SILURE ASOTE.	Deux barbillons à la mâchoire supérieure ; deux à l'inférieure ; cinq rayons à la nageoire du dos ; quatre-vingt-deux à celle de l'anus.
4. LE SILURE FOSSILE.	Quatre barbillons à chaque mâchoire ; la caudale arrondie.

SECOND SOUS-GENRE

LA NAGEOIRE DE LA QUEUE FOURCHUE, OU ÉCHANCRÉE EN CROISSANT

ESPÈCES.	CARACTÈRES.
5. LE SILURE DEUX TACHES.	Un barbillon à chaque angle de la bouche ; deux barbillons à l'extrémité de la mâchoire inférieure ; cinq rayons à la nageoire du dos ; soixante-sept à celle de l'anus ; la caudale en croissant.
6. LE SILURE SCHILDE.	Huit barbillons aux mâchoires ; sept rayons à la nageoire du dos ; soixante-deux à celle de l'anus ; la caudale fourchue.
7. LE SILURE UNDÉCIMAL.	Huit barbillons aux mâchoires ; onze rayons à la nageoire du dos ; onze rayons à l'anale ; la nageoire de la queue fourchue.
8. LE SILURE ASPRÈDE.	Deux barbillons à la mâchoire supérieure ; deux barbillons à chaque angle de la bouche ; quatre barbillons à la mâchoire inférieure ; cinq rayons à la nageoire dorsale ; cinquante-six rayons à la nageoire de l'anus ; la caudale fourchue.
9. LE SILURE COTYLÉPHORE.	Deux barbillons à la mâchoire supérieure ; quatre barbillons à l'inférieure ; des rangées longitudinales de tubercules, sur la partie supérieure de l'animal ; des cupules, dont plusieurs sont soutenues par une petite tige flexible, sur la partie inférieure du ventre ; cinq rayons à la nageoire du dos ; cinquante-six rayons à l'anale ; la nageoire de la queue fourchue.
10. LE SILURE CHINOIS.	Deux barbillons très longs à la mâchoire supérieure ; l'anale plus longue que la moitié de la longueur totale de l'animal, la nageoire de la queue fourchue.

ESPÈCE.	CARACTÈRES.
11. Le Silure hexadac- tyle.	Deux barbillons à la mâchoire supérieure ; quatre barbillons à la mâchoire inférieure ; des arêtes tuberculées sur la tête et sur le dos ; cinq rayons à la nageoire du dos ; cinquante-cinq à celle de l'anus ; six à chaque pectorale.

LE SILURE GLANIS[1]

Silurus glanis, Linn., Gmel., Lacép., Cuv.

Le glanis est un des plus grands habitants des fleuves et des lacs. On l'a comparé à d'énormes cétacés ; on l'a nommé la baleine des eaux douces. On s'est plu à dire qu'il régnait sur ces lacs et sur ces fleuves, comme la baleine sur l'Océan. Ce privilège de la grandeur aurait seul attiré les regards vers ce silure. Ce qui est grand fait toujours naître l'étonnement, la curiosité, l'admiration, les sentiments élevés, les idées sublimes. A sa vue, le vulgaire, surpris et d'abord accablé comme sous le poids d'une supériorité qui lui est étrangère, se familiarise cependant bientôt avec des sensations fortes, dont il jouit d'autant plus vivement qu'elles lui étaient inconnues. L'homme éclairé en recherche, en mesure, en compare les rapports, les causes, les effets ; le philosophe, découvrant dans cette sorte d'exemplaire, dont toutes les parties ont été, pour ainsi dire, grossies, le nombre, les qualités, les dispositions des ressorts ou des éléments qui échappent par leur ténuité dans des copies plus circonscrites, en contemple l'enchaînement dans une sorte de recueillement religieux. Le poète, dont l'imagination obéit si facilement aux impressions inattendues ou extraordinaires, éprouve ces affections vives, ces mouvements soudains, ces transports irrésistibles dont se compose un noble enthousiasme. Le génie, pour qui toute limite est importune, et qui veut commander à l'espace comme au temps, se plaît à reconnaître son empreinte dans le sujet de son examen, à trouver une masse très étendue soumise à des lois, et à pouvoir considérer l'objet qui l'occupe, sans cesser de tenir ses idées à sa propre hauteur.

Le caractère de la grandeur est d'inspirer tous ces sentiments, soit qu'elle appartienne aux ouvrages de l'art, soit qu'elle distingue les productions de la nature ; qu'elle ait été départie à la matière brute, ou accordée aux substances organisées, et qu'on la compte parmi les attributs des êtres

---

1. *Lotte de Hongrie,* aux environs de Strasbourg. — *Harcha,* en Italie. — *Hardscha,* en Hongrie. — *Glano,* dans les environs de Constantinople. — *Schaden,* en Autriche. — *Wels, Waller, Scheid, Schoiden,* en Allemagne. — *Szum,* en Pologne. — *Sumus,* en langue esclavone. — *Ckams-wels,* en Livonie. — *Som,* en Russie. — *Dschium,* en Tartarie. — *Zolbarte,* chez les Kalmouks. — *Mâl,* en Suède. — *Mall* et *malle,* en Danemark. — *Meerval,* en Hollande. — *The seat fish,* en Angleterre.

Bloch, pl. 34. — *Silure mal.* Daubenton et Haüy, Encyclopédie méthodique. — Id, Bonnaterre, planches de l'Encyclopédie méthodique. — *Fauna suecica,* 344. — Meiding, *Ic. pisc. Austr.,* t. IX. — *Mal,* It. Scan. 61. — *Siluris.* Act. Stockh., 1756, p. 34, t. III. — « *Silurus cirris quatuor in mento.* » Artedi, gen. 82, syn. 110. — Gronov. mus. 1, n. 25, t. VI, fig. 1.

vivants et sensibles. On a dû également les éprouver et devant les jardins suspendus de Babylone, les antiques pagodes de l'Inde, les temples de Thèbes, les pyramides de Memphis, devant ces énormes masses de rochers amoncelés qui composent les sommets des Andes, et devant l'immense baleine qui sillonne la surface des mers polaires, l'éléphant, le rhinocéros et l'hippopotame, qui fréquentent les rivages des contrées torrides, les serpents démesurés qui infestent les sables brûlants de l'Asie, de l'Afrique et de l'Amérique, les poissons gigantesques qui voguent dans l'Océan ou dominent dans les fleuves.

Et quoique tous les êtres qui présentent des dimensions supérieures à celles de leurs analogues arrêtent nos regards et nos pensées, notre imagination est surtout émue par la vue des objets qui, l'emportant en étendue sur ceux auxquels ils ressemblent le plus, surpassent de beaucoup la mesure que la nature a donnée à l'homme pour juger du volume de ce qui l'entoure, c ette mesure dont il ne cesse de se servir, quoiqu'il ignore souvent l'usage qu'il en fait, et qui consiste dans sa propre hauteur. Un ciron de deux ou trois décimètres de longueur serait bien plus extraordinaire qu'un éléphant long de dix mètres, un squale de vingt, un serpent de cinquante et une baleine de plus de cent ; et cependant il nous frapperait beaucoup moins ; il surprendrait davantage notre raison, mais il agirait moins vivement sur nos sens ; il s'emparerait moins de notre imagination ; il imprimerait bien moins à notre âme ces sensations profondes, et à notre esprit ces conceptions sublimes que font naître les dimensions incomparablement plus grandes que notre propre stature.

Ces dimensions, très rares dans les êtres vivants et sensibles, sont celles du glanis.

Un individu de cette espèce, vu près de Limritz, dans la Poméranie, avait la gueule assez grande pour qu'on pût y faire entrer facilement un enfant de six ou sept ans. On trouve dans le Volga des glanis de douze ou quinze pieds de longueur. On prit, il y a quelques années, dans les environs de Spandaw, un de ces silures qui était du poids de cent vingt livres ; et un autre de ces poissons, pêché à Writzen sur l'Oder, en pesait huit cents.

Le glanis a la tête grosse et très aplatie de haut en bas ; le museau très arrondi par devant ; la mâchoire inférieure un peu plus avancée que celle d'en haut, ces deux mâchoires garnies d'un très grand nombre de dents petites et recourbées ; quatre os ovales, hérissés de dents aiguës, et situés au fond de la gueule ; l'ouverture de la bouche très large ; une fossette de chaque côté de la lèvre inférieure ; les yeux ronds, saillants, très écartés l'un de l'autre et d'une petitesse d'autant plus remarquable que les plus grands des animaux, les baleines, les cachalots, les éléphants, les crocodiles, les serpents démesurés, ont les yeux très petits à proportion des énormes dimensions de leurs autres organes.

Le dos du glanis est épais ; son ventre très gros ; son anale très longue ; sa ligne latérale droite ; sa peau enduite d'une humeur gluante, à laquelle s'attache une assez grande quantité de la vase limoneuse sur laquelle il aime à se reposer.

Le premier rayon de chaque pectorale est osseux, très fort et dentelé sur son bord intérieur[1].

Les ventrales sont plus éloignées de la tête que la nageoire du dos.

La couleur générale de l'animal est d'un vert mêlé de noir, qui s'éclaircit sur les côtés et encore plus sur la partie inférieure du poisson, et sur lequel sont distribuées des taches noirâtres irrégulières. Les pectorales sont jaunes, ainsi que la dorsale et les ventrales ; ces dernières ont leur extrémité bleuâtre ; et l'extrémité, de même que la base des pectorales, présentent la même nuance de bleu foncé. Le savant professeur de Strasbourg, feu mon confrère M. Hermann, rapporte, dans des notes manuscrites qu'il eut la bonté de me faire parvenir peu de moments avant sa mort, et auxquelles son digne frère M. Frédéric Hermann, ex-législateur et maire de Strasbourg, a bien voulu ajouter quelques observations, que les silures glanis un peu avancés en âge qu'il avait examinés dans les viviers de M. Hirschel avaient le bord des pectorales peint d'une nuance rouge, que l'on ne voyait pas sur celles des individus plus jeunes.

L'anale et la nageoire de la queue du glanis sont communément d'un gris mêlé de jaune, et bordées d'une bande violette.

Le silure que nous venons de décrire habite non seulement dans les eaux douces de l'Europe, mais encore dans celles de l'Asie et de l'Afrique. On ne l'a trouvé que très rarement dans la mer ; et il paraît qu'on ne l'y a vu qu'auprès des rivages voisins de l'embouchure des grands fleuves, hors desquels des accidents particuliers ou des circonstances extraordinaires peuvent l'avoir quelquefois entraîné. Le professeur Kolpin, de Stettin, écrivait à Bloch, en 1766, qu'on avait pêché un silure de l'espèce que nous examinons, auprès de l'île de Rügen, dans la Baltique.

Comme les baleines, les éléphants, les crocodiles, les serpents de quarante ou soixante pieds, et tous les grands animaux, le glanis ne parvient qu'après une longue suite d'années à son entier développement. On pourra croire cependant, d'après les notes manuscrites de M. Hermann, que, pendant la première jeunesse de ce silure, ce poisson croît avec vitesse, et que ce n'est qu'après avoir atteint à une longueur considérable qu'il grandit avec

---

1. Plusieurs poissons compris dans le genre *silure*, établi par Linné, et qui ont à chaque pectorale un rayon dur et dentelé, peuvent, lorsqu'ils étendent cette nageoire, donner à ce rayon une fixité que l'on ne peut vaincre qu'en le détournant. La base de ce rayon est terminée par deux apophyses. Lorsque la pectorale est étendue, l'apophyse antérieure entre dans un trou de la clavicule ; le rayon tourne un peu sur son axe ; l'apophyse, qui est recourbée, s'accroche au bord du trou ; et le rayon ne peut plus être fléchi, à moins qu'il ne fasse sur son axe un mouvement en sens contraire du premier.

beaucoup de lenteur, et que son développement s'opère par des degrés très peu sensibles.

On a écrit qu'il en était des mouvements du glanis comme de son accroissement, qu'il ne nageait qu'avec peine et qu'il ne paraissait remuer sa grande masse qu'avec difficulté. La queue de ce silure et l'anale qui en augmente la surface sont trop longues et conformées d'une manière trop favorable à une natation rapide pour qu'on puisse le croire réduit à une manière de s'avancer très embarrassée et très lente. Il faudrait, pour admettre cette sorte de nonchalance et de paresse forcées, supposer que les muscles de cet animal sont extrêmement faibles, et que s'il a reçu une rame très étendue, il est privé de la force nécessaire pour la remuer avec vitesse et pour l'agiter dans le sens le plus propre à faciliter ses évolutions. La dissection des muscles du glanis n'indique aucune raison d'admettre cette organisation vicieuse. C'est dans son instinct qu'il faut chercher la cause du peu de mouvement qu'il se donne. S'il ne change pas fréquemment et promptement de place, il n'en a pas moins reçu les organes nécessaires pour se transporter avec célérité d'un endroit à un autre ; mais il n'a ni le besoin ni par conséquent la volonté de faire usage de sa vigueur et de ses instruments de natation. Il vit de proie ; mais il ne poursuit pas ses victimes. Il préfère la ruse à la violence, il se place en embuscade ; il se retire dans des creux, au-dessous des planches, des poteaux et des autres bois pourris qui peuvent border les rivages des fleuves qu'il fréquente ; il se couvre de limon, il épie avec patience les poissons dont il veut se nourrir. La couleur obscure de sa peau empêche qu'on ne le distingue aisément au milieu de la vase dans laquelle il se couche. Ses longs barbillons, auxquels il donne des mouvements semblables à ceux des vers, attirent les animaux imprudents qu'il cherche à dévorer et qu'il engloutit d'autant plus aisément qu'il tient presque toujours sa bouche béante, et que l'ouverture de sa gueule est tournée vers le haut.

Il ne quitte que pendant un mois ou deux le fond des rivières où il a établi sa pêche : c'est ordinairement vers le printemps qu'il se montre de temps en temps à la surface de l'eau, et c'est dans cette même saison qu'il dépose près des rives ses œufs ou le suc prolifique qui doit les féconder. On a remarqué qu'il n'allait pondre ou arroser ses œufs que vers le milieu de la nuit, soit que cette habitude dépende du soin d'éviter les embûches qu'on lui tend, ou de la délicatesse de ses yeux, que la lumière du soleil blesserait, pour peu qu'elle fût trop abondante. Cette seconde cause pourrait être d'autant plus la véritable, que presque tous les animaux qui passent la plus grande partie de leur vie dans des asiles écartés et dans des cavités obscures ont l'organe de la vue très sensible à l'action de la lumière.

Les membres du glanis étant arrosés, imbus et profondément pénétrés d'une humeur gluante, peuvent résister plus facilement que ceux de plusieurs autres habitants des eaux, aux coups qui brisent, aux accidents qui écrasent, aux causes qui dessèchent; et dès lors on doit voir pourquoi il est plus difficile de lui faire perdre la vie qu'à beaucoup d'autres poissons [1].

On a pensé que sa sensibilité était extrêmement émoussée ; on l'a conclu du peu d'agitation qu'il éprouvait lorsqu'il était pris, et de l'espèce d'immobilité qu'il montrait souvent dans toutes ses parties, excepté dans ses barbillons. On aurait dû cependant se souvenir que, malgré le besoin qu'il a de se nourrir de substances animales, il paraît avoir l'instinct social. On voit presque toujours deux glanis ensemble ; c'est ordinairement un mâle et une femelle qui vivent ainsi l'un auprès de l'autre.

Malgré sa grandeur, le glanis femelle ne contient qu'un très petit nombre d'œufs, suivant plusieurs naturalistes. Si ce fait est bien constaté, il méritera d'autant plus l'attention des physiciens, qu'il sera une exception à la proportion que la nature semble avoir établie entre la grosseur des poissons et le nombre de leurs œufs [2]. Bloch rapporte qu'une femelle, qui pesait déjà une livre et demie, n'avait dans ses deux ovaires que dix-sept mille trois cents œufs.

Lorsque les tempêtes sont assez violentes pour bouleverser toute la masse des eaux dans lesquelles vit le glanis, il quitte sa retraite limoneuse et se montre à la surface des fleuves ; néanmoins, comme ces orages sont rares, et que d'ailleurs le temps pendant lequel il est attiré vers les rivages est d'une durée assez courte, il est exposé bien peu souvent à se défendre contre des poissons voraces assez forts pour oser l'attaquer. Mais les anguilles, les lotes et d'autres poissons beaucoup plus petits se nourrissent de ses œufs ; et quand il est encore très jeune, il est quelquefois la proie des grandes grenouilles.

Son œsophage et son estomac présentent, dans leur intérieur, des plis assez profonds. Feu Hartmann [3], ainsi que le professeur Schneider [4], ont remarqué que cet estomac jouissait d'une irritabilité assez grande, même après la dissection de l'animal, pour offrir pendant longtemps des contractions et des dilatations alternatives.

Le canal intestinal est court et replié une seule fois ; le foie gros, la vésicule de fiel longue et remplie d'une liqueur jaune ; la vessie natatoire courte, large et divisée longitudinalement en deux. Vingt côtes sont placées de chaque côté de l'épine du dos, qui est composée de cent dix vertèbres.

La chair du glanis est blanche, grasse, douce, agréable au goût, mais mollasse, visqueuse et difficile à digérer. Dans les environs du Volga, dont les eaux nourrissent un très grand nombre d'individus de cette espèce, on fait avec leur vessie natatoire une colle assez bonne, mais à laquelle on préfère cependant celle que donne la vessie natatoire de l'acipensère huso. Sur les

1. Discours sur la nature des poissons.
2. *Idem.*
3. *Mélanges de l'académie des curieux de la nature,* décade 2, an VII, p. 80
4. *Synonymie des poissons* d'Artedi, etc., p. 170.

bords du Danube, la peau du glanis, séchée au soleil, a servi, pendant long-temps, de lard aux habitants peu fortunés. Du temps de Belon, cette même peau avait été employée à couvrir des instruments de musique.

Les notes manuscrites du professeur Hermann et de son frère le maire de Strasbourg nous ont appris que MM. Durr, l'oncle et le neveu, marchands poissonniers de cette ville, avaient tâché de naturaliser le glanis dans l'ancienne Alsace. Ils avaient d'abord fait à grands frais plusieurs voyages en Hongrie pour y chercher dans le Danube plusieurs silures de cette espèce; ils avaient appris ensuite que les glanis habitent un lac de deux lieues de tour, situé dans la Souabe, à quelques milles de Doneschingen, à trente ou trente-cinq lieues de Strasbourg. et par conséquent beaucoup plus près des bords du Rhin que les rives hongroises du Danube. Ce lac se nomme en allemand, *feder-see*; en latin, *lacus plumarius*; en français, *lac aux plumes*. Ils en avaient apporté plusieurs de ces silures, qu'on avait déjà multipliés dans les étangs de feu le respectable et malheureux Dietrich, au point qu'on y en comptait plus de cinq cents; mais il y a une douzaine d'années que, lors d'un événement extraordinaire, ces poissons furent enlevés, et il n'en reste plus dans les étangs du département du Bas-Rhin. M. Durr le neveu et son beau-frère M. Hirschel font toujours venir du Feder-see des glanis, qu'ils vendent à Strasbourg, ou qu'ils envoient plus loin, et dont les plus petits pèsent ordinairement douze livres [1].

LE SILURE VERRUQUEUX [2]

Aspredo verrucosus, Cuv. — *Platystœus verrucosus,* Bloch. — *Silurus verrucosus,* Lacép.

LE SILURE ASOTE [3]

Silurus Asotus, Pallas, Linn., Lacép., Cuv.

La tête du verruqueux présente, dans sa partie supérieure, un sillon longitudinal, à la suite duquel on voit sur le dos une saillie également longitudinale. Il n'y a qu'un orifice à chaque narine. Le premier rayon de chaque pectorale est très dur, très fort et dentelé.

On trouve dans l'Asie l'asote, qui, de même que le verruqueux, a dans le premier rayon de chaque pectorale une sorte de dard dentelé et dangereux, par sa dureté et sa grosseur, pour les animaux que ce silure attaque

<hr>

1. A la membrane branchiale du silure glanis...................... 16 rayons.
    A chaque pectorale... 18 —
    A chaque ventrale... 13 —
    A la nageoire de la queue................................... 17 —
2. Platyste verrue, *platystœus verrucosus.* Bloch, pl. 373, fig. 3.
3. *Silure asote.* Daubenton et Haüy, Encyclopédie méthodique. — *Id.* Bonnaterre, planches de l'Encyclopédie méthodique.

ou qu'il tâche de repousser. Les dents de ce poisson sont très nombreuses, et sa nageoire de l'anus s'étend jusqu'à celle de la queue [1].

LE SILURE FOSSILE [2]

Silurus fossilis, Linn., Gmel., Bloch, Lacép., Cuv.

Bloch avait reçu de Tranquebar un individu de cette espèce. Le dessus de la tête de ce poisson montrait une fossette longitudinale. La couverture osseuse, qui revêtait cette même partie, était terminée par trois pointes. On voyait de petites dents à la partie antérieure du palais, ainsi qu'aux deux mâchoires, qui étaient aussi avancées l'une que l'autre. La langue était courte, épaisse et lisse. La ligne latérale descendait jusque vers les ventrales et s'étendait ensuite directement jusqu'à la nageoire de la queue, dont l'anus était une fois plus éloigné que de la tête. Le premier rayon de chaque pectorale paraissait très fort. On pouvait distinguer les muscles de l'animal au travers de sa peau. Sa couleur générale était celle du chocolat ; les nageoires offraient une teinte d'un brun un peu clair, excepté l'anale qui était grise.

LE SILURE DEUX TACHES [3]

Silurus bimaculatus, Bloch, Lacép., Cuv.

LE SILURE SCHILDE [4]

Schilbe mystus, Cuv. — *Silurus mystus,* Linn., Gmel., Lacép.

LE SILURE UNDÉCIMAL [5]

Silurus undecimalis, Linn., Gmel., Lacép.

Le violet, le jaune et l'argenté concourent à la parure du silure deux taches. Sa partie supérieure est d'un violet clair ; ses côtes brillent de l'éclat de l'argent ; sa caudale est jaune, avec les deux extrémités du croissant qu'elle forme d'un violet foncé ; les autres nageoires sont communément variées de jaune et de violet.

1. A la membrane branchiale du silure verruqueux................   5 rayons.
   A chaque pectorale...   8   —
   A chaque ventrale..   6   —
   A la nageoire de la queue......................................   10   —

   A la membrane branchiale du silure asote......................   16   —
   A chaque pectorale...   14   —
   A chaque ventrale..   13   —
   A la caudale...   16   —

2. *Schlammwels,* en allemand. — *Muddy silure,* en anglais. — *Silure d'étang.* Bloch, pl. 370, fig. 2.

3. *Sewalei,* chez les Tamules. — *Silure à deux taches.* Bloch, pl. 264.

4. *Schildé* ou *schilbé,* sur les bords du Nil. — *Silure schilde.* Daubenton et Haüy, Encyclopédie méthodique. — *Id.* Bonnaterre, planches de l'Encyclopédie méthodique. — Mus. Ad. Frid. 2, p. 96. — « Silurus schilde niloticus. » Hasselquist, *It.* 376.

5. *Silure ondécimal.* Daubenton et Haüy, Encyclopédie méthodique. — *Id.* Bonnaterre, planches de l'Encyclopédie méthodique. — Mus. Ad. Frid. 2, p. 97.

Ce beau poisson vit dans les lacs et dans les rivières de la côte de Malabar ; il fraye pendant l'été ; sa chair est d'un goût agréable.

Sa tête a moins de largeur que celle de la plupart des autres silures. Ses dents sont très fortes ; on en voit un grand nombre de petites sur le palais ; mais la langue est lisse. Il y a deux orifices à chaque narine. Les barbillons supérieurs sont longs, les inférieurs très courts et d'une couleur blanchâtre. Le premier rayon de chaque pectorale est dur, gros et dentelé du côté opposé à la tête. La ligne latérale ne montre que de très légères courbures.

Le schilde se plaît dans les eaux du Nil. Quatre de ses barbillons tiennent à la mâchoire supérieure ; les autres quatre sont attachés à celle de dessous. Le premier rayon de chaque pectorale est distingué par sa grosseur, par sa force et par sa dentelure.

Le silure undécimal, qui habite dans les rivières de Surinam, a onze rayons à sa dorsale, à sa nageoire de l'anus et à chacune de ses pectorales ; ces trois nombres semblables ont indiqué le nom qu'on lui a donné. Une dentelure garnit chacun des côtés du premier rayon de l'une et de l'autre de ses pectorales ; ses barbillons extérieurs ont une longueur égale à celle de son corps [1].

LE SILURE ASPRÈDE [2]

Aspredo lævis, Cuv. — *Silurus aspredo,* Linn., Gmel., Lacép. — *Platystœus lœvis,* Bloch.

LE SILURE COTYLÉPHORE [3]

Aspredo cotylephorus, Cuv. — *Platystœus cotylephorus,* Bloch. — *Silurus cotylephorus,* Lacép.

On pêche dans les fleuves de l'Amérique et peut-être dans ceux des grandes Indes le silure asprède, dont la tête plate, osseuse et couverte d'une membrane, s'élargit beaucoup auprès des pectorales et présente, dans sa

1. A la membrane branchiale du silure deux taches . . . . 12 rayons.
A chaque pectorale . . . . 14 —
A chaque ventrale . . . . 6 —
A la nageoire de la queue . . . . 16 —

A la membrane des branchies du silure schilde . . . . 10 —
A chaque pectorale . . . . 12 —
A chaque ventrale . . . . 6 —
A la caudale . . . . 20 —

A chaque pectorale du silure undécimal . . . . 11 —
A chaque ventrale . . . . 6 —
A la nageoire de la queue . . . . 17 —

2. *Glattleib,* par les Allemands. — *Simpla eggen,* par les Suédois. — *Silure asprède.* Daubenton et Haüy, Encyclopédie méthodique. — *Id.* Bonnaterre, planches de l'Encyclopédie méthodique. — *Platyste lisse.* Bloch. — *Aspredo. Amœnit. acad.,* 1, p. 311, tab. 14, fig. 5. — Séba, mus. 3, tab. 29, fig. 10. — *Aspredo cirris* 8. Gronov., *Zooph.*

3. *Silurus cotylephorus.* — *Teller trager, Rauher wels,* par les Allemands. — *Runwe meirval,* ar les Hollandais. — *Platyste cotyléphore.* Bloch, pl. 372.

partie supérieure, une cavité longitudinale et triangulaire, qui se termine par une sorte de tube solide, prolongé jusqu'à la dorsale. On aperçoit quelques verrues ou petits tubercules sur la tête et sur la poitrine. La mâchoire supérieure est plus avancée que celle de dessous; la langue et le palais sont lisses; chaque narine a deux orifices; l'ouverture branchiale est courte et étroite. Les branchies sont petites; elles sont d'ailleurs garnies de filaments très peu allongés et distribués par touffes très séparées les unes des autres. Une dentelure hérisse chacun des côtés du premier rayon de chaque pectorale, qui, de plus, réunit beaucoup de force à une grosseur considérable. Le corps proprement dit étant court et l'anale très longue, l'anus est beaucoup plus près de la caudale. Au delà de cet orifice, on voit une ouverture placée à l'extrémité d'une sorte de petit cylindre. La queue, très allongée et très mobile, est comprimée par les côtés, de manière à présenter une sorte de tranchant ou de carène longitudinale dans sa partie supérieure. La couleur générale est d'un brun mêlé de violet.

Le cotyléphore diffère de l'asprède par les traits suivants, dont le dernier est très remarquable, et consiste dans une conformation que l'on n'a encore observée sur aucune autre espèce.

1° Il n'a que six barbillons, au lieu de huit.

2° Ses dents sont moins fortes que celles de l'asprède.

3° Toute sa partie supérieure est garnie de petits tubercules qui forment sur la queue huit rangées longitudinales.

4° L'os qui de chaque côté représente une clavicule est divisé en deux par un intervalle que des muscles remplissent.

5° Le dessous de la gorge, du ventre et d'une portion des nageoires ventrales est garni de petits corps d'un diamètre à peu près égal à celui des tubercules du dos, arrondis dans leur contour, convexes du côté par lequel ils tiennent au poisson, concaves de l'autre et assez semblables à une sorte d'entonnoir ou de petite coupe. Presque tous ces petits corps sont suspendus à une tige déliée, flexible et d'autant plus courte que l'entonnoir est moins développé; les autres sont attachés, sans aucun pédoncule, au ventre, ou à la gorge, ou aux ventrales de l'animal [1].

Il est bon d'observer que ces appendices ne sont ainsi conformés que dans les cotyléphores adultes ou presque adultes; dans des individus moins âgés, ils sont appliqués immédiatement à la peau, de manière à ressembler à des taches ou tout au plus à de légères élévations; et dans des silures de la même espèce plus jeunes encore, on n'en aperçoit aucun rudiment. On

---

1. A la membrane branchiale du silure asprède...................... 4 rayons.
   A chaque pectorale.. 8 —
   A chaque ventrale.. 6 —
   A la nageoire de la queue.................................... 11 —
   A chaque pectorale du silure cotyléphore..................... 8 —
   A chaque ventrale... 6 —
   A la caudale.. 9 —

pourrait croire ces entonnoirs susceptibles de se coller, pour ainsi dire, contre différentes substances, et propres, par conséquent, à donner à l'animal un moyen de s'attacher au fond des fleuves, ou dans diverses positions nécessaires à ses besoins.

Le silure cotyléphore habite dans les eaux des Indes orientales.

LE SILURE CHINOIS

Silurus sinensis, Lacép., Cuv.

LE SILURE HEXADACTYLE

Aspredo hexadactylus, Cuv. — *Silurus hexadactylus,* Lacép.

Les naturalistes n'ont pas encore publié de descriptions de ces deux silures. Nous avons vu une peinture très fidèle et très bien faite du premier, dans la collection de peintures chinoises que nous avons souvent citée dans cet ouvrage.

La couleur de sa partie supérieure est d'un verdâtre marqué de vert; les côtés et la partie inférieure sont d'un argenté mêlé de nuances vertes. Chaque opercule est composé de deux ou trois pièces presque ovales. Les deux barbillons ont une longueur à peu près égale à celle de la tête. La mâchoire inférieure est plus avancée que la supérieure. Aucune nageoire ne présente de rayon fort et dentelé.

La collection hollandaise déposée dans le Muséum d'histoire naturelle renferme un individu très bien conservé de l'espèce du silure hexadactyle. Nous avons tiré le nom spécifique de ce poisson du nombre de rayons ou *doigts* de ses *mains,* ou nageoires pectorales, les quels sont au nombre de six, ainsi que ceux de ses nageoires ventrales, ou de ses *pieds.*

Les quatre barbillons de la mâchoire d'en bas sont plus courts que les deux de la mâchoire d'en haut. L'ouverture de chaque narine est double. Les yeux sont petits et rapprochés l'un de l'autre. Indépendamment de plusieurs arêtes ou saillies tuberculées que l'on voit sur la tête et sur le corps, une saillie semblable part de chaque œil, et ces deux arêtes se réunissent au-dessus de la partie supérieure du dos. La tête et le corps sont très aplatis; la longueur de ces deux parties n'est que le tiers ou environ de celle de la queue, qui réunit à cette dimension une conformation analogue à celle d'une pyramide à dix faces. Le premier rayon de chaque pectorale est large, aplati et dentelé sur ses deux bords, de telle sorte que les pointes du bord externe sont tournées vers la queue, et celles du bord intérieur dirigées vers la tête.

Le dessus de la tête et du corps est blanc avec des taches noires; presque tout le reste de la surface de l'animal est noir avec des taches blanches, excepté la partie inférieure de la tête, de la queue et du corps, qui est blanchâtre.

CENT SOIXANTE-QUATRIÈME GENRE

LES MACROPTÉRONOTES

La tête large, déprimée et couverte de lames grandes et dures, ou d'une peau visqueuse; la bouche à l'extrémité du museau; des barbillons aux mâchoires; le corps gros; la peau enduite d'une mucosité abondante; une seule nageoire dorsale; cette nageoire très longue.

ESPÈCES.	CARACTÈRES.
1. LE MACROPTÉRONOTE CHARMUTH.	Huit barbillons; dix rayons à la membrane des branchies; soixante-douze rayons à la nageoire du dos; soixante-neuf à l'anale; la caudale arrondie.
2. LE MACROPTÉRONOTE GRENOUILLER.	Huit barbillons; sept rayons à la membrane des branchies; moins de soixante-dix rayons à la nageoire du dos; moins de cinquante à celle de l'anus; la caudale arrondie.
3. LE MACROPTÉRONOTE BRUN.	Huit barbillons; la nageoire dorsale, l'anale et la caudale arrondies; la couleur brune et sans taches.
4. LE MACROPTÉRONOTE HEXACICINNE.	Six barbillons; la nageoire du dos triangulaire et très basse, surtout vers la caudale; l'anale courte; la caudale arrondie; la couleur brune et sans taches.

LE MACROPTÉRONOTE CHARMUTH[1]

Heterobranchus scharmuth, GEOFF., CUV. — *Macropteronotus charmuth*, LACÉP. — *Silurus anguillaris*, LINN., GMEL.

LE MACROPTÉRONOTE GRENOUILLER[2]

Heterobranchus Batrachus, GEOFF., CUV. — *Macropteronotus Batrachus*, LACÉP. — *Silurus Batrachus*, LINN., GMEL.

Dans le genre dont nous nous occupons, la nageoire du dos, s'étendant jusqu'auprès de la caudale, augmente la surface de la queue et donne par conséquent plus de force à l'instrument principal de la natation de l'animal: il n'est donc pas surprenant qu'on ait remarqué beaucoup de rapidité dans les mouvements du charmuth. Le dessus de la tête de ce macroptéronote présente une multitude de petits mamelons. De huit barbillons dont il est pourvu, les deux plus longs sont placés chacun à un des angles de la bouche, les deux plus courts auprès des narines et les autres quatre sur les bords de la lèvre inférieure. La partie supérieure du poisson est d'un brun

---

1. *Silure charmuth*. Daubenton et Haüy, Encyclopédie méthodique. — *Id.* Bonnaterre, planches de l'Encyclopédie méthodique. — Mus. Ad. Frid. 2, p. 96. — « Silurus charmuth niloticus. » Hasselquist, *It.* 371. — *Clarias.* Gronov., *Zooph.*, 322, tab. 8, fig. 3 et 4. — *Blackfish.* Russel, *Alep.* 73, tab. 12, fig. 1. — « Lampetra indica erythrophthalmos. » Ray, *Pisc.*, 150.

Karmouth, dessins faits en Égypte par M. Cloquet, qui a bien voulu me les communiquer. — *Aluby*, par plusieurs anciens auteurs qui ont écrit sur les animaux du Nil. Lettre que mon collègue M. Geoffroy, professeur au Muséum d'histoire naturelle, a eu la bonté de m'écrire du Caire.

2. *Froschwels*, par les Allemands. — *Toeli*, par les Tamules. — *Silure grenouiller.* Bloch, pl. 370, fig. 1. — *Id.* Daubenton et Haüy, Encyclopédie méthodique. — *Id.* Bonnaterre, planches de l'Encyclopédie méthodique.

obscur et la partie inférieure d'un blanc mêlé de gris. M. Geoffroy écrivait d'Égypte, le 16 août 1799, à mon savant confrère M. Cuvier, qu'il avait disséqué le charmuth ; qu'il avait vu au delà des branchies une cavité qui communiquait avec celle des organes ; que l'animal pouvait fermer cette cavité ; qu'elle contenait un cartilage plat et divisé en plusieurs branches ; que la surface de ce cartilage était couverte de nombreuses ramifications de vaisseaux sanguins visibles pendant la vie du poisson ; que cet appareil devait être considéré comme une branchie supplémentaire ; que, par une conformation un peu analogue à celle des sépies, le système général des vaisseaux sanguins comprenait trois ventricules séparés les uns des autres ; que l'on pouvait regarder ces ventricules comme autant de cœurs, etc.

Tous ces détails vont être éclaircis par la publication des utiles travaux de M. Geoffroy, rendu, après quatre ans d'absence, à sa patrie, à ses amis, à sa famille et à ses collègues.

Le charmuth habite dans le Nil ; on trouve le grenouiller dans l'Asie et dans l'Afrique.

La calotte osseuse qui revêt le dessus de la tête du grenouiller se termine en pointe par derrière et montre deux enfoncements. L'antérieur est allongé et l'autre presque rond. Autour de chaque angle de la bouche sont distribués quatre barbillons longs et inégaux. Le palais est rude, la ligne latérale presque droite, le premier rayon de chaque pectorale fort et dentelé ; la couleur générale d'un brun mêlé de jaune[1].

LE MACROPTÉRONOTE BRUN

Heterobranchus batrachus, Cuv. — *Macropteronotus fuscus,* LACÉ'.

LE MACROPTÉRONOTE HEXACICINNE

Heterobranchus hexacicinnus, Cuv. — *Macropteronotus hexacicinnus,* Lacép.

Nous publions les premiers la description de ces deux espèces, dont les peintures chinoises déposées dans la bibliothèque du Muséum d'histoire naturelle présentent une image aussi exacte pour les formes que pour les couleurs.

Ces deux macroptéronotes vivent dans les eaux de la Chine. Le dessus de la tête du brun est couvert d'une enveloppe dure qui montre par derrière deux échancrures et se termine en pointe. Le premier rayon de chaque pec-

---

1. A chaque pectorale du macroptéronote charmuth.................. 10 rayons.
   A chaque ventrale.. 6 ou 7 —
   A la nageoire de la queue................................. 21 —

   A chaque pectorale du macroptéronote grenouiller............. 8 —
   A la nageoire du dos..................................... 67 —
   A chaque ventrale....................................... 6 —
   A la nageoire de l'anus.................................. 45 —
   A la caudale.. 16 —

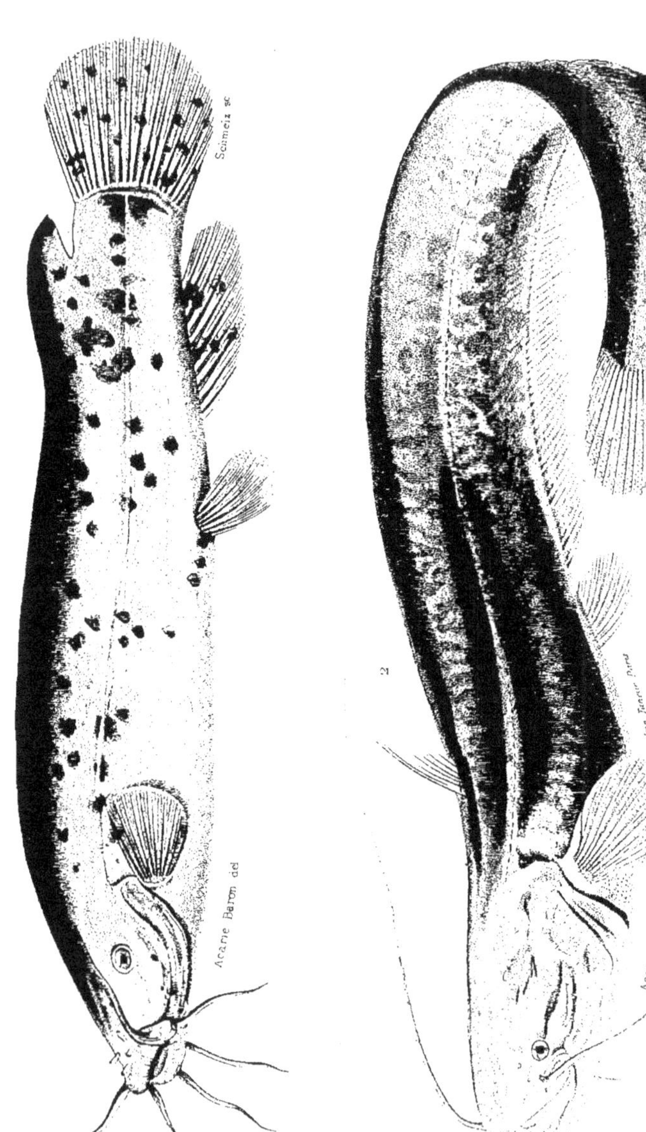

1 LE MALAPTÉRURE ÉLECTRIQUE (Malapterurus electricus Lin) _ 2 LE SILURE GLANIS (Silurus glanis Lin)

d'après le RÈGNE ANIMAL de Cuvier édition V Masson

Garnier frères éditeurs.

torale est long, dur, un peu gros, mais sans dentelure. On distingue une partie des muscles du corps et de la queue au travers de la peau. Les ventrales sont petites et arrondies. Un grand barbillon est attaché à chaque angle de la bouche; les autres six sont moins longs et situés, deux auprès des narines et quatre sur la mâchoire inférieure. L'iris est couleur d'or.

Le nom de l'hexacicinne désigne les six barbillons du second de ces macroptéronotes chinois. Ce poisson ne diffère du premier que par les traits indiqués sur le tableau générique, et vraisemblablement par ses dimensions que nous croyons inférieures à celles du brun.

CENT SOIXANTE-CINQUIÈME GENRE

LES MALAPTÉRURES

La tête déprimée et couverte de lames grandes et dures, ou d'une peau visqueuse; la bouche à l'extrémité du museau; des barbillons aux mâchoires; le corps gros; la peau du corps et de la queue enduite d'une mucosité abondante; une seule nageoire dorsale; cette nageoire adipeuse et placée assez près de la caudale.

ESPÈCE.	CARACTÈRES.
LE MALAPTÉRURE ÉLECTRIQUE.	Deux barbillons à la mâchoire supérieure; quatre barbillons inégaux à la mâchoire inférieure; douze rayons à la nageoire de l'anus; la caudale arrondie.

LE MALAPTÉRURE ÉLECTRIQUE[1]

Malapterurus electricus, Lacép., Cuv. — *Silurus electricus*, Linn., Gmel.

Ce nom d'*électrique* rappelle la propriété remarquable que nous avons déjà reconnue dans les quatre espèces de poissons, dans la raie torpille et dans le tétrodon, le gymnote et le trichiure, désignés par la même dénomination spécifique que le malaptérure de cet article. Cette propriété, observée avec soin dans ces différents animaux, pourra servir beaucoup aux progrès de la théorie des phénomènes galvaniques, auxquels elle appartient de très près; nous ne saurions assez inviter les voyageurs instruits à s'occuper de l'examen de cette force départie aux cinq poissons électriques, et qui paraît si différente de la plupart de celles que possèdent les êtres organisés et vivants. Nous attendons avec beaucoup d'impatience la publication des recherches faites en Égypte par M. Geoffroy sur le malaptérure que nous décrivons. Nous savons déjà par ce professeur[2] que ce malaptérure est recouvert d'une couche épaisse de graisse. Ce fait doit être rapproché de ce que nous avons indiqué, au sujet des poissons qui ont la faculté d'engourdir,

1. *Typhinos* des anciens auteurs, suivant M. Geoffroy, lettre adressée du Caire à M. de Lacépède. — Forskael, *Fauna arab.*, p. 15, n. 1. — Broussonnet, *Académie des sciences*, 1782, p. 692; et *Journal de physique*, t. XXVII, p. 143. — « Verhandeling over den beefvisch, eene weinig bekende soort van electr. visch. » — Algem., *Geneesk. jaarboek*, t. IV, p. 24. — *Silure trembleur*. Bonnaterre, planches de l'*Encyclopédie méthodique*.

2. Lettre écrite du Caire, le 29 thermidor de l'an VII (16 août 1799), par M. Geoffroy à M. Cuvier.

dans le premier discours de cette histoire, dans l'article de la torpille et dans celui du gymnote électrique.

Le malaptérure dont nous traitons ne se trouve pas seulement dans le Nil, il vit aussi dans d'autres fleuves d'Afrique. Il y représente le tétrodon et le trichiure engourdissant de l'Asie, le gymnote torporifique de l'Amérique et la torpille de l'Europe. Il y parvient à une longueur de plus d'un pied et demi. Son corps est aplati comme sa tête. Ses yeux, très peu gros, sont recouverts par la membrane la plus extérieure de son tégument général, laquelle s'étend comme un voile transparent au-dessus de ces organes. Chaque narine a deux orifices. Sa couleur grisâtre est relevée par quelques taches noires ou foncées que l'on voit sur sa queue[1].

CENT SOIXANTE-SIXIÈME GENRE

LES PIMÉLODES

La tête déprimée et couverte de lames grandes et dures, ou d'une peau visqueuse; la bouche à l'extrémité du museau; des barbillons aux mâchoires; le corps gras; la peau du corps e-de la queue enduite d'une mucosité abondante; deux nageoires dorsales; la seconde adit-peuse.

PREMIER SOUS-GENRE

LA NAGEOIRE DE LA QUEUE FOURCHUE, OU ÉCHANCRÉE EN CROISSANT

ESPÈCES.	CARACTÈRES.
1. LE PIMÉLODE BAGRE.	Quatre barbillons aux mâchoires; le premier rayon de chaque pectorale et celui de la première nageoire du dos, garnis d'un très long filament; huit rayons à la première dorsale; vingt-quatre à la nageoire de l'anus.
2. LE PIMÉLODE CHAT.	Six barbillons aux mâchoires; huit rayons à la première nageoire du dos; vingt-trois à celle de l'anus.
3. LE PIMÉLODE SCHEILAN.	Six barbillons aux mâchoires; les deux barbillons des angles de la bouche d'une longueur égale, ou à peu près, à la longueur totale de l'animal; huit rayons à la première dorsale; onze rayons à la nageoire de l'anus.
4. LE PIMÉLODE BARRÉ.	Six barbillons aux mâchoires; la longueur de la tête égale, ou presque égale, au tiers de la longueur totale du poisson; sept rayons à la première nageoire du dos; quatorze à l'anale; des bandes transversales.
5. LE PIMÉLODE ASCITE.	Six barbillons très longs aux mâchoires; neuf rayons à la première nageoire du dos; dix-huit rayons à l'anale.
6. LE PIMÉLODE ARGENTÉ.	Six barbillons aux mâchoires; huit rayons à la première dorsale; treize rayons à la nageoire de l'anus; la couleur générale argentée.
7. LE PIMÉLODE NŒUD.	Six barbillons aux mâchoires; cinq rayons à la première nageoire du dos, vingt rayons à celle de l'anus; un nœud ou une tubérosité à la racine du premier rayon de la dorsale.

1. A la membrane branchiale du malaptérure électrique.......... 6 rayons.
A chaque pectorale.. 9 —
A chaque ventrale.. 6 —
A la nageoire de la queue.. 18 —

ESPÈCES.	CARACTÈRES.
8. LE PIMÉLODE QUATRE TACHES.	Six barbillons aux mâchoires; sept rayons à la première nageoire du dos; l'adipeuse très longue; neuf rayons à l'anale; quatre taches grandes, rondes et rangées longitudinalement de chaque côté du poisson.
9. LE PIMÉLODE BARBU.	Six barbillons aux mâchoires; huit rayons à la première dorsale; dix-sept rayons à la nageoire de l'anus; le lobe supérieur de la caudale plus long que l'inférieur.
10. LE PIMÉLODE TACHETÉ.	Six barbillons aux mâchoires; sept rayons à la première dorsale; onze rayons à l'anale; le lobe supérieur de la queue plus long que l'inférieur; la couleur générale d'un bleu doré; deux rangées longitudinales de taches noires de chaque côté de l'animal.
11. LE PIMÉLODE BLEUATRE.	Six barbillons aux mâchoires; cinq ou six rayons à la première nageoire du dos; huit rayons à chaque ventrale; vingt rayons à la nageoire de l'anus; les deux premiers rayons de cette nageoire plus longs que les autres et réunis à un appendice membraneux, filiforme et plus allongé que ces rayons; la couleur générale bleuâtre.
12. LE PIMÉLODE DOIGT DE NÈGRE.	Six barbillons aux mâchoires; huit rayons à la première nageoire du dos; le premier de ces rayons fort et court; le second, long et dentelé; six rayons à la nageoire de l'anus; le premier rayon de chaque pectorale dentelé des deux côtés; la caudale en croissant; presq e toutes les nageoires d'une couleur foncée.
13. LE PIMÉLODE COMMERSONNIEN.	Six barbillons aux mâchoires; sept rayons à la première nageoire du dos; le premier de ces rayons dentelé des deux côtés; point de rayon dentelé aux pectorales; la ligne latérale droite.
14. LE PIMÉLODE THUNBERG.	Six barbillons aux mâchoires; un rayon aiguillonné et six rayons articulés à la première dorsale; vingt-deux rayons à la nageoire de l'anus; une tache noire sur la nageoire adipeuse.
15. LE PIMÉLODE MATOU.	Huit barbillons aux mâchoires; six rayons à la première dorsale; vingt à l'anale.
16. LE PIMÉLODE COUS.	Huit barbillons aux mâchoires; cinq rayons à la première nageoire du dos; huit rayons à celle de l'anus; la seconde nageoire du dos ovale.
17. LE PIMÉLODE DOCMAC.	Huit barbillons aux mâchoires; dix rayons à la première dorsale; dix rayons à l'anale; deux rayons à la membrane des branchies.
18. LE PIMÉLODE BAJAD.	Huit barbillons aux mâchoires; dix rayons à la première nageoire du dos; douze rayons à l'anale; la nageoire adipeuse, longue; cinq rayons à la membrane des branchies.
19. LE PIMÉLODE ÉRYTHROPTÈRE.	Huit barbillons aux mâchoires; huit rayons à la première nageoire du dos; neuf rayons à celle de l'anus; la nageoire adipeuse, longue; les deux lobes de la caudale très allongés; les nageoires rouges.
20. LE PIMÉLODE RAIE D'ARGENT.	Huit barbillons aux mâchoires; cinq rayons à la première dorsale; six rayons à chaque pectorale; trente-six rayons à celle de l'anus; une raie longitudinale et argentée de chaque côté du poisson.

ESPÈCES.	CARACTÈRES.
21. LE PIMÉLODE RAYÉ.	Huit barbillons aux mâchoires; neuf rayons à la première nageoire du dos; six rayons à chaque pectorale; huit à l'anale; une raie longitudinale jaune et bordée de bleu.
22. LE PIMÉLODE MOUCHÉTÉ.	Huit barbillons aux mâchoires; dix rayons à la première dorsale; l'anale très courte et arrondie; l'adipeuse longue et arrondie; les principaux muscles latéraux visibles au travers de la peau; point d'aiguillon dentelé à la première nageoire du dos; de petites taches noirâtres, semées irrégulièrement sur presque toutes les parties de l'animal.

SECOND SOUS-GENRE

LA NAGEOIRE DE LA QUEUE TERMINÉE PAR UNE LIGNE DROITE, OU ARRONDIE SANS ÉCHANCRURE

ESPÈCES.	CARACTÈRES.
23. LE PIMÉLODE CASQUÉ.	Six barbillons aux mâchoires; six rayons à la première dorsale; vingt-quatre rayons à la nageoire de l'anus; la caudale arrondie; la tête couverte d'une plaque osseuse, ciselée et découpée.
24. LE PIMÉLODE CHILI.	Quatre barbillons aux mâchoires; sept rayons à la première nageoire du dos; onze rayons à celle de l'anus; la caudale lancéolée.

LE PIMÉLODE BAGRE[1]

Pimelodus Bagre, LACÉP., CUV. — *Silurus Bagre,* LINN., GMEL., BLOCH.

LE PIMÉLODE CHAT

Pimelodus Felis, LACÉP. — *Silurus Felis,* LINN., GMEL.

LE PIMÉLODE SCHEILAN

Synodontis Clarias, CUV. — *Pimelodus Clarias,* LACÉP. — *Silurus Clarias,* LINN., GMEL., BLOCH.

LE PIMÉLODE BARRÉ

Pimelodus fasciatus, LACÉP., CUV. — *Silurus fasciatus,* LINN., GMEL., BLOCH.

Les grandes rivières du Brésil et celles de l'Amérique septentrionale nourrissent le bagre, qui parvient à une longueur considérable, mais dont la chair est ordinairement peu agréable au goût. On voit sur sa tête une cavité allongée; chaque narine a deux orifices; la mâchoire inférieure dépasse celle d'en haut; le devant du palais est rude, mais la langue est lisse. Les barbillons situés au coin de la bouche sont plats et très longs. La ligne la-

---

1. *Meerwels,* par les Allemands. — *Saltwater-katfish,* par les Anglais de l'Amérique sep.
tentrionale. — *Coco,* à Cayenne. — *Guiraguacu,* par les Brésiliens. — *Silure bagre.* Daubenton et Haüy, Encyclopédie méthodique. — *Id.* Bonnaterre, planches de l'Encyclopédie méthodique. — Bloch, pl. 365. — Gronov., *Zooph.,* 382. — Willughby, *Ichtyol.,* tab. II, 7, fig. *b.* —
Bagra tertia. Ray, *Pisc.,* p. 82, n. 3.

érale est droite; une dentelure garnit le bord extérieur du premier rayon
e la première nageoire du dos et les deux côtés de chaque pectorale. La
artie supérieure de l'animal est bleue, l'inférieure argentée, et la base des
ageoires rougeâtre.

Les couleurs et la patrie du pimélode chat[1] sont presque les mêmes que
elles du bagre.

On pêche le scheilan[2] dans les eaux douces du Brésil et dans celles de
urinam, mais on le trouve aussi dans le Nil. Il a la mâchoire supérieure
lus avancée que celle d'en bas; ces deux mâchoires hérissées, ainsi que le
alais, de dents petites et pointues; les yeux grands et ovales; la prunelle
llongée dans le sens vertical; deux petits sillons entre les yeux; la nuque
t le devant du dos couverts de plaques très dures et osseuses; la ligne laté-
ale courbée vers le bas; l'os qui représente la clavicule soutenu par une
ièce osseuse et triangulaire; le premier rayon de chaque pectorale de la pre-
ière nageoire du dos et quelquefois de chaque ventrale, osseux, très fort,
entelé d'un ou de deux côtés et propre à faire des blessures dangereuses
cause des déchirements qu'il peut produire dans les muscles et jusque
ans le périoste; l'anale et la nageoire adipeuse, échancrées du côté de la
audale, dont la pointe supérieure est plus longue que l'inférieure; la cou-
ur générale d'un gris noir; le ventre d'un gris blanc[3].

Le barré[4] vit à Surinam, comme le scheilan. Le haut de la tête sillonné;
mâchoire supérieure plus allongée que celle d'en bas; la langue lisse et
ourte; le palais rude; l'orifice unique de chaque narine; les bandes trans-
ersales grises, jaunes et brunes; la blancheur du ventre, le rougeâtre des
ectorales, le bleuâtre et les taches brunes des autres nageoires, tels sont les
aits du pimélode barré qu'il ne faut pas négliger de connaître[5].

1. *Machoiran blanc*, *Passani*, *Petite gueule*, à Cayenne. — *Silure chat*. Daubenton et
aüy, Encyclopédie méthodique. — *Id.* Bonnaterre, planches de l'Encyclopédie méthodique.
2. *Langbard*, en Allemagne. — *Lœngstrimad taudjœgy*, en Suède. — *Silure scheilan*. Dau-
nton et Haüy, Encyclopédie méthodique. — *Id.* Bonnaterre, planches de l'Encyclopédie métho-
que. — Mus. Ad. Frid. 1, p. 73; et 2, p. 98. — It. Scan. 82. — Gronov., mus. 1, n. 83, p. 34;
ooph., n. 384, p. 125. — Hasselquist, *It.* 369. — *Barbarin*. Bloch, pl. 35, fig. 1.
3.   A la membrane des branchies du pimélode bagre................ 6 rayons.
     A chaque pectorale.. 12   —
     A chaque ventrale...   8   —
     A la nageoire de la queue................................... 18   —

     A la membrane des branchies du pimélode chat................   5   —
     A chaque pectorale.. 11   —
     A chaque ventrale...   6   —
     A la caudale.. 31   —
4. *Silure barré*. Daubenton et Haüy, Encyclopédie méthodique. — *Id.* Bonnaterre
nches de l'Encyclopédie méthodique. — Bloch, pl. 366. — Séba, mus. 3, p. 84, tab. 19, fig. 6.
Gronov., *Zooph.*, 386.
5.   A la membrane des branchies du pimélode scheilan............. 6 rayons.
     A chaque pectorale..   7   —
     A chaque ventrale...   7   —
     A la nageoire de la queue................................... 18   —

LE PIMÉLODE ASCITE [1]

Silurus ascita, Linn., Gmel. — *Pimelodus ascita*, Lacép.

Le Pimélode argenté, *Pimelodus argenteus*, Lacép.; *Silurus Hertzbergii*, Bloch; *Pime lodus Hertzbergii*, Cuv. — P. nœud, *Pimelodus nodosus*, Lacép.; *Silurus nodosu* Bloch. — P. quatre taches, *Pimelodus quadrimaculatus*, Lacép.; Cuv.; *Silurus quadrimaculatus*, Bloch. — P. barbu, *Pimelodus barbus*, Lacép. — P. tacheté *Pimelodus maculatus*, Lacép., Cuv. — P. bleuatre, *Pimelodus cœrulescens* Lacép. — P. doigt de nègre, *Pimelodus nigrodigitatus*, Lacép., Cuv. — P. com mersonnien, *Pimelodus Commersonnii*, Lacép.

Nous avons déjà observé très souvent que plusieurs poissons cartilagi neux ou osseux, tels que les raies, les squales, les blennies, etc., étaien *ovovivipares*, c'est-à-dire provenaient d'un œuf éclos dans le ventre de l mère. Nous avons remarqué aussi que les syngnathes se développaient d'un manière intermédiaire entre celle des *ovovivipares* et celle des *ovipares* Leurs œufs, en effet, n'éclosent pas dans le ventre de la femelle; mais lorsque les petits syngnathes en sortent, ces œufs sont encore dans une sort de rainure longitudinale qui se forme au-dessous de la queue de la mère et où ils sont retenus par une membrane que les fœtus déchirent pour venir à la lumière. Une génération différente, à plusieurs égards, de celle de syngnathes, mais qui s'en rapproche néanmoins et qui tient également le mi lieu entre celle des *ovovivipares* et celle des *oripares*, a été observée dans le ascites. Leurs œufs n'éclosent, pour ainsi dire, ni tout à fait dans le corps n tout à fait hors du corps de la femelle. Nous allons voir comment se passe ce phénomène remarquable qui confirme plusieurs des idées exposées dans nos différents discours sur les poissons.

Les œufs de l'ascite deviennent très gros à proportion de la grandeu de l'animal adulte. A mesure qu'ils se développent, le ventre se goufle; l peau qui recouvre cet organe s'étend, s'amincit et enfin se déchire longitu dinalement. Les œufs détachés de l'ovaire parviennent jusqu'à l'ouvertur du ventre; le plus avancé de ces œufs se fend à l'endroit qui répond à l tête de l'embryon; la membrane qui en forme l'enveloppe se retire; et l'on aperçoit le jeune animal recourbé et attaché sur le jaune par une sorte de

A la membrane des branchies du pimélode barré .... 12 rayons.
A chaque pectorale.. 12　—
A chaque ventrale .... 6　—
A la caudale... 14　—

1. Mus. Adolph. Fr. 1, p. 79, tab. 30, fig. 2. — Bloch, pl. 35, fig. 3, 7. — *Silure ascite* Daubenton et Haüy, Encyclopédie méthodique. — *Id*. Bonnaterre, planches de l'Encyclopédi méthodique. — *Silurus Hertzbergii*. Bloch, pl. 367. — *Silurus nodosus*. Bloch, pl. 368, fig. 1.— *Silurus quadrimaculatus*. Bloch, pl. 368, fig. 2. — *Barbue*. par les matelots français.

« Silurus pinna dorsi prima ossiculorum octo, cirris labialibus sex, caudæ lobo superior elongato, etc. » Commerson, manuscrits déjà cités. — « Silurus corpore maculoso, cirris qua tuor in mandibula inferiore; duobus in superiore, ultra pinnam dorsi secundam productis. » Commerson, manuscrits déjà cités.

cordon ombilical, composé de plusieurs vaisseaux. Dans cette position, l'embryon peut mouvoir quelques-unes de ses parties ; mais il ne peut se séparer du corps de la mère que lorsque le jaune, dont il tire sa nourriture, est assez diminué pour passer au travers de la déchirure longitudinale du ventre ; le jeune poisson s'éloigne alors, entraînant avec lui ce qui reste de jaune et s'en nourrissant encore pendant un temps plus ou moins long. Un nouvel œuf prend la place de celui qui vient de sortir ; et lorsque tous les œufs se sont ainsi succédé et que tous les petits sont éclos, le ventre se referme, les deux côtés de la fente se réunissent, et cette sorte de blessure disparaît jusqu'à la ponte suivante.

Des six barbillons que présente l'ascite, deux sont placés à la mâchoire supérieure et quatre à l'inférieure. Le premier rayon de la première nageoire du dos et celui de chaque pectorale sont durs et pointus.

Il paraît que l'ascite a été pêché dans les deux Indes.

A l'égard de l'argenté, on l'a reçu de Surinam. Ce pimélode a l'ouverture de la bouche petite ; les mâchoires aussi longues l'une que l'autre et hérissées de très petites dents, comme le palais ; la langue lisse et courte ; un seul orifice à chaque narine ; quatre barbillons à l'extrémité de la mâchoire inférieure ; un barbillon à chaque coin de la gueule ; la ligne latérale presque droite et garnie, sur chacun de ses côtés, de plusieurs petites lignes tortueuses ; le premier rayon de la première dorsale dentelé à son bord extérieur ; le premier rayon de chaque pectorale dentelé sur ses deux bords ; le dos brunâtre, et les nageoires variées de jaune.

Les eaux de Tranquebar nourrissent le pimélode *nœud*. Nous devons indiquer les petits sillons qui divisent en lames la couverture osseuse de sa tête, le double orifice de chacune de ses narines, l'appendice triangulaire qui termine chaque clavicule, la dentelure que montre le bord intérieur du premier rayon de chaque pectorale et de la première nageoire du dos, la direction de la ligne latérale qui est ondée, le bleu du dos et de la nageoire de l'anus, la couleur brune des autres nageoires, l'argenté des côtés et du ventre.

On remarque dans le pimélode *quatre taches*, qui vit en Amérique, l'égal avancement des deux mâchoires ; le nombre et la petitesse des dents qui les hérissent et qui garnissent le palais ; la langue lisse ; l'orifice unique de chaque narine ; la longueur des barbillons placés au coin de la bouche ; la dentelure du premier rayon de chaque pectorale ; le brun nuancé de violet qui règne sur le dos ; le gris du ventre ; le jaunâtre des nageoires ; les taches de la première dorsale, dont la base est jaune et l'extrémité bleuâtre.

Les cinq pimélodes dont nous allons parler dans cet article n'ont encore été décrits dans aucun ouvrage d'histoire naturelle. Nous avons trouvé dans les manuscrits de Commerson une notice très étendue sur les deux premiers de ces quatre poissons, et un dessin du cinquième.

La couleur générale du barbu est d'un bleu plus ou moins foncé, ou plus ou moins semblable à la couleur du plomb ; la partie inférieure de l'animal est d'un blanc argenté ; les côtés réfléchissent quelquefois l'éclat de l'or ; quelques nageoires présentent des teintes d'incarnat. La couverture osseuse de la tête est comme ciselée et relevée par des raies distribuées en rayons ; la mâchoire supérieure dépasse et embrasse l'inférieure ; de petites dents hérissent l'une et l'autre, ainsi que deux croissants osseux situés dans la partie antérieure du palais, et deux tubercules placés auprès du gosier. La langue est très large, unie, cartilagineuse, dure et attachée dans tout son contour ; chaque narine a deux orifices, et l'orifice postérieur, qui est le plus grand, est fermé par une petite valvule que le barbu peut relever à volonté. Une carène osseuse et aiguë s'étend depuis l'occiput jusqu'à la première dorsale ; la ligne latérale est à peine visible ; le ventre est gros et devient très gonflé et comme pendant lorsque l'animal a pris une quantité de nourriture un peu considérable. Le premier rayon de chaque pectorale et de la première nageoire du dos est dentelé de deux côtés, très fort et assez piquant pour faire des blessures très douloureuses, graves et si profondes, qu'elles présentent des phénomènes semblables à ceux des plaies empoisonnées. La nageoire adipeuse est plus ferme que son nom ne l'indique, et sa nature est à demi cartilagineuse. On aperçoit au delà de l'ouverture de l'anus un second orifice destiné vraisemblablement à la sortie de la laite ou des œufs. Le foie est rougeâtre, très grand et divisé en plusieurs lobes ; l'estomac dénué de cæcums ou d'appendices ; le canal intestinal replié plusieurs fois ; la vessie natatoire attachée au-dessous du dos, entourée de graisse et séparée en quatre loges.

Le goût de la chair du barbu est exquis ; on le prend à la ligne, ainsi qu'au filet. Lorsqu'on le tourmente ou qu'on l'effraye, il fait entendre une sorte de murmure, ou plutôt de bruissement. Il habite dans les eaux de l'Amérique méridionale.

Le pimélode tacheté a été vu dans les mêmes contrées. Il vit particulièrement dans le grand fleuve de la Plata, et il a été observé à Buenos-Ayres, ainsi qu'à la Encenada. Le tégument osseux de sa tête est relevé par des points et des ciselures, montre un petit sillon entre les yeux et s'étend par un appendice jusqu'à la première nageoire du dos. La mâchoire supérieure est plus longue que celle de dessous. Les deux barbillons attachés à cette même mâchoire d'en haut sont beaucoup plus longs que les autres. Derrière chacun des opercules, qui sont rayonnés, deux prolongations osseuses s'étendent vers la queue. Le premier rayon de chaque pectorale et de la première nageoire du dos, et la nageoire adipeuse, ressemblent beaucoup à ceux du barbu. La ligne latérale suit la courbure du dos.

Le bleuâtre, dont M. Leblond nous a envoyé un individu de Cayenne, a beaucoup de rapports avec le pimélode chat. De ses six barbillons, deux appartiennent à la mâchoire d'en haut et deux à celle d'en bas. Le premier rayon de la première dorsale et celui de chacune des pectorales sont dentelés.

Le *doigt-de-nègre* tire son nom de la couleur des rayons de ses pectorales et de ses ventrales, rayons que l'on a pu comparer à des doigts. Le
premier rayon de chaque pectorale a ses deux dentelures dirigées en sens
contraire l'une de l'autre. Plusieurs plaques osseuses garantissent le dessus
de la tête. Celle qui couvre l'occiput est carénée, pointue par derrière, et se
réunit avec la pointe d'une autre plaque triangulaire, composée de plusieurs
pièces, et dont la base embrasse l'aiguillon dentelé du dos. Il paraît que le
doigt-de-nègre parvient à une grandeur considérable. La collection du
Muséum d'histoire naturelle en renferme un individu[1].

Le commersonnien a deux orifices à chaque narine et les deux dorsales
triangulaires. Le dessus de sa tête est dénué de grandes plaques osseuses. Il
ne montre ni taches, ni bandes, ni raies.

1. A chaque pectorale du pimélode ascite . . . . 13 rayons.
   A chaque ventrale . . . . 6 —
   A la nageoire de la queue . . . . 18 —

   A la membrane branchiale du pimélode argenté . . . . 6 —
   A chaque pectorale . . . . 10 —
   A chaque ventrale . . . . 8 —
   A la caudale . . . . 16 —

   A la membrane des branchies du pimélode nœud . . . . 5 —
   A chaque pectorale . . . . 7 —
   A chaque ventrale . . . . 8 —
   A la nageoire de la queue . . . . 20 —

   A la membrane des branchies du pimélode quatre taches . . . . 5 —
   A chaque pectorale . . . . 7 —
   A chaque ventrale . . . . 6 —
   A la caudale . . . . 19 —

   A la membrane branchiale du pimélode barbu . . . . 5 —
   A chaque pectorale . . . . 12 —
   A chaque ventrale . . . . 6 —
   A la nageoire de la queue . . . . 15 —

   A la membrane branchiale du pimélode tacheté . . . . 6 —
   A chaque pectorale . . . . 9 —
   A chaque ventrale . . . . 6 —
   A la caudale . . . . 16 —

   A chaque pectorale du pimélode bleuâtre . . . . 7 —
   A la nageoire de la queue . . . . 17 —

   A chaque pectorale du pimélode doigt-de-nègre . . . . 10 —
   A chaque ventrale . . . . 6 —
   A la caudale . . . . 20 —

LE PIMÉLODE THUNBERG[1]

Pimelodus Thunberg, Lacép.

La mâchoire supérieure de ce pimélode est plus avancée que l'inférieure; elle montre deux barbillons, et l'inférieure quatre; l'une et l'autre sont garnies de dents nombreuses, mais plus petites que celles qui hérissent le palais. Chaque opercule présente un aiguillon. Le premier rayon de la première dorsale et celui de chaque pectorale sont forts et dentelés.

Thunberg a vu ce pimélode dans les mers des Indes orientales[2].

LE PIMÉLODE MATOU[3]

Pimelodus catus, Lacép., Cuv. — *Silurus catus,* Linn.

Le Pimélode cous, *Pimelodus cous,* Lacép.; *Silurus cous,* Linn. — P. docmac, *Pimelodus docmac,* Lacép., Cuv.; *Silurus docmac,* Linn. — P. bajad, *Pimelodus bajad,* Lacép., Cuv.; *Silurus bajad,* Linn., Gmel. — P. érythroptère, *Pimelodus erythropterus,* Lacép., Cuv.; *Silurus erythropterus,* Bloch. — P. raie d'argent, *Pimelodus atherinoides,* Lacép.; *Silurus atherinoides,* Bloch. — P. rayé, *Pimelodus villatus,* Lacép.; *Silurus villatus,* Bloch. — P. moucheté, *Pimelodus guttatus,* Lacép.

L'Amérique et l'Asie nourrissent le matou, dont le dos est d'une couleur obscure et noirâtre, et qui parvient souvent à la longueur de trois pieds ou trois pieds et demi. La Syrie est la patrie du cous, qui y vit dans l'eau douce, qui a la mâchoire inférieure plus courte que celle d'en haut, des dents très petites, un orifice double à chaque narine, et dont le dos est d'un blanc argentin marbré de taches cendrées.

On trouve dans le Nil, particulièrement auprès du delta, le docmac et le bajad. Le premier est grisâtre par-dessus, bleuâtre par-dessous et quelquefois long de plus de quatre pieds. Ses barbillons sont inégaux et très allongés; sa ligne latérale est droite; le premier rayon de chaque pectorale et de la première nageoire du dos est osseux et dentelé par derrière.

Le bajad est bleuâtre ou d'un vert de mer. Il a une fossette au-devant de chaque œil; la mâchoire supérieure plus longue que l'inférieure et armée d'un arc double de dents très serrées; les barbillons extérieurs de la

1. *Silurus maculatus.* Thunberg.
2. A chaque pectorale du pimélode Thunberg, articulés............ 10 rayons.
     —   —   aiguillonné.......... 1   —
  A chaque ventrale... 6   —
  A la nageoire de la queue..................................... 24   —

3. *Silure matou.* Daubenton et Haüy, Encyclopédie méthodique. — *Id.* Bonnaterre, planches de l'Encyclopédie méthodique. — « Bagre species secunda. » Marcg., *Brasil.,* p. 173. — Catesby, *Carol.,* t. II, p. 23, tab. 23. — *Silure cous.* Daubenton et Haüy, Encyclopédie méthodique. — *Id.* Bonnaterre, planches de l'Encyclopédie méthodique. — Gronov., *Zooph.,* 387, tab. 8, fig. 7. — *Mystus.* Russel, *Alep.,* 76, tab. 13, fig. 2.

Forskael, *Fauna arab.,* p. 65, n. 94. — *Silure dogmak.* Bonnaterre, planches de l'Encyclopédie méthodique. — *Bayatte,* en Égypte, suivant M. Cloquet. — *Silure bajad.* Bonnaterre, planches de l'Encyclopédie méthodique. — Forskael, *Fauna arab.,* p. 66, n. 95. — Bloch, pl. 369, fig. 2; pl. 371, fig. 1; pl. 371, fig 2.

lèvre d'en haut très allongés ; la ligne latérale courbée vers le bas, auprès de son origine, et ensuite très droite ; un aiguillon très fort, caché sous la peau et placé auprès de chaque pectorale, qui présente une nuance rousse, ainsi que toutes les autres nageoires, excepté l'adipeuse.

Observez dans l'érythroptère d'Amérique : l'égale prolongation des deux mâchoires ; la grande longueur des barbillons des coins de la bouche ; la rudesse du palais ; la brièveté de la langue, qui est cartilagineuse et lisse ; la direction de la ligne latérale, qui est ordinairement droite ; la dentelure du bord intérieur du premier rayon de chaque pectorale et de la première dorsale ; le brunâtre du dos, ainsi que des côtés, et la couleur grise du ventre ;

Dans le pimélode raie d'argent, que l'on a découvert dans les eaux douces de Malabar, l'égale longueur des deux mâchoires ; la petitesse de leurs dents ; les dimensions de celles du palais ; le double orifice de chaque narine ; la position de l'anus plus rapproché de la tête que de la caudale : le rayon dentelé dans son côté intérieur, que l'on voit à la première dorsale et à chaque pectorale ; la couleur générale qui est d'un brun clair ; l'éclat argentin du dessous du corps de l'animal ;

Dans le rayé de Tranquebar, le châtain de sa couleur générale ; le cendré du ventre ; les six pointes qui terminent la couverture osseuse de la tête ; la longueur égale des deux mâchoires ; les dents arquées du palais ; la surface unie de la langue ; les deux orifices de chaque narine ; la dentelure intérieure du premier rayon de chaque pectorale et de la première nageoire du dos ; la direction très droite de la ligne latérale[1].

1. A la membrane branchiale du pimélode matou . . . . 5 rayons.
  A chaque pectorale . . . . 11 —
  A chaque ventrale . . . . 8 —
  A la nageoire de la queue . . . . 17 —
  A chaque pectorale du pimélode cous . . . . 9 —
  A chaque ventrale . . . . 6 —
  A la membrane branchiale du pimélode docmac . . . . 2 —
  A chaque pectorale . . . . 11 —
  A chaque ventrale . . . . 6 —
  A la caudale . . . . 18 —
  A chaque pectorale du pimélode bajad . . . . 11 —
  A chaque ventrale . . . . 6 —
  A la nageoire de la queue . . . . 20 —
  A la membrane des branchies du pimélode érythroptère . . . . 5 —
  A chaque pectorale . . . . 9 —
  A chaque ventrale . . . . 6 —
  A la caudale . . . . 19 —
  A la membrane branchiale du pimélode raie d'argent . . . . 6 —
  A chaque ventrale . . . . 6 —
  A la nageoire de la queue . . . . 20 —
  A la membrane branchiale du pimélode rayé . . . . 5 —
  A chaque ventrale . . . . 6 —
  A la caudale . . . . 20 —

A l'égard du moucheté, dont on peut voir une figure très exacte dans la collection de peintures chinoises dont nous avons parlé très souvent, ajoutons, à ce qu'indique de ce pimélode le tableau générique, que sa mâchoire d'en haut est plus avancée que celle d'en bas, et que chaque pectorale a son premier rayon dentelé du côté intérieur.

LE PIMÉLODE CASQUÉ[1]

Pimelodus galeatus, LACÉP. — *Silurus galeatus,* LINN.

LE PIMÉLODE CHILI[2]

Pimelodus chilensis, LACÉP. — *Silurus chilensis,* LINN.

De petites dents semblables à celles d'une lime arment les deux mâchoires du casqué, dont la patrie est l'Amérique méridionale. La mâchoire inférieure avance un peu plus que celle d'en haut. Le palais est rude ; la langue lisse ; l'orifice de chaque narine double ; le premier rayon de chaque pectorale dentelé sur ses deux bords ; la ligne latérale ondulée ; le dos bleuâtre ; le ventre gris et la couleur des nageoires d'un brun foncé.

Le chili vit, comme le casqué, dans l'Amérique méridionale, et particulièrement dans les eaux douces du pays dont il porte le nom. Il y parvient à la longueur d'un pied ou quinze pouces. Sa tête est grande ; sa partie supérieure brune ou noire ; sa partie inférieure blanche et sa chair très agréable au goût[3].

CENT SOIXANTE-SEPTIÈME GENRE

LES DORAS

La tête déprimée et couverte de lames grandes et dures, ou d'une peau visqueuse ; la bouche à l'extrémité du museau ; des barbillons aux mâchoires ; le corps gros ; la peau du corps et de la queue enduite d'une mucosité abondante ; deux nageoires dorsales ; la seconde adipeuse ; des lames larges et dures, rangées longitudinalement de chaque côté du poisson.

ESPÈCE.	CARACTÈRES.
1. LE DORAS CARÉNÉ.	Six barbillons aux mâchoires ; six rayons à la première nageoire du dos ; douze rayons à celle de l'anus ; les lames de la ligne latérale garnies de piquants ; la nageoire de la queue fourchue.

1. Bloch, pl. 369, fig. 1. — Séba, mus. 3, p. 85, tab. 19, fig. 7. — *Silure casqué.* Daubenton et Haüy, Encyclopédie méthodique. — *Id.* Bonnaterre, planches de l'Encyclopédie méthodique.

2. Molina, *Hist. nat. Chil.,* p. 199, n. 9. — *Silure ramoneur.* Bonnaterre, planches de l'Encyclopédie méthodique.

3. A la membrane branchiale du pimélode casqué.................. 2 rayons.
    A chaque pectorale.. 7   —
    A chaque ventrale.. 6   —
    A la nageoire de la queue.................................... 21   —
    A la membrane branchiale du pimélode chili.................. 4   —
    A chaque pectorale.. 8   —
    A chaque ventrale.. 8   —
    A la caudale... 13   —

ESPÈCE	CARACTÈRES.
2. LE DORAS CÔTE.	Six barbillons aux mâchoires ; sept rayons à la première nageoire du dos ; douze rayons à la nageoire de l'anus ; des plaques dures, larges, courtes et garnies d'un crochet de chaque côté de la queue et du corps ; de grandes lames au-dessus et au-dessous de l'extrémité de la queue ; la caudale fourchue.

LE DORAS CARÉNÉ [1]

Doras carinatus, Lacép., Cuv. — *Silurus carinatus*, Linn., Gmel.

LE DORAS COTE [2]

Doras costatus, Lacép., Cuv. — *Silurus costatus*, Linn., Gmel.

Les deux barbillons situés au coin de la bouche du caréné sont comme élargis par une membrane dans leur côté inférieur, et les quatre de la mâchoire d'en bas paraissent garnis de petites papilles. Le premier rayon de la première dorsale est dentelé vers le haut ; celui des pectorales l'est des deux côtés. Ce doras habite à Surinam. L'espèce suivante se trouve également dans l'Amérique méridionale ; mais elle vit aussi dans les Indes orientales.

La tête de ce second doras est revêtue d'une enveloppe osseuse qui s'étend jusque vers le milieu de la première nageoire du dos, et sur laquelle on voit plusieurs petites éminences rondes et semblables à des perles. La mâchoire supérieure dépasse l'inférieure. Le palais est rude, et la langue lisse. Chaque narine n'a qu'un orifice. On voit au-dessus de chaque pectorale un os long, étroit, pointu et perlé, que l'on a comparé à une omoplate. Les plaques à crochet, qui hérissent les côtés du corps et de la queue, sont ordinairement au nombre de trente-quatre. Le premier rayon de la première dorsale et celui des pectorales sont dentelés des deux côtés ; mais dans la dorsale toutes les dentelures sont tournées vers la pointe du rayon, pendant que dans les pectorales celles d'un côté sont dirigées vers la pointe, et celles de l'autre vers la base du rayon auquel elles appartiennent. La partie supérieure de l'animal est d'un brun mêlé de violet.

Marcgrave dit que sa chair est de mauvais goût ; aussi ce poisson est-il peu recherché. Le doras côte a d'ailleurs des armes offensives et défensives à opposer à ses ennemis : presque toutes les parties de son corps sont cachées sous un casque ou sous une forte cuirasse ; un dard dentelé arme son dos et chacun de ses *bras*. Pison rapporte même que les pêcheurs de l'Amérique méridionale le redoutaient d'autant plus et cherchaient à en débarrasser

1. *Silure caréné.* Daubenton et Haüy, Encyclopédie méthodique. — *Id.* Bonnaterre, planches de l'Encyclopédie méthodique.

2. *Urutu*, au Brésil. — *Geribde meirval*, par les Hollandais de l'Amérique méridionale. — *Silure côte.* Daubenton et Haüy, Encyclopédie méthodique. — *Id.* Bonnaterre, planches de l'Encyclopédie méthodique. — *Cataphractus costatus.* Bloch, pl. 376. — Gronov., mus. 2, n. 177, tab. 5, fig. 1 et 2.

leurs filets avec d'autant plus de soin, qu'ils étaient persuadés que les aiguillons dentelés de cet osseux renfermaient un venin qui donnait la mort
au bout de vingt-quatre heures, et dont ils ne pouvaient arrêter les
effets funestes qu'en versant sur la plaie une grande quantité de l'huile de
son foie, qu'ils portaient toujours avec eux. Nous n'avons pas besoin de faire
remarquer que cette erreur des pêcheurs brésiliens venait des blessures
dangereuses que peuvent produire les dards de ce doras, non pas par les
suites d'un poison qu'ils ne distillent pas, mais par celles des déchirures
profondes que font souvent les dentelures de ces armes violemment agitées[1].

CENT SOIXANTE-HUITIÈME GENRE

LES POGONATHES

La tête déprimée et couverte de lames grandes et dures, ou d'une peau visqueuse ; la bouche à
l'extrémité du museau ; des barbillons aux mâchoires ; le corps gros ; la peau du corps et de
la queue enduite d'une mucosité abondante ; deux nageoires dorsales, soutenues l'une et
l'autre par des rayons ; des lames larges et dures, rangées longitudinalement de chaque
côté du poisson.

ESPÈCES.	CARACTÈRES.
1. Le Pogonathe courbine.	Vingt-quatre barbillons à la mâchoire inférieure ; point de barbillons à celle d'en haut ; neuf rayons à la première dorsale ; huit rayons à la nageoire de l'anus ; la caudale un peu fourchue.
2. Le Pogonathe doré.	Un seul barbillon à la mâchoire inférieure ; point de barbillons à la mâchoire d'en haut.

LE POGONATHE COURBINE[2]

Pogonias fasciatus, Lacép., Cuv. — *Pogonathus courbina*, Lacép.

LE POGONATHE DORÉ[3]

Umbrina....., Cuv. — *Pogonathus auratus*, Lacép.

Ces deux poissons sont encore inconnus des naturalistes. Nous en avons
trouvé la description dans les manuscrits de notre Commerson.

Le pogonathe courbine présente ordinairement une longueur de deux
pieds ou deux pieds trois pouces, sur une hauteur de quatre ou six pouces.
Il pèse alors six livres ou environ. La couleur de son dos et de ses côtés est

---

1. A chaque pectorale du doras caréné.......................... 8 rayons.
   A chaque ventrale.. 8 —
   A la nageoire de la queue...................................... 24 —

   A la membrane branchiale du doras côte...................... 5 —
   A chaque pectorale.. 8 —
   A chaque ventrale.. 9 —
   A la caudale.. 21 —

2. *Courbin, courbedos.* — « Pogonathus... silurus cirris menti viginti quatuor, pinnis
dorsi duabus radiatis. » Commerson, manuscrits déjà cités.

3. « Pogonathus cirro menti unico brevi, porulis quatuor circumdato. » Commerson, manuscrits déjà cités.

d'un bleu mêlé de brun et relevé par des reflets dorés ; l'éclat de l'argent brille sur sa partie inférieure. Les écailles dont il est revêtu sont assez grandes. La mâchoire supérieure, que l'animal peut avancer et retirer à volonté, est un peu plus longue que l'inférieure ; l'une et l'autre sont garnies de dents petites, nombreuses et serrées comme celles d'une lime. La langue, le palais et les environs du gosier n'ont pas d'aspérités. Les vingt-quatre barbillons attachés à la mâchoire d'en bas sont blancs, courts, très mous et disposés sur trois rangs transversaux. Le dos forme une carène aiguë jusqu'à la première des deux nageoires qu'il soutient, se courbe ensuite vers le bas jusqu'à la seconde et se relève au delà de cette seconde nageoire en se courbant de nouveau. Chaque rayon de la première dorsale est un aiguillon sans articulation et part d'une sorte de tubercule placé sous la peau ; mais ni cette nageoire ni les pectorales ne présentent de rayon dentelé. Les lames écailleuses dont on voit une rangée longitudinale de chaque côté du poisson sont striées et argentées. Le canal intestinal est plusieurs fois replié ; le foie petit et rouge ; chaque ovaire long et jaune [1].

Ce pogonathe est grand et beau. Sa chair est mollasse et son goût fade, Commerson l'a vu pêcher dans le fleuve de la Plata au mois d'avril 1767.

Le doré ressemble beaucoup par ses couleurs à la courbine ; mais ses écailles resplendissent davantage de l'éclat de l'or. Ses ventrales et son anale sont d'un jaune blanchâtre ; ses autres nageoires offrent des nuances brunâtres. Il devient moins grand que la courbine. Quatre pores sont placés autour du seul barbillon que montrent les mâchoires de ce pogonathe.

CENT SOIXANTE-NEUVIÈME GENRE

LES CATAPHRACTES

La tête déprimée et couverte de lames grandes et dures, ou d'une peau visqueuse ; la bouche à l'extrémité du museau ; des barbillons aux mâchoires ; le corps gros ; la peau du corps et de la queue enduite d'une mucosité abondante ; deux nageoires dorsales ; la seconde soutenue par un seul rayon ; des lames larges et dures, rangées longitudinalement de chaque côté du poisson.

PREMIER SOUS-GENRE

LA NAGEOIRE DE LA QUEUE ARRONDIE OU TERMINÉE PAR UNE LIGNE DROITE ET SANS ÉCHANCRURE

ESPÈCE.	CARACTÈRES.
1. LE CATAPHRACTE CAL-LICHTE.	Quatre barbillons aux mâchoires ; huit rayons à la première nageoire du dos ; six rayons à celle de l'anus ; deux rangs de lames dures et dentelées de chaque côté du poisson ; la caudale arrondie.

1. A la membrane branchiale du pogonathe courbine	7	rayons.
A chaque pectorale	18	—
A chaque ventrale, articulés	5	—
— aiguillonné	1	—
A la seconde dorsale	22	—
A la nageoire de la queue	16	—

ESPÈCE.	CARACTÈRES.

2. LE CATAPHRACTE AMÉ-
RICAIN.

Six barbillons aux mâchoires ; cinq rayons à la première dorsale ; neuf rayons à l'anale ; un seul rang de lames grandes et dures de chaque côté de l'animal ; la caudale rectiligne.

SECOND SOUS-GENRE

LA NAGEOIRE DE LA QUEUE FOURCHUE OU ÉCHANCRÉE EN CROISSANT

ESPÈCE.	CARACTÈRES.

3. LE CATAPHRACTE
PONCTUÉ.

Quatre barbillons aux mâchoires ; neuf rayons à la première nageoire du dos ; sept rayons à l'anale ; deux rangs de grandes lames de chaque côté du poisson ; la caudale en croissant.

LE CATAPHRACTE CALLICHTE [1]

Callichtys, Cuv. — *Cataphractus callichtys*, Lacép. — *Silurus callichtys*,
Linn., Gmel.

LE CATAPHRACTE AMÉRICAIN

Dorus costalus, Lacép., Cuv. — *Cataphractus americanus*, Lacép. — *Silurus
cataphractus*, Linn.

LE CATAPHRACTE PONCTUÉ

Cataphractus punctatus, Lacép.

Le callichte se trouve dans les deux Indes ; il aime les eaux courantes et limpides. On a écrit qu'il pouvait, comme l'anguille et quelques autres poissons, s'éloigner en rampant ou en sautillant, jusqu'à une distance assez grande des fleuves qu'il habite, et se creuser, dans la vase ou dans la terre humide, des trous assez profonds ; mais voilà à quoi il faut réduire les habitudes et les facultés extraordinaires qu'on a voulu attribuer à cet animal. Il ne parvient que rarement à la longueur d'un pied ou quinze pouces. Sa chair est très agréable au goût. Sa couleur générale paraît brune ; on voit des taches brunâtres et des nuances jaunes sur la nageoire de la queue. La tête est revêtue d'une couverture osseuse, dure et terminée de chaque côté par une portion allongée et triangulaire. La mâchoire supérieure avance plus que celle d'en bas ; la langue est lisse ; le fond de la gueule rude ; l'orifice de chaque narine double ; l'œil petit ; le premier rayon de chaque nageoire fort et aiguillonné. Presque tous les rayons sont garnis de très petits piquants. Les lames dentelées qui revêtent chacun des côtés du cal-

---

1. *Soldat*, par les Allemands. — *Krip-ring-ming*, par les Suédois. — *Tomoate*, par es Anglais. — *Soldido*, par les Portugais du Brésil. — *Tamoata*, par les Brésiliens. — *Quiqui*, à Surinam. — *Dreg-dolfin*, par les Hollandais des Indes orientales. — *Silure callichte*. Daubenton et Haüy, Encyclopédie méthodique. — *Id.* Bonnaterre, planches de l'Encyclopédie méthodique.
Cataphracte callichte. Bloch, pl. 377, fig. 1. — *Amœnit. acad.*, t. Ier, p. 317, tab. 14, fig. 1. — Gronov., mus. 1, p. 70. — Séba, mus. 3, tab. 29, fig. 13.

lichte sont ordinairement au nombre de vingt-six dans chaque rangée, et elles ont assez de largeur pour que les quatre rangs qu'elles forment soient continus, de manière à produire un sillon longitudinal sur le dos et sur chaque côté du poisson.

Le nom de l'américain indique sa patrie. Il a été observé surtout dans la Caroline. On pêche le ponctué[2] dans les rivières poissonneuses de Surinam. Il a la tête comprimée ; un casque osseux ; la mâchoire d'en haut plus avancée que celle d'en bas ; deux orifices à chaque narine ; l'œil voilé par une membrane ; l'opercule composé de deux pièces ; la clavicule large ; les grandes lames de chaque côté dentelées, placées les unes au-dessus des autres et formant des rangées de vingt-quatre ; le premier rayon de l'anale, des pectorales, de la première nageoire du dos et le rayon unique de la seconde, raides et aiguillonnés ; la couleur générale jaune ; une tache noire et irrégulière sur la première dorsale ; des points sur la tête, sur le dos et sur plusieurs nageoires[3].

CENT SOIXANTE-DIXIÈME GENRE

LES PLOTOSES

La tête déprimée et couverte de lames grandes et dures, ou d'une peau visqueuse ; la bouche à l'extrémité du museau ; des barbillons aux mâchoires ; le corps gros ; la peau du corps et de la queue enduite d'une mucosité abondante ; deux nageoires dorsales ; la seconde et celle de l'anus réunies avec la nageoire de la queue, qui est pointue.

ESPÈCES.	CARACTÈRES.
1. Le Plotose anguillé.	Huit barbillons aux mâchoires ; six rayons à la première nageoire du dos.
2. Le Plotose thunbergien.	Huit barbillons aux mâchoires ; un rayon aiguillonné et trois rayons articulés à la première dorsale ; cent douze rayons à la seconde dorsale ; la caudale et l'anale réunies.

1. *Id.* Catesby, *Carol.*, t. III, p. 19, tab. 19. — *Silure cuirassé.* Daubenton et Haüy, Encyclopédie méthodique. — *Id.* Bonnaterre, planches de l'Encyclopédie méthodique. — Gronov., mus., n. 71, tab. 3, fig. 4 et 5.

2. Bloch, pl. 377, fig. 22.

3. A la membrane branchiale du cataphracte callichte............ 3 rayons.
   A chaque pectorale................................ 7 —
   A chaque ventrale................................ 8 —
   A la nageoire de la queue.......................... 14 —

   A la membrane des branchies du cataphracte américain........ 6 —
   A chaque ventrale................................ 6 —
   A la caudale.................................... 19 —

   A la membrane branchiale du cataphracte ponctué............ 3 —
   A chaque pectorale.............................. 6 —
   A chaque ventrale.............................. 6 —
   A la nageoire de la queue........................ 17 —

LE PLOTOSE ANGUILLÉ [1]

Plotosus anguillaris, Lacép., Cuv. — *Platystacus anguillaris*, Bloch.

Pour peu que l'on jette les yeux sur ce poisson, on verra que sa queue longue et déliée, la viscosité de sa peau, la position et la figure de ses nageoires, ainsi que la conformation de presque toutes les autres parties de son corps, doivent donner à ses habitudes une grande ressemblance avec celles de la murène anguille. Il vit dans les grandes Indes. Commerson en avait rencontré une variété dans un des parages qu'il a parcourus lors de son fameux voyage avec notre célèbre Bougainville.

Il a plusieurs rangs de dents coniques aux deux mâchoires ; des dents globuleuses au palais ; d'autres dents pointues auprès du gosier ; la langue lisse ; la mâchoire supérieure plus avancée que l'inférieure ; un seul orifice à chaque narine ; le premier rayon de la première dorsale court, gros et dur ; le second long, fort et de plus osseux, aiguillonné et dénué de dentelure, comme le premier ; le premier rayon de chaque pectorale également osseux, fort, allongé et d'ailleurs dentelé des deux côtés ; la ligne latérale garnie de petits tubercules ; la couleur générale d'un violet mêlé de brun ; le dessous du corps blanchâtre et cinq raies blanches et longitudinales [2].

J'ai vu sur un individu de cette espèce un orifice situé au delà de l'anus ; par cet orifice sortait comme un organe sexuel, qui se divisait en deux coupes ou entonnoirs membraneux. Au-devant de cet organe était un pédoncule ou appendice conique. L'état de l'individu ne me permit pas de savoir s'il était mâle ou femelle. Bloch a fait une observation· analogue sur l'individu qu'il a décrit.

LE PLOTOSE THUNBERGIEN [3]

Plotosus thunbergianus, Lacép.

La couleur générale de ce poisson est d'un blanc jaunâtre. Deux raies longitudinales et blanches paraissent de chaque côté de la tête, du corps et de la queue. Quatre barbillons garnissent chaque mâchoire. La ligne latérale est droite. On voit une dentelure au premier rayon des pectorales et de la première nageoire du dos.

---

1. *Ikan sumbillang*, dans les grandes Indes. — *Flat-eel*, en anglais. — *Aal formigen Blatt leib*, en allemand. — *Platystacus anguillaris*. Bloch, pl. 373, fig. 1.
2. A la membrane branchiale du plotose anguillé.................. 11 rayons.
    A chaque pectorale... 10   —
    A chaque ventrale... 12   —
    Dans l'ensemble formé par la réunion de la seconde dorsale, de la
      nageoire de l'anus et de celle de la queue...... 268   —
3. *Silurus lineatus*, Thunberg.

Ce plotose, dont on doit la connaissance au savant voyageur Thunberg, habite la partie orientale de la mer des grandes Indes[1].

CENT SOIXANTE ET ONZIÈME GENRE

LES AGÉNÉIOSES

La tête déprimée et couverte de lames grandes et dures, ou d'une peau visqueuse ; la bouche à l'extrémité du museau ; point de barbillons ; le corps gros ; la peau du corps et de la queue enduite d'une mucosité abondante ; deux nageoires dorsales ; la seconde adipeuse.

ESPÈCES.	CARACTÈRES.
1. L'AGÉNÉIOSE ARMÉ	Sept rayons à la première nageoire du dos ; la caudale en croissant ; une sorte de corne presque droite, hérissée de pointes et placée entre les deux orifices de chaque narine.
2. L'AGÉNÉIOSE DÉSARMÉ.	Sept rayons à la première dorsale ; la caudale en croissant ; point de corne entre les deux orifices de chaque narine.

L'AGÉNÉIOSE ARMÉ [2]

Ageneiosus militaris, Cuv. — *Ageneiosus armatus*, Lacép. — *Silurus militaris*,
Linn., Gmel., Bloch.

L'AGÉNÉIOSE DÉSARMÉ [3]

Agenciosus inermis, Lacép. Cuv. — *Silurus inermis*, Linn., Gmel.

Ces deux poissons vivent dans les eaux de Surinam et peut-être dans celles des grandes Indes. Quels traits devons-nous ajouter à ceux que présente le tableau générique pour terminer le portrait de ces deux agénéioses ?

Pour le premier, la largeur et le grand aplatissement de la tête ; les dents petites et nombreuses des deux mâchoires ; la brièveté et la surface unie de la langue ; l'arc hérissé de dents, placé sur le palais ; la distance qui sépare les yeux ; le rouge de la prunelle ; la peau qui revêt tout l'animal ; la longueur et la dureté du premier rayon de la première dorsale, lequel est d'ailleurs garni d'un double rang de crochets pointus, vers le milieu et à son extrémité ; la grosseur du ventre ; les sinuosités et les ramifications de la ligne latérale ; le vert foncé de la couleur générale ; les dimensions étendues du poisson ; le mauvais goût de sa chair.

Pour le second, tous ceux que nous venons d'énoncer, excepté la couleur de la prunelle, qui est noire, la nature de la peau, qui est moins

1. A chaque pectorale du plotose thunbergien, articulés............ 12 rayons.
   —   —   aiguillonné.......... 1   —
A chaque ventrale.. 12   —

2. *Steifbart*, *Gehornter wels*, en allemand. — *Horned silure*, en anglais. — *Silure armé*. Daubenton et Haüy, Encyclopédie méthodique. — *Id.* Bonnaterre, planches de l'Encyclopédie méthodique. — Bloch, pl. 362.

3. *Silure désarmé*. Daubenton et Haüy, Encyclopédie méthodique. — *Id.* Bonnaterre, planches de l'Encyclopédie méthodique. — Bloch, pl. 363.

épaisse ; la longueur et les crochets du premier rayon de la première dorsale, lequel est dur et aiguillonné, mais sans dentelure ; et peut-être la grandeur des dimensions, ainsi que le goût peu agréable de la chair.

Le désarmé a de plus une prolongation triangulaire et très pointue à l'extrémité postérieure de la couverture osseuse de sa tête ; des taches brunes et irrégulières ; la première dorsale, les pectorales, les ventrales brunes et les autres nageoires d'un gris quelquefois mêlé de violet[1].

CENT SOIXANTE-DOUZIÈME GENRE

LES MACRORAMPHOSES

La tête déprimée et couverte de lames grandes et dures, ou d'une peau visqueuse ; la bouche à l'extrémité du museau ; point de barbillons aux mâchoires ; le corps gros ; la peau du corps et de la queue enduite d'une mucosité abondante ; deux nageoires dorsales ; l'une et l'autre soutenues par des rayons ; le premier rayon de la première nageoire dorsale fort, très long et dentelé ; le museau très allongé.

ESPÈCE.	CARACTÈRES.
Le Macroramphose cornu.	Six rayons à la seconde nageoire du dos ; point de rayon dentelé aux pectorales.

LE MACRORAMPHOSE CORNU [2]

Macroramphosus cornutus, Lacép. — *Silurus cornutus*, Linn.

La longueur du museau égale la moitié de la longueur du corps. Son extrémité est un peu recourbée. Le premier rayon de la première nageoire du dos a deux rangs de petites dents sur la moitié de son bord inférieur et peut s'étendre jusqu'au-dessus de la nageoire de la queue. On compte neuf rayons à cette dernière nageoire.

CENT SOIXANTE-TREIZIÈME GENRE

LES CENTRANODONS

La tête déprimée et couverte de lames grandes et dures, ou d'une peau visqueuse ; la bouche à l'extrémité du museau ; point de barbillons ni de dents aux mâchoires ; le corps gros ; la

1. A la membrane des branchies de l'agénéiose armé.............. 9 rayons.
    A chaque pectorale................................... 16   —
    A chaque ventrale 8   —
    A la nageoire de l'anus.............................. 35   —
    A celle de la queue................................. 24   —

    A la membrane branchiale de l'agénéiose désarmé.............. 10   —
    A chaque pectorale................................... 14   —
    A chaque ventrale................................... 7   —
    A la nageoire de l'anus......................... 40   —
    A la caudale 26   —

2. Forskael, *Fauna arab.*, p. 66, n. 96. — *Silure chardonneret*. Bonnaterre, planches de l'Encyclopédie méthodique.

peau du corps et de la queue enduite d'une mucosité abondante ; deux nageoires dorsales ; l'une et l'autre soutenues par des rayons ; un ou plusieurs piquants à chaque opercule.

ESPÈCE.	CARACTÈRES.
Le Centranodon japonais.	Onze rayons à la seconde nageoire du dos ; la caudale arrondie.

LE CENTRANODON JAPONAIS [1]

Centranodon japonicus, Lacép. — *Silurus imberbis*, Linn., Gmel.

Ce poisson a les yeux gros et rapprochés l'un de l'autre. On compte deux piquants vers le bord postérieur de chaque opercule. Le corps et la queue sont très allongés ; ils sont couverts d'écailles très faciles à voir. Ce centranodon parvient à la longueur de huit pouces. Sa couleur générale est rougeâtre. Ses nageoires sont variées de blanc et de noir. Le Japon est sa patrie [2].

CENT SOIXANTE-QUATORZIÈME GENRE

LES LORICAIRES

Le corps et la queue couverts en entier d'une sorte de cuirasse à lames ; la bouche au-dessous du museau ; les lèvres extensibles ; une seule nageoire dorsale.

ESPÈCES.	CARACTÈRES.
1. La Loricaire sétifère.	Un rayon aiguillonné et sept rayons articulés à la nageoire du dos ; un rayon aiguillonné et cinq rayons articulés à celle de l'anus ; la caudale fourchue ; le premier rayon du lobe supérieur de la nageoire de la queue très allongé ; une grande quantité de petits barbillons autour de l'ouverture de la bouche.
2. La Loricaire tachetée.	Point de dents à la mâchoire supérieure, ni de petits barbillons autour de l'ouverture de la bouche ; un grand nombre de taches brunes.

LA LORICAIRE SÉTIFÈRE [3]

Loricaria cataphracta, Linn., Gmel., Cuv. — *Loricaria cirrhosa*, Bloch, Schx.
— *Loricaria setifera*, Lacép.

LA LORICAIRE TACHETÉE

Loricaria maculata, Bloch, Lacép.

Les loricaires sont, parmi les osseux, les représentants des acipensères que nous avons décrits en traitant des cartilagineux. Elles ont avec ces pois-

1. Houttuyn, *Act. Haarl.*, XX, 2, p. 338, n. 27.
2. A la membrane branchiale du centranodon japonais............ 6 rayons.
   A chaque pectorale.................................... 20 —
   A chaque ventrale..................................... 6 —
   A la nageoire de l'anus............................... 10 —
   A celle de la queue................................... 13 —
3. *Plécoste*. — *Panzerfisch*, en Allemagne. — *Gewapende harnasman*, en Hollande. — *Bonfiaelling*, en Suède. — *Cataphract*, par les Anglais. — Mus. Ad. Frid., 1, p. 79, tab. 29, fig. 1.

sons des rapports très marqués par leur conformation générale, par la position de la bouche au-dessous du museau, par leurs barbillons, par les plaques dures qui les revêtent. Si elles n'offrent pas des dimensions aussi grandes, une force aussi remarquable, des moyens d'attaque aussi redoutables pour leurs ennemis, elles ont des armes défensives à proportion plus sûres, parce que les pièces de leur cuirasse, placées sans intervalle les unes auprès des autres, ne laissent, pour ainsi dire, aucune de leurs parties sans abri. La sétifère a les mâchoires garnies de dents petites, flexibles et semblables à des *soies;* l'ouverture des branchies très étroite ; le premier rayon de chaque pectorale dentelé sur deux bords ; celui des ventrales dentelé ; celui de l'anale et de la nageoire du dos dur, gros et rude ; le corps couvert de lames fortes, presque toutes losangées, et dont plusieurs sont garnies d'un aiguillon ; la queue renfermée dans un étui composé d'anneaux situés les uns au-dessus des autres ; ces anneaux découpés, comprimés et formant souvent en haut et en bas une arête ou carène dentelée ; le premier rayon du lobe supérieur de la queue quelquefois plus long que tout le corps ; la couleur générale d'un jaune brunâtre [1].

Elle habite dans l'Amérique méridionale, ainsi que la tachetée, que nous regardons comme une espèce différente de la sétifère, mais qui cependant pourrait n'en être qu'une variété distinguée par l'arrondissement de la partie antérieure et inférieure de sa tête ; le nombre de ses barbillons, qui n'excède pas deux ; le défaut de dents *sétacées;* la présence de deux pointes, à la vérité très difficiles à reconnaître, à la mâchoire inférieure ; de grandes lames placées sur le ventre, les unes à côté des autres ; la moindre longueur du premier rayon de la caudale ; des taches irrégulières, d'un brun foncé, distribuées sur presque toute la surface du poisson ; et une tache noire que l'on voit au bout du lobe inférieur de la nageoire de la queue.

CENT SOIXANTE-QUINZIÈME GENRE

LES HYPOSTOMES

Le corps et la queue couverts en entier d'une sorte de cuirasse à lames ; la bouche au-dessous du museau ; les lèvres extensibles ; deux nageoires dorsales.

ESPÈCE.	CARACTÈRES.
L'HYPOSTOME GUACARI.	Huit rayons à la première nageoire du dos ; un seul à la seconde ; la caudale en croissant.

— Gronov., Mus., 1, n. 69. — Séba, Mus., 3, tab. 29, fig. 14. — *Loricaire plécoste.* Daubenton et Haüy, Encyclopédie méthodique. — *Id.* Bonnaterre, planches de l'Encyclopédie méthodique. — *Cuirassier plécoste.* Bloch, pl. 375, fig. 3. — *Id.* Bloch, pl. 375, fig. 1 et 2.

1. A la membrane branchiale de la loricaire sétifère et de la loricaire tachetée . . . . 4 rayons.
A chaque pectorale . . . . 7 —
A chaque ventrale . . . . 6 —
A la caudale . . . . 12 —

L'HYPOSTOME GUACARI [1]

oricaria (Hypostoma) plecostomus, Cuv. — *Loricaria plecostomus,* Linn., Bloch.
— *Hypostomus guacari,* Lacép.

Le nom générique de ce poisson indique la position de sa bouche. Il
ontre une couverture osseuse et découpée par derrière sur sa tête ; une
verture étroite et transversale à sa bouche ; des dents très petites et comme
acées à ses mâchoires ; des verrues et deux barbillons à la lèvre infé-
eure ; une membrane lisse sur la langue et le palais ; un seul orifice à
aque narine ; quatre rangées longitudinales de lames de chaque côté de
tui solide qui renferme son corps et sa queue ; une arête terminée par une
inte à chacune de ces lames ; un premier rayon très dur à chaque ven-
ale ; un premier rayon dentelé et très fort aux pectorales, ainsi qu'à la
emière nageoire du dos ; des taches inégales, arrondies, brunes ou noires ;
différentes nuances d'orangé dans sa couleur générale.

Le canal intestinal est six fois plus long que le poisson. La chair est de
n goût. Les rivières de l'Amérique méridionale sont le séjour ordinaire du
acari [2].

CENT SOIXANTE-SEIZIÈME GENRE

LES CORYDORAS

grandes lames de chaque côté du corps et de la queue ; la tête couverte de pièces larges et
dures ; la bouche à l'extrémité du museau ; deux barbillons ; deux nageoires dorsales ; plus
d'un rayon à chaque nageoire du dos.

ESPÈCE.	CARACTÈRES.
E CORYDORAS GEOFFROY.	Deux rayons aiguillonnés et neuf rayons articulés à la pre-mière nageoire du dos ; la caudale fourchue.

LE CORYDORAS GEOFFROY

Corydoras Geoffroy, Lacép.

Nous avons trouvé dans la collection donnée par la Hollande à la France
individu de cette espèce encore inconnue des naturalistes. Le nom géné-
que par lequel nous avons cru devoir la distinguer indique la cuirasse et

1. *Goré,* auprès de Cayenne. — *Steveraglige plooy beck,* en Hollande. — *Indianisk-stor,* en
de. — *Runzelmaul,* en Allemagne. — *Loricaire guacari.* Daubenton et Haüy, Encyclopédie
thodique. — *Id.* Bonnaterre, planches de l'Encyclopédie méthodique. — *Loricaire plécostome.*
ch, pl. 374. — Mus. Ad. Frid., 1, p. 55, tab. 28, fig. 4.
« Plecostomus dorso dipterygio, etc. » Gronov., Mus. 1, n. 67., tab. 3, fig. 1 et 2. — Séba,
s. 3, tab. 20, fig. 11. — *Guacari.* Marcg., *Brasil.,* 166.
2. A la membrane branchiale de l'hypostome guacari.............. 4 rayons.
    A chaque pectorale.. 7 —
    A chaque ventrale... 6 —
    A la nageoire de l'anus.. 5 —
    A celle de la queue... 16 —

le casque qu'elle a reçus de la nature [1]; nous l'avons dédiée à notre collègue Geoffroy, qui a si bien mérité la reconnaissance de tous ceux qui cultivent l'histoire naturelle, par des observations qu'il a faites en Égypte sur les divers animaux de cette contrée, et particulièrement sur les poissons du Nil.

Les lames qui garantissent chaque côté de cet osseux sont disposées sur deux rangs; elles sont de plus très larges et hexagones. Une membrane assez longue sépare les deux rayons qui soutiennent la seconde nageoire du dos. Le premier rayon de chaque pectorale est hérissé de très petites pointes. Le second rayon de la première nageoire du dos est dentelé d'un seul côté. Le premier de cette même nageoire n'offre pas de dentelure; il est même très court; mais on peut remarquer sa force. Chaque narine a deux orifices. On voit une grande lame au-dessus de chaque pectorale [2].

CENT SOIXANTE-DIX-SEPTIÈME GENRE

LES TACHYSURES

La bouche à l'extrémité du museau; des barbillons aux mâchoires; le corps et la queue très allongés et revêtus d'une peau visqueuse; le premier rayon de la première nageoire du dos et de chaque pectorale très fort; deux nageoires dorsales, l'une et l'autre soutenues par plus d'un rayon.

ESPÈCE.	CARACTÈRES.
LE TACHYSURE CHINOIS.	Six barbillons aux mâchoires; la caudale fourchue.

LE TACHYSURE CHINOIS

Tachysurus sinensis, LACÉP.

Parmi les peintures chinoises déposées au Muséum d'histoire naturelle on voit une figure de cette belle espèce, dont les formes et les habitudes ont beaucoup de rapports avec celles des silures, des pimélodes, des pogonathes.

Ce poisson vit dans l'eau douce. Son nom générique exprime l'agilité de sa queue longue et déliée [3], et son nom spécifique indique son pays.

La mâchoire supérieure est un peu plus avancée que l'inférieure; elle présente deux barbillons; on en compte quatre à la mâchoire d'en bas. Chaque narine n'a qu'un orifice. Le dessus de la tête est aplati; le museau arrondi; le dos très relevé et anguleux; la ligne latérale droite; l'opercule composé de trois pièces; la seconde nageoire du dos un peu ovale et semblable pour la forme, ainsi que pour les dimensions, à celle de l'anus, au-

---

1. *Corys,* en grec, signifie *casque;* et *doras, cuirasse.*
2. A chaque pectorale du corydoras geoffroy...................... 11 rayons.
    A la seconde dorsale... 2 —
    A chaque ventrale.. 6 —
    A la nageoire de l'anus.. 7 —
    A celle de la queue... 14 —
3. *Tachys,* en grec, signifie *rapide.*

dessus de laquelle elle est située ; la couleur générale verte, avec des taches d'un vert plus foncé. Des teintes rouges paraissent sur les ventrales et sur les nageoires de l'anus et de la queue.

CENT SOIXANTE-DIX-HUITIÈME GENRE

LES SALMONES

La bouche à l'extrémité du museau ; la tête comprimée ; des écailles facilement visibles sur le corps et sur la queue ; point de grandes lames sur les côtés, de cuirasse, de piquants aux opercules, de rayons dentelés, ni de barbillons ; deux nageoires dorsales ; la seconde adipeuse et dénuée de rayons ; la première plus près ou aussi près de la tête que les ventrales ; plus de quatre rayons à la membrane des branchies ; des dents fortes aux mâchoires.

ESPÈCES.	CARACTÈRES.
1. Le Salmone saumon.	Quatorze rayons à la première nageoire du dos ; treize à celle de l'anus ; dix à chaque ventrale ; le bout du museau plus avancé que la mâchoire inférieure ; la caudale fourchue.
2. Le Salmone illanken.	Douze rayons à la première dorsale et à la nageoire de l'anus ; onze rayons à chaque ventrale ; la tête grande ; la mâchoire inférieure terminée par une sorte de crochet émoussé : des taches noires, allongées, inégales et peu faciles à distinguer.
3. Le Salmone schieffer-muller.	Quinze rayons à la première nageoire du dos ; treize à celle de l'anus ; dix à chaque ventrale ; la mâchoire inférieure plus allongée que la supérieure ; la caudale fourchue ; des taches noires.
4. Le Salmone ériox.	Quatorze rayons à la première nageoire du dos ; douze à celle de l'anus ; dix à chaque ventrale ; la caudale à peine échancrée ; des taches grises.
5. Le Salmone truite.	Quatorze rayons à la première nageoire du dos ; onze à celle de l'anus ; treize à chaque ventrale ; la caudale peu échancrée : des taches rondes rouges et renfermées dans un cercle d'une nuance plus claire sur les côtés du poisson.
6. Le Salmone bergfo-relle.	Treize rayons à la première nageoire du dos ; douze à celle de l'anus ; huit à chaque ventrale ; la caudale à peine échancrée ; des taches et des points noirs, rouges et argentins, sans bordure.
7. Le Salmone truite saumonée.	Quatorze rayons à la première nageoire du dos ; onze à celle de l'anus ; dix à chaque ventrale ; la caudale en croissant ; des taches noires sur la tête, le dos et les côtés.
8. Le Salmone rouge.	Douze rayons à la première dorsale ; onze à la nageoire de l'anus ; dix à chaque ventrale ; les deux mâchoires également avancées ; la caudale fourchue ; des taches rouges ou rougeâtres et entourées d'un cercle d'une autre nuance ; du rouge sur les nageoires de la queue, de l'anus et du ventre, et sur la partie inférieure de l'animal.
9. Le Salmone gæden.	Douze rayons à la première nageoire du dos ; onze à la nageoire de l'anus ; dix à chaque ventrale ; la caudale fourchue ; la tête très petite ; le corps et la queue très allongés et très minces ; des taches rouges renfermées dans un cercle bleu.

ESPÈCES.	CARACTÈRES.
10. Le Salmone huch.	Treize rayons à la première dorsale ; douze à la nageoire de l'anus ; dix à chaque ventrale ; la mâchoire supérieure un peu plus avancée que l'inférieure ; des taches brunes, petites et rondes sur le corps, la queue et toutes les nageoires, excepté les pectorales.
11. Le Salmone carpion.	Quatorze rayons à la première dorsale ; douze à l'anale ; dix à chaque nageoire ventrale ; la caudale en croissant ; la mâchoire d'en bas un peu plus avancée que celle d'en haut ; les côtés argentés et semés de taches petites et blanches ; du noir et du rouge sur les nageoires inférieures.
12. Le Salmone salveline.	Treize rayons à la première nageoire du dos ; douze à l'anale ; neuf à chaque ventrale ; la caudale fourchue ; la mâchoire supérieure un peu plus avancée que l'inférieure ; les ventrales rouges ; le premier rayon de ces nageoires et de celle de l'anus fort et blanc.
13. Le Salmone omble chevalier.	Onze rayons à la première nageoire du dos et à celle de l'anus ; neuf à chaque ventrale ; la caudale fourchue ; la tête petite ; la mâchoire supérieure plus avancée que l'inférieure ; le corps et la queue sans taches.
14. Le Salmone taimen.	Treize rayons à la première dorsale ; dix à la nageoire de l'anus et à chaque ventrale ; la caudale fourchue ; la tête allongée ; le museau un peu déprimé ; la mâchoire inférieure un peu plus avancée que celle d'en haut ; la couleur générale brunâtre ; un grand nombre de taches rondes et brunes.
15. Le Salmone nelma.	Treize rayons à la première nageoire du dos ; quatorze à celle de l'anus ; la caudale fourchue ; la tête très allongée ; la mâchoire inférieure beaucoup plus avancée que la supérieure ; le museau un peu déprimé ; les écailles grandes ; la couleur générale argentée.
16. Le Salmone lenok.	Treize rayons à la première dorsale ; douze à la nageoire de l'anus ; dix à chaque ventrale ; la caudale fourchue ; le corps et la queue hauts et épais ; la prunelle anguleuse par devant ; un grand nombre de points bruns sur la partie supérieure du poisson ; les dorsales tachetées.
17. Le Salmone kundscha.	Douze rayons à la première dorsale ; dix à la nageoire de l'anus ; neuf à chaque ventrale ; la caudale fourchue ; la nageoire adipeuse, petite et dentelée ; la couleur générale argentée ; des taches rondes et blanches.
18. Le Salmone arctique.	Dix-huit rayons à la première nageoire du dos ; dix à l'anale ; la caudale fourchue ; trois rides longitudinales sur la tête ; quatre rangées de points et de petites raies brunes de chaque côté du poisson.
19. Le Salmone reidur.	Quatorze rayons à la première dorsale ; dix à la nageoire de l'anus et à chaque ventrale ; la caudale un peu fourchue ; l'adipeuse en forme de faux ; la mâchoire supérieure plus longue que l'inférieure ; la couleur générale brunâtre ; point de taches.

ESPÈCES.	CARACTÈRES.
20. LE SALMONE ICIME.	Le corps et la queue allongés ; les écailles très petites et lisses ; la peau très enduite d'une humeur visqueuse ; la partie supérieure du poisson brune, l'inférieure rouge ou rougeâtre ; des points noirs.
21. LE SALMONE LEPECHIN.	Neuf rayons à la première nageoire du dos ; douze à l'anale ; neuf à chaque ventrale ; les écailles très petites ; la mâchoire d'en haut un peu plus avancée que celle d'en bas : le dos brun ; le ventre rouge ; des taches noires, petites. renfermées dans un cercle rouge et placées sur les côtés de l'animal.
22. LE SALMONE SIL.	Douze rayons à la première dorsale ; quatorze à la nageoire de l'anus ; treize à chaque ventrale ; les écailles grandes et brillantes ; l'anus très rapproché de la caudale ; la couleur générale brune ; les nageoires jaunâtres.
23. LE SALMONE LODDE.	Quatorze rayons à la première nageoire du dos ; vingt-huit à celle de l'anus ; huit à chaque ventrale ; la caudale fourchue ; la queue très haute au-dessus de l'anale ; les os de la tête minces et transparents ; le dos d'un noir mêlé de vert ; les côtés et le ventre argentins.
24. LE SALMONE BLANC.	Onze rayons à la première nageoire du dos ; neuf à celle de l'anus ; neuf à chaque ventrale ; la mâchoire supérieure plus allongée que l'inférieure ; la caudale fourchue et noire ; la ligne latérale droite ; une bande longitudinale argentée de chaque côté du poisson.
25. LE SALMONE VARIÉ.	Dix rayons à la première dorsale ; huit à la nageoire de l'anus et à chaque ventrale ; la caudale fourchue ; le corps et la queue très allongés, la tête et les opercules couverts d'écailles semblables à celles du dos ; une raie longitudinale rouge, chargée de taches noires et placée de chaque côté de l'animal, au-dessus d'une série d'espaces alternativement jaunes et noirs ; les nageoires variées de noir et de rouge.
26. LE SALMONE RENÉ.	Dix rayons à la première nageoire du dos ; neuf à l'anale et à chaque ventrale ; la caudale fourchue ; les deux mâchoires presque aussi avancées l'une que l'autre ; deux orifices à chaque narine ; neuf ou dix taches grandes et bleuâtres le long de la ligne latérale.
27. LE SALMONE RILLE.	Quatorze rayons à la première dorsale ; neuf à la nageoire de l'anus et à chaque ventrale ; les mâchoires également avancées ; des taches petites et rouges, et des taches noires et plus petites sur les côtés ; deux taches noires sur chaque opercule.
28. LE SALMONE GADOÏDE.	Onze rayons à la première nageoire du dos ; huit à celle de l'anus ; neuf à chaque ventrale ; l'ouverture de la bouche très grande ; la mâchoire inférieure plus avancée que la supérieure ; la couleur générale d'un gris marbré ; des taches rouges et brunes sur le dos ; des taches sur la nageoire adipeuse.
29. LE SALMONE CUMBER-LAND.	Dix rayons à la première nageoire du dos ; huit à la nageoire de l'anus ; neuf à chaque ventrale ; la caudale échancrée ; les deux mâchoires également avancées ; deux rangées de

<table>
<tr><td>ESPÈCE.</td><td>CARACTÈRES.</td></tr>
<tr><td>29. Le Salmone cumber-
land.</td><td>dents fines et pointues à chaque mâchoire; une rangée longitudinale de dents aiguës au milieu du palais; des points rouges le long de la ligne latérale.</td></tr>
</table>

LE SALMONE SAUMON [1]

Salmo salar, Linn., Bloch, Lacép.

Tout le monde croirait le saumon bien connu; et cependant combien peu de personnes, même très instruites, savent que, parmi les différentes espèces d'animaux, il en est peu qui méritent plus que ce poisson l'observation du naturaliste, l'exament du physicien, les soins de l'économe !

La nature des climats qu'il préfère, la diversité des eaux dans lesquelles il se plaît, la vitesse de ses mouvements, la rapidité de sa natation, la facilité avec laquelle il franchit les obstacles, la longueur immense des espaces qu'il parcourt, la régularité de ses grands voyages, la manière dont il fraye, les précautions qu'il paraît prendre pour la sûreté des êtres qui lui devront le jour, les travaux qu'il exécute, les combats que le force à livrer une sorte de tendresse maternelle, son instinct pour échapper au danger, les ruses par lesquelles il déconcerte souvent les pêcheurs les plus habiles, les dimensions qu'il présente, le bon goût de sa chair, l'usage que l'on peut faire de sa dépouille, tout, dans les habitudes et les propriétés du saumon, doit être l'objet d'une attention particulière.

Ce poisson se plaît dans presque toutes les mers, dans celles qui se rapprochent le plus du pôle et dans celles qui sont le plus voisines de

1. *Saumoneau*, avant deux ans d'âge. — *Tacon*, avant trois ans d'âge. — *Salm, Lachs*, dans quelques contrées d'Allemagne. — *Sœlmling*, ibid., lorsqu'il n'a qu'un an. — *Weisslach*, ibid., lorsqu'il est gras. — *Graulach*, ibid., lorsqu'il est maigre. — *Kupferlachs*, ibid., dans le temps du frai. — *Wracklachs*, ibid., après le temps du frai. — *Rothlachs*, ibid., lorsqu'il a été pris dans la mer. — *Kalbfleischlachs*, ibid.

Lassis, en Livonie. — *Rencki*, ibid., lorsqu'il est gros. — *Lœhse, Kolla*, en Estonie. — *Rgui balik*, en Tartarie. — *Jarga*, chez les Kalmouks. — *Lohs*, en Finlande. — *Seelax, Haflax, Blanklax, Grœnnacke*, en Suède. — *Haplax*, en Danemark. — *Hakelar*, en Norvège.

Laking, en Norvège, quand il est encore jeune. — *Kapisalirksoak, Reblericksorsoak*, dans le Groenland. — *Salmon*, en Angleterre. — *Schmelt*, en Écosse, lorsqu'il a un an. — *Smont*, ibid. — *Mort*, ibid., à trois ans. — *Forktail*, ibid., à quatre ans. — *Halffisch*, à cinq ans. — *Kipper*, ibid., après le temps du frai. — *Fauna succica*, 345. — *Salmone saumon*. Daubenton et Haüy, Encyclopédie méthodique. — *Id.* Bonnaterre, planches de l'Encyclopédie méthodique.

Bloch, pl. 20 et 98. — Artedi, gen. 11, syn. 22, spec. 48. — *Salmo*. Pline, lib. IX, cap. xviii. — *Id.* Auson. Mosella, v. 97. — *Id.* Salvian, fol. 100, *a, b.* — *Id.* Gesner, p. 824, 825 et (germ.) 181, *b*, 182, *a.* — *Id.* Jonston, lib. II, tit. 1, cap. i, p. 106, tab. 23, fig. 1; Thaumat., p. 427. — *Id.* Charlet, p. 150. — *Id.* Willughby, p. 189, etc., tab. 11, fig. 2. — *Id.* Ray, p. 63. — *Salmo nobilis*, Schonev., p. 64. — *Salmo vulgaris*. Aldrov., lib. IV, cap. i, p. 483. — Müller, *Prodrom. zoolog. danic.*, p. 48, n. 405. — Gronov., Mus., 2, p. 12, n. 163; *Zooph.*, n. 369. — Klein, *Miss. pisc.*, 5, p. 17, n. 12; tab. 5, fig. 2. — *Brit. zoolog.*, 3, p. 239, n. 1.

Saumon. Valmont de Bomare, *Dictionnaire d'histoire naturelle*. — *Saumon* et *tacon*. Rondelet, partie 2, *Poissons de rivière*, chap. i.

l'équateur. On le trouve sur les côtes occidentales de l'Europe, dans la Grande-Bretagne, auprès de tous les rivages de la Baltique, particulièrement dans le golfe de Riga, au Spitzberg, au Groenland, dans le nord de l'Amérique, dans l'Amérique méridionale, dans la Nouvelle-Hollande, au fond de la Manche de Tartarie au Kamtchatka, etc. Il préfère partout le voisinage des grands fleuves et des rivières, dont les eaux douces et rapides lui servent d'habitation pendant une très grande partie de l'année. Il n'est point étranger aux lacs immenses ou aux mers intérieures qui ne paraissent avoir aucune communication avec l'Océan. On le compte parmi les poissons de la Caspienne, et cependant on assure qu'on ne l'a jamais vu dans la Méditerranée. Aristote ne l'a pas connu. Pline ne parle que des individus de cette espèce que l'on avait pris dans les Gaules; et le savant professeur Pictet conjecture qu'on ne l'a point observé dans le lac de Genève, parce qu'il n'entre pas dans la Méditerranée, ou du moins parce qu'il y est très rare [1].

Il tient le milieu entre les poissons marins et ceux des rivières. S'il croît dans la mer, il naît dans l'eau douce; si pendant l'hiver il se réfugie dans l'Océan, il passe la belle saison dans les fleuves. Il en recherche les eaux les plus pures; il ne supporte qu'avec peine ce qui peut en troubler la limpidité; et c'est presque toujours dans ces eaux claires qui coulent sur un fond de gravier que l'on rencontre les troupes les plus nombreuses des saumons les plus beaux.

Il parcourt avec facilité toute la longueur des plus grands fleuves. Il parvient jusqu'en Bohême par l'Elbe, en Suisse par le Rhin, et auprès des hautes Cordillères de l'Amérique méridionale par l'immense Maragnon, dont le cours est de mille lieues. On a même écrit qu'il n'était ni effrayé ni rebuté par une grande étendue de trajet souterrain; on a prétendu qu'on avait retrouvé, dans la mer Caspienne, des saumons du golfe Persique, qu'on avait reconnus aux anneaux d'or ou d'argent que de riches habitants des rives de ce golfe s'étaient plu à leur faire attacher.

Dans les contrées tempérées, les saumons quittent la mer vers le commencement du printemps; et dans les régions moins éloignées du cercle polaire, ils entrent dans les fleuves lorsque les glaces commencent à fondre sur les côtes de l'Océan. Ils partent avec le flux, surtout lorsque les flots de la mer sont poussés contre le courant des rivières par un vent assez fort, que l'on nomme, dans plusieurs pays, *vent du saumon*. Ils préfèrent se jeter dans celles qu'ils trouvent le plus débarrassées de glaçons, ou dans lesquelles ils sont entraînés par la marée la plus haute et la plus favorisée par le vent. Si les chaleurs de l'été deviennent trop fortes, ils se réfugient dans les endroits les plus profonds, où ils peuvent jouir, à une grande distance de la surface de la rivière, de la fraîcheur qu'ils recherchent. C'est par une suite

---

1. Lettre du professeur Pictet, *Journal de Genève*, 1er mars 1788.

de ce besoin de la fraîcheur, qu'ils aiment les eaux douces dont les bords sont ombragés par des arbres touffus.

Ils redescendent dans la mer vers la fin de l'automne, pour remonter de nouveau dans les fleuves à l'approche du printemps. Plusieurs de ces poissons restent cependant, pendant l'hiver, dans les rivières qu'ils ont parcourues. Plusieurs circonstances peuvent les y déterminer; et ils y sont forcés quelquefois par les glaces qui se forment à l'embouchure avant qu'ils soient arrivés pour la franchir.

Ils s'éloignent de la mer en troupes nombreuses et présentent souvent, dans l'arrangement de celles qu'ils forment, autant de régularité que les époques de leurs grands voyages. Le plus gros de ces poissons, qui est ordinairement une femelle, s'avance le premier; à sa suite viennent les autres femelles deux à deux, et chacune à la distance de trois à six pieds de celle qui la précède; les mâles les plus grands paraissent ensuite, observent le même ordre que les femelles et sont suivis des plus jeunes. On peut croire que cette disposition est réglée par l'inégalité de la hardiesse de ces différents individus, ou de la force qu'ils peuvent opposer à l'action de l'eau.

S'ils donnent contre un filet, ils le déchirent ou cherchent à s'échapper par-dessous ou par les côtés de cet obstacle; dès qu'un de ces poissons a trouvé une issue, les autres poissons le suivent, et leur premier ordre se rétablit.

Lorsqu'ils nagent, ils se tiennent au milieu du fleuve et près de la surface de l'eau; comme ils sont souvent très nombreux, qu'ils agitent l'eau violemment et qu'ils font beaucoup de bruit, on les entend de loin, comme le murmure sourd d'un orage lointain. Lorsque la tempête menace, que le soleil lance des rayons très ardents et que l'atmosphère est très échauffée, ils remontent les fleuves sans s'éloigner du fond de la rivière. Des tonneaux, des bois, et principalement des planches luisantes, flottant sur l'eau, les corps rouges, les couleurs très vives, des bruits inconnus, peuvent les effrayer au point de les détourner de leur direction, de les arrêter même dans leur voyage, et quelquefois de les obliger à retourner vers la mer.

Si la température de la rivière, la nature de la lumière du soleil, la vitesse et les qualités de l'eau leur conviennent, ils voyagent lentement, ils jouent à la surface du fleuve; ils s'écartent de leur route et reviennent plusieurs fois sur l'espace qu'ils ont déjà parcouru. Mais s'ils veulent se dérober à quelque sensation incommode, éviter un danger, échapper à un piège, ils s'élancent avec tant de rapidité, que l'œil a de la peine à les suivre. On peut d'ailleurs démontrer que ceux de ces poissons qui n'emploient que trois mois à remonter jusque vers les sources d'un fleuve tel que le Maragnon, dont le cours est de mille lieues, et dont le courant est remarquable par sa vitesse, sont obligés de déployer, pendant près de la moitié de chaque jour, une force de natation telle qu'elle leur ferait parcourir, dans un lac tranquille, dix ou douze

lieues par heure, et l'on a éprouvé de plus que, lorsqu'ils ne sont pas contraints à exécuter des mouvements aussi prolongés, ils franchissent par
seconde une étendue de vingt-quatre pieds ou environ[1].

On ne sera pas surpris de cette célérité, si l'on rappelle ce que nous
avons dit de la natation des poissons dans notre premier discours sur ces
animaux. Les saumons ont dans leur queue une rame très puissante. Les
muscles de cette partie de leur corps jouissent même d'une si grande énergie,
que des cataractes élevées ne sont pas pour ces poissons un obstacle insurmontable. Ils s'appuient contre de grosses pierres, rapprochent de leur
bouche l'extrémité de leur queue, en serrent le bout avec les dents, en font
par là une sorte de ressort fortement tendu, lui donnent avec promptitude
la première position, débandent avec vivacité l'arc qu'elle forme, frappent avec
violence contre l'eau, s'élancent à une hauteur de plus de douze ou quinze
pieds et franchissent la cataracte[2]. Ils retombent quelquefois sans avoir pu
s'élancer au delà des roches, ou l'emporter sur la chute de l'eau; mais ils
recommencent bientôt leurs manœuvres, ne cessent de redoubler d'efforts
qu'après des tentatives très multipliées; et c'est surtout lorsque le plus gros
de leur troupe, celui que l'on a nommé leur conducteur, a sauté avec succès
qu'ils s'élancent avec une nouvelle ardeur.

Après toutes ces fatigues, ils ont souvent besoin de se reposer. Ils se placent alors sur quelque corps solide. Ils cherchent la position la plus favorable au délassement de leur queue, celui de leurs organes qui a le plus
agi; et pour être toujours prêt à continuer leur route, ou pour recevoir plus
facilement les émanations odorantes qui peuvent les avertir du voisinage des
objets qu'ils désirent ou qu'ils craignent, ils tiennent la tête dirigée contre
le courant.

Indépendamment de leur queue longue, agile et vigoureuse, ils ont,
pour attaquer ou pour se défendre, des dents nombreuses et très pointues
qui garnissent les deux mâchoires et le palais, sur chacun des côtés duquel
elles forment une ou deux rangées.

On trouve aussi, des deux côtés du gosier, un os hérissé de dents aiguës
et recourbées. Six ou huit dents semblables à ces dernières sont placées sur
la langue; et, parmi celles que montrent les mâchoires, il y en a de petites
qui sont mobiles. Les écailles qui recouvrent le corps et la queue sont d'une
grandeur moyenne; la tête ni les opercules n'en présentent pas de semblables. Au côté extérieur de chaque ventrale paraît un appendice triangulaire, aplati, allongé, pointu, garni de petites écailles, couché le long du
corps et dirigé en arrière. Au reste, cet appendice n'est pas particulier au
saumon; nous n'avons guère vu de salmone qui n'en eût un semblable ou
analogue.

La ligne latérale est droite; le foie rouge, gros et huileux; l'estomac

1. Voyez le Discours sur la nature des poissons.
2. Consultez particulièrement le *Voyage de Twiss en Irlande*.

allongé ; le canal intestinal garni, auprès du pylore, de soixante-dix appendices ou cæcums réunis par une membrane ; la vessie natatoire simple et située très près de l'épine du dos ; cette épine composée de trente-six vertèbres et fortifiée de chaque côté par trente-trois côtes[1].

Le front, la nuque, les joues et le dos sont noirs ; les côtés bleuâtres ou verdâtres dans leur partie supérieure et argentés dans l'inférieure ; la gorge et le ventre d'un rouge jaune ; les membranes branchiales jaunâtres ; les pectorales jaunes à leur base et bleuâtres à leur extrémité ; les ventrales et l'anale d'un jaune doré. La première nageoire du dos est grise et tachetée ; l'adipeuse noire et la caudale bleue.

Quelquefois on voit sur la tête, les côtés et le dos des taches noires et irrégulières, plus grandes et plus clairsemées sur la femelle.

Les mâles, que l'on dit beaucoup moins nombreux que les femelles, offrent d'ailleurs, dans quelques rivières, et particulièrement dans celle de Spal, en Écosse, plus de nuances rouges, moins d'épaisseur dans le corps et plus de grosseur dans la tête.

Dans toutes les eaux, leur mâchoire supérieure non seulement est plus avancée que celle d'en bas, mais encore, lorsqu'ils sont parvenus à leur troisième année, elle devient plus longue et se recourbe vers l'inférieure ; son allongement et sa courbure augmentent à mesure qu'ils grandissent ; elle a bientôt la forme d'un crochet émoussé qui entre dans un enfoncement de la mâchoire d'en bas ; et cette conformation, qui leur a fait donner le nom de *bécard* ou *becquet*, les avait fait regarder par quelques naturalistes comme d'une espèce différente de celle que nous décrivons.

Leur laite est entièrement formée, et le temps du frai commence à une époque plus ou moins avancée de chaque printemps ou de chaque été, suivant qu'ils habitent dans les eaux plus ou moins éloignées de la zone glaciale. Les femelles cherchent alors un endroit commode pour leur ponte. Quelquefois elles aiment mieux déposer leurs œufs dans de petits ruisseaux que dans les grandes rivières auxquelles ils se réunissent[2] ; et elles paraissent chercher le plus souvent à déposer leurs œufs dans un courant peu rapide et sur du sable ou du gravier.

On a écrit que, dans plusieurs rivières de la Grande-Bretagne, la femelle ne se contentait pas de choisir le lieu le plus favorable à la ponte ; qu'elle travaillait à la rendre plus commode encore ; qu'elle creusait dans l'endroit préféré un trou allongé et de quinze ou dix-huit pouces de profondeur ; qu'elle s'y déchargeait de ses œufs, et qu'avec sa queue elle les recouvrait ensuite de sable. Peut-être peut-on douter de cette dernière précaution ; mais les autres opérations ont lieu dans presque tous les endroits où les saumons ont été bien observés. Le docteur Grant nous apprend, dans

1. On trouve souvent dans ce canal intestinal un tænia dont la longueur est de près de trois pieds, et dont la tête est dans un des appendices.

2. Notes manuscrites et très intéressantes communiquées par M. Pénières.

les Mémoires de Stockholm, que, lorsque les femelles travaillent à donner les dimensions nécessaires à la fosse qu'elle préparent, elles s'agitent à droite et à gauche, au point d'user leurs nageoires inférieures, et en laissant ordinairement leur tête immobile. On en a vu se frotter si vivement contre le terrain, qu'elles en détachaient avec violence la terre et les petites pierres, et qu'en répétant les mêmes mouvements de cinq en cinq minutes, ou à peu près, elles parvenaient, au bout de deux heures, à creuser un enfoncement de trois pieds de long, de deux pieds de profondeur et de six à huit pouces de rebord.

Lorsque la femelle a terminé ce travail, dont la principale cause est sans doute le besoin qu'elle a de frotter son ventre contre des corps durs, pour se débarrasser d'un poids qui la fatigue et la fait souffrir, et lorsque les œufs sont tombés dans le fond de la cavité qu'elle a creusée, et que l'on nomme *frayère* dans quelques-uns de nos départements, le mâle vient les féconder en les arrosant de sa liqueur vivifiante. Il peut se faire qu'alors il frotte le dessous de son corps contre le fond de la fosse, pour faire sortir plus facilement la substance liquide que sa laite contient ; mais on lui a attribué une opération qui supposerait une sensibilité d'un ordre bien supérieur et un instinct bien plus relevé ; on a prétendu qu'il aidait la femelle à faire la fosse destinée à recevoir les œufs.

Au reste, si nous ne devons pas admettre cette dernière assertion, nous devons croire que le mâle est entraîné à la fécondation des œufs par une affection plus vive, ou d'une nature différente que celle qui y porte la plupart des autres poissons. Lorsqu'il trouve un autre mâle auprès des œufs déjà déposés dans la frayère ou auprès de la femelle pondant encore, il l'attaque avec courage, le poursuit avec acharnement, ou ne lui cède la place qu'après l'avoir disputée avec obstination[1].

Les saumons ne fréquentent ordinairement la frayère que pendant la nuit. Néanmoins, lorsque des brouillards épais sont répandus dans l'atmosphère, ils profitent de l'obscurité que donnent ces brouillards pour se rendre dans leur fosse, et ils y accourent aussi comme pressés par de nouveaux besoins, lorsqu'ils sont exposés à l'influence d'un vent très chaud[2].

Il arrive quelquefois cependant que les œufs pondus par les femelles et la liqueur séminale des mâles se mêlent uniquement par l'effet des courants.

Après le frai, les saumons, devenus mous, maigres et faibles, se laissent entraîner par les eaux, ou vont d'eux-mêmes reprendre dans l'eau salée une force nouvelle. Des taches brunes et de petites excroissances répandues sur leurs écailles sont quelquefois alors la marque de leur épuisement et du malaise qu'ils éprouvent.

1. Notes manuscrites de M. Pénières.
2. *Idem.*

Les œufs qu'ils ont pondus ou fécondés se développent plus ou moins vite, suivant la température du climat, la chaleur de la saison, les qualités de l'eau dans laquelle ils ont été déposés. Le jeune saumon ne conserve ordinairement que pendant un mois, ou environ, la bourse qui pend au-dessous de son estomac, et qui renferme la substance nécessaire à sa nourriture pendant les premiers jours de son existence. Il grandit ensuite assez rapidement et parvient bientôt à la taille de quatre ou cinq pouces. Lorsqu'il a acquis une longueur de huit à dix pouces, il jouit d'assez de force pour quitter le haut des rivières et pour en suivre le courant qui le conduit vers la mer ; mais souvent, avant cette époque, une inondation l'entraîne vers l'embouchure du fleuve.

Les jeunes saumons, qui ont atteint une longueur de quinze ou dix-huit pouces, quittent la mer pour remonter dans les rivières ; mais ils partent le plus souvent beaucoup plus tard que les gros saumons ; ils attendent communément le commencement de l'été.

On les suppose âgés de deux ans lorsqu'ils pèsent de six à huit livres. M. Pénières assure que, même dans les contrées tempérées, ils ne frayent que vers leur quatrième ou cinquième année[1].

Agés de cinq ou six ans, ils pèsent dix ou douze livres et parviennent bientôt à un développement très considérable. Ce développement peut être d'autant plus grand, qu'on pêche fréquemment en Écosse et en Suède des saumons du poids de quatre-vingts livres, et que les très grands individus de l'espèce que nous décrivons présentent une longueur de six pieds.

Les saumons vivent d'insectes, de vers et de jeunes poissons. Ils saisissent leur proie avec beaucoup d'agilité, et, par exemple, on les voit s'élancer, avec la rapidité de l'éclair, sur les moucherons, les papillons, les sauterelles et les autres insectes que les courants charrient, ou qui voltigent à quelques pouces au-dessus de la surface des eaux.

Mais s'ils sont à craindre pour un grand nombre de petits animaux, ils ont à redouter des ennemis bien puissants et bien nombreux. Ils sont poursuivis par les grands habitants des mers et de leurs rivages, par les squales, par les phoques, par les marsouins. Les gros oiseaux d'eau les attaquent aussi, et les pêcheurs leur font surtout une guerre cruelle.

Et comment ne seraient-ils pas, en effet, très recherchés par les pêcheurs ? Ils sont en très grand nombre ; leurs dimensions sont très grandes ; et leur chair, surtout celle des mâles, est, à la vérité, un peu difficile à digérer, mais grasse, nourrissante et très agréable au goût. Elle plaît d'ailleurs à l'œil par sa belle couleur rougeâtre. Ses nuances et sa délicatesse ne sont cependant pas les mêmes dans toutes les eaux. En Écosse, par exemple, le saumon de la Dée est, dit-on, plus gras que celui des rivières moins septentrionales du même pays. En Allemagne, on préfère les sau-

1. Notes manuscrites déjà citées.

mons du Rhin et du Wéser à ceux de l'Elbe, et ceux que l'on prend dans la Warta, la Netze et le Kuddow, à ceux que l'on trouve dans l'Oder.

Mais dans presque toutes les rivières qu'ils fréquentent et dans toutes les mers où on les trouve, les saumons dédommagent amplement des soins et du temps que l'on emploie pour les prendre.

Aussi a-t-on eu recours, dans la recherche de ces poissons, à presque toutes les manières de pêcher.

On les prend avec des filets, des parcs, des caisses, de fausses cascades, des nasses, des hameçons, des tridents, des feux, etc.

Les filets sont des *trubles*, des *trémails*[1], semblables à ceux dont on se sert en Norvège, que l'on tend le long du rivage de la mer, qui forment des arcs ou des triangles, et dans lesquels on attire les saumons en couvrant les rochers de manière à leur donner la couleur blanche de l'embouchure d'un fleuve qui se précipite dans l'Océan.

La ficelle dont on fait ces filets doit être aussi grosse qu'une plume à écrire. Ils présentent jusqu'à cent brasses de longueur, sur quatre de hauteur, et leurs mailles ont communément de quatre à cinq pouces de large.

On place les parcs auprès des bouches des rivières, ainsi qu'au-dessus des chutes d'eau. On leur donne une figure telle, que l'entrée de ces enclos soit très large et que le fond en soit assez étroit pour qu'un saumon puisse à peine y passer et qu'on l'y saisisse facilement avec un harpon[2].

On se sert de ces parcs pour augmenter la rapidité des rivières en resserrant leur cours, pour en rendre le séjour plus agréable aux saumons, qui ne s'engagent que rarement dans les eaux trop lentes. Ce moyen a été particulièrement mis en usage auprès de Dessau, dans la Milde, qui se jette dans l'Elbe.

Derrière ces parcs, auprès des moulins et dans d'autres endroits où le lit des rivières est rétréci par l'art ou par la nature, on forme des caisses à jour, qui ont une gorge comme une *louve*[3], et dans lesquelles se prennent les saumons qui descendent, ou ceux qui montent, suivant la direction que l'on donne à ces caisses. Dans certaines contrées, et particulièrement à Châteaulin, lieu voisin de Brest, et fameux depuis longtemps par la pêche du saumon, on élève des digues qui déterminent le courant à se jeter dans une caisse composée de grilles, et dont chaque face a quinze ou dix-huit pieds de largeur. Au milieu de cette caisse, on voit, à fleur d'eau, un trou dont le diamètre est d'un pied et demi à deux pieds. Autour de ce trou sont attachées par leur base des lames de fer-blanc, allongées, pointues, un peu recourbées,

---

1. Voyez, à l'article du *Gade colin*, l'explication du mot *trémail*, et, à celui du *Misgurn fossile*, celle du mot *truble*.

2. Ces enceintes portent le nom de *weir*, auprès de Ballyshannon, dans la partie occidentale du nord de l'Irlande. (*Voyage de Twiss*, déjà cité.)

3. On trouvera, dans l'article du *Pétromyzon lamproie*, l'explication du mot *louve*.

qui forment dans l'intérieur de la caisse un cône lorsque leur élasticité les rapproche, et un cylindre lorsqu'elles s'écartent les unes des autres. Les saumons, conduits par le courant, éloignent les unes des autres les extrémités de ces lames, entrent facilement dans la caisse, ne peuvent pas sortir par un passage que ferment les lames rapprochées, et s'engagent dans un réservoir d'où on les retire par le moyen d'un filet attaché au bout d'une perche. On tend cependant d'autres filets le long des digues, pour arrêter les saumons qui pourraient se dérober au courant et échapper au piège.

Dans quelques rivières, comme dans la Stolpe et le Wipper, on construit des écluses dont les pieux sont placés très près les uns des autres. Les saumons s'élancent par-dessus cet obstacle, mais ils trouvent au delà une rangée de pieux plus élevés que les premiers, et ils ne peuvent ni avancer ni reculer.

On prend aussi les saumons dans des nasses de neuf à douze pieds de longueur et faites de branches de sapin, que l'on réunit avec des ficelles, et que l'on tient assez écartées les unes des autres, pour qu'elles ne donnent pas une ombre qui effrayerait ces poissons.

On ne néglige pas non plus de les pêcher à la ligne, dont on garnit les hameçons de poissons très petits, de vers, d'insectes et particulièrement de *demoiselles*.

Pour mieux réussir, on a recours à une gaule très longue et très souple, qui se prête à tous les mouvements du saumon. Le pêcheur qui la tient suit tous les efforts de l'animal qui cherche à s'échapper ; et, si la nature du rivage s'y oppose, il lui abandonne la ligne. Le saumon se débat avec violence et longtemps ; il s'élance au-dessus de la surface de l'eau ; et, après avoir épuisé presque toutes ses forces pour se débarrasser du crochet qu'il a avalé, il vient se reposer près de la rive. Le pêcheur se ressaisit alors de sa ligne et le tourmente de nouveau pour achever de le lasser et le tirer facilement à lui [1].

Lorsqu'on préfère harponner les saumons, on lance ordinairement le trident à la distance de trente-six à quarante-cinq pieds. Les saumons que le harpon a blessés sans les retenir quittent l'espèce de bassin ou de canal dans lequel ils ont été attaqués, pour se réfugier dans le canal ou bassin supérieur. Si on les y poursuit et qu'on les entoure de filets, ils s'enfoncent sous les roches ou se collent contre le sable, et immobiles laissent glisser sur eux les plombs du bas des filets que traînent les pêcheurs. On les a vus aussi se précipiter dans un courant rapide, et, cachés sous l'écume et les bouillons des eaux, souffrir avec constance, et sans changer de place, la douleur que leur causait une gaule qui frottait avec force et comprimait leur dos [2].

La pêche du saumon forme, dans plusieurs contrées, une branche

1. Notes manuscrites de M. Pénières.
2. *Idem.*

d'industrie et de commerce dont les produits peuvent servir à la nourriture d'un grand nombre de personnes. A Berghen, par exemple, il n'est pas rare de voir les pêcheurs apporter deux mille saumons dans un jour. Nous lisons dans le Voyage de l'infortuné La Pérouse[1], qu'auprès de la baie de Castries, sur la côte orientale de Tartarie, au fond de la Manche du même nom, on prit, dans un seul jour du mois de juillet, plus de deux mille saumons. Il est des pays où l'on en pêche plus de deux cent mille par an. En Norvège, on a pris quelquefois plus de trois cents de ces animaux d'un seul coup de filet[2]. La pêche que l'on fait de ces poissons dans la Tweed, rivière de la Grande-Bretagne, est quelquefois si considérable, qu'on a vu un seul coup de filet en amener sept cents. En 1750, on prit d'un seul coup, dans la Ribble[3], trois mille cinq cents saumons déjà parvenus à d'assez grandes dimensions.

Mais quelque nombreux que soient les individus de l'espèce que nous décrivons, plusieurs gouvernements ont été forcés d'en régler la pêche, pour qu'une avidité imprévoyante ne détruisît pas dans une seule saison l'espérance des années suivantes.

Au reste, les saumons meurent bientôt, non seulement lorsqu'on les tient hors de l'eau, mais encore lorsqu'on les met dans une huche qui n'est pas placée au milieu d'une rivière. Des pêcheurs prétendent que, pour empêcher ces poissons de perdre leur goût, il faut se presser de les tuer dès le moment où on les tire de l'eau ; et qu'après cette précaution, leur chair, quoique très grasse, peut se conserver pendant plusieurs semaines. Mais, lorsqu'après la mort de ces animaux, on veut les transporter à de grandes distances, et par conséquent les garder très longtemps, on les vide, on les coupe en morceaux, on les saupoudre de sel, on les renferme dans des tonnes, on les couvre de saumure ; ou on les fend depuis la tête, que l'on sépare du corps, jusqu'à la nageoire de la queue, on leur ôte l'épine du dos, on les laisse dans le sel pendant trois ou quatre jours, et on les expose à la fumée pendant quinze jours ou trois semaines.

Auprès de la baie de Castries, dont nous venons de parler, les Tartares tannent la peau des grands saumons et en forment un habillement très souple[4].

Les grands avantages que procure la pêche du saumon doivent faire désirer d'acclimater cette espèce dans les pays où elle manque. Nous pensons, avec Bloch, qu'il serait possible de la transporter et de la faire multiplier dans les lacs dont le fond est de sable, et dont l'eau très pure est sans cesse renouvelée par des rivières ou des ruisseaux. On y transporterait en même temps un grand nombre de goujons, qui aiment les eaux limpides et

1. *Voyage de La Pérouse*, rédigé par le général Milet-Mureau, t. III, p. 61.
2. Pennant, *Zool. brit.*, t. III, p. 289.
3. Richter, *Ichtyol.*, p. 417.
4. *Voyage de La Pérouse*, rédigé par le général Milet-Mureau, t. III, p. 10, 61.

courantes, et qui y pulluleraient de manière à fournir aux saumons une nourriture abondante.

Les saumons sont sujets à une maladie particulière dont on ignore la cause, et qui leur fait donner le nom de *ladres* dans quelques départements méridionaux de France. Leur chair est alors mollasse, sans consistance, et si on les garde, après leur mort, pendant quelques jours, elle se détache de l'épine dorsale et glisse sous la peau, comme dans un sac[1].

Il paraît que l'on doit compter dans l'espèce du saumon quelques variétés plus ou moins constantes, et qui doivent dépendre, au moins en très grande partie, de la nature des eaux dans lesquelles elles séjournent. Par exemple, on a observé en Écosse que les saumons de la Cluden ont la tête et le corps plus gros et plus courts que ceux de la rivière de Nith. On assure aussi qu'à l'embouchure de l'Orne[2], on voit des saumons sans tache et un peu plus allongés que les saumons ordinaires[3].

LE SALMONE ILLANKEN [4]

Salmo Illanken, LACÉP. — *Salmo salar*, var. *Illanken*, LINN., GMEL.

On connaît, sous le nom d'*illanken*, des salmones que l'on pêche dans le lac de Constance, et au sujet desquels M. Wartmann, médecin de Saint-Gall, a fait de très bonnes observations. D'habiles naturalistes ont regardé ces poissons comme une variété du saumon ; mais nous pensons, avec Bloch, qu'ils forment une espèce particulière.

Ces salmones passent l'hiver dans le lac de Constance, comme les saumons dans la mer. Ils ne quittent jamais l'eau douce. Ils sont une preuve de ce que nous avons dit sur la facilité avec laquelle on pourrait multiplier les saumons dans les lacs entretenus par des courants limpides. Il ne faut pas croire cependant qu'ils vivent pendant l'hiver dans le lac de Constance par une préférence particulière pour ce séjour, ou par une convenance extraordinaire de leur nature avec les eaux qui y coulent. Ils y restent, lorsque la mauvaise saison arrive, parce qu'un obstacle insurmontable les y retient. Ils ne peuvent franchir la grande cascade de Schaffhouse, qui barre le Rhin inférieur, et par conséquent la seule route par laquelle ils pourraient aller du lac dans la mer. Ce lac est l'Océan pour eux. Mais s'ils présentent des signes de leur habitation constante au milieu de l'eau douce, ils offrent toujours les traits principaux de leur famille. Ils annoncent par ces caractères leur

---

1. Notes manuscrites de M. Noël, de Rouen.
2. *Idem.*
3. A la membrane branchiale du salmone saumon................. 12 rayons.
   A chaque pectorale.. 14　—
   A chaque ventrale.. 10　—
   A la nageoire de la queue.................................... 21　—
4. *Inlanken, Rheinanken.* — *Illanken.* Bloch.

origine marine ; et ils ne la rappellent pas moins par leurs habitudes, puisque, n'éprouvant pas, comme les saumons, le besoin de quitter l'eau salée pendant la belle saison, ils désertent cependant le lac de Constance lorsque le printemps arrive, et n'y reviennent que vers la fin de l'automne. Ils remontent dans les rivières qui se jettent dans le lac. Ils entrent dans le Rhin supérieur.

Ils s'arrêtent pendant quelque temps auprès de son embouchure, parce que, dans cet endroit, il coule avec rapidité sur un fond de cailloux. Ils vont jusqu'à Feldkirch, où ils pénètrent dans la rivière d'*Ill*, qui leur a donné son nom ; c'est même dans cette rivière qu'ils aiment à frayer. Les mâles, néanmoins, ne remontent dans son lit que lorsque le temps est serein et que la lune éclaire ; de sorte que si le ciel est couvert pendant plusieurs jours, un grand nombre d'œufs ne sont pas fécondés. Ils parviennent quelquefois jusqu'à Coire et à Rheinwald ; mais ils voyagent lentement, parce que si le Rhin est trouble, ils s'appuient contre des pierres et attendent, presque immobiles, que l'eau ait repris sa transparence. Si, au contraire, le Rhin est limpide et qu'il fasse un beau soleil, ils aiment à se jouer sur la surface du fleuve.

Ils pèsent souvent plus de quarante livres et pondent ou fécondent une très grande quantité d'œufs. Leur multiplication n'est pas cependant très considérable ; un grand nombre d'œufs servent d'aliment à l'anguille, à la lotte, au brochet, aux oiseaux d'eau ; et une très petite partie des illankens qui éclosent échappe aux poissons voraces.

Après le frai, leur poids est ordinairement diminué d'un tiers ou de la moitié, lorsqu'ils sont remontés très haut vers les sources du Rhin. Leur chair, au lieu d'être rouge, de bon goût et facile à digérer, devient blanche et de mauvais goût ; aussi ne sont-ils plus, à cette époque, les poissons les plus recherchés du lac de Constance et du Rhin supérieur. Ils se hâtent alors de retourner dans le lac et se laissent aller au courant, la tête fréquemment tournée contre ce même courant, qui les entraîne et les délivre de la fatigue de la natation dans le temps où ils n'ont pas encore réparé leurs forces. Ils vivent non seulement de vers et d'insectes, mais encore de poissons. Ils sont surtout fort avides de salmones très estimés dans les marchés ; et les pêcheurs du lac assurent que, dans certaines années, ils leur causent plus de pertes qu'ils ne leur procurent d'avantages.

Malgré leur grandeur et leurs armes, ils sont poursuivis par le brochet, qui, confiant dans ses dents et dans sa légèreté, lors même qu'il leur est très inférieur en grosseur, les attaque avec audace, les harcèle avec constance, et, à force de hardiesse, d'évolutions et de manœuvres, parvient sous leur ventre, qu'il déchire.

Cependant ils trouvent bien plus souvent une perte assurée dans les filets qu'on tend sur leur passage, particulièrement dans le Rhin supérieur. Pour qu'ils ne puissent pas échapper au piège, on construit de chaque côté du fleuve une cloison composée de bois entrelacés. On l'assujettit avec des pieux et on l'étend depuis le rivage jusque vers le milieu du courant le plus rapide. Les deux cloisons transversales ne laissent ainsi qu'un intervalle assez étroit. On adapte à cette ouverture un *verveux* [1], dans lequel les illankens vont s'enfermer, mais qu'ils déchirent cependant si ce verveux n'est pas très fort, ou au-dessus duquel ils parviennent souvent à s'élancer.

Ils ont la tête moins petite que les saumons. Dès la seconde année de leur âge, leur mâchoire inférieure se termine par une sorte de crochet émoussé. On ne distingue pas aisément les taches noires, allongées et inégales qui sont distribuées irrégulièrement sur leur corps et sur leur queue. Les pectorales, les ventrales et la nageoire de l'anus sont grisâtres ; la nageoire adipeuse est variée de noir et de gris ; la caudale ordinairement bordée de noir. On trouve auprès du pylore soixante-huit appendices placés sur quatre rangs [2].

LE SALMONE SCHIEFFERMULLER [3]

Salmo schieffermulleri, Linn., Bloch, Lacép., Cuv.

LE SALMONE ÉRIOX [4]

Salmo Eriox, Linn., Gmel., Lacép.

Le premier de ces salmones se trouve dans la Baltique. On le pêche aussi dans plusieurs lacs de l'Autriche, où on le prend dans les environs de mai ; ce qui lui a fait donner, dans les contrées voisines de ces lacs, le nom de *may forelle*. Bloch l'a dédié à M. Schieffermuller, de Lintz, qui lui avait envoyé des individus de cette espèce [5].

Il pèse de six à huit livres. Sa partie supérieure est brune ; ses joues, sa gorge, ses opercules, ses côtés et son ventre sont argentés ; la ligne latérale est noire ; les nageoires sont bleuâtres ; les taches ont la forme de très petits croissants. On voit un appendice triangulaire à côté de chaque ventrale ; les écailles tombent facilement et argentent la main à laquelle elles s'attachent.

---

1. Voyez la description du *Verveux*, à l'article du *Gade colin*.
2. A la membrane branchiale du salmon illanken................. 10 rayons.
  A chaque pectorale... 14 —
  A chaque ventrale... 11 —
  A la nageoire de la queue................................... 21 —
3. *May ferche*, en Bavière. — *May forelle*, en Autriche. — *Silberlachs*, en Poméranie. — *Saumon argenté*. Bonnaterre, planches de l'Encyclopédie méthodique. — Bloch, pl. 103.
4. *Salmone Eriox*. Daubenton et Haüy, Encyclopédie méthodique. — *Id*. Bonnaterre, planches de l'Encyclopédie méthodique. — *Fauna succica*, 346. — Artedi, gen. 12, syn. 23, spec. 50. — Willughby, *Icht.*, p. 193. — Ray. *Pisc.*, 6.
5. A la membrane des branchies du salmone Schieffermuller........ 12 rayons.
  A chaque pectorale... 18 —
  A la nageoire de la queue................................... 19 —

  A la membrane branchiale du salmone ériox................... 12 —
  A chaque pectorale... 14 —

Le foie est petit, jaunâtre et divisé en deux lobes ; l'estomac assez long et la membrane de la vessie natatoire ordinairement très mince.

L'ériox habite dans l'Océan d'Europe et remonte, pendant la belle saison, dans les fleuves qui s'y jettent.

LE SALMONE TRUITE [1]

Salmo trutta, Lacép. — *Salmo Fario,* Linn., Bloch, Cuv.

La truite n'est pas absolument un des poissons les plus agréables au goût ; elle est encore un des plus beaux. Ses écailles brillent de l'éclat de l'argent et de l'or ; un jaune doré mêlé de vert resplendit sur les côtés de la tête et du corps. Les pectorales sont d'un brun mêlé de violet ; les ventrales et la caudale dorées ; la nageoire adipeuse est couleur d'or avec une bordure brune ; l'anale variée de pourpre, d'or et de gris de perle ; la dorsale parsemée de petites gouttes purpurines ; le dos relevé par des taches noires. D'autres taches rouges, entourées d'un bleu clair, réfléchissent sur les côtés de l'animal les nuances vives et agréables des rubis et des saphirs.

On la trouve dans presque toutes les contrées du globe, et particulièrement dans les lacs élevés, tels que ceux du Léman, de Joux, de Neufchâtel ; et cependant il paraît que le poète Ausone est le premier auteur qui en ait parlé.

Sa tête est assez grosse ; sa mâchoire inférieure un peu plus avancée que la supérieure et garnie, comme cette dernière, de dents pointues et recourbées. On compte six ou huit dents sur la langue ; on en voit trois rangées de chaque côté du palais. La ligne latérale est droite ; les écailles sont très petites ; la peau de l'estomac est très forte ; et il y a soixante vertèbres à l'épine du dos, de chaque côté de laquelle sont disposées trente côtes.

Le savant anatomiste Scarpa a vu, dans l'organe de l'ouïe de la truite,

1. *Trotta, Torrentina,* en Italie. — *Fore, Bachfore, Forell, Teichforelle, Goldforelle,* en Allemagne. — *Lashens, Norjar,* en Livonie. — *Dawatschan,* en Tartarie. — *Kraspaja ryba,* en Russie. — *Forell, Stenbit, Backra, Rofisk,* en Suède. — *Forel-kra, Elv-kra, Muld-kra, Orrivie,* en Norvège. — *Trout,* en Angleterre.

Salmone truite. Daubenton et Haüy, Encyclopédie méthodique. — *Id.* Bonnaterre, planches de l'Encyclopédie méthodique. — *Salmone fario.* Daubenton et Haüy, Encyclopédie méthodique. — *Id.* Bonnaterre, planches de l'Encyclopédie méthodique. — *Fario, truite.* Bloch, pl. 22. — Artedi, gen. 12, syn. 23, spec. 51. — *Tructa.* Cub., lib. III, cap. xciv, fig. 91. — *Trutta.* Ambrosii, episcopi Mediolani, *Hexæmero,* V, cap. iii. — *Id.* et *salar* et *varius.* Salvian., fol. 96 *b* et 97 *a* et *b.* — *Trutta fluviatilis.* Belon. — *Id.* Rondelet, partie 2, p. 169 (édit. de Lyon, de Bonhomme). — *Id.* et *trutta fario,* Gesner, p. 1002, 1006, 1007 et (germ.) fol. 173, *a.*

Trutta fluviatilis. Aldrovande, lib. V, cap. xii, p. 589. — Jonston, lib. III, tit. 1, cap. i, tab. 26, fig. 1. — Willughby, p. 199, tab. 12, fig. 4. — Ray, p. 65. — « Trutta fluviatilis vulgaris. » Charlet, p. 155. — *Trutta,* vel *trutta vulgo, forina* et *forio.* Schonev., p. 77. — Kram., *Elench.,* p. 389, n. 3. — Scopoli, *Ann.,* 2, p. 40. — Müller, *Prodrom. zool. dan.,* p. 48, n. 408. — *Fauna succica,* 348. — *Trutta dentata.* Klein, *Miss. pisc.,* 5, p. 19, tab. 5, fig. 3. — *Trout. Brit. zool.,* 3, p. 250, n. 4. — *Truite.* Valmont de Bomare, *Dictionnaire d'histoire naturelle.*

un osselet semblable à celui que Camper avait découvert dans l'oreille du brochet. Cet osselet est le troisième ; il est pyramidal, garni à sa base d'un grand nombre de petits aiguillons et placé dans la cavité qui sert de communication aux trois canaux demi-circulaires.

La truite a ordinairement un pied ou quinze pouces de longueur et pèse alors six à dix onces. On en pêche cependant, dans quelques rivières, du poids de quatre ou six livres [1]. Bloch a parlé d'une truite qui pesait huit livres, et qu'on avait prise en Saxe. Je trouve dans des notes manuscrites qui m'ont été envoyées, il y a plus de douze ans, par l'évêque d'Uzès, qui les avait rédigées avec beaucoup de soin, que l'on avait pêché dans le Gardon des truites de dix-huit livres.

Le salmone truite aime une eau claire, froide, qui descende de montagnes élevées, qui s'échappe avec rapidité et qui coule sur un fond pierreux. Voilà pourquoi les truites sont très rares dans la Seine, parce que les eaux de ce fleuve sont trop douces pour elles et trop lentes dans leur cours [2] ; et voilà pourquoi, au contraire, mon célèbre confrère M. Ramond, membre de l'Institut, a rencontré des truites dans des amas d'eau situés à près de six mille pieds au-dessus du niveau de la mer, dans ces Pyrénées! qu'il connaît si bien, et dont il a fait comme son domaine [3]. Il nous écrivait de Bagnères, en 1797, que le fond de ces amas d'eau est rarement calcaire ou schisteux, mais le plus souvent de granit ou de porphyre. On n'y voit en général aucun autre végétal que la plante nommée *sparganium natans*, et plus fréquemment des *ulves* solides, croissantes sur des blocs submergés ; mais le fond est presque toujours enduit d'une couche mince de la partie insoluble de l'*humus* que les eaux pluviales y entraînent des pentes environnantes.

Les grandes chaleurs peuvent incommoder la truite au point de la faire périr. Aussi la voit-on vers le solstice d'été, lorsque les nuits sont très courtes et qu'un soleil ardent rend les eaux presque tièdes, quitter les bassins pour aller habiter au milieu d'un courant, ou chercher près du rivage l'eau fraîche d'un ruisseau ou celle d'une fontaine.

Elle peut d'autant plus aisément choisir entre ces divers asiles, qu'elle nage contre la direction des eaux les plus rapides avec une vitesse qui étonne l'observateur, et qu'elle s'élance au-dessus de digues ou de cascades de plus de six pieds de haut.

Elle ne doit cependant changer de demeure qu'avec précaution. M. Pénières assure que si pendant l'été les eaux sont très chaudes, et qu'après y avoir pêché une truite, on la porte dans un réservoir très frais, elle meurt bientôt, saisie par le froid soudain qu'elle éprouve [4].

Au reste, une habitation plus extraordinaire que celle que nous venons

1. Notes manuscrites de M. Pénières.
2. Notes manuscrites de M. Noël, de Rouen.
3. Voyez, à ce sujet, le Discours sur la nature des poissons.
4. Notes manuscrites déjà citées.

d'indiquer paraît pouvoir convenir aux truites, même pendant plusieurs mois, aussi bien et peut-être mieux qu'à d'autres espèces de poissons. M. Duchesne, professeur d'histoire naturelle à Versailles, et dont on connaît le zèle louable et les bons ouvrages, m'a communiqué le fait suivant qu'il tenait du célèbre médecin Lemonnier, mon ancien collègue au Muséum d'histoire naturelle,

Environ à dix-huit cents pieds au-dessous du pic du Canigou, dans les Pyrénées, on voit un petit sommet dont la forme est semblable à celle d'un ancien cratère de volcan. Ce cratère se remplit de neige pendant l'hiver. Après la fonte de la neige, le fond de cette sorte d'entonnoir devient un petit lac, qui se vide par l'évaporation, au point qu'il est à sec à l'équinoxe d'automne. On y pêche d'excellentes truites pendant tout l'été. Celles qui restent dans la vase, à mesure que le lac se dessèche, périssent bientôt ou sont dévorées par des chouettes. Cependant, l'année suivante, on retrouve dans les nouvelles eaux du cratère un grand nombre de truites trop grandes pour être âgées de moins d'un an, quoique aucun ruisseau ni aucune source d'eau vive ne communiquent avec le lac.

Ce fait, dont M. Duchesne a bien voulu nous faire part, prouve que le cratère est placé auprès de cavités souterraines pleines d'eau, dans lesquelles les truites peuvent se retirer lorsque le lac se dessèche, et qui, par des conduits plus ou moins nombreux, exhalent dans l'atmosphère les gaz dangereux pour la santé et même pour la vie des poissons. Dès lors il se trouve presque entièrement conforme à d'autres faits déjà connus depuis longtemps.

La truite se nourrit de petits poissons très jeunes, de petits animaux à coquille, de vers, d'insectes, et particulièrement d'éphémères et de friganes, qu'elle saisit avec adresse lorsqu'elles voltigent auprès de la surface de l'eau.

Il paraît que le temps du frai de la truite varie suivant les pays et peut-être suivant d'autres circonstances. Un habile naturaliste, M. Decandolle, de Genève, nous a écrit que les truites du lac Léman et celles du lac de Neufchâtel remontaient dans le printemps, pour frayer dans les rivières et même dans les ruisseaux [1]. Dans les contrées sur lesquelles Bloch a eu des observations, ces poissons frayent dans l'automne ; et dans le département de la Corrèze, selon M. Pénières [2], les truites quittent également, au commencement ou vers le milieu de l'automne, les grandes rivières, pour aller frayer dans les petits ruisseaux. Elles montent quelquefois jusque dans des rigoles qui ne sont entretenues que par des eaux pluviales. Elles cherchent un gravier couvert par un léger courant, s'agitent, se frottent, pressent leur ventre contre le gravier ou le sable, et y déposent des œufs que le mâle arrose plusieurs fois dans le jour de sa liqueur fécondante.

1. Notes manuscrites données par M. Decandolle.
2. *Idem.*

Bloch a trouvé, dans les ovaires d'une truite, des rangées d'œufs gros comme des pois, et dont la couleur orange s'est conservée pendant long-temps, même dans de l'alcool.

D'après cette grosseur des œufs des truites, il n'est pas surprenant qu'elles contiennent moins d'œufs que plusieurs autres poissons d'eau douce ; et cependant elles multiplient beaucoup, parce que la plupart des poissons voraces vivent loin des eaux froides, qu'elles préfèrent.

Mais si elles craignent peu la dent meurtrière de ces poissons dévasta-teurs, elles ne trouvent pas d'abri contre la poursuite des pêcheurs.

On les prend ordinairement avec la truble[1], à la ligne, à la louve ou à la nasse[2].

Si l'on emploie la truble ou le truble, il faut le lever très vite lorsque la truite y est entrée, pour ne pas lui donner le temps de s'élancer et de s'échapper. La ligne doit être forte, afin que le poisson ne puisse pas la casser par ses mouvements variés, multipliés et rapides.

La manière de garnir l'hameçon n'est pas la même dans différents pays. On y attache de la chair tirée de la queue ou des pattes d'une écrevisse ; de petites boules, composées d'une partie de camphre, de deux parties de graisse de héron, de quatre parties de bois de saule pourri et d'un peu de miel ; des vers de terre ; des sangsues coupées par morceaux ; des insectes artificiels faits avec des étoffes très fines de différentes couleurs ; des mem-branes, de la cire, des poils, de la laine, du crin, de la soie, du fil, des plumes de coq ou de coucou. On change la couleur de ces fils, de ces plumes, de ces soies, de ces poils, non seulement suivant la saison et pour imiter les insectes qu'elle amène, mais encore suivant les heures du jour[3] ; et on les agite de manière à leur imprimer des mouvements semblables à ceux des insectes les plus recherchés par les truites.

Dans l'Arnon, auprès de Genève, on pique ces poissons avec un trident lorsqu'ils remontent contre une chute d'eau produite par une digue[4].

Mais on en fait une pêche bien plus considérable à l'endroit où le Rhône sort du lac Léman, dans lequel se jette cette rivière d'Arnon. Nous lisons dans une lettre que le savant professeur Pictet, membre associé de l'Institut, adressa, en 1788, aux auteurs du *Journal de Genève*, qu'à cette époque le Rhône était barré, à sa sortie du lac, par un clayonnage en bois disposé en zigzag. Les angles de ce grillage, alternativement saillants du côté du lac et du côté du Rhône, présentaient de part et d'autre des espèces d'avenues triangulaires, dont chacune se terminait par une nasse ou cage construite en fil de laiton et arrangée de manière que les poissons qui y

<hr>

1. Voyez la description de la *truble* à l'article du *Misgurne fossile*.
2. La description de la *louve* et celle de la *nasse* sont dans l'article du *Pétromyzon lam-proie*.
3. Notes manuscrites de M. Pénières.
4. Notes manuscrites de M. Decandolle.

entraient ne pouvaient pas en sortir. Celles de ces nasses qui répondaient aux angles saillants du côté du lac se nommaient *nasses de remonte*, et les autres, *nasses de descente*. On laissait ordinairement tous les passages libres dès la fin de juin, afin de donner aux truites la liberté d'aller frayer dans ce fleuve; on les refermait vers le milieu d'octobre, ce qui divisait le temps de la pêche en deux saisons : celle du *printemps*, qui durait depuis la fin de janvier jusqu'en juin; et celle de *l'automne*, qui commençait en octobre et qui finissait avec le mois de janvier. Dans l'une et dans l'autre de ces saisons, on prenait des truites à la remonte et à la descente, mais dans des proportions bien différentes. Sur quatre cent quatre-vingt-neuf truites, en en pêchait trente-six à la descente du printemps, trente-quatre à la descente de l'automne, seize à la remonte du printemps, quatre cent trois à la remonte de l'automne. Il est aisé de voir que cette différence provenait de la liberté qu'avaient les truites de descendre dans le Rhône depuis la fin de juin jusqu'au mois d'octobre.

Pour attirer un plus grand nombre de truites dans les nasses ou dans les louves, on y place un linge imbibé d'huile de lin, dans laquelle on a mêlé du *castoreum* et du camphre fondus.

On marine la truite comme le saumon et on le sale comme le hareng. Mais c'est surtout lorsqu'elle est fraîche que son goût est très agréable. Sa chair est tendre, particulièrement pendant l'hiver; les personnes mêmes dont l'estomac est faible la digèrent facilement. Pendant longtemps ce sal-mone a été nommé, dans plusieurs pays, le roi des poissons d'eau douce; dans quelques parties de l'Allemagne les princes s'en étaient réservé la pêche.

Comme on ne voit guère la truite séjourner naturellement que dans les lacs élevés et dans les rivières ou ruisseaux des montagnes, elle est très chère dans un grand nombre d'endroits; elle mérite par conséquent, à beaucoup d'égards, l'attention de l'économe, et voici les principaux des soins qu'elle exige.

Pour former un bon étang à truites, il faut une vallée ombragée, une eau claire et froide, un fond de sable ou de cailloux placé sur de la glaise ou sur une autre terre qui retienne les eaux ; une source abondante ou un ruisseau qui, coulant sous des arbres touffus et n'étant pas très éloigné de son origine, amène, même en été, une eau limpide et froide : des bords assez élevés, pour que les truites ne puissent pas s'élancer par-dessus ; de grands végétaux plantés assez près de ces bords, pour que leur ombre entretienne la fraîcheur de l'eau ; des racines d'arbre, ou de grosses pierres, entre lesquelles les œufs puissent être déposés ; des fossés ou des digues, pour pré-venir les inondations des ravins ou des rivières bourbeuses ; une profondeur de neuf pieds ou environ, sans laquelle les truites ne trouveraient pas un abri contre les effets de l'orage, monteraient à la surface de l'eau lorsqu'il menacerait, y présenteraient souvent un grand nombre de points blan-châtres ou livides, et périraient bientôt ; une quantité considérable de loches ou de goujons et d'autres petits cyprins dont les truites aiment à se nourrir, ou une très grande abondance de morceaux de foie hachés, d'entrailles d'animaux, de gâteaux secs, faits de sang de bœuf et d'orge mondé ; des bandes garnies d'une grille assez fine pour arrêter l'alevin ; une attention soutenue pour éloigner les poissons voraces, les grenouilles, les oiseaux pêcheurs, les loutres et pour casser, pendant l'hiver, la glace qui peut se former sur la surface de l'eau [1].

Lorsque, pour peupler cet étang, on est obligé d'y transporter des truites d'un endroit un peu éloigné, il faut ne placer dans chaque vase qu'un petit nombre de ces salmones, renouveler l'eau dans laquelle on les a mis et l'agiter souvent.

Différentes eaux peuvent cependant être assez claires, assez froides et rapides pour que les truites y vivent et avoir néanmoins des propriétés particulières qui influent sur ces salmones, au point de modifier leurs qualités, leurs couleurs, leurs formes et leurs habitudes, et de produire des variétés très distinctes et plus ou moins constantes.

M. Decandolle assure que les truites prises dans le Rhône diffèrent de celles que l'on pêche dans le lac de Genève, par la grandeur de deux taches noirâtres placées sur les joues [2]. Suivant le même naturaliste, celles de l'Arve sont plus minces et plus allongées.

On en voit, dit M. Pénières, d'effilées et d'autres très courtes. Le ruisseau appelé le Queyrou, près de Pénières, dans le département du Cantal, en nourrit d'arrondies avec le dos voûté ; dans celui de Narbois, les truites sont courtes, arrondies et d'une nuance presque jaune ; dans un autre ruisseau, nommé Enlan, elles sont allongées, grises et légèrement tachetées.

M. Noël, de Rouen, nous a écrit : « Les truites de Palluel ont une grande réputation dans le département de la Seine-Inférieure : ce sont les plus délicates que nous possédions dans nos eaux douces. On m'a assuré à Cany qu'elles ne remontaient pas au-dessus du pont de ce gros bourg, qui n'est éloigné de la mer que d'une lieue. Après les truites de Palluel viennent celles de la rivière de Robec, qui se perd dans la Seine à Rouen... On connaît dans nos différentes rivières sept ou huit variétés de truites qui diffèrent entre elles par la couleur, les taches, etc. »

Dans les eaux de Lethnot, comté de Forfar, en Écosse, les pêcheurs distinguent deux variétés de la truite : la première est jaune et beaucoup plus large ou haute que la truite ordinaire ; la seconde a la tête beaucoup plus petite et les côtés tachetés d'une manière aussi élégante que brillante.

On pêche aussi, dans quelques lacs, ruisseaux ou rivières d'Écosse, d'autres variétés de la truite, auxquelles on a donné les noms de *truite de mousse*, *truite de petite rivière*, *truite noire*, *truite blanche* et *truite rouge*.

---

1. Voyez le Discours intitulé : *Des effets de l'art de l'homme sur la nature des poissons.*
2. Notes manuscrites déjà citées.

Bloch en a fait connaître une qu'il a désignée par la dénomination de *truite brune*[1]. Cette variété a la tête et le ventre plus gros que la truite commune ; le dos arrondi ; la partie supérieure des côtés et la tête d'un brun noir, avec des taches violettes ; la partie inférieure de ces mêmes côtés jaunâtres, avec des taches rouges entourées de blanc et renfermées dans un second cercle brunâtre ; les nageoires du ventre, de l'anus et de la queue mélangées de jaune ; la chair très délicate et rouge lorsqu'elle est cuite, de même que celle du saumon et du salmone truite saumonée. Cette variété habite plusieurs des rivières qui se jettent dans la Baltique, ou dans la mer qui baigne les côtes de Norvège[2].

LE SALMONE BERGFORELLE[3]

Salmo punctatus, Cuv. — *Salmo alpinus*, Linn., Gmel., Bloch, Lacép.

Ce salmone a de petites écailles sur le tronc, un appendice étroit à côté de chaque ventrale, la ligne latérale droite, la première dorsale jaune avec des taches noires, les autres nageoires rougeâtres, le dos verdâtre, le ventre blanc, la chair rouge, de bon goût et facile à digérer.

On le trouve dans les eaux de très hautes montagnes, particulièrement de celles de Laponie, du pays de Galles et du voisinage de Saint-Gall[4].

LE SALMONE TRUITE SAUMONÉE[5]

Salmo trutta, Linn., Gmel., Bloch, Cuv. — *Salmo trutta salar*, Lacép. — *Salmo lacustris*, Linn., Gmel.

On a prétendu que la truite saumonée provenait d'un œuf de saumon fécondé par une truite, ou d'un œuf de truite fécondé par un saumon ;

1. Bloch, pl. 22. — *Salmo fario, sylvaticus*, B. Linné, édition de Gmelin.
2. A la membrane branchiale du salmone truite.................. 10 rayons.
    A chaque pectorale... 10 —
    A la nageoire de la queue................................. 18 —
3. *Fauna suecica*, 319. — Rœding. It. Wgoth., 257. — *Salmone bergforelle*. Daubenton et Haüy, Encyclopédie méthodique. — *Id.* Bonnaterre, planches de l'Encyclopédie méthodique. — Bloch, pl. 104. — « Salmo vir pedalis, pinnis ventris rubris, etc. » Artedi, gen. 13, syn. 25, spec. 52 — Willughby, *Pisc.*, p. 196, tab. N, 1, fig. 4. — *Red charre*. Ray, *Pisc.*, p. 65 — *Charr. Brit. zoolog.*, t. III, p. 265.
4. A la membrane branchiale du salmone bergforelle............. 10 rayons.
    A chaque pectorale... 14 —
    A la nageoire de la queue................................. 23 —
5. *Lachs forel'e*, en Allemagne. — *Rheinanke, Rheinlanke*, sur le Rhin. — *Lachskindchea*, en Saxe. — *Lachsfahren*, en Prusse. — *Taïmen, Taïmini*, en Livonie. — *Soborting*, en Laponie. — *Orlar, Tuanspol, Borting, Sickmat, Lodjor*, en Suède. — *Soe-borting, Aurride*, en Norvège. — *Lar-ort, Maskrog-ort*, en Danemark. — *Salm-forel*, en Hollande. — *Sea trout, Salmon-trout*, en Angleterre. — *Salmo lacustris*, Linné, Gmel.
    Salmone truite saumonée. Daubenton et Haüy, Encyclopédie méthodique. — *Id.* Bonnaterre, planches de l'Encyclopédie méthodique. — Bloch, pl. 21. — *Fauna suecica*, 347. — Müller, *Pro-*

qu'elle ne pouvait pas se reproduire; qu'elle ne formait pas une espèce particulière. Cette opinion est contraire aux résultats des observations les plus nombreuses et les plus exactes. Mais la truite saumonée n'en mérite pas moins le nom qu'on lui a donnée; sa forme, ses couleurs et ses habitudes se rapprochent beaucoup du saumon et de la truite; elle montre même quelques-uns des traits qui caractérisent l'un ou l'autre de ces deux salmones; et c'est depuis bien du temps qu'on a reconnu ces caractères pour ainsi dire mi-partis. Non seulement, en effet, Schwenckfeld, Schoneveld, Charleton et Johnson l'ont distinguée et décrite; mais encore le consul Ausone l'a chantée, dès le ve siècle, dans son poème de *la Moselle,* où il l'a nommée *fario,* et où il l'a représentée comme tenant le milieu entre la truite et le saumon.

La truite saumonée habite dans un très grand nombre de contrées; mais on la trouve principalement dans les lacs des hautes montagnes, et dans les rivières froides qui en sortent et qui s'y jettent. Elle se nourrit de vers, d'insectes aquatiques et de très petits poissons. Les eaux vives et courantes sont celles qui lui plaisent; elle aime les fonds de sable ou de cailloux. Ce n'est ordinairement que vers le milieu du printemps qu'elle quitte la mer, pour aller dans les fleuves, les rivières, les lacs et les ruisseaux, choisir l'endroit commode et abrité où elle répand sa laite ou dépose ses œufs.

Elle parvient à une grandeur considérable. Quelques individus de cette espèce pèsent huit ou dix livres; et ceux mêmes qui n'en pèsent encore que six ont déjà plus de deux pieds de longueur.

On la confond souvent avec le salmone huch, auquel elle ressemble, en effet, beaucoup, et qu'on a nommé, dans plusieurs pays, *truite saumonée.* Ajoutons donc aux traits indiqués dans le tableau générique pour l'espèce dont nous traitons les autres principaux caractères qui lui appartiennent, afin qu'on puisse la distinguer plus facilement de ce salmone huch, qui, au reste, peut parvenir à un poids sept ou huit fois plus considérable que celui de la véritable truite saumonée.

Sa tête est petite et en forme de coin; ses mâchoires sont presque également avancées; les dents qui les garnissent sont pointues et recourbées, et celles d'une mâchoire s'emboîtent entre celles de la mâchoire opposée. On voit d'ailleurs trois rangées de dents sur le palais et deux rangées sur la langue. Les yeux sont petits, ainsi que les écailles. La ligne latérale est presque droite.

Le nez et le front sont noirs; les joues d'un jaune mêlé de violet; le dos et les côtés d'un noir plus ou moins mêlé de nuances violettes; la gorge et

drom. zoolog. danic., p. 48, n. 407. — Kramer. *El.,* p. 389, n. 2. — « Salmo latus, maculis rubris nigrisque, etc. » Artedi, gen. 12, syn. 14. — Gronov., Mus., 2, n. 164. — *Trutta salmonata.* Willughby, *Ichtyolog.,* p. 193, 198. — *Id.* Ray, *Pisc.,* p. 63. — *Bull-trout.* Pennant, *Brit. zoolog.,* 3, p. 249, n. 3. — *Truite saumonée.* Valmont de Bomare, *Dictionnaire d'histoire naturelle.*

le ventre blancs ; la caudale et l'adipeuse noires ; les autres nageoires grises ;
les taches noires répandues sur le poisson, quelquefois angulaires, mais le
plus souvent rondes.

Au reste, la forme et les nuances de ces taches varient un peu, suivant
la nature des eaux dans lesquelles l'individu séjourne. La bonté de sa chair
dépend aussi très souvent de la qualité de ces eaux ; mais en général, et surtout un peu avant le frai, cette chair est toujours tendre, exquise et facile à
digérer. Elle perd beaucoup de son bon goût lorsque la rivière où la truite saumonée se trouve reçoit une grande quantité de saletés ; il suffit même que
des usines y introduisent un grand volume de sciures de bois, pour que ce
salmone contracte une maladie à laquelle on a donné le nom de *consomption*,
et dans laquelle sa tête grossit, son corps devient maigre, et la surface de ses
intestins se couvre de petites pustules.

On pêche les truites saumonées avec des filets, des nasses et des lignes
de fond, auxquelles on attache ordinairement des vers. Dans les endroits où
l'on en prend un grand nombre, on les sale, on les fume, on les marine.

Pour les fumer, on élève sur des pierres un tonneau sans fond et percé
dans plusieurs endroits ; on y suspend ces salmones, et on les y expose
pendant trois jours, à la fumée de branches de chêne et de grains de
genièvre.

Pour les mariner, on les vide, on les met dans du sel, on les en retire au
bout de quelques heures, on les fait sécher, on les arrose de beurre ou
d'huile d'olive, on les grille ; on étend dans un tonneau une couche de ces
poissons sur des feuilles de laurier et de romarin, des tranches de citron, du
poivre, des clous de girofle. On place alternativement plusieurs couches
semblables de truites saumonées, et de portions de végétaux que nous venons
d'indiquer ; on verse par-dessus du vinaigre très fort que l'on a fait bouillir,
et l'on ferme le tonneau.

Bloch a observé, sur une truite saumonée, un phénomène qui s'accorde
avec ce que nous avons dit de la phosphorescence des poissons, dans le discours relatif à la nature de ces animaux. Entrant un soir dans sa chambre,
il y aperçut une lumière blanchâtre et brillante, qui le surprit d'abord, mais
dont il découvrit bientôt la cause : cette lumière provenait d'une tête de
truite saumonée. Les yeux, la langue, le palais et les branchies répandaient
surtout une grande clarté. Quand il touchait ces parties, il en augmentait
l'éclat ; et lorsque, avec le doigt qui les avait touchées, il frottait une autre
partie de la tête, il lui communiquait la même phosphorescence. Celles qui
étaient le moins enduites de mucilage ou de matières gluantes étaient le
moins lumineuses ; ces effets s'affaiblirent à mesure que la substance visqueuse se dessécha [1].

1. A la membrane branchiale du salmone truite saumonée......... 12 rayons.
   A chaque pectorale.. 14   —
   A la nageoire de la queue.. 20   —

LE SALMONE ROUGE[1]

Salmo erythrinus, Linn., Gmel., Lacép.

Le Salmone gæden, *Salmo gædenii,* Linn., Gmel., Lacép. — Le Salmone hugh, *Salmo huch,* Linn., Gmel., Lacép., Cuv. — Le S. carpion, *Salmo carpio,* Linn., Gmel., Lacép. — Le S. salveline, *Salmo salvelinus,* Linn., Gmel., Lacép., Cuv. — Le S. omble chevalier, *Salmo umbla,* Linn., Gmel., Bloch, Lacép., Cuv.

Le rouge habite des lacs et des fleuves de la Sibérie. Il parvient à deux pieds de longueur. Sa chair est rouge, grasse, tendre. Ses œufs sont jaunes ; son dos est brun ; sa première dorsale grise, avec des taches rouges bordées d'une autre couleur ; la nageoire adipeuse brune et allongée ; le front et les opercules sont gris. On voit des dents aux mâchoires, sur la langue qui est large, et sur le palais, où elles forment deux rangées disposées en arc.

Le gæden, que Bloch dédia dans le temps à un de ses amis, le conseiller Gæden, de la basse Poméranie, vit dans la Baltique et dans l'océan Atlantique boréal. Il pèse ordinairement deux livres ou environ ; sa longueur n'excède guère dix-huit pouces. Sa chair est maigre, mais blanche et agréable au goût. Ses deux mâchoires et le palais sont garnis de dents poin-

1. Georg., *It.,* 1, p. 156, tab. 1, fig. 1. — *Silberforelle,* sur quelques rivages de la Baltique. — Bloch, pl. 102. — *Truite de mer.* Bonnaterre, planches de l'Encyclopédie méthodique. — *Heuch,* ainsi que *huch,* en Bavière. — *Hauchforelle,* dans plusieurs autres contrées de l'Allemagne. — *Salmone huch.* Daubenton et Haüy, Encyclopédie méthodique. — Bloch, pl. 100. — Meidenger, 45. — « Salmo oblongus, dentium lineis duabus palati, maculis tantummodo nigris. » Artedi, gen. 12, syn. 25. — « Salmo dorso brunneo, maculis nigris, etc. » *Kram. Austr.,* 388.

Gesner, *Aquat.,* p. 1015 ; Thierb., p. 174 ; *Icon. animal,* p. 313. — Aldrovande, *Pisc.,* p. 592. — Willughby, *Ichtyolog.,* p. 199, fig. 6. — Ray, *Pisc.,* p. 69, n. 9. — Marsigli, *Danub.,* 4, p. 81, tab. 28, fig. 1. — *Chare, Gilt charre,* dans quelques contrées d'Angleterre. — *Roding, Roïe,* en Norvège. — « Salmo pede minor, dentium ordinibus quinque palati. » Artedi, gen. 13, syn. 24. — Oth. Fabric., *Fauna Groenlandica,* p. 171. — *Salmone carpion.* Daubenton et Haüy, Encyclopédie méthodique. — *Id.* Bonnaterre, planches de l'Encyclopédie méthodique. — Ascagne, quatrième cahier, p. 2, pl. 32.

Schwartzreuterl, Schwartzreucherl, quand il est encore jeune. — *Salvelin, Salmarin,* en Allemagne. — *Salbling,* en Bavière. — *Lambacher salbling,* en Autriche. — *Salmarino, Salamandrino, Salmo salmarinus,* auprès de Trente. — *Omble.* Bloch, pl. 99. — *Salmone salveline.* Daubenton et Haüy, Encyclopédie méthodique. — *Id.* Bonnaterre, planches de l'Encyclopédie méthodique. — *Salmone salmarine.* Daubenton et Haüy, Encyclopédie méthodique. — *Id.* Bonnaterre, planches de l'Encyclopédie méthodique. — « Salmo pedalis maxilla superiore longiore. » Artedi, gen. 13, syn. 26. — « Salmo dorso fulvo, maculis luteis, cauda bifurcata. » *Id.,* syn. 24. — « Trutta dentata, etc. » Klein, *Miss. pisc.,* 5, p. 18, n. 5.

Umbla prima, salbling. Marsig., *Danub.,* 4, p. 82, tabl. 2, fig. 2. — *Umbla tertia, lambacher salbling,* Id., 4, p. 83, tab. 29, fig. 2. — *Schwartzreuterl.* Schrank, *Schr. der Berlin. Naturf.* fr. 1, p. 380. — *Salmarinus,* Salvian, *Aquat.,* p. 101, 102. — *Id.* Jonst., *Pisc.,* p. 155, tab. 28. — *Salmone humble chevalier.* Daubenton et Haüy, Encyclopédie méthodique. — *Id.* Bonnaterre, planches de l'Encyclopédie méthodique. — Bloch, pl. 101. — « Salmo lineis lateralibus sursum recurvis, cauda bifurca. » Artedi, gen. 13, syn. 25. — Klein, *Miss. pisc.,* 5, p. 18, n. 3.

Umble. Rondelet, seconde partie, chap. xii, p. 115, édition de Lyon, 1558. — *Umbla altera.* Aldrovande, *Pisc.,* p. 607. — Willughby, *Ichtyol.,* p. 195, fig. 1. — Ray, *Pisc.,* p. 64. — « Salmo alter Lemani lacus, » Gesner, *Aquat.,* p. 1004.

tues ; l'ouverture de la bouche et les orifices des branchies ont une largeur considérable ; les yeux sont gros ; et les ventrales fortifiées chacune par un appendice ; la ligne latérale est droite. Les joues, les opercules, les côtés et le ventre sont argentés ; le dos, le front et les nageoires sont brunâtres ; des taches brunes distinguent d'ailleurs la première nageoire du dos.

On trouve deux rangées de dents sur le palais, ainsi que sur la langue du huch, et un appendice auprès de chacune de ses ventrales. Sa ligne latérale est droite et déliée ; son anus très près de la caudale ; le dessus de sa tête brun ; sa gorge argentée, ainsi que ses joues ; la couleur de ses côtés, d'un rouge mêlé de teintes argentines ; chacune de ses nageoires rouges pendant sa jeunesse, et jaunâtre ensuite.

Son corps et sa queue sont très allongés et très charnus. Il parvient à une longueur de près de six pieds et à un poids de plus de soixante livres. Sa chaire est quelquefois molle et n'a pas un goût aussi agréable que celle de la truite ou de la truite saumonée : on l'a cependant confondue, dans beaucoup d'endroits, avec cette dernière, dont on lui a même donné le nom. On le prend à l'hameçon, ainsi qu'au grand filet. On le pêche particulièrement dans le Danube, dans les grands lacs de la Bavière et de l'Autriche, dans plusieurs fleuves de la Russie et de la Sibérie ; il paraît qu'il habite aussi dans le lac de Genève. D'après une note manuscrite adressée dans le temps à Buffon, on pourrait croire que, dans la partie orientale de ce lac, il pèse quelquefois plus de cent livres. Peut-être faut-il aussi rapporter à cette espèce un salmone dont M. Decandolle parle dans ses observations manuscrites, et qui, suivant cet habile naturaliste, vit dans le lac de Morat, y porte le nom de *salut*, s'en échappe souvent par la Thiole, pour aller dans le lac de Neufchâtel, et pèse de quatre-vingts à cent livres.

Le carpion a beaucoup de rapports avec le salmone bergforelle. Son palais est garni de cinq rangées de dents ; sa chair est rouge. On le trouve dans les rivières d'Angleterre et dans celles du Valais. On le conserve assez facilement dans les étangs.

La salveline ressemble aussi beaucoup à la bergforelle. Elle ne fait qu'un avec la salmarine, que Linné et plusieurs autres auteurs n'auraient pas pu considérer comme une espèce particulière. Elle a la tête comprimée ; l'ouverture de la bouche large ; les deux mâchoires armées de petites dents pointues ; la langue cartilagineuse, un peu libre dans ses mouvements et garnie, comme le palais, de deux rangées de dents ; l'orifice de chaque narine, double ; la ligne latérale presque droite ; un appendice auprès de chaque ventrale ; cinquante vertèbres à l'épine du dos ; trente-huit côtes de chaque côté de l'épine.

La tête et le dos sont bruns ; les joues et les opercules argentins ; les côtés blanchâtres ; les nuances du ventre orangées ; les pectorales rouges ; les dorsales et la caudale brunes ; le corps et la queue parsemés de taches petites, rondes, orangées et bordées de blanc.

Plus l'eau dans laquelle elle séjourne est pure et froide, plus sa chair est ferme et plus ses couleurs sont vives. Elle pèse jusqu'à dix livres. Elle fraye vers la fin de l'automne et quelquefois au commencement de l'hiver. On la pêche particulièrement en Bavière, et dans tous les lacs qui s'étendent entre les montagnes depuis Saltzbourg jusque vers la Hongrie. On la prend à l'hameçon, aussi bien qu'au *colleret* [1]. On la fume en l'exposant au feu d'écorce d'arbre dont on augmente la fumée en l'arrosant sans cesse.

L'omble chevalier doit son nom à la grandeur de ses dimensions. Il pèse quelquefois vingt livres ; et, suivant M. Decandolle, son poids peut s'élever entre soixante ou quatre-vingts [2]. On a souvent confondu ce salmone avec le huch ou avec le *salut*, qui parvient à un très grand volume ; et dans quelques endroits, on l'a pris pour une truite saumonée : il constitue cependant une espèce bien distincte. Il habite dans le lac de Genève et dans celui de Neufchâtel ; il s'y nourrit communément d'escargots, de petits animaux à coquille et de très jeunes poissons. On le pêche près du rivage au filet et à l'hameçon. Il devient très gras ; sa chair est très délicate, et il est très recherché.

Il a une rangée de dents pointues à la mâchoire d'en haut, deux rangs de dents semblables à la mâchoire d'en bas ; chaque opercule composé de deux pièces ; l'ouverture branchiale assez grande ; les écailles tendres et si petites, qu'on a peine à les distinguer au travers de la substance visqueuse dont elles sont enduites ; le dos verdâtre ; les joues d'un verdâtre mêlé de blanc ; l'iris orangé et bordé d'argentin ; les opercules et le ventre blanchâtres, toutes les nageoires d'un vert mêlé de jaune. Ces organes de mouvement ont d'ailleurs peu de longueur [3].

1. Voyez, pour la description du filet nommé *colleret*, l'article du *Centropome sandat*.
2. Notes manuscrites déjà citées.
3. A la membrane branchiale du salmone rouge.................... 12 rayons.
    A chaque pectorale.. 13   —
    A la nageoire de la queue................................... 19   —

    A la membrane branchiale du salmone gœden.................. 10   —
    A chaque pectorale.. 15   —
    A la caudale.. 18   —

    A la membrane branchiale du salmone huch................... 12   —
    A chaque pectorale.. 17   —
    A la nageoire de la queue................................... 16   —

    A la membrane branchiale du salmone carpion................ 12   —
    A chaque pectorale.. 14   --
    A la nageoire de la queue................................... 30   —

    A la membrane des branchies du salmone salveline........... 10   —
    A chaque pectorale.. 14   --
    A la caudale.. 24   —

    A chaque pectorale du salmone omble chevalier.............. 15   —
    A la nageoire de la queue................................... 18   —

LE SALMONE TAIMEN[1]

Salmo taimen, Linné, Gmel., Lacép.

Le Salmone nelma, *Salmo nelma,* Linn., Gmel., Lacép. — Le S. lénok, *Salmo lénok,* Linn., Gmel., Lacép. — Le S. kundscha,, *Salmo kundscha,* Linn., Gmel., Lacép. — Le S. arctique, *Salmo arcticus,* Linn., Gmel., Lacép. — Le S. reidur, *Salmo reidur,* Lacép.; *Salmo stagnalis,* Linn., Gmel. — Le S. icime, *Salmo icimus,* Lacép.; *Salmo nivalis,* Linn., Gmel. — Le S. lépechin, *Salmo lepechini,* Linn., Gmel., Lacép. — Le S. sil *Salmo silus,* Ascag., Lacép.; *Coregonus silus,* Cuv. — Le S. lodde, *Mallotus (salmo) groenlandicus,* Cuv.; *Salmo groenlandicus,* Bloch; *Clupea villosa,* Linn., Gmel. — Le S. blanc, *Salmo albus,* Lacép.

Ces onze salmones vivent dans les mers ou les rivières de l'Europe ou de l'Amérique septentrionale. Nous devons à l'illustre Pallas la connaissance des cinq premiers.

Le taimen, des torrents et des fleuves de la Sibérie qui versent leurs eaux dans l'océan Glacial, a la chair blanche et grasse ; des dents au palais, à la langue et aux mâchoires ; un appendice auprès de chaque ventrale ; les côtés argentés ; le ventre blanc ; la caudale rougeâtre ; l'anale très rouge ; une longueur de plus d'un mètre.

Le nelma, des mêmes eaux, est long de plus de six pieds ; de larges lames sont placées auprès de l'ouverture de sa bouche.

Le lénok, qui préfère les torrents rocailleux, les courants les plus rapides et les cataractes écumeuses de la Sibérie orientale, a plus de trois pieds de longueur, la forme générale d'une tanche ; des appendices aux ventrales, qui sont rougeâtres, ainsi que la caudale ; le dessus du corps et de la queue, brunâtre ; le dessous jaunâtre ; l'anale très rouge, et la chair blanche.

Le kundscha, qui n'entre guère dans les fleuves et que l'on trouve pendant l'été dans les golfes et dans les détroits de l'océan Glacial arctique, est

---

1. Pallas, *It.,* 2, p. 716, n. 34. — *Salmone teimen.* Bonnaterre, planches de l'Encyclopédie méthodique. — Pallas, *It.,* 2, p. 716, n. 33. — Lepechin, *It.,* 2, p. 192, tab. 9, fig. 1, 2, 3. — *Salmone nelma.* Bonnaterre, planches de l'Encyclopédie méthodique. — Pallas, *It.,* 3, p. 716, n. 35. — *Salmone lénok.* Bonnaterre, planches de l'Encyclopédie méthodique. — Pallas, *It.,* 3, p. 706, n. 46. — *Salmone kundscha.* Bonnaterre, planches de l'Encyclopédie méthodique. — Pallas, *It.,* 3, p. 706, n. 47. — *Salmone arctique.* Bonnaterre, planches de l'Encyclopédie méthodique.

Oth. Fabricius, *Fauna Groenland.,* p. 175, n. 126. — *Salmone reidur.* Bonnaterre, planches de l'Encyclopédie méthodique. — Oth. Fabric. *Fauna Groenland.,* p. 176, n. 127. — *Salmone icime.* Bonnaterre, planches de l'Encyclopédie méthodique — Lepechin, *It.,* 3, p. 229, tab. 14, fig. 2. — Ascagne, pl. 24. — *Salmone sil.* Bonnaterre, planches de l'Encyclopédie méthodique. — *Capelan d'Amérique.* — *Capelan de Terre-Neuve.* — *Gronlander,* par les Allemands. — *Angmaksak, Keplings, Jern lodde* (le mâle), *Quetter lodde* (idem), *Sild lodde* (la femelle), *Rong lodde* (idem), en Groenland. — *Laaden-sild, Lodna,* en Islande.

Salmone lodde. Bonnaterre, planches de l'Encyclopédie méthodique. — Bloch, pl. 381, fig. 1. — *Salmone blanc.* Bonnaterre, planches de l'Encyclopédie méthodique. — Pennant, *Zoolog. britann.,* t. III, p. 302.

long d'un pied et demi, bleuâtre au-dessus et au-dessous de la ligne laté
rale ; ses ventrales ont chacune un appendice écailleux.

L'arctique, qui habite dans les petits ruisseaux à fond de cailloux de
monts les plus septentrionaux de l'Europe, ne parvient ordinairement qu'
la longueur de quatre pouces.

Le reidur des montagnes du Groenland a près d'un pied et demi d
long ; la tête grande et ovale ; le museau pointu ; la langue longue ; le palai
garni de trois rangs de dents serrées ; les mâchoires armées de dents fortes
recourbées et très pointues ; les opercules grands, lisses, composés de deu
pièces ; les pectorales très allongées ; deux rayons à la première dorsale trè
longs ; la chair blanche et le ventre de la même couleur.

L'icime, dont le museau est arrondi, a une longueur de quatre à hui
pouces ; il vit dans les petits ruisseaux et les étangs vaseux du Groenland,
dépose ses œufs sur le limon du rivage, passe l'hiver enfoncé dans ce mêm
limon, qui le préserve des effets funestes du froid le plus rigoureux, et
lorsqu'il est poursuivi, se cache avec précipitation sous cette même rive
qu'il n'abandonne, pour ainsi dire, jamais.

Le lépechin, des fleuves de Russie et de Sibérie dont le fond est pierreux, a la chair rougeâtre, ferme et agréable au goût; plusieurs dents fortes
aiguës et recourbées à la mâchoire supérieure ; soixante dents semblables
la mâchoire d'en bas ; la tête grande ; les yeux gros ; les joues argentées ; de
taches noires et carrées sur la première nageoire du dos ; les autres nageoire
couleur de feu.

Le sil, des mers du Nord, présente une tête large et aplatie ; deu
mâchoires presque égales ; un dos convexe ; un ventre plat ; une anal
placée au-dessous de la nageoire adipeuse ; une longueur de deux pieds e
demi.

Le lodde habite les mers de Norvège, d'Islande, de Groenland et de
Terre-Neuve. Les individus de cette espèce sont si multipliés en Islande
qu'on en sèche une très grande quantité pour nourrir les bestiaux pendan
l'hiver ; il paraît que le voisinage de cette île leur convient depuis bien de
siècles, puisqu'on y trouve dans des couches de glaise des squelettes de ce
poissons.

Le lodde n'a ordinairement que six ou sept pouces de longueur. On l
pêche pendant tout l'été près des rivages du Groenland. Les femelles arrivent vers la fin du printemps, viennent par milliers dans les baies, y déposent leurs œufs sur les plantes marines et en laissent tomber un si grand
nombre, que l'eau de la mer, quoique assez profonde au-dessus de ces
plantes, paraît d'une couleur jaunâtre.

Lorsque les loddes accourent vers les bords de la mer pour y pondre ou
pour y féconder les œufs, ils ne sont arrêtés ni par les vagues ni par les
courants ; ils franchissent avec audace les obstacles ; ils sautent par-dessus
les barrières. S'ils sont poursuivis par quelque ennemi, ils s'élancent sur la

re ou sur des pièces de glace. S'ils sont blessés mortellement, ils tournoient
la surface de l'eau, périssent et tombent au fond.

Ils se nourrissent d'œufs de crabe, d'œufs de poisson et quelquefois de
antes aquatiques. Leur chair est blanche, grasse, de bon goût. On les
ange frais ou séchés ; ils sont un des aliments les plus ordinaires des
oenlandais.

Leur tête est comprimée et cependant un peu large ; les mâchoires,
nt l'inférieure excède la supérieure, sont hérissées de petites dents, ainsi
e la langue et le palais. Il n'y a qu'un orifice à chaque narine. La ligne
érale est droite ; l'anus très près de la caudale. De petites écailles revêtent
opercules ; celles qui couvrent le corps et la queue sont aussi très petites.
s nageoires présentent un bord bleuâtre.

Les mâles ont le dos plus large que les femelles ; presque tous ont
illeurs, depuis la poitrine jusqu'aux ventrales, au moins pendant le
nps du frai, plusieurs filaments déliés et très courts. Le péritoine des
ldes est noir ; la membrane de l'estomac très mince ; la laite simple, ainsi
e l'ovaire ; l'épine dorsale composée de soixante-cinq vertèbres ; chaque
té de cette épine fortifié par quarante-quatre côtes, et les os, auxquels
it attachés les rayons de la nageoire de l'anus, sont très longs ; ce qui
nne à la portion antérieure de la queue la hauteur indiquée dans le tableau
nérique.

Le blanc, qui, pendant l'été, remonte de la mer dans les rivières de la
ande-Bretagne, a deux rangées de dents à la mâchoire d'en haut, une
le rangée à celle d'en bas ; six dents sur la langue ; le dos varié de brun
de blanc ; et la première dorsale rougeâtre[1].

1. A chaque pectorale du salmone taimen...................... 18 rayons.
   A la membrane branchiale du salmone nelma.................. 10 —
   A chaque pectorale du salmome lénock..................... 16 —
   A la membrane branchiale du salmone kundscha............... 11 —
   A chaque pectorale... 14 —

   A la membrane branchiale du salmone arctique................ 9 —
   A chaque pectorale... 16 —

   A la membrane des branchies du salmone reidur.............. 12 —
   A chaque pectorale... 14 —
   A la nageoire de la queue.................................. 21 —

   A la membrane branchiale du salmone lépechin............... 11 —
   A chaque pectorale... 14 —
   A la nageoire de la queue.................................. 20 —

   A la membrane des branchies du salmone sil................. 6 —
   A chaque pectorale... 17 —
   A la caudale... 40 —

   A la membrane branchiale du salmone lode................... 6 —
   A chaque pectorale... 19 —
   A la nageoire de la queue.................................. 28 —

   A chaque pectorale du salmone blanc........................ 13 —

LE SALMONE VARIÉ[1]

Salmo varius, LACÉP.

LE SALMONE RENÉ, *Salmo renatus,* Lacép. — LE S. RILLE, *Salmo rillus,* Lacép.
— LE S. CADOÏDE, *Salmo gadoides,* Lacép.

Les quatre salmones dont nous parlons dans cet article sont encore inconnus des naturalistes.

Le varié a été observé par Commerson près des rivages de l'Ile de France. On ne l'y trouve que très rarement. Sa longueur est de huit pouces ou environ.

Les couleurs de ce poisson sont très variées et mariées avec élégance. Les nuances un peu brunes du dos sont relevées par des taches rouges et s'accordent très bien avec le rouge, le jaune et le noir que deux raies longitudinales présentent symétriquement de chaque côté du salmone, ainsi qu'avec le noir et le rouge dont les nageoires sont peintes. Le dessous de l'animal est blanchâtre ; et les iris, couleur de feu, brillent comme des escarboucles au milieu des teintes sombres de la tête.

La forme générale de cette dernière partie lui donne beaucoup de ressemblance avec la tête d'un anguis. L'ouverture de la bouche est très prolongée en arrière. Les dents de la mâchoire supérieure sont acérées, mais éloignées les unes des autres ; celles de la mâchoire inférieure sont, au contraire, très serrées.

Au reste, cette dernière mâchoire est un peu plus avancée que la supérieure, qui n'est ni extensible ni rétractile.

Des dents semblables à des aiguillons recourbés hérissent la langue, qui d'ailleurs est très courte et très dure ; d'autres dents plus petites et moins nombreuses garnissent la surface du palais.

Le bord supérieur de l'orbite est très près du sommet de la tête. Deux lames composent chaque opercule. L'anus est très près de la caudale, et la ligne latérale presque droite.

On pêche dans la Moselle, et particulièrement vers les sources de cette rivière, une espèce de salmone à laquelle on a donné, dans la ci-devant Lorraine, le nom de *rené,* et dont un individu m'a été envoyé, il y a plus de douze ans, par dom Fleurant, bénédictin de Flavigny, près de Nancy.

Ce poisson a deux rangées de dents sur la langue et trois sur le palais ; le dessus de la tête et du corps, ainsi que les nageoires du dos et de la queue, d'une couleur foncée ; le dessous du corps et les autres nageoires blanches ou blanchâtres.

Le rille parvient rarement à une grandeur plus considérable que celle

1. « Salmo variegatus, corpore e tereti conico, tænia laterum longitudinali vicibus alternis rubris, nigris. » Commerson, manuscrits déjà cités.

d'un hareng. Il habite dans plusieurs rivières, et particulièrement dans celle de la Rille, dont il porte le nom, et qui se jette dans la Seine auprès de l'embouchure de ce fleuve.

On l'a souvent confondu avec de jeunes saumons ; ce qui n'a pas peu contribué aux fausses idées répandues parmi quelques observateurs au sujet de sa conformation et de ses habitudes. Mais on est allé plus loin ; on a prétendu que ce salmone rille ne montrait jamais ni œufs ni laite ; qu'il était infécond ; qu'il provenait de la ponte des saumons, qui, ayant en même temps et des œufs et de la laite, réunissent les deux sexes. Cette opinion a eu d'autant plus de partisans, qu'on aime à rapprocher les extrêmes et qu'on a trouvé piquant de faire naître d'un saumon hermaphrodite un poisson entièrement privé de sexe. Il y a dans cette assertion une double erreur.

1° Il n'y a pas de poisson qui présente les deux sexes, ou, ce qui est la même chose, qui ait ensemble et une laite et des ovaires ; nous avons déjà vu que des œufs très peu développés avaient été pris, par des observateurs peu éclairés ou peu attentifs, pour une laite placée à côté d'un véritable ovaire.

2° Il est faux que le salmone dont nous traitons ne renferme ni œufs ni organe propre à leur fécondation ; nous indiquerons, au contraire, dans cet article la nature de la laite de ce salmone de la Rille. Ce poisson constitue une espèce particulière, dont la description n'a pas encore été publiée. Nous allons le faire connaître d'après un dessin très exact, que M. Noël, de Rouen, nous a fait parvenir, et d'après une note très étendue que ce savant naturaliste a bien voulu y joindre.

Le salmone rille a la tête petite ; l'œil assez gros ; les deux mâchoires et la langue garnies de petites dents ; l'opercule composé de trois pièces ; le bord inférieur de la pièce supérieure un peu crénelé ; la ligne latérale droite ; les écailles ovales, très petites et serrées ; le dos d'un gris olivâtre ; les côtés blanchâtres et comme marbrés de gris ; le ventre très blanc ; la première dorsale ornée de quelques points rougeâtres ; la laite grande, double, ferme au toucher et très blanche ; la chair également très blanche, agréable au goût et imbibée d'une huile ou plutôt d'une graisse douce et légère ; la colonne vertébrale composée de soixante vertèbres, ce qui suffirait pour séparer cette espèce de celle du saumon.

Au reste, il aime les eaux froides, comme la truite, avec laquelle il a beaucoup de rapports. On trouve dans l'étang de Trouville, auprès de Rouen, un autre salmone, dont M. Noël nous a communiqué une description, et à laquelle nous avons cru devoir conserver le nom spécifique de *gadoïde*, qu'il lui a donné.

Ce poisson parvient à la longueur d'un pied et demi ou environ. Sa tête ressemble beaucoup, par sa conformation, à celle des gades, et particulièrement à celle du gade merlan. L'ouverture de la bouche peut être très agrandie par l'extension des lèvres. On voit deux rangées de dents à la mâchoire d'en haut, une rangée à celle d'en bas, plusieurs autres dents sur la langue, qui est grosse et rougeâtre, et des dents très petites auprès du gosier[1].

LE SALMONE CUMBERLAND

Salmo Cumberland, Lacép.

Les lacs du Cumberland et ceux de l'Écosse nourrissent ce salmone, dont les naturalistes ignorent encore l'existence, et dont M. Noël nous a envoyé une description, après son retour d'Angleterre.

Ce salmone, auquel nous donnons le nom de sa patrie, a la ligne latérale droite ; la tête petite ; l'œil grand et rapproché du bout du museau ; l'ouverture de la bouche grande ; la langue un peu libre dans ses mouvements et garnie de deux rangées de dents ; les écailles petites ; la nageoire adipeuse longue ; la couleur générale blanche ; le dos gris ; la chair blanche, mais peu agréable au goût[2].

CENT SOIXANTE-DIX-NEUVIÈME GENRE

LES OSMÈRES

La bouche à l'extrémité du museau ; la tête comprimée ; des écailles facilement visibles sur le corps et sur la queue ; point de grandes lames sur les côtés, de cuirasse, de piquants aux opercules, de rayons dentelés, ni de barbillons ; deux nageoires dorsales ; la seconde adipeuse et dénuée de rayons ; la première plus éloignée de la tête que les ventrales ; plus de quatre rayons à la membrane des branchies ; des dents fortes aux mâchoires.

ESPÈCES.	CARACTÈRES.
1. L'Osmère éperlan.	Onze rayons à la première nageoire du dos ; dix-sept rayons à celle de l'anus ; huit à chaque ventrale ; la caudale fourchue ; la mâchoire inférieure recourbée et plus avancée que la supérieure ; la tête et le corps demi-transparents.
2. L'Osmère saure.	Douze rayons à la première dorsale ; onze rayons à la nageoire de l'anus ; huit à chaque ventrale ; la caudale fourchue ; l'ouverture de la bouche très longue ; un enfoncement au-dessus des yeux.

1.   A la membrane branchiale du salmone varié.................. 12 rayons.
     A chaque pectorale.. 14 —
     A la nageoire de la queue................................... 19 —

     A la membrane des branchies du salmone rené............... 12 —
     A chaque pectorale.. 13 —
     A la caudale.. 25 —

     A la membrane branchiale du salmone rille....... .... 13 —
     A chaque pectorale.. 14 —
     A la nageoire de la queue................................... 35 —

     A la membrane des branchies du salmone gadoïde............. 11 —
     A chaque pectorale.. 13 —
     A la caudale.. 20 —

2.   A la membrane branchiale du salmone cumberland............. 10 —
     A chaque pectorale.. 8 —
     A la nageoire de la queue................................... 28 —

ESPÈCES.	CARACTÈRES.
3. L'OSMÈRE BLANCHET.	Douze rayons à la première nageoire du dos ; seize à l'anale ; huit à chaque ventrale ; la caudale fourchue ; la mâchoire inférieure plus avancée que la supérieure ; le dessus du museau demi-sphérique ; les yeux très rapprochés de son extrémité ; la partie supérieure de l'orbite dentelée.
4. L'OSMÈRE FAUCILLE.	Onze rayons à la première dorsale ; vingt-six rayons à la nageoire de l'anus ; huit à chaque ventrale ; la caudale fourchue ; l'anale en forme de faux ; deux taches noires de chaque côté, l'une auprès de la tête, et l'autre auprès de la caudale.
5. L'OSMÈRE TUMBIL.	Douze rayons à la première nageoire du dos ; onze à celle de l'anus ; huit à chaque ventrale ; la caudale fourchue ; plusieurs rangées de dents égales et serrées à chaque mâchoire ; la tête et les opercules couverts d'écailles semblables à celles du dos ; la mâchoire d'en bas plus avancée que celle d'en haut.
6. L'OSMÈRE GALONNÉ.	Quatorze rayons à la première dorsale ; onze à la nageoire de l'anus ; dix à chaque ventrale ; la caudale fourchue ; la tête comprimée et déprimée ; les yeux rapprochés et saillants ; la mâchoire inférieure plus avancée que la supérieure ; la couleur générale jaune ; cinq ou six raies longitudinales bleues de chaque côté du poisson.

L'OSMÈRE ÉPERLAN[1]

Osmerus (salmo) eperlanus, Cuv. — *Salmo eperlanus*, Linn., Gmel., Bloch.
— *Osmerus eperlanus*, Lacép.

L'éperlan n'a guère que six pouces ou environ de longueur ; mais il brille de couleurs très agréables. Son dos et ses nageoires présentent un beau gris ; ses côtés et sa partie inférieure sont argentés ; ces deux nuances, dont l'une très douce et l'autre très éclatante se marient avec grâce, sont d'ailleurs relevées par des reflets verts, bleus et rouges, qui, se mêlant et se succédant avec vitesse, produisent une suite très variée de teintes chatoyantes. Ses écailles et ses autres téguments sont d'ailleurs si diaphanes, qu'on peut distinguer dans la tête le cerveau, et dans le corps les vertèbres et les côtes. Cette transparence, ces reflets fugitifs, ces nuances irisées, ces teintes argentines, ont fait comparer l'éclat de sa parure à celui des perles les plus

1. *Stint*, en Allemagne. — *Kleiner stint, Loffel stint, Kurtzer stint, Stintites*, en Livonie. — *Jern lodder, Sind lodder*, en Laponie. — *Nars*, en Suède. — *Lodde, Rogn-sild-lodde, Roke, Krockle*, en Norvège. — *Spiering*, en Hollande. — *Smelt*, en Angleterre. — *Sjiro iwo*, au Japon.
Salmone éperlan. Daubenton et Haüy, Encyclopédie méthodique. — *Id.* Bonnaterre, planches de l'Encyclopédie méthodique. — *Fauna succica*, 350. — « Osmerus, radiis pinnæ ani septem-decim. » Artedi, gen. 10, syn. 21, spec. 45. — Gronov., mus. 1, p. 18, n. 49. — Bloch, pl. 28, fig. 2. — Klein, *Miss. pisc.*, 5, p. 20, tab. 4, fig. 3, 4.
Esperlan. Rondelet, seconde partie, chap. xviii. — *Eperlanus fluviatilis*. Gesner, *Aquat.*, p. 362 ; Thierb., p. 189. — *Eperlanus*. Aldrovande, *Pisc.*, p. 536. — *Id.* Willughby, *Ichtyolog.*, p. 202. — *Id.* Ray, *Pisc.*, p. 66, n. 14. — *Smalt. Brit. zoolog.*, t. III, p. 269, n. 8. — *Eperlan.* Valmont de Bomare, *Dictionnaire d'histoire naturelle*. — *Id.* Duhamel, *Traité des pêches.*

fines ; et de cette ressemblance est venu, suivant Rondelet, le nom qui lui a été donné.

Cet osmère répand une odeur assez forte. Des observateurs que ses couleurs avaient séduits, voulant trouver une perfection de plus dans leur poisson favori, ont dit que cette odeur ressemblait beaucoup à celle de la violette : il s'en faut cependant de beaucoup qu'elle en ait l'agrément, et l'on peut même, dans beaucoup de circonstances, la regarder presque comme fétide.

L'ensemble de l'éperlan présente un peu la forme d'un fuseau. La tête est petite ; les yeux sont grands et ronds. Des dents menues et recourbées garnissent les deux mâchoires et le palais ; on en voit quatre ou cinq sur la langue. Les écailles tombent aisément.

Cet osmère se tient dans les profondeurs des lacs dont le fond est sablonneux. Vers le printemps, il quitte sa retraite et remonte dans les rivières en troupes très nombreuses, pour déposer ou féconder ses œufs. Il multiplie avec tant de facilité, qu'on élève dans plusieurs marchés de l'Allemagne, de la Suède et de l'Angleterre des tas énormes d'individus de cette espèce.

Il vit de vers et de petits animaux à coquille. Son estomac est très petit ; quatre ou cinq appendices sont placés auprès du pylore ; la vessie natatoire est simple et pointue par les deux bouts ; l'ovaire est simple comme la vessie natatoire ; les œufs sont jaunes et très difficiles à compter ; des points noirs sont répandus sur le péritoine, qui est argentin. On trouve cinquante-neuf vertèbres à l'épine du dos et trente-cinq côtes de chaque côté [1].

Une variété de l'espèce que nous décrivons habite les profondeurs de la Baltique, de l'océan Atlantique boréal et des environs du détroit de Magellan [2]. Elle diffère de l'éperlan des lacs par son odeur, qui n'est pas aussi forte, et par ses dimensions, qui sont bien plus grandes. Elle parvient communément à la longueur d'un pied ou quinze pouces, et, dans l'hémisphère antarctique, on l'a vue longue de dix-huit pouces. Vers la fin de l'automne, elle s'approche des côtes ; lorsque le printemps commence, elle remonte dans les fleuves ; et l'on prend un si grand nombre d'individus de cette variété en Prusse, auprès de l'embouchure de l'Elbe et en Angleterre, qu'on les y fait sécher à l'air pour les conserver longtemps et les envoyer à de grandes distances [3].

---

1. Il est difficile de présenter l'histoire de l'éperlan avec plus d'étendue et d'une manière plus utile, que M. Noël, dans l'ouvrage qu'il a publié à ce sujet il y a quelques années.

2. *Éperlan de mer*, auprès de Rouen. — *Stint, Seestint, Grosser stint*, en Allemagne. — *Stinter, Sallakas, Stinckfisch, Tint*, en Livonie. — *Slem*, en Suède. — *Quatte, Jern-lodde*, en Norvège. — *Smelt*, en Angleterre. — *Salmo eperlanus, var. B.* Linné, édition de Gmelin. — *Salmone éperlan de mer, variété de l'éperlan*, Daubenton et Haüy, Encyclopédie méthodique. — *Id.* Bonnaterre, planches de l'Encyclopédie méthodique. — Bloch, pl. 28, fig. 1. — Willughby, *Ichtyol.*, tab. n. 6, fig. 4. — *Eperlanus.* Gesner, Thierb., p. 180 *b.* — *Spirinchus.* Jonston, *Pisc.*, tab. 47, fig. 6.

3.   A la membrane branchiale de l'osmère éperlan.................. 7 rayons.
    A chaque pectorale... 11   —
    A la nageoire de la queue..................................... 19   —

L'OSMÈRE SAURE[1]

Saurus..., Cuv. — *Salmo saurus*, Linn., Gmel. — *Osmerus saurus*, Lacép.

L'Osmère blanchet, *Saurus (salmo) fœtens*, Cuv.; *Salmo fœtens*, Linn., Gmel. ; *Osme rus albidus*, Lacép. — L'O. faucille, *Hydrocyon (salmo) falcatus*, Cuv.; *Salmo falcatus*, Bloch; *Osmerus falcatus*, Lacép. — L'O. tumbil, *Saurus (salmo) tumbil*, Cuv.; *Salmo tumbil*, Bloch; *Osmerus tumbil*, Lacép. — L'O. galonné, *Saurus (salmo) lemniscatus*, Cuv.; *Osmerus lemniscatus*, Lacép.

Le saure a la tête, le corps et la queue allongés ; les mâchoires garnies de dents fortes, conformées et disposées comme celles de plusieurs lézards ; un orifice à chaque narine ; les opercules revêtus de petites écailles ; le dos d'un vert mêlé de bleu et de noir ; des bandes transversales, étroites, irrégulières, sinueuses et roussâtres sur cette même partie ; des raies de la même couleur sur la première dorsale ; d'autres raies roussâtres et tachetées de brun sur chaque pectorale ; une raie longitudinale bleuâtre, et chargée de taches rondes et bleues de chaque côté du corps et de la queue ; la partie inférieure de la queue et du corps argentée et brillante. On le pêche dans les Antilles, dans la mer d'Arabie, dans la Méditerranée.

De petites écailles placées sur les opercules et sur la tête ; une double rangée de dents sur la langue, au palais et aux mâchoires ; un orifice à chaque narine ; le dos noirâtre ; les flancs et le ventre argentins ; les nageoires d'un rouge mêlé de brun : tels sont les traits qui complètent le portrait de l'osmère blanchet qu'on a pêché dans la mer de la Caroline. Sa longueur ordinaire est d'un pied ou quinze pouces, ainsi que celle du saure.

Surinam est la patrie de l'osmère faucille. La mâchoire supérieure de ce poisson est plus avancée que l'inférieure ; les dents de ces deux mâchoires sont fortes et inégales ; d'autres dents pointues garnissent les deux côtés du palais ; la langue est étroite et lisse. Un os court, large, dentelé et placé à l'angle de la bouche, s'avance lorsque la gueule s'ouvre, et reprend sa première position lorsqu'elle se referme ; ce qui donne à l'osmère faucille un léger rapport de conformation avec l'odontognathe aiguillonné. Il y a deux orifices à chaque narine ; les opercules sont rayonnés ; les écailles assez minces se détachent facilement ; la ligne latérale se courbe vers le bas ; l'anus

---

1. *Tarantola*, auprès de Rome. — *See eidechse*, en Allemagne. — *Sea lizard*, en Angleterre. — « *Osmerus radiis pinnæ ani decem.* » Artedi, gen. 10, syn. 22. — *Salmone saure*, Daubenton et Haüy, Encyclopédie méthodique. — *Id.* Bonnaterre, planches de l'Encyclopédie méthodique. — Bloch, pl. 384, fig. 1.

Stinklachs, Stinksalm, en Allemagne. — *Slender salmon*, en Angleterre. — *Sea sparrow hawk*, dans la Caroline. — *Salmone blanchet*, Daubenton et Haüy, Encyclopédie méthodique. — *Id.* Bonnaterre, planches de l'Encyclopédie méthodique. — Bloch, pl. 384, fig. 2. — Catesby, *Caroline*, II, p. 2, tab. 2, fig. 2.

Salmo falcatus, Bloch, pl. 385. — *Tumbile*, sur la côte de Malabar. — Bloch, pl. 430. — « *Trutta marina, rictu obtuso.* » Plumier, peintures sur vélin déjà citées.

est à une distance presque égale de la tête et de la caudale ; on voit un appendice à chaque ventrale. La couleur générale est argentée ; le dos violet ; chaque nageoire grise à sa base et brune vers son extrémité.

Le *tumbil*, de la mer qui baigne le Malabar, a la bouche très grande, la tête longue, le museau pointu, l'opercule arrondi, la ligne latérale droite, l'anus très rapproché de la caudale, la dorsale et l'anale en forme de faux, les côtés jaunes, le ventre argentin, des bandes transversales d'un jaune mêlé de rouge, les nageoires bleues avec la base jaune.

Plumier a laissé une peinture sur vélin de l'osmère auquel j'ai donné le nom de *galonné*, et dont la description n'a encore été publiée par aucun naturaliste. La nageoire adipeuse de ce poisson est en forme de petite massue renversée sur la caudale[1]. Il présente, indépendamment des raies longitudinales bleues, dix ou onze bandes transversales brunes ; mais il offre encore d'autres ornements. Sa tête, couleur de chair, est parsemée de petites taches rouges et de petites taches bleues ; deux raies bleues relèvent le jaunâtre de la première nageoire du dos ; les ventrales sont variées de jaune et de bleu ; l'anale est bleue avec une bordure jaune. Cette parure, composée de tant de nuances bleues, jaunes, brunes et rouges, distribuées d'une manière très agréable à l'œil, est complétée par le bleu de l'extrémité de la caudale.

CENT QUATRE-VINGTIÈME GENRE

LES CORÉGONES

La bouche à l'extrémité du museau ; la tête comprimée ; des écailles facilement visibles sur le corps et sur la queue ; point de grandes lames sur les côtés, de cuirasse, de piquants aux opercules, de rayons dentelés, ni de barbillons ; deux nageoires dorsales ; la seconde adipeuse et dénuée de rayons ; plus de quatre rayons à la membrane des branchies ; les mâchoires sans dents, ou garnies de dents très petites et difficiles à voir.

ESPÈCES.	CARACTÈRES.
1. LE CORÉGONE LAVARET.	Quinze rayons à la première nageoire du dos ; quatorze celle de l'anus ; douze à chaque ventrale ; la caudale four-

1. A chaque pectorale de l'osmère saure	12	rayons.
A la nageoire de la queue	18	—
A la membrane branchiale de l'osmère blanchet	12	—
A chaque pectorale	12	—
A la caudale	25	—
A la membrane des branchies de l'osmère faucille	5	—
A chaque pectorale	16	—
A la nageoire de la queue	20	—
A la membrane branchiale de l'osmère tumbil	6	—
A chaque pectorale	15	—
A la caudale	20	—
A chaque pectorale de l'osmère galonné	7	—

Nous ignorons le nombre des rayons de la membrane branchiale du galonné. Si, contre notre opinion, cette membrane n'en avait que quatre, il faudrait placer le galonné dans le genre des characins.

ESPÈCES.	CARACTÈRES.
1. Le Corégone lavaret.	chue ; la mâchoire supérieure prolongée en forme de petite trompe ; un petit appendice auprès de chaque ventrale ; les écailles échancrées.
2. Le Corégone pidschian.	Treize ou quatorze rayons à la première dorsale ; seize à la nageoire de l'anus ; onze à chaque ventrale ; la caudale fourchue ; un appendice triangulaire, aigu et plus long que les ventrales, auprès de chacune de ces nageoires ; le dos élevé et arrondi en bosse ; la mâchoire supérieure plus avancée que l'inférieure.
3. Le Corégone schokur.	Douze rayons à la première nageoire du dos ; quatorze à l'anale ; onze à chaque ventrale ; la caudale fourchue ; un appendice court et obtus auprès de chaque ventrale ; la partie antérieure du dos carénée ; deux tubercules sur le museau ; la mâchoire supérieure plus avancée que l'inférieure.
4. Le Corégone nez.	Douze rayons à la première dorsale ; treize à la nageoire de l'anus ; douze ou treize à chaque ventrale ; la caudale fourchue ; la tête grosse ; la mâchoire supérieure plus avancée que l'inférieure, arrondie, convexe et bossue au-devant des yeux ; le corps épais ; les appendices des ventrales triangulaires et très courts ; les écailles grandes.
5. Le Corégone large.	Quinze rayons à la première nageoire du dos ; quatorze à celle de l'anus ; douze à chaque ventrale ; la caudale fourchue ; la mâchoire supérieure prolongée en forme de petite trompe ; le dos élevé ; sa partie antérieure carénée ; le ventre gros et arrondi ; les nageoires courtes ; la dorsale placée dans une concavité ; les écailles rondes ; la prunelle anguleuse du côté du museau ; des raies longitudinales.
6. Le Corégone thymalle.	Vingt-trois rayons à la première dorsale, qui est très haute ; quatorze à la nageoire de l'anus ; douze à chaque ventrale ; la caudale fourchue ; la mâchoire supérieure un peu plus avancée que celle d'en bas ; la ligne latérale presque droite ; des points noirs sur la tête ; un grand nombre de raies longitudinales.
7. Le Corégone vimbe.	Douze rayons à la première nageoire du dos ; quatorze à l'anale ; dix à chaque ventrale ; la nageoire adipeuse, un peu dentelée.
8. Le Corégone voyageur.	Douze rayons à la première dorsale ; treize à la nageoire de l'anus ; douze à chaque ventrale ; les deux mâchoires presque également avancées ; l'une et l'autre dénuées de dents ; le museau un peu conique ; la couleur générale argentée, sans taches ni raies ; les nageoires ventrales et de l'anus, d'un blanc rougeâtre.
9. Le Corégone muller.	La mâchoire inférieure plus avancée que la supérieure ; l'une et l'autre dénuées de dents ; le ventre moucheté.
10. Le Corégone autumnal.	Douze rayons à la première nageoire du dos ; treize à celle de l'anus ; douze à chaque ventrale ; la caudale fourchue ; la mâchoire inférieure plus avancée que la supérieure ; l'une et l'autre dénuées de dents ; l'ouverture des branchies très grande ; la couleur générale argentée.

ESPÈCES.	CARACTÈRES.

11. LE CORÉGONE ABLE.
Quatorze rayons à la première dorsale ; quinze à l'anale ; douze à chaque ventrale ; la caudale fourchue ; la mâchoire inférieure plus avancée que celle d'en haut, l'une et l'autre sans dents ; l'orifice des branchies très grand ; sept rayons à la membrane branchiale ; chaque opercule composé de trois lames ; la partie antérieure du dos carénée ; la ligne latérale fléchie en bas auprès de la pectorale et ensuite très droite ; les écailles sans échancrure et pointillées de noir.

12. LE CORÉGONE PELED.
Dix rayons à la première nageoire du dos ; quatorze à la nageoire de l'anus ; treize à chaque ventrale ; la mâchoire inférieure un peu plus avancée que la supérieure et dénuée de dents, ainsi que celle d'en haut ; douze rayons à la membrane des branchies ; la couleur générale blanche ; le dos bleuâtre ; la tête parsemée de points bruns.

13. LE CORÉGONE MARÈNE.
Quatorze rayons à la première dorsale ; quinze à la nageoire de l'anus ; onze à chaque ventrale ; la caudale fourchue ; huit rayons à la membrane branchiale ; point de dents ; une sorte de bourrelet sur le bout du museau ; la mâchoire inférieure ovale, plus étroite et plus courte que la supérieure ; point de taches, de bandes ni de raies.

14. LE CORÉGONE MARÉNULE.
Dix rayons à la première nageoire du dos ; quatorze à l'anale ; onze à chaque ventrale ; la caudale fourchue ; sept rayons à la membrane des branchies ; point de dents ; la mâchoire inférieure recourbée, plus étroite et plus longue que la supérieure ; la ligne latérale droite ; la couleur générale argentée ; le dos bleuâtre.

15. LE CORÉGONE WART-MANN.
Quinze rayons à la première dorsale ; quatorze à l'anale ; douze à chaque ventrale ; la caudale en croissant ; le museau un peu semblable à un cône tronqué ; point de dents ; les deux mâchoires presque également avancées ; la ligne latérale droite ; la couleur générale bleue et sans taches.

16. LE CORÉGONE OXY-RHINQUE.
Quatorze rayons à la première nageoire du dos ; quatorze ou quinze à celle de l'anus ; douze à chaque ventrale ; neuf à la membrane des branchies ; point de dents ; le crâne transparent ; la mâchoire supérieure plus avancée que celle d'en bas et en forme de cône ; la ligne latérale courbe vers son origine ; les écailles assez grandes ; la couleur générale blanchâtre.

17. LE CORÉGONE LEU-CICHTHE.
Quinze rayons à la première dorsale ; quatorze à la nageoire de l'anus ; onze à chaque ventrale ; la caudale en croissant ; la mâchoire supérieure très large et plus courte que l'inférieure, qui est recourbée et tuberculeuse à son extrémité ; la couleur générale argentée avec des points noirs.

18. LE CORÉGONE OMBRE.
Quatorze rayons à la première nageoire du dos ; treize à l'anale ; dix à chaque ventrale ; la caudale fourchue ; la tête petite ; la mâchoire supérieure un peu plus avancée que l'inférieure et hérissée, ainsi que cette dernière, d'un très grand nombre d'aspérités ; le corps et la queue très allongés et très comprimés ; la couleur générale dorée ; le dos

ESPÈCES.	CARACTÈRES.
18. LE CORÉGONE OMBRE.	d'un bleu mêlé de vert; des raies longitudinales et d'une nuance obscure de chaque côté du poisson, ou des taches obscures et carrées sur le dos, ou des raies dorées entre les pectorales et les ventrales.
19. LE CORÉGONE ROUGE.	Onze rayons à la première dorsale, qui est haute et un peu en forme de faux; onze rayons à la nageoire de l'anus; la caudale fourchue; le museau arrondi et aplati; la mâchoire inférieure un peu plus avancée que la supérieure; l'opercule arrondi et composé de deux pièces; toute la surface du poisson, d'un rouge plus ou moins vif.
20. LE CORÉGONE CLU-PÉOÏDE.	Douze rayons à la première dorsale; treize à l'anale; neuf à chaque ventrale; six pièces à chaque opercule; deux orifices à chaque narine; les deux mâchoires également avancées; point de dents; la ligne latérale droite.

LE CORÉGONE LAVARET [1]

Coregonus (salmo) oxyrinchus et *Coregonus (salmo) Wartmanni*, Cuv. — *Salmo Lavaretus* et *S. oxyrinchus*, Linn. — *Salmo Lavaretus*, Lacép.

Les corégones, ainsi que les osmères et les characins, ont de très grands rapports avec les salmones, dans le genre desquels ils ont été compris par Linné et par plusieurs autres auteurs. Les habitudes des corégones sont cependant moins semblables à celles des salmones que la manière de vivre des osmères et des characins, parce que leurs mâchoires ne sont pas garnies, comme celles de ces derniers, des dents très fortes qui hérissent les mâchoires des salmones, et que, moins bien armés pour attaquer ou pour se défendre, ils sont forcés le plus souvent d'avoir recours à la ruse ou de fuir dans un asile.

Parmi ces corégones, une des espèces les plus remarquables est celle du lavaret.

Nous avons vu, dans le tableau du genre des corégones, que la conformation de la tête du lavaret présente un trait particulier : la prolongation de la mâchoire supérieure, qui compose ce trait, est molle et charnue. D'ailleurs, la tête est petite et demi-transparente jusqu'aux yeux. La mâchoire inférieure,

---

1. *Féra, Ferrat*, dans plusieurs lacs de la Suisse, ou voisins de cette contrée. — *Schnepel*, en Allemagne. — *Sihka, Sieg, Sia-kalle*, en Livonie. — *Suck, Stor suck*, en Suède et en Norvège. — *Helt*, en Danemark. — *Gwiniard*, en Angleterre, dans plusieurs auteurs. — *Farre*, dans plusieurs auteurs.

Salmone lavaret. Daubenton et Haüy, *Encyclopédie méthodique.* — *Id.* Bonnaterre, planches de l'Encyclopédie méthodique. — Bloch, pl. 25. — *Salmo lavaretus. Fauna suecica*, 352. — *Id. Act. Stockh.*, 1753, p. 195. — *Id.* Müller, *Prodrom. Zoolog. danic.*, p. 48, n. 413. — *Id.* Koelreuter, *Nov. Comm. Petrop.*, 15, p. 504. — *Id.* Pallas, *It.*, 3, p. 705. — *Id.* S.-G. Gmelin, *It.*, 1, p. 60. — *Id.* Schranck, *Schr. der Berl. naturf. fr.*, 1. — « Coregonus maxilla superiore longiore, pinna dorsali, ossiculorum quatuordecim. » Artedi, gen. 10, spec. 37, syn. 19.

Willughby, *Ichtyol.*, tab. n. 6., fig. 1. — *Albula nobilis.* Ray, *Pisc.*, p. 60, n. 1. — *Lavaret.* Rondelet, seconde partie, chap. xv (édition de Lyon, 1558).

plus courte que celle d'en haut, s'emboîte dans cette dernière et se trouve couverte par une grosse lèvre lorsque la bouche est fermée. Ces deux mâchoires sont dénuées de dents. La langue est blanche, cartilagineuse, courte et un peu rude ; la ligne latérale presque droite et ornée de petits points d'une nuance brune ; la couleur générale bleuâtre, le dos d'un bleu mêlé de gris ; l'opercule, ainsi que les joues, d'un jaune varié par des reflets bleus ; la partie inférieure du poisson argentine, avec des teintes jaunes ; presque toutes les nageoires ont la membrane bleuâtre et les rayons blanchâtres à leur origine.

Le lavaret a d'ailleurs la membrane de l'estomac forte, le pylore entouré d'appendices, le canal intestinal court, l'ovaire ou la laite double ; cinquante-neuf vertèbres à l'épine du dos et trente-huit côtes de chaque côté de cette colonne dorsale.

On le trouve dans l'océan Atlantique septentrional, dans la Baltique, dans plusieurs lacs et notamment dans celui de Genève. Il se tient souvent dans le fond de ces lacs et de ces mers, mais il quitte particulièrement sa retraite marine lorsque les harengs commencent à frayer ; il les suit alors pour dévorer leurs œufs. Il se nourrit aussi d'insectes. M. Odier, savant médecin de Genève, ayant disséqué un individu de cette espèce, que l'on nomme *ferrat* sur les bords du lac Léman, a trouvé dans son canal intestinal un grand nombre de larves de *libellules* ou *demoiselles*, mêlées avec une substance d'une couleur grise. Il crut même voir la vessie natatoire pleine de cette même substance vraisemblablement vaseuse et de ces mêmes larves ; ce qui aurait prouvé que, par un excès de voracité, l'individu qu'il examinait avait avalé une si grande quantité de larves et de matière grise, que de l'estomac elles étaient passées par le canal pneumatique jusque dans la vessie natatoire[1].

Le lavaret multiplie peu, parce que beaucoup de poissons se nourrissent de ses œufs, parce qu'il les dévore lui-même, et qu'entouré d'ennemis, il est surtout recherché par les squales. On croirait néanmoins qu'il prend pour la sûreté de sa ponte autant de soin que la plupart des autres poissons. Il se rapproche des rivages lorsqu'il doit frayer, ce qui arrive ordinairement vers la fin de l'été ou au commencement de l'automne. Il fréquente alors les anses, les havres et les embouchures des fleuves dont les eaux coulent avec le plus de rapidité. La femelle, suivie du mâle, frotte son ventre contre les pierres ou les cailloux pour se débarrasser plus facilement de ses œufs. Plusieurs lavarets remontent cependant dans les rivières ; ils s'avancent en troupes, ils présentent deux rangées réunies de manière à former un angle, et que précède un individu plus fort ou plus hardi, conducteur de ses compagnons

1. Lettre écrite, en 1797 ou 1798, par M. Odier à son fils, jeune homme d'une grande espérance, qui suivait alors mes cours avec beaucoup de zèle, et que la mort a enlevé à ses amis et à sa famille, au moment où, à l'exemple de son respectable père, il allait parcourir avec honneur la carrière des sciences.

dociles. On a cru remarquer que plus la vitesse de ces rivières est grande, et plus ils la surmontent avec facilité et font de chemin en remontant, ce qui confirmerait les idées que nous avons présentées sur la natation des poissons dans notre Discours sur leur nature, et ce qui prouverait particulièrement ce principe important, que les forces animales s'accroissent avec l'obstacle et se multiplient par les efforts nécessaires pour le vaincre dans une proportion bien plus forte que les résistances jusqu'au moment où ces mêmes résistances deviennent insurmontables. Lorsque les eaux du fleuve sont bouleversées par la tempête, les lavarets lutteraient contre les vagues avec trop de fatigue : ils se tiennent dans le fond du fleuve. L'orage est-il dissipé, ils se remettent dans leur premier ordre et reprennent leur route. On prétend même qu'ils pressentent la tempête longtemps avant qu'elle éclate et qu'ils n'attendent pas qu'elle ait agité les eaux pour se retirer dans un asile. Ils s'arrêtent cependant vers les chutes d'eau et les embouchures des ruisseaux ou des petites rivières, dans les endroits où ils trouvent des cailloux ou d'autres objets propres à faciliter leur frai.

Après la ponte et la fécondation des œufs, ils retournent dans la mer ; les jeunes individus de leur espèce qui ont atteint une longueur de quatre pouces les accompagnent. Ils vont alors sans ordre, parce qu'ils ne sont point poussés, comme lors de leur arrivée, par une cause des plus actives, qui agisse en même temps, ainsi qu'avec une force presque égale, sur tous les individus, et de plus, parce qu'ils n'ont pas à surmonter des obstacles contre lesquels ils aient besoin de réunir leurs efforts. On assure qu'ils pressent leur retour lorsque les grands froids doivent arriver de bonne heure, et qu'ils le diffèrent au contraire lorsque l'hiver doit être retardé. Ce pressentiment serait une confirmation de celui qu'on leur a supposé relativement aux tempêtes ; et peut-être, en effet, les petites variations qui précèdent nécessairement les grandes variations de l'atmosphère produisent-elles au milieu des eaux des développements de gaz, des altérations de substances ou d'autres accidents auxquels les poissons peuvent être aussi sensibles que les oiseaux le sont aux plus légères modifications de l'air.

On pêche les lavarets avec de grands filets ; on les prend avec le tramail et la louve[1] ; on les harponne avec un trident.

La chair des lavarets est blanche, tendre et agréable au goût. Dans les endroits où la pêche de ces animaux est abondante, on les fume ou on les sale. Pour cette dernière opération, on les vide, on les lave en dedans et en dehors ; on les met sur le ventre, de manière que l'eau dont ils sont imbibés puisse s'égoutter ; on les enduit de sel, on les laisse deux ou trois jours rangés par couche ; on les lave de nouveau et on les sale une seconde fois, en les plaçant entre des couches de sel et en les pressant dans des tonneaux que

---

1. On trouvera la description du *tramail* ou *trémail,* dans l'article du *Gade colin ;* et celle de la *louve,* dans l'article du *Pétromyzon lamproie.*

l'on bouche ensuite avec soin. Si on les prend pendant les grandes chaleurs, on est obligé, avant de les saler, de les fendre et de leur ôter la tête et l'épine dorsale, qui se gâteraient aisément et donneraient un mauvais goût au poisson. Ils meurent bientôt après être sortis de l'eau. On peut cependant, avec des précautions, les transporter dans des étangs, où ils prospèrent et croissent lorsque ces pièces d'eau sont grandes et ont un fond de sable.

Au reste, ils varient un peu dans leurs formes et dans leurs habitudes, suivant la nature de leur séjour. Voilà pourquoi les *ferrats* du lac Léman ne ressemblent pas tout à fait aux autres lavarets. Voilà pourquoi aussi on doit peut-être regarder comme de simples variétés de l'espèce que nous décrivons les *gravanches*, les *palées* et les *bondelles*, dont M. Decandolle a fait mention dans les notes manuscrites que ce naturaliste si digne d'estime a bien voulu nous adresser.

Les *gravanches* ont le museau plus pointu, le goût moins délicat et ordinairement les dimensions plus petites que les lavarets proprement dits. Elles habitent dans le lac de Genève, entre Rolle et Morgas. Elles s'y tiennent trop constamment dans les fonds, pendant onze mois de l'année, pour qu'alors on puisse les prendre ; ce n'est que vers la fin de l'automne qu'elles paraissent. On les pêche à cette époque avec un filet, la nuit comme le jour, et on a essayé avec succès de les prendre *à la lanterne.*

Les *palées* vivent dans le lac de Neufchâtel. Ayant à peu près les mêmes habitudes que les gravanches, elles ne paraissent que pendant un mois ou environ, vers le milieu ou à la fin de l'automne. On en prend alors une grande quantité avec des filets perpendiculaires soutenus par des lièges et maintenus par des plombs et des pierres arrondies, qui roulent en glissant facilement sur les fonds de cailloux, préférés par les palées. On sale beaucoup de ces corégones, qu'on envoie au loin dans de petites barriques.

Il paraît que les *bondelles* ne sont que de jeunes palées. On les pêche pendant toute l'année sur les bords du lac de Neuchâtel. On en mange beaucoup de fraîches en Suisse et on sale les autres comme les sardines, auxquelles on dit qu'elles ne sont pas inférieures par leur goût[1].

LE CORÉGONE PIDSCHIAN [2]

Coregonus pidschian, Lacép. — *Salmo pidschian*, Linn., Gmel.

Le Corégone schokur, *Coregonus schokur*, Lacép.; *Salmo schokur*, Linn., Gmel. — C. nez, *Coregonus nasus*, Lacép.; *Salmo nasus*, Linn., Gmel. — C. large, *Corego-*

1. A la membrane branchiale du corégone lavaret.................. 8 rayons.
   A chaque pectorale.. 15   —
   A la nageoire de la queue.................................... 20   —

2. Pallas, *It.*, 3, p. 705, n. 3. — *Salmone schokur*. Bonnaterre, planches de l'Encyclopédie méthodique. — *Salmone chycalle*. Bonnaterre, planches de l'Encyclopédie méthodique. — Pallas, *It.*, 3, p. 705, n. 44. — *Tschar*. Lepechin, *It.*, 3, p. 227, tab. 13. — *Weisfisch*, à Dantzig. —

nus latus, Lacép.; *Salmo lavaretus,* var. B. Linn., Gmel. — C. THYMALLE, *Thymallus (salmo) communis,* Cuv.; *Coregonus thymallus,* Lacép.; *Salmo thymallus,* Linn., Gmel., Bloch. — C. VIMBE, *Coregonus vimba,* Lacép.; *Salmo vimba,* Linn., Gmel. — C. VOYAGEUR, *Coregonus migratorius,* Lacép.; *Salmo migratorius,* Linn., Gmel. — C. MULLER, *Coregonus mulleri,* Lacép.; *Salmo mulleri et Salmo strœmii,* Linn., Gmel. — C. AUTUMNAL, *Coregonus autumnalis,* Lacép.; *Salmo autumnalis,* Linn., Gmel.

Une variété du premier de ces corégones, à laquelle on a donné le nom de *muchsan* et dont on doit la connaissance, ainsi que celle du pidschian, à l'illustre Pallas, a le dos plus élevé que ce dernier. On trouve l'un et l'autre en Sibérie, de même que le schokur, dont la tête est petite, moins comprimée et plus arrondie par devant que celle du lavaret.

C'est également dans la Sibérie qu'habite le corégone nez, dont la longueur est ordinairement de dix-huit pouces.

Le corégone large a pour patrie une grande partie des contrées dans lesquelles on pêche le lavaret, avec lequel il a beaucoup de rapports. Son poids est de quatre ou six livres.

On voit une rangée de petites dents sur les deux mâchoires du thymalle. On trouve aussi quelques dents très petites sur le devant du palais et près de l'œsophage. La langue est unie ; le corps allongé, ainsi que la queue ; le dos arrondi ; le ventre gros ; les écailles sont dures et épaisses. La couleur

Breite aesche, en Poméranie. — *Schnepel,* à Hambourg. — *Sück,* en Danemark. — *Lappsück,* en Suède. — *Lavaret large et thymalle large.* Bloch, pl. 26.

Salmone large. Bonnaterre, planches de l'Encyclopédie méthodique. — *Ombre d'Auvergne.* — *Temelo,* en Italie. — *Kressling,* avant l'âge d'un an, en Suisse. — *Iser,* après l'âge d'un an, et avant l'âge de deux ans, *ibid.* — *Æscherling,* après l'âge de deux ans, *ibid.* — *Asch, Æscha, Escher,* en Allemagne. — *Sprensling, Mayling,* en Autriche. — *Charius,* en Russie. — *Harr,* en Suède. — *Id.,* en Norvège. — *Zjolzhja,* en Laponie. — *Spelt, Stalling,* en Danemark. — *Grayling, Smelling like, Thyme,* en Angleterre.

Salmone, ombre de rivière. Daubenton et Haüy, Encyclopédie méthodique. — *Id.* Bonnaterre, planches de l'Encyclopédie méthodique. — Bloch, pl. 24. — Müller, *Prodrom. Zoolog. Dan.,* p. 49, n. 416. — « *Coregonus maxilla superiore longiore, pinna dorsi ossiculorum viginti trium.* » Artedi, gen. 10, syn. 20, spec. 41. — *Thumallos.* Ælian, lib. XIV, cap. XXII, p. 831. — *Thymalus, seu thymus,* Gesner, p. 978, 979 et 1171. — *Ascher,* id. Thierb., p. 774. — *Thymallus.* Ambros., *Hexam.,* lib. V, cap. XXIII, S. II. — *Thymallus.* Salvian, fol. 81 *a.* — *Thymus,* id. fol. 80 *b,* ad iconem. — *Thymalus.* Wotton, lib. VIII, cap. CXC, fol. 170. — *Thymallus.* Aldrovande, lib. V, cap. XIV, p. 594.

Jonston, lib. III, tit. 1, cap. III, tab. 26, fig. 3, 4 et 5, et tab. 31, fig. 6. — *Thymallus.* Charleton, p. 155. — *Id.* Willughby, p. 187. — *Id.* Ray, p. 62. — *Tunallus.* Albert, *Animal.,* l. XXIV. — *Thymo.* Rondelet, seconde partie, chap. X. — *Fauna suecica,* 354. — Kram., *El.,* p. 390, n. 2. — Gronov. Mus. 2, n. 162. — Klein, *Miss. pisc.,* 5, p. 21, n. 15, tab. 4, fig. 5. — *Thymallus.* Mars., *Danub.,* 4, p. 75, tab. 25, fig. 2. — *Brit. Zoolog.,* 3, p. 262, n. 7. — *Salmone vimbe.* Daubenton et Haüy, Encyclopédie méthodique. — *Id.* Bonnaterre, planches de l'Encyclopédie méthodique. — *Fauna suecica,* 351. — *Wimba.* It. Wgoth., p. 231. — Georg., *It.* 1, p. 182. — *Salmo Strœmii. Id.*

Strom., *Sondmor.,* 1, p. 292. — Müller, *Prodrom. Zoolog. danic.,* p. 49, n. 415. — *Salmone strom.* Bonnaterre, planches de l'Encyclopédie méthodique. — Pallas, *It.,* 3, p. 705, n. 45. — *Salmone sangchalle.* Bonnaterre, planches de l'Encyclopédie méthodique. — *Omal.* Lepechin, *It.,* 3, p. 228, tab. 14, fig. 1.

générale est d'un gris plus ou moins mêlé de blanc, les raies longitudinales sont bleuâtres; une série de points noirs règne le long de la ligne latérale; la partie supérieure du poisson présente un vert noirâtre; les pectorales sont blanches; une nuance rougeâtre distingue les nageoires du ventre, de l'anus et de la queue. La première dorsale s'élève comme une petite voile au-dessus du corégone; elle est peinte d'un beau violet, avec la base et les rayons verdâtres, et des raies ainsi que des taches brunes.

La membrane de l'estomac du thymalle est presque aussi dure qu'un cartilage; le foie jaune et transparent; l'épine dorsale composée de cinquante-neuf vertèbres et fortifiée de chaque côté par trente-quatre côtes.

Les anciens ont connu le thymalle. Élien et l'évêque de Milan, saint Ambroise, en ont parlé. Ce poisson aime l'eau froide et pure, qui coule avec rapidité sur un fond de cailloux ou de sable. Il n'est donc pas surprenant qu'on le trouve particulièrement dans les ruisseaux ombragés des gorges des montagnes. Le nom d'*ombre d'Auvergne*, qui lui a été donné, indique qu'il vit en France; il a été d'ailleurs observé dans presque toutes les contrées montueuses, tempérées ou froides de l'Europe et de la Sibérie; il est même si commun en Laponie, que les habitants de ce pays se servent des intestins pour faire plus facilement du fromage avec le lait de rennes. Il se nourrit d'insectes, de petits animaux à coquille, de jeunes poissons, d'œufs de saumon et de truite. Il croît fort vite, parvient à la longueur de dix-huit pouces et pèse quelquefois plus de quatre livres.

En automne, il descend ordinairement dans les grands fleuves, et de là dans la mer d'où il remonte, vers le milieu du printemps, dans les fleuves, les rivières et les ruisseaux qui lui conviennent. On le prend surtout lors de ses passages, et notamment quand il remonte pour aller frayer. On le pêche avec le colleret, la louve[1], la nasse et à la ligne. Sa chair est blanche, ferme, douce, très bonne au goût, principalement dans les temps froids, très grasse en automne, très facile à digérer dans toutes les saisons; et il est d'autant plus recherché, qu'on a attribué à son huile ou à sa graisse la propriété d'effacer les taches de la peau, et même les marques de la petite vérole.

Il ne multiplie pas beaucoup, parce qu'il est très délicat et l'une des proies les plus agréables aux oiseaux d'eau. Il meurt bientôt, non seulement quand il est hors de l'eau, mais encore lorsqu'il est dans une eau tranquille; et, si l'on veut le conserver dans des huches, il faut qu'elles soient placées dans un courant.

Il répand, dans plusieurs circonstances, une odeur agréable, qu'Élien a comparée à celle du thym, et saint Ambroise à celle du miel, et qui paraît provenir de certains insectes dont il se nourrit, et qui, tels que le *tourniquet* (*gyrinus natator*), sont plus ou moins odorants.

1. Voyez la description du *colleret* dans l'article du *Centropome sandat;* et celle de la *louve* dans l'article du *Pétromyzon lamproie.*

Le corégone vimbe habite en Suède.

Le *voyageur* se trouve en Sibérie, dans le lac Baïkal, d'où il remonte, pour la ponte ou la fécondation des œufs, dans les rivières qui s'y jettent. Il a un pied et demi de longueur, la partie supérieure grise, la chair blanche, les œufs jaunes et très bons à manger[1].

Le müller a été pêché dans les eaux du Danemark.

Le corégone autumnal passe l'hiver dans l'océan Glacial arctique. Les individus de cette espèce en partent, après la fonte des glaces, pour remonter dans les fleuves. Ils vont jusqu'au lac Baïkal et dans d'autres lacs très éloignés de la mer; lorsque l'automne arrive, ils se réunissent en grandes troupes et redescendent jusque dans l'Océan. Ils perdent très promptement la vie lorsqu'ils sont hors de l'eau. Ils sont gras et ont dix-huit pouces de longueur.

LE CORÉGONE ABLE [2]

Coregonus albula, Lacép. — *Salmo albula,* Linn., Gmel.

Le Corégone peled, *Coregonus peled,* Lacép., Cuv.; *Salmo peled,* Pallas, Linn., Gmel. — C. marène, *Coregonus marœna,* Lacép., Cuv.; *Salmo marœna,* Bloch, Linn., Gmel. — C. marénule, *Coregonus marœnula,* Cuv., Lacép.; *Salmo marœnula,* Bloch, Linn., Gmel. — C. wartmann, *Coregonus wartmannii,* Cuv., Lacép.; *Salmo wartmannii,* Bloch, Linn., Gmel. — C. oxyrhinque, *Coregonus oxyrinchus,* Cuv., Lacép.; *Salmo oxyrinchus,* Linn.; *Salmo lavaretus,* Bl., pl. 25. — C. leucichthe, *Coregonus leucichthys,* Lacép. — C. ombre, *Coregonus umbra,* Lacép.; *Salmo thymus,* Bonnaterre. — C. rouge, *Coregonus ruber,* Lacép.

L'able, dont l'Europe est la patrie, a huit pouces ou à peu près de lon-

A la membrane des branchies du corégone pidschian	10	rayons.
A chaque pectorale	14	—
A la membrane branchiale du corégone schokur	9	—
A chaque pectorale	17	—
A la membrane des branchies du corégone nez	9	—
A chaque pectorale	18	—
A la membrane branchiale du corégone large	8	—
A chaque pectorale	15	—
A la nageoire de la queue	20	—
A la membrane des branchies du corégone thymalle	10	—
A chaque pectorale	16	—
A la caudale	18	
A chaque pectorale du corégone vimbe	16	—
A la membrane branchiale du corégone voyageur	9	—
A chaque pectorale	17	—
A la nageoire de la queue	20	
A la membrane des branchies du corégone autumnal	9	—
A chaque pectorale	16	—

2. *Sik-loja, Stint,* en Suède. — *Moika, Rapis,* en Finlande. — *Blicta,* dans plusieurs contrées du nord de l'Europe. — *Fauna suecica,* 353. — *Salmone able.* Daubenton et Haüy, Encyclopédie méthodique. — *Id.* Bonnaterre, planches de l'Encyclopédie méthodique. — Kœlreuter,

gueur, le dos d'un vert brunâtre, les côtés argentins et des points noirâtres
sur les nageoires.

Le peled vit dans la Russie septentrionale. Sa chair est grasse, et sa
longueur ordinaire de dix-huit pouces.

La marène a la ligne latérale un peu courbée, les yeux gros et les
écailles grandes, minces et brillantes. Le nez, le front et le dos sont noirs
ou bleuâtres ; le menton et le ventre blancs ; les côtés argentins ; les joues
jaunes ; les opercules bleuâtres et bordés de blanc ; les nageoires, excepté
l'adipeuse qui est noirâtre, bleues, bordées de noir et violettes à la base ;
les nuances de la ligne latérale relevées par une série de plus de quarante
points blanchâtres.

On trouve ce corégone dans le lac Maduit et dans quelques autres
grands lacs de la Poméranie ou de la nouvelle Marche de Brandebourg. Il
est quelquefois long de plus de trois pieds. Sa chair grasse, blanche et tendre,
a un très bon goût. Son canal intestinal est très court ; mais on compte près
de cent cinquante appendices auprès du pylore.

Les marènes se plaisent dans les eaux profondes, dont le fond est de
sable ou de glaise. Elles y vivent en troupes nombreuses ; elles ne quittent
leur retraite que vers la fin de l'automne, pour frayer sur les endroits remplis de mousse ou d'autres herbes, et dans le printemps, pour chercher de
petits animaux à coquille, dont elles aiment beaucoup à se nourir ; s'il
survient une tempête, elles disparaissent subitement. Elles ne commencent
à se reproduire qu'à l'âge de cinq ou six ans, et lorsqu'elles ont déjà un pied

Nov. Comm. Petropol., 18, 503. — « Coregonus edentulus, maxilla inferiore longiore. » Artedi,
gen. 9, spec. 40, syn. 18. — Lepechin, *It.*, 3, p. 226, tab. 12.

Marène, Bloch, pl. 27. — *Salmone marène.* Bonnaterre, planches de l'Encyclopédie méthodique. — *Murœne*, en Prusse. — *Morène*, en Sibérie et dans le Mecklembourg. — *Stint*, en Danemark. — *Fikloja*, en Suède. — *Smaafisk, Blege, Lake-sild, Vemme*, en Norvège. — *Petite marène.*
Bloch, pl. 28, fig. 3. — *Cyprinus marœnula.* Wulff, *Icht. Boruss.*, p. 48, n. 65. — *Marena.* Willughby, *Ichtyol.*, p. 229. — Ray, *Pisc.*, p. 107, n. 12. — Klein, *Miss. pisc.*, 5, p. 21, 16, tab. 6, fig. 2.

Bésola, dans plusieurs contrées de l'Europe. — *Heverling*, pendant sa première année, en
Allemagne. — *Maydel*, idem. — *Stubel* et *steuber*, pendant sa seconde année, *ibid.* — *Gangfisch*,
pendant sa troisième année, *ibid.* — *Rhenken*, pendant sa quatrième année, *ibid.* — *Halbfelch*,
pendant sa cinquième année, *ibid.* — *Dreyer*, pendant sa sixième année, *ibid.* — *Blaufelchen*,
pendant sa septième année et les années suivantes, *ibid.* — *Ombre bleu.* Bloch, pl. 105. —
Salmone ombre bleu. Bonnaterre, planches de l'Encyclopédie méthodique. — *Albula parva.*
Gesner, *Aquat.*, p. 34. *Icon. anim.*, p. 340. Thierb., p. 188, *b.* — *Albula cœrulea.* Id., Thierb.,
p. 187, *b.* — *Albula parva.* Aldrovande, *Pisc.*, p. 659.

Id. Jonston, *Pisc.*, p. 173. — *Id.* Willughby, *Ichtyolog.*, p. 384. — *Id.* Ray, *Pisc.*, p. 61,
n. 4. — *Blafelchen.* Wartmann, *Besch. Berl. naturf. fr.* 3, p. 184. — *Bézole.* Rondelet, seconde
partie, chap. XVI. — *Salmone oxyrhinque.* Daubenton et Haüy, Encyclopédie méthodique. —
Id. Bonnaterre, planches de l'Encyclopédie méthodique. — « Coregonus maxilla superiore longiore conica. » Artedi, gen. 10, syn. 21. — Gronov., Mus. 1, p. 48. — *Salmone leucichthe.* Bonnaterre, planches de l'Encyclopédie méthodique. — Güldenst., *Nov. Comm. Petropol.*, 16, p. 531.
— *Salmone ombre* (salmo thymus). — Bonnaterre, planches de l'Encyclopédie méthodique. —
Ombre de rivière. Rondelet, seconde partie, *Poissons de rivière*, chap. III.

« Coregonus maxilla superiore longiore, etc. » Var. *B.* Artedi, *syn.*, p. 21. — « Trutta
marina, rictu acuto. » Plumier, peintures sur vélin déjà citées.

ou plus de longueur. Pendant l'hiver, on les pêche sous la glace avec de grands filets dont les mailles sont assez larges pour laisser échapper les individus trop petits. Elles meurent dès qu'elles sortent de l'eau. Cependant Bloch nous apprend que M. de Marwitz de Zernickow est parvenu, en employant des vaisseaux larges, profonds, dont le fond était garni de glaise ou de sable, et dans l'intérieur desquels la chaleur ne pouvait pas pénétrer, à transporter un très grand nombre de ces corégones dans ses terres, éloignées de huit lieues du lac de Maduit, et à les acclimater dans ses étangs.

Bloch a le premier décrit la grande marène. La marénule, ou petite marène, est connue depuis longtemps. Schwenckfeld et Schoneveld en ont parlé dès le commencement du xviie siècle. Sa tête est demi-transparente ; sa langue cartilagineuse et courte ; sa longueur de huit à douze pouces ; sa surface revêtue d'écailles minces, brillantes et faiblement attachées ; son épine dorsale composée de cinquante-huit vertèbres ; le nombre total de ses côtes, de trente-deux ; sa ligne latérale ornée de plus de cinquante points noirs ; la couleur de ses nageoires, d'un gris blanc ; sa caudale bordée de bleu ; sa chair blanche, tendre et de très bon goût.

Ses habitudes ressemblent beaucoup à celles de la marène. On la pêche dans les lacs à fond de sable ou de glaise du Danemark, de la Suède et de l'Allemagne septentrionale. Il est des endroits où on la fume après l'avoir arrosée de bière. Ses œufs sont plus petits que ceux de presque tous les autres corégones.

Le wartmann a les écailles grandes ; un appendice assez long auprès de chaque ventrale ; l'estomac dur et étroit ; plusieurs cæcums ; le foie gros ; le fiel vert ; la vessie natatoire simple et située le long du dos ; la tête petite et argentine comme le ventre ; les nageoires jaunâtres ou blanchâtres et bordées de bleu ; une série de points noirs le long de la ligne latérale.

Il porte le nom d'un savant médecin de Saint-Gall, qui l'a décrit avec beaucoup d'exactitude. Il se trouve dans plusieurs lacs de la Suisse, et surtout dans celui de Constance, où, depuis le printemps jusqu'en automne, on prend plusieurs millions d'individus de cette espèce.

On le marine, on l'envoie au loin ; et lorsqu'il est frais, il est regardé comme le meilleur poisson du lac. Il n'est donc pas surprenant qu'il ait été observé avec beaucoup de soin et qu'on sache que c'est vers sa septième année qu'il a près de deux pieds de longueur.

Il fraye vers le commencement de l'hiver. On le recherche à cette époque, mais alors sa chair est moins tendre que pendant l'été. Voilà pourquoi c'est particulièrement dans cette dernière saison qu'un grand nombre de bateaux partent chaque soir pour aller le pêcher. Les filets ont soixante ou soixante-dix brasses de hauteur, parce que le corégone wartmann se tient souvent à une profondeur de cinquante brasses. Il s'approche cependant à vingt, et même à dix brasses de la surface de l'eau, lorsqu'il tombe une grosse pluie ou qu'un orage règne dans l'atmosphère : aussi la pêche de ce poisson est-elle beaucoup plus abondante dans ces moments d'agitation. Mais lorsque le froid commence à régner, le wartmann se retire à une si grande distance de la surface du lac, que les filets ne peuvent pas y atteindre. Ce corégone se nourrit d'insectes, de vers, de plantes aquatiques. Vers l'âge de trois ans, il a quelquefois une maladie qui lui donne une couleur rougeâtre et qui empêche qu'on ne veuille en manger.

L'oxyrhinque est un des habitants de l'océan Atlantique septentrional.

Le leucichthe a été vu dans la mer Caspienne. Sa longueur est de plus de trois pieds. Ses écailles sont unies et presque arrondies ; le sommet de la tête est convexe, lisse, dénué de petites écailles ; les yeux sont gros et peu rapprochés l'un de l'autre ; la langue est triangulaire et un peu rude ; les dents, que l'on distingue au tact plutôt qu'à l'œil, hérissent le devant du palais ; chaque opercule est composé de quatre lames. Les pectorales sont blanches ; la nageoire adipeuse est transparente et pointillée de noir ; les ventrales sont blanches, avec des points brunâtres et des appendices triangulaires ; l'anale est rougeâtre et tachée de brun ; le dos présente des nuances blanchâtres mêlées de noir.

C'est dans plusieurs rivières d'Allemagne et d'Angleterre, ainsi que d'autres contrées européennes, que se plaît le corégone ombre. Il a la langue lisse ; deux tubercules garnis de petites dents et placés auprès du gosier ; les nageoires tachetées de noir et peintes d'un rouge noirâtre[1].

Le corégone rouge est très allongé. Ses ventrales sont presque aussi grandes que la première dorsale ou que celle de l'anus ; elles sont aussi plus près de la tête que cette première nageoire du dos, et moins éloignées du bout du museau que de l'anale. La nageoire adipeuse est recourbée et en forme de massue ; les pectorales ont un peu la figure d'une faux. Ce coré-

---

1. A chaque pectorale du corégone able...................... 16 rayons.
   A la nageoire de la queue .... 33 —

   A chaque pectorale du corégone peled.................... 16 —
   A la caudale.. 22 —

   A chaque pectorale du corégone marène.................. 14 —
   A la nageoire de la queue............................. 20 —

   A chaque pectorale du corégone marénule............... 15 —
   A la caudale...................................... 20 —

   A la membrane branchiale du corégone wartmann......... 9 —
   A chaque pectorale.................................. 17 —
   A la nageoire de la queue............................ 23 —

   A chaque pectorale du corégone oxyrhinque............. 17 —

   A la membrane branchiale du corégone leucichthe........ 10 —
   A chaque pectorale.................................. 14 —
   A la caudale...................................... 27 —

   A chaque pectorale du corégone ombre.................. 16 —
   A la nageoire de la queue .... 19 —

   A chaque pectorale du corégone rouge.................. 10 ou 11 —
   A chaque ventrale.................................. 8 —

gone appartient à la mer qui baigne les rivages américains et voisins des tropiques. Si, contre mon attente, on ne trouvait pas plus de quatre rayons à la membrane branchiale de cet osseux, il faudrait l'inscrire parmi les characins.

LE CORÉGONE CLUPÉOIDE[1]

Coregonus clupeoides, Lacép.

Les naturalistes ignorent encore l'existence de ce corégone, au sujet duquel M. Noël vient de m'adresser une note manuscrite très détaillée.

Ce savant m'apprend que l'on désigne, en Écosse, par la dénomination de *hareng d'eau douce,* un poisson du Lochlomond, le plus beau lac des montagnes de l'Écosse occidentale. On avait écrit à M. Noël que ce même poisson était un hareng de mer, acclimaté dans l'eau douce, et que cet osseux avait pu remonter dans le Lochlomond par le Clyde et la petite rivière de Leven. M. Noël, empressé de vérifier ce fait, alla visiter le Lochlomond en août 1802, se procura plusieurs clupéoïdes à Inchtonachon, une des îles de ce lac, les examina avec beaucoup de soin et a eu la bonté de me faire parvenir le résultat de son observation.

J'ai dû placer parmi les corégones ce clupéoïde, qui a beaucoup de rapports, en effet, avec les *clupées,* et particulièrement avec le hareng, mais qui, d'après M. Noël, n'a pas les caractères des clupées et présente la nageoire adipeuse des salmones, des osmères, des corégones, etc.[2]

Ce clupéoïde a la tête petite, un peu convexe par-dessus et dénuée de petites écailles; trois petites pièces autour de l'œil, qui est grand et vif. Ses œufs sont d'un rouge orangé; sa chair est blanche, feuilletée et délicate. Il fraye au commencement de l'hiver. On le cherche, pendant l'été et pendant l'automne, dans les endroits du lac où il y a le moins d'eau. On le prend avec un filet. Il vit en troupes, et sa longueur est quelquefois de plus de quatre décimètres ou quinze pouces.

CENT QUATRE-VINGT ET UNIÈME GENRE

LES CHARACINS

La bouche à l'extrémité du museau; la tête comprimée; des écailles facilement visibles sur le corps et sur la queue; point de grandes lames sur les côtés, de cuirasse, de piquants aux opercules, de rayons dentelés, ni de barbillons; deux nageoires dorsales; la seconde adipeuse et dénuée de rayons; quatre rayons au plus à la membrane des branchies.

ESPÈCE.	CARACTÈRES.
1. Le Characin piabuque.	Neuf rayons à la première nageoire du dos; quarante-trois à celle de l'anus; la caudale fourchue; les deux mâchoires garnies de dents à trois pointes; une raie longitudinale et argentée de chaque côté du poisson.

1. *Fresh water herring, Span, Pollock,* en Écosse.
2. A la membrane branchiale du corégone clupéoïde.............. 8 rayons.
   A chaque pectorale... 14   —
   A la nageoire de la queue.................................. 35   —

ESPÈCES.	CARACTÈRES.
2. LE CHARACIN DENTÉ.	Dix rayons à la première dorsale; vingt-six rayons à la nageoire de l'anus; les dents très grandes, renflées et très apparentes; la couleur générale argentée; des raies brunes et blanchâtres.
3. LE CHARACIN BOSSU.	Dix rayons à la première dorsale '; cinquante-cinq à l'anale; la caudale fourchue; la nuque très élevée en bosse.
4. LE CHARACIN MOUCHE.	Onze rayons à la première nageoire du dos; vingt-trois à la nageoire de l'anus; la caudale fourchue; une tache noire auprès de chaque opercule.
5. LE CHARACIN DOUBLE MOUCHE.	Douze rayons à la première nageoire du dos; trente-quatre à l'anale; la caudale fourchue; deux taches noires de chaque côté, l'une auprès de la tête, et l'autre auprès de la nageoire de la queue.
6. LE CHARACIN SANS TACHE.	Onze rayons à la première dorsale; douze à la nageoire de l'anus; le corps et la queue sans tache.
7. LE CHARACIN CARPEAU.	Onze rayons à la première nageoire du dos et à celle de l'anus; la caudale fourchue; les mâchoires sans dents; le dos élevé et arrondi; la dorsale très haute.
8. LE CHARACIN NILOTIQUE.	Neuf rayons à la première dorsale; vingt-six à la nageoire de l'anus; la caudale fourchue; le corps et la queue blancs; toutes les nageoires jaunâtres.
9. LE CHARACIN NÉFASCH.	Vingt-trois rayons à la première nageoire du dos; les dents de la mâchoire inférieure plus grandes que les autres; de petites écailles sur la base de la caudale; le dos verdâtre.
10. LE CHARACIN PULVÉRULENT.	Onze rayons à la première nageoire du dos; vingt-six à la nageoire de l'anus; la caudale fourchue; la ligne latérale descendante; les nageoires un peu pulvérulentes.
11. LE CHARACIN ANOSTOME.	Onze rayons à la première dorsale; dix à l'anale; la caudale fourchue; l'ouverture de la bouche, dans la partie supérieure du bout du museau.
12. LE CHARACIN FRÉDÉRIC.	Onze rayons à la première nageoire du dos; dix à l'anale; la caudale fourchue; de petites écailles sur la base de la nageoire de l'anus; trois taches noirâtres de chaque côté, entre l'anus et la nageoire de la queue.
13. LE CHARACIN A BANDES.	Treize rayons à la première dorsale; dix à la nageoire de l'anus; la caudale en croissant; les deux mâchoires également avancées; deux orifices à chaque narine; un grand nombre de bandes transversales, irrégulières, noirâtres, et dont plusieurs sont réunies deux à deux.
14. LE CHARACIN MÉLANURE.	Neuf rayons à la première nageoire du dos; trente à l'anale; la caudale fourchue; les deux mâchoires également avancées; un seul orifice à chaque narine; une tache noire et irrégulière sur chaque côté de la nageoire de la queue.
15. LE CHARACIN CURIMATE.	Onze rayons à la première dorsale; dix à la nageoire de l'anus; la caudale fourchue; la mâchoire supérieure un peu plus avancée que l'inférieure; un seul orifice à chaque narine; une tache noire sur la ligne latérale, très près des ventrales.

ESPÈCE.	CARACTÈRES.
16. Le Characin odoé.	Neuf rayons à la première nageoire du dos; onze à celle de l'anale; la mâchoire supérieure plus avancée que celle d'en bas; les dents fortes, inégales et pointues; deux orifices à chaque narine; les nageoires d'un brun noirâtre.

LE CHARACIN PIABUQUE[1]

Piabuque argentinus, Cuv. — *Characinus piabucu,* Lacép. — *Salmo argentinus,*
Bloch, Linn., Gmel.

Le Characin denté, *Myletes Hasselquistii,* Cuv.; *Characinus dentex* et *Characinus niloticus,* Lacép.; *Salmo dentex,* Hasselquist, Linn. — C. bossu, *Piabuque gibbosus,* Cuv.; *Characinus gibbosus,* Lacép.; *Salmo gibbosus,* Linn., Gmel. — C. mouche, *Characinus notatus,* Lacép. — C. double mouche, *Piabuque bimaculatus,* Cuv.; *Characinus bimaculatus,* Lacép.; *Salmo bimaculatus,* Linn., Gmel. — C. sans tache, *Characinus immaculatus,* Lacép.; *Salmo immaculatus,* Linn., Gmel. — C. carpeau, *Curimata? cyprinoides,* Cuv.; *Characinus cyprinoides,* Lacép.; *Salmo cyprinoides,* Linn., Gmel. — C. nilotique, *Myletes Hasselquistii,* Cuv.; *Characinus niloticus* et *Characinus dentex,* Lacép.; *Salmo niloticus* et *Salmo dentex,* Linn., Gmel. — C. néfasch, *Citharinus nefasch,* Geoff., Cuv.; *Characinus nefasch,* Lacép.; *Salmo niloticus,* Hasselquist; *Salmo ægyptius,* Linn., Gmel. — C. pulvérulent, *Characinus pulverulentus,* Lacép.; *Salmo pulverulentus,* Linn., Gmel.

Nous approchons de la fin de nos études. Nous avons devant nous le but

1, *Silberstreit, Silberforelle,* par les Allemands. — *Salmone piabuque.* Daubenton et Haüy, Encyclopédie méthodique. — *Salmone piabuque.* Bonnaterre, planches de l'Encyclopédie méthodique. — « Trutta dentata, dorso plano, etc. » *Act. Petr.,* 1761, p. 404. — *Piabucu.* Marcg., *Bras.,* 170. — Bloch, pl. 382, fig. 1.

Phager des anciens, suivant mon collègue M. Geoffroy, professeur au Muséum d'histoire naturelle (lettre écrite d'Égypte). — *Salmone denté.* Bonnaterre, planches de l'Encyclopédie méthodique. — Forskael, *Fauna arab.,* p. 66, n. 98. — *Salmo dentex.* Hasselquist, *It.* 395. — *Cyprinus dentex,* Mus. Ad. Frid. 1, p. 108. — « Charax dorso admodum prominulo, etc. » Gronov., Mus. 1, n. 53, tab. 1, fig. 4. — *Salmone bossu.* Daubenton et Haüy, Encyclopédie méthodique. — *Id.* Bonnaterre, planches de l'Encyclopédie méthodique. — *Salmone mouche.* Daubenton et Haüy, Encyclopédie méthodique. — *Id.* Bonnaterre, planches de l'Encyclopédie méthodique.

Doppel fleck, en Allemagne. — *Flachig-hoitling,* en Suède. — *Salmode double mouche.* Daubenton et Haüy, Encyclopédie méthodique. — *Id.* Bonnaterre, planches de l'Encyclopédie méthodique. — Bloch, pl. 382, fig. 2. — Gronov., Mus. 1, n. 54, tab. 1, fig. 5. — Mus. Ad. Frid., 1, p. 78, tab. 32, fig. 2. — *Coregonus amboinensis.* Artedi, spec. 44. — *Tetragonopterus.* Séba, Mus. 3, p. 106, tab. 34, fig. 3. — « Albula pinna ani radiis duodecim. » Mus. Ad. Frid. 1, p. 78. — *Salmone sans tache.* Daubenton et Haüy, Encyclopédie méthodique. — *Id.* Bonnaterre, planches de l'Encyclopédie méthodique. — *Salmone carpeau.* Daubenton et Haüy, Encyclopédie méthodique. — *Id.* Bonnaterre, planches de l'Encyclopédie méthodique. — *Salmone édenté.* Bloch, pl. 380.

« Charax maxilla superiore longiore, capite antice plagioplateo, etc. » Gronov., Mus. 378. — *Rai,* par les Arabes. — Mus. Ad. Frid., 2, p. 99. — *Salmone blanc jaune.* Daubenton et Haüy, Encyclopédie méthodique. — *Id.* Bonnaterre, planches de l'Encyclopédie méthodique. — *Salmone néfasch.* Bonnaterre, planches de l'Encyclopédie méthodique. — *Salmo niloticus.* Hasselquist. — Forskael, *Fauna arab.,* p. 66. — Mus. Ad. Frid., 2, p. 99. — *Salmone pointillé.* Daubenton et Haüy, Encyclopédie méthodique. — *Id.* Bonnaterre, planches de l'Encyclopédie méthodique.

vers lequel nous tendons depuis si longtemps. Plus exercés maintenant, hâtons notre marche et contentons-nous de remarquer rapidement :

La petitesse de la tête du piabuque, la saillie de sa mâchoire inférieure au delà de celle d'en haut ; la surface unie de sa langue ; la membrane, en forme de faucille, qui est tendue à son palais ; l'orifice unique de chacune de ses narines ; la courbure de sa ligne latérale ; le verdâtre de son dos ; le gris de ses nageoires ; sa longueur qui ne passe pas un pied ; la blancheur et la délicatesse de sa chair ; la facilité avec laquelle on le prend dans les rivières de l'Amérique méridionale en attachant à l'hameçon un ver ou un mélange de sang et de farine ;

La couleur blanchâtre des nageoires du denté et le rouge dont brille le lobe inférieur de sa caudale dans les eaux du Nil ou dans celles de quelques fleuves de la Sibérie ;

Le séjour de choix que fait dans la mer qui baigne Surinam le characin bossu ; la petitesse de sa tête, que la bosse de la nuque fait paraître comme rabaissée ; l'aiguillon incliné vers la queue et placé auprès de la base de chacune de ses pectorales ; le roux argenté de sa couleur générale et la tache noire de chacun de ses côtés ;

La forme pointue de la tête du characin mouche, qui vit à Surinam, comme le bossu.

Le peu de largeur de l'ouverture de la gueule du characin double mouche ; l'égale prolongation de ses deux mâchoires ; la double rangée de dents qui garnit sa mâchoire d'en haut ; la surface lisse de sa langue et de son palais ; le double orifice de chacune de ses narines ; la forme tranchante du dessous de son ventre ; l'arrondissement de son dos ; la direction de sa ligne latérale, qui est droite, le bleu argentin de ses côtés ; le verdâtre de sa partie supérieure ; les nuances jaunes de sa dorsale, de ses pectorales et de ses ventrales ; la couleur brune de ses autres nageoires ; la blancheur et la graisse délicate que présente sa chair dans les rivières de Surinam et dans celles d'Amboine ;

Le blanc argentin du characin sans tache, que l'on a pêché en Amérique ;

La tête comprimée et dénuée de petites écailles du carpeau ; la grosseur de son museau arrondi ; la forme de ses lèvres charnues, qui compense un peu son défaut de dents aux mâchoires ; la surface douce de sa langue ; le double orifice de chacune de ses narines ; les trois pièces de chacun de ses opercules ; la convexité de son ventre ; la carène de son dos ; la rectitude de sa ligne latérale ; la mollesse de ses écailles ; le brunâtre de sa partie supérieure ; l'argentin de ses côtés ; le rougeâtre de ses nageoires ; la bonté de sa chair et l'intérêt qu'à Surinam on attache à sa prise[1].

---

1. Nous n'avons pas cru, malgré l'autorité de Bloch, devoir séparer son édenté de notre characin carpeau.

La brièveté de la nageoire adipeuse du nilotique, dont le nom indique la patrie ;

La préférence que donne le néfasch au fleuve qui nourrit le nilotique ;

La force et l'inégalité des dents qui garnissent la mâchoire supérieure du characin pulvérulent d'Amérique[1], ainsi que sa mâchoire inférieure, laquelle est un peu plus courte que celle d'en haut ; la surface lisse de sa langue ; le rayon aiguillonné de sa dorsale et de sa nageoire de l'anus ; la blancheur d'un grand nombre de ses écailles.

En tout, les characins ont de très grands rapports avec les salmones, parmi lesquels ils ont été placés par d'illustres naturalistes, mais dont nous avons dû les séparer pour obéir aux véritables principes d'une distribution méthodique des poissons.

1. A la membrane branchiale du characin piabuque	4	rayons.
A chaque pectorale	12	—
A chaque ventrale	8	—
A la nageoire de la queue	20	—
A la membrane des branchies du characin denté	4	—
A chaque pectorale	15	—
A chaque ventrale	9	—
A la caudale	25	—
A la membrane branchiale du characin bossu	4	—
A chaque pectorale	11	—
A chaque ventrale	8	—
A la nageoire de la queue	19	—
A la membrane des branchies du characin mouche	4	—
A chacune de ses pectorales	16	—
A chacune de ses ventrales	7	—
A la caudale	24	—
A la membrane branchiale du characin double mouche	4	—
A chacune de ses pectorales	11	—
A chaque ventrale	8	—
A la nageoire de la queue	19	—
A la membrane des branchies du characin sans tache	4	—
A chaque pectorale	14	—
A chaque ventrale	11	—
A la caudale	20	—
A la membrane branchiale du characin carpeau	4	—
A chaque pectorale	13	—
A chaque ventrale	10	—
A la nageoire de la queue	23	—
A chaque pectorale du characin nilotique	13	—
A chaque ventrale	9	—
A la caudale	19	—
A la membrane des branchies du characin néfasch	4	—
A chaque pectorale	14	—
A chaque ventrale	9	—
A la membrane branchiale du characin pulvérulent	4	—
A chaque pectorale	16	—
A chaque ventrale	8	—
A la nageoire de la queue	18	—

LE CHARACIN ANOSTOME [1]

Anostomus, Cuv. — *Characinus anostomus*, Lacép.

LE Characin frédéric, *Curimata Friderici*, Cuv.; *Characinus Friderici*, Lacép.; *Salmo Friderici*, Bloch. — C. a bandes, *Curimate fasciatus*, Cuv.; *Characinus fasciatus*, Lacép.; *Salmo fasciatus*, Bloch. — C. mélanure, *Piabuque melanurus*, Cuv.; *Characinus melanurus*, Lacép.; *Salmo melanurus*, Bloch. — C. curimate, *Curimate unimaculatus*, Cuv.; *Characinus curimata*, Lacép.; *Salmo unimaculatus*, Bloch. — C. odoé, *Hydrocyon odoe*, Cuv.; *Characinus odoe*, Lacép.; *Salmo odoe*, Bloch.

L'anostome a la tête comprimée, la mâchoire inférieure terminée par une sorte de mamelon arrondi, la nuque abaissée, la partie antérieure du dos convexe, les écailles grandes, la couleur générale brune, les raies longitudinales moins foncées.

Bloch a publié le premier la description des cinq characins dont il nous reste à parler, et qu'il a inscrits parmi les salmones.

Il faut compter au nombre des caractères principaux du frédéric le peu de grosseur de la tête, qui n'est pas revêtue de petites écailles ; la force des lèvres, l'égal avancement des deux mâchoires, les six dents allongées et inégales de la mâchoire d'en bas, les huit dents petites et pointues de celle d'en haut, la verrue qui est vers le milieu de ces huit dents, la surface unie du palais et de la langue, qui est très courte ; le double orifice de chaque narine, l'élévation de la partie antérieure du dos, la courbure de la ligne latérale ; l'appendice de chaque nageoire du ventre, la grandeur des écailles, l'excellent goût de la chair, le jaune argentin de la couleur générale, les nuances violettes de la partie supérieure, le jaune et le bleu des nageoires.

Le characin à bandes, qui vit à Surinam, comme le frédéric, a l'orifice de chaque narine double ; son dos est caréné ; on voit un appendice auprès de chacune de ses ventrales.

Surinam est encore la patrie du mélanure et du curimate.

Le corps et la queue du mélanure sont argentés ; son dos est gris, ses nageoires sont jaunâtres ; des dents très petites garnissent ses mâchoires ; chacune de ses narines n'a qu'un orifice.

Le curimate a la langue libre et unie ; le dos est brunâtre ; les côtés et le ventre sont argentins ; une teinte grise distingue les nageoires.

Ce characin habite les eaux douces, et particulièrement les lacs de l'Amérique méridionale. Sa chair est blanche, feuilletée et très délicate.

L'odoé se trouve sur les côtes de Guinée[2]. Il est très vorace et d'autant

---

1. *Salmone anostome.* Daubenton et Haüy, Encyclopédie méthodique. — *Id.* Bonnaterre, planches de l'Encyclopédie méthodique. — Bloch, pl. 378, 379 et 381, fig. 2. — *Capelan*, par les Anglais. — *Einfleck*, par les Allemands. — Bloch, pl. 381, fig. 3, pl. 386.

2. A la membrane branchiale du characin anostome.............. 4 rayons.
     A chaque pectorale... 13   —

plus dangereux pour les poissons qu'il parvient à la longueur de trois pieds.
Il est poursuivi à son tour par beaucoup d'ennemis, et les pêcheurs lui font
une guerre cruelle, parce que sa chair rougeâtre est grasse et très agréable
au goût. Son museau est avancé, l'ouverture de sa bouche très grande, le
palais rude, la langue lisse, l'orifice de chaque narine double, le dessus de
la tête comme ciselé et rayonné en deux endroits; le ventre très long, la
première dorsale plus rapprochée de la caudale que les nageoires du ventre ;
la ligne latérale un peu courbée, le dos presque noir, la couleur des côtés
d'un brun ou d'un roux plus ou moins clair.

CENT QUATRE-VINGT-DEUXIÈME GENRE

LES SERRASALMES

La bouche à l'extrémité du museau ; la tête, le corps et la queue, comprimés ; des écailles facilement visibles sur le corps et sur la queue ; point de grandes lames sur les côtés, de cuirasse, de piquants aux opercules, de rayons dentelés, ni de barbillons ; deux nageoires dorsales ; la seconde adipeuse et dénuée de rayons ; la partie inférieure du ventre carénée e
dentelée comme une scie.

ESPÈCE.	CARACTÈRES.
LE SERRASALME RHOMBOÏDE.	Deux ou trois rayons aiguillonnés et quinze rayons articulés à la première nageoire du dos; deux rayons aiguillonnés et trente rayons articulés à celle de l'anus ; la caudale en croissant ; le dos très élevé auprès de la première dorsale ; la caudale bordée de noir.

A chaque ventrale...	7	rayons.
A la nageoire de la queue....	25	—
A la membrane des branchies du characin frédéric.............	4	
A chaque pectorale...	12	—
A chaque ventrale..	9	—
A la caudale...	20	
A la membrane branchiale du characin à bandes................	4	—
A chaque pectorale...	15	—
A chaque ventrale..	10	—
A la nageoire de la queue..	22	—
A la membrane des branchies du characin mélanure............	4	—
A chaque pectorale...	12	—
A chaque ventrale..	8	—
A la caudale...	20	—
A la membrane branchiale du characin curimate................	4	—
A chaque pectorale...	14	—
A chaque ventrale..	11	—
A la nageoire de la queue..	20	—
A la membrane des branchies du characin odoé.................	4	—
A chaque pectorale...	14	—
A chaque ventrale..	9	—
A la caudale...	28	—

LE SERRASALME RHOMBOÏDE[1]

Serrasalmus (salmo) rhombeus, Lacép., Cuv. — *Salmo rhombeus*,
Bloch, Linn., Gmel.

Les serrasalmes ressemblent beaucoup aux clupées, dont nous parlerons
dans un des articles suivants, et aux salmones, parmi lesquels ils ont été
comptés. Ils ont, par exemple, sur la carène de leur ventre, une dentelure
analogue à celle que l'on voit sur la partie inférieure des clupées ; et ils présentent la nageoire dorsale et adipeuse des salmones. Leur nom désigne
cette dentelure, ainsi que leur affinité avec le genre qui comprend les saumons et les truites.

Nous n'avons encore inscrit qu'une espèce parmi les serrasalmes ; nous
lui avons conservé la dénomination de *rhomboïdes*, pour rappeler celle qu'a
employée le célèbre Pallas en faisant connaître cette espèce remarquable.

Le rhomboïde vit dans les rivières de Surinam ; il y parvient à une grosseur considérable ; il y est si vorace, qu'il poursuit souvent les jeunes
oiseaux d'eau. L'ouverture de sa bouche est grande ; la mâchoire inférieure
est un peu plus avancée que la supérieure ; l'une et l'autre, et surtout celle
d'en bas, sont armées de dents larges, fortes et pointues. La langue est
libre, mince et unie ; mais les deux côtés du palais sont garnis d'une rangée
de petites dents. Le front est presque vertical. Chaque narine a deux ouvertures très rapprochées ; les opercules sont rayonnés ; la ligne latérale est
droite ; les écailles sont molles et petites ; l'anus est à une égale distance de
la tête et de la caudale ; des écailles semblables à celles du dos couvrent une
grande partie de l'anale ; on voit un appendice auprès de chaque nageoire
du ventre ; la dentelure qui règne sur la partie inférieure du poisson est
formée par une suite de piquants recourbés, dont chacun tient à deux lobes
écailleux, placés sous la peau, des deux côtés de la carène ; le piquant le
plus voisin de l'anus est double ; il y a d'ailleurs au-devant de la première
dorsale un autre piquant à trois pointes, dont la plus longue est inclinée
vers la tête. Au reste, cette première dorsale et la nageoire de l'anus sont en
forme de faux.

La chair du rhomboïde est blanche, grasse, délicate ; la couleur générale
de ce poisson montre des nuances rougeâtres, relevées par des points noirs ;
les côtés sont argentins ; les nageoires sont grises[2].

---

1. *Sagebauch*, par les Allemands. — *Salmone rhomboïde*. Daubenton et Haüy, Encyclopédie
méthodique. — *Id.* Bonnaterre, planches de l'Encyclopédie méthodique. — Pallas, *Spicil. zoolog.*, 8, p. 52, tab. 5, fig. 3. — Bloch, pl. 383.
2. A la membrane branchiale du serrasalme rhomboïde............ 4 rayons.
    A chaque pectorale.. 15   —
    A chaque ventrale... 8   —
    A la nageoire de la queue..................................... 18   —

CENT QUATRE-VINGT-TROISIÈME GENRE

LES ÉLOPES

Trente rayons, ou plus, à la membrane des branchies ; les yeux gros, rapprochés l'un de l'autre et presque verticaux ; une seule nageoire dorsale ; un appendice écailleux auprès de chaque nageoire du ventre.

ESPÈCE.	CARACTÈRES.
L'ÉLOPE SAURE.	Vingt-deux rayons à la nageoire du dos ; seize à celle de l'anus ; la caudale fourchue ; la mâchoire d'en bas plus avancée que celle d'en haut ; la langue, les dêux mâchoires et le palais, garnis d'un grand nombre de petites dents.

L'ÉLOPE SAURE[1]

Saurus..., Cuv. — *Elops saurus*, Lacép., Linn., Gmel.
— *Salmo saurus*, Bloch.

Les élopes se rapprochent des salmones par plusieurs traits.

Le saure a la tête longue, dénuée de petites écailles, comprimée et un peu aplatie dans sa surface supérieure ; les os de ses lèvres sont longs, et leur bord est un peu dentelé ; chacune de ses narines a deux orifices ; son opercule est composé de deux pièces, mais ne couvre pas en entier la membrane branchiale ; sa ligne latérale est droite ; son anus est une fois plus loin de la tête que de la nageoire de la queue. Des nuances bleues et argentines composent ordinairement sa couleur générale ; sa tête est souvent comme dorée ; et des teintes rouges brillent sur ses nageoires[2].

CENT QUATRE-VINGT-QUATRIÈME GENRE

LES MÉGALOPES

Les yeux très grands ; vingt-quatre rayons ou plus à la membrane des branchies.

ESPÈCE.	CARACTÈRES.
LE MÉGALOPE FILAMENT.	Le dernier rayon de la nageoire dorsale terminé par un filament très long et très délié.

LE MÉGALOPE FILAMENT[3]

Megalops filamentosus, Lacép., Cuv.

Nous avons trouvé dans les manuscrits de Commerson une description

---

1. *Élope sauce.* Daubenton et Haüy, Encyclopédie méthodique. — *Id.* Bonnaterre, planches de l'Encyclopédie méthodique. — *Saurus maximus.* Sloane, *Jamaic.*, 2, p. 284, tab. 251, fig. 1. — Bloch, pl. 303, fig. 1 et 2.

2. A la membrane des branchies de l'élope saure.................. 34 rayons.
   A chaque pectorale... 18 —
   A chaque ventrale... 15 —
   A la nageoire de la queue..................................... 30 —

3. *Oculeus seu megalops.* — « Postremo pinnæ dorsalis radio, in setam longissimam re-

très courte et très précise de ce poisson. Cet osseux se rapproche des élopes par plusieurs traits ; mais il ne peut pas appartenir au genre de ces derniers. Nous avons dû d'ailleurs l'inscrire dans un genre différent de tous ceux que l'on connaît. Il vit dans les environs du fort Dauphin de l'île de Madagascar.

CENT QUATRE-VINGT-CINQUIÈME GENRE

LES NOTACANTHES

Le corps et la queue très allongés ; la nuque élevée et arrondie ; la tête grosse ; la nageoire de l'anus très longue et réunie avec celle de la queue ; point de nageoire dorsale ; des aiguillons courts, gros, forts et dénués de membrane à la place de cette dernière nageoire.

ESPÈCE.	CARACTÈRES.
LE NOTACANTHE NEZ.	La mâchoire supérieure plus avancée que celle d'en bas ; l'ouverture de la bouche située au-dessous du museau, qui est prolongé en avant, et un peu arrondi ; la tête et les opercules garnis de petites écailles ; dix gros aiguillons sur le dos.

LE NOTACANTHE NEZ [1]

Notacanthus nasus, BLOCH, LACÉP., CUV.

Bloch a fait graver la figure de cet animal, beau dans ses couleurs, délié dans ses formes, agile dans ses mouvements, rapide dans sa natation, vorace, hardi, dangereux pour les jeunes poissons, dont il aime à faire sa proie, et qui serait lié par les plus grands rapports avec les trichiures, si ces derniers, au lieu d'être entièrement privés de ces nageoires inférieures qu'on a comparées à des pieds, avaient des nageoires ventrales, comme le notacanthe.

Cet osseux parvient à une longueur considérable. Sa couleur générale est argentine, variée par des teintes dorées ; les reflets d'or et d'argent brillent d'autant plus sur sa surface, qu'en un clin d'œil il offre un grand nombre d'ondulations diverses, présente à la lumière mille faces différentes, réfléchit les rayons du soleil dans toutes les directions, D'ailleurs, ces nuances éclatantes sont relevées par quinze ou seize bandes transversales et brunes, que l'on voit sur son corps et sur sa queue, ainsi que par les tons brunâtres qui distinguent ses nageoires.

Son iris est argenté ; ses yeux sont gros ; chaque narine n'a qu'un orifice ; les dents des deux mâchoires sont égales, fortes et serrées ; on compte deux pièces arrondies à l'opercule ; le commencement de la nageoire de l'anus montre une douzaine d'aiguillons écartés l'un de l'autre, recourbés et sou-

troducto, vel pinna dorsali in setam longissimam abeunte ; radiis membranæ branchiostegæ viginti quatuor. » Commerson manuscrits déjà cités.

1. *Der stachelrucken.* Bloch, pl. 431.

tenus par une membrane que revêtent de petites écailles ; la caudale est lancéolée ; les pectorales sont grandes[1].

CENT QUATRE-VINGT-SIXIÈME GENRE

LES ÉSOCES

L'ouverture de la bouche grande ; le gosier large ; les mâchoires garnies de dents nombreuses, fortes et pointues ; le museau aplati ; point de barbillons ; l'opercule et l'orifice des branchies très grands ; le corps et la queue très allongés et comprimés latéralement ; les écailles dures ; point de nageoire adipeuse ; les nageoires du dos et de l'anus courtes ; une seule dorsale ; cette dernière nageoire placée au-dessus de l'anale, ou à peu près, et beaucoup plus éloignée de la tête que les ventrales.

PREMIER SOUS-GENRE

LA NAGEOIRE DE LA QUEUE FOURCHUE, OU ÉCHANCRÉE EN CROISSANT

ESPÈCES.	CARACTÈRES.
1. L'ÉSOCE BROCHET.	Vingt rayons à la nageoire du dos ; dix-sept à celle de l'anus ; quinze à la membrane des branchies ; la tête comprimée ; le museau très aplati ; l'entre-deux des yeux et la nuque élevés et arrondis ; la dorsale, l'anale et la caudale brunes, avec des taches noires.
2. L'ÉSOCE AMÉRICAIN.	Seize rayons à la nageoire du dos ; douze à la membrane des branchies ; huit à chaque ventrale ; la tête comprimée ; le museau très aplati ; l'entre-deux des yeux et la nuque élevés et arrondis ; la mâchoire d'en haut plus courte que celle d'en bas.
3. L'ÉSOCE BELONE.	Vingt rayons à la nageoire du dos ; vingt-trois à l'anale, quatorze à la membrane branch'ale ; la dorsale et la nageoire de l'anus, un peu en forme de faux ; la tête petite ; la mâchoire inférieure un peu plus avancée que celle d'en haut ; ces deux mâchoires très étroites et deux fois plus longues que la tête proprement dite, le corps et la queue très déliés et serpentiformes.
4. L'ÉSOCE ARGENTÉ.	Le corps et la queue très déliés ; la couleur générale brune ; des taches jaunes en forme de lettres.
5. L'ÉSOCE GAMBARUR.	Un rayon aiguillonné et quatorze rayons articulés à la nageoire du dos ; un rayon aiguillonné et quatorze rayons articulés à la nageoire de l'anus ; quatorze rayons à la membrane des branchies ; la mâchoire inférieure six fois plus longue que la supérieure ; une raie longitudinale et argentée de chaque côté de l'animal.
6. L'ÉSOCE ESPADON.	Quatorze rayons à la dorsale ; douze à l'anale ; quatorze à la membrane branchiale ; la mâchoire inférieure terminée par une prolongation très étroite, conique et sept ou huit fois plus longue que la mâchoire d'en haut ; la ligne latérale située très près du dessous du corps et de la queue, dont elle suit la courbure inférieure ; des bandes transversales.

1. A chaque pectorale du notacanthe nez................... 15 ou 16 rayons.
   A chaque ventrale, articulés.........................   8 —
        —   aiguillonnés........................   2 —
   A la nageoire de l'anus et à celle de la queue réunies..... 80 —

ESPÈCES.	CARACTÈRES.
7. L'ÉSOCE TÊTE NUE.	Treize rayons à la nageoire du dos ; vingt-six à celle de l'anus ; sept à chaque ventrale ; les deux mâchoires également avancées ; la tête dénuée de petites écailles.
8. L'ÉSOCE CHIROCENTRE.	La mâchoire inférieure plus avancée que celle d'en haut ; les dents longues et crochues ; la nageoire du dos plus courte que celle de l'anus ; ces deux nageoires falciformes ; les ventrales très petites ; point de petites écailles sur la tête, ni sur les opercules ; un piquant très fort, long et dégagé au-dessus de la base de chaque pectorale.

SECOND SOUS-GENRE

LA NAGEOIRE DE LA QUEUE ARRONDIE OU RECTILIGNE, ET SANS ÉCHANCRURE

ESPÈCE.	CARACTÈRES.
9. L'ÉSOCE VERT.	Onze rayons à la nageoire du dos ; dix-sept à l'anale ; la caudale arrondie ; la mâchoire inférieure plus avancée que la supérieure ; les écailles minces ; la couleur générale verte ou verdâtre.

L'ÉSOCE BROCHET[1]

Esox lucius, LINN., BLOCH, LACÉP., CUV.

L'ÉSOCE AMÉRICAIN [2]

Esox lucis, var. B, LINN., GMEL. — *Esox Americanus*, LACÉP.

Le brochet est le requin des eaux douces ; il y règne en tyran dévastateur, comme le requin au milieu des mers. S'il a moins de puissance, il ne rencontre pas de rivaux aussi redoutables ; si son empire est moins étendu, il a moins d'espace à parcourir pour assouvir sa voracité ; si sa proie est moins variée, elle est souvent plus abondante, et il n'est point obligé, comme

1. *Lançon, Lanceron*, quand il est très jeune. — *Poignard*, quand il est d'une grosseur moyenne. — *Carreau*, quand il est plus gros. — *Béquet, Bechet, Lucs, Lupule,* dans quelques départements de France. — *Luccio, Luzzo*, en Italie. — *Trigle*, à Malte. — *Hecht, Grashecht* (quand il n'a qu'un an), en Allemagne. — *Stukha, Csuka*, en Hongrie. — *Szuk, Szuka*, en Pologne.

Zurcha, chez les Kalmouks. — *Tschortan*, en Tartarie. — *Aug*, en Livonie. — *Tschuk, Tschuw, Schurtan, Scheschuk*, en Russie. — *Giadde*, en Suède. — *Gidde*, en Danemark. — *Snock, Geep-visch*, en Hollande. — *Pike, Pikerelle*, en Angleterre. — *Kamas*, au Japon. — *Èsoce brochet.* Daubenton et Haüy, Encyclopédie méthodique. — *Id.* Bonnaterre, planches de l'Encyclopédie méthodique.

Bloch, pl. 32. — *Fauna suecica*, 355. — Meiding, '*Ic. pisc. Austr.* — « Esox rostro plaioplateo. » Artedi, gen. 10, spec. 53, syn. 26. — *Lucius*. Auson. Mos. v. 122. — *Id.* Wotton, lib. VIII, cap. CXC, fol. 169. — *Brochet.* Rondelet, *Des poissons de rivière*, chap. XI. — *Lucius.* Salvian, fol. 94 *b*, 95. — *Id.* Gesner, p. 500, 501 et (germ.) 175, *b*. — *Id.* Schonev., p. 44. — *Id.* Aldrovande, lib. V, cap. XXXIX, p. 630, 635. — *Id.* Jonston, lib. III, tit. 3, cah. 5, cap. XXIX, fig. 1. Taum., p. 417. — *Id.* Charlet, p. 162. — *Id.* Willughby, p. 236. — *Id.* Ray, p. 112.

Gronov., Mus. 1, n.28. — Belon., *Aquat.*, p. 292 ; *It.*, p. 104. — *Brochet.* Camper, *Mémoires des savants étrangers*, 6, p. 177. — *Pike. Brit. Zoology*, 3, p. 270, n. 1. — *Brochet.* Valmont de Bomare, *Dictionnaire d'histoire naturelle.*

2. *Schœpf. Naturf.*, 20, p. 26.

le requin, de traverser d'immenses profondeurs pour l'arracher à ses asiles. Insatiable dans ses appétits, il ravage avec une promptitude effrayante les viviers et les étangs. Féroce sans discernement, il n'épargne pas son espèce, il dévore ses propres petits. Goulu sans choix, il déchire et avale, avec une sorte de fureur, les restes mêmes des cadavres putréfiés. Cet animal de sang est d'ailleurs un de ceux auxquels la nature a accordé le plus d'années ; c'est pendant des siècles qu'il effraye, agite, poursuit, détruit et consomme les faibles habitants des eaux douces qu'il infeste; et comme si, malgré son insatiable cruauté, il devait avoir reçu tous les dons, il a été doué non seulement d'une grande force, d'un grand volume, d'armes nombreuses, mais encore de formes déliées, de proportions agréables, de couleurs variées et riches.

L'ouverture de sa bouche s'étend jusqu'à ses yeux. Les dents qui garnissent ses mâchoires sont fortes, acérées et inégales ; les unes sont immobiles, fixes et plantées dans les alvéoles ; les autres, mobiles et seulement attachées à la peau, donnent au brochet un nouveau rapport de conformation avec le requin. On a compté sur le palais sept cents dents de différentes grandeurs et disposées sur plusieurs rangs longitudinaux, indépendamment de celles qui entourent le gosier. Le corps et la queue, très allongés, très souples et très vigoureux, ont, depuis la nuque jusqu'à la dorsale, la forme d'un prisme à quatre faces dont les arêtes seraient effacées.

Pendant sa première année, sa couleur générale est verte ; elle devient, dans la seconde année, grise et diversifiée par des taches pâles, qui, l'année suivante, présentent une nuance d'un beau jaune. Ces taches sont irrégulières, distribuées presque sans ordre et quelquefois si nombreuses, qu'elles se touchent et forment des bandes ou des raies. Elles acquièrent souvent l'éclat de l'or pendant le temps du frai, et alors le gris de la couleur générale se change en un beau vert[1]. Lorsque le brochet séjourne dans des eaux d'une nature particulière, qu'il éprouve la disette, ou qu'il peut se procurer une nourriture trop abondante, ses nuances varient. On le voit, dans certaines circonstances, jaune avec des taches noires. Au reste, parvenu à une certaine grosseur, il a presque toujours le dos noirâtre et le ventre blanc avec des points noirs.

L'œsophage et l'estomac montrent de grands plis pâles ou rouges, par le moyen desquels l'animal peut rejeter à volonté les substances qu'il avale dans les accès de sa voracité, et qu'il ne peut pas digérer. Cette faculté lui est commune avec la morue, ainsi qu'avec les squales, et particulièrement avec le requin, dont elle le rapproche encore. L'estomac est d'ailleurs très long ; et, comme de ses grandes dimensions résulte une très grande abondance de sucs digestifs, dont l'action très vive se manifeste par les appétits violents qu'elle produit, il n'est pas surprenant que le canal intestinal proprement

1. Voyez ce que nous avons dit des couleurs des poissons, dans le Discours sur la nature de ces animaux.

dit soit très court et n'offre qu'une sinuosité, comme dans un très grand nombre d'animaux féroces et carnassiers.

Le foie est long et sans division ; la vésicule du fiel grosse ; le fiel jaune ; la laite double, ainsi que l'ovaire ; le péritoine blanc et brillant ; l'épine dorsale composée de soixante et une vertèbres ; le nombre des côtes est de soixante.

L'organe de l'ouïe renferme un troisième osselet pyramidal, garni à sa base d'un grand nombre de petits aiguillons et placé dans la cavité qui sert de communication aux trois canaux demi-circulaires. Cet organe contient aussi une sorte de rudiment d'un quatrième canal demi-circulaire qui communique avec le sinus par lequel se réunissent les trois canaux auxquels le nom de *demi-circulaire* a été donné. Voilà donc le sens de l'ouïe du brochet plus parfait que celui de presque tous les autres poissons osseux. Cet avantage lui donne un nouveau trait de ressemblance avec le requin et les squales ; il lui donne de plus la facilité d'éviter de plus loin un ennemi dangereux, ou de s'assurer de l'approche d'une proie difficile à surprendre ; et, après l'organisation particulière de son oreille, on doit être moins étonné que l'on ait remarqué, du temps même de Pline, la finesse de son ouïe, et que, sous Charles IX, roi de France, des individus de l'espèce que nous décrivons, réunis dans un bassin du Louvre, vinssent, lorsqu'on les appelait, recevoir la nourriture qu'on leur avait préparée.

La vessie natatoire du brochet est simple, mais grande ; et sans cet instrument, ce poisson ne parcourrait pas, avec la rapidité qu'il développe, les espaces qu'il franchit, contre les courants des fleuves impétueux, et au milieu des eaux les plus pures, et par conséquent les moins pesantes et les moins propres à le soutenir.

C'est en effet dans les rivières, les fleuves, les lacs et les étangs qu'il se plaît à séjourner. On ne le voit dans la mer que lorsqu'il est entraîné par des accidents passagers, et retenu par des causes extraordinaires, qui ne l'empêchent pas d'y dépérir ; mais on l'a observé dans presque toutes les eaux douces de l'Europe.

Belon a écrit qu'il l'avait vu dans le Nil, où il croyait que les anciens lui avaient donné le nom d'*oxyrynchus*[1] (museau pointu). Mon collègue M. Geoffroy, professeur au Muséum d'histoire naturelle, va publier une dissertation très savante sur les animaux de l'Égypte, dans laquelle on trouvera à quel poisson, différent de celui que nous examinons, les anciens avaient réellement appliqué cette dénomination d'*oxyrhynque*.

Le brochet parvient jusqu'à la longueur de six à neuf pieds, et jusqu'au poids de quatre-vingts ou cent livres. Il croît très promptement. Dès sa première année, il est très souvent long d'un pied ; dès la seconde, de quinze pouces ; dès la troisième, de deux pieds ; dès la sixième, de près de six pieds ; dès la douzième, de huit pieds ou environ ; et cependant cet animal des-

----

1. Belon, liv. II, chap. xxxu.

tructeur arrive jusqu'à un âge très avancé. Rzaczynsky parle d'un brochet de quatre-vingt-dix ans. En 1497, on prit à Kaiserslautern, près de Mannheim, un autre brochet qui avait plus de dix-huit pieds de longueur, qui pesait trois cent soixante livres, et dont le squelette a été conservé pendant long-temps à Mannheim. Il portait un anneau de cuivre doré, attaché, par ordre de l'empereur Frédéric-Barberousse, deux cent soixante-sept ans aupara-vant. Ce monstrueux poisson avait donc vécu près de trois siècles. Quelle effrayante quantité d'animaux plus faibles que lui il avait dû dévorer pour alimenter son énorme masse pendant une si longue suite d'années!

Le brochet cependant n'est pas seulement dangereux par la grandeur de ses dimensions, la force de ses muscles, le nombre de ses armes ; il l'est encore par les finesses de la ruse et les ressources de l'instinct.

Lorsqu'il s'est élancé sur de gros poissons, sur des serpents, des gre-nouilles, des oiseaux d'eau, des rats, de jeunes chats, ou même de petits chiens tombés ou jetés dans l'eau, et que l'animal qu'il veut dévorer lui oppose un trop grand volume, il le saisit par la tête, le retient avec ses dents nom-breuses et recourbées, jusqu'à ce que la portion antérieure de sa proie soit ramollie dans son large gosier, en aspire ensuite le reste et l'engloutit. S'il prend une perche ou quelque autre poisson hérissé de piquants mobiles, il le serre dans sa gueule, le tient dans une position qui lui interdit tout mou-vement, et l'écrase ou attend qu'il meure de ses blessures.

Tous les brochets ne frayent pas à la même époque : les uns pondent ou fécondent les œufs dès le milieu de février, d'autres en mars, et d'autres en avril. S'ils sont très redoutables pour les habitants des eaux qu'ils fréquentent, ils sont très souvent livrés sans défense à des ennemis intérieurs qui les tourmentent vivement. Bloch a vu dans leur canal alimentaire différents vers intestinaux, et il a compté dans un de ces poissons, qui ne pesait qu'une livre et demie, jusqu'à cent vers du genre des vers solitaires.

Mais ils ont encore plus à craindre des pêcheurs qui les poursuivent. On les prend de diverses manières : en hiver, sous les glaces ; en été, pen-dant les orages, qui, en éloignant d'eux leurs victimes ordinaires, les portent davantage vers les appâts ; dans toutes les saisons, au clair de la lune ; dans les nuits sombres, au feu des bois résineux. On emploie, pour les pêcher, le trident, la ligne, le colleret, la truble, l'épervier, la louve, la nasse [1].

---

1. On trouve la description du *colleret* dans l'article du centropome sandat ; de la *truble*, dans celui du misgurne fossile ; de la *louve* et de la *nasse*, dans celui du pétromyzon lamproie. *L'épervier* est un filet en forme d'entonnoir ou de cloche, dont l'ouverture a quelquefois soixante pieds de circonférence. Cette circonférence est garnie de balles de plomb, et le long de ce contour le filet est retroussé en dedans et attaché de distance en distance, pour former des bourses. On se sert de *l'épervier* de deux manières : en le traînant et en le jetant. Lorsqu'on le traîne, deux hommes placés sur les bords du courant d'eau maintiennent l'ouverture du filet dans une po-sition à peu près verticale, par le moyen de deux cordes attachées à deux points de cette ouver-ture. Un troisième pêcheur tient une corde qui répond à la pointe du filet.

Si l'on s'aperçoit qu'il y ait du poisson de pris, et qu'on veuille relever *l'épervier*, les deux

Leur chair est agréable au goût. On les sale en beaucoup d'endroits, après les avoir vidés, nettoyés et coupés par morceaux.

Sur les bords du Jaïk et du Volga, on les sèche ou on les fume après les avoir laissés pendant trois jours entourés de saumure.

Dans d'autres contrées, et particulièrement en Allemagne, on fait du *caviar* avec leurs œufs. Dans la Marche électorale de Brandebourg, on mêle ces mêmes œufs avec des sardines, on en compose un mets que l'on nomme *netzin* et que l'on regarde comme excellent. Cependant ces œufs de brochet passent, dans beaucoup de pays, au moins lorsqu'ils n'ont pas subi certaines préparations, pour difficiles à digérer, purgatifs et malfaisants.

C'est sur des brochets qu'on a essayé particulièrement cette opération de la castration dont nous avons déjà parlé, et par le moyen de laquelle on est parvenu facilement à engraisser les individus auxquels on l'a fait subir.

Si l'on veut se procurer une grande abondance de gros brochets, il faut choisir, pour leur multiplication, des étangs qui ne soient pas propres aux carpes, à cause d'ombrages trop épais, de sources trop froides ou de fonds trop marécageux ; les brochets y réussiront, parce que toutes les eaux douces leur conviennent. On y placera, pour leur nourriture, des cyprins ou d'autres poissons de peu de valeur, comme des *rotengles* et des *rougeâtres*, si le fond de l'étang est sablonneux, et des bordelières ou des hamburges, si ce même fond est couvert de vase. Au reste, on peut les porter facilement d'un séjour dans un autre sans leur faire perdre la vie, et on assure qu'ils n'ont été connus en Angleterre que sous le règne de Henri VIII, où on en transporta de vivants dans les eaux douces de cette île.

Le professeur Gmelin regarde comme une variété du brochet un ésoce d'Amérique dans lequel la mâchoire supérieure est plus courte à proportion de celle d'en bas que dans le brochet d'Europe ; mais le nombre des rayons de la membrane branchiale de ce poisson américain, de sa dorsale et de ses ventrales nous oblige à le considérer comme appartenant à une espèce différente de celle du brochet[1].

premiers pêcheurs lâchent leurs cordes de manière que toute la circonférence de l'ouverture du filet porte sur le fond ; le troisième tire à lui la corde qui tient au sommet de la cloche, se balance pour que les balles de plomb se rapprochent les unes des autres, et quand il les voit réunies, tire l'*épervier* de toutes ses forces et le met sur la rive. Lorsqu'on jette ce filet, on a besoin de beaucoup d'adresse, de force et de précautions. On déploie l'*épervier* par un élan qui fait faire la roue au filet, et qui peut entraîner le pêcheur dans le courant, si une maille s'accroche à ses habits. La corde plombée se précipite au fond de l'eau et enferme les poissons compris dans l'intérieur de la cloche.

1. A chaque pectorale de l'ésoce brochet....................... 14 rayons.
A chaque ventrale.. 10 —
A la nageoire de l'anus.................................. 17 —
A la nageoire de la queue............................... 20 —
A chaque pectorale de l'ésoce américain.................. 13 —

L'ÉSOCE BÉLONE [1]

Belone..., Cuv. — *Esox Belone,* Linn., Gmel., Bloch, Lacép.

Le museau de cet ésoce ressemble au bec d'un harle ou à une très longue aiguille ; son corps et sa queue sont d'ailleurs si déliés que la longueur totale de l'animal est souvent quinze fois plus grande que sa hauteur ; il n'est donc pas surprenant qu'on lui ait donné le nom d'*aiguille*. On l'a nommé aussi *anguille de mer*, parce qu'il vit dans l'eau salée et que ses formes générales ont beaucoup d'analogie avec celles de la murène anguille. La ressemblance dans la conformation amène nécessairement de grands rapports dans les mouvements et dans les habitudes ; en effet la manière de vivre de l'ésoce bélone est semblable, à plusieurs égards, à celle de l'anguille.

Les dents du bélone sont petites, mais fortes, égales et placées de manière que celles d'une mâchoire occupent, lorsque la bouche est fermée, les intervalles de celles de l'autre. Les yeux sont gros. La ligne latérale est située d'une manière remarquable ; elle part de la portion inférieure de l'opercule, reste toujours très près du dessous du corps ou de la queue et se perd presque à l'extrémité inférieure de la base de la caudale. La queue s'élargit, ou, pour mieux dire, grossit à l'endroit où elle pénètre en quelque sorte dans la nageoire de la queue ; les autres nageoires sont courtes.

La partie supérieure du poisson est la seule sur laquelle on voie des écailles un peu grandes, tendres et arrondies.

1. *Orphie, Arphye, Aiguille de mer.* — *Équillette,* auprès de Brest. — *Haqojo, Aquillo,* auprès de Marseille. — *Aguio,* dans le département du Var. (Note envoyée par M. Fauchet préfet de ce département.) — *Acuchia, Angusicula,* en Italie. — *Charman, Choram,* en Arabie. — *Hornhecht, Nadelhecht,* en Allemagne, — *Schneffel,* auprès de Dantzig. — *Nabbgiadda,* en Suède. — *Horn-give, Nehhesild, Horn-igel,* en Norvège. — *Giern-fur,* en Islande. — *Horn-fisk,* en Danemark. — *Geep-wisch,* en Hollande.

Naedl-fish, Garfish, Horn-fish, Sea-needel, Garpike, en Angleterre. — *Timucu, Peisce agutha,* au Brésil. — *Ikan tsjakalang hidjoe, Grone tsjakalang of geep,* dans les Indes orientales. — *Ablennes,* par plusieurs auteurs. — *Ésoce bélone.* Daubenton et Haüy, Encyclopédie méthodique. — *Id.* Bonnaterre, planches de l'Encyclopédie méthodique. — *Orphie.* Bloch, pl. 33. — *Esox belone.* Ascagne, 5, pl. 6.

Brünn., *Pisc. Massil.,* p. 79, n. 95. — Müller, *Prodrom. zool. danic.,* p. 49, n. 420. — *Fauna suecica,* 356. — « Esox rostro cuspidato, gracili, subtereti et spithamali. » Artedi, gen. 10, syn. 27. — *Rhaphis.* Oppian, lib. I, 172, et III, 605. — *Id.* Athen., lib. VIII, p. 355. — *Ahaniger.* Albert., lib. XXIV, p. 241, *a,* edit. Venetæ, 1495. — *Acus piscis.* Salvian, fol. 68. — *Belone* et *raphis,* id est *acus.* Artedi, *Synonymia piscium.,* etc., auctore J.-G. Schneider, etc. — Gronov., Mus. 1, n. 39; *Zooph.,* p. 117 n. 362. — « Mastaccembelus mandibulis longissimis, etc. » Klein, *Miss. pisc.,* 4, p. 21, n. 1, tab. 3, fig. 2. — *Aiguille.* Rondelet, première partie, liv. VIII, chap. III.

« Acus prima species. » Gesner, *Aquat.,* p. 9, 10 ; Thierb., p. 48 *b.* — « Acus vulgaris, acus Oppiani. » Aldrovande, *Pisc.,* p. 106, 107. — *Acus vulgaris.* Willughby, *Ichtyolog.,* p. 231, tab., p. 2, fig. 4 ; Append., tab. 3, fig. 2. — Ray, *Pisc.,* p. 109. — *Seapike. Brit. Zoology,* p. 274, n. 2. — *Timucu.* Marcgrav., *Brasil.,* 168. — *Orphie.* Valmont de Bomare, *Dictionnaire d'histoire naturelle.*

Lorsque le bélone serpente, pour ainsi dire, dans l'eau, ses évolutions, ses contours, ses replis tortueux, ses élans rapides sont d'autant plus agréables que ses couleurs sont plus belles, brillantes et gracieuses ; le front, la nuque et le dos offrent un noir mêlé d'azur ; les opercules réfléchissent des teintes vertes, bleues et argentines ; la moitié supérieure des côtés est d'un vert diversifié par quelques reflets bleuâtres ; l'autre moitié répand, ainsi que le ventre, l'éclat de l'argent le plus pur ; du gris ou du bleu sont distribués sur les nageoires.

Ce poisson si bien paré et si svelte a été observé dans presque toutes les mers ; il en quitte les profondeurs pour aller frayer près des rivages, où il annonce, par sa présence, la prochaine apparition des maquereaux. Il n'a communément qu'un pied et demi de longueur et ne pèse que deux à quatre livres ; il devient alors très souvent la proie des squales, des grandes espèces de gade ou d'autres habitants de la mer voraces et bien armés ; mais il parvient quelquefois à de plus grandes dimensions. Le chevalier Hamilton a vu pêcher, à Naples, un individu de cette espèce qui pesait quatorze livres, et Renard assure qu'on trouve, dans les Indes orientales, des bélones de six à neuf pieds de longueur, dont la morsure est, dit-on, très dangereuse et même mortelle, apparemment à cause de la nature de la blessure que font leurs dents nombreuses et acérées.

On prend les bélones pendant les nuits calmes et obscures, à l'aide d'une torche allumée qui les attire en contrastant avec des ténèbres épaisses, et par le moyen d'un instrument garni d'une vingtaine de longues pointes de fer qui les percent et les retiennent ; on en pêche jusqu'à quinze cents dans une seule nuit.

En Europe, où le bélone a la chair sèche et maigre, on ne le recherche guère que pour en faire des appâts.

Son canal intestinal proprement dit n'offre pas de sinuosité et n'est pas distinct, d'une manière sensible, de la fin de l'estomac.

L'épine dorsale est composée de quatre-vingt-huit vertèbres ; elle soutient de chaque côté cinquante et une côtes ; lorsque ces côtes et ces vertèbres sont exposées à une chaleur très forte, elles deviennent vertes. Un effet semblable a été observé dans quelques autres poissons, et particulièrement dans des espèces de blennies ; ces phénomènes paraissent confirmer ce que nous avons dit de la *Nature des poissons* (voyez notre Discours sur ce sujet), surtout lorsqu'on rapproche cette coloration rapide de la lueur phosphorique que répandent dans l'obscurité ces os verdis par la chaleur[1].

---

1. A chaque pectorale de l'ésoce bélone........................... 13 rayons.
A chaque ventrale.. 7   —
A la nageoire de la queue.................................. 23   —

L'ÉSOCE ARGENTÉ[1]

Butirinus indicus, Cuv. — *Esox argenteus*, Forsk., Lacép., Linn., Gmel. — *Argentina glossodonta*, Forsk. — *Argentina Bonuk*, Lacép.

L'ÉSOCE GAMBARUR[2]

Hemiramphus marginatus, Cuv. — *Esox Gambarur*, Lacép. — *Esox marginatus*, Linn., Gmel.

L'ÉSOCE ESPADON

Hemiramphus brasiliensis, Cuv. — *Esox brasiliensis*, Linn., Bloch, pl. 301. — *Esox Gladius*, Lacép.

George Forster a découvert l'argenté dans les eaux douces de la Nouvelle-Zélande et dans d'autres îles du grand Océan équinoxial. Nous n'avons pas vu d'individu de cette espèce ; si sa caudale n'est pas échancrée, il faudra le placer dans le second sous-genre des ésoces.

Le gambarur nous a paru, ainsi qu'à Commerson, appartenir à la même espèce que le piquitingue ou l'hepsète, qu'on n'a séparé du premier poisson, suivant ce célèbre voyageur, que parce qu'on a eu sous les yeux des piquitingues altérés et privés particulièrement de la plus grande partie de leur longue mâchoire inférieure.

Il habite dans les eaux de la mer d'Arabie, ainsi que dans celles qui arrosent les rivages du Brésil.

Son corps est un peu transparent, très allongé, ainsi que la queue, et couvert, comme cette dernière partie, d'écailles assez grandes ; la mâchoire supérieure dure et très courte ; l'inférieure prolongée en aiguille, six fois plus longue que la mâchoire d'en haut et un peu mollasse à son extrémité ; l'ouverture de la bouche garnie sur ses deux bords de petites dents ; l'œil grand et rond ; le dessus du crâne aplati ; le lobe inférieur de la caudale près de deux fois plus long que le supérieur ; la couleur générale un peu claire ; le haut de la tête brun ; le dos olivâtre à son sommet et orné de raies longitudinales séparées par des taches brunes et carrées ; la partie inférieure de l'animal marquée de quatre autres raies ; chaque côté paré, ainsi que l'indique le tableau générique, d'une raie longitudinale, large, argentée et éclatante ; la dorsale ordinairement très noire et le bout de la mâchoire inférieure d'un beau rouge.

Commerson a observé, en juin 1767, auprès de Rio-Janeiro, un gambarur qui n'avait guère plus de huit pouces de longueur.

---

1. *Esox fusus*, etc. G. Forster, *It. circa orb.*, 1, p. 159.

2. *Esox hepsetus*. Linn., Gmel., Forskael, *Fauna arab.*, p. 67, n. 98. — « Argentina, pinna dorsali pinnæ ani opposita. » *Amœnit. acad.*, 1, p. 321. — *Piquitinga*. Marcgrav., *Brasil.*, 159. — *Ésoce piquitingue*. Daubenton et Haüy, *Encyclopédie méthodique*. — *Id.* Bonnaterre, planches de l'Encyclopédie méthodique. — *Ésoce gambarur*. — *Orphie de Rio-Janeiro*, « esox dorso monopterygio, rostro apice coccineo, linea laterali lata, argentea, etc. » Commerson, manuscrits déjà cités. — « Menidia corpore subpellucido, linea laterali lata argentea. » Brown, *Jamaic.*, 441, tab. 45, fig. 3.

L'espadon[1] a beaucoup de rapports avec le gambarur ; il en a aussi avec le xiphias espadon, et sa tête ressemble, au premier coup d'œil, à une tête de xiphias renversée. La prolongation de la mâchoire inférieure est encore plus longue que dans le gambarur, aplatie et sillonnée auprès de l'ouverture de la bouche, dont les deux bords sont hérissés de plusieurs rangées de petites dents pointues ; d'autres dents sont situées autour du gosier; mais le palais et la langue sont unis. Le dessus de la tête est déprimé ; les opercules sont rayonnés ; le lobe inférieur de la caudale dépasse celui d'en haut. La couleur générale est argentée ; la tête, la mâchoire inférieure, le dos et la ligne latérale sont communément d'un beau vert, et les nageoires bleuâtres[2].

On trouve l'espadon dans les mers des deux Indes. Nieuhof et Valentyn l'ont vu dans les Indes orientales ; Plumier, du Tertre, Browne et Sloane l'ont observé en Amérique. Sa chair est délicate et grasse. On l'attire aisément dans les filets par le moyen d'un feu allumé au milieu d'une nuit sombre. Il paraît qu'il multiplie beaucoup.

L'ÉSOCE TÊTE NUE[3]

Erythrinus..., Cuv. — *Esox gymnocephalus*, Linn., Gmel., Lacép.

L'ÉSOCE CHIROCENTRE

Chirocentrus...., Cuv. — *Esox chirocentrus*, Lacép. — *Clupea dentex*, Schneid. — *Clupea Dorab*, Gmel.

Le premier de ces deux ésoces habite dans les Indes ; le second a été observé par Commerson, qui en a laissé un dessin dans ses manuscrits. Nous lui avons donné le nom de *chirocentre*, pour indiquer le piquant ou aiguillon placé auprès de chacune de ses nageoires pectorales que l'on a comparées à des mains. Une sorte de loupe arrondie paraît au-dessus de ces mêmes pectorales. La ligne latérale règne près du dos, dont elle suit la

1. *Demi-museau, Bécassine de mer, Petit espadon.* — *Elephantennase, Kleiner schwerdt-fisch,* par les Allemands. — *Halt-bec, Brasilianischen snock,* par les Hollandais. — *Under-sword fish, Piper,* par les Anglais. — *Balaon,* aux Antilles. — *Ikan moeloet betang,* dans les Indes orientales. — Mus. Ad. Frid. 2, p. 102. — « Esox maxilla inferiore tereti, cuspidata, longissima, etc. » Gronov, *Zooph.,* 363.

Browne, *Jamaic.,* 443, tab. 45, fig. 2. — *Under-swon fish.* Grew., Mus. 87, tab. 7. — *Ésoce petit espadon.* Daubenton et Haüy, Encyclopédie méthodique. — *Id.* Bonnaterre, planches de l'Encyclopédie méthodique. — « Acus minor inferne rostrata, vulgo balou, etc. » Plumier, manuscrits de la Bibliothèque royale. — *Petit espadon.* Bloch, pl. 391.

2.   A chaque pectorale de l'ésoce gambarur.................. 10 ou 12 rayons.
     A chaque ventrale....................................   6   —
     A la nageoire de la queue............................   14   —

     A chaque pectorale de l'ésoce espadon.................   10   —
     A chaque ventrale....................................   6   —
     A la caudale...   18   —

3. *Ésoce tête nue.* Daubenton et Haüy, Encyclopédie méthodique. — *Id.* Bonnaterre, planches de l'Encyclopédie méthodique.

courbure. Les écailles sont petites et serrées. Les deux lobes de la caudale sont très grands; l'inférieur est plus long que l'autre[1].

L'ÉSOCE VERT[2]

Esox viridis, Linn., Gmel., Lacép.

Ce poisson habite dans les eaux douces de la Caroline, où il a été observé par Catesby et par le docteur Garden[3].

1. A chaque pectorale de l'ésoce tête nue...................... 10 rayons.
    A la nageoire de la queue.................................. 19 —
2. *Ésoce verdet.* Daubenton et Haüy, Encyclopédie méthodique. — *Ésoce aiguille écailleuse.* Bonnaterre, planches de l'Encyclopédie méthodique.
3. A chaque pectorale de l'ésoce vert........................... 11 rayons.
    A chaque ventrale... 6 —
    A la nageoire de la queue................................. 16 —

DES

EFFETS DE L'ART DE L'HOMME

SUR LA NATURE DES POISSONS

C'est un beau spectacle que celui de l'intelligence humaine, disposant des forces de la nature, les divisant, les réunissant, les combinant, les dirigeant à son gré, et, par l'usage habile que l'expérience et l'observation lui en ont appris, modifiant les substances, transformant les êtres et rivalisant, pour ainsi dire, avec la puissance créatrice.

L'amour-propre, l'intérêt, le sentiment et la raison applaudissent surtout à ce noble spectacle, lorsqu'il nous montre le génie de l'homme exerçant son empire, non seulement sur la matière brute qui ne lui résiste que par sa masse, ou ne lui oppose que ce pouvoir des affinités qu'il lui suffit de connaître pour le maîtriser, mais encore sur la matière organisée et vive, sur les corps animés, sur les êtres sensibles, sur les propriétés des espèces, sur ces attributs intérieurs, ces facultés secrètes, ces qualités profondes qu'il domine, sans même parvenir à dévoiler leur essence.

De quelques êtres organisés et vivants que l'on veuille dessiner l'image, on voit presque toujours sur quelques-uns de leurs traits l'empreinte de l'art de l'homme.

Sans doute l'histoire de son industrie n'est pas celle de la nature; mais comment ne pas en écrire quelques pages, lorsque le récit de ses procédés nous montre jusqu'à quel point la nature peut être contrainte à agir sur elle-même, et que cette puissance admirable de l'homme s'applique à des objets d'une haute importance pour le bonheur public et pour la félicité privée?

Parmi ces objets si dignes de l'attention de l'économe privé et de l'économe public, comptons, avec les sages de l'antiquité, ou, pour mieux dire, avec ceux de tous les siècles qui ont le plus réuni l'amour de l'humanité à la connaissance des productions de la nature, la possession des poissons les plus analogues aux besoins de l'homme.

Deux grands moyens peuvent procurer ces poissons que l'on a toujours recherchés, mais auxquels, dans certains siècles et dans certaines contrées, on a attaché un si grand prix.

Le premier de ces moyens, résultat remarquable du perfectionnement de la navigation, multipliant chaque jour le nombre des marins audacieux, et accroissant les progrès de l'admirable industrie sans laquelle il n'aurait pas existé, obtiendra toujours les plus grands encouragements des chefs des nations éclairées : il consiste dans ces grandes pêches auxquelles des hommes entreprenants et expérimentés vont se livrer sur des mers lointaines et orageuses.

Mais l'usage de ce moyen, limité par les vents, les courants et les frimas, et troublé fréquemment par les innombrables accidents de l'atmosphère et des mers, exige sans cesse une association constante, prévoyante et puissante, une réunion difficile d'instruments variés, une sorte d'alliance entre un grand nombre d'hommes que l'on ne peut rencontrer que très rarement et rapprocher qu'avec peine. Il ne donne à nos ateliers qu'une partie des produits que l'on pourrait retirer des animaux poursuivis dans ces pêches éloignées et fameuses, et ne procure pour la nourriture de l'homme que des préparations peu substantielles, peu agréables, ou peu salubres.

Le second moyen convient à tous les temps, à tous les lieux, à tous les hommes. Il ne demande que peu de précautions, que peu d'efforts, que peu d'instants, que peu de dépenses. Il ne commande aucune absence du séjour que l'on affectionne, aucune interruption de ses habitudes, aucune suspension de ses affaires ; il se montre avec l'apparence d'un amusement varié, d'une distraction agréable, d'un jeu plutôt que d'un travail; et cette apparence n'est pas trompeuse. Il doit plaire à tous les âges, il ne peut être étranger à aucune condition. Il se compose des soins par lesquels on parvient aisément à transporter dans les eaux que l'on veut rendre fertiles, les poissons que nos goûts ou nos besoins réclament, à les y acclimater, à les y conserver, à les y multiplier, à les y améliorer.

Nous traiterons des grandes pêches dans un discours particulier.

Occupons-nous dans celui-ci de cet ensemble de soins qui nous rappelle ceux que les Xénophon, les Oppien, les Varron, les Ovide, les Columelle, les Ausone, se plaisaient à proposer aux deux peuples les plus illustres de l'antiquité, que la sagesse de leurs préceptes, le charme de leur éloquence, beauté de leur poésie et l'autorité de leur renommée inspiraient avec tant de facilité aux Grecs et aux Romains, et qui étaient en très grand honneur chez ces vainqueurs de l'Asie et de l'Europe, que la gloire avait couronnés de tant de lauriers.

L'homme d'État doit les encourager, comme une seconde agriculture; l'homme des champs doit les adopter, comme une nouvelle source de richesses et de plaisirs.

En rendant en effet les eaux plus productives que la terre, en répandant les semences d'une abondante et utile récolte, dans tous les lacs, dans les rivières, dans les ruisseaux, dans tous les endroits que la plus faible source arrose, ou qui conservent sur leur surface le produit des rosées et des pluies, ces soins que nous allons tâcher d'indiquer n'augmenteront-ils pas beaucoup cette surface fertile et nourricière du globe, de laquelle nous tirons nos véritables trésors? L'accroissement que nous devrons à ces procédés simples et peu nombreux ne sera-t-il pas d'autant plus considérable, que ces eaux dans lesquelles on portera, entretiendra et multipliera le mouvement et la vie, offriront une grandeur bien plus grande que la couche sèche et fécondée par la charrue, et à laquelle nous confions les graines des végétaux précieux?

Et dans ses moments de loisir, lorsque l'ami de la nature et des champs portera ses espérances, ses souvenirs, ses douces rêveries, sa mélancolie même, sur les rives des lacs, des ruisseaux ou des fontaines, et que, mollement étendu sur une herbe fleurie, à l'ombre d'arbres élevés et touffus, il goûtera cette sorte d'extase, cette quiétude touchante, cette volupté du repos, cet abandon de toute idée trop forte, cette absence de toute affection trop vive, dont le charme est si grand pour une âme sensible, n'éprouvera-t-il pas une jouissance d'autant plus douce qu'il aura sous ses yeux, au lieu d'une onde stérile, déserte, inanimée, des eaux vivifiées, pour ainsi dire, et embellies par la légèreté des formes, la vivacité des couleurs, la variété des jeux, la rapidité des évolutions?

Voyons donc comment on peut transporter, acclimater, multiplier et perfectionner les poissons; ou, ce qui est la même chose, montrons comment l'art modifie leur nature.

Tâchons d'éclairer la route élevée du physiologiste par les lumières de l'expérience, et de diriger l'expérience par les vues du physiologiste.

Disons d'abord comment on transporte les poissons d'une eau dans une autre.

De toutes les saisons, la plus favorable au transport de ces animaux est l'hiver, à moins que le froid ne soit très rigoureux. Le printemps et l'automne le sont beaucoup moins que la saison des frimas; mais il faut toujours les préférer à l'été. La chaleur aurait bientôt fait périr des individus accoutumés à une température douce; d'ailleurs, ils ne résisteraient pas à l'influence funeste des orages qui règnent si fréquemment pendant l'été.

C'est en effet un beau sujet d'observation pour le physicien, que l'action de l'électricité de l'atmosphère sur les habitants des eaux, action à laquelle ils sont soumis non seulement lorsqu'on les force à changer de séjour, mais encore lorsqu'ils vivent indépendants dans de larges fleuves, ou dans des lacs immenses, dont la profondeur ne peut les dérober à la puissance de ce feu électrique.

Il ne faut exposer au danger du transport que des poissons assez forts pour résister à la fatigue, à la contrainte et aux autres inconvénients de leur voyage. A un an, ces animaux seraient encore trop jeunes; l'âge le plus convenable pour les faire passer d'une eau dans une autre est celui de trois ou quatre ans.

On ne remplira pas entièrement d'eau les tonneaux dans lesquels on les renfermera. Sans cette précaution, les poissons, montant avec rapidité vers la surface de l'eau, blesseraient leur tête contre la partie supérieure du vaisseau dans lequel ils seront placés. Ces tonneaux devront d'ailleurs présenter un assez grand espace. Bloch, qui a écrit des observations très utiles sur l'art d'élever les animaux dont nous nous occupons, demande qu'un tonneau destiné à transporter des poissons du poids de cinquante kilogrammes (cent livres, ou à peu près) contienne trois cent vingt litres ou pintes d'eau.

Il est même nécessaire que, vers la fin du printemps ou au commencement de l'automne, c'est-à-dire lorsque la chaleur est vive au moins pendant plusieurs heures du jour, cette quantité d'eau soit plus grande et souvent double. Quelle que soit la température de l'air, il faut qu'il y ait toujours une communication libre entre l'atmosphère et l'intérieur du tonneau, soit pour procurer aux poissons, suivant l'opinion de quelques physiciens, l'air qui peut leur être nécessaire, soit pour laisser échapper les miasmes malfaisants et les gaz funestes qui, ainsi que nous l'avons déjà dit dans cette histoire, se forment en abondance dans tous les endroits où les habitants des eaux sont réunis en très grand nombre, même lorsque la chaleur n'est pas très forte, et leur donnent la mort souvent dans un espace de temps extrêmement court.

ais comme ces soupiraux si nécessaires aux poissons que l'on fait voyager pourraient, s'ils étaient faits sans attention, laisser à l'eau des mouvements trop libres et trop violents qui la feraient jaillir, pousseraient les poissons les uns contre les autres, les froisseraient et les blesseraient mortellement, il sera bon de suivre, à cet égard, les conseils de Bloch, qui recommande de prévenir la trop grande agitation de l'eau par une couronne de paille ou de petites planches minces introduites dans le tonneau, ou en adaptant à l'orifice, qu'on laisse ouvert, un tuyau un peu long, terminé en pointe et percé vers le haut de plusieurs trous qui établissent une communication suffisante entre l'air extérieur et l'intérieur du vaisseau [1].

Toutes les fois que la distance le permettra, on emploiera aussi des bêtes de somme tranquilles ou même des porteurs attentifs, plutôt que des voitures exposées à des cahots rudes et à des secousses brusques et fréquentes.

On prendra encore d'autres précautions, suivant les circonstances dans lesquelles on se trouvera et les espèces dont on voudra porter des indices vivants à un assez grand éloignement de leur premier séjour.

Si l'on veut, par exemple, conserver en vie, malgré un long trajet, des truites, des loches ou d'autres poissons qui périssent facilement et qui se plaisent au milieu d'une eau courante, on change souvent celle du tonneau dans lequel on les renferme et on ne cesse de communiquer à celle dans

---

1. *Introduction à l'Histoire naturelle des poissons*, par Bloch.

laquelle on les tient plongés un mouvement doux, mais sensible, qui subsiste lors même que la voiture qui les porte s'arrête, et qui, bien inférieur à une agitation dangereuse, représente les courants naturels des rivières ou des ruisseaux.

Pour peu que l'on craigne les effets de la chaleur, on voyagera la nuit et on évitera avec le plus grand soin, en maniant les poissons, de les presser, de les froisser, de les heurter.

On ne les laissera hors de l'eau que pendant le temps le plus court possible, surtout lorsqu'un soleil sans nuages pourrait, en desséchant rapidement leurs organes et surtout leurs branchies, les faire périr très promptement. Cependant, lorsque le temps sera froid, on pourra transporter des anguilles, des carpes, des brèmes et d'autres poissons qui vivent assez longtemps hors de l'eau, sans employer ni tonneau ni voiture, en les enveloppant dans de la neige et dans des feuilles grandes, épaisses et fraîches, telles que celles du chou ou de la laitue. Un moyen presque semblable a réussi sur des brèmes que l'on a portées vivantes à plus de dix myriamètres (vingt lieues). On les avait entourées de neige et on avait mis dans leur bouche un morceau de pain trempé dans de l'eau-de-vie.

C'est avec des précautions analogues que, dès le xvi⁰ siècle, on a répandu dans plusieurs contrées de l'Europe des espèces précieuses de poisson dont on y était privé. C'est en les employant, qu'il paraît que Maschal a introduit la carpe en Angleterre en 1514 ; que Pierre Oxe l'a donnée au Danemark en 1550 ; qu'à une époque plus rapprochée on a naturalisé l'acipensère strelet en Suède, ainsi qu'en Poméranie, et qu'on a peuplé de cyprins dorés de la Chine les eaux non seulement de France, mais encore d'Angleterre, de Hollande et d'Allemagne.

Mais il est un procédé par le moyen duquel on parvient à son but avec bien plus de sûreté, de facilité et d'économie, quoique beaucoup plus lentement.

Il consiste à transporter le poisson, non pas développé et parvenu à une taille plus ou moins grande, mais encore dans l'état d'embryon et renfermé dans son œuf. Pour réussir plus aisément, on prend les herbes ou les pierres sur lesquelles les femelles ont déposé leurs œufs, et les mâles leur laite ; on les porte dans un vase plein d'eau, jusqu'au lac, à l'étang, à la rivière, ou au bassin que l'on désire peupler. On apprend facilement à distinguer les œufs fécondés d'avec ceux qui n'ont pas été arrosés de la liqueur prolifique du mâle et que l'on doit rejeter ; les premiers paraissent toujours jaunes, plus clairs, plus diaphanes. On remarque cette différence dès le premier jour de leur fécondation, si l'on se sert d'une loupe ; dès le troisième ou le quatrième jour on n'a plus besoin de cet instrument, pour voir que ceux qui n'ont pas été fécondés par le mâle deviennent à chaque instant plus troubles, plus opaques, plus ternes ; ils perdent tout leur éclat, s'altèrent, se décomposent ; et dans cet état de demi-putréfaction, ils ont été comparés à de petits grains de grêle qui commencent à se fondre[1].

Pour pouvoir employer ce transport des œufs fécondés, d'une eau dans une autre, il faudra s'attacher à connaître dans chaque pays le véritable temps de la ponte de chaque espèce et du passage des mâles au-dessus des œufs. Comme dans presque toutes les espèces de poissons on compte trois ou quatre époques du frai, les jeunes individus pondent leurs œufs plus tard que les femelles plus avancées en âge, et celles-ci plus tard que d'autres femelles plus âgées encore, que ces époques sont ordinairement séparées par un intervalle de neuf ou dix jours et que d'ailleurs il s'écoule toujours au moins près de neuf jours entre l'instant de la fécondation et celui où le fœtus brise sa coque et vient à la lumière, on pourra chaque année, pendant un mois ou environ, chercher avec succès des œufs fécondés de l'espèce qu'on voudra introduire dans une eau qui ne l'aura pas encore nourrie.

Si le trajet est long, on change souvent l'eau du vase dans lequel les œufs sont transportés. Cette précaution a paru nécessaire même dans les premiers jours de la ponte, où l'embryon contenu dans l'œuf ne peut être supposé respirer en aucune manière, puisque, dans ces premiers jours, non seulement le petit animal est renfermé dans ses enveloppes et dans la membrane qui entoure l'œuf, mais encore il montre au microscope le cours de son sang, dirigé de manière à circuler sans passer par des branchies qui ne sont ni développées ni visibles. Elle ne sert donc dans ce premier temps qu'à préserver les œufs et les embryons de l'action des gaz ou miasmes qui se produiraient dans une eau que l'on ne renouvellerait pas, et qui, pénétrant au travers de la membrane de l'œuf, agiraient d'une manière funeste sur les nerfs ou sur d'autres organes encore extrêmement délicats des jeunes poissons. La nécessité de ce changement d'eau est donc une nouvelle preuve de ce que nous avons dit dans ce Discours et dans celui que nous avons publié sur la nature des poissons, au sujet du besoin que l'on a, pour conserver ces animaux en vie, d'entretenir une communication très libre entre l'atmosphère et le fluide dans lequel ils sont plongés.

On favorise le développement de l'œuf et la sortie du fœtus en les plaçant après le transport dans un endroit éclairé par le soleil. On les hâte même par cette attention et Bloch nous apprend dans l'introduction que nous avons déjà citée, qu'ayant fait quatre paquets d'herbes chargées d'œufs de la même espèce, ayant exposé le premier au soleil du midi, le second au soleil levant, le troisième au couchant, et ayant fait mettre le quatrième à l'abri du soleil, les œufs du premier paquet furent ouverts par le fœtus deux jours avant ceux du quatrième jour plus tôt que ceux du quatrième paquet, que la chaleur du soleil n'avait pas pénétrés.

---

1. *Introduction à l'Histoire naturelle des poissons*, par Bloch.

Cependant les eaux dans lesquelles vivent les poissons peuvent être salées ou douces, troubles ou limpides, chaudes ou froides, tranquilles ou agitées par des courants plus ou moins rapides. Elles doivent toujours présenter ces qualités combinées quatre à quatre, la même eau devant être nécessairement courante ou tranquille, froide ou chaude, claire ou limoneuse, douce ou salée. Mais ces huit modifications réunies quatre à quatre peuvent produire seize combinaisons : l'eau qui nourrit les poissons peut donc offrir seize manières d'être très différentes l'une de l'autre et très faciles à distinguer. Nous en trouverions un nombre immense si nous voulions faire attention à toutes les nuances que chacune de ces modifications peut montrer et à toutes les combinaisons qui peuvent résulter du mélange de tous ces degrés. Néanmoins ne tenons compte que des seize caractères bien distincts qui peuvent appartenir à l'eau et voyons l'influence de la nature des différentes eaux sur la conservation des poissons que l'on veut acclimater.

Il est évident que si l'on jette les yeux au hasard sur une des seize combinaisons que nous venons d'indiquer, on ne la verra pas séparée des quinze autres par un égal nombre de différences.

Que l'on dépose donc les poissons que l'on viendra de transporter, dans les eaux les plus analogues à celles dans lesquelles ils auront vécu et lorsqu'on sera embarrassé pour trouver de ces eaux adaptées aux individus que l'on voudra conserver, que l'on préfère les placer dans les lacs, où ils jouiront à leur volonté des eaux courantes qui s'y jettent ou en sortent et des eaux paisibles qui y séjournent, où ils rencontreront des touffes de végétaux aquatiques et des rochers nus, des fonds de sable et des terrains vaseux, où ils jouiront d'une température douce en s'enfonçant dans les endroits les plus profonds, et où ils pourront se réchauffer aux rayons du soleil, en s'élevant vers la surface.

Que l'on choisisse néanmoins les lacs dont les rives sont unies, plutôt que ceux dont les rivages sont très hauts. Si l'on est obligé de se servir de ces lacs à bords très exhaussés, et où par conséquent les œufs déposés sur des fonds trop éloignés de l'atmosphère ne peuvent pas recevoir l'heureuse influence de la lumière et de la chaleur, qu'on supplée aux côtes basses et aux pentes douces, en faisant construire dans ces lacs et auprès de leurs bords des espèces de parcs ou de viviers en bois, qui présenteront des plans inclinés très voisins de la surface de l'eau, et que l'on garnira, dans la saison convenable, de branches et de rameaux sur lesquels les femelles puissent frotter leur ventre et se débarrasser de leurs œufs.

Aura-t-on à sa disposition des eaux thermales assez abondantes pour remplir de vastes réservoirs et y couler constamment en si grand volume, que dans toutes les saisons la chaleur y soit très sensible ? On en profitera pour acclimater des espèces étrangères, utiles par la bonté de leur chair, ou agréables aux yeux par la vivacité de leurs formes et l'agilité de leurs mouvements, et qui n'auront vécu jusqu'à ce moment que dans les contrées renfermées dans la zone torride ou très voisines des tropiques.

Lorsque les poissons ne sont pas délicats, ils peuvent néanmoins supporter très facilement le passage d'une eau à une eau très différente de la première. On l'a remarqué particulièrement sur l'anguille. M. de Septfontaines, observateur très éclairé que nous avons eu le plaisir de citer très souvent dans nos ouvrages, nous a écrit dans le temps, qu'il avait fait transporter des anguilles d'une eau bourbeuse dans le vivier le plus limpide, d'une eau froide dans une eau tempérée, d'une eau tempérée dans une eau froide, d'un vivier très limpide dans une eau limoneuse, etc.; qu'il avait fait supporter ces transmigrations à plus de trois cents individus, qu'il les y avait soumis dans différentes saisons, qu'il n'en était pas mort la vingtième partie, et que ceux qui avaient péri n'avaient succombé qu'à la fatigue et à la gêne que leur avait fait éprouver un séjour très long dans des vaisseaux très étroits.

On pourrait croire, au premier coup d'œil, qu'une des habitudes les plus difficiles à donner aux poissons serait celle de vivre dans l'eau douce après avoir vécu dans l'eau salée, ou celle de n'être entourés que d'eau salée après avoir été continuellement plongés dans de l'eau douce.

Cependant on ne conservera pas longtemps cette opinion, si l'on considère qu'à la vérité l'eau salée, comme plus pesante, soutient davantage le poisson qui nage, et dès lors lui donne, tout égal d'ailleurs, plus d'agilité et de vitesse dans ses mouvements, mais que lorsqu'elle se décompose dans les branchies pour entretenir par son oxygène la circulation du sang, ou seulement dans le canal intestinal pour servir par son hydrogène à la nourriture de l'animal, le sel dont elle est imprégnée n'altère ni l'un ni l'autre produit de cette décomposition. L'oxygène et l'hydrogène retirés de l'eau salée, ou obtenus par le moyen de l'eau douce, offrent les mêmes propriétés, produisent les mêmes effets. Si le poisson est plus gêné dans ses mouvements au milieu d'un lac d'eau douce que dans le sein de l'Océan, il tire de l'eau de la mer et de celle du lac la même nourriture. Il peut, au milieu de l'eau douce, n'être privé que de cette sorte de modification qu'impriment la substance saline et peut-être une matière particulière bitumineuse ou de toute autre nature, contenues dans l'eau de l'Océan, et qui, l'environnant sans cesse, lorsqu'il vit dans la mer, peuvent traverser ses téguments, pénétrer sa masse et s'identifier avec ses organes.

De plus, un très grand nombre de poissons ne passent-ils pas la moitié de l'année dans l'Océan, et l'autre moitié dans les rivières ainsi que dans les fleuves? Ces poissons voyageurs ne paraissent-ils pas avoir absolument la même organisation que ceux qui, plus sédentaires, n'abandonnent dans aucune saison les rivières ou la mer?

Quant à la température, les eaux, au moins les eaux profondes, présentent presque la même, dans quelque contrée qu'on les examine. D'ailleurs, les animaux s'accoutument beaucoup plus aisément qu'on ne le croit à des températures très différentes de celle à laquelle la nature les avait soumis. Ils s'y habituent même lorsque, vivant dans une très grande indépendance, ils pourraient trouver dans des contrées plus chaudes ou plus froides que leur nouveau séjour une sûreté aussi grande, un espace aussi libre, une habitation aussi adaptée à leur organisation, une nourriture aussi abondante.

Nous en avons un exemple frappant dans l'espèce du cheval. Lors de la découverte de l'Amérique du Sud, plusieurs individus de cette espèce, amenés dans cette partie du nouveau continent, furent abandonnés, ou s'échappèrent dans des contrées inhabitées voisines du rivage sur lequel on les avait débarqués. Ils s'y multiplièrent, et de leur postérité sont descendues des troupes très nombreuses de chevaux sauvages, qui se sont répandus à des distances très considérables de la mer, se sont très éloignés de la ligne équinoxiale, sont parvenus très près de l'extrémité australe de l'Amérique, y occupent de vastes déserts, n'y ont perdu aucun de leurs attributs, ont été plutôt améliorés qu'altérés par leur nouvelle manière de vivre, y sont exposés à un froid assez rigoureux pour qu'ils soient souvent obligés de chercher leur nourriture sous la neige qu'ils écartent avec leurs pieds. Néanmoins on ne peut guère disconvenir que le cheval ne soit originaire du climat brûlant de l'Arabie.

Il n'y a que les animaux nés dans les environs des cercles polaires, qui ont dès leurs premières années supporté le poids des hivers les plus rigoureux, et dont la nature, modifiée par les frimas, non seulement dans eux, mais encore dans plusieurs des générations qui les ont précédés, est devenue, pour ainsi dire, analogue à tous les effets d'un froid extrême, qui ne paraissent pas pouvoir résister à une température très différente de celle à laquelle ils ont toujours été exposés. Il semble que la raréfaction produite dans les solides et dans les liquides par une grande élévation dans la température est pour les animaux un changement bien plus dangereux que l'accroissement de ton, d'irritabilité et de force, que les solides peuvent recevoir de l'augmentation du froid ; voilà pourquoi on n'a pas encore pu parvenir à faire vivre pendant longtemps dans le climat temperé de la France les rennes qu'on y avait amenés des contrées boréales de l'Europe.

On doit donc, tout égal d'ailleurs, essayer de transporter les poissons du midi dans les lacs ou les rivières du nord, plutôt que ceux des contrées septentrionales dans les eaux du midi. Lors même que les rivières ou les lacs dans lesquels on aura transporté les poissons méridionaux seront situés de manière à avoir leur surface glacée pendant une partie plus ou moins longue de l'année, ces animaux pourront y vivre. Ils se tiendront dans le fond de leurs habitations pendant que l'hiver régnera ; et si dans cette retraite profonde ils manquent d'une communication suffisante avec l'air de l'atmosphère, ou si la gelée, pénétrant trop avant, leur fait subir son influence, descend jusqu'à eux et les saisit, ils tomberont dans cette torpeur plus ou moins prolongée, qui conservera leur existence en en ralentissant les principaux ressorts[1]. Combien d'individus et même combien d'espèces cet engourdissement remarquable ne préserve-t-il pas de la destruction en concentrant la vie dans l'intérieur de l'animal, en l'éloignant de la surface où elle serait trop fortement attaquée, en la renfermant, pour ainsi dire, dans une enveloppe qui ne conserve de la vitalité que ce qu'il faut pour ne pas éprouver de grandes décompositions, et en la réduisant, en quelque sorte, à une circulation si lente et si limitée, qu'elle peut être indépendante des objets extérieurs[2]! S'il ne répare pas, comme le sommeil journalier, des organes usés par la fatigue, il maintient ces organes ; s'il ne donne pas de nouvelles forces, il garantit de l'anéantissement ; s'il ne ranime pas le souffle de la vie, il brise les traits de la mort. Quelles que soient la cause, la force ou la durée du sommeil, il est donc toujours un grand bienfait de la nature; et pendant qu'il charme les ennuis de l'être pensant et sensible, non seulement il guérit ou suspend les douleurs, mais il prévient et écarte les maux de l'animal, qui, réduit à un instinct borné, n'existe que dans le présent, ne rappelle aucun souvenir et ne conçoit aucun espoir.

La qualité et l'abondance de la nourriture, ces grandes causes des migrations volontaires de tous les animaux qui quittent leur pays, sont aussi les objets auxquels on doit faire le plus d'attention, lorsqu'on cherche à conserver des animaux en vie dans un autre séjour que leur pays natal, et par conséquent lorsqu'on veut acclimater des espèces de poisson.

L'aliment auquel le poisson que l'on vient de dépayser est le plus habitué est celui qu'il faudra lui procurer ; il retrouvera sa patrie partout où il aura sa nourriture familière. Par le moyen d'herbes, de feuilles, d'amas de végétaux, de fumiers de toute sorte, on donnera un aliment très convenable aux espèces qui se nourrissent de débris de corps organisés ; on cherchera, on rassemblera des larves et des vers pour celles qui les préfèrent. Lorsqu'on aura transporté des brochets ou d'autres poissons voraces, il faudra mettre dans les eaux qui les auront reçus ceux dont ils aiment à faire leur proie, qui se plaisent dans les mêmes habitations que ces animaux carnassiers, ou qui sont peu recherchés par les pêcheurs, comme des éperlans, des cyprins goujons, des cyprins gibèles, des cyprins bordelières, etc.

On trouvera, en parcourant les différents articles de cette histoire, un grand nombre d'espèces remarquables par leur beauté, par leur grandeur et par le goût exquis de leur chair, qui manquent aux eaux douces de notre patrie, et qu'on pourrait aisément acclimater en France, avec les précautions ou par les moyens que nous venons d'indiquer, ou en employant des procédés analogues à ceux que nous venons de décrire, et qu'on préférerait d'après la longueur du trajet, la nature du voyage, le climat que les pois-

1. Voyez l'article du *scombre maquereau*.
2. Voyez le Discours sur la nature des quadrupèdes ovipares.

sons auraient quitté, la saison que l'on aurait été obligé de choisir, et plusieurs autres circonstances. De ce nombre seraient, par exemple, le centropome sandat de la Prusse, l'holocentre post des contrées septentrionales de l'Allemagne ; et on ne devrait même pas être effrayé par la grandeur de la distance, surtout lorsque le transport pourrait avoir lieu par mer, ou par des rivières, ou des canaux. On peut en effet, lorsqu'on navigue sur l'Océan, sur des canaux ou sur des fleuves, attacher à l'arrière du bâtiment une sorte de vaisseau, ou, pour mieux dire, de grande caisse, que l'on rend assez pesante pour qu'elle soit presque entièrement plongée dans l'eau, et dont les parois sont percées de manière que les poissons qui y sont renfermés reçoivent tout le fluide qui leur est nécessaire et communiquent avec l'atmosphère de la manière la plus avantageuse, sans pouvoir s'échapper et sans avoir rien à craindre de la dent des squales ou des animaux aquatiques et féroces. Nous indiquons donc à la suite du post et du sandat, et entre plusieurs autres que les bornes de ce discours ne nous permettent pas de rappeler ici, l'osphronème goramy, déjà apporté de la Chine à l'Ile de France, le bodian aya des lacs du Brésil, et l'holocentre sogo des grandes Indes, de l'Afrique et des Antilles.

Quand on n'aura pas une eau courante à donner à ces poissons arrivés d'une terre étrangère, et principalement lorsque ces nouveaux hôtes auront vécu, jusqu'à leur migration, dans des fleuves ou des rivières, on compensera le renouvellement perpétuel du fluide environnant que le courant procure, par une grande étendue donnée à l'habitation. Ici, comme dans plusieurs autres phénomènes, un grand volume en repos tiendra lieu d'un petit volume en mouvement ; et dans un espace de temps déterminé, l'animal jouira de la même quantité de molécules de fluide, différentes de celles dont il aura déjà reçu l'influence.

Sans cette précaution, les poissons que l'on voudrait acclimater éprouveraient les mêmes accidents que ceux de nos contrées que l'on enlève aux petites rivières, et particulièrement à la partie de ces rivières la plus voisine de la source, et qu'on veut conserver dans des vaisseaux ou même dans des bassins très étroits. On est obligé de renouveler très souvent l'eau qui les entoure ; sans cela les diverses émanations de leur corps et l'effet nécessaire du rapprochement d'une grande quantité de substances animales vicient l'eau, la corrompent par la production de gaz que l'on voit s'élever en petites bulles, et la rendent si funeste pour eux qu'ils périssent s'ils ne viennent pas à la surface chercher le voisinage de l'atmosphère et respirer, pour ainsi dire, des couches de fluide plus pures.

Ces faits sont conformes à de belles expériences faites par mon confrère M. Silvestre le fils, et à celles qui furent dans le temps communiquées à Buffon par une note que ce grand naturaliste me remit quelques années après, et qui avaient été tentées sur des gades lotes, des cottes chabots, des cyprins goujons et d'autres cyprins, tels que des gardons, des vérons et des vaudoises.

Les poissons que l'on veut acclimater sont plus exposés que les anciens habitants des eaux dans lesquelles on les a placés, non seulement aux altérations dont nous venons de parler, mais encore à toutes les maladies auxquelles leurs diverses tribus sont sujettes.

Ces maladies assaillent ces tribus aquatiques, même lorsque les individus sont encore renfermés dans l'œuf. On a observé que des embryons de saumon, de truite et de beaucoup d'autres espèces périssaient lorsque des substances grasses, onctueuses, et celles que l'on désigne par le nom de *saletés* et d'*ordures*, s'attachaient à l'enveloppe qui les contenait, et qu'une eau courante ne nettoyait pas promptement cette membrane.

On suppléera facilement à cette eau courante par une attention soutenue et divers petits moyens que les circonstances suggéreront.

Lorsque les poissons sont vieux, ils éprouvent souvent une altération particulière qui se manifeste à la surface de l'animal ; les canaux destinés à entretenir ou renouveler les écailles s'obstruent ou se déforment ; les organes qui filtrent la substance nourricière et réparatrice de ces lames s'oblitèrent ou se dérangent ; les écailles changent dans leurs dimensions ; la matière qui les compose n'a plus les mêmes propriétés ; elles ne sont plus ni aussi luisantes, ni aussi transparentes, ni aussi colorées ; elles sont clairsemées sur la peau de l'animal vieilli ; elles se détachent avec facilité ; elles ne sont pas remplacées par de nouvelles lames, ou elles cèdent la place, en tombant, à des excroissances difformes, produites par une matière écailleuse de mauvaise qualité, mélangée avec des éléments hétérogènes et mal élaborée dans des parties sans force et dans des tuyaux qui ont perdu leur première figure. Cette altération est sans remède ; il n'y a rien à opposer aux effets nécessaires d'un âge très avancé. Si dans les poissons, comme dans les autres animaux, l'art peut reculer l'époque de la décomposition des fluides, de l'affaiblissement des solides, de la diminution de la vitalité, il ne peut pas détruire l'influence de ces grands changements, lorsqu'ils ont été opérés. S'il peut retarder la rapidité du cours de la vie, il ne peut pas la faire remonter vers sa source.

Mais les maux irréparables de la vieillesse ne sont pas à craindre pour les poissons que l'on cherche à acclimater ; dans la plupart des espèces de ces animaux, ils ne se font sentir qu'après des siècles, et l'éducation des individus que l'on transporte d'un pays dans un autre est terminée longtemps avant la fin de ces nombreuses années. Leurs habitudes sont d'autant plus modifiées, leur nature est d'autant plus changée avant qu'ils approchent du terme de leur existence, qu'on a commencé d'agir sur eux pendant qu'ils étaient encore très jeunes.

C'est d'autres maladies que celles de la décrépitude qu'il faut chercher à préserver ou à guérir les poissons que l'on élève. Et maintenant nous agrandissons le sujet de nos pensées ; et tout ce que nous allons dire doit s'appliquer non seulement aux poissons que l'on veut acclimater dans telle ou telle contrée, mais encore à tous ceux que la nature fait naître sans le secours de l'art.

Ces maladies, qui rendent les poissons languissants et les conduisent à la mort, proviennent quelquefois de la mauvaise qualité des plantes aquatiques ou des autres végétaux qui croissent près des bords des fleuves ou des lacs, et dont les feuilles, les fleurs ou les fruits sont saisis par l'animal qui se dresse, pour ainsi dire, sur la rive, ou tombent dans l'eau, y flottent et vont ensuite former au fond du lac ou de la rivière un sédiment de débris de corps organisés. Ces plantes peuvent être, dans certaines saisons de l'année, viciées au point de ne fournir qu'une substance malsaine, non seulement aux poissons qui en mangent, mais encore à ceux qui dévorent les petits animaux dont elles ont composé la nourriture. On prévient ou on arrête les suites funestes de la décomposition de ces végétaux en détruisant ces plantes auprès des rives de l'habitation des poissons, et en les remplaçant par des herbes ou des fruits choisis que l'on jette dans l'eau peuplée de ces animaux.

La plus terrible des maladies des poissons est celle qu'il faut rapporter aux miasmes produits dans le fluide qui les environne.

C'est à ces miasmes qu'il faut attribuer la mortalité qui régna parmi ces animaux dans les grands et nombreux étangs des environs de Bourg, chef-lieu du département de l'Ain, lors de l'hiver rigoureux de la fin de 1788 et du commencement de 1789, et dont l'estimable Varenne de Fenille donna une notice très bien faite dans le *Journal de physique* de novembre 1789. Dès le 26 novembre 1788, suivant ce très bon observateur, la surface des étangs fut profondément gelée ; la glace ne fondit que vers la fin de janvier. Dans le moment du dégel, les rives des étangs furent couvertes d'une quantité prodigieuse de cadavres de poissons, rejetés par les eaux. Parmi ces animaux morts, on compta beaucoup plus de carpes que de perches, de brochets et de tanches. Les étangs *blancs*, c'est-à-dire ceux dont les eaux reposaient sur un sol dur, ferme et argileux, n'offrirent qu'un petit nombre de signes de cette mortalité ; ceux qu'on avait récemment réparés et nettoyés montrèrent aussi sur leurs bords très peu de victimes ; mais presque tous les poissons renfermés dans des étangs vaseux, encombrés de joncs ou de roseaux et surchargés de débris de végétaux, périrent pendant la gelée. Ce qui prouve évidemment que la mort de ces derniers animaux n'a pas été l'effet du défaut de l'air de l'atmosphère, comme le penseraient plusieurs physiciens, et qu'elle ne doit être rapportée qu'à la production de gaz délétères qui n'ont pas pu s'échapper au travers de la croûte de glace, c'est que la gelée a été aussi forte à la superficie des étangs *blancs* et des étangs nouvellement nettoyés, qu'à celle des étangs vaseux. L'air de l'atmosphère n'a pas pu pénétrer plus aisément dans les premiers que dans les derniers ; et cependant les poissons de ces étangs blancs ou récemment réparés ont vécu, parce que le fond de leur séjour, n'étant pas couvert de substances végétales, n'a pas pu produire les gaz funestes qui se sont développés dans les étangs vaseux. Et ce qui achève, d'un autre côté, de prouver l'opinion que nous exposons à ce sujet, et qui est importante pour la physique des poissons, c'est que des oiseaux de proie, des loups, des chiens et des cochons mangèrent les restes des animaux rejetés après le dégel sur les rivages des étangs remplis de joncs, sans éprouver les inconvénients auxquels ils auraient été exposés s'ils s'étaient nourris d'animaux morts d'une maladie véritablement pestilentielle.

Ce sont encore ces gaz malfaisants que nous devons regarder comme la véritable origine d'une maladie épizootique qui fit de grands ravages, en 1757, dans les environs de la forêt de Crécy. M. de Chaignebrun, qui a donné dans le temps un très bon traité sur cette épizootie, rapporte qu'elle se manifesta sur tous les animaux ; qu'elle atteignit les chiens, les poules, et s'étendit jusqu'aux poissons de plusieurs étangs. Il nomme cette maladie *fièvre épidémique contagieuse, inflammatoire, putride et gangréneuse.* Un médecin d'un excellent esprit, dont les connaissances sont très variées, et qui sera bientôt célèbre par des ouvrages importants, M. Chavassieu-Daudebert, lui donne, dans sa *Nosologie comparée*, le nom de *charbon symptomatique.* Je pense que cette épizootie ne serait pas parvenue jusqu'aux poissons, si elle n'avait pas tiré son origine de gaz délétères. Je crois, avec Aristote, que les poissons revêtus d'écailles, se nourrissant presque toujours de substances lavées par de grands volumes d'eau, respirant par un organe particulier, se servant, pour cet acte de respiration, de l'oxygène de l'eau bien plus fréquemment que de celui de l'air, et toujours environnés du fluide le plus propre à arrêter la plupart des contagions, ne peuvent pas recevoir de maladie pestilentielle des animaux qui vivent dans l'atmosphère. Mais les poissons des environs de Crécy n'ont pas été à l'abri de l'épizootie, au-dessous des couches d'eau qui les recouvraient, parce qu'en même temps que les marais voisins de la forêt exhalaient les miasmes qui donnaient la mort aux chiens, aux poules et à d'autres espèces terrestres, le fond des étangs produisait des gaz aussi funestes que ces miasmes. Il n'y a pas eu de communication de maladie ; mais deux causes analogues, agissant en même temps, l'une sous l'eau, et l'autre dans l'atmosphère, ont produit des effets semblables.

On peut prévenir presque toutes ces mortalités que causent des gaz destructeurs, en ne laissant pas dans le fond des étangs ou des rivières, des tas de corps organisés qui puissent, en se décomposant, produire des émanations pestilentielles, en les entraînant par de l'eau courante que l'on introduit dans ces étangs, et par de l'eau très pure et très rapide que l'on conduit dans ces rivières pour en renouveler le fluide, de la même manière que l'on renouvelle celui des temples, des salles de spectacle et d'autres grands édifices par les courants d'air que l'on y dirige, et enfin en brisant pendant l'hiver des glaces qui se forment sur la surface des étangs et des rivières, et qui retiendraient les gaz pernicieux dans l'habitation des poissons.

Il paraît que lorsque la chaleur est très grande, elle agit sur les poissons indépendamment des fermentations, des décompositions et des exhalaisons qu'elle peut faire naître. Elle influe directement sur ces animaux, surtout lorsqu'ils sont renfermés dans des réservoirs qui ne contiennent qu'un petit volume d'eau. Elle parvient alors jusqu'au fond du réservoir, qu'elle pénètre, ainsi que les parois ; réfléchie ensuite par ce fond et ces parois très échauffés, elle attaque de toutes parts les poissons, qui se trouvent dès lors placés comme dans un foyer, et elle leur nuit au point de leur donner des maladies graves. C'est ainsi qu'on a vu des anguilles, mises pendant l'été dans des bassins trop peu étendus, gagner une maladie qu'elles se communiquaient, et qui se manifestait par des taches blanches. On dit qu'on les a guéries par le moyen du sel et de la plante nommée *stratioïdes aloïdes*. Mais quoi qu'il en soit, il vaut mieux empêcher cette maladie de naître, en préservant les poissons de l'excès de la chaleur, en pratiquant dans leur habitation des endroits profonds où ils puissent trouver un abri contre les feux de l'astre du jour, en plantant sur une partie du rivage des arbres touffus qui leur donnent une ombre salutaire.

Et comme il est très rare que tous les extrêmes ne soient pas nuisibles, parce qu'ils sont le plus éloignés possible de la combinaison la plus commune et par conséquent la plus naturelle des forces et des résistances, pendant que les eaux trop échauffées ou trop impures donnent la mort à leurs habitants, celles qui sont trop froides et trop vives les font aussi périr, ou du moins les soumettent à diverses incommodités, et particulièrement les rendent aveugles. Nous trouvons à ce sujet, dans les *Mémoires de l'Académie des sciences* pour 1748, des observations curieuses du général Montalembert, faites sur des brochets ; le comte d'Achard en adressa d'analogues à Buffon, en 1779, dans une lettre, dont mon illustre ami m'a remis dans le temps un extrait.

« Dans une terre que j'ai en Normandie, dit le comte d'Achard, il existe une fontaine abondante dans les plus grandes sécheresses. Je suis parvenu, au moyen de canaux de terre cuite, à amener l'eau de cette source dans trois bassins que j'ai dans mon parterre. Ces bassins sont murés et pavés à chaux et à sable ; mais on n'y a mis l'eau qu'après qu'ils ont été parfaitement secs. Après les avoir bien nettoyés et fait écouler la première eau, on y a laissé séjourner celle qui y est venue depuis, et qui coule continuellement. Dans les deux premiers bassins, j'ai mis des carpes de la plus grande beauté, avec des tanches ; dans le troisième des poissons de la Chine (des cyprins dorés) ; tout cela existe depuis trois ans. Aujourd'hui les carpes, précieuses par leur beauté et leur grandeur vraiment prodigieuse, sont attaquées d'une maladie cruelle et dont elles meurent journellement. Elles se couvrent peu à peu d'un limon sur tout le corps, et surtout sur les yeux où il y a en sus une espèce de taie blanche qui se forme peu à peu, comme le limon, jusqu'à l'épaisseur de deux ou trois lignes. Elles perdent d'abord un œil, puis l'autre, et ensuite crèvent... Les tanches et les poissons chinois ne sont pas attaqués de cette maladie. Est-elle particulière aux carpes ? quel en est le remède ? d'où cela peut-il venir ? de la vivacité de l'eau ? etc. »

Cette dernière conjecture nous paraît très fondée, et ce que nous venons de dire devra faire trouver aisément le moyen de garantir ces poissons de cette cécité que la mort suit souvent.

Ces poissons sont aussi quelquefois menacés de périr, parce qu'un de leurs organes les plus essentiels est attaqué. Les branchies par lesquelles ils respirent, et que composent des membranes si délicates et des vaisseaux sanguins si nombreux et si déliés, peuvent être déchirées par des insectes ou des vers aquatiques qui s'y attachent, et dont ils ne peuvent pas se débarrasser. Peut-être, après avoir bien reconnu l'espèce de ces vers ou de ces insectes, parviendra-t-on à trouver un moyen d'en empêcher la multiplication dans les étangs et dans plusieurs autres habitations des poissons que l'on voudra préserver de ce fléau.

Les poissons étant presque tous revêtus d'écailles dures et placées en partie les unes au-dessus des autres, ou couverts d'une peau épaisse et visqueuse, ne sont sensibles que dans une très petite étendue de leur surface. Mais lorsque quelque insecte, ou quelque ver, s'acharne contre la portion de cette surface qui n'est pas défendue, et qu'il s'y place et s'y accroche de manière que le poisson ne peut, en se frottant contre des végétaux, des pierres, du sable ou de la vase, l'écraser, ou le détacher et le faire tomber, la grandeur, la force, l'agilité, les dents du poisson, ne sont plus qu'un secours inutile. En vain il s'agite, se secoue, se contourne, va, revient, s'échappe, s'enfuit avec la rapidité de l'éclair ; il porte toujours avec lui l'ennemi attaché à ses organes ; tous ses efforts sont impuissants ; et le ver ou l'insecte est pour lui au milieu des flots ce que la mouche du désert est dans les sables brûlants de l'Afrique, non seulement pour la timide gazelle, mais encore pour le tigre sanguinaire et pour le fier lion, qu'elle perce, tourmente et poursuit de son dard acéré, malgré leurs bonds violents, leurs mouvements impétueux et leur rugissement terrible.

Mais ce n'est pas assez pour l'intelligence humaine de conserver ce que la nature produit ; que, rivale de cette puissance admirable, elle ajoute à la fécondité ordinaire des espèces ; qu'elle multiplie les ouvrages de la nature.

On a remarqué que, dans presque toutes les espèces de poissons, le nombre des mâles était plus grand et même quelquefois double de celui des femelles ; et comme cependant un seul mâle peut féconder des millions d'œufs, et par conséquent le produit de la ponte de plusieurs femelles, il est évident que l'on favorisera beaucoup la multiplication des individus, si on a le soin, lorsqu'on pêchera, de ne garder que les mâles et de rendre à l'eau les femelles. On distinguera facilement, dans plusieurs espèces, les femelles des mâles, sans risquer de les blesser, ou de nuire à la reproduction, et sans chercher, par exemple, dans le temps voisin du frai, à faire sortir de leur corps quelques œufs plus ou moins avancés. En effet, dans ces espèces, les femelles sont plus grandes que les mâles ; d'ailleurs, elles offrent dans les proportions de leurs parties, dans la disposition de leurs couleurs, ou dans la nuance de leurs teintes, des signes distinctifs qu'il faudra tâcher de bien connaître, et que nous ne négligerons jamais d'indiquer en écrivant l'histoire de ces espèces particulières.

Lorsqu'on ne voudra pas rendre à leur séjour natal toutes les femelles que l'on pêchera, on préférera conserver pour la reproduction les plus longues et les plus grosses, comme pondant une plus grande quantité d'œufs.

De plus, si des circonstances impérieuses ne s'y opposent pas, que l'on entoure les étangs et les viviers de claies et de filets, qui, dans le temps du frai, retiennent les herbes ou les branches chargées d'œufs, et les empêchent d'être entraînées hors de ces réservoirs par les débordements fréquents à l'époque de la ponte.

Que l'on éloigne, autant qu'on le pourra, les friganes et les autres insectes aquatiques voraces qui détruisent les œufs et les poissons qui viennent d'éclore.

Que l'on construise quelquefois dans les viviers différentes enceintes, l'une pour les œufs et les autres pour les jeunes poissons, que l'on séparera en plusieurs bandes, formées d'après la diversité de leurs âges et renfermées chacune dans un réservoir particulier.

Il est des viviers et des étangs dans lesquels des poissons très recherchés, et, par exemple, des truites vivraient très bien et parviendraient à une grosseur considérable ; mais le fond de ces étangs étant très vaseux, c'est en vain que les femelles le frottent avec leur ventre avant d'y déposer leurs œufs ; la vase reparaît bientôt, salit les œufs, les altère, les corrompt, et les fœtus périssent avant d'éclore.

Cet inconvénient a fait imaginer une manière de faire venir à la lumière ces poissons, et particulièrement les saumons et les truites, qui d'ailleurs ne servirait pas peu, dans beaucoup de circonstances, à multiplier les individus des espèces les plus utiles ou les plus agréables. M. de Marolle, capitaine dans le régiment de la marine, tempérant les austérités des camps par le charme de l'étude des sciences utiles à l'humanité, écrivit la description de ce procédé à Hameln en Allemagne, pendant la guerre de Sept ans. Il rédigea cette description sur les mémoires de M. J.-L. Jacobi, lieutenant des miliciens du comté de Lippe-Detmold, et l'envoya à Buffon, qui me la remit lorsqu'il voulut bien m'engager à continuer l'Histoire naturelle.

On construit une grande caisse à laquelle on donne ordinairement quatre mètres de longueur, un demi-mètre de largeur et seize centimètres de hauteur.

A un bout de cette longue caisse, on pratique un trou carré, que l'on ferme avec un treillis de fer dont les fils sont éloignés les uns des autres de cinq ou six millimètres.

On ménage un trou à peu près semblable dans la planche du bout opposé et vers le fond de la caisse.

Et enfin on en perce un troisième dans le couvercle de la caisse, et on le garnit, ainsi que le second, d'un treillis pareil à celui du premier.

Ces trous servent à soumettre les fœtus ou les jeunes poissons à l'influence des rayons du soleil et à les préserver de gros insectes et de campagnols aquatiques, qui mangeraient les œufs et les poissons éclos.

Un petit tuyau fait entrer l'eau d'un ruisseau ou d'une source par le premier treillis, et cette eau courante s'échappe par la seconde ouverture.

On couvre tout le fond de la caisse d'un gravier bien lavé de la hauteur de deux ou trois centimètres, et on étend sur ce gravier de petits cailloux bien serrés, de dimensions semblables à celles d'une noisette, et parmi lesquels on place d'autres cailloux de la grosseur d'une noix.

A l'époque du frai de l'espèce dont on veut multiplier les individus, on se procure un mâle et une femelle de cette espèce, et, par exemple, de celle du saumon.

On prend un vase bien net, dans lequel on met deux ou trois litres d'eau bien claire. On tient le saumon femelle dans une situation verticale, et la tête en haut au-dessus du vase. Si les œufs sont déjà bien développés, ou bien *mûrs*, ils coulent d'eux-mêmes ; sinon on facilite leur chute en frottant le ventre de la femelle doucement de haut en bas, et avec la paume de la main.

Dans plusieurs espèces de poissons, on peut voir un organe particulier que nous avons remarqué avec soin, qui n'a été observé que par un petit nombre de naturalistes, dont très peu de zoologues ont connu le véritable usage, et que le savant Bloch a nommé *nombril*. Cet organe est une sorte d'appendice d'une forme allongée et un peu conique, et dont la place la plus ordinaire est auprès et au delà de l'anus. Cet appendice, creux et percé par les deux bouts, communique avec les réservoirs de la laite dans les mâles et les ovaires dans les femelles. Ce petit tuyau est le conduit par lequel les œufs sortent et la liqueur séminale s'échappe ; nous le nommons en conséquence *appendice génital*. L'urine du poisson sort aussi par cet appendice ; ce qui donne à cet organe une analogie de plus avec les parties sexuelles et extérieures des mammifères. Il ne peut pas servir à distinguer les sexes, puisqu'il appartient au mâle aussi bien qu'à la femelle ; mais sa présence ou son absence, et ensuite ses proportions et sa figure particulière, peuvent être employées avec beaucoup d'avantage pour établir une ligne de démarcation exacte et constante entre des espèces voisines, ainsi que nous le montrerons dans la suite de l'histoire que nous écrivons.

C'est par cet appendice génital que, dans la méthode de reproduction, en quelque sorte artificielle, que nous décrivons, les femelles qui sont pourvues de cet organe intérieur laissent couler leurs œufs.

Lorsque les œufs sont tombés dans l'eau, on prend le mâle, on le tient verticalement au-dessus de ses œufs; et pour peu que cela soit nécessaire, on aide par un léger frottement l'épanchement de la liqueur prolifique, dont on peut arrêter l'écoulement au moment où l'eau est devenue blanchâtre par son mélange avec cette liqueur spermatique.

Il est des espèces de poissons, et notamment de cyprins, comme le nase, le roethens, dans lesquelles on peut choisir avec facilité un mâle pour la fécondation des œufs que l'on a obtenus. Dans ces espèces les mâles, surtout lorsqu'ils sont jeunes, présentent des taches, de petites protubérances, ou d'autres signes extérieurs qui annoncent qu'ils sont déjà surchargés d'une laite abondante.

On met dans la grande caisse les œufs fécondés; on les y distribue de manière qu'ils soient toujours couverts par l'eau courante; on empêche que le mouvement de cette eau ne soit trop rapide, afin qu'il ne puisse pas entraîner les œufs. On écarte soigneusement avec des plumes, ou par tout autre moyen, les saletés qui pourraient s'introduire dans la caisse; au bout d'un temps qui varie suivant les espèces, la température de l'eau et la chaleur de l'atmosphère, on voit éclore les poissons que l'on désirait.

Au reste, la sorte de fécondation artificielle opérée avec succès par M. Jacobi peut avoir lieu sans la présence de la femelle : il suffit de ramasser les œufs qu'elle dépose dans son séjour naturel; il serait même possible de connaître, à l'instant où on les recueillerait, s'ils auraient été déjà fécondés par le mâle, ou s'ils n'auraient pas reçu sa liqueur prolifique. M. Jacobi assure en effet que lorsqu'on observe avec un bon microscope des œufs de poisson arrosés de la liqueur séminale du mâle, on peut apercevoir très distinctement dans ces œufs une petite ouverture qui ne paraissait presque pas, ou était presque insensible avant la fécondation, et dont il rapporte l'extension à l'introduction dans l'œuf d'une portion du fluide de la laite.

Quoi qu'il en soit, on peut aussi, en suivant le procédé de M. Jacobi, se passer de la présence du mâle. On peut n'employer la liqueur prolifique que quelque temps après la sortie du corps de l'animal, pourvu qu'un froid excessif ou une chaleur violente ne dessèche pas promptement ce fluide vivifiant. La mort même du mâle, pourvu qu'elle soit récente, n'empêche pas de se servir de sa laite pour la fécondation des œufs.

On a écrit que les digues, par le moyen desquelles on retient les eaux de petites rivières, diminuaient la multiplication des poissons dans les contrées arrosées par ces eaux. Cela n'est vrai cependant que pour les poissons qui ont besoin, à certaines époques, de remonter dans les eaux courantes jusqu'à une distance très grande des lacs ou de la mer, et qui ne peuvent pas, comme les saumons, s'élancer facilement à de grandes hauteurs et franchir l'obstacle que les digues opposent à leur voyage périodique. Les chaussées transversales doivent, au contraire, être très favorables à la multiplication des poissons sédentaires, qui se plaisent dans des eaux peu agitées. Au-dessus de chaque digue, la rivière forme naturellement une sorte de vivier ou de grand réservoir dont l'eau tranquille, quoique suffisamment renouvelée, pourra donner à un grand nombre d'individus d'espèces très utiles le volume de fluide, l'abri, l'aliment et la température le plus convenables.

Quelle est, en effet, la pièce d'eau que l'art ne puisse pas féconder et vivifier?

On a vu quelquefois des poissons remarquables par leur grosseur vivre dans de petites mares. Nous avons déjà dit dans cet ouvrage[1] que M. de Septfontaines s'était assuré qu'une grande anguille avait passé un temps assez long, sans perdre non seulement la vie, mais même une partie de sa graisse, dans une fosse qui ne contenait pas une moitié de mètre cube d'eau. Il est des contrées où des cyprins, et particulièrement des carassins, réussissent assez bien dans de petits amas d'eau dormante, pour y donner une nourriture abondante aux habitants de la campagne.

On a bien senti les avantages de cette grande multiplication des poissons utiles, dans presque tous les pays où le progrès des lumières a mis l'économie publique en honneur, et où les gouvernements, profitant avec soin de tous les secours des sciences perfectionnées, ont cherché à faire fleurir toutes les branches de l'industrie humaine. C'est principalement dans quelques États du nord de l'Europe, et notamment en Prusse et en Suède, qu'on s'est attaché à augmenter le nombre des individus dans ces espèces précieuses. Comme un gouvernement paternel ne néglige rien de ce qui peut accroître la subsistance du peuple dont le bonheur lui est confié, et que les soins en apparence les plus minutieux prennent un grand caractère dès le moment où ils sont dirigés vers l'utilité publique, on a porté en Suède l'attention pour l'accroissement du nombre des poissons jusqu'à ne pas sonner les cloches pendant le temps du frai des cyprins brèmes, qui y sont très recherchés, parce qu'on avait cru s'apercevoir que ces animaux, effrayés par le son de ces cloches, ne se livraient pas d'une manière convenable aux opérations nécessaires à la reproduction de leur espèce. Aussi y a-t-on souvent recueilli de grands fruits de cette vigilance étendue aux plus petits détails, et, par exemple, en 1746, a-t-on pris d'un seul coup de filet, dans un lac voisin de Nordkiœping, cinquante mille brèmes, qui pesaient plus de neuf mille kilogrammes.

Comment n'aurait-on pas cherché, dans presque tous les temps et dans presque tous les pays civilisés, à multiplier des animaux si nécessaires aux jouissances du riche et aux besoins du pauvre, qu'il serait plus aisé à l'homme de se passer de la classe entière des oiseaux et d'une grande partie de celle des mammifères, que de la classe des poissons?

1. Article de l'*Anguille*.

En effet, il n'est, pour ainsi dire, aucune espèce de ces habitants des eaux douces ou salées, dont la chair ne soit une nourriture saine et très souvent copieuse.

Délicate et savoureuse lorsqu'elle est fraîche, cette chair, recherchée avec tant de raison, devient, lorsqu'elle est transformée en *garum*, un assaisonnement piquant. Elle fait les délices des tables somptueuses, même très loin du rivage où le poisson a été pêché, quand elle a été marinée ; elle peut être transportée à de plus grandes distances, si on a eu le soin de l'imbiber d'une grande quantité de sel ; elle se conserve pendant un temps très long, après qu'elle a été séchée. Ainsi préparée, elle est la nourriture d'un très grand nombre d'hommes peu fortunés, qui ne soutiennent leur existence que par cet aliment abondant et peu cher.

Les œufs de ces mêmes habitants des eaux servent à faire ce *caviar* qui convient au goût de tant de nations, et les nageoires des espèces que l'on croirait les moins propres à satisfaire un goût délicat sont regardées à la Chine et dans d'autres contrées de l'Asie comme un mets des plus exquis[1].

Sur plusieurs rivages peu fertiles, on ne peut compléter la nourriture de plusieurs animaux utiles, par exemple, celle des chiens du Kamtchatka que la nécessité force d'atteler à des traîneaux, ou des vaches de Norvège, destinées à fournir une grande quantité de lait, que par le moyen des vertèbres et des arêtes de plusieurs espèces de poissons.

Avec les écailles des animaux dont nous nous occupons, on donne le brillant de la nacre au ciment destiné à couvrir les murs des palais les plus magnifiques, et on revêt des boules légères de verre de l'éclat argentin des perles les plus belles de l'Orient.

La peau des grandes espèces se métamorphose dans les ateliers en fortes lanières, en couvertures solides et presque imperméables à l'humidité, en garnitures agréables de bijoux donnés au luxe par le goût[2].

Les vessies natatoires et toutes les membranes des poissons peuvent être facilement converties, dans toutes les contrées, en cette colle précieuse sans laquelle les arts cesseraient de produire le plus grand nombre de leurs ouvrages les plus délicats.

L'huile qu'on retire de ces animaux assouplit, améliore et conserve, dans presque toutes les manufactures, les substances les plus nécessaires aux produits qu'elles doivent fournir. Dans ces contrées boréales où règnent de si longues nuits, entretenant seule la lampe du pauvre, prolongeant son travail au delà de ces tristes jours qui fuient avec tant de rapidité, et lui donnant tout le temps que peuvent exiger les soins nécessaires à sa subsistance et à celle de sa famille, elle tempère pour lui l'horreur de ces cli-

---

1. Relation de l'ambassade de lord Macartney à la Chine.

2. Voyez les articles de la *raie sephen*, du *squale requin*, du *squale roussette*, des *acipensères*, etc.

mats ténébreux et gelés, et l'affranchit, lui et ceux qui lui sont chers, des horreurs plus grandes encore d'une extrême misère.

Que l'on ne soit donc pas étonné que Belon, partageant l'opinion de plusieurs auteurs recommandables, tant anciens que modernes, ait écrit que la Propontide était plus utile par ses poissons, que des champs fertiles et de gras pâturages d'une égale étendue ne pourraient l'être par leurs fourrages et par leurs moissons.

Douterait-on maintenant de l'influence prodigieuse d'une immense multiplication des poissons sur la population des empires? On doit voir avec facilité comment cette merveilleuse multiplication soutient, par exemple, sur le territoire de la Chine, l'innombrable quantité d'habitants qui y sont, pour ainsi dire, entassés. Si des temps présents on remonte aux temps anciens, on peut résoudre un grand problème historique ; on explique comment l'antique Égypte nourrissait la grande population sans laquelle les admirables et immenses monuments qui ont résisté au ravage de tant de siècles et subsistent encore sur cette terre célèbre n'auraient pas pu être élevés, et sans laquelle Sésostris n'aurait conquis ni les bords de l'Euphrate, du Tigre, de l'Indus et du Gange, ni les rives du Pont-Euxin, ni les monts de la Thrace. Nous connaissons l'étendue de l'Égypte ; lorsque ses pyramides ont été construites, lorsque ses armées ont soumis une grande partie de l'Asie, elle était bornée presque autant qu'à présent par les déserts stériles qui la circonscrivent à l'Orient et à l'Occident. Néanmoins nous apprenons de Diodore que dix-sept cents Égyptiens étaient nés le même jour que Sésostris ; on doit donc admettre en Égypte, à l'époque de la naissance de ce conquérant fameux, au moins trente-quatre millions d'habitants. Mais quel grand nombre de poissons ne renfermaient pas alors le fleuve, les canaux et les lacs d'une contrée où l'art de multiplier ces animaux était un des principaux objets de la sollicitude du gouvernement et des soins de chaque famille? Il est aisé de calculer que le seul lac Myris ou Mœris pouvait nourrir plus de dix-huit cent mille millions de poissons de plus d'un demi-mètre de longueur.

Cependant, que l'homme ne se contente pas de transporter à son gré, d'acclimater, de conserver, de multiplier les poissons qu'il préfère ; que l'art prétende à de nouveaux succès ; qu'il se livre à de nouveaux efforts ; qu'il tente de remporter sur la nature des victoires plus brillantes encore ; qu'il perfectionne son ouvrage ; qu'il améliore les individus qu'il se sera soumis.

On sait depuis longtemps que des poissons de la même espèce ne donnent pas dans toutes les eaux une chair également délicate. Plusieurs observations prouvent que, par exemple, dans les mêmes rivières leur chair est très saine et très bonne au-dessus des villes ou des torrents fangeux, et au contraire insalubre et très mauvaise au-dessous de ces torrents vaseux et des amas d'immondices, souvent inséparables des villes populeuses. Ces faits ont été remarqués par plusieurs auteurs, notamment par Rondelet.

Qu'on profite de ces résultats, qu'on recherche les qualités de l'eau les plus propres à donner un goût agréable ou des propriétés salutaires aux différentes espèces de poissons que l'on sera parvenu à multiplier ou à conserver.

Qu'on n'oublie pas qu'il est des moyens faciles et peu dispendieux d'engraisser promptement plusieurs poissons, et particulièrement plusieurs cyprins. On augmente en très peu de temps leur graisse, en leur donnant souvent du pain de chènevis, des fèves, des pois bouillis, ou du fumier, et notamment de celui de brebis. D'ailleurs, une nourriture convenable et abondante développe les poissons avec rapidité, fait jouir beaucoup plus tôt du fruit des soins que l'on a pris de ces animaux, et leur donne la faculté de pondre et de féconder une très grande quantité d'œufs pendant un très grand nombre d'années.

On a observé dans tous les temps que le repos et un aliment très copieux engraissaient beaucoup les animaux. On s'est servi de ce moyen pour quelques poissons et on l'a employé d'une manière remarquable pour les carpes; on les a suspendues hors de l'eau, de manière à leur interdire le plus faible mouvement de nageoires; et elles ont été enveloppées dans de la mousse épaisse qu'on a fréquemment arrosée. Par ce procédé, ces cyprins ont été non seulement réduits à un repos absolu, mais plongés perpétuellement dans une sorte d'humidité ou de fluide aqueux qui, parvenant très divisé à leur surface, a été facilement pompé, absorbé, décomposé, combiné dans l'intérieur de l'animal, assimilé à sa substance et métamorphosé par conséquent en nourriture très abondante. Aussi ces carpes maintenues en l'air, mais retenues au milieu d'une mousse humectée presque continuellement, ont-elles bientôt acquis une graisse copieuse et de plus un goût très agréable.

Dès le temps de Willughby, et même de celui de Gesner, on savait que l'on pouvait ouvrir le ventre à certains poissons, surtout au brochet et à quelques autres ésoces, sans qu'ils en périssent et même sans qu'ils en parussent longtemps incommodés. Il suffit de séparer les muscles avec dextérité, de rapprocher les chairs et les téguments avec adresse et de les recoudre avec précaution, pour qu'ils puissent plus facilement se réunir. Cette facilité a donné l'idée d'employer, pour engraisser ces poissons, le même moyen dont on se sert pour donner un très grand surcroît de graisse aux bœufs, aux moutons, aux chapons, aux poulardes, etc. On a essayé, avec beaucoup de succès, d'enlever aux femelles leurs ovaires et aux mâles leurs laites. La soustraction de ces organes, faite avec habileté et avec beaucoup d'attention, n'a dérangé que pendant un temps très court la santé des poissons qui l'ont éprouvée; toute la partie de leur substance qui se portait vers leurs laites ou vers leurs ovaires et qui y donnait naissance à des centaines de milliers d'œufs ou à une quantité très considérable de liqueur fécondante, ne trouvant plus d'organe particulier pour l'élaborer ni même pour la recevoir, a reflué vers les autres portions du corps, s'est jetée principalement dans le tissu cellulaire et y a produit une graisse non seulement d'un goût exquis, mais encore d'un volume extraordinaire.

Mais que l'on ait surtout recours, pour l'amélioration des poissons, à ce moyen dont on a retiré de si grands avantages pour accroître les bonnes qualités et les belles formes de tant d'autres animaux utiles, et qui produit des phénomènes physiologiques dignes de toute l'attention du naturaliste : c'est le croisement des races que nous recommandons. On sait que c'est par ce croisement que l'on est parvenu à perfectionner le bélier, le bœuf, l'âne et le cheval. Les espèces de poissons et principalement celles qui vivent très près de nous, qui préfèrent à la haute mer les rivages de l'Océan, les fleuves, les rivières et les lacs, et qui, par la nature de leur séjour, sont plus soumises à l'influence de la nourriture, du climat, de la saison, ou de la qualité des eaux, présentent des races très distinctes et séparées l'une de l'autre par leur grandeur, leur force, leurs propriétés ou la nature de leurs organes. Qu'on les croise, c'est-à-dire qu'on féconde les œufs de l'une avec la laite d'une autre.

Les individus qui proviennent du mélange de deux races, non seulement valent mieux que la race la moins bonne des deux qui ont concouru à les former, mais encore sont préférables à la meilleure de ces deux races qui se sont réunies. C'est un fait très remarquable, très constaté et dont on n'a donné jusqu'à présent aucune explication véritablement satisfaisante, parce qu'on ne l'avait pas considéré dans la classe des poissons, dont l'acte de la génération est beaucoup plus soumis à l'examen, dans quelques-unes de ces circonstances, que celui des mammifères et des oiseaux qui avaient été les objets de l'étude et de la recherche des zoologues.

Rapprochons donc ce qu'on peut dire de ce curieux phénomène.

1° Une race qui se réunit à une seconde éprouve, relativement à l'influence qu'elle tend à exercer, une sorte de résistance que produisent les disparités et les disconvenances de ces deux races ; cette résistance est cependant vaincue, parce qu'elle est très limitée. On ne peut plus ignorer en physiologie, qu'il n'en est pas des corps organisés et vivants comme de la matière brute et des substances mortes. Un obstacle tend les ressorts du corps organisé, de manière que son énergie vitale en est augmentée, au point que lorsque cet obstacle est écarté, non seulement la puissance du corps vivant est égale à ce qu'elle était avant la résistance, mais elle est même supérieure à la force dont il jouissait. Les disconvenances de deux races qui se rapprochent font donc naître un accroissement de vitalité, d'action et de développement dans le produit de leur réunion.

2° Dans un mâle et une femelle d'une race, il n'y a que certaines portions analogues les unes aux autres qui agissent directement ou indirectement pour la reproduction de l'espèce. Lorsqu'une nouvelle race s'en approche, elle met en mouvement d'autres portions qui, à cause de leur repos antérieur, doivent produire de plus grands effets que les premières.

3º Les deux races mêlées l'une avec l'autre ont entre elles des rapports desquels résulte un grand développement dans les fruits de leur union, parce que ce développement ne doit pas être considéré comme la somme de l'addition des qualités de l'une et de l'autre des deux races, mais comme le produit d'une multiplication, et, ce qui est la même chose, comme l'effet d'une sorte d'intussusception et de combinaison intime, au lieu d'une simple juxtaposition et d'une jonction superficielle.

C'est un fait semblable à celui qu'observent les chimistes, lorsque, par une suite d'une pénétration plus ou moins grande, le poids de deux substances qu'ils ont combinées l'une avec l'autre est plus grand que la somme des poids de ces deux substances avant leur combinaison.

Le résultat du croisement de deux races n'est cependant pas nécessairement et dans toutes les circonstances le perfectionnement des espèces ; il peut arriver et il arrive quelquefois que ce croisement les détériore au lieu de les améliorer. En effet, et indépendamment d'autre raison, chacun des deux individus qui se rapprochent dans l'acte de la génération peut être regardé comme imprimant la forme à l'être qui provient de leur union ou comme fournissant la matière qui doit être façonnée, ou comme influant à la fois sur le fond et sur la forme ; mais nous ne pouvons avoir aucune raison de supposer qu'après la réunion des deux races, il y ait nécessairement entre la matière qui doit servir au développement et le moule dans lequel elle doit être figurée, plus de convenance qu'il n'y en avait avant cette même réunion, dans les individus de chacune de ces deux races considérées séparément.

Il y a donc dans l'éloignement des races l'une de l'autre, c'est-à-dire dans le nombre des différences qui les séparent, une limite en deçà et au delà de laquelle le croisement est par lui-même plus nuisible qu'avantageux.

L'expérience seule peut faire connaître cette limite ; mais on sera toujours sûr d'éviter tous les inconvénients qui peuvent résulter du croisement considéré en lui-même, si dans cette opération on n'emploie jamais que les meilleures races, et si, par exemple, en mêlant les races des poissons, on ne cesse de rechercher celles qui offrent le plus de propriétés utiles, soit pour obtenir les œufs que l'on voudra féconder, soit pour se procurer la liqueur active par le moyen de laquelle on désirera vivifier ces œufs.

Voilà à quoi se réduit ce que nous pouvons dire du croisement des r aces, après avoir réuni dans notre pensée les vérités déjà publiées sur cette p artie de la physiologie, les avoir dégagées de tout appareil scientifique, les av oir débarrassées de toute idée étrangère, les avoir comparées et y avoir ajouté le résultat de quelques observations nouvelles.

Considérons maintenant de plus haut ce que peut l'homme pour l'amélioration des poissons. Tâchons de voir dans toute son étendue l'influence qu'il peut exercer sur ces animaux par l'emploi des quatre grands moyens dont on s'est servi toutes les fois qu'il a voulu modifier la nature vivante. Ces quatre moyens si puissants sont la nourriture abondante et convenable qu'il a donnée, l'abri qu'il a procuré, la contrainte qu'il a imposée, le choix qu'il a fait des mâles et des femelles pour la propagation des espèces.

En réunissant ou en employant séparément ces quatre instruments de son pouvoir, l'homme a modifié les poissons d'une manière bien plus profonde qu'on ne le croirait au premier coup d'œil. En rapprochant un grand nombre de germes, il a resserré dans un espace assez étroit les œufs de ces animaux, pour que plusieurs de ces œufs se soient collés l'un à l'autre, comprimés, pénétrés, entièrement réunis et, pour ainsi dire, identifiés. De cette introduction d'un œuf dans un autre, si je puis parler ainsi, il est résulté une confusion si grande de deux fœtus, que l'on a vu éclore des poissons monstrueux, dont les uns avaient deux têtes et deux avant-corps, pendant que d'autres présentaient deux têtes, deux corps et deux queues liés ensemble par le ventre ou par un côté qui appartenait aux deux corps et attachés même quelquefois par cet organe commun, de manière à représenter une croix.

Mais laissons ces écarts que la nature, contrainte d'obéir à l'art de l'homme, peut présenter, comme lorsque, indépendante de cet art, elle n'est soumise qu'aux hasards des accidents ; les produits de cette sorte d'accouplement extraordinaire ne constituent aucune amélioration ni de l'espèce ni même de l'individu ; ils ne se perpétuent pas par la génération ; ils n'ont, en général, qu'une courte existence ; ils sont étrangers à notre sujet.

Examinons des effets bien différents de ces phénomènes et par leur durée et par leur essence.

Voici tous les attributs des poissons que la domesticité a déjà pu changer.

Les couleurs ont été variées et dans leurs nuances et dans leur distribution.

Les écailles ont acquis ou perdu de leur épaisseur et de leur opacité ; leur figure a été altérée ; leur surface étendue ou rétrécie ; leur adhésion à la peau affaiblie ou fortifiée ; leur nombre diminué ou augmenté.

Les dimensions générales ont été agrandies ou rapetissées.

Les proportions des principales parties de la tête, du corps ou de la queue ont montré de nouveaux rapports.

La nageoire dorsale a disparu. La nageoire de la queue a offert une nouvelle forme ; de plus, elle a été doublée ou triplée, comme on a pu le voir, par exemple, en examinant les modifications que le cyprin doré a subies dans les bassins d'Europe, et surtout dans ceux de la Chine, où il est élevé avec soin depuis un grand nombre de siècles.

L'art a donc déjà remanié, pour ainsi dire, non seulement les téguments des poissons et même un des plus puissants instruments de leur natation, mais encore presque tous leurs organes, puisqu'il en a changé les proportions ainsi que l'étendue.

C'est par ces grandes modifications qu'il a produit des variétés remarquables. A mesure que l'influence a été forte, que l'impression a été vive, qu'elle a pénétré plus avant, le changement a été plus profond et, par conséquent, plus durable. La nouvelle manière d'être, produite par l'empire de l'homme, a été assez intérieure, assez empreinte dans tous les organes qui concourent à la génération, assez liée avec toutes les forces qui contribuent à cet acte, pour qu'elle ait été transmise, au moins en grande partie, aux individus provenus de mâles et de femelles déjà modifiés. Les variétés sont devenues des races plus ou moins durables ; et lorsque, par la constance des soins de l'homme, elles auront acquis tous les caractères de la stabilité, c'est à-dire lorsque toutes les parties de l'animal qui, par une suite de leur dépendance mutuelle, peuvent agir les unes sur les autres, auront reçu une modification proportionnelle, et que, par conséquent, il n'existera plus de cause intérieure qui tende à ramener les variétés vers leur état primitif, ces mêmes variétés, au moins si elles sont séparées par d'assez grandes différences de la souche dont elles auront été détachées, constitueront de véritables espèces permanentes et distinctes.

C'est alors que l'homme aura réellement exercé une puissance rivale de celle de la nature et qu'il aura conquis l'usage d'un mode nouveau et bien important d'améliorer les poissons.

Mais il peut déjà avoir recours à ce mode d'une manière qui marquera moins la puissance de son art, mais qui sera bien plus courte et bien plus facile.

Qu'il fasse pour les espèces ce que nous avons dit qu'il devait faire pour les races : qu'il mêle une espèce avec une autre, qu'il emploie la laite de l'une à féconder les œufs de l'autre. Il ne craindra dans ses tentatives aucun des obstacles que l'on a dû vaincre toutes les fois qu'on a voulu tenter l'accouplement d'un mâle ou d'une femelle avec une femelle ou un mâle d'une espèce étrangère, et que l'on a choisi les objets de ses essais parmi les mammifères ou parmi les oiseaux. On dispose avec tant de facilité de la laite et des œufs !

En renouvelant ses efforts, non seulement on obtiendra des mulets, mais des mulets féconds et qui transmettront leurs qualités aux générations qui leur devront le jour. On aura des espèces métisses, mais durables, distinctes et existantes par elles-mêmes.

On sait que la carpe produit facilement des métis avec la gibèle ou avec d'autres cyprins. Qu'on suive cette indication.

Pour éprouver moins de difficultés, qu'on cherche d'abord à réunir deux espèces qui frayent dans le même temps, ou dont les époques du frai arrivent de manière que le commencement de l'une de ces deux époques se rencontre avec la fin de l'autre.

Si l'on ne peut pas se procurer facilement de la liqueur séminale de l'une des deux espèces et l'obtenir avant qu'elle ait perdu en se desséchant ou en s'altérant, sa qualité vivifiante, qu'on place des œufs de la seconde à une profondeur convenable, et à une exposition favorable, dans les eaux fréquentées par les mâles de la première ; qu'on les y arrange de manière que leur odeur attire facilement ces mâles et que leur position les invite, pour ainsi dire, à les arroser de leur fluide fécondant. Dans quelques circonstances, on pourrait les y contraindre, en quelque sorte, en détruisant autour de leur habitation ordinaire, et à une distance assez grande, les œufs de leurs propres femelles. Dans d'autres circonstances, on pourrait essayer de les faire arriver en grand nombre au-dessus de ces œufs étrangers que l'on voudrait les voir vivifier, en mêlant à ces œufs une substance composée, factice et odorante, que plusieurs tentatives feraient découvrir, et qui, agissant sur leur odorat comme les œufs de leur espèce, les déterminerait aussi efficacement que ces derniers à se débarrasser de leur laite et à la répandre abondamment.

Voudra-t-on se livrer à des essais plus hasardeux et réunir deux espèces de poissons dont les époques du frai sont séparées par un intervalle de quelques jours ? Que l'on garde des œufs de l'espèce qui fraye le plus tôt ; que l'on se souvienne qu'on peut les préserver du degré de décomposition qui s'opposerait à leur fécondation, et qu'on les répande, avec les précautions nécessaires, à la portée des mâles de la seconde espèce, lorsque ces derniers sont arrivés au terme de la maturité.

Au reste, les soins multipliés que l'on est obligé de se donner pour faire réussir ces unions, que l'on pourrait nommer artificielles, expliquent pourquoi des réunions analogues sont très peu fréquentes dans la nature, et par conséquent pourquoi cette nature, quelque puissante qu'elle soit, ne produit cependant que très rarement des espèces nouvelles par le mélange des espèces anciennes. Cependant, depuis qu'on observe avec plus d'attention les poissons, on remarque dans plusieurs genres de ces animaux des individus qui, présentant des caractères de deux espèces différentes et plus ou moins voisines, paraissent appartenir à une race intermédiaire que l'on devra regarder comme une espèce métisse et distincte, lorsqu'on l'aura vue se maintenir pendant un temps très long avec toutes ses propriétés particulières, et du moins avec ses attributs essentiels. Nous avons commencé de recueillir des faits curieux au sujet de ces espèces, pour ainsi dire mi-parties, dans les lettres de plusieurs de nos savants correspondants, et notamment de M. Noël, de Rouen. Ce dernier naturaliste pense, par exemple, que les nombreuses espèces de raies qui se rencontrent sur les rives françaises de la Manche, lors du temps de la fécondation des œufs, doivent, en se mêlant ensemble, avoir donné ou donner le jour à des espèces ou races nouvelles. Cette opinion de M. Noël rappelle celle des anciens au sujet des monstres de l'Afrique. Ils croyaient que les grands mammifères de cette partie du monde, qui habitent les environs des déserts, et que la chaleur et la soif dévorantes contraignent de se rassembler fréquemment en troupes très nombreuses autour des amas d'eau qui résistent aux rayons ardents du soleil dans ces régions voisines des tropiques, doivent souvent s'accoupler les uns avec les autres ; et que de leur union résultent des mulets féconds ou inféconds, qui, par le mélange extraordinaire de diverses formes remarquables et de différents attributs singuliers, méritent ce nom imposant de *monstres africains*.

Cependant ne cessons pas de nous occuper de ces poissons mulets que l'art peut produire ou que la nature fait naître chaque jour par l'union de la carpe avec la gibèle, ou par celle de plusieurs autres espèces, sans faire une réflexion importante relativement à la génération des animaux dont nous écrivons l'histoire, et même à celle de presque tous les animaux.

Des auteurs d'une grande autorité ont écrit que, dans la reproduction des poissons, la femelle exerçait une si grande influence, que le fœtus était entièrement formé dans l'œuf avant l'émission de la laite du mâle, et que la liqueur séminale dont l'œuf était arrosé, imbibé et pénétré ne devait être considérée que comme une sorte de stimulus propre à donner le mouvement et la vie à l'embryon préexistant.

Cette opinion a été étendue et généralisée au point de devenir une théorie sur la génération des animaux et même sur celle de l'homme. Mais l'existence des métis ne détruit-elle pas cette hypothèse ? ne doit-on pas voir que si la liqueur fécondante du mâle n'était qu'un fluide excitateur, n'influait en rien sur la forme du fœtus, ne donnait aucune partie à l'embryon, les œufs de la femelle, de quelque laite qu'ils fussent arrosés, feraient toujours naître des individus semblables ? Le stimulus pourrait être plus ou moins actif, l'embryon serait plus fort ou plus faible ; le fœtus éclorait plus tôt ou plus tard ; l'animal jouirait d'une vitalité plus ou moins grande ; mais ses formes seraient toujours les mêmes ; le nombre de ses organes ne varierait pas ; les dimensions pourraient être agrandies ou diminuées ; mais les proportions, les attributs, les signes distinctifs, ne montreraient aucun changement, aucune modification. Aucun individu ne présenterait en même temps des traits du mâle et des traits de la femelle ; il ne pourrait, dans aucune circonstance, exister un véritable métis.

Quoi qu'il en soit, les espèces que l'homme produira, soit par l'influence qu'il exercera sur les individus soumis à son empire, soit par les alliances qu'il établira entre des espèces voisines ou éloignées, seront un grand moyen de comparaison pour juger de celles que la nature a pu ou pourra faire naître dans le cours des siècles. Les modifications que l'homme imprime serviront à déterminer celles que la nature impose. La connaissance que l'on aura du point où aura commencé le développement des premières et de celui où il se sera arrêté dévoilera l'origine et l'étendue des secondes. Les espèces artificielles seront la mesure des espèces naturelles. On sait, par exemple, que le cyprin doré de la Chine perd dans la domesticité, non seulement des traits de son espèce par l'altération de la forme de sa nageoire caudale, mais encore des signes distinctifs du groupe principal ou du genre auquel il appartient, puisque la nageoire du dos lui est ôtée par l'art, et même des caractères de la grande famille ou de l'ordre dans lequel il doit être compris, puisque la main de l'homme le prive de ses nageoires inférieures dont la position ou l'absence indique les ordres des poissons.

A la vérité, l'action de l'homme n'a pas encore pénétré assez avant dans l'intérieur de ce cyprin doré pour y changer ces proportions générales de l'estomac, des intestins, du foie, des reins, des ovaires, etc., qui constituent véritablement la diversité des ordres, pendant que l'absence ou la position des nageoires inférieures n'est qu'un signe extérieur, qui, par ses relations avec la forme et les dimensions des organes internes, annonce ces ordres sans en produire la diversité.

Mais que sont quelques milliers d'années, pendant lesquels les Chinois ont manié, pour ainsi dire, leur cyprin doré, lorsqu'on les compare au temps dont la nature dispose? C'est cette lenteur dans le travail, c'est cette série infime d'actions successives, c'est cette accumulation perpétuelle d'efforts dirigés dans le même sens, c'est cette constance dans l'intensité et dans la tendance de la force, c'est cet emploi de tous les instants dans une durée non interrompue de milliers de siècles, qui, survivant à tous les obstacles qu'elle n'a pu ni dissoudre ni écarter, est le véritable principe de la puissance irrésistible de la nature. En ce sens, la nature est le temps, qui règne sans contrainte sur la matière qu'elle façonne et sur l'espace dans lequel elle distribue les ouvrages de ses mains immortelles.

Ce sera donc toujours bien au delà de la limite du pouvoir de l'homme qu'il faudra placer celle de la force victorieuse qui appartient à la nature. Mais les jugements que nous porterons de cette force d'après l'étendue de l'art n'en seront que plus fondés; nous n'aurons que plus de raison de dire que les espèces artificielles, excellentes mesures des espèces naturelles produites dans la suite des âges, sont aussi le mètre d'après lequel nous pourrons évaluer avec précision le nombre des espèces perdues, le nombre de celles qui ont disparu avec les siècles.

Deux grandes manières de considérer l'univers animé sont dignes de toute l'attention du véritable naturaliste.

D'un côté, on peut voir, dans les temps très anciens, tous les animaux n'existant encore que dans quelques espèces primitives, qui, par des moyens analogues à ceux que l'art de l'homme peut employer, ont produit, par la force de la nature, des espèces secondaires, lesquelles par elles-mêmes, ou, par leur union avec les primitives, ont fait naître des espèces tertiaires, etc. Chaque degré de cet accroissement successif, offrant un plus grand nombre d'objets que le degré précédent, les a montrés séparés les uns des autres par des intervalles plus petits et distingués par des caractères moins sensibles. C'est ainsi que les produits animés de la création sont parvenus à cette multitude innombrable et à cette admirable variété qui étonnent et enchantent l'observateur.

D'un autre côté, on peut supposer que, dans les premiers âges, toutes les manières d'être ont été employées par la nature, qu'elle a réalisé toutes les formes, développé tous les organes, mis en jeu toutes les facultés, donné le jour à tous les êtres vivants que l'imagination la plus bizarre peut concevoir; que dans ce nombre infini d'espèces, celles qui n'avaient reçu que des moyens imparfaits de pourvoir à leur nourriture, à leur conservation, à leur reproduction, sont tombées successivement dans le néant, et que tout s'est réduit enfin à ces espèces majeures, à ces êtres mieux partagés, qui figurent encore sur le globe.

Quelque opinion qu'il faille préférer sur le point du départ de la nature créatrice, sur cette multiplication croissante ou sur cette réduction graduelle, l'état actuel des choses ne nous permet pas de ne pas considérer la nature vivante comme se balançant entre les deux grandes limites que lui opposeraient à une extrémité un petit nombre d'espèces primitives, et, à l'autre extrémité, l'infinité de toutes les espèces que l'on peut imaginer. Elle tend continuellement vers l'une ou vers l'autre de ces deux limites, sans pouvoir maintenant en approcher, parce qu'elle obéit à des causes qui agissent en sens contraire les unes des autres, et qui, tour à tour victorieuses et vaincues, ne cèdent, lors de quelques époques, que pour reparaître ensuite avec leur première supériorité.

Quel spectacle que celui de ces alternatives! quelle étude que celle de ces phénomènes! quelle recherche que celle de ces causes! quelle histoire que celle de ces époques! Pour les bien décrire, ou plutôt pour les connaître dans toute leur étendue, il faut les contempler sous les différents points de vue que donnent trois suppositions, parmi lesquelles le naturaliste doit choisir, lorsqu'il examine l'état passé, présent et futur du globe sur lequel s'opère ce balancement merveilleux.

La température de la terre est-elle constante, comme on l'a cru pendant longtemps, ou la chaleur dont elle est pénétrée va-t-elle en croissant, ainsi que quelques physiciens l'ont pensé? ou cette chaleur décroît-elle chaque jour, comme l'ont écrit de grands naturalistes et de grands géomètres, les Leibniz, les Buffon, les Laplace? Présentons la question sous un aspect plus direct. La nature vivante est-elle toujours animée par la même température? ou la chaleur, ce grand principe de son énergie, diminue-t-elle ou s'accroît-elle à mesure que les siècles augmentent?

Quels sujets sublimes pour la méditation du géologue et du zoologiste! quelle immensité d'objets! quelle noble fierté l'homme devra ressentir, lorsqu'après les avoir contemplés, son génie les verra sans nuage, les peindra sans erreur, et, mettant chaque événement à sa place, fera la part et des temps écoulés et des temps qui s'avancent!

DISCOURS

SUR LA PÊCHE, SUR LA CONNAISSANCE DES POISSONS FOSSILES
ET SUR QUELQUES ATTRIBUTS GÉNÉRAUX DES POISSONS

Nous allons terminer l'histoire des poissons. Mais tenons encore nos regards élevés vers des considérations générales; nous avons à contempler de grands spectacles.

Lorsque Buffon, il y a plus de soixante ans, conçut le projet d'écrire l'histoire de la nature, il se plaça au-dessus du globe, à un point si élevé, que toutes les petites différences des êtres disparurent pour lui ; il n'aperçut que des groupes; il ne fut frappé que par de grandes masses ; l'espace même sur lequel il dominait perdit, par la distance, de son immensité.

D'un autre côté, son génie lui fit franchir les siècles. Sa vue s'étendit dans le passé; elle perça dans l'avenir. Les âges se rassemblèrent devant lui; le temps s'agrandit à ses yeux à mesure que l'espace se rétrécissait, et le sentiment de l'immortalité lui fit oublier les bornes de sa vie.

Il crut donc devoir tout embrasser dans son vaste plan. Il se souvint que le naturaliste de Rome avait écrit *l'histoire du monde* ; que celui de la Grèce avait donné celle *des animaux*; il compara ses forces à celles d'Aristote et de Pline, son siècle à ceux d'Alexandre et de Trajan, la nation française à la nation grecque et à la romaine; et il voulut être l'historien de la nature entière. Au moment de cette conception hardie, il ne se souvint pas que du temps des Grecs et des Romains le monde connu n'était, en quelque sorte, que cette petite partie de l'ancien continent dont les eaux coulent vers la Méditerranée, et que cette petite mer intérieure était pour eux l'Océan.

En méditant sa sublime entreprise, il résolut donc de soumettre à son examen les trois règnes de la nature et, rejetant toute limite, d'interroger sur chacun d'eux le passé, le présent et l'avenir.

Cependant les années s'écoulèrent. Il avait déjà présenté, dans de magnifiques tableaux, les nobles résultats de ses travaux assidus sur la structure de la terre, l'ouvrage de la mer, l'origine des planètes, les premiers temps du monde. Aidé par les savantes recherches de l'un de ces pères de la science, dont la mémoire sera toujours vénérée, éclairé par les avis de l'illustre Daubenton, il avait gravé sur le bronze l'image de l'homme et des quadrupèdes. Il peignait les oiseaux, lorsque, descendant chaque jour davantage des hauts points de vue qu'il avait d'abord choisis, découvrant des dissemblances que l'éloignement lui avait dérobées, reconnaissant des intervalles où tout lui avait paru ne former qu'un ensemble, apercevant des milliers de nuances, de dégradations et de manières d'être, où il n'avait entrevu que de l'uniformité, et contraint de compter des myriades d'objets, au lieu d'un nombre très limité de groupes principaux, il fut frappé de l'énorme disproportion qu'il trouva entre l'infinité des sujets de ses méditations et le peu de jours qui lui étaient réservés. Les Bougainville, les Cook, abordaient les parties encore inconnues de la terre ; d'habiles naturalistes, parcourant les continents et les îles, lui adressaient de toutes parts de nouveaux dénombrements des productions de la nature ; tout se multipliait autour de lui, excepté le temps. Il voulut hâter ses pas, et, se débarrassant sur son digne ami Guénaud de Montbeillard du soin d'achever une portion de cette admirable galerie où toutes les tribus des oiseaux sont si bien représentées, il continua sa course avec une nouvelle ardeur.

Mais il voyait approcher le terme de sa vie, et celui de ses glorieux travaux s'éloignait chaque jour davantage ; il réfléchit de nouveau sur l'ensemble de ses projets. Il médita avec plus d'attention sur la nature des objets dont il n'avait pas encore présenté l'image ; il vit bientôt que la grandeur de ses cadres ne pourrait pas longtemps convenir aux sujets de ses peintures ; que la multitude innombrable de ceux dont il restait à dessiner les traits s'opposerait invinciblement à ce que chacun de ces sujets remplît une place distincte, comme chacun des oiseaux, des quadrupèdes et même des minéraux dont il s'était occupé. Il décida qu'il chercherait une manière nouvelle pour parler des mollusques, des insectes, des vers et des végétaux. Il ne considéra plus l'histoire que l'on pourrait en faire que comme un ouvrage distinct et séparé du sien.

Se renfermant, relativement aux animaux, dans l'exposition de l'homme, des mammifères, des oiseaux, des quadrupèdes ovipares, des serpents et des poissons, il confondit les limites de son plan avec celles qui séparent des mollusques, des insectes et des vers, les légions remarquables des animaux vertébrés et à sang rouge, lesquelles, par leur conformation, leurs mouvements, leurs affections, leurs habitudes, leur grandeur, leur puissance et leur instinct, jouent les premiers rôles sur la scène du monde et ne le cèdent qu'à l'homme, qui leur commande par le droit de son intelligence dominatrice et que la nature leur a donné pour roi.

L'histoire des poissons devait donc terminer dans cette vue nouvelle l'*Histoire naturelle*, dont il avait enrichi son siècle et la postérité.

Il venait de planer de nouveau sur les temps écoulés, de marquer les époques de la nature et de représenter, dans sept grands tableaux, les sept grands changements que la force irrésistible de la puissance créatrice lui paraissait avoir fait subir au globe de la terre ; il allait écrire l'histoire des cétacés pour compléter celle des mammifères, lorsqu'il se sentit frappé à mort par les coups d'une maladie terrible. Il ne compta plus devant lui qu'un petit nombre d'instants ; il ne se réserva pour le complément de sa gloire que l'histoire des cétacés ; et daignant nous associer à ses travaux immortels, content d'avoir le premier tracé le plan le plus vaste, d'en avoir exécuté d'une manière admirable les principales parties, d'avoir particulièrement soumis à son génie les habitants de la terre et des airs, il nous chargea de dénombrer et de décrire ceux des rivages et des eaux.

A peine eut-il disposé en notre faveur de ce noble héritage, qu'il entra dans l'immortalité.

Nous n'avions encore publié que l'histoire des quadrupèdes ovipares ; depuis nous avons donné celle des serpents, et aujourd'hui nous sommes près de finir celle des poissons.

Avant de cesser de parler de ces habitants des fleuves et des mers aux amis des sciences naturelles, achevons d'indiquer ceux de leurs traits généraux qui méritent le plus l'attention de l'observateur.

Et d'abord, pour achever de faire connaître leur instinct, parcourons d'un coup d'œil rapide tous les pièges que l'art de l'homme sur la surface entière du globe tend à leur faiblesse, à leur inexpérience, à leur audace, à leur voracité.

La pêche a précédé la culture des champs ; elle est contemporaine de la chasse. Mais il y a cette différence entre la chasse et la pêche, que cette dernière convient aux peuples les plus civilisés, et que, bien loin de s'opposer aux progrès de l'agriculture, du commerce et de l'industrie, elle en multiplie les heureux résultats.

Si, dans l'enfance des sociétés, la pêche procure à des hommes encore à demi sauvages une nourriture suffisante et salubre, si elle les accoutume à ne pas redouter l'inconstance de l'onde, si elle les rend navigateurs, elle donne aux peuples policés d'abondantes moissons pour les besoins du pauvre, des tributs variés pour le luxe du riche, des préparations recherchées pour le commerce lointain, des engrais fécondants pour les champs peu fertiles ; elle force à traverser les mers, à braver les glaces du pôle, à supporter les feux de l'équateur, à lutter contre les tempêtes ; elle lance sur l'Océan des forêts de mâts ; elle crée les marins expérimentés, les commerçants audacieux, les guerriers intrépides.

Mère de la navigation, elle s'accroît avec ce chef-d'œuvre de l'intelligence humaine. A mesure que les sciences perfectionnent l'art admirable de construire et de diriger les vaisseaux, elle multiplie ses instruments, elle étend ses filets, elle invente de nouveaux moyens de succès, elle s'attache un plus grand nombre d'hommes, elle pénètre dans les profondeurs des abîmes, elle arrache aux asiles les plus secrets et poursuit jusqu'aux extrémités du globe les objets de sa constante recherche. Voilà pourquoi ce n'est que depuis un petit nombre de siècles que l'homme a développé, sur tous les fleuves et sur toutes les mers, ce grand art de concerter ses plans, de réunir ses efforts, de diversifier ses attaques, de diviser ses travaux, de combiner ses opérations, de disposer du temps, de franchir les distances et d'atteindre sa proie en maîtrisant, pour ainsi dire, les saisons, les climats, les vents déchaînés et les ondes bouleversées.

Mais si, au lieu de suivre l'ordre chronologique des progrès de l'art de la pêche, nous voulons nous représenter ce qu'il est, nous examinerons sous des points de vue généraux ses instruments, son théâtre, ses principaux objets.

Nous pouvons diviser en quatre classes les instruments ou les moyens qu'il emploie :

1° Ceux qui attirent les poissons par des appâts trompeurs et les retiennent par des crochets funestes;

2° Ceux avec lesquels on les surprend, les saisit et les enlève, ou avec lesquels on va au-devant de leurs légions, on les cerne, on les resserre, on les presse, on les renferme dans une enceinte dont il leur est impossible de s'échapper, ou ceux avec lesquels on attend que les courants, les marées, leurs besoins, leur natation dirigée par une sorte de rivage artificiel, les entraînent dans un espace étroit, dont l'entrée est facile et toute sortie interdite ;

3° Ces couleurs qui les blessent, les lueurs qui les trompent, les feux qui les éblouissent, les préparations qui les énervent, les odeurs qui les enivrent, les bruits qui les effrayent, les traits qui les percent, les animaux exercés et dociles qui se précipitent sur eux et ne leur laissent la ressource ni de la résistance ni la fuite ;

4° enfin, les instruments qui se composent de deux ou de plusieurs de ceux que l'on vient de voir distribués dans les classes précédentes.

Parmi les instruments de la première classe, le plus simple est cette ligne flexible, au bout de laquelle un fil léger soutient un frêle hameçon caché sous un ver, sous une boulette artificielle, sous un petit fragment de substance organisée ou sous toute autre amorce dont la forme ou l'odeur frappe l'œil ou l'odorat du poisson trop jeune, ou trop inexpérimenté, ou trop dénué d'instinct, ou trop entraîné par un appétit vorace pour n'être pas facilement séduit. Quels souvenirs touchants cette ligne peut rappeler[1]! Elle retrace à l'enfance ses jeux, à l'âge mûr ses loisirs, à la vieillesse ses distractions, au cœur sensible le ruisseau voisin du toit paternel, au voyageur le repos occupé des peuplades dont il a envié la douce quiétude, au philosophe l'origine de l'art.

Et bientôt l'imagination franchit les espaces et les temps ; elle se transporte au moment et sur les rives où ce roseau léger fait place à ces lignes

---

1. Voyez la description des *cordes flottantes*, des *empiles*, des *haims*, des *hameçons*, des *cordes par fond*, des *bauffes*, ou *bouffes*, et des *palangres*, dans l'article de la *raie bouclée;* celle de la *vermille*, à l'article de la *murène anguille;* celle des *lignes* et des *piles*, à l'article de la *murène congre;* et celle du *libouret* et du *grand couple*, à l'article du *scombre thon.*

flottantes ou à ces lignes de fond si longues, si ramifiées, soutenues ou enfoncées avec tant de précautions, ramenées ou relevées avec tant de soins,
hérissées de tant de *haims* ou de crochets et répandant sur un si grand
espace un danger inévitable.

Dans la seconde classe paraissent les filets, soit ceux que la main d'un
seul homme peut placer, soutenir, manier, avancer, déployer, jeter, replier,
retirer ou qu'on traîne, comme les *drogues* et *ganguys*, après en avoir fait
des *manches*, des *poches* et des *sacs;* soit ceux qui, présentant une grande
étendue, élevés à la surface de l'eau par des corps légers et flottants, maintenus dans la position la plus convenable par des poids attachés aux rangées
les plus basses de leurs mailles, simples ou composés, formés d'une seule
nappe ou de plusieurs réseaux parallèles, assez prolongés pour atteindre
jusqu'au fond des rivières profondes et assez longs pour barrer la largeur
d'un grand fleuve, ou déployant leurs extrémités de manière à renfermer
un grand espace maritime, composant une seule enceinte ou repliés en
plusieurs parcs, développés comme une immense digue ou contournés en
prisons sinueuses, sont conduits, attachés, surveillés et ramenés par une
entente remarquable, par un concert soutenu, par des combinaisons habi-
lement conçues d'un grand nombre d'hommes réunis [1].

A la seconde classe appartiennent encore ces asiles trompeurs, faits de
jonc ou d'osier, ces nasses perfides dans lesquelles le poisson, égaré par la
crainte, ou entraîné par le besoin, ou conduit sans précaution par le courant auquel il s'est livré, et croyant trouver une retraite semblable à celle que
lui ont donnée plus d'une fois les grottes de ces rivages hospitaliers, pénètre
facilement en écartant des branches rapprochées qui ne lui présentent,
lorsqu'il veut entrer, que des tiges dociles, mais qui, lui offrant, lorsqu'il
veut sortir, des pointes enlacées, le retiennent dans une captivité que la
mort seule termine.

Parmi les moyens de la troisième classe doivent être compris ces feux
que l'on allumait dès le temps de Belon sur les rivages de la Propontide
pour favoriser le succès des pêches de nuit; ces planches blanchâtres, vernies
et luisantes, placées sur les bords de bateaux pêcheurs de la Chine, et qui,
réfléchissant les rayons argentins de la lune, imitant la surface tranquille
et lumineuse d'un lac, et trompant facilement par cette image les poissons qui
se plaisent à s'élancer hors de l'eau, les séduisent au point qu'ils sautent

---

1. On trouvera la description de la *louve* dans l'article du *pétromyzon lamproie;* celle de la
folle, de la *demi-folle,* de la *seine,* de la *ralingue,* dans l'article de la *raie bouclée;* celle de la
madrague, de la *chasse* et de la *chambre de la mort,* dans l'article de la *raie mobular;* celle du
dranguel, dans l'article de la *murène anguille;* celle de la *drège* et du *manet,* dans l'article de la
trachine vive; celle du *verveux,* du *guideau,* des *étaliers,* du *trémail,* des *hamaux,* de la *toile,*
de la *flue,* dans l'article du *gade colin;* celle du *bouclier,* des *aissaugues,* des *atlas,* des *cou-*
rantilles, des *engarres,* dans l'article du *scombre thon;* celle du *carrelet,* dans l'article du *cobite*
loche; celle de la *truble,* dans l'article du *misgurne fossile;* celle de l'*épervier,* dans l'article de
l'*ésoce brochet,* et celle de la *chaudrette* ou *chaudière,* dans l'article de l'*athérine joel.*

d'eux-mêmes dans la barque et, pour ainsi dire, dans la main du pêcheur en embuscade et caché ; ces *fouenes* dont on perce les coryphènes chrysurus et tant d'autres osseux, ces tridents avec lesquel on harponne les redoutables habitants de la mer, ces cormorans apprivoisés dont les Chinois se servent depuis si longtemps dans leurs pêches, qui saisissent avec tant d'adresse le poisson, et qu'un anneau placé autour de leur cou contraint de céder à leurs maîtres une proie presque intacte.

Les grandes pêches, si remarquables par le temps qu'elles demandent, les préparatifs qu'elles exigent, les arts qu'elles emploient, les précautions qu'elles commandent, le grand nombre de bras qu'elles mettent en mouvement et qui donnent au commerce la morue des grands bancs, le hareng des mers boréales, le thon de la Méditerranée et les acipensères de la Caspienne, nous offrent de grands exemples de ces moyens composés que l'on peut regarder comme formant une quatrième classe.

Et tous ces moyens si variés, sur quel immense théâtre ne sont-ils pas employés par l'art perfectionné de la pêche ?

Si, du sommet des Cordillères, des Pyrénées, des Alpes, de l'Atlas, des hautes montagnes de l'Asie, de toutes les énormes chaînes de monts qui dominent sur la partie sèche du globe, nous descendons par la pensée vers les rivages des mers, en nous abandonnant, pour ainsi dire, au cours des eaux qui se précipitent de ces hauteurs dans les bassins qu'entourent ces antiques montagnes, sur quel ruisseau, sur quelle rivière, sur quel lac, sur quel fleuve ne verrons-nous pas la ligne ou le filet assurer au pêcheur attentif la récompense de ses soins et de sa peine ?

Et lorsque, parvenus à l'Océan, nous nous éléverons encore par la pensée au-dessus de sa surface pour en embrasser un hémisphère d'un seul coup d'œil, nous verrons depuis un pôle jusqu'à l'autre de nombreuses escadres voguer pour les progrès de l'industrie, l'accroissement de la population, la force de la marine protectrice des grands États, la prospérité générale et la renommée des empires. Ah ! dans cette moisson de bonheur et de gloire, puisse ma nation recueillir une part digne d'elle ! Puisse-t-elle ne jamais oublier que la nature, en l'entourant de mers, en faisant couler sur son territoire tant de fleuves fécondants, en la plaçant au centre des climats les plus favorisés par ses douces et vives influences, lui a commandé dans tous les genres les plus nobles succès !

Quels prix attendent en effet, au bout de la carrière, le pêcheur intrépide ! Combien d'objets peuvent être ceux de sa recherche, depuis les énormes poissons de dix mètres de longueur jusqu'à ceux qui, par leur petitesse, échappent aux mailles les plus serrées ; depuis le féroce squale, dont on redoute encore la queue gigantesque ou la dent meurtrière lors même qu'on est parvenu à l'entourer de chaînes pesantes, jusqu'à ces abdominaux transparents et mous qu'aucun aiguillon ne défend ; depuis ces poissons rares et délicats que le luxe paye au poids de l'or jusqu'à ces gades, ces clupées et cyprins si abondants et nourriture si nécessaire de la multitude peu fortunée ; depuis les argentines et les ables, dont les admirables écailles donnent à la beauté opulente les perles artificielles, rivales de celles que la nature fait croître dans l'Orient, jusqu'aux espèces dont le grand volume, profondément pénétré d'un fluide abondant et visqueux, fournit cette huile qui accélère le mouvement de tant de machines, assouplit tant de substances et entretient dans l'humble cabane du pauvre cette lampe sans laquelle le travail, suspendu par de trop longues nuits, ne pourrait plus alimenter sa nombreuse famille ; depuis les poissons que l'on ne peut consommer que très près des parages où ils ont été pris jusqu'à ceux que des précautions bien entendues et des préparations soignées conservent pendant plusieurs années et permettent de transporter au centre des plus grands continents ; depuis les salmones, dont les arêtes sont abandonnées, dans les pays disgraciés, au chien fidèle ou à la vache nourricière, jusqu'à ces gastérostées qui, répandus par myriades dans les sillons, s'y décomposent en engrais fertile ; et enfin, depuis la raie, dont la peau préparée donne cette garniture agréable et utile connue sous le nom de *beau galuchat*, jusqu'aux acipensères et à tant d'autres poissons dont les membranes, séparées avec attention de toute matière étrangère, se convertissent en cette colle qui, dans certaines circonstances, peut remplacer les lames de verre, et que les arts réclament du commerce dans tous les temps et dans tous les lieux !

Mais quelque prodigieux que doive paraître le nombre des poissons que l'homme enlève aux fleuves et aux mers, des millions de millions de ces animaux échappent à sa vue, à ses instruments, à sa constance. Plusieurs de ces derniers périssent victimes des habitants des eaux, dont la force l'emporte sur la leur ; ils sont dévorés, engloutis, anéantis, pour ainsi dire, ou plutôt décomposés de manière qu'il ne reste aucune trace de leur existence. Plusieurs autres cependant succombent isolément à la maladie, à la vieillesse, à des accidents particuliers, ou meurent par troupes, empoisonnés, étouffés ou écrasés par les suites d'un grand bouleversement. Il arrive quelquefois, dans ces dernières circonstances, qu'avant de subir une altération très marquée, leurs cadavres sont saisis par des dépôts terreux qui les enveloppent, les recouvrent, se durcissent, et, préservant leur corps de tout contact avec les éléments destructeurs, en font en quelque sorte des *momies* naturelles et les conservent pendant des siècles.

Les parties solides des poissons, et notamment les squelettes de poissons osseux, sont plus facilement préservées de toute décomposition par ces couches tutélaires ; et d'ailleurs ils ont pu résister à la corruption pendant un temps bien plus long que les autres parties de ces animaux, avant le moment où ils ont été incrustés, pour ainsi dire, dans une substance conservatrice. Ces squelettes reposent au milieu de ces sédiments épais, comme autant de témoins des révolutions éprouvées par le fond des rivières ou des mers. Les couches qui les renferment sont comme autant de tables sur lesquelles la nature a écrit une partie de l'histoire du globe. Des hasards heureux, qui donnent la facilité de pénétrer jusque dans l'intérieur de la croûte de la terre, ou la main du temps, qui l'entr'ouvre et en écarte les différentes portions, font découvrir de ces tables précieuses. On connaît, par exemple, celles que l'on a trouvées au mont Bolca, près de Vérone, non loin du lac de Constance, et dans plusieurs autres endroits de l'ancien et du nouveau continent. Mais en vain aurait-on sous les yeux ces inscriptions si importantes, si l'on ignorait la langue dans laquelle elles sont écrites, si l'on ne connaissait pas le sens des signes dont elles sont composées.

Ces signes sont les formes des différentes parties qui peuvent entrer dans la charpente des poissons. C'est en effet par la comparaison de ces formes avec celles du squelette des poissons encore vivants dans l'eau douce ou dans l'eau salée, et répandus sur une grande portion de la surface de la terre, ou relégués dans des climats déterminés, que l'on pourra voir sur ces tables antiques si l'espèce dont on examinera la dépouille subsiste encore ou doit être présumée éteinte ; si elle a varié dans ses attributs ou maintenu ses propriétés ; si elle a été exposée à des changements lents ou brusquement attaquée par une catastrophe soudaine ; si les feux des volcans ont joint leur violence à la puissance des inondations ; si la température du globe a changé dans l'endroit où les individus, dont on observera les os ou les cartilages, ont été enterrés sous des tas pesants, ou de quelles contrées lointaines ces individus conservés pendant tant d'années ont été entraînés par un bouleversement général, jusqu'au lieu où ils ont été abandonnés par les courants et recouverts par des monceaux de substances ramollies.

Achevons donc d'exposer tout ce qu'il est important de savoir sur la conformation des parties solides des poissons ; servons ainsi ceux qui se destinent à l'étude si instructive des poissons fossiles ; tâchons de faire pour l'histoire de la nature ce que font pour l'histoire civile ceux qui enseignent à bien connaître et la matière, et l'âge, et le sens des diverses médailles[1].

Le squelette des poissons cartilagineux, beaucoup plus simple que la charpente des poissons osseux, a été trop souvent l'objet de notre examen, soit dans le Discours qui est à la tête de cette histoire, soit dans les articles particuliers de cet ouvrage, pour que nous ne devions pas nous borner aujourd'hui à nous occuper des parties solides des poissons osseux. Nous n'entrerons même pas dans la considération de tous les détails relatifs à ces parties solides et osseuses. Nous éviterons de répéter ce que nous avons déjà dit en plusieurs endroits. Mais pour avoir une idée plus complète de cette charpente, nous l'observerons dans les poissons du second, du troisième et du quatrième ordre de la seconde sous-classe, comme dans ceux qui présentent le plus grand nombre des parties et des formes qui appartiennent aux animaux dont nous écrivons l'histoire.

1. Voyez le Dicours sur la durée des espèces.

Et cependant, pour donner plus de précision à notre pensée et à son expression, au lieu de nous contenter d'établir des principes généraux sur la conformation du squelette des jugulaires et des thoracins de la première division des osseux, c'est-à-dire des animaux du second et du troisième ordre de cette sous-classe, faisons connaître, dans chacun de ces ordres, la charpente d'une espèce remarquable.

Observons d'abord, parmi les jugulaires, l'*uranoscope rat* et disons ce qui compose son squelette.

Chaque côté de la mâchoire inférieure est formé de trois os ; ces deux côtés sont réunis par un cartilage et garnis d'un seul rang de dents grandes, pointues et séparées l'une de l'autre.

La mâchoire supérieure est plus arrondie et beaucoup moins avancée que celle de dessous ; les deux côtés de cette mâchoire d'en haut sont hérissés de plusieurs rangs de dents petites, presque égales et crochues.

Un os triangulaire et allongé règne au-dessus et un peu en arrière de chacun des côtés de la mâchoire supérieure.

L'os du palais présente plusieurs rangées de dents crochues et petites. Il se divise en deux branches qui imitent une seconde mâchoire supérieure. Il se réunit aux os auxquels les opercules sont attachés.

A la base de l'os du palais, on voit deux éminences un peu lenticulaires, garnies de plusieurs dents courtes et courbées en arrière. Ces deux éminences touchent les os qui soutiennent les arcs des branchies.

Les orbites sont placées sur le sommet de la tête, de chaque côté d'une fossette qui reçoit deux branches horizontales de la mâchoire supérieure.

La partie supérieure de la tête est d'ailleurs d'une seule pièce, dans les individus qui ont atteint un certain degré de développement.

Les arcs des trois branchies extérieures sont composés de deux pièces. Ceux de la droite se réunissent en formant un angle aigu avec ceux de la gauche, dans l'intérieur de la mâchoire inférieure.

Au-dessous du sommet de cet angle aigu, on aperçoit deux lames osseuses, triangulaires, réunies par devant, transparentes dans leur milieu, étroites vers leurs extrémités, inclinées et étendues jusqu'au-dessous des opercules.

Ces lames soutiennent les rayons de la membrane branchiale, qui sont simples, sans articulation, et au nombre de cinq ou de six de chaque côté.

Chaque opercule est de deux pièces. La première montre quatre pointes vers le bas, et la seconde en présente une.

L'opercule bat sur la clavicule.

La clavicule s'étend obliquement, depuis la partie supérieure et postérieure de la seconde pièce de l'opercule, jusqu'au-dessous des os qui soutiennent les arcs osseux des branchies. Elle s'y réunit, sous un angle aigu, avec la clavicule du côté opposé, à peu près au-dessous du bord antérieur de la mâchoire supérieure.

Le bout postérieur de la clavicule se termine par une épine longue, forte, sillonnée et tournée vers la queue.

A la base de cette épine, la clavicule s'attache à la partie postérieure du crâne par deux osselets.

On remarque derrière la clavicule deux pièces, l'une placée en en-bas et presque droite, l'autre située en arrière et courbée.

Ces deux pièces, dont la séparation disparaît avec l'âge de l'individu, forment, avec la clavicule, une sorte de triangle curviligne.

Une lame cartilagineuse, transparente, et dans le haut de laquelle on voit un trou de la grandeur de l'orbite, occupe le milieu de ce triangle dont la pièce courbée soutient la nageoire pectorale.

La base des nageoires jugulaires est placée presque au-dessous des yeux.

Les ailerons de ces nageoires, très minces et transparents, se réunissent de manière à représenter une sorte de *nacelle* placée obliquement de haut en bas et d'avant en arrière. Cette *nacelle* a sa concavité tournée du côté de la tête, et sa *proue* touche à l'angle formé près du museau par la réunion des arcs osseux des branchies.

Faisons attention à cette position des ailerons : elle est un des caractères les plus distinctifs des ordres de poissons jugulaires.

La *poupe* de cette même *nacelle*, à laquelle les nageoires jugulaires sont attachées, offre une épine forte, sillonnée, presque semblable à celle des clavicules, et dont l'extrémité aboutit auprès de l'angle produit par la réunion de ces deux derniers os.

Le derrière de la tête montre une lame mince et tranchante, et cette lame est découpée de manière à finir par une pointe qui s'attache à l'apophyse supérieure de la première vertèbre.

Cette vertèbre et la seconde sont dénuées de côtes. Les neuf vertèbres suivantes ont chacune une côte double de chaque côté.

Sur les troisième, quatrième et cinquième vertèbres, chaque côte double est placée au-dessus de l'apophyse transverse et à une distance d'autant plus grande de cette apophyse qu'elle est plus près de la tête.

Les douzième, treizième, quatorzième, quinzième et seizième vertèbres n'ont que des apophyses transverses extrêmement petites ; mais elles offrent une apophyse inférieure, et quoiqu'elles soient situées au delà de l'anus, chacun de leurs côtés est garni d'une côte simple, plus courte, à la vérité, que les côtes doubles.

La dix-septième vertèbre et les suivantes, jusqu'à la dernière, qui est la vingt-cinquième, n'ont ni côtes ni apophyses transverses.

Maintenant ayons sous nos yeux le squelette des poissons thoracins.

Voici celui de la *scorpène horrible*.

Trois os forment chacun des côtés de la mâchoire inférieure. Ces côtés sont réunis par un cartilage et garnis de dents très petites, aiguës et rapprochées.

La mâchoire supérieure, beaucoup moins avancée que celle d'en bas, plus arrondie que cette dernière, est d'ailleurs hérissée de dents semblables à celles de la mâchoire inférieure.

Dans l'angle formé par chacune des deux branches de la mâchoire d'en haut et le côté qui lui correspond, on découvre un petit os lenticulaire ou à peu près. Ces deux branches, inclinées en arrière et vers le bas, pénètrent jusqu'à une cavité arrondie, creusée dans l'os frontal et dont le haut des parois est bizarrement plissé.

Un os allongé et triangulaire est appliqué au-dessus et un peu en arrière de chaque côté de la mâchoire supérieure. Il aboutit au petit os lenticulaire dont nous venons de parler.

L'os du palais se divise en deux branches, qui ressemblent à une seconde mâchoire supérieure que la première entourerait. Ces branches ne sont cependant garnies d'aucune dent ; chacune se réunit à l'os latéral auquel l'opercule est attaché.

A la base de l'os du palais paraissent deux éminences osseuses, ovales, presque lenticulaires, hérissées de dents petites et recourbées en arrière. Ces éminences touchent les os qui s'unissent aux arcs des branchies.

L'orbite est placée près du sommet de la tête, auprès de la fossette du milieu et ses bords relevés diminuent le champ de la vue.

L'os de la pommette, un peu triangulaire et très plissé, présente plusieurs crêtes. Son angle le plus aigu aboutit à un petit os placé entre l'orbite et l'os triangulaire et latéral de la mâchoire supérieure.

Ce petit os représente une étoile à cinq ou six rayons relevés en arête.

La partie supérieure et postérieure de la tête est rehaussée par deux crêtes hautes et plissées, placées obliquement, et qui forment trois cavités, l'une postérieure et les autres latérales.

Les arcs des trois branchies extérieures d'un côté se réunissent, dans l'intérieur de la mâchoire d'en bas, avec les arcs analogues de l'autre côté. Deux pièces composent chacun de ces arcs.

Au-dessous du sommet de l'angle aigu que forment ces six arcs, on voit deux lames osseuses qui se séparent et s'étendent jusqu'aux opercules. Un os *hyoïde*, échancré de chaque côté, est placé au-dessus de l'endroit où ces lames sont jointes. Un osselet aplati, découpé en losange et presque vertical, est situé au-dessous de ce même endroit.

Ces lames soutiennent les rayons de la membrane des branchies. Ces rayons sont au nombre de cinq ou six et leur contexture n'offre pas d'articulation.

Deux pièces forment chaque opercule. On compte cinq pointes sur la première et trois sur la seconde.

L'opercule bat sur la clavicule, qui se réunit avec la clavicule opposée, au-dessous des os qui soutiennent les arcs des branchies et à peu près au-dessous du bord antérieur de la mâchoire supérieure.

Un os terminé par une petite épine, une apophyse aplatie et un peu arrondie, un os aplati et plissé, font communiquer la clavicule avec la partie postérieure et latérale du crâne.

Au-dessous et au delà de la clavicule, on trouve une pièce étroite, et ensuite une autre pièce large, mince, un peu arrondie, qui montre dans son milieu plusieurs parties ovales, vides ou transparentes et cartilagineuses et qui sert à maintenir la nageoire pectorale.

Mais voici le caractère le plus distinctif des thoracins.

La base des nageoires thoracines est placée au-dessous de la partie postérieure du crâne.

Leurs ailerons sont très minces et transparents. La *nacelle* que forme leur réunion est placée obliquement de haut en bas et d'avant en arrière.

La *proue de la nacelle* est bien moins avancée que dans les poissons jugulaires.

Au lieu de toucher à l'angle formé par la réunion des arcs des branchies, elle aboutit seulement à l'angle que produit la jonction des deux clavicules.

Les apophyses supérieures de l'épine du dos sont très élevées.

Les cinq premières vertèbres n'ont que des apophyses transverses, à peine sensibles; les autres vertèbres n'en offrent point. Mais dès la sixième vertèbre, les apophyses inférieures vont en s'allongeant jusqu'auprès de la nageoire de l'anus. Aussi des neuf côtes que l'on voit de chaque côté, chacune des quatre dernières est-elle attachée à l'extrémité de l'apophyse inférieure qui lui correspond et qui est double.

Avant de cesser de nous occuper de la charpente des thoracins, indiquons une articulation d'une nature particulière, qui avait échappé à tous les savants qui se sont occupés de l'ostéologie et que nous avions découverte et exposée en 1795 dans nos cours publics au Muséum d'histoire naturelle.

On peut la nommer *articulation à chaînette*. Elle est, en effet, composée de deux anneaux osseux et complets, dont l'un joue dans l'autre, comme l'anneau d'une chaîne se meut dans l'anneau voisin qui le retient.

Il est aisé à tous ceux qui se sont occupés d'ostéologie de voir que, par une suite de cette construction, l'anneau qui se remue dans l'autre a dû se développer d'une manière particulière, qui peut jeter un nouveau jour sur la question générale de l'accroissement des pièces osseuses.

Cette articulation appartient à des os d'un décimètre ou environ de longueur, que l'on a remarqués depuis longtemps dans plusieurs grandes collections d'histoire naturelle, qui ont un rapport très vague avec une tête aplatie, un peu arrondie et terminée par un bec long et courbé et qui ont souvent reçu le nom d'*os de la joue d'un grand poisson*.

Nous avons trouvé que ces os n'étaient que de grands ailerons, propres à soutenir les premiers rayons, les rayons aiguillonnés de la nageoire de l'anus dans plusieurs thoracins, et notamment dans quelques chétodons, dans quelques acanthinions et dans quelques acanthures.

La portion inférieure de l'aileron, qui montre une articulation à chaînette, est grande, très comprimée, arrondie par le bas, par le devant et par le haut. Cette portion un peu sphéroïdale se termine, dans le haut de son côté postérieur, par une apophyse deux fois plus longue que le sphéroïde aplati, très déliée, très étroite, convexe par devant, un peu aplatie par derrière, comprimée à son extrémité, et qui s'élève presque verticalement.

Le sphéroïde aplati et irrégulier présente des sillons et des arêtes qui convergent vers la partie la plus basse; c'est dans cette partie la plus basse, située presque au-dessus de la longue apophyse, que l'on découvre deux véritables anneaux.

Chacun de ces anneaux retient un des deux premiers rayons aiguillonnés de la nageoire de l'anus, dont la base percée forme elle-même un autre anneau engagé dans l'un de ceux du sphéroïde aplati.

Cependant, que nous reste-t-il à dire au sujet du squelette des poissons?

Dans plusieurs de ces animaux, comme dans *l'anarhique loup*, qui est *apode*, et dans *l'ésoce brochet*, qui est *abdominal*, le devant du crâne n'est qu'un espace vide par lequel passent les nerfs olfactifs[1].

Dans d'autres poissons, tels que les raies et les squales, ces mêmes nerfs sortent de l'intérieur du crâne par deux trous éloignés l'un de l'autre.

Les fosses nasales des *raies*, des *squales*, des *trigles* et de plusieurs autres poissons sont osseuses ; celles de beaucoup d'autres sont en partie osseuses et en partie membraneuses.

Le bord inférieur de l'orbite, au lieu d'être composé d'une seule pièce, est formé, dans quelques poissons, par plusieurs osselets articulés les uns avec les autres ou suspendus par des ligaments.

Le tubercule placé au-dessous du trou occipital, et par lequel l'occiput s'attache à la colonne vertébrale dans le plus grand nombre de poissons, s'articule avec cette colonne par le moyen de cartilages et par des surfaces telles, que le mouvement de la tête sur l'épine dorsale est extrêmement borné dans tous les sens.

Chaque vertèbre de poisson présente, du côté de la tête et du côté de la queue, une cavité conique, qui se réunit avec celle de la vertèbre voisine.

Il résulte de cette forme et de cette position, que la colonne dorsale renferme une suite de cavités dont la figure ressemble à celle de deux cônes opposés par leur base.

Ces cavités communiquent les unes avec les autres par un très petit trou placé au sommet de chaque cône, au moins dans un grand nombre

1. Tout le monde sait combien notre savant collègue et excellent ami M. Cuvier a répandu de lumières nouvelles sur les organes intérieurs des poissons, et particulièrement sur les parties solides de ces animaux. Que l'on consulte ses Leçons d'anatomie comparée.

d'espèces. Leur série forme alors ce tuyau alternativement large et resserré, dont nous avons parlé dans le premier Discours de cette histoire.

Les apophyses épineuses, supérieures et inférieures sont très longues dans les poissons très comprimés, comme les *chétodons*, les *zées*, les *pleuronectes*. La dernière vertèbre de la queue est le plus souvent triangulaire, très comprimée, et s'attache à la caudale par des facettes articulaires, dont le nombre correspond à celui des rayons de cette nageoire.

La cavité abdominale est communément terminée par l'apophyse inférieure de la première vertèbre de la queue. Cette apophyse est souvent remarquable par ses formes, presque toujours très grande et quelquefois terminée par un aiguillon qui paraît en dehors.

Dans les abdominaux, les ailerons des nageoires ventrales, que l'on a nommés *os du bassin*, ne s'articulent avec aucune portion de la charpente osseuse de la tête, ni des clavicules, ni de l'épine du dos.

Ils sont, ou séparés l'un de l'autre et maintenus par des ligaments, ou soudés et quelquefois épineux par devant, comme dans quelques *silures*; ou réunis en une seule pièce échancrée par derrière, comme dans les *loricaires*; ou larges, triangulaires et écartés par leur extrémité postérieure qui soutient la ventrale comme dans l'*ésoce brochet*; ou très petits et rapprochés, comme dans la *clupée hareng*; ou allongés et contigus par derrière, comme dans le *cyprin carpe*.

Craignons cependant de fatiguer l'attention de ceux qui cultivent l'histoire naturelle et poursuivons notre route vers le but auquel nous tendons depuis si longtemps et que maintenant nous sommes près d'atteindre.

En cherchant, dans le premier Discours de cet ouvrage, à réunir dans un seul tableau les traits généraux qui appartiennent à tous les poissons, nous avons été obligés de laisser quelques-uns de ces traits faiblement prononcés. Tâchons de leur donner plus de force et de vivacité.

On peut se souvenir que nous avons exposé dans ce Discours quelques conjectures sur la respiration des poissons. Nous y avons dit qu'il n'était pas invraisemblable de supposer que les branchies des poissons décomposent l'eau, comme les poumons des mammifères et des oiseaux décomposent l'air.

Nous avons ajouté que, lors de cette décomposition, l'*oxygène*, l'un des deux éléments de l'eau, se combinait avec le sang des poissons, pour entretenir les qualités et la circulation de ce fluide et que l'autre élément, le gaz inflammable ou *hydrogène*, s'échappait dans l'eau et ensuite dans l'atmosphère, ou, dans certaines circonstances, parvenait par l'œsophage et l'estomac jusqu'à la vessie natatoire, la gonflait et, augmentant la légèreté spécifique de l'animal, facilitait sa natation. Nous avons parlé, à l'appui de cette opinion, du gaz inflammable que nous avions trouvé dans la vessie natatoire de quelques *tanches*.

Une conséquence de cette conjecture est que les poissons doivent vivre dans l'eau qui contient le moins d'air atmosphérique répandu entre ses molécules.

M. Buniva, président du conseil supérieur de santé à Turin, vient de publier un mémoire dans lequel il rapporte des expériences qui prouvent la vérité de cette conséquence.

Ce savant physicien annonce que des *cyprins tanches* et, par conséquent, des individus de l'espèce de poisson dont la vessie natatoire nous a présenté de l'hydrogène, ont été mis dans une eau que l'on avait fait bouillir pendant une demi-heure et qui s'était refroidie sans contact avec l'air atmosphérique, et qu'ils y ont vécu aussi bien que dans de l'eau du Pô bien aérée.

Cette faculté qu'ont les branchies de décomposer l'eau rend plus probable la vertu que nous avons attribuée à plusieurs autres organes intérieurs des poissons et par le moyen de laquelle ces animaux peuvent altérer ce fluide, le décomposer, se l'assimiler et s'en nourrir. Ces derniers faits sont d'ailleurs prouvés par l'expérience. On sait que l'on peut faire vivre pendant longtemps des individus de plusieurs espèces de poissons, en les tenant dans des vases dont on renouvelle l'eau avant que des exhalaisons malfaisantes l'aient corrompue et cependant sans leur donner aucun autre aliment.

A la vérité, M. Buniva nous apprend dans son mémoire que ces animalcules si difficiles à voir même avec une loupe, que l'on nomme *infusoires*, et qui pullulent dans presque toutes les eaux, servent à la nourriture des poissons. Mais les faits suivants, dont nous devons la connaissance à cet habile naturaliste, ne prouvent-ils pas l'action directe et immédiate de l'eau sur les organes digestifs et sur la nutrition des espèces dont nous achevons d'écrire l'histoire ?

Une dissolution de certaines substances salines dans l'eau qui renferme des poissons altère et détruit les couleurs brillantes de ces animaux.

Et de plus, une quantité de soufre mise dans quarante-huit fois son poids d'une eau assez imprégnée de gaz funestes pour faire périr des poissons conserve leur vie en neutralisant ces gaz.

Nous avons vu aussi dans le premier discours, ou dans plusieurs articles particuliers de cette histoire, que les poissons supportaient sans mourir le froid des contrées polaires, qu'ils s'y engourdissaient sous la glace, qu'ils y passaient l'hiver dans une torpeur profonde, et qu'au retour du printemps ils étaient rappelés à la vie par la douce influence de la chaleur du soleil, après que la fonte des glaces avait ouvert leur prison. Quelque violent que soit le froid, ils peuvent résister à ses effets, pourvu qu'il ne se fasse sentir que par degrés, qu'il ne s'accroisse que lentement, et qu'il n'arrive que par des nuances très nombreuses à toute son intensité.

Mais M. Buniva nous dit dans son important mémoire qu'un refroidissement subit et violent, tel que celui qu'on opère par un mélange de glace et de muriate calcaire, donne la mort aux poissons qui en éprouvent l'attaque forte et soudaine.

C'est une grande preuve des suites funestes que tout changement brusque doit avoir dans les corps organisés. En effet, la chaleur naturelle des poissons, bien loin de s'élever à plus de trente degrés, comme celle de l'homme, des mammifères et des oiseaux, n'est que de deux ou trois degrés au-dessus de celui de la congélation. Lorsqu'un poisson est exposé subitement à un refroidissement très grand, la température de ses organes intérieurs parcourt, pour arriver à un froid extrême, une échelle bien plus courte que celle qu'est forcée de parcourir la température d'un mammifère ou d'un oiseau placé dans les mêmes circonstances ; et cependant il ne peut résister aux modifications qu'il ressent, il succombe sous l'action précipitée qu'il éprouve, il est détruit, pour ainsi dire, en même temps qu'attaqué.

Quand l'homme écoutera-t-il donc les leçons que la nature lui donne de tous côtés ? quand ses passions lui permettront-elles de voir qu'en tout les commotions rapides renversent, brisent, anéantissent, et que les mouvements ordonnés, les accélérations graduées, les changements amenés par de longues séries de variations insensibles, sont les seuls qui produisent, développent, perfectionnent et fécondent ? Nous avons eu sous les yeux de grands exemples de cette importante vérité dans le cours de cet ouvrage.

Soit que nous ayons examiné les propriétés dont jouissent les différentes espèces de poissons [1], et que, pour mieux les connaître, nous ayons comparé ces qualités aux attributs des oiseaux ; soit qu'abandonnant le présent et nous élançant dans l'avenir et dans le passé [2], nous ayons porté un œil curieux sur les modifications que ces espèces ont subies et sur celles qu'elles subiront encore, nous avons toujours vu la nature nuancer son action ainsi que ses ouvrages, user de la durée comme du premier instrument de sa puissance, ne pas laisser plus d'intervalle entre les actes successifs de sa force créatrice qu'entre les admirables produits de cette force souveraine, graduer les temps comme les choses, et appliquer ainsi à toutes les manifestations de son pouvoir, comme à tous les modes de la matière, le signe éclatant de son essence merveilleuse.

Mais il est temps de terminer ce discours. Peut-être est-ce le dernier que j'adresse aux amis des sciences naturelles. Trente ans, j'ai travaillé pour leurs progrès. Le coup affreux qui m'a enlevé une épouse accomplie a marqué près de moi la fin de ma carrière. Tant que je serai condamné à supporter un malheur sans espoir, je m'efforcerai de consacrer quelque monument à la science. Mais le fardeau de la vie pèsera trop sur ma tête infortunée, pour ne pas amener bientôt la fin de ma douleur. Des naturalistes plus favorisés que moi peindront d'une manière digne de la nature les immenses tableaux et les grandes catastrophes dont je n'ai pu donner

1. Discours sur la nature des poissons, et troisième vue de la nature.
2. Discours sur la durée des espèces, et celui qui est intitulé : Des effets de l'art de l'homme sur la nature des poissons.

qu'une faible idée. Qu'ils daignent se souvenir que ma voix aura prédit
leurs succès immortels, et qu'ils chérissent ma mémoire.

CENT QUATRE-VINGT-SEPTIÈME GENRE

LES SYNODES

L'ouverture de la bouche grande; le gosier large; les mâchoires garnies de dents nombreuses,
fortes et pointues; point de barbillons; l'opercule et l'orifice des branchies très grands; le
corps et la queue très allongés et comprimés latéralement; les écailles dures; point de nageoire adipeuse; les nageoires du dos et de l'anus courtes; une seule dorsale; cette dernière nageoire placée au-dessus ou un peu au-dessus des ventrales, ou plus près de la tête
que ces dernières.

PREMIER SOUS-GENRE

LA NAGEOIRE DE LA QUEUE FOURCHUE OU ÉCHANCRÉE EN CROISSANT

ESPÈCES.	CARACTÈRES.
1. LE SYNODE FASCÉ.	Onze rayons à la nageoire du dos; six à celle de l'anus; cinq à la membrane des branchies.
2. LE SYNODE RENARD.	Quatorze rayons à la dorsale; dix à celle de l'anus; trois à la membrane branchiale; la caudale en croissant.
3. LE SYNODE CHINOIS.	La tête petite; le museau pointu; un enfoncement au-devant de la nuque; trois pièces à chaque opercule; les opercules et la tête dénués de petites écailles; la ligne latérale cour-bée vers le bas; la couleur générale d'un argenté verdâ-tre; point de bandes, de raies, ni de taches.
4. LE SYNODE MACRO-CÉPHALE.	La tête très longue; le museau très allongé; la mâchoire in-férieure plus avancée que la supérieure; les yeux très rapprochés l'un de l'autre et du bout du museau; l'oper-cule anguleux du côté de la queue et composé de trois pièces; la ligne latérale courbée vers le bas; la dorsale et l'anale en forme de faux; la couleur générale d'un verdâ-tre argenté.

SECOND SOUS-GENRE

LA NAGEOIRE DE LA QUEUE ARRONDIE OU RECTILIGNE, ET SANS ÉCHANCRURE

ESPÈCE.	CARACTÈRES.
5. LE SYNODE MALABAR.	Quatorze rayons à la nageoire du dos; dix à l'anale ; cinq à la membrane des branchies; deux orifices à chaque narine ; la caudale arrondie.

LE SYNODE FASCÉ [1]

Synodus fasciatus, LACÉP. — *Esox synodus,* LINN., GMEL.

LE SYNODE RENARD, *Synodus vulpes,* Lacép.; *Esox vulpes,* Linn., Gmel. — LE SYNODE

1. *Ésoce synode.* Daubenton et Haüy, Encyclopédie méthodique. — *Id.* Bonnaterre, planches
de l'Encyclopédie méthodique. — Gronov., Mus. 2, n. 151, tab. 7, fig. 1. — *Ésoce renard.* Daubenton et Haüy. Encyclopédie méthodique. — *Id.* Bonnaterre, planches de l'Encyclopédie méthodique. — Catesby, *Carol.*, II, tab. 1, fig. 2. — Bloch, pl. 392.

chinois, *Synodus chinensis*, Lacép. — LE SYNODE MACROCÉPHALE, *Synodus macrocephalus*, Lacép. — LE SYNODE MALABAR, *Synodus malabaricus*, Bloch, Lacép.; *Esox malabaricus*, Bloch.

Nous n'avons pas besoin de faire remarquer combien les synodes ont de ressemblance avec les ésoces, dont nous avons cru cependant devoir les séparer, pour établir plus de régularité et de convenance dans la distribution méthodique des poissons.

Les deux premiers de ces synodes vivent dans les mers de l'Amérique septentrionale.

Celui auquel nous avons donné le nom spécifique de *fascé* se trouve cependant dans la Méditerranée, auprès de Nice, ainsi que nous l'apprend le savant inspecteur du Muséum d'histoire naturelle de Turin, M. Giorna. Ce poisson a la tête un peu enfoncée entre les yeux ; deux ou trois rangées de dents à chaque mâchoire, sur le palais et auprès du gosier ; la partie supérieure de la langue toute couverte de petites dents ; la dorsale triangulaire ; les écailles grandes ; des bandes transversales brunes ; des raies noires sur les nageoires ; et le ventre blanc.

Le renard présente une rangée de dents petites et aiguës à chacune de ses mâchoires ; une dorsale, une anale, et des pectorales peu échancrées ; des écailles grandes ; des teintes jaunâtres sur le dos ; une couleur blanchâtre sur le ventre, et une longueur de quatre ou cinq décimètres.

Nous avons vu les synodes que nous avons nommés *chinois* et *macrocéphale*, et qui n'ont encore été décrits par aucun naturaliste, très bien représentés dans la collection de peintures chinoises cédée à la France par la Hollande et conservée dans la bibliothèque du Muséum d'histoire naturelle.

La ligne latérale du macrocéphale est dorée ; ses ventrales sont très petites ; il ne montre ni taches, ni bandes, ni raies longitudinales.

La mâchoire inférieure du *malabar* excède un peu celle d'en haut[1] ; l'une et l'autre sont armées de dents inégales, peu serrées, mais grandes, fortes et pointues ; d'autres dents hérissent la langue et le palais. Les écailles sont larges et lisses. Le dos est verdâtre ; la tête, les flancs et le ventre sont jaunâtres ; les nageoires, variées de jaune et de gris, présentent des raies brunes.

---

1. A chaque pectorale du synode fascé........................... 12 rayons.
    A chaque ventrale... 8 —

    A chaque pectorale du synode renard......................... 14 —
    A chaque ventrale... 8 —
    A la nageoire de la queue.................................... 17 —

    A chaque pectorale du synode malabar........................ 11 —
    A chaque ventrale... 8 —
    A la caudale... 17 —

Le malabar habite dans les rivières de la côte dont il porte le nom ; sa chair est blanche, agréable et saine.

CENT QUATRE-VINGT-HUITIÈME GENRE

LES SPHYRÈNES

L'ouverture de la bouche grande ; le gosier large ; les mâchoires garnies de dents nombreuses, fortes et pointues ; point de barbillons ; l'opercule et l'orifice des branchies très grands ; le corps et la queue très allongés et comprimés latéralement ; point de nageoire adipeuse ; les nageoires du dos et de l'anus courtes ; deux nageoires dorsales.

ESPÈCES.	CARACTÈRES.
1. LA SPHYRÈNE SPET.	Quatre rayons à la première nageoire du dos ; dix à la seconde ; dix à celle de l'anus ; la mâchoire inférieure plus avancée que celle d'en haut ; les dents nombreuses, inégales, fortes et crochues ; la dorsale et l'anale échancrées ; l'opercule terminé par une pointe et couvert de petites écailles ; la couleur générale d'un bleuâtre argenté ; point de taches, de bandes, ni de raies ; l'anale, les ventrales et les pectorales rouges.
2. LA SPHYRÈNE CHINOISE.	Cinq rayons à la première dorsale ; neuf à la seconde ; neuf à l'anale ; la mâchoire inférieure plus avancée que celle d'en haut ; les dents fortes, crochues, presque égales et peu nombreuses ; la dorsale et l'anale non échancrées ; l'opercule presque arrondi par derrière et dénué de petites écailles ; la couleur générale et celle de toutes les nageoires, d'un verdâtre argenté ; point de taches, de bandes, ni de raies.
3. LA SPHYRÈNE ONVERD.	Sept rayons à la première nageoire du dos ; six à la seconde ; ces deux nageoires presque égales, très rapprochées l'une de l'autre, élevées ; triangulaires ; six rayons à la nageoire de l'anus ; la mâchoire inférieure plus avancée que la supérieure ; la couleur générale et celle des nageoires d'un vert doré ; point de taches, de bandes, ni de raies.
4. LA SPHYRÈNE BÉCUNE.	Cinq rayons à la première dorsale ; dix à la seconde ; huit à la nageoire de l'anus ; la tête très allongée ; le corps et la queue très déliés ; presque toutes les nageoires échancrées en forme de faux ; l'opercule très arrondi et dénué de petites écailles ; la couleur générale bleue ; un grand nombre de taches rondes, inégales et d'un bleu foncé, le long de la ligne latérale.
5. LA SPHYRÈNE AIGUILLE.	Six ou sept rayons à la première nageoire du dos ; un rayon aiguillonné et vingt-quatre rayons articulés à la seconde ; un rayon aiguillonné et vingt-trois rayons articulés à l'anale ; la caudale en croissant ; la corne supérieure de la caudale plus longue que l'inférieure ; les mâchoires très étroites, pointues, et deux fois plus longues que la tête proprement dite.

LA SPHYRÈNE SPET [1]

Sphyræna spet, Lacép. — *Esox sphyræna,* Linn., Gmel., Cuv.

La Sphyrène chinoise, *Sphyræna chinensis,* Lacép. — La Sphyrène orverd, *Sphyræna aureoviridis,* Lacép.; *Centropomus undecimal,* Cuv. — La Sphyrène bécune, *Sphyræna becuna,* Lacép. — La Sphyrène aiguille, *Sphyræna acus,* Lacép.; *Acus americana,* Plumier.

Les sphyrènes ont été placées parmi les ésoces; leurs deux nageoires dorsales et quelques autres traits doivent cependant les en séparer.

Des sucs digestifs très puissants, des besoins impérieux, une faim dévorante très souvent renouvelée, des dents fortes et aiguës, des formes très déliées, de l'agilité dans les mouvements, de la rapidité dans la natation; voilà ce que présentent les sphyrènes; voilà ce qui leur rend la guerre et nécessaire et facile; voilà ce qui, leur faisant surmonter la crainte mutuelle qu'elles doivent s'inspirer, les réunit en troupes nombreuses, dont tous les individus poursuivent simultanément leur proie, s'ils ne l'attaquent pas par des manœuvres concertées, et auxquelles il ne manque que de grandes dimensions et plus de force pour exercer une domination terrible sur presque tous les habitants des mers.

Une chair blanche et qui plaît à l'œil, délicate et que le goût recherche, facile à digérer et que la prudence ne repousse pas; voilà ce qui donne aux sphyrènes presque autant d'ennemis que de victimes, voilà ce qui, dans presque toutes les contrées qu'elles habitent, fait amorcer tant d'hameçons, dresser tant de pièges, tendre tant de filets contre elles.

Des cinq sphyrènes que nous faisons connaître, les naturalistes n'ont encore décrit que la première; mais les formes ni les habitudes de cette sphyrène spet n'avaient point échappé à l'attention d'Aristote et des autres anciens auteurs qui se sont occupés des poissons de la Méditerranée.

Le spet se trouve en effet dans cette mer intérieure, aussi bien que dans

1. *Cestra,* en grec. — *Malleus.* — *Marteau.* — *Pei escomé,* dans le département du Var. (Note communiquée par le préfet Fauchet.) — *Sfirena, Lucio di mare,* en Sardaigne. — *Luzzaro,* à Gênes. — *Luzzo marino,* à Rome. — *Zarganes,* en Grèce. — *Mugésil, Agam, Goedd,* en Arabie. — *Pfeil hecht, See hecht,* en Allemagne. — *Pyl-snock,* en Hollande.
Sea-pike, Spit-fish, en Angleterre. — *Picuda,* à la Havane. — *Espedon,* en Espagne. — *Esoce spet.* Daubenton et Haüy, Encyclopédie méthodique. — *Id.* Bonnaterre, planches de l'Encyclopédie méthodique. — Mus. Ad. Frid. 2, p. 100. — *Sphyræna.* Artedi, gen. 89, syn. 112. — *Sphyraina.* Aristote, lib. IX, cap. II. — *Id.* Ælian, lib. I, cap. XXXIII, p. 40. — *Id.* Athen., lib. VII, p. 323. — *Id.* Oppian, lib. I, p. 7, et lib. II, p. 58.
Sphyræna. Charleton, p. 136. — *Sphyræna, prima species.* Rondelet, première partie, liv. VIII, chap. I. — *Id.* Gesner, p. 882, 1059. et (germ.) fol. 39. — *Id.* Willughby, p. 273. — *Sphyr æna sive sudis.* Salvian, fol. 70 *a.* — *Id.* Aldrov., lib. I, cap. XXI, p. 102. — *Id.* Jonston, lib. I, tit. 2, cap. I, *a,* 16, tab. 18, fig. 1. — *Id.* Ray, p. 84. — Bloch, pl. 389. — *Spet.* Valmont de Bomare, *Dictionnaire d'histoire naturelle.*
« Lucius marinus. » Plumier, peintures sur vélin déjà citées. — « Sphyræna antillana, argentocærulea. » Plumier, peintures sur vélin déjà citées. — « Acus americana, rostro longiori. » — Plumier, manuscrits de la Bibliothèque royale déjà cités.

l'océan Atlantique. Il parvient à la longueur de sept ou huit décimètres. Ses couleurs sont relevées par l'éclat de la ligne latérale, qui est un peu courbée vers le bas. Le palais est uni ; mais des dents petites et pointues sont distribuées sur la langue et auprès du gosier. Chaque narine n'a qu'un orifice ; les yeux sont gros et rapprochés ; les écailles minces et petites ; quarante cæcums placés auprès du pylore ; le canal intestinal est court et sans sinuosités ; la vésicule du fiel très grande, et la vessie natatoire située très près du dos.

Les yeux de la chinoise sont très gros ; la prunelle est noire ; l'iris argenté ; la ligne latérale tortueuse. Commerson a laissé dans ses manuscrits un dessin de cette sphyrène, que nous avions déjà fait graver lorsque nous avons vu ce poisson bien mieux représenté dans les peintures chinoises données à la France par la République batave.

La sphyrène orverd est magnifique ; son dos est élevé ; son museau très pointu, et son œil, dont l'iris est d'un beau jaune, ressemble à un saphir enchâssé dans une topaze.

La parure de la bécune est moins riche, mais plus élégante ; des reflets argentins ajoutent les nuances les plus gracieuses à l'azur et au bleu foncé dont elle est variée. L'œil rouge a le feu du rubis. Ses formes sveltes ressemblent plus à celles d'un serpent ou d'une murène, que celles des autres sphyrènes dont nous venons de parler. La mâchoire inférieure est un peu plus avancée que la supérieure ; l'opercule composé de trois pièces ; la ligne latérale presque droite.

La seconde dorsale et la nageoire de l'anus de la sphyrène aiguille sont échancrées de manière à représenter une faux. La mâchoire inférieure dépasse celle d'en haut. Chacune de ces mâchoires est armée d'une cinquantaine de dents étroites, crochues, longues, presque égales et correspondantes aux intervalles laissés par les dents de l'autre mâchoire.

Nous devons à Plumier la connaissance de ces trois dernières sphyrènes[1].

CENT QUATRE-VINGT-NEUVIÈME GENRE

LES LÉPISOSTÉES

L'ouverture de la bouche grande ; les mâchoires garnies de dents nombreuses, fortes et pointues ; point de barbillons ni de nageoire adipeuse ; le corps et la queue très allongés ; une seule nageoire du dos ; cette nageoire plus éloignée de la tête que les ventrales ; le corps et la queue revêtus d'écailles très grandes, placées les unes au-dessus des autres, très épaisses, très dures, et de nature osseuse.

ESPÈCE.	CARACTÈRES.
1. LE LÉPISOSTÉE GAVIAL.	Neuf rayons à la nageoire du dos ; neuf rayons à celle de l'anus ; le premier rayon de chaque nageoire et le dernier de

1.	A la membrane branchiale de la sphyrène spet	7 rayons.
	A chaque pectorale	14 —
	A chaque ventrale	6 —
	A la nageoire de la queue	20 —
	A la membrane des branchies de la sphyrène aiguille	8 ou 9 —

ESPÈCES.	CARACTÈRES.
1. LE LÉPISOSTÉE GAVIAL.	la caudale très forts et dentelés; la mâchoire supérieure plus avancée que celle d'en bas; les deux mâchoires très longues, très étroites et garnies d'un grand nombre de dents fortes et pointues disposées sur un ou plusieurs rangs, et parmi lesquelles s'élèvent plusieurs autres dents plus longues, crochues et séparées les unes des autres; la longueur de la tête égale, ou à peu près, à celle du corps.
2. LE LÉPISOSTÉE SPATULE.	Onze rayons à la nageoire du dos; neuf rayons à celle de l'anus; le premier rayon de chaque nageoire très fort et dentelé; la mâchoire supérieure plus avancée que celle d'en bas; les deux mâchoires longues, étroites et déprimés; le bout du museau plus large que le reste des mâchoires; la longueur de la tête égale, ou à peu près, à la moitié de la longueur du corps.
3. LE LÉPISOSTÉE ROBOLO.	Quatorze rayons à la dorsale; huit à celle de l'anus; les deux mâchoires également avancées; les dents très petites et serrées; la langue et le palais lisses.

LE LÉPISOSTÉE GAVIAL [1]

Lepisosteus gavial, LACÉP. — *Esox osseus,* LINN., GMEL.

LE LÉPISOSTÉE SPATULE

Lepisosteus spatula, LACÉP.

LE LÉPISOSTÉE ROBOLO [2]

Lepisosteus robolo, LACÉP. — *Esox Chilensis,* LINN., GMEL.

De tous les poissons osseux, les lépisostées sont ceux qui ont reçu les armes défensives les plus sûres. Les écailles épaisses, dures et osseuses, dont toute leur surface est revêtue, forment une cuirasse impénétrable à la dent de presque tous les habitants des eaux, comme l'enveloppe des ostracions, les boucliers des acipensères, la carapace des tortues et la couverture des caïmans, dont nous avons conservé le nom à l'espèce de lépisostée la plus anciennement connue. A l'abri sous leur tégument privilégié, plus confiants dans leurs forces, plus hardis dans leurs attaques que les ésoces, les synodes

1. *Trompette de mer.* — *Aguja,* en Espagne. — *Knochen hecht,* par les Allemands. — *Schild-snoek,* par les Hollandais. — *Chiefis,* à la Havane. — *Green carfish,* par les Anglais des Indes occidentales. — *Ikan tsiakalang bali,* dans les Indes orientales. — *Bolgeesche geeb,* par les Hollandais des grandes Indes. — *Ésoce caïman.* Daubenton et Haüy, Encyclopédie méthodique. — *Id.* Bonnaterre, planches de l'Encyclopédie méthodique. — « Esox maxilla superiore longiore, cauda quadrata. » Artedi, gen. 14, syn. 27.

« Acus maxima, squamosa, viridis. » Catesby, *Carol.,* II, tab. 30. — « Acus marina squamosa. » Lister, App., Willughby, p. 22. — Ray, p. 109. — Bloch, pl. 390. — Mus. Ad. Frid., 2, p. 101. — « Acus seu belone americana, squamis durissimis cataphracta. » Plumier, manuscrits déjà cités de la Bibliothèque royale. — *Poisson armé de la rivière de Saint-Laurent.* Id.

2. *Molina. Hist. natur. Chili,* p. 196. — *Ésoce robolo.* Bonnaterre, planches de l'Encyclopédie méthodique.

et les sphyrènes, avec lesquels ils ont de très grands rapports ; ravageant avec plus de sécurité le séjour qu'ils préfèrent, exerçant sur leurs victimes une tyrannie moins contestée, satisfaisant avec plus de facilité leurs appétits violents, ils sont bientôt devenus plus voraces et porteraient dans les eaux qu'ils habitent une dévastation à laquelle très peu de poissons pourraient se dérober, si ces mêmes écailles défensives qui, par leur épaisseur et leur dureté, ajoutent à leur audace, ne diminuaient pas, par leur grandeur et leur inflexibilité, la rapidité de leurs mouvements, la facilité de leurs évolutions, l'impétuosité de leurs élans, et ne laissaient pas ainsi à leur proie quelque ressource dans l'adresse, l'agilité et la fuite précipitée. Mais cette même voracité les livre souvent entre les mains des ennemis qui les poursuivent ; elle les force à mordre sans précaution à l'hameçon préparé pour leur perte, et cet effet de leur tendance naturelle à soutenir leur existence leur est d'autant plus funeste par son excès, qu'ils sont très recherchés à cause de la bonté de leur chair.

Le gavial particulièrement a la chair grasse et très agréable au goût. On le trouve dans les lacs et dans les rivières des deux Indes, où il parvient à un mètre de longueur. La dentelure remarquable qu'on voit aux premiers rayons de toutes ses nageoires et au dernier de sa caudale provient de deux séries d'écailles osseuses, allongées et pointues, placées en recouvrement le long et au-dessus de ce premier rayon, qui d'ailleurs est articulé. La forme générale de sa tête ; le très grand allongement de ses mâchoires ; leur peu de largeur ; le sillon longitudinal creusé de chaque côté de la mâchoire d'en haut ; les pièces osseuses, inégales, irrégulières, ciselées ou rayonnées, articulées fortement les unes avec les autres, et enveloppant la tête proprement dite, ou composant les opercules ; la quantité, la distribution, l'inégalité et la figure des dents ; la position des deux orifices de chaque narine, que l'on découvre à l'extrémité du museau ; la situation des yeux, très près de l'angle de la bouche : tous ces traits lui donnent beaucoup de ressemblance avec le crocodile du Gange, auquel nous avons dans le temps conservé le nom de *gavial*. Nous avons mieux aimé le désigner par cette dénomination de *gavial*, que le distinguer, avec plusieurs naturalistes, par le nom de *caïman*, ou *crocodile d'Amérique*, auquel il ressemble beaucoup moins.

Les écailles osseuses dont ce lépisostée est revêtu lui donnent un nouveau rapport avec le gavial ou les crocodiles considérés en général. Ces écailles, arrangées de manière à former des séries obliques, sont taillées en losange, striées, relevées dans leur centre, et paraissent composées de quatre pièces triangulaires ; celles qui s'étendent en rangée longitudinale, depuis la nuque jusqu'à la dorsale, sont échancrées et représentent un cœur. La ligne latérale est courbée vers le bas ; l'anus deux fois plus voisin de la caudale que de la tête ; la dorsale semblable, par sa forme presque ovale et par ses dimensions, à la nageoire de l'anus, qui règne directement au-dessous ; la caudale obliquement arrondie ; la partie supérieure de la base de cette caudale couverte obliquement d'écailles osseuses, qui doivent gêner un peu les mouvements de cette rame ; la couleur générale verte ; celle des nageoires rougeâtre, sans taches, ou avec des taches foncées ; et le ventre rougeâtre ou d'un violet très clair.

Aucun naturaliste n'a encore publié de description du lépisostée spatule. Le Muséum d'histoire naturelle renferme depuis longtemps un bel individu de cette espèce. La forme de son museau nous a suggéré son nom spécifique, de même que nous avons voulu désigner les écailles osseuses des lépisostées par le nom générique que nous leur avons donné[1].

La tête du spatule, comprimée et aplatie, est couverte de pièces osseuses, grandes, rayonnées et chargées d'aspérités. Le dessus de la mâchoire supérieure offre de chaque côté quatre ou cinq lames également osseuses et comme ciselées ou rudes. Un grand nombre de pièces petites, mais osseuses et articulées ensemble, couvrent, au delà des yeux, les parties latérales de la tête proprement dite. L'opercule, de même nature que ces lames, est rayonné et composé de trois pièces. Chaque narine a deux orifices. Le palais est hérissé de petites dents. Les deux mâchoires sont garnies de deux rangées de dents courtes, inégales, crochues et serrées. Indépendamment de ces deux rangs, la mâchoire d'en haut est armée de deux séries de dents longues, sillonnées, aiguës, éloignées les unes des autres et distribuées irrégulièrement. La mâchoire inférieure ne montre qu'une série de ces dents allongées ; cette rangée répond à l'intervalle longitudinal qui sépare les deux séries d'en haut ; et les grandes dents qui forment ces deux rangées supérieures, ainsi que la rangée d'en bas, sont reçues chacune dans une cavité particulière de la mâchoire opposée.

On doit remarquer qu'au-devant des orifices des narines deux de ces dents longues et sillonnées de la mâchoire d'en bas traversent la mâchoire supérieure lorsque la bouche est fermée, et montrent leurs pointes acérées au-dessus de la surface de cette mâchoire d'en haut, comme nous l'avons fait observer dans le crocodile, en écrivant, en 1788, l'histoire de cet énorme animal.

La mâchoire supérieure, étant plus étroite que celle d'en bas, rend plus sensible l'élargissement qui donne au bout du museau la forme d'une spatule. L'œil est très près de l'angle de la bouche.

Les écailles osseuses forment, depuis la nuque jusqu'à la dorsale, cinquante rangées obliques ou environ ; ces écailles sont en losange, rayonnées et dentelées ; celles qui recouvrent l'arête longitudinale du dos montrent une échancrure qui produit deux pointes. La ligne latérale est droite ; la dorsale placée au-dessus de l'anale ; et les ventrales sont à une distance presque égale de cette anale et des pectorales.

La mer qui arrose le Chili nourrit le robolo. Ce lépisostée a l'œil grand ;

---

1. *Lepis,* en grec, signifie *écaille.*

l'opercule couvert d'écailles semblables à celles du dos, et composé de deux pièces ; les nageoires courtes ; la ligne latérale bleue ; les écailles anguleuses, osseuses, mais faiblement attachées, dorées par-dessus, argentées par-dessous ; une longueur de près d'un mètre ; la chair blanche, lamelleuse, un peu transparente et très agréable au goût[1].

CENT QUATRE-VINGT-DIXIÈME GENRE

LES POLYPTÈRES

Un seul rayon à la membrane des branchies; deux évents; un grand nombre de nageoires du dos.

ESPÈCE.	CARACTÈRES.
LE POLYPTÈRE BICHIR.	Seize, dix-sept ou dix-huit nageoires dorsales; quinze rayons à la nageoire de l'anus ; la caudale arrondie.

LE POLYPTÈRE BICHIR

Polypterus bichir, LACÉP., CUV.

On doit la connaissance de ce poisson, dont l'organisation est très remarquable, à mon savant collègue M. Geoffroy, professeur au Muséum d'histoire naturelle. Cet habile et zélé naturaliste a vu le bichir dans les eaux du Nil, lorsqu'il a accompagné en Égypte, avec les autres membres de l'Institut du Caire, le héros français et son admirable armée.

Il a publié la description et la figure de cet abdominal[2] ; voici ce qu'il nous a appris de sa conformation.

Le bichir a beaucoup de rapports, par ses téguments, par la grandeur de ses écailles, par la solidité de ses lames, avec le lépisostée gavial. Mais combien de traits l'en distinguent !

Chaque nageoire pectorale est attachée à une sorte d'appendice ou de bras qui renferme des osselets comprimés, réunis dans les individus adultes et néanmoins analogues à ceux des extrémités antérieures des mammifères. Chaque ventrale tient aussi à un appendice ; mais cette prolongation est beaucoup plus courte que celle qui soutient les pectorales.

Chacune des seize, dix-sept ou dix-huit nageoires dorsales présente un rayon solide, comprimé de devant en arrière, terminé par deux pointes, et vers l'extrémité supérieure duquel quatre ou cinq petits rayons, tournés

---

1. A chaque pectorale du lépisostée gavial...................... 12 rayons.
    A chaque ventrale...................................... 6 —
    A la nageoire de la queue............................... 15 —
    A chaque pectorale du lépisostée spatule................. 13 —
    A chaque ventrale...................................... 6 —
    A la membrane branchiale du lépisostée robolo........... 10 —
    A chaque pectorale..................................... 11 —
    A la caudale.. 22 —
2. *Bulletin des sciences,* par la Société philomathique, n. 61.

obliquement vers la caudale, maintiennent le haut d'une membrane étroite, élevée, élargie par le bas, arrondie dans son bout supérieur.

Ce rayon solide s'articule sur une tête de l'apophyse épineuse de la vertèbre qui lui correspond. Son apophyse particulière est d'ailleurs très petite et engagée dans le tissu cellulaire.

Une longue plaque osseuse remplaçant les rayons ordinaires de la membrane des branchies, la membrane branchiale du bichir ne peut ni se plisser ni s'étendre à la volonté de l'animal.

Le dessus de la tête est recouvert d'une grande plaque, composée de six pièces articulées les unes avec les autres. Entre cette plaque et l'opercule, on voit une série de petites pièces carrées, dont la plus allongée, libre dans un de ses bords, peut être soulevée comme une valvule, montrer un véritable évent et laisser échapper l'eau de l'intérieur de la bouche.

Deux petits barbillons garnissent la lèvre inférieure ; deux rangées de dents fines, égales et rapprochées, hérissent les deux mâchoires ; la langue est mobile, charnue et lisse.

La couleur générale est d'un vert de mer, relevé par quelques taches noires, irrégulières, plus nombreuses vers la caudale que vers la tête.

La longueur ordinaire du poisson n'excède pas cinq décimètres ; celle de sa queue n'étant égale qu'au sixième ou environ de cette longueur totale, l'abdomen est très étendu.

L'œsophage est grand ; l'estomac rétréci, allongé et conique.

Le canal intestinal proprement dit a beaucoup de ressemblance avec celui des squales et des raies ; sortant de la partie supérieure de l'estomac et un peu arqué vers son origine, il se rend ensuite directement à l'anus ; mais une large duplicature de la membrane interne forme une spirale, dont les replis prolongent le séjour des aliments dans ce canal.

On aperçoit un cæcum très court. La vessie natatoire est très longue, composée de deux portions inégales, flottantes, presque cylindriques, et communique avec l'œsophage par une large ouverture qu'un sphincter peut fermer[1].

CENT QUATRE-VINGT-ONZIÈME GENRE

LES SCOMBRÉSOCES

Le corps et la queue très allongés ; les deux mâchoires très longues, très minces, très étroites et en forme d'aiguille ; la nageoire dorsale située au-dessus de celle de l'anus ; un grand nombre de petites nageoires au-dessus et au-dessous de la queue, entre la caudale et les nageoires de l'anus et du dos.

ESPÈCE.	CARACTÈRES.
LE SCOMBRÉSOCE CAMPÉRIEN.	Douze rayons à la nageoire du dos ; douze rayons à celle de l'anus ; six petites nageoires triangulaires au-dessus de la queue et sept au-dessous ; la caudale fourchue.

1. A chaque pectorale du polyptère bichir........................ 32 rayons.
   A chaque ventrale... 12   —
   A la nageoire de la queue.................................... 19   —

LE SCOMBRÉSOCE CAMPÉRIEN [1]

Scomberesox Camperii, LACÉP., CUV.

Parmi les animaux qui, par leur conformation ambiguë ou plutôt composée, doivent être regardés comme des liens qui réunissent les divers groupes de l'ensemble immense que forment les êtres organisés, aucun ne mérite l'attention de l'observateur philosophe plus que le scombrésoce campérien. Non seulement, en effet, il présente les traits distinctifs de deux genres très différents, non seulement il offre les caractères des scombres et ceux des ésoces ; mais encore les formes distinctives de ces deux genres sont rapprochées dans ce poisson mi-parti, sans être confondues, mêlées, ni altérées. On croirait, en le voyant, avoir sous les yeux un de ces produits artificiels, fabriqués par une avide charlatanerie pour séduire la curiosité ignorante ; et l'on serait tenté de le rejeter comme le résultat grossier du rapprochement du corps d'un ésoce et de la queue d'un scombre. Aussi, malgré l'autorité de Rondelet, qui l'a décrit en peu de mots et qui en a fait graver la figure, avons-nous failli à imiter la réserve de Linné, de Daubenton, de Haüy, de Gmelin, ainsi que des autres naturalistes modernes, et à n'en faire aucune mention dans cet ouvrage. Mais M. Camper, savant naturaliste de Hollande et digne fils de feu notre illustre ami le grand anatomiste Camper, a eu la bonté de nous apprendre qu'il possédait dans sa collection un individu de cette espèce que l'on ne doit rencontrer que très rarement, puisqu'aucun observateur récent ne l'a trouvé. Il a bien voulu ajouter à cette attention celle de m'envoyer un dessin de cet abdominal, que je me suis empressé de faire graver, et une description très détaillée et très savante de cet osseux, d'après laquelle je ne puis que bien faire connaître ce singulier poisson.

J'ai donc cru que la reconnaissance m'obligeait à donner à l'objet de cet article le nom spécifique de *campérien;* de même que j'ai pensé devoir réunir dans son nom générique ceux des deux genres à chacun desquels on rapporterait sans balancer une de ses parties antérieure ou postérieure, si on la voyait séparée de l'autre.

Le scombrésoce, suivant Rondelet, parvient à la longueur d'un tiers de mètre. L'individu qui appartient à M. Camper n'a que les trois quarts de cette longueur.

Les deux mâchoires sont assez effilées pour ressembler aux deux mandibules d'une bécasse, ou plutôt, comme elles sont courbées vers le haut, elles représentent assez bien le bec d'une avocette ; elles ont par conséquent beaucoup de rapports avec celles de l'ésoce bélone.

La mâchoire supérieure, plus courte et plus étroite, s'emboîte dans une

---

1. *Lacertus. — Sauros. — Sayris. — Bécasse* ou *autre espèce d'aiguille.* Rondelet, première partie, liv. VIII, chap. V.

sorte de sillon formé par deux branches de la mâchoire inférieure. Ces deux mâchoires, dans l'individu de Rondelet, étaient dentelées comme le bord d'une scie. Dans l'individu de M. Camper, moins grand et moins développé que le premier, on voit à la surface supérieure de la mâchoire d'en bas un bourrelet garni de quatre aspérités et situé très près de la cavité de la bouche proprement dite. La langue, qui est courte et rude, peut à peine atteindre jusqu'à ce bourrelet. L'ensemble de la tête a presque le tiers de la longueur totale de l'animal.

Les yeux sont grands ; chaque narine a deux orifices ; plusieurs pores muqueux paraissent autour des yeux et sur les mâchoires ; le corps et la queue sont revêtus d'écailles d'une grandeur moyenne, qui se détachent avec facilité. Deux rangées de petites écailles, situées sur le ventre, donnent à cette partie une saillie longitudinale. Les pectorales sont échancrées en forme de faux ; les ventrales très petites et très éloignées de la gorge ; la sixième petite nageoire dorsale d'en haut et la septième d'en bas sont longues et plus étroites que les autres. La couleur générale est d'un blanc de nacre ou d'argent éclatant ; la partie supérieure du poisson, la ligne latérale et la saillie du ventre présentent une nuance brune, mêlée de châtain ou de roux.

L'estomac est allongé ; le canal intestinal menu et non sinueux ; le foie long et rouge ; la vésicule du fiel noirâtre ; la chair semblable à celle du scombre maquereau[1].

CENT QUATRE-VINGT-DOUZIÈME GENRE

LES FISTULAIRES

Les mâchoires très étroites, très allongées et en forme de tubes ; l'ouverture de la bouche à l'extrémité du museau ; le corps et la queue très allongés et très déliés ; les nageoires petites ; une seule dorsale ; cette nageoire située au delà de l'anus et au-dessus de l'anale.

ESPÈCE.	CARACTÈRES.
LA FISTULAIRE PETIMBE.	Quinze rayons à la nageoire du dos ; quinze rayons à la nageoire de l'anus ; la caudale fourchue ; l'extrémité de la queue terminée par un long filament.

LA FISTULAIRE PETIMBE [2]

Fistularia petimba, LACÉP. — *Fistularia tabacaria*, LINN., GMEL.

Nous pouvons donner de ce grand et singulier poisson une description

---

1. A chaque pectorale du scombrésoce campérien............ 12 ou 13 rayons.
    A chaque ventrale.................................... 6 ou 7 —

2. *Pipe*. — *Trompette*. — *Flûte*. — *Filencul*. — *Trompetro*, par les Espagnols. — *Topackspfeife, Rohr fisch*, par les Allemands. — *Pip fisk*, par les Suédois. — *Tobaypipe visch*, par les Hollandais. — *Tabacofish*, par les Anglais. — *Petimbuaba*, par les Brésiliens. — Mus. Ad. Frid. 1, p. 80, tab. 26, fig. 1.

« Solenostomus cauda bifurca, in setam balænaceam abeunte. » Gronov. Mus. 1, n. 31. — *Trom-*

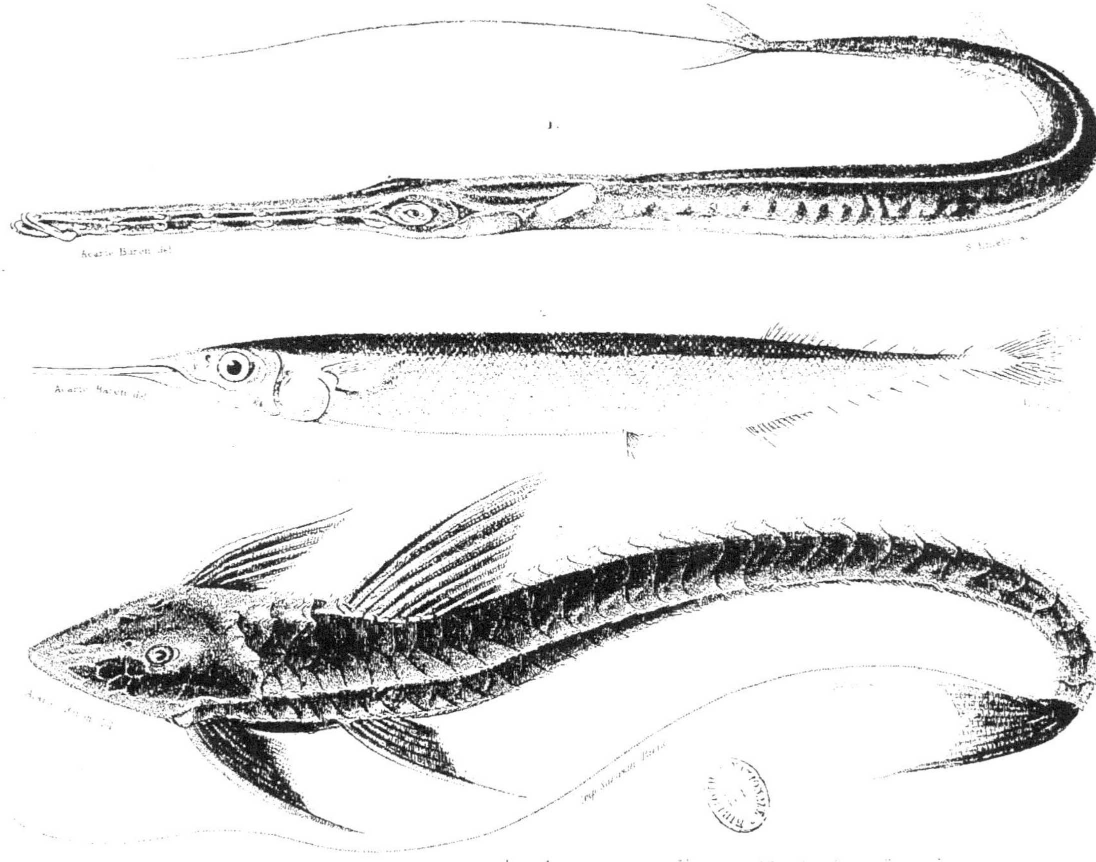

1. LA PÉTIMBRE. *Fistularia tabacaria* L. — 2. LE SCOMBRÉSOCE CAMPÉRIEN. *Scombresox Camperii.* —

3. LA LORICAIRE SÉTIGÈRE. *Loricaria setigera.*

beaucoup plus exacte que toutes celles qui en ont été publiées jusqu'à présent; nous en avons trouvé une très étendue et très bien faite dans les manuscrits de Commerson, qui avait vu cet animal en vie. D'ailleurs, nous avons examiné plusieurs individus de cette espèce, qui faisaient partie de la collection de ce célèbre voyageur, conservée dans le Muséum d'histoire naturelle ; nous avons même pu disséquer quelques-uns de ces individus et découvrir dans la conformation intérieure de la fistulaire petimbe des particularités dignes d'attention, que nous allons faire connaître.

Cette fistulaire parvient à la longueur de plus d'un mètre. Elle est surtout remarquable par la forme de sa tête et par celle de sa queue.

La longueur de sa tête égale le quart ou environ de la longueur totale. De plus, cette portion de l'animal est aplatie et comprimée de manière à présenter un peu la forme d'une sorte de prisme à plusieurs faces.

On compte ordinairement quatre de ces faces longitudinales sur la tête proprement dite, qui est sillonnée par-dessus et ciselée sur les côtés, et cinq ou six sur les mâchoires, qui sont avancées en forme de tube et rayonnées sur une grande partie de leur surface.

Les deux côtés de la tête, depuis l'ouverture des branchies jusque vers le milieu de la longueur du museau, sont dentelés comme les bords d'une scie; et les dentelures sont inclinées vers le bout de ce museau si étroit et si prolongé.

L'ouverture de la gueule, située à l'extrémité du tuyau formé par les mâchoires, n'est pas aussi petite qu'on pourrait le croire, parce que les deux mâchoires s'élargissent un peu en forme de spatule vers leur extrémité. Ces deux mâchoires, dont l'inférieure est un peu plus avancée que la première, sont hérissées de petites dents, dans toute la partie de leur longueur où elles ne sont pas réunies l'une à l'autre, et où elles sont, au contraire, assez séparées pour former l'orifice de la bouche.

La langue est lisse.

Le tour du gosier est rude en haut et en bas.

Les narines, placées très près des yeux et par conséquent très loin de l'ouverture de la bouche, ont chacune deux orifices.

Les yeux sont très grands, saillants, ovales; et leur grand diamètre est dans le sens de la longueur du corps.

L'opercule, composé d'une seule pièce, est allongé, arrondi par derrière, rayonné et bordé d'une membrane dans une grande partie de sa circonférence.

petite petimbe. Daubenton et Haüy, Encyclopédie méthodique. — *Id.* Bonnaterre, planches de l'Encyclopédie méthodique. — *Pipe.* Bloch, pl. 387. — *Petimbuaba.* Marcgrave, *Brasil.*, 148. — Willughby, *Icthyolog.*, Append., 22. — Ray, *Pisc.*, 110, n. 8. — *Id.* Catesby, *Carol.*, II, tab. 17, fig. 2.

« Aulus urognomon, nemurus-aulostomus urognomon, et rostro tibiæ instar elongato, stylo ex sinu caudæ retrorsum producto. » Commerson, manuscrits déjà cités. — *Pipe,* Appendice du *Voyage à la Nouvelle-Galles méridionale,* par Jean White, etc., pl. 64, fig. 2.

Les os demi-circulaires, qui soutiennent les branchies, sont lisses et sans dents.

On voit le rudiment d'une cinquième branchie.

La partie antérieure du corps proprement dit est renfermée dans une cuirasse cachée sous la peau, mais composée de six lames longues et osseuses. Deux de ces lames sont situées sur le dos ; une, plus courte et plus étroite, couvre chaque côté du poisson; les deux plus larges sont inférieures, et leur surface présente plusieurs enfoncements très petits et arrondis.

Les ventrales sont très séparées l'une de l'autre ; la dorsale et l'anale ovales et semblables l'une à l'autre.

La ligne latérale est droite ; elle est, de plus, dentelée depuis l'anus jusqu'à l'endroit où elle se termine.

Entre les deux lobes de la caudale, la queue, devenue plus grosse, a la forme d'une olive et donne naissance à un filament dont la longueur est à peu près égale à celle du corps proprement dit. Cet appendice a une sorte de roideur, part de l'extrémité de l'épine du dos, a été comparé, pour sa nature, à un brin de fanon de baleine, en a la couleur et un peu l'apparence; mais il ressemble entièrement par sa contexture aux rayons articulés des nageoires et présente des articulations entièrement analogues à celles de ces derniers.

La peau est unie et n'est pas garnie d'écailles facilement visibles.

La couleur générale de la fistulaire petimbe est brune par-dessus et argentée par-dessous. Les nageoires sont rouges. Les individus vus par Commerson, dans les détroits de la Nouvelle-Bretagne, au milieu des eaux du grand Océan équinoxial, et ceux qu'il a observés à l'île de la Réunion ne présentaient pas d'autre parure ; mais ceux que le prince Maurice de Nassau, Plumier, Catesby, Brown, ont examinés dans les Antilles ou dans l'Amérique méridionale avaient sur leur partie supérieure une triple série longitudinale de taches petites, inégales, ovales et d'un beau bleu.

Commerson a trouvé l'estomac des petimbes qu'il a disséquées très l ong et rempli de petits poissons que les fistulaires peuvent pêcher avec facilité, en faisant pénétrer leur museau très allongé et très étroit dans les intervalles des rochers, sous les pierres, sous les fucus et parmi les coraux.

La petimbe se nourrit aussi de jeunes crabes. Sa chair est maigre et, dit-on, peu agréable au goût.

Voici maintenant ce que nous avons remarqué de particulier dans la conformation intérieure de cette fistulaire.

L'épine dorsale ne présente que quatre vertèbres, depuis la tête jusqu'au-dessus des nageoires ventrales. La première de ces quatre vertèbres n'a que deux apophyses latérales, petites, très courtes et pointues ; et cependant elle est d'une longueur démesurée, relativement aux trois qui la suivent. Cette longueur est égale à celle de la moitié du tube formé par les mâchoires. Cette première vertèbre montre d'ailleurs, dans sa partie supérieure, une lame mince et longitudinale, qui tient lieu d'apophyse, et qu'une autre lame également mince, longitudinale et inclinée au lieu d'être verticale, accompagne de chaque côté.

La seconde, la troisième et la quatrième vertèbre ont chacune une apophyse supérieure et deux apophyses latérales droites et horizontales ou à peu près. Ces apophyses latérales sont terminées, dans la seconde vertèbre, par une sorte de palette.

La cinquième, la sixième et toutes les autres vertèbres jusqu'à la nageoire de la queue sont conformées comme la troisième et la quatrième; mais elles sont plus courtes et le sont d'autant plus qu'elles approchent davantage de l'extrémité de l'épine. On ne voit pas de côtes[1].

CENT QUATRE-VINGT-TREIZIÈME GENRE

LES AULOSTOMES

Les mâchoires étroites, très allongées et en forme de tube ; l'ouverture de la bouche à l'extrémité du museau; le corps et la queue très allongés; les nageoires petites ; une nageoire dorsale située au delà de l'anus et au-dessus de l'anale ; une rangée longitudinale d'aiguillons, réunis chacun à une petite membrane placée sur le dos et tenant lieu d'une première nageoire dorsale.

ESPÈCE.	CARACTÈRES.
L'AULOSTOME CHINOIS.	Dix ou onze aiguillons sur la partie antérieure du dos ; vingt-quatre rayons à la dorsale ; vingt-sept à la nageoire de l'anus ; la caudale arrondie.

L'AULOSTOME CHINOIS[2]

Aulostomus chinensis, Lacép., Cuv. *Fistularia chinensis*, Linn., Gmel.

On voit aisément les ressemblances qui rapprochent les aulostomes des fistulaires, et les différences qui empêchent de les confondre avec ces derniers poissons. Le nom générique *aulostome*[3] indique ces ressemblances, en même temps qu'il exprime que les abdominaux qui le portent appartiennent à un groupe différent de celui des fistulaires.

1. A la membrane branchiale de la fistulaire petimbe............... 7 rayons.
  A chaque pectorale.. 15 —
  A chaque ventrale... 6 —
  A la nageoire de la queue... 15 —

2. *Aiguille tachetée.* — *Bélone tachetée.* — *Chinefische rohrfisch, Trompeten fisch,* par les Allemands. — *Trumpetter-visch,* par les Hollandais. — *Trumpet,* par les Anglais. — *Penjol, Pedjang, Ikan dioelon, Joulong,* aux Indes orientales. — *Trompette aiguille.* Daubenton et Haüy, Encyclopédie méthodique. — *Id.* Bonnaterre, planches de l'Encyclopédie méthodique.

  « Solenostomus cauda rotundata integerrima, seta nulla. » Gronov., *Zooph.,* 366. — « Acus chinensis maxima, etc. » Petiv. Gaz. — Valent., *Ind.,* III, f. 323, 492. — *Trompette.* Bloch, pl. 388. — « Aulus rostro cathethoplateo, corpore lineis longitudinalibus picto, cauda astyla. » Commerson, manuscrits déjà cités. — *Trompette.* Valmont de Bomare, *Dictionnaire d'histoire naturelle.*

3. *Aulos,* en grec, signifie flûte ; et *stoma,* bouche.

L'aulostome chinois, vu dans la rade de Cavite des îles Philippines par Commerson, qui en a laissé dans ses manuscrits une description très détaillée, habite non seulement dans la mer qui baigne les côtes de la Chine, mais encore dans celle qui environne les rivages des Antilles, ainsi que dans la mer des Indes orientales.

Sa couleur générale est rougeâtre et variée par un grand nombre de taches irrégulières, inégales, petites, noires ou brunes, et par huit raies longitudinales blanches.

Le corps et la queue sont couverts d'écailles petites, dentelées et serrées les unes au-dessus des autres. On aperçoit de légères ciselures sur les grandes lames qui revêtent la tête. Les mâchoires sont très comprimées et leur longueur égale souvent le cinquième de la longueur totale. L'ouverture de la bouche, que l'on voit au bout du tuyau formé par le museau, n'a que peu de diamètre, et la portion de la mâchoire inférieure qui en compose le bord d'en bas se relève contre la supérieure. Ces mâchoires ne présentent pas de dents. L'animal n'a pas de langue; mais, au-dessous de l'extrémité du museau, pend un barbillon flexible. Chaque narine a deux orifices. On découvre le rudiment d'une cinquième branchie sous l'opercule qui bat sur une lame triangulaire et striée. Les neuf rayons de la partie antérieure du dos se relèvent et s'inclinent à la volonté du poisson, comme ceux d'une véritable nageoire.

L'aulostome chinois parvient à une longueur de près d'un mètre; sa chair est coriace et maigre. Il se nourrit d'œufs de poisson; il mange aussi des vers.

On ne le rencontre que dans les mers voisines de l'équateur ou des tropiques, et cependant sa dépouille a été reconnue sous les couches volcaniques du mont Bolca [1], près de Vérone [2].

CENT QUATRE-VINGT-QUATORZIÈME GENRE

LES SOLÉNOSTOMES

Les mâchoires étroites, très allongées et en forme de tube; l'ouverture de la bouche à l'extrémité du museau; deux nageoires dorsales.

ESPÈCE.	CARACTÈRES.
LE SOLÉNOSTOME PARA-DOXAL.	Cinq rayons à la première nageoire du dos; dix-huit à la seconde; la caudale lancéolée; le corps et la queue couverts de lames un peu relevées et aiguës dans leurs bords.

1. *Ichtyolithologie des environs de Vérone,* par le savant Gazola, etc., pl. 5, fig. 1.
2. A la membrane branchiale de l'aulostome chinois............... 4 rayons.
    A chaque pectorale... 17 —
    A chaque ventrale.. 6 —
    A la nageoire de la queue.................................... 13 —

LE SOLÉNOSTOME PARADOXAL [1]

Solenostomus paradoxus, Lacép. — *Fistularia paradoxa,* Linn., Gmel.

Voici encore un de ces êtres bizarres en apparence, sur lesquels nous voyons réunis des traits disparates, ou, ce qui est la même chose, des caractères que nous sommes habitués à ne rencontrer que séparés les uns des autres. Offrant les formes distinctives de plusieurs genres très peu semblables les uns aux autres, paraissant étroitement liés avec plusieurs et n'appartenant réellement à aucun, attirés d'un côté par plusieurs familles, mais repoussés de l'autre par ces mêmes tribus, on dirait que la nature les a produits en prenant au hasard dans divers groupes les portions dont ils sont composés.

Qu'on ne s'y méprenne pas cependant, et qu'on admire ici le sceau particulier que cette nature merveilleuse imprime sur tous ses ouvrages, et qui, pour des yeux accoutumés à contempler ses prodiges, ne permet pas de confondre les effets de sa puissance intime et pénétrante avec les résultats de l'action toujours superficielle de l'art le plus perfectionné. Qu'on ne croie pas trouver ici un simple rapprochement de portions hétérogènes. En attachant les uns aux autres ces membres pour ainsi dire dispersés auparavant, en leur imprimant un mouvement commun et durable, en répandant dans leur intérieur le souffle de la vie, la nature en modifie toutes les parties, en pénètre la masse, en adoucit les contrastes qui se repousseraient avec violence, et sa main remaniant, pour ainsi dire, le dehors et le dedans de ces organes, place des nuances conciliatrices entre les formes incohérentes, introduit des liens secrets et donne au tout qu'elle fait naître ces proportions dans les ressorts, cette correspondance dans les forces, cet accord dans les attributs, qui constituent la perfection de l'ensemble.

La nature ne cesse jamais de maintenir la convenance des rapports, de perpétuer l'ordre, de conserver ses lois. Elle agit d'après son plan admirable, lors même qu'elle paraît s'écarter de ses règles éternelles. Quelle leçon pour l'homme! Qu'ils sont peu fondés, les raisonnements de ceux qui ont voulu trouver dans les prétendus caprices de la nature l'excuse de leurs erreurs ou de leurs égarements! Descendons de ces considérations élevées pour suivre notre route. C'est à Pallas que nous devons la connaissance du solénostome, qui, par sa conformation extraordinaire, nous rappelle plusieurs genres différents de poissons, notamment ceux des syngnathes, des pégases, des cycloptères, des gobies, des aspidophores, des scorpènes, des lépisacanthes, des péristédions, des loricaires, des fistulaires et des olostomes.

Cet abdominal ne parvient guère qu'à la longueur d'un décimètre. On

<hr>

1. Pallas. *Spicilegia zoolog.,* 8, p. 32, tab. 4 fig. 6. — *Trompette solénostone.* Bonnaterre, planches de l'Encyclopédie méthodique.

l'a pêché dans les eaux d'Amboine. Sa couleur générale est d'un gris blanchâtre, relevé par des raies ou petites bandes sinueuses et brunes. On voit sur la première nageoire du dos et sur celle de la queue d'autres raies tortueuses et noires. Les lames qui recouvrent le corps et la queue ont leurs bords hérissés de petites épines ; elles sont d'ailleurs placées de manière que le corps ressemble à une sorte de prisme à neuf ou dix pans dans sa partie antérieure et à six faces dans sa partie postérieure. La queue, dont le diamètre est moins grand que celui du corps, présente six ou sept faces.

La tête proprement dite est petite, l'œil grand, le devant de l'orbite garni de chaque côté d'un piquant à trois facettes ; le tube formé par le museau très long, droit, dirigé vers le bas, comprimé par le haut, relevé en dessous par une double arête longitudinale, armé dans sa partie supérieure de deux aiguillons coniques ; le bout du museau où est l'ouverture de la bouche, relevé ; la lèvre d'en bas moins avancée cependant que la supérieure ; la nuque défendue par trois piquants ; l'opercule petit, très mince et rayonné ; la première dorsale très haute et inclinée vers la queue. Chaque pectorale est très large, chaque ventrale très grande, et l'espace qui sépare une ventrale de l'autre recouvert d'une membrane lâche, qui les réunit et forme comme un sac longitudinal [1].

CENT QUATRE-VINGT-QUINZIÈME GENRE

LES ARGENTINES

Moins de trente rayons à la membrane des branchies, ou moins de rayons à la membrane branchiale d'un côté qu'à celle de l'autre ; des dents aux mâchoires, sur la langue et au palais ; plus de neuf rayons à chaque ventrale ; point d'appendice auprès des nageoires du ventre ; le corps et la queue allongés ; une seule nageoire du dos ; la couleur générale argentée et très brillante.

ESPÈCES.	CARACTÈRES.
1. L'ARGENTINE SPHYRÈNE.	Dix rayons à la nageoire du dos ; douze ou treize à celle de l'anus ; la caudale fourchue ; six rayons à la membrane des branchies.
2. L'ARGENTINE BONUK.	Dix-sept ou dix-huit rayons à la dorsale ; huit à la nageoire de l'anus ; la caudale fourchue ; treize rayons à la membrane branchiale.
3. L'ARGENTINE CAROLINE.	Vingt-cinq rayons à la nageoire du dos ; quinze à l'anale ; la caudale fourchue ; vingt-huit rayons à la membrane des branchies.
4. L'ARGENTINE MACHNATE.	Quatre rayons aiguillonnés et vingt rayons articulés à la dorsale ; trois rayons aiguillonnés et quatorze rayons articulés à la nageoire de l'anus ; la caudale très échancrée trente-deux rayons à une membrane branchiale et trente-quatre à l'autre.

1. A chaque pectorale du solénostome paradoxal.................... 25 rayons.
    A chaque ventrale... 7 —
    A la nageoire de l'anus....................................... 12 —
    A celle de la queue.. 14 —

L'ARGENTINE SPHYRÈNE [1]

Argentina sphyræna, Lacép., Cuv., Linn., Gmel.

L'Argentine bonuk, *Argentina bonuk,* Lacép.; *Argentina glossodonta,* Linn., Gmel.; *Argentina Butyra,* Cuv. — L'Argentine caroline, *Argentina Carolina,* Lacép., Linn., Gmel.; *Elops Saurus,* Cuv. — L'Argentine machnate, *Argentina machnata,* Lacép., Linn., Gmel.

La sphyrène est bien petite ; elle ne parvient ordinairement qu'à la longueur d'un décimètre, mais sa parure est riche et élégante ; elle a reçu de la nature les ornements que la mythologie grecque a donnés à plusieurs divinités de la mer. La poésie verrait dans les effets de ses couleurs agréables et vives une robe d'argent étendue sur presque toute sa surface, une sorte de voile de pourpre placé sur sa tête et un manteau d'un vert argentin comme jeté sur sa partie supérieure. Cependant cet éclat fait son malheur ; un poisson perdu, pour ainsi dire, dans l'immensité des mers est pour l'homme une leçon de sagesse, tant les lois de la nature sont immuables et générales.

Revêtue d'écailles moins belles, l'argentine sphyrène n'aurait point à redouter le filet ou l'appât du pêcheur ; mais elle est couverte d'une substance dont les nuances et les reflets sont ceux des perles orientales. Par suite d'une conformation particulière, les éléments de ses écailles ne se réunissent pas seulement sur sa peau en lames blanches et chatoyantes, ils se rassemblent dans son intérieur en poudre brillante et fine. Sa vessie natatoire, qui est assez grande à proportion de la longueur totale de l'animal, est particulièrement couverte d'une poussière d'argent ou plutôt de petites feuilles argentées et éclatantes. Les arts inventés par le luxe ont eu recours à ces molécules argentines ; ils les ont introduites dans de petits globes d'un verre très pur et très diaphane, les ont collées contre la surface intérieure de ces boules blanches et transparentes, ont produit des perles artificielles de toutes les grosseurs qu'ils ont pu désirer [2] ; et la sphyrène a été tourmentée, poursuivie et prise, malgré sa petitesse et le nombre de ses asiles, comme les poissons les plus grands et les plus propres à satisfaire des besoins plus réels que ceux de la vanité.

1. *Pei d'argent,* dans le département du Var. (Note communiquée par M. Fauchet, préfet de ce département.) — *Argentine hautin.* Daubenton et Haüy, Encyclopédie méthodique. — *Id.* Bonnaterre, planches de l'Encyclopédie méthodique. — « Argentina. » Artedi, gen. 8, syn. 17. — « Seconde espèce de spet. » Rondelet, première partie, liv. VIII, chap. II. — « Sphyræna parva, *seu* sphyrænæ secunda species. » Gesner, p. 883 et 1061, et (germ.) fol. 39, *a.* — « Pisciculus Romæ argentina dictus. » Willughby, p. 229. — *Id.* Ray, p. 108.

Gronov., Mus. 1, n. 24. — *Argentine bonuk.* Daubenton et Haüy, Encyclopédie méthodique. — *Id.* Bonnaterre, planches de l'Encyclopédie méthodique. — « Harengus minor bahamensis. » Catesby, *Carol.,* II, p. 24, tab. 24. — *Argentine machnat.* Bonnaterre, planches de l'Encyclopédie méthodique. — Forskael, *Fauna arab.,* p. 68, n. 100.

2. Voyez, relativement à la production des écailles et à la coloration des poissons, notre Discours sur la nature de ces animaux.

On trouve cette argentine dans la Méditerranée, notamment auprès de la Campagne de Rome et des rivages de l'Étrurie. Sa tête est si diaphane qu'on distingue aisément au travers de son crâne les lobes de son cerveau.

Le bonuk habite dans la mer d'Arabie. Ses écailles sont larges, arrondies, striées à leur base et brillantes. On n'en voit pas de petites sur la tête. Le dos réfléchit des teintes un peu obscures et la nuque ainsi que les nageoires offrent des nuances d'un bleu mêlé de vert. De petits tubercules sont situés entre les yeux. La mâchoire supérieure finit en pointe, s'avance plus que l'inférieure et montre une tache noire en forme d'anneau. Les dents sont petites, sétacées, très serrées, roussâtres, placées sur plusieurs rangs; le fond du palais en présente de molaires, qui sont hémisphériques, blanches, fortes et distribuées en trois compartiments. On peut voir, à la base de la langue, des tubercules osseux, hérissés d'aspérités. La ligne latérale est droite. De petites écailles revêtent une partie de la membrane de la caudale.

L'argentine caroline, qui se plaît dans les eaux douces de la contrée américaine dont elle porte le nom, a sur son opercule une sorte de suture longitudinale ; sa ligne latérale est droite.

La machnate, qui vit dans la mer d'Arabie comme le bonuk, parvient à la longueur de plusieurs décimètres. Elle a le dos bleuâtre, la dorsale d'un bleu mêlé de vert ; l'anale et la caudale de la même couleur par-dessus et jaunâtres par-dessous ; les pectorales et les ventrales jaunâtres ; les écailles petites et striées ; le dessus de la tête horizontal, aplati et creusé par un sillon très large ; la lèvre supérieure moins avancée que l'inférieure ; les dents nombreuses et très fines ; l'œil grand, l'opercule dénué de petites écailles.

L'inégalité du nombre des rayons des deux membranes branchiales est digne de remarque[1].

1.   A chaque pectorale de l'argentine sphyrène...................... 14 rayons.
       A chaque ventrale.. 11   —
       A la caudale... 19   —

       A chaque pectorale de l'argentine bonuk................... 19   —
       A chaque ventrale.. 11   —
       A la nageoire de la queue................................ 20   —

       A chaque pectorale de l'argentine Caroline 16   —
       A chaque ventrale.. 12   —
       A la caudale... 31   —

       A chaque pectorale de l'argentine machnate............... 17   —
       A chaque ventrale.. 15   —
       A la nageoire de la queue................................ 18   —

CENT QUATRE-VINGT-SEIZIÈME GENRE

LES ATHÉRINES

Moins de huit rayons à chaque ventrale et à la membrane des branchies ; point de dents au palais ; le corps et la queue allongés et plus ou moins transparents ; deux nageoires du dos ; une raie longitudinale et argentée de chaque côté du poisson.

ESPÈCES.	CARACTÈRES.
1 L'Athérine joel.	Huit rayons à la première dorsale ; dix à la seconde ; treize à celle de l'anus ; trois à la membrane branchiale ; la caudale fourchue ; la mâchoire inférieure plus avancée que la supérieure ; les écailles en losange, minces et unies.
2. L'Athérine ménidia.	Cinq rayons à la première nageoire du dos ; dix à la seconde ; vingt-quatre à l'anale ; la caudale fourchue.
3. L'Athérine sihama.	Onze rayons aiguillonnés à la première dorsale ; vingt et un à la seconde ; vingt-trois à la nageoire de l'anus ; les écailles arrondies et légèrement dentelées ; le sommet de la tête garni de petites écailles.
4. L'Athérine grasdeau.	Six rayons à la première nageoire du dos ; dix à la seconde ; vingt à la nageoire de l'anus ; six à la membrane branchiale ; une membrane entre les ventrales ; la caudale fourchue.

L'ATHÉRINE JOEL [1]

Atherina hepsetus, Lacép., Linn., Gmel.

L'ATHÉRINE MÉNIDIA

Atherina menidia, Lacép., Linn., Gmel.

L'Athérine sihama, *Atherina sihama*, Lacép., Linn., Gmel. — L'Athérine grasdeau, *Atherina pinguis*, Lacép.

Le joël a la tête dénuée de petites écailles, le dos brunâtre, les flancs nuancés de bleu, le ventre argentin, les nageoires grises ; il ne présente que

1. *Prester.* — *Prêtre.* — *Roseret.* — *Roset.* — *Lou sauclet*, dans plusieurs départements méridionaux de France. (Note communiquée par M. Fauchet, préfet du Var.) — *Peic-rey, Peixe-rey*, en Portugal. — *Segreto*, en Sardaigne. — *Kesch kusch, Abu-kesckul*, en Arabie. — *Inmisch-baluk*, en Turquie. — *Spillancosa*, en Italie. — *Quenaro*, auprès de Gênes. — *Anguella*, auprès de Venise. — *Kornahrenfisch*, par les Allemands. — *Silverfisk*, par les Suédois.
Salvbandet, par les Danois. — *Koorna airvich*, par les Hollandais. — *Smelt*, dans plusieurs contrées de l'Angleterre. — Atherina. Mus. Ad. Frid. 2, p. 103. — Gronov., Mus. 1, n. 66. — « Atherina hepsetus. » Hasselquist, *It.*, 382. — *Id.* Forskael, *Fauna arab.*, p. 69, n. 101. — *Athérine joel.* Daubenton et Haüy, Encyclopédie méthodique. — *Id.* Bonnaterre, planches de l'Encyclopédie méthodique.
Bloch, pl. 3ʳ3, fig. 3. — *Juvil.* Rondelet, première partie, liv. VII, chap. VIII. — « Hepsetus Rondeletii. » Aldrovande, lib. II, cap. XXXV, p. 216. — « Pisciculus anguella Venetiis dictus. » Willughby, p. 209. — Ray, p. 79. — *Atherina.* Artedi, syn., Append., p. 116. — « Atherina, vertice ad rostrum usque planiusculo, tænia laterali argentea. » Commerson, manuscrits déjà cités.
Athérine poisson d'argent. Daubenton et Haüy, Encyclopédie méthodique. — *Id.* Bonnaterre,

de très petites dimensions ; son corps est presque diaphane ; ses écailles se détachent facilement ; sa chair est bonne, et d'ailleurs on se sert de ce poisson pour faire des appâts.

On le trouve dans la mer d'Arabie, dans la Méditerranée et dans l'océan Atlantique boréal.

Sonini raconte, dans l'intéressant ouvrage qu'il a publié sous le titre de *Voyage en Grèce et en Turquie*, que les athérines joëls, nommées *athernos* par les Grecs modernes, se réunissent en bandes très nombreuses auprès des rivages des îles grecques. Lorsqu'on veut les prendre et que le temps est calme, un pêcheur se promène le long des bords de la mer en traînant dans l'eau une queue de cheval ou un morceau de drap noir attaché au bout d'un long bâton ; les joëls se rassemblent autour de cette sorte d'appât, en suivent tous les mouvements et se laissent conduire dans quelque enfoncement formé par des rochers, où on les renferme par le moyen d'un filet, et où on les saisit ensuite facilement[1].

On pêche une grande quantité de ces athérines dans les environs de Southampton, qu'elles fréquentent pendant toutes les saisons qui ne sont pas très froides, mais particulièrement pendant le printemps, qui est le temps de leur frai.

Notre habile et zélé correspondant, M. Noël, de Rouen, m'a écrit que l'on pêchait quelquefois, sur les côtes voisines de Caen, des athérines joëls ; on les y nomme *roserets* ou *rosets*. Elles parviennent rarement à la longueur d'un décimètre. Elles ont au-dessus de la tête une petite crête dentelée, des deux côtés de laquelle est un sillon dans la cavité duquel on voit deux trous ou pores différents des orifices des narines. Leur chair est extrêmement délicate ; lorsque le poisson est sec, elle devient jaune et beaucoup plus transparente que pendant la vie de l'animal. La raie longitudinale et argentée reste cependant opaque et paraît, dit M. Noël, comme un petit galon d'argent sur un fond chamois.

M. Mesaize, pharmacien de Rouen, que j'ai déjà eu l'avantage de citer dans l'Histoire des poissons, vient de m'écrire que, dans le port de Fécamp, on pêche les joëls à la marée montante, vers la fin de l'été. On leur a donné le nom de *prêtre*, apparemment à cause de leur espèce d'étole d'argent. On se sert pour les prendre, ou d'un filet désigné par le nom de *carré*[2], dans le fond duquel on met pour appât des crabes écrasés, ou d'une grande *chau-*

planches de l'Encyclopédie méthodique. — « Atherina menidia, pinna ani radiis viginti quatuor, cauda bifida. » Bosc, notes manuscrites déjà citées. — *Athérine sihama.* Bonnaterre, planches de l'Encyclopédie méthodique. — *Le grâdeau* ou *le grasdeau,* « atherina pellucida, ore denticulato, etc. » Commerson, manuscrits déjà cités.

1. *Voyage en Grèce et en Turquie,* par Sonini, t. II, p. 209.

2. *Chaudrette, chaudière, caudrette, caudelette, savonceau,* différents noms d'un *truble* qui n'a pas de manche, que l'on suspend comme le bassin d'une balance, et que l'on relève avec une petite fourche de bois. (Voyez la description du *truble* à l'article du *misgurne fossile.*) — Le filet nommé *carré* est le même que le *carrelet* décrit dans l'article du *cobite loche.*

drette, nommée *hommardière*, qu'on laisse tomber du haut d'un mât placé sur le bord d'un bateau pêcheur.

L'athérine ménidia habite dans la Caroline. Nous allons la faire connaître d'après une excellente description qui nous a été communiquée par notre savant ami et confrère M. Bosc.

Cette athérine, que M. Bosc a vue vivante dans l'Amérique septentrionale, a la tête aplatie par-dessus, arrondie en dessous et tachetée de points bruns. Sa bouche peut s'allonger de plus de deux millimètres. Dix ou douze dents très courtes garnissent ses lèvres. Sa hauteur est égale au cinquième de la longueur du corps et de la queue. Sa couleur générale est d'un gris pâle; mais l'extrémité de la caudale est brune, et les écailles sont bordées, surtout sur le dos, de petits points bruns. Ces écailles sont d'ailleurs presque circulaires. La raie argentée est large d'un millimètre ou environ.

Les athérines ménidia sont extrêmement communes dans les rivières *salées* des environs de Charlestown. Elles sont très jolies à voir, très agréables au goût et de plus très propres à servir d'appât, leur longueur n'excédant pas un décimètre.

La sihama ressemble à un fuseau par sa forme générale. Des teintes de blanc, de vert et de bleu composent le fond de sa couleur. Sa lèvre supérieure peut s'avancer à sa volonté. Ses pectorales sont lancéolées. On l'a pêchée dans la mer d'Arabie.

L'athérine *grasdeau* est encore inconnue des naturalistes. Commerson l'a vue, décrite et fait dessiner. La couleur générale de ce poisson est semblable à celle d'une eau très transparente; des nuances plus obscures paraissent sur le dos; les nageoires supérieures sont brunes, ainsi que la caudale; les inférieures blanches et diaphanes; les pectorales ornées d'une bande transversale, large, transparente et argentée. L'intérieur de la bouche est aussi d'un blanc éclatant et diaphane; l'iris est argenté. Les yeux sont peu saillants; la tête est dénuée de petites écailles; l'opercule composé de deux pièces et pointu par derrière; la mâchoire supérieure extensible; le péritoine noir; la chair très délicate. Celles des côtes que l'on voit au delà de l'anus sont réunies les unes aux autres et leur surface inférieure présente une épine courbée en arrière[1].

---

1. A chaque pectorale de l'athérine joël.......................... 13 rayons.
    A chaque ventrale.. 6 —
    A la nageoire de la queue.................................... 20 —
    A chaque pectorale de l'athérine ménidia..................... 13 —
    A chaque ventrale.. 6 —
    A la caudale... 22 —
    A chaque pectorale de l'athérine sihama...................... 16 —
    A chaque ventrale.. 6 —
    A la nageoire de la queue.................................... 17 —
    A chaque pectorale de l'athérine grasdeau................... 14 —
    A chaque ventrale.. 6 —
    A la caudale... 17 —

CENT QUATRE-VINGT-DIX-SEPTIÈME GENRE

LES HYDRARGIRES

Moins de huit rayons à chaque ventrale et à la membrane des branchies ; point de dents au palais ; le corps et la queue allongés et plus ou moins transparents ; une nageoire sur le dos ; une raie longitudinale plus ou moins large, plus ou moins distincte et argentée de chaque côté du poisson.

ESPÈCE.	CARACTÈRES.
L'HYDRARGIRE SWAMPINE.	Onze rayons à la nageoire du dos ; douze à la nageoire de l'anus ; la caudale arrondie.

L'HYDRARGIRE SWAMPINE [1]

Hydrargira swampina, LACÉP. — *Fundulus fasciatus*, VALEN.

M. Bosc a vu dans la Caroline, où il était agent des relations commerciales de la République française, ce poisson, dont les naturalistes n'ont pas encore publié de description.

Cette hydrargire a la tête aplatie en dessus et en dessous ; la bouche cartilagineuse ; les lèvres susceptibles de s'allonger et garnies chacune de dix ou douze dents très courtes ; la lèvre inférieure plus avancée que celle d'en haut ; l'ensemble formé par le corps et la queue demi-transparent et quatre fois plus long que large ; les ventrales très rapprochées de la nageoire de l'anus ; les écailles demi-circulaires ; les yeux jaunes ; les nageoires souvent pointillées ; un grand nombre de petits points verdâtres distribués autour de chaque écaille ou placés de manière à produire des raies longitudinales, et quelquefois onze ou douze bandes transversales et brunes réunies à ces points verdâtres ou composant seules la parure de la swampine.

Les individus de cette espèce paraissent par milliers dans toutes les eaux douces de la Caroline. Ils fourmillent surtout dans les marais et dans les lagunes des bois. Les mares dans lesquelles ils se trouvent étant souvent desséchées au point de ne pas conserver assez d'eau pour les couvrir, ils sont obligés de changer fréquemment de séjour. Ils émigrent ainsi sans beaucoup de peine, parce qu'ils peuvent sauter avec beaucoup de facilité et s'élancer à d'assez grandes hauteurs. M. Bosc en a vu parcourir en un instant des espaces considérables, pour aller chercher une eau plus abondante.

Ils ne parviennent presque jamais à la longueur d'un décimètre. Leur chair n'est pas d'ailleurs agréable et les pêcheurs ne les recherchent pas ; mais ils servent de nourriture à un grand nombre d'oiseaux d'eau et de reptiles qui habitent dans leurs lagunes et dans leurs marais [2].

---

1. « Atherina swampina, pinna ani radiis duodecim, cauda rotundata. » Notes manuscrites communiquées par mon habile confrère M. Bosc.

2. A la membrane branchiale de l'hydrargire swampine............ 6 rayons.
A chaque pectorale... 15 —
A chaque ventrale... 7 —
A la nageoire de la queue..................................... 26 —

CENT QUATRE-VINGT-DIX-HUITIÈME GENRE

LES STOLÉPHORES

Moins de neuf rayons à chaque ventrale et à la membrane des branchies ; point de dents ; le corps et la queue allongés et plus ou moins transparents ; une nageoire sur le dos ; une raie longitudinale et argentée de chaque côté du poisson.

ESPÈCES.	CARACTÈRES.
1. LE STOLÉPHORE JAPONAIS.	Cinq rayons à la nageoire du dos ; la raie longitudinale et argentée très large.
2. LE STOLÉPHORE COMMERSONNIEN.	Quinze rayons à la dorsale ; vingt à la nageoire de l'anus, la caudale en croissant.

LE STOLÉPHORE JAPONAIS [1]

Stolephorus japonicus, Lacép. — *Atherina japonica*, Linn., Gmel.

LE STOLÉPHORE COMMERSONNIEN

Stolephorus Commersonnii, Lacép. — *Stolephorus Engraulis*, Cuv.

Les stoléphores ont une parure très semblable à celle des athérines ; le nom générique que nous leur avons donné désigne l'ornement qu'ils ont reçu [2]. Houttuyn a fait connaître le japonais, et nous avons trouvé parmi les manuscrits de Commerson un dessin du stoléphore que nous dédions à ce voyageur, et qu'aucun naturaliste n'a encore décrit.

Le japonais vit dans la mer qui entoure les îles dont il porte le nom. Sa longueur ordinaire est d'un décimètre. Sa tête ne présente pas de petites écailles ; celles qui garnissent le corps et la queue sont très lisses. Sa couleur générale est d'un rouge mêlé de brun.

Le commersonnien a la tête dénuée de petites écailles, comme le japonais ; le museau pointu ; la mâchoire supérieure terminée par une protubérance ; les yeux gros et ronds ; les écailles arrondies ; les ventrales très petites ; la caudale assez grande [3].

CENT QUATRE-VINGT-DIX-NEUVIÈME GENRE

LES MUGES

La mâchoire inférieure carénée en dedans ; la tête revêtue de petites écailles ; les écailles striées ; deux nageoires du dos.

ESPÈCE.	CARACTÈRE.
1. LE MUGE CÉPHALE.	Quatre rayons à la première nageoire du dos ; neuf à la seconde ; trois rayons aiguillonnés et neuf rayons articulés à la nageoire de l'anus ; la caudale en croissant ; une den

---

1. Houttuyn, *Act. Haarl.*, XX, 2, p. 340, n. 29.
2. *Stole*, en grec, signifie *étole*, etc.
3. A chaque pectorale du stoléphore japonais...................... 14 rayons.
   A chaque ventrale... 8 —
   A celle de la queue du stoléphore commersonnien.............. 13 —

ESPÈCES.	CARACTÈRES.
1. LE MUGE CÉPHALE.	telure de chaque côté, entre l'œil et l'ouverture de la bouche ; deux orifices à chaque narine ; l'opercule anguleux par derrière ; un grand nombre de raies longitudinales, étroites et noirâtres de chaque côté du poisson.
2. LE MUGE ALBULE.	Quatre rayons à la première nageoire du dos ; neuf à la seconde ; trois rayons aiguillonnés et huit rayons articulés à l'anale ; la caudale fourchue ; la couleur générale argentée ; point de raies longitudinales.
3. LE MUGE CRÉNILABE.	Quatre rayons aiguillonnés à la première dorsale ; neuf à la seconde ; trois rayons aiguillonnés et huit rayons articulés à la nageoire de l'anus ; la caudale en croissant ; les lèvres festonnées ; une ligne latérale très sensible.
4. LE MUGE TANG.	Quatre rayons à la première nageoire du dos ; neuf à la seconde ; un rayon aiguillonné et dix rayons articulés à l'anale ; la caudale en croissant ; les opercules dénués de petites écailles ; un grand nombre de raies longitudinales, étroites et jaunes.
5. LE MUGE TRANQUEBAR.	Quatre rayons à la première nageoire du dos ; neuf à la seconde ; un rayon aiguillonné et onze rayons articulés à la nageoire de l'anus ; la caudale en croissant ; la tête très petite ; les opercules garnis de petites écailles ; un grand nombre de raies longitudinales, très étroites et jaunes.
6. LE MUGE PLUMIER.	Quatre rayons à la première dorsale ; un rayon aiguillonné et neuf rayons articulés à la nageoire de l'anus ; l'ouverture de la bouche très grande ; point de dentelure au-devant de l'œil ; le museau très arrondi ; le dessus de la tête aplati ; point de petites écailles sur les opercules ; la couleur générale jaune ; point de raies longitudinales.
7. LE MUGE TACHE BLEUE.	Quatre rayons à la première nageoire du dos ; neuf à la seconde ; dix à l'anale ; cinq à la membrane branchiale ; la couleur générale d'un bleu mêlé de brun ; une tache bleue à la base de chaque pectorale ; point de raies longitudinales.

LE MUGE CÉPHALE[1]

Mugil cephalus, LACÉP., LINN., GMEL., CUV.

LE MUGE ALBULE, *Mugil albula*, Lacép., Linn., Gmel.; Cuv. — LE MUGE CRÉNILABE,
Mugil crenilabis, Lacép., Linn., Gmel., Cuv. — LE MUGE TANG, *Mugil tang*, Lacép.,
Bloch, Cuv. — LE MUGE TRANQUEBAR, *Mugil tranquebar*, Lacép., Cuv. — LE MUGE
PLUMIER, *Mugil Plumierii*, Lacép. — LE MUGE TACHE BLEUE, *Mugil cœruleomaculatus*, Lacép.

La tête du céphale est large, quoique comprimée ; l'ouverture de sa
bouche étroite ; chacune de ses mâchoires armée de très petites dents ; la

1. *Mulet de mer.* — *Cabot.* — *Meuille.* — *Mule*, auprès de Bordeaux. (Note communiquée par
M. Dutrouil, officier de santé.) — *Same, Maron, Chalue*, dans plusieurs départements méri-

langue rude; la gorge garnie de deux os hérissés d'aspérités; la lèvre supérieure soutenue par deux os étroits, qui finissent en pointe recourbée; la partie antérieure de l'opercule placée au-dessus d'une demi-branchie; la base de l'anale, de la caudale et de la seconde dorsale, revêtue de petites écailles; le dos brun; le ventre argentin; et la couleur des nageoires bleue.

Les céphales habitent dans presque toutes les mers.

Lorsqu'ils s'approchent des rivages, qu'ils s'avancent vers l'embouchure des fleuves et qu'ils remontent dans les rivières, ils forment ordinairement des troupes si nombreuses que l'eau, au travers de laquelle on les voit sans les distinguer, paraît bleuâtre. Les pêcheurs, qui poursuivent ces légions de muges, les entourent de filets, dont ils resserrent insensiblement l'enceinte, et, diminuant à grand bruit la circonférence de l'espace dans lequel ils ont renfermé ces poissons, ils les rapprochent, les pressent, les entassent et les prennent avec facilité. Mais souvent les céphales se glissent au-dessous des filets ou s'élancent par-dessus; les pêcheurs de certaines côtes ont recours à un filet particulier, nommé *sautade* ou *cannat*, fait en forme de sac ou de verveux, qu'ils attachent au filet ordinaire, et dans lequel les muges se prennent d'eux-mêmes, lorsqu'ils veulent s'échapper en sautant. Cette

dionaux de France. — *Muego, Mujou,* auprès de Marseille. — *Lou testud,* dans le département du Var. (Note communiquée par M. Fauchet, préfet de ce département.)

Muggine nero, Capo grosso, Saltatore, à Gênes. — *Cefalo,* à Rome. — *Muggini, Ozzane, Cumula, Tissa, Concordita,* en Sardaigne. — *Caplar,* à Malte. — *Buri, Mukscher,* en Arabie. — *Kefal baluk,* en Turquie. — *Harder, Grosskopf,* par les Allemands. — *Mullet,* par les Anglais. — *Baluna, Blanov,* dans les Indes orientales.

Mugile muge. Daubenton et Haüy, Encyclopédie méthodique. — *Id.* Bonnaterre, planches de l'Encyclopédie méthodique. — *Mulet.* Bloch, pl. 394. — Mus. Ad. Frid., 2, p. 104. — *Mugil.* Artedi, gen. 32, syn. 52, spec. 71. — *Kephalos kestreus.* Aristote, lib. II, cap. xvii; lib. IV, cap. vii et x; lib. V, cap. v, ix, x et xi; lib. VI, cap. xiii, xv et xvii; lib. VIII, cap. ii, xiii, xix et xxx. — *Kephalos, kestreos et kestrea.* Ælian, lib. I, cap. iii, p. 7; lib. VII, cap. xix; et lib. XIII, cap. xix. — *Kephalos et kestrea.* Oppian, lib. I, p. 5; et lib. II, p. 53. — *Kestreus.* Athen., lib. I, p. 4; lib. III, p. 86; lib. VII, p. 306. — *Cephalus.* P. Jov., cap. x, p. 66.

Rondelet, première partie, liv. VII, chap. v; liv. VIII, chap. i, ii, iii, iv; liv. XV, chap. v; et seconde partie des poissons des étangs marins, chap. v (édition de Lyon, 1558). — *Cephalus, cestreus et mugil.* Gesner, p. 549, 684 et (germ.) fol. 35 et fol. 36 a. — *Mugil.* Pline, lib. IX, cap. xv, xvii. — *Id.* Wotton, lib. VIII, cap. clxxix, fol. 159, a. — *Id.* Jonston, lib. II, tit. 1, cap. iv, tab. 23, fig. 5; Thaum., p. 421. — *Id.* Aldrovande, lib. IV, cap. vi, p. 508. — *Mugil cephalus.* Willughby, p. 274. — *Id.* Ray, p. 84. — *Mugil imberbis.* Charleton, p. 151.

Mugil et mugilis. Salvian, fol. 75 a à 78 a. — *Mugil cephalus.* Hasselquist, *It.* 385. — *Mugil.* Gronov., *Zooph.,* 397. — *Mugile albule.* Daubenton et Haüy, Encyclopédie méthodique. — *Id.* Bonnaterre, planches de l'Encyclopédie méthodique. — « Albula bahamensis. » Catesby, *Carol.,* II, p. 6, tab. 6. — « Mugil argenteus minor, etc. » Brown, *Jam.,* 450. — Forskael, *Fauna arab.,* p. 73, n. 109. — *Mugile arabi.* Bonnaterre, planches de l'Encyclopédie méthodique.

Bloch, pl. 395. — Bloch, article du *muge tang.* — *Mulet doré.* — *Weitmund,* par les Allemands. — *Atoulri,* par les habitants de l'île de Saint-Vincent. — Bloch, pl. 396. — « Cephalus americanus, vulgo atoulri. » Plumier, manuscrits de la Bibliothèque royale déjà cités. — *Céphale d'Amérique* ou *mulet doré de rivière.* Gauthier, *Journal de physique,* t. III, p. 440, pl. 12. — « Mugil macula ad basin pinnarum pectoralium azurea, pinna dorsi ossiculorum novem, ani decem, pectoralibus sexdecim. » Commerson, manuscrits déjà cités.

manière de chercher leur salut dans la fuite, soit en franchissant l'obstacle qu'on leur oppose, soit en se glissant au-dessous, ne suppose pas un instinct bien relevé ; mais elle suffit pour empêcher de placer les céphales au rang des poissons les plus hébétés, en leur attribuant, avec Pline et d'autres anciens auteurs, l'habitude de se croire en sûreté, comme plusieurs animaux stupides, lorsqu'ils ont caché leur tête dans quelque cavité, et de ne plus craindre le danger qu'ils ont cessé de voir.

Les muges céphales préfèrent les courants d'eau douce vers la fin du printemps ou le commencement de l'été ; cette eau leur convient très bien ; ils engraissent dans les fleuves et les rivières, et même dans les lacs, quand le fond en est de sable. On fume et on sale les céphales que l'on a pris et qu'on ne peut pas manger frais ; d'ailleurs, on fait avec leurs œufs assaisonnés de sel, pressés, lavés, séchés, une sorte de *caviar* que l'on nomme *boutargue*, et que l'on recherche dans plusieurs contrées de l'Italie et de la France méridionale.

Au reste, le foie du céphale est gros ; l'estomac petit, charnu et tapissé d'une membrane rugueuse facile à enlever ; le canal intestinal plusieurs fois sinueux ; le pylore entouré de sept appendices. Ces formes annoncent que ce muge se nourrit non seulement de vers et de petits animaux, mais encore de substances végétales. Sa vessie natatoire, qui est noire comme son péritoine, offre de grandes dimensions.

L'albule habite dans l'Amérique septentrionale.

Le crénilabe vit dans la mer d'Arabie et dans le grand Océan. On a remarqué sa longueur de trois ou quatre décimètres ; ses écailles larges et distinguées presque toutes par une tache brune ; la grande mobilité de la lèvre supérieure ; la double carène de la mâchoire inférieure ; la tache noire de la base des pectorales ; les nuances vertes, bleues et blanchâtres de toutes les nageoires.

On a observé aussi deux variétés de cette espèce. La première, suivant Forskael, est nommée *our*, et la seconde, *tâde*. L'une et l'autre n'ont qu'une carène à la mâchoire d'en bas ; les *ours* ont des cils aux deux lèvres, et les *tâdes* n'en ont que de très déliés, et n'en montrent qu'à la lèvre supérieure.

Le tang, que l'on a pêché dans les fleuves de la Guinée, a la chair grasse et de bon goût, la bouche petite ; l'orifice de chaque narine double, le dos brun, les flancs blancs, les nageoires d'un brun jaunâtre, presque de la même couleur que les raies longitudinales.

Nous avons cru devoir regarder comme une espèce distincte des autres muges le poisson envoyé de Tranquebar à Bloch, par le zélé et habile missionnaire John, et que ce grand ichtyologiste n'a considéré que comme une variété du tang.

Les narines du tranquebar sont très écartées l'une de l'autre, les os des lèvres très étroits, ses dorsales plus basses et ses couleurs plus claires que celles du tang; les deux côtés du museau hérissés d'une petite dentelure, comme sur le tang et le céphale[1].

Les Antilles nourrissent le muge plumier. Ses deux mâchoires sont également avancées et armées l'une et l'autre d'une rangée de petites dents; le corps et la queue sont gros et charnus.

Commerson a laissé dans ses manuscrits une description du muge que nous nommons *tache bleue*. Les côtés de ce poisson offrent des teintes d'un brun bleuâtre; sa partie inférieure resplendit de l'éclat de l'argent; ses dorsales et sa caudale sont brunes; ses ventrales et sa nageoire de l'anus montrent une couleur plus ou moins pâle.

DEUX CENTIÈME GENRE

LES MUGILOIDES

La mâchoire inférieure carénée en dedans; la tête revêtue de petites écailles; les écailles striées; une nageoire du dos.

ESPÈCE.	CARACTÈRES.
LE MUGILOÏDE CHILI.	Un rayon aiguillonné et huit rayons articulés à la nageoire du dos; trois rayons aiguillonnés et sept rayons articulés à celle de l'anus.

1. A la membrane branchiale du muge céphale .... 6 rayons.
    A chaque pectorale.. 17 —
    A chaque ventrale, articulés................................. 5 —
    —   aiguillonné .... 1 —
    A la nageoire de la queue.................................... 16 —

    A chaque pectorale du muge albule........................... 17 —
    A chaque ventrale, articulés................................ 5 —
    —   aiguillonné................................ 1 —
    A la caudale.. 20 —

    A chaque pectorale du muge crénilabe........................ 17 —
    A chaque ventrale, articulés .... 5 —
    —   aiguillonné................................ 1 —
    A la nageoire de la queue................................... 16 —

    A la membrane branchiale du muge tang .... 6 —
    A chaque pectorale.. 12 —
    A chaque ventrale, articulés................................ 5 —
    —   aiguillonné .... 1 —
    A la caudale.. 16 —

    A la membrane branchiale du muge tranquebar................. 6 —
    A chaque pectorale.. 12 —
    A chaque ventrale, articulés................................ 5 —
    —   aiguillonné .... 1 —
    A la nageoire de la queue................................... 16 —

    A chaque pectorale du muge plumier.......................... 12 —
    A chaque ventrale... 7 —
    A la caudale.. 9 —

    A chaque pectorale du muge tache bleue...................... 16 —

LE MUGILOIDE CHILI [1]

Mugiloides chilensis, Lacép. — *Mugil chilensis,* Linn., Gmel.

Le savant naturaliste Molina a fait connaître ce poisson. On trouve ce mugiloïde dans la mer qui baigne le Chili, et dans les fleuves qui portent leurs eaux à cette mer. Son nom générique indique la ressemblance de sa conformation à celle des muges, comme son nom spécifique désigne sa patrie. Sa longueur ordinaire est de trois ou quatre décimètres [2].

DEUX CENT UNIÈME GENRE

LES CHANOS

La mâchoire inférieure carénée en dedans; point de dents aux mâchoires; les écailles striées; une seule nageoire du dos; la caudale garnie, vers le milieu de chacun de ses côtés, d'une sorte d'aile membraneuse.

ESPÈCE.	CARACTÈRES.
Le Chanos arabique.	Quatorze rayons à la dorsale; neuf à l'anale; onze à chaque ventrale; la caudale très fourchue.

LE CHANOS ARABIQUE [3]

Chanos arabicus, Lacép. — *Mugil chanos,* Linn., Gmel.

Ce poisson habite dans la mer d'Arabie; et c'est ce qu'annonce le nom spécifique que nous lui avons donné, en le séparant du genre des muges, dont il diffère par des caractères trop remarquables pour ne pas devoir appartenir à un groupe distinct de ces derniers. Il montre une longueur considérable: il en présente ordinairement une de douze ou treize décimètres; et des individus de cette espèce, qui forment une variété à laquelle on a attaché la dénomination d'*anged,* ont jusqu'à trente-six décimètres de long. Ses écailles sont larges, arrondies, argentées et brillantes; la tête est plus étroite que le corps, aplatie, dénuée de petites écailles et d'un vert mêlé de brun; la lèvre supérieure échancrée et plus avancée que celle d'en bas; la ligne latérale courbée d'abord vers le haut et ensuite très droite [4].

1. Molina, *Hist. natur. Chil.,* p. 198, n. 3. — *Mugile lisa.* Bonnaterre, planches de l'Encyclopédie méthodique.
2. A la membrane des branchies du mugiloïde chili .... 7 rayons.
 A chaque pectorale... 12 —
 A chaque ventrale, articulés..................................... 5 —
   —   aiguillonné.............................. 1 —
 A la nageoire de la queue... 16 —
3. Forskael, *Fauna arab.,* p. 74, n. 110. — *Mugile chani.* Bonnaterre, planches de l'Encyclopédie méthodique.
4. A la membrane branchiale du chanos arabique.................. 4 rayons.
 A chaque pectorale... 16 —
 A chaque ventrale... 11 —
 A la caudale .... 20 —

DEUX CENT DEUXIÈME GENRE

LES MUGILOMORES

La mâchoire inférieure carénée en dedans; les mâchoires dénuées de dents et garnies de petites
protubérances; plus de trente rayons à la membrane des branchies; une seule nageoire du
dos; un appendice à chacun des rayons de cette dorsale.

ESPÈCE.	CARACTÈRES.
Le Mugilomore Anne-Ca- roline.	Vingt rayons à la nageoire du dos; quinze à celle de l'anus; la caudale fourchue.

LE MUGILOMORE[1] ANNE-CAROLINE[2]

Mugilomorus Anna-Carolina, Lacép. — *Elops saurus,* Cuv.

Ce poisson brille du doux éclat de l'argent le plus pur ; une teinte d'azur
est répandue sur son dos. Ses dimensions sont grandes ; ses proportions
agréables et sveltes. Il est rare ; il est recherché. J'en dois la connaissance à
mon ami et savant confrère M. Bosc, ancien agent des relations commerciales de la France dans les États-Unis.

Je consacre à l'amour conjugal le don de l'amitié ; je le dédie à la compagne qui ne m'a jamais donné d'autre peine que celle de la voir, depuis un
an, éprouver les souffrances les plus vives. C'est auprès de son lit de douleur que j'ai écrit une grande partie de l'histoire des poissons. Que cet
ouvrage renferme l'expression de ma tendresse, de mon estime, de ma reconnaissance ! Je l'offre, cette expression, à la sensibilité profonde qui répand un si grand charme sur mes jours ; à la bonté qui fait le bonheur de
tous ceux qui l'entourent; aux vertus qui ont, en secret, séché les larmes de
tant d'infortunés ; à cet esprit supérieur qui craint tant de se montrer, mais
qui m'a accordé si souvent des conseils si utiles ; au talent qui a mérité les
suffrages du public[3] ; à la douceur inaltérable, à la patience admirable avec
laquelle elle supporte la longue et cruelle maladie qui la tourmente encore[4].
Quelle que soit la destinée de mes écrits, je suis tranquille sur la durée de
ce témoignage de mes sentiments ; je le confie au cœur sensible des naturalistes : le nom d'*Anne-Caroline* Hubert-Jubé Lacépède leur sera toujours cher.
Que le bonheur soit la récompense de leur justice envers elle et de leur
bienveillance pour son époux !

1. Le nom générique de *mugilomore* désigne les rapports de ce genre avec celui des
muges.

2. « Mugil appendiculatus; mugil pinna dorsali unica viginti-radiata, omnibus appendicu-
latis. » Bosc, notes manuscrites communiquées.

3. Pendant la vie de son premier mari, M. Gauthier, homme de lettres très estimable,
auteur d'*Inès et Léonore,* que l'on joua avec succès sur le théâtre Favart, de plusieurs articles
du *Dictionnaire raisonné des sciences,* de quelques parties de l'*Histoire universelle,* elle publia
sous le nom de Mme G..., un roman intitulé *Sophie, ou Mémoires d'une jeune religieuse,* et dédié
à la princesse douairière de Lœwenstein.

4. Le 7 novembre 1802.

Le mugilomore anne-caroline a la tête allongée, comprimée et déprimée ; un sillon assez large s'étend longitudinalement entre les yeux ; l'ouverture de la bouche est grande ; les deux côtés de la carène inférieure de la mâchoire d'en bas forment, en se réunissant, un angle obtus ; la langue est épaisse, osseuse et unie ; les yeux sont très grands ; l'iris est couleur d'or ; la ligne latérale se dirige parallèlement au dos ; toutes les nageoires sont accompagnées d'une membrane adipeuse, double, longue, égale dans la dorsale et dans l'anale, inégale dans les pectorales et dans les ventrales. Les trente-quatre rayons de la membrane branchiale sont égaux. La longueur ordinaire du poisson est de six décimètres ; la hauteur, d'un décimètre ; la largeur ou épaisseur, de cinq ou six centimètres.

Ce mugilomore se trouve dans la mer qui baigne les côtes de la Caroline. Le goût de sa chair est très agréable[1].

DEUX CENT TROISIÈME GENRE

LES EXOCETS

La tête entièrement, ou presque entièrement couverte de petites écailles ; les nageoires pectorales larges et assez longues pour atteindre jusqu'à la caudale ; dix rayons à la membrane des branchies ; une seule dorsale ; cette nageoire située au-dessus de celle de l'anus.

ESPÈCES.	CARACTÈRES.
1. L'Exocet volant.	Quatorze rayons à la nageoire du dos ; quatorze à celle de l'anus ; quinze ou seize à chaque pectorale ; les ventrales petites et plus voisines de la tête que le milieu de la longueur totale de l'animal.
2. L'Exocet métorien.	Douze rayons à la nageoire du dos ; douze à celle de l'anus ; treize à chaque pectorale ; les ventrales situées à peu près vers le milieu de la longueur totale du poisson.
3. L'Exocet sauteur.	Onze ou douze rayons à la dorsale ; douze à l'anale ; dix-huit à chaque pectorale ; les ventrales assez longues pour atteindre à l'extrémité de la dorsale, et situées plus loin de la tête que le milieu de la longueur totale de l'animal.
4. L'Exocet commersonnien.	Douze rayons à la nageoire du dos ; dix à celle de l'anus ; treize à chaque ventrale ; les ventrales assez longues pour atteindre au milieu de la dorsale, et plus éloignées de la tête que le milieu de la longueur totale du poisson.

L'EXOCET VOLANT [2]

Exocœtus volitans, Lacép., Linn., Gmel., Cuv. — *Exocœtus evolans*, Linn.

L'Exocet métorien, *Exocœtus mesogaster*, Lacép., Bloch. — L'Exocet sauteur, *Exo-*

1. A la membrane branchiale du mugilomore anne-caroline......... 34 rayons.
   A chaque pectorale.. 18 —
   A chaque ventrale.. 15 —
   A la nageoire de la queue...................................... 10 —
2. *Poisson volant.* — *Hochflieger*, en Allemagne. — *Flygfisk*, en Suède. — *Flyvfisken*, en Danemark. — *Vliegender visch*, en Hollande. — *Plying fish*, en Angleterre. — *El volante, O volan-*

cœtus exiliens, Lacép., Linn., Gmel. — L'Exocet commersonnien, *Exocœtus Commersonnii*, Lacép.

Ce genre ne renferme que des poissons volants, et c'est ce que désigne le nom qui le distingue. Nous avons déjà vu des pégases, des scorpènes, des dactyloptères, des prionotes, des trigles, jouir de la faculté de s'élancer à d'assez grandes distances au-dessus de la surface des eaux ; nous retrouvons parmi les exocets le même attribut ; et, comme très avancés déjà dans la revue des poissons que nous avons entreprise, nous n'aurons plus d'occasion d'examiner cette sorte de privilège accordé par la nature à un petit nombre des animaux dont nous sommes les historiens, jetons un dernier coup d'œil sur ce phénomène remarquable, qui démontre si bien ce que nous avons tâché de prouver en tant d'endroits de cet ouvrage, c'est-à-dire que *voler* est *nager* dans l'air, et que *nager* est *voler* au sein des eaux.

L'exocet volant, comme les autres exocets, est bel à voir : mais sa beauté, ou plutôt son éclat, ne lui sert qu'à le faire découvrir de plus loin par des ennemis contre lesquels il a été laissé sans défense. L'un des plus misérables des habitants des eaux, continuellement inquiété, agité, poursuivi par des scombres ou des coryphènes, s'il abandonne, pour leur échapper, l'élément dans lequel il est né, s'il s'élève dans l'atmosphère, s'il décrit dans l'air une courbe plus ou moins prolongée, il trouve, en retombant dans la mer, un nouvel ennemi, dont la dent meurtrière le saisit, le déchire et le dévore ; ou, pendant la durée de son court trajet, il devient la proie des frégates et des autres oiseaux carnassiers qui infestent la surface de l'Océan, le découvrent du haut des nues et tombent sur lui avec la rapidité de l'éclair. Veut-il chercher sa sûreté sur le pont des vaisseaux dont il s'approche pendant son espèce de vol ? le bon goût de sa chair lui ôte ce dernier asile ; le passager

dor, en Espagne. — *Peixe volante*, en Portugal. — *Pirabebe*, au Brésil. — *Exocet muge volant*. Daubenton et Haüy, Encyclopédie méthodique. — *Id*. Bonnaterre, planches de l'Encyclopédie méthodique. — *Exocet pirabe*. Daubenton et Haüy, Encyclopédie méthodique. — *Id*. Bonnaterre, planches de l'Encyclopédie méthodique.

Amœnit. academ., 1, p. 321. — *Pirabebe*. Pis., *Brasil.*, 61. — Gronov., Mus. 1, n. 27 ; et *Zooph.*, 358. — Bloch, pl. 398. — Appendice du *Voyage à la Nouvelle-Galles méridionale*, par Jean White, etc., pl. 52, fig. 2. — « Pterichthus pinnis pectoralibus radiorum sexdecim ; ventralibus, intra corporis æquilibrium, nequidem ad anum apice pertingentibus. » Commerson, manuscrits déjà cités.

Bloch, pl. 399. — *Muge volant*. — *Hirondelle de mer*. — *Lendola*, dans plusieurs départements méridionaux de France. — *Rondine*, en Italie. — *Dierád el bahr*, en Arabie. — *Gharara*, à Dichadda. — *Sabari*, à Mokha. — *Ikan terbang berampat sajap*, aux Indes orientales. — *Springer*, en Allemagne. — *Vliegerde harder*, en Hollande. — *Swallow fish*, en Angleterre. — *Exocet sauteur*. Bonnaterre, planches de l'Encyclopédie méthodique. — *Exocœlus*. Artedi, gen. 8, spec. 35, syn. 18.

Muge volant. Rondelet, première partie, liv. IX, chap. v. — *Muge volant*. Bloch, pl. 397. — « Pterichthus apicius, exocœtus longe volans, pinnis pectoralibus radiorum octodecim ; ventralibus extra corporis æquilibrium exortis, ultra pinnam ani dorsalemque apice pertingentibus. » Commerson, manuscrits déjà cités. — « Pterichthus sublimius pinnis pectoralibus radiorum tredecim ; ventralibus extra corporis æquilibrium exortis, ad medias ani dorsique pinnas apice pertingentibus. » Commerson, manuscrits déjà cités.

avide lui a bientôt donné la mort qu'il voulait éviter. Et comme si tout ce qui peut avoir rapport à cet animal, en apparence si privilégié et dans la réalité si disgracié, devait retracer le malheur de sa condition, lorsque les astronomes ont placé son image dans le ciel, ils ont mis à côté celle de la dorade, l'un de ses plus dangereux ennemis.

La parure brillante que nous devons compter parmi les causes de ses tourments et de sa perte se compose de l'éclat argentin qui resplendit sur presque toute sa surface, dont l'agrément est augmenté par l'azur du sommet de la tête, du dos et des côtés, et dont les teintes sont relevées par le bleu plus foncé de la nageoire dorsale, ainsi que celles de la poitrine et de la queue.

La tête du volant est un peu aplatie par-dessus, par les côtés et par devant. La mâchoire d'en bas est plus avancée que la supérieure ; cette dernière peut s'allonger de manière à donner à l'ouverture de la bouche une forme tubuleuse et un peu cylindrique : l'une et l'autre sont garnies de dents si petites, qu'elles échappent presqu'à l'œil et ne sont guère sensibles qu'au tact. Le palais est lisse, ainsi que la langue, qui est d'ailleurs à demi cartilagineuse, courte, arrondie dans le bout et comme taillée en biseau à cette extrémité. L'ouverture des narines, qui touche presque l'œil, est demi-circulaire et enduite de mucosité. Les yeux sont ronds, très grands, mais peu saillants. Le cristallin, qu'on aperçoit au travers de la prunelle et qui est d'un bleu noirâtre pendant la vie de l'animal, devient blanc d'abord après la mort du poisson. Les opercules, très argentés, très polis et très luisants, sont composés de deux lames, dont l'antérieure se termine en angle, et dont la postérieure présente une petite fossette. Les arcs osseux qui soutiennent les branchies ont des dents comme celles d'un peigne. Les écailles, quoique un peu dures, se détachent, pour peu qu'on les touche. On voit de chaque côté de l'exocet deux lignes latérales ; une fausse, et très droite, marque les interstices des muscles et sépare la partie du poisson qui est colorée en bleu d'avec celle qui est argentée ; l'autre, véritable, qui suit la courbure du ventre, est composée d'écailles marquées d'un point et relevées par une strie longitudinale. Le dessous du poisson est aplati jusque vers l'anus et ensuite un peu convexe.

Les grandes nageoires pectorales, que l'on a comparées à des ailes, sont un peu rapprochées du dos ; elles donnent, par leur position, à l'animal qui s'est élancé hors de l'eau une situation moins fatigante, parce que, portant son centre de suspension au-dessus de son centre de gravité, elles lui ôtent toute tendance à se renverser et à tourner sur son axe longitudinal.

La membrane qui lie les rayons de ces pectorales est assez mince pour se prêter facilement à tous les mouvements que ces nageoires doivent faire pendant le vol du poisson ; elle est, en outre, placée sur ces rayons, de manière que les intervalles qui les séparent puissent offrir une forme plus concave, agir sur une plus grande quantité d'air et éprouver dans ce fluide une résistance qui soutient l'exocet, et qui, d'ailleurs, est augmentée par la conformation de ces mêmes rayons que leur aplatissement rend plus propres à comprimer l'air frappé par la nageoire agitée.

Les ventrales sont très écartées l'une de l'autre.

Le lobe inférieur de la caudale est plus long d'un quart ou environ que le lobe supérieur.

Tels sont les principaux traits que l'on peut remarquer dans la conformation extérieure des exocets volants, lorsqu'on les examine, non pas dans les muséums, où ils peuvent être altérés, mais au moment où ils viennent d'être pris. Leur longueur ordinaire est de deux ou trois décimètres. On les trouve dans presque toutes les mers chaudes ou tempérées ; des agitations violentes de l'Océan et de l'atmosphère les entraînant quelquefois à de très grandes distances des tropiques, des observateurs en ont vu d'égarés jusque dans le canal qui sépare la France de la Grande-Bretagne.

Leur estomac est à peine distingué du canal intestinal proprement dit ; mais leur vessie natatoire, qui est très grande, peut assez diminuer leur pesanteur spécifique, lorsqu'elle est remplie d'un gaz léger, pour rendre plus facile non seulement leur natation, mais encore leur vol.

Bloch dit avoir lu dans un manuscrit de Plumier que, dans la mer des Antilles, les œufs du *poisson volant* (apparemment l'exocet volant) étaient si âcres, qu'ils pouvaient corroder la peau de la langue et du palais. Il invite avec raison les observateurs à s'assurer de ce fait et à rechercher la cause générale ou particulière de ce phénomène, qui peut-être doit être réduit à l'effet local des qualités vénéneuses des aliments de l'exocet.

Le métorien montre une dorsale élevée et échancrée, et une nageoire de l'anus également échancrée ou en forme de faux. On l'a pêché dans la mer qui entoure les Antilles.

Le sauteur a la chair grasse et délicate ; une longueur de près d'un demi-mètre ; l'habitude de se nourrir de petits vers et de substances végétales. Il se plaît beaucoup dans la mer d'Arabie et dans la Méditerranée, particulièrement aux environs de l'embouchure du Rhône ; mais on le rencontre, ainsi que le volant, dans presque toutes les parties de l'Océan un peu voisines des tropiques, et même à plus de quarante degrés de l'équateur. Commerson l'a vu à trente-quatre degrés de latitude australe et à vingt myriamètres des côtes orientales du Brésil.

La tête est plus aplatie par devant et par-dessus que dans l'espèce du volant ; l'intervalle des yeux plus large ; le haut de l'orbite plus saillant ; l'occiput plus relevé ; la mâchoire supérieure moins extensible ; l'ouverture de la bouche moins tubuleuse. La grande surface des ventrales doit faire considérer ces nageoires comme deux ailes supplémentaires, qui donnent à l'animal la faculté de s'élancer à des distances plus considérables que l'exocet volant.

Le commersonnien a l'entre-deux des yeux, le dessus de l'orbite, la mâchoire supérieure, comme ceux du sauteur ; l'occiput déprimé ; et la dorsale marquée, du côté de la nageoire de la queue, d'une grande tache d'un noir bleuâtre. Cette quatrième espèce d'exocet est encore inconnue des naturalistes. Comment ne lui aurais-je pas donné le nom du voyageur qui l'a découverte [1] ?

DEUX CENT QUATRIÈME GENRE

LES POLYNÈMES

PREMIER SOUS-GENRE

LA NAGEOIRE DE LA QUEUE FOURCHUE, OU ÉCHANCRÉE EN CROISSANT

Des rayons libres auprès de chaque pectorale ; la tête revêtue de petites écailles ;
deux nageoires dorsales.

ESPÈCES.	CARACTÈRES.
1. LE POLYNÈME ÉMOI.	Huit rayons aiguillonnés à la première nageoire du dos ; un rayon aiguillonné et treize rayons articulés à la seconde ; trois rayons aiguillonnés et onze rayons articulés à la nageoire de l'anus ; cinq rayons libres auprès de chaque pectorale.
2. LE POLYNÈME PENTADACTYLE.	Sept rayons à la première dorsale ; seize à la seconde ; deux rayons aiguillonnés et vingt-huit rayons articulés à l'anale ; cinq rayons libres auprès de chaque pectorale.
3. LE POLYNÈME RAYÉ.	Sept rayons aiguillonnés à la première nageoire du dos ; un rayon aiguillonné et quatorze rayons articulés à la seconde ; un rayon aiguillonné et quatorze rayons articulés à l'anale ; le museau conique ; la ligne latérale terminée au lobe inférieur de la nageoire de la queue ; cinq rayons libres auprès de chaque pectorale.
4. LE POLYNÈME PARADIS.	Huit rayons à la première dorsale ; treize à la seconde ; seize à la nageoire de l'anus ; sept rayons libres auprès de chaque pectorale.
5. LE POLYNÈME DÉCADACTYLE.	Huit rayons à la première nageoire du dos ; un rayon aiguillonné et treize rayons articulés à la seconde ; deux rayons aiguillonnés et onze rayons à l'anale ; dix rayons libres auprès de chaque pectorale.

1. A chaque pectorale de l'exocet volant..........................	6	rayons.
A la nageoire de la queue...................................	15	—
A chaque ventrale de l'exocet métorien......................	6	—
A la caudale...	20	—
A chaque ventrale de l'exocet sauteur......................	6	—
A la nageoire de la queue.................................	16	—
A chaque ventrale de l'exocet commersonnien.................	6	—
A la caudale..	15	—

SECOND SOUS-GENRE

LA NAGEOIRE DE LA QUEUE RECTILIGNE OU ARRONDIE, OU LANCÉOLÉE, ET SANS
ÉCHANCRURE

ESPÈCE.	CARACTÈRES.
6. LE POLYNÈME MANGO.	Sept rayons à la première dorsale ; un rayon aiguillonné et douze rayons articulés à la seconde ; deux rayons aiguillonnés et quatre rayons articulés à la nageoire de l'anus ; la caudale lancéolée ; sept rayons libres auprès de chaque pectorale.

LE POLYNÈME ÉMOI[1]

Polynemus emoi, LACÉP. — *Polynemus plebeius*, LINN., GMEL.

LE POLYNÈME PENTADACTYLE, *Polynemus quinquarius*, Lacép., Linn., Gmel. — LE
POLYNÈME RAYÉ, *Polynemus lineatus*, Lacép. — LE POLYNÈME PARADIS, *Polynemus
paradisus*, Lacép., Linn., Gmel. — LE POLYNÈME DÉCADACTYLE, *Polynemus decadactylus*, Lacép., Bloch. — LE POLYNÈME MANGO, *Polynemus mango*, Lacép.; *Polynemus virginicus*, Linn., Gmel.

Nous conservons au premier de ces polynèmes le nom d'*émoi* ; il a été
donné à ce poisson par les habitants de l'île d'Otahiti, dont il fréquente les
rivages. Il est doux ; il retrace des souvenirs touchants ; il rappelle à notre
sensibilité ces îles fortunées du grand Océan équinoxial, où la nature a tant
fait pour le bonheur de l'homme, où notre imagination se hâte de chercher
un asile, lorsque, fatigués des orages de la vie, nous voulons oublier, pendant quelques moments, les effets funestes des passions qu'une raison éclairée n'a pas encore calmées, des préjugés qu'elle n'a pas détruits, des institutions qu'elle n'a pas perfectionnées. Et qui doit mieux conserver un nom
consolateur que nous, amis dévoués d'une science dont le premier bienfait
est de faire naître ce calme doux, cette paix de l'âme, cette bienveillance
aimante, auxquels l'espèce humaine pourrait devoir une félicité si pure ?
La reconnaissance seule aurait pu nous engager à substituer au nom d'*émoi*
celui de *Broussonnet*. Mais quel zoologiste ignore que c'est à ce savant que
nous devons la connaissance du polynème émoi ?

---

1. *Peire royal*, par les Portugais de la côte de Malabar. — *Kalamin*, par les Tamulaines. —
Id. Broussonnet, *Ichtyol.*, fascic. 1, tab. 8. — *Polynème émoi*. Bonnaterre, planches de l'Encyclopédie méthodique. — Bloch, pl. 400. — *Polynème pentadactyle*. Daubenton et Haüy, Encyclopédie méthodique. — *Id.* Bonnaterre, planches de l'Encyclopédie méthodique. — Gronov., Mus. 1, n. 74.
— *Pentanemus*, Séba, Mus. 3, tab. 27, fig. 2.

« Polynemus cirris pectoralibus quinque ad anum vix attingentibus. » Commerson, manuscrits déjà cités. — *Polynème poisson de paradis*. Daubenton et Haüy, Encyclopédie méthodique.
— *Id.* Bonnaterre, planches de l'Encyclopédie méthodique. — Bloch, pl. 402. — *Paradisca
piscis. Edw. Av.*, 208. — Bloch, pl. 401. — *Polynème camus. Id.* — *Polynème mango.* Daubenton et Haüy. Encyclopédie méthodique. — *Id.* Bonnaterre, planches de l'Encyclopédie méthodique.

Les côtes riantes de l'île d'Otahiti, celles de l'île Tanna et de quelques autres îles du grand Océan équinoxial ne sont cependant pas les seuls endroits où l'on ait pêché ce polynème ; on le trouve en Amérique, particulièrement dans l'Amérique méridionale ; il se plaît aussi dans les eaux des Indes orientales ; on le rencontre dans le golfe du Bengale, ainsi que dans les fleuves qui s'y jettent ; il aime les eaux limpides et les endroits sablonneux des environs de Tranquebar. Les habitants du Malabar le recherchent comme un de leurs meilleurs poissons ; sa tête est surtout pour eux un mets très délicat. On le marine, on le sale, on le sèche, on le prépare de différentes manières, au nord de la côte de Coromandel, et principalement dans les grands fleuves du Godavery et du Krichna. On le prend au filet et à l'hameçon. Mais comme il a quelquefois plus d'un mètre et demi de longueur et qu'il parvient à un poids considérable, on est obligé de prendre des précautions assez grandes pour que la ligne lui résiste lorsqu'on veut le retirer. Le temps de son frai est plus ou moins avancé, suivant son âge, le climat, la température de l'eau. Il se nourrit de petits poissons, et il les attire en agitant les rayons filamenteux placés auprès de ses nageoires pectorales, comme d'autres habitants des mers ou des rivières trompent leur proie en remuant avec ruse et adresse leurs barbillons semblables à des vers.

Sa tête est un peu allongée et aplatie ; chacune de ses narines a deux orifices ; les yeux sont grands et couverts d'une membrane ; le museau est arrondi, la mâchoire supérieure plus avancée que celle d'en bas ; chaque mâchoire garnie de petites dents, le palais hérissé d'autres dents très petites, la langue lisse, la ligne latérale droite, une grande partie de la surface des nageoires revêtue de petites écailles, la couleur générale argentée, le dos cendré ; les pectorales sont brunes et parsemées, ainsi que le bord des autres nageoires, de points très foncés.

Il est bon de remarquer que l'on a trouvé dans les couches du mont Bolca, près de Vérone[1], des restes de poissons qui avaient appartenu à l'espèce de l'émoi[2].

Le polynème pentadactyle habite en Amérique.

Le rayé, dont les naturalistes ignorent encore l'existence, a été décrit par Commerson. Sa longueur ordinaire est d'un demi-mètre ou environ. Ses écailles sont faiblement attachées. Sa couleur est argentée, relevée sur la partie supérieure de l'animal par des teintes bleuâtres ; les pectorales offrent des nuances brunâtres. Une douzaine de raies longitudinales et brunes augmentent de chaque côté, par le contraste qu'elles forment, l'éclat de la robe argentée du polynème. Le museau, qui est transparent, s'avance au delà de l'ouverture de la bouche. La mâchoire inférieure s'emboîte, pour ainsi dire, dans celle d'en haut. On compte deux orifices à chaque narine. On voit

---

1. *Ichtyolithologie des environs de Vérone,* par le comte de Gazola.
2. Voyez notre Discours sur la durée des espèces.

de petites dents sur les deux mâchoires, sur deux os et sur un tubercule du palais, sur quatre éminences voisines du gosier, sur les arcs qui soutiennent les branchies. Les yeux sont comme voilés par une membrane, à la vérité, transparente. Deux lames, dont la seconde est bordée d'une membrane du côté de la queue, composent l'opercule. Les cinq rayons libres ou filaments placés un peu en dedans et au-devant de chaque pectorale ne sont pas articulés et s'étendent, avec une demi-rigidité, jusqu'aux nageoires ventrales. Cinq ou six écailles, situées dans la commissure supérieure de chaque pectorale, forment un caractère particulier. La seconde dorsale et l'anale sont échancrées[1].

Le polynème rayé est apporté, pendant presque toute l'année, au marché de l'île Maurice.

Celui qu'on a nommé *paradis* a deux orifices à chaque narine ; les mâchoires garnies de petites dents, la langue lisse, le palais rude ; la pièce antérieure de l'opercule dentelée, le dos bleu, les côtes et le ventre argentins ; les nageoires grises, une longueur considérable, la chair très agréable au

1. A la membrane branchiale du polynème émoi .... 7 rayons.
    A chaque pectorale .... 12 —
    A chaque ventrale, articulé .... 5 —
        —   aiguillonné .... 1 —
    A la nageoire de la queue .... 22 —
    A la membrane des branchies du polynème pentadactyle .... 5 —
    A chaque pectorale .... 16 —

    A chaque ventrale, articulés .... 5 —
        —   aiguillonné .... 1 —
    A la caudale .... 17 —

    A la membrane branchiale du polynème rayé .... 7 —
    A chaque pectorale .... 17 —
    A chaque ventrale, dont les deux rayons intérieurs sont joints
        d'une manière particulière .... 6 —
    A la caudale, dont le lobe supérieur est un peu plus avancé que
        l'inférieur .... 18 —

    A la membrane des branchies du polynème paradis .... 5 —
    A chaque pectorale .... 15 —
    A chaque ventrale, articulés .... 5 —
        —   aiguillonné .... 1 —
    A la nageoire de la queue .... 18 —

    A la membrane branchiale du polynème décadactyle .... 10 —
    A chaque pectorale .... 14 —
    A chaque ventrale, articulés .... 5 —
        —   aiguillonné .... 1 —
    A la caudale .... 16 —

    A la membrane des branchies du polynème mango .... 7 —
    A chaque pectorale .... 15 —
    A chaque ventrale, articulés .... 15 —
        —   aiguillonné .... 1 —
    A la nageoire de la queue .... 15 —

goût, l'habitude de se nourrir de crustacés et de jeunes poissons; les parages de Surinam, des Antilles et de la Caroline pour patrie.

Le devant du museau assez aplati pour présenter une face verticale; les yeux très grands; la mâchoire inférieure plus étroite, moins avancée, moins garnie de petites dents que la mâchoire d'en haut; la langue unie et dégagée; l'orifice unique de chaque narine; les articulations des rayons libres; l'inégalité de ces rayons, dont cinq de chaque côté sont courts et cinq sont allongés; la grandeur et la mollesse des écailles, l'argentin des côtés, le brun du dos et des nageoires, la bordure brune de chaque écaille peuvent servir à distinguer le décadactyle, qui fait son séjour dans la mer de Guinée, qui remonte dans les fleuves pour y frayer sur les bas-fonds, que l'on pêche au filet et à la ligne, qui devient assez grand et qui est très bon à manger.

Le polynème mango a l'opercule dentelé, le premier rayon de la première dorsale très court, la caudale large. C'est dans les eaux de l'Amérique qu'il a été pêché.

DEUX CENT CINQUIÈME GENRE

LES POLYDACTYLES

Des rayons libres auprès de chaque pectorale; la tête dénuée de petites écailles; deux nageoires dorsales.

ESPÈCE.	CARACTÈRES.
Le Polydactyle plumier.	Huit rayons aiguillonnés à la première nageoire du dos; un rayon aiguillonné et dix rayons articulés à la seconde; un rayon aiguillonné et onze rayons articulés à l'anale; la caudale fourchue; six rayons libres auprès de chaque pectorale.

LE POLYDACTYLE PLUMIER [1]

Polydactylus Plumierii, Lacép.

La couleur générale de ce polydactyle est argentée, comme celle de la plupart des polynèmes. Son museau est saillant, sa mâchoire supérieure plus avancée que l'inférieure. Les six rayons libres que l'on voit auprès de chaque pectorale ressemblent à de longs filaments; la seconde dorsale et la nageoire de l'anus sont égales en surface, placées l'une au-dessus de l'autre et échancrées en forme de faux. Le corps proprement dit a son diamètre vertical bien plus grand que celui de la queue. Plumier a laissé un dessin de ce poisson encore inconnu des naturalistes et que nous avons cru devoir placer dans un genre particulier [2].

1. « Cephalus argenteus barbatus. » Plumier, manuscrits déjà cités.
2. A chaque pectorale du polydactyle plumier..................... 13 rayons.

DEUX CENT SIXIÈME GENRE

LES BUROS

Un double piquant entre les nageoires ventrales ; une seule nageoire du dos ; cette nageoire très longue ; les écailles très petites et très difficiles à voir ; cinq rayons à la membrane branchiale.

ESPÈCE.	CARACTÈRES.
LE BURO BRUN.	Treize rayons aiguillonnés et onze rayons articulés à la nageoire du dos ; sept rayons aiguillonnés et neuf rayons articulés à celle de l'anus ; la caudale en croissant.

LE BURO BRUN[1]

Buro brunneus, LACÉP. — *Buro amphacanta,* CUV.

Nous publions la description de ce genre d'après les manuscrits de Commerson[2].

Le buro brun a toute sa surface parsemée de petites taches blanches, l'iris doré et argenté, la tête menue, le museau un peu pointu ; la mâchoire supérieure mobile, mais non extensible, et garnie, comme celle d'en bas, d'un seul rang de dents très petites et très aiguës ; l'anus situé entre les deux piquants qui séparent les nageoires ventrales ; la ligne latérale composée de points un peu élevés, et courbée comme le dos ; le ventre et le dos carénés ; le corps et la queue comprimés ; une longueur de deux ou trois décimètres.

DEUX CENT SEPTIÈME GENRE

LES CLUPÉES

Des dents aux mâchoires ; plus de trois rayons à la membrane des branchies ; une seule nageoire du dos ; le ventre caréné ; la carène du ventre dentelée ou très aiguë.

PREMIER SOUS-GENRE

LA NAGEOIRE DE LA QUEUE FOURCHUE, OU ÉCHANCRÉE EN CROISSANT

ESPÈCES.	CARACTÈRES.
1. LA CLUPÉE HARENG.	Dix-huit rayons à la nageoire du dos ; dix-sept à celle de l'anus ; neuf à chaque ventrale ; la caudale fourchue ; la mâchoire inférieure plus avancée que celle d'en haut ; un appendice triangulaire auprès de chaque ventrale ; point de taches sur les côtés du corps.
2. LA CLUPÉE SARDINE.	Dix-sept rayons à la dorsale ; dix-neuf à l'anale ; six à chaque ventrale ; la caudale fourchue ; la mâchoire inférieure plus avancée que la supérieure et recourbée vers le haut.

1. « Buro brunneus guttis exalbidis variegatus, duplici intra pinnas ventrales spina. » Commerson, manuscrits déjà cités.

2. A chaque pectorale du buro brun .... 18 rayons.
   A chaque ventrale, articulés .... 3 —
   —   aiguillonnés............................... 2 —
   A la nageoire de la queue........................... 16 —

ESPÈCES.	CARACTÈRES.
3. LA CLUPÉE ALOSE.	Dix-neuf rayons à la nageoire du dos ; vingt à celle de l'anus ; neuf à chaque ventrale ; la caudale fourchue ; la mâchoire inférieure un peu plus avancée que celle d'en haut ; cette dernière échancrée à son extrémité ; la carène du ventre très dentelée et couverte de lames transversales ; un appendice écailleux et triangulaire à chaque ventrale.
4. LA CLUPÉE PEINTE.	La caudale fourchue ; la mâchoire inférieure plus avancée que celle d'en haut ; cette dernière échancrée à son extrémité ; la carène du ventre très dentelée et couverte de lames transversales ; un appendice triangulaire à chaque ventrale ; le dessus de la tête un peu aplati ; sept taches brunes de chaque côté du corps.
5. LA CLUPÉE ROUSSE.	Dix-huit rayons à la dorsale ; vingt-quatre à la nageoire de l'anus ; dix à chaque ventrale ; la caudale fourchue ; une cavité en forme de losange sur le sommet de la tête.
6. LA CLUPÉE ANCHOIS.	Quatorze rayons à la nageoire du dos ; dix-huit à l'anale ; sept à chaque ventrale ; la caudale fourchue ; la mâchoire supérieure plus avancée que l'inférieure.
7. LA CLUPÉE ATHÉRINOÏDE.	Onze rayons à la nageoire du dos ; trente-cinq à l'anale ; huit à chaque ventrale ; la caudale fourchue ; douze à la membrane des branchies ; la mâchoire d'en haut plus avancée que celle d'en bas ; une raie longitudinale large et argentée de chaque côté du poisson.
8. LA CLUPÉE RAIE D'ARGENT.	Quinze rayons à la dorsale ; vingt à la nageoire de l'anus ; sept à chaque ventrale ; la caudale fourchue ; la mâchoire d'en haut plus avancée que celle d'en bas ; une raie longitudinale large et argentée de chaque côté du poisson.
9. LA CLUPÉE APALIKE.	Dix-sept rayons à la dorsale ; vingt-cinq à l'anale ; dix à chaque ventrale ; la caudale fourchue ; la mâchoire inférieure plus avancée que la supérieure et recourbée vers le haut ; le dernier rayon de la dorsale très allongé ; l'anale échancrée en forme de faux.
10. LA CLUPÉE BÉLAME..	Quatorze rayons à la nageoire du dos ; trente-deux à l'anale ; sept à chaque ventrale ; la caudale fourchue ; la mâchoire inférieure moins avancée que celle d'en haut ; les os de la lèvre supérieure terminés par un filament.
11. LA CLUPÉE DORAB.	Dix-sept rayons à la dorsale ; trente-quatre à l'anale ; sept à chaque ventrale ; la caudale fourchue ; la mâchoire d'en bas plus avancée que celle d'en haut ; deux dents longues et dirigées en avant au bout de la mâchoire supérieure.
12. LA CLUPÉE MALABAR.	Huit rayons à la nageoire du dos ; trente-huit à celle de l'anus ; sept à chaque ventrale ; la caudale fourchue ; la mâchoire inférieure courbée vers le haut.
13. LA CLUPÉE TUBERCULEUSE.	Quatorze rayons à la nageoire du dos ; trente à celle de l'anus ; sept à chaque ventrale ; la caudale fourchue ; la mâchoire inférieure moins avancée que la supérieure ; un tubercule à l'extrémité du museau ; une tache rouge à la commissure supérieure de chaque pectorale.
14. LA CLUPÉE CHRYSOPTÈRE.	Une tache noire de chaque côté du corps ; toutes les nageoires jaunes.

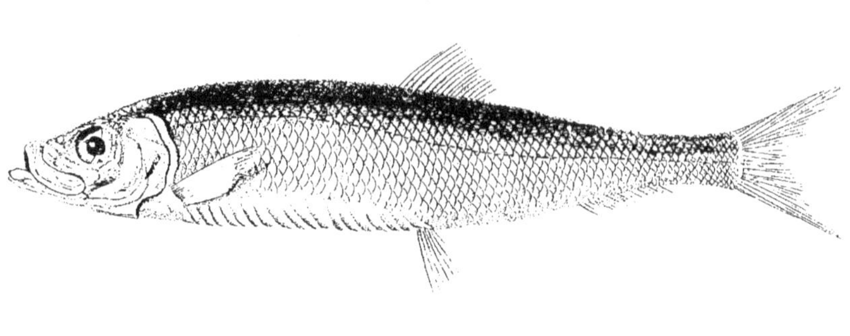

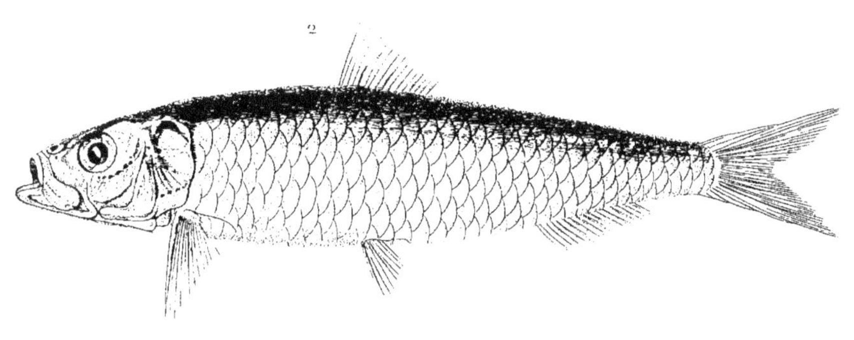

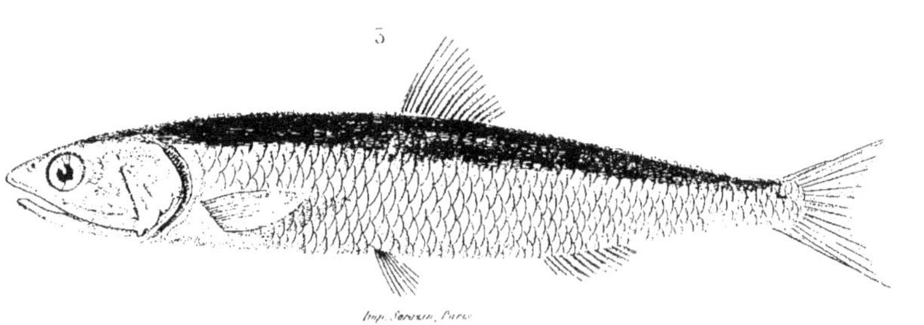

1. LA CLUPÉE-HARENG (Clupea harengus, Lin.)
2. LA CLUPÉE-SARDINE (Clupea sardina, Lin.)
3. LA CLUPÉE-ANCHOIS (Clupea encrasicholus, Lin.)

Garnier frères, éditeurs

ESPÈCES.	CARACTÈRES.
45. La Clupée a bandes.	Sept rayons aiguillonnés et dix-sept rayons articulés à la nageoire du dos ; deux rayons aiguillonnés et quatorze rayons articulés à celle de l'anus ; un rayon aiguillonné et cinq rayons articulés à chaque ventrale ; la caudale fourchue ; le premier rayon de la nageoire du dos, terminé par un long filament ; les deux mâchoires presque également avancées ; des bandes transversales depuis le sommet du dos jusqu'à la ligne latérale ; des taches petites et arrondies au-dessous de cette ligne.
46. La Clupée macrocéphale.	Douze ou treize rayons à la dorsale ; onze ou douze à l'anale ; cette nageoire de l'anus, à une égale distance des ventrales et de la caudale ; la caudale fourchue ; la longueur de la tête égale au moins au sixième de la longueur totale.

SECOND SOUS-GENRE

LA NAGEOIRE DE LA QUEUE RECTILIGNE OU ARRONDIE, OU LANCÉOLÉE ET SANS ÉCHANCRURE.

ESPÈCE.	CARACTÈRES.
47. La Clupée des tropiques.	Vingt-six rayons à la nageoire du dos ; vingt-six à celle de l'anus ; six à chaque ventrale ; la dorsale et l'anale longues et voisines de la nageoire de la queue ; la caudale lancéolée.

LA CLUPÉE HARENG [1]

Clupea harengus, Lacép., Linn., Gmel., Cuv.

Honneur aux peuples de l'Europe qui ont vu dans les légions innombrables de harengs, que chaque année amène auprès de leurs rivages, un don précieux de la nature ! Honneur à l'industrie éclairée qui a su, par des procédés aussi faciles que sûrs, prolonger la durée de cette faveur maritime et l'étendre jusqu'au centre des plus vastes continents !

Honneur aux chefs des nations, dont la toute-puissance s'est inclinée

1. *Heering*, en Allemagne. — *Strohmling*, ibid. (quand il vient de la Baltique). — *Bückling*, ibid. (quand il est fumé). — *Strimmalas, Silk, Konn, Kenge*, en Livonie. — *Beetschutsch*, au Kamtchatka. — *Sill*, en Suède (quand il est gros). — *Stroming*, ibid. (quand il est petit). — *Sild*, en Danemark (quand il est gros). — *Quale sild*, ibid. — *Grabeen sild*, ibid. — *Stromling* (quand il est petit).

Straale-sild, Gaate-sild, en Norvège. — *Kapiselikan*, dans le Groenland. — *Haring*, en Hollande. — *Herring*, en Angleterre. — *Clupe hareng*. Daubenton et Haüy, Encyclopédie méthodique. — *Id.* Bonnaterre, planches de l'Encyclopédie méthodique. — Bloch, pl. 29, fig. 1. — *Fauna suecica*, 315, 357.

Fabric., *Fauna Groenland.*, 182. — « Clupea maxilla inferiore, longiore, maculis nigris carens. » Artedi, gen. 7, spec. 37, syn. 14. — *Harengus*. Gesner (Francf.), p. 108 et 486 ; et (germ.) f. 5. — *Id.* Schonev., p. 36, 37. — *Id.* Jonston, lib. I, tit. 1, cap. i, a 3, tab. 1, fol. 6 ; et Thaumat., p. 416. — *Id.* Willughby, p. 219. — *Id.* Ray, p. 103. — *Harengus flandricus*. Aldrovande, lib. III, cap. x, p. 294. — *Hareng*. Rondelet, première partie, liv. VII, chap. xiii. — Gronov., Mus. 1, p. 5, n. 21. — *Brit. zoolog.*, t. III, p. 284, n. 1, tab. 17. — *Hareng*. Valmont de Bomare, *Dictionnaire d'histoire naturelle*.

devant les heureux inventeurs qui ont perfectionné l'usage de ce bienfait annuel !

Que la sévère postérité, avant de prononcer son arrêt irrévocable sur ce Charles d'Autriche, dont le sceptre redouté faisait fléchir la moitié de l'Europe sous ses lois, rappelle que, plein de reconnaissance pour le simple pêcheur dont l'habileté dans l'art de pénétrer le hareng de sel marin avait ouvert une des sources les plus abondantes de prospérité publique, il déposa l'orgueil du diadème, courba sa tête victorieuse devant le tombeau de *Guillaume Deukelzoon* et rendit un hommage public à son importante découverte.

Et nous, Français, n'oublions pas que si un pêcheur de Biervliet a trouvé la véritable manière de saler et d'encaquer le hareng, c'est à nos compatriotes les habitants de Dieppe que l'on doit un art plus utile à la partie la plus nombreuse et la moins fortunée de l'espèce humaine, celui de le fumer.

Le hareng est une de ces productions naturelles dont l'emploi décide de la destinée des empires. La graine du caféier, la feuille du thé, les épices de la zone torride, le ver qui file la soie, ont moins influé sur les richesses des nations, que le hareng de l'océan Atlantique. Le luxe ou le caprice demande les premiers ; le besoin réclame le hareng. Le Batave en a porté la pêche au plus haut degré. Ce peuple, qui avait été forcé de créer un asile pour sa liberté, n'aurait trouvé que de faibles ressources sur son territoire factice ; mais la mer lui a ouvert ses trésors ; elle est devenue pour lui un champ fertile, où des myriades de harengs ont présenté à son activité courageuse une moisson abondante et assurée. Il a, chaque année, fait partir des flottes nombreuses pour aller la cueillir. Il a vu dans la pêche du hareng la plus importante des expéditions maritimes ; il l'a surnommée *la grande pêche ;* il l'a regardée comme ses *mines d'or.* Mais, au lieu d'un signe souvent stérile, il a eu une réalité féconde ; au lieu de voir ses richesses arrosées des sueurs, des larmes, du sang de l'esclave, il les a reçues de l'audace de l'homme libre ; au lieu de précipiter sans cesse d'infortunées générations dans les gouffres de la terre, il a formé des hommes robustes, des marins intrépides, des navigateurs expérimentés, des citoyens heureux.

Jetons un coup d'œil sur ces grandes manœuvres, sur ces grandes opérations ; car qui mérite mieux le nom de grand que ce qui donne à un peuple sa nourriture, son commerce, sa force, son habileté, son indépendance et sa vertu ?

Disons seulement auparavant que tout le monde connaît trop le hareng, pour que nous devions décrire toutes ses parties.

On sait que ce poisson a la tête petite ; l'œil grand ; l'ouverture de la bouche courte ; la langue pointue et garnie de dents déliées ; le dos épais ; la ligne latérale à peine visible ; la partie supérieure noirâtre ; l'opercule distingué par une tache rouge ou violette ; les côtés argentins ; les nageoires grises ; la laite ou l'ovaire double ; la vessie natatoire simple et pointue à ses deux bouts; l'estomac tapissé d'une peau mince; le canal intestinal droit et par conséquent très court; le pylore entouré de douze appendices; soixante-dix côtes; cinquante-six vertèbres.

Son ouverture branchiale est très grande; il n'est donc pas surprenant qu'il ne puisse pas la fermer facilement quand il est hors de l'eau, et qu'il périsse bientôt par une suite du desséchement de ses branchies[1].

Il a une caudale très haute et très longue; il a reçu par conséquent une large rame, et voilà pourquoi il nage avec force et vitesse[2].

Sa chair est imprégnée d'une sorte de graisse qui lui donne un goût très agréable et qui la rend aussi plus propre à répandre dans l'ombre une lueur phosphorique. La nourriture à laquelle il doit ces qualités consiste communément en œufs de poisson, en petits crabes et en vers. Les habitants des rivages de la Norvège ont souvent trouvé ses intestins remplis de vers rouges, qu'ils nomment *roë-aat*. Cette sorte d'aliment contenu dans le canal intestinal des harengs fait qu'ils se corrompent beaucoup plus vite si l'on tarde à les saler après les avoir pêchés; aussi, lorsqu'on croit que ces poissons ont avalé de ces vers rouges, les laisse-t-on dans l'eau jusqu'à ce qu'ils aient achevé de les digérer.

On a cru pendant longtemps que les harengs se retiraient périodiquement dans les régions du cercle polaire; qu'ils y cherchaient annuellement, sous les glaces des mers hyperboréennes, un asile contre leurs ennemis, un abri contre les rigueurs de l'hiver; que, n'y trouvant pas une nourriture proportionnée à leur nombre prodigieux, ils envoyaient, au commencement de chaque printemps, des colonies nombreuses vers des rivages plus méridionaux de l'Europe ou de l'Amérique. On a tracé la route de ces légions errantes. On a cru voir ces immenses tribus se diviser en deux troupes, dont les innombrables détachements couvraient au loin la surface des mers, ou en traversaient les couches supérieures. L'une de ces grandes colonnes se pressait autour des côtes de l'Islande et, se répandant au-dessus du banc fameux de Terre-Neuve, allait remplir les golfes et les baies du continent américain; l'autre, suivant les directions orientales, descendait le long de la Norvège, pénétrait dans la Baltique, ou, faisant le tour des Orcades, s'avançait entre l'Écosse et l'Irlande, cinglait vers le midi de cette dernière île, s'étendait à l'orient de la Grande-Bretagne, parvenait jusque vers l'Espagne et occupait tous les rivages de France, de la Batavie et de l'Allemagne, qu'arrose l'Océan. Après s'être offerts pendant longtemps, dans tous ces parages, aux filets des pêcheurs, les harengs voyageurs revenaient sur leur route, disparaissaient et allaient regagner leurs retraites boréales et profondes.

Pendant longtemps, bien loin de révoquer en doute ces merveilleuses migrations, on s'est efforcé d'en expliquer l'étendue, la constance et le re-

---

1. Discours sur la nature des poissons.
2. *Ibid.*

tour régulier ; mais nous avons déjà annoncé, dans notre Discours sur la nature des poissons et dans l'histoire du scombre maquereau, qu'il n'était plus permis de croire à ces grands et périodiques voyages. Bloch et M. Noël, de Rouen, ont prouvé, par un rapprochement très exact de faits incontestables, qu'il était impossible d'admettre cette navigation annuelle et extraordinaire. Pour continuer d'y croire, il faudrait rejeter les observations les plus sûres, d'après lesquelles il est hors de doute qu'il s'écoule souvent plusieurs années sans qu'on voie des harengs sur plusieurs des rivages principaux indiqués comme les endroits les plus remarquables de la route de ces poissons ; qu'auprès de beaucoup d'autres prétendues stations de ces animaux, on en pêche pendant toute l'année une très grande quantité ; que la grosseur de ces osseux varie souvent, selon la qualité des eaux qu'ils fréquentent, et sans aucun rapport avec la saison, avec leur éloignement de leur asile septentrional, ou avec la longueur de l'espace qu'ils auraient dû parcourir depuis leur sortie de leur habitation polaire ; et enfin qu'aucun signe certain n'a jamais indiqué leur rentrée régulière sous les voûtes de glace des très hautes latitudes.

Chaque année cependant les voit arriver vers les îles et les régions continentales de l'Amérique et de l'Europe qui leur conviennent le mieux, ou vers les rivages septentrionaux de l'Asie. Toutes les fois qu'ils ont besoin de chercher une nourriture nouvelle, et surtout lorsqu'ils doivent se débarrasser de leur laite ou de leurs œufs, ils abandonnent les fonds de mer, soit dans le printemps, soit dans l'été, soit dans l'automne, et s'approchent des embouchures des fleuves et des rivages propres à leur frai. Voilà pourquoi la pêche de ces poissons n'est jamais plus abondante que lorsque leurs laites sont liquides, ou leurs œufs près de s'échapper. La nécessité de frayer n'étant pas cependant la seule cause qui les arrache à leurs profonds asiles, il n'est pas surprenant qu'on en prenne qui n'ont plus d'œufs ni de liqueur prolifique, ou dont la laite ou les œufs ne sont pas encore développés. On a employé différentes dénominations pour désigner ces divers états des harengs, ainsi que pour indiquer quelques autres manières d'être de ces animaux. On a nommé *harengs gais* ou *harengs vides* ceux qui ne montrent encore ni laite ni œufs ; *harengs pleins*, ceux qui ont déjà des œufs ou de la laite ; *harengs vierges*, ceux dont les œufs sont mûrs, ou dont la laite est liquide ; *harengs à la bourse*, ceux qui, ayant déjà perdu une partie de leurs œufs ou leur liqueur séminale, ont des ovaires, ou des enveloppes de laite, semblables à une bourse à demi remplie ; et *harengs marchais*, ceux qui, après le frai, ont repris leur chair, leur graisse, leurs forces et leurs principales qualités.

Au reste, il est possible que les harengs frayent plus d'une fois dans la même année. Le temps de leur frai est du moins avancé ou retardé, suivant leur âge et leurs rapports avec le climat qu'ils habitent. C'est ce qui fait que, dans plusieurs parages, des harengs de grandeur semblable ou différente viennent successivement pondre des œufs ou les arroser de leur laite, et que pendant près de trois saisons on ne cesse de pêcher de ces poissons pleins et de ces poissons vides. Par exemple, vers plusieurs rivages de la Baltique, les *harengs du printemps* frayent quand la glace commence à fondre et continuent jusqu'à la fin de la saison dont ils portent le nom. Viennent ensuite les plus gros harengs, que l'on nomme *harengs d'été*, et qui sont suivis par d'autres, que l'on distingue par la dénomination de *harengs d'automne*.

Mais, à quelque époque que les poissons dont nous écrivons l'histoire quittent leur séjour d'hiver, ils paraissent en troupes que des mâles isolés précèdent souvent de quelques jours, et dans lesquelles il y a ordinairement plus de mâles que de femelles. Lorsque ensuite le frai commence, ils frottent leur ventre contre les rochers ou le sable, s'agitent, impriment des mouvements rapides à leurs nageoires, se mettent tantôt sur un côté et tantôt sur un autre, aspirent l'eau avec force et la rejettent avec vivacité.

Les légions qu'ils composent dans ces temps remarquables, où ils se livrent à ces opérations fatigantes, mais commandées par un besoin impérieux, couvrent une grande surface, et cependant elles offrent une image d'ordre. Les plus grands, les plus forts ou les plus hardis se placent dans les premiers rangs, que l'on a comparés à une sorte d'avant-garde. Et que l'on ne croie pas qu'il ne faille compter que par milliers les individus renfermés dans ces rangées si longues et si pressées. Combien de ces animaux meurent victimes des cétacés, des squales, d'autres grands poissons, des différents oiseaux d'eau ! et néanmoins combien de millions périssent dans les baies, où ils s'étouffent et s'écrasent, en se précipitant, se pressant et s'entassant mutuellement contre les bas-fonds et les rivages ! combien tombent dans les filets des pêcheurs ! Il est telle petite anse de la Norvège où plus de vingt millions de ces poissons ont été le produit d'une seule pêche; il est peu d'années où l'on ne prenne, dans ce pays, plus de quatre cents millions de ces clupées.

Bloch a calculé que les habitants des environs de Gothembourg en Suède s'emparaient chaque année de plus de sept cents millions de ces osseux. Et que sont tous ces millions d'individus à côté de tous les harengs qu'amènent dans leurs bâtiments les pêcheurs du Holstein, de Mecklembourg, de la Poméranie, de la France, de l'Irlande, de l'Écosse, de l'Angleterre, des États-Unis, du Kamtchatka, et principalement ceux de Hollande, qui, au lieu de les attendre sur leurs côtes, s'avancent au-devant d'eux et vont à leur rencontre en pleine mer, montés sur de grandes et véritables flottes ?

Ces poissons ne forment pour tant de peuples une branche immense de commerce que depuis le temps où l'on a employé, pour les préserver de la corruption, les différentes préparations que l'on a successivement inventées et perfectionnées. Avant la fin du xive siècle, époque à laquelle Guillaume Deukelzoon, ce pêcheur célèbre de Biervliet dans la ci-devant Flandre, dont nous avons déjà parlé, trouve l'art de saler les harengs, ces animaux devaient être et étaient en effet moins recherchés ; mais dès le commencement du xv° siècle, les Hollandais employèrent à la pêche de ces clupées de grands filets, et des bâtiments considérables et allongés, auxquels ils donnent le nom de *buys*; et depuis ce même siècle il y a eu des années où ils ont mis en mer trois mille vaisseaux et occupé quatre cent cinquante mille hommes pour la pêche de ces osseux.

Les filets dont ces mêmes Hollandais se servent pour prendre les harengs ont de mille à douze cents mètres de longueur; ils sont composés de cinquante ou soixante *nappes*, ou parties distinctes. On les fait avec une grosse soie que l'on fait venir de Perse, et qui dure deux ou trois fois plus que le chanvre. On les noircit à la fumée, pour que leur couleur n'effraye pas les harengs. La partie supérieure de ces instruments est soutenue par des tonnes vides ou par des morceaux de liège, et leur partie inférieure est maintenue par des pierres ou par d'autres corps pesants, à la profondeur convenable.

On jette ces filets dans les endroits où une grande abondance de harengs est indiquée par la présence des oiseaux d'eau, des squales et des autres ennemis de ces poissons, ainsi que par une quantité plus ou moins considérable de substance huileuse ou visqueuse que l'on nomme *graissin* dans plusieurs pays, qui s'étend sur la surface de l'eau au-dessus des grandes troupes de ces clupées, que l'on reconnaît facilement lorsque le temps est calme. Cette matière graisseuse peut devenir, pendant une nuit sombre, mais paisible, un signe plus évident de la proximité d'une colonne de harengs, parce qu'étant phosphorique, elle paraît alors répandue sur la mer, comme une nappe un peu lumineuse. Cette dernière indication est d'autant plus utile, qu'on préfère l'obscurité pour la pêche des harengs. Ces animaux, comme plusieurs autres poissons, se précipitent vers les feux qu'on leur présente ; et on les attire dans les filets en les trompant par le moyen des lumières que l'on place de la manière la plus convenable dans différents endroits des vaisseaux, ou qu'on élève sur des rivages voisins.

On prépare les harengs de différentes manières, dont les détails varient un peu, suivant les contrées où on les emploie, et dont les résultats sont plus ou moins agréables au goût et avantageux au commerce, selon la nature de ces détails, ainsi que les soins, l'attention et l'expérience des préparateurs.

On sale en pleine mer les harengs que l'on trouve les plus gras et que l'on croit les plus succulents. On les nomme *harengs nouveaux* ou *harengs verts*, lorsqu'ils sont le produit de la pêche du printemps ou de l'été; et *harengs pecs* ou *pekeis* lorsqu'ils ont été pris pendant l'automne ou l'hiver. Communément ils sont fermes, de bon goût, très sains, surtout ceux du printemps; on les mange sans les faire cuire et sans en relever la saveur par aucun assaisonnement.

En Islande et dans le Groenland on se contente, pour faire sécher les harengs, de les exposer à l'air et de les étendre sur des rochers. Dans d'autres contrées, on les fume ou *saure* de deux manières : 1° en les salant très peu, en ne les exposant à la fumée que pendant peu de temps, et en ne leur donnant ainsi qu'une couleur dorée ; 2° en les salant beaucoup plus, en les mettant pendant un jour dans une saumure épaisse, en les enfilant par la tête à de menues branches qu'on appelle *aines*, en les suspendant dans des espèces de cheminées que l'on nomme *roussables*, en faisant au-dessous de ces animaux un feu de bois qu'on ménage de manière qu'il donne beaucoup de fumée et peu de flamme, en les laissant longtemps dans la *roussable*, en changeant ainsi leur couleur en une teinte très foncée, et en les mettant ensuite dans des tonnes ou dans de la paille.

Comme on choisit ordinairement des harengs très gras pour ce *saurage*, on les voit, au milieu de l'opération, répandre une lumière phosphorique très brillante, pendant que la substance huileuse dont ils sont pénétrés s'échappe, tombe en gouttes lumineuses et imite une pluie de feu.

Enfin, la préparation qui procure particulièrement au commerce d'immenses bénéfices est celle qui fait donner le nom de *harengs blancs* aux clupées harengs pour lesquelles on l'a employée.

Dès que les harengs dont on veut faire des *harengs blancs* sont hors de la mer, on les ouvre, on en ôte les intestins, on les met dans une saumure assez chargée pour que ces poissons y surnagent ; on les en retire au bout de quinze ou dix-huit heures ; on les met dans des tonnes ; on les transporte à terre ; on les y *encaque* de nouveau ; on les place par lits dans les *caques* ou tonnes qui doivent les conserver, et on sépare ces lits par des couches de sel.

On a soin de choisir du bois de chêne pour les tonnes ou caques, et de bien en réunir toutes les parties, de peur que la saumure ne se perde et que les harengs ne se gâtent.

Cependant Bloch assure que les Norvégiens se servent de bois de sapin pour faire ces tonnes, et que le goût communiqué par ce bois aux harengs fait rechercher davantage ces poissons dans certaines parties de la Pologne.

Lorsque la pêche des harengs a été très abondante en Suède et que le prix de ces poissons y baisse, on en extrait de l'huile dont le volume s'élève ordinairement au vingt-deux ou vingt-troisième de celui des individus qui l'ont fournie. On retire cette huile, en faisant bouillir les harengs dans de grandes chaudières ; on la purifie avec soin ; on s'en sert pour les lampes, et le résidu de l'opération qui l'a donnée est un des engrais les plus propres à augmenter la fertilité des terres.

Tant de soins n'ont pas été seulement l'effet de spéculations particulières : depuis longtemps plusieurs gouvernements, pénétrés de cette vérité importante, que l'on ne peut pas avoir de marine sans matelots, ni de véritables matelots sans de grandes pêches, et voyant d'un autre côté que de toutes celles qui peuvent former des hommes de mer expérimentés et enrichir le commerce d'un pays aucune ne peut être plus utile, ni peut-être même aussi avantageuse à la défense de l'État et à la prospérité des habitants, que la pêche du hareng, ont cherché à la favoriser de manière à augmenter ses heureux résultats, non seulement pour le présent, mais encore pour l'avenir. Des sociétés, dont tous les efforts devaient se diriger vers ce but important, ont été établies et protégées par le gouvernement, en Suède, en Danemark, en Prusse.

Le gouvernement hollandais surtout n'a jamais cessé de prendre à cet égard les plus grandes précautions. Redoublant perpétuellement de soins pour la conservation d'une branche aussi précieuse de l'industrie publique et privée, il a multiplié depuis deux siècles et varié suivant les circonstances les actes de sa surveillance attentive *pour le maintien,* a-t-il toujours dit, *du grand commerce et de la principale mine d'or de sa patrie.* Il a donné, lorsqu'il l'a jugé nécessaire, un prix considérable pour chacun des vaisseaux employés à la pêche des harengs. Il a désiré que l'on ne cherchât à prendre ces poissons que dans les saisons où leurs qualités les rendent, après leurs différentes préparations, d'un goût plus agréable et d'une conservation plus facile. Il a voulu principalement qu'on ne nuisît pas à l'abondance des récoltes à venir, en dérangeant le frai des harengs, ou en retenant dans les filets ceux de ces osseux qui sont encore très jeunes. En conséquence, il a ordonné que tout matelot et tout pêcheur seraient obligés, avant de partir pour la *grande pêche,* de s'engager par serment à ne pas tendre les filets avant le 25 juin ni après le 1ᵉʳ janvier, et il a déterminé la grandeur des maillesde ces instruments.

Il a prescrit les précautions nécessaires pour que les harengs fussent *encaqués* le mieux possible. D'après ses ordres, on ne peut se servir pour cette opération que du sel de la meilleure qualité. Les harengs pris dans le premier mois qui s'écoule après le 24 juin sont préparés avec du gros sel ; ceux que l'on pêche entre le 24 juillet et le 15 septembre sont conservés avec du sel fin. Il n'est pas permis de mêler dans un même baril des *harengs au gros sel* et des *harengs au sel fin.* Les barils doivent être bien remplis. Le dernier fond de ces tonnes presse les harengs. Le nombre et les dimensions des cercles, des pièces, des fonds et des douves sont réglés avec exactitude ; le bois avec lequel on fait ces douves et ces fonds doit être très sain et dépouillé de son aubier. On ne peut pas encaquer avec les bons harengs ceux dont la chair est mollasse, le frai délayé, ou la salaison mal faite. Des marques légales, placées sur les *caques,* indiquent le temps où l'on a pris les harengs que ces barils renferment, et assurent que l'on n'a négligé, pour la préparation de ces poissons, aucun des soins convenables et déterminés.

On n'a pas obtenu moins de succès dans les tentatives faites pour accoutumer les harengs à de nouvelles eaux que dans les procédés relatifs à leur préparation. On est parvenu, en Suède, à les transporter, sans les faire périr, dans les eaux auxquelles ils manquaient. Dans l'Amérique septentrionale. on a fait éclore des œufs de ces animaux à l'embouchure d'un fleuve qui n'avait jamais été fréquenté par ces poissons, et vers lequel les individus sortis de ces œufs ont contracté l'habitude de revenir chaque année, en entraînant vraisemblablement avec eux un grand nombre d'autres individus de leur espèce[1].

LA CLUPÉE SARDINE [2]

Clupea sprattus, LACÉP., LINN., GMEL. — *Clupea sardina*
et *Clupea sprattus*, CUV.

La sardine a la tête pointue, assez grosse, souvent dorée ; le front noirâtre ; les yeux gros ; les opercules ciselés et argentés ; la ligne latérale droite, mais à peine visible ; les écailles tendres, larges et faciles à détacher ; le ventre terminé par une carène longitudinale, aiguë, tranchante et recourbée ; quinze ou seize centimètres de longueur ; les nageoires petites et grises ; les côtés argentins ; le dos bleuâtre ; quarante-huit vertèbres ; quinze côtés à droite et à gauche.

On la trouve non seulement dans l'océan Atlantique boréal et dans la Baltique, mais encore dans la Méditerranée, et particulièrement aux environs de la Sardaigne, dont elle tire son nom. Elle s'y tient dans les endroits très profonds ; mais pendant l'automne elle s'approche des côtes pour frayer.

Les individus de cette espèce s'avancent alors vers les rivages en troupes si nombreuses, que la pêche en est très abondante. On les mange frais, ou salés, ou fumés. La branche de commerce qu'ils forment est importante dans plusieurs contrées de l'Europe ; nous croyons que l'on doit rapporter à cette même espèce la clupée décrite par Rondelet, sous le nom de *célerin*[2], et qui a la tête dorée et le corps argenté[3].

1. A la membrane branchiale de la clupée hareng.................. 8 rayons.
    A chaque pectorale.. 18   —
    A la nageoire de la queue..................................... 18   —
2. *Cradeau, Harenguet*, dans quelques départements du nord-ouest de la France. — *Royan*, à Bordeaux. — *Breitling*, en Prusse. — *Id.*, en Poméranie. — *Hwassbuk, Küllostromling*, en Suède. — *Id., Küllosiklud*, en Livonie. — *Huas-sild*, en Danemark. — *Blaa-sild, Smaa-sild, Brisling*, en Norvège. — *Kop-sild*, en Islande. — *Garvock*, à Inverness, en Écosse. — *Garvies*, à Kincardine.

Trichis. — Trichias. — Clupe sardine. Daubenton et Haüy, Encyclopédie méthodique. — *Id.* Bonnaterre, planches de l'Encyclopédie méthodique. — Bloch, pl. 29, fig. 2. — Mus. Ad. Frid. 2, p. 105. — *Fauna suecica*, 358. — Müller, *Prodrom. zoolog. danic.*, p. 58, n. 422. — Brünn., *Pisc. Massil.*, p. 82.

« Clupe quadruncialis, etc. » Artedi, gen. 7, syn. 17, spec. 33. — Gronov., Mus. 1, p. 6, n. 22. — Klein, *Miss. pisc.*, 5, p. 73, n. 7. — *Sardina.* Aldrovande, *Pisc.*, p. 220. — *Sprattus.* Willughby, *Ichtyol.*, p. 221. — Ray, *Pisc.*, p. 105, n. 5. — *Brit. zoolog.*, 3, p. 294, n. 3. — *Sardine.* Rondelet, première partie, liv. VII, chap. x. — *Id.* Valmont de Bomare, *Dictionnaire d'histoire naturelle.*

3. Rondelet, première partie, liv. VII. chap. xI.
4. A la membrane branchiale de la clupée sardine.................. 8 rayons.
    A chaque pectorale..... 16   —
    A la nageoire de la queue................................... 18   —

LA CLUPÉE ALOSE [1]

Clupea alosa, Lacép., Linn., Gmel. — *Alosa communis*, Cuv.

On doit remarquer dans l'alose la petitesse de la tête ; la transparence des téguments qui couvrent le cerveau ; la grandeur de l'ouverture de la bouche ; les petites dents qui garnissent le bord de la mâchoire supérieure ; la surface unie de la langue, qui est un peu libre dans ses mouvements ; l'angle de la partie inférieure de la prunelle ; le double orifice de chaque narine ; les ciselures des opercules ; le très grand aplatissement des côtés ; la rudesse de la carène longitudinale du ventre ; la figure des lames transversales qui forment cette carène ; la dureté de ces lames ; le tranchant des pointes qu'elles présentent à l'endroit où elles sont pliées ; la direction de la ligne latérale, qu'il est difficile de distinguer ; la facilité avec laquelle les écailles se détachent ; le peu d'étendue de presque toutes les nageoires ; les deux taches brunes de la caudale ; la couleur grise et la bordure bleue des autres ; les quatre ou cinq taches noires que l'on voit de chaque côté du poisson, au moins lorsqu'il est jeune ; les nuances argentées du corps et de la queue ; le jaune verdâtre du dos ; la brièveté du canal intestinal ; les quatre-vingts appendices qui entourent le pylore ; la laite, qui est double comme l'ovaire, la vessie natatoire, dont l'intérieur n'offre pas de division ; et les côtes qui sont au nombre de trente à droite et à gauche.

Les aloses habitent non seulement dans l'océan Atlantique septentrional, mais encore dans la Méditerranée et dans la mer Caspienne. Elles quittent leur séjour marin lorsque le temps du frai arrive ; elles remontent alors dans

1. *Thrissa*. — *Thratta*. — *Thatta*. — *Tritta*, par les anciens auteurs. (Note communiquée par mon collègue M. Geoffroy, professeur au Muséum d'histoire naturelle.) — *Coulac*, à Bordeaux. — *Cola*, *Alouze*, dans plusieurs départements méridionaux de France. — *Loche d'étang*. — *Halachia*, à Marseille. — *Saboga*, *Saccolos*, en Espagne. — *Luccia*, à Rome. — *Chiepa*, à Venise.

Saghboga, en Arabie. — *Sardellæ balük*, en Turquie. — *Mai balik*, en Tartarie. — *Scheles niza*, *Beschenaja ryba*, en Russie. — *Alse*, *Else*, *Mayfisch*, *Goldfisch*, en Allemagne. — *Perbel*, en Poméranie.

Brisling, *Sildinger*, *Sardeller*, en Danemark. — *Elft*, en Hollande. — *Shad*, *Mother of herring*, en Angleterre. — *Clupe alose*. Daubenton et Haüy, Encyclopédie méthodique. — *Id*. Bonnaterre, planches de l'Encyclopédie méthodique. — Bloch, pl. 30, fig. 1. — Mus. Ad. Frid. 2, p. 105. — Muller, *Prodrom. zoolog. danic.*, p. 50, n. 123.

« Clupea, apice maxillæ superioris bifido, etc. » Artedi, gen. 7, syn. 15, spec. 34. — *Thrissa*. Aristote, lib. IX, cap. xxxii, — *Id*. Ælian, lib. VI, cap. xxxii, p. 357. — *Id*. Athen., lib. IV, p. 131 ; et lib. VII, p. 318. — *Id*. Oppian, *Hal.*, lib. I, p. 10. — *Alose*. Rondelet, première partie, liv. VII, chap. xii. — *Trissa* et *clupea tyberina*. Aldrovande, lib. IV, cap. iv, p. 500 et 501. — *Trichis Belonii. La pucelle*. Dessins et manuscrits de Plumier, déposés à la Bibliothèque royale, volume intitulé PISCES ET AVES. — *Clupea* et *alosa*. Salvian, fol. 103 *b*, ad iconem, et 104. — *Id*. Jonston, lib. II, tit. 1, cap. iii, tab. 27, fig. 3 et 4. — *Alosa*, vel *alausa*, vel *trissa*. Schonev., p. 13 et 14. — *Alausa, clupea*, vel *thryssa piscis*. Gesner, p. 19, 21 et (germ.) 179.

Clupea. Pline, lib. IX, cap. xv. — *Id*. Willughby, p. 227, tab. p. 3, fig. 1. — *Id*. Ray, p. 105, n. 6. — Gronov., Mus. 1, p. 6, n. 23 ; *Zooph.*, p. 111, n. 374. — Hasselquist, *It.*, 388. — *Shad. Brit. zoolog.*, 3, p. 296, n. 5. — *Alose*. Valmont de Bomare, *Dictionnaire d'histoire naturelle*.

les grands fleuves ; l'époque de ce voyage annuel est plus ou moins avancée dans le printemps, dans l'été, et même dans l'automne ou dans l'hiver, suivant le climat dans lequel coulent ces fleuves, les époques où la fonte des neiges et des pluies abondantes en remplissent le lit, et la saison où elles jouissent dans l'eau douce, avec le plus de facilité, du terrain qui convient à la ponte ainsi qu'à la fécondation de leurs œufs, de l'abri qu'elles recherchent, de l'aliment le plus analogue à leur nature, et des qualités qu'elles préfèrent dans le fluide sans lequel elles ne peuvent vivre.

Lorsqu'elles entrent ainsi dans le Volga, dans l'Elbe, dans le Rhin, dans la Seine, dans la Garonne, dans le Tibre, dans le Nil, et dans les autres fleuves qu'elles fréquentent, elles s'avancent communément très près des sources de ces fleuves. Elles forment des troupes nombreuses, que les pêcheurs de la plupart des rivières où elles s'engagent voient arriver avec une grande satisfaction, mais qui ne causent pas la même joie à ceux du Volga. Les Russes, persuadés que la chair de ces animaux peut être extrêmement funeste, les rejettent de leurs filets, ou les vendent à vil prix à des Tartares moins prudents ou moins difficiles. Le nombre de ces clupées cependant varie beaucoup d'une année à l'autre. M. Noël, de Rouen, m'a écrit que, dans la Seine inférieure, par exemple, on prenait treize ou quatorze mille aloses dans certaines années, et que dans d'autres, on n'en prenait que quinze cents ou deux mille.

Elles sont le plus souvent maigres et de mauvais goût en sortant de la mer ; mais le séjour dans l'eau douce les engraisse. Elles parviennent à la longueur d'un mètre ; néanmoins, comme elles sont très comprimées, et par conséquent très minces, leur poids ne répond pas à l'étendue de cette dimension. Les femelles sont plus grosses et moins délicates que les mâles. Dans plusieurs contrées de l'Europe, où on en pêche une très grande quantité, on en fume un grand nombre, que l'on envoie au loin ; et les Arabes les font sécher à l'air, pour les manger avec des dattes.

Le tribun Pénières dit, dans les notes manuscrites que j'ai déjà citées, que celles qui passent l'été dans la Dordogne sont malades, faibles, exténuées, et périssent souvent pendant les très grandes chaleurs.

Le même observateur rapporte que lorsque ces clupées fraient, elles s'agitent avec violence et font un bruit qui s'entend de très loin.

Les aloses vivent de vers, d'insectes et de petits poissons.

On a écrit qu'elles redoutaient le fracas d'un tonnerre violent, mais que des sons ou des bruits modérés ne leur déplaisaient pas, leur étaient même agréables dans plusieurs circonstances, et que, dans certaines rivières, les pêcheurs attachaient à leurs filets des arcs de bois garnis de clochettes dont le tintement attirait les aloses[1].

---

1. A la membrane branchiale de la clupée alose............... 8 rayons.
A chaque pectorale............... 15 —
A la nageoire de la queue............... 18 —

LA CLUPÉE FEINTE [1]
Clupea fallax, Lacép. — *Alosa finta*, Cuv.

LA CLUPÉE ROUSSE
Clupea rufa, Lacép.

M. Noël, notre savant correspondant de Rouen, nous a envoyé des notes intéressantes sur cette clupée que l'on a souvent confondue avec l'alose et que l'on pêche dans la Seine.

La chair de la feinte, quoique agréable au goût, est très différente de celle de l'alose. Les femelles de cette espèce sont plus nombreuses, plus grandes, plus épaisses, d'une saveur plus délicate et plus recherchées que les mâles, auxquels on a donné un nom particulier, celui de *cahuhau*.

La feinte remonte dans la Seine comme l'alose ; elle s'avance également par troupes ; mais les habitudes de cette espèce diffèrent de celles de l'alose, en ce que les plus grands individus quittent la mer les premiers, au lieu que les aloses les plus petites, les plus maigres et les moins bonnes sont celles qui se montrent les premières dans la rivière. On a remarqué à Villequier que ces premières feintes, plus grosses que les autres, ont aussi l'œil beaucoup plus gros et la peau plus brunâtre ; ce qui les a fait appeler *feintes au gros œil* et *feintes noires*. Elles sont non seulement plus grandes, mais encore plus délicates que les individus qui ne paraissent qu'à la seconde époque, et surtout que ceux de la troisième, que l'on a désignés par la dénomination de *feintes bretonnes*.

Ces feintes bretonnes ou noires, et en général tous les poissons de l'espèce qui nous occupe, aiment les temps chauds et orageux. On en fait la pêche depuis l'embouchure de la Seine jusqu'aux environs de Rouen. On les prend avec des *guideaux* ou avec des *seines* [2], qu'on appelle quelquefois *feintières*. M. Noël nous assure que les feintes sont aujourd'hui beaucoup moins nombreuses qu'il y a vingt ans. Il attribue cette diminution à la destruction du frai de ces clupées, occasionnée par les guideaux du bas de la Seine et aux qualités malfaisantes pour ces animaux que communique à l'eau de ce fleuve le suint des moutons que l'on y lave, aux époques et dans les endroits préférés par ces ces osseux.

Voici maintenant ce que cet observateur nous a écrit au sujet de la rousse. Les pêcheurs distinguent deux variétés dans cette espèce. Celle que l'on prend dans le printemps est plus petite, mais a l'écaille plus grande que celle que l'on pêche en août et en septembre. Les individus qui com-

---

1. *Serpe.* — *Cahuhau*, nom donné aux mâles de cette espèce par les pêcheurs de la Seine inférieure.

2. Voyez, pour le *guideau*, l'article du *gade colin* ; et pour la *seine* ou *saine*, celui de la *raie bouclée*.

posent ces deux variétés présentent quelquefois des taches noires ou brunâtres comme celles de l'alose.

On prend peu de clupées rousses dans la Seine ; on ne les pêche même que depuis la pointe du Hode jusqu'à Aisiers, c'est-à-dire dans les eaux saumâtres de l'embouchure de la rivière. Il paraît qu'elles frayent dans les grandes eaux.

Elles ont les écailles plus fines, la chair plus délicate et moins blanche que l'alose. Leur peau est d'un blanc de crème légèrement cuivré.

On n'en consomme guère que dans les endroits où on les pêche, et voilà pourquoi elles sont encore peu connues. On en a pris dans le lac du *Tot* qui pesaient deux ou trois kilogrammes.

Dans le mois d'août, elles sont assez grasses pour éteindre, comme les harengs d'été de la Manche, les charbons sur lesquels on cherche à les faire cuire[2].

LA CLUPÉE ANCHOIS [2]

Clupea encrasicholus, Lacép., Linn., Gmel. — *Clupea engraulis*, Cuv.

Il n'est guère de poisson plus connu que l'anchois de tous ceux qui aiment la bonne chère. Ce n'est pas pour son volume qu'il est recherché, car il n'a souvent qu'un décimètre ou moins de longueur ; il ne l'est pas non plus pour la saveur particulière qu'il présente lorsqu'il est frais ; mais on consomme une énorme quantité d'individus de cette espèce lorsqu'après avoir été salés ils sont devenus un assaisonnement des plus agréables et des plus propres à ranimer l'appétit. On les prépare en leur ôtant la tête et les entrailles ; on les pénètre de sel ; on les renferme dans des barils avec des précautions particulières ; on les envoie à de très grandes distances sans qu'ils puissent se gâter. Ils sont employés, sur les tables modestes comme dans les festins somptueux, à relever la saveur des végétaux et à donner aux sauces un piquant de très bon goût. Leur réputation est d'ailleurs aussi

---

1.   A chaque pectorale de la clupée rousse.......................... 15 rayons.
     A la nageoire de la queue.................................... 27   —

2. *Sacella*, à Malte. — *Anjovis*, en Allemagne. — *Bykling, Moderlose*, en Danemark. — *Saviliussak*, dans le Groenland. — *Sprat des Anglais*, à la Jamaïque. — *Clupe anchois*. Daubenton et Haüy, Encyclopédie méthodique. — *Id.* Bonnaterre, planches de l'Encyclopédie méthodique. — Bloch, pl. 30, fig. 2.

« *Clupea maxilla superiore longiore.* » Artedi, gen. 7, syn. 17. — *Enkraulos.* Aristote, lib. VI, cap. xv. — *Id.* Athen., lib. IV, p. 148 ; et lib. VII, p. 285 et 300. — *Engrauleis vel enkrasicoloi.* Ælian, lib. VIII, cap. xviii, p. 497. — *Lukostomoi.* Id. — *Halecula.* Belon. — *Engraulis.* Wotton, lib. III, cap. clxxxii, fol. 161 *b.* — *Anchois.* Rondelet, première partie, liv. VII, chap. iii. — *Encrasicholi*, etc. Gesner (Francf.), p. 68 et (germ.) fol. 1 *b.* — *Encrasicholus.* Aldrovande, lib. II, cap. xxxiii, p. 214. — *Id.* Jonston, lib. I, tit. 3, cap. i, *a*, 18, tab. 19, fol. 13. — *Id.* Willughby, p. 225, tab. *P.* 2, fig. 2.

Müller, *Prodrom. zoolog. danic.*, p. 50, n. 124. — Brunn., *Pisc. Massil.*, p. 83, n. 101. — O Fabric., *Fauna Groenland.*, p. 183. — *Brit. zoolog.*, III, p. 295, n. 4. — *Anchois.* Valmont de Bomare, *Dictionnaire d'histoire naturelle.*

ancienne qu'étendue. Les Grecs et les Romains, dans le temps où ils attachaient le plus d'importance à l'art de préparer les aliments, faisaient avec ces clupées une liqueur que l'on nommait *garum* et qu'ils regardaient comme une des plus précieuses. Au reste, ils pouvaient satisfaire aisément leurs désirs à cet égard, les anchois étant répandus dans la Méditerranée, ainsi que le long des côtes occidentales de l'Espagne et de la France, dans presque tout l'océan Atlantique septentrional et dans la Baltique. On préfère les pêcher pendant la nuit; on les attire, comme les harengs par le moyen de feux distribués avec soin. Le temps où on les prend est celui où ils quittent la haute mer pour venir frayer auprès des rivages, et cette dernière époque varie suivant les pays.

Les anchois ont la tête longue; le museau pointu; l'ouverture de la bouche très grande; la langue pointue et étroite; l'orifice branchial un peu large; le corps et la queue allongés; la peau mince; les écailles tendres et peu attachées; la ligne latérale droite et cachée par les écailles; les nageoires courtes et transparentes; le canal intestinal courbé deux fois; dix-huit appendices auprès du pylore; trente-deux côtes de chaque côté et quarante-six vertèbres [1].

LA CLUPÉE ATHÉRINOIDE [2]

Clupea atherinoides, Lacép., Linn., Gmel.

La Clupée raie d'argent, *Clupea vittargentea*, Lacép. — La Clupée apalike, *Clupea cyprinoides*, Lacép., Linn., Gmel. — La Clupée bélame, *Clupea setirostris*, Lacép.,

---

1. A la membrane branchiale de la clupée anchois................. 12 rayons.
   A chaque pectorale....................................... 15   —
   A la nageoire de la queue 18   —

2. *Bande d'argent.* — *Atherine*, en Italie. — *Narum, Ruruwah*, sur la côte de Malabar. — *Clupe bande d'argent.* Daubenton et Haüy, Encyclopédie méthodique. — *Id.* Bonnaterre, planches de l'Encyclopédie méthodique. — Bloch, pl. 408, fig. 1.

« Encrasicholus mandibula inferiore breviore, tænia laterali argentea. » Commerson, manuscrits déjà cités. — *Karpfen-hesing*, par les Allemands. — *Deep water fish, Pond king fish,* par les Anglais des îles Caraïbes. — *Camaripuguacu,* par les Brésiliens. — *Savalle,* à la Martinique. — *Apalika,* par les Otahitiens. — *Marakay,* dans l'idiome tamulique. — *Clupe apalike.* Bonnaterre, planches de l'Encyclopédie méthodique. — Bloch, pl. 403. — Broussonnet, *Ichtyolog.,* fascicule 1, tab. 9. — *Camaripuguacu,* Marcg. *Brasil.,* p. 179. — *Id.* Pis., *Ind.,* p. 65.

« Alauda argentea, pinnula caudata, vulgo *savalle* à la Martinique. » Plumier, peintures sur vélin déjà citées. — Willughby, *Icht.,* p. 230, tab. p. 6, fig. 1. — Ray, *Pisc.,* p. 108. — « Cyprinus argenteus, squamis maximis peltatis, pinna dorsali appendice longissima suffulta : apulika.» Barrère, *France équinox.,* p. 172. — *Clupe bélame.* Bonnaterre, planches de l'Encyclopédie méthodique. — Broussonnet, *Ichtyolog.,* fascicule 1, tab. 11. — *Clupea bælama.* Forskael, *Fauna arab.,* p. 72, n. 107. — *Clupe lysan.* Bonnaterre, planches de l'Encyclopédie méthodique.

Forskael, *Fauna arab.,* p. 72, n. 108. — *Aduppa adipuruwai,* par les Malabares. — Bloch, pl. 432. — *Sardine de l'Ile de France.* — « Clupea mandibula inferiore breviore, rostro apice tuberculo verrucæformi, macula miniata ad superiores branchiarum commissuras. » Commerson, manuscrits déjà cités. — « Encrasicholus platygaster, cauda flavescente. » Commerson, manuscrits déjà cités. — « Halex corpore late cathetoplateo, dorso supra lineam lateralem transversim fasciato, infra eimdem guttato. » Commerson, manuscrits déjà cités.

Banane, à la Martinique. — « Cephalus argenteus, vulgo *banane* à la Martinique. » Plu-

Linn., Gmel. — La Clupée dorab, *Clupea dorab,* Lacép., Linn., Gmel. — La Clupée malabar, *Clupea malabar,* Lacép., Bloch. — La Clupée tuberculeuse, *Clupea tuberculosa,* Lacép. — La Clupée chrysoptère, *Clupea chrysoptera,* Lacép. — La Clupée a bandes, *Clupea fasciata,* Lacép. — La Clupée macrocéphale, *Clupea macrocephala,* Lacép. — La Clupée des tropiques, *Clupea tropica,* Lacép., Linn., Gmel.

Pour ne rien omettre d'essentiel dans la désignation de ces onze clupées, il faut indiquer :

Dans l'*athérinoïde,* qui habite l'Adriatique, la mer de Surinam et celle du Malabar :

La petitesse de la tête ; les grandes lames qui couvrent cette partie ; la largeur de l'orifice de la bouche et de l'ouverture branchiale ; les rangées de petites dents de chaque mâchoire ; la surface unie de la langue et du palais ; la dentelure des os de la lèvre supérieure ; l'orifice unique de chaque narine ; la matière brune et visqueuse qui humecte la peau ; la brièveté des nageoires du ventre ; l'étendue et les écailles de celle de l'anus ; la longueur de l'animal, qui est ordinairement de deux décimètres ; la graisse et le bon goût de la chair que l'on mange fraîche ou salée ;

Dans la *raie d'argent,* dont les manuscrits de Commerson nous ont présenté la description et dont ce naturaliste a vu des myriades auprès des rivages de l'Ile de France :

La brièveté des dimensions ; la transparence de plusieurs parties ; la facilité avec laquelle les écailles se détachent ; la saillie du museau au-devant des deux mâchoires ; la petitesse des dents, qu'on ne peut souvent distinguer qu'avec une loupe ; les opercules très brillants, très argentés et dénués de petites écailles ; le défaut d'une véritable ligne latérale, le peu de temps nécessaire pour changer en *garum* le ventre de ce poisson ;

Dans l'*apalike,* que nourrissent les eaux du grand Océan et celles de l'océan Atlantique, particulièrement auprès de l'équateur et des tropiques :

Les dimensions, qui sont telles que la longueur de l'animal peut excéder quatre mètres et que l'ouverture de la gueule est assez grande pour engloutir la tête d'un homme ; la largeur des écailles, qui égale cinq ou six centimètres ; la figure de ces lames, qui est hexagone ; la graisse de la chair ; la compression du corps et de la queue ; les lames écailleuses et étendues qui recouvrent la tête ; les dents, dont les mâchoires sont, pour ainsi dire, parsemées ; la courbure des os de la lèvre supérieure ; la rudesse de la langue et des quatre os qui entourent le gosier ; les trois rangées de dents disposées en arc sur le devant du palais ; le double orifice de chaque narine ; les teintes argentines de la couleur générale ; les nuances bleues du dos ainsi que des nageoires ;

mier, peintures sur vélin déjà citées. — *Hareng des tropiques.* Daubenton et Haüy, Encyclopédie méthodique. — *Id.* Bonnaterre, planches de l'Encyclopédie méthodique. — « Clupea cauda cuneiformi. » Osb., *It.,* 300.

Dans la *bélame*, de la mer d'Arabie et du grand Océan équinoxial :

L'azur de la partie supérieure; l'éclat argentin des autres; le peu d'épaisseur des écailles qu'un faible froissement peut faire tomber; la petitesse et l'inégalité des dents des mâchoires; la rudesse des environs du gosier; la couleur blanchâtre des nageoires; la forme lancéolée de celles du ventre et de celles de la poitrine;

Dans la *dorab* qui appartient à la mer d'Arabie :

Le brillant des côtés; le bleu du dos; les douze dents très saillantes de la mâchoire inférieure; les stries ondulées des opercules; la direction droite de la ligne latérale; la position de la dorsale deux fois plus voisine de la tête; la petitesse très remarquable des ventrales ;

Dans la clupée *malabar*, qu'on peut pêcher toute l'année, près de la côte dont elle porte le nom :

La finesse des dents; la dentelure des os de la lèvre d'en haut; l'opercule uni et composé de plusieurs lames dénuées de petites écailles; le bleu des pectorales et des ventrales; le gris des autres nageoires; les taches jaunes qui relèvent l'argenté du dos;

Dans les *tuberculeuses*, que Commerson a vues se jouer en troupes très nombreuses à la surface de l'eau qui baigne les rivages de l'Ile de France, et que, selon cet observateur, on peut y prendre par milliers :

La petitesse des dimensions; la longueur totale, qui surpasse à peine un décimètre; le blanc argenté des côtés et du ventre; les reflets azurés du dos; le rouge brun de la dorsale et de la nageoire de la queue; le peu d'adhérence des écailles à la peau; la brièveté des dents qui garnissent les mâchoires, et que l'on sent par le toucher plus facilement qu'on ne les voit; l'orifice de la bouche prolongé jusqu'au delà des yeux ; la langue bordée de filaments ou *soies* rudes; l'opercule, qu'aucune petite écaille ne recouvre; le défaut de véritable ligne latérale; le bon goût de la chair ;

Dans la *chrysoptère*, dont nous devons la connaissance à Commerson;

La ressemblance de la tête à celle de l'anchois, du corps à celui de la sardine, de la grandeur à celle d'un petit hareng; le bleu mêlé de blanc de la partie supérieure du poisson; les teintes argentines des côtés et du ventre ; la dorure des joues et des opercules; l'incarnat pâle de l'intérieur de la bouche; l'éclat de la mâchoire inférieure; la transparence du devant des yeux ;

Dans la *clupée à bandes*, que Commerson a observée auprès des côtes de l'Ile de France :

La couleur générale argentée, le dos bleuâtre; les écailles si peu adhérentes que le poisson en est dénué très fréquemment; les dents qui hérissent les mâchoires et qui sont extrêmement petites; la grande facilité d'étendre le museau; le sillon large et peu profond que présente l'occiput; les yeux très grands, arrondis, plats et rapprochés; l'opercule composé de deux pièces; le double orifice de chaque narine; la ligne latérale qui consiste dans une série de petites lignes ; la position des ventrales très près des nageoires de la poitrine ;

Dans la *clupée macrocéphale*, dont nous avons trouvé la figure sur une des peintures exécutées sous les yeux de Plumier et conservées par les professeurs du Muséum d'histoire naturelle :

La saillie du museau ; la prolongation de la mâchoire supérieure au delà de celle d'en bas ; l'iris doré ; les trois pièces des opercules ; le défaut de petites écailles sur ces mêmes opercules et sur la tête ; l'arrondissement et la largeur des écailles du dos ; l'échancrure de la dorsale, ainsi que de la nageoire de l'anus ; les nuances rougeâtres des nageoires ; les reflets argentés qui brillent sur le ventre de même que sur les côtés, et relèvent la couleur azurée de la partie supérieure du poisson ;

Et enfin, dans la *clupée des tropiques*, qui fréquente l'île de l'Ascension[1] :

La blancheur, la hauteur et la compression du corps et de la queue ; la courbure du dessus de la tête ; l'avancement de la mâchoire inférieure au delà de celle d'en haut ; les dents de chaque mâchoire disposées sur un seul rang ; les petites écailles placées sur les opercules ; la ligne latérale, qui est droite et plus près du dos que du ventre.

1. A chaque pectorale de la clupée athérinoïde........................ 14 rayons.
    A celle de la queue.. 22   —

    A la membrane branchiale de la clupée raie d'argent............. 12   —
    A chaque pectorale.. 15   —
    A la caudale 20   —

    A chaque pectorale de la clupée apalike........................ 15   —
    A la nageoire de la queue 30   —

    A la membrane des branchies de la clupée bélame............... 10   —
    A chaque pectorale.. 14
    A la caudale.. 18   —

    A chaque pectorale de la clupée dorab......................... 14   —

    A la membrane branchiale de la clupée malabar.. 8   —
    A chaque pectorale.. 14   —
    A la nageoire de la queue..................................... 22   —

    A la membrane des branchies de la clupée tuberculeuse......... 12   —
    A chaque pectorale.. 14   —
    A la caudale.. 20   —

    A chaque pectorale de la clupée à bandes...................... 18   —
    A la nageoire de la queue..................................... 16   —

    A la membrane branchiale de la clupée des tropiques........... 7   —
    A chaque pectorale.. 6   —
    A la caudale 20   —

DEUX CENT HUITIÈME GENRE

LES MYSTES

Plus de trois rayons à la membrane des branchies ; le ventre caréné ; la carène du ventre dentelée ou très aiguë ; la nageoire de l'anus très longue et réunie à celle de la queue ; une seule nageoire sur le dos.

ESPÈCE.	CARACTÈRES.
LE MYSTE CLUPÉOÏDE.	Treize rayons à la nageoire du dos ; quatre-vingt-six à celle de l'anus ; sept à chaque ventrale ; la caudale lancéolée.

LE MYSTE CLUPÉOIDE [1]

Mystus clupeoides, LACÉP. — *Clupea mystus*, LINN., GMEL.
— *Clupea Thrissa*, CUV.

La mer des Indes nourrit ce myste, dont la forme générale a été comparée à une lame d'épée, dont le corps est en effet très comprimé ainsi que la queue, et dont la mâchoire supérieure, plus avancée que celle d'en bas, est garnie de chaque côté d'un os aplati, étroit, dentelé et assez allongé pour atteindre jusqu'aux ventrales.

La couleur générale de cet abdominal est blanche, et son dos présente une teinte foncée [2].

DEUX CENT NEUVIÈME GENRE

LES CLUPANODONS

Plus de trois rayons à la membrane des branchies ; le ventre caréné ; la carène du ventre dentelée ou très aiguë ; la nageoire de l'anus séparée de celle de la queue ; une seule nageoire sur le dos ; point de dents aux mâchoires.

ESPÈCES.	CARACTÈRES.
1. LE CLUPANODON CAILLEU-TASSART.	Seize rayons à la nageoire du dos ; vingt-quatre à celle de l'anus ; huit à chaque ventrale ; la caudale fourchue ; la nageoire de l'anus sans échancrure ; le dernier rayon de la dorsale très allongé.
2. LE CLUPANODON NASIQUE.	Seize rayons à la dorsale ; vingt à celle de l'anus ; six à chaque ventrale ; la caudale fourchue ; le museau avancé en forme de nez ; le dernier rayon de la dorsale très allongé.
3. LE CLUPANODON PILCHARD.	Dix-huit rayons à la nageoire du dos ; dix-huit à celle de l'anus ; huit à chaque ventrale ; huit à la membrane branchiale ; la caudale fourchue ; la mâchoire inférieure plus avancée que la supérieure, pointue et courbée vers le haut ; la dorsale placée au-dessus du centre de gravité du poisson.

1. Mus. Ad. Frid. 2, p. 106. — *Clupea mystus*. Osbeck., *It.*, 256. — *Amœnit. academ.*, 5, p. 252, tab. 1, fig. 12. — *Clupe myste*. Daubenton et Haüy, Encyclopédie méthodique. — Id,. Bonnaterre, planches de l'Encyclopédie méthodique.

2. A la membrane branchiale du myste clupéoïde.................... 10 rayons.
   A chaque pectorale.. 17 —
   A la nageoire de la queue..................................... 13 —

ESPÈCES.	CARACTÈRES.
4. LE CLUPANODON CHINOIS.	Dix-huit rayons à la dorsale ; dix-neuf à l'anale ; huit à chaque ventrale ; six à la membrane des branchies ; la caudale fourchue ; la mâchoire inférieure plus avancée que celle d'en haut ; un seul orifice à chaque narine.
5. LE CLUPANODON AFRICAIN.	Dix-neuf rayons à la nageoire du dos ; quarante et un à la nageoire de l'anus ; six à chaque ventrale ; la dorsale échancrée ; l'anale très longue et sans échancrure ; les ventrales extrêmement petites ; la caudale fourchue ; la mâchoire inférieure plus avancée que celle d'en haut.
6. LE CLUPANODON JUSSIEU.	Seize rayons à la dorsale ; vingt-deux à la nageoire de l'anus ; sept à chaque ventrale ; la caudale fourchue ; les ventrales très petites ; point de ligne latérale.

LE CLUPANODON CAILLEU-TASSART[1]

Clupanodon Thrissa, LACÉP. — *Clupea Thrissa,* LINN., GMEL.

LE CLUPANODON NASIQUE, *Clupanadon nasica,* Lacép. — LE CLUPANODON PILCHARD, *Clupanodon pilchardus,* Lacép. — LE CLUPANODON CHINOIS, *Clupanodon sinensis,* Lacép.; *Clupea sinensis,* Linn., Gmel. — LE CLUPANODON AFRICAIN, *Clupanodon africanus,* Lacép.; *Clupea africana,* Bloch. — LE CLUPANODON JUSSIEU, *Clupanodon jussieu,* Lacép.

Les clupanodons ont leurs mâchoires dénuées de dents, ainsi que l'annonce leur nom générique. Il ne faut pas croire cependant que leurs habitudes soient très différentes de celles des clupées. Presque tous ces derniers poissons ont, en effet, des dents très petites. La conformation des clupanodons a d'ailleurs les plus grandes ressemblances avec celle des clupées.

Ne négligeons pas néanmoins de dire :

Que le cailleu-tassart a la tête petite et sans écailles proprement dites ; la mâchoire inférieure courbée vers le haut et terminée par une pointe qui remplit une échancrure de la mâchoire supérieure ; le palais garni d'une membrane ridée et sans dents ; la langue lisse, courte et cartilagineuse ; deux orifices à chaque narine ; le dessous du ventre couvert d'une trentaine

1. *Borstenflosser,* par les Allemands. — *Borstelfin,* par les Hollandais. — *Sprat,* par les Anglais. — *Savalle,* par les habitants des Antilles. — *Clupe cailleu-tassart.* Bonnaterre, planches de l'Encyclopédie méthodique. — Bloch, pl. 404. — *Halex festucosus.* Plumier, dessins et manuscrits déposés à la Bibliothèque royale, t. Iᵉʳ, PISCES ET AVES.

« Clupea minor, radio ultimo pinnæ dorsalis longissimo. » Brown, *Jamaic.,* 443. — *Clupea corpore ovato. Amœnit. academ.,* 5, p. 251. — *Clupea thrissa.* Osb., *It.,* 257. — Broussonnet. *Ichtyolog.,* fascicule 1, tab. 10. — *Poikutti,* en langue malaise. — *Hareng à nez.* Bloch, pl. 429. pl. 406.

Poiken, Mannalai, par les Malais. — *Maerblcier,* par les Hollandais des Indes orientales. — *Clupe-hareng de la Chine.* Daubenton et Haüy, Encyclopédie méthodique. — *Id.* Bonnaterre, planches de l'Encyclopédie méthodique. — Bloch, pl. 405. — *Sild,* par les Danois de la côte d'Afrique. — Bloch, pl. 407. — *Grande sardine de l'Ile de France.* — « Halex harengus immaculatus maxilla inferiore longiore, pinna dorsali, radiorum sexdecim. » Commerson, manuscrits déjà cités.

de lames transversales ; l'anus beaucoup plus éloigné de la gorge que de la caudale ; la ligne latérale droite ; les écailles grandes, minces et fortement attachées ; les flancs argentins ; le dos et les nageoires bleuâtres.

Il vit dans les eaux de la Chine, des Antilles, de la Jamaïque, de la Caroline ; il fraye dans les fleuves ; il parvient à la longueur de trois ou quatre décimètres ; sa chair est grasse et agréable au goût ; mais dans certains parages la nature de ses aliments peut lui donner des qualités funestes.

Le nasique a les deux mâchoires également avancées ; un seul orifice à chaque narine ; la tête couverte de grandes lames ; les écailles épaisses ; la ligne latérale droite et descendante ; le dos bleu ; la couleur générale argentée ; une longueur de deux ou trois décimètres ; une chair remplie de petites arêtes et quelquefois malsaine ; la côte de Malabar pour patrie, et l'habitude de se tenir auprès des embouchures des rivières.

Le pilchard, pris mal à propos pour une variété du hareng, montre une tête sans petites écailles ; une fossette allongée sur le sommet de cette partie ; un palais lisse ; une langue large, mince et unie ; un seul orifice à chaque narine ; des opercules rayonnés ; une ligne latérale droite ; un appendice étroit et pointu auprès de chaque ventrale ; des écailles larges ; un péritoine enduit d'une viscosité noirâtre ; un canal intestinal sans sinuosités ; un estomac composé d'une membrane épaisse ; plusieurs cæcums auprès du pylore ; une vessie nageoire longue et sans division ; des reflets argentins sur presque toute sa surface ; des teintes bleues sur le dos ainsi que sur plusieurs nageoires ; une longueur de trois ou quatre décimètres.

Les clupanodons pilchards arrivent en grandes troupes près des côtes de Cornwallis vers la fin de juin, disparaissent en automne et se remontrent au commencement de décembre. Les grands froids retardent quelquefois leur retour ; les orages les détournent de leur route ; des pêcheurs nommés *huers* se placent sur les rochers des rivages anglais pour découvrir l'arrivée de ces clupanodons ; l'approche de ces animaux est annoncée par le concours des oiseaux d'eau, par la lueur phosphorique que ces poissons répandent, par l'odeur qui s'exhale de leur laite. La pêche de ces pilchards est d'autant plus importante pour l'Angleterre, qu'on peut en prendre plus de cent mille d'un seul coup, et que dans une seule année on s'est emparé de plus d'un milliard de ces osseux. Leur chair est grasse et très agréable ; on les mange frais ou salés, et on en retire une grande quantité d'huile.

Le chinois a le dernier rayon de la membrane branchiale comme tronqué ; de grandes lames sur la tête ; toutes les nageoires petites et jaunâtres ; celles du dos et de la queue bordées de brun ou de foncé ; la couleur générale argentée ; une longueur de deux ou trois décimètres.

Il fréquente les rivages de l'Asie et ceux de l'Amérique ; il vit dans la mer et dans les rivières ; il fraye vers le printemps ; il a meilleur goût après le frai ; il va par troupes ; il est mangé frais et salé ; mais il est souvent employé à engraisser les champs de riz.

L'africain a été vu près des côtes de Guinée; il s'avance par troupes nombreuses; il présente de grandes lames sur la tête, un seul orifice à chaque narine, une langue et un palais unis, un dos couleur d'acier, des nageoires grises, des côtés argentins.

Le clupanodon, dédié à notre célèbre collègue de Jussieu, membre de l'Institut royal, professeur au Muséum d'histoire naturelle, digne neveu et successeur du fameux Bernard de Jussieu, comme un témoignage de notre reconnaissance pour la complaisance avec laquelle il nous a remis dans le temps plusieurs manuscrits de Commerson relatifs à l'ichtyologie, a été observé par ce dernier naturaliste près des côtes de l'Ile de France, en janvier 1770.

Cet osseux, dont le nom attestera notre haute estime pour notre collègue, tient le milieu, pour la grandeur, entre le hareng et la sardine; il a le dos bleuâtre, les côtés et le ventre argentés, les pectorales couleur de chair; les écailles brillantes, minces et flexibles, placées en recouvrement sur toute sa surface, excepté sur la tête et sur les opercules; ces mêmes opercules très resplendissants, striés et composés de trois pièces; le dessus de la tête ciselé; la mâchoire inférieure plus avancée que celle d'en haut; la langue molle et très courte; les pectorales reçues, pendant leur repos, dans une sorte de fossette; la base de la dorsale située dans un sillon longitudinal formé par deux séries d'écailles; de petites écailles placées sur la base de la caudale; vingt-cinq côtes fortes et très longues, de chaque côté de l'épine du dos, dans laquelle on compte cinquante-quatre vertèbres [1].

DEUX CENT DIXIÈME GENRE

LES SERPES

La tête, le corps et la queue très comprimés; la partie inférieure de l'animal terminée en dessous par une carène très aiguë et courbée en demi-cercle; deux nageoires dorsales; les ventrales extrêmement petites.

ESPÈCE.	CARACTÈRES.
LA SERPE ARGENTÉE.	Onze rayons à la première nageoire du dos; deux à la seconde; trente-quatre à celle de l'anus; deux à chaque ventrale; la caudale fourchue; la couleur générale argentée.

1. A chaque pectorale du clupanodon cailleu-tassart	13	rayons.
A la nageoire de la queue	24	—
A la membrane branchiale du clupanodon nasique	4	—
A chaque pectorale	13	—
A la caudale	20	—
A chaque pectorale du clupanodon pilchard	17	—
A la nageoire de la queue	22	—
A chaque pectorale du clupanodon chinois	13	—
A la caudale	22	—
A chaque pectorale du clupanodon jussieu	16	—
A la nageoire de la queue	24	—

LA SERPE ARGENTÉE [1]

Gasteropelecus argenteus, Lacép. — *Salmo gasteropelecus*, Linn., Gmel.

Nous pensons avec Bloch devoir séparer ce poisson des clupées et des salmones et l'inscrire dans un genre particulier. Indépendamment d'autres traits de dissemblance, ses deux nageoires dorsales l'écartent des clupées, et les rayons de la seconde de ces deux nageoires empêchent de le confondre avec les salmones.

L'éclat de l'argent qui brille sur sa surface est relevé par des teintes d'un bleu d'acier. Ses mâchoires sont garnies de dents; l'inférieure avance au delà de la supérieure. L'ouverture de sa bouche est grande, ainsi que l'orifice branchial; les écailles sont larges; la langue est blanche, unie et épaisse; les opercules sont unis; la première dorsale est plus éloignée de la tête que le commencement de l'anale; un os extrêmement mince, tranchant, couvert d'écailles et courbé en arc comme une serpe, s'étend depuis la gorge jusqu'à l'anus; les pectorales ont la forme d'une faucille; leur couleur est grise comme celle des autres nageoires.

La serpe argentée a été pêchée dans les eaux de Surinam et dans celles de la Caroline; sa longueur est inférieure à celle d'un décimètre. Elle se maintiendrait très difficilement en équilibre et nagerait avec peine, à cause de la grande compression de son corps et de l'étendue que présente chacune de ses faces latérales, si les effets de cette conformation n'étaient pas un peu compensés par la longueur des pectorales, qui peuvent lui servir de balanciers [2] et de rames auxiliaires [3].

DEUX CENT ONZIÈME GENRE

LES MÉNÉS

La tête, le corps et la queue très comprimés; la partie inférieure de l'animal terminée par une carène aiguë, courbée en demi-cercle; le dos relevé de manière que chaque face latérale du poisson représente un disque; une seule nageoire du dos; cette dorsale, et surtout l'anale, très basses et très longues; les ventrales étroites et très allongées.

ESPÈCE.	CARACTÈRES.
La Méné Anne-Caroline.	Trois pièces à chaque opercule; la caudale fourchue; la ligne latérale tortueuse.

1. *Salmone sternicle.* Daubenton et Haüy, Encyclopédie méthodique. — *Id.* Bonnaterre, lanches de l'Encyclopédie méthodique. — « Clupea sima, pinnis flavis, ventralibus minutissimis, et clupea sternicla, pinnis ventralibus nullis. » Linné, *Systema naturæ*, ed. 12, 1, p. 524, n. 7 et n. 8. — Pallas, *Spicileg. zoolog.*, 8, p. 50, tab. 3, fig. 4 et 5. — Kœlreuter, *Nov. Comment. Petrop.*, 8, p. 405, tab. 14, fig. 1 et 3.

Serpe. Bloch, pl. 97, fig. 3. — *Gasteropelecus sternicla*, Id. — *Gasteropelecus.* Gronov., Mus. 2, p. 7, n. 155, tab. 7, fig. 5.

2. Voyez ce que nous avons dit de la natation des poissons dans notre Discours sur la nature de ces animaux.

3. A la membrane des branchies de la serpe argentée.............. 3 rayons.
A chaque pectorale.. 9 —
A la nageoire de la queue... 22 —

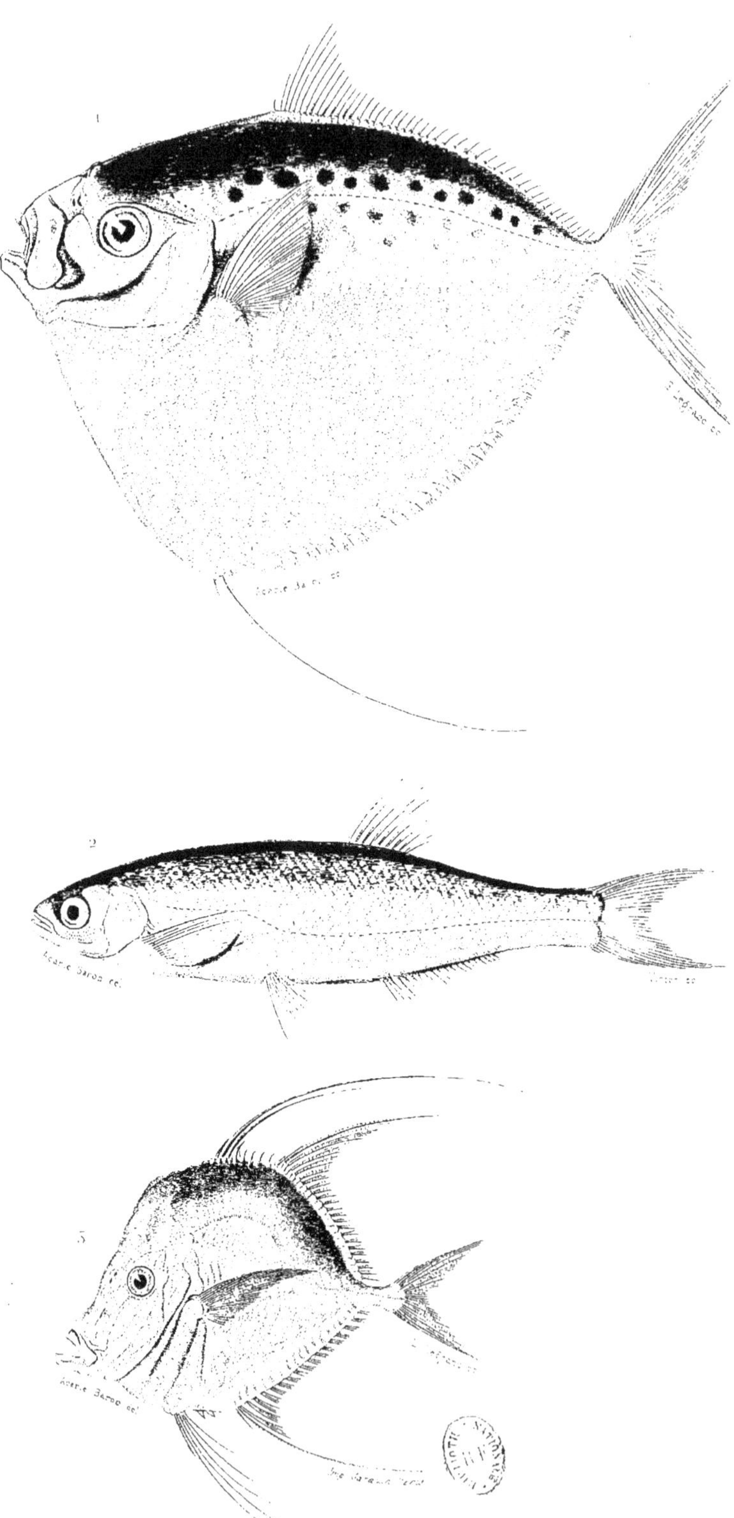

1. LE MÉNÉ ANNE (*Mene maculata* Cuv.) — 2. LE CYPRIN ABLE (*Cyprinus alburnus* L.)

3. L'ARGYRÉIOSE VOMER (*Argyreiosus vomer* Lacép.)

LA MÉNÉ ANNE-CAROLINE

Mene Anna-Carolina, Lacép.

Cette belle espèce de poisson devait être placée dans un genre particulier. Elle est encore inconnue des naturalistes. J'en ai trouvé une image faite avec beaucoup de soin dans la collection des peintures chinoises cédées à la France par la Hollande. Je la dédie à la compagne qui m'est si chère, et dont les vertus et le malheur sont dignes d'un si grand intérêt[1].

La méné Anne-Caroline brille d'un éclat doux et argentin. Sa partie supérieure renvoie des reflets verdâtres, rendus plus agréables par des taches mollement terminées et d'un violet foncé ; les nageoires ont une teinte d'un vert léger. Les pectorales sont grandes, comme pour compenser par leur étendue les effets de l'extrême compression de l'animal sur sa natation[2]. La dorsale est triangulaire ; elle comprend, ainsi que l'anale, un très grand nombre de rayons. Les os de la lèvre supérieure sont larges. L'iris et la prunelle représentent un cercle d'argent autour d'un saphir.

Lorsqu'on regarde le disque formé par l'un ou l'autre côté de la méné que nous décrivons, on trouve une sorte d'analogie entre ce disque et celui de la lune presque plein ; analogie que nous avons voulu indiquer par le nom générique de ce poisson[3].

DEUX CENT DOUZIÈME GENRE

LES DORSUAIRES

La partie antérieure du dos relevée en bosse très comprimée et terminée dans le bout par une carène très aiguë ; une seule dorsale.

ESPÈCE.	CARACTÈRE.
Le Dorsuaire noiratre.	La couleur d'un bleu noirâtre.

LE DORSUAIRE NOIRATRE[4]

Dorsuarius nigrescens, Lacép. — *Pimeleptere?* Cuv.

Commerson a laissé dans ses manuscrits une courte description de ce poisson, qui a été vu auprès du fort Dauphin de Madagascar.

Ce dorsuaire a la partie supérieure relevée comme les ménés, de même que les serpes ont leur partie inférieure étendue vers le bas. Il est aussi,

---

1. Voyez l'article du *mugilomore Anne-Caroline.*
2. Voyez, dans le Discours sur la nature des poissons, nos idées sur la natation de ces animaux.
3. *Mene,* en grec, signifie *lune.*
4. « Dorsuarius tubero, novissimum genus, cyprino proxime adjungendum ; dorso in gibbum acute carinatum elevato ; vel totus a subcæruleo nigrescens, tubere acute carinato pinnæ dorsali præposito. » Commerson, manuscrits déjà cités.

parmi les abdominaux, l'analogue du kurte des jugulaires. Aucune tache, aucune bande, aucune raie n'interrompent d'ailleurs sa couleur générale ; sa longueur ordinaire est de trois ou quatre décimètres.

DEUX CENT TREIZIÈME GENRE

LES XYSTÈRES

La tête, le corps et la queue très comprimés ; le dos élevé et terminé, comme le ventre, par une carène aiguë et courbée en portion de cercle ; sept rayons à la membrane branchiale ; la tête et les opercules garnis de petites écailles ; les dents échancrées de manière qu'à l'extérieur elles ont la forme d'incisives, et qu'à l'intérieur elles sont basses et un peu renflées ; une fossette au-dessous de chaque ventricule.

ESPÈCE.	CARACTÈRES.
Le Xystère brun.	De petites écailles sur la base de la caudale, ainsi que les nageoires du dos et de l'anus ; la couleur générale brune.

LE XYSTÈRE BRUN [1]

Xyster fuscus, Lacép.

Ce poisson, observé et décrit par Commerson, parvient à la longueur de quatre ou cinq décimètres. Ses nuances brunes ne sont relevées par aucune autre couleur. Les deux mâchoires sont presque aussi avancées l'une que l'autre et arrondies par devant. L'animal peut étendre et retirer la lèvre d'en haut. La langue est courte, très large et à demi cartilagineuse. On voit deux orifices à chaque narine.

DEUX CENT QUATORZIÈME GENRE

LES CYPRINODONS

le corps et la queue ayant un peu la forme d'un ovoïde ; trois rayons à la membrane des branchies ; des dents aux mâchoires.

PÈCE.	CARACTÈRES.
Le Cyprinodon varié.	Douze rayons à la dorsale ; onze à la nageoire de l'anus ; la caudale rectiligne et non échancrée.

LE CYPRINODON VARIÉ [2]

Cyprinodon variegatus, Lacép. — *Cyprinus variegatus*, Bosc.

Notre confrère M. Bosc, qui a vu ce poisson à la Caroline, l'a décrit sous le nom de *cyprin varié*, dans les notes manuscrites qu'il a bien voulu nous communiquer. Mais nous pensons, avec cet habile naturaliste, que cet

---

1. *Cousepar.* — « Xyster novissimum genus, cui pro charactere, dentes ad angulum rectum infracti, a parte externa seu perpendiculari incisorii, ad interna seu horizontali sessiles, acutiores, subulati ; pinnæ ventrales in fossula subventrali delitescentes ; corpus caputque squamosa ; membrana branchiostega septem radiorum ; cyprinis subjungendum. — Xyster totus fuscus. » Commerson, manuscrits déjà cités.

2. « Cyprinus cauda indivisa, corpore subovato, maculis fasciisque fuscis variegato, pinna dorsali, radiis duodecim. » Bosc, notes manuscrites.

abdominal doit être séparé des cyprins et placé dans un genre particulier à cause de plusieurs traits de sa conformation, et notamment des dents que l'on voit à ses mâchoires.

Le cyprinodon varié a l'ouverture de la bouche très petite ; la mâchoire d'en bas plus avancée que la supérieure ; les dents très courtes ; les opercules arrondis ; une ligne latérale à peine visible ; le corps et la queue revêtus d'écailles larges, argentines, légèrement pointillées ; des taches brunes, irrégulières, très variables, quelquefois à peine sensibles, mais tendant à former des bandes transversales et partagées souvent vers le haut en deux petites bandes.

Son iris est doré ; ses dimensions sont très petites ; sa longueur n'égale pas un décimètre. On le trouve fréquemment dans la baie de Charlestown [1].

DEUX CENT QUINZIÈME GENRE

LES CYPRINS

Quatre rayons au plus à la membrane des branchies ; point de dents aux mâchoires ; une seule nageoire du dos.

PREMIER SOUS-GENRE

QUATRE BARBILLONS AUX MACHOIRES

ESPÈCES.	CARACTÈRES.
1. LE CYPRIN CARPE.	Vingt-quatre rayons à la nageoire du dos ; neuf à celle de l'anus ; neuf à chaque ventrale ; la caudale fourchue ; le troisième rayon de la dorsale et le troisième de l'anale dentelés.
2. LE CYPRIN BARBEAU.	Douze rayons à la dorsale ; huit à l'anale ; neuf à chaque ventrale ; le troisième rayon de la nageoire du dos dentelé des deux côtés ; la caudale fourchue ; l'ouverture de la bouche située au-dessous du museau, qui est très avancé.
3. LE CYPRIN SPÉCULAIRE.	Vingt rayons à la nageoire du dos ; sept à l'anale ; neuf à chaque ventrale ; la caudale fourchue ; une ou plusieurs rangées d'écailles très grandes et brillantes, de chaque côté du corps.
4. LE CYPRIN A CUIR.	La peau coriace et entièrement dénuée d'écailles facilement visibles.
5. LE CYPRIN BINNY.	Treize rayons à la dorsale ; six à la nageoire de l'anus ; neuf à chaque ventrale ; le troisième rayon de la nageoire du dos épais et corné ; toute la surface du poisson argentée.
6. LE CYPRIN BULATMAI.	Dix rayons à la nageoire du dos ; huit à l'anale ; neuf à chaque ventrale ; la caudale fourchue ; le second rayon de la nageoire du dos dur et très grand ; la ligne latérale droite et plus voisine du bord inférieur que du bord supérieur de l'animal ; la couleur générale mêlée d'or et d'argent.

[1]. A chaque pectorale du cyprinodon varié...................... 14 rayons.
    A chaque ventrale... 6 —
    A la nageoire de la queue.................................. 20 —

ESPÈCES.	CARACTÈRES.
7. LE CYPRIN MURSE.	Douze rayons à la dorsale; sept à la nageoire de l'anus; huit à chaque ventrale; la caudale fourchue; le premier rayon de l'anale très long; le troisième rayon de la dorsale très long, très épais et dentelé par derrière dans la moitié de sa longueur; la ligne latérale droite et également éloignée du bord supérieur et du bord inférieur de l'animal.
8. LE CYPRIN ROUGE BRUN.	La hauteur du corps proprement dit égale à sa longueur, ou à peu près; les opercules composés de trois pièces, dénués de petites écailles et polygones par derrière; une petite convexité entre les yeux; une seconde sur le museau; la ligne latérale voisine du dos, dont elle suit la courbure; les écailles grandes et un peu en losange; la dorsale étendue depuis le milieu du dos jusqu'à une petite distance de la caudale; le premier rayon de la dorsale fort et aiguillonné; l'anale plus petite que les ventrales; la couleur générale d'un brun doré; toutes les nageoires rougeâtres.

SECOND SOUS-GENRE

DEUX BARBILLONS AUX MACHOIRES

ESPÈCES.	CARACTÈRES.
9. LE CYPRIN GOUJON.	Neuf rayons à la nageoire du dos; dix à celle de l'anus; neuf à chaque ventrale; la caudale fourchue; la couleur générale relevée par des taches.
10. LE CYPRIN TANCHE.	Douze rayons à la dorsale; onze à la nageoire de l'anus; neuf à chaque ventrale; les deux mâchoires presque également avancées; les écailles du corps et de la queue très petites; les nageoires épaisses et presque opaques.
11. LE CYPRIN CAPOET.	Treize rayons à la nageoire du dos; neuf rayons à celle de l'anus; dix rayons à chaque ventrale; la caudale sans échancrure; les écailles très petites; les nageoires minces et transparentes; la couleur générale dorée; des points noirs.
12. LE CYPRIN TANCHOR.	Douze rayons à la nageoire du dos; neuf rayons à celle de l'anus; dix à chaque ventrale; la caudale sans échancrure; les écailles très petites; les nageoires minces et transparentes; la couleur générale dorée; des points noirs.
13. LE CYPRIN VONCONDRE.	Dix-huit rayons à la dorsale; treize à l'anale; neuf à chaque ventrale; la caudale fourchue; la dorsale échancrée de manière à représenter une faux; les deux barbillons placés au bout du museau; un seul orifice à chaque narine.
14. LE CYPRIN VERDATRE.	La caudale sans échancrure; la mâchoire un peu plus avancée que celle d'en haut; toutes les nageoires petites et rouges à la base; toute la surface de la tête, du corps et de la queue, d'un vert plus ou moins foncé.
LE CYPRIN ANNE-CARO-LINE.	Dix-neuf rayons à la nageoire du dos; cette dorsale très longue, triangulaire, et la pointe du triangle qu'elle forme très voisine de la caudale; la nageoire de l'anus très courte, très petite et pointue par le bas; la caudale

ESPÈCES.	CARACTÈRES.

15. Le Cyprin anne-caroline. — grande et fourchue; la mâchoire supérieure plus avancée que celle d'en bas; la couleur générale mêlée d'or et d'argent; le derrière de la tête et la partie antérieure du dos, d'un jaune doré.

16. Le Cyprin mordoré — La dorsale très longue; le second ou le troisième rayon de cette nageoire dentelé; la caudale fourchue; les écailles grandes et d'un or plus ou moins mêlé de teintes noirâtres; une petite bosse sur la partie antérieure du dos; la tête petite; du rougeâtre sur toutes les nageoires.

17. Le Cyprin vert violet. — La tête courte; la dorsale très longue; la queue allongée et presque cylindrique; la caudale fourchue; la couleur générale verte; les nageoires violettes.

TROISIÈME SOUS-GENRE

POINT DE BARBILLON; LA NAGEOIRE DE LA QUEUE RECTILIGNE, OU ARRONDIE,
ET SANS ÉCHANCRURE

ESPÈCES.	CARACTÈRES.

18. Le Cyprin hamburge. — Vingt et un rayons à la nageoire du dos; dix rayons à la nageoire de l'anus; neuf à chaque ventrale; le dos arqué et très élevé; la ligne latérale droite.

19. Le Cyprin céphale. — Onze rayons à la nageoire du dos; onze rayons à l'anale; neuf à chaque ventrale; la caudale arrondie; le corps et la queue presque cylindriques.

20. Le Cyprin soyeux. — Dix rayons à la dorsale; onze rayons à l'anale; le dos très élevé; une raie longitudinale variée d'argent, de vert et de bleu de chaque côté du poisson.

21. Le Cyprin zéelt. — Onze rayons à la nageoire du dos; dix à celle de l'anus; onze à chaque ventrale; le deuxième rayon de chaque ventrale très large; la mâchoire inférieure plus avancée que celle d'en haut; la ligne latérale courbée deux fois vers le bas et deux fois vers le haut.

QUATRIÈME SOUS-GENRE

POINT DE BARBILLON; LA NAGEOIRE DE LA QUEUE FOURCHUE OU ÉCHANCRÉE
EN CROISSANT

ESPÈCES.	CARACTÈRES.

22. Le Cyprin doré. — Vingt rayons à la nageoire du dos; neuf à l'anale; neuf à chaque ventrale; deux orifices à chaque narine; deux pièces à chaque opercule; les écailles grandes; la ligne latérale droite; la couleur générale d'un rouge mêlé d'aurore, d'or et d'argent.

23. Le Cyprin argenté. — Six rayons à la dorsale; sept à la nageoire de l'anus; huit à chaque ventrale; une petite élévation entre la nageoire du dos et celle de la queue, la couleur générale argentée.

24. Le Cyprin télescope. — Dix-huit rayons à la dorsale; neuf à l'anale; six à chaque ventrale; les yeux grands, coniques et saillants; un seul orifice à chaque narine; la ligne latérale interrompue à chaque écaille; les écailles grandes; la caudale divisée en

ESPÈCES.	CARACTÈRES.
24. Le Cyprin télescope.	deux ou trois lobes très étendus; l'extrémité de toutes les nageoires blanche et très transparente; la couleur générale rouge.
25. Le Cyprin gros yeux.	Quatorze rayons à la nageoire du dos; cinq ou six à celle de l'anus; la surface de la caudale presque égale à celle du corps et de la queue; cette nageoire partagée en deux portions, dont chacune est profondément échancrée; les yeux ronds, très gros et très saillants; les extrémités de toutes les nageoires blanches et transparentes; la couleur générale rouge.
26. Le Cyprin quatre lobes.	Douze rayons à la dorsale; cinq ou six à la nageoire de l'anus; cinq ou six à chaque ventrale; la surface de la caudale presque égale à celle du corps et de la queue; cette nageoire séparée en deux portions, dont chacune est profondément échancrée; les yeux petits et sans saillie; les extrémités de toutes les nageoires blanches et très transparentes; la couleur générale rouge.
27. Le Cyprin orphe.	Dix rayons à la dorsale; quatorze rayons à l'anale; dix à chaque ventrale; la caudale en croissant; la mâchoire d'en haut un peu plus avancée que celle d'en bas; les écailles grandes; les nageoires rouges; la couleur générale d'un jaune doré.
28. Le Cyprin royal.	Vingt-huit rayons à la nageoire du dos; onze à l'anale; dix à chaque ventrale; la dorsale très longue; le corps et la queue un peu cylindriques; la couleur générale argentée; la partie supérieure du poisson dorée.
29. Le Cyprin caucus.	Neuf rayons à la nageoire du dos; treize à celle de l'anus; neuf à chaque ventrale; le corps un peu argenté.
30. Le Cyprin malchus.	Douze rayons à la dorsale; huit à l'anale; huit à chaque ventrale; le corps et la queue un peu coniques et bleuâtres.
31. Le Cyprin jule.	Quinze rayons à la nageoire du dos; dix à celle de l'anus; neuf à chaque ventrale; dix-sept à chaque pectorale; la caudale divisée en deux lobes très distincts.
32. Le Cyprin gibèle.	Dix-neuf rayons à la dorsale; huit à l'anale; neuf à chaque ventrale; la nageoire du dos longue et haute; les deux mâchoires également avancées; le corps et l'origine de la queue très hauts; les écailles grandes, même sur le ventre, vers lequel la ligne latérale est courbée.
33. Le Cyprin goleïan.	Huit rayons à la nageoire du dos; huit à l'anale; huit à chaque ventrale; huit à chaque pectorale; de grands pores sur la tête; les écailles très petites.
34. Le Cyprin labéo.	Huit rayons à la dorsale; sept à la nageoire de l'anus; neuf à chaque ventrale; dix-neuf à chaque pectorale; les écailles grandes; l'ouverture de la bouche au-dessous du museau; le premier ou le second rayon de la dorsale osseux et très fort.
35. Le Cyprin leptocéphale.	Huit rayons à la nageoire du dos; neuf à l'anale; dix à chaque ventrale; vingt à chaque pectorale; le museau très avancé, aplati et arrondi par devant; la mâchoire d'en bas plus avancée que celle d'en haut.

ESPÈCES.   CARACTÈRES.

36. LE CYPRIN CHALCOÏDE. — Douze rayons à la nageoire du dos; dix-neuf à celle de l'anus; neuf à chaque ventrale; le corps et la queue comprimés; la mâchoire inférieure plus avancée que la supérieure; la ligne latérale courbée vers le bas; un appendice lancéolé auprès de chaque ventrale; le second rayon de la nageoire du dos, le premier de chaque pectorale, et le troisième de celle de l'anus, très longs.

37. LE CYPRIN CLUPÉOÏDE. — Neuf rayons à la dorsale; treize à l'anale; huit à chaque ventrale; le corps et la queue très allongés et très comprimés; la carène formée par le bas du ventre, dentelée; la ligne latérale courbée vers le bas.

38. LE CYPRIN GALIAN. — Huit rayons à la nageoire du dos; sept à celle de l'anus; huit à chaque ventrale; la mâchoire d'en haut un peu plus avancée que celle d'en bas; les écailles petites; la ligne latérale très voisine du bord inférieur du poisson.

39. LE CYPRIN NILOTIQUE. — Dix-huit rayons à la dorsale; sept à l'anale; neuf à chaque ventrale; un rayon aiguillonné et seize rayons articulés à chaque pectorale; la couleur générale roussâtre.

40. LE CYPRIN GONORHYNQUE. — Douze rayons à la nageoire du dos; huit à l'anale; neuf à chaque ventrale; dix à chaque pectorale; le corps cylindrique.

41. LE CYPRIN VÉRON. — Dix rayons à la dorsale; dix à la nageoire de l'anus; dix à chaque ventrale; les deux mâchoires également avancées; le corps allongé, un peu cylindrique et très visqueux; les écailles petites et minces; la ligne latérale droite.

42. LE CYPRIN APHYE. — Neuf rayons à la nageoire du dos; neuf à celle de l'anus; huit à chaque ventrale; douze à chaque pectorale; la mâchoire supérieure un peu plus avancée que celle d'en bas; le corps un peu cylindrique; la ligne latérale droite.

43. LE CYPRIN VAUDOISE. — Dix rayons à la dorsale; onze à l'anale; neuf à chaque ventrale; quinze à chaque pectorale; la ligne latérale courbée vers le bas; deux pièces à chaque opercule.

44. LE CYPRIN DOBULE. — Onze rayons à la nageoire du dos; onze rayons à la nageoire de l'anus; neuf à chaque ventrale; la ligne latérale courbée vers le bas; le corps et la queue allongés; le haut de la tête large; la mâchoire d'en haut un peu plus avancée que celle d'en bas; les écailles brillantes et bordées de points noirs.

45. LE CYPRIN ROUGEATRE. — Treize rayons à la dorsale; douze à l'anale; neuf à chaque ventrale; quinze à chaque pectorale; la ligne latérale courbée vers le bas; les deux mâchoires presque également avancées; les nageoires rouges.

46. LE CYPRIN IDE. — Dix rayons à la nageoire du dos; treize à celle de l'anus; onze à chaque ventrale; dix-sept à chaque pectorale; la tête large; le corps gros; la mâchoire supérieure un peu plus avancée que l'inférieure; les écailles grandes; un appendice auprès de chaque ventrale.

47. LE CYPRIN BUGGENHAGEN. — Douze rayons à la dorsale; dix-neuf à l'anale; dix à chaque ventrale; douze à chaque pectorale; la mâchoire d'en haut plus avancée que celle d'en bas; un petit enfoncement

ESPÈCES.	CARACTÈRES.
47. LE CYPRIN BUGGEN-HAGEN.	transversal sur le museau et sur la nuque ; le dos élevé ; les côtés comprimés ; les écailles grandes ; la ligne latérale un peu courbée vers le bas ; un appendice auprès de chaque ventrale ; l'anale échancrée.
48. LE CYPRIN ROTENGLE.	Douze rayons à la nageoire du dos ; quatorze à la nageoire de l'anus ; dix à chaque ventrale ; seize à chaque pectorale ; le dos élevé ; les côtés comprimés ; la ligne latérale courbée vers le bas ; les écailles grandes ; l'iris rougeâtre ; l'anale, les ventrales et la caudale, rouges.
49. LE CYPRIN JESSE.	Douze rayons à la dorsale ; quatorze à l'anale ; neuf à chaque ventrale ; seize à chaque pectorale ; la tête grosse ; le museau arrondi ; le corps gros ; le dos élevé ; les écailles grandes ; la ligne latérale presque droite ; un appendice écailleux auprès de chaque ventrale ; la dorsale plus éloignée de la tête que les ventrales.
50. LE CYPRIN NASE.	Douze rayons à la nageoire du dos ; quinze à la nageoire de l'anus ; treize à chaque ventrale ; seize à chaque pectorale ; le museau arrondi et avancé au delà de l'ouverture de la bouche ; la nuque large ; les écailles grandes ; la ligne latérale courbée vers le bas ; un appendice écailleux auprès de chaque ventrale.
51. LE CYPRIN ASPE.	Onze rayons à la nageoire du dos ; seize à l'anale ; neuf à chaque ventrale ; vingt à chaque pectorale ; la tête petite ; la mâchoire inférieure recourbée vers le haut ; la mâchoire supérieure échancrée pour recevoir l'extrémité de celle d'en bas ; la nuque large ; l'anale échancrée.
52. LE CYPRIN SPIRLIN.	Dix rayons à la dorsale ; seize à la nageoire de l'anus ; huit à chaque ventrale ; treize à chaque pectorale ; la tête grosse ; la mâchoire supérieure un peu plus avancée que celle d'en bas ; les écailles petites ; deux rangées de points noirs sur la ligne latérale, qui est courbée vers le bas.
53. LE CYPRIN BOUVIÈRE.	Dix rayons à la nageoire du dos ; onze à celle de l'anus ; sept à chaque ventrale ; sept à chaque pectorale ; la tête petite ; le dos élevé ; les écailles grandes.
54. LE CYPRIN AMÉRICAIN.	Neuf rayons à la dorsale ; seize à l'anale ; neuf à chaque ventrale ; seize à chaque pectorale ; la tête petite ; le museau pointu ; le dos élevé ; les côtés comprimés ; les écailles arrondies et rayonnées ; le corps et la queue argentés ; quelques points obscurs ; les nageoires rousses ou rougeâtres.
55. LE CYPRIN ABLE.	Dix rayons à la nageoire du dos ; vingt et un à celle de l'anus ; neuf à chaque ventrale ; quatorze à chaque pectorale ; le museau pointu ; la mâchoire d'en bas plus avancée que celle d'en haut ; les écailles minces, brillantes et faiblement attachées.
56. LE CYPRIN VIMBE.	Douze rayons à la dorsale ; vingt-trois à l'anale ; onze à chaque ventrale ; dix-sept à chaque pectorale ; la tête petite et conique ; le museau un peu avancé au-dessus de l'ouverture de la bouche ; les écailles petites ; la ligne latérale courbée vers le bas.

ESPÈCES.	CARACTÈRES.

57. LE CYPRIN BRÈME.
Douze rayons à la nageoire du dos; vingt-neuf à celle de l'anus; neuf à chaque ventrale; dix-sept à chaque pectorale; la mâchoire supérieure un peu plus avancée que celle d'en bas; les écailles grandes; le dos arqué, élevé et comprimé; la ligne latérale courbée vers le bas; un appendice auprès de chaque ventrale; des nuances noirâtres sur les nageoires.

58. LE CYPRIN COUTEAU.
Neuf rayons à la dorsale; trente à l'anale; neuf à chaque ventrale; quinze à chaque pectorale; la tête petite et très comprimée; la mâchoire inférieure recourbée vers celle d'en haut; le corps et la queue très comprimés; le ventre terminé vers le bas par une carène très aiguë; la nageoire du dos située au-dessus de celle de l'anus; la ligne latérale droite près de son origine, fléchie ensuite vers le bas, et enfin recourbée vers la caudale et tortueuse.

59. LE CYPRIN FARÈNE.
Onze rayons à la dorsale; trente-sept à l'anale; dix à chaque ventrale; dix-huit à chaque pectorale; le lobe inférieur de la caudale plus long que le supérieur; les deux mâchoires presque également avancées; la tête, le corps et la queue comprimés; le dos élevé; la ligne latérale courbée vers le bas; la couleur générale d'un argenté obscur.

60. LE CYPRIN LARGE.
Douze rayons à la nageoire du dos; vingt-cinq à l'anus; dix à chaque ventrale; quinze à chaque pectorale; le corps et la queue élevés et comprimés; la tête petite et pointue; l'orifice de la bouche très petit; le dos élevé et arqué; la ligne latérale courbée vers le bas; le lobe inférieur de la caudale plus long que le supérieur.

61. LE CYPRIN SOPE.
Dix rayons à la dorsale; quarante et un à la nageoire de l'anus; neuf à chaque ventrale; dix-sept à chaque pectorale; le corps et la queue comprimés, la tête petite; le museau arrondi; la ligne latérale presque droite; le lobe inférieur de la caudale plus long que celui d'en haut; les écailles petites.

62. LE CYPRIN CHUB.
Neuf rayons à la dorsale; huit à l'anale; la tête conique; le corps et la queue presque cylindriques; la couleur générale argentée.

63. LE CYPRIN CATOSTOME.
Douze rayons à la nageoire du dos; huit à celle de l'anus; onze à chaque ventrale; la lèvre inférieure échancrée; des tubercules arrondis au bout du museau; des stries sur le sommet de la tête; les pectorales longues; la couleur générale argentée.

64. LE CYPRIN MORELLE.
Douze rayons à la dorsale; dix-huit à l'anale; neuf à chaque ventrale; quatorze à chaque pectorale; la mâchoire d'en bas plus avancée que celle d'en haut, le museau pointu; la partie antérieure du dos convexe; la ligne latérale courbée vers le bas et marquée par des traits noirs.

65. LE CYPRIN FRANGÉ.
Dix-huit rayons à la nageoire du dos; neuf à l'anale; neuf à chaque ventrale; les lèvres découpées en forme de frange; la lèvre supérieure garnie de petites verrues; deux ori-

ESPÈCES.	CARACTÈRES.
65. Le Cyprin frangé.	fices à chaque narine ; la ligne latérale plus voisine du bord supérieur que du bord inférieur du poisson.
66. Le Cyprin faucille.	Douze rayons à la dorsale ; huit à l'anale ; neuf à chaque ventrale ; dix-huit à chaque pectorale ; les nageoires du dos et de l'anus échancrées ; la mâchoire supérieure plus avancée que celle d'en bas ; un seul orifice à chaque narine, la ligne latérale droite ; les écailles grandes ; un appendice auprès de chaque ventrale.
67. Le Cyprin bossu.	Onze ou douze rayons à la dorsale ; huit à la nageoire de l'anus ; dix à chaque ventrale ; vingt-cinq à chaque pectorale ; la caudale fourchue ; le corps et la queue allongés ; une petite bosse vers l'origine de la nageoire du dos ; la mâchoire supérieure plus avancée que l'inférieure ; la ligne latérale un peu courbée vers le bas.
68. Le Cyprin commersonnien.	Onze rayons à la dorsale ; sept à la nageoire de l'anus ; neuf à chaque ventrale ; huit ou neuf à chaque pectorale ; la nageoire du dos et celle de l'anus quadrilatères ; l'anale étroite ; l'angle de l'extrémité de cette dernière nageoire très aigu ; la caudale en croissant ; la ligne latérale droite ; la mâchoire supérieure un peu plus avancée que celle d'en bas ; les écailles arrondies et très petites.
69. Le Cyprin sucet.	Douze rayons à la nageoire du dos ; neuf à celle de l'anus ; neuf à chaque ventrale ; treize à chaque pectorale ; la tête comprimée et aplatie ; l'ouverture de la bouche demi-circulaire et placée au-dessous du museau ; la lèvre inférieure très épaisse, échancrée et courbée en dehors ; le corps et la queue comprimés ; les écailles presque rhomboïdales.
70. Le Cyprin pigo.	La dorsale et l'anale triangulaires ; la nageoire de l'anus située très près de la caudale ; la ligne latérale un peu courbée vers le bas ; les écailles grandes.

LE CYPRIN CARPE[1]

Cyprinus carpio, Lacép., Linn., Gmel., Cuv.

Nous venons de donner l'histoire du hareng ; nous allons écrire celle de

1. *Carpa, Carpena,* en Italie. — *Rayna,* aux environs de Venise. — *Pontty, Poidka,* en Hongrie. — *Strich,* en Allemagne, lorsque la carpe n'a qu'un an. — *Karpfenbrut,* ibid. — *Saamen,* ibid., lorsque la carpe est dans sa seconde ou dans sa troisième année. — *Satz,* ibid. — *Cyprin carpe.* Daubenton et Haüy, Encyclopédie méthodique. — *Id.* Bonnaterre, planches de l'Encyclopédie méthodique.

Bloch, pl. 16. *Fauna suecica,* 359. — Meiding, *Ic. pisc. Austr.,* tab. 6. — « Cyprinus cirris quatuor ; ossiculo tertio pinnarum dorsi, anique serrato. » Artedi, gen. 4, syn. 3, spec. — Gronov., Mus. 1, n. 19. — *Cyprinos* et *cyprianos.* Aristote, lib. IV, cap. viii ; lib. VI, cap. xiv ; lib. VIII, cap. xx. — *Cyprianos.* Athen., lib. VII, *Deipnosoph.,* p. 309. — *Id.* Oppian, lib. I et IV.

Cyprinus. Pline, lib. XXXII, cap. xi. — *Id.* Aldrovande, lib. V, cap. xl, p. 637. — *Id.* Jonston, lib. III, tit. 3, cap. vi, tab. 29, fig. 3, 4 et 6. — *Id.* Willughby, p. 245. — *Id.* Ray, p. 115. — *Cyprinus nobilis.* Schonev., p. 32. — *Carpe.* Rondelet, *Des poissons des lacs,* cap. iv. — *Carpe.* Valmont de Bomare, *Dictionnaire d'histoire naturelle.*

1. LE CYPRIN-CARPE (...) 2. LE CYPRIN-TANCHE (...)

3. LE CYPRIN-LABÉON (...)

la carpe. Ces deux poissons que l'on transporte dans tous les marchés, que l'on voit sur toutes les tables, que le monde nomme, recherche, distingue, apprécie dans les plus petites nuances de leur saveur, et qui cependant sont si peu connus du vulgaire, qui n'a d'idée nette ni de leurs formes ni de leurs habitudes, inspirent un grand intérêt au physicien, au philosophe, à l'économe public. Mais les idées que ces deux noms réveillent, les images qu'ils rappellent, les grands tableaux qu'ils retracent, les sentiments qu'ils renouvellent sont bien différents. A ce mot de *hareng*, l'imagination se transporte au milieu des tempêtes horribles de l'Océan polaire; elle voit l'immensité des mers, les vents déchaînés, le bouleversement des flots, le danger des naufrages, les horreurs des frimas, l'obscurité des nuits, l'épaisseur des brumes, l'audace des navigateurs, la longueur des voyages, l'expérience des pêcheurs, la réunion du nombre et de la force, le concert des moyens, le travail pour arriver au repos, la prospérité des empires, tout ce qui, en élevant le génie, s'empare vivement de l'âme et l'agite avec violence.

En prononçant le nom du cyprin que nous allons décrire, on ne rappelle que les contrées privilégiées des zones tempérées, un climat doux, une saison heureuse, un jour pur et serein, des rivages fleuris, des rivières paisibles, des lacs enchanteurs, des étangs placés dans des vallées romantiques; des rapprochements comme pour une fête, plutôt que des associations pour affronter des dangers souvent funestes; des jeux tranquilles et non des fatigues cruelles; une occupation quelquefois solitaire et mélancolique; un délassement après le travail; un objet de rêverie douce, et non des sujets d'alarme; tout ce qui, dans les beautés de la campagne et dans les agréments du séjour des champs, plaît le plus à l'esprit, satisfait la raison et parle au cœur le langage du sentiment.

L'attrait irrésistible d'un paysage favorisé par la nature se répandra donc nécessairement sur ce que nous allons dire du premier des cyprins. Les eaux, la verdure, les fleurs, la beauté ravissante du soleil qui descend derrière les forêts des montagnes, la douceur de l'ombre, la quiétude des bords retirés d'un humble ruisseau, la chaumière si digne d'envie de l'habitant des champs qui connaît son bonheur; tous ces objets si chers aux âmes innocentes et tendres embelliront donc nécessairement le fond des tableaux dans lesquels on tâchera de développer les habitudes du cyprin le plus utile, soit qu'on le montre dans une attitude de repos et livré à un sommeil réparateur, soit qu'on le fasse voir nageant avec force contre des courants violents, surmontant les obstacles avec légèreté et s'élevant avec rapidité audessus de la surface de l'eau; soit qu'on le représente cherchant les insectes aquatiques, les vers, les portions de végétaux, les fragments de substances organisées, les parcelles d'engrais, les molécules onctueuses d'une terre limoneuse et grasse, dont il aime à se nourrir; soit enfin qu'il doive, sous les yeux des amis de la nature, échapper à la poursuite des oiseaux palmipèdes, des poissons voraces et du pêcheur plus dangereux encore.

Les carpes se plaisent dans les étangs, dans les lacs, dans les rivières qui coulent doucement. Il y a même, dans les qualités des eaux, des différences qui échappent le plus souvent aux observateurs les plus attentifs, et qui sont si sensibles pour ces cyprins qu'ils abondent quelquefois dans une partie d'un lac ou d'un fleuve, et sont très rares dans une autre partie peu éloignée cependant de la première. Par exemple, M. Noël, de Rouen, dit, dans les notes manuscrites qu'il nous a communiquées, que dans la Seine on pêche des carpes à Villequier, mais rarement au-dessous, à moins qu'elles n'y soient entraînées par les grosses eaux. Le savant Pictet, maintenant tribun, écrivait aux rédacteurs du *Journal de Genève* en 1788, que, dans le lac Léman, les carpes étaient aussi communes du côté du Valais que rares à l'extrémité opposée.

Ces cyprins frayent en mai, et même en avril quand le printemps est chaud. Ils cherchent alors les places couvertes de verdure, pour y déposer leur laite ou leurs œufs. On dit que deux ou trois mâles suivent chaque femelle pour féconder sa ponte; dans ce temps où les facultés de ces mâles sont plus exaltées, leurs forces ranimées et leurs besoins plus pressants, on les voit souvent indiquer par des taches, et même par des tubercules, les modifications profondes et les sensations intérieures qu'ils éprouvent.

A cette même époque, les carpes qui habitent dans les fleuves ou dans les rivières s'empressent de quitter leurs asiles pour remonter vers des eaux plus tranquilles. Si, dans cette sorte de voyage annuel, elles rencontrent une barrière, elles s'efforcent de la franchir. Elles peuvent, pour la surmonter, s'élancer à une hauteur de deux mètres; et elles s'élèvent dans l'air par un mécanisme semblable à celui que nous avons décrit en traitant du saumon. Elles montent à la surface de la rivière, se placent sur le côté, se plient vers le haut, rapprochent leur tête et l'extrémité de leur queue, forment un cercle, débandent tout d'un coup le ressort que ce cercle compose, s'étendent avec la rapidité de l'éclair, frappent l'eau vivement et rejaillissent en un clin d'œil.

Leur conformation et la force de leurs muscles leur donnent une grande facilité pour cette manœuvre. Leurs proportions indiquent, en effet, la vigueur et la légèreté.

Au reste, leur tête est grosse; leurs lèvres sont épaisses; leur front est large; leurs quatre barbillons sont attachés à leur mâchoire supérieure; leur ligne latérale est un peu courte; leurs écailles sont grandes et striées; leur longue nageoire du dos règne au-dessus de l'anale, des ventrales et d'une portion des pectorales.

D'ailleurs, leur canal intestinal a cinq sinuosités; l'épine du dos est composée de trente-sept vertèbres, et chaque côté de cette colonne est soutenu par seize côtes.

Ordinairement un bleu foncé paraît sur leur front et sur leurs joues;

un bleu verdâtre sur leur dos ; une série de petits points noirs le long de
leur ligne latérale ; un jaune mêlé de bleu et de noir sur leurs côtés, un
jaune plus clair sur leurs lèvres, ainsi que sur leur queue ; une nuance
blanchâtre sur le ventre ; un rouge brun sur leur anale ; une teinte violette
sur leurs ventrales et sur leur caudale, qui de plus est bordée de noirâtre
ou de noir. Mais leurs couleurs peuvent varier suivant les eaux dans lesquelles elles séjournent ; celles des grands lacs et des rivières sont, par
exemple, plus jaunes ou plus dorées que celles qui vivent dans les étangs.
On connaît, sous le nom de *carpes saumonées*, celles dont la chair doit à des
circonstances locales une couleur rougeâtre.

Quand elles sont bien nourries, elles croissent vite et parviennent à
une grosseur considérable.

On en pêche dans plusieurs lacs de l'Allemagne septentrionale qui
pèsent plus de quinze kilogrammes. On en a pris une du poids de plus de
dix-neuf kilogrammes, à Dretz, dans la nouvelle Marche de Brandebourg,
sur les frontières de la Poméranie. On en trouve près d'Angerbourg, en
Prusse, qui pèsent jusqu'à vingt kilogrammes. Pallas dit que le Volga en
nourrit de parvenues à une longueur de plus d'un mètre et demi. En 1711
on en pêcha une à Bischofshause, près de Francfort-sur-l'Oder, qui avait
plus de trois mètres de long, plus d'un mètre de haut, des écailles très
larges, et pesait trente-cinq kilogrammes. On assure qu'on en a pris du
poids de quarante-cinq kilogrammes dans le lac de Zug, en Suisse ; enfin,
il en habite dans le Dniester de si grosses que leurs arêtes peuvent servir à
faire des manches de couteau.

Les cyprins dont nous nous occupons peuvent d'autant plus montrer des
développements très remarquables qu'ils sont favorisés par une des principales causes de tout grand accroissement, le temps. On sait qu'ils deviennent
très vieux ; nous n'avons pas besoin de rappeler que Buffon a parlé de
carpes de cent cinquante ans, vivant dans les fossés de Pontchartrain, et
que, dans les étangs de la Lusace, on a nourri des individus de la même
espèce, âgés de plus de deux cents ans[1].

Lorsque les carpes sont très vieilles, elles sont sujettes à une maladie
qui souvent est mortelle, et qui se manifeste par des excroissances semblables à des mousses et répandues sur la tête ainsi que le long du dos.
Elles peuvent, quoique jeunes, mourir de la même maladie si des eaux de
neige ou des eaux corrompues parviennent en trop grande quantité dans
leur séjour, ou si leur habitation est pendant trop longtemps recouverte par
une couche épaisse de glace qui ne permette pas aux gaz malfaisants, produits au fond des lacs, des étangs ou des rivières, de se dissiper dans l'atmosphère. Ces mêmes eaux de neige, ou d'autres causes moins connues, leur
donnent une autre maladie, ordinairement moins dangereuse que la pre-

---

1. Voyez le Discours sur la nature des poissons.

mière et qui, faisant naître des pustules au-dessous des écailles, a reçu le nom de *petite vérole*. Les carpes peuvent aussi périr d'ulcères qui rongent le foie, l'un des organes essentiels des poissons. Elles ne sont pas moins exposées à être tourmentées par des vers intestinaux ; et cette disposition à souffrir de plusieurs maladies doit moins étonner dans des animaux dont les nerfs sont plus sensibles qu'on ne le croirait. Le savant Michel Buniva, président du conseil supérieur de santé de Turin, a prouvé par plusieurs expériences que l'aimant exerce une influence très marquée sur les carpes, même à un décimètre de distance de ces cyprins, et que la pile galvanique agissait vivement sur ces poissons, principalement lorsqu'ils étaient hors de l'eau.

C'est surtout dans leur patrie naturelle que les carpes jouissent des facultés qui les distinguent. Ce séjour que la nature leur a prescrit depuis tant de siècles, et sur lequel l'art ne paraît pas avoir influé, est l'Europe méridionale. Elles ont été néanmoins transportées avec facilité dans des contrées plus septentrionales. Que l'on n'oublie pas que Maschal les porta en Angleterre en 1514, que Pierre Oxe les habitua aux eaux du Danemark en 1560, qu'elles ont été acclimatées en Hollande et en Suède[1]. Mais on dirait que la puissance de l'homme n'a pas encore pu, dans les pays trop voisins du cercle polaire, contre-balancer tous les effets d'un climat rigoureux. Les carpes sont moins grandes à mesure qu'elles habitent plus près du Nord, et voilà pourquoi, suivant Bloch, on envoie tous les-ans, de Prusse à Stockholm, plusieurs vaisseaux chargés d'un grand nombre de ces cyprins.

Dans sa lutte avec la nature, la constance de l'homme a cependant d'autant plus de chances favorables pour modifier l'espèce de la carpe qu'il peut agir sur un très grand nombre de sujets. Les carpes, en effet, se multiplient avec une facilité si grande, que les possesseurs d'étang sont souvent embarrassés pour restreindre une reproduction qui ne peut accroître le nombre des individus, qu'en diminuant la part d'aliment qui peut appartenir à chacun de ces poissons, et par conséquent en rapetissant leurs dimensions, en dénaturant leurs qualités, en altérant particulièrement la saveur de leur chair.

Lorsque, malgré ces chances et ces efforts, l'espèce s'est soustraite à l'influence des soins de l'homme, et qu'il n'a pas pu imprimer à des individus des caractères transmissibles à plusieurs générations, il peut agir sur des individus isolés, les améliorer par plusieurs moyens et les rendre plus propres à satisfaire ses goûts. Il nous suffit d'indiquer, parmi ces moyens plus ou moins analogues à ceux que nous avons fait connaître en traitant des effets de l'art de l'homme sur la nature des poissons, l'opération imaginée par un pêcheur anglais et exécutée presque toujours avec succès. On

[1]. Consultez le Discours intitulé *Des effets de l'art de l'homme sur la nature des poissons.*

châtre les carpes comme les brochets ; on leur ouvre le ventre ; on enlève les ovaires ou la laite ; on rapproche les bords de la plaie ; on coud ces bords avec soin. La blessure est bientôt guérie, parce que la vitalité des différents organes des poissons est moins dépendante d'un ou de plusieurs centres communs, que si leur sang était chaud, et leur organisation très rapprochée de celle des mammifères. L'animal ne se ressent du procédé qu'une barbare cupidité lui a fait subir, que parce qu'il peut engraisser beaucoup plus qu'auparavant.

Mais il est des soins plus doux que la sensibilité ne repousse pas, que la raison approuve, et qui conservent, multiplient et perfectionnent les générations et les individus. Ce sont particulièrement les précautions que prend un économe habile, lorsqu'il veut retirer d'un étang qui renferme des carpes les avantages les plus grands.

Il établit, pour y parvenir, trois sortes d'étangs : des étangs pour le frai, des étangs pour l'accroissement, des étangs pour l'engrais.

On choisit, pour les former, des marais ou des bassins remplis de joncs et de roseaux, ou des prés dont le terrain, sans être froid et très mauvais, ne soit cependant pas trop bon pour être sacrifié à la culture des cyprins. Il faut qu'une eau assez abondante pour couvrir à la hauteur d'un mètre les parties les plus élevées de ces prés, de ces bassins, de ces marais, puisse s'y réunir et en sortir avec facilité. On retient cette eau par une digue, et, pour lui donner l'écoulement que l'on peut désirer, on creuse dans les endroits les plus bas de l'étang un canal large et profond, qui en parcourt toute la longueur et qui aboutit à un orifice que l'on ouvre ou ferme à volonté.

Les étangs pour le frai ne doivent renfermer qu'un hectare ou environ. Il est nécessaire que la chaleur du soleil puisse les pénétrer ; il est donc avantageux qu'ils soient exposés à l'orient ou au midi, et qu'on en écarte toutes sortes d'arbres ; il faut surtout en éloigner les aulnes, dont les feuilles pourraient nuire aux poissons. Les bords de ces étangs doivent présenter une pente insensible et une assez grande quantité de joncs et d'herbages pour recevoir les œufs et les retenir à une distance convenable de la surface de l'eau. On n'y souffre ni grenouilles ni autres animaux aquatiques et voraces. On les garantit, par des épouvantails, de l'approche des oiseaux palmés, et on n'en laisse point sortir de l'eau, de peur qu'une partie des œufs ne soit entraînée et perdue. On emploie, pour la ponte ou la fécondation de ces œufs, des carpes de sept, de huit et même de douze ans ; mais on préfère celles de six, qui annoncent de la force, qui sont grosses, qui ont le dos presque noir, et dont le ventre résiste au doigt qui le presse. On ne les met dans l'étang que lorsque la saison est assez avancée pour que le soleil en ait échauffé l'eau. On place communément dans une pièce d'eau d'un hectare seize ou dix-sept mâles et sept ou huit femelles. On a cru quelquefois augmenter leur vertu prolifique en frottant leurs nageoires et les environs de leur anus avec du *castoréum* et des essences d'épiceries ; mais ces ressources sont inutiles et peuvent être dangereuses, parce qu'elles obligent à manier et à presser les poissons pour lesquels on les emploie.

Les jeunes carpes habitent ordinairement, pendant deux ans, dans les étangs formés pour leur accroissement et on les transporte ensuite dans un étang établi pour les engraisser, d'où, au bout de trois ans, on peut les retirer, déjà grandes, grasses et agréables au goût. Elles s'y sont nourries, au moins le plus souvent, d'insectes, de vers, de débris de plantes altérées, de racines pourries, de jeunes végétaux aquatiques, de fragments de fiente de vache, de crottin de cheval, d'excréments de brebis mêlés avec de la glaise, de fèves, de pois, de pommes de terre coupées, de navets, de fruits avancés, de pain moisi, de pâte de chènevis et de poissons gâtés.

On peut être obligé, après quelques années, de laisser à sec, pendant dix ou douze mois, l'étang destiné à l'engrais des carpes. On profite de cet intervalle pour y diminuer, si cela est nécessaire, la quantité des joncs et des roseaux et pour y semer de l'avoine, du seigle, des raves, des vesces, des choux blancs, dont les racines et d'autres fragments restent et servent d'aliment aux carpes qu'on introduit dans l'étang renouvelé.

Si la surface de l'étang se gèle, il faut en faire sortir un peu d'eau, afin qu'il se forme au-dessous de la glace un vide dans lequel puissent se rendre les gaz délétères, qui dès lors ne séjournent plus dans le fluide habité par les carpes. Il suffit quelquefois de faire dans la glace des trous plus ou moins grands, plus ou moins nombreux et de prendre des précautions pour que les carpes ne puissent pas s'élancer, par ces ouvertures, au-dessus de la croûte glacée de l'étang, où le froid les ferait bientôt périr. Mais on assure que lorsque le tonnerre est tombé dans l'étang, on ne peut en sauver le plus souvent les carpes, qu'en renouvelant presque en entier l'eau qui les renferme, et que l'action de la foudre peut avoir imprégnée d'exhalaisons malfaisantes[1].

Au reste, il est presque toujours assez facile d'empêcher, pendant l'hiver, les carpes de s'échapper par les trous que l'on peut avoir fait dans la glace. En effet, il arrive le plus souvent que lorsque la surface de l'étang commence à se prendre et à se durcir, les carpes cherchent les endroits les plus profonds et, par conséquent, les plus garantis du froid de l'atmosphère, fouillent avec leur museau et leurs nageoires dans la terre grasse, y font des trous en forme de bassins, s'y rassemblent, s'y entassent, s'y pressent, s'y engourdissent et y passent l'hiver dans une torpeur assez grande pour n'avoir pas besoin de nourriture. On a même observé assez fréquemment et avec assez d'attention cette sopeur des carpes, pour savoir que pendant leur long sommeil et leur long jeûne, ces cyprins ne perdent guère que le douzième de leur poids.

---

1. Voyez le Discours intitulé *Des effets de l'art de l'homme sur la nature des poissons.*

Lorsqu'on ne surmonte pas, par les soins éclairés de l'art, les effets des causes naturelles, les carpes élevées dans les étangs ne sont pas celles dont la chair est la plus agréable au goût; on leur trouve une odeur de vase, qu'on ne fait passer qu'en les conservant pendant près d'un mois dans une eau très claire, ou en les renfermant pendant quelques jours dans une *huche* placée au milieu d'un courant. On leur préfère celles qui vivent dans un lac, encore plus celles qui séjournent dans une rivière, et surtout celles qui habitent un étang ou un lac traversé par les eaux fraîches et rapides d'un grand ruisseau, d'une rivière ou d'un fleuve. Tous les fleuves et toutes les rivières ne communiquent pas d'ailleurs les mêmes qualités à la chair des carpes. Il est des rivières dont les eaux donnent à ceux de ces cyprins qu'elles nourrissent une saveur bien supérieure à celle des autres carpes, et parmi les rivières de France, on peut citer particulièrement celle du Lot[1].

1. J'ai reçu, il y a plusieurs années, sur les carpes du Lot, des observations précieuses et très bien faites, de feu le chef de brigade Daurière, dont la maison de campagne était située sur le bord de cette rivière, et qui avait consacré à l'étude de la nature et aux progrès de l'art rural tous les moments que le service militaire avait laissés à sa disposition.

Les amis des sciences naturelles me sauront gré de payer ici un tribut de reconnaissance et de regrets à cet officier supérieur, avec lequel j'étais lié par les liens du sang et de l'amitié la plus fidèle, dont le souvenir vivra à jamais dans mon âme attendrie, dont la loyauté, la valeur, la constance héroïque, l'humanité généreuse, le dévouement sans bornes aux devoirs les plus austères, le talent distingué dans les emplois militaires, le zèle éclairé dans les fonctions civiles, avaient mérité depuis longtemps la vénération et l'attachement de ses concitoyens, et qui, après avoir fait des prodiges de bravoure dans la dernière guerre de la Belgique et de la Hollande, y avoir conquis bien des cœurs à la République et s'être dérobé sans cesse aux récompenses et à la renommée, a trouvé en Italie le prix de ses hauts faits et de ses vertus, le plus digne de lui, dans la gloire de mourir pour sa patrie, dans la douleur de ses frères d'armes, dans les éloges de Bonaparte.

Nous ne croyons pas pouvoir lui décerner ici un hommage plus cher à ses mânes, qu'en transcrivant la note suivante, qui nous a été remise dans le temps par le brave chef de bataillon Cohendet, digne ami et digne camarade de Daurière :

« Le chef de la quatorzième demi-brigade de ligne, M. Daurière, aussi recommandable par un courage digne des plus grandes âmes que par ses rares vertus et ses talents, marchant à la tête et en avant de ses grenadiers, et excitant encore leur bouillant courage du geste et de la voix, fut tué, au mois de nivôse an V, à la prise des formidables redoutes d'Alla, qui défendaient les gorges du Tyrol et les approches de Trente.

« En dernier lieu, lors de l'évacuation du Tyrol par les troupes françaises, un détachement de la quatorzième passant par Alla, sur les lieux témoins de ses exploits et de la perte irréparable qu'elle avait faite de son chef, fit halte par un mouvement spontané, et d'une voix unanime témoigna à l'officier qui le commandait le besoin qu'il avait d'honorer les mânes de son généreux colonel.

« Le capitaine met sa troupe en bataille, lui fait présenter les armes, prononce un éloge funèbre de leur respectable commandant et ordonne une décharge générale sur la terre qui renferme les restes précieux du chef de brigade.

« Brave Daurière, quelle douce récompense pour ton cœur paternel, si tu eusses pu voir ces fiers vétérans des armées du Nord et d'Italie, les yeux baignés de larmes, s'encourager, par le récit de tes vertus, à redoubler de zèle, de courage et d'amour pour leurs devoirs!

« Leur intention était de recueillir et de suspendre au drapeau, dans une boîte d'or, des os du sage qui, pendant six ans, les avait commandés avec tant d'honneur; mais, restée sur le champ de bataille le jour et la veille d'un combat, la demi-brigade avait été forcée de confier le pénible soin de sa sépulture à un petit nombre d'officiers : aucun de ces derniers n'était présent, et l'on eut la douleur de ne pouvoir découvrir le corps de Daurière. »

Dans les fleuves, les rivières et les grands lacs, on pêche les carpes avec la *seine* ; on emploie pour les prendre dans les étangs des *collerets*, des *louves* et des *nasses*, dans lesquels on met un appât. On peut aussi se servir de l'hameçon pour la pêche des carpes. Mais ces cyprins sont très souvent plus difficiles à prendre qu'on ne le croirait ; ils se méfient des différentes substances avec lesquelles on cherche à les attirer. D'ailleurs, lorsqu'ils voient les filets s'approcher d'eux, ils savent enfoncer leur tête dans la vase et les laisser passer par-dessus leur corps, ou s'élancer au delà de ces instruments par une impulsion qui les élève à deux mètres ou environ au-dessus de la surface de l'eau. Aussi les pêcheurs ont-ils quelquefois le soin d'employer deux *trubles*[1], dont la position est telle, que lorsque les carpes sautent pour échapper à l'un, elles retombent dans l'autre.

La fréquence de leurs tentatives à cet égard et, par conséquent, l'étendue de leur instinct sont augmentées par la facilité avec laquelle elles peuvent résister aux contusions, aux blessures, à un séjour prolongé dans l'atmosphère. C'est par une suite de cette faculté qu'on peut les transporter à de très grandes distances sans les faire périr, pourvu qu'on les renferme dans de la neige et qu'on leur mette dans la bouche un petit morceau de pain trempé dans de l'alcool affaibli. C'est encore cette propriété qui fait que pendant l'hiver on peut les conserver en vie dans des caves humides et même les engraisser beaucoup, en les tenant suspendues après les avoir entourées de mousse, en arrosant souvent leur enveloppe végétale et en leur donnant du pain, des fragments de plantes et du lait.

Dès le temps de Belon, on faisait avec les œufs de carpes du *caviar*, qui était très recherché à Constantinople et dans les environs de la mer Noire, ainsi que de l'Archipel et qui était acheté avec d'autant plus d'empressement par les juifs de ces contrées asiatiques et européennes, que leurs lois religieuses leur défendent de se nourrir de *caviar* fait avec des œufs d'acipensères.

La vésicule du fiel de ces cyprins contient un liquide d'un vert foncé très amer, et dont on fait usage en peinture pour avoir une couleur verte. Si nous écrivions l'histoire des erreurs et des préjugés, nous parlerions de toutes les vertus extraordinaires et ridicules que l'on a supposées, pour la guérison de plusieurs maladies, dans une petite éminence osseuse du fond du palais des cyprins que nous considérons, que l'on a nommée *pierre de carpe* et que l'on a souvent portée avec une confiance aveugle comme un préservatif infaillible contre des maux redoutables.

On trouve parmi les carpes, comme dans les autres espèces de poissons, des monstruosités plus ou moins bizarres. La collection du Muséum d'histoire naturelle renferme un de ces cyprins, dont la bouche n'a d'autre orifice

---

1. Voyez la description de la *seine* à l'article de la raie bouclée, du *colleret* à l'article du centropome sandat, de la *louve* et de la *nasse* à l'article du pétromyzon lamproie, et du *truble* à l'article du misgurne fossile.

extérieur que ceux des branchies. Mais ces poissons sont sujets à présenter dans leur tête, et particulièrement dans leur museau, une difformité qui a souvent frappé les physiciens et qui a toujours étonné le vulgaire, à cause des rapports qu'elle lui a paru avoir avec la tête d'un cadavre humain, ou au moins avec celle d'un dauphin. Rondelet[1], Gesner, Aldrovande et d'autres naturalistes en ont donné la figure ou la description; on en voit des exemples dans un grand nombre de cabinets. Le Muséum d'histoire naturelle a reçu dans le temps de feu le président de Meslay une carpe qui offrait cette conformation monstrueuse et que l'on avait pêchée dans l'étang de Meslay. M. Noël, de Rouen, nous a transmis un dessin d'une carpe altérée de la même manière dans les formes de son museau, que l'on avait prise dans un étang voisin de Caen et qui était remarquable d'ailleurs par l'uniformité de la couleur verte également répandue sur toute la surface de l'animal.

Mais indépendamment de ces monstruosités et des variétés dont nous avons déjà parlé, l'espèce de la carpe est fréquemment modifiée, suivant plusieurs naturalistes par son mélange avec d'autres espèces du genre des cyprins, particulièrement avec des carassins et des gibèles. Il résulte de ce mélange, des individus plus gros que des gibèles ou des carassins, mais moins grands que des carpes qui ne pèsent guère qu'un ou deux kilogrammes. Gesner, Aldrovande, Schwenckfeld, Schoneveld, Marsigli, Willughby et Klein ont parlé de ces métis, auxquels les pêcheurs de l'Allemagne septentrionale ont donné différents noms. On les reconnaît à leurs écailles, plus petites, plus attachées à la peau, que celles des carpes et qui montrent des stries longitudinales; de plus, leur tête est plus grosse, plus courte et dénuée de barbillons. Mais Bloch pense qu'on ne voit ces dernières différences que lorsque des œufs de carpe ont été fécondés par des carassins ou par des gibèles, parce que les métis ont toujours la tête et la caudale du mâle. Si ce dernier fait est bien constaté, il faudra le regarder comme un des phénomènes les plus propres à fonder la théorie de la génération des animaux[2].

LE CYPRIN BARBEAU [3]

Cyprinus barbus, Lacép., Cuv. — *Cyprinus capito*, Linné, Gmel.

Ce poisson a quelques rapports extérieurs avec le brochet, à cause de l'allongement de sa tête, de son corps et de sa queue. La partie supérieure

---

1. *Étrange espèce de carpe.* Rondelet, seconde partie, *Des poissons des lacs*, chap. vii.
2. A la membrane branchiale du cyprin carpe...................... 3 rayons.
   A chaque pectorale... 16 —
   A la nageoire de la queue..................................... 19 —
3. *Barbio*, en Espagne. — *Id.*, *Barbo*, en Italie. — *Merenne*, en Hongrie. — *Ssasana*, *Ussatch*, en Russie. — *Barb*, *Barbet*, *Barme*, *Steinbarben*, *Bothbart*, en Allemagne. — *Barm*, *Berm*, *Barbeel*, en Hollande. — *Barbell*, en Angleterre.
   Cyprin barbeau. Daubenton et Haüy, *Encyclopédie méthodique.* — *Id.* Bonnaterre, planches de l'Encyclopédie méthodique. — *Guldenstedt. Nov. Comm. Petropol.*, p. 519. — *Cyprin cabot.*

de ce cyprin est olivâtre ; les côtés sont bleuâtres au-dessus de la ligne latérale et blanchâtres au-dessous de cette même ligne, qui est droite et marquée par une série de points noirs ; le ventre et la gorge sont blancs ; une nuance rougeâtre est répandue sur les pectorales, sur les ventrales, sur la nageoire de l'anus, et sur la caudale, qui d'ailleurs montre une bordure noire; la dorsale est bleuâtre. La lèvre supérieure est rouge, forte, épaisse et conformée de manière que l'animal peut l'étendre et la retirer facilement. Les écailles sont striées, dentelées et attachées fortement à la peau. L'épine dorsale renferme quarante-six ou quarante-sept vertèbres et s'articule de chaque côté avec seize côtes.

Le barbeau se plaît dans les eaux rapides qui coulent sur un fond de cailloux ; il aime à se cacher parmi les pierres et sous les rives avancées. Il se nourrit de plantes aquatiques, de limaçons, de vers et de petits poissons ; on l'a vu même rechercher des cadavres. Il parvient au poids de neuf ou dix kilogrammes. On le pêche dans les grands fleuves de l'Europe, et particulièrement dans ceux de l'Europe méridionale. Suivant Bloch, il acquiert dans le Wéser une graisse très agréable au goût, à cause du lin que l'on met dans ce fleuve. Il ne produit que vers sa quatrième ou sa cinquième année. Le printemps est la saison pendant laquelle il fraye; il remonte alors dans les rivières et dépose ses œufs sur des pierres, à l'endroit où la rapidité de l'eau est la plus grande. On le pêche avec des filets ou à la ligne, et on l'attire avec de très petits poissons, des vers, des sangsues, du fromage, du jaune d'œuf ou du camphre. Sa chair est blanche et de bon goût. On assure cependant que ses œufs sont très malfaisants; mais Bloch, je ne sais pourquoi, regarde comme fausses les propriétés funestes qu'on leur attribue.

Nous lisons dans les notes manuscrites du tribun Pénières, que nous avons déjà citées plusieurs fois, que, dans le département de la Corrèze, les barbeaux cherchent les bassins profonds et pierreux. Au moindre bruit, ils se cachent sous les rochers saillants et se tiennent sous cette sorte de toit avec tant de constance, que lorsqu'on fouille leur asile, ils souffrent qu'on enlève leurs écailles et reçoivent même souvent la mort, plutôt que de se jeter contre le filet qui entoure leur retraite, et dans les mailles du-

---

Bonnaterre, planches de l'Encyclopédie méthodique. — Mus. Ad. Frid., p. 2, p. 107. — Wulff., *Ichtyolog. Bor.*, p. 41, n. 52. — Kram., *El.*, p. 391, n. 2. — S.-G. Gmelin, *It.*, 3, p. 242, tab. 25, fig. 1.

« Cyprinus maxilla superiore longiore, cirris quatuor; pinna ani, ossiculorum septem. » Artedi, gen. 4, syn. 8. — Bloch, pl. 18. — *Barbeau.* Rondelet, seconde partie, *Poissons de rivière*, chap. xviii. — *Barbus.* Salvian, fol. 86. — *Id.* Gesner, p. 124 et (germ.) fol. 71. — *Id.* Aldrovande, lib. V, cap. xvi, p. 598. — *Id.* Jonston, lib. III, tit. 1, cap. v, tab. 86, fol. 6. — *Id.* Charleton, 156. — *Id.* Willughby, p. 259. — *Id.* Ray, p. 121.

« Barbatulus, mullus barbatus, mullus fluviatilis nonnullis. » Schonev., p. 29. — « Mustus fluviatilis. » Belon. — Gronov., *Zooph.*, 1, p. 104; Mus. 1, p. 5, n. 20. — « Barbus oblongus, olivaceus. » Leske, *Specim.*, p. 17. — *Mystus.* Klein, *Miss. pisc.*, 5, p. 64, n. 1. — *Barbus.* Marsig., *Danub.*, p. 18, tab. 7, fig. 1. — *Brit. zoolog.*, 3, p. 304, n. 2. — *Barbeau.* Valmont de Bomare, *Dictionnaire d'histoire naturelle.*

quel le rayon denté de leur dorsale ne contribuerait pas peu à les retenir.

Ils se réunissent en troupes de douze, de quinze et quelquefois de cent individus. Ils se renferment dans une grotte commune, à laquelle leur association doit le nom de *nichée* que leur donnent les pêcheurs. Lorsque les rivières qu'ils fréquentent charrient des glaçons, ils choisissent des graviers abrités contre le froid et exposés aux rayons du soleil ; si la surface de la rivière se gèle et se durcit, ils viennent assez fréquemment auprès des trous qu'on pratique dans la glace, peut-être pour s'y pénétrer du peu de chaleur que peuvent leur donner les rayons affaiblis du soleil de l'hiver.

Plusieurs barbeaux se trouvent-ils réunis dans un réservoir où ils manquent de nourriture, ils sucent la queue les uns des autres, au point que les plus gros ont bientôt exténué les plus petits [1].

LE CYPRIN SPÉCULAIRE [2]

Cyprinus specularis, Lacép. — *Rex cyprinorum*, Bloch.

LE CYPRIN A CUIR [3]

Cyprinus coriaceus, Lacép. — *Cyprinus nudus*, Bloch.

Nous donnons le nom de *spéculaire* à un cyprin très remarquable par les grandes écailles disposées en séries, et quelquefois distribuées avec plus ou moins de régularité sur sa surface. Ces écailles sont souvent quatre ou cinq fois plus larges à proportion que celles de la carpe; quoique striées de manière à paraître comme rayonnées, elles ont assez d'éclat pour être comparées à de petits miroirs. Ces lames brillantes sont ordinairement placées de manière qu'elles forment de chaque côté deux ou trois rangées longitudinales. Leur couleur est jaune et une bordure brune relève leurs nuances. Elles se détachent facilement de l'animal ; lorsqu'elles ne sont pas répandues sur tout le corps du poisson, les places qu'elles laissent dénuées de substance écailleuse sont recouvertes d'une peau noirâtre, plus épaisse que celle qui croît au-dessous de ces lames spéculaires. On trouve les cyprins qui sont revêtus de ces écailles grandes et luisantes dans plusieurs contrées de l'Europe ; mais ils sont très multipliés dans l'Allemagne septentrionale, particulièrement dans le pays d'Anhalt, dans la Saxe, dans la Franconie, dans la Bohême, où on les élève dans les étangs, où ils parviennent à une grosseur très considérable, et où leur chair acquiert une saveur que l'on a préférée au goût de celle de la carpe.

Si les cyprins spéculaires perdaient tous les miroirs écailleux qui sont disséminés sur leur surface, ils ressembleraient beaucoup aux *cyprins à cuir*.

1. A chaque pectorale du cyprin barbeau.......................... 17 rayons.
   A la nageoire de la queue.................................... 19   —
2. *Spiegelkarpfen.* — *Reine des carpes.* Bloch, pl. 17. — *Reine des carpes.* Bonnaterre, planches de l'Encyclopédie méthodique.
3. *Carpe à cuir.* Bloch.

Ces derniers néanmoins ont la peau plus brune, plus dure et plus épaisse ; ce qui leur a fait donner le nom spécifique que nous leur conservons. Ces cyprins à cuir vivent en Silésie, où on peut les multiplier et les faire croître aussi promptement que les carpes. Bloch rapporte que M. le baron de Sierstorpff, qui en a eu dans ses étangs, auprès de Breslau, et qui les a très bien observés, a vu des cyprins qui par leurs caractères paraissaient tenir le milieu entre les *cyprins à cuir* et les *cyprins spéculaires*, et qu'il regardait comme des métis provenus du mélange de ces deux espèces [1].

LE CYPRIN BINNY [2]

Cyprinus binny, Lacép. Linn., Gmel.

Le Cyprin bulatmai, *Cyprinus bulatmai*, Lacép., Linn., Gmel. — Le Cyprin murse, *Cyprinus mursa*, Lacép., Linn., Gmel. — Le Cyprin rouge brun, *Cyprinus rubro fuscu*, Lacép. [3].

Le binny, que les eaux du Nil nourrissent, a la tête un peu comprimée, le dos élevé, le ventre arrondi, la ligne latérale courbée vers le bas, l'anale et la caudale rouges, avec du blanc à leur base, et les autres nageoires blanchâtres et bordées d'une couleur mêlée de roux. L'éclat de l'argent dont brillent ses écailles le fait remarquer, comme celui de l'or attire l'œil de l'observateur sur le bulatmai de la mer Caspienne. Ce dernier poisson présente en effet des reflets dorés au milieu des teintes argentines du ventre et des nuances couleur d'acier de sa partie supérieure. Sa tête, brune par-dessus, est blanche par-dessous ; la dorsale noirâtre, la nageoire de la queue rougeâtre ; l'anale rouge, avec la base blanchâtre ; l'extrémité des pectorales et celle des ventrales, d'un rouge plus ou moins vif ; la base de ces ventrales et de ces pectorales, grise ou blanche, ou d'un blanc mêlé de gris.

La mer Caspienne, dans laquelle on trouve le bulatmai, nourrit aussi le murse. Une couleur dorée, mêlée de brun dans la partie supérieure du poisson, et de blanc dans la partie inférieure de l'animal, des opercules

1.   A chaque pectorale du cyprin spéculaire...................... 18 rayons.
     A la nageoire de la queue..................................... 25   —
2. *Lepidotus*, par les anciens auteurs, suivant une note manuscrite que notre savant ami et confrère le professeur Geoffroy nous a fait parvenir du Caire. — *Benny* et *benni*, en Égypte, suivant M. Cloquet. — *Ciprin binny*. Bonnaterre, planches de l'Encyclopédie méthodique. — Forskael, *Fauna arab.*, p. 71, n. 103.
     Hablizl apud S.-G. Gmelin, *It.*, 4, p. 135. — Pallas, *N. Nord. Beytr.*, 4, p. 6. — *Cyprin murse*. Bonnaterre, planches de l'Encyclopédie méthodique. — Guldenst., *Nov. Comm. Petropol.*, 17, p. 513, tab. 8, fig. 3 et 5.
3.   A chaque pectorale du cyprin binny...................... 17 rayons.
     A la nageoire de la queue................................. 19   —
     A chaque pectorale du cyprin bulatmai...................... 19   —
     A la caudale.. 21   —
     A chaque pectorale du cyprin murse........................ 17   —
     A la nageoire de la queue................................. 19   —

bruns et lisses, une anale semblable par sa forme aux ventrales, et blanche comme ces dernières, les taches brunes de ces ventrales, la teinte foncée des autres nageoires, l'allongement de la tête, du corps et de la queue, la convexité du crâne, la petitesse des écailles, la mucosité répandue sur les téguments, servent à distinguer ce cyprin murse, qui parvient à la longueur de trois ou quatre décimètres, et qui remonte dans le fleuve Cyrus, lorsque le printemps ramène le temps du frai.

Les deux mâchoires du rouge-brun sont presque également avancées. Ce cyprin vit dans les eaux de la Chine. On peut en voir une figure très bien faite dans la collection des peintures chinoises données à la France par la Hollande. Nous en publions les premiers la description.

LE CYPRIN GOUJON [1]

Cyprinus gobio, Lacép., Linn., Gmel.

LE CYPRIN TANCHE

Cyprinus tinca, Lacép., Linn., Gmel., Cuv.

Lacs paisibles, rivières tranquilles, ombrages parfumés, rivages solitaires, et vous retraites hospitalières, où la modération ne plaça sur une table frugale que des mets avoués par la sagesse ; séjour du calme, asile du bonheur pour les cœurs sensibles que la perte d'un objet adoré n'a point condamnés à des regrets éternels, vos images enchanteresses ne cessent d'entourer le portrait du poisson que nous allons décrire. Son nom rappelle les rives fortunées près desquelles il éclôt, se développe et se reproduit, et l'habitation touchante et simple des vertus bienfaisantes, des affections douces, de l'heureuse médiocrité dont il sert si souvent aux repas salutaires.

On le trouve dans les eaux de l'Europe dont le sel n'altère pas la pureté, surtout dans celles qui reposent ou coulent mollement et sans mélange sur un fond sablonneux. Il préfère les lacs que la tempête n'agite pas.

1. *Goujon de rivière.* — *Goiffon, Vairon,* dans quelques départements de la France. — *Gründling, Gressling, Gos,* en Allemagne. — *Grandulis, Pohps,* en Livonie. — *Grumpel, Sandhart, Gympel,* en Danemark. — *Grondel,* en Hollande. — *Grehling, Gudjeon,* en Angleterre.

Cyprin goujon. Daubenton et Haüy, Encyclopédie méthodique. — *Id.* Bonnaterre, planches de l'Encyclopédie méthodique. — *Goujon.* Valmont de Bomare, *Dictionnaire d'histoire naturelle.* — Mus. Ad. Frid. 2, p. 107. — Müller, *Prodrom. zoolog. danic.,* p. 50, n. 427.

« Cyprinus quincuncialis, maculatus, maxilla superiore longiore, cirris duobus ad os. » Artedi, gen. 4, spec. 13, syn. 11. — *Fluviatilis gobio.* Salvian, f. 214 a. — *Goujon de rivière.* Rondelet. seconde partie, *Des poissons de rivière,* chap. xxviii. — *Gobio fluviatilis.* Gesner, p. 399 et 474 et (germ.) f. 159. — *Id. et fundulus, et gobio non capitatus.* Charleton, p. 157. — *Gobius fluviatilis.* Aldrovande, lib. V, cap. xxvii, p. 612. — *Gobius fluviatilis.* Gesner. Willughby, p. 264, tab. Q, 8, fig. 4. — *Gobius non capitatus.* Jonst., lib. III, tit. 1, cap. x, a, 1, tab. 26, fig. 16.

Fundulus. Schonev., p. 35. — Gronov., Mus. 2, p. 2, n. 149 ; *Zooph.,* 1, p. 104. — Bloch, pl. 8, fig. 2. — Leske, *Spec.,* p. 26, n. 3. — Klein, *Miss. pisc.,* 4, p. 60, n. 5, tab. 15, fig. 5. — Marsig., *Danub.,* 4, p. 23, tab. 9, fig. 2. — *Brit. zoolog.,* 3, p. 308, n. 4.

Il y passe l'hiver, et, lorsque le printemps est arrivé, il remonte dans les rivières, où il dépose sur les pierres sa laite ou ses œufs, dont la couleur est bleuâtre et le volume très petit. Il ne se débarrasse de ce poids incommode que peu à peu, et en employant souvent près d'un mois à cette opération, dont la lenteur prouve que tous les œufs ne parviennent pas à la fois à la maturité, et que les diverses parties de la laite ne sont entièrement formées que successivement. Dans quelques rivières, notamment dans celle de la Corrèze, il ne fréquente ordinairement les *frayères* [1] que depuis le coucher du soleil jusqu'au lever de cet astre.

Le tribun Pénières, de qui nous tenons cette dernière observation, nous écrit que, dans le Cantal et la Corrèze, les femelles de l'espèce du goujon et de plusieurs autres espèces de poissons étaient cinq ou six fois plus nombreuses que les mâles.

Vers l'automne, les goujons reviennent dans les lacs. On les prend de plusieurs manières; on les pêche avec des filets et avec l'hameçon. Ils sont d'ailleurs la proie des oiseaux d'eau ainsi que des grands poissons, et cependant ils sont très multipliés. Ils vivent de plantes, de petits œufs, de vers, de débris de corps organisés. Ils paraissent se plaire plusieurs ensemble; on les rencontre presque toujours réunis en troupes nombreuses; ils perdent difficilement la vie. A peine parviennent-ils à la longueur d'un ou deux décimètres.

Leur canal intestinal présente deux sinuosités; quatorze côtes soutiennent de chaque côté l'épine dorsale, qui renferme trente-neuf vertèbres.

Leur mâchoire supérieure est un peu plus avancée que celle de dessous; leurs écailles sont grandes, à proportion de leurs principales dimensions; leur ligne latérale est droite.

Leurs couleurs varient avec leur âge, leur nourriture et la nature de l'eau dans laquelle ils sont plongés; mais le plus souvent un bleu noirâtre règne sur leur dos; leurs côtés sont bleus dans leur partie supérieure; le bas de ces mêmes côtés et le dessous du corps offrent des teintes mêlées de blanc et de jaune; des taches bleues sont placées sur la ligne latérale, et l'on voit des taches noires sur la caudale et sur la dorsale, qui sont jaunâtres ou rougeâtres comme les autres nageoires.

Les tanches [2] sont aussi sujettes que les goujons à varier dans leurs

---

1. Nom donné dans plusieurs contrées aux endroits où frayent les poissons.

2. *Tenca*, en Italie. — *Schlei*, en Allemagne. — *Knochenschleye* (le mâle), *ibid.* — *Bauchschleye* (la femelle), *ibid.* — *Schumacher*, en Livonie. — *Kuppesch, Lichnis, Line, Schleye*, en Estonie. — *Skomacker, Linnore, Sutore*, en Suède. — *Suder, Slie*, en Danemark. — *Muythonden*, en Frise. — *Zeelt*, en Hollande. — *Tench*, en Angleterre.

Cyprin tanche. Daubenton et Haüy, Encyclopédie méthodique. — *Id.* Bonnaterre, planches de l'Encyclopédie méthodique. — *Tanche.* Valmont de Bomare, *Dictionnaire d'histoire naturelle.* — Bloch, pl. 14. — *Fauna succica*, 263. — Wulff. *Ichtyolog. Boruss.*, p. 42, n. 55. — Müller, *Prodrom. zool. dan.*, p. 50, n. 428. — « Cyprinus mucosus nigrescens. » Artedi, gen. 4, spec. 27, syn. 5. — *Tinca.* Ausone, *Mosella*, vers 125. — *Id.* Jov., 124.

Tenche. Rondelet, seconde partie, *Des poissons des lacs*, chap. x. — *Tinca.* Wotton., lib. VIII,

nuances, suivant l'âge, le sexe, le climat, les aliments et les qualités de l'eau. Communément on remarque du jaune verdâtre sur leurs joues, du blanc sur leur gorge, du vert foncé sur leur front et sur leur dos, du vert clair sur la partie supérieure de leurs côtés, du jaune sur la partie inférieure de ces dernières portions, du blanchâtre sur le ventre, du violet sur les nageoires ; mais plusieurs individus montrent un vert plus éclairci, ou plus voisin du noir ; les mâles particulièrement ont des teintes moins obscures. Ils ont aussi les ventrales plus grandes, les os plus forts, la chair plus grasse et plus agréable au goût. Dans les femelles comme dans les mâles, la tête est grosse, le front large, l'œil petit, la lèvre épaisse, le dos un peu arqué ; chacun des os qui retiennent les pectorales ou les ventrales, très fort ; la peau noire ; toute la surface de l'animal couverte d'une matière visqueuse assez abondante pour empêcher de distinguer facilement les écailles ; l'épine dorsale composée de trente-neuf vertèbres et soutenue à droite et à gauche par seize côtes.

On trouve des tanches dans presque toutes les parties du globe. Elles habitent dans les lacs et dans les marais ; les eaux stagnantes et vaseuses sont celles qu'elles recherchent. Elles ne craignent pas les rigueurs de l'hiver ; on n'a pas même besoin dans certaines contrées de casser en différents endroits la glace qui se forme au-dessus de leur asile ; ce qui prouve qu'il n'est pas nécessaire d'y donner une issue aux gaz qui peuvent se produire dans leurs retraites, et ce qui paraît indiquer qu'elles y passent la saison du froid enfoncées dans le limon et au moins à demi engourdies, ainsi que l'ont pensé plusieurs naturalistes.

On peut mettre des tanches dans des viviers, dans des mares, même dans de simples abreuvoirs ; elles se contentent de peu d'espace. Lorsque l'été approche, elles cherchent des places couvertes d'herbe pour y déposer leurs œufs, qui sont verdâtres et très petits ; on les pêche à l'hameçon, ainsi qu'avec des filets ; mais fréquemment elles rendent vains les efforts des pêcheurs, ainsi que la ruse ou la force des poissons voraces, en se cachant dans la vase. La crainte, tout comme le besoin de céder à l'influence des changements de temps, les porte aussi quelquefois à s'élancer hors de l'eau, dont le défaut ne leur fait pas perdre la vie aussi vite qu'à beaucoup d'autres poissons.

Elles se nourrissent des mêmes substances que les carpes et peuvent, par conséquent, nuire à leur multiplication. Leur poids peut être de trois ou quatre kilogrammes. Leur chair molle, et quelquefois imprégnée d'une odeur de limon et de boue, est difficile à digérer. Mais d'ailleurs suivant le

cap. cxc, f. 169 *b*. — *Tinca*. Salvian, fol. 89 et 90. — *Id*. Gesner, p. 984 et (germ.) 167 *b*. — *Id*. Aldrovande, lib. V, cap. xlv, p. 646. — *Id*. Jonston, lib. III, tit. 3, cap. x, p. 146, tab. 29, fig. 7. — *Id*. Charlet, p. 162. — *Id*. Willughby, p. 251, tab. Q, 5. — *Id*. Ray, p. 117. — *Id*. et *phycis, vel merula fluviatilis*, Schonev., p. 76.

Kramer, *El*., p. 392, n. 6. — Gronov., Mus. 1, p. 4, n. 18. — Klein, *Miss. pisc.*, 5, p. 63. — Mars., *Danub.*, p. 47, tab. 15. — *Brit. zoolog.*, 3, p. 306, n. 3.

pays, les temps, les époques de l'année, les altérations ou les modifications des individus et une sorte de mode ou de convention, elles ont été estimées ou dédaignées[1]. On s'est même assez occupé de ces abdominaux dans beaucoup de contrées, pour leur attribuer des propriétés très extraordinaires. On a cru que, coupées en morceaux et mises sous la plante des pieds, elles guérissaient de la peste et des fièvres brûlantes ; qu'appliquées vivantes sur lé front, elles apaisaient les maux de tête; qu'attachées sur la nuque, elles calmaient l'inflammation des yeux ; que placées sur le ventre, elles faisaient disparaître la jaunisse ; que leur fiel chassait les vers, et que les poissons guérissaient leurs blessures en se frottant contre la substance huileuse qui les enduit.

LE CYPRIN CAPOET [2]

Cyprinus capœta, Lacép., Linn.,, Gmel.

Le Cyprin tanchor, *Cyprinus tincauratus*, Lacép.; *Cyprinus tinca*, Linn., Gmel. — Le Cyprin vonconder, *Cyprinus vonconder*, Lacép.; *Cyprinus cirrosus*, Bloch. — Le Cyprin verdatre, *Cyprinus viridescens*, Lacép.

Le capoet habite dans la mer Caspienne; il remonte dans les fleuves qui se jettent dans cette mer ; mais ce qui est remarquable, c'est qu'il passe la belle saison dans cette mer intérieure et qu'il ne va dans l'eau douce que pendant l'hiver. Sa longueur est de trois ou quatre décimètres. Il a les écailles arrondies, minces, striées, argentées et pointillées de brun, excepté celles du ventre, qui sont blanches; la tête courte, très large et lisse; le sommet de la tête brun et convexe; le museau avancé ; les opercules unis, bruns et pointillés ; la ligne latérale courbée vers le bas, auprès de son origine; les nageoires brunes et parsemées de points obscurs; un appendice auprès de chaque ventrale.

Le cyprin tanchor doit être compté parmi les plus beaux poissons. La dorure éclatante répandue sur sa surface, le noir brillant des points ou des taches que l'on voit sur son corps, sur sa queue et sur ses instruments de natation, le blanchâtre transparent de ses nageoires, les teintes noires de son front et de la partie antérieure de son dos font paraître très vifs et rendent très agréables le rose des lèvres et du nez, celui qui colore ses rayons d'ailleurs très agiles, et le rouge qui, distribué en petites gouttes plus ou

---

1. A chaque pectorale du cyprin goujon...................... 16 rayons.
    A la nageoire de la queue................................ 19   —
    A chaque pectorale du cyprin tanche..................... 18   —
    A la caudale 19   —

2. *Cyprin capoet.* Bonnaterre, planches de l'Encyclopédie méthodique. — Guldenst., *Nov. Comment. Petropolit.*, 17, p. 507, tab. 18, fig. 1 et 2 — *Dorée d'étang.* Bloch, pl. 13. — *Cyprin tanche dorée.* Bonnaterre, planches de l'Encyclopédie méthodique. — *Wonkondey*, en langue tamulique. — *Cyprinus cirrosus, voncondre.* Bloch.

moins rapprochées, marque le cours de sa ligne latérale. Il a cette même ligne latérale large et droite, et sa tête est petite.

Ce cyprin, qui peut faire l'ornement des canaux et des pièces d'eau, habite les étangs de la haute Silésie, d'où il a été transporté avec succès dans les eaux de Schœnhausen, en Brandebourg, par les soins de la reine de Prusse, femme du grand Frédéric. Il résiste à beaucoup d'accidents. Il ne croît que lentement ; mais il parvient à une longueur de près d'un mètre. On peut le nourrir avec des débris de végétaux, des vers, du pain, des pois, des fèves cuites. On a cru remarquer qu'il était moins sensible que les carpes au son de la cloche dont on se sert dans plusieurs viviers pour avertir ces derniers poissons qu'on leur apporte leur nourriture ordinaire.

Le voncondre vit dans les lacs et dans les rivières de la côte du Malabar. Il parvient à la longueur d'un décimètre. On ne doit pas oublier la compression de son corps ; la surface unie de sa tête, de sa langue, de son palais ; le peu de largeur des os de ses lèvres ; la direction droite de sa ligne latérale ; le violet argenté de sa couleur générale ; le bleu de ses nageoires.

Le verdâtre, dont la description n'a pas encore été publiée, et dont M. Noël a bien voulu nous envoyer un dessin accompagné d'une note relative à cet abdominal, montre un barbillon blanc, court et délié à chacun des angles de ses mâchoires. Ses couleurs sont très chatoyantes. Un individu de cette espèce a été pêché, vers la fin de mars, à la source d'un petit ruisseau auprès de Rouen [1].

LE CYPRIN ANNE-CAROLINE

Cyprinus Anna-Carolina, Lacép.

Voici le troisième hommage que mon cœur rend dans cette histoire aux vertus, à l'esprit supérieur, aux charmes, aux talents d'une épouse adorée et si digne de l'être. Ah ! lorsque naguère j'exprimais dans cet ouvrage mes sentiments immortels pour elle, je pouvais encore et la voir, et lui parler, et l'entendre. C'était auprès d'elle que j'écrivais cet éloge si mérité, que j'étais obligé de cacher avec tant de soin à sa modestie. L'espérance me soutenait encore au milieu des peines cruelles que ses douleurs horribles me faisaient souffrir, et de la tendre admiration que m'inspirait cette patience si douce qu'une année de tourments n'a pu altérer.

Aujourd'hui j'écris seul, livré à la douleur profonde, condamné au

1. A chaque pectorale du cyprin capoet . . . . 19 rayons.
   A la nageoire de la queue 19   —
   A chaque pectorale du cyprin tanche 16   —
   A la caudale 19   —
   A chaque pectorale du cyprin voncondre 17   —
   A la nageoire de la queue 28   —

désespoir par la mort de celle qui m'aimait. Ah! pour trouver quelque soulagement dans le malheur affreux qui ne cessera de m'accabler que lorsque je reposerai dans la tombe de ma bien-aimée[1], que n'ai-je le style de mes maîtres pour graver sur un monument plus durable que le bronze l'expression de mon amour et de mes regrets éternels!

Du moins, les amis de la nature qui parcourront cette histoire ne verront pas cette page arrosée de mes larmes amères, sans penser avec attendrissement à ma Caroline, si bonne, si parfaite, si aimable, enlevée si jeune à son époux désolé.

Le cyprin que nous consacrons à sa mémoire, et dont la description n'a pas encore été publiée, est un des poissons les plus beaux et les plus utiles.

A l'éclat de l'or et de l'argent qui brillent sur son corps et sur sa queue, se réunit celui de ses nageoires, qui sont d'un jaune doré.

Au milieu de l'or qui resplendit sur le derrière de la tête et sur la partie antérieure du dos, on voit une tache verdâtre placée sur la nuque, et trois taches d'un beau noir, la première ovale, la seconde allongée et sinueuse, et la troisième ronde, situées de chaque côté du poisson.

Des taches très inégales, irrégulières, noires et distribuées sans ordre, relèvent avec grâce les nuances verdâtres qui règnent sur le dos.

Chaque commissure des lèvres présente un barbillon ; l'ouverture de la bouche est petite; un grand orifice répond à chaque narine; les écailles sont striées et arrondies ; les pectorales étroites et longues ; les rayons de chaque ventrale allongés, ainsi que ceux de l'anale, qui est à une égale distance des ventrales et de la nageoire de la queue.

On trouvera une image de ce cyprin dans la collection des peintures sur vélin du Muséum d'histoire naturelle.

Sa chair fournit une nourriture abondante et très agréable.

LE CYPRIN MORDORÉ

Cyprinus nigro-auratus, LACÉP., CUV.

LE CYPRIN VERT VIOLET

Cyprinus viridi-violaceus, LACÉP.

Ces deux poissons sont encore inconnus des naturalistes. Ils habitent dans les eaux de la Chine. On peut en voir la figure et les couleurs dans les belles peintures chinoises que nous avons souvent citées, et qui sont déposées au Muséum d'histoire naturelle.

---

1. Sa dépouille mortelle attend la mienne dans le cimetière de Leuville, village du département de Seine-et-Oise, où elle était née, où j'ai passé auprès d'elle tant de moments heureux, où elle a voulu reposer au milieu de ses proches, et où les larmes de tous les habitants prouvent, plus que tous les éloges, sa bienfaisance et sa bonté. Bénis soient ceux qui me déposeront auprès d'elle dans son dernier asile!

La parure du mordoré paraît d'autant plus riche que ses teintes dorées se marient avec des reflets rougeâtres, distribués sur sa partie inférieure. Indépendamment de la bosse que l'on voit sur la nuque, trois petites élévations convexes sont placées l'une au-devant de l'autre, sur la partie supérieure de la tête. Chaque opercule est composé de trois pièces. Les pectorales et les ventrales sont de la même grandeur et de la même forme. L'anale est plus petite que chacune de ces nageoires, triangulaire et composée de rayons articulés, excepté le premier, qui est fort et légèrement dentelé. La ligne latérale est courbée vers le bas.

Le vert-violet a ses opercules anguleux par derrière et composés chacun de deux pièces. L'ouverture de la bouche est petite. Les pectorales, les ventrales et l'anale sont presque ovales ; mais les premières sont plus grandes que les secondes, et les secondes plus grandes que la nageoire de l'anus. La ligne latérale est presque droite. Les écailles sont en losange.

LE CYPRIN HAMBURGE [1]

Cyprinus carassius, LACÉP., LINN., GMEL., CUV.

LE CYPRIN CÉPHALE, *Cyprinus cephalus,* Lacép., Linn., Gmel. — LE CYPRIN SOYEUX, *Cyprinus sericeus,* Lacép., Linn., Gmel. — LE CYPRIN ZÉELT, *Cyprinus zeelt,* Lacép.

Le museau de l'hamburge est arrondi ; sa tête paraît d'autant plus petite que son corps a une très grande hauteur, que ce poisson est très épais et que son dos se recourbe en arc de cercle. Sa partie supérieure est d'un brun foncé, qui se change en olivâtre sur la tête. Ses côtés sont verdâtres vers le haut et jaunâtres vers le bas. Son ventre est d'un blanc mêlé de rouge. Ses

1. *Carassin.* — *Gracis,* dans plusieurs contrées de l'Allemagne méridionale. — *Zobelpleinzl, Braxen,* en Autriche. — *Coras,* en Hongrie. — *Karausse,* en Silésie. — *Karsche,* dans la basse Silésie. — *Karausche,* en Saxe. — *Karutz,* en Westphalie. — *Ruda, Carussa,* en Suède. — *Karudse,* en Danemark. — *Hamburger, Sternkarper,* en Hollande. — *Crucian,* en Angleterre.

Cyprin Hamburge. Daubenton et Haüy, Encyclopédie méthodique. — *Id.* Bonnaterre, planches de l'Encyclopédie méthodique. — *Fauna succica,* 364. — Müll., *Prodrom. zoolog. danic.,* p. 50, n. 429. — « Cyprinus pinna dorsi ossiculorum viginti, linea laterali recta. » Artedi, gen. 4, spec. 29, syn. 5. — *Charax, karass* et *carassius simpliciter dictus, et carassi tertium genus,* Gesner, p. 222 (germ,) 166 *b,* et paralip. 16, 17 et 1275. — *Cyprinus latus, alias gorais,* etc. Willughby, p. 249, tab. Q, 6, fig. 1. — *Id.* Ray, p. 116. — *Cyprinus latus alius.* Aldrovande, lib. V, cap. XLV, p. 644. — *Id.* Jonston, lib. III, tit. 3, cap. IX, p. 165, tab. 27, fig. 12.

Kramer, *El.,* p. 392, n. 7. — Gronov., Mus. 1, num. 11, *Zooph.,* n. 343. — *Cyprinus hamburger. Act. Upsal.,* 1741, p. 75, n. 55. — Bloch, pl. 11. — Lesk., *Spec.,* p. 78, n. 17. — Klein, *Miss. pisc.,* 5, p. 59, n. 4, tab. 11, fig. 1. — *Carassius,* Marsigl., *Danub.,* 4, p. 45, tab. 14. — *Rud. Brit. zoolog.,* 3, p. 310.

Mus. Ad. Frid., p. 77, tab. 30. — *Cyprin cylindrique.* Daubenton et Haüy, Encyclopédie méthodique. — *Id.* Bonnaterre, planches de l'Encyclopédie méthodique. — « Cyprinus oblongus macrolepidotus, pinna ani ossiculis undecim. » Artedi, gen. 5, syn. 7. — Gronov., Mus. 1, n. 12, 2, p. 3. — *Cyprin soyeux.* Bonnaterre, planches de l'Encyclopédie méthodique. — Pallas, *It.,* 3, p. 704, n. 41.

pectorales sont violettes; des nuances jaunâtres et une bordure grise distinguent les autres nageoires.

L'hamburge se plaît dans les eaux dont le fond est de glaise ou marneux; il aime les lacs et les étangs. Il ne contracte pas facilement de mauvais goût dans les eaux fangeuses; il vit dans celles qui sont dormantes et qui n'occupent qu'un petit espace. Lorsque l'hiver règne, il peut même être conservé assez longtemps hors de l'eau sans périr; et dans cette saison froide on le transporte en vie à d'assez grandes distances en le plaçant dans de la neige et en l'entourant de feuilles de chou, de laitue ou d'autres végétaux analogues à ces dernières plantes.

Il se nourrit, comme les carpes, de vers, de végétaux, de débris de substances organisées, qu'il ramasse dans la vase. On l'engraisse avec des fèves cuites, des pois, du pain de chènevis, du fumier de brebis. Il croît lentement. Son poids n'excède guère un demi-kilogramme; mais sa chair est blanche, tendre, saine, et peut devenir très délicate.

C'est ordinairement à l'âge de deux ans qu'il commence à frayer. On le prend avec des nasses, au filet et à l'hameçon. Son canal intestinal présente cinq sinuosités. Quinze côtes sont placées de chaque côté de son épine dorsale, qui renferme trente vertèbres. Ses œufs sont jaunâtres et à peu près de la grosseur des graines de pavot.

Le Danube, le Rhin et d'autres fleuves nourrissent le céphale, dont la ligne latérale est située très bas; ses écailles sont d'ailleurs grandes et arrondies; sa caudale est ovale. Des teintes bleuâtres paraissent sur son dos; son ventre et ses côtés, argentés pendant sa jeunesse, sont ensuite d'un jaune doré, parsemé de points bruns. Sa longueur est de trois ou quatre décimètres[1].

Le soyeux, qui habite les eaux dormantes de la Daurie, n'a le plus souvent que cinq ou six décimètres de longueur. Il est très brillant d'argent, de violet et d'azur; une couleur de rose pâle paraît sur son abdomen; sa caudale est d'un brun rougeâtre; l'extrémité de ses ventrales et de sa nageoire de l'anus montre une nuance plus ou moins noire.

Le zéelt, que les naturalistes ne connaissent pas encore, et dont nous avons vu un individu parmi les poissons séchés donnés par la Hollande à la France, a les écailles petites et les pectorales arrondies, ainsi que les ventrales.

---

1. A chaque pectorale du cyprin hamburge...................... 13 rayons.
   A la nageoire de la queue...................................... 21 —
   A chaque pectorale du cyprin céphale........................ 16 —
   A la caudale... .... 17 — .
   A chaque pectorale du cyprin zéelt.......................... 16 —
   A la nageoire de la queue.................................... 23 —

LE CYPRIN DORÉ[1]

Cyprinus auratus, Lacép., Linn., Gmel., Cuv.

Le Cyprin argenté, *Cyprinus argenteus,* Lacép. — Le Cyprin télescope, *Cyprinus telescopus,* Lacép.; *Cyprinus macrophthalmus,* Bloch. — Le Cyprin gros yeux, *Cyprinus macrophthalmus,* Lacép. — Le Cyprin quatre lobes, *Cyprinus quadrilobatus,* Lacép,

La beauté du cyprin doré inspire une sorte d'admiration, la rapidité de ses mouvements charme les regards. Mais élevons notre pensée : nous avons sous les yeux un des plus grands triomphes de l'art sur la nature. L'empire que l'industrie européenne est parvenue à exercer sur des animaux utiles et affectionnés, sur des compagnons courageux, infatigables et fidèles, qui n'abandonnent l'homme ni dans ses courses, ni dans ses travaux, ni dans ses dangers, sur le chien si sensible et le cheval si généreux, l'industrie chinoise l'a obtenu sur le *doré,* cette espèce plus garantie cependant de son influence par le fluide dans lequel elle est plongée, plus indépendante par son instinct et plus rebelle à ses soins comme plus sourde à sa voix ; mais la constance et le temps ont vaincu toutes les résistances.

Le besoin d'embellir et de vivifier les eaux de leurs jardins, de leurs retraites, d'un séjour consacré aux objets qui leur étaient le plus chers, a inspiré aux Chinois les tentatives, les précautions et les ressources qui pouvaient le plus assurer leur succès. Comme depuis bien des siècles ils imitent avec respect les procédés qui ont réussi à leurs pères, c'est toujours par les mêmes moyens qu'ils ont agi sur l'espèce du doré ; ils l'ont attaquée, pour ainsi dire, par les mêmes faces ; ils ont pesé sur les mêmes points ; les empreintes ont été de plus en plus creusées de génération en génération ; les changements sont devenus profonds, et les altérations ont trop pénétré dans la masse pour n'être pas durables.

Ils l'ont modifiée à un tel degré que les organes mêmes de la natation du doré n'ont pu résister aux effets d'une attention sans cesse renouvelée. Dans plusieurs individus, la surface des nageoires a été augmentée ; dans

1. *Dorade de la Chine.* — *Poisson d'or.* — *Doré de la Chine.* — *Goldkarpfen, Silberfisch,* en Allemagne, quand il est jeune. — *Goldfisch,* en Suède. — *Id.,* en Hollande. — *Goldfish,* en Angleterre. — *Kingjo,* en Chine. — *Kin-ju,* au Japon.

Cyprin doré de la Chine. — Daubenton et Haüy, Encyclopédie méthodique. — *Id.* Bonnaterre, planches de l'Encyclopédie méthodique. — Bloch, pl. 93, et pl. 94, fig. 1, 2 et 3. — *Dorade de la Chine.* Valmont de Bomare, *Dictionnaire d'histoire naturelle.* — *Fauna succica,* 2, p. 125. — *Act. Stockh.,* 1740, p. 403, tab. 1, fig. 1 à 8.

Piscis aureus. Baster, *Act. Haart.,* 7, p. 215, tab. 2, 4 et 6. — Gronov., Mus. 1, p. 3, n. 15 ; et Mus., 2, n. 150. — *Kingio.* Kæmpfer, *Japan,* 1, p. 155. — *Brit. zoology,* 3, p. 319, n. 12. — Edwards, *Av.,* tab. 209. — Petiv., *Gazoph.,* tab. 78, fig. 7. — Kœlreuter, *Comment. Acad. Petropol.,* t. IX, p. 420. — *Cyprin argenté.* Bonnaterre, planches de l'Encyclopédie méthodique. — *Glotzauge,* par les Allemands. — *Long-tsing-ya,* par les Chinois. — *Télescope.* Bloch. pl. 410.

d'autres, diminuée ; dans ceux-ci, la dorsale a été réduite à un très petit nombre de rayons, ou remplacée par une sorte de bosse et d'excroissance double ou simple, ou retranchée entièrement, sans laisser de trace de son existence perdue ; dans ceux-là, les ventrales ont disparu ; dans quelques-uns, l'anale a été doublée, et la caudale doublement échancrée a montré un croissant double, ou trois points au lieu de deux. Si l'on réunit à ces signes de la puissance de l'homme toutes les différences que ce pouvoir de l'art a introduites dans les proportions des organes du doré, ainsi que toutes les nuances que ce même art a mêlées aux couleurs naturelles de ce cyprin, et surtout si l'on pense à toutes les combinaisons qui peuvent résulter des divers mélanges de ces modifications plus ou moins importantes, on ne sera pas étonné du nombre prodigieux de métamorphoses que le cyprin doré présente dans les eaux de la Chine ou dans celles de l'Europe.

On peut voir les principales de ces dégradations, ou, si on l'aime mieux, de ces améliorations, représentées d'une manière très intéressante dans un ouvrage publié il y a plusieurs années par MM. Martinet et Sauvigny et exécuté avec autant d'habileté que de soin d'après des dessins coloriés envoyés de la Chine au ministre d'État Bertin. En examinant avec attention ce recueil précieux, on serait tenté de compter près de cent variétés plus ou moins remarquables, produites par la main de l'homme dans l'espèce du cyprin ; et c'est ce titre assez rare de prééminence et de domination sur les productions de la nature que nous avons cru devoir faire observer[1].

Le désir d'orner sa demeure a produit le perfectionnement des cyprins dorés ; la nouvelle parure, les nouvelles formes, les nouveaux mouvements que leur a donnés l'éducation ont rendu leur domesticité plus nécessaire encore aux Chinois.

Les dames de la Chine, plus sédentaires que celles des autres contrées, plus obligées de multiplier autour d'elles tout ce qui peut distraire l'esprit, amuser le cœur et charmer des loisirs trop prolongés, se sont surtout entourées de ces cyprins si décorés par la nature, si favorisés par l'art, images de leur beauté admirée, mais captive, et dont les évolutions, les jeux et les amours peuvent remplacer dans des âmes mélancoliques la peine de l'inaction, l'ennui du désœuvrement et le tourment de vains désirs par des sensations légères, mais douces, des idées fugitives, mais agréables, des jouissances faibles, mais consolantes et pures. Non seulement elles en peuplent leurs étangs, mais elles en remplissent leurs bassins, et elles en élèvent dans des vases de porcelaine ou de cristal, au milieu de leurs asiles les plus secrets.

Les *dorés* sont particulièrement originaires d'un lac peu éloigné de la haute montagne que les Chinois nomment *Tsienking*, et qui s'élève dans la

---

1. Voyez le Discours intitulé *Des effets de l'art de l'homme sur la nature des poissons.*

province de *The-kiang*, auprès de la ville de *Tchanghou*, vers le trentième
degré de latitude. Leur véritable patrie appartient donc à un climat assez
chaud. Mais on les a accoutumés facilement à une température moins
douce que celle de leur premier séjour ; on les a transportés dans les autres
provinces de la Chine, au Japon, en France, er Allemagne, en Hollande,
dans presque toute l'Europe, dans les autres parties du globe, et, suivant
Bloch, l'Angleterre en a nourri dès 1611, sous le règne de Jacques Ier.

Le même savant rapporte que M. Oelrichs, bourgmestre de Brême,
avait élevé avec succès un assez grand nombre de cyprins dorés dans un
bassin de douze mètres de long qu'il avait fait creuser exprès.

Lorsqu'on introduit ainsi de ces poissons dans un vivier ou dans un
étang où l'on désire les voir multiplier, il faut, si cette pièce d'eau ne
présente ni bords unis ni fonds tapissés d'herbe, y placer, dans le temps du
frai, des branches et des rameaux verts.

Cette même pièce d'eau renferme-t-elle du terreau ou de la terre grasse,
les cyprins dorés trouvent dans cet humus un aliment suffisant. Le fond
du bassin est-il sablonneux, on donne aux dorés du fumier, du pain de fro-
ment et du pain de chènevis. S'il est vrai, comme on l'a écrit, que les
Chinois ne jettent pendant l'hiver aucune nourriture aux dorés qu'ils conservent dans leurs jardins, ce ne doit être que dans les provinces de la Chine
où cette saison est assez froide pour que ces cyprins y soient soumis au
moins à un commencement de torpeur. Mais, quoi qu'il en soit, il faut procurer à ces poissons un abri de feuillage dont l'ombre, s'étendant jusqu'à
leur habitation, puisse les garantir de l'ardeur du soleil ou des effets d'une
vive lumière, lorsque cette chaleur trop forte ou cette clarté trop grande
pourraient les incommoder ou blesser leurs yeux.

Préfère-t-on rapprocher de soi ces abdominaux dont la parure est si
superbe et les garder dans des vases ? on les nourrit avec des fragments
de petites oublies ; de la mie de pain blanc bien fine, des jaunes d'œufs dur-
cis et réduits en poudre, de la chair de porc hachée, des mouches ou de
petits limaçons bien onctueux. Pendant l'été, il faut renouveler l'eau de leur
vase tous les trois jours, et même plus souvent si la chaleur est vive et étouf-
fante ; mais pendant l'hiver, il suffit de changer l'eau dans laquelle ils nagent, tous les huit ou tous les quinze jours. L'ouverture du vase doit être
telle qu'elle suffise à la sortie des gaz qui doivent s'exhaler, et cependant
que les cyprins ne puissent pas s'élancer facilement par-dessus les bords de
cet orifice.

Les dorés frayent dans le printemps, ont une grande abondance d'œufs
ou de laite, multiplient beaucoup et peuvent vivre quelque temps hors de
l'eau. Leur instinct est un peu supérieur à celui de plusieurs autres poissons.
L'organe de l'ouïe est en effet plus sensible dans ces abdominaux que dans
beaucoup d'osseux et de cartilagineux ; ils distinguent aisément le son particulier qui leur annonce l'arrivée de la nourriture qu'on leur donne. Les Chi-

nois les accoutument à ce son par le moyen d'un sifflet ; et ces cyprins reconnaissent souvent l'approche de ceux qui leur apportent leur nourriture, par le bruit de leur démarche. Cette supériorité d'organisation et d'instinct doit les avoir rendus un peu plus susceptibles des impressions que l'art leur a fait éprouver.

Les couleurs brillantes dont les dorés sont peints ne sont pas toujours effacées en entier par la mort de l'animal ; mais si alors on met ces poissons dans de l'alcool, ces riches et vives nuances disparaissent bientôt. Ces teintes dépendent, en très grande partie, de la matière visqueuse dont les téguments des cyprins dorés sont enduits, et qui, emportée par l'alcool, colore cette dernière substance, ainsi que Bloch l'a observé.

Au reste, pendant que ces abdominaux jouissent de toutes leurs facultés, ils ont ordinairement l'iris jaune, le dessus de la tête rouge, les joues dorées, le dos parsemé de diverses taches noires, les côtés d'un rouge mêlé d'orange, le ventre varié d'argent et de couleur de rose, toutes les nageoires d'un rouge de carmin.

Ces couleurs cependant n'appartiennent pas à tous les âges du doré. Communément il est noir pendant les premières années de sa vie ; des points argentins annoncent ensuite la magnifique parure à laquelle il est destiné ; ces points s'étendent, se touchent, couvrent toute la surface de l'animal et sont enfin remplacés par un rouge éclatant, auquel se mêlent, à mesure que le cyprin avance en âge, tous les tons admirables qui doivent l'embellir.

Quelquefois la robe argentine ne précède pas la couleur rouge ; cette dernière nuance revêt même certains individus dès leurs premières années ; d'autres individus perdent, en vieillissant, cette livrée si belle ; leurs teintes s'affaiblissent ; leurs taches pâlissent ; leur rouge et leur or se changent en argent, ou se fondent dans une couleur blanche, sans beaucoup d'éclat.

Lorsque le doré vit dans un étang spacieux, il parvient à la longueur de trois ou quatre décimètres. Son canal intestinal présente trois sinuosités ; la laite et l'ovaire sont doubles ; la vessie natatoire est divisée en deux parties, dont une est plus étroite que l'autre.

Le cyprin argenté est quelquefois long de sept décimètres. Sa caudale paraît souvent divisée en trois lobes, ce qui semble prouver que son espèce a été altérée par une sorte de domesticité. Sa tête est plus allongée que celle du doré.

On trouve dans les eaux douces de la Chine le télescope, dont la tête est courte et grosse, et l'orifice de la bouche petit[1].

---

1. A chaque pectorale du cyprin doré...................... 16 rayons.
   A la nageoire de la queue.............................. 27   —
   A chaque pectorale du cyprin argenté.................. 15   —
   A la caudale.. 36   —
   A chaque pectorale du cyprin télescope................ 10   —

Les peintures chinoises, que nous citons si fréquemment, offrent l'image du *cyprin gros yeux* et du *cyprin quatre lobes*, qui, l'un et l'autre, sont encore inconnus des naturalistes. La beauté de leurs formes, la transparence de leurs nageoires et la vivacité de leur couleur blanche et rouge les rendent aussi propres que le doré à répandre le charme d'un mouvement très animé, réuni aux nuances les plus attrayantes, au milieu des jardins fortunés et des retraites tranquilles.

LE CYPRIN ORPHE[1]

Cyprinus orfus, Lacép., Linn., Gmel. — *Cyprinus leuciscus,* Cuv.

LE CYPRIN ROYAL

Cyprinus regius, Lacép., Linn., Gmel.

Le Cyprin caucus, *Cyprinus caucus,* Lacép., Linn., Gmel. — Le Cyprin malchus, *Cyprinus malchus,* Lacép., Linn., Gmel. — Le Cyprin jule, *Cyprinus julus,* Lacép., Linn., Gmel. — Le Cyprin gibèle, *Cyprinus gibelio,* Lacép., Linn., Gmel. — Le Cyprin goleïan, *Cyprinus goleïan,* Lacép.; *Cyprinus rivularis,* Linn., Gmel. — Le Cyprin labéo, *Cyprinus labeo,* Lacép., Linn., Gmel. — Le Cyprin leptocéphale, *Cyprinus leptocephalus,* Lacép., Linn., Gmel. — Le Cyprin chalcoïde, *Cyprinus chalcoides,* Lacép., Linn., Gmel.; *Cyprinus clupeoides,* Pallas. — Le Cyprin clupéoïde, *Cyprinus clupeoides,* Lacép., Bloch.

Quelle est la patrie de ces onze poissons?

L'orphe vit dans l'Allemagne méridionale; le cyprin royal, dans la mer qui baigne le Chili; le caucus, le malchus et le jule habitent les eaux

A la nageoire de la queue..	22 rayons	
A chaque pectorale du cyprin gros yeux.................	6 ou 7	—
A la caudale...	16 ou 17	—
A chaque pectorale du cyprin quatre lobes.............	6 ou 7	—
A la nageoire de la queue...........................	27 ou 28	—

1. *Rotele.* — *Finscale.* — *Orff, Urff, OErve, OErfling, Wirfling, Elft, Frauen fisch,* en Allemagne. — *Jakeseke,* en Hongrie. — *Jasz,* en Illyrie. — *Golowlja, Golobi,* en Russie. — *Rudd,* en Angleterre.

Cyprin orfe. Daubenton et Haüy, Encyclopédie méthodique. — *Id.* Bonnaterre, planches de l'Encyclopédie méthodique. — Bloch, pl. 96. — *Cyprinus orfus dictus.* Artedi, syn. p. 6, n. 8. — Klein, *Miss. pisc.,* 5, p. 66, n. 4. — *Capito fluviatilis subruber.* Gesner, Ic. animal., p. 298; et Thierb., p. 166 b. — *Orphus Germanorum,* etc. Aldrovande, *Pisc.,* p. 605. — *Id.* Jonst., *Pisc.,* p. 153, t. II, fig. 7, tab. 26, fig. 9. — *Frow-fish.* Willughby, *Icthyol.,* p. 253, tab. Q, 9, fig. 1 et 2. — *Id.* Ray, *Pisc.,* 118. — Mars., *Danub.,* 4, p. 13, tab. 5. — Meyer, *Thierb.,* 2, p. 31.

Cyprin royal. Bonnaterre, planches de l'Encyclopédie méthodique. — Molina, *Hist. nat. Chil.,* p. 198, n. 4 et 5. — *Cyprin caucus.* Bonnaterre, planches de l'Encyclopédie méthodique. — Molina, *Hist. nat. Chil.,* p. 199, n. 6. — *Cyprin malchus.* Bonnaterre, planches de l'Encyclopédie méthodique. — *Cyprin jule.* Bonnaterre, planches de l'Encyclopédie méthodique. — Molina, *Hist. nat. Chil.,* p. 199, n. 7.

Gieben, en Prusse. — *Kleiner karass, Giblichen,* en Silésie. — *Stein karausch,* en Saxe. — *Cyprin gibèle.* Bonnaterre, planches de l'Encyclopédie méthodique. — Bloch, pl. 12. — Wulff, *Ichtyolog. Boruss.,* p. 50, n. 67. — *Carassi primum genus.* Willughby, *Ichtyolog.,* p. 250. — *Klein karas,* etc. Gesner, *Thierb.,* p. 166 b. — *Cyprin goleïan.* Bonnaterre, planches de l'En-

douces de cette partie de l'Amérique ; on trouve le cyprin gibèle dans la Germanie et dans plusieurs autres contrées de l'Europe ; on pêche le goleïan dans les petits ruisseaux et dans les lacs les plus petits de la chaîne des monts Altaïques ; on rencontre le labéo et le leptocéphale dans les fleuves pierreux et rapides de la Daurie, qui roulent leurs flots vers le grand Océan boréal ; le chalcoïde se plaît dans la mer Noire, d'où il passe dans le Dniéper ; il se plaît aussi dans la mer Caspienne, d'où il remonte dans le *Terek* et dans le *Cyrus*, lorsque la fin de l'automne ou le commencement de l'hiver amènent pour lui le temps du frai ; et c'est auprès de Tranquebar que l'on a observé le clupéoïde.

Quels signes distinctifs peuvent servir à faire reconnaître ces onze cyprins ?

Pour l'orphe :

La beauté des couleurs, qui l'a fait rechercher et nourrir dans les fossés de plusieurs villes de l'Allemagne, pour les orner et les animer ; la petitesse de la tête ; le jaune de l'iris ; la facilité avec laquelle l'alcool fait disparaître la vivacité de ses nuances ; la difficulté avec laquelle il vit hors de l'eau ; la couleur blanche et quelquefois rougeâtre de sa chair, et son bon goût, surtout pendant le frai, et par conséquent dans le printemps ; l'avidité avec laquelle il saisit le pain que l'on jette dans les pièces d'eau qu'il habite ; sa fécondité ; les vingt-deux côtes que chacun de ses côtés présente ; les quarante vertèbres qui composent son épine dorsale.

Pour le royal :

Ses dimensions à peu près semblables à celles du hareng ; le jaune et la mollesse de ses nageoires ; le goût exquis de sa chair.

Pour le caucus :

Sa longueur d'un demi-mètre.

Pour le malchus :

L'infériorité de ses dimensions à celle du caucus.

Pour le jule :

Sa longueur de deux ou trois décimètres.

Pour le gibèle :

La couleur générale, qui est souvent noirâtre, et souvent d'un bleu tirant sur le vert dans la partie supérieure de l'animal, et d'un jaune doré dans la partie inférieure ; les points bruns de la ligne latérale ; les nuances foncées de la tête ; le gris de la caudale ; le jaune des autres nageoires ; la facilité avec laquelle ce cyprin multiplie ; la faculté de frayer, qu'il a dès sa troisième

cyclopédie méthodique. — Pallas, *It.*, 2, p. 717, n. 36. — *Cyprin labe.* Bonnaterre, planches de l'Encyclopédie méthodique. — Pallas, *It.*, 3, p. 703, n. 39.

Pallas, *It.*, 3, p. 703, n. 40. — *Cyprin petite tête.* Bonnaterre, planches de l'Encyclopédie méthodique. — *Girnaya ziba*, près des bords de la Caspienne. — *Skabria*, auprès du Dniéper. — *Cyprin chalcoïde.* Bonnaterre, planches de l'Encyclopédie méthodique. — Guldenst., *Nov. Comm. Petropolit.*, 16, p. 540, tab. 16. — Pallas, *It.*, 3, p. 704, n. 41.

année; son poids, qui est quelquefois d'un ou deux kilogrammes; la difficulté avec laquelle on l'attire vers l'hameçon ; la nature de son organisation, qui est telle, qu'on peut le transporter à d'assez grandes distances en l'enveloppant dans des herbes ou des feuilles vertes, qu'il ne meurt pas aisément dans les eaux dormantes, qu'il ne prend un goût de bourbe que difficilement, et que très peu d'eau liquide lui suffit pour vivre longtemps sous la glace ; la double sinuosité de son canal intestinal ; ses vingt-sept vertèbres ; ses côtes, qui sont au nombre de dix-sept de chaque côté.

Pour le goleïan :

La direction de la ligne latérale qui est presque droite ; la petitesse du poisson ; les taches de son corps et de sa queue ; le brun argenté de sa couleur générale ; les nuances pâles de ses nageoires.

Pour le labéo :

Sa réunion en troupes nombreuses ; la rapidité avec laquelle il nage; l'excellent goût de sa chair ; sa longueur égale à peu près à celle d'un mètre; sa tête épaisse ; son museau arrondi ; le brun de la caudale; le rouge des pectorales, des ventrales et de la nageoire de l'anus.

Pour le leptocéphale :

La couleur rouge de toutes les nageoires, excepté celle du dos.

Pour le chalcoïde :

La forme générale qui ressemble beaucoup à celle du hareng; la longueur, qui est d'un tiers de mètre ; les écailles arrondies et striées; le museau pointu ; la surface lisse de la langue et du palais; l'osselet aplati et rude du gosier; le verdâtre argenté et pointillé de brun de la partie supérieure de l'animal ; le blanc de la partie inférieure ; les points noirs du haut de l'iris et la tache rouge du segment inférieur de cette partie; le brillant des opercules; les points blancs et saillants de la ligne latérale; la blancheur des ventrales et de presque toute la surface des pectorales; la couleur brune des nageoires du dos et de la queue.

Pour le clupéoïde :

Il ne parvient pas ordinairement à de grandes dimensions[1].

1. A chaque pectorale du cyprin orphe............................ 11 rayons.
   A la nageoire de la queue................................... 22 —

   A chaque pectorale du cyprin royal.......................... 15 —
   A la caudale... 21 —

   A chaque pectorale du cyprin caucus........................ 16 —
   A la nageoire de la queue.................................. 29 —

   A chaque pectorale du cyprin malchus....................... 14 —
   A la caudale .... 18 —

   A la nageoire de la queue du cyprin jule................... 19 —

   A chaque pectorale du cyprin gibèle........................ 15 —
   A la caudale... 20 —

   A chaque pectorale du cyprin chalcoïde..................... 17 —

LE CYPRIN GALIAN [1]

Cyprinus galian, Lacép., Linn., Gmel. — *Cyprinus leuciscus,* Cuv.

LE CYPRIN NILOTIQUE

Cyprinus niloticus, Lacép., Linn., Gmel.

Le Cyprin gonorhynque, *Cyprinus gonorhyncus,* Lacép., Linn., Gmel. — Le Cyprin véron, *Cyprin phoxinus,* Lacép., Linn., Gmel. — Le Cyprin aphye, *Cyprinus aphya,* Lacép., Linn., Gmel. — Le Cyprin vaudoise, *Cyprinus leuciscus,* Lacép., Linn., Gmel. — Le Cyprin dobule, *Cyprinus dobula,* Lacép., Linn., Gmel. — Le Cyprin rougeatre, *Cyprin rutilus,* Lacép., Linn., Gmel. — Le Cyprin ide, *Cyprinus idus,* Lacép.; *Cyprinus idbarus,* Linn., Gmel. — Le Cyprin buggenhagen, *Cyprinus buggenhagii,* Lacép., Linn., Gmel., Bloch. — Le Cyprin rotengle, *Cyprinus erythrophthalmus,* Lacép., Linn., Gmel.

Le galian habite dans les ruisseaux rocailleux des environs de Cathérinopolis en Sibérie. Sa longueur est d'un décimètre. Il a des taches brunes,

A la nageoire de la queue............................ 19 rayons.

A chaque pectorale du cyprin clupéoïde................ 11 —

A la caudale... 23 —

1. Lepechin, *It.,* 2, tab. 9, fig. 4 et 5; *Nov. Comment. Petropol.,* 15, p. 491. — *Cyprin roussarde.* Daubenton et Haüy, Encyclopédie méthodique. — *Id.* Bonnaterre, planches de l'Encyclopédie méthodique. — Mus. Ad. Fr., 2, p. 108. — *Cyprinus rufescens.* Hasselquist, *It.,* 393. n. 94. — *Cyprin sauteur.* Daubenton et Haüy, Encyclopédie méthodique. — *Id.* Bonnaterre, planches de l'Encyclopédie méthodique. — Gronov., *Zooph.,* 199, tab. 10, fig. 2.

Vairon. — Sanguinerolla, Pardela, en Italie. — *Morella,* aux environs de Rome. — *Olszanca,* en Pologne. — *Erwel, Elritze,* en Livonie. — *Id.,* en Silésie. — *Ellerling,* en basse Saxe. — *Grimpel,* en Westphalie. — *Elbute,* en Danemark. — *Elwe-ritze,* en Norvège. — *Pinck, Minow, Minim,* en Angleterre.

Cyprin véron. Daubenton et Haüy, Encyclopédie méthodique. — *Id.* Bonnaterre, planches de l'Encyclopédie méthodique. — Bloch, pl. 8, fig. 5. — Müller, *Prodrom. zoolog. dan.,* p. 50, n. 430. — « Cyprinus tridactylus, varius, oblongus, etc. » Artedi, syn. 12. — « Phoxinus qui vulgo veronus (quasi varius) dicitur Belonii. — Pisciculus varius (ex phoxinorum genere). » Gesner, p. 715 et 843 (germ.); p. 158 *b.* — « Phoxinus lævis seu varius. » Charlet, p. 160. — « Varius seu phoxinus lævis. » Aldrovande, lib. V, cap. x, p. 582. — *Id.* Jonston, lib. III, tit. 2, cap. viii, tab. 28, fig. 1, 2 et 3. — *Id.* Willughby, *Ichtyolog.,* p. 268. — *Id.* Ray, p. 125. — *Véron.* Rondelet, seconde partie, *Des poissons de rivière,* chap. xxvi. — *Brit. zool.,* 3, p. 318, n. 11.

Spierling, Moderliepken, en Allemagne. — *Pfrille,* en Bavière. — *Mutterloseken,* en Prusse. — *Gallien,* en Sibérie. — *Solsensudg,* en Laponie. — *Loie, Gorloie, Kime, Gorkime, Gorkytte,* en Norvège. — *Mudd, Rudd,* en Suède. — *Quidd, Iggling,* en Dalécarlie. — *Gli,* en Gothie. — *Alkutta,* en Dalie.

Cyprin aphye. Daubenton et Haüy, Encyclopédie méthodique. — *Id.* Bonnaterre, planches de l'Encyclopédie méthodique. — Bloch, pl. 97. — *Fauna succica,* 374. — « Cyprinus minimus. » *It.* Wgoth., 232. — « Cyprinus biuncialis, iridibus rubris, etc. » Artedi, gen. 4, spec. 30, syn. 13. — Müller, *Prodrom. zoolog. dan.,* p. 50, n. 431.

Dard. — Sophio. — Saiffe. — Abugrumby, Gugrumby, Budjen, en Arabie. — *Zinnfisch,* en Suisse. — *Secle,* pendant son jeune âge, *ibid.* — *Agonen,* quand il approche de tout son développement, *ibid.* — *Lagonen,* id. — *Laugele,* quand il a atteint tout son développement, *ibid.* — *Lauben, Windlauben,* en Bavière. — *Weisfich,* en Allemagne. — *Vittertje,* en Hollande. — *Dace, Dare,* en Angleterre.

Cyprin vaudoise. Daubenton et Haüy, Encyclopédie méthodique. — *Id.* Bonnaterre, plan-

sur un fond olivâtre ; le dessous de son corps est rouge. Ses écailles sont arrondies et fortement attachées à la peau.

ches de l'Encyclopédie méthodique. — Bloch, pl. 97. — « Cyprinus novem digitorum, etc. » Artedi, syn. 9. — *Leuciscus*. Charleton, p. 156. — *Id.* Jonston, lib. III, tit. 1, cap. vii, et tab. 26, fig. 14. — *Id.* Willughby, p. 206. — *Id.* Ray, p. 121. — *Vaudoise.* Rondelet, seconde partie, *Poissons de rivière*, chap. xiv.

« Leucisci secunda species ; leucisci fluviatilis secunda species ; leuciscus Belonii, qui albicilla vel albicula latine dici potest. » Gesner, 26 et 27, icon. animal., p. 290 et (germ.) fol. 162. — « Leuciscus secundus Rondeletii. » Aldrovande, lib. V, cap. xxii, p. 607. — « Leuciscus, seu albula. » Belon, *Aquat.*, p. 313. — *Brit. zoolog.*, 3, p. 312, n. 8.

Sége, à Bordeaux. (Note communiquée par M. Dutrouil, officier de santé.) — *Brigne bátarde*, ibid. — *Schnottfisch*, à Strasbourg. — *Dobel, Sarddobel, Diebel, Tievel, Ehrl, Sandehrl*, en Allemagne. — *Weissdobel*, pendant son jeune âge, ibid. — *Rothdobel*, quand son âge est assez avancé pour que ses nageoires soient rouges, ibid. — *Hassel*, en Autriche. — *Hassling, Weissfisch*, en Silésie, en Saxe, en Poméranie. — *Tabelle, Tabarre*, en Prusse — *Dobeler, Mausebeisser*, dans quelques environs de l'Elbe. — *Dover*, dans le Holstein. — *Hes-sele, Hesling*, en Danemark.

Cyprinus grislagine. Linné, édition de Gmelin. — *Cyprin double.* Daubenton et Haüy, Encyclopédie méthodique. — *Id.* Bonnaterre, planches de l'Encyclopédie méthodique. — *Cyprin grislagine.* Daubenton et Haüy, Encyclopédie méthodique — *Id.* Bonnaterre, planches de l'Encyclopédie méthodique. — Bloch, pl. 5. — Müller. *Prodrom. zoolog. danic.*, p. 50, n. 432.

« Cyprinus pedalis, gracilis, oblongus, crassiusculus, etc., et cyprinus oblongus, iride argentea, etc. » Artedi, gen. 5, spec. 12, syn. 5 et 10. — « Mugilis vel cephali fluviatilis genus minus, et capito vel squalus fluviatilis minor. » Gesner, p. 28 et (germ.) fol. 170 a. — « Capito fluviatilis, sive squalus minor.» Aldrov., l. V, cap. xviii, p. 603. — *Id.* Jonston, lib. III, tit. 1, cap. vi, a, 2. — *Capito minor.* Schonev., p. 30. — « Mugilis vel cephali fluviatilis species minor, et grislagine, etc. » Willughby, *Icthyolog.*, p. 261 et 263. — *Id.* Ray, p. 122 et 123.

Lesk., *Spec.*, p. 38, n. 6. — Kram., *El.*, p. 394, n. 10. — Klein, *Miss. pisc.*, 5, p. 66, n. 5. — *Fauna suecica*, 367. — *Act. Ups.*, 1744, p. 35, tab. 3. — Gronov., *Mus.* 2, n. 148.

Rosse. — *Piota*, en Italie. — *Rothflosser, Rodo*, en Allemagne. — *Rothauge, Rothethe*, en Saxe. — *Rothfrieder*, à Magdebourg. — *Ploize*, en Prusse. — *Jotz, Gacica*, en Pologne. — *Radane, Raudi*, en Livonie. — *Flotwi*, en Russie. — *Reeskalle, Fles-roie*, en Norvége. — *Rudskalle*, en Danemark. — *Voorn*, en Hollande. — *Roach*, en Angleterre.

Cyprin rousse. Daubenton et Haüy, Encyclopédie méthodique. — *Id.* Bonnaterre, planches de l'Encyclopédie méthodique. — *Fauna suecica*, 372. — Bloch, pl. 2. — Kœlreuter. *Nov. Comm. Petropol.*, 15, p. 494. — «Cyprinus, iride, pinnis ventris ac ani plerumque rubentibus. » Artedi, gen. 3, spec. 10, syn. 10. — Ribiculus. *Figul.*, fig. 5 a. — *Rosse.* Belon. — « Rutilus sive rubellus fluviatilis. » Gesner, p. 281 et (germ.) fol. 167 a. — *Id.* Willughby, p. 262. — *Id.* Ray, p. 122. — *Id.* Charlet, p. 158. — Rutilus Gesneri. Aldrovande, lib. V, cap. xxxii, 621.— «Rutilus fluviatilis Gesneri. » Jonst., lib. III, tit. 1, cap. xiv, p. 130, tab. 26. — «Rutilus, rubellio, rubiculus.» Schonev., p. 63. — Gronov., *Mus.* 1, n. 8 ; *Zooph.*, p. 107, n. 338 ; *Act. Upsal.*, 1741, p. 74, n. 51 et 52 ; *Act. Helvet.*, 4, p. 268, n. 183.

Klein, *Miss. pisc.*, 5, p. 67, n. 9, tab. 18, fig. 1. — *Brit. zoolog.*, 3, p. 311, n. 7. — *Kühling*, en Westphalie. — *Dœbel*, en Poméranie. — *Nerfling, Erfling, Bradfisch*, en Autriche. — *Poluwana*, en Tartarie. — *Jass, Plotwa*, en Russie. — *Plotwa, Tioschf jæling*, en Suède. — *Rod fœrig*, en Norvége. — *End*, en Danemark. — *Cyprin ide.* Daubenton et Haüy, Encyclopédie méthodique. — *Id.* Bonnaterre, planches de l'Encyclopédie méthodique. — *Cyprin idbare.* Daubenton et Haüy, Encyclopédie méthodique. — *Id.* Bonnaterre, planches de l'Encyclopédie méthodique.

Bloch, pl. 36. — *Fauna suecica*, 362. — Müller, *Prodrom. zoolog. danic.*, p. 51, n. 436. — Kramer, *El.*, p. 394, n. 11. — S.-G. Gmelin, *It.* 3, p. 241. — « Cyprinus iride sublutea, etc. » Artedi, gen. 5, spec. 6, syn. 14. — Gronov., *Mus.* 1, p. 3, n. 13. — Bloch, pl. 95. — *Cyprin de Buggenhagen.* Bonnaterre, planches de l'Encyclopédie méthodique.

Plotze, dans l'Allemagne septentrionale. — *Rothauge*, dans l'Allemagne méridionale. — *Szannyu ketzegh*, en Hongrie. — *Ploc, Plotka*, en Pologne. — *Sart*, en Suède. — *Flah-roie*, en

Le nom du nilotique annonce qu'il vit dans le Nil.

On trouve le gonorhynque auprès du cap de Bonne-Espérance.

Le véron a le dessus de la tête d'un vert noir ; les mâchoires bordées de rouge ; les opercules jaunes ; l'iris couleur d'or ; le dos tout noir ou d'un bleu clair ; presque toujours des bandelettes transversales bleues ; des raies variées de bleu, de jaune et de noir, ou de rouge, d'azur et d'argent ; les nageoires bleuâtres et marquées d'une tache rouge. Presque toutes les nuances de l'arc-en-ciel ont donc été prodiguées à ce joli poisson, qui réunit d'ailleurs à l'agrément de proportions très sveltes toute la grâce que peut donner une petite taille.

Il se plaît dans plusieurs rivières de France, de Silésie et de Westphalie. Sa chair est blanche, tendre, salubre, de très bon goût ; et on le recherche comme un des poissons les plus délicats du Wéser. On le pêche dans toutes les saisons, mais surtout vers le commencement de l'été, temps où il pond ou féconde ses œufs. On le prend avec une ligne ou avec de petits filets dont les mailles sont très fines. Il ne peut vivre hors de l'eau que pendant très peu d'instants. Il fraye dès l'âge de quatre ans et multiplie beaucoup. Il aime quelquefois à se tenir à la surface des eaux pures et courantes. Les fonds pierreux ou sablonneux sont ceux qui lui conviennent. Il préfère surtout les endroits peu fréquentés par les autres poissons.

Le professeur Bonnaterre a vu dans les lacs de Bord et de Saint-Andéol des montagnes d'Aubrac, une variété du véron, à laquelle les habitants de la ci-devant Auvergne donnent le nom de *vernhe*. Les individus qui forment cette variété ont une longueur de cinq ou six centimètres ; la tête comprimée et striée sur le sommet ; la mâchoire supérieure un peu plus avancée que celle d'en bas ; le dos grisâtre ; des taches bleues, jaunes et verdâtres sur les côtés ; la partie inférieure argentée ; une tache rouge et ovale à chaque coin de l'ouverture de la bouche, ainsi que sur la base des pectorales et des ventrales[1].

Les anciens donnaient le nom d'*aphye (aphya)* aux petits poissons qu'ils supposaient nés de l'écume de la mer. Le cyprin qui porte le même nom n'a ordinairement que quatre ou cinq centimètres de longueur. On le trouve

---

Norvège. — *Skalle, Rodskalle,* en Danemark. — *Ruisch, Riet vooren,* en Hollande. — *Rud, Finscale,* en Angleterre.

Cyprin sarve. Daubenton et Haüy, Encyclopédie méthodique. — *Id.* Bonnaterre, planches de l'Encyclopédie méthodique. — Bloch, pl. 1. — *Fauna suecica,* 366. — Kramer, *El.,* p. 393, n. 9. — Müller, *Prodrom. zoolog. danic.,* p. 51, n. 437.

« Cyprinus, iride, pinnis omnibus caudaque rubris. » Artedi, gen. 3, spec. 9, syn. 4. — Willughby, 249, tab. Q, 3, fig. 1. — Erythrophtalmus, etc. Ray, p. 116. — *Rutilus* Leske *Spec.,* p. 64, n. 14. — Gronov., *Zooph.,* 1, p. 197, n. 340. — Klein, *Miss. pisc.,* 5, p. 63, n. 5, tab. 13, fig. 2. — *Rubellus.* Mars., *Danub.,* 4, p. 39, tab. 13, fig. 4. — *Brit. zoolog.,* 3, p. 310, n. 6. — Meyer, *Thierb.,* 2, p. 15.

1. Le canal intestinal du cyprin véron présente deux sinuosités ; son épine dorsale contient trente-quatre vertèbres, et quatorze, quinze ou seize côtes sont placées de chaque côté de cette épine.

sur les rivages de la Baltique, dans les fleuves qui s'y jettent et dans presque
tous les ruisseaux de la Norvège, de la Suède et de la Sibérie. Sa chair est
blanche, agréable au goût, facile à digérer. Ses écailles se détachent aisément. Son dos est brunâtre ; les côtés sont blanchâtres ; le ventre est rouge
ou blanc ; les nageoires sont grises ou verdâtres.

La couleur générale de la vaudoise est argentée ; les nageoires sont
blanches ou grises ; le dos est brunâtre. L'Allemagne méridionale, l'Italie,
la France et l'Angleterre sont la patrie de ce poisson, qui peut parvenir à la
longueur de cinq ou six décimètres. Il multiplie d'autant plus, que la rapidité de sa natation le dérobe souvent à la dent de ses ennemis. On le prend
avec des filets ou avec des nasses ; mais dans beaucoup de contrées, il est peu
recherché à cause du grand nombre de petites arêtes qui traversent ses
muscles. Son péritoine est d'une blancheur éclatante et parsemé de points
noirs ; la laite est double, ainsi que l'ovaire ; les œufs sont blanchâtres et
très petits.

La dobule a le dos verdâtre ; le ventre argenté ; une série de points
jaunes le long de la ligne latérale ; toutes les nageoires blanches pendant sa
première jeunesse ; les pectorales jaunes, la dorsale verdâtre, l'anale et les
ventrales rouges, la caudale bleuâtre quand il est plus âgé ; deux sinuosités
au canal intestinal ; quarante vertèbres et quinze côtes de chaque côté.

On la pêche dans le Rhin, le Wéser, l'Elbe, la Havel, la Sprée, l'Oder.
Son poids est quelquefois d'un ou deux kilogrammes. Elle préfère les eaux
claires qui coulent sur un fond de marne ou de sable. Elle passe souvent
l'hiver dans le fond des grands lacs ; mais lorsque le printemps arrive, elle
remonte et fraye dans les rivières. On peut voir alors de petites taches noires
sur le corps et sur les nageoires des jeunes mâles. Elle aime quelquefois à se
nourrir de petites sangsues et de petits limaçons. La grande chaleur lui est
contraire ; elle perd promptement la vie lorsqu'on la tire de l'eau. Sa chair
est saine, mais remplie d'arêtes.

Le cyprin rougeâtre pèse près d'un kilogramme. Il montre des lèvres
rouges ; un dos d'un noir verdâtre ; des côtés et un ventre argentins ; des
écailles larges. Il a une épine dorsale composée de quarante-quatre vertèbres ; une grande préférence pour les eaux claires, dont le fond est marneux ou sablonneux.

Bloch rapporte que dans le temps où les marécages des environs de
l'Oder n'avaient pas été desséchés, on y trouvait une si grande quantité de
cyprins rougeâtres, qu'on les employait à engraisser les cochons. Leur chair
est blanche et facile à digérer, mais remplie d'arêtes petites et fourchues. La
cuisson donne à ces animaux une nuance rouge. On les pêche à l'hameçon,
ainsi qu'avec des filets ; et on les prendrait avec d'autant plus de facilité,
que leurs couleurs brillantes les font distinguer un peu de loin au milieu
des eaux, s'ils n'étaient pas plus rusés que presque tous les autres poissons
des eaux douces de l'Europe septentrionale. Ils restent cachés dans le fond

des lacs ou des rivières, tant qu'ils entendent sur la rive ou sur l'eau un bruit qui peut les alarmer.

Lorsqu'ils vont frayer dans ces mêmes rivières ou dans les fleuves, ils remontent en formant plusieurs troupes séparées. On a cru observer que la première troupe est composée de mâles, la seconde de femelles, la troisième de mâles. Ils déposent leurs œufs, qui sont verdâtres, sur des branches ou des herbes plus ou moins enfoncées sous l'eau.

Le cyprin ide a le front, la nuque et le dos noirs ; le ventre blanc ; les pectorales jaunâtres ; la dorsale et la caudale grises ; l'anale et les ventrales variées de blanc et de rouge. On le trouve dans presque toute l'Europe, et particulièrement en France, dans l'Allemagne septentrionale, en Danemark, en Norvège, en Suède et en Russie. Il aime les grands lacs où il trouve de grosses pierres et des eaux limpides. Lorsque le printemps arrive, et qu'il remonte dans les rivières, il cherche les courants les plus rapides et les rochers nus sur lesquels il se plaît à déposer ses œufs, dont la couleur est jaune et la grosseur semblable à celle des graines de pavot. Il fraye dès la troisième année de son âge et parvient à une longueur d'un demi-mètre et au poids de trois ou quatre kilogrammes. Sa chair est blanche, tendre et agréable au goût ; sa laite est double, ainsi que son ovaire ; sa vessie natatoire grosse et séparée en deux cavités ; son épine dorsale composée de quarante et une vertèbres et articulée de chaque côté avec quinze côtes.

Mon savant collègue le professeur Faujas de Saint-Fond a trouvé un squelette d'ide dans la France méridionale, au-dessous de deux cents mètres de lave compacte.

On pêche le cyprin buggenhagen dans la Pène de la Poméranie suédoise et dans les lacs qui communiquent avec cette rivière. La chair de ce poisson, dont on doit la connaissance à M. de Buggenhagen, est blanche, mais garnie de petites arêtes. Il offre une longueur de trois ou quatre décimètres. Il ressemble beaucoup aux brèmes, dont il précède souvent l'arrivée, et dont on l'a appelé le conducteur. Son dos est noirâtre ; ses côtés et son ventre sont presque toujours argentés ; des teintes bleues distinguent ses nageoires. Son anus est situé très loin de sa gorge.

La rotengle a communément un tiers de mètre de longueur. Son dos est verdâtre ; ses côtés sont d'un blanc tirant sur le jaune ; sa dorsale est d'un verdâtre mêlé de rouge ; ses pectorales sont d'un rouge brun. On doit le compter parmi les poissons les plus communs de l'Allemagne septentrionale. Il multiplie d'autant plus que sa ponte dure ordinairement plusieurs jours, et que par conséquent un grand nombre de ses œufs doivent échapper aux effets d'un froid soudain, des inondations extraordinaires et d'autres accidents analogues. Les écailles du mâle présentent, pendant le frai, des excroissances petites, dures et pointues.

On peut le transporter facilement en vie; mais sa chair renferme beaucoup d'arêtes ; elle est d'ailleurs blanche, agréable et saine.

On compte seize côtes de chaque côté de l'épine du dos, qui comprend trente-sept vertèbres[1].

LE CYPRIN JESSE [2]

Cyprinus jesse, Lacép., Linn., Gmel.

LE CYPRIN NASE

Cyprinus nasus, Lacép., Linn., Gmel.

Le Cyprin aspe, *Cyprinus aspius,* Lacép., Linn., Gmel. — Le Cyprin spirlin, *Cyprinus spirlin,* Lacép.; *Cyprinus bipunctatus,* Linn., Gmel. — Le Cyprin bouvière, *Cyprinus amarus,* Lacép., Linn., Gmel. — Le Cyprin américain, *Cyprinus americanus,* Lacép., Linn., Gmel. — Le Cyprin able, *Cyprinus alburnus,* Lacép., Linn., Gmel. — Le Cyprin vimbe, *Cyprinus vimba,* Lacép., Linn., Gmel. — Le Cyprin brème, *Cyprinus brama,* Lacép., Linn., Gmel. — Le Cyprin couteau, *Cyprinus cultratus,* Lacép., Linn., Gmel. — Le Cyprin farène, *Cyprinus farenus,* Lacép., Linn., Gmel.

Le jesse a le front large et noirâtre ; le dos et les opercules sont bleus ; les côtés sont jaunes au-dessus de la ligne latérale et d'un bleu argentin

1. A chaque pectorale du cyprin galian.......................... 14 rayons.
    A la nageoire de la queue................................... 19   ..
    A la caudale du cyprin nilotique........................... 24   —
    A la nageoire de la queue du cyprin gonorhynque............. 18   ..
    A chaque pectorale du cyprin véron......................... 17   —
    A la caudale... 20   —
    A la nageoire de la queue du cyprin aphye.................. 20   —
    A la caudale du cyprin vaudoise............................ 18   —
    A chaque pectorale du cyprin dobule........................ 15   —
    A la nageoire de la queue.................................. 18   —
    A la caudale du cyprin rougeâtre........................... 20   —
    A la nageoire de la queue du cyprin ide.................... 19   —
    A la caudale du cyprin buggenhagen......................... 18   —
    A la nageoire de la queue du cyprin rotengle............... 20   —

1. *Vilain, Meunier, Chevanne, Chevesne, Chevenne, Testard, Barbotteau, Garbottin, Garbotteau, Chaboisseau.*

Genglin, en Autriche, quand il ne pèse pas un kilogramme. — *Bratfisch,* ibid., quand il pèse un ou plusieurs kilogrammes. — *Deverekesegi,* en Hongrie. — *Dæbel,* en Saxe, pendant qu'il est encore très jeune. — *Giebel,* ibid., lorsqu'il est plus âgé. — *Dikkopf,* ibid. — *Alan,* dans le Brandebourg. — *Hartkopf, Pagenfisch, Divel,* dans la Poméranie. — *Gœse,* en Prusse.

Cyprin jesse. Daubenton et Haüy, Encyclopédie méthodique. — *Id.* Bonnaterre, planches de l'Encyclopédie méthodique. — Bloch, pl. 6. — « Cyprinus cubitalis. » Artedi, syn. 7. — « Capito fluvialis cæruleus, et capito fluviatilis ille quem jesem vocant, etc. » Gesner, *Paralip.,* p. 9. ed. Francf , 1604, et (germ.) p. 169. — « Capito cæruleus Gesneri. » Aldrovande, lib. V, cap. XIX, p. 603. — *Id.* Willughby, *Ichtyolog.,* p. 256, tab. Q, 6, fig. 3. — *Id.* Ray, p. 120. — « Cyprinus dobula. » Leske, *Spec.,* p. 34, n. 5. — Klein, *Miss. pisc.,* 5, p. 68, n. 13. — *Munier* ou *vilain,* première espèce de muge. Rondelet, seconde partie des poissons de rivière, chap. XII. —

au-dessous ; une série de points d'un jaune brun marque cette même ligne ; le bas des écailles est bordé de bleu, ainsi que la caudale ; les pectorales, les ventrales et l'anale sont d'un violet clair.

Le cyprin jesse nage avec force ; il aime à lutter contre les courants

Marsig., *Danub.*, 4, p. 53, tab. 18, fig. 1. — *Meunier*. Valmont de Bomare, *Dictionnaire d'histoire naturelle*.

Écrivain. — *Ventre noir.* — *Poisson blanc*, pendant qu'il est jeune. — *Savetta, Suetta,* en Italie. — *Nasting,* en Autriche. — *Æsling,* en Allemagne. — *Schnæper, Schwarzbauch,* en Poméranie. — *Schneider fisch,* aux environs de Dantzig. — *Cyprin nase.* Daubenton et Haüy, Encyclopédie méthodique.

Id. Bonnaterre, planches de l'Encyclopédie méthodique. — Bloch, pl. 3. — « Cyprinus rostro nasiformi prominente, etc. » Artedi, gen. 5, syn. 6. — Nasus, etc. Gesner, 620 et (germ.) fol. 170 *b*. — *Id.* Aldrovande, lib. V, cap. xxvi, p. 610. — *Id.* Schonev., p. 52. — *Id.* Charleton, p. 156. — *Id.* Jonston, lib. III, tit. 1, cap. ix, tab. 26, fig. 15. — « Nasus Alberti. » Willughby, p. 254, tab. Q, 10, fig. 6. — *Id.* Ray, p. 119. — Gronov., Mus. 2, n. 147; *Zooph.*, p. 105, n. 332; *Act. Helvet.*, 4, p. 268, n. 184. — Kramer, *El.*, p. 394, n. 12. — Klein, *Miss. pisc.*, 5, p. 66, n. 6, tab. 16, fig. 1. — *Nasus.* Marsig., *Danub.*, 4, p. 9, tab. 3. — Nase. Meyer, *Thierb.* 2, p. 3.

Scheed, en Autriche. — *Rappe,* en Silésie. — *Raubalet, Aland,* en Saxe. — *Rapen,* en Prusse. — *Asp,* en Suède. — *Bla-spol,* en Norvège. — *Cyprin aspe.* Daubenton et Haüy, Encyclopédie méthodique. — *Id.* Bonnaterre, planches de l'Encyclopédie méthodique. — *Raphe.* Bloch, pl. 7. — *Fauna suecica,* 361.

« Cyprinus magnus crassus argenteus, *et cyprinus maxilla inferiore longiore, cum apice elevato,* etc. » Artedi, gen. 6, spec. 14, syn. 8 et 14. — « Rappe *et* capito fluviatilis rapax, etc. » Gesner, *Paral.*, p. 9 (ed. Francf.), fol. 169 *b* et (germ.) 170. — *Id.* Gesneri. Aldrovande, lib. V, cap. xx, p. 604. — *Id.* Jonston, lib. III, tit. 1, cap. vi, *a,* 3, tab. 26, fig. 8. — *Id.* Willughby, p. 256. — *Id.* Ray, p. 120. — *Rapax.* Schonev., p. 30. — Kramer, *El.*, p. 391, n. 4. — Leske, *Spec.*, p. 56, n. 12. — Klein, *Miss. pisc.*, 5, p. 65, n. 1. — Marsig., *Danub.*, 4, p. 20, tab. 7, fig. 2.

Lauben, en Bavière. — *Aland bleke,* en Westphalie. — *Cyprin spirlin.* Bonnaterre, planches de l'Encyclopédie méthodique. — Bloch, pl. 8, fig. 1. — *Bitterling,* en Allemagne. — *Cyprin bouvière.* Bonnaterre, planches de l'Encyclopédie méthodique. — Bloch, pl. 8, fig. 3. — *Silverfish,* dans la Caroline. — *Cyprin azuré.* Daubenton et Haüy, Encyclopédie méthodique. — *Id.* Bonnaterre, planches de l'Encyclopédie méthodique. — « Cyprinus americanus. — Cyprinus pinna ani radiis sexdecim, corpore argenteo, pinnis rufis. » Bosc, notes manuscrites déjà citées.

Ablette. — *Ovelle.* — *Borde.* — *Nesteling, Zumpal fischlein,* en Allemagne. — *Schneider fischel, Spitzlauben, Windlauben,* en Autriche. — *Bülte, Blercke, Ochelbetze, Veckeley, Weidenblatt,* en Saxe. — *Ockeley,* en Silésie. — *Gusezova,* en Pologne. — *Aukschle,* en Lithuanie. — *Plite, Maile, Walykalla,* en Livonie.

Kalinkan, en Russie. — *Loja,* en Suède. — *Mort,* en Norvège. — *Skalle, Luyer, Blikke,* en Danemark. — *Witinck, Witecke,* en Schleswig. — *Mayblecke,* en Westphalie. — *Alphenaar,* en Hollande. — *Bleak,* en Angleterre.

Cyprin able. Daubenton et Haüy, Encyclopédie méthodique. — *Id.* Bonnaterre, planches de l'Encyclopédie méthodique. — Bloch, pl. 8, fig. 4. — *Able.* Valmont de Bomare, *Dictionnaire d'histoire naturelle.* — *Fauna suecica,* 377. — Kramer, *El.*, p. 395, n. 14. — Müll., *Prodrom. zoolog. dan.*, p. 51, n. 439. — « Cyprinus quincuncialis, etc. » Artedi, gen. 6, spec. 17, syn. 10. — *Alburnus.* Ausone, *Mosell.*, v. 126. — *Id.* Wotton, lib. VIII, cap. cxc, fol. 169 *b*. — Rondelet, seconde partie, *Poissons de rivière,* chap. xxx. — « Alburnus Ausonii. » Gesner, p. 23 et (germ.) fol. 159 *a*.

Id. Aldrovande, lib. V, cap. xxxvii, p. 629. — *Id.* Jonston, lib. III, tit. 3, cap. iv, p. 146, tab. 29, fig. 13. — *Id.* Charleton, p. 161. — *Id.* Willughby, p. 263, tab. Q, 10, fig. 7. — *Id.* Ray, p. 123. — « Ablat. » Belon. — « Albula minor. » Schonev., p. 11. — Gronov., Mus. 1, n. 10; *Zooph.*, p. 106, n. 336; *Act. Ups.*, 1741, p. 75, n. 58. — Leske, *Spec.*, p. 40, n. 7. — *Brit. zoolog.*, 3, p. 315, n. 10. — Klein, *Miss. pisc.*, 5, p. 68, n. 16, tab. 18, fig. 3.

Zærthe, en Allemagne. — *Wengalle, Weingalle, Sebris,* en Livonie. — *Taraun,* en Russie.

rapides, et cependant il se plaît dans les eaux dont le mouvement est retardé par le voisinage des moulins. Le frai de ce poisson dure ordinairement pendant huit jours, à moins que le retour du froid ne le force à hâter la fin de cette opération. Il pèse de quatre à cinq kilogrammes ; mais il croît lentement. Il multiplie beaucoup. Le défaut d'eau ne lui ôte pas très promptement la vie. Sa chair est grasse, molle, remplie d'arêtes, et devient d'une couleur jaune lorsqu'elle est cuite. On le trouve dans les fleuves et dans les rivières de presque toute l'Europe tempérée et septentrionale.

Ses œufs sont jaunes et de la grosseur d'une graine de pavot. L'épine dorsale est composée de quarante vertèbres. On compte dix-huit côtes de chaque côté.

Le nase a le péritoine noir. Les nageoires sont rougeâtres, excepté la dorsale qui est presque noire, et la caudale dont le lobe inférieur est rougeâtre, pendant qu'une nuance noirâtre règne sur le lobe supérieur. La nuque est noire ; le dos noirâtre, et chaque côté blanc, de même que le ventre. Lorsque ce cyprin pèse un kilogramme, il arrive souvent que ses nageoires offrent une couleur grise.

— *Cyprin vimbe.* Daubenton et Haüy, Encyclopédie méthodique. — *Id.* Bonnaterre, planches de l'Encyclopédie méthodique. — Bloch, pl. 4.

Fauna suecica, 368. — Müller, *Prodrom. zoolog. danic.,* p. 51, n. 140. — « Cyprinus anadromus, etc., *et cyprinus rostro nasiformi, etc.* » Artedi, gen. 6, spec. 18, syn. 8 et 14. — «Capito anadromus. » Gesner, p. 11 et 1269 (germ.), fol. 180; et Paral., p. 11. — *Id.* Aldrovande, lib. IV, cap. vii, p. 513. — *Id.* Jonston, lib. II, tit. 1, cap. v, tab. 23, fig. 6. — *Id.* Charleton, p. 151. — *Id.* Willughby, p. 257. — *Id.* Ray, p. 120. — Leske, *Spec.,* p. 44, n. 8. — Klein, *Miss. pisc.,* 5, p. 65, n. 3. — Marsig., *Danub.,* 4, p. 17, tab. 6.

Braexen, en Portugal. — *Scarda, Scardola,* en Italie. — *Bleitzen, Brassen, Braden,* en Allemagne. — *Windlauben,* ibid. (lorsque ce poisson est encore jeune). — *Pessegi,* en Hongrie. — *Bleye, Brassle,* en Saxe. — *Schoss-bley,* dans la Marche électorale (lorsque la brème n'a qu'un an ou deux). — *Bley-flinnk,* ibid. (lorsqu'elle a trois ans). — *Bressmen,* en Prusse. — *Rhein braxen,* à Dantzig. — *Klorzez,* en Pologne. — *Flussbrachsen, Plaudis, Lattikas,* en Livonie. — *Letsch,* en Russie. — *Brax,* en Suède. — *Brasem,* en Danemark. — *Bream,* en Angleterre.

Cyprin brème. Daubenton et Haüy, Encyclopédie méthodique. — *Id.* Bonnaterre, planches de l'Encyclopédie méthodique. — Bloch, pl. 13. — *Fauna suecica,* 360. — Wulff, *Ichtyolog. Bor.,* p. 49, n. 66. — Müller, *Prodrom. zoolog. danic.,* p. 51, n. 441. — « Cyprinus pinnis omnibus nigrescentibus, etc. » Artedi, gen. 6, spec. 22, syn. 4. — «Abramus. » Charleton, 162. — *Brame.* Rondelet, seconde partie, *Des poissons des lacs,* chap. vi.

« Cyprinus latus sivebrama. » Gesner, p. 316, 317 (germ.) et 165 b. — *Id.* Willughby, p. 248, tab. Q, 10, f. 4. — *Id.* Ray, p. 116. — *Id.* Schonev., p. 33. — Aldrovande, lib. V, cap. xlii, p. 641 et 542. — Jonston, lib. III, tit. 3, cap. viii, p. 165, tab. 29, fig. 5. — Gronov., Mus. 1, n. 14; Zooph. 1, n. 345. — Klein, *Miss. pisc.,* 5, p. 61, n. 1. — Ruysch, *Theatr. anim.,* 1, p. 173; tab. 29, fig. 5. — Marsig., *Danub.,* 4, p. 49, tab. 16 et 17. — *Brit. zoolog.,* 3, p. 309, n. 5. — Meyer, *Thierb.,* 1.

Sichel, en Autriche. — *Sæblar,* en Hongrie. — *Ziege,* en Prusse. — *Zicke,* en Poméranie. — *Skerknif,* en Suède. — *Zable, Tschecha,* en Russie. — *Tschekou,* sur les rives du Wolga.

Cyprin couteau. Daubenton et Haüy, Encyclopédie méthodique. — *Id.* Bonnaterre, planches de l'Encyclopédie méthodique. — Bloch, pl. 37. — *It. Scan.,* 82, t. ii. — *Fauna suecica,* 370. — Kramer, *El.,* p. 392, n. 5. — Wulff, *Ichtyolog. Bor.,* p. 40, n. 51. — Klein, *Miss. pisc.,* 5, p. 74, n. 2 et 3, tab. 20, fig. 3. — Marsigli, *Danub.,* 4, p. 21, tab. 8. — *Faïen.* Artedi, spec. 23. — *Fauna suecica,* 369. — *Cyprin farène.* Daubenton et Haüy, Encyclopédie méthodique. — *Id.* Bonnaterre, planches de l'Encyclopédie méthodique.

Il se plaît dans le fond des grands lacs, d'où il remonte dans les rivières, lorsque le printemps, c'est-à-dire la saison du frai, arrive. Ses œufs sont blanchâtres et de la grosseur d'un grain de millet. Pendant que cette espèce se débarrasse de sa laite ou de ses œufs, on voit sur les jeunes mâles des taches noires, dont le centre est un petit point saillant. Sa chair est molle, fade et garnie de beaucoup d'arêtes. Son canal intestinal présente plusieurs sinuosités ; chaque côté de l'épine dorsale, dix-huit côtes ; et cette même épine, quarante-quatre vertèbres. La nase habite dans la mer Caspienne, ainsi que dans un très grand nombre de rivières ou fleuves de l'Europe, particulièrement de l'Europe du Nord.

On pêche à peu près dans les mêmes eaux l'aspe, dont la nuque est d'un bleu foncé ; l'opercule d'un bleu mêlé de jaune et de vert ; le dos noirâtre ; la partie inférieure blanchâtre ; la dorsale grise pendant la jeunesse de l'animal et ensuite bleue ; la caudale également grise et bleue successivement ; l'anale peinte, ainsi que les pectorales et les ventrales, de jaunâtre quand le poisson est peu avancé en âge, et de bleuâtre mêlé de rouge lorsqu'il est plus âgé.

L'aspe parvient souvent au poids de cinq ou six kilogrammes. Ce cyprin peut alors se nourrir de très petits poissons, aussi bien que de vers, de végétaux et de débris de corps organisés. Il préfère les rivières dont le fond est propre et le courant peu rapide. Il est rusé, perd aisément la vie, a beaucoup d'arêtes, une chair molle et grasse, trois sinuosités à son canal intestinal, dix-huit côtes de chaque côté et quarante-quatre vertèbres.

Les eaux douces de l'Allemagne nourrissent le spirlin. Sa dorsale est plus éloignée de la tête que les ventrales. Cette nageoire est verdâtre, ainsi que celle de la queue ; les autres sont d'une couleur rougeâtre. Une tache verte paraît sur le haut de l'iris ; les joues montrent des reflets argentins et bleus ; le dos est d'un gris foncé ; un brun mêlé de vert règne sur les côtés au-dessus de la ligne latérale, dont le rouge fait ressortir la double série de points noirs qui distingue le spirlin ; et la partie inférieure de ce cyprin est d'un blanc argenté. A mesure que l'animal vieillit ou que ses forces diminuent, on voit s'affaiblir et disparaître le rouge de la ligne latérale.

Le spirlin ne se plaît que dans les courants rapides, dont le fond est couvert de sable ou de cailloux. Il se tient ordinairement très près de la surface de l'eau, excepté pendant le temps du frai. Ses œufs sont très petits et très nombreux ; sa chair est blanche et de bon goût ; ses côtes sont au nombre de quinze de chaque côté et son épine dorsale est composée de trente-trois vertèbres.

La bouvière est un des plus petits cyprins, aussi est-elle transparente dans presque toutes ses parties. Ses opercules sont jaunâtres ; le dos est d'un jaune mêlé de vert ; les côtés sont jaunes au-dessus de la ligne latérale, qui est noire ou d'un bleu d'acier ; la partie inférieure du poisson est d'un blanc éclatant; la dorsale et la caudale sont verdâtres; une teinte rougeâtre est répandue sur les autres nageoires.

La bouvière habite les eaux pures et courantes de plusieurs contrées de l'Europe, et particulièrement de l'Allemagne. On ne la voit communément dans des lacs que lorsqu'une rivière les traverse. Sa chair est amère; ses œufs sont très tendres, très blancs et très petits[1].

Le savant naturaliste Bosc a vu le cyprin américain dans les eaux douces de la Caroline. Il nous a appris que ce poisson a les deux lèvres presque également avancées; que les orifices des narines sont très larges; que l'opercule est petit; l'iris jaune; le dos brun; que la partie du ventre comprise entre les ventrales et l'anus est carénée et que cet abdominal parvient à la longueur de deux ou trois décimètres.

Le cyprin américain se prend facilement à l'hameçon, suivant notre confrère Bosc, et lorsqu'il est très jeune on l'emploie comme une excellente amorce pour pêcher les truites. Il sert pendant tout l'été à la nourriture des habitants de la Caroline, quoique sa chair sente la vase. Il varie beaucoup suivant son âge et la pureté des eaux dans lesquelles il passe sa vie.

La mer Caspienne est la patrie de l'able, aussi bien que les eaux douces de presque toutes les contrées européennes. Ce cyprin a quelquefois deux ou trois décimètres de longueur et sa chair n'est pas désagréable au goût. Mais ce qui l'a fait principalement rechercher, c'est l'éclat de ses écailles. L'art se sert de ces écailles blanches et polies comme de celles des argentines et de quelques autres poissons, pour dédommager par des ornements de bon goût la beauté que la fortune a moins favorisée que la nature, et qui, privée des objets précieux que la richesse seule peut procurer, est cependant forcée par une sorte de convenance impérieuse à montrer l'apparence de ces mêmes objets. Ces écailles argentées donnent aux perles factices le brillant de celles de l'Orient. On enlève avec soin ces écailles brillantes, on les met dans un bassin d'eau claire, on les frotte les unes contre les autres, on répète cette opération dans différentes eaux jusqu'à ce que les lames écailleuses ne laissent plus échapper de substance colorée; la matière argentée se précipite au fond du vase dont on verse avec précaution l'eau surabondante : ce dépôt éclatant est une liqueur argentine qu'on nomme *essence orientale*. On mêle cette essence avec de la colle de poisson; on en introduit, à l'aide d'un chalumeau, dans des globes de verre creux, très minces, couleur de girasol; on agite ces petites boucles pour que la liqueur s'étende et s'attache sur toute la surface intérieure, et la perle fine la plus belle se trouve imitée dans sa forme, dans ses nuances, dans son eau, dans ses reflets, dans son éclat.

Toutes les écailles de l'able ne sont cependant pas également propres à produire cette ressemblance. Le dos de ce cyprin est en effet olivâtre.

---

1. On compte quatorze côtes de chaque côté de l'épine dorsale du cyprin bouvière, et cette même épine renferme trente vertèbres.

Ses joues sont d'ailleurs un peu bleues; des points noirs paraissent sur le front; l'iris est argentin; les pectorales sont d'un blanc mêlé de rouge; l'anale est grise, la caudale verdâtre, la dorsale moins proche de la tête que les ventrales, l'œil grand, la ligne latérale courbée, la chair remplie d'arêtes.

Bloch rapporte qu'il a vu des poissons métis provenus de l'*able* et du *rotengle*. Ces mulets avaient les écailles plus grandes que l'able, le corps plus haut et moins de rayons à la nageoire de l'anus.

La vimbe a l'ouverture de la bouche ronde, l'œil grand, l'iris jaunâtre, des points jaunes sur la ligne latérale; la partie supérieure bleuâtre; l'inférieure argentine; le péritoine argenté; une longueur d'un demi-mètre; la chair blanche et de bon goût; dix-sept côtes de chaque côté; quarante-deux vertèbres à l'épine du dos.

Elle quitte la mer Baltique vers le commencement de l'été, elle remonte alors dans les rivières, aime les eaux claires, cherche les fonds pierreux ou sablonneux, ne se laisse prendre facilement que pendant le temps du frai, perd aisément la vie, a été cependant transportée avec succès par M. de Marwitz dans des lacs profonds et marneux. Elle croît lentement, mais multiplie beaucoup, et a été envoyée marinée à de grandes distances du lieu où elle avait été pêchée.

On dirait que la tête de la brème a été tronquée. Sa bouche est petite; ses joues sont d'un bleu varié de jaune; son dos est noirâtre; cinquante points noirs ou environ sont disposés le long de la ligne latérale; du jaune, du blanc et du noir sont mêlés sur les côtés; on voit du violet et du jaune sur les pectorales, du violet sur les ventrales, du gris sur la nageoire de l'anus.

Ce poisson habite dans la mer Caspienne; il vit aussi dans presque toute l'Europe. On le trouve dans les grands lacs et dans les rivières qui s'échappent paisiblement sur un fond composé de marne, de glaise et d'herbages.

Il est l'objet d'une pêche importante. On le prend fréquemment sous la glace, et il est si commun dans plusieurs endroits de l'Europe boréale, qu'en mars 1749 on prit d'un seul coup de filet, dans un grand lac de Suède, voisin de Nordkiæping, cinquante mille brèmes qui pesaient ensemble plus de neuf mille kilogrammes.

Plusieurs individus de cette espèce ont plus d'un demi-mètre de longueur et pèsent dix kilogrammes.

Lorsque dans le printemps les brèmes cherchent, pour frayer, des rivages unis ou des fonds de rivière garnis d'herbages, chaque femelle est souvent suivie de trois ou quatre mâles. Elles font un bruit assez grand en nageant en troupes nombreuses, et cependant elles distinguent le son des cloches, celui du tambour ou tout autre son analogue qui quelquefois les effraye, les éloigne, les disperse ou les pousse dans les filets du pêcheur.

On remarque trois époques dans le frai des brèmes. Les plus grosses frayent pendant la première et les plus petites pendant la troisième. Dans ce temps du frai, les mâles, comme ceux de presque toutes les autres espèces de cyprins, ont sur les écailles du dos et des côtés de petits boutons qui les ont fait désigner par différentes dénominations, que l'on avait observés dès le temps de Salvian, et que Pline même a remarqués.

Si la saison devient froide avant la fin du frai, les femelles éprouvent des accidents funestes. L'orifice par lequel leurs œufs seraient sortis se ferme et s'enflamme; le ventre se gonfle; les œufs s'altèrent, se changent en une substance granuleuse, gluante et rougeâtre; l'animal dépérit et meurt.

Les brèmes sont aussi très sujettes à renfermer des vers intestinaux et très exposées à une phtisie mortelle.

Elles sont poursuivies par l'homme, par les poissons voraces, par les oiseaux nageurs. Les buses et d'autres oiseaux de proie veulent aussi, dans certaines circonstances, en faire leur proie; mais il arrive que si la brème est grosse et forte et que les serres de la buse aient pénétré assez avant dans son dos pour s'engager dans la charpente osseuse, elle entraîne au fond de l'eau son ennemi qui y trouve la mort.

Les brèmes croissent assez vite. Leur chair est agréable au goût par sa bonté, et à l'œil par sa blancheur. Elles perdent difficilement la vie lorsqu'on les tire de l'eau pendant le froid, et alors on peut les transporter à dix myriamètres sans les voir périr, pourvu qu'on les enveloppe dans de la neige et qu'on leur mette dans la bouche du pain trempé dans de l'alcool.

M. Noël nous a écrit qu'on avait cru reconnaître dans la Seine trois ou quatre variétés de la brème.

On peut voir à la tête d'une troupe de brèmes un poisson que les pêcheurs ont nommé chef de ces cyprins, et que Bloch était tenté de regarder comme un métis provenu d'une brème et d'un rotengle. Ce poisson a l'œil plus grand que la brème; les écailles plus petites et plus épaisses; l'iris bleuâtre; la tête pourpre; les nageoires pourpres et bordées de rouge; plusieurs taches rouges et irrégulières; la surface enduite d'une matière visqueuse très abondante.

Bloch considère aussi comme des métis de la brème et du *cyprin large* des poissons qui ont la tête petite ainsi que le corps très haut du cyprin large, et les nageoires de la brème.

Ce dernier abdominal a trente-deux vertèbres et quinze côtes de chaque côté de l'épine dorsale.

Le cyprin couteau a été pêché non seulement dans le Danube, dans l'Elbe, dans presque toutes les rivières de l'Allemagne et de la Suède, mais encore dans la Baltique, dans le golfe de Finlande, dans la mer Noire, dans la mer d'Azof et dans la Caspienne.

La dorsale de ce cyprin est située au-dessus de la nageoire de l'anus. Les yeux sont grands. Presque toutes les écailles sont larges, minces, sculptées de manière à présenter cinq rayons divergents, et faiblement attachées. La nuque est d'un gris d'acier; les côtés sont argentins; le dos est d'un gris brun; les pectorales, dont la longueur est remarquable, l'anale et les ventrales sont grises par-dessus et rougeâtres par-dessous; la dorsale est grise, comme la nageoire de la queue.

Le cyprin couteau parvient à la longueur d'un demi-mètre et au poids de près d'un kilogramme. Il peut échapper plus difficilement que plusieurs autres poissons aux oiseaux de proie et aux poissons destructeurs parce que son éclat le trahit.

Ses ovaires sont grands et divisés chacun en deux par une raie[1].

Le farène appartient au lac de Suède nommé *Mäler*. Il a les yeux gros, l'iris doré et argenté, le dos et les nageoires noirâtres, une longueur de trois ou quatre décimètres, quarante-quatre vertèbres et treize côtes de chaque côté[2].

LE CYPRIN LARGE [3]

Cyprinus latus, Lacép., Linn. — *Cyprinus bjorkna*, Linn., Gmel. — *Cyprinus blicca*, Bloch. — *Abramis*, Cuv.

LE CYPRIN SOPE

Cyprinus ballerus, Lacép., Linn., Gmel.

Le Cyprin chub, *Cyprinus chub*, Lacép. — Le Cyprin catostome, *Cyprinus catostomus*, Lacép. — Le Cyprin morelle, *Cyprinus morella*, Lacép. — Le Cyprin frangé, *Cyprinus fimbriatus*, Lacép., Bloch. — Le Cyprin faucille, *Cyprinus falcatus*, Lacép. — Le Cyprin bossu, *Cyprinus gibbus*, Lacép. — Le Cyprin commersonnien, *Cyprinus Commersonnii*, Lacép. — Le Cyprin sucet, *Cyprinus sucetta*, Lacép., Bosc. — Le Cyprin pico, *Cyprinus pigus*, Lacép.; *Cyprinus aculeatus*, Rondelet.

Nous n'avons pas besoin de répéter que, pour se représenter nettement les poissons dont nous traitons, il faut ajouter les traits esquissés dans le

---

1. Le cyprin couteau a quarante-sept vertèbres et vingt côtes de chaque côté.
2. A la nageoire de la queue du cyprin jesse...................... 20 rayons.
   A la caudale du cyprin nase.................................. 22· —
   A la nageoire de la queue du cyprin aspe..................... 20 —
   A la caudale du cyprin spirlin............................... 20 —
   A la nageoire de la queue du cyprin bouvière................. 20 —
   A la caudale du cyprin américain............................ 18 —
   A la nageoire de la queue du cyprin able .... 18 —
   A la caudale du cyprin vimbe................................ 20 —
   A la nageoire de la queue du cyprin brème................... 19 —
   A la caudale du cyprin couteau.............................. 19 —
   A la nageoire de la queue du cyprin farène.................. 19 —

3. *Plotze, Bleyer*, en Saxe. — *Geuster, Güchstern, Weisfisch*, en Silésie. — *Bleicke, Jüster*, en Prusse. — *Bley weisfisch, Bleyblicke*, à Dantzig. — *Brasen, Bunka*, en Norvège. — *Pliten, Plitfisch*, à Hambourg. — *Bley, Bliecke*, en Hollande.

« Cyprinus quincuncialis; pinna ani, ossiculorum viginti quinque. » Artedi, gen. 3, spec. 20, syn. 13. — *Cyprin plestie*. Daubenton et Haüy, Encyclopédie méthodique. — *Cyprin bierkna*. Id. — *Cyprin plestie*. Bonnaterre, planches de l'Encyclopédie méthodique. — *Cyprin bierkna*. Id. — *Cyprin bordelière*, Bloch, pl. 10. — Gronov., *Zoopy*., 1, p. 100, n. 344. — Leske, *Spec.*, p. 69, n. 15. — Klein, *Miss. pisc.*, 5, p. 62, n. 4. — *Bordelière*. Rondelet, seconde partie, *Poissons des lacs*, chap. viii. — Wulff, *Ichtyolog. Bor.*, p. 51, n. 69. — *Ballerus* et *blicke*. Gesner, *Aq.*,

tableau générique à ceux que nous indiquons dans le texte de leur histoire.

Le cyprin large a l'iris jaune et pointillé de noir; la courbure de sa nuque est excentrique à celle du dos; l'un et l'autre sont bleuâtres ; la ligne latérale est distinguée par des points jaunes; les côtés sont d'un blanc bleuâtre au-dessus de cette ligne et blancs au-dessous; le ventre est bleu; les pectorales et les ventrales sont rouges; la caudale est bleue; l'anale et la dorsale sont brunes et bordées d'azur.

Le large est très commun dans les lacs et les rivières d'une grande partie de la France, de l'Allemagne et du nord de l'Europe. Il a beaucoup d'arêtes. Sa timidité le rend difficile à prendre, excepté dans le temps où il fraye, et où il est pour ainsi dire si occupé à déposer ou à féconder ses œufs qu'on peut souvent le saisir avec la main. Il est d'ailleurs trahi par le bruit qu'il fait dans l'eau pendant l'une et l'autre de ces deux opérations.

Dans cette espèce, les femelles les plus grosses pondent les premières, et leur ponte dure communément trois ou quatre jours. Huit ou neuf jours après paraissent les femelles d'une moyenne grosseur, et à une troisième époque, éloignée de la seconde également de huit ou neuf jours, on voit arriver et frayer les plus petites.

Le large multiplie beaucoup, perd difficilement la vie, pèse un demi-kilogramme; son épine dorsale est composée de trente-neuf vertèbres.

Le cyprin sope a la nageoire du dos plus éloignée de la tête que les ventrales. L'œil est grand; le front brun; l'iris jaune et marqué de deux taches noires; la joue bleue, jaune et rouge; l'opercule peint des mêmes couleurs que la joue; le ventre rougeâtre; la couleur générale argentine ; le dos noirâtre; la ligne latérale distinguée par des points noirs ; le bord des nageoires d'un bleu plus ou moins vif.

La sope se plaît dans les eaux du Have en Poméranie et du Curisch-Have en Prusse. Elle a peu de chair et beaucoup d'arêtes. Son poids est

p. 24 et (germ.) p. 167 b. — Id. Aldrovande, Pisc., 645. — Id. Jonston, Pisc., p. 645, tab. 27, fig. 7. — Meidinger, Ic. pisc. Aust., t. VII.

Zope, dans le Brandebourg. — Schwope, en Poméranie. — Bleyer, Rudulis, Sarg, en Livonie. — Ssapa, en Russie. — Blicca, Blecca, Braxen blicca, Braxen panka, Braxen flin, en Suède. — Bunke, Brasen, en Norvège. — Flire, Blikka, en Danemark.

Cyprin bordelière. Daubenton et Haüy, Encyclopédie méthodique. — Id. Bonnaterre, planches de l'Encyclopédie méthodique. — Sope. Bloch, pl. 9. — Bordelière. Valmont de Bomare, Dictionnaire d'histoire naturelle.

« Cyprinus admodum latus et tenuis. » Artedi, gen. 3, spec. 23, syn. 12. — Zope. Wolff, Ichtyolog. Bor., p. 50, n. 68. — Cyprin chevanne. Bonnaterre, planches de l'Encyclopédie méthodique. — Cyprin catostome. Bonnaterre, planches de l'Encyclopédie méthodique. — Forster, Trans. philosoph., t. LXIII, p. 158. — Cyprin morelle. Bonnaterre, planches de l'Encyclopédie méthodique.

Leske, Ichtyolog. Leips. spec., p. 48. — Solkondci, en langue tamulique. — Bloch, pl. 409. — Bloch, pl. 412. — « Cyprinus pinna ani, radiis novem; dorsali duodecim; corpore, albo, ore minimo; labio inferiore recurvato. » Bosc, notes manuscrites déjà citées.

Picho. — Piclo. — Piyo. Rondelet. seconde partie, Poissons des lacs, chap. v. — « Cyprinus piclo, etc., dictus. » Artedi, syn. 13. — « Piclo et pigus. » Salvian, fol. 82, a ; icon. 17, et fol. 83. — Piyo. Valmont de Bomare, Dictionnaire d'histoire naturelle.

quelquefois d'un ou deux kilogrammes. On compte dans cette espèce quarante-huit vertèbres et dix-huit côtes de chaque côté.

Dans plusieurs rivières de l'Europe habite le chub. Son dos et sa nuque
sont d'un vert sale; ses côtés variés de jaune et de blanc; ses pectorales
jaunes; ses ventrales et son anale rouges; le brun et le bleuâtre, les couleurs de sa caudale.

On a observé dans la baie d'Hudson le catostome, sur lequel il faut
remarquer les écailles ovales et striées; la tête presque carrée et plus étroite
que le corps; la strie longitudinale qui part du museau, passe au-dessous de
l'œil et va se réunir à la ligne latérale; la teinte dorée de cette dernière ligne;
la forme rhomboïdale de la dorsale et la position de cette nageoire au-dessus
des ventrales.

La morelle a deux décimètres de longueur. Ses écailles sont parsemées
de points noirs; le sommet de sa tête est d'un bleu sale; ses nageoires sont
couleur d'olive; son dos est verdâtre; le blanc règne sur sa partie inférieure.
Elle a été observée dans plusieurs rivières d'Allemagne. Elle a trente-sept
vertèbres et seize côtes de chaque côté.

La tête du frangé est petite; son iris argentin et entouré de deux cercles
rouges; sa langue dégagée; son palais uni; son dos violet ainsi que ses
nageoires; son ventre blanc; le tronc parsemé de points rouges. On l'a
découvert dans les eaux douces de la côte de Malabar. Il est bon à manger,
et, soigné dans un lac, il peut peser trois kilogrammes.

Les mêmes eaux du Malabar nourrissent le cyprin faucille, dont l'anus
est une fois plus éloigné de la tête que de la caudale. La tête de ce poisson
est petite; son palais et sa langue sont unis. Son iris est jaune; son corps
et sa queue sont d'un argenté mêlé de bleu; le dos est bleu; les nageoires
sont rougeâtres.

Les naturalistes ne connaissent pas encore l'espèce du cyprin bossu.
Nous en avons vu un individu desséché, mais bien conservé, dans la collection hollandaise cédée à la France. La nageoire dorsale est un peu échancrée en forme de faux.

Le commersonnien, dont nous publions les premiers la description, et
que le savant Commerson a observé, présente un double orifice pour chaque
narine; sa tête est dénuée de petites écailles; ses ventrales et ses pectorales
sont arrondies à leur extrémité; la dorsale s'élève vers le milieu de la longueur totale du poisson.

Nous avons trouvé, dans les notes intéressantes que notre confrère Bosc
a bien voulu nous communiquer, la description du sucet, que nous avons
fait graver d'après un dessin qu'il avait fait de cet abdominal. Ce cyprin est
très commun dans les rivières de la Caroline; sa chair est peu recherchée,
et il est très rare qu'il parvienne à la longueur de quatre décimètres. Il
montre un iris jaune, des nageoires brunes, un dos d'un brun plus ou moins
clair, des côtés argentés, avec des taches brunes sur la base des écailles.

Plusieurs lacs d'Italie, et particulièrement le lac de Côme et le lac Majeur, nourrissent le *pigo*. Son poids est quelquefois de trois kilogrammes. Il fraye près des rivages. Sa partie supérieure est d'un bleu mêlé de noir, et sa partie inférieure d'un rouge faible et blanchâtre. Les mâles de presque toutes les espèces de cyprins montrent, pendant le temps du frai, des excroissances aiguës sur leurs principales écailles ; il paraît que les *pigos* mâles présentent dans ce même temps des piquants qui ont quelque chose de particulier dans leur couleur blanchâtre, dans leur apparence cristalline et dans leur forme pyramidale. C'est de ces aiguillons qui n'étaient pas inconnus à Pline, qu'est venu le nom que nous leur avons conservé. Ces piquants ne disparaissent qu'après trente ou quarante jours. La chair des *pigos* est très agréable au goût[1].

SECONDE SOUS-CLASSE

POISSONS OSSEUX
Les parties solides de l'intérieur du corps osseuses.

SECONDE DIVISION DE LA SECONDE SOUS-CLASSE
OU SIXIÈME DIVISION DE LA CLASSE ENTIÈRE
POISSONS QUI ONT UN OPERCULE BRANCHIAL SANS MEMBRANE BRANCHIALE

VINGT ET UNIÈME ORDRE DE LA CLASSE ENTIÈRE DES POISSONS
OU PREMIER ORDRE DE LA SECONDE DIVISION DES OSSEUX

POISSONS APODES, OU QUI N'ONT PAS DE NAGEOIRES INFÉRIEURES ENTRE LE MUSEAU ET L'ANUS

DEUX CENT SEIZIÈME GENRE

LES STERNOPTYX

Le corps et la queue comprimés ; le dessous du corps caréné et transparent ; une seule nageoire dorsale.

ESPÈCE.	CARACTÈRES.
LE STERNOPTYX HERMANN.	Un rayon aiguillonné et huit rayons articulés à la nageoire du dos ; treize rayons à celle de l'anus ; la caudale fourchue ; point de ligne latérale.

1. A la nageoire de la queue du cyprin large......................	22	rayons.
A la caudale du cyprin sope...........................	19	—
A chaque pectorale du cyprin catostome......................	17	--
A la nageoire de la queue.............................	17	—
A la caudale du cyprin morelle............................	19	—
A chaque pectorale du cyprin frangé.........................	17	—
A la nageoire de la queue.............................	25	—
A la caudale du cyprin faucille..........................	14	—
A la nageoire de la queue du cyprin bossu....................	19	—
A la caudale du cyprin commersonnien.....................	19	—
A la nageoire de la queue du cyprin sucet....................	18	—

LE STERNOPTYX HERMANN [1]

Sternoptix Hermann, Lacép. — *Sternoptyx diaphana*, Linn., Gmel.
— *Sternoptyx hermani*, Cuv.

Ce poisson que nous dédions à feu notre confrère le professeur Hermann, et que ce savant a fait connaître aux naturalistes, a sa surface dénuée d'écailles apparentes, mais argentée ; son dos est d'un brun verdâtre ; ses pectorales, sa caudale et sa cornée sont couleur de succin. Sa longueur ordinaire est à peine d'un décimètre. Une petite bosse paraît derrière la dorsale, dont le premier rayon, dirigé obliquement, immobile et très fort, est non seulement aiguillonné, mais épineux, et dont la membrane est légèrement dentelée sur le bord. Les opercules sont mous ; le devant du dos présente deux carènes qui divergent vers les narines ; les yeux sont grands ; la langue est épaisse et rude, les dents sont très petites. La lèvre supérieure est courte ; l'inférieure se relève presque perpendiculairement et montre quatre petites dépressions demi-circulaires ; on voit trois enfoncements semblables sous l'ouverture des branchies. Les côtés de la poitrine, qui se réunissent dans la partie inférieure du poisson pour y former une carène transparente, offrent dix ou onze plis. Le sternoptyx hermann vit dans l'île de la Jamaïque [2].

SECONDE SOUS-CLASSE

POISSONS OSSEUX

Les parties solides de l'intérieur du corps osseuses.

TROISIÈME DIVISION DE LA SECONDE SOUS-CLASSE

OU SEPTIÈME DIVISION DE LA CLASSE ENTIÈRE

POISSONS QUI ONT UNE MEMBRANE BRANCHIALE SANS OPERCULE BRANCHIAL

VINGT-CINQUIÈME ORDRE DE LA CLASSE ENTIÈRE DES POISSONS

OU PREMIER ORDRE DE LA TROISIÈME DIVISION DES OSSEUX [3]

POISSONS APODES

OU QUI N'ONT PAS DE NAGEOIRES INFÉRIEURES ENTRE LE MUSEAU ET L'ANUS

DEUX CENT DIX-SEPTIÈME GENRE

LES STYLÉPHORES

Le museau avancé, relevé et susceptible d'être courbé en arrière par le moyen d'une membrane, au point d'aller toucher la partie antérieure de la tête proprement dite ; l'ouverture de la

---

1. Hermann, *Naturf.*, 16, p. 8, tab. 1, fig. 12.
2.   A chaque pectorale du sternoptyx hermann...................... 8 rayons.
     A la nageoire de la queue....................................... 40 —
3. On ne connaît pas encore de poissons qui appartiennent au vingt-deuxième, au vingt-troisième ni au vingt-quatrième ordre.

bouche au bout du museau; point de dents; le corps et la queue très allongés et comprimés; la queue terminée par un filament très long.

ESPÈCE.   CARACTÈRES.

LE STYLÉPHORE ARGENTÉ. { Les yeux au bout d'un cylindre épais; la couleur générale argentée.

LE STYLÉPHORE ARGENTÉ[1]

Stylephorus argenteus, Lacép., Cuv.

Un individu de cette singulière espèce, dont on doit la description à M. George Shaw, a été pris entre Cuba et la Martinique, à quatre ou cinq myriamètres du rivage, nageant près de la surface de l'eau. Sa longueur totale était de plus de sept décimètres, et le filament qui terminait sa queue avait plus d'un décimètre de longueur.

On ne pouvait distinguer aucune écaille sur sa surface argentée. On apercevait sur son dos deux nageoires, dont la première partait de la tête, était très longue et n'était séparée de la seconde que par un intervalle très court. Peut-être ces deux nageoires n'étaient-elles que deux portions d'une nageoire unique, altérée et divisée en deux par quelque accident.

Le museau était d'un brun très foncé ; les nageoires, le long filament et le cylindre oculaire offraient des nuances d'un brun clair.

La caudale était courte, disposée en éventail, composée de cinq rayons aiguillonnés ; l'animal avait trois paires de branchies.

SECONDE SOUS-CLASSE

POISSONS OSSEUX

Les parties solides de l'intérieur du corps osseuses.

TROISIÈME DIVISION DE LA SECONDE SOUS-CLASSE
OU SEPTIÈME DIVISION DE LA CLASSE ENTIÈRE

POISSONS
QUI ONT UNE MEMBRANE BRANCHIALE, SANS OPERCULE BRANCHIAL

VINGT-HUITIÈME ORDRE DE LA CLASSE ENTIÈRE DES POISSONS
OU QUATRIÈME ORDRE DE LA TROISIÈME DIVISION DES OSSEUX[2]

POISSONS ABDOMINAUX
OU QUI ONT DES NAGEOIRES INFÉRIEURES PLACÉES SUR L'ABDOMEN,
AU DELA DES PECTORALES ET EN DEÇA DE LA NAGEOIRE DE L'ANUS

1. *Stylephorus chordatus.* George Shaw, *Act. de la Société linnéenne de Londres,* décembre 1788, t. Ier, p. 90.

2. On ne connaît pas encore de poissons qui appartiennent au vingt-sixième ni au vingt-septième ordre.

DEUX CENT DIX-HUITIÈME GENRE

LES MORMYRES

Le museau allongé ; l'ouverture de la bouche à l'extrémité du museau ; des dents aux mâchoires ; une seule nageoire dorsale.

ESPÈCES.	CARACTÈRES.
1. LE MORMYRE KANNUMÉ.	Soixante-trois rayons à la nageoire du dos ; dix-sept à celle de l'anus ; la caudale fourchue ; le museau pointu et arqué ; la mâchoire inférieure un peu plus avancée que celle d'en haut.
2. LE MORMYRE OXY-RHYNQUE.	Le museau pointu et droit ; la mâchoire inférieure un peu plus avancée que celle d'en haut ; la dorsale régnant sur toute la longueur du dos.
3. LE MORMYRE DENDERA.	Vingt-six rayons à la nageoire du dos ; quarante et un à celle de l'anus ; la caudale fourchue ; le museau pointu ; les deux mâchoires également avancées ; la dorsale placée au-dessus de l'anale et un peu plus courte que cette nageoire.
4. LE MORMYRE SALAHIÉ.	Le museau obtus ; la mâchoire d'en bas beaucoup plus avancée que la supérieure ; la dorsale placée au-dessus de l'anale et un peu plus courte que cette nageoire.
5. LE MORMYRE BÉBÉ.	Le museau obtus ; les deux mâchoires également avancées ; la dorsale placée au-dessus de l'anale et six fois plus courte que cette nageoire.
6. LE MORMYRE HERSÉ.	Le museau obtus ; la mâchoire supérieure un peu plus avancée que celle d'en bas ; la dorsale étendue sur toute la longueur du dos.
7. LE MORMYRE CYPRI-NOÏDE.	Vingt-sept rayons à la nageoire du dos ; trente-deux à celle de l'anus ; la caudale fourchue ; le museau obtus ; la mâchoire supérieure un peu plus avancée que celle d'en bas ; la dorsale située au-dessus de l'anale et égale en longueur à cette nageoire ; deux orifices à chaque narine.
8. LE MORMYRE BANÉ.	Le museau obtus ; la mâchoire supérieure beaucoup plus avancée que l'inférieure ; la dorsale égale en longueur à la nageoire de l'anus ; un seul orifice à chaque narine.
9. LE MORMYRE HASSELQUIST.	Vingt rayons à la nageoire du dos ; dix-neuf à celle de l'anus ; la caudale fourchue.

LE MORMYRE KANNUMÉ[1]

Mormyre kannume, LACÉP., LINN., GMEL., CUV.

LE MORMYRE OXYRHYNQUE, *Mormyrus oxyrhynchus*, Lacép. — LE MORMYRE DENDERA, *Mormyrus dendera*, Lacép ; *Mormyrus anguilloides*, Linn., Gmel. — LE MORMYRE SALAHIÉ, *Mormyrus salahie*, Lacép. — LE MORMYRE BÉBÉ, *Mormyrus bebe*,

---

1. *Kachoué ommou bouete*, c'est-à-dire *kachoué mère du baiser*, en Arabie, suivant mon collègue Geoffroy. — Forskael, *Fauna arab.*, p. 75, n. 111.

Mormyre kannumé. Bonnaterre, planches de l'Encyclopédie méthodique. — *Id.* Geoffroy, notes déjà citées. — *Mormyre oxhrhynque*. Geoffroy. — *Mormyre dendera*. Geoffroy. — *Mormyre caschivé*. Daubenton et Haüy, Encyclopédie méthodique. — *Id.* Bonnaterre, planches de

Lacép. — LE MORMYRE HERSÉ, *Mormyrus herse*, Lacép. — LE MORMYRE CYPRI-
NOÏDE, *Mormyrus cyprinoides*, Lacép., Linn., Gmel. — LE MORMYRE BANÉ, *Mor-
myrus bane*, Lacép. — LE MORMYRE HASSELQUIST, *Mormyrus hasselquist*, Lacép.;
Mormyrus caschive, Hasselq.

Le Nil est la patrie des mormyres. C'est principalement d'après les notes
manuscrites que notre collègue M. Geoffroy a bien voulu dans le temps
nous envoyer du Caire, que nous allons parler de ces poissons curieux, si
mal connus encore, et dont les dénominations rappellent tant de prodiges,
de monuments, de grands noms, de hauts faits, de siècles et de gloire.

Voici les traits généraux qu'a dessinés le professeur Geoffroy.

Le museau allongé des mormyres a quelques rapports avec celui des
quadrupèdes fourmiliers. On voit plus d'un rayon à la membrane branchiale, et c'est à ces rayons que sont attachés les muscles destinés à mouvoir
la mâchoire inférieure. Quatre branchies sont placées de chaque côté ; une
masse de graisse est située au-devant de l'estomac, qu'un muscle épais peut
contracter, et d'une partie du canal intestinal, qui, après avoir tourné autour de deux cæcums égaux, courts et roulés sur eux-mêmes, se rend droit
à l'anus, toujours garni de deux bandes graisseuses.

Il n'y a qu'un ovaire ou qu'une laite. La vessie natatoire est aussi longue
que l'abdomen ; elle présente la forme d'un ellipsoïde très allongé.

Un vaisseau sanguin règne de chaque côté de la colonne vertébrale. Il
est renfermé entre deux muscles rouges, dont la longueur égale celle du
corps, et dont les contractions, suivant M. Geoffroy, produisent des pulsations
dans le vaisseau sanguin. La queue est très longue, et, au lieu d'être comprimée comme le corps, elle est grosse, renflée et presque cylindrique,
parce qu'elle renferme des glandes, lesquelles filtrent la substance huileuse
qui s'écoule le long de la ligne latérale.

Passons aux espèces. On n'en comptait que trois ; nous en compterons
neuf, d'après M. Geoffroy.

Le kannumé est blanchâtre. Il a la ligne latérale droite ; sa dorsale est
très longue, mais très basse.

Le mormyre oxyrhynque est, suivant M. Geoffroy, l'oxyrhynque (*oxyrhynchus*) des anciens auteurs.

Le dendera habite particulièrement dans la partie du Nil qui coule auprès du temple antique, admirable et fameux, dont il porte le nom.

C'est auprès de *Salahié* que M. Geoffroy a vu pour la première fois le mormyre auquel il a donné le nom de la patrie de cet osseux. Ce naturaliste a

l'Encyclopédie méthodique. — Mus. Ad. Frid. 110. — *Mormyre salahié*. Geoffroy. — *Mormyre
bébé*. Geoffroy. — *Mormyre hersé*. Geoffroy. — *Mormyre cyprinoïde*. Daubenton et Haüy, Encyclopédie méthodique.

Id. Bonnaterre, planches de l'Encyclopédie méthodique. — Mus. Ad. Frid. 109. — *Mormyrus cyprinoïde*. Geoffroy. — *Mormyre bané*. Geoffroy. — Hasselquist, *It.*, 398. — *Mormyre hasselquist*. Geoffroy.

trouvé dans le désert un grand nombre d'individus de cette espèce. Ces poissons y étaient à sec ; ils y avaient été apportés par une inondation, et ils y étaient restés dans un enfoncement dont l'eau s'était évaporée.

On peut voir un nombre très considérable de *bébés* dans le voisinage d'un lieu nommé *Bébé* par les habitants de l'Égypte, et où l'on admire encore les ruines imposantes d'un magnifique temple d'Isis.

Le mormyre *hersé* a reçu son nom spécifique des Arabes.

Le nom du *cyprinoïde* indique les rapports de conformation qui le lient avec les cyprins.

Les Arabes ont donné le nom de *bané* à notre huitième espèce de mormyre.

M. Geoffroy dit dans ses notes qu'il a tout lieu de croire que le mormyre observé par Hasselquist est différent des huit espèces que nous venons de rappeler. Nous sommes persuadés de cette diversité d'espèces.

Au reste, les Arabes désignent tous les mormyres par le nom générique de *kachoué*[1].

SECONDE SOUS-CLASSE

POISSONS OSSEUX

Les parties solides de l'intérieur du corps osseuses.

QUATRIÈME DIVISION DE LA SECONDE SOUS-CLASSE
OU HUITIÈME DIVISION DE LA CLASSE ENTIÈRE

POISSONS QUI N'ONT NI OPERCULE BRANCHIAL NI MEMBRANE BRANCHIALE

VINGT-NEUVIÈME ORDRE DE LA CLASSE ENTIÈRE DES POISSONS
OU PREMIER ORDRE DE LA QUATRIÈME DIVISION DES OSSEUX[2]

POISSONS APODES OU QUI N'ONT PAS DE NAGEOIRES INFÉRIEURES PLACÉES ENTRE LA GORGE ET L'ANUS

1. A chaque pectorale du mormyre kannumé	15	rayons.
A chaque ventrale	6	—
A la nageoire de la queue	20	—
A chaque pectorale du mormyre dendera	10	—
A chaque ventrale	6	—
A la caudale	19	—
A chaque pectorale du mormyre cyprinoïde	9	—
A chaque ventrale	6	—
A la nageoire de la queue	19	—
A chaque pectorale du mormyre hasselquist	10	—
A chaque ventrale	6	—
A la caudale	24	—

2. On ne connaît pas encore de poissons qui appartiennent au trentième, au trente et unième ni au trente-deuxième ordre, c'est-à-dire au second, au troisième ni au quatrième ordre de la huitième et dernière division des animaux dont nous écrivons l'histoire.

DEUX CENT DIX-NEUVIÈME GENRE

LES MURÉNOPHIS

Point de nageoires pectorales; une ouverture branchiale sur chaque côté du poisson; le corps et la queue presque cylindriques; la dorsale et l'anale réunies à la nageoire de la queue.

ESPÈCES.	CARACTÈRES.
1. LA MURÉNOPHIS HÉLÈNE.	La dorsale commençant à une distance des ouvertures branchiales égale, ou à peu près, à celle qui sépare ces orifices du bout du museau; les deux mâchoires garnies de dents aiguës et éloignées l'une de l'autre; des dents au palais; le corps et la queue parsemés de taches irrégulières, grandes et accompagnées ou chargées de taches plus petites.
2. LA MURÉNOPHIS ÉCHIDNE.	La tête petite et déprimée; la nuque très grosse; la couleur générale variée de noir et de brun.
3. LA MURÉNOPHIS COLUBRINE.	Le museau pointu; les yeux très petits; les deux mâchoires également ou presque également avancées; la nageoire dorsale très basse et commençant à la nuque; quinze bandes transversales, dont chacune forme un cercle autour du poisson.
4. LA MURÉNOPHIS NOIRATRE.	La tête aplatie; les mâchoires allongées, le museau arrondi; la mâchoire inférieure plus avancée que celle d'en haut; les dents de la mâchoire supérieure et celles de l'extrémité de la mâchoire d'en bas plus grosses que les autres; une rangée de dents de chaque côté du palais; la couleur générale noirâtre.
5. LA MURÉNOPHIS CHAINETTE.	La tête et l'ouverture de la bouche petites; les deux mâchoires garnies de dents petites, pointues et très serrées; le palais et la langue lisses; la ligne latérale peu distincte, l'origine de la dorsale, plus éloignée des ouvertures branchiales que celles-ci du bout du museau; des taches en forme de chaînons.
6. LA MURÉNOPHIS RÉTICULAIRE.	La tête et l'ouverture de la bouche petites; chaque mâchoire garnie d'une rangée de dents pointues et écartées l'une de l'autre; les dents de devant plus longues que les autres; le palais et la langue lisses; la nageoire dorsale commençant à la nuque; des taches réticulaires.
7. LA MURÉNOPHIS AFRICAINE.	L'orifice de la bouche grand; les deux mâchoires armées de dents fortes et recourbées en arrière; les dents de devant plus grandes que les autres; la langue lisse; le palais garni de grandes dents; la dorsale commençant à la nuque; le corps et la queue marbrés.
8. LA MURÉNOPHIS PANTHÉRINE.	L'ouverture des branchies à une distance de la tête égale à la longueur de cette dernière partie; l'origine de la nageoire dorsale aussi éloignée des orifices des branchies que ces orifices le sont de la tête; la couleur générale jaunâtre; la partie supérieure du poisson parsemée de taches petites, noires et réunies de manière à former des cercles plus ou moins entiers et plus ou moins réguliers.

ESPÈCES.	CARACTÈRES.
9. LA MURÉNOPHIS ÉTOILÉE.	La dorsale très basse et commençant très près de la nuque; les deux mâchoires garnies de dents aiguës et clairsemées; deux rangées de dents semblables de chaque côté du palais; deux séries longitudinales de taches en forme d'étoiles irrégulières, de chaque côté de l'animal.
10. LA MURÉNOPHIS ONDU-LÉE	La tête grosse; le museau avancé et menu; les yeux très près de l'extrémité du museau; des dents très petites et très clairsemées aux deux mâchoires; la dorsale haute et commençant à la nuque; la surface de cette nageoire et celle du corps et de la queue variées par des bandes transversales, étroites, réunies plusieurs ensemble et ondulées.
11. LA MURÉNOPHIS GRISE.	Le museau arrondi; la mâchoire supérieure plus épaisse et un peu plus avancée que celle d'en bas; l'une et l'autre garnies d'un rang de dents recourbées et séparées dans la partie antérieure de la bouche; une dent droite et plus grosse que les autres à l'angle antérieur du palais; la dorsale commençant au-dessus des orifices des branchies ou à peu peu près; l'anus plus près de la tête que de la caudale; la couleur générale variée de brun et de blanchâtre par de très petits traits.
12. LA MURÉNOPHIS HAUY.	Les dents fortes et un peu recourbées; la dorsale commençant à une distance des orifices des branchies égale à celle qui sépare ces orifices de la tête; l'anale extrêmement courte; la longueur de cette nageoire égale au plus à la distance des ouvertures branchiales au bout du museau; un très grand nombre de petites taches sur la surface du poisson.

LA MURÉNOPHIS HÉLÈNE [1]

Murænophis helena, LACÉP. — *Muræna helena*, LINN., GMEL., CUV.
— *Gymnothorax muræna*, BLOCH.

Cette murénophis est la *murène* des anciens. Son histoire est liée avec celle des derniers temps de ce peuple politique et guerrier, qui, après avoir étonné et subjugué le monde, perdit l'empire avec ses vertus et fut préci-

---

1. *Smuraina*, en grec. — *Serpent de mer*. — *Sminaria*, par les Grecs modernes. — *Morena*, en Italie. — *Mourene*, en Allemagne. — *Murane*, en Angleterre. — *Murène*. Bloch, p. 153. — *Murène flûte*. Daubenton et Haüy, Encyclopédie méthodique. — *Id.* Bonnaterre, planches de l'Encyclopédie méthodique.

« Muræna pinnis pectoralibus carens. » Mus. Ad. Frid. 1, p. 319. — *Id.* Artedi, gen. 55, syn. 41. — *Muraina.* Aristote, lib., I, cap. v; lib. II, cap. xiii et xv; lib. III, cap. x; lib. V, cap. x; lib. VIII, cap. ii, xiii et xv; et lib. IX, cap. ii. — *Id.* Ælian, lib. I, cap. xxxii et L; et lib. IX, cap. xl et lxvi. — *Id.* Athen., lib. VII, p. 312. — *Id.* Oppian, lib. I, p. 21; et lib. VIII, p. 39. — *Muræna.* Columelle, lib. VIII, cap. xvi. — *Id.* Cicero, *Famil.*, lib. VII, epist. 27. — *Id.* Varro, *Rustic.*, lib. II, cap. vi. — *Id.* Pline, lib. IX, cap. xvi, xix, xx, xxiii, liv et lv; et lib. XXXII, cap. ii, v, vii et viii. — *Id.* Ambros., *Hexam.*, lib. V, cap. ii et vii, p. 52. — *Id.* Belon.

Murène. Rondelet, première partie, liv. XIV, chap. iv. — *Muræna.* Salvian, fol. 59 et 60. — *Id.* Gesner, p. 575 et (germ.) fol. 46 *a*. — *Id.* Jonston, lib. I, tab. 2, *a*, 7, tab. 5, fig. 3 et 4;

pité par la corruption dans l'abîme creusé par la tyrannie la plus avilissante. Mais avant de voir ce que l'homme a fait de cette espèce, voyons ce qu'elle tient de la nature.

Dénuée de pectorales et de nageoires du ventre; ayant sa dorsale, sa caudale et sa nageoire de l'anus non seulement très basses, mais recouvertes d'une peau épaisse qui empêche d'en distinguer les rayons et la forme; semblable aux serpents par sa conformation presque cylindrique, ainsi que par ses proportions déliées; douée d'une grande souplesse et d'une grande force, flexible dans ses parties, agile dans ses mouvements, elle nage comme la couleuvre rampe; elle ondule dans l'eau comme ce reptile sur la terre; elle change de place par les contours sinueux qu'elle se donne; et tendant ou débandant avec énergie les ressorts produits par les diverses portions de sa queue ou de son corps, qu'elle plie, rapproche, déplie, étend en un clin d'œil, elle monte, descend, recule, avance, se roule et s'échappe avec la rapidité de l'éclair.

Aristote et Pline ont même prétendu, et l'opinion de ces grands hommes est assez vraisemblable, que la murénophis pouvait, comme l'anguille et comme les serpents, ramper pendant quelques moments sur la terre sèche et s'éloigner à quelque distance de son séjour habituel.

Tant de rapports avec les vrais reptiles nous ont engagés à joindre le nom d'*ophis*, qui veut dire *serpent*, à celui de *murène*, pour en faire le nom composé de *murénophis*, lorsque nous avons voulu séparer de l'anguille et de quelques autres osseux auxquels nous avons laissé la dénomination simple de *murène*, les poissons dont nous allons nous occuper.

Les murénophis établissent donc des liens assez étroits entre la classe des poissons et celle des reptiles. Nous terminerons donc l'examen de cette grande classe des poissons, comme nous l'avons commencé, c'est-à-dire en ayant sous nos yeux des animaux qui ont de très grands rapports avec les serpents : les murénophis placées à la fin de la longue chaîne qui rassemble tous les poissons, comme les pétromyzons à son origine, rapprochent avec ces derniers les deux extrémités de cette immense réunion, et après avoir clos, pour ainsi dire, le cercle, le rattachent de nouveau aux véritables reptiles.

Les dents de la murénophis hélène étant fortes, nombreuses et pointues ou recourbées, sa morsure a été souvent assez dangereuse pour qu'on ait cru que ce poisson était venimeux.

Chacune de ses deux narines a deux orifices. L'ouverture antérieure est placée au bout d'un petit tube voisin de l'extrémité du museau; et comme

---

Thaum. p. 422. — *Id.* Charleton, p. 126. — *Id.* Willughby, p. 103. — *Id.* Ray, p. 34. — Gronov., Mus. 1, n. 16.

« Myraina *et* smyraina. » Artedi, *Synonymia piscium*, etc., auctore J.-G. Schneider, etc. — Séba, mus. 2, tab. 69, fig. 4 et 5. — Catesby, *Carol.*, t. II, tab. 20 et 21. — *Murène.* Valmont de Bomare, *Dictionnaire d'histoire naturelle.*

ce tube flexible ressemble à un barbillon très court, on a écrit que l'hélène avait deux petits barbillons vers le bout de la mâchoire supérieure. Une conformation semblable peut être observée dans presque toutes les espèces du genre que nous décrivons.

L'orifice des branchies est étroit et situé presque horizontalement.

Une humeur visqueuse et très abondante enduit la peau et donne à l'animal la faculté de glisser facilement au milieu des obstacles et de n'être retenu qu'avec beaucoup de peine.

Les femelles ont des couleurs plus variées que les mâles : leurs nuances ne sont pas toujours les mêmes; mais ordinairement leur museau est noirâtre. Un brun rougeâtre et tacheté de jaune distingue le dessus de la tête; la partie supérieure du corps et de la queue offre une teinte d'un brun également rougeâtre, et d'autant plus foncée qu'elle est plus près de la caudale; des points noirs et des taches jaunes, larges et pointillées ou mouchetées de rougeâtre, sont distribuées sur ce fond brun; la partie inférieure et les côtés de ces mêmes femelles sont d'une couleur fauve, relevée par de petites raies et par des taches brunes.

Telles sont les couleurs que le savant et zélé observateur Sonini a vues sur les hélènes femelles pendant son voyage en Grèce, où il a pu en examiner un très grand nombre de vivantes[1].

La livrée des mâles diffère de celle que nous venons d'indiquer, en ce que les taches sont très clairsemées sur leur surface, pendant que le corps et la queue des femelles en sont presque entièrement couverts[2].

Sur quelques individus femelles ou mâles, le fond de la couleur est vert ou blanchâtre, au lieu d'être jaune ou d'un rougeâtre brun.

Lorsque les murénophis hélènes ont atteint une longueur d'un mètre, leur plus grand diamètre n'égale pas tout à fait le douzième de leur longueur.

Leur chair est grasse, blanche, très délicate; et sans les arêtes courtes et recourbées dont elle est remplie, elle serait très agréable à manger.

Suivant Sonini, les hélènes ont l'estomac assez grand, gris et tacheté de noirâtre vers son origine; un foie long et d'un rouge jaunâtre; une vessie natatoire petite, ovale, jaune en dehors, blanche en dedans et formée par une membrane très épaisse.

Le même naturaliste nous apprend que les œufs de ces murénophis sont elliptiques et jaunes.

Ces œufs sont fécondés comme ceux des raies, des squales et d'autres poissons, par l'effet d'une réunion intime du mâle et de la femelle, qui, pendant leur accouplement, semblable à celui des couleuvres, entrelacent leurs queues et leurs corps déliés. Le témoignage de Sonini confirme à cet égard l'opinion d'Aristote et de Pline, et cette conformité entre l'accouplement des

<hr>

1. *Voyage en Grèce et en Turquie*, par C.-S. Sonini, etc., t. Ier, p. 190 et suiv.
2. Bellon, *De Aquatilibus*, lib. I, cap. XII.

couleuvres et celui des hélènes, qui a fait croire à tant de naturalistes et persuade encore aux Grecs modernes que les serpents s'accouplent avec ces murénophis qui leur ressemblent par un si grand nombre de traits extérieurs.

Les œufs des hélènes étant fécondés dans le ventre même de la mère, on doit regarder comme possible et même comme très probable, que dans beaucoup de circonstances ces œufs éclosent dans le corps de la femelle ; et dès lors les murénophis hélènes devraient être comptées parmi les poissons *ovovivipares*[1].

Ces apodes vivent non seulement dans l'eau salée, mais encore dans l'eau douce. On les trouve dans les mers chaudes ou tempérées de l'Europe et de l'Amérique, particulièrement dans la Méditerranée, et surtout près des côtes de la Sardaigne. Ils se retirent au fond de l'eau pendant que l'hiver règne. Dans toutes les saisons ils aiment à se loger dans les creux des rochers. Quand le printemps commence, ils fréquentent les rivages.

Ils dévorent une très grande quantité de cancres et de poissons. Ils recherchent avec avidité les polypes. Rondelet raconte que le polype le plus grand et le plus fort fuit l'approche de la murénophis hélène ; que cependant, lorsqu'il ne peut éviter son attaque, il s'efforce de la retenir au milieu des replis tortueux de ses bras longs et nombreux, de la serrer, de la comprimer, de l'étouffer ; mais qu'elle glisse comme une colonne fluide, échappe à ses étreintes et le déchire avec ses dents aiguës.

Les hélènes sont d'ailleurs si voraces, que lorsqu'elles manquent de nourriture, elles rongent la queue les unes des autres. Elles ne meurent pas pour avoir perdu une partie considérable de la queue, non plus que lorsqu'elles sont longtemps hors de l'eau, dont elles peuvent se passer pendant quelques jours, si la sécheresse de l'atmosphère n'est pas trop grande, ou si le froid n'est pas trop violent ; mais on a remarqué que pendant l'hiver elles sont sujettes à des maladies. Plusieurs de ces murénophis ont présenté, pendant cette saison, des vessies jaunâtres de diverses formes, et dont chacune contenait un ver, sur la tunique externe de l'estomac, sur la surface extérieure du canal intestinal, sur le foie, ou sur les muscles du ventre, entre les arêtes, dans la tunique extérieure de l'ovaire et dans l'intervalle qui sépare les deux tuniques de la vessie urinaire.

On pêche la murénophis hélène avec des nasses et avec des lignes de fond ; mais son instinct la fait souvent échapper à la ruse. Lorsqu'elle a mordu à l'hameçon, elle l'avale pour pouvoir couper la ligne avec ses dents, ou bien elle se renverse et se roule sur cette ligne, qui cède quelquefois à ses efforts. La renferme-t-on dans un filet ? elle sait choisir les mailles dans l'intervalle desquelles son corps glissant peut en quelque sorte s'écouler.

Les Romains, voisins de ces temps où la république expirait opprimée

---

par une ambition orgueilleuse, étouffée par une cupidité insatiable et ensanglantée par une horrible tyrannie, recherchaient avec beaucoup de soin la murénophis hélène : elle servait le caprice, le luxe et la cruauté. Ils construisirent à grands frais des réservoirs situés sur le bord ou très près de la mer, et y élevèrent des hélènes. Columelle, qui savait combien la culture des poissons était utile à la chose publique, exposa, dans son fameux ouvrage sur l'agriculture, l'art de construire ces réservoirs et d'y pratiquer des grottes tortueuses, où les hélènes pussent trouver des abris. Mais ce qu'il fit pour la prospérité de son pays et pour les progrès de l'économie publique avait été fait avant lui pour les besoins du luxe et le goût des riches habitants de Rome. Les murénophis hélènes étaient si multipliées du temps de César, que, lors d'un de ses triomphes, il en donna six mille à ses amis. On était parvenu à les apprivoiser au point que Lucinius Crassus en nourrissait qui venaient à sa voix et s'élançaient vers lui pour recevoir l'aliment qu'il leur présentait.

La mode et l'art de la parure avaient trouvé dans les formes de ces poissons des modèles pour des pendants d'oreilles et d'autres ornements des belles Romaines[1]. Le prix qu'on attachait à la possession de ces animaux avait même fait naître une sorte d'affection si vive, que ce Crassus que nous venons de citer, et, ce qui est plus étonnant, Quintus Hortensius, duquel Cicéron a écrit qu'il avait été un orateur excellent, un bon citoyen et un sage sénateur, ont pleuré la perte de murénophis mortes dans leurs viviers.

Cela n'est que ridicule; mais ce qui est horrible et ce qui peint les effets épouvantables de l'excès de la corruption des mœurs, c'est qu'un *Pollio*, qu'il ne faut pas confondre avec un orateur célèbre du même nom, engraissait ses murénophis hélènes avec la chair et le sang des esclaves qu'il condamnait à périr. Recevant Auguste chez lui, il ordonna qu'on jetât dans la funeste piscine un esclave qui venait de casser involontairement un plat précieux. L'empereur, révolté de cette atroce barbarie, n'osa cependant punir ce monstre qu'en donnant la liberté à l'esclave, et en faisant casser tous les vases de prix que *Pollio* avait ramassés. La plume tombe des mains après avoir tracé le nom de cet exécrable *Pollio*.

LA MURÉNOPHIS ÉCHIDNE [2]

Murænophis echidna, LACÉP. — *Muræna echidna*, LINN., GMEL., CUV.

LA MURÉNOPHIS COLUBRINE, *Murænophis colubrina*, Lacép.; *Muræna colubrina*, Linn., Gmel. — LA MURÉNOPHIS NOIRATRE, *Murænophis nigricans*, Lacép. — LA MURÉNOPHIS GRAINETTE, *Murænophis catenula*, Lacép.; *Gymnothorax catenatus*, Bloch.

---

1. Voyez l'article de la *murène anguille*, relativement aux brasselets des Romaines.
2. Ellis, *It. Cook et Clerk*, 1, p. 53. — *Boddaert apud Pallas N. Nord. Beytr.* 2, p. 56, tab. 2, fig. 3. — «Conger fasciis brunneis et pallide fuscis transversis, alternatis.» Commerson,

— La Murénophis réticulaire, *Murænophis reticularis*, Lacép.; *Gymnothorax reticularis*, Bloch. — La Murénophis africaine, *Murænophis afra*, Lacép.; *Gymnothorax afer*, Bloch. — La Murénophis panthérine, *Murænophis pantherina*, Lacép. — La Murénophis étoilée, *Murænophis stellata*, Lacép. — La Murénophis ondulée, *Murænophis undulata*, Lacép. — La Murénophis grise, *Murænophis grisea*, Lacép.

L'échidne, que les compagnons de l'illustre Cook ont vue dans l'île de Palmerston, a près de deux mètres de longueur; ses yeux sont petits, mais très vifs; l'ouverture de sa bouche est très grande; plusieurs dents hérissent ses mâchoires; sa chair est très agréable au goût. Mais les navigateurs anglais n'ont vu cet animal qu'avec une sorte d'horreur, à cause de sa ressemblance avec un serpent dangereux.

Commerson a rencontré la colubrine au milieu des rochers détachés du rivage, qui environnent la Nouvelle-Bretagne et les îles voisines. On la trouve aussi auprès des côtes d'Amboine.

On a comparé la grandeur de cette murénophis à celle de l'anguille. Les trente zones qui l'entourent sont alternativement d'un brun noirâtre et d'un brun mêlé de blanc; le dessus de la tête est d'un vert jaunâtre; les iris sont couleur d'or. Les écailles qui revêtent la peau sont très difficiles à distinguer. Il n'y a pas de véritable ligne latérale. L'anus est beaucoup plus près de la tête que de la nageoire de la queue. La chair de ce poisson fournit un aliment délicat; mais la forme aiguë de ses dents rend sa morsure dangereuse.

Le noirâtre vit dans l'Amérique méridionale, ainsi que la réticulaire, dont Surinam est la patrie. Cette dernière murénophis a les yeux petits, l'iris blanc et fort étroit, les flancs un peu comprimés, l'anus plus voisin de la caudale que de la tête, la couleur générale brune et les taches blanches.

Remarquez dans la réticulaire, que l'on pêche auprès de Tranquebar, la position des yeux très près de la lèvre supérieure; la situation de l'anus à une distance un peu plus grande de la tête que de la caudale; la blancheur de l'iris, qu. est très étroit; celle de la couleur générale; les petites bandes brunes du dos et du ventre; les nuances brunâtres et les taches jaunes de la dorsale.

L'africaine séjourne au milieu des écueils de la côte de Guinée. Son œil est grand et ovale, son iris bleu, sa couleur générale brune, son corps comprimé, son anus situé au milieu de sa longueur totale, la peau qui revêt les nageoires très épaisses, comme dans presque toutes les murénophis.

La panthérine a les yeux gros et voilés par une membrane transparente, ainsi que presque tous les poissons de son genre; ses deux mâchoires

manuscrits déjà cités. — *Murène noirâtre.* Bonnaterre, planches de l'Encyclopédie méthodique. — Gronov., *Zooph.*, n. 163.

Gymnothorax à bracelets, Bloch, pl. 415, fig. 1. — *Gymnothorax réticu'aire.* Bloch, pl. 416. — Bloch, pl. 417. — « Conger ex albido lutescens, ocellis atropurpureis flexuose radiatis, maculosus, pectore apterygio. » Commerson, manuscrits déjà cités. — « Conger griseus, fusco varius, infimo ventre albus, lateribus apterygiis. » Commerson, manuscrits déjà cités.

sont à peu près également avancées. Nous avons vu dans la collection hollandaise cédée à la France un individu de cette espèce encore inconnue des naturalistes, et dont nous avons choisi le nom spécifique, de manière à indiquer la ressemblance de la distribution et du ton de ses teintes avec ceux de la robe de la panthère.

L'étoilée n'est pas plus connue que la panthérine. On l'a pêchée au milieu des rochers de la Nouvelle-Bretagne, sous les yeux de Commerson, qui en a laissé une très bonne description dans ses manuscrits.

La longueur de cette murénophis est d'un demi-mètre. Sa couleur générale paraît d'un jaune mêlé de blanc ; le dessus du museau est bleuâtre ; les taches étoilées sont d'un pourpre tirant sur le noir ; la série supérieure de ces taches étoilées en renferme ordinairement vingt, et l'inférieure vingt et une ; l'iris est doré. Une liqueur épaisse humecte les téguments ; la mâchoire supérieure est un peu plus avancée que celle d'en bas ; on voit l'anus situé vers le milieu de la longueur totale. On doit rechercher l'étoilée à cause de la bonté de sa chair, mais avec précaution, parce que ses dents aiguës peuvent faire des blessures fâcheuses.

L'ondulée a été observée par Commerson, qui en a laissé un dessin. La description de cette espèce n'a pas encore été publiée. Son anus est situé plus près de la tête que de la caudale.

La grise aime les mêmes eaux que l'étoilée et la colubrine. On en devra la connaissance à Commerson, dont les manuscrits en contiennent une description étendue. Cette murénophis a la grandeur de l'anguille ; l'iris doré, avec des points bruns ; la peau dénuée d'écailles facilement visibles ; la langue très difficile à distinguer. Commerson a écrit que l'effet de la morsure de ce poisson était semblable à celui d'un rasoir.

LA MURÉNOPHIS HAÜY

Murænophis Haüy, LACÉP.

Nous dédions cette espèce, qui n'a pas encore été décrite, à notre célèbre collègue, confrère et ami M. Haüy, membre de l'Institut royal et professeur de minéralogie au Muséum d'histoire naturelle. Non seulement l'Europe savante rend hommage, dans ce savant illustre, au physicien du premier ordre, au créateur de la cristallographie, à l'auteur du bel ouvrage qui répand une lumière si vive sur la science des minéraux ; mais encore elle sait, malgré la modestie de ce grand naturaliste, que c'est à lui qu'elle doit une très grande partie du travail ichtyologique dont l'Encyclopédie méthodique a été enrichie.

La couleur générale de la *murénophis haüy* est d'un jaune doré, mêlé de teintes blanches ou argentines. A la place de la ligne latérale, on voit une raie longitudinale rouge. Les taches dont la surface du poisson est parsemée sont d'un brun jaunâtre plus ou moins foncé ; les nageoires présentent les mêmes nuances que ces taches. L'ouverture branchiale, située beaucoup plus vers le bas que vers le haut de l'animal, lie les murénophis avec les *sphagebranches*, dont nous allons bientôt nous occuper.

M. Noël, de Rouen, a vu, dans la collection d'un de ses amis, un individu de l'espèce que nous faisons connaître et a bien voulu nous en envoyer un dessin.

DEUX CENT VINGTIÈME GENRE

LES GYMNOMURÈNES

Point de nageoires pectorales ; une ouverture branchiale sur chaque côté du poisson ; le corps et la queue presque cylindriques ; point de nageoire du dos, ni de nageoire de l'anus, ou deux nageoires si basses et si enveloppées dans une peau épaisse, qu'on ne peut reconnaître leur présence que par la dissection.

ESPÈCES.	CARACTÈRES.
1. LA GYMNOMURÈNE CERCLÉE.	L'anus beaucoup plus près du bout de la queue que de la tête ; la couleur générale brune, soixante (ou environ) bandes transversales blanches, très étroites et formant presque toutes une zone autour du poisson.
2. LA GYMNOMURÈNE MARBRÉE.	L'anus plus près de la tête que du bout de la queue ; la caudale très courte, le corps et la queue marbrés de brun et de blanc.

LA GYMNOMURÈNE CERCLÉE [1]

Gymnomurœna doliata, LACÉP.

LA GYMNOMURÈNE MARBRÉE [2]

Gymnomurœna marmorata, LACÉP.

La description de ces poissons n'a pas encore été publiée. Ils ont été observés par Commerson, auprès des rivages de la Nouvelle-Bretagne. Nous les avons séparés des murénophis, parce qu'ils manquent de nageoire dorsale et de nageoire de l'anus, ou n'ont qu'une anale et une dorsale très difficiles à distinguer [3]. Ces traits de conformation les placent à une distance des serpents encore plus petite que celle qui sépare ces reptiles des murénophis. La longueur de la cerclée est d'un mètre ou environ. Outre les zones dont nous avons parlé dans la table générique, quelques bandes transversales plus ou moins longues, irrégulières et interrompues, paraissent sur

1. « Conger brunneus, zonis transversalibus albis, utrinque circiter sexaginta ; pinnis dorsi et ani dubiis, pectoralibus nullis, ano caudæ multoties propriori quam capiti. » Commerson, manuscrits déjà cités.

2. « Conger brunneus albo marmoratus, pinnis pectoralibus, dorsi et ani nullis. » Commerson, manuscrits déjà cités.

3. Le mot *gymnos*, qui, en grec, signifie *nu*, désigne la *nudité* du dos et du dessous de la queue, c'est-à-dire le défaut d'anale et de dorsale, ou la petitesse de la dorsale et de la nageoire de l'anus.

les côtés de l'animal. La tête présente plusieurs petites raies irrégulières et blanches. Le corps et la queue sont un peu comprimés. La mâchoire d'en haut est un peu plus avancée que celle d'en bas ; des dents molaires garnissent le disque formé par chaque mâchoire. Les narines ont chacune deux orifices ; il paraît que l'orifice antérieur est placé au bout d'un petit tube noir à son extrémité et qui ressemble à un barbillon. Les arcs de cercle qui soutiennent les branchies sont entièrement lisses. On ne voit pas de véritable ligne latérale. On ne peut s'assurer de l'existence de la dorsale et de l'anale, ni reconnaître les rayons qui les composent, qu'après avoir enlevé la peau qui les recouvre.

Lors de la basse mer, on trouve souvent les *cerclées* sous de grosses pierres ou des blocs de rochers, qu'on retourne pour découvrir ces gymnomurènes laissées à sec. On tue alors ces osseux à coups de bâton ; mais on ne les saisit qu'avec précaution, pour éviter les douleurs aiguës que peut causer leur morsure.

Les *marbrées* ont des dimensions très peu différentes de celles des *cerclées*. On les voit souvent cachées à demi sous des roches peu submergées, levant leur tête au-dessus de l'eau dans l'attente de leur proie, la lançant, pour ainsi dire, avec rapidité contre leurs victimes, et les mordant avec force et même acharnement.

Elles peuvent d'autant plus déchirer ce qu'elles saisissent, qu'indépendamment d'une rangée de dents très aiguës qui garnit chaque mâchoire, des dents semblables hérissent le palais.

Le museau est allongé ; les joues sont comme gonflées, ainsi que le derrière des yeux. La mâchoire d'en bas est un peu moins avancée que celle d'en haut.

Nous croyons que l'orifice antérieur de chaque narine est placé au bout d'un petit tuyau, que l'on peut comparer à un barbillon, et qui s'élève vers le bout du museau.

Il n'y a pas de ligne latérale. L'iris est doré.

On ne peut découvrir aucune nageoire, excepté à l'extrémité de la queue, où l'on aperçoit sur le bord un rudiment de caudale.

La peau, dénuée d'écailles facilement visibles, est enduite d'une humeur très visqueuse.

DEUX CENT VINGT ET UNIÈME GENRE

LES MURÉNOBLENNES

Point de nageoires pectorales ; point d'apparence d'autres nageoires ; le corps et la queue presque cylindriques ; la surface de l'animal répandant, en très grande abondance, une humeur laiteuse et gluante.

ESPÈCE.	CARACTÈRES.
LA MURÉNOBLENNE OLIVATRE.	La couleur générale olivâtre et sans taches ; le ventre blanchâtre.

LA MURÉNOBLENNE OLIVATRE [1]

Murœnoblenna olivacea, LACÉP.

Commerson a vu dans le détroit de Magellan ce poisson que les naturalistes ne connaissent pas encore, et qui semble organisé de manière à répandre avec plus d'abondance que tout autre une matière visqueuse. Cette faculté et sa conformation extérieure nous ont obligés à l'inscrire dans un genre particulier.

Il parvient à la longueur d'un demi-mètre. Son diamètre est alors le dix-huitième ou à peu près de sa longueur totale.

La matière huileuse et gluante qui suinte de ses pores paraît inépuisable. Commerson dit qu'elle donnait même aux matelots une très grande répugnance pour la murénoblenne olivâtre, et qu'elle devait former une si grande partie du volume de ce singulier poisson, que lorsqu'on avait mis dans de l'alcool un individu de cette espèce et qu'on l'y avait laissé pendant deux mois, on trouvait ce même individu réduit presque en entier en une masse muqueuse, huileuse et gluante.

DEUX CENT VINGT-DEUXIÈME GENRE

LES SPHAGEBRANCHES

Point de nageoires pectorales, ni d'autres nageoires; les deux ouvertures branchiales sous la gorge; le corps et la queue presque cylindriques.

ESPÈCE.	CARACTÈRES.
LE SPHAGEBRANCHE MUSEAU POINTU.	Le museau terminé en pointure; la mâchoire supérieure beaucoup plus avancée que celle d'en bas.

LE SPHAGEBRANCHE MUSEAU POINTU [2]

Sphagebranchus rostratus, LACÉP., CUV.

Bloch a reçu dans le temps, des Indes orientales, un individu de cette espèce. L'anus de ce poisson était placé vers le milieu de sa longueur totale; sept petites dents garnissaient les mâchoires; quatre branches étaient situées de chaque côté de l'animal. On ne pouvait distinguer aucune écaille sur la peau.

---

1. *Blenna*, en grec, signifie *mucosité*. — « Conger olivaceo virens, immaculatus, lac et gluten plurimum fundens. » Commerson, manuscrits déjà cités.

2. *Collibranche*. — *Doppelte kalskieme*, en allemand. — *Double-chin-gill*, en anglais. — Bloch, pl. 419, fig. 2.

DEUX CENT VINGT-TROISIÈME GENRE

LES UNIBRANCHAPERTURES

Point de nageoires pectorales; le corps et la queue serpentiformes; une seule ouverture branchiale, et cet orifice situé sous la gorge; la dorsale et l'anale basses et réunies à la nageoire de la queue.

ESPÈCES.	CARACTÈRES.
1. L'Unibranchaperture marbrée.	La tête plus grosse que le corps; le dessus de la tête convexe; le museau arrondi; les deux mâchoires presque égales et garnies de plusieurs dents petites et coniques; le palais et la langue lisses; le corps et la queue marbrés.
2. L'Unibranchaperture immaculée.	La tête plus grosse que le corps; le dessus de la tête convexe; le museau pointu; les deux mâchoires presque égales; le corps et la queue sans taches.
3. L'Unibranchaperture cendrée.	La tête petite; le museau pointu; les mâchoires garnies de dents; la mâchoire supérieure plus avancée que l'inférieure; la dorsale ne commençant qu'au delà du milieu de la longueur du tronc; les nageoires adipeuses; toute la surface du poisson d'un gris cendré.
4. L'Unibranchaperture rayée.	La tête grosse; le museau avancé et pointu; les deux mâchoires garnies de plusieurs rangs de dents très petites et crochues; la dorsale, la caudale et l'anale, très courtes et adipeuses; le dessous du corps et de la queue tacheté; une raie noirâtre étendue sur le dos, depuis la tête jusqu'à l'extrémité de la dorsale.
5. L'Unibranchaperture lisse.	La tête grosse; le museau court, aplati et arrondi; la mâchoire supérieure plus large et plus avancée que celle d'en bas; les yeux très petits et situés très près du bout du museau; la dorsale commençant aux trois quarts, ou environ, de la longueur totale; l'anus trois fois plus éloigné de la gorge que du bout de la queue; la dorsale, l'anale et la caudale très difficiles à distinguer et adipeuses; des plis transversaux sous la gorge.

L'UNIBRANCHAPERTURE MARBRÉE [1]

Unibranchapertura marmorata, Lacép.

L'Unibranchaperture immaculée, *Unibranchapertura immaculata,* Lacép. — L'Unibranchaperture cendrée, *Unibranchapertura grisea,* Lacép. — L'Unibranchaperture rayée, *Unibranchapertura lineata,* Lacép. — L'Unibranchaperture lisse, *Unibranchapertura lævis,* Lacép.

Dans les eaux douces et bourbeuses de Surinam se trouve la marbrée, dont la chair est grasse, mais quelquefois imprégnée d'un goût et d'une

---

1. *Surinamische halskieme,* en allemand. — *Symbranche marbré.* Bloch, pl. 418. — *Symbranche immaculé.* Bloch, pl. 419, fig. 1. — *Murène cendrée.* Bonnaterre, planches de l'Encyclopédie méthodique.

odeur de vase ; elle est vorace et se nourrit de petits animaux. Ses lèvres sont charnues ; chaque narine n'a qu'un orifice. Les yeux sont bleus ; le dos est d'un olivâtre foncé ; le ventre et les côtés sont d'un vert jaunâtre ; les taches qui font paraître l'animal comme marbré présentent des nuances violettes. La peau est épaisse et lâche ; la ligne latérale droite ; l'anus deux fois plus près de l'extrémité de la queue que de la gorge ; l'estomac allongé, et la membrane de cet organe mince.

L'unibranchaperture immaculée vit dans les eaux de Surinam et de Tranquebar. Sa peau est moins lâche que celle de la marbrée ; son corps est charnu.

La cendrée n'a pas de taches. Sa longueur est de plus de vingt centimètres ; l'ouverture de la bouche médiocre ; l'œil très petit ; la peau dénuée d'écailles facilement visibles. Cette unibranchaperture a été pêchée dans les eaux de la Guinée.

M. Leblond nous a envoyé de Cayenne un individu qui appartenait à une espèce d'unibranchaperture encore inconnue des naturalistes, ainsi que la lisse dont nous allons parler.

Cette espèce, que nous avons nommée la rayée, a les yeux très petits et placés vers le milieu de la longueur des mâchoires ; on voit dans l'intérieur de la bouche et dans l'angle antérieur de chaque mâchoire un groupe de dents crochues et très petites ; l'ouverture branchiale est ovale, longitudinale et petite ; on n'aperçoit pas de taches sur la partie supérieure du poisson. La rayée parvient à la longueur de deux tiers de mètre. L'anus est situé aux trois quarts de la longueur totale.

La lisse a la ligne latérale droite, l'orifice branchial assez grand, un peu triangulaire et allongé, l'anale très courte, la peau très lisse et sans aucune apparence d'écailles, la couleur générale sans taches et sans aucune bande ni raie.

Nous avons fait dessiner un bel individu de cette espèce, que nous avons trouvé dans la collection cédée à la France par la République batave.

TROISIÈME VUE DE LA NATURE

(1802)

Que la nature est belle! que son spectacle est magnifique! que sa puissance est admirable! Dans sa fécondité sans bornes, elle a semé les mondes dans l'espace[1]. Dans sa simplicité sublime, elle ne leur a imposé qu'une loi[2].

Les rapports et par conséquent les destinées de tout ce qui existe découlent de cette force unique et irrésistible que le temps ne peut altérer, et qui, décroissant par la distance, mais s'accroissant avec les masses, en pénètre toutes les profondeurs, en régit tous les éléments. Les corps immenses et innombrables qui circulent dans les cieux, les matières brutes qui composent la planète que nous habitons, les fluides qui l'arrosent, l'échauffent, l'environnent ou l'éclairent, les substances organisées qui la revêtent, les êtres vivants et sensibles qui la peuplent, ne montrent aucune forme, aucune qualité, aucune modification, aucun attribut, aucun mouvement, qui ne dérive de ce grand acte du pouvoir souverain et créateur.

L'étude de la nature n'est que l'étude des lois secondaires qui émanent de la grande loi fondamentale.

Les animaux, par leurs organes, par leurs sens, par leur mobilité, par leurs affections, par la succession de leurs développements, offrent bien plus que tous les autres produits de la création les diverses applications de cette loi suprême, les différents résultats de ce principe immuable.

Parmi ces êtres animés, deux classes très nombreuses, dont la première a reçu les airs pour son domaine, et dont les eaux sont le partage de la seconde, peuvent, par les contrastes apparents de leurs habitudes et par les analogies secrètes qui lient leurs mouvements, nous dévoiler peut-être plus que toutes les autres quelques faces de cet ensemble de relations merveilleuses et nécessaires qui dérivent de la première des lois dictées par la nature. L'une de ces classes, celle des poissons, est d'ailleurs maintenant le sujet principal de nos recherches. Comparons donc l'une à l'autre ; plaçons leurs principaux traits dans un même tableau, et qu'elles soient l'objet

1. *Première Vue de la Nature,* par Buffon, t. XXI, p. 145.
2. *Seconde Vue de la Nature,* par Buffon, t. XVI, p. 158.

d'une troisième vue de cette nature dont la contemplation a tant de charmes et fait naître de si utiles vérités.

Dans toutes les classes d'animaux, il est une habitude principale qui influe sur toutes les autres, les produit, les modifie ou les régit de manière que chacun des actes particuliers de l'espèce présente l'empreinte de cet attribut général et prédominant qui distingue la classe. La manière de se mouvoir est le plus souvent cette habitude dominatrice à laquelle les autres sont liées et soumises. Nous le voyons évidemment dans la classe des oiseaux et dans celle des poissons, que nous allons comparer l'une à l'autre, pour mieux juger de leurs propriétés et surtout pour mieux connaître les facultés distinctives des habitants des rivières et des mers.

Le vol influe sur toutes les actions des oiseaux; la natation modifie toutes celles des poissons. Par ces deux attributs, les uns et les autres paraissent séparer leurs habitudes de celles des quadrupèdes et des autres animaux qui vivent sur la surface sèche du globe, autant que les premiers s'éloignent de l'empire des animaux terrestres en s'élevant au plus haut des airs et les seconds en s'enfonçant dans les profondeurs de l'Océan. On dirait du moins que, par le vol et la natation, les oiseaux et les poissons laissent, pour ainsi dire, entre leurs actions, une telle distance, qu'on ne pourrait en donner une idée qu'en la comparant à celle qui sépare le fond des mers, des plus hautes régions de l'atmosphère, et cependant, malgré cette grande dissemblance apparente, les habitudes les plus générales et les plus remarquables des poissons et des oiseaux montrent les rapports les plus frappants. La natation et le vol ne sont, pour ainsi dire, que le même acte exécuté dans des fluides différents. Les instruments qui les produisent, les organes qui les favorisent, les mouvements qui les font naître, les accélèrent, les retardent ou les dirigent, les obstacles qui les diminuent, les détournent ou les suspendent, sont semblables ou analogues. D'après ce rapport si remarquable, nous ne serons pas étonnés de toutes les analogies secondaires que nous trouverons entre les mœurs des oiseaux et celles des poissons.

En effet, l'aile de l'oiseau et la nageoire du poisson diffèrent l'une de l'autre bien moins qu'on ne le croirait au premier coup d'œil, et voilà pourquoi, depuis les anciens naturalistes grecs jusqu'à nous, le nom d'*aile* a été si souvent donné à cette nageoire. L'une et l'autre présentent une surface assez grande relativement au volume du corps, et que l'animal peut, selon ses besoins, accroître ou diminuer, en l'étendant avec force ou en la resserrant en plusieurs plis. La nageoire, comme l'aile, se prête à ces différents déploiements, ou à ces diverses contractions, parce qu'elle est composée, comme l'aile, d'une substance membraneuse, molle et souple; et, lorsqu'elle a reçu la dimension qui convient momentanément à l'animal, elle présente, comme l'aile, une surface qui résiste, elle agit avec précision, elle frappe avec force, parce que, de même que l'instrument du vol, elle est soutenue par de petits cylindres réguliers ou irréguliers, solides, durs, presque inflexibles ; et si elle n'est pas fortifiée par des plumes, elle est quelquefois consolidée par des écailles dont nous avons montré que la substance était la même que celle des plumes de l'oiseau.

La pesanteur spécifique des oiseaux est très rapprochée de celle de l'air ; celle des poissons est encore moins éloignée de la pesanteur de l'eau, et surtout de celle de l'eau salée que contiennent les bassins des mers.

Les premiers ont reçu une organisation très propre à rendre un grand volume très léger ; leurs poumons sont très étendus ; de grands sacs aériens sont placés dans leur intérieur ; leurs os sont creusés et percés de manière à recevoir facilement dans leurs cavités les fluides de l'atmosphère. Les seconds ont presque tous une vessie particulière qui, en se gonflant à leur volonté, peut augmenter leur volume, et, bien loin d'accroître en même temps leur masse, la diminue en se remplissant de fluides ou de gaz d'une légèreté très remarquable.

La queue des oiseaux leur sert de gouvernail et leurs ailes sont de véritables rames. Les nageoires du dos et de l'anus peuvent être aussi comparées à une puissance qui gouverne et dirige, pendant que la queue proprement dite, prolongée par la nageoire caudale, frappe l'eau comme une rame, et, communiquant à l'ensemble de l'animal l'impulsion qu'elle reçoit, lui imprime le mouvement et la vitesse.

Les oiseaux précipitent ou retardent les battements de leurs ailes ; mais, lorsqu'ils leur laissent toute l'étendue qu'elles peuvent présenter et qu'ils veulent s'en servir pour changer de place, ils ne leur font jamais éprouver deux mouvements égaux de suite ; ils les relèvent avec une vitesse bien moindre que celle avec laquelle ils les abaissent ; ils donnent alternativement un coup très fort et une impulsion très faible, afin que lorsqu'ils montent, par exemple, les couches supérieures de l'atmosphère, frappées moins vivement que les inférieures, opposent moins de résistance que ces dernières, et que l'animal soit repoussé de bas en haut.

Plusieurs nageoires des poissons donnent aussi très souvent des coups alternativement égaux et inégaux ; si la queue frappe avec la même rapidité à droite et à gauche, c'est parce que les résistances égales des couches latérales, contre lesquelles l'animal agit obliquement, le poussent dans une diagonale qui est la véritable direction qu'il désire recevoir.

On pourrait dire que les oiseaux nagent dans l'air et que les poissons volent dans l'eau.

L'atmosphère est la mer des premiers ; la mer est l'atmosphère des seconds. Mais les poissons jouissent bien plus de leur domaine que les oiseaux. Ceux de ces derniers dont le vol est le plus hardi, les aigles et les frégates, ne s'élèvent que rarement dans les hautes régions aériennes ; ils ne parviennent jamais jusqu'aux dernières limites de ces régions éthérées, où un fluide trop rare ne pourrait pas suffire à leur respiration, et où une température trop froide leur donnerait bientôt l'engourdissement et la mort. Le besoin de la nourriture, du repos et d'un asile les ramène sans cesse vers la terre.

Les poissons parcourent perpétuellement et traversent dans tous les sens l'immensité de l'Océan, dont le fluide, presque également dense et également échauffé à toutes les hauteurs, ne leur oppose d'obstacle ni par sa rareté ni par sa température. Ils en pénètrent tous les abîmes, ils en sillonnent toute la surface; et trouvant leur nourriture dans une grande partie de l'espace qui sépare les profondeurs des mers, des couches aériennes qui reposent sur les eaux, si la nécessité de suspendre tous leurs efforts et de se livrer à un calme parfait les entraîne jusqu'au fond des vallées sous-marines, leurs rapports avec la lumière les ramènent fréquemment vers les eaux supérieures qu'un soleil bienfaisant inonde de ses rayons.

Les vents réguliers favorisent, retardent, arrêtent ou dirigent vers de nouveaux points les voyages des oiseaux; les courants réguliers des eaux accélèrent, diminuent, suspendent ou détournent les courses si variées et si souvent renouvelées des habitants des mers.

Les oiseaux que leur vol puissant a fait nommer *grands voiliers*, et qu'il faudrait plutôt nommer *grands rameurs*, résistent seuls aux grands mouvements de l'atmosphère, bravent les orages et surmontent les autans déchaînés. Les poissons que leurs nageoires, leur grande queue, leurs muscles vigoureux doivent faire appeler *nageurs* ou *rameurs par excellence*, luttent seuls contre les flots soulevés, opposent leur force à celle des tempêtes et poursuivent leur route audacieuse au travers de ces tourmentes horribles qui bouleversent, pour ainsi dire, la masse entière des eaux.

Les oiseaux faibles ou mal armés tremblent devant le bec redoutable ou la serre cruelle des tyrans de l'air; les poissons dénués d'armes, ou de grandeur, ou de puissance, fuient devant les dents sanglantes des squales et des autres animaux de leur classe, qui infestent les rivières ou les mers.

Auprès de la surface de la terre, au-dessus de laquelle s'élève son domaine aérien, l'oiseau reçoit souvent la mort des armes du chasseur, ou la trouve dans les pièges que tout son instinct ne peut parvenir à éviter.

Au plus haut de son empire aquatique, le poisson périt retenu par un hameçon trompeur, ou enveloppé dans les filets que le pêcheur lui a tendus.

Le besoin de trouver l'aliment le plus convenable, ou le désir d'échapper à la poursuite d'un ennemi dangereux, déterminent les voyages irréguliers des oiseaux.

La nécessité de se dérober à la vue ou à l'odorat des féroces géants des mers, ou celle d'apaiser une faim plus cruelle encore, produisent les mouvements irréguliers des poissons.

Lorsque la saison rigoureuse commence de régner dans les zones tempérées et particulièrement dans les portions de ces zones les moins éloignées du cercle polaire, les oiseaux recommencent leurs voyages réguliers et périodiques. Ils ne peuvent plus rester sur une terre que le froid envahit, où la surface se durcit en croûte glacée, où les insectes meurent ou se cachent, où les champs sont dénués de moissons et les arbres de fruits; ils partent; ils vont chercher vers les tropiques un séjour plus doux et plus heureux. Ils suivent la direction des méridiens; ils parcourent, par conséquent, la longueur des grands continents. Ils se réunissent en troupes nombreuses; et, mâles, femelles, jeunes ou vieux, tous rassemblés sans distinction ni de sexe ni d'âge, désertent l'empire des frimas, pour aller vers celui du soleil, jusqu'au moment où la chaleur, revenue dans leur patrie, les y ramène dans le même ordre et par la même route.

La diversité des saisons ne paraît pas produire dans la température des différentes parties de l'Océan des changements assez grands pour obliger les poissons à se livrer chaque année à des migrations régulières; mais le besoin de se reproduire, qu'ils ne satisfont qu'auprès des rivages, les contraint, toutes les fois que le printemps est de retour, à quitter la haute mer pour s'approcher des côtes. Ils ne nagent pas alors dans le sens des méridiens; mais, par une suite de la position des continents au milieu du grand Océan, ils tâchent de suivre presque toujours un des parallèles du globe, pour parvenir plus facilement et plus promptement à la terre dont les bords doivent recevoir leurs œufs ou leur laite. Les femelles arrivent les premières, comme plus pressées de déposer un fardeau plus pesant; les mâles accourent ensuite. Ils suivent le plus souvent ces mêmes parallèles, lorsqu'ils remontent les uns et les autres dans les fleuves et dans les grandes rivières, ou lorsqu'ils s'abandonnent à leurs courants pour regagner le séjour des tempêtes, parce que, à l'exception du Mississipi, de quelques rivières de la terre ferme d'Amérique, du Rhône, du Nil, du Borysthène, du Don, du Volga, du Sinde, de l'Ava, de la rivière de Cambodge, etc., les fleuves coulent d'Orient en Occident, ou d'Occident en Orient.

Les oiseaux sont d'autant plus nombreux qu'ils fréquentent des continents plus vastes; les poissons sont d'autant plus multipliés qu'ils habitent auprès des rivages plus étendus.

Il n'est donc pas surprenant que, de même qu'il y a plus d'oiseaux dans l'hémisphère boréal que dans l'austral, à cause de la plus grande quantité de terre que présente la première de ces deux moitiés du globe, il y ait aussi beaucoup plus de poissons dans cet hémisphère du nord, parce que si les habitants de l'Océan ont un séjour plus vaste dans l'hémisphère austral, dont les mers sont très étendues et les continents ou les îles très peu nombreux, il y a peu de rivages où ils puissent aller déposer la laite ou les œufs destinés à leur multiplication. L'espace n'y manque pas aux individus, mais les côtes y manquent aux espèces.

Si l'on admet avec plusieurs naturalistes qu'à une époque plus ou moins reculée les eaux de la mer, plus élevées que de nos jours, couvraient une partie des continents actuels, de manière à les diviser dans une très grande quantité d'îles, sans diminuer cependant beaucoup la totalité de leur surface, il faudra supposer, d'après les observations que nous venons de présenter, que, lors de cette séparation des continents en plusieurs parties isolées par les eaux de l'Océan, il y avait beaucoup moins d'oiseaux qu'à présent, ainsi qu'on peut s'en convaincre avec facilité, et que néanmoins il y avait beaucoup plus de poissons qu'aujourd'hui, parce que toutes les divisions opérées par la mer dans les terres augmentaient nécessairement le nombre des rivages propres à recevoir les germes de leur reproduction.

Mais remontons plus avant dans le cours du temps. Croyons pour un moment, avec plusieurs géologues, que, dans les premiers âges de notre planète, le globe a été entièrement recouvert par les eaux de l'Océan.

Alors les oiseaux n'existaient pas encore.

Alors aucune partie de la surface de notre planète ne présentait de l'eau douce séparée de l'eau salée ; tout était océan.

Mais cet océan était désert ; mais cette mer universelle n'était encore que l'empire de la mort, ou plutôt du néant. Comment les germes des poissons, qui ne peuvent éclore qu'auprès des côtes, se seraient-ils en effet développés dans un océan sans rivage ?

Bientôt les sommets des plus hautes montagnes dominèrent au-dessus des eaux, et quelques côtes parurent ; elles furent entourées de bas-fonds ; les poissons naquirent, ils se multiplièrent. Mais leur nombre, limité par des rivages très circonscrits, était bien éloigné de celui auquel ils sont parvenus, à mesure que les siècles se sont succédé et que les contours des continents ou des îles sont devenus plus grands.

A cette époque cependant, les poissons que la nature a relégués depuis dans des mers particulières, les pélagiens, les littoraux, ceux que nous voyons chaque année remonter dans les fleuves, ceux qui ne quittent jamais l'eau douce des lacs ou des rivières, les grandes espèces qui se nourrissent de proie, les petits ou les faibles qui se contentent des débris de corps organisés qu'ils trouvent dans la fange, vivaient, pour ainsi dire, mêlés et confondus dans cet Océan encore presque sans bornes, qui baignait uniquement quelques chaînes de pics élevés. Où il n'y avait pas de diversité d'habitation, il ne pouvait pas y avoir de différence de séjour. Où il n'y avait pas de limites véritablement déterminées, il ne pouvait pas y avoir d'espèces reléguées, ni d'espace interdit.

Lors donc qu'une catastrophe terrible donnait la mort à une quantité de ces animaux, ceux que nous appelons aujourd'hui *marins* et ceux que nous nommons *fluviatiles* périssaient ensemble et gisaient entassés sans distinction sur le même fond de l'Océan.

Serait-ce à cette époque de submersion presque universelle qu'il faudrait rapporter les bouleversements sous lesquels ont succombé les poissons que l'on découvre de temps en temps, enfouis à des profondeurs plus ou moins considérables, recouverts par des couches de diverse nature, pressés quelquefois sous des débris volcaniques[1], et qui forment ces amas remarquables, ces réunions extraordinaires, où les chétodons et d'autres espèces des mers équinoxiales des deux Indes ont laissé leurs empreintes ou leurs dépouilles au milieu de celles des habitants des mers tempérées et du voisinage du cercle polaire, et où les restes et les traits des fluviatiles paraissent confondus avec ceux des pélagiens?

Si l'on devait admettre cette idée, on pourrait assurer que depuis le moment où les hautes montagnes et les pics élevés étaient les seules portions de la surface sèche du globe qui ne fussent pas inondées, plusieurs espèces dont on trouve l'image ou les parties solides dans ces agrégations de poissons de mer et de poissons d'eau douce n'ont été modifiées dans aucun de leurs organes essentiels, ni même altérées dans aucune de leurs formes les plus délicates. Ce serait un fait bien important pour le véritable naturaliste[2].

A cette époque, les cétacés, les lamantins, les dugons et les morses ont pu partager avec les poissons l'empire de l'Océan.

A mesure que les eaux de la mer, en se retirant, ont laissé à découvert de plus grandes portions des continents et des îles, que de nouveaux rivages ont paru et que des grèves plus doucement inclinées les ont environnés, les phoques, les tortues marines, les crocodiles, se sont multipliés sur ces bords favorables à leur production, à leurs besoins, à leurs habitudes.

Alors les premiers oiseaux ont pu animer l'atmosphère. Ils ont trouvé sur la terre, déjà abandonnée par les eaux, l'asile nécessaire à leur repos, à leur accouplement, à leur nidification, à leurs pontes, à leur incubation, à l'éducation de leurs petits. Ces premiers oiseaux ont dû être ceux que nous avons nommés *oiseaux d'eau* et *latirèmes*[3], et qui, pourvus d'ailes puissantes, de larges pieds palmés, d'armes assez fortes pour saisir les poissons et d'organes propres à les assimiler à leur substance, ne se nourrissent que des habitants des mers, peuvent voler très longuement au-dessus de la surface de l'Océan, se précipiter avec rapidité sur leur proie, l'enlever au plus haut des airs, nager à d'immenses distances de la rive, lutter avec constance contre les vents déchaînés et braver les vagues soulevées. Alors les albatros, les frégates, les pélicans, les cormorans, les mauves, ont commencé d'exercer sur les poissons leur empire redoutable. Leur apparition a pu être bientôt suivie de celle des oiseaux de rivage, parce que, sur les côtes abandonnées par les eaux de la mer, il a pu se former aisément des marais, des amas d'eaux stagnantes, des savanes à demi noyées.

---

1. On doit distinguer dans les éruptions volcaniques celles qu'il faudrait rapporter à des époques très reculées, où la face de la terre pouvait être très différente de celle qu'elle a aujourd'hui, et celles qui n'ont eu lieu que beaucoup plus récemment, et lorsque le globe avait déjà reçu presque en entier sa configuration actuelle.

2. Voyez notre Discours sur la durée des espèces.

3. Dans le Tableau méthodique des oiseaux, que j'ai publié, et d'après lequel j'ai fait arranger la belle collection d'oiseaux du Muséum d'histoire naturelle.

Cependant les vapeurs se condensaient contre les montagnes élevées, retombaient en pluies, se précipitaient en torrents, se répandaient en ruisseaux, coulaient en rivières et parvenaient jusqu'à la mer. Dès ce moment, la séparation des poissons pélagiens, des littoraux, de ceux qui remontent dans les fleuves et de ceux qui vivent constamment dans l'eau douce des lacs et des rivières, a pu se faire et les distribuer en quatre grandes tribus très analogues à celles que l'on connaît maintenant.

Les ours marins, les tapirs, les cochons, les hippopotames, les rhinocéros, les éléphants et les autres quadrupèdes qui aiment les rivages, qui recherchent les eaux, qui ont besoin de se vautrer dans la fange ou de se baigner dans l'onde, se sont répandus à cette époque vers tous les rivages. Leur apparition a dû précéder celle des autres mammifères et des oiseaux qui, craignant l'humidité, redoutant les flots de la mer, ainsi que les courants des rivières, désirant la sécheresse, liés par tous les rapports de l'organisation avec une chaleur très vive, ne se nourrissent d'ailleurs ni de poissons, ni de mollusques, ni de vers, ni d'aucun animal qui vive dans l'Océan, ou se plaise dans les rivières, ou pullule dans les marais. Elle est donc antérieure à l'arrivée de l'homme, qui n'a pris le sceptre de la terre que lorsque son domaine, déjà paré de toutes les productions de la puissance créatrice, a été digne de lui.

Lors donc qu'on écartera l'idée de toutes les causes générales ou particulières qui ont pu bouleverser la surface de la terre depuis l'abaissement de la mer au-dessous des premiers pics, on reconnaîtra que les fragments et les empreintes le plus anciennement et le plus profondément enfouis sous les couches terrestres ou sous-marines sont ceux des poissons, des cétacés, des lamantins, des dugons et des morses. Ensuite viennent ceux de ces morses, de ces dugons, de ces lamantins, de ces cétacés, de ces poissons et des phoques, des tortues de mer, des crocodiles, des oiseaux palmipèdes et des oiseaux latirèmes. On placera au troisième rang ceux de tous les animaux que nous venons de nommer, et des oiseaux de rivage ; on mettra au quatrième ceux de ces mêmes animaux, des oiseaux de rivage, des ours marins, des tapirs, des cochons, des hippopotames, des rhinocéros, des éléphants ; et enfin on pourrait trouver les images ou les débris de tous les animaux et de l'homme qui les a domptés par son intelligence.

Cependant si, au lieu d'admettre l'hypothèse d'après laquelle nous venons de raisonner, l'on préfère croire que la mer a parcouru successivement les différentes parties du globe, laissant les unes à découvert, pendant qu'elle envahissait les autres, il faudra nécessairement avoir recours à une catastrophe presque générale, qui, agissant sur des points de la surface de notre planète diamétralement opposés, entraînant hors de leurs habitations ordinaires les poissons pélagiens, les littoraux, les fluviatiles, les cétacés, les lamantins, les phoques, les ours marins, les hippopotames, les éléphants et plusieurs autres animaux terrestres, les arrachant à presque toutes les parties du globe, les réunissant, les mêlant, les confondant, les soumettant au même sort, les a entassés dans les mêmes cavités, recouverts des mêmes débris, écrasés sous les mêmes masses et immolés du même coup.

Au reste, c'est au naturaliste entièrement consacré à l'étude de la théorie de la terre, qu'il appartient principalement de rechercher les causes auxquelles on devra rapporter les résultats que nous venons d'indiquer.

Les zoologistes lui présentent les faits qu'ils ont pu recueillir dans l'observation des organes des animaux et des habitudes qui en découlent ; ils lui exposent les conséquences que l'on doit tirer de ces formes, de ces mœurs, de ces analogies, de la nature des habitations, des gisements des débris, de la séparation ou du mélange des espèces, de l'altération ou de la conservation de leurs traits principaux, du changement ou de la constance de leur manière de vivre, de la température du climat qu'elles préfèrent aujourd'hui, de la chaleur des eaux hors desquelles on ne les trouve plus.

Nous tâchons de découvrir les inscriptions et les médailles relatives aux différents âges de notre planète ; c'est aux géologues à écrire l'histoire de ses révolutions.

FIN DU TOME QUATRIÈME ET DERNIER

TABLE GÉNÉRALE ALPHABÉTIQUE

DES MATIÈRES

Q

R

CLASSEMENT DES GRAVURES

TOME PREMIER

TOME II

TOME III

TOME IV

TABLE DES MATIÈRES

CONTENUES DANS LE QUATRIÈME VOLUME

FIN DE LA TABLE DU QUATRIÈME ET DERNIER VOLUME

CHEFS-D'ŒUVRE DE LA LITTÉRATURE FRANÇAISE

A LA MÊME LIBRAIRIE

ŒUVRES DE RABELAIS

Texte revu et collationné sur les éditions originales, accompagné d'une Vie de l'auteur, de notes et d'un glossaire, 60 grandes compositions de nombreux dessins, 250 en-têtes de chapitres, environ 240 culs-de-lampe, par Gustave Doré, 2 vol. in-4 colombier, imprimés sur papier vélin. . . . . 200 fr.
200 exemplaires numérotés sur papier de Hollande, à . . . . 300 fr.

LORD MACAULAY

Histoire d'Angleterre sous le règne de Jacques II, traduit de l'anglais par le comte Jules de Peyronnet. 2ᵉ édit. 3 v. in-8 . . . . 15 fr.
Histoire du règne de Guillaume III, pour faire suite à l'Histoire du règne de Jacques II, traduit de l'anglais par Amédée Pichot. Deuxième édition, revue et corrigée. 4 vol. in-8 . . . . 20 fr

MYTHOLOGIE DE LA GRÈCE ANTIQUE

Par Paul Decharme, professeur de littérature grecque à la Faculté des lettres de Nancy, ancien membre de l'École française d'Athènes. Ouvrage orné de 180 grav. et de 4 chromolithographies, d'après l'antique. 1 v. gr. in-8 raisin . . . . 16 fr.

GÉOGRAPHIE UNIVERSELLE

Par Malte-Brun. 6ᵉ édition. 6 beaux vol grand in-8, ornés de 41 gravures sur acier . . . . 60 fr
Avec un superbe Atlas de 72 cartes dont 14 doubles. Les 6 volumes et l'atlas . . . . 80 fr.

ATLAS DE LA GÉOGRAPHIE UNIVERSELLE

Ou description de toutes les parties du monde sur un plan nouveau, d'après les grandes divisions naturelles du globe, par Malte-Brun. Édition revue, corrigée, augmentée et enrichie, par M. J.-J.-N. Huot, membre de plusieurs sociétés. 1 vol. gr. in-folio, de 72 cartes, dont 14 doubles, coloriées. . . . . . 20 fr.

DICTIONNAIRE GÉNÉRAL DES SCIENCES THÉORIQUES ET APPLIQUÉES

Comprenant les mathématiques, la physique et la chimie, la mécanique et la technologie, l'histoire naturelle et la médecine, l'économie rurale et l'art vétérinaire, par MM. Privat-Deschanel et Ad. Focillon, professeurs de sciences physiques et naturelles, avec la collaboration d'une réunion de savants. 2ᵉ édition, 4 parties réunies en 2 forts vol. gr. in-8. 32 fr. — relié . . . . 40 fr.

ŒUVRES D'AUGUSTIN THIERRY

5 vol. in-8 cavalier, papier vélin glacé, le volume à . . . . 6 fr.
Histoire de la Conquête de l'Angleterre. 2 vol.
Lettres sur l'Histoire de France.—Dix ans d'Études historiques, 1 vol.
Récits des Temps mérovingiens. 1 vol.
Essai sur l'Histoire du Tiers-État. 1 vol.

LETTRES D'ABÉLARD ET D'HÉLOISE

Traduction nouvelle d'après le texte de Victor Cousin, précédée d'une introduction par Octave Gréard, inspecteur général de l'instruction publique. 1 volume in-8 . . . . 7 fr. 50

HISTOIRE DE FRANCE

Depuis les temps les plus reculés jusqu'à la Révolution de 1789, par Anquetil, membre de l'Institut et de la Légion d'honneur, suivie de l'*Histoire de la Révolution française*, du *Directoire*, du *Consulat*, de l'*Empire* et de la *Restauration*, par Léonard Gallois, illustrée de vignettes sur acier. 10 volumes in-8 cavalier, à . . . . 7 fr. 50 le vol.

HISTOIRE DE FRANCE

1830 à 1875. Époque contemporaine, par Louis Grégoire, professeur d'histoire et de géographie au lycée Fontanes. 4 vol. in-8 avec figures. 4 vol. in-8 cavalier à . . . . 7 fr. 50 le vol.

9450. — Imprimerie A. Lahure, rue de Fleurus, 9, à Paris.